本书受国家社科基金重点项目（项目编号：15AZD038）

河北大学宋史研究中心建设经费资助

中国传统科学技术思想史研究

魏晋南北朝卷

吕变庭◎著

科学出版社

北　京

内 容 简 介

本书通过对魏晋南北朝时期的科技发展进行全面考察，重点探讨这一时期的科学技术思想的主要内容和特点，试图较为清晰地勾勒出这一时期科技史发展的学术脉络，并对魏晋南北朝时期中国传统科学技术思想的结构和发展进行了新的学术审视和反思。此外，本书也对魏晋南北朝时期的科学发展进行重新定位，认为魏晋南北朝时期的科技发展是中国古代科技体系形成后的一次发展高潮。最后，本书还对魏晋南北朝时期科学技术史展开综合分析及个案、专题研究，以期为当代科技发展提供历史经验和教训。

本书可供魏晋南北朝史、科技史等专业的师生阅读和参考。

图书在版编目（CIP）数据

中国传统科学技术思想史研究·魏晋南北朝卷 / 吕变庭著. —北京：科学出版社，2024.10
ISBN 978-7-03-075711-1

Ⅰ. ①中… Ⅱ. ①吕… Ⅲ. ①科学技术-思想史-研究-中国-魏晋南北朝时代 Ⅳ. ①N092

中国国家版本馆 CIP 数据核字（2023）第 103434 号

责任编辑：任晓刚 / 责任校对：王晓茜
责任印制：肖　兴 / 封面设计：楠竹文化

科 学 出 版 社 出版
北京东黄城根北街16号
邮政编码：100717
http://www.sciencep.com
河北鹏润印刷有限公司印刷
科学出版社发行　各地新华书店经销
*
2024 年 10 月第　一　版　开本：787×1092　1/16
2024 年 10 月第一次印刷　印张：34 1/4
字数：830 000
定价：328.00 元
（如有印装质量问题，我社负责调换）

目　　录

绪　论

一、问题的提出与学术史简述

（一）问题的提出

魏晋南北朝在 370 年的历史进程中，干戈频兴，篡乱相乘，先后有 30 余个政权交互兴灭，社会动荡剧烈，然而，这却是"一个绝非'黑暗'可概括的时代，而是一个风流竞逐、异彩纷呈的时代，它是国际色彩丰富的隋唐时代的渊源"①。宗白华先生亦说："汉末魏晋六朝是中国政治上最混乱、社会上最苦痛的时代，然而却是精神史上极自由、极解放，最富于智慧、最浓于热情的一个时代。因此也就是最富有艺术精神的一个时代。"②在这个历史阶段，佛教和道教风行，儒学玄学化，而随着人的多元流动，众说纷纭，促使新的思想不断出现。尤其是"科学技术以其强大的生命力在曲折中进步着，有些学科甚至获得了突破性进展"③，于是，杜石然先生经过多年认真反思和检讨之后，对魏晋南北朝时期的科学技术发展状况重新做了定位。他说：

> 关于魏晋南北朝时期的科学技术发展，我们曾经给出过的定位是："古代科技体系的充实与提高"，现在看来这个定位的高度还有些不够。因为那不是一般意义的"充实和发展"，如下文即将指出的那样，那是具有诸多创造性成果的长足的进步。在数学、天文历法、农学、医药学的诸多领域，都做出了开创性的、长期影响后世的成果。因此，应当把魏晋南北朝时期的科学发展看作中国古代科技体系形成后的一次发展高潮，而宋元时期则是另一次高潮。④

毫不夸张地说，杜石然先生在其耄耋之年，重新对魏晋南北朝时期的科学技术发展进行定位，可以说是近年来我国古代科学技术史研究领域所取得的重大突破，这一定位在更高起点上给魏晋南北朝科学技术史研究带来了更加广阔的发展空间。

那么，什么是科学技术？如何看待中国古代的科学技术发展历史？这些看起来很平常的问题，却是学术界久争不衰的论题。从词源上讲，科学一词源于希腊文 episteme，本义是指知识和学问。韩启德院士曾经辨析道：

---

①　［日］川本芳昭：《中华的崩溃与扩大：魏晋南北朝》前言，余晓潮译，桂林：广西师范大学出版社，2014 年，第 7 页。

②　宗白华：《美学散步》，上海：上海人民出版社，1981 年，第 177 页。

③　高奇等编著：《走进中国科技殿堂》，济南：山东大学出版社，2014 年，第 89 页。

④　杜石然：《魏晋南北朝时期科学技术发展的若干问题》，《自然科学史研究》2018 年第 3 期，第 279—280 页。

英文中，虽然 17 世纪就有了 science 这个词，但直到 19 世纪，科学从 nature philosophy 变成了分科的学问、按照一定范式进行的知识的生产活动时，这个词才被广泛用来表达现在科学的含义。德文的"科学"是 wissenschaft，包括社会科学，但英文的 science 只包括自然科学。19 世纪时，日本人接纳了英文的 science 这个词，那时由于自然科学已经分科，所以日文将其译为"科学"（分科之学）。有一部分中国学者曾把 science 翻成"格致学"，更符合中国的文化和文字。但由于一些历史因素，中文最终采纳了日文中的"科学"一词。①

因此，中国古代没有"科学"之名是事实，但这绝不等于说中国古代没有科学之实践。即使认为科学是指西方意义上的数理科学，也不能否定中国古代具有一定的数理科学传统，因为从刘徽、祖冲之到秦九韶、郭守敬，中国古代就存在着一条比较清晰的数理科学发展线索。对此，我国数学史家郭书春先生强调说：

> 刘徽在《九章算术注》中不仅使用归纳逻辑，而且使用了严谨的演绎逻辑，甚至三段论。他通过演绎论证即真正的数学证明，把《九章算术》上百个一般公式、解法变成了建立在必然性基础之上的真正的数学科学，这是不同于希腊数学的一种有理论、有实践的以算法为中心的数学。②

郭先生又说：

> 从刘徽到王孝通，其共同的方法是将两数相乘看成面积，三数相乘看成体积，通过出入相补原理解决。这种方法在宋朝发展为演段法，它实际上是通过等积变换列出方程的方法。③

如果将中国数学与希腊数学作比较，那么，下面的区别则从一个侧面证明，中国古代数学与希腊数学相比，在许多方面显示出了它自身的优越性：

> 希腊和中国数学还有一个显著不同是，一些曾困扰过希腊人的悖论并没有困扰中国数学家。如毕达哥拉斯之前，人们并不排斥数值计算。该学派发现 $\sqrt{2}$ 和 1 不能公度，导致数学第一次危机，人们对数量关系望而生畏，从此数学研究才避开了数量关系，专注于空间形式，造成几何学发达而计算数学薄弱的偏枯现象。而中国的刘徽对开方中"不可开"的问题则提出继续开方，"求其微数"，用十进分数逼近无理根的思想，把中国人的计算水平提高到新的阶段，这不仅是使求 π 的精确值在计算实践上完成的必要条件，而且是宋元时期十进小数的滥觞，意义十分重大。从刘徽到祖冲之、秦九韶，一千年中都未曾涉及无理根与 1 不可公度的问题。又如由于不能正确解释芝诺悖论，希腊人困惑于潜无限与实无限的争论，便把无限排斥在数学推理之外。因

---

① 韩启德：《科学与文明之问》，《科学中国人》2020 年第 3—4 期，第 68 页。
② 谢方：《数学哲学：从刘徽到三大基础学派——纪念刘徽注〈九章算术〉1750 周年》，《中国社会科学报》2013 年 6 月 19 日，第 1 版。
③ 郭书春：《中国古代数学》，北京：商务印书馆，1997 年，第 125 页。

此，他们的穷竭法，尽管从理论上讲，分割可以无限进行下去，然而将其引入数学证明时却从未使用过无穷小量和极限思想，他们的分割总要有一个剩余，分割到某一步后采用双重归谬法证明已知的命题。中国的刘徽则明确使用了无穷小量。他证明圆面积公式时说："割之又割，以至于不可割，则与圆周合体而无所失矣。"这个不可再割的正多边形既与圆周合体又保持了正多边形的特征，是他对之进行无穷分割（"觚而裁之"）的基础。在证明四面体（鳖腝）和直角四棱锥（阳马）体积时，其分割也是无限继续下去，直到"至细曰微，微则无形，由是言之，安取余哉？"刘徽彻底使用了无穷小分割和极限思想，他的无穷小量是实无穷与潜无穷的统一，显然刘徽没有受到希腊人那种困扰，他的思想要比希腊人的穷竭法深刻。①

以上这些论述，足以证明魏晋南北朝时期中国数理科学已经达到了令当时西方世界难以企及的历史高度，当然，更是以刘徽、祖冲之为代表的一代科学家向整个人类世界贡献的"中国思想"和"中国智慧"。因此，在明确了魏晋南北朝科学技术思想的历史地位之后，我们面临的又一个问题是，如何书写魏晋南北朝科学技术思想史？在这里，我们有必要先从三个层面来厘清什么是科学思想史。

第一个层面是科学的内涵。什么是科学？诚如前述，科学是整个人类认识系统的一部分，它本身是一个动态过程，具有阶段性、多元性、复杂性和相对性，而科学真理则是这个动态过程的终极目标。

可见，科学是人们探索科学真理的认识过程，在这个过程中允许错误思想和认识的存在，甚至错误思想和认识在一定意义上还构成了科学真理的一个必要环节。

第二个层面是科学思想的内涵。有的学者认为，科学思想是科学认知活动中所遵循的规范和达到的结果，它应当包括思维方式、思维结构和价值观念；有的学者主张，科学家活动的动机、标准、感情等均属于科学思想的范畴；有的学者认为，科学思想不能孤立发生，科学思想应当包括技术思想；还有的学者主张，科学思想应该是一种发展着的观念，它不仅包含正确的东西，而且包含错误的东西等。

在此，我们认为，科学思想就是研究人们在探索科学真理过程中所出现的各种成系统或不成系统的直觉思维、理性认识及其文化背景。其中"科学真理"是指客观的不以人的意志为转移的物质运动规律，而认识客观真理是一个过程，也就是说，它不可能没有曲折和错误。此外，所谓"理性认识"就是指感觉上升到理性思维。或者说是人们对于物质世界的各种运动现象，通过五官的感知，使感觉上升到思维领域，进而形成思想。

第三个层面是科学思想史的内涵。"科学思想史"是一门综合学科，从字面上讲，它的中心词是"史"，所以原则上是一门历史学科，目前很多学者将它归于"科技哲学"，只强调"科学思想"的重要，而忽视其史学性质，不免有片面之嫌。既然研究中国传统科学技术思想史，正史《方术传》等便是首先需要认真研究的原始文献和"中国元素"。

从《后汉书》和《三国志》开始，一直到《明史》，历朝修史大都专列《方术传》等内容，虽然内容有缺漏，但就整体而言，还是基本上能反映中国古代科学技术历史发展的

---

① 郭书春：《郭书春数学史自选集》下册，济南：山东科学技术出版社，2018年，第776页。

全貌。对此，吴彤教授在《中国古代正统史观中的"科技"》一文中指出：中国古代科技在本质上与超理性的术数相同。①例如，《后汉书·方术传》把张衡看作是术数方技者的至尊。如果不讲"术数"，我们就很难深入认识和理解中国传统科学技术思想的本质。正是在这层意义上，我们强调广义的"术"与"数"构成中国传统科学技术思想史特别是魏晋南北朝科学技术思想史的基本范畴。

葛兆光先生曾说："早期中国最重要的知识就是星占历算、祭祀仪轨、医疗方技之学，星占历算之学是把握宇宙的知识，祭祀仪轨之学是整顿人间秩序的知识，医疗方技之学是洞察人类自身的知识，而正是在这些知识中，发生了数术、礼乐、方技类的学问，产生了后来影响至深的阴阳、黄老、儒法等等思想。"②他又说："我们现在的思想史却常常忽略了数术方技与经学的知识，使数术方技的研究与经学的研究，成了两个似乎是很隔绝的专门的学科。"③可以肯定，无论是"方技之学"还是"经学"，两者在魏晋南北朝时期都属于博物之学的知识范畴。至于为什么中国古代会形成以博物多识为基础的知识传统，唐代文人韩愈曾有过一段解释。他在《原人》一文中说："形于上者谓之天，形于下者谓之地，命于其两间者谓之人。形于上，日月星辰皆天也；形于下，草木山川皆地也；命于其两间，夷狄禽兽皆人也。"④接着，他又补充解释说："人者，夷狄禽兽之主也。"⑤这段话需要用批判的眼光看，不过，我们在此不想分析其思想糟粕，而是想通过韩愈的语境来折射古人对天、地、人三者之间交互作用关系的理解。科学技术思想的内容不出天、地、人及其三者之间的关系，但韩愈的语境却使我们产生了从"平面人"向"立面人"的视角转换。比如，人与"夷狄禽兽"的关系，我们就需要用立体思维去理解和把握，如图0-1所示。在韩愈看来，所谓"夷狄禽兽之主"的"人"应具备上观"日月星辰"、下察"草木山川"、中能洞悉"夷狄禽兽"之变的能力，这样的"人"恰恰就是科学家所具备的才能，在以博物为基本素质要求的中国古代学术环境里，更是如此。

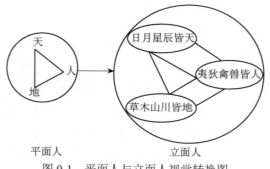

图 0-1　平面人与立面人视觉转换图

基于上述理由，我们选择以人物或著作为纲来贯通性地书写魏晋南北朝科学技术思想

---

① 吴彤：《三生万物——自组织复杂性与科学实践》，呼和浩特：内蒙古人民出版社，2006年，第372页。

② 葛兆光：《中国思想史》导论《思想史的写法》，上海：复旦大学出版社，2013年，第23页。

③ 葛兆光：《中国思想史》导论《思想史的写法》，第24页。

④ （唐）韩愈：《韩愈集·文集》卷1，北京：中国戏剧出版社，2002年，第142—143页。

⑤ （唐）韩愈：《韩愈集·文集》卷1，第143页。

发展和演变的历史全貌及内在规律。荀况在《荀子·非相篇》中说："然则人之所以为人者，非特以二足而无毛也，以其有辨也。"①也就是说人之区别于动物之处，不是外在的形体差异，而是有没有分辨是非的思想。在古希腊，毕达哥拉斯认为，人的灵魂有三部分：表象、心灵与生气，他认为动物有表象和生气，但没有心灵，而心灵作为人的灵魂的理性部分只有人才具有。亚里士多德更进一步认为，人的灵魂中除了具有与动物一样的能生长活动的部分和感觉部分之外，还有能作为精神意识思维活动的"理性灵魂"，具有理性灵魂是人不同于动物的根本特征。所以，"思想"是人与动物区别的主因，马克思曾经指出："动物和自己的生命活动是直接同一的。动物不把自己同自己的生命活动区别开来。它就是自己的生命活动。人则使自己的生命活动本身变成自己的意志和自己意识的对象。他具有有意识的生命活动。"②这就是说人不仅是有意识的，而且能把自己的思想意识记录下来，成为人类文明发展历史的一级阶梯。于是，我们可以初步认为，中国传统科学技术思想史的主体应当是那些推动中国科学技术历史进步的人（包括著作、学派）。梁启超亦说："我们作专史，尽可以个人为对象，考察某一个人在历史上有何等关系。"③诚如左玉河先生在《30年来的中国近代思想文化史研究》一文中所说："思想家是思想史的主体，理当成为思想史研究的重点。"④

（二）学术史简述

《湖北学生界》1903年第3期发表了一篇题为《论中国农学之早于泰西》的文章，文中讲到了魏晋南北朝时期的农学成就。王琎于1922年在《科学》第7卷第10期上发表了《中国之科学思想》一文，第一次提出"吾国科学思想有可发达之时期六"[即"学术原始时期（先王至西周）、学术分裂时期（春秋战国）、研究历数时期（两汉及魏晋）、研究仙药时期（南北朝及唐代）、研究性理时期（宋）及西学东渐时期（明清）"]的主张，遂成为以后研究中国古代科学思想发展史的纲领。同时，他又发出了中国古代科学"其来也如潮，其去也如汐，旋见旋没，从未有能持久而光大之者"的感慨和疑惑（李约瑟博士曾提出"中国古代发达的科学技术为什么没有引发近代科技革命"的问题，这个问题实际上是王琎问题的进一步延伸）。所以，为了解开中国古代科学"其来也如潮，其去也如汐，旋见旋没，从未有能持久而光大之者"的疑惑，吴其昌、顾学裘、夏康农、周辅成、任应秋、钱宝琮、席泽宗等以中国传统科学思想发展的历史为例，先后发表了一系列著述来比较深入地探讨中国古代科学何以"旋见旋没"的历史现象及内在规律。

继王琎之后，顾学裘在《科学世界》1934年第6期上发表《中国科学思想论》，是为研究中国科学思想史的又一力作。在文中，顾学裘重申了王琎的学术主张，但他也客观分析了中国"科学思想落伍的原因"，其因有三：学术专制（封建帝王、礼教的专制），环境

① （清）王先谦撰，沈啸寰、王星贤点校：《荀子集解》卷3《非相篇》，北京：中华书局，1988年，第78页。
② 中共中央马克思恩格斯列宁斯大林著作编译局：《马克思恩格斯全集》第3卷，北京：人民出版社，2002年，第273页。
③ 梁启超：《中国历史研究法》，北京：人民出版社，2008年，第145页。
④ 张海鹏主编：《中国历史学30年（1978—2008）》，北京：中国社会科学出版社，2008年，第259页。

恶劣（视实用学术、科技为雕虫小技，甚至曾国藩在家书中教训子弟"算学书切不可再看"），学者本身的错误（就整体而言，研究科学没有正确的方法）。①应该说，这些分析都是符合实际的。10 年后，周匡在《建设》1944 年第 6 期上发表《中国古代的科学思想》，肯定了中国古代科学思想的地位和特点。《科学时代》1948 年第 3 期发表夏康农的《论科学思想在中国的发展》，尽管文中的某些观点不免失之偏颇，如否认庄子之"道"的科学性质等，但就整体而言，此文比较充分地肯定了中国古代具有丰富的科学思想。

至于专门以魏晋南北朝科学技术史中的人或事为研究对象的学术论文和著作，则最早出现于 20 世纪 20 年代。例如，《三三医报》1924 年第 7 期发表了徐伯英的《医药前贤纪事·陶弘景记》，正式开启了专题研究魏晋南北朝科学技术史的先河。此后，以魏晋南北朝科学技术为专题的研究论文和著作不断出现，仅据武汉大学图书馆编《魏晋南北朝史书目论文索引》所统计，从 1931 年至 1979 年，国内外学者发表专题研究魏晋南北朝时期科学技术史的论文和著作就有 78 篇（部）。如张鸿翔的《南北朝史日蚀表》（《师大史学丛刊》1931 年第 1 期）、曹元宇的《葛洪以前之金丹史略》（《学艺》1935 年第 2 号）、卫露华的《东晋刘宋萧齐萧梁及代魏甲子纪元对检表》（《艺浪》1936 年第 2、3 合期）、严敦杰的《北齐张孟宾历积年考》（《东方杂志》1946 年第 16 期）、黎国彬的《制图学家裴秀在我国地图学史上的地位》（《历史教学》1954 年第 10 期）、赖观模的《谈祖暅定理》（《数学教学月刊》1960 年第 4 期）及李长年的《齐民要术研究》（农业出版社 1959 年版）等。其中，尤以英国剑桥大学出版社出版的李约瑟博士《中国科学技术史》第 2 卷《科学思想史》一书影响最大。中国学者任鸿隽、林继平、汪毅、何兆武、李乔苹、祝亚平等都先后发表了评论文章，既有肯定者，又有质疑者。陈荣捷曾这样强调说：

> 李氏以为佛学破坏科学，儒学阻碍科学，而道教则有助于科学之发达。吾人敢问，若佛氏空幻之说果为阻止科学，则道家半空幻说，不亦阻止科学乎？李氏讨论道家，却不谈此点，而集中于道家对于自然之态度。李氏道教个人主义继集体主义之崩溃而兴之说之不能成立，既如上述，然其谓个人主义，为道教之不能继续发展科学之一因，则甚有见解。李氏以儒学之阻碍科学，非在其缺乏科学兴趣，而在其官僚主义。此论贯通全书。汉后儒者与官僚无异，自无待言。然官僚制度何以阻碍科学，则李氏并无清楚解释。②

在李约瑟博士的影响下，1980 年 10 月中国科学技术史学会成立，席泽宗院士向大会提交了一份关于开展中国科技思想史研究的报告，后来提炼成《中国科学思想史的线索》一文，发表在《中国科技史料》1982 年第 2 期上。这篇论文虽然不长，却提出了中国科学思想史研究的任务，并大致描绘了中国科学思想的发展过程，是指导中国科学思想史研

---

① 顾学裘：《中国科学思想论》，《科学世界》1934 年第 6 期，第 521—531 页。

② 王钱国忠、钟守华编著：《李约瑟大典·传记·学术年谱长编·事典》上册，北京：中国科学技术出版社，2012 年，第 168 页。

究的具体纲领，具有划时代的意义。

诚如有学者所言，对于任何一门学科来说，"学科独立"都不是事先给定的条件，而是学人不断追求的结果。1987年10月，首届"中国科学思想史研讨会"在上海华东师范大学举行。1988年6月，全国首届"中西科学思想研讨会"在福建厦门大学举行。1989年11月，"道家、道教与科学技术研讨会"在上海教育学院举行。1990年4月，全国"传统思想与科学技术研讨会"在上海华东师范大学举行。这一系列会议催人奋进，同时与会者也清醒地意识到"目前还没有一部系统而全面地论述中国科学思想史的专著"这种现象，与中国科学思想史的发展本身很不相适应，所以撰写中国科学思想史的任务迫在眉睫。在这次会议的推动下，西北大学中国思想文化研究所的董英哲教授很快就在1990年12月出版了第一部研究中国科学思想史的专著——《中国科学思想史》。同年，由何兆武等翻译的李约瑟《中国科学技术史》第2卷《科学思想卷》亦正式出版。俗话说，万事开头难，然而我们只要跨出了第一步，紧接着就会迈出第二步、第三步。果不其然，厦门大学郭金彬教授紧随董先生之后，于1991年8月出版了《中国科学百年风云——中国近现代科学思想史论》。1993年8月，郭老又出版了《中国传统科学思想史论》。接着，李瑶的《中国古代科技思想史稿》、袁运开和周瀚光主编的《中国科学思想史》、席泽宗主编的《中国科学技术史·科学思想卷》、邢兆良的《中国传统科学思想研究》、王前和金福合著的《中国技术思想史论》、刘克明的《中国技术思想研究——古代机械设计与方法》、李烈炎和王光合著的《中国古代科学思想史要》、胡化凯的《中国古代科学思想二十讲》等出版。于是，"木欣欣以向荣，泉涓涓而始流"[1]，中国科技思想史领域高水平的锦上添花之作不断涌现。自此，中国科学思想史研究便开始出现前所未有的繁荣兴盛局面。因此，魏晋南北朝时期科学技术史的综合研究及个案和专题研究也都出现了很多新成果。

1. 关于魏晋南北朝时期科学技术史的主要综合研究成果

王仲荦的《魏晋南北朝史》，被学界称为"体大思精，网罗宏富"[2]之巨作。该书第十一章为"魏晋南北朝的经学、史学与文学艺术"，内容包括《华阳国志》、《水经注》和《洛阳伽蓝记》等地理著作；第十二章为"魏晋南北朝的科学技术"，下分"数学、天文学与地图学"、"炼钢技术与机械发明"和"农学与医药学"三节内容，对刘徽、马钧、杜预、皇甫谧、王叔和、杨泉、杨伟、葛洪、陶弘景、甄鸾、何承天、祖冲之、贾思勰、姜岌、裴秀等人的科学贡献都做了中肯的评价，不愧为"中华人民共和国成立以后断代史研究的精品之一"[3]。

何堂坤的《中国魏晋南北朝科技史》，是百卷本"中国全史"丛书之一种，全书包括

---

① （晋）陶潜：《归去来兮辞并序》，陈延嘉、王同策、左振坤校点主编：《全上古三代秦汉三国六朝文》第4册，石家庄：河北教育出版社，1997年，第1133页。

② 首都师范大学历史系编著：《首都师范大学历史系建系四十周年纪念论文集：1954—1994》，北京：首都师范大学出版社，1995年，第67页。

③ 中国大百科全书出版社编辑部、中国大百科全书总编辑委员会《中国历史》编辑委员会：《中国大百科全书·中国历史》，北京：中国大百科全书出版社，1992年，第1203页。

农业技术、水利技术、手工业技术、建筑技术等方面，比较全面地叙述了魏晋南北朝科学技术的发展状况，并在充分肯定其历史地位和影响力的基础上，采取具体问题具体对待的态度进行分析。一方面，魏晋南北朝时期科学技术的疾进，使秦汉时期已经领先于世界的地位得以继续保持；另一方面，这一时期的科学技术发展呈现出不平衡状况，主要表现为时间上的不平衡、地区不平衡和学科不平衡，其中科学技术的发展重心与经济发展重心都逐渐开始南移。

傅晶和王其亨合著的《魏晋南北朝园林史探析》，分析和归纳了魏晋南北朝时期园林在基本类型、整体面貌、文化内涵、审美意趣、创作艺术等方面的重要特征和创新性成就，尤其推崇当时士人那种"辨名析理精神"和"知者创物"的济世思想。园林本身就是一门综合性学科，而该书认为魏晋南北朝是中国古典园林发展的重要转折期，为此，傅晶和王其亨用 70 多页的篇幅来叙述魏晋南北朝时期的人文、科学及文化面貌，以期探究其园林出现转折性发展的社会文化动因。

2. 关于道教科学技术史方面的代表性研究成果

对于道教对魏晋南北朝科学技术发展的贡献，李约瑟博士给予了高度肯定，有学者甚至提出了"被遗忘的道教——科技创新的基础宗教"[①]的观点。而席泽宗院士在《道教与科学——〈中国道教科学技术史·汉魏两晋卷〉序》中则承认："（由于）道教科学思想结构的特殊性，增加了把握它与科学的内在关系的难度。"[②]姜生和汤伟侠主编的《中国道教科学技术史·汉魏两晋卷》及《中国道教科学技术史·南北朝隋唐五代卷》，是其多卷本《中国道教科学技术史》中的两卷，仅从整体编撰的结构看，两书的体例基本相同。另外，《中国道教科学技术史·南北朝隋唐五代卷》增加了"生物学篇"。诚如姜生先生所言，道教科学思想与其科学技术之间的关系问题，一直是限制中国科学技术史研究的瓶颈。为此，该著作实现了一系列理论突破和史实研究的突破。例如，他们提出以文化生物学方法揭示文化的擭能性本质，进而对"科学"概念重新加以界定。并强调文化是博弈的产物，必须把科学技术放在各民族特有的历史和文化生态中去理解，从而提供了理解非西方传统背景下科学的范式。以此为前提，姜生先生认为道教科学技术成就的取得，是多种原因复杂交错作用的结果，但它有一整套科学思想作为指导无疑是一个基本因素。因此，欲探讨道教的科技成就，首先应当讨论作为其基础的道教科学思想。

黄志凌在其博士学位论文《〈道藏〉内景理论研究》中认为，《道藏》共收道书 1476 种，合 5485 卷，是道教经典的总集，几乎收录明代以前的道书，其中也包括被视为道书的许多中医经典。该书尝试以《黄庭经》系列的道书为核心，旁涉《道藏》其他经典，重新构建道教的内景理论，发现道教内景理论既与《内经》的脏象理论一致，同时又有《内经》所无或没有详细阐述的内容。其中包括以五脏为中心，以三丹田为轴的身神系统；以脑为神明之主，以心统率五脏；以丹田为没有具体脏器的能量中心；以命门为神气出入之

① 许文胜：《和谐之道：倾现中国盛世的国家战略》，北京：东方出版社，2008 年，第 75 页。
② 席泽宗：《道教与科学——〈中国道教科学技术史·汉魏两晋卷〉序》，《中华文化论坛》2002 年第 3 期，第 99 页。

门；以五脏为中心形成辨证和养生系统等。黄志凌认为，中医与道教有共同的源头，也都受同一种哲学思想所影响，元气论和阴阳五行是两者共同的基础，道教基于其宗教追求的特殊性，又与医药密不可分，医、道在养生延寿方面目标是一致的，医与道互相影响，历代道医人才辈出，对中医的发展影响深远。

其他尚有白才儒的《道教生态思想的现代解读——两汉魏晋南北朝道教研究》、焦守强的《魏晋至宋元的墨学与道教》、徐春野的《魏晋南北朝道教对科技发展的影响》等。在这里需要特别强调的是，葛洪的《抱朴子》成为最早被西方学界认可的道教科技典籍之一，因为早在 1935 年，中国留学生吴鲁强就曾与美国麻省理工学院的戴维斯（Tenney L. Davis）合作，将《抱朴子·抱朴子内篇》的《金丹》和《黄白》两卷翻译成英文，发表在《美国艺术与科学院院报》上。

3. 关于儒学科学技术史方面的代表性研究成果

陈桥驿著有《郦道元评传》，王守春认为，这部著作不仅对郦道元进行了全面评价，而且对若干历史问题提出了新的观点，如该书提出魏晋南北朝时期是一个"地理大交流"时期。在此基础上，该书首先阐述了郦道元生活的时代背景，然后阐述郦氏家世和本人生平，接着再阐述郦道元的思想，最后又阐述了《水经注》中的错误及历代学者对它的批判。当然，该书对于《魏书》中加予郦道元的不公正罪名，则进行了有理有据的回应和批判。

周瀚光与孔国平合著的《刘徽评传》一书，其中涉及刘徽的研究共计三章，即"'数学界的一大伟人'——刘徽""刘徽的科学思想""刘徽思想源流考"。有论者认为："（该著作）从逻辑思想、极限思想、重验思想、求理思想、创新思想和辩证思想六个方面，对刘徽的科学思想和数学成就作了分析和解剖，同时又从文化传统和时代思潮两个方面，找到了刘徽科学思想得以产生的土壤和渊源。"[①]

孙金荣在其博士学位论文《〈齐民要术〉研究》中认为，《齐民要术》从政治、哲学等多个层面，认识农业生产的人本、民本意义，认知天地人之间的和合共存关系，探讨事物之间的有机联系。这些思想，既有对传统文化的历史传承，也有对现实的深刻启示。一方面，《齐民要术》继承传统天地人和合思想，并在农业生产的理论与实践中不断总结、具体运用、推广发展；另一方面，《齐民要术》又体现了安民、富民、利民等崇高的人文关怀和民本思想，体现出天地人和合的思想，体现出事物有机联系的思想。例如，像顺应天时、因地制宜、合理种植和养殖等思想，都是中国文化思想史、农业史的宝贵资源，对后世的农业科技思想和农业生产实践产生了重要影响，对现代农业生态文明亦有着重要意义。此外，《齐民要术》所提倡的多种经营的大农业观念，重视各物种之间的关系，重视各种资源间的关系与应用，无不体现出经济与生态农业的意义。

其他重要论著尚有邹大海的《刘徽的无限思想及其解释》、余明侠的《诸葛亮评传》、

---

① 南京大学中国思想家研究中心编著：《〈中国思想家评传丛书〉总目提要》，南京：南京大学出版社，1999年，第 196 页。

钟国发的《陶弘景评传》、郭文韬和严火其合著的《贾思勰王祯评传》等。各种高水平的研究论著犹如雨后春笋，争奇竞秀，各显芬芳。事实证明，儒学不是阻碍中国古代科学发展的"元凶"，诚如乐爱国所言："在今天看来，儒学对于中国古代科学的发展也有不利的方面。在儒学实用理性的影响下，中国古代科技过于强调实用科技的发展，在科技理论的创新方面，有所欠缺；由于儒学对于社会诸多领域的主导性过强，科技的发展始终处于儒学的统摄之下，而没有能够获得真正的独立，从而导致了科技独立性的缺失。但是，这些不利的方面，只是反映儒学在如何促进科技发展方面所存在的问题，不能被误解为是阻碍科技的发展。"①

二、生产力发展与社会变革

魏晋南北朝时期政局动荡，战争频仍，自然灾害不断，加上人口迁徙和户口严重减少的因素，生产力发展比较艰难。但从总体上看，此期的生产力发展水平较秦汉时期又略有提高。其主要表现是：

第一，南方自然资源得到了前所未有的开发。有论者指出：

> 随着中原人口大量移入和汉族政治中心南迁，经过几个世纪的努力，广大南方地区的农业生产取得了重大发展。南朝时期，长江下游的三吴地区已然成为发达的农业经济区，在当时人的心目中，其繁荣程度堪与西汉关中地区相比；长江中游，特别是江汉地区的经济局面也发生了重大改观，在全国经济中具有相当重要的战略地位。更南方的地区，包括今湘、赣、闽、广诸省丰富的自然资源也日益受到重视并渐次开发，其中岭南之地因其独特的气候、植被等自然生态环境条件，呈现出了鲜明的区域特色，已为当时社会所高度关注。由这些重大的历史变动发端，向后延伸到唐宋时代，南方区域稻作农业终于后来居上，"黄河轴心"和"旱作主体"的农业经济时代逐渐走向终结，中华文明发展的空间和色调因此而发生了重大改变。②

南方稻作经济的崛起，不仅为中华文明的发展提供了更多样化和更牢靠的生产资料，而且为以后中国经济重心的南移准备了雄厚的物质条件。故《宋书》卷54载史臣之论云：

> 江南之为国盛矣，虽南包象浦，西括邛山，至于外奉贡赋，内充府实，止于荆、扬二州。……自晋氏迁流，迄于太元之世，百许年中，无风尘之警，区域之内，晏如也。及孙恩寇乱，歼亡事极，自此以至大明之季，年逾六纪，民户繁育，将曩时一矣。地广野丰，民勤本业，一岁或稔，则数郡忘饥。会土带海傍湖，良畴亦数十万顷，膏腴上地，亩直一金，鄠、杜之间，不能比也。荆城跨南楚之富，扬部有全吴之

---

① 乐爱国：《还原儒学与科学间的真实关系》，《北京日报》2015年3月16日，第20版。
② 王利华主编：《中国农业通史·魏晋南北朝卷》，北京：中国农业出版社，2009年，第294页。

沃，鱼盐杞（杞）梓之利，充仞八方，丝绵布帛之饶，覆衣天下。①

　　与此经济发展状况相适应，许多科学名著开始在南方经济发达地区陆续出现，如天文类著作主要有东吴散骑常侍王蕃撰《浑天象注》，晋太史令韩杨撰《天文要集》40 卷，南朝梁奉朝请祖暅撰《天文录》30 卷②；历数类著作主要有东吴太子太傅阚泽撰《乾象历》3 卷，南朝宋人何承天撰《元嘉历》2 卷和《历术》1 卷、祖冲之撰《缀术》6 卷等③；医方类著作主要有三国广陵（今扬州）人吴普撰《华佗方》10 卷，东晋葛洪撰《肘后方》6 卷等④；地理类著作主要有西晋末避乱至江南的郭璞撰《山海经注》23 卷，南朝宋人山谦之撰《吴兴记》3 卷和《南徐州记》2 卷，南朝宋人谢灵运撰《游名山志》1 卷，南朝齐人陆澄撰《地理书》149 卷等⑤。由暂时的分裂状态所导致的区域科学技术发展，虽然历经曲折，但总的态势是向前发展，有些学科甚至取得了突破性进展。

　　第二，生产工具又有了新的变革。就生产工具的质地而言，陶弘景曾说："钢铁是杂炼生（即生铁）𨰿（即熟铁）作刀镰者。"⑥这是我国目前已知最早的灌钢文献史料，显而易见，既然用灌钢来制作刀、镰等普通农具，那么，这个记载无疑表明灌钢冶炼这种新技术在当时的南方地区已经普遍应用。⑦而从湖北、四川、江苏等地出土的犁、镬、锄、铲、镰等大量农具来看，它们确实都是由白口铁制成。

　　为了提高南方水田的灌溉效率，马钧将自己改进后的翻车应用于水田灌溉，故《三国志·魏书》引傅玄的话说："（扶风马钧）居京都，城内有地，可以为园，患无水以灌之，乃作翻车，令童儿转之，而灌水自覆，更入更出，其巧百倍于常。"⑧在此之前，东汉的毕岚实际上已经创制了翻车，只是它的用途还仅仅限于浇洒道路，所以《后汉书》记载，张让曾使掖庭令毕岚"作翻车渴乌，施于桥西，用洒南北郊路，以省百姓洒道之费"⑨。从这层意义上讲，马钧改进翻车产生了很好的社会效益。当然，马钧改进后的翻车究竟属于手摇水车还是立井水车⑩，学界尚有不同认识，不过，无论怎样，它都是我国古代农业机械的一项重大发明。

　　当时有一种新型的铁犁开始应用于山地耕作，据《齐民要术》载："今自济州以西，犹用长辕犁、两脚耧。长辕耕平地尚可，于山涧之间则不任用，且回转至难，费力，未若

---

①　《宋书》卷 54《孔季恭传》，北京：中华书局，1974 年，第 1540 页。

②　《隋书》卷 34《经籍志三》，北京：中华书局，1973 年，第 1018、1019 页。

③　《隋书》卷 34《经籍志三》，第 1022、1025 页。

④　《隋书》卷 34《经籍志三》，第 1041、1042 页。

⑤　《隋书》卷 33《经籍志二》，第 982、983 页。

⑥　（宋）唐慎微：《重修政和经史证类备用本草》卷 4《玉石部·铁精》，北京：人民卫生出版社，1957 年，第 114 页。

⑦　庄辉明：《南朝齐梁史》，上海：上海古籍出版社，2015 年，第 216 页。

⑧　《三国志》卷 29《魏书·杜夔传》，北京：中华书局，1959 年，第 807 页。

⑨　《后汉书》卷 78《张让传》，北京：中华书局，1965 年，第 2537 页。

⑩　陈文华编著：《中国古代农业科技史图谱》，北京：农业出版社，1991 年，第 174 页。

齐人蔚犁之柔便也。"①文中的"蔚犁"是指区别于"长辕犁"（需要二人或三人）的短犁（仅需一牛一人），所以有专家称："这是一种已经改进了结构并减轻了重量的短辕犁。这种犁操作灵便，可以调节耕地的深浅；能翻转土块，压青以充肥力；能开沟作垄，可实行'顺耕'和'逆耕'；还能灵活掌握犁沟宽窄以及翻转土垡的大小和畔地的深浅。"②又有专家指出："蔚犁的使用并不只限于齐地，而是从河西到齐鲁，从齐鲁到广东，加上'辽东之犁'使用区域，在极广阔的地区得到应用。"因此，"犁的这一改进极其有意义，因为人寡力单的自耕农小家庭，便可以完全一家一户从事耕作，所以对于牛耕方式的普及有极大推动作用，从而提高农业的整体生产力水平"③。

在整地工具方面，魏晋南北朝时期出现了畜力牵引的铁齿耙和无齿耙（亦即耢），如《齐民要术》云："耕荒毕，以铁齿䦆楱再遍杷（耙）之。"④这一工具是前所未见的新型中耕农具，它基本上解决了旱地农业的保墒防旱问题，所以有论者指出，从旱地农业生产的整个技术环节看，"在发明铁齿耙之后，就在耕和耢之间加上了耙这道工序，从而使平作耕法形成了耕后有耙，耙后有耢这样一套耕、耙、耢三位一体的耕作体系"⑤。可见，耙不仅是当时劳动人民创造的新的生产工具和先进的生产技术，而且由此带来了耕作基础的重大变化。旱地如此，而水田的状况也类似，比如广东连州出土的晋代陶质犁田耙地模型中有一牛拖曳的六齿秒耙，这是一种适用于水稻田的手扶铁齿耙，兼有平整土地和搅拌泥田的作用。⑥

此外，《齐民要术》还记载了20多种农具，这些农具构成了相对完整的体系，对促进我国古代土地利用技术的提高确实发挥了重要作用。其突出表现就是亩产量的不断提高，如《晋书》载："近魏初课田，不务多其顷亩，但务修其功力，故白田收至十余斛，水田收数十斛。"⑦又《太平御览》引《豫章记》所载南朝时期的水田亩产量说："郡江之西岸有樊石，下多良田，极膏腴者，一亩二十斛。"⑧尽管如此高的亩产量不具有代表性，但仅从这个特例来观察，它绝对不是偶然发生的自然现象，而是与当时这里较为先进的整地技术、施肥技术和田间管理技术存在着密切关系，甚至在某种程度上说它应是上述三种农业生产技术综合作用的结果。

第三，科学技术得到了进一步发展。积极兴修水利是魏晋南北朝时期科技发展的重要体现之一，据李剑农统计，此期见于文献记载的灌溉史实至少有35例。⑨其中要者如三国

① （后魏）贾思勰原著，缪启愉校释：《齐民要术校释》卷1《耕田》，北京：农业出版社，1982年，第28页。
② 郭文韬等编著：《中国农业科技发展史略》，北京：中国科学技术出版社，1988年，第192页。
③ 高敏主编：《魏晋南北朝经济史》下册，上海：上海人民出版社，1996年，第759页。
④ （后魏）贾思勰原著，缪启愉校释：《齐民要术校释》卷1《耕田》，第24页。
⑤ 中国农业科学院、南京农业大学中国农业遗产研究室编著：《北方旱地农业》，北京：中国农业科技出版社，1986年，第17页。
⑥ 中央农业管理干部学院华中农学院分院：《中国农业科学技术史简编》，武汉：湖北科学技术出版社，1984年，第48页。
⑦ 《晋书》卷47《傅玄传》，北京：中华书局，1974年，第1321页。
⑧ （宋）李昉等：《太平御览》卷821《资产部一·田》，北京：中华书局，1960年，第3658页。
⑨ 李剑农：《中国古代经济史稿·魏晋南北朝隋唐部分》，武汉：武汉大学出版社，2011年，第427—432页。

魏时刘馥为扬州刺史，镇合肥，"兴治芍陂及茄陂、七门、吴塘诸堨以溉稻田，官民有畜"[①]；青龙元年（233），司马懿在雍州、凉州"穿成国渠，筑临晋陂，溉田数千顷，国以充实焉"[②]；同时，邓艾"修广淮阳、百尺二渠，上引河流，下通淮颍，大治诸陂于颍南、颍北，穿渠三百余里，溉田二万顷，淮南、淮北皆相连接"[③]；西晋泰始十年（274），"光禄勋夏侯和上修新渠、富寿、游陂三渠，凡溉田千五百顷"[④]；元嘉五年（428），张邵"至襄阳，筑长围，修立堤堰，开田数千顷，郡人赖之富赡"[⑤]；中大通六年（534），夏侯夔为豫州刺史，"乃帅军人于苍陵立堰，溉田千余顷"[⑥]。对水资源的开发利用，除了上述农田灌溉之外，利用水能作动力而主要用于粮食加工的水碓和水碾也开始兴盛，于是，食物的精细化程度进一步提高。如《三国志》载："（张既）假三郡（指陇西、天水、南安）人为将吏者休课，使治屋宅，作水碓，民心遂安。"[⑦]《晋书》又载："（王戎）·性好兴利，广收八方园田水碓，周遍天下。"[⑧]可见，"三国时水碓较前通用，魏末晋初，王公大人，多以水碓致富，水碓舂谷，成为重要工业之一，非复农家的附业了"[⑨]。随着水碓的普及，人们更加需要高效、便捷的粮食加工机械，为此，杜预和崔亮才将东汉所创制的水排原理运用到水碓结构的改进中，于是，碾硙就出现了。据《魏书》载，崔亮"在雍州，读《杜预传》，见为八磨，嘉其有济时用，遂教民为碾。及为仆射，奏于张方桥东堰谷水造水碾磨数十区，其利十倍，国用便之"[⑩]。从机械原理上看，杜预和崔亮所创制的碾硙是采用一个立式转轮带动数盘石磨来运转，它为人类社会提供了最有效的机械动力，因而是手工业史上的一个重大革新。所以马克思不止一次称赞水磨这种技术发明的历史意义。他说：

> 磨从一开始，从水磨发明的时候起，就具有机器结构的本质特征。机械动力……最后是处理原料的工作机，这一切都彼此独立地存在着。……测量动力强度的理论和最好地使用动力的理论等等，最初也是从这里建立起来的。从 17 世纪中叶以来，几乎所有的大数学家，只要他们研究应用力学并把它从理论上加以阐明，就都是从磨谷物的简单的水磨着手的。[⑪]

在水磨发明之后，它对魏晋南北朝时期整个机械发展的影响是不言而喻的。下面略举

---

① 《三国志》卷 15《魏书·刘馥传》，第 463 页。
② 《晋书》卷 1《宣帝纪》，第 7 页。
③ 《晋书》卷 26《食货志》，第 785 页。
④ 《晋书》卷 26《食货志》，第 787 页。
⑤ 《宋书》卷 46《张邵传》，第 1395 页。
⑥ 《梁书》卷 28《夏侯宣传附夏侯夔传》，北京：中华书局，1973 年，第 421 页。
⑦ 《三国志》卷 15《魏书·张既传》，第 472 页。
⑧ 《晋书》卷 43《王戎传》，第 1234 页。
⑨ 陈安仁：《中国上古中古文化史》，上海：上海书店，1991 年，第 275 页。
⑩ 《魏书》卷 66《崔亮传》，北京：中华书局，1974 年，第 1481 页。
⑪ 中共中央马克思恩格斯列宁斯大林著作编译局：《马克思恩格斯选集》第 4 卷，北京：人民出版社，2012 年，第 446 页。

数例，以观其大略。①其一，马钧"巧思绝世……旧绫机五十综者五十蹑，六十综者六十蹑，先生患其丧功费日，乃皆易以十二蹑"②，经过马钧的改革，纺织效率较以前提高了四五倍。其二，祖冲之"有机思"，他曾"改造铜机，圆转不穷，而司方如一，马钧以来未有也……以诸葛亮有木牛流马，乃造一器，不因风水，施机自运，不劳人力。又造千里船，于新亭江试之，日行百余里。于乐游苑造水碓磨，世祖亲自临视"③。其三，后赵的尚方令解飞所造指南车、司里车、舂车及磨车等，其"舂车木人及作行碓于车上，动则木人踏碓，行十里，成米一斛。又有磨车，置石磨于车上，行十里，辄磨一斛"④。虽然上述机械的实际功能各不相同，但它们都利用了齿轮、动轴及带索系统的传动原理，无疑都是从水磨演变而来。

生产力的发展必然要求一定的生产关系与之相适应，因此，在上述生产力变革的历史背景下，魏晋南北朝的生产关系就不得不发生相应的变革。例如，针对东汉末年豪强兼并问题，曹操曾颁布了"抑兼并令"。他说：

> "有国有家者，不患寡而患不均，不患贫而患不安。"袁氏之治也，使豪强擅恣，亲戚兼并；下民贫弱，代出租赋，炫鬻家财，不足应命。审配宗族，至乃藏匿罪人，为逋逃主；欲望百姓亲附，甲兵强盛，岂可得邪！其收田租亩四升，户出绢二匹、绵二斤而已，他不得擅兴发，郡国守相明检察之，无令强民有所隐藏，而弱民兼赋也。⑤

西晋建立之后，曹魏时期实行的"屯田制"日渐破坏，为了迅速恢复生产，发展经济，司马炎在太康元年（280）下令推行"占田法"。据《晋书·食货志》载：

> 男子一人占田七十亩，女子三十亩。其外丁男课田五十亩，丁女二十亩，次丁男半之，女则不课。男女年十六已上至六十为正丁，十五已下至十三、六十一已上至六十五为次丁，十二已下六十六已上为老小，不事。远夷不课田者输义米，户三斛，远者五斗，极远者输算钱，人二十八文。其官品第一至于第九，各以贵贱占田，品第一者占五十顷，第二品四十五顷，第三品四十顷，第四品三十五顷，第五品三十顷，第六品二十五顷，第七品二十顷，第八品十五顷，第九品十顷。而又各以品之高卑荫其亲属。多者及九族，少者三世。宗室、国宾、先贤之后及士人子孙亦如之。而又得荫人以为衣食客及佃客，品第六已上得衣食客三人，第七第八品二人，第九品及举辇、迹禽、前驱、由基、强弩、司马、羽林郎、殿中冗从武贲、殿中武贲、持椎斧武骑武贲、持鈒冗从武贲、命中武贲武骑一人。其应有佃客者，官品第一第二者佃客无过五十户，第三品十户，第四品七户，第五品五户，第六品三户，第七品二户，第八品第

① 详细内容请参见冉昭德：《从磨的演变来看中国人民生活的改善与科学技术的发达》，杨倩如编著：《冉昭德文存》，济南：山东大学出版社，2014年，第79—91页。
② 《三国志》卷29《魏书·杜夔传》，第807页。
③ 《南齐书》卷52《祖冲之传》，北京：中华书局，1972年，第905、906页。
④ （宋）李昉等：《太平御览》卷752《工艺部九·巧》引《邺中记》，第3337—3338页。
⑤ 夏传才校注：《曹操集校注》，石家庄：河北教育出版社，2013年，第89页。

九品一户。①

至于实行占田法所取得的社会效果，首先肯定它积极扶持自耕农的政策，有利于小土地所有制的发展。②所以干宝《晋纪·总论》云：太康之中，"于时有'天下无穷人'之谚"③。此论未免夸张，但也并非没有根据，可惜，占田法维持时间不长，就出现了"八王之乱"。于是，民变蜂起，游牧民族乘机入主中原。其次还要看到，占田法在本质上是保护地主豪强的利益，其中"荫客制是在法令上承认官僚豪族占有人口的合法性，是封建国家第一次在法律上承认官僚豪族可占有人口，占有人口有免除对国家租税徭役的特权"④。因此之故，占田法所取得的社会效果十分有限。北魏是鲜卑族内迁后建立的少数民族政权，为了缩小北方游牧民族与中原农耕民族之间的文化差异，孝文帝倡导改革，在全盘汉化的基础上，积极推行均田制。据《魏书·食货志》记载：

> 诸男夫十五以上，受露田四十亩，妇人二十亩，奴婢依良。丁牛一头受田三十亩，限四牛。所受之田率倍之，三易之田再倍之，以供耕作及还受之盈缩。诸民年及课则受田，老免及身没则还田。奴婢、牛随有无以还受。诸桑田不在还受之限，但通入倍田分。于分虽盈，没则还田，不得以充露田之数。不足者以露田充倍。诸初受田者，男夫一人给田二十亩，课莳余，种桑五十树，枣五株，榆三根。非桑之土，夫给一亩，依法课莳榆、枣。奴各依良。限三年种毕，不毕，夺其不毕之地。于桑榆地分杂莳余果及多种桑榆者不禁。诸应还之田，不得种桑榆枣果，种者以违令论，地入还分。⑤

由上述引文可知，均田制的先决条件是地广人稀，且闲置无主的土地比较多。诚如黄震孙在《限田论》中所云："彼口分、世业之法，吾谓独元魏之世可行之耳。盖北方本土旷人稀，而魏又承十六国纵横之后，人民死亡略尽，其新附之众，土地皆非其所固有，而户口复可得而数，是以其法可行。"⑥由于牛和奴婢也享有受田的权利，所以拥有众多奴婢的豪族依然掌控着国家的土地资源，对于一般的自耕农而言，均田制的目的则是"让他们能够有最低限度的耕地，可以独立维持生活，不至于受豪强的剥削，同时也使土地不至于荒废，能为国家负担赋税"⑦。同时，又不触动原土地所有者的既得利益。因此，孝文帝推行均田制的初衷当然不是平分土地给自耕农，而是试图用法律手段来实现限制土地数量和均衡土地的目的。因此，有论者指出："北魏的均田制，惟其制度的设置有利于清查为豪强所隐占的劳动力，故能形成与豪强地主分割地租的较稳定态势。它的这一基本精神，

---

① 《晋书》卷 26《食货志》，第 790—791 页。
② 葛金芳：《中华文化通志》第 32 册《制度文化典·土地赋役志》，上海：上海人民出版社，1998 年，第 110 页。
③ （宋）司马光：《资治通鉴》卷 89《晋纪十一》，北京：中华书局，1956 年，第 2835 页。
④ 王永萍：《中华传统文化精要》，沈阳：辽宁人民出版社，2014 年，第 70 页。
⑤ 《魏书》卷 110《食货志》，第 2853 页。
⑥ （清）吴翌凤：《清朝文征》，任继愈主编：《中华传世文选》第 11 册，长春：吉林人民出版社，1998 年，第 853 页。
⑦ 梁庚尧：《中国社会史》，上海：东方出版中心，2016 年，第 132 页。

在后来长达两个多世纪的均田制的实施过程中，基本上得到了贯彻。"①又有论者评价说："农业生产是土地和人口相结合的过程，前人咸以均田为解决这一矛盾的可行办法。继北周而立的隋朝，为了稳定社会秩序，发展农业生产，实现和巩固全国统一的局面，更需推行均田之制，开皇、大业年间屡令不懈。随着隋王朝的一系列政治经济措施，农业生产不断发展，到开皇九年（公元 589 年）即由隋初的四五百万户增加到七八百万户，表明逃亡的农民回到了土地，广大地区的农民都能好尚稼穑，多事田渔。"②从这个角度看，均田制实行之后，确实促进了农业生产的发展，而贾思勰的《齐民要术》正是北魏均田制背景下的产物。此外，与农业经济相关的数学也开始走向繁荣。例如，《算经十书》中的《张丘建算经》《五曹算经》《五经算术》都是北朝时期的数学名著，而北魏也出现了殷绍和高允两位历算家。对此，颜之推曾在比较南北朝数学发展的不同特点时说："算术亦是六艺要事；自古儒士论天道，定律历者，皆通学之。然可以兼明，不可以专业。江南此学殊少，唯范阳祖暅精之，位至南康太守。河北多晓此术。"③

三、魏晋南北朝时期科学思想的主要内容和特点

（一）魏晋南北朝时期科学思想的主要内容

（1）对宇宙之存在状态及本原的探讨。魏晋南北朝时期出现了十分丰富的天学思想，对此，《晋书·天文志》说："成帝咸康中，会稽虞喜因宣夜之说作《安天论》……虞喜族祖河间相耸又立《穹天论》……吴太常姚信造《昕天论》。"④南朝人贺道养在《浑天记》一文中称："昔记天体者有三：浑仪莫如其始，《书》以齐七政，盖浑体也。二曰宣夜，夏殷之法也。三曰周髀，当周髀之所造，非周家术也。近世复有四术：一曰方天，兴于王充；二曰轩天，起于姚信；三曰穹天，由于虞喜。皆以抑断浮说，不足观也。惟浑天之事，征验不疑。"⑤站在今天的角度看，贺道养的评价显然有失公允。例如，杨泉坚持宣夜说，他认为："所以立天地者，水也；成天地者，气也。水土之气，升而为天；天者，君也。夫地有形而天无体，譬如灰焉，烟在上，灰在下也。……夫天，元气也，皓然而已，无他物焉。……星者，元气之英也；汉，水之精也。气发而升，精华上浮，宛转随流，名之曰天河，一曰云汉，众星出焉。"⑥这些论述不仅坚持了宣夜说的宇宙无限思想，而且提出了宇宙起源的新假说。在杨泉看来，第一，"气"是宇宙的本原，具体言之，宇宙中的星体也是由"气"（包括尘埃）所生成的。因此，有论者评价说："近代天文学上讨论宇宙起源问题的著名星云学说，其主张从气体和尘埃云中经过凝聚而生成天体和地球，也是透

① 程念祺：《国家力量与中国经济的历史变迁》，北京：新星出版社，2006 年，第 273 页。

② 孟昭华编著：《中国灾荒史记》，北京：中国社会出版社，1999 年，第 266—267 页。

③ 王利器：《颜氏家训集解》增补本，北京：中华书局，1993 年，第 587 页。

④ 《晋书》卷 11《天文志上》，第 279、280 页。

⑤ （宋）李昉编纂，夏剑钦、王巽斋校点：《太平御览》第 1 卷，石家庄：河北教育出版社，1994 年，第 20 页。

⑥ 中国科学院哲学研究所中国哲学史组、北京大学哲学系中国哲学史教研室：《中国哲学史资料简编·两汉—隋唐部分》，北京：中华书局，1963 年，第 359—360 页。

过物质形态的转化以说明宇宙的发展的，可见宣夜说的说法是十分令人佩服的。"①第二，"地有形而天无体"不仅区别了气体与固体的物质存在形态，而且明确了宇宙无边界的思想。因为"天无体"是说宇宙不是一个固定的形体，而是一个无边无际的运动客体。可惜，杨泉没有进一步说明这个"无体"的天究竟是如何产生出有形质的宇宙天体的。与之相连，晋代成书的《列子·汤问》从无限宇宙出发，用生动的语言解释了宇宙既是宏观和微观的统一，同时又是至大与至小的集合。特别是《列子》通过杞人忧天的寓言，又将杨泉的无限宇宙思想向前推动了一大步。《列子》云：

> 杞国有人忧天地崩坠，身亡所寄，废寝食者。又有忧彼之所忧者，因往晓之曰："天，积气耳，亡处亡气。若屈伸呼吸，终日在天中行止，奈何忧崩坠乎？"其人曰："天果积气，日月星宿，不当坠耶？"晓之者曰："日月星宿，亦积气中之有光耀者，只使坠，亦不能有所中伤。"其人曰："奈地坏何？"晓者曰："地积块耳，充塞四虚，亡处亡块。若躇步跐蹈，终日在地上行止，奈何忧其坏？"其人舍然大喜，晓之者亦舍然大喜。

> 长庐子闻而笑之曰："虹霓也，云雾也，风雨也，四时也，此积气之成乎天者也。山岳也，河海也，金石也，火木也，此积形之成乎地者也。知积气也，知积块也，奚谓不坏？夫天地，空中之一细物，有中之最巨者。难终难穷，此固然矣。难测难识，此固然矣。忧其坏者，诚为大远。言其不坏者，亦为未是。天地不得不坏，则会归于坏。遇其坏时，奚为不忧哉！"②

文中所言"日月星宿，亦积气中之有光耀者"，表明宇宙星体是自身发光的物质实体，较杨泉《物理论》的星体学说，此论肯定了恒星是能够自身发光的星体。用"积气"和"积块"来解释宇宙星体的产生与演变过程，符合现代宇宙学的基本原理。而有形物质的生灭运动则体现了《列子》的朴素辩证法思想，它从一个侧面否定了"有神论"。为了回答类似杞人忧天一类问题，虞喜又撰作了《安天论》。他说：

> 天高穷于无穷，地深测于不测。天确乎在上，有常安之形；地魄焉在下，有居静之体。当相覆冒，方则俱方，员则俱员，无方员不同之义也。其光曜布列，各自运行，犹江海之有潮汐，万品之有行藏也。③

这段话虽然尚存在一定缺陷，如认为"地深测于不测"与地球的实际不符，但从当时的科学背景来看，其进步意义应是主要的方面。因为"安天论既否定了天圆地方说，又批判了天球具有固体壳层的思想，同时也回答了杞人忧天倾的疑虑"④。然而，"宣夜说因受到葛洪、李淳风等人的反对而受阻，以致湮没无闻，这是很为可惜的"⑤。

---

① 刘昭明编著：《中华天文学发展史》，台北：台湾商务印书馆，1985年，第455页。
② （周）列御寇：《列子》卷上《天瑞》，《百子全书》第5册，长沙：岳麓书社，1993年，第4636页。
③ 《晋书》卷11《天文志上》，第279—280页。
④ 陈久金主编：《中国古代天文学家》，北京：中国科学技术出版社，2008年，第150页。
⑤ 陈久金主编：《中国古代天文学家》，第151页。

（2）对日用经济问题的关注。与秦汉相比，魏晋南北朝的庄园经济比较发达，对此，有学者评论说：

> 无论江南世族抑北方世族，其经济支柱建筑于大土地所有，或者说，发达的庄园，为基本理解。南北朝世族各各拥有广大面积庄园与大量成立主从关系的"领民"，而从事自给自足封锁经济，依此特征，今日历史界往往比拟之为欧洲中古庄园制普及时代的封建社会。然而，此一比拟，却忽略了中国世族庄园非构筑自政治上封建支架的事实。①

庄园主既是庄园经济的决策者，同时又是管理者。当然，由于有的庄园规模很大，庄园主不得不将具体的管理事务委托给那些"典计"来操持。至于庄园经济的种植特点，谢灵运《山居赋》中有一番非常经典的描述。其文云：

> 田连冈而盈畴，岭枕水而通阡。阡陌纵横，塍埒交经。导渠引流，脉散沟并。蔚蔚丰秫，苾苾香粳。送夏蚤秀，迎秋晚成。兼有陵陆，麻麦粟菽。候时觇节，递艺递熟。供粒食与浆饮，谢工商与衡牧。生何待于多资，理取足于满腹。自园之田，自田之湖。泛滥川上，缅邈水区。浚潭涧而窈窕，除菰洲之纤余。㶁温泉于春流，驰寒波而秋徂。风生浪于兰渚，日倒景于椒涂。飞渐榭于中沚，取水月之欢娱。旦延阴而物清，夕栖芬而气歍。顾情交之永绝，觊云客之暂如。水草则萍藻蕰菱，蘿蒲芹荪，蒹葭苹蘩，蔍荇菱莲。虽备物之偕美，独扶渠之华鲜。播绿叶之郁茂，含红敷之缤翻。②

这篇被称为"韵文形式地方志"③的长文，同时也是"一部最早的曹娥江志，并为后来逐渐形成的剡溪文化奠定了基础"④。当然，谢灵运《山居赋》的主体是他的始宁别业，它把自然与生活融为一体，因此，"庄园经济与追求艺术化的特点使得它即（既）有别于以前的皇家苑囿，也与后来出现的私家园林有着很大的不同，属于中国古典园林的服务对象从统治阶级逐渐走向平民大众的这一过渡阶段的产物"⑤。而此文将平民大众的日用经济（包括各种农田、农作物种植、林产、禽畜、水产、药物生产及手工业生产）体现得可谓淋漓尽致。所以像谢灵运这样的门阀士族"建立的庄园经济是魏晋至唐前期占主导地位的封建经济形态"⑥。与之相连，以日用经济为主要内容的著述大量出现。如杨泉的《物理论》不仅谈论"天体"问题，而且更推崇应用自然规律以满足人们日常生活需要的"工匠精神"。他说："夫蜘蛛之罗网，蜂之作巢，其巧妙矣，而况于人乎。故工匠之方圆

---

① 姚大中：《姚著中国史》第 3 卷《南方的奋起》，北京：华夏出版社，2017 年，第 127 页。

② 《宋书》卷 67《谢灵运传》，第 1760—1761 页。

③ 李永鑫主编：《绍兴通史》第 2 卷，杭州：浙江人民出版社，2012 年，第 485 页。

④ 李辉：《从〈山居赋〉看谢灵运的风景园林思想》，中国城市规划学会：《城市规划和科学发展——2009 中国城市规划年会论文集》，天津：天津科学技术出版社，2009 年，第 424 页。

⑤ 李辉：《从〈山居赋〉看谢灵运的风景园林思想》，中国城市规划学会：《城市规划和科学发展——2009 中国城市规划年会论文集》，第 424 页。

⑥ 谢重光：《中古佛教僧官制度和社会生活》，北京：商务印书馆，2009 年，第 275 页。

规矩出乎心，巧成于手，非睿敏精密，孰能著勋，形成器用哉？"①又论农业生产的原则说："稼，借耕也；穑，犹收也；古今之言云尔。稼，农之本；穑，农之末；农本轻而末重，前缓而后急。稼欲少，穑欲多；耨欲缓，收欲速；此良农之务。"②据考，《晋书·纪瞻传》最早出现了"经济"一词，其文云："瞻忠亮雅正，识局经济。"③尽管当时"经济"的内涵与现代的"经济"内涵有所不同，但晋人首次把评价历史人物的着眼点由"尚道德"转向"尚民生"。于是，此期的财政思想可谓异彩纷呈，出现了傅玄的"治税四原则"（即"度时宜而立制""量民力以役赋""所务公而制有常""计民丰约而平均之"）④，鲍敬言"无君论"中的非税思想，王肃的"息代有日，则莫不悦以即事"⑤思想，萧子良的"略其目前小利，取其长久大益"⑥思想，刘颂反对"父南子北，室家分离"的错役制，而主张"使受百役者不出其国，兵备待事其乡"⑦，周朗对"计资而税"法的抨击，顾宪之的"便于公，宜于民"⑧思想，以及贺琛反对重税的主张等。甚至贾思勰在《齐民要术》序言中更直接地表达了其鲜明的"资民生、传科学"⑨观点。所以有论者说："没有周朗等人对计资而税的抨击，便没有南梁的按丁征赋，没有按丁征赋的实践便也没有后来均田思想的风行中国三百年！"⑩

在上述财政经济思想的影响下，关注民生问题的科技著作大量出现，如嵇含等所撰的《南方草木状》、葛洪的《肘后备急方》、张华的《博物志》、常璩的《华阳国志》、郦道元的《水经注》、甄鸾的《五曹算经》等。据《隋书·经籍志》载录，仅经济数学类著作就至少有9种，即《孙子算经》2卷、《赵歠算经》1卷、《夏侯阳算经》2卷、《张丘建算经》2卷、《五经算术》1卷、《算经异义》1卷、《张去斤算疏》1卷、《算法》1卷及《众家算阴阳法》1卷⑪，地理类著作约130部⑫，医学类著作约250部⑬，数量都非常可观，这体现了此期士人更加关注国家社会经济生活的方方面面。

（二）魏晋南北朝时期科学思想的主要特点

1. 以抽象思维为特征的个性化科学研究成就卓著

魏晋南北朝受玄学思潮的影响，有不少士人沉醉于对自然规律的遐想、思辨和深思之

① （晋）杨泉：《物理论》，上海：商务印书馆，1939年，第17页。
② （晋）杨泉：《物理论》，第16页。
③ 《晋书》卷68《纪瞻传》，第1823页。
④ （晋）傅玄：《平赋役》，虞祖尧等编著：《中国古代经济著述选读》上册，长春：吉林人民出版社，1985年，第516页。
⑤ （清）钱仪吉：《三国会要》，上海：上海古籍出版社，1991年，第762页。
⑥ 《南齐书》卷26《王敬则传》，第483页。
⑦ 《晋书》卷46《刘颂传》，第1306页。
⑧ 《南齐书》卷46《顾宪之传》，第808页。
⑨ 吴平、钱荣贵主编：《中国编辑思想发展史》上卷，武汉：武汉大学出版社，2014年，第386页。
⑩ 李炜光：《中国财政通史·魏晋南北朝卷》，北京：中国财政经济出版社，2006年，第142页。
⑪ 《隋书》卷34《经籍志三》，第1025—1026页。
⑫ 《隋书》卷33《经籍志二》，第982—986页。
⑬ 《隋书》卷34《经籍志三》，第1040—1050页。

中，并创造了一个又一个世界科学史上的奇迹。以刘徽为例，他注《九章算术》时阐发了丰富的数学思想。其要者如下：

（1）以比率概念为基础，建立了分数运算理论。

（2）以"两数得失相反"的原理阐述了正负数的运算法则。

（3）在开方数方面，研究了开方数的意义，并论述了不尽方根的存在性和一些运算性质。

（4）发明了"求微数法"，即以十进分数来无限逼近无理数。

（5）在算法理论方面，刘徽建立了从比率到方程的筹式演算理论。

（6）以比率的基本运算为基础，实现了筹式演算的模式化和程序化。

以上属于在数理论方面的创造性成就。在几何学领域，刘徽提出了几个原理和使用极限的方法等如下：

（1）以"出入相补原理"来处理平面直线形求积问题。

（2）用"割圆术"（这是一种可以计算圆周率到任意精度的一般性方法）的极限方法建立了圆面积的精确公式。

（3）建立了"刘徽原理"，完成了多面体体积的理论，解决了多种几何形、几何体的面积和体积的计算问题。

（4）以"截面原理"来解决曲面体的求积问题，尤其是刘徽构造了"牟合方盖"模型，成为解决球体积计算的一把钥匙。

（5）用"弧田术"和"阳马术"的极限方法求解了弧田、阳马和鳖臑的体积公式，并给出了相应的证明。

在勾股测量方面，刘徽提出了"勾股不失本率原理"，从实质上建立了勾股形的相似理论，奠定了后来勾股测量术的理论基础。[1]

由上述成就不难看出，刘徽对中国古代数学的理论贡献堪与欧几里得对古希腊数学的总结和整理相媲美[2]，难怪许多教科书将其称为"中国数学史上的牛顿"[3]。除了刘徽之外，祖冲之是此期又一位杰出的理论数学家。如前所述，刘徽创造性地运用两立体图形相应截面面积之间的关系来确定它们体积之间的关系，亦即牟合方盖法，它是一种特殊形式的不可分量方法。可惜刘徽没有能够用牟合方盖法求出计算球体积的一般公式。尽管如此，刘徽还是坚信后继者一定能解决这个问题，所以他坦言："欲陋形措意，惧失正理。敢不阙疑，以俟能言者。"[4]果然两百年后，祖冲之父子在推导"牟合方盖"体积的过程中，提出了如下原理："夫叠棋成立积，缘幂势既同，则积不容异。"[5]意思是说，在两个

---

① 曹媛：《刘徽的极限思想评述》，马魁君、武宝林主编：《海运高职教育探索与实践（2016）》，大连：大连海事大学出版社，2016年，第323—324页。

② 朱根逸主编：《简明世界科技名人百科事典》，北京：中国科学技术出版社，1999年，第81页。

③ 张圣勤等：《高等数学》上册，北京：机械工业出版社，2009年，第36页。

④ （三国·魏）刘徽：《九章算术》卷4《少广》，郭书春、刘钝校注：《算经十书（一）》，沈阳：辽宁教育出版社，1998年，第41页。

⑤ （三国·魏）刘徽：《九章算术》卷4《少广》，郭书春、刘钝校注：《算经十书（一）》，第42页。

立体中作与底平行的截面，如果对应部分的截面面积都相同，那么，两个立体的体积相等，此即著名的"祖暅原理"。

祖冲之的"密率"是一个精度极高的分数，直到一千多年后才由阿尔·卡西打破了祖冲之所保持的这项世界纪录。至于祖冲之是如何得到这个分数的，由于《缀术》已经失传，后人难以窥知其详情。但是，诚如德国数学家康托尔所说："历史上一个国家所算得的圆周率的准确程度，可以作为衡量这个国家当时数学发展水平的指标。"①

2. 明理之学向科学领域的渗透

周有光曾经提出一个观点，他说："人类思维可以宏观地分为三个阶段：神学、玄学、科学。神学：印象和冥想。玄学：观察和推理。科学：测量和实证。"②至于如何历史地解读"玄学"，是一个颇为棘手的学术话题，本书不拟详论。人们习惯于把魏晋学术称为玄学，而"玄学讨论的中心课题是'有无本末'，亦即天地万物存在的根据和作用。玄学思想家强调以无为本，贵无轻有，把'无'作为世界和万物的根据"③。唐君毅直接将玄学与名理之学等同起来，认为"魏晋人之清谈及玄学，亦可称之为谈名理之学"④。所以魏晋时期出现了不少专门探讨"理"的科学著作。如刘徽注《九章算术》，杨泉《物理论》，祖冲之《缀术》，何承天《历术》，赵𣸣《七曜历数算经》和《阴阳历术》等。《隋书·经籍志》云："历数者，所以揆天道，察昏明，以定时日，以处百事，以辨三统，以知厄会，吉隆终始，穷理尽性，而至于命者也。"⑤王弼曾说："物无妄然，必由其理。"⑥此"理"亦即规律，它是宇宙万物存在和发展的根据。后来，郭象更明确指出："不得已者，理之必然也，体至一之宅而会乎必然之符者也。"⑦

当然，讲到魏晋时期"名理之学"的兴盛，就不能不提汉魏之际《牟子理惑论》的作用与影响。有学者这样总结道：

僧祐和颜之推分别从政治、伦理、经济、历史、文化等几个方面总结了时人对佛教的疑惑和批评，然其思想要点均没有超出《理惑论》的范围。……

佛教传入中国后，曾一度引起巨大的争论，其思想要点体现在敬王论、黑白论、夷夏论、形神论等几个方面，而这些思想均发端于《理惑论》，《理惑论》虽撰于佛教的初传时期，但其已经囊括了排佛论的各个方面，应是一部高水平的佛学论著。⑧

其中"形神论"既是一个哲学问题，同时又是一个科学问题。就前者而言，如杨泉的

① 唐明等主编：《法国数学精英传》，呼和浩特：远方出版社，2005年，第13页。
② 周有光：《语文闲谈（二编）》，北京：生活·读书·新知三联书店，2012年，第290页。
③ 陈来：《中华文明的核心价值——国学流变与传统价值观》，北京：生活·读书·新知三联书店，2015年，第94页。
④ 唐君毅：《唐君毅全集》第17卷《中国哲学原论·导论篇》，北京：九州出版社，2016年，第22页。
⑤ 《隋书》卷34《经籍志三》，第1026页。
⑥ （三国·魏）王弼著，楼宇烈校释：《王弼集校释》下册，北京：中华书局，1980年，第591页。
⑦ （清）郭庆藩：《庄子集释·内篇·人间世》，《诸子集成》第5册，石家庄：河北人民出版社，1986年，第68页。
⑧ 存德：《中国佛教述论》，北京：宗教文化出版社，2014年，第374页。

"人死之后，无遗魂矣"[①]思想，孙盛的"形既粉散，知亦如之"[②]主张，何承天的"形神相资，古人譬以薪火，薪弊火微，薪尽火灭"[③]观等，都坚持了自荀子以来的神灭论传统，而范缜正是在这些研究成果的基础上将中国古代的无神论思想推向了一个新的历史高度。有学者分析其原因说："魏晋玄学对世界的认识要比汉代经学对世界的认识更深刻，它企图深入到现象之后去把握世界的本体。这种学说，从总体上说已经超出了两汉时期的感性阶段，上升到了抽象思维阶段。"[④]就后者而言，道家把形神问题引入具体的性命炼养之中，因而开启了形神问题的另外一个研究向度。例如，陶弘景认为：

> 凡质像所结，不过形神。形神合时，是人是物；形神若离，则是灵是鬼。其非离非合，佛法所摄。亦离亦合，仙道所依。今问以何能而致此？仙是铸炼之事极，感变之理通也。当埏埴以为器之时，是土而异于土，虽燥未烧，遇湿犹坏，烧而未熟，不久尚毁。火力既足，表里坚固，河山可尽，此形无灭。[⑤]

这段话的科学史意义主要有两点：第一，在坚守道教"形神合同"的生命构成理论的前提下，通过炼养的实践而积极引导道教徒面向自然界去寻求和探讨生命的奥秘。第二，弘扬了道教的物质不灭观和物质变化观，一方面充分肯定了物质本身的不可消灭性；另一方面又主张物质形态的可转化性，推动了道教宇宙生成论及物质演化思想的发展。[⑥]

3. 许多科学成就都能从科学理论转化为现实的生产力

下面是《隋书·律历志》"嘉量"中的一段话，其文云：

> 《周礼》，桌氏"为量，鬴深尺，内方尺而圆其外，其实一鬴；其臀一寸，其实一豆；其耳三寸，其实一升。"……祖冲之以算术考之，积凡一千五百六十二寸半。方尺而圆其外，减傍一厘八毫。其径一尺四寸一分四毫七秒二忽有奇而深尺，即古斛之制也。[⑦]

可见，祖冲之的"密率"或"约率"已经被广泛应用于与圆计算有关的社会经济各领域了。又如，北周保定元年（561）辛巳五月，"晋国造仓，获古玉斗。暨五年乙酉冬十月，诏改制铜律度，遂致中和。累黍积籥，同兹玉量，与衡度无差。准为铜升，用颁天下。内径七寸一分，深二寸八分，重七斤八两。天和二年丁亥，正月癸酉朔，十五日戊子

---

① （宋）李昉等：《太平御览》卷 548《礼仪部二十七》引《物理论》，第 339 页。

② （晋）孙盛：《与罗君章书》，陈延嘉、王同策、左振坤校点主编：《全上古三代秦汉三国六朝文》第 4 册，第 650 页。

③ （梁）释僧祐：《弘明集》卷 3，[日] 高楠顺次郎等：《大正新修大藏经》第 52 册，东京：大正一切经刊行会，1934 年，第 19 页。

④ 牙含章、王友三主编：《中国无神论史》上册，北京：中国社会科学出版社，1992 年，第 441 页。

⑤ （南朝·梁）陶弘景：《华阳陶隐居集·答朝士访仙佛两法体相书》，《宛委别藏》第 98 册，南京：江苏古籍出版社，1988 年，第 37 页。

⑥ 蔡林波：《神药之殇：道教丹术转型的文化阐释》，成都：巴蜀书社，2008 年，第 96 页。

⑦ 《隋书》卷 16《律历志上》，第 408—409 页。

校定，移地官府为式"。而"今若以数计之，玉升积玉尺一百一十寸八分有奇，斛积一千一百八十寸五分七厘三毫九秒"①。这是当时人们采用的祖冲之密率，如元代赵友钦在《革象新书》里就把这个 π 值称为"祖冲之所推密率"②。

魏晋南北朝的机械原理和应用成就十分突出，具体内容如表 0-1 所示：

表 0-1　三国两晋南北朝机械制造成就简表③

朝代	成就
三国（220—280）	发明机械式指南车、记里鼓车，具有减速运输和自动离合装置，说明传动机构齿轮系已经发展到较高水平；马钧改进了提花机；发明木牛流马（现代学者考证，多数认为是一种独轮车）；改进弩机；大型战船出现
两晋（266—420）	出现低硅灰口铁；制造水密隔舱船舶；大型铜铁铸件和大型机械结构在两晋开始出现
南北朝（420—589）	灌钢工艺炼制优质钢；出现舂车、磨车；发明轮船

尤其是"机器木人"的出现及其在社会生活诸多领域中的应用，显示了魏晋南北朝时期非常独特的"科技时尚"。据朱大渭研究：

在汉末魏晋南北朝时期，各类机械木人共有 91 个之多（隋代木人未计在内）。……这些木人中有成人小孩，有男人也有女人。他们或为娱乐所用，或与人民生计相关，或供宣扬宗教迷信之用，或为计里计时仪器。显然，都是和当时的物质文化生活有一定关联的。这些机械木人不仅能行走、跪拜、倒立、跳丸、踏碓、舂米、磨面，甚至还能吹箫、掷剑；又或自动行走，捧盖以揖；或撮香投炉，抚掌行令；或以手拈香，佛前作礼，或摩佛心腹之间；或开户拜客，或掩门关鼠等，说明当时机械木人的制造技术已相当复杂。经证实，机械木人的活动原理，其动力主要靠人力、水力、风力，同时还借用弹力、惯力、重力、摩擦力等，再经过用链、钩键、卧式齿轮、凸轮、轮轴、曲柄和连杆等各种传动机械，将动力传给机械木人，使木人作出各种模仿真人的活动。④

综上所述，此期确实可以说应用技术成就辉煌，因而是"中国历史上一段绝对骄傲的时期，也是人类科学历史发展过程中的重要时期"，其中"魏晋的科学成就，几乎包括了天文学、数学、地理学、农学、机械制造学等各种学问，而且一个鲜明的特点是，魏晋的科学成就大多数都由科学理论转换为现成的生产力，也就是说通过科学理论，成功制造出了可以投入应用，并且领先世界的科学成果，做到这一点，即使在今天也是非常不容易的"⑤。

---

① 《隋书》卷 16《律历志上》，第 410 页。
② （清）阮元等撰、冯立昇、邓亮、张俊校注：《畴人传合编校注》卷 28《元·赵友钦传》，郑州：中州古籍出版社，2012 年，第 251 页。
③ 中国机械工程学会编著：《中国机械史·图志卷》，北京：中国科学技术出版社，2014 年，第 6—7 页。
④ 朱大渭：《朱大渭说魏晋南北朝》，上海：上海科学技术文献出版社，2009 年，第 156 页。
⑤ 王升：《魏晋风尚志》，苏州：古吴轩出版社，2011 年，第 131 页。

第一章 魏晋时期的科学技术思想研究

在汉武帝确立了"独尊儒术"的政策之后，儒学就成了士人思想成长的重要营养，而深深浸入了士人的血脉之中。因此，魏晋南北朝时期，由于汉末神学、经学出现了危机，道教和佛教乘机发展起来，原来儒学一尊的局面转而为儒、道、释三家并存与鼎立。尽管儒、道、释三家随着封建政权的更迭和变化，此起彼伏，矛盾转化的情形比较复杂，但有一条主线却甚分明，即"儒教始终是儒、佛、道三角关系中的轴心"①。

魏晋时期战乱频仍，玄学开始兴起。面对外来佛教的挑战，东汉后期形成的士大夫官僚世家，一直秉承儒学传统，明经致用，崇尚文教。在思想领域，《周礼》取代了《仪礼》的礼经地位，五礼开始孕育。尤其是古文经学占据魏晋经学的主流地位，儒家思想经过从烦琐无用到尚古实用的变化过程，遂出现了赵爽、诸葛亮、刘徽、王叔和、皇甫谧、葛洪等一代震古烁今的科学技术思想家，名垂青史。

第一节 赵爽的几何思想

赵爽字君卿，又名赵婴，三国吴人，生卒年不详，是中国古代著名的数学家和天文学家。赵爽的家庭背景及其主要生平事迹，因史籍阙载，难以详知。不过，从他为《周髀算经》②所写的序言中，我们知道赵爽是一位喜欢探究宇宙奥秘的杰出思想家，然而他的思想不是空想出来的，完全是建立在科学实践的基础之上。赵爽说：

> 夫高而大者莫大于天，厚而广者莫广于地。体恢洪而廓落，形修广而幽清。可以玄象课其进退，然而宏远不可指掌也；可以晷仪验其长短，然其巨阔不可度量也。③

宇宙是无限的，它"体恢洪而廓落，形修广而幽清"，一方面，从直接性的角度看，宇宙高深宏远，以至"不可指掌"，又广袤巨阔，以至"不可度量"；另一方面，从间接性的角度看，人类不是没有办法"指掌"和"度量"宇宙，而是通过科学实践的手段，用"玄象"（即浑天象）和"晷仪"来测度宇宙，并计算出宇宙天体的位置、大小、速度等。正是由于这个原因，汉代天学家提出了多种宇宙结构模型，如盖天说、浑天说、宣夜说

---

① 黄鹤主编：《中国传统文化释要》，广州：华南理工大学出版社，1999年，第124页。

② 原名《周髀》，唐李淳风在勘定《算经十书》时，将其改名为《周髀算经》。

③ （三国·吴）赵君卿：《周髀算经序》，郭书春、刘钝校点：《算经十书（一）》，沈阳：辽宁教育出版社，1998年，第1页。

等，而董仲舒的"人副天数"（把宇宙比附为人体）和"天人感应"在一定程度上也可视为宇宙结构模型之一。汉代思想界复杂多变，以经学为主导，天文学、农学、医学、数学、炼丹、养生、谶纬等，竞相斗艳，成就辉煌。进入三国后，曹魏承汉代学风之余绪，继续思想变革，如用古文取代今文和用玄学取代经学，所以汤用彤说："汉魏之际，中华学术大变。"①

然而，与中原地区所出现的文化变革局面不同，孙吴政权偏居江南一隅，这里仍保留着汉代今文经学"天人感应"的思维习惯，喜好"谈天"之术数②。如《三国志·吴书》载：

> （虞翻）著《易注》。③
> （陆绩）作《浑天图》，注《易》释《玄》。④
> （阚泽）著《乾象历注》。⑤

《艺文类聚》卷九十二引有孙吴时期徐整《三五历》的内容。⑥

又据《晋书·天文志上》之"天体"篇载，当时言"天体"者，除了东汉的蔡邕、郗萌、王仲任外，其他全部是吴地的学者，如虞喜、虞耸、姚信、葛洪⑦。只要留心观察，就不难发现，在这个谈天群体中确实以孙吴时期的学者占多数，如徐整、王蕃、虞耸、姚信等。难怪饶宗颐在谈到中国古代浑天说的发展情形时认为："凡此浑天一派，皆盛行于江南，而吴人之著论尤夥。"⑧唐长孺更是直言不讳："汉代天体的讨论是很流行的，自《淮南子》的《天文训》开始以至刘向、扬雄、桓谭、张衡、马融、王充、郑玄这些著名学者都曾著论讨论这个问题。可是一到三国却只流行于江南，中原几等于绝响。"⑨这就是赵爽生活时代的文化环境和思想特色，在这样的文化环境中，赵爽耳濡目染，不知不觉受到熏陶，谈天论道，探赜索隐，并有《周髀算经注》传世。他对自己探究《周髀算经》的动机，也做了陈述：

> 负薪余日，聊观《周髀》，其旨约而远，其言曲而中。将恐废替，濡滞不通，使谈天者无所取则，辄依经为图，诚冀颓毁重仞之墙，披露堂室之奥。⑩

显然，赵爽注《周髀算经》，仅仅是为了使谈天者有所取则，不承想就是这样简单之

---

① 汤用彤：《王弼之〈周易〉、〈论语〉新义》，《魏晋玄学论稿》，上海：上海古籍出版社，2001年，第76页。
② 王永平：《中古士人迁移与文化交流》，北京：社会科学文献出版社，2005年，第101页。
③ 《三国志》卷57《吴书》，北京：中华书局，1959年，第1320页。
④ 《三国志》卷57《吴书》，第1328—1329页。
⑤ 《三国志》卷57《吴书》，第1249页。
⑥ （宋）欧阳询撰，汪绍楹校：《艺文类聚》卷92《鸟部下》引《三五历》，上海：上海古籍出版社，1982年，第1592页。
⑦ 《晋书》卷11《天文志上》，北京：中华书局，1974年，第278—281页。
⑧ 饶宗颐：《安荼论与吴晋间之宇宙观》，《梵学集》，上海：上海古籍出版社，1993年，第75页。
⑨ 唐长孺：《读〈抱朴子〉推论南北学风的异同》，《魏晋南北朝史论丛（外一种）》，石家庄：河北教育出版社，2000年，第354页。
⑩ （三国·吴）赵君卿：《周髀算经序》，郭书春、刘钝校点：《算经十书（一）》，第1页。

目的，竟开拓了一个以"形数统一"为特色的几何领域，并走上了一条与西方单纯研究空间形式截然不同的发展路径，功莫大焉。

一、《周髀算经》与赵爽注的科学思想史意义

（一）《周髀算经》的出现及其主要内容概述

1. 《周髀算经》从出现到定型

《周髀算经》开首有一段话，往往成为学界判定该书产生年代的一个重要依据：

> 昔者周公问于商高曰："窃闻乎大夫善数也，请问古者包牺立周天历度，夫天不可阶而升，地不可得尺寸而度，请问数安从出？"商高曰："数之法出于圆方。圆出于方，方出于矩，矩出于九九八十一。故折矩，以为句广三，股修四，径隅五。既方之外，半其一矩。环而共盘，得成三、四、五。两矩共长二十有五，是谓积矩。故禹之所以治天下者，此数之所生也。"……周公曰："大哉言数。"①

这是一段颇有争议的史料，赵爽认为此段话为《周髀算经》原文，是周代的作品。此后，宋代的鲍浣之、李籍，明朝的朱载堉，清朝的梅文鼎、邹伯奇等，甚至日本学者三上义夫、能田忠亮，英国学者李约瑟等也都赞同此说。如《数理精蕴·周髀经解》肯定道："商高一篇，诚成周六艺之遗文，而非后人所能假托也。"②可是，现传本《周髀算经》多有后人增补的内容，因此赵爽在注《周髀算经》"昔者荣方问于陈子"篇时说："非《周髀》之本文。"③甚至《周髀算经》中还有"吕氏曰：'凡四海之内，东西二万八千里，南北二万六千里。'"的句子，赵爽注："吕氏，秦相吕不韦，作《吕氏春秋》。此之义在《有始》第一篇，非《周髀》本文。"④至于《周髀算经》卷下所论"八节二十四气"的内容，更是晚出，学界一般认为"二十四节气"的完备不会早于汉代⑤。因此，回过头来看，《周髀算经》的成书便可分段落来梳理和判别了。故冯礼贵将《周髀算经》的内容在时间上分为三段：

> 鉴于原文中把启蛰作为二月节，所以《周髀》主要内容的成书时间应在公元前157年以前（公元前156年景帝刘启接位，其后，为避讳其名而把启蛰改为惊蛰）故上限应推至周代；又鉴于"非周髀本文"的客观存在，而大部内容（包括天体论、测望、星象、历法等）多与《淮南子·天文训》相同或相近；以及《周髀》所载星象历法，与秦汉间六种古历相同；再加上盖天说产生于西汉初的考证，所以，《周髀算经》的成书年代应在西汉初期（即公元前200年左右）。书中有些内容则还

---

① （三国·吴）赵君卿：《周髀算经》卷上，郭书春、刘钝校点：《算经十书（一）》，第1—4页。
② 清圣祖敕编：《数理精蕴》上编卷1《周髀经解》，上海：商务印书馆，1936年，第8页。
③ （三国·吴）赵君卿：《周髀算经》卷上，郭书春、刘钝校点：《算经十书（一）》，第5页。
④ （三国·吴）赵君卿：《周髀算经》卷上，郭书春、刘钝校点：《算经十书（一）》，第14页。
⑤ 李俨、杜石然：《中国古代数学简史》上册，北京：中华书局，1963年，第36页。

要更古老些。①

如果从思想史角度考察，那么，陈遵妫的推论则更接近历史的本真和文本事实。他说：

> 《周髀》首章所述勾股法的起源很古，即经文所谓："故禹之所以治天下者，此数之所由生也。"这决（绝）不仅仅是传说而已；至少在周初，周人已立八尺表，定东西南北测天地的事实，殆无容疑的。象（像）它所述北极璇玑四游，称北极中的大星即帝星（小熊座 β 星），于夏至夜半上中天，冬至夜半下中天，冬至日加酉之时西大距，冬至日加卯之时东大距；这是周初（约公元前 1122 年）及其前后约一百年间的天象，实际是用八尺表观测的。《周礼·冬官·匠人》所谓："为规；识日出之景，日入之景，昼参诸日中之景，夜考之极星。"可以说就是传述这个事实的。

> 还有"天圆地方"和《易·说卦传》中的"参天两地"是一样想法；经文载有"方数为典、以方出圆"，也可以认为是很古的想法。用图来表示这个想法和以勾股法测天地，并能说明一年季节变化的情况，就是七衡图；这图的描绘，也许在秦吕不韦以后，但这七衡六间想法的起源，可以认为在春秋中期以后战国初期之间，这是有天文学上的事实加以证实的。

> 至于《周髀》的盖天说、各地气候的不同、立二十八宿以周天历度的方法，以及太阳去北极的度数等等，也许是周髀家为了反驳浑天说而写的，也许是为了体现《周髀》的思想意识而整理了当时的天文知识；象（像）八节二十四气、月不及故舍的度数、历法、欲知度所分、法术的所生等等，大部分和后汉四分历几乎一样，很难认为是四分历以前的知识。②

2. 《周髀算经》的主要内容

从赵爽所注本《周髀算经》（以郭书春、刘钝点校《算经十书》为准）的内容看，大体可分为六个部分：

第一部分是从"昔者周公问于商高"到"周公曰：'善哉'"，内容主要讲勾股定理和用该定理进行步天量地的方法。这一部分有"数之法出于圆方"③的思想，这个思想突出了"数"与"形"的关系，即数与形相结合，它是研究数学的重要思想方法。此外，又有"九九八十一"④的"九九歌"（这个歌诀从"九九八十一"开始）；在勾股定理的应用方面，举出了"句广三，股修四，径隅五"⑤的特例，同时又说："环而共盘……两矩共长二十有五，是谓积矩。"⑥

接着，商高从生产实践的视角，论述了勾股定理的思想起源及其应用，提出了"禹之

---

① 冯礼贵：《〈周髀算经〉成书年代考》，《古籍整理研究学刊》1986 年第 4 期，第 41 页。
② 陈遵妫：《中国天文学史》第 1 册，上海：上海人民出版社，1980 年，第 113—114 页。
③ （三国·吴）赵君卿：《周髀算经》卷上，郭书春、刘钝校点：《算经十书（一）》，第 1 页。
④ （三国·吴）赵君卿：《周髀算经》卷上，郭书春、刘钝校点：《算经十书（一）》，第 1 页。
⑤ （三国·吴）赵君卿：《周髀算经》卷上，郭书春、刘钝校点：《算经十书（一）》，第 1 页。
⑥ （三国·吴）赵君卿：《周髀算经》卷上，郭书春、刘钝校点：《算经十书（一）》，第 2 页。

所以治天下者，此数之所生也"①的思想。仅就这条史料的价值而言，非常珍贵，结合考古发现，越来越多的学者相信，夏禹治水应当与勾股定理的应用有关②，认为这是治水实践的经验总结。因为洪水有从高处流向低处的特点，所以"在疏通河道的过程中，就必须控制和确定两处的高低差，而确定高低差的最简单方法就是用勾股定理"③。尽管夏禹运用勾股定理的具体过程，史籍阙载，但是夏禹治水的成果却见载于《尚书》《史记》《淮南子》《吕氏春秋》等典籍。其中对《史记·夏本纪》有关夏禹治水的记载，经历史学家考证，基本上符合实际④。除此之外，古埃及人知道怎样利用绳结和勾股定理产生直角⑤；公元前 2000 年左右的古巴比伦泥板书上刻有一道勾股定理应用算题："一根长度为 30 个单位的棍子直立在墙上，当其上端滑下 6 个单位时，请问其下端离开墙角有多远？"⑥另外，人们发现美索不达米亚人在一块泥板上刻着含有 15 组勾股数的数表⑦等。江晓原在《〈周髀算经〉与古代域外天学》一文中认为："在人类文明发展史上，文化的多元自发生成是完全可能的，因此许多不同文明中相似之处，也可能是偶然巧合。但是《周髀算经》的盖天宇宙模型与古代印度宇宙模型之间的相似程度实在太高——从整个格局到许多细节都一一吻合，如果仍用'偶然巧合'去解释，无论如何总显得过于勉强。"⑧由此他提出了"《周髀算经》背后极可能隐藏着一个古代中西文化交流的大谜"⑨的观点，发人深省，也启发人们更进一步探究夏禹时代出现的勾股数与古巴比伦及古埃及使用勾股定理之间的关系问题。无论如何，将勾股定理称为东方几何学的"原点"⑩，是没有疑义的，勾股定理对中国数学发展具有重要的奠基意义。

第二部分从"昔者荣方问于陈子"到"日光四极当周东西各三十九万一千六百八十三里有奇"，内容主要就是解决荣方所提出的 8 个问题：（1）日之高大；（2）光之所照；（3）一日所行；（4）远近之数；（5）人所望见；（6）四极之穷；（7）列星之宿；（8）天地之广袤。⑪陈子说："问一类而以万事达者，谓之知道。"⑫这里涉及两种逻辑思维："通类"与"一类"。所谓"通类"，郭书春认为是指归纳方法，是从个别到一般的推论⑬，

① （三国·吴）赵君卿：《周髀算经》卷上，郭书春、刘钝校点：《算经十书（一）》，第 2 页。

② 章太炎：《诸子学略说》，桂林：广西师范大学出版社，2010 年，第 77 页；张亦农、王选朝主编：《大河安澜——黄河三门峡水库芮城库区 40 年》，郑州：黄河水利出版社，2012 年，第 13 页等。

③ 吴深德编著：《漫游勾股世界》，上海：上海教育出版社，1981 年，第 12 页。

④ 许顺湛：《五帝时代研究》，郑州：中州古籍出版社，2005 年，第 163 页。

⑤ ［美］T. 帕帕斯：《数学走遍天涯——发现数学无处不在》，蒋声译，上海：上海教育出版社，2006 年，第 104 页。

⑥ 吴正宪主编：《翻开数学的画卷——感受数学世界的人、文、情》，北京：北京师范大学出版社，2010 年，第 210 页。

⑦ 吴正宪主编：《翻开数学的画卷——感受数学世界的人、文、情》，第 210 页。

⑧ 江晓原：《〈周髀算经〉与古代域外天学》，《自然科学史研究》1997 年第 3 期，第 208 页。

⑨ 江晓原：《〈周髀算经〉与古代域外天学》，《自然科学史研究》1997 年第 3 期，第 212 页。

⑩ 李继闵：《"商高定理"辨证》，《自然科学史研究》1993 年第 1 期，第 29 页。

⑪ （三国·吴）赵君卿：《周髀算经》卷上，郭书春、刘钝校点：《算经十书（一）》，第 5 页。

⑫ 郭书春：《中国古典数学的思维方式》，苏才、武殿一主编：《中国人传统思维方式新探》，沈阳：辽宁教育出版社，1993 年，第 91 页。

⑬ 郭书春：《中国古典数学的思维方式》，苏才、武殿一主编：《中国人传统思维方式新探》，第 91 页。

甚确。而所谓"一类"则是指演绎方法，是从一般到个别的推论①。也有学者认为，"一类"是指直觉思维，指能够通过对某一具体事物的现象、经验的观察和体悟达到对宇宙万物普遍本质的认识与把握。②两相权衡，将"一类"解释为逻辑思维中的演绎法，似更接近陈子对影差原理和勾股定理的理解。陈子还专门讲述了知识创新的途径和方法，他说：

> 夫道术所以难通者，既学矣患其不博；既博矣患其不习；既习矣患其不能知。③

认识过程的第一个阶段是"博"，这里主要指知识或感性材料的多元性和丰富性，赵爽将"博"解释为"广博"④，只有"广博"才能"多问"，孔子就有"博学而无所成名"⑤之称，曾主张"多闻阙疑"和"多见阙殆"⑥的学习方式，其中"多闻""多见"是基础。然而，人类的认识不能仅仅停留在"博"的阶段，还必须转入"习"的阶段，所谓"习"，赵爽将其解释为"究习"⑦。而关于"究习"的方法，《周髀算经》提出了"知类"⑧的概念，此与孔子所讲的"一以贯之"义同。《论语》载：

> 子曰："赐也，女以予为多学而识之者与？"对曰："然。非与？"曰："非也。予一以贯之。"⑨

在此，"一以贯之"就是说用一定的思维方法将丰富的感性材料加以总结和归纳，从而形成对事物的规律性认识，也即《周髀算经》所讲的"真知"，再具体一点就是指陈子模型。

第三部分从"七衡图"到"不满法者，以法命之"⑩，主要内容是谈论盖天说的理论模型——"盖图"，亦即"七衡图"的设计方法与操作技术。

"七衡图"原文云：

> 凡为日月运行之圆周，七衡周而六间，以当六月节。六月为百八十二日、八分日之五。故日夏至在东井极内衡，日冬至在牵牛极外衡也。衡复更终冬至。故曰一岁三百六十五日、四分日之一，岁一内极，一外极。三十日、十六分日之七，月一外极，一内极。是故一衡之间万九千八百三十三里、三分里之一，即为百步。欲知次衡径，

---

① 杨国荣：《思与所思——哲学的历史与历史中的哲学》，北京：北京师范大学出版社，2006年，第57页。
② 陈桂芝、马跃、吕丽：《国学与人文素养》，哈尔滨：东北林业大学出版社，2009年，第46页。
③ （三国·吴）赵君卿：《周髀算经》卷上，郭书春、刘钝校点《算经十书（一）》，第5页。
④ （三国·吴）赵君卿：《周髀算经》卷上，郭书春、刘钝校点《算经十书（一）》，第5页。
⑤ （清）刘宝楠：《论语正义》卷10《子罕》，《诸子集成》第1册，石家庄：河北人民出版社，1986年，第172页。
⑥ （清）刘宝楠：《论语正义》卷2《为政》，《诸子集成》第1册，第34页。
⑦ （三国·吴）赵君卿：《周髀算经》卷上，郭书春、刘钝校点《算经十书（一）》，第5页。
⑧ （三国·吴）赵君卿：《周髀算经》卷上，郭书春、刘钝校点《算经十书（一）》，第5页。
⑨ （清）刘宝楠：《论语正义》卷18《卫灵公》，《诸子集成》第1册，第333页。
⑩ （三国·吴）赵君卿：《周髀算经》卷下，郭书春、刘钝校点《算经十书（一）》，第14—17页。

倍而增内衡之径。二之以增内衡径得三衡径。次衡放此。①

此段话的中心思想是用七个平面同心圆来示意 12 个中气日太阳运行的轨道，原图由黄图和青图组成，可以演示日出日落、昼夜长短等天象。至于上述天象的形成原因，《周髀算经》的解释却仅仅停留在经验科学的层面，没有找到其真实的原因。详细内容参见陈遵妫《中国天文学史》②及曲安京《〈周髀算经〉新议》③等专著的相关章节，笔者不再赘述。

第四部分从"凡日月运行四极之道"到"日入放此"④，主要内容有二：一是讲述盖天模型（包括天地的形状、昼夜易处之理及利用圭表测北极和定东西南北的方法），二是划分寒暑五带及其成因。其中《周髀算经》解释地球五带的成因，颇为学界关注。原文说：

> 冬至之日去夏至十一万九千里，万物尽死；夏至之日去北极十一万九千里，是以知极下不生万物。北极左右，夏有不释之冰。春分、秋分，日在中衡。春分以往日益北，五万九千五百里而夏至；秋分以往日益南，五万九千五百里而冬至。中衡去周七万五千五百里。中衡左右冬有不死之草，夏长之类。此阳彰阴微，故万物不死，五谷一岁再熟。凡北极之左右，物有朝生暮获（即春生秋获），冬生之类。⑤

前揭"七衡图"中的内衡（即第一衡）与北回归线，外衡（即第七衡）与南回归线，中衡（即第四衡）与赤道，相互对应。在不同纬度，物候变化不同。如在北极之下，"夏有不释之冰"；在中衡以内，"冬有不死之草"，与现代的热带和北寒带物候现象出奇地一致。当然，对于这部分内容的来源，学界尚有不同看法。⑥

第五部分从"牵牛去北极百一十五度"到"此月不及故舍之分度数"⑦，主要内容是讨论二十八宿的去极度、二十四节气影长、一年月份的安排及求日月行度等。这一部分内容的疑问比较多，举例如下：

（1）求冬至时太阳距北极的度数，即：

> 牵牛去北极百一十五度千六百九十五里二十一步、千四百六十一分步之八百一十九。术曰：置外衡去北极枢二十三万八千里，除璇玑万一千五百里，其不除者二十二万六千五百里以为实，以内衡一度数千九百五十四里二百四十七步、千四百六十一分步之九百三十三以为法，实如法得一度；不满法求里、步，约之合三百得一以为实。以千四百六十一分为法，得一里；不满法者三之，如法得百步；不满法者上十之，如

---

① （三国·吴）赵君卿：《周髀算经》卷下，郭书春、刘钝校点：《算经十书（一）》，第 14—15 页。
② 陈遵妫：《中国天文学史》第 1 册，第 134—140 页。
③ 曲安京：《〈周髀算经〉新议》，西安：陕西人民出版社，2002 年，第 115—133 页。
④ （三国·吴）赵君卿：《周髀算经》卷下，郭书春、刘钝校点：《算经十书（一）》，第 18—22 页。
⑤ （三国·吴）赵君卿：《周髀算经》卷下，郭书春、刘钝校点：《算经十书（一）》，第 20 页。
⑥ 江晓原认为，《周髀算经》中关于五带的知识可能来自西方。参见江晓原：《〈周髀算经〉与古代域外天学》，《自然科学史研究》1997 年第 3 期，第 210 页。
⑦ （三国·吴）赵君卿：《周髀算经》卷下，郭书春、刘钝校点：《算经十书（一）》，第 22—28 页。

法得十步；不满法者，又上十之，如法得一步；不满法者，以法命之。次放此。①

文中的"牵牛去北极"是指冬至时太阳距北极的度数，而"北极"则是指北极璇玑四游的范围，令人惊奇的是，《周髀算经》用这个公式得出了非常精确的去北极的度数②。那么，《周髀算经》为什么要用内衡一度的数值来求太阳去北极的度数呢？不得其解。③

（2）求二十四节气的日影长度，即：

> 凡八节二十四气，气损益九寸九分、六分分之一。冬至晷长一丈三尺五寸，夏至晷长一尺六寸。问次节损益寸数长短各几何？……术曰：置冬至晷，以夏至晷减之，余为实。以十二为法。实如法得一寸；不满法者十之，以法除之，得一分；不满法者，以法命之。④

由此可见，除了冬至与夏至日影长为实测之外，其他节气的日影长度基本上都是通过推算所得。这样一来，实际观测的结果与公式推算的结果往往不一致。对此，陈遵妫认为："因为晷影长度是太阳高度的函数，所以，按照平均或等分加以推算，当然是错误的。"⑤可是，在方圆观念的诱导下，古代先哲们为了满足构建某个理想模型的特殊需要，宁可牺牲客观对象本身所具有的各种运动特性，而人为地附加一些外在性质或因素给它，结果使客观事物的性质不能被真实地表现出来。例如，盖天说就是一个理想化和数理化的宇宙模型。因此，有学者主张"璇玑是为凑数而设计的虚拟之物"⑥，这是因为为了应对浑天说对盖天说的责难，"盖天派的保守学者穷于应付，乃著《周髀》，一方面综述其先师所传，一方面苦心构造各种说词（辞）和数字以求摆脱困境，他们可以置诸多疏漏于不顾，唯求'天不得转入地下'这个基本观念不被推翻，结果是如蔡邕所说：'周髀术数俱存，验天多所违失'"⑦。又有学者认为，用等差比例来求二十四节气的晷影数值，"显然出于理想，未经实测"⑧。问题是：为了更深刻和更全面地认识客观事物存在的本质，构建理想模型是重要的手段和方法之一，所以科学就是在这种理想与现实之间，以及既相适应又不相适应的矛盾运动过程中不断向前发展的。尤其是对于复杂多变的研究对象和问题，数学模型是一种既直观又有效的解答途径和手段。但数学模型毕竟不能等同于现实原

---

① （三国·吴）赵君卿：《周髀算经》卷下，郭书春、刘钝校点：《算经十书（一）》，第 22—23 页。

② 孙小淳：《关于〈周髀算经〉中的距离和去极度》，王渝生主编：《第七届国际中国科学史会议文集》，郑州：大象出版社，1999 年，第 196 页。

③ 陈遵妫：《中国天文学史》第 1 册，第 144 页；曲安京：《〈周髀算经〉的盖天说：别无选择的宇宙结构》，《自然辩证法研究》1997 年第 8 期，第 40 页；孙小淳：《关于〈周髀算经〉中的距离和去极度》，王渝生主编：《第七届国际中国科学史会议文集》，第 197 页。当然，这个问题尚可进一步研究。

④ （三国·吴）赵君卿：《周髀算经》卷下，郭书春、刘钝校点：《算经十书（一）》，第 23—25 页。

⑤ 陈遵妫：《中国天文学史》第 1 册，第 153 页。

⑥ 陈远、于首奎、张品兴主编：《中华名著要籍精诠——自然·社会·艺文·宗教·综合》，北京：中国广播电视出版社，1994 年，第 42 页。

⑦ 陈远、于首奎、张品兴主编：《中华名著要籍精诠——自然·社会·艺文·宗教·综合》，第 42 页。

⑧ 李鉴澄：《论后汉四分历的晷景、太阳去极和昼夜漏刻三种记录》，《天文学报》1962 年第 1 期，第 48 页。

型，它是对客观对象的某些属性的一个近似反映。

（3）求有闰月之年（即太岁）月球视运动度数，即：

> 大（太）岁月不及故舍十八度、万七千八百六十分度之万一千六百二十八。术曰：置大（太）岁三百八十三日、九百四十分日之八百四十七，以月后天十三度、十九分度之七乘之为实，又以度分母乘日分母为法，实如法得积后天五千一百三十二度、万七千八百六十分度之二千六百九十八；以周天除之，其不足除者，此月不及故舍之分度数。①

如此复杂的分数运算确实反映了《周髀算经》撰著者具有高超的筹算技巧，其他如求"小岁月不及故舍"之分度数、"经岁月不及故舍"之分度数等，也都是应用复杂分数来运算的。可惜，"书中没有关于分数计算的系统讲解，也没有进行约分，这使得算草很繁"②。考《颛顼历》和《四分历》所采用的数值，很可能对《周髀算经》产生过影响。《颛顼历》系秦国的历法，按其历算的复杂性来看，《周髀算经》卷下求小岁、太岁、经月等这部分内容，应当是被编撰《颛顼历》的历家补入的。当然，这个问题还需进一步探讨。

第六部分从"冬至昼极短"到"一月日之数"（即书的结尾），内容主要是在盖天说的前提下讲解地球的寒暑变化及其太阳周年视运动规律。文云：

> 冬至昼极短，日出辰而入申。阳照三，不覆九。东西相当正南方。夏至昼极长，日出寅而入戌。阳照九，不覆三。东西相当正北方。
>
> 日出左而入右，南北行。故冬至从坎，阳在子，日出巽而入坤，见日光少，故曰寒。夏至从离，阴在午，日出艮而入乾，见日光多，故曰暑。日月失度而寒暑相奸。往者诎，来者信也，故诎信相感。故冬至之后日右行，夏至之后日左行。左者往，右者来。故月与日合为一月，日复日为一日，日复星为一岁。外衡冬至，内衡夏至，六气复返，皆谓中气。③

根据文意，有学者绘制了一幅以王城观测者为中心的太阳周年视运动图（图1-1），从晷影的角度观察，太阳总是以一定角度东升西落。

由图1-1知，辰与申构成南回归线的两端，而寅与戌则构成北回归线的两端，此四端即成为地球平面的四隅，仅此而言，太阳周年视运动图就变成了一个方图。对此，学界研究成果比较丰富④，又因这部分内容牵涉建筑、时辰、医学、礼制等多个知识领域，包含的信息量极大，必须另文专门探讨，所以笔者不再一一展开深究。

① （三国·吴）赵君卿：《周髀算经》卷下，郭书春、刘钝校点：《算经十书（一）》，第27页。
② 李迪主编：《中国数学史大系》第1卷《上古到西汉》，北京：北京师范大学出版社，1998年，第401页。
③ （三国·吴）赵君卿：《周髀算经》卷下，郭书春、刘钝校点：《算经十书（一）》，第28—30页。
④ 谭戒甫：《墨辩发微》，北京：科学出版社，1958年，第87页；陆思贤：《周易考古解读》，北京：中央民族大学出版社，2009年，第494—495页等。

图 1-1　太阳周年视运动图①

总体来看，《周髀算经》"一方面承受和保存远古的天文数理传统，另一方面又纪（记）录数理派在某一阶段创造的新思想"，所以它"不但是一部数理天文著作，更是一部古代自然思想史的纪（记）录，而后一点对它的研究和了解是更重要的"②。

（二）赵爽注《周髀算经》的科学思想史意义

1. 赵爽注《周髀算经》的思想内容与主要成就

赵爽注《周髀算经》的思想内容十分丰富，概括起来主要有以下三个方面：

（1）明确了《周髀算经》与《周易》之间的"同源"关系。"易髀同源"是赵爽注《周髀算经》的重要思想原则。他在注《周髀算经》"古者包牺（亦作宓羲、庖牺、伏羲等）立周天历度"时说：

> 包牺三皇之一，始画八卦。以商高善数，能通乎微妙，达乎无方，无大不综，无幽不显，闻包牺立周天历度，建章蔀之法。《易》曰："古者包牺氏之王天下也，仰则观象于天，俯则观法于地。"此之谓也。③

《周易·系辞下》载：

> 古者包牺氏之王天下也，仰则观象于天，俯则观法于地。观鸟兽之文与地之宜，近取诸身，远取诸物，于是始作八卦，以通神明之德，以类万物之情。作结绳而为网罟，以佃以渔，盖取诸《离》。④

在此，人们把"观象画卦"集中在一个人身上，是想说明立杆测影与八卦具有同源性。据专家研究，甘肃省秦安县五营镇邵店村五营河畔发现的属于包牺氏时代的大地湾遗址，其西北方位有一处曼达拉山岩画，岩画中有"羊角图腾柱"和"牛角图腾柱"两个图案，如图 1-2 所示：

---

① 田合禄、田峰：《周易真原——中国最古老的天学科学体系》，太原：山西科学技术出版社，2011 年，第 9 页。
② 陈方正：《站在美妙新世纪的门槛上》，沈阳：辽宁教育出版社，2002 年，第 600—601 页。
③ （三国·吴）赵君卿：《周髀算经》卷上，郭书春、刘钝校点：《算经十书（一）》，第 1 页。
④ 黄侃：《黄侃手批白文十三经·周易》，上海：上海古籍出版社，1983 年，第 45 页。

图 1-2 曼达拉山岩画中的图腾柱①

陆思贤解读图腾柱的文化意义说：

> 这两个图案的形象，是解读《周易·乾》卦"九二"爻辞："见龙在田，利见大人"的最佳资料。它们前面的小平台，可以临时安插"立杆"，用于观测太阳的晷影。据此，羊角柱下端绘画的"斧"形装饰，用为"铦"，即《说文解字》中说："利，铦也。"段注："铦者，臿属。"字又用为"插"，即立杆测影时，在晷影位置确定后，于晷影端点插上筹码。这说明岩画"羊角柱"图案，是取形于当时立杆测影实用的"羊角图腾柱"形象。又牛角柱的下端，画了一条蛇，蛇龙不分，在此表示在太阳没入地平的同时，东宫苍龙正从东方地平升起，亦即"见龙在田，利见大人"。回顾瞭望，在曼达拉山的山头上，正是做观象的最佳形胜之地。这是图像化的《周易》九二爻辞，无疑，这里也正是远古时代伏羲氏的活动区域。②

他又说：

> 从《周易》中的八卦方位，考察大地湾原始宫殿与曼达拉山岩画"羊角柱"之间的关系，曼达拉山的地理位置是在大地湾原始宫殿的西北方位；大地湾原始宫殿在当初既应是伏羲氏做"仰观俯察"的中心基地，则由此西北去，《说卦传》说："乾为天。"又说："乾，西北之卦也。"同比"曼达拉山"是象征了大地湾原始宫殿的"天"；大地湾原始宫殿的总平面作"亚"字形，"天为冠，地为亚"，是象征了大地的模式；两者合在一起，便是完整的"天圆地方"宇宙模式，为盖天说宇宙论的雏形。③

我们知道，通过"立杆测影"最先确定的方位是东西，这与太阳的升落现象密切相关。

比如，半坡、姜寨、大汶口、大墩子四处墓地的墓向绝大多数未超出当地太阳二至出没地平线的方位角度。④据有学者考证，易爻中的阳爻与阴爻，即表示太阳的东升西落，如阳爻表示太阳东升西入的轨迹线，而阴爻则表示东西两座山。⑤考鲁僖公五年（前

① 陆思贤：《周易考古解读》，第 242 页。
② 陆思贤：《周易考古解读》，第 242 页。
③ 陆思贤：《周易考古解读》，第 490 页。
④ 卢央、邵望平：《考古遗存中所反映的史前天文知识》，中国社会科学院考古研究所：《中国古代天文文物论集》，北京：文物出版社，1989 年，第 8 页。
⑤ 田合禄、田峰：《周易与日月崇拜——周易·神话·科学》，北京：光明日报出版社，2004 年，第 355 页。

655）春王正月辛亥条下载："凡分、至、启、闭必书云物，为备故也。"[1]文中的"分"指春分和秋分，"至"指冬至和夏至，"启"指立春和立夏，"闭"指立秋和立冬。同条下还说："日南至。"[2]至少到春秋战国时期，人们已经能测定一个回归年长为365.25日[3]。而这个数据即成为《颛顼历》和《周髀算经》历算的前提。

（2）从数理学的角度对"数之法出于圆方"做了系统阐释。"数之法出于圆方"是《周髀算经》的基础，要想把它解释清楚并不容易。赵爽将其分成三个层次，逐层剖析它的思想精髓。

第一个层次，圆周率。赵爽说：

> 圆径一而周三，方径一而匝四。伸圆之周而为句，展方之匝而为股，共结一角，邪适弦五。此圆方邪径相通之率，故曰"数之法出于圆方"。圆方者，天地之形，阴阳之数。[4]

尽管对古圆周率为3是如何求得的，赵爽没有详细说明，但他已经提示圆方之数与勾股定理的关系。而从圆方的数量关系中抽象出一个固定的比率，似与前揭先民观天测地的实践活动有关。

第二个层次，九九数。赵爽说：

> 圆规之数，理之以方。方，周匝也。方正之物，出之以矩。矩，广长也。……推圆方之率，通广长之数，当须乘除以计之。九九者，乘除之原也。[5]

文中"圆规之数，理之以方"，即圆的量数用方来计算，已见上述之圆周率。"方正之物，出之以矩"，即方形的量数由其长宽来确定。至于"推圆方之率，通广长之数，当须乘除以计之"，即无论求圆面积还是长方形的面积，都需要用乘法。在先秦时期，"九九数"的应用非常普遍，如《管子·地员》就载有"七九六十三""七八五十六""七七四十九""六七四十二""五七三十五""四七二十八""三七二十一""二七十四"的乘法口诀[6]。

因此，乘法就是由于人们在日常生活中求各种物体的面积与体积之需要而产生的，如田亩、工程建筑、粮囤等。《管子·轻重戊》说："（伏羲）造六峜以迎阴阳，作九九之数以合天道，而天下化之。"[7]张政烺释："六峜自即周天历度，亦即六甲。……《内经·素问》（卷三）《六节藏象论》有'六六之节'、'九九制会'及'五运'，即六甲、九九、五

---

① 黄侃：《黄侃手批白文十三经·春秋左传》，第59页。
② 黄侃：《黄侃手批白文十三经·春秋左传》，第59页。
③ 莫海明、周继舜：《古典天文测时工具——日晷（sundial）溯源、结构装置及运用》，《广西师范学院学报（自然科学版）》2002年第1期，第23页。
④ （三国·吴）赵君卿：《周髀算经》卷上，郭书春、刘钝校点：《算经十书（一）》，第1页。
⑤ （三国·吴）赵君卿：《周髀算经》卷上，郭书春、刘钝校点：《算经十书（一）》，第1页。
⑥ 黎翔凤：《管子校注》卷19《地员》，北京：中华书局，2004年，第1072—1073、1084页。
⑦ 黎翔凤：《管子校注》卷24《轻重戊》，第1507页。

方。……此实中国艺术之本。"①当然，这里需要注意一个问题："《周髀算经》的方圆求证源于九九之数，这与欧几里得几何学不同。"②

第三个层次，勾股定理。赵爽述：

> 句股之法，先知二数然后推一。见句、股然后求弦：先各自乘成其实，实成势化，尔乃变通。故曰"既方其外"。或并句、股之实以求弦实，之中乃求句股之分并，实不正等，更相取与，互有所得，故曰"半其一矩"。其术句、股各自乘，三三如九，四四一十六，并为弦自乘之实二十五。减句于弦，为股之实一十六，减股于弦，为句之实九。③

这段话的意思是说正方形或长方形，它的一半即是矩，也就是勾股形。作为一个特例，设句为三，股为四，则弦为五。在一个直角三角形内，已知任意两边，求另外一条边，如果不讲究条件，那么，计算过程比较容易。但是，如果要求直角三角形的三条边构成一个优美的比例关系，如 3：4：5，可就不那么容易了。在先秦时期，人们计算勾股定理往往是通过"方积"来实现的。实际上，满足整数勾股形的数组除了（3，4，5）外，尚有（5，12，13）、（7，24，25）、（8，15，17）、（9，40，41）、（12，35，37）等，为什么这些勾股数组不被《周髀算经》看好呢？这是因为在满足"九九八十一"这个理想数值的范围内，（3，4，5）是唯一的勾股数，而其他所有勾股数组的"方积"都太大了，运算起来很烦琐。除此之外，还有学者认为，勾股数（3，4，5）与"大衍之数"存在内在关系。其理由是：

> 勾三自乘九和股四自乘十六相加，得二十五；弦五自乘，也得二十五；两个二十五相加，得五十。这个勾、股、弦各自乘之和的五十，实际等于两个弦自乘之和的五十。这便是勾三、股四和弦五的关系，也就是勾股之和七和弦五的关系。两个弦五自乘五十，和勾股之和七自乘四十九，只差个一，几乎相等。这种自然的数理现象，应该就是《易传》的"大衍之数五十，其用四十有九"的道理的由来。所以说："大衍之数"就是勾股弦互求之数。④

看来，《周髀算经》推崇勾三股四弦五这个原始数理，确实与当时古人迷信"筮卦"的观念有关，如"三与四是圆方之数，也就是天地之数"⑤；又如易学与数学之间的关系，有学者认为《周髀算经》取圆周率为三这个数值，"固不精确，但毕竟在整数范围内，借阴阳原理建立了形与数的比率关系。勾股定理依圆方论而为出发点得以发展"⑥，而且这种圆方论"引出了从圆方到勾股定理，再到割圆术乃至尖锥术，这样一条明显有别

---

① 张政烺：《文史丛考》，北京：中华书局，2012年，第163页。
② 冯时：《中国古代的天文与人文》，北京：中国社会科学出版社，2006年，第310页。
③ （三国·吴）赵君卿：《周髀算经》卷上，郭书春、刘钝校点：《算经十书（一）》，第1—2页。
④ 周豹荣：《〈周易〉与现代经济科学》，长春：吉林人民出版社，1989年，第317页。
⑤ 梅荣照：《墨经数理》，沈阳：辽宁教育出版社，2003年，第68页。
⑥ 董光璧：《易学与科技》，沈阳：沈阳出版社，1997年，第138—139页。

于西方的数学发展道路"①。

（3）阐发盖天说的科学意义。一方面，赵爽承认宇宙的无限性，这是其整个天文学思想的基础，在他看来，"天不可穷而见，地不可尽而观"②，然而，他并没有陷入不可知论；所以另一方面，赵爽又认为人的思维（亦称"圣智"）能够"追寻情理"，"造制圆方"③。因为"圆方"是宇宙万物本身所表现出来的量的规定性，包括外在的形状及内在的数量关系，人的思维能够认识和利用这种量的规定性。赵爽说：

> 物有圆方，数有奇耦。天动为圆，其数奇；地静为方，其数耦。此配阴阳之义，非实天地之体也。天不可穷而见，地不可尽而观，岂能定其圆方乎？又曰："北极之下高人所居六万里，滂沲四隤而下。天之中央亦高四旁六万里。"是为形状同归而不殊途，隆高齐轨而易以陈。故曰"天似盖笠，地法覆槃。"④

这段话意义何在，学界可谓议论不绝、争鸣无休。今略述其主要观点如下：

第一种观点，"盖天说本来只是人们对天和地的相对关系的一种朴素的看法，认为天在上，地在下，后来随着观测技术的改进和数学的发展，到了《周髀算经》（约公元前100年成书）达到了它的最高峰。……（《周髀算经》）认为天好像是一项斗笠，大地就象（像）是一只倒扣着的盘子，二者是完全相似的拱形。这个概念显然是在人们活动范围有很大扩展之后，对平面形的大地概念产生了怀疑和否定的情况下提出的"⑤。

第二种观点，"很多人误以为古人有过天圆地方的宇宙模型，其实此处所指只是天地的属性，不是几何形状。天有绕北极的旋转运动，绘图成圆；地以天定向，测之以矩，绘图成方。如是而已"⑥。

第三种观点，"关于'天圆'的看法，根源于人对天穹的直观感受，对这种感受的表达只能通过比喻或象征。所以有人用蛋壳、覆碗或用盖笠、车盖来加以比喻。关于'地方'的理解存在很大分歧。有人把地方看成地是方形的，并用棋局、像切豆腐块那样来形容大地。……实际上，关于盖天的种种隐喻的说法，都是天的象征符号。天的形状是不好表达的，只好用语言的符号来传达，隐喻的结果总是发生错位，在喻体和被喻体之间，有时有某些相同，在能指和所指之间，意义有时却是'延异'的"⑦。

第四种观点，《大戴礼记·曾子天圆》主张"天道曰圆，地道曰方"⑧，《吕氏春秋·圆道》篇解释说："何以说天道之圆也？精气一上一下，圆周复杂，无所稽留，故曰天道圆。何以说地道之方也？万物殊类殊形，皆有分职，不能相为，故曰地道方。"⑨按这

---

① 董光璧：《易学与科技》，第 137 页。
② （三国·吴）赵君卿：《周髀算经》卷上，郭书春、刘钝校点：《算经十书（一）》，第 4 页。
③ （三国·吴）赵君卿：《周髀算经》卷上，郭书春、刘钝校点：《算经十书（一）》，第 4 页。
④ （三国·吴）赵君卿：《周髀算经》卷上，郭书春、刘钝校点：《算经十书（一）》，第 4 页。
⑤ 中国天文学史整理研究小组编著：《中国天文学史》，北京：科学出版社，1981 年，第 161—163 页。
⑥ 安树芬、彭诗琅主编：《中华教育通史》第 3 卷，北京：京华出版社，2010 年，第 469 页。
⑦ 赵宪章、朱存明：《美术考古与艺术美学》，上海：上海大学出版社，2008 年，第 128 页。
⑧ 王瑞功主编：《曾子志》，济南：山东人民出版社，2009 年，第 61 页。
⑨ （战国）吕不韦：《吕氏春秋》卷 3《季春纪·圆道》，《诸子集成》第 9 册，第 31 页。

种解释，"方"和"圆"无疑都不是指天地的形状。所以"赵爽对'天圆地方'的理解，既渗进了'阳动阴静'的阴阳观，又融入了'参天两地'的象数思想，因而他对'天道圆地道方'思想内容的阐释较《吕氏春秋》更为丰富和深刻"[1]。

第五种观点，"天圆地方"的"方"是指"广阔无垠的大地，也指四方四正的高台地平日晷"[2]。

第六种观点，"'天圆地方'是一种观测天文的方法，因为天体是运动不息的，故曰圆；地平作为固定的对照标准，故曰方，所以取法地平作为观测天象运动的标准，有如物理上作相对运动的两物体，必取一个物体为静点以计算之，由此而得出的结论是完全正确的"[3]。

凡此种种，由于每个人所站的角度不同，各有自己的观察视野和独到见解，亦都有可取之处。综合来看，我们需要注意把握下面三个方面：

第一，有必要对盖天说进行历史考察。仔细分辨赵爽的注释，虽然字不多，但层次不少。前揭盖天说从原始的"天员（圆）如张盖，地方如棋局"[4]发展到《周髀算经》"天似盖笠，地法覆槃"的新说，中间经历了众多学者的质疑与诘难，如扬雄、桓谭、蔡邕、陆绩等；为了回应反对者的各种批评，坚持盖天说的学者，如贾谊、刘安、王充等，也无不努力地修正盖天旧说，以不断应对新的质疑，特别是经过王充修正后的盖天说已经与《周髀算经》中的盖天说相合[5]。也就是说，从其产生的历史背景看，盖天说确实是与人们直观感觉到的天地的形状分不开，如相当于仰韶文化后岗类型时期的河南濮阳西水坡 45 号墓墓室平面即是模拟"天圆地方"的"盖天说"来布置的[6]。只是在后来的发展过程中，人们才逐步给它赋予了更多新的人文思想内容，如天尊地卑、君臣之道及"方圆不易，其国乃昌"[7]等。以此为前提，赵爽提出了"浑、盖合一"[8]说。

第二，"方圆"是对天地万物运动状态的一种高度抽象。因此，正确理解"方圆"的科学内涵，成为认识赵爽整个《周髀算经》注思想价值体系的重要机枢。天地万物的运动状态非常复杂，但无论怎样，"动"是绝对的，可是，"动"如何产生？赵爽虽然没有讲"气"，但他讲"阴阳之义"，讲"天动为圆，其数奇；地静为方，其数耦"，而这里的阴阳动静，实际上就是宇宙万物运动变化的根源。先从质上说，"天动为圆"，"地静为方"，如彭子益说："一个生物所在之地，太阳射到此地面之光热，就是阳。此地面的光热已过，与光热未来之间，就是阴（伏羲画卦，一为阳卦，--为阴卦，其义即此）。阳性上彭，阴

---

[1] 贺威：《李光地的中国传统天文学》，周济主编：《八闽科苑古来香——福建科学技术史研究文集》，厦门：厦门大学出版社，1998 年，第 300 页。

[2] 陆思贤：《周易考古解读》，第 358 页。

[3] 邹学熹、余贤武、邹成永编著：《易学精要》，成都：四川科学技术出版社，1992 年，第 62 页。

[4] 《晋书》卷 11《天文志上》，第 279 页。

[5] 中国科学院自然科学史研究所：《钱宝琮科学史论文选集》，北京：科学出版社，1983 年，第 396 页。

[6] 冯时：《河南濮阳西水坡 45 号墓的天文学研究》，孙进己、孙海主编：《中国考古集成——华北卷·河南省山东省·石器时代（一）》，郑州：中州古籍出版社，1999 年，第 731 页。

[7] （战国）吕不韦：《吕氏春秋》卷 3《季春纪·圆道》，《诸子集成》第 9 册，第 31 页。

[8] 王奎、潭良啸：《三国时期的科学技术》，北京：社会科学文献出版社，2011 年，第 28 页。

性下压。阳性直上，阴性直下。阴阳交合，发生爱力，彼此相随，遂成一个圆运动。阳性动，阴性静。静则沉，动则浮。由静而动则升，由动而静则降。升浮降沉一周，则生中气。中气者，生物之生命也。此大气的圆运动之所由来，亦即造化个体之所由成就。"①再从量上讲，数能够反映事物之间相互联系的内在本质和运动特性，如圆周率、勾股定理等。所以有学者说："一阴一阳依奇偶二数交替而行，一切事物都具有着数的内在规定性，事物发展的趋势和变化的规律，都是以形的方式诠释着数的内涵，由理生数，由数推理，数是沟通万物生成与演化的内在规定性，数也是人们推算万物发展与变化规律的科学模式。"②讲到这里，我们自然就会想起亚里士多德对毕达哥拉斯学派的评价："'数'乃万物之原。在自然诸原理中第一是'数'理。"③正是由于这种思想动力，毕达哥拉斯学派才出色地掌握了勾股定理和"黄金分割律"。同样地，周髀派也正是由于上述"方圆"思想的导引，才不断致力于探究勾三股四弦五的原始数理及望远起高的方法，从而推动中国古代数理科学的发展。

第三，简单描述了新的盖天说模型。中国先民习惯用经验思维来直观而形象地解释他们所认识的客观对象，精确度较差。其中用"天员（圆）如张盖，地方如棋局"④的天圆地方说（图1-3）来解释太阳与地球的昼夜变化，即是一个典型的实例，此种对空间的想象和理解与当时人们比较狭小的生活空间相适应，而"'棋局'的来源，当是田地中阡陌疆界的推广"⑤。

图 1-3 天圆地方示意图⑥

有学者解释古代先民为什么会形成天圆的观念时认为，由于古人的活动范围比较小，而"天"对他们的认识能力来说又太大了，所以在没有任何可利用的工具去触摸天的状况下，他们"单凭自己有限的视觉，看到了以自己视点（眼睛）为球体中心，视线所能看到的最远处为半径的球形空间。这样，眼中看到的天自然也就是圆的了，也由此才产生了种

---

① 彭子益著，孙中堂、王守义点校：《彭子益医书合集》，天津：天津科学技术出版社，2008 年，第 10—11 页。
② 姚伊萍：《太极波浪论》，北京：地震出版社，2005 年，第 126 页。
③ ［古希腊］亚里士多德：《形而上学》，吴寿彭译，北京：商务印书馆，1959 年，第 12 页。
④ 《晋书》卷 11《天文志上》，第 279 页。
⑤ 席泽宗主编：《中国科学技术史·科学思想卷》，北京：科学出版社，2001 年，第 193 页。
⑥ 胡中为、萧耐园：《天文学教程》上册，北京：高等教育出版社，2003 年，第 44 页。

种有关'天圆地方'的说法"①，同时，这一事例说明"当视点相对固定时，在一定视距下的整个视觉区域是个球体"②。

可是，诚如前述，天圆地方说本身还存在着许多难以解决的矛盾，如曾子"从方圆不相容的认识出发，对天圆地方说提出了质疑"③，扬雄"难盖天八事"中的二难、五难和六难更是击中了盖天说的要害④。在这种学术背景下，赵爽裒合诸家，云集众说，提出了"天象盖笠，地法覆槃"的"浑、盖合一"说。他注释道："见乃谓之象，形乃谓之法。在上故准盖，在下故拟槃。象法义同，盖槃形等。互文异器，以别尊卑；仰象俯法，名号殊矣。"⑤此处"盖槃形等"为后人复原盖天图提供了依据和指南。结合前面赵爽释"笠以写天"所言："笠亦如盖，其形正圆，戴之所以象天。"⑥那么，新盖天图与旧盖天图的显著区别即是将地球的形状由原来的方形一变而为一个拱形，并与天平行，用赵爽的话说，就是天地"形状同归而不殊途"。

因此，盖天模型的要点有四：天地皆为拱形；北极为天之中心；日月出没与观测者的距离有关；通过勾股定理来推算节气及日月运行的轨迹⑦。至于其说的科学思想史意义，不妨简单表述如下："天拱地拱，天曲地曲，这在'圆则俱圆'的道路上迈出了可喜的一步，天地也显得比较和谐了"，所以"从平直大地到拱形大地，是古代中国人对大地形状认识的一个重大发展，是向球形大地观念前进的过渡形态"⑧。

2. 赵爽的几何证明方法及其逻辑思想成就

赵爽在注《周髀算经》时，对勾股定理及日高术都给出了非常严谨的逻辑证明，可谓前无古人。因此，清人阮元评价说："句股方圆图注五百余言耳，而后人数千言所不能详者，皆包蕴无遗，精深简括，诚算氏之最也。"⑨毋庸置疑，赵爽的逻辑证明确实在我国古代数学发展史上是一个空前创举，意义重大。

（1）用"勾股圆方图"及注来证明勾股定理。《周髀算经》传本保存有赵爽的"勾股圆方图注"及证明（可惜原图已佚），注文包括一系列有关直角三角形三条边之间相互关系的命题。因此，江晓原称其是"应用公理化方法的一次认真尝试"⑩。

（2）用日高图来证明重差术。现传本《周髀算经》有赵爽"日高图"的注文：

> 黄甲与黄乙其实正等。以表高乘两表相去为黄甲之实，以影差为黄乙之广而一，所得则变得黄乙之袤，上与日齐。按图当加表高，今言八万里者，从表以上复加之。青丙

① 武臣、颜静：《绘画新透视》，兰州：甘肃人民美术出版社，2010 年，第 5 页。

② 武臣、颜静：《绘画新透视》，第 5 页。

③ 陈美东：《中国古代天文学思想》，北京：中国科学技术出版社，2007 年，第 204 页。

④ 陈美东：《中国古代天文学思想》，第 207—208 页。

⑤ （三国·吴）赵君卿：《周髀算经》卷下，郭书春、刘钝校点：《算经十书（一）》，第 18 页。

⑥ （三国·吴）赵君卿：《周髀算经》卷上，郭书春、刘钝校点：《算经十书（一）》，第 4 页。

⑦ 曹胜高：《汉赋与汉代制度——以都城、校猎、礼仪为例》，北京：北京大学出版社，2006 年，第 306—307 页。

⑧ 林德宏：《科学思想史》，南京：江苏科学技术出版社，1985 年，第 6 页。

⑨ （清）阮元：《畴人传》卷 4《后汉·赵爽传》，《中国古代科技行实会纂》第 1 册，北京：北京图书馆出版社，2006 年，第 192 页。

⑩ 江晓原：《〈周髀算经〉——中国古代唯一的公理化尝试》，《自然辩证法通讯》1996 年第 3 期，第 43 页。

与青己其实亦等。黄甲与青丙相连，黄乙与青己相连，其实亦等。皆以影差为广。①

这段话里反复提到"影差"问题，而"影差"问题也称为"日高术"，由一组公式组成，赵爽在注《周髀算经》时，绘制了一幅用以证明"日高术"的"日高图"。由此可见，赵爽在日高公式的证明过程中，已经熟练地掌握了初等几何的等积关系。我们知道，所谓重差术是指用相似勾股形性质推导出两个差，并进行两次测望的测量术，而在理论上用面积证明与用相似勾股形性质证明等价。无论是勾股定理的证明还是日高术或称重差术的证明，赵爽都善于利用"出入相补原理"。

与欧几里得借助三角形全等来证明勾股定理的演绎法相比，赵爽的证明利用了几何图形的拼、补、截、割关系，推理直观、简明，可谓各有千秋。而就赵爽的"出入相补原理"②而言，它非常突出地体现了中国传统数学在数与形结合方面的独特风格和优点，这个优点若用赵爽的注文来表述，就是"形诡而量均，体殊而数齐"③。

二、赵爽注《周髀算经》的缺陷和不足

我们承认："自从赵爽注《周髀》以后，中国传统数学里才开始有证明过程的论述，在证明方面赵爽是创建了第一功。赵爽之后不久，刘徽曾为《九章算术》作注，刘徽在注文中，对大量数学问题都给予严密的证明，并阐述了各种不同的数学理论，使中国数学在理论上向前跨进了一步，从而形成中国传统数学的第一次高峰。"④然而，从其对中国传统数学发展所起的主导垂范作用看，同时，再与欧几里得几何的特点相比，赵爽注《周髀算经》的缺陷和不足还是比较突出的，下面分两个层面略作阐释。

（一）过度依赖线段和面积，因而忽视了角的作用

先看古希腊几何学的特点。早在欧几里得之前，泰勒斯就发现或证明了如下命题：
（1）任何圆周都要被其直径平分。
（2）等腰三角形的两底角相等。
（3）两直线相交时，对顶角相等。
（4）若已知三角形的一边和两邻角，则此三角形完全确定。
（5）半圆周角是直角。⑤
后来毕达哥拉斯学派继续推进对任意三角形内角和问题的研究，在此基础上，欧几里得为初等几何学提出了10条公理和公设，它们是：

---

① （三国·吴）赵君卿：《周髀算经》卷上，郭书春、刘钝校点：《算经十书（一）》，第10页。
② 吴文俊首先提出："一个平面图形从一处移置他处，面积不变。又若把图形分割成若干块，那末各部分面积的和等于原来图形的面积，因而图形移置前后诸面积间的和、差有简单的相等关系。"参见吴文俊：《出入相补原理》，自然科学史研究所主编：《中国古代科技成就》，北京：中国青年出版社，1978年，第81页。
③ （三国·吴）赵君卿：《周髀算经》卷上，郭书春、刘钝校点：《算经十书（一）》，第3页。
④ 李凭、袁刚总纂：《中华文明史》第4卷《魏晋南北朝》，石家庄：河北教育出版社，1992年，第261页。
⑤ 莫德：《欧几里得几何学思想研究》，呼和浩特：内蒙古教育出版社，2002年，第25页。

等于同一个量的量彼此相等；等量加等量，其和仍相等；等量减等量，其差仍相等；彼此能重合的东西是相等的；整体大于部分。这 5 条是公理。

由任意一点到任意一点可作直线；一条有限直线可以继续延长；以任意点为心和任意距离可作一圆；凡直角都相等；同平面内一条直线和另外两条直线相交，若在某一侧的两个内角的和小于二直角，则这二直线无限延长后在这一侧相交。这 5 条是公设。①

可见，对角在初等几何学中的作用，古希腊数学家是相当重视的，甚至它构成了欧几里得几何学的显著特色之一。但是，同样是初等几何学，至少从三国之后，中国古代数学家往往不重视对角度的研究，这个现象颇令人困惑。因为在《考工记》中，我们很容易就能看到当时人们对角度的一些"公设"性认识。例如，李俨解释《考工记》中的角度及弧度概念说：

> 凡是等于直角的称"倨勾中矩"，大于直角的称"倨勾外博"；凡直角向内延小于直角时称"勾于矩"，凡直角向外伸大于直角时称"倨于矩"；故"倨勾磬折"即表示角度为 135°，在《考工记》内凡三见，《管子》弟子职篇内亦有"倨勾如矩"，可知这是齐国的数学术语。

> 《考工记》内没有说到勾股弦定理，因为勾股弦三个字在《考工记》内的释义和直角三角形无关，但勾股弦定理在《考工记》内应用，却有一则可证明。冶氏："戈广二寸，内倍之，胡三之，援四之……倨勾外博；戟广寸有半，内三之，胡四之，援五之，倨勾中矩。"三角形的三边若 2∶3∶4，则 4 的对角大于 90°，故称倨勾外博；若 3∶4∶5，则 5 的对角等于 90°，故称倨勾中矩。②

《考工记》原为齐国的官书，遭秦火之后，《周礼》阙失《冬官》篇，汉儒便以《考工记》补之。现在的问题是：《周礼·考工记》为什么没有能够进入赵爽的研究视野？这个问题很大，笔者不拟展开，兹仅从汉代今、古文学派的森严壁垒来粗浅地探讨一下。

前揭赵爽的经学立场属于今文学派，此可从他注《周髀算经》所引用的书籍看出来。但是，在赵爽的注文里，看不到《周礼·考工记》的影响。完全可以预想，如此重要的一部科技专著，在正常情况下，赵爽绝对不会置之不理。既然赵爽毫无忌惮地把事情做得如此决绝，说明在他的思想深处已经深深打上了门户之见的烙印。此门户之见不是别的，正是从西汉末延至东汉末的今、古文学派之纷争。我们知道，《周礼》原名《周官》，古文经学家刘歆校书编排时改《周官》为《周礼》，而赵爽在注文中不称《周礼》，却称《周官》。还有，《周礼·地官·大司徒》载："正日景以求地中，日南则景短多暑；日北则景长，多寒。"③此与《周髀算经》"勾之损益寸千里"的公设如出一辙，然赵爽却舍而不用，足见他的今文学派立场是多么固执和坚定。今文学派强调"经世致用"而"施之于行

---

① 莫德：《欧几里得几何学思想研究》，第 58—59 页。

② 李俨：《中国古代数学史料》，李俨，钱宝琮：《李俨钱宝琮科学史全集》第 2 卷，沈阳：辽宁教育出版社，1998 年，第 23 页。

③ 黄侃：《黄侃手批白文十三经·周礼》，第 27 页。

事",于是"学极精而有用。以《禹贡》治河,以《洪范》察变,以《春秋》决狱,以三百五篇当谏书,治一经得一经之益也"①。他们信纬书,崇奉孔子;而与之不同,古文学派则崇奉周公,治经以《周礼》为主,并斥纬书为诬妄。故赵爽反复引用汉代纬书,如《尚书纬·考灵曜》及《易纬·乾凿度》等,即表明了他的今文学派立场。自汉代以降,中国古代的学术争论,往往与政治斗争交织在一起②,甚至学术成了党祸的牺牲品,妨碍了学术的健康发展,如东汉的党锢之祸及今古文学派之争,魏晋时期的文人言辞"轻薄"之祸等,难怪学界对《三千年文祸》一书③感慨尤深。

我们回头再看赵爽的《周髀算经》注,成就固然是主要方面,但此书的缺陷也甚明显,那就是缺失了对《考工记》的关照,如赵爽的注文完全放弃了《考工记》中已见端倪的三角学传统。仅此而言,赵爽注的"门户之见"在客观上已经成为我国几何学在魏晋之后之所以没有出现三角学的一个重要原因,尽管不是全部。

(二)在经验知识的范围内,只求算法正确而不求精确

有不少学者批评中国传统文化中存在着不求精确的思维习惯,如梁漱溟在《出世入世:梁漱溟随笔》绪论里将"不求精确、不重视时间、不讲数字"④看作是中国传统文化的特点之一。又如潘光旦亦把"不求精确"与中国传统文化的消极性联系起来⑤。由于中国古代科学是建立在经验科学的基础之上,所以它讲求认识与经验相符合,而不是与客观事实相符合。结果,就导致了模糊思维的常态化和凝固化。诚如学者马晓彤所言:

汉代之前,可以说中国哲学的性格没有分化成熟,与世界其它民族的思维特质还未显示大的差别。但从汉代始,中国哲学渐渐显出个性,先秦时期形成的两个传统和两种倾向,如同四个文化基因同时存在,但显隐有别。在西方文化传入之前,两个传统平衡发展,只是两种倾向出现了偏转,不论科学还是人文,均以整体论为取向。⑥

而整体论的思维有何特点呢?马晓彤进一步分析说:

从科学范式的角度看,整体论体系是简单模糊范式,还原论体系是简单精确范式,系统论体系则是复杂性范式。简单性范式的特点是规则单一,在观念上或整体,或局部,在方法上或准确,或精确,只求其一。⑦

东方古代科学擅长把握的对象是生命活动,运用的方法主要是整体论,典型的认

① (清)皮锡瑞:《经学历史》,北京:中华书局,1959年,第26页。
② 裴传永、宋正宽、孙宪国:《中国古代领导思想概论》,北京:中国人事出版社,1990年,第123页。
③ 谢苍霖、万芳珍:《三千年文祸》,南昌:江西高校出版社,1991年,第1—550页。
④ 梁漱溟:《出世入世:梁漱溟随笔》,北京:北京大学出版社,2011年,第240页。
⑤ 钱伟长主编:《王宽诚教育基金会学术讲座汇编》第18集,上海:上海大学出版社,1999年,第55页。
⑥ 马晓彤:《中国古代有科学吗?——兼论广义与狭义两种科学观》,《科学学研究》2006年第6期,第821页。
⑦ 马晓彤:《中国古代有科学吗?——兼论广义与狭义两种科学观》,《科学学研究》2006年第6期,第819页。

知途径是综合体验。①

如果说得再直白一点，那么，下面的表述就更有针对性：

> 模糊性是古代思维的共同特征。中国传统的思维方式的模糊性经过长期的延续而得到了丰富的发展……这种思维方式的优势在于能全面把握事物，通观全局，但所得到的认识不深刻，不能对某一方面做更仔细、更精确的认识或研究，对事物之间的界限不能分得很清楚。

> 相比之下，西方人自古以来就重视数学和逻辑，因而具有精确性的性质。精确性是西方近代思维的一大特征。西方近代实验科学注重对事物分门别类，重视定量分析和精确计算，因而促使了数学、力学、天文学、生物学、化学、物理学等学科的发展。②

以《周髀算经》和赵爽注为例来透视汉代以降中国古代科学思维的特点，我们一定会有更直观和更深切的体会与感悟。

（1）粗疏的圆周率 $\pi = 3$。《周髀算经》固然以成就为主，可是，不求精确的认识方法也不能不引起重视。在"天圆地方"的模式下，整个用于指导天文测算的思维原则就是模糊的。如"方圆"这个概念是《周髀算经》的基础概念，赵爽明言，"方圆"仅仅是一种思维抽象，即"此配阴阳之义，非实天地之体"。既然明明知道"阴阳"不是"天地之体"本身，那为什么不去认识"天地之体"本身，而是还津津于"阴阳"推衍呢？例如，《周髀算经》云："数之法出于圆方。"赵爽释："圆径一而周三，方径一而匝四。伸圆之周而为句，展方之匝而为股，共结一角，邪适弦五。此圆方斜径相通之率。故曰'数之法出于圆方'。圆方者，天地之形，阴阳之数。"③这段话的意思是讲，由"圆径一而周三"之物体的周长所展开的线段与由"方径一而匝四"之物体的周长所展开的线段，分别组成直角的两条边，那么，斜边必定是五。这个证明过程确实非常独特，方法也新颖。可是，取圆周率 $\pi = 3$，实在是太粗疏了。如果说《周髀算经》取这个数值还算情有可原，那么到了三国时期，生产实践和科学发展已经对圆周率提出了更高的要求，固守旧的圆周率显然不能适应社会发展的实际需要了。如前所述，既然已经知道圆的周长与"内方"（内接正方形）的边长之间存在一种比率关系，那么，在计算了圆与内接正六边形的比率后，为什么不接着计算圆与内接正八边形的比率呢？与赵爽同时代的刘徽发现了这个问题，他在《九章算术》"圆田术"注中说："周三者从其六觚之环耳。以推圆规多少之觉，乃弓之与弦也。然世传此法，莫肯精核；学者踵古，习其谬失。"④毫无疑问，赵爽属于此"踵古，习其谬失"之列。对此，钱宝琮批评赵爽说：

> 赵君卿注虽在张衡之后，亦笃守旧率，无所发明，以为圆径一而周三，方径一而

---

① 马晓彤：《中国古代有科学吗？——兼论广义与狭义两种科学观》，《科学学研究》2006年第6期，第819页。

② 阎苹：《中西文化面面观》，沈阳：辽宁大学出版社，2010年，第62页。

③ （三国·吴）赵君卿：《周髀算经》卷上，郭书春、刘钝校点：《算经十书（一）》，第1页。

④ （三国·魏）刘徽：《九章算术》，郭书春、刘钝校点：《算经十书（一）》，第7页。

匜四，圆方者天地之形，阴阳之数，数理之自然也。但吾侪当知径一周三之率，当始于太古，而阴阳奇耦之说，则为汉代方士谈《易》之故技。以奇耦研究圆方，非特于理无当，且与古率之成立无涉焉。[①]

又，《隋书·律历志》载：

古之九数，圆周率三，圆径率一，其术疏舛。自刘歆、张衡、刘徽、王蕃、皮延宗之徒，各设新率，未臻折衷。宋末，南徐州从事史祖冲之，更开密法。[②]

仅就《隋书》开列出的名单中，我们发现圆周率 $\pi=3$ "其术疏舛"者，既有赵爽的前辈，又有其同辈或晚辈，可以说当时学界思想开放，气氛活跃，不囿陈说，力求创新，所以当时敢于挑战"圆周率三，圆径率一"者大有人在，其中东汉张衡已将 π 值精确到了 3.162，三国吴人王蕃则精确到了 3.155 6[③]，然而所有这些"新率"，赵爽都没有理会，这便导致他在《周髀算经》注中除了勾股定理的证明之外，难以在其他方面有所突破和创新。

（2）影差 1 寸的谬误。《周髀算经》云："周髀长八尺，句之损益寸千里。"赵爽注："句谓影也。言悬天之影，薄地之仪，皆千里而差一寸。"[④]由于"句之损益寸千里"暗含公设性质，故与之相对应的天地模型就变成了平行平面[⑤]。这个原理假设以周王城为中心，直角三角形最短的那条边（即晷影）向北平移 1 千里，则日影增长 1 寸；反之，向南平移 1 千里，则日影减少 1 寸。

在这里，我们之所以反复讲这个本来没有意义的话题，绝不是拿古人的才智来取笑，正如江晓原所说："我们现在当然知道，由公理'天地为平行平面'演绎出来的定理'勾之损益寸千里'与事实是不一致的。演绎方法和过程固然无懈可击，然而因引入的公理错了，所以演绎的结果与事实不符。但对此仍应从两方面去分析。第一，演绎结果与观测结果一致仍是一个历史性概念，在古人观测精度尚很低的情况下，'勾之损益寸千里'无疑在相当程度上能够与观测结果符合。第二，也是更重要的，从公理演绎出的定理与客观事实不符，只说明《周髀算经》所构造的演绎体系在描述事实方面不太成功，却丝毫不妨碍它在结构上确实是一个演绎体系。"[⑥]问题恰恰出在这里，赵爽生活的时代已经具备了较为先进的实地观测技术，如陆绩造浑仪[⑦]、王蕃制浑象[⑧]、葛衡"作浑天"[⑨]等，非常有意思的是这些浑仪和浑象的制造者，都是三国吴人。当时，无论浑仪还是浑象，都能用于日月

① 钱宝琮：《中国算书中之周率研究》，中国科学院自然科学史研究所：《钱宝琮科学史论文选集》，北京：科学出版社，1983 年，第 50—51 页。
② 《隋书》卷 16《律历志上》，北京：中华书局，1973 年，第 387—388 页。
③ 中国国家博物馆：《文物三国两晋南北朝史》，北京：中华书局，2009 年，第 139 页。
④ （三国·吴）赵君卿：《周髀算经》卷上，郭书春、刘钝校点：《算经十书（一）》，第 10 页。
⑤ 陈美东：《中国科学技术史·天文学卷》，北京：科学出版社，2003 年，第 140 页。
⑥ 江晓原：《〈周髀算经〉——中国古代唯一的公理化尝试》，《自然辩证法通讯》1996 年第 3 期，第 46 页。
⑦ 《宋书》卷 23《天文志一》，北京：中华书局，1974 年，第 674 页。
⑧ 《宋书》卷 23《天文志一》，第 677、24 页。
⑨ 《隋书》卷 19《天文志上》，第 519 页。

五行的测验。因此，在当时的历史条件下，由吴国太史令陈卓，而不是由魏国和蜀汉的太史令来绘制全天星图，从而构成一个全天星官系统①，自然也就在情理之中了。尤其是王蕃的《乾象历》，与赵爽同出一系。王蕃也说：

> 日南至在斗二十一度，去极百一十五度少强是也。日最南，去极最远，故景最长。黄道斗二十一度，出辰入申，故日亦出辰入申。日昼行地上百四十六度强，故日短；夜行地下二百一十九度少弱，故夜长。自南至之后，日去极稍近，故景稍短。日昼行地上度稍多，故日稍长；夜行地下度稍少，故夜稍短。日所在度稍北，故日稍北，以至于夏至，日在井二十五度，去极六十七度少强，是日最北，去极最近，景最短。黄道井二十五度，出寅入戌，故日亦出寅入戌。日昼行地上二百一十九度少弱，故日长；夜行地下百四十六度强，故夜短。自夏至之后，日去极稍远，故景稍长。日昼行地上度稍少，故日稍短；夜行地下度稍多，故夜稍长。日所在度稍南，故日出入稍南，以至于南至而复初焉。②

对一年四季昼夜长短的变化，王蕃的解释浅显而准确，表明浑天说在解释天文现象方面确实优于盖天说，包括赵爽注。尽管王蕃在推算天径时亦同赵爽一样没有放弃"日影千里差一寸"的错误假设，但是他毕竟对《周髀算经》所言"凡径三十五万七千里，周一百七万一千里"③提出了质疑。王蕃说：

> 此言周三径一也。古历术日率圆周三中径一，臣更考之，径一不翅周三，率周百四十二而径四十五，以径率乘一百七万一千里，以周率约之，得径三十二万九千四一里一百二十二步二尺二寸一分七十一分分之十。东西南北及立径皆同，半之得十六万九千七百里二百一十步一尺六寸百四十二分分之八十一。地上去天之数也。夫周径固前定物，为盖天者，尚不考验，而乃论天地之外，日月所不照，阴阳所不至，日精所不及，仪术所不测，皆为之说，虚诞无征，是亦邹子瀛海之类也。④

虽然王蕃并未从根本上颠覆盖天说，但是他在圆周率的计算和测定黄赤交角的精度方面都做出了突出贡献，所以有学者评价王蕃对黄赤交角的测定数值说："在我国古代天文学史上，把黄赤交角测定的误差降至1分以下，大大提高了这个基本数据的精确性。"⑤可见，在天文数据的精确性方面，赵爽做得还远远不够。话又说回来，如果认为赵爽对《周髀算经》中的观点没有任何质疑，那也不符合实际。比如，他在注《周髀算经》"北极左右，夏有不释之冰"时说："水冻不解，是以推之。夏至之日外衡之下为冬矣，万物当死。此日远近为冬夏，非阴阳之气。爽或疑焉。"⑥在此，赵爽从"七衡图上根据'日远近

---

① 王奎、谭良啸：《三国时期的科学技术》，第12页。
② 《宋书》卷23《天文志一》，第674—675页。
③ （三国·吴）赵君卿：《周髀算经》卷上，郭书春、刘钝校点：《算经十书（一）》，第11页。
④ （唐）瞿昙悉达：《开元占经》卷1《天地名体》，北京：九州出版社，2012年，第8—9页。
⑤ 张秉伦等编著：《安徽科学技术史稿》，合肥：安徽科学技术出版社，1990年，第83页。
⑥ （三国·吴）赵君卿：《周髀算经》卷下，郭书春、刘钝校点：《算经十书（一）》，第20页。

为冬夏'的道理，推出在夏至最热的时候，外衡之下（相当于地球南回归线）应该是冬天，'万物当死'，草木凋零。事实也正是这样！"①可惜，赵爽认为这是不可能的。因为在他看来，地球上的寒暑变化不是由"日远近"所造成的，而是由阴阳的消长所致。从这个层面看，赵爽深受阴阳家思维的拘束。江晓原认为，造成赵爽产生上述疑问的重要原因是"这些知识不是中国传统天文学体系中的组成部分，所以对于当时大部分中国天文学家来说，这些知识是新奇的、与旧有知识背景格格不入的，因而也是难以置信的"②。当然，最直接的原因还是赵爽在注《周髀算经》的过程中因观念层面的因素，他实在是过于重视推演，而不重视实践与测验。下面一段话则颇能反映赵爽思想深处的那种"智圣"价值取向，他说：

> 言天之高大，地之广远，自非圣智，其孰能与于此乎？③

言外之意，就是说"圆方之学"是一门只有"圣者"和"智者"才能涉足的学问，所以"学其伦类，观其指归，唯贤智精习者能之也"④。在这样的思想观念下，赵爽轻视天象实测就不足为奇了。

第二节　诸葛亮的军事科技思想

诸葛亮，字孔明，琅琊阳都人，父母早亡，后由叔父诸葛玄抚养，不幸的是诸葛玄于汉建安二年（197）遇害，17 岁的诸葛亮只好隐居在距襄阳 20 余里的隆中，开始过一种晴耕雨读的田园生活。此时，天下大乱，豪杰并起，群雄虎争，逐鹿中原，大批饱经战乱之苦的北方士人被迫流寓襄阳⑤，他们多是齐鲁地区的名流贤达和有识之士，与襄阳本土的隐逸文化相比，更多渴望进取，因而给这里带来了一股以居安思危和坐观其变为内质的文化新气象。加上荆州牧刘表在"兵不在多，贵乎得人"⑥的指导思想下，以儒家学说治理襄阳，一时英杰荟萃，名士云集，并使襄阳取代洛阳形成了一个名副其实的学术中心⑦。据《刘镇南碑》记载，襄阳当时的文化氛围如下所述：

> 当世知名，辐辏而至，四方襁负；自远若归，穷山幽谷。于是为邦，百工集趣。
> 机巧万端，器械通变。利民无穷，邻邦怀慕。交扬益州，尽遣驿使，冠盖相望。……
> 武功既亢，广开雍泮。设俎豆，陈罍彝，亲行乡射，跻彼公堂，笃志好学。吏子弟受

---

① 周桂钿：《秦汉哲学》，武汉：武汉大学出版社，2006 年，第 215 页。
② 路甬祥主编：《走进殿堂的中国古代科技史》上册，上海：上海交通大学出版社，2009 年，第 78 页。
③ （三国·吴）赵君卿：《周髀算经》卷上，郭书春、刘钝校点：《算经十书（一）》，第 4 页。
④ （三国·吴）赵君卿：《周髀算经》卷上，郭书春、刘钝校点：《算经十书（一）》，第 6 页。
⑤ 《后汉书》卷 74 下《刘表传》，北京：中华书局，1965 年，第 2421 页。
⑥ 《后汉书》卷 74 下《刘表传》，第 2420 页。
⑦ 唐长孺：《汉末学术中心的南移与荆州学派》，《唐长孺社会文化史论丛》，武汉：武汉大学出版社，2001 年，第 1—2 页。

禄之徒，盖以千计；洪生巨儒，朝夕讲诲，闾闾如也。虽洙泗之间，学者所集，方之蔑如也。（刘表）深愍末学，远本离质。乃令诸儒，改定五经章句，删划浮辞，芟除烦重。赞之者用力少，而探微知机者多。又求遗书，写还新者，留其故本。于是古典坟集，充满州间。①

这段话虽说不免有溢美之词，但大体符合实际，尤其是齐鲁文化不断融入襄阳的本土文化中，人们在潜移默化中接受着儒家积极用世精神的洗礼和熏陶。例如，《魏略》载："亮在荆州，以建安初与颍川石广元、徐元直（即徐庶）、汝南孟公威等俱游学，三人务于精熟，而亮独观其大略。"②"观其大略"是一种今文学派的治学思维，重微言大义和义理阐发，轻章句训诂与繁缛文辞，所以今文学派的重要学术特性之一即是它"在解经时的理论性格极富创造性，且充满了宗教神学的意味"③，如董仲舒、孟喜、京房等。如果仔细阅读诸葛亮存世的著作，就很容易看出他的"大略"思维个性。譬如，诸葛亮在《论诸子》一文中说：

老子长于养性，不可以临危难。商鞅长于理法，不可以从教化。苏、张长于驰辞，不可以结盟誓。白起长于攻取，不可以广众。子胥长于图敌，不可以谋身。尾生长于守信，不可以应变。王嘉长于遇明君，不可以事暗主。许子将长于明臧否，不可以养人物。此任长之术者也。④

诸葛亮用系统思维来审时度势，把握全局，并从经史的角度阐发诸子学说之短长，可谓识其大体，明其大义，而他不拘旧法、学以致用和勇于创新思维风格的形成，实源自其"观其大略"的内在素质。我们知道，东汉的古文学派盛于今文学派，出现了"古学盛而今学微"⑤的发展态势，受其影响，不排除在襄阳的知识精英中，崇尚古文经学的学者占有较大势力。于是，才有刘表"令诸儒，改定五经章句，删划浮辞，芟除烦重。赞之者用力少，而探微知机者多"的努力。此"删划浮辞"与"探微知机"正是今文学派的治学特色，可见，诸葛亮"观其大略"的思维个性与刘表倡导的治经学风具有一定的内在联系。据《三国志》载，诸葛亮父亲去世之后，其叔父诸葛玄"素与荆州牧刘表有旧"，故携诸葛亮"往依之"⑥。此年，诸葛亮 15 岁。不久，诸葛玄死，诸葛亮寓居南阳襄、邓间⑦。经过几年的求师问道，诸葛亮的学识日进，人生观已经发生了巨大变化，他的政治抱负不断通过歌唱《梁甫吟》而释怀，他立志救国，一统天下。《魏略》

---

① 阙名：《刘镇南碑》，陈延嘉、王同策、左振坤校点主编：《全上古三代秦汉三国六朝文》第 3 册，第 539—540 页。

② 《三国志》卷 35《蜀书·诸葛亮传》，第 911 页。

③ 陈前进：《受益一生的 600 个哲学常识》，天津：天津科学技术出版社，2012 年，第 154 页。

④ 王瑞功主编：《诸葛亮志》，济南：山东人民出版社，2009 年，第 129 页。

⑤ 冯友兰：《中国哲学史史料学》，南京：江苏教育出版社，2006 年，第 200 页。

⑥ 《三国志》卷 35《蜀书·诸葛亮传》，第 911 页。

⑦ （明）佚名：《诸葛忠武侯年谱》，王瑞功主编：《诸葛亮研究集成》上册，济南：齐鲁书社，1997 年，第 175 页。

载：同为流寓异乡之才士，"后（孟）公威思乡里，欲北归，亮谓之曰：'中国饶士大夫，遨游何必故乡邪！'"①裴松之对此有一段诠释，深得亮意。裴氏说："苟不患功业不就，道之不行，虽志恢宇宙而终不北向者，盖以权御已移，汉祚将倾，方将翊赞宗杰，以兴微继绝克复为己任故也。"②如此雄韬伟略之奇士，非明主不能尽展其才。我们知道，官渡之战奠定了曹操统一中国北方的基础。前述孟公威"思乡里"的主要动机还是想投靠曹操，而诸葛亮却是"托身不可以非所也，故不肯苟仕于僭窃"③。建安十一年（206），曹操南下攻打刘备，刘备"遣麋竺、孙乾与刘表相闻，表自郊迎，以上宾礼待之，益其兵，使屯新野。荆州豪杰归先主者日益多，表疑其心，阴御之"④。建安十二年（207），"曹公北征乌丸，先主说表袭许，表不能用。曹公南征表，会表卒，子琮代立，遣使请降。先主屯樊，不知曹公卒至，至宛乃闻之，遂将其众去。过襄阳，诸葛亮说先主攻琮，荆州可有"⑤。从刘备当时疲于逃奔的窘迫处境看，他是多么希望有一个能扶危定倾的人才出现在自己面前。恰逢其时，"刘备访世事于司马德操（即司马徽）。德操曰：'儒生俗士，岂识时务？识时务者在乎俊杰。此间自有伏龙、凤雏。'备问为谁，曰：'诸葛孔明、庞士元也。'"⑥此后，便有刘备三顾茅庐之美谈。于是，也就有了诸葛亮"三分天下"战略的《隆中对》。从此之后，诸葛亮辅佐刘备，如鱼得水，修德振武，鞠躬尽瘁，以求兴汉。在这个历史过程中，诸葛亮有功亦有过，对此，学界迄今仍众说纷纭，莫衷一是。但除了少数学者之外，一般学者都肯定诸葛亮一生的成就是主要的。诚如成都武侯祠那副评价诸葛亮的著名楹联所言：

能攻心则反侧自消，从古知兵非好战；不审势即宽严皆误，后来治蜀要深思。⑦

一、诸葛亮的军事战略和战术思想及其科技实践

（一）诸葛亮的军事战略和战术思想

1. 诸葛亮的军事著作述略

所谓军事战略是指对整个战争所做的筹划与谋略，而军事战术则是指具体的战斗手段与方法，其中"战略的目的是要确保战术的结果，就是用战斗来夺得胜利"⑧。由此，我们可以把是否能够确保"用战斗来夺得胜利"看作是检验军事战略科学与否的客观标准。诸葛亮是杰出的政治家和军事家，他一生写下了多篇军事著作，并从实战角度认真琢磨兵法，注意总结战争的规律、原则和战略战术。据陈寿整理《诸葛氏集目录》统计，诸葛亮

---

① 《三国志》卷35《蜀书·诸葛亮传》，第911—912页。
② 《三国志》卷35《蜀书·诸葛亮传》，第912页。
③ （宋）尹起莘：《孔明择主而仕》，王瑞功主编：《诸葛亮研究集成》上册，第477页。
④ 《三国志》卷32《蜀书·先主传》，第876页。
⑤ 《三国志》卷32《蜀书·先主传》，第877页。
⑥ 《三国志》卷35《蜀书·诸葛亮传》裴松之注引《襄阳记》，第913页。
⑦ 高宗裕主编：《民族学与博物馆学》，昆明：云南民族出版社，1996年，第388页。
⑧ 梁适：《中外名言分类大辞典》，上海：复旦大学出版社，1992年，第566页。

的论著计有"二十四篇，凡十万四千一百一十二字"①。

由于陈寿采取"辄删除复重，随类相从"的编集原则，故他所讲的"二十四篇"仅仅是篇目，而不是具体的文章数量，至于具体的文章数量，因陈寿所编《诸葛氏集》早已散失，故今无考。另外，从《隋书·经籍志》、《旧唐书·经籍志》和《新唐书·艺文志》所载录的诸多《诸葛亮集》书目来看，当时世上流传着诸多托名之作。例如，据《晋书·陆喜传》载："其书近百篇。吴平，又作《西州清论》传于世，借称诸葛孔明以行其书也。"②表明自晋朝开始，即有假托诸葛亮之名来传世的伪作。至宋朝以降，诸葛亮的著作越来越多③，其中伪作亦复不少，仅据《诸葛亮志》统计，就有 11 种④。这种局面给后人的学术研究带来了不便。故此，清代张澍"搜采散逸，较诸本增益倍蓰，编《文集》四卷，《附录》二卷，别撰《诸葛故事》五卷，都为十一卷"⑤。在目前所见《诸葛亮集》的各种版本中，张澍辑本是公认较好的版本。即便如此，其所收录的篇目，也存在真伪杂糅的问题。经李伯勋考辨，张澍辑本中所录《梁甫吟》《对主公左将军料刺客》《黄陵庙记》《称许靖》《阴符经序》《阴符经注》《二十八宿分野》《兵法秘诀》《军令（军列营）》《军令（四出樵采）》《兵要（言行不同）》《兵要（督将已下）》，上述总计 12 篇皆非诸葛亮的作品。⑥另，经王瑞功等鉴别，以下几篇亦非诸葛亮的作品：《白鸠篇》《群下上汉帝请先主为汉中王表》《群下上汉中王即帝位表》《又为先帝与后帝遗诏》《兵法"知有所甚爱"条》《兵法"镇星所在之宿"条》《"诸葛子·若能力兼三人"条》《"诸葛子·鼓洪炉"条》等。⑦还有伪作《梁甫吟》《黄陵庙记》《上先帝书》《诸葛亮纪功碑阴铭》《柘东城石刻》《琴吟自叙》等。⑧可见，在对《诸葛亮集》中那些属于非诸葛亮著作的认识方面，王瑞功与李伯勋的看法尚有不同。

此外，对张澍辑本所收录题名为诸葛亮的两部军事著作，即《便宜十六策》与《将苑》（亦称《新书》），学界争议颇大，王瑞功认为《便宜十六策》真伪难定⑨，而《将苑》则显系伪书⑩。李伯勋主张："对存有争议，各有所据，目下尚无可靠材料断定其真伪且影响较大的作品如《新书》（即《将苑》）、《便宜十六策》等，余偏向取暂录于诸葛亮名下待考的观点。古人在志书或有关书目中著录的作品，总有一定的根据，今人在无可靠有力证据否定的情况下，一般不宜轻易删除，否则，将闹出许多错误。"⑪

① 《三国志》卷 35《蜀书·诸葛亮传》，第 929 页。
② 《晋书》卷 54《陆喜传》，第 1486 页。
③ 王瑞功主编：《诸葛亮志》，第 75—85 页。
④ 王瑞功主编：《诸葛亮志》，第 95—101 页。
⑤ （清）张澍：《编辑诸葛忠武侯文集自序》，（三国·蜀）诸葛亮著，段熙仲、闻旭初编校：《诸葛亮集》，北京：中华书局，2014 年，第 1 页。
⑥ 李伯勋：《诸葛亮集笺论》，西安：陕西人民出版社，1997 年，第 543—552 页。
⑦ 王瑞功主编：《诸葛亮志》，第 100—101 页。
⑧ 王瑞功主编：《诸葛亮志》，第 90—91 页。
⑨ 王瑞功主编：《诸葛亮志》，第 104 页。
⑩ 王瑞功主编：《诸葛亮志》，第 99—100 页。
⑪ 李伯勋：《陈寿编〈诸葛亮集〉二三考——兼谈整理诸葛亮著作的一些做法》，《成都大学学报（社会科学版）》1995 年第 3 期，第 46 页。

有鉴于此，目前研究诸葛亮军事思想的著作，对原始文献的引用情况十分复杂。例如姜国柱在《中国军事思想通史·汉唐卷》一书中论及诸葛亮的军事思想时，即以《便宜十六策》和《将苑》为据[①]，其他像汤洁娟和杜芳明的《诸葛亮军事思想管窥》[②]、赵国华的《中国兵学史》[③]、王珲和师金的《战略与政略相融会的兵典——诸葛亮兵法》[④]、汤昌和主编的《中国古代军事思想》[⑤]、杜一平的《论诸葛亮的军事思想》等[⑥]，亦都将《便宜十六策》和《将苑》视为诸葛亮的著作。然而，晋宏忠在《卧龙深处话孔明——关于诸葛亮的新评说》一书中论诸葛亮的军事思想却不取《将苑》及《便宜十六策》以为据[⑦]。同样，施光明的《诸葛亮军事思想研究》[⑧]、李穆南和于文主编的《中国军事百科》第 3 册《军事思想》[⑨]、余大吉的《中国军事通史》第 7 卷《三国军事史》[⑩]等，鉴于学界对《便宜十六策》及《将苑》的真伪争议较大，所以都不将它们作为诸葛亮的军事著作来引用。笔者认为后者的态度比较稳妥。

所以为谨慎起见，本书所依据的原始文献，均以《诸葛亮志》所录"存文"为准。

2.《隆中对》与诸葛亮的军事战略思想

在保存下来的诸葛亮军事文献中，尤以正确预见了"三分天下"的《隆中对》名气最大，诸葛亮对刘备的一番议论，高瞻远瞩，传颂千古。《三国志·诸葛亮传》载其文云：

> 自董卓已来，豪杰并起，跨州连郡者不可胜数。曹操比于袁绍，则名微而众寡，然操遂能克绍，以弱为强者，非惟天时，抑亦人谋也。今操已拥百万之众，挟天子而令诸侯，此诚不可与争锋。孙权据有江东，已历三世，国险而民附，贤能为之用，此可以为援而不可图也。荆州北据汉、沔，利尽南海，东连吴会，西通巴、蜀，此用武之国，而其主不能守，此殆天所以资将军，将军岂有意乎？益州险塞，沃野千里，天府之土，高祖因之以成帝业。刘璋暗弱，张鲁在北，民殷国富而不知存恤，智能之士思得明君。将军既帝室之胄，信义著于四海，总揽英雄，思贤如渴，若跨有荆、益，保其岩阻，西和诸戎，南抚夷越，外结好孙权，内修政理；天下有变，则命一上将将荆州之军以向宛、洛，将军身率益州之众出于秦川，百姓孰敢不箪食壶浆以迎将军者乎？诚如是，则霸业可成，汉室可兴矣。[⑪]

① 姜国柱：《中国军事思想通史·汉唐卷》，北京：中国社会科学出版社，2006 年，第 88—122 页。

② 汤洁娟、杜芳明：《诸葛亮军事思想管窥》，《延安教育学院学报》2003 年第 4 期，第 29—30 页。

③ 赵国华：《中国兵学史》，福州：福建人民出版社，2004 年，第 284—289 页。

④ 王珲、师金：《战略与政略相融会的兵典——诸葛亮兵法》，北京：军事科学出版社，2005 年，第 32—45 页。

⑤ 汤昌和主编：《中国古代军事思想》，保定：河北大学出版社，1993 年，第 148 页。

⑥ 杜一平：《论诸葛亮的军事思想》，王汝涛等主编：《金秋阳都论诸葛——全国第八次诸葛亮学术研讨会论文选》，北京：军事科学出版社，1995 年，第 195—201 页。

⑦ 晋宏忠：《卧龙深处话孔明——关于诸葛亮的新评说》，北京：经济日报出版社，1989 年，第 53—66 页。

⑧ 施光明：《诸葛亮军事思想研究》，《南都学坛（社会科学版）》1989 年第 3 期，第 7—13 页。

⑨ 李穆南、于文主编：《中国军事百科》第 3 册《军事思想》，北京：中国环境科学出版社、学苑音像出版社，2006 年，第 175—178 页。

⑩ 余大吉：《中国军事通史》第 7 卷《三国军事史》，北京：军事科学出版社，1998 年，第 457—470 页。

⑪《三国志》卷 35《蜀书·诸葛亮传》，第 912—913 页。

这段话关乎蜀汉争雄的战略，构思完整，细论入微，意义非同寻常。有学者从现代战略的基本要素来分析，把诸葛亮的《隆中对》解析为下面几个要点：

> 复兴汉室、统一中国是战略目的和任务；联合孙权、共抗曹操是战略指导思想和战略方针；荆、益二州的军事实力为主的综合实力，是战略力量；夺取并守住荆、益二州，西与诸戎和睦相处，南对夷越实行安抚政策，对内改革政治，对外与孙权结盟，是战略措施。这五条虽然都十分重要，缺一不可，但最核心的一条是与孙权结盟，这是这个战略成败的基石；背面的800里秦川，是主要战略方向；东北面的宛、洛，是辅助战略方向；曹操的内部或整个战略形势，发生有利于蜀，不利于曹的变化，是战略反攻或战略进攻的时机。[1]

诸葛亮在构思隆中战略时，还不曾有过实战经验，但他能从复杂多变的战争矛盾中抓住曹、孙这对主要矛盾，并能审时度势地提出联孙抗曹的军事战略，确实有先见之明。后来所形成的魏、蜀、吴三足鼎立政治格局，应当说正是诸葛亮军事战略思想的一种客观体现。然而，这并不是诸葛亮隆中战略的远期目标，因为隆中战略的最终目标是复兴汉室，统一中国。我们说诸葛亮预见到了"统一"是不可阻挡的历史趋势，体现了他伟大的一面；然而，最终统一中国的不是蜀汉，而是曹魏政权，则说明诸葛亮隆中战略还存在一定的缺陷。一句话，仅就隆中战略而言，它根本无法保证蜀汉取胜于魏、吴，且不说战争的形势会瞬息万变，任何战略都应根据战争形势的客观变化而不断作调整和修订，随着历史的发展变化，战略不能一成不变。毛泽东曾一针见血地指出了隆中战略的软肋，说蜀汉之败：

> 其始误于隆中对，千里之遥而二分兵力。其终则关羽、刘备、诸葛三分兵力，安得不败。[2]

观诸葛亮的整个战略思想，荆州关乎全局，故只要拥有荆州，蜀汉的战局就能转被动为主动，如果荆州丢失，那么蜀汉的军事战争就必然会走向失败。因此，诸葛亮将夺取和守卫荆州看作是刘备立国的根基，无疑是正确的战略决策。可是，当蜀汉占有荆州后，首先感到危险的就是孙权。比如，甘宁就曾向孙权强调："南荆之地，山陵形便，江川流通，诚是国（指吴国）之西势也。"[3]尤其在荆州刺史刘琦死后，"群下推先主（即刘备）为荆州牧，治公安。权稍畏之，进妹固好"[4]。"进妹固好"的背后，是荆州已掌握在刘备手中，难道孙权就没有图谋荆州的野心吗？当然会有的，而且当刘备攻入蜀地之后，加上关羽在处理与部下的关系及在对待孙吴的外交事务方面不无瑕疵，客观上就为孙权夺取荆州创造了机会。当然，诸葛亮的用人策略亦值得好好反思。先是，建安二十年（215），"孙权以先主已得益州，使使报欲得荆州。先主言：'须得凉州，当以荆州相与。'权忿

① 房立中主编：《诸葛亮全书》，北京：学苑出版社，1996年，第697页。
② 中共中央文献研究室：《毛泽东读文史古籍批语集》，北京：中央文献出版社，1993年，第106页。
③ 《三国志》卷55《吴书·甘宁传》，第1292页。
④ 《三国志》卷32《蜀书·先主传》，第879页。

之，乃遣吕蒙袭夺长沙、零陵、桂阳三郡”①。后来，建安二十四年（219），“（关）羽率众攻曹仁于樊（城）。曹公遣于禁助仁。秋，大霖雨，汉水泛溢，禁所督七军皆没。禁降羽，羽又斩将军庞德。梁郏、陆浑群盗或遥受羽印号，为之支党，羽威震华夏。曹公议徙许都以避其锐，司马宣王、蒋济以为关羽得志，孙权必不愿也。可遣人劝权蹑其后，许割江南以封权，则樊围自解。曹公从之。先是，权遣使为子索羽女，羽骂辱其使，不许婚，权大怒。又南郡太守麋芳在江陵，将军（傅）士仁屯公安，素皆嫌羽（自）轻己。（自）羽之出军，芳、仁供给军资，不悉相救，羽言‘还当治之’，芳、仁咸怀惧不安。于是权阴诱芳、仁，芳、仁使人迎权。而曹公遣徐晃救曹仁，羽不能克，引军退还。权已据江陵，尽虏羽士众妻子，羽军遂散。权遣将逆击羽，斩羽及子平于临沮”②。这个结果是诸葛亮没有料到的，他的“联吴”战略彻底失败。我们知道，在处理多国争强的问题上，特别是对于本来就存在利害关系的国家之间的政治联合，不能只讲联不讲防，既联又防，这是军事外交的基本策略。也许关羽把军事重心放在了抵御曹操一方，结果给孙权留下了可乘之机，使蜀汉丢掉了荆州。对此，梁满仓有一段分析颇有道理。他说：

> 荆州的丢失，从根本上说，是刘备集团对孙吴必夺荆州的方针缺乏足够的认识。我们知道，孙刘两家在赤壁之战以后为了解决荆州的归属问题，曾进行过三次领地的再分配。特别是最后一次，双方同意以湘水为界，中分荆州。这次分配，刘备集团对孙吴作了较大的让步，他们认为荆州问题已经基本解决了。从此以后，刘备集团对孙吴的防范一天比一天松懈，而把绝大部分力量用以对付北方的曹操。③

当然，关羽失荆州的原因比较复杂，既有其主观方面的原因，又有其客观方面的原因。其中蜀汉在关键军事应用技术方面相对比较落后，也是一个重要因素。

例如，在三国之中，蜀汉晚起，生气蓬勃，军力不比魏、吴弱，但它为什么终不能战胜魏、吴？蜀汉军事科技相对落后，是一个不可忽视的因素。例如，与魏国对抗需要有较强的陆战实力，与吴国对抗则需要有较强的水战实力。毛泽东在《中国革命战争的战略问题》中，列举了中国古代战史中以弱胜强的 7 个著名战例，其中吴国占了两例，即“吴魏赤壁之战、吴蜀彝陵之战”④。这里的“弱”是相对的，在一定意义上，如果能够正确发挥科技成果在战争中的作用，弱就可以转化为强。像在赤壁之战和彝陵（今湖北宜昌）之战中吴国的战船与水师，都非常巧妙地运用了“火”攻战术，结果取得了战争的最后胜利。虽然在彝陵之战的“火人”战术中，吴军是怎样用火的，史书没有记载，但能“破其（刘备）四十余营”⑤，说明吴军对火攻的技术准备还是比较充分的，相反，蜀军的防火措施和装备都还不尽如人意，这从一个侧面反映出蜀军的技术装备还有落后于吴军的一面。

---

① 《三国志》卷 32《蜀书·先主传》，第 883 页。
② 《三国志》卷 36《蜀书·关羽传》，第 941 页。
③ 梁满仓：《关羽和荆州》，卢晓衡主编：《关羽、关公和关圣——中国历史文化中的关羽学术研讨会论文集》，北京：社会科学文献出版社，2002 年，第 251 页。
④ 《毛泽东选集》第 1 卷《中国革命战争的战略问题》，北京：人民出版社，1991 年，第 204 页。
⑤ 《三国志》卷 58《吴书·陆逊传》，第 1347 页。

经考，为了适应长江水战和海上交通的需要，吴国在长沙郡洞庭湖区域、庐江郡巢湖区域、豫章郡鄱阳湖区域普遍设有造船工场①。所以三国吴人赵咨向曹丕称吴国"浮江万艘，代甲百万"②，看来并非虚夸。

在军事通信方面，孙吴以水军立国，航运网非常发达。有专家考证，孙吴出现了水驿，速度较快③。而荆州地区，关羽则在沿江设立了军用通信的"斥堠"，烽火台从后方一直通达襄樊前线④。然而，从实战效果看，当时吕蒙偷袭荆州，"至羽所置江边屯候，尽收缚之，是故羽不闻知"⑤。说明关羽的军事通信设置还存在技术层面的漏洞。

当然，不可否认的事实是，当时熟知天文地理的诸葛亮看见了火攻、水战、地理环境、战争防疫⑥等应用技术在赤壁之战中所起的关键作用，所以如何增加军队建设的科学技术投入，不断提高将士的科技文化素质，就成为诸葛亮军事科技思想的中心内容。

3. 《说孙权》与诸葛亮的军事外交战略思想

在赤壁之战前，曹魏处于强势地位，拥兵二十余万⑦，虎视眈眈，曹操本打算像消灭袁绍一样，将荆州和东吴吞掉，却不承想孙、刘两家"弱弱联合"，结果赤壁一战遏止了曹操一统天下的历史进程。对于这次孙、刘联合，诸葛亮有一段《说孙权》的精彩议论：

> "海内大乱，将军起兵据有江东，刘豫州亦收众汉南，与曹操并争天下。今操芟夷大难，略已平矣，遂破荆州，威震四海。英雄无所用武，故豫州遁逃至此。将军量力而处之：若能以吴、越之众与中国抗衡，不如早与之绝；若不能当，何不案兵束甲，北面而事之！今将军外托服从之名，而内怀犹豫之计，事急而不断，祸至无日矣！"……"田横，齐之壮士耳，犹守义不辱，况刘豫州王室之胄，英才盖世，众士慕仰，若水之归海，若事之不济，此乃天也，安能复为之下乎！"……"豫州军虽败于长阪，今战士还者及关羽水军精甲万人，刘琦合江夏战士亦不下万人。曹操之众，远来疲弊，闻追豫州，轻骑一日一夜行三百余里，此所谓'强弩之末，势不能穿鲁缟'者也。故兵法忌之，曰'必蹶上将军'。且北方之人，不习水战；又荆州之民附操者，逼兵势耳，非心服也。今将军诚能命猛将统兵数万，与豫州协规同力，破操军必矣。操军破，必北还，如此则荆、吴之势强，鼎足之形成矣。成败之机，在于今日。"⑧

诸葛亮有战胜曹兵的绝对把握吗？未必，但在当时，联合是唯一选择，没有任何其他

---

① 长江流域规划办公室《长江水利史略》编写组：《长江水利史略》，北京：水利电力出版社，1979 年，第 77—78 页；王奎、谭良啸《三国时期的科学技术》，北京：社会科学文献出版社，2011 年，第 178—179 页。

② （明）罗贯中：《三国演义》第 82 回，南京：凤凰出版社，2001 年，第 438 页。

③ 臧嵘：《中国古代驿站与邮传》，天津：天津教育出版社，1991 年，第 45 页。

④ 臧嵘：《中国古代驿站与邮传》，第 44 页。

⑤ 《三国志》卷 54《吴书·吕蒙传》，1278 页。

⑥ 《三国志》卷 1《魏书·武帝纪》，第 31 页云："公（曹操）至赤壁，与备战，不利。于是大疫，吏士多死者，乃引军还。"这表明曹操还没有形成足够应对疫病暴发的能力。

⑦ 吕思勉：《三国史话》，长沙：岳麓书社，2010 年，第 90 页。

⑧ 《三国志》卷 35《蜀书·诸葛亮传》，第 915 页。

办法，而且对孙、刘而言，只有联合才有取胜的可能性。至于如何将可能性转变为现实性，那就需要主客观条件的形成与出现。诸葛亮认真分析了孙、刘联合的主观和客观条件：

第一，主观条件。诸葛亮从战略高度肯定了曹、孙、刘三家"并争天下"的事实。前揭《隆中对》，诸葛亮已经为刘备确定了一统天下的战略目标与实施步骤。而在孙权一方，他也并非甘愿保守东南一隅，不取天下之利于一身。鲁肃曾为孙权描绘了其统一天下的政治远景，鲁肃说："昔高帝区区欲尊事义帝而不获者，以项羽为害也。今之曹操，犹昔项羽，将军何由得为桓文乎？肃窃料之，汉室不可复兴，曹操不可卒除。为将军计，惟有鼎足江东，以观天下之衅。规模如此，亦自无嫌。何者？北方诚多务也。因其多务，剿除黄祖，进伐刘表，竟长江所极，据而有之，然后建号帝王以图天下，此高帝之业也。"①这就是著名的"榻上策"，其主旨与诸葛亮的《隆中对》不谋而合。此外，无论是刘备还是孙权，都有"守义不辱"的心理共鸣，在这一点上，刘备乃"王室之胄"，自不必说，就连孙权也有"为汉家除残去秽"②的志向。可见，孙、刘联合具有共同的思想基础。

第二，客观条件。从蜀、吴方面来说，主要有三点：一是有民众拥护，"众士慕仰"，诸葛亮讲得很清楚："荆州之民附操者，逼兵势耳，非心服也。"二是有一支能战斗的精良军队，当时孙、刘的兵力有 5 万左右。③三是地理优势，孙权据江东，刘备"收众汉南"，江东经济发达，军事手工业基础较好，用周瑜的话说，就是"地方数千里，兵精足用，英雄乐业"④，故完全有能力与曹操抗衡。从曹魏方面看，存在三个客观条件，不利于曹操进行集结性南征孙、刘的军事战争，因为一则"远来疲敝"，已成"强弩之末"⑤；二则北方之人不习水战，"必生疾病"⑥；三则进入寒冷的冬季，"马无藁草"⑦，势必影响军队的战斗力。

赤壁之战后，三分天下已成定势。诸葛亮为了给蜀汉拓疆扩土，紧紧围绕构建"跨有荆、益"这个国家战略重心，把"结好孙权"视为建筑其"成霸业"和"兴汉室"之基的一条政治轴线。当然，孙吴方面也有像鲁肃这样的大臣积极主动地与诸葛亮一起来维护这条轴线，努力促使两国交好，共同抗击曹操。可惜，鲁肃于建安二十二年（217）去世。

至于蜀汉方面，自建安十九年（214）刘备占领益州后，诸葛亮即赴益州，遂留下关羽独自驻守荆州。而在当时比较复杂的历史背景下，关羽对联吴抗曹的外交策略还缺乏深入的认识。所以他在处理与孙吴的外交关系时，容易出现把控分寸失准现象。例如，建安二十年（215），鲁肃与关羽相见，商讨归还荆州的事宜，而在谈判过程中，双方气氛都很紧张。据载："（鲁）肃因责数（关）羽曰：'国家区区本以土地借卿家者，卿家军败远

① 《三国志》卷54《吴书·鲁肃传》，第1268页。
② 《三国志》卷54《吴书·周瑜传》，第1261页。
③ 吕思勉：《三国史话》，第90页。
④ 《三国志》卷54《吴书·周瑜传》，第1261页。
⑤ 《三国志》卷54《吴书·周瑜传》，第1268页。
⑥ 《三国志》卷54《吴书·周瑜传》，第1262页。
⑦ 《三国志》卷54《吴书·周瑜传》，第1262页。

来，无以为资故也。今已得益州，既无奉还之意，但求三郡，又不从命.'语未究竟，坐有一人曰：'夫土地者，惟德所在耳，何常之有！'肃厉声呵之，辞色甚切。羽操刀起谓曰：'此自国家事，是人何知！'目使之去。备遂割湘水为界，于是罢军。"①因为蜀汉已把军事进攻的重点放在北线，此时确保东线与孙吴临界地区的安全，就显得十分必要，故刘备才与孙权请和。如果说关羽在前面的谈判中据理力争，不失大将风度，那么，下面的做法就过于简单粗暴了。《三国志·蜀书》载："先是，权遣使为子索羽女，羽骂辱其使，不许婚，权大怒。"②这件事情为以后蜀汉与孙吴外交关系的破裂埋下了隐患。所以在孙权占取荆州之后，诸葛亮从大局出发，仍于建兴六年（228）致信孙权表达了愿双方结好、联合北征之诚意。诸葛亮说："汉室不幸，王纲失纪，曹贼篡逆，蔓延及今，皆思剿灭，未遂同盟。亮受昭烈皇帝寄托之重，敢不竭力尽忠。今大兵已会于祁山，狂寇将亡于渭水。伏望执事以同盟之义，命将北征，共靖中原，同匡汉室。书不尽言，万希昭鉴。"③可惜，时过境迁，此时蜀汉与孙吴的政治、军事及外交形势都发生了变化，尤其是孙吴的战略重心已经转移至对辽东的公孙渊方面，结果导致其外交战略的重大失误。当然，在这种客观条件下，诸葛亮继续联吴北伐的策略也就难有效果了。因此，由于失去了荆州，诸葛亮伐魏只好翻越险峻的秦岭，却终因交通不便等因素无功而返。④

4. 《南征教》与诸葛亮的"南抚夷越"战略

在今大西南地区（今云南、贵州、四川、广西），蜀汉时期居住着濮、羌、氐等诸多少数民族，经过秦汉的不断开发与治理，从汉武帝设置犍为、印笮、邛都等郡，到东汉初期设置永昌郡（今云南保山）等，西南夷基本上都被纳入了东汉政权的统治之内，但对其管理采取酋长制，实行贡纳制而非赋役制。至东汉中后期，出现了"邑豪岁输布贯头衣二领，盐一斛，以为常赋"⑤现象，并逐渐由贡纳制转变为赋役制，民众的负担不断加重。一面是"长吏奸猾"⑥，"居其官者，皆富及十世"⑦；另一面则是"赋敛烦数，官民困竭"⑧，导致南中地区的永昌、益州、蜀郡诸夷反叛。建安十九年（214），刘备定蜀，改犍为属国，置朱提郡，遣邓方治理南中地区（包括今云南、贵州、四川西部、广西北部），并设置庲降都督，治南昌县，邓方"轻财果毅，夷汉敬其威信"⑨，屯兵行垦，繁荣贸易，对安定西南诸夷起到了积极作用。但是，蜀汉丢失了荆州之后，孙吴政权亦很快插手南中事务，挑拨蜀汉与西南诸夷的关系，扶持个别夷帅大姓势力与蜀汉对抗，因而使南中地区的地方矛盾更加复杂。如刘备死后，"越嶲叟帅高定元杀郡将焦璜，举郡称王以

① 《三国志》卷54《吴书·鲁肃传》，第1272页。
② 《三国志》卷36《蜀书·关羽传》，第941页。
③ 王瑞功主编：《诸葛亮志》，第117页。
④ 胡开伟编著：《历史是本管理书》，北京：中国言实出版社，2013年，第244页。
⑤ 《后汉书》卷86《西南夷传》，第2851页。
⑥ 《后汉书》卷86《西南夷传》，第2854页。
⑦ （晋）常璩撰，刘琳校注：《华阳国志校注》卷4《南中志》，成都：巴蜀书社，1984年，第347页。
⑧ 《后汉书》卷10下《皇后纪下》，第440页。
⑨ （晋）常璩撰，刘琳校注：《华阳国志校注》卷4《南中志》，第350页。

叛"[1]，首先对诸葛亮发难。接着，益州郡豪强雍闿杀死了太守正昂，蜀汉"更以蜀郡张裔为太守。闿假鬼教曰：'张裔府君如瓠壶，外虽泽内实粗，杀之不可缚与吴。'于是执送裔于吴。吴主孙权遥用闿为永昌太守；遣故刘璋子阐为益州刺史，处交、益州际"[2]，气焰嚣张。这种局面如果不迅速扭转，蜀汉政权在南中地区的统治就会名存实亡，甚至"仅求自保亦不可得"[3]。于是，在与孙吴化解积怨的前提下，诸葛亮于建兴三年（225）三月不得不亲率大军南征平叛。为了维护南中地区的长治久安，尤其是要在西南诸夷中树立蜀汉可以信赖的政治形象，诸葛亮深思熟虑，采取攻心战术而不是仅仅付诸武力，甚至采用"殄尽遗类以除后患"[4]的方法来解决南中地区的地方矛盾。诸葛亮善纳马谡的良策："攻心为上，攻城为下，心战为上，兵战为下。"[5]宋代王应麟在《玉海》卷142"汉诸葛亮八阵图"注中称"南征教"，《诸葛亮志》亦作"南征教"，即将"攻心"立为教令，它系诸葛亮兵学思想的重要内容之一。实践证明：此术的应用不但取得了南征平叛的胜利，而且对巩固蜀汉后方和支援北伐具有重要的现实意义。故《玉海》注云：

> 建兴元（三）年亮举众南征为教曰："用兵之道，攻城为下，心战为上，兵战为下。"亮至南中生致孟获，使观于营阵之间，纵使更战，七纵七擒，获曰"公，天威也。南人不复反矣。"[6]

诸葛亮南征的具体过程，从略。但是从科学思想史的角度看，有几点则是不能省略的。

第一，"馒头"的出现。晋人束皙《饼赋》云："于时享宴，则曼（馒）头宜设。"[7]宋人曾三异《因话录》说："食品馒头，本是蜀馔，世传以为诸葛亮征南时，其俗以人首祀神。孔明欲止其杀，教以肉面二物像人头而为之。流传作馒字，不知当时音义如何适以欺瞒之瞒同音。孔明与马谡谋征南，有攻心、心战之说。故听孟获熟视营阵，七纵而七擒之，岂于事物间有欺瞒之举，特世俗释之如此耳？"[8]这种猎头祭神习俗一直到民国还存在于云南澜沧县西境的边界地区、怒江支流南板江上游南卡河及南顶河的四周，对此，凌纯声曾有专文论之[9]。我们知道，猎头习俗是原始的野蛮文化孑遗，它是落后生产力在宗教意识领域里的客观体现和反映。而诸葛亮利用民众最容易接受的食物形式，改变了那种残暴无人性的猎头习俗，对于促进南中地区的科学发展和文明进步都具有积极意义。

---

① （晋）常璩撰，刘琳校注：《华阳国志校注》卷4《南中志》，第351页。
② （晋）常璩撰，刘琳校注：《华阳国志校注》卷4《南中志》，第351页。
③ 何仁仲：《贵州通史》第1卷，北京：当代中国出版社，2003年，第225页。
④ 《三国志》卷39《蜀书·马良传》注引《襄阳记》，第983页。
⑤ 《三国志》卷39《蜀书·马良传》注引《襄阳记》，第983页。
⑥ （宋）王应麟：《玉海》卷142《兵制·汉诸葛亮八阵图》，扬州：广陵书社，2003年，第2638页。
⑦ （晋）束皙：《饼赋》，韩格平等校注：《全魏晋赋校注》，长春：吉林文史出版社，2008年，第458页。
⑧ （明）陶宗仪：《说郛》卷19引南宋曾三异《因话录》，上海：上海古籍出版社，1988年，第351页。
⑨ 凌纯声：《云南卡瓦族与台湾高山族的猎首祭》，《中国边疆民族与环太平洋文化》，台北：联经出版事业公司，1979年，第561页。

第二，诸葛亮《图谱》与西南诸夷的"巫术"思维。巴蜀少数民族"俗好巫鬼禁忌"①，有很深的巫术文化传统，史籍亦称"鬼教"或"鬼道"。如前揭雍闿即是一位"鬼主"，他曾"假鬼教"而将蜀汉太守张裔"执送于吴"。可见，雍闿能"假鬼教"以行政，反映了该教具有政教合一和"神道设教"（即设教施政须以鬼神为本）的性质，而"夷族"的政治和宗教首领即称为"鬼主"。

又，《逸周书》卷8《史记解》说：

> 昔者玄都贤鬼道，废人事天，谋臣不用，龟策是从，神巫用国，哲士在外，玄都以亡。②

"鬼教"同巫术一样，鬼主有"通天绝地"的神力。故《山海经·大荒西经》说："大荒之中，有山名日月山，天枢也。吴姬天门，日月所入。"③而此处所说的"日月山"之"天枢"，实际上就是巴蜀巫术中所谓的"天梯"，它是"群巫所从上下"④的路径。与一般巫术相比，"鬼教"则采用了一种较为理论化的形式，那就是"夷经"，其特点是"好譬喻物"。如《华阳国志》载：

> 夷中有桀黠能言议屈服种人者，谓之"耆老"，便为主。论议好譬喻物，谓之"夷经"。今南人言论，虽学者亦半引"夷经"。与夷为姓曰"遑耶"，诸姓为"自有耶"。世乱犯法，辄依之藏匿。或曰：有为官所法，夷或为报仇。与夷至厚者谓之"百世遑耶"，恩若骨肉，为其逋逃之薮。故南人轻为祸变，恃此也。其俗征巫鬼，好诅盟，投石结草，官常以盟诅要之。⑤

那么，回头再看"雍闿之变"，徐嘉瑞这样解读：

> 雍闿欲叛变，必须经过宗教形式，假托鬼教，用一种譬喻的言语，以决定其行动。所谓"譬喻"，是较"象征"或"谜语"低一级之语言，较谜语更具体之言词，如上所举"张裔府君如壶瓠，外虽泽而内实粗"，此暗示张裔无能，不足畏也。又云"杀之不可，缚与吴"，此乃一种鬼教，一种魔术的言语。且等于一种命令；又是韵文，容易记忆，因此传播很快。在当时夷人心中，等于一篇"神意所决定的文告"。⑥

在一定意义上说，政治也是一种文化，诸葛亮既然"以心战为上"，他就必须采用适当的措施，充分考虑用夷族易于接受的方式，使之心悦诚服。于是，诸葛亮以一个大鬼主的名义"为夷作《图谱》"。这个《图谱》不是一般意义的绘画，而是颁布教法。从这层意

---

① 《后汉书》卷86《西南夷传》，第2845页。
② 黄怀信、张懋镕、田旭东：《逸周书》卷8《史记解》，上海：上海古籍出版社，2007年，第967页。
③ （晋）郭璞注，（清）郝懿行笺疏，沈海波校点：《山海经》卷16《大荒西经》，上海：上海古籍出版社，2015年，第362页。
④ （晋）郭璞注，（清）郝懿行笺疏，沈海波校点：《山海经》卷7《海外西经》，第255页。
⑤ （晋）常璩撰，刘琳校注：《华阳国志校注》卷4《南中志》，第364页。
⑥ 徐嘉瑞：《大理古代文化史》，昆明：云南人民出版社，2005年，第79页。

义来说，用图画确定政策，实在是诸葛亮的一个创举①。据《华阳国志》载：

> 诸葛亮乃为夷作图谱，先画天地、日月、君长、城府；次画神龙，龙生夷，及牛、马、羊；后画部主吏乘马幡盖，巡行安恤；又画夷牵牛负酒、赍金宝诣之之象，以赐夷。夷甚重之。②

《华阳国志》又云：

> 永昌郡，古哀牢国。哀牢，山名也。……世世相继，分置小王，往往邑居，散在溪谷，绝域荒外，山川阻深，生民以来，未尝通中国也。南中昆明祖之，故诸葛亮为其国谱也。③

关于诸葛亮《图谱》的内容，杨伟立认为《图谱》的四部分内容层次分明，第一部分将天神、地神、日神、月神与象征封建国家机器的君长、城府安排在一起，一则喻示蜀汉统治能为夷人消灾禳魔，二则增加了蜀汉统治的潜在威慑力。第二部分通过夷人的传说古史，描述了汉夷亲善、融合的历史关系。第三部分宣扬蜀汉对夷人的管理，派人代表蜀汉中央政府对南中郡县官吏进行执法监察。第四部分类于职贡图，它表示夷人应像他们对待滇王那样对待蜀汉朝廷，按时纳贡，谨守臣民之职。④由于诸葛亮《图谱》没能够流传下来，故其图画本身的细节已无从知晓，但就其所呈现的主要场面看，诸葛亮的科技素质比较高，他在当时能掌握各种建筑、车马、动物和人物的画法与技巧，不要说魏晋时期，即使在整个中国绘画史上也是不多见的。⑤

在平定南中叛乱后，诸葛亮根据当时南中地区的交通和经济条件，尤其是为了满足军事的客观需要，本着分割划小原则，及时调整了南中的行政区划：从建宁郡（由益州郡改置）、越巂郡和永昌郡分地增设云南郡，从建宁郡和牂牁郡分地增设兴古郡。于是，原来的南中4郡就变为建宁、永昌、朱提、云南、越巂、牂牁、兴古7郡⑥。据《华阳国志》载：

> （牂牁）郡上值天井，故多雨潦。俗好鬼巫，多禁忌。畲山为田，无蚕桑。颇尚学书，少威棱，多懦怯。……郡特多阻崄，有延江、雾赤、煎水为池卫⑦。

---

① 杨晓东：《大理古代绘画和雕塑概述》，张旭主编：《南诏·大理史论文集》，昆明：云南民族出版社，1993年，第278页。

② （晋）常璩撰，刘琳校注：《华阳国志校注》卷4《南中志》，第364页。注：引文中标点略有改动。徐中舒认为："所谓诸葛亮绘制此图，显系传说附会之词。实为夷人巫师（今称'笔母'）所绘。"参见徐中舒：《川大史学——徐中舒卷》，成都：四川大学出版社，2006年，第116页。但多数学者倾向于为诸葛亮所绘，或者说是诸葛亮组织画工按照他的设计意图所绘。

③ （晋）常璩撰，刘琳校注：《华阳国志校注》卷4《南中志》，第424页。

④ 杨伟立：《诸葛亮为夷人作〈图谱〉略说》，《中华文化论坛》1995年第1期，第79页。

⑤ 谢辉、罗开玉、梅铮铮主编：《诸葛亮与三国文化（四）》上册，成都：四川科学技术出版社，2011年，第310页。

⑥ 寇养厚：《一代名相——诸葛亮》，济南：山东教育出版社，2001年，第123页。

⑦ （晋）常璩撰，刘琳校注：《华阳国志校注》卷4《南中志》，第378—381页。

建宁原名益州郡，郡治滇池县，"郡土大平敞，有原田，多长松，皋有鹦鹉、孔雀，盐池、田、渔之饶，金、银、畜产之富。俗奢豪，难抚御。惟文齐、王阜、景毅、李颙及南郡董和为之防检，后遂为善。蜀建兴三年，丞相亮之南征，以郡民李恢为太守，改曰建宁，治味县"①。经考，"味县地当温水（南盘江）上游平原，土地腴沃，又地处'五尺道'南端终点，水陆四达，向来为'滇东门户'，是由蜀入滇或由黔入滇的必经之地"②。

永昌郡，郡治不韦县，"（汉）孝武时通博南山，度兰沧水……置嶲唐、不韦二县。徙南越相吕嘉子孙宗族实之，因名不韦，以彰其先人恶"③。后郡治迁往保山城南4千米处的诸葛营村，一直到西晋元康九年（299），先后共延续了222年。④这里是"南方丝绸之路"的重要驿站，是"蜀—永昌—身毒道"的枢纽。可见，此地具有非常重要的战略意义。因为这条古道是通往腾冲、畹町、瑞丽等地的必由之路，其中从永昌郡向西翻越大宝盖山，经青岗坝、杨柳，过双虹桥，上潞江白花岭，爬过高黎贡山至腾冲，此道坎坷难行；从永昌郡西南经云瑞，过石花洞，上薅子铺，翻冷水箐，下蒲缥、道街，过惠人桥，再经坝湾，走蒲蛮哨，爬过高黎贡山至腾冲，此道相对平缓易行；从永昌郡向南经施甸境，过龙陵、芒市，到畹町或瑞丽进入缅甸。⑤至于永昌郡与诸葛亮的关系，有学者考：

> 史书记载永昌郡位于西晋元康九年南移永寿县，而在南移前五年即"元康四年造作"纪念砖还出土了一块。这就更加证实了这个是永昌郡城所在地的确切性。这时的太守是吕凯孙子……那么，蜀汉诸葛亮南征永昌郡的军队驻扎在永昌郡城旁，也是完全在情理之中的事。

> 既然如此，写到这里，莫不使我想到当年永昌郡功曹吕凯和府丞王伉在这宫殿式的豪宅里执掌郡事——"执忠绝域"达十年之久。而坚决抵制雍闿任永昌郡太守，忠于蜀汉，不投靠吴国，是其最顽强和值得称赞的斗争。吕凯在这里写出的《答雍闿书》为后世所推崇，成为滇文名篇。后永昌郡平定后，诸葛亮认为吕凯和王伉忠于蜀汉功不可没，应给予重用，于是把吕凯擢升为新设云南郡太守，王伉擢升为永昌郡太守。永昌郡的社会和经济从而得到了稳定和发展。⑥

朱提郡，郡治朱提县，"有大泉池水，僰名千顷池；又有龙池，以灌溉种稻。与僰道接，时多猿，群取鸣啸于行人径次，声聒人耳。夷分布山谷间，食肉衣皮"⑦。我们知

① （晋）常璩撰，刘琳校注：《华阳国志校注》卷4《南中志》，第394页。
② 罗秉英：《治史心裁——罗秉英文集》，昆明：云南大学出版社，2005年，第362页。
③ （晋）常璩撰，刘琳校注：《华阳国志校注》卷4《南中志》，第427页。
④ 肖正伟：《永昌郡治的变迁》，云南日报理论部主编：《云南文史博览》，昆明：云南人民出版社，2003年，第199页。
⑤ 中国人民政治协商会议四川省川西南片区文史资料工作协作会：《南丝古道话今昔》，成都：四川辞书出版社，1994年，第310页。
⑥ 熊清华、周勇主编：《保山古村落》，昆明：云南美术出版社，2007年，第117—118页。
⑦ （晋）佚名：《永昌郡传》，王叔武：《云南古佚书钞》，昆明：云南人民出版社，1979年，第15页。

道，昭通是"南方丝绸之路"中线（亦称东线）的重要驿站①，经济文化比较发达。故《华阳国志》说："其民好学，滨犍为，号多人士。"②

云南郡，蜀汉建兴三年（225）置，郡治云南县。"土地有稻田畜牧，但不蚕桑。"③但《永昌郡传》又载："多夷濮，分布山野，千、五百人男女大小蹲踞道侧，皆持数种器杖，时寇钞，为郡国之害。"④从地理位置来看，云南驿是中国西南部重要的咽喉之地，又是"南方丝绸之路"的重要通道，它是灵关道与五尺道的最终会合处，自此始称"博南古道"。其中"灵关道"是诸葛亮南征平叛所走的线路，而诸葛亮置云南郡，使之成为滇西的经济、政治和文化中心，毫无疑问，它对确保滇西社会的稳定及"南方丝绸之路"的畅通具有重要的战略意义。

越巂郡，郡治邛都县，《永昌郡传》云："自建宁高山相连，至川中平地，东西南北八千余里。郡特好蚕桑，宜黍、稷、麻、稻、粱。"⑤邛都即灵关道的起点，建兴三年（225）诸葛亮亲率中路军经邛都南下，过会无、三绛县，渡泸水，然后至蜻蛉、弄栋，招徕永昌、白崖，疏通了博南道，取得了南中平叛的胜利。通过南征平叛，诸葛亮深感交通对于蜀汉治理南中夷人的重要性，所以他回到成都后，及时派遣张嶷"开通旧道，千里肃清，复古亭驿"⑥。

兴古郡，郡治处为句町，后移至宛温县，"纵经千里，皆瘴气。蒜、谷、鸡、豚、鱼、酒不可食，食啖皆病害人"⑦。在南中地区，尤以此郡环境最恶劣，但它又地处滇东南东出华南沿海的"咽喉"部位。据考，这里通向郡外的交通主要有两线：一线在其东南与今两广乃至海外国家的交通联系，兴古郡边临牂牁郡及交州的郁林郡，自滇池或味县东南行，渡南盘江，经句町，到今云南富宁剥隘，行船右江，东南航，可通今广西南宁，再通广州；另一线是与交趾的交通联系，此地是从蜀地或滇池通往交趾的孔道。当时，由滇池南行，经今通海至元江，再到交趾。⑧

（二）诸葛亮的科技实践活动及其主要成就

1. 诸葛亮的主要科技实践活动述略

从蜀汉立国的根基着眼，诸葛亮除了用兵之外，更多的是关注蜀地的经济和交通。早在《隆中对》里，诸葛亮就认识到了"益州险塞，沃野千里，天府之土"的区域优势。当然，"天府之土"是经过多代人不断开发的结果，包括李冰父子修建的都江堰综合水利工

---

① 董仁威：《四川依然美丽——环龙门山科考纪事》，成都：四川教育出版社，2009年，第225页。
② （晋）常璩撰，刘琳校注：《华阳国志校注》卷4《南中志》，第414页。
③ （晋）常璩撰，刘琳校注：《华阳国志校注》卷4《南中志》，第443页。
④ （晋）佚名：《永昌郡传》，王叔武：《云南古佚书钞》，第18页。
⑤ （晋）佚名：《永昌郡传》，王叔武：《云南古佚书钞》，第17页。
⑥ 《三国志》卷43《蜀书·张嶷传》，第1053页。
⑦ （晋）佚名：《永昌郡传》，王叔武：《云南古佚书钞》，第17页。
⑧ 罗秉英：《治史心裁——罗秉英文集》，第328—329页。

程。诸葛亮入蜀前后，面对当时被刘璋搞得"民贫国虚"①之现实，他花费了巨大精力，进行系列恢复和建设性的经济治理，收到显著成效。

（1）重点对都江堰进行维护管理。据《水经注》载：

> 江水又历都安县。县有桃关、汉武帝祠。李冰作大堰于此，壅江作堋。堋有左、右口，谓之湔堋，江入郫江、捡江以行舟。《益州记》曰：江至都安堰其右，捡其左，其正流遂东，郫江之右也。因山颎水，坐致竹木，以溉诸郡。又穿羊摩江、灌江，西于玉女房下白沙邮，作三石人，立水中。刻要江神，水竭不至足，盛不没肩。是以蜀人旱则借以为溉，雨则不遏其流。故《记》曰：水旱从人，不知饥馑，沃野千里，世号陆海，谓之天府也。邮在堰上，俗谓之都安大堰，亦曰湔堰，又谓之金堤。左思《蜀都赋》云西逾金堤者也。诸葛亮北征，以此堰农本，国之所资，以征丁千二百人主护之，有堰官。②

为了有效管理都江堰，诸葛亮不仅专门增设都安县（今都江堰市），而且设有"堰官"，常年以一千二百人来维护管理都江堰的灌溉系统，这样就保证了成都平原农业经济的发展。现在诸葛亮的塑像仍矗立在都江堰景区内，表明历史不会忘记他维护都江堰的功绩。故有学者在总结都江堰综合水利工程历经两千多年而灌溉体系相沿不衰的原因时，不无感慨地说："富有成效的工程管理发挥了不可替代的重要作用。"③此言不虚。

（2）保护土地私有制，发展农业生产。早在入蜀前，诸葛亮就形成了奖励农耕和保护小农经济的思想。例如，《魏略》载，刘备屯于樊城，兵源不足，诸葛亮向其建议："'今荆州非少人也，而著籍者寡，平居发调，则人心不悦；可语镇南（指刘表），令国中凡有游户，皆使自实，因录以益众可也。'备从其计，故众遂强。"④文中的"游户"主要是指那些无地耕种的流民，如魏人卫觊曾说："关中膏腴之地，顷遭荒乱，人民流入荆州者十万余家。"⑤可见，荆州境内的流民数量可观。所谓"自实"就是说让那些流民据实陈报登记，遂成为官府治下的小农。其目的在于"打击限制豪强地主对土地的兼并，增强政府的财力物力。这与入蜀后采取的'务农植谷，闭关息民'的措施是完全一致的"⑥。建兴二年（314），诸葛亮把"务农植谷，闭关息民"⑦作为一项国策加以推行。一方面，他派秦宓、孟光担任大司农司，并根据蜀国农业生产发展的实际加设督农官吏；另一方面，又设司金中郎将，制造农战器械（包括生产工具）。此外，蜀汉采取宽松的土地政策，保护土地私有和买卖，充分调动农民的生产积极性。如杨恭之子杨息长大后，张裔"为之娶妇，买田宅产业，使立门户"⑧。诸葛亮则自称："成都有桑八百株，薄田十五顷，子弟衣食，

① 王瑞功主编：《诸葛亮志》，第 137 页。
② （北魏）郦道元撰，谭属春、陈爱平校点：《水经注》卷 33《江水》，长沙：岳麓书社，1995 年，第 486 页。
③ 敬正书主编：《2005 中国水利发展报告》，北京：中国水利水电出版社，2005 年，第 59 页。
④ 《三国志》卷 43《蜀书·诸葛亮传》注引《魏略》，第 913 页。
⑤ 《三国志》卷 21《魏书·卫觊传》，第 610 页。
⑥ 李兆钧主编：《〈草庐对〉研究新编》，天津：百花文艺出版社，1995 年，第 239 页。
⑦ 《三国志》卷 33《蜀书·后主传》，第 894 页。
⑧ 《三国志》卷 41《蜀书·张裔传》，第 1012 页。

自有余饶。"①在上述政策的作用下，不只诸葛亮家"自有余饶"，当时蜀地也已经出现了"男女布野，农谷栖亩"②的景象。粮食亩产量比较客观，如《华阳国志·蜀志》载："绵竹县，刘焉初为治。绵与洛各出稻稼，亩收三十斛，有至五十斛。"③据测算，其亩产量相当于现在的360千克至600千克稻谷，这已经是很高的产量了。④

当然，这里也有一个问题，由于采取较为宽松的土地政策，其结果是造成部分大姓恃势反叛蜀汉政权。故黄现璠分析说：

> 蜀之世家大族庄园，地处"天府之土"，故农业生产，颇为丰盛。以《华阳国志》卷三《绵竹县》条所载……推之，比魏之国家庄园良田亩收十斛高出数倍。若蜀国之君，强化征赋，自然能增大经济实力。但刘备定蜀，对于大姓世族地主采取宽待放任之经济政策，即所谓："益州既定，时议欲以成都中屋舍及城外园地桑田分赐诸将。（赵）云驳之曰：'……益州人民，初罹兵革，田宅即可归还，令安居复业，然后可役调，得其欢心。'先主即从之。"（《蜀志·赵云传》裴注云《云别传》）是也。故蜀之大姓世族地主，时常以势抗蜀。……吴蜀对于世族庄园征税，虽未见于史料明文，然总不如魏对于国家庄园生产实施四六分配收入之多。兼以世族庄园，必以家族利益为重，国之利益次之，难免偷逃国家课税，若言倾力相助，更无论矣。⑤

（3）积极兴修水利工程。四川省三台县存有一份三国时期蜀汉碑的拓片，其内容云：

> 丞相诸葛令。按九里堤捍护都城，用防水患。今修筑竣。告尔居民，勿许侵占、损坏。有犯，治以严法。令即遵行。章武三年九月十五日。⑥

有论者说："后主在章武三年（223）五月即位同时改年号，并在蜀汉全境内实行新年号，若是'丞相诸葛令'碑原物，不应出现此误。估计老碑腐蚀严重，后人复制时，因对后主不满，将原碑上建兴元年的年号改为章武三年。它表明此工程在章武二年冬十月动工，至次年九月才完成。"⑦九里堤位于成都市金牛区境内，它经白马寺到城北万福桥，长10多里，堤高处距地表1丈余，阔8尺—1丈，现残存堤长30多米。⑧目前，学界对九里堤的建造者有两种说法：诸葛亮与唐代高骈。⑨相比较而言，九里堤始筑于蜀汉时期证据

---

① 《三国志》卷43《蜀书·诸葛亮传》，第927页。
② 《三国志》卷44《蜀书·将琬传》，第1060页。
③ （晋）常璩撰，刘琳校注：《华阳国志校注》卷3《蜀志》，第259页。
④ 重庆市文化局等编著：《四川汉代石阙》图册，北京：文物出版社，1992年，第8页。刘琳折算为"今亩产七八〇斤至一一六〇斤"，参见（晋）常璩撰，刘琳校注：《华阳国志校注》，第260页。对于此记载，有学者认为："这是区种法亩收百斛说外最高的亩产数字，高出常产十倍甚至十六七倍，亩收五十斛折今亩产高达二千市斤，且'五十斛'在廖刻题襟馆本外，各本俱作'十五斛'，不能不存疑。"参见胡戟：《胡戟文存——隋唐历史卷》，北京：中国社会科学出版社，2000年，第408页。
⑤ 黄现璠：《古书解读初探——黄现璠学术论文选》，桂林：广西师范大学出版社，2004年，第277—278页。
⑥ 杨重华："丞相诸葛令"碑，《文物》1983年第5期，第20页。
⑦ 罗开玉：《四川通史》卷2《秦汉三国》，成都：四川人民出版社，2010年，第396页。
⑧ 成都市农业区划办公室：《成都旅游资源录》，内部资料，1987年，第42页。
⑨ 陈桥驿主编：《中国都城辞典》，南昌：江西教育出版社，1999年，第386页等。

则更充分。又明代《新修成都府志》载："九里堤：府城西北隅。其地洼下，水势易超；诸葛亮筑堤九里捍之。"①那么，诸葛亮为什么当时要在府城西北隅修筑九里堤呢？防汛固然是一个原因，但不是主要原因。左思《蜀都赋》载：

> 营新宫于爽垲，拟承明而起庐。结阳城之延阁，飞观榭乎云中。开高轩以临山，列绮窗而瞰江。内则议殿爵堂，武义虎威，宣化之阊，崇礼之闱。华阙双逴，重门洞开，金铺交映，玉题相晖。外则轨躅八达，里闬对出，比屋连甍，千庑万室。②

由此可知，刘备即位后曾大兴土木，修建宫城。其所需木材，从都江堰上游顺流而下，正好在九里堤打捞上岸，就近运往宫城。又据《三国志·蜀书》载，章武二年（222）冬十月，刘备"诏丞相亮营南北郊于成都"③。在此，所谓的"营北郊"主要就是指修造九里堤和扩建蜀汉皇宫。联系到前揭诸葛亮在都江堰设置"堰官"，并由 1200 人驻防，当时采用这种堰官带武装的管理系统，必然与保障蜀官用料的顺利漂运有关。④在此背景下，蜀汉各地出现了兴修水利工程的高潮。如李严任犍为太守期间，"凿天社山……借江为大堰，开六水门，用灌郡下"⑤；卫常任新繁县令期间，凿池筑堰，灌溉民田，故《蜀中广记》载："卫湖，蜀汉县令卫常所开，在学宫后。"⑥在沔阳县（今陕西勉县），"汉水又东，黄沙水左注之。……水侧有黄沙屯，诸葛亮所开也"⑦；汉中有萧何所开山河堰⑧，它建在褒水之上，引流溉田，"诸葛亮军驻汉中，踵迹增筑"⑨等。这些修堤筑坝、疏通河道的水利工程对于保障农业生产的良性发展起到了积极作用，所以蜀汉境内才出现了"田畴辟，仓廪实，器械利，蓄积饶"⑩的经济繁荣景象。

（4）用"蜀锦"拉动蜀汉手工业发展的经济战略思想。诸葛亮说："决敌之资，唯仰锦耳。"⑪蜀地是我国养蚕缫丝的最早产地之一，故有学者称："至晚在战国时期，以成都为起点的南方丝绸之路就已开通，巴蜀的船棺葬、石棺葬习俗逐渐传到了南亚诸国，成都的手工艺品远销西北亚和南亚地区。"⑫汉晋时期，"其人自造奇锦……发文扬采"⑬。在

① 《都江堰文献集成》编委会：《都江堰文献集成·历史文献卷（先秦至清代）》，成都：巴蜀书社，2007 年，第 245 页。

② （南朝·梁）萧统编选，（唐）李善等注：《六臣注文选》卷 4《左思·蜀都赋》，杭州：浙江古籍出版社，1999 年，第 77 页。

③ 《三国志》卷 32《蜀书·先主传》，第 890 页。

④ 罗开玉：《诸葛亮"营南北郊于成都"考》，谢辉、罗开玉主编：《诸葛亮与三国文化（三）》，成都：四川科学技术出版社，2009 年，第 123 页。

⑤ （北魏）郦道元撰，谭属春、陈爱平校点：《水经注》卷 33《江水》，第 488 页。

⑥ （明）曹学佺：《蜀中广记》卷 5《新繁县》，《景印文渊阁四库全书》第 591 册，台北：台湾商务印书馆，1986 年，第 63 页。

⑦ （北魏）郦道元撰，谭属春、陈爱平校点：《水经注》卷 27《沔水》，第 413 页。

⑧ 《宋史》卷 95《岷江》，北京：中华书局，1977 年，第 2377 页。

⑨ （清）毕沅撰，张沛校点：《关中胜迹图志》卷 21《山河堰》，西安：三秦出版社，2004 年，第 606 页。

⑩ 《三国志》卷 35《蜀书·诸葛亮传》注引，第 935 页。

⑪ （宋）李昉等：《太平御览》卷 815《布帛部二·锦》，北京：中华书局，1960 年，第 3624 页。

⑫ 章夫、凸凹：《锦江商脉：三千年商路暨南方丝绸之路始点》，成都：四川文艺出版社，2011 年，第 52 页。

⑬ 郑文：《扬雄文集笺注》，成都：巴蜀书社，2000 年，第 319 页。

此基础上，诸葛亮看到了"蜀锦"的巨大商业价值，故设"锦官"管理蜀汉的丝织业，因当时"锦官"居住在成都的少城，所以时人亦将成都称为"锦城"，它表明蜀汉的高级纺织品生产已被官府所垄断，而锦官的主要职权则是组织生产和负责质量监督。如《初学记》说："锦城在益州南，笮桥东，流江南岸。昔蜀时故锦官处也。号锦里，城墉犹在。"①又《华阳国志·蜀志》载："郡更于夷里桥南岸道东边起文学，有女墙，其道西城，故锦官也。锦工织锦濯其江中则鲜明，濯他江则不好，故命曰'锦里'也。"②这里有两种意见：第一种意见认为李膺《益州记》说蜀汉时方有锦官，误，实际上，成都在西汉时就有锦官城③；第二种意见认为，依据《益州记》、《华阳国志》及《水经注》等古代文献的记载，可基本认定三国蜀汉时才有"锦官"④。无论如何，从文献学的角度讲，"锦官"始于蜀汉是没有问题的，而且设置"锦官城"也与前述诸葛亮的经济战略思想相符。据《丹阳记》载："江东历代尚未有锦，而成都独称妙，故三国时，魏则布于蜀，而吴亦资西道。"⑤蜀汉丝织品的生产量很大，如蜀汉统治者拨给姜维军资"米四十余万斛，金银各二千斤，锦绮彩绢各二十万匹"⑥。同时，诸葛亮还将蜀锦织造技术推广到古州的苗、侗等族聚居地，而通过丝绸贸易，在蜀锦传播到魏、吴之后，魏国的襄邑、洛阳等地丝织业迅速崛起，东吴的丝织业在原有基础上，吸收蜀锦的先进工艺，不仅培育出了"八辈之蚕"，而且官营丝织业已经达到了"织络及诸徒坐，乃有千数"⑦的空前规模，所以仅此而言，诸葛亮的"决敌之资，唯仰锦"战略，除了使蜀锦的品种、颜色和花纹更加丰富多彩之外，其最重要的贡献就是推动"四川地区的织锦业逐渐发展而居全国的领导地位"⑧。

（5）开发大西南的科技实践。经过诸葛亮的积极治理与开发，蜀汉时期的南中地区在交通、农业生产、手工业技术、文化教育等方面都取得了较显著的成绩。早在两汉时期，朱提郡和益州郡即出现了"穿龙池，溉稻田"⑨及"造起陂池，开通灌溉，垦田二千余顷"⑩的稻作农业⑪，在此基础上，蜀汉继续推进这里的农田水利灌溉，故《永昌郡传》载，朱提郡"川中纵广五六十里，有大泉池水口，僰名千顷池，又有龙池以灌溉种稻"⑫。由于前述《永昌郡传》主要是记载南中七郡的地理风土，而南中七郡为诸葛亮南征之后所置，所以"疑为蜀汉、西晋时人作"⑬。与先进的稻作农业相比，南中还有许多

---

① （唐）徐坚：《初学记》卷 27《宝器部·锦》引《益州记》，北京：中华书局，1963 年。
② （晋）常璩撰，刘琳校注：《华阳国志校注》卷 3《蜀志》，第 235 页。
③ 四川省文史研究馆：《成都城坊古迹考》修订版，成都：成都时代出版社，2006 年，第 25~26 页等。
④ 施宣圆等主编：《中国文化辞典》，上海：上海社会科学院出版社，1987 年，第 360 页等。
⑤ （宋）李昉等：《太平御览》卷 815《布帛部二·锦》引《丹阳记》，第 3624 页。
⑥ 《三国志》卷 33《蜀书·后主传》注引王隐《蜀记》，第 901 页。
⑦ 《三国志》卷 61《吴书·陆凯传》，第 1402 页。
⑧ 魏明孔：《中国手工业经济通史·魏晋南北朝隋唐五代卷》，福州：福建人民出版社，2004 年，第 51 页。
⑨ （晋）常璩撰，刘琳校注：《华阳国志校注》卷 3《南中志》，第 414 页。
⑩ 《后汉书》卷 86《西南夷列传》，第 2846 页。
⑪ 夏光辅等：《云南科学技术史稿》，昆明：云南科技出版社，1992 年，第 65 页。
⑫ （晋）佚名：《永昌郡传》，方国瑜主编：《云南史料丛刊》第 1 卷，昆明：云南大学出版社，1990 年，第 190 页。
⑬ （晋）方国瑜主编：《云南史料丛刊》第 1 卷，第 188 页。

地方仍停留在刀耕火种阶段，农业生产比较落后。为此，诸葛亮在南征孟获的过程中，不忘把中原先进的生产技术传授给当地彝民，如《滇考》载："庆甸既下，永昌道通，大军俱渡江，与吕凯等会，树旗台，按八门，休兵养士，命人教打牛以代刀耕，彝众感悦。"[①] 同时，云南郡一些被称为"上方夷"的山区居民开始下坝生产，他们"渐去山林，徙居平地，建城邑，务农桑"[②]，从而使农业生产不断向洱海等边远地区拓展，"土地有稻田畜牧"[③]，这是诸葛亮深受南中七郡民众崇敬的根本原因。

为了降低民众的经济负担，诸葛亮采取"屯田"法来解决南中地区戍军的口粮问题。例如，"建宁郡，治故庲降都督屯也，南人谓之'屯下'"[④]。对于"屯下"的重要性，朱绍侯有段评述，他说：

> 根据这条资料进行分析，可以断定庲降是一个军屯特区，庲降都督的职务就是管理屯田。它和东吴的毗陵典农校尉和毗陵屯田的性质完全相同，从地图上看，庲降地区所处的重要位置更一目了然。庲降在今云南曲靖，三国时称南中，是蜀汉经营云贵的重镇。如果汉中屯田区是蜀汉北伐中原的前进基地，那么庲降屯田就是蜀汉经营南越的前进基地，汉中、庲降南北呼应，是蜀汉政权进可攻、退可守的两大屏障。[⑤]

军屯之外，还有民屯。如李恢曾"迁濮民数千落于云南、建宁界，以实二郡"[⑥]。云南郡是诸葛亮调整南中地区行政建置后新设置的一个郡，这里农业生产条件良好，大姓比较集中，而建宁郡有"四姓及霍家部曲"[⑦]等，所谓"实二郡"实际上就是充实这里的大姓豪强[⑧]，而"大姓们占有部曲，而且依靠部曲作为其对南中实行统治的工具，部曲们则依赖大姓的庇护成为所谓的驻屯户，战时参战，平时屯种"[⑨]。

盐铁是关乎国计民生的两大产业，是封建国家经济的命脉，所以蜀汉采取盐铁官营政策，"置盐府校尉，较盐铁之利"[⑩]。南中地区井盐资源比较丰富，如云南郡蜻蛉县有"盐官"，南广郡南广县有"盐官"[⑪]，两地均盛产食盐；益州郡连然县"有盐泉，南中共仰之"[⑫]，可见其盐水资源异常丰富，惜其生产工艺落后，产量不高。为此，诸葛亮帮助夷民改进煮盐方法，采用挖土坑蓄水法，先将土中的盐质稀释后，再取水煮之，盐质洁细，

---

① （清）冯甦：《滇考·诸葛武侯南征》，方国瑜主编：《云南史料丛刊》第 11 卷，昆明，云南大学出版社，2001 年，第 11 页。

② （明）杨慎：《滇载记》，方国瑜主编：《云南史料丛刊》第 4 卷，昆明，云南大学出版社，1998 年，第 757 页。

③ （晋）常璩撰，刘琳校注：《华阳国志校注》卷 3《南中志》，第 443 页。

④ （晋）常璩撰，刘琳校注：《华阳国志校注》卷 3《南中志》，第 402 页。

⑤ 朱绍侯：《魏晋南北朝土地制度与阶级关系》，郑州：中州古籍出版社，1988 年，第 87 页。

⑥ （晋）常璩撰，刘琳校注：《华阳国志校注》卷 3《南中志》，第 435 页。

⑦ （晋）常璩撰，刘琳校注：《华阳国志校注》卷 3《南中志》，第 402 页。

⑧ 范建华等：《爨文化史》，昆明：云南大学出版社，2012 年，第 47 页。

⑨ 范建华等：《爨文化史》，第 47 页。

⑩ 《三国志》卷 39《蜀书·吕乂传》，第 988 页。

⑪ （晋）常璩撰，刘琳校注：《华阳国志校注》卷 3《南中志》，第 423 页。

⑫ （晋）常璩撰，刘琳校注：《华阳国志校注》卷 3《南中志》，第 399 页。

产量大增。①据《博物志》记载，四川临邛"火井一所，从广五尺，深二三丈。井在县南百里，昔时人以竹木投以取火，诸葛丞相往视之。后火转盛热，盆盖井上，煮盐（卤）得盐"②。显然，这是一口人工挖出来的火井，它是用竹管把天然气引出，取火煮盐。这应是我国利用天然气的最早历史记载。③因此，蜀人将该火井称为"诸葛井"，今人甚至在"诸葛井"旁竖起一块"世界第一火井纪念碑"④。

由于农器和兵器的需求量很大，诸葛亮非常重视铁矿的开采和冶炼，设有"司金中郎将"专门负责"典作农战之器"⑤。据史籍载，诸葛亮曾在四川崇宁县（今郫县）铁钻山"铸铁钻……以造军器"⑥；又"铁溪河在成都县南十三里，流入白水河。昔武侯烹铁于此，因名"⑦；"陵州始建县东南有铁山，出铁。诸葛亮取为兵器，其铁刚利，堪充贡焉"⑧；"蒲亭县有铁山，诸葛武侯取为刀剑，宇文度封为铁山侯"⑨；"铁山从仁寿来，横亘井、犍、荣、威间数百里，产铁。诸葛武侯取铸兵器"⑩等。可惜，上述记载都很简略，具体细节不清楚。不过，它们从侧面真实地反映了诸葛亮一生南征北战的戎马生涯。《丹铅录》中有对"诸葛行锅"的记述，其中有一段对"行锅"制造技术的描述：

> 井研县有掘地者，得一釜，铁色光莹，将来造饭，少顷即熟，一乡皆异。有争之者，不得，白于县令，命取看，未至堂下，失手落地，分为二，中乃夹底，心悬一符，文不可辨，旁有八分书"诸葛行锅"四字。⑪

有学者认为这是借物显诸葛神化的故事传说⑫，但因为是掘地所得，从考古的角度看则不排除它的真实性。所以"'诸葛行锅'并非无稽之谈。平研县即今四川平研县，与诸葛亮活动的地方相符。'诸葛行锅'为双层底锅，铁色光莹反映了当时冶铁技术之高，做饭少顷即熟，说明这锅设计得巧妙。这些都是可信的"⑬。

（6）筑城修桥，进退有备。袁宏《汉纪论》说："亮好治官府、次舍、桥梁、道路。"⑭由于蜀汉境内山高地险，交通不便，这给人们的生活和蜀汉的军政管理造成了很多困难。于是，诸葛亮把改善交通和修城筑垒作为一项长期的战略任务，坚持不懈，成就卓著。比

---

① 余明侠：《诸葛亮评传》下，南京：南京大学出版社，2011年，第423页。
② （晋）张华：《博物志》卷2《异产》，《百子全书》第5册，长沙：岳麓书社，1993年，第4286页。
③ 《中国油气田开发若干问题的回顾与思考》编写组编著：《中国油气田开发若干问题的回顾与思考》上卷，北京：石油工业出版社，2003年，第4页。
④ 吴启权：《小平蜀乡情》，成都：四川人民出版社，2005年，第142页。
⑤ 《三国志》卷39《蜀书·张裔传》，第1011页。
⑥ （三国·蜀）诸葛亮著，段熙仲、闻旭初编校：《诸葛亮集》卷5《遗迹篇》引《方舆纪要》，第240页。
⑦ （三国·蜀）诸葛亮著，段熙仲、闻旭初编校：《诸葛亮集》卷5《遗迹篇》引《四川通志》，第229页。
⑧ （三国·蜀）诸葛亮著，段熙仲、闻旭初编校：《诸葛亮集》卷5《遗迹篇》引《元和志》，第240页。
⑨ （三国·蜀）诸葛亮著，段熙仲、闻旭初编校：《诸葛亮集》卷5《遗迹篇》引《周地图》，第240页。
⑩ （三国·蜀）诸葛亮著，段熙仲、闻旭初编校：《诸葛亮集》卷5《遗迹篇》引《嘉定府志》，第240页。
⑪ （三国·蜀）诸葛亮著，段熙仲、闻旭初编校：《诸葛亮集》卷4《制作篇》，第211—212页。
⑫ 方樱樱：《巴蜀诸葛亮崇拜研究——以〈蜀中广记〉为据》，《攀枝花学院学报》2014年第1期，第55页。
⑬ 何国松主编：《诸葛亮传》，长春：吉林大学出版社，2010年，第206页。
⑭ （三国·蜀）诸葛亮著，段熙仲、闻旭初编校：《诸葛亮集》卷4《制作篇》，第203页。

如,《典略》载:"诸葛亮相蜀,起馆舍,筑亭障,从成都至白水关,四百余区。"①惠敏《高僧传》载:"隋时,蜀郡福缘寺释僧渊以锦水江波没溺者众,欲于南路架飞桥。昔诸葛公指二江内造七星三铁锃,长八九尺,径三尺许,人号铁枪,拟打桥柱,用讫投江,须便祠祈,方可出水。渊造新桥,将行竖柱,其锃自然浮水,来自桥侧,及桥成,又自投水中。"②虽然文中已将诸葛亮"造七星三铁锃"一事神化,但造桥应有"打桥柱"的专业器具,合乎常理。例如,《水经注》载:"诸葛亮《表》云:'臣遣虎步监孟琰据武功水东,司马懿因水长攻琰营,臣作竹桥,越水射之,桥成,驰去。'"③此"竹桥"的建成即与器具"打桥柱"存在一定联系。事实上,诸葛亮在从利州益昌县至大剑镇所凿石架空的"剑阁道",没有适当的器具是难以完成的。故《元和郡县志》称诸葛亮"凿石架空,飞梁阁道,以通行路"④。有学者认为,唐朝张文琮和李白所写的《蜀道难》指的就是大剑山三十里的剑阁道⑤,这里"山峭壁千丈,下瞰绝涧,飞阁以通行旅"⑥,剑阁道亦谓石牛道,此地是秦、梁入川的咽喉,地势险要,易守难攻。所以诸葛亮"立剑门县,复修阁道,置尉以守之"⑦。至于诸葛亮在用兵过程中所筑之城就更多了。略举数例如下:

《太平寰宇记》云:"旄牛,汉旧县,有武侯城,在泸水畔,诸葛亮筑以安戍兵之所。"⑧

《古志林》载:"武侯城在四川行都司城南三十里泸水东,孔明所筑,所谓五月渡泸处。泸州即禽孟获之地。"⑨

光绪《名山县志》曰:"诸葛城在县东北三十四里,周七十二丈,相传武侯征蛮所筑,遗址尚存。"⑩

这些城的存在,不单是为了用兵,因为在戍兵的过程中,像垦田、疾病防治、对外的信息沟通、兵器的制造和维护及与日常生活相关联的方方面面,无疑会形成一个个新的文化生态城,而随着这些城的规模不断扩大,尤其是与当地少数民族的交往逐渐增多之后,城的作用就越来越显著了。

2. 诸葛亮的主要科技思想成就

(1)重视科技人才与"取人不限其方"思想。《诸葛亮集》有一段评述诸葛亮善于用人的史实,其文曰:

---

① (三国·蜀)诸葛亮著,段熙仲、闻旭初编校:《诸葛亮集》卷4《制作篇》,第203页。
② (三国·蜀)诸葛亮著,段熙仲、闻旭初编校:《诸葛亮集》卷4《制作篇》,第208页。
③ (三国·蜀)诸葛亮著,段熙仲、闻旭初编校:《诸葛亮集》卷5《遗迹篇》,第222页。
④ (三国·蜀)诸葛亮著,段熙仲、闻旭初编校:《诸葛亮集》卷5《遗迹篇》,第229页。
⑤ 罗联添:《李白〈蜀道难〉寓意探讨》,傅璇琮、周祖撰主编:《唐代文学研究》第5辑,桂林:广西师范大学出版社,1994年,第245页。
⑥ (唐)李吉甫撰,贺次君点校:《元和郡县图志》卷33《剑南道下》,北京:中华书局,1983年,第846页。
⑦ (三国·蜀)诸葛亮著,段熙仲、闻旭初编校:《诸葛亮集》卷5《遗迹篇》,第229页。
⑧ (三国·蜀)诸葛亮著,段熙仲、闻旭初编校:《诸葛亮集》卷5《遗迹篇》,第233页。
⑨ (三国·蜀)诸葛亮著,段熙仲、闻旭初编校:《诸葛亮集》卷5《遗迹篇》,第233页。
⑩ (三国·蜀)诸葛亮著,段熙仲、闻旭初编校:《诸葛亮集》卷5《遗迹篇》,第235页。

亮以西土初建，在得才贤，取人不限其方。董和、黄权、李严等，刘璋所受任也；吴懿、费观等，为璋婚姻；彭羕，璋所擯弃；刘巴，凤昔之所怨恨也；皆处以显任，尽其器能。初，犍为太守李严辟杨洪为功曹。严未去犍为，而洪已为蜀郡。洪举门下书佐何祗有才能，洪尚在蜀郡，而祗已为广汉太守。西土咸服，以亮能尽时人之器用也。①

文中"尽时人之器用"确实体现了诸葛亮量才适用和唯才是举的人才思想，仅以科技人才而言，诸葛亮之所以能够在较短时间内实现"军资所出，国以富饶"②的目标，并为北伐奠定了坚实的物质基础，与其充分发挥科技人才的主动性和创造性分不开。

蜀汉时有一个人叫何祗，他记忆超群，心算能力也非常人可比，只是有"游戏放纵"的坏习气，名声不好，那么这样的人才能不能用呢？诸葛亮经过认真考察，服其异能，故大胆起用他为成都令，并兼郫县令，他果然不负所望，做出了惊人业绩。据陈寿《益部耆旧传》载：

祗字君肃，少宽贫，为人宽厚通济，体甚壮大，又能饮食，好声色，不持节俭，故时人少贵之者。……初仕郡，后为督军从事。时诸葛亮用法峻密，阴闻祗游戏放纵，不勤所职，尝奄往录狱。众人咸为祗惧。祗密闻之，夜张灯火见囚，读诸解状。诸葛晨往，祗悉已暗诵，答对解释，无所凝滞，亮甚异之。出补成都令，时郫县令缺，以祗兼二县。二县户口猥多，切近都治，饶诸奸秽，每比人，常眠睡，值其觉寤，辄得奸诈，众咸畏祗之发摘，或以为有术，无敢欺者。使人投算，祗听其读而心计之，不差升合，其精如此。汶山夷不安，以祗为汶山太守，民夷服信。迁广汉。后夷反叛，辞（曰）"令得前何府君，乃能安我耳"！时难（复）屈祗，拔祗族人为（之），汶山复得安。③

又有王连者，精于盐铁管理，使国用充实，为蜀汉的盐赋事业做出了卓越贡献。因此，诸葛亮将其提拔为"兴业将军"，仍"领盐府如故"。《三国志》本传载：

王连字文仪，南阳人也。刘璋时入蜀，为梓潼令。先主起事葭萌，进军来南，连闭城不降，先主义之，不强逼也。及成都既平，以连为什邡令，转在广都，所居有绩。迁司盐校尉，较盐铁之利，利入甚多，有裨国用，于是简取良才以为官属，若吕义、杜祺、刘干等，终皆至大官，自连所拔也。迁蜀郡太守、兴业将军，领盐府如故。④

梓潼涪人李撰，"五经、诸子，无不该览，加博好技艺，算术、卜数、医药、弓弩、

---

① （三国・蜀）诸葛亮著，段熙仲、闻旭初编校：《诸葛亮集》卷3《用人篇》，第186页。
② 《三国志》卷35《蜀书・诸葛亮传》，第919页。
③ 《三国志》卷41《蜀书・杨洪传附何祗传》，第1014—1015页。
④ 《三国志》卷41《蜀书・王连传》，第1009页。

机械之巧，皆致思焉"①，诸葛亮先任命他"为州书佐、尚书令史"②，体现了诸葛亮对科技人才的重视。

张裔在刘璋统治益州时，本为"鱼复长（即鱼复县长官）"③，生产管理的经验比较丰富，然而，带兵打仗非其所长。因之，诸葛亮任命其为益州太守，不承想任上却被雍闿假"鬼教"而缚送与孙吴。当张裔设法回到蜀汉后，诸葛亮量才适用，"以为参军，署府事，又领益州治中从事。亮出驻汉中，裔以射声校尉领留府长史"④。所以张裔为巩固蜀汉的统治地位起到了一定作用。

在诸葛亮重用科技人才的诸多史例中，莫过于尊重科技自主创新的蒲元造刀之"异法"了。《诸葛亮别传》载：

> 亮尝欲铸刀而未得，会蒲元为西曹掾，性多巧思，因委之于斜谷口，镕金造器，特异常法，为诸葛铸刀三千口。刀成，自言：汉水钝弱，不任淬用。蜀江爽烈，是谓大金之元精，天分其野，乃命人于成都取江水至，元取以淬刀，言杂涪水不可用。取水者犹捍言不杂，元以刀画水云："杂八升，何故言不杂？"取水者叩头服，云："实于涪津渡负倒覆水，惧怖，遂以涪水八升益之。"于是咸共惊服，称为神妙，刀成，以竹筒密纳铁珠满中，举刀断之，应手虚落，若薙水刍，称绝当世，因曰神刀。今之屈耳环者，是其遗制也。⑤

从诸葛亮与蒲元铸造"神刀"之间的关系看，诸葛亮对蒲元的整个铸刀过程都没有干预，体现了他对工匠劳动本身的一种尊重，这样做，关键还在于鼓励和保护蒲元的自主创新，这对现代的科技管理有一定借鉴价值。

（2）对兵器制造的工艺创新及其思想。诸葛亮在《作斧教》一文中说："前后所作斧，都不可用。前伐鹿角，坏刀斧千余枚，赖贼已走，间自令作部刀斧数百枚，用之百余日，初无坏者。尔乃知彼主者无意，宜收治之。此非小事也，若临敌，败人军事矣。"⑥兵器制造"非小事"，如果质量不保，就会出现战场上"败人军事"的严重后果。因此，诸葛亮对兵器制造用力最多，巧思勾画，匠心独运，其原因亦在于此。诸葛亮制造的先进兵器非常多，难以细论，下面择要述之。

一是弩。王应麟《玉海》载："西蜀弩名尤多，大者莫逾连弩，十矢，谓之群雅，矢谓之飞枪，通呼为摧山弩，即孔明所作元戎也。又有八牛、威边、定戎、静塞弩。"⑦成都郫县曾出土了一架蜀汉景耀四年（261）制作的铜弩机，一次能连续发射10支箭，故亦称

---

① 《三国志》卷 42《蜀书·李撰传》，第 1026—1027 页。
② 《三国志》卷 42《蜀书·李撰传》，第 1027 页。
③ 《三国志》卷 41《蜀书·张裔传》，第 1011 页。
④ 《三国志》卷 41《蜀书·张裔传》，第 1012 页。
⑤ （三国·蜀）诸葛亮著，段熙仲、闻旭初编校：《诸葛亮集》卷 4《制作篇》，第 205—206 页。
⑥ （宋）李昉等：《太平御览》卷 763《器物部八·斧》，第 3387 页。
⑦ （三国·蜀）诸葛亮著，段熙仲、闻旭初编校：《诸葛亮集》卷 4《制作篇》，第 202 页。

"十万弩"。①从一人一弓一次一箭到多人操纵弩机连发十箭，其杀伤力之大远非传统的弓箭可比，故《魏氏春秋》说："诸葛亮长于巧思，损益连弩，谓之元戎，以铁为矢，矢长八寸，一弩十矢俱发。"②由于连弩对操纵者有较高的技术要求，必经特殊训练才能发挥其应有的杀伤威力，故诸葛亮成立了连弩部队。如《华阳国志》称："后主延熙中，丞相亮发涪陵劲卒三千人，为连弩士。"③当时，这种先进的进攻武器为曹魏和孙吴所无，故孙吴有让俘获的蜀汉将领帮助其制造侧竹弓弩的故事。如《华阳国志》载："（孟）干等恐北路转远，以吴人爱蜀侧竹弓弩，言能作之，（孙）皓转付作部为弓工。"④这段记载从另一个侧面反映了蜀汉弩机制造技术的先进性。

二是筒油铠。铠是一种防刀箭的衣服，它本身是否坚固很重要。据《宋书》载："御仗先有诸葛亮筒袖铠帽，二十五石弩射之不能入，上悉以赐（殷）孝祖。"⑤但从后来殷孝祖"于阵为矢所中死"⑥的结果看，刘宋官造的铠甲并不能达到"二十五石弩射之不能入"的硬度要求。然而，"诸葛亮筒袖铠帽"是否完全按照诸葛亮铠甲工艺标准来制造，无考。不过，诸葛亮《作刚铠教》云："敕作部皆作五折刚铠、十折矛以给之。"⑦此处所说"五折刚铠"的"五折"是指五炼，"把块铁或毛坯烧红一次以后的折叠锻打、淬火等一整套工序称为一炼。块铁、毛坯每经一炼，钢组织便更加细密，成分均匀，杂质减少、细化，铁的质量也就得到提高"⑧。但这并不等于说，甲片锻打的次数越多越好，因为对于铠甲而言，锻打的次数过多，就会降低硬度。比如，矛需要锻打 10 次与铠甲仅锻打 5 次，即表明两者的差异：前者需要锋刃，而后者需要硬度。故与一般铁铠甲相比，"五折刚铠"的优点是既可防锈，又可提高铠甲的抗打击力。

三是铜鼓。这是一种号令指挥队伍进退行止的器具，如《北堂书钞》载，诸葛亮令军队"闻雷鼓音，举白幢绛旗，大小船进战，不进者斩"，又"闻鼓音，举黄帛两半幡合旗，为三面阵"⑨。对于铜鼓的制作工艺，《益部谈资》云："诸葛鼓乃铜铸，面广一尺七寸，高一尺八寸，边有四兽，腰束下空旁，有四耳，花文甚细，色泽如瓜皮，重二十余斤……用楮木槌击之，声极圆润，乃孔明禽孟获时所制。"⑩《游梁杂记》又云："诸葛鼓乃铜铸者，其形圆，上宽而中束，下则敞口，大约如今楂斗之倒置也。面有四水兽，四周有细花文，其色不甚碧绿，击之，彭彭有声如鼓，云置水上击之，其声更巨。"⑪经研究分

---

① 孙宝义：《读三国　话人才》，北京：知识出版社，1992 年，第 28 页。
② （三国·蜀）诸葛亮著，段熙仲、闻旭初编校：《诸葛亮集》卷 4《制作篇》，第 202 页。
③ （三国·蜀）诸葛亮著，段熙仲、闻旭初编校：《诸葛亮集》卷 4《制作篇》，第 203 页。
④ （晋）常璩撰，刘琳校注：《华阳国志校注》卷 4《南中志》，第 465 页。
⑤ 《宋书》卷 86《殷孝祖传》，第 2190 页。
⑥ 《宋书》卷 86《殷孝祖传》，第 2191 页。
⑦ （宋）李昉等：《太平御览》卷 353《兵部八十四·矛》，第 1626 页。
⑧ 罗开玉：《论冶铁革命与"天府之国"的建成——古代天府之国专题研究之一》，谢辉、罗开玉、梅铮铮主编：《诸葛亮与三国文化（四）》下册，第 485 页。
⑨ （三国·蜀）诸葛亮著，段熙仲、闻旭初编校：《诸葛亮集》卷 2《军令》，第 35 页。
⑩ （三国·蜀）诸葛亮著，段熙仲、闻旭初编校：《诸葛亮集》卷 4《制作篇》，第 209 页。
⑪ （三国·蜀）诸葛亮著，段熙仲、闻旭初编校：《诸葛亮集》卷 4《制作篇》，第 209 页。

析，铜鼓的主要成分是铜、锡和铅，其具体的制造工艺比较复杂：先用泥土塑造铜鼓模型，做模型的步骤是用木头钉出框架，然后在框架外面敷泥，晾干，刻纹，烘烤，最后再涂上油脂；接着，进入翻范工序，即用已经调剂好的细泥，拍成平片，并按在铜鼓模型的外部，使模型上的花纹反印在泥片内，待泥片半干，就将鼓身剖为对称的两半，标上记号，分片移开，晾干或温火烤干；分块制作内模，即将模型的表面刮去与所作铜鼓相当的厚度，分块，拼接，等铜鼓铸成后，再分块取出；最后的工序是合范，其具体做法是将两片外范罩在内模外面，鼓面的外范盖在上面，依次按前面标出的记号对接、合拢。此时，在留出浇注口后，需要把外范捆紧，然后在地上挖坑，把合范倒嵌于坑内，待注。熔铸过程又分调剂、精炼和灌注三道工序，"调剂就是把铜、锡、铅按照一定比例，配备原料。之后，把它们混合装入坩埚里熔炼。锡熔化后为黄白色，铜熔化后混入锡液内，两种金属一混合则呈青白色。铜全部熔化后，因为铜的比例较锡大，溶液逐渐转为青色，这可真是达到了'炉火纯青'的地步。等这些溶液完全化好后，由一个熟练的工匠统一指挥，按照一定的操作规程向铸范的浇口灌注，直到溶液流布全范为止，中间不能停歇。铜液浇灌以后，铜鼓也就初具规模了。等溶液基本凝固了，便从地下挖出，打开外范，掏出内模，再将合范时留下的铸痕打磨光滑，若有沙眼，则加以填补。这样，铜鼓就算铸成了"[1]。在这里，需要强调的是铜鼓虽以诸葛亮命名，但并不意味着铜鼓的制作技术由诸葛亮发明，因为铜鼓的出现"应从汉代推上到春秋战国，或更早在周朝"，且铜鼓"出自今四川宜宾到长宁以南的旧僰道县的僰人居住地区"[2]。可以肯定，诸葛亮的铜鼓制作技术是从川、滇、黔等地的少数民族先民那里学来的。

四是木牛流马。此为诸葛亮创造发明的运输工具，但学界对木牛流马的形制尚有争议，如木牛流马究竟是一种器具还是两种器具？还有，木牛流马的形制究竟是什么样子？可以说，截至目前，上述问题仍然没有形成一致的结论。

宋人高承在《事物纪原》中介绍说：

> 诸葛亮始造木牛，即今小车之有前辕者，流马即今独推者是，民间谓之"江州车子"。[3]

陈师道《后山丛谭》又云：

> 蜀中有小车独推，载八石，前如牛头，又有大车，用四人推，载十石，盖木牛流马也。[4]

可见，高承与陈师道都认为木牛流马为两种器具。如成都羊子山二号汉墓出土的"骈车"画像砖上的那种人推独轮小车，即是"木牛"的前身，而"流马"则是一种四轮的小

---

① 郑秀芝编著：《铜鼓》，长春：吉林人民出版社，2007年，第22—23页。
② 黄现璠、莫克：《铜鼓制造及其花纹的探讨》，《学术论坛（文史哲版）》1985年第3期，第43页。
③ （三国·蜀）诸葛亮著，段熙仲、闻旭初编校：《诸葛亮集》卷4《制作篇》，第205页。
④ （三国·蜀）诸葛亮著，段熙仲、闻旭初编校：《诸葛亮集》卷4《制作篇》，第205页。

车①。在当代学界，刘仙洲②、史树青③等视木牛流马为一种器具，且系"人推独轮小车"。与此不同，谭良啸则认为木牛流马是木制四轮车④。此外，还有"木牛流马是奇异的自动机械"及木牛流马"是一种具有特殊外形及特殊性能的独龙车"等观点⑤，聚讼纷纭，莫衷一是。

下面为《三国志》所载"作木牛流马法"，其文曰：

> 木牛者，方腹曲头，一脚四足，头入领中，舌著于腹。载多而行少，宜可大用，不可小使；特行者数十里，群行者二十里也。曲者为牛头，双者为牛脚，横者为牛领，转者为牛足，覆者为牛背，方者为牛腹，垂者为牛舌，曲者为牛肋，刻者为牛齿，立者为牛角，细者为牛鞅，摄者为牛秋轴。牛仰双辕，人行六尺，牛行四步。载一岁粮，日行二十里，而人不大劳。流马尺寸之数，肋长三尺五寸，广三寸，厚二寸二分，左右同。前轴孔分墨去头四寸，径中二寸。前脚孔分墨二寸，去前轴孔四寸五分，广一寸。前杠孔去前脚孔分墨二寸七分，孔长二寸，广一寸。后轴孔去前杠分墨一尺五寸，大小与前同。后脚孔分墨去后轴孔三寸五分，大小与前同。后杠孔去后脚孔分墨二寸七分，后载克去后杠孔分墨四寸五分。前杠长一尺八寸，广二寸，厚一寸五分。后杠与等版方囊二枚，厚八分，长二尺七寸，高一尺六寸五分，广一尺六寸，每枚受米二斛三斗。从上杠孔去肋下七寸，前后同。上杠孔去下杠孔分墨一尺三寸，孔长一寸五分，广七分，八孔同。前后四脚，广二寸，厚一寸五分。形制如象，靬长四寸，径面四寸三分。孔径中三脚杠，长二尺一寸，广一寸五分，厚一寸四分，同杠耳。⑥

对照上述文字，木牛与流马的制作尺寸有别，似应作两种器物看，但目前所复原的诸葛亮"木牛流马"，多合为一体了。经介绍，邢台和宁海巧木匠制作的"木牛流马"由牛头、牛身和牛尾三部分构成，牛身下面有 4 条腿、3 个轮子，牛尾是把手，用来控制行走时的方向，牛舌起刹车的功能。当爬坡的时候，放下牛的 4 条腿，通过简单的杠杆原理，就可用很小的力量推动前行，达到省力的效果。⑦此外，陈从周和陆敬严及王湔等也都曾设计过"木牛流马"⑧，但这些木牛流马是否与诸葛亮当年设计制造的木牛流马一致，尚待考证。比如，有学者亲自到褒斜栈道考察，发现这里的栈道坡度较缓，而 4 条腿的机械无论怎样都不如"独轮推车"的轮子速度快，所以诸葛亮的木牛流马不可能是 4 条腿的行走机械，当然，四轮车的可能性更小。⑨再回头检索史籍，由于诸葛亮所造木牛流马没有

① 丘振声：《诸葛亮与科技》，《三国演义纵横谈》，桂林：漓江出版社，1983 年，第 231 页。
② 刘仙洲：《我国独轮车的创始时期应上推到西汉晚年》，《文物》1964 年第 6 期，第 1—5 页。
③ 史树青：《有关汉代独轮车的几个问题》，《文物》1964 年第 6 期，第 6—7 页。
④ 谭良啸：《八阵图与木牛流马——诸葛亮与三国研究文集》，成都：巴蜀书社，1996 年，第 39 页。
⑤ 李楠主编：《中国通史》卷 6，开封：河南大学出版社，2006 年，第 1200—1201 页。
⑥ 《三国志》卷 35《蜀书·诸葛亮传》，第 928 页。
⑦ 黄寰等编著：《名著中的科学》，武汉：湖北少年儿童出版社，2005 年，第 45 页等。
⑧ 王奎、谭良啸：《三国时期的科学技术》，第 165—167 页。
⑨ 吴家凡、孙伟达主编：《中国文化未解之谜》，哈尔滨：哈尔滨出版社，2011 年，第 168—169 页。

原物流传下来，故各种史籍所载的木牛流马亦不相同，如《蒲元别传》曰："元等推意作一木牛，兼摄两环，人行六尺，马（牛）行四步，人载一岁之粮也。"①《宋史·杨允恭传》又载："诸葛亮木牛之制，以小车发卒分铺运之。每一车四人挽之，旁设兵卫，加戈刃于其上，寇至则聚车于中，合士卒之力，御寇于外。"②另《南齐书·祖冲之传》记载："（祖冲之）以诸葛亮有木牛流马，乃造一器，不因风水，施机自运，不劳人力。"③显然，祖冲之的木牛流马应是一种利用齿轮原理制造的省力机械，而传说中的"木牛流马"又是有齿轮的，而且似乎也运用了杠杆原理。④所有这一切无疑增加了复原木牛流马的难度和不确定性，所以目前各地出现了形形色色的木牛流马也就在所难免了。

（3）在艰苦条件下适应野战生存的实践与思想。诸葛亮说："初至宿时所（时）便遣四出，时侯（候）望。讫，乃遣樵采，皆当在百幡里。若去营数里，草足供人马，幡在数里之表，随樵采为远近之宜。"⑤这是队伍到达宿营地后，对巡逻、侦察及打柴、采集等的规定，在这项规定里，采挖野菜是其中"樵采"的任务之一。据刘禹锡《嘉话录》载："夔州界缘山野间，有菜，大叶而粗茎，其根若大萝卜，土人蒸煮其叶而食之，可以疗饥，名之谓诸葛菜，云武侯南征，用此菜莳于山中，以济军食。"⑥据陶弘景《本草经集注》载："（芜菁）可长食之。……芦菔是今温菘，其根可食。叶不中啖。芜菁根乃细于温菘，而叶似菘好食。西川惟种此，而其子与温菘甚相似，小细尔。"⑦从这条记载来看，此处的诸葛菜指的就是芜菁，而"三国以降，川西南地区西部的最大族类叫么些（或译磨些、末些、摩沙、摩梭）蛮，元李京《云南志略》说，末些蛮'饮食疏薄，一岁之粮，圆根已半实粮也'"⑧。至于究竟是诸葛亮南征时从当地少数民族那里学来的种植技术还是诸葛亮在宿营时有士兵四处"樵采"所得，抑或是诸葛亮南征时把种芜菁的技术（《周礼·天官》云"朝豆之事，其实菁菹"，"菁"即芜菁）传入南中，尚待考证。不过，有一点是肯定的，那就是诸葛亮在南征过程中常常靠种根茎叶都可食的芜菁来"济军食"，由此使芜菁的种植更加普遍。对此，《嘉话录》解释说：

> 诸葛所止，令兵士独种蔓菁者，取其才出甲者生啖，一也；叶舒可煮食，二也；久居随以滋长，三也；弃去不惜，四也；回则易寻而采之，五也；冬有根可劚食，六也。比诸蔬属，其利不亦溥乎？⑨

诸葛亮懂得野战的取胜需要克服很多困难，而将士则需要适应各种恶劣的自然环境，

---

① （三国·蜀）诸葛亮著，段熙仲、闻旭初编校：《诸葛亮集》卷4《制作篇》，第205页。
② 《宋史》卷309《杨允恭传》，第10162页。
③ 《南齐书》卷52《祖冲之传》，北京：中华书局，1972年，第906页。
④ 李根：《历史的尘埃——千古悬案真相》，北京：中国三峡出版社，2011年，第79页。
⑤ 王瑞功主编：《诸葛亮志》，第132页。
⑥ （三国·蜀）诸葛亮著，段熙仲、闻旭初编校：《诸葛亮集》卷5《遗迹篇》，第247页。
⑦ 严世芸、李其忠主编：《三国两晋南北朝医学总集》，北京：人民卫生出版社，2009年，第1094页。
⑧ 郭声波：《四川历史农业地理》，成都：四川人民出版社，1993年，第208页。
⑨ （三国·蜀）诸葛亮著，段熙仲、闻旭初编校：《诸葛亮集》卷5《遗迹篇》，第247页。

学会在各种不同环境条件下生存，这种本领对于战胜敌人尤为重要。例如，《南夷志》载："泸水，蜀诸葛亮伐南蛮五月渡泸处，大如臂。川中气候常热，虽方冬，行过者皆袒衣流汗。"①实际上，这里的自然环境还有比冬天"行过者皆袒衣流汗"更可怕的险境，那就是瘴毒。据《大明一统志》卷73载："泸水在四川行都司城南一十里，源出吐蕃，南入金沙江。其水深广而多瘴，鲜有行者。春夏常热，其源可焊鸡豚。"②那么，如何防治瘴毒对将士的侵害呢？《滇南本草》载："昔武侯入滇，得此草以治烟瘴。此草生永昌、普洱、顺宁、茶山地方，形如兰花。"③又据嘉庆《大清一统志·云南府二》云："芸香草，出昆明，有二种，一名五叶芸香，能治疮毒，入夷方者携之，如嚼此草无味，便知中毒，服其汁，吐之自解；一名韭叶芸香，能治瘴疟。"④诸葛亮能获得此草本身就是他与当地少数民族相互交流和信任的见证，其间的艰险唯有亲历者才有深切体会。故《十道志》说："泸水出番州，入黔府，历郡界，出拓州，至北有泸津关，关有石岸，高三十丈。四时多瘴气，四五月间发，人冲之死。故武侯以夏渡为艰。征越巂上疏云，五月渡泸，深入不毛之地。"⑤另外，《南中志》又载："宛温县北三百里有盘江，广数百步，深十余丈，此江有毒气，武侯战于此江上。"⑥刘昭《续志注》亦与此同⑦，但《太平御览》引《永昌郡传》作"兴古郡"而非"宛温县"，其文云：兴古郡"纵经千里皆有瘴气，蒜、谷、鸡、豚、鱼、酒不可食，皆食啖病害人。郡北三百有盘江，广数百步，深十余丈，此江有毒瘴，九县之人皆号曰鸠民"⑧。可见，在这样极其恶劣的环境下，没有专业的野战经验，是很难取胜的。

二、北伐之败与诸葛亮军事思想的历史地位

（一）诸葛亮北伐及其失败

北伐是诸葛亮《隆中对》的军事战略之一，建兴三年（225）十二月南征结束之后，诸葛亮经过一年"治戎讲武"⑨的准备，遂于建兴五年（227）"率诸军北驻汉中"⑩，揭开北伐的序幕。诸葛亮在《出师表》中向刘禅表达了其北伐的目的，他说：

> 受命以来，夙夜忧叹，恐托付不效，以伤先帝之明，故五月渡泸，深入不毛。今南方已定，兵甲已足，当奖率三军，北定中原，庶竭驽钝，攘除奸凶，兴复汉室，还

---

① （三国·蜀）诸葛亮著，段熙仲、闻旭初编校：《诸葛亮集》卷5《遗迹篇》，第238页。
② 转引自（三国·蜀）诸葛亮著，段熙仲、闻旭初编校：《诸葛亮集》卷5《遗迹篇》，第232页。
③ 兰茂原著，于乃义、于兰馥整理主编：《滇南本草》，昆明：云南科学技术出版社，2004年，第597页。
④ 转引自方国瑜主编：《云南史料丛刊》第13卷，昆明：云南大学出版社，2001年，第531页。
⑤ （三国·蜀）诸葛亮著，段熙仲、闻旭初编校：《诸葛亮集》卷5《遗迹篇》，第229页。
⑥ （三国·蜀）诸葛亮著，段熙仲、闻旭初编校：《诸葛亮集》卷5《遗迹篇》，第239页。
⑦ 陈汉章：《书洪稚存〈豚水考〉后（己丑）》，谭其骧主编：《清人文集地理类汇编》第4册，杭州：浙江人民出版社，1987年，第464页。
⑧ （宋）李昉等：《太平御览》卷791《四夷部一二·朱提》，第3509页。
⑨ 《三国志》卷35《蜀书·诸葛亮传》，第919页。
⑩ 《三国志》卷35《蜀书·诸葛亮传》，第919页。

于旧都。①

于是从建兴六年（228）春到建兴十二年（234）八月止，诸葛亮在七年之内先后五次出兵北伐曹魏，最后却以失败而告终，教训深刻。《资治通鉴》载其过程较详细，为了具体了解当时科学技术在诸葛亮北伐曹魏战争中的作用，特兹引录如下：

（1）建兴六年（228）春，诸葛亮与"群下谋之"，魏延建议："闻夏候楙，主婿也，怯而无谋。今假延精兵五千，负粮五千，直从褒中出，循秦岭而东，当子午而北，不过十日，可到长安。楙闻延奄至，必弃城逃走。长安中惟御史、京兆太守耳。横门邸阁与散民之谷，足周食也。比东方相合聚，尚二十许日，而公从斜谷来，亦足以达。如此，则一举而咸阳以西可定矣。"②诸葛亮"以为此危计，不如安从坦道，可以平取陇右。十全必克而无虞，故不用延计。亮扬声由斜谷道取郿，使镇东将军赵云、扬武将军邓芝为疑兵，据箕谷；帝（魏明帝）遣曹真都督关右诸军军郿。亮身率大军攻祁山，戎陈整齐，号令明肃。始，魏以汉昭烈既死，数岁寂然无闻，是以略无备豫；而卒闻亮出，朝野恐惧，于是天水、南安、安定皆叛应亮，关中响震，朝臣未知计所出"③。魏明帝曰："亮阻山为固，今者自来，正合兵书致人之术，破亮必也。"④于是"勒兵马步骑五万，遣右将军张郃督之，西拒亮"⑤。丁未，魏明帝"行如长安。初，越巂太守马谡，才器过人，好论军计，诸葛亮深加器异；汉昭烈临终，谓亮曰：'马谡言过其实，不可大用，君其察之！'亮犹谓不然，以谡为参军，每引见谈论，自昼达夜。及出军祁山，亮不用旧将魏延、吴懿等为先锋，而以谡督诸军在前，与张郃战于街亭。谡违亮节度，举措烦扰，舍水上山，不下据城。张郃绝其汲道，击，大破之，士卒离散。亮进无所据，乃拔西县千余家还汉中。收谡下狱，杀之。亮自临祭，为之流涕，抚其遗孤，恩若平生"⑥。第一次北伐失败。

（2）建兴六年（228）十二月，诸葛亮引兵出散关（今陕西宝鸡市西南），围陈仓，但陈仓已有备，诸葛亮不能克。"亮使郝昭乡人靳详于城外遥说昭，昭于楼上应之曰：'魏家科法，卿所练也；我之为人，卿所知也。我受国恩多而门户重，卿无可言者，但有必死耳。卿还谢诸葛，便可攻也。'详以昭语告亮，亮又使详重说昭，言'人兵不敌，空自破灭'。昭谓详曰：'前言已定矣，我识卿耳，箭不识也。'详乃去。亮自以有众数万，而昭兵才千余人，又度东救未能便到，乃进兵攻昭，起云梯冲车以临城，昭于是以火箭逆射其梯，梯然，梯上人皆烧死；昭又以绳连石磨压其冲车，冲车折。亮乃更为井阑百尺以射城中，以土丸填堑，欲直攀城，昭又于内筑重墙。亮又为地突，欲踊出于城里，昭又于城内

① 《三国志》卷35《蜀书·诸葛亮传》，第920页。
② （宋）司马光：《资治通鉴》卷71《魏纪三》，北京：中华书局，1956年，第2239—2240页。
③ （宋）司马光：《资治通鉴》卷71《魏纪三》，第2240—2241页。
④ （宋）司马光：《资治通鉴》卷71《魏纪三》，第2241页。
⑤ （宋）司马光：《资治通鉴》卷71《魏纪三》，第2241页。
⑥ （宋）司马光：《资治通鉴》卷71《魏纪三》，第2241—2242页。

穿地横截之。昼夜相攻拒二十余日。"①无奈，诸葛亮粮尽，曹魏的援兵又将至，只好退兵。第二次北伐失败。

（3）建兴七年（229）春，诸葛亮遣其将陈戒攻武都（今甘肃省成县西）、阴平（今甘肃省文县西北）二郡，魏雍州刺史郭淮引兵救之。"亮自出至建威，淮退，亮遂拔二郡以归。"②第三次北伐胜利。

（4）建兴九年（231）夏，诸葛亮率诸军围祁山。魏明帝命司马懿西屯长安，督将军张郃、费曜、戴陵、郭淮等以御之。后来，司马懿使费曜、戴陵留精兵四千守上邽（今甘肃省天水市），余众悉出，西救祁山。诸葛亮分兵留攻祁山，"自逆懿于上邽。郭淮、费曜等徼亮，亮破之，因大芟刈其麦，与懿遇于上邽之东。懿敛军依险，兵不得交，亮引还。懿等寻亮后至于卤城。张郃曰：'彼远来逆我，请战不得，谓我利在不战，欲以长计制之也。且祁山知大军已在近，人情自固，可止屯于此，分为奇兵，示出其后，不宜进前而不敢逼，坐失民望也。今亮孤军食少，亦行去矣。'懿不从，故寻亮。既至，又登山掘营，不肯战。贾栩、魏平数请战，因曰：'公畏蜀如虎，奈天下笑何！'懿病之。诸将咸请战。夏，五月，辛巳，懿乃使张郃攻无当监何平于南围，自按中道向亮。亮使魏延、高翔、吴班逆战，魏兵大败，汉人获甲首三千，懿还保营。六月，亮以粮尽退军，司马懿遣张郃追之。郃进至木门，与亮战，蜀人乘高布伏，弓弩乱发，飞矢中郃右膝而卒"③。第四次北伐胜利，曹魏损兵折将，损失惨重。

（5）建兴十二年（234）春，诸葛亮悉发众十万，由斜谷进行北伐，并遣使约孙吴同时大举。

> 诸葛亮至郿，军于渭水之南。司马懿引军渡渭，背水为垒拒之，谓诸将曰："亮若出武功，依山而东，诚为可忧；若西上五丈原，诸将无事矣。"亮果屯五丈原。雍州刺史郭淮言于懿曰："亮必争北原，宜先据之。"议者多谓不然，淮曰："若亮跨渭登原，连兵北山，隔绝陇道，摇荡民夷，此非国之利也。"懿乃使淮屯北原。堑垒未成，汉兵大至，淮逆击却之。亮以前者数出，皆以运粮不继，使己志不伸，乃分兵屯田为久驻之基，耕者杂于渭滨居民之间，而百姓安堵，军无私焉。……司马懿与诸葛亮相守百余日，亮数挑战，懿不出。亮乃遗懿巾帼妇人之服；懿怒，上表请战，帝使卫尉辛毗杖节为军师以制之。护军姜维谓亮曰："辛佐治杖节而到，贼不复出矣。"亮曰："彼本无战情，所以固请战者，以示武于其众耳。将在军，君命有所不受，苟能制吾，岂千里而请战邪！"亮遣使者至懿军，懿问其寝食及事之烦简，不问戎事。使者对曰："诸葛公夙兴夜寐，罚二十以上，皆亲览焉；所啖食不至数升。"懿告人曰："诸葛孔明食少事烦，其能久乎！"亮病笃，（汉主）使尚书仆射李福省侍，因谘以国家大计。福至，与亮语已，别去，数日复还。亮曰："孤知君还意，近日言语虽弥

---

① （宋）司马光：《资治通鉴》卷 71《魏纪三》，第 2249—2250 页。
② （宋）司马光：《资治通鉴》卷 71《魏纪三》，第 2251—2252 页。
③ （宋）司马光：《资治通鉴》卷 72《魏纪四》，第 2267—2268 页。

日，有所不尽，更来求决耳。公所问者，公琰其宜也。"福谢："前实失不咨请，如公百年后，谁可任大事者，故辄还耳。乞复请蒋琬之后，谁可任者？"亮曰："文伟可以继之。"又问其次，亮不答。是月，亮卒于军中。[①]

第五次北伐失败。

随着诸葛亮北伐曹魏军事战略的失败，曹魏加快了统一中国的步伐。可见，统一是三国历史发展和演变的客观趋势，它不以任何人的意志为转移。现在的问题是：为什么最终统一三国的是曹魏而不是蜀汉？诸葛亮北伐失败的原因究竟在何处？对此，学者各有说辞。比如，有人认为按照孙子提出决定战争胜负的"五事"（道、天、地、将、法）来分析，这五个方面的条件蜀汉都不具备，所以蜀汉失败是正常的。[②]还有的学者认为，诸葛亮北伐失败至少有六个因素：第一，在国力上，蜀汉兵少力弱，是三国中最弱小的国家；第二，南中平定，并不意味着北伐条件的成熟；第三，蜀汉统治阶级腐败，诸葛亮用人失误，政局不稳；第四，蜀汉东吴的联盟并不巩固；第五，诸葛亮不是"一个有才能的军事家"，且犯了战略战术的错误；第六，连年劳师北征，自不量力，运输困难，供给不济，且加深了社会矛盾。[③]诚如陈寿所说："盖应变将略，非其所长欤！"[④]从整体来讲，以上说法都有道理。不过，若从科技实力着眼，那么诸葛亮发明了许多新式兵器不假，且这些兵器在诸葛亮北伐曹魏的军事战略中亦确实发挥了重要作用。但是，曹魏的科技实力较蜀汉落后吗？一点儿也不落后。比如，诸葛亮第二次北伐，攻守双方都采用当时先进的军事科技手段来进行战争。如果没有先进的科技手段，曹魏守军用"千余人"抵御诸葛亮"众数万"的进攻，是不可能的。仅从这个实例看，诸葛亮的先进军事科技成果对曹魏守军并没有造成压倒性优势。于是，我们不能不反思，诸葛亮耗费了巨大财力用来制作木牛流马一类的器具，然而这些器具却主要是为了解决军队的粮食运输问题，因此，仅粮食运输一项就要耗费蜀汉大量的人力和物力，这对诸葛亮而言，战争成本实在是太大了。蜀汉兵力本来就不足，诸葛亮不得不依靠先进的兵器装备北伐曹魏，力求用技术优势来弥补其兵力的短缺。其中连弩是诸葛亮在前人基础上所研制出来的一项新成果，北伐时曾用它射死了曹魏的大将张郃，故有"神弩"之称。但连弩的使用也有局限，如果是两军在旷野里对阵，或者打伏击，连弩的威力令人胆寒，而当进入攻城战后，连弩的作用就不明显了，这就是司马懿尽力避免与诸葛亮正面对阵交战的主要原因。虽然诸葛亮北伐曹魏最终失败了，但是他重视兵器的技术改造和新技术在战争中的应用，创造了许多战争奇迹，确实是一位"具有科学头脑的军事家"[⑤]。

---

① （宋）司马光：《资治通鉴》卷72《魏纪四》，第2292—2296页。

② 曲径、王伟主编：《三国人物古今谈》上，沈阳：辽海出版社，2003年，第187页。

③ 韩隆福：《诸葛亮北伐失败的评价》，《湖南教育学院学报》1998年第3期，第13—15页。

④ 《三国志》卷35《蜀书·诸葛亮传》，第934页。

⑤ 李炳彦、孙兢：《说三国话权谋》，北京：京华出版社，2004年，第165页。

（二）诸葛亮军事思想的历史地位

对于诸葛亮的军事思想，学界已有的研究比较多①，为了避免重复，下面笔者重点以诸葛亮的《军令十六条》、《兵要九则》和《兵法二则》为据，对其军事思想的历史地位略作评述。

蜀汉的兵力相对于曹魏来说，明显处于劣势。那么，在兵力处于劣势的条件下，如何赢得战争的主动权？这是诸葛亮所要解决的问题。

（1）以军阵去对抗曹魏骑兵的集团冲击。曹操立国中原，兵力最多，一般维持在30万人左右，以陆军为主，有步兵和骑兵两个兵种，在与蜀汉交战中，曹魏骑兵已经成为"在战场上冲锋陷阵和决定胜败的主要力量"②。与之不同，蜀汉的兵力在10万人左右，分陆军和水军两个军种，以陆军为主，有步兵、骑兵及弩兵和少量车兵③。为了扬长避短，诸葛亮根据蜀汉的兵力和兵种特点，制定了非常具体的"军阵"战术，史家称之为"八阵图"。我们知道，"诸葛亮时代，野战的高级形式是阵战。军队野战不列阵是乌合之众，列阵后战斗力不可同日而语"④。从这个角度讲，八阵图也是诸葛亮努力提高蜀汉军队战斗力的重要举措之一。故有学者指出：

> 八阵图大概为诸葛亮操演军士所用的各种训练方式（阵法）的统称。据说是以步、弩、车、骑四个兵种联合编组的战阵，主要是用来对付曹魏骑兵的集团冲击。⑤

诸葛亮在《八阵图教》中说："八阵既成，自今行师，庶不覆败矣。"⑥至于何谓八阵图，学者各持异词，但《李靖问对》认为："八阵本一也，分为八焉。若天地者，本乎旗号；风云者，本乎幡名；龙虎鸟蛇者，本乎队伍之别；后世诡设物象，何止八而已乎！"⑦由于八阵图已失传，其具体内容难以确知，笔者只能依据文献所载之零光片羽，略述一二。

《军令十六条》之二曰："闻五鼓音，举黄帛两半幅合旗，为三面阵。"⑧这就是说，布阵主要依靠鼓与旗来指挥，发出进退口令。"五鼓"即打五通鼓，"帛"是丝织品的总称，汉代以宽二尺二寸为一幅，"黄帛"是指用黄色丝织品做成的幡旗。"三面阵"为前、左、右摆成的阵形。在这个阵形中，一般是弩兵打前战，故《军令十六条》之八曰："弩独前战，令五鼓，皆张羊角；四鼓，视麾所指。"⑨在此，"羊角"是一种阵形，它"是一个把

① 施光明：《诸葛亮军事思想研究》，《南都学坛（社会科学版）》1989年第3期，第7—13页；苏彦荣：《诸葛亮军事思想管窥》，《军事历史》1995年第3期，第26—28页；朱大渭：《诸葛亮军事思想论略》，《史学月刊》1980年第2期，第20—25页；徐渭滨：《略论诸葛亮的军事思想》，《军事历史研究》1988年第4期，第147—150页等。

② 高锐主编：《中国军事史略》上册，北京：军事科学出版社，1992年，第323页。

③ 高锐主编：《中国军事史略》上册，第325—326页。

④ 侯书雄主编：《伟人百传》第8卷，呼和浩特：远方出版社，2002年，第145页。

⑤ 于文：《军制森严旌旗明》，北京：中国戏剧出版社，2005年，第64页。

⑥ 王瑞功主编：《诸葛亮志》引《水经注》，第136页。

⑦ （三国·蜀）诸葛亮著，段熙仲、闻旭初编校：《诸葛亮集》卷4《制作篇》，第216页。

⑧ 王瑞功主编：《诸葛亮志》引《北堂书钞》，第131页。

⑨ 王瑞功主编：《诸葛亮志》引《北堂书钞》，第131页。

精锐部队布置在中央阵地，把骑兵埋伏在两侧翼，进可攻、退可守的阵型（形）"①。

又《军令十六条》之三曰："连冲之阵，似狭而厚，为利阵。令骑不得与相离，护侧骑与相远。"②在这个阵形中，车兵居主导地位。车兵所用"冲车"，彭邦炯有专文考证③，这里不拟重复。《太平御览》引魏人宋均《春秋感精符》云："齐晋并争……作冲车，厉武将，轮有刃，衡着剑，以相振惧。"④李昉将其列为一种"攻具"，但诸葛亮所使用的"冲车"究竟是什么样子，学界至今都没有一个统一的说法。有学者据前揭诸葛亮第二次北伐围攻陈仓时"起云梯、冲车以临城"却久攻不下的史实，推测诸葛亮所用冲车应系一种"有防护棚"的攻坚作业类器械，如从不同方向挖掘地道等。⑤也有学者认为是一种用于"摧毁敌方城门或城墙"的攻具。⑥另外，《淮南子》高诱注云："冲车，大铁著其辕端，马被甲，车被兵，所以冲于敌城也。"⑦在这种阵形中，还有一种"车蒙阵"。如诸葛亮《贼骑来教》云："若贼骑左右来至，徒从行以战者，陟岭不便，宜以车蒙阵而待之。地狭者，宜以锯齿而待之。"⑧文中的"车蒙阵"与"锯齿阵"是指在不同地形条件下所布置的两种防御阵形。

先说"车蒙阵"，多种著述的解说比较一致。如有学者认为：

> 利用辎重、车体等构造掩蔽和障碍，车体上蒙上皮革、堆上石块，人称为"车蒙阵"，阵内工事迂回曲折，能有效地阻挡敌人的进攻，挫其锐势，然后运动机动部队来围歼入阵之敌。⑨

再说"锯齿阵"，顾名思义，此阵是指在狭窄地形上将战车呈锯齿形排列，以抵御敌方之骑兵，尤其是对敌方骑兵的进攻构成障碍，使其无法形成进攻优势，从而掩蔽自己的步兵利用长矛、弓箭等兵器杀伤敌人。⑩或云用"少量精兵在前，主力在后，如'M'形以应敌"⑪。

由于八阵图是一种多兵种协同作战的阵法，相互配合非常重要，所以为了减少步兵的无谓死伤，通常是车兵在前，可做掩体；掩体之后才是步兵，步兵手中的主要兵器是矛、戟，如《军令十六条》之四云："敌以来进持鹿角，兵悉却在连冲后。敌已附，鹿角里兵但得进踏，以矛戟刺之，不得起住，起住妨弩。"⑫文中的"鹿角"是一种防御工事，通常

① 宋世雄主编：《文科知识：百万个为什么·体育》，桂林：漓江出版社，1990年，第71页。
② 王瑞功主编：《诸葛亮志》引《北堂书钞》，第131页。
③ 彭邦炯：《带矛车舎与古代冲车》，《考古与文物》1984年第1期，第109—111页。
④ （宋）李昉等：《太平御览》卷336《兵部六七·攻具上》，第1542页。
⑤ 陆敬严：《中国古代兵器》，西安：西安交通大学出版社，1993年，第212页。
⑥ 邵春驹：《〈芜城赋〉注释辨误一则》，《江海学刊》2006年第4期，第48页。
⑦ （汉）刘安撰，高诱注：《淮南子》卷6《览冥训》，《诸子集成》第10册，第97页。
⑧ 王瑞功主编：《诸葛亮志》引《北堂书钞》，第133页。
⑨ 吴桂就：《方位观念与中国文化》，南宁：广西教育出版社，2000年，第149页。
⑩ 成都武侯祠博物馆编著：《千古贤相诸葛亮》，北京：中国方正出版社，2010年，第90页。
⑪ 孙红昺：《八阵图与古代的阵法》，《文史知识》1984年第6期，第62页。
⑫ 王瑞功主编：《诸葛亮志》引《太平御览》，第131页。

是把带枝的树木削尖，半埋于地下，以阻挡敌方的攻击①。但因各种作战形势需要，步兵手中的兵器也经常有变化，例如，竹枪②，是诸葛亮在"木枪"的基础上易木为竹所成。这不单是因为竹子在蜀地比木材的资源丰富，更关键的是竹子较木材修长且坚韧，所以竹枪才会有丈二长③，这样，在短兵相接的时候，蜀汉一方的优势就凸显出来了。前揭诸葛亮《作斧教》之二曰："前后所作斧，都不可用。前伐鹿角，坏刀斧千余枚。"④其他尚有弓与矢，如诸葛亮《兵法二则》之一说："矢不着羽，弓弩无弦……有此者斩之。"⑤蜀汉虽设有弩兵，但步兵中一般使用弓箭者更为普遍。"羽"即装在箭尾的羽毛，对箭在空中飞行过程中起平衡作用，而连弩"以铁为矢"，就无法在箭尾装上羽毛了，缺少这个部件很可能会对箭的平衡飞行产生影响。既然有矛、戟，那么，应该还有抵御矛、戟的器具，诸葛亮称之为"彭排"。如《军令十六条》之九曰："帐下及右阵各持彭排。"⑥至于何谓"彭排"，周一良有释：

> 《后汉书》一〇四上袁绍传"皆蒙楯而行"。章怀注，"楯今之旁排也"。《孙子·谋攻篇》有修橹即大盾，杜牧注，"橹即今之所谓彭排"。《通鉴》一一六胡注，"彭排即今之旁排，所以捍锋矢"。⑦

（2）严格训练士兵，提高其科技素质。有了先进的武器和战法，如果没有高素质的士兵去执行，就难以发挥其应有的作用。诸葛亮深深懂得士兵在战场上的重要性，他说："有制之兵，无能之将，不可以败；无制之兵，有能之将，不可以胜。"⑧又说："兵卒之制，虽庸将未败；若兵卒自乱，虽贤将危之。"⑨在此，所谓"有制"就是指训练有素和军纪严明的士兵，而"有制之兵"首先必须遵守兵法⑩，在此基础上，还必须加强平时的战阵训练。据《荆州图副》载：

> 永安宫南一里，渚下平碛，周回四百一十八丈，中有诸葛孔明八阵图，聚细石为之，各高五丈，广十围，历然棋布，纵横相当，中间相去九尺，正中开南北巷，悉广五尺，凡六十四聚。……或为人散乱，及为夏水所没，冬水退，复依然如新。⑪

干宝《晋纪》又载：

> 诸葛孔明于汉中积石为垒，方可数百步，四郭，又聚石为八行，相去三丈许，谓

---

① 何兆吉、任真译注：《诸葛亮兵法》，南昌：江西人民出版社，1996年，第211页。
② （三国·蜀）诸葛亮著，段熙仲、闻旭初编校：《诸葛亮集》卷4《制作篇》，第207页。
③ （三国·蜀）诸葛亮著，段熙仲、闻旭初编校：《诸葛亮集》卷4《制作篇》，第208页。
④ 王瑞功主编：《诸葛亮志》引《太平御览》，第136页。
⑤ 王瑞功主编：《诸葛亮志》引《太平御览》，第135页。
⑥ 王瑞功主编：《诸葛亮志》引《太平御览》，第132页。
⑦ 周一良：《魏晋南北朝史札记》，北京：中华书局，1985年，第122页。
⑧ 王瑞功主编：《诸葛亮志》引《李卫公问对》，第134—135页。
⑨ 王瑞功主编：《诸葛亮志》引《李卫公问对》，第135页。
⑩ 王瑞功主编：《诸葛亮志》引《太平御览》，第135页。
⑪ （三国·蜀）诸葛亮著，段熙仲、闻旭初编校：《诸葛亮集》卷4《制作篇》，第214页。

之八阵图，于今俨然，常有鼓甲之声，天阴弥响。[①]

尽管上述记载有渲染和夸张的成分，但各地所遗留下来的"八阵图"却是诸葛亮当年用《八阵图教》训练士兵的见证[②]。在《兵要》里，诸葛亮要求：

> 凡军行营垒，先使腹心及向导前觇审知，各令候吏先行，定得营地，壁立军分数，立四表候视，然后移营。又先使候骑前行，持五色旗，见沟坑揭黄，衢路揭白，水涧揭黑，林薮揭青，野火揭赤，以鼓五数应之。立旗鼓，令相闻见。若渡水逾山，深邃林薮，精骁勇骑搜索数里无声，四周绝迹。……一人一步，随师多少，咸表十二辰，竖大旌，长二丈八尺，审子午卯酉地，勿令邪僻。以朱雀旗竖午地，白虎旗竖酉地，玄武旗竖子地，青龙旗竖卯地，招摇旗竖中央。其樵采牧饮，不得出表外也。[③]

又，"水军发，辄先遣人持幡于前，竖所当营火之处水边岸上"[④]。

可见，无论战阵还是行军宿营，士兵都必须严格按照《兵要》和《军令十六条》行事，这就是诸葛亮以法御众思想的具体体现。在行军过程中，要时刻警惕敌人偷袭或被敌人伏击，掌握周围环境信息是非常必要的。而为了收集情报，就需培养具有一定科技素质的特殊士兵。如"前觇审知"的向导、"定得营地"的"候吏"（即侦察兵）及"搜索数里无声"的"精骁勇骑"等。此外，"其樵采牧饮"包括砍柴、采摘野菜、放牧及取水饮用等活动[⑤]，其中采摘野菜需要懂得基本的植物知识，至少能够辨别哪些野菜可以吃，哪些野菜不可以吃。尤其是在安营扎寨时，"审子午卯酉地"需要"候吏"具备较高的地形地理知识，一般安营扎寨的地形要求是：近水，但不能在河滩或溪流边安营扎寨；背风，营帐的朝向不能迎着风向；远崖，因为此处易发生落石、岩崩等危险；此外，还有背阴和防止雷火等条件的要求。如《永昌府军民志》载："诸葛营在府城一十里，其东岳堰内一土墩，周回三十余丈，高六尺，随水高下，虽盛潦不没。"[⑥]又《舆地志》载："诸葛泉在鹤庆府南，武侯驻师之地。出泉均为二流，昔人有欲兼利之者，引而为一，鸡鸣，其水复分。"[⑦]从这两个实例可以看出，诸葛亮选择安营之处是非常讲究的，既要生活方便，又要居住安全。以此为前提，他对"候吏"选择安营才提出了"勿令邪僻"的基本要求。而当年马谡失街亭的直接原因就是在山上安营，结果被魏军断了水源，蜀军自乱，吃了败仗。可见，安营对地形条件的要求比较高。

（3）"战斗之利，惟气与形"的思想。诸葛亮说："山陵之战，不仰其高；水上之战，不逆其流；草上之战，不涉其深；平地之战，不逆其虚。此兵之利也。故战斗之

---

① （三国·蜀）诸葛亮著，段熙仲、闻旭初编校：《诸葛亮集》卷4《制作篇》，第214页。

② 余明侠：《诸葛亮评传》，南京：南京大学出版社，1996年，第355页。

③ 王瑞功主编：《诸葛亮志》引《太平御览》，第133—134页。

④ 王瑞功主编：《诸葛亮志》引《北堂书钞》，第132—133页。

⑤ 马黎丽、诸伟奇编著：《诸葛亮全集》，合肥：安徽文艺出版社，2012年，第113页。

⑥ （三国·蜀）诸葛亮著，段熙仲、闻旭初编校：《诸葛亮集》卷5《遗迹篇》，第242页。

⑦ （三国·蜀）诸葛亮著，段熙仲、闻旭初编校：《诸葛亮集》卷5《遗迹篇》，第240页。

利，惟气与形也。"①这段话的意思是说，用兵打仗不可逆势而攻，比如，当敌人抢先占据了高山阵地后，就不可以仰攻，而应避其锐气。如诸葛亮在《与步骘书》中说："仆前军在五丈原。原在武功西十里。马冢在武功东十余里，有高势，攻之不便，是以留耳。"②这里，诸葛亮强调了地形对兵战的影响。所以，在诸葛亮看来，"气与形"和兵战关系密切，因前面对地形与兵战的关系已有述及，故此不拟重复。下面重点考察兵战与"气"的关系。

《百战奇略》曰："兵之所以战者，气也。"③此"气"即勇气和斗志，如孔子说："战阵有队矣，而勇为本。"④那么，如何在临战状态下激发士气就显得极为关键。诸葛亮强调：

> 凡战临阵，皆无欢哗，明听鼓音，谨视幡麾。麾前则前，麾后则后，麾左则左，麾右则右，不闻令而擅前后左右者斩。⑤

从军法角度来看，对士兵的勇气进行制度化管理是必要的。但这不是问题的全部，诸葛亮发现，"人之忠也，犹鱼之有渊。鱼失水则死，人失忠则凶"⑥。也就是说，将士的勇气和斗志不能单纯依靠临阵激发，平时培养更重要。如诸葛亮说："姜伯约甚敏于军事，既有胆义，深解兵意。"⑦而实际上，诸葛亮对姜维的考察与重用，则是以"心存汉室，而才兼于人"⑧的"忠诚之心"为前提的。所以姜维"据上将之重，处群臣之右，宅舍弊薄，资财无余，侧室无妾媵之亵，后庭无声乐之娱，衣食取供，舆马取备，饮食节制，不奢不约，官给费用，随手消尽"⑨。这种高洁人品和廉洁之气与蜀汉将士的勇气直接相连，姜维九伐曹魏，而众将士甘愿效死，为之冲锋陷阵，靠的就是他那一身正气和大无畏精神。尽管史学界对姜维的功过各有评说，但他继续贯彻"和夷"政策，将士上下团结一致，为匡扶汉室尽心竭力，则是有目共睹的。据《三国志》本传载：

> 邓艾自阴平由景谷道傍入，遂破诸葛瞻于绵竹。后主请降于艾，艾前据成都。维等初闻瞻破，或闻后主欲固守成都，或闻欲东入吴，或闻欲南入建宁，于是引军由广汉、郪道以审虚实。寻被后主敕令，乃投戈放甲，诣会于涪军前，将士咸怒，拔刀砍石。⑩

由此可见，对蜀汉将士而言，姜维的人格值得信赖。

---

① 王瑞功主编：《诸葛亮志》引《通典》，第 136 页。
② 王瑞功主编：《诸葛亮志》引《水经注》，第 127 页。
③ （明）刘基著，章among佳译注：《百战奇略》卷 7《气战》，太原：书海出版社，2001 年，第 185 页。
④ （汉）刘向：《说苑》卷 3《建本》，《百子全书》第 1 册，第 561 页。
⑤ 王瑞功主编：《诸葛亮志》引《太平御览》，第 131 页。
⑥ 王瑞功主编：《诸葛亮志》引《太平御览》，第 134 页。
⑦ 《三国志》卷 44《蜀书·姜维传》，第 1063 页。
⑧ 《三国志》卷 44《蜀书·姜维传》，第 1063 页。
⑨ 《三国志》卷 44《蜀书·姜维传》，第 1068 页。
⑩ 《三国志》卷 44《蜀书·姜维传》，第 1066—1067 页。

当然，诸葛亮也有失误之处。比如，"事无巨细，亮皆专之"①，这种过于"专权"的领导模式，不利于人才的培养和发挥部属的作用。诚如有学者所言：

> 所谓"事无巨细，亮皆专之"，这种典型的勤政的精神使诸葛亮历来被作为从政者的楷模，然而，这种行政风格对于负有全面责任的政治家来说，会使繁（烦）琐的具体事务的处理影响对重大问题的思考和决策，史家评定诸葛亮"奇谋为短"（《三国志·蜀书·诸葛亮传》），或许即与此有关。这种作风同时也不能使后起的新人得到政治实践的机会，诸葛亮死后蜀汉没有得力的人才主持军政，这绝不是偶然的。②

此外，还有"荆楚人贵"③的片面政策导向。确实，刘备入蜀凭借了汉沔集团④的支持，蜀汉信赖汉沔集团当在情理之中。但是当蜀汉政权建立之后，随着政治形势的复杂化，诸葛亮却没有及时改变"荆楚人贵"的政策，因此，他就无法从根本上解决汉沔集团、东州集团与益州土著集团三者之间的矛盾，遂造成"益州土著集团也对蜀汉政权保持沉默、不合作、抵抗，有时也采取激进行动，主客之间的敌对和仇视情绪日渐加深"⑤，甚至出现了"益州土著集团巴不得蜀汉政权尽快灭亡"⑥的叛逆心理。可见，诸葛亮治理蜀汉也留下了深刻的历史教训。不过，通观来看，诸葛亮的成绩是主要的，尤其是他的科技强兵理念至今都有重要的借鉴价值。

第三节　王叔和的脉学思想

高湛《养生论》说：

> 王叔和，高平人也。博好经方，洞识摄生之道。尝谓人曰：食不欲杂，杂则或有所犯。当时或无灾患，积久为人作疾。寻常饮食，每令得所，多餐令人彭亨短气，或致暴疾。夏至、秋分，少食肥腻饼臛之属，此物与酒食瓜果相妨。当时不必习病，入秋节变，阳消阴息，寒气总至，多诸暴卒。良由涉夏取冷太过，饮食不节故也。而不达者，皆以病至之日，便谓是受病之始，而不知其所由来者渐矣，岂不惑哉？⑦

甘伯宗《名医传》又载：

> 晋王叔和，高平人，为太医令。性度沉静，通经史，穷研方脉，精意诊切，洞识

---

① 《三国志》卷35《蜀书·诸葛亮传》，第930页。
② 王子今：《魏蜀吴三国政策优劣的历史比较》，《南都学坛（哲学社会科学版）》1996年第4期，第6页。
③ （晋）常璩撰，刘琳校注：《华阳国志校注》卷9《李特雄期寿势志》，第688页。
④ 赵俪生：《赵俪生文集》第2卷，兰州：兰州大学出版社，2002年，第437页。
⑤ 尹韵公：《尹韵公自选集》，北京：学习出版社，2009年，第422页。
⑥ 尹韵公：《尹韵公自选集》，第422页。
⑦ （宋）李昉等：《太平御览》卷720《方术部一·养生》，第3190页。

修养之道，撰《脉经》十卷，《脉诀》四卷，《脉赋》一卷。仲景作《伤寒论》错简，迨叔和撰次成序，得成全书。①

张湛系东晋北魏间人，他的记载比较可靠。甘伯宗虽为唐朝人，但皇甫谧在《黄帝三部针灸甲乙经》序中称"近代太医令王叔和"②，此"近代"当距离皇甫谧的生活时代不远，则知王叔和曾任魏国的太医令③。高平县，有位于山东境内或山西境内两说，笔者从山东说。王叔和的生卒年，目前学界有多种说法：约生于 180 年，卒于 270 年④；生于 180 年，卒于 260—263 年⑤；约生于 177 年，卒于 255 年⑥；生于 201 年，卒于 280 年等。⑦相比较而言，认为王叔和的生卒年为 201—280 年，与唐人甘伯宗的记载相符合。虽然学界多将王叔和称作西晋人，但他绝大多数时间却生活在三国时期，更重要的是他的两部著作亦完成于三国时期，且《晋书》又无传，所以我们把他划为三国科学技术思想家之列。

关于王叔和的主要事迹，余嘉锡在《四库提要辨证》一书中有段考述。他说：

考后汉太尉王龚，山阳高平人。子畅，官至司空，畅子谦，大将军何进长史。谦子粲，即仲宣也。粲与族兄凯，避地荆州，刘表以女妻凯，生业，业生宏及弼，宏生正宗，见《晋书》良吏传。弼即辅嗣，粲二子被诛，后绝。……汉晋之间高平王氏见于史传具是矣。叔和既籍高平，又与仲宣为同时人，疑是其群从子弟。⑧

据此，宋大仁初步勾勒了王叔和在汉末至晋初的简单活动轨迹。其基本线索如下：

兴平元年（194），王粲（字仲宣）至荆州依刘表。建安元年（196），张仲景见王粲，劝服五石汤，因这层关系，青年时期的王叔和可能受过张仲景的指导。建安十三年（208）八月，刘表卒，其子刘琮以荆州降，乃与王粲、王叔和等同归曹操。建安十八年（213），王粲拜为侍中。建安二十二年（217），王粲卒。黄初元年（220）至正始元年（240），王叔和为太医令，并在此时编次仲景遗论。甘露元年（256）至甘露五年（260），皇甫谧病风痹。泰始元年（265）至元康元年（291），程据为晋太医令，而王叔和则辞官乔寓湖北新洲县（今武汉市新洲区），编撰《脉经》。⑨

可见，王叔和一生中有两大学术贡献：一为整理编次张仲景的《伤寒杂病论》；二为

① （清）陈梦雷等：《古今图书集成医部全录》卷 505《医术名流列传·王叔和传》引，北京：人民卫生出版社，1991 年，第 109 页。
② （晋）皇甫谧：《黄帝三部针灸甲乙经·序》，严世芸、李其忠主编：《三国两晋南北朝医学总集》，第 134 页。
③ 对此，宋大仁有详论，参见宋大仁讲，徐春霖整理：《伟大医学家王叔和的生平与遗迹的考察并论述其脉学成就》，《中医药学报》1980 年第 3 期，第 39 页。
④ 宋大仁讲，徐春霖整理：《伟大医学家王叔和的生平与遗迹的考察并论述其脉学成就》，《中医药学报》1980 年第 3 期，第 38 页。
⑤ 宋向元：《王叔和生平事迹考》，《北京中医学院学报》1960 年第 1 期，第 68 页。
⑥ 朱鸿铭：《王叔和的学术思想及其伟大贡献》，《安徽中医学院学报》1985 年第 2 期，第 24—26 页。
⑦ 朱承山、陈焕孜：《王叔和籍贯考》，《山东中医学院学报》1988 年第 1 期，第 38—39 页；胡中才：《襄阳神医王叔和》，《襄阳晚报》2014 年 8 月 5 日，第 27 版。
⑧ 李茂如、胡天福、李若钧编著：《历代史志书目著录医籍汇考》，北京：人民卫生出版社，1994 年，第 621 页。
⑨ 宋大仁讲，徐春霖整理：《伟大医学家王叔和的生平与遗迹的考察并论述其脉学成就》，《中医药学报》1980 年第 3 期，第 38 页。注：引文有校改。

编撰《脉经》。下面分别述之。

一、整理编次《伤寒杂病论》及其学术意义

（一）王叔和整理编次《伤寒杂病论》的原因

关于整理编次《伤寒杂病论》一事，王叔和自己在《脉经·序》中有如下表述：

> 夫医药为用，性命所系，和鹊至妙，犹或加思；仲景明审，亦候形证，一毫有疑，则考校以求验。[1]

皇甫谧在《黄帝三部针灸甲乙经·序》中亦说：

> 仲景论广伊尹汤液为数十卷，用之多验。近代太医令王叔和撰次仲景，选论甚精，指事施用。[2]

这两段记载使我们初步得出三个结论：张仲景《伤寒杂病论》的内容以"候形证"为主；《伤寒杂病论》的原始内容有"数十卷"；王叔和整理编次《伤寒杂病论》的基本方法是"精选"或称"优选"。因此，今传本是经过王叔和"优选"之后的再加工产品。

由于张仲景的著述较多，主要有《伤寒杂病论》16 卷、《黄素药方》25 卷、《疗伤寒身验方》1 卷、《评病要方》1 卷、《张仲景方》15 卷、《疗妇人方》2 卷、《疗黄经》1 卷、《口齿论》1 卷，总计数十卷之多。可是，现传本中究竟哪些是原来《伤寒杂病论》的内容，哪些是其他著述中的内容，今已无从考证。仅就《伤寒杂病论》的重要组成部分《伤寒论》的体例看，《中医十大经典全录》本与《中华医书集成》本就互有出入，各不相同，具体情况如表 1-1 所示：

表 1-1　《伤寒论》版本比较表

版本		
	《中华医书集成》本（分卷）	《中医十大经典全录》本（不分卷）
卷 1	辨脉法	
	平脉法	
卷 2	伤寒例	
	辨痉湿暍脉证	
	辨太阳病脉证并治上	辨太阳病脉证并治上
卷 3	辨太阳病脉证并治中	辨太阳病脉证并治中
卷 4	辨太阳病脉证并治下	辨太阳病脉证并治下
卷 5	辨阳明病脉证并治	辨阳明病脉证并治
	辨少阳病脉证并治	辨少阳病脉证并治

---

① （晋）王叔和：《脉经·序》，严世芸、李其忠主编：《三国两晋南北朝医学总集》，第 352 页。
② （晋）皇甫谧：《黄帝三部针灸甲乙经·序》，严世芸、李其忠主编：《三国两晋南北朝医学总集》，第 134 页。

续表

版本		
	《中华医书集成》本（分卷）	《中医十大经典全录》本（不分卷）
卷6	辨太阴病脉证并治	辨太阴病脉证并治
	辨少阴病脉证并治	辨少阴病脉证并治
	辨厥阴病脉证并治	辨厥阴病脉证并治
卷7	辨霍乱病脉证并治	辨霍乱病脉证并治
	辨阴阳易差后劳复病脉证并治	辨阴阳易差后劳复病脉证并治
	辨不可发汗病脉证并治	
	辨可发汗病脉证并治	
卷8	辨发汗后病脉证并治	
	辨不可吐	
	辨可吐	
卷9	辨不可下病脉证并治	
	辨可下病脉证并治	
卷10	辨发汗吐下后病脉证并治	

至于表1-1两个版本的内容差异，元人王履在《医经溯洄集》之"张仲景伤寒立方考"中评论说：

三阴寒证，本是杂病，为王叔和增入其中。又或谓，其证之寒，盖由寒药误治而致。若此者皆非也。夫叔和之增入者，辨脉、平脉，与可汗可下等诸篇而已，其六经病篇，必非叔和所能替辞也。但厥阴经中下利呕哕诸条，却是叔和因其有厥逆而附，遂并无厥逆而同类者亦附之耳。①

为了明晰王叔和整理编次《伤寒杂病论》的内在思路与隐含问题，我们需要先回到王叔和为什么要整理编次《伤寒杂病论》这个话题上来。

1. 建安年间荆州、南阳等地疫病流行

东汉建安年间由于战乱、徭役繁重、水旱灾害频发、气候变化异常、人口大规模流动、居住环境的卫生条件恶劣等原因，遂造成疫病的较大规模流行，而当时的荆州地区是受害最严重的地区之一。据《三国志》载，建安十三年（208）"孙权率众围合肥。时大军征荆州，遇疾疫，唯遣将军张喜单将千骑，过领汝南兵以解围，颇复疾疫"②。建安二十二年（217）春，王粲"道病卒，时年四十一"③。同年，"徐、陈、应、刘，一时俱逝"④。姚振宗注《二十五史补编》谓："《献帝本纪》建安二十二年，是岁大疫，王粲、徐干等大命殒颓。"⑤

---

① 严世芸、李其忠主编：《三国两晋南北朝医学总集》，第350页。
② 《三国志》卷14《魏书·蒋济传》，第450页。
③ 《三国志》卷21《魏书·王粲传》，第599页。
④ （三国·魏）魏文帝：《与吴质书一首》，（南朝·梁）萧统编，（唐）李善等注：《文选》卷42《书中》，长沙：岳麓书社，2002年，第1303页。
⑤ 转引自钱超尘、温长路：《张仲景生平暨〈伤寒论〉版本流传考略》，《河南中医》2005年第1期，第4页。

此处所说徐干、陈琳、应玚、刘桢与王粲都是"建安七子"中人，与魏文帝的关系甚好。在一年中，有如此多的才子陨落，这对魏文帝和王叔和的打击是巨大的。事实上，"建安二十二年，疠气流行。家家有僵尸之痛，室室有号泣之哀。或阖门而殪，或覆族而丧"①。说明当时疫病流行非常严重，死亡者不计其数。

另外，张仲景又言："余宗族素多，向余二百。建安纪年以来，犹未十稔，其死亡者三分有二，伤寒十居其七。"②即从建安元年（196）至建安十年（205），南阳亦系疫病的重灾区。前揭张仲景见王粲是在建安二年（197），此事见于皇甫谧《黄帝三部针灸甲乙经》云："仲景见侍中王仲宣时年二十余，谓曰：'君有病，四十当眉落，眉落半年而死，令服五石汤可免。'仲宣嫌其言忤，受汤而勿服。居三日，见仲宣谓曰：'服汤否？'仲宣曰：'已服。'仲景曰：'色候固非服汤之诊，君何轻命也。'仲宣犹不言。后二十年果眉落，后一百八十七日而死，终如其言。"③由此可见，张仲景在建安纪年之后，即已辞去长沙太守之职，开始游学生涯。

2. 张仲景撰写《伤寒杂病论》的时间

如前揭皇甫谧所言，张仲景在看到自己宗族内的大量成员被疫病夺去生命后，"感往昔之沦丧，伤横夭之莫救，乃勤求古训，博采众方……为《伤寒杂病论》合十六卷"④。据此可证，张仲景开始撰写《伤寒杂病论》的时间是东汉末年⑤。

3. 王叔和与张仲景的关系

《伤寒杂病论》16 卷竹简如何被王叔和发现？据章太炎考论：

张仲景，名机，见林亿所引《名医录》。而王叔和之名，则世所不知。余案《御览》七百二十引高湛《养生论》曰：王叔和，高平人也……《千金方》二十六《食治篇》录《河东卫汛记》云：高平王熙称食不欲杂，杂则或有所犯。有所犯者，或有所伤，或当时虽无灾苦，积久为人作患。又食啖鲑肴，务令简少。鱼肉果实，取益人者而食之。凡常饮食，每令节俭。若贪味多餐，临盘大饱，食讫觉腹中彭亨短气，或致暴疾，仍为霍乱。又夏至以后，讫至秋分，必须慎肥腻、饼臛、酥油之属，此物与酒浆、瓜果，理极相妨。夫在身所以多疾者，皆由春夏取冷大过，饮食不节故也。此与高湛所引王叔和说文义大同，辞有详略，则知高平王熙，即高平王叔和也。叔和名熙，乃赖此一见耳。其卫汛者，《御览》七百二十二引张仲景方序曰：卫汛好医术，少师仲景，有才识，撰《四逆》三部、《厥经》及《妇人胎藏经》、《小儿颅囟方》三卷，皆行于世。汛得引叔和语，则叔和与汛同时。《甲乙经》序云：近代太医令王叔和，撰次仲景，选论甚精，指事施用。叔和与士安同时，晋初已老，疑其得亲见

---

① 张士骢：《一篇古代反迷信的小评论——读曹植的〈说疫气〉》，《新闻与写作》1988 年第 4 期，第 30 页。
② 路振平主编：《中华医书集成》第 2 册《伤寒类》，北京：中医古籍出版社，1999 年，第 2 页。
③ 严世芸、李其忠主编：《三国两晋南北朝医学总集》，第 134 页。
④ 路振平主编：《中华医书集成》第 2 册《伤寒类》，第 2 页。
⑤ 刘渡舟主编：《中医学问答题库·伤寒论分册》修订本，太原：山西科学技术出版社，1994 年，第 1 页。

仲景也。①

余嘉锡又进一步考证说：

> 仲宣以建安二十二年卒，年四十一，其见张仲景时年二十余，正是仲宣与其族兄凯入荆州依刘表之后，当是举族同行。使叔和果与仲宣同族，又与仲景弟子卫汛交游，当可亲见仲景。……又案刘表为山阳高平人，受学于王畅……盖所以报师门之恩也。疑叔和亦尝至荆州依表，因得受学于仲景，故撰次其书。其后刘琮以荆州降，乃与仲宣同归曹操，遂仕于魏，为其太医令。此虽无明文可考，然可以意想而得之者。②

这两段引文，都无法确定王叔和与张仲景之间的师徒关系。然而，一个客观事实是：王叔和的脉法一定不是他自己悟出来的，应当是得之于名师传授。前面讲过，魏文帝在一年内痛失"建安七子"中的五子，包括王粲在内，这就使他不能不从国家层面采取应对措施。《三国志》引《魏书》说：

> 帝（指魏文帝）初在东宫，疫疠大起，时人凋伤。帝深感叹，与素所敬者大理王朗书曰："生有七尺之形，死唯一棺之土，唯立德扬名，可以不朽，其次莫如著篇籍。疫疠数起，士人凋落，余独何人，能全其寿？"故论撰所著《典论》、诗赋，盖百余篇，集诸儒于肃城门内，讲论大义，侃侃无倦。③

"著篇籍"既然是针对"疫疠数起，士人凋落"之困的一种应对方式，那么，它对于士人的垂范作用就不可小视。像三国曹魏之华佗、吴普、李当之、卫汛、曹歙、嵇康等医家，都很注重"著篇籍"。所以在这种"著篇籍"的学术氛围里，王叔和于建安十八年（213）任魏国的太医令④。如前所述，卫汛是张仲景的弟子，又在魏国行医，与王叔和熟识。故有学者称：或许由于他们都曾有师事张仲景的特殊经历，所以"王叔和与卫汛交游，当可亲见张仲景，并受其业。这也是日后王叔和奋力整理张仲景遗论的原因之一"⑤。

遇有疫病流行时，曹魏、东吴统治者便主动推行免除租税政策，从而使疫病流行地区的民众不断缓解经济压力，这样做，除了能提高民众应对疫病的抵抗力之外，还能防止大疫期间民众揭竿而起，铤而走险。如黄初三年（222）十月，魏文帝自许昌南征孙吴，十一月车驾至宛（今南阳），征南大将军夏侯尚围攻江陵（今南京），久攻不下，会城"中疠气疾病，夹江涂地，恐相染污"，故"诏敕尚引诸军还"，云"今开江陵之围，以缓成死之禽。且休力役，罢省繇戍，畜养士民，咸使安息"⑥。可惜，魏军没有逃过这次疫灾，在

---

① 上海人民出版社编，潘文奎等点校：《章太炎全集·医论集》，上海：上海人民出版社，2014年，第140—141页。
② 余嘉锡著，戴维校点：《四库提要辨证》第1册，长沙：湖南教育出版社，2009年，第559—560页。
③ 《三国志》卷2《魏书·文帝纪二》，第88页。
④ 宋大仁讲，徐春霖整理：《伟大医学家王叔和的生平与遗迹的考察并论述其脉学成就》，《中医药学报》1980年第3期，第37页。
⑤ 李家庚等：《王叔和生平史迹考辨》，《河南中医》2014年第8期，第1446页。
⑥ 《三国志》卷2《魏书·文帝纪二》，第83页。

回撤南阳和许昌的过程中，有许多士兵因感染了疫毒，结果导致黄初四年（223）三月"宛、许大疫，死者万数"①的严重后果。此时，王叔和开始整理编次《伤寒杂病论》②应与这次疫情的发生有直接关系。

（二）王叔和整理编次《伤寒杂病论》的得与失

1. 王叔和整理编次《伤寒杂病论》的主要思想成就

目前，涉及《伤寒杂病论》文献版本的话题比较多，对此，王立子的博士学位论文以《宋本〈伤寒论〉刊行前〈伤寒论〉文献演变简史》为题专门探讨了这个问题。他的主要结论是：

> 宋本《伤寒论》刊行前有关《伤寒论》的医学文献资料有敦煌《伤寒论》残卷，《金匮玉函经》，《脉经》，《千金要方》卷九，《千金翼方》卷九、卷十，《太平圣惠方》卷八，《小品方》残卷，《辅行诀藏府用药法要》及《诸病源候论》。
>
> 通过分析《脉经》内伤寒文献与《金匮玉函经》的关系以及《千金翼方》卷九、卷十与《金匮玉函经》的关系，可以看出，《金匮玉函经》这一六朝时期的传本，在《伤寒论》的流传史中有这（着）相当重要的地位，它直接承接着王叔和整理的《伤寒论》，并对后世的隋唐传本产生了深远的影响。此外，根据皇甫谧的《甲乙经》序，以及对于《小品方》残卷所载的目录学资料和《辅行诀藏府用药法要》的考证，我们可以找到《伤寒论》"博采众方"的主要来源是早在《汉书·艺文志》中就有记录的经方著作《汤液经法》，通过对文献内容的考证，尤其是《脉经》和《金匮玉函经》条文的排列，我们可以推测出《伤寒论》的原始面貌，它是按照前论后方排列的，而且条文的次序也并不严格，是按照"可"与"不可"排列的，并不是按照"六经病"排列的，我们看到的今本的排列方式肇始于孙思邈"方证同条，比类相附"的改编，此后的宋本也沿用了孙思邈的排列方式。通过对以上文献的考证，自《伤寒杂病论》散乱以后流传的许多传本，如《辨伤寒》、淳化本、唐本、宋本、《金匮玉函经》本、敦煌残卷本等等，但细细对比校勘这些不同传本，内容基本相同，大同小异，因此可以证明，这些传本保留着仲景《伤寒论》主要内容。当然，目前各种传本，偶有一些条文系后人所增。但从总体上看，唐本、宋本、《金匮玉函经》，比较完整保存了仲景《伤寒论》主要的核心的内容。③

上述传本是否为宋本《伤寒论》刊行前有关《伤寒论》的医学文献资料的全部？答案

---

① 《宋书》卷34《五行志》，第1009页。

② 学界对王叔和编次"仲景遗论"有多种观点，如许亦群认为，王叔和整理编次的仲景著作包括《伤寒论》《张仲景方》等。参见许亦群：《王叔和整理仲景著作情况初探》，《北京中医药大学学报》1995年第4期，第19—20页。陈道纯不否认王叔和整理编次张仲景著作的事实，但他认为没有证据表明王叔和对《伤寒杂病论》做过重新编次。参见陈道纯：《王叔和编次〈伤寒论〉质疑》，《中医文献杂志》1996年第3期，第20—21页。赵体浩认为王叔和整理编次的《伤寒杂病论》是伤寒与杂病的合论。参见赵体浩：《浅探仲景著作一分为二之由来——兼驳分书系由王叔和所为》，《河南中医》2000年第4期，第3—4页等。

③ 王立子：《宋本〈伤寒论〉刊行前〈伤寒论〉文献演变简史》，北京中医药大学2004年博士学位论文，第2页。

是否定的，因为孙思邈《备急千金要方》卷九有"江南诸师，秘仲景药方不传"①之语。因为中国古代技术传承的封闭性比较强，有"父子相承，职业世袭"的特点，而医术更是以师承和家传为其主要的医疗人才培养模式②。前面讲过，王叔和之所以能够得到张仲景的《伤寒杂病论》传本，除了他是魏国的太医令外，恐怕他们之间还存在师生关系。1980年广西人民出版社出版了一部《桂林古本伤寒杂病论》，据说是张仲景46世孙张绍祖家传本，共16卷，与张仲景《〈伤寒杂病论〉序》中所说的篇目一致，然其内容与现传本差异较大，如"六气主客""辨百合狐惑阴阳毒病证并治""辨瘀血吐衄下血疮痈病脉证并治""辨胸痹病脉证并治"等篇目，均不见于现传本。

前揭王立子的考证，初步厘清了皇甫谧《黄帝三部针灸甲乙经·序》言"仲景论广伊尹汤液为数十篇"的真实内涵，即"《伤寒论》'博采众方'的主要来源是早在《汉书·艺文志》中就有记录的经方著作《汤液经法》"，而"《汤液经法》三十二卷"为汉代所传"经方十一家"③之一。后来，王立子之师钱超尘在《世界中西医结合杂志》专文讨论"《伤寒论》源于《汤液经法》"的问题④，考证翔实，兹不重述。陈楠言："辨脉法非仲景本文，乃叔和所采撷者，故多乖忤，学者宜审别之。"⑤《三国两晋南北朝医学总集》本《伤寒论》与《桂林古本伤寒杂病论》相比较，两者均有"平脉法"两篇，只是前者分作"辨脉法"与"平脉法"两篇，可是具体内容及编次出入甚大。应当承认，从张仲景《伤寒杂病论》诸篇反复出现"脉证"的概念看，张仲景重视"辨脉"是肯定的。关于这一点，张仲景在《〈伤寒杂病论〉序》中早已明确指出"平脉辨证"系《伤寒杂病论》的有机组成部分，这本来是无可置疑的。问题是由于王叔和当时计划专门编撰《脉经》一书，其文献资料主要采自《伤寒杂病论》。于是，在内容上，《伤寒杂病论》的脉论部分就显得不可或缺了。

然而，中医诊断讲求四诊合参的原则，如扁鹊就擅长"切脉、望色、听声、写形，言病之所在"⑥，又扁鹊"饮药三十日，视见垣一方人。以此视病，尽见五藏症结，特以诊脉为名耳"⑦。这就是说扁鹊有相当于现代 B 超的功能，诊脉只是一种表面形式而已。有了扁鹊的"特异"功能，诊脉确实就显得多余了。但是，后世的医家都不具有扁鹊那样的"特异"功能，诊脉对他们来说，则是一项必须不断强化的基本技能。尤其从东汉以后，男女交往的界限就越来越严格了，已与扁鹊生活的时代大不相同。《礼记·曲礼上》说："礼不下庶人，刑不上大夫。"⑧这句话把等级制社会的特点讲透了，其中将"礼"作为规

---

① （唐）孙思邈：《备急千金要方》卷 9《伤寒方上》，蔡铁如主编：《中华医书集成》第 8 册《方书类一》，第 199 页。

② 翟华强等：《基于师承与家传的古代中医药人才培养模式》，《中国中医基础医学杂志》2014 年第 1 期，第 37—38、68 页。

③ 《汉书》卷 30《艺文志》，北京：中华书局，1962 年，第 1777 页。

④ 钱超尘：《〈伤寒论〉源于〈汤液经法〉考》，《世界中西医结合杂志》2007 年第 12 期，第 683—685 页。

⑤ （宋）陈楠：《医籍考》，严世芸、李其忠主编：《三国两晋南北朝医学总集》，第 350 页。

⑥ 《史记》卷 105《扁鹊仓公列传》，北京：中华书局，1959 年，第 2788 页。

⑦ 《史记》卷 105《扁鹊仓公列传》，第 2785 页。

⑧ 黄侃：《黄侃手批白文十三经·礼记》，第 8 页。

范上层社会的一种行为制度。同书《坊记》又有"男女授受不亲"①的戒律,此实为男女交往之禁。故吕思勉论"汉时男女交际之废"说:

> 男女交际,古本自由,至后世乃稍因争色而致废坠也。汉高祖十二年,还过沛,置酒沛宫,沛父老诸母故人日乐饮极欢,道旧故为笑乐。光武建武十七年,幸章陵,修园庙,祠旧宅,观田庐,置酒作乐,赏赐。时宗室诸母因酣悦,相与语曰:"文叔少时谨信,与人不款曲,唯直柔耳,今乃能如此!"安帝延光三年,祀孔子及七十二弟子于阙里,自鲁相、令、丞、尉及孔子亲属、妇女、诸生悉会。此古大聚会时男女皆与之证。《三国(志)·魏志·王粲传》注引《典略》,言太子尝请诸文学,酒酣坐欢,命夫人甄氏出拜;又引《吴质别传》,言帝尝召质及曹休欢会,命郭后出见质等,帝曰:"卿仰谛视之。"其至亲如此。《卫臻传》言夏侯惇为陈留太守,举臻计吏,命妇出晏……此亦阳侯杀缪侯而窃其夫人之类也。②

上层社会的这种男女之防对中医诊断方式的影响巨大,既然像郭后这种身份的妇女只有"至亲"才特许"仰谛视之",这还不过是仰头看看而已,至于一般官吏那就更不用说了。例如,《水经注·谷水》引《文士传》云:"文帝之在东宫也,宴请文学,酒酣,命甄后出拜,坐者咸伏,惟刘桢平视之。太祖以为不敬,送徒隶簿。"③作为太医令的王叔和自然不能对上层社会的贵妇人嘘寒问暖,以免被疑有过分亲密之嫌。这是王叔和独尊脉诊的社会因素,而且脉诊也不是头(人迎)、手(寸口)、足(趺阳)三部"遍诊",而是一律归宗于寸口脉诊。故此,他才革新旧法,独取寸口。这就是王叔和的医学思想,当然也是他的主要学术成就。

2. 重脉诊而忽视腹诊:整理编次《伤寒杂病论》之失

考《金匮要略方论》,除了脉诊之外,张仲景尤其重视腹诊。因此,腹诊即形成了张仲景诊疗思想的一个突出特色。如《金匮要略方论·妇人杂病脉证并治》载:"妇人吐涎沫,医反下之,心下即痞,当先治其吐涎沫,小青龙汤主之;涎沫止,乃治痞,泻心汤主之。"④此处的"心下"是指胃脘部,"痞"则是一种腹中结块的病症。怎么能知道腹中是否结块呢?当然是靠触诊,亦即腹诊。如《伤寒论·辨太阳病脉证并治下》云:"脉浮而紧,而复下之,紧反入里,则作痞;按之自濡,但气痞耳。"⑤又云:"小结胸病,正在心下,按之则痛,脉浮滑者,小陷胸汤主之。"⑥还有,"伤寒六七日,结胸热实,脉沉而

---

① 黄侃:《黄侃手批白文十三经·礼记》,第196页。

② 吕思勉:《吕思勉读史札记》中册,上海:上海古籍出版社,2005年,第616页。

③ (北魏)郦道元撰,谭属春、陈爱平校点:《水经注》卷16《谷水》,第246页。

④ (汉)张仲景:《金匮要略方论》卷下《妇人杂病脉证并治》,陈振相、宋贵美:《中医十大经典全录》,北京:学苑出版社,1995年,第433页。

⑤ (汉)张仲景:《伤寒论》卷4《辨太阳病脉证并治下》,路振平主编:《中华医书集成》第2册《伤寒类》,第32页。

⑥ (汉)张仲景:《伤寒论》卷4《辨太阳病脉证并治下》,路振平主编:《中华医书集成》第2册《伤寒类》,第29页。

紧，心下痛，按之石鞭者，大陷胸汤主之"①。这种方证相结合的临床思维方法，简便易行，效果明显。可惜，对王叔和来说，腹诊在上层社会却不被患者接受。宋人陈自明《妇人大全良方》引寇宗奭的话说：

> 治妇人虽有别科，然亦有不能尽圣人之法者。今豪足之家，居奥室之中，处帷幔之内，复以帛幪手臂，既不能行望色之神，又不能殚切脉之巧，四者有二阙焉。黄帝有言曰：凡治病，察其形气、色泽。形气相得，谓之可治；色泽已浮，谓之易已；形气相失，谓之难治；色夭不泽，谓之难已。又曰：诊病之道，观人勇怯，骨肉皮肤，能知其情，以为诊法。若患人脉病不相应，既不得见其形，医人止据脉供药，其可得乎？如此言之，乌能尽其术也？此医家之通患，世不能革。医者不免尽理质问，病家见所问繁，遂为医业不精，往往得药不肯服，似此甚多。扁鹊见齐侯之色，尚不肯信，况其不得见者乎？呜呼！可谓难也已。②

像陈自明和寇宗奭遇到的问题，王叔和也同样遇到了。在王叔和所服务的上层社会里，腹诊不可行，故在"辨脉法"和"平脉法"篇中，已不见腹诊的记述，这与张仲景方证结合型的临床思维不一致。例如，在《伤寒论》六经辨证里，我们经常可以看到下面的病状描述："太阳病，身黄，脉沉结，少腹鞭，小便不利者"③；"伤寒五六日中风……或腹中痛；或胁下痞鞭；或心下悸"④；"阳明病，心下鞭满者，不可攻之"⑤；"阳明中风，脉弦浮大而短气，腹都满，胁下及心痛，久按之气不通"⑥；"太阴之为病，腹满而吐，食不下，自利益甚，时腹自痛。若下之，必胸下结鞭"⑦等。在《金匮要略方论》中亦复如此，如《腹满寒疝宿食病脉证治》篇云："病者腹满，按之不痛为虚，痛者为实。"⑧从叙述的内容看，对于腹部症状，基本上是依靠患者自述，医者主动"按之"的腹诊手段已经看不见了。所以清人王履评论说：

> 王叔和搜采仲景旧论之散落者以成书，功莫大矣。但惜其既以自己之说，混于仲

　　① （汉）张仲景：《伤寒论》卷4《辨太阳病脉证并治下》，路振平主编：《中华医书集成》第2册《伤寒类》，第29页。
　　② （宋）陈自明：《妇人大全良方》卷2《寇宗奭论》，潘远根主编：《中华医书集成》第15册《妇科类》，第25页。
　　③ （汉）张仲景：《伤寒论》卷3《辨太阳病脉证并治中》，路振平主编：《中华医书集成》第2册《伤寒类》，第28页。
　　④ （汉）张仲景：《伤寒论》卷3《辨太阳病脉证并治中》，路振平主编：《中华医书集成》第2册《伤寒类》，第24页。
　　⑤ （汉）张仲景：《伤寒论》卷5《辨阳明病脉证并治》，路振平主编：《中华医书集成》第2册《伤寒类》，第37页。
　　⑥ （汉）张仲景：《伤寒论》卷5《辨阳明病脉证并治》，路振平主编：《中华医书集成》第2册《伤寒类》，第40页。
　　⑦ （汉）张仲景：《伤寒论》卷6《辨太阴病脉证并治》，路振平主编：《中华医书集成》第2册《伤寒类》，第44页。
　　⑧ （汉）张仲景：《金匮要略方论》卷上《腹满寒疝宿食病脉证治》，陈振相、宋贵美：《中医十大经典全录》，第402页。

景所言之中。又以杂脉杂病纷纭并载于卷首，故始玉石不分，主客相乱。若先备仲景之言，而次附己说，明书其名，则不致惑于后人，而累仲景矣。惜汉儒收拾残篇断简于秦火之余，加以传注，后之议者，谓其功过相等，叔和其亦未免于后人之议欤。[①]

此言云王叔和"功过相等"，稍嫌失当，其实，瑕不掩瑜，王叔和之功是主要的方面，因为他的过失完全是由他所生活的那个时代造成的。

二、《脉经》与王叔和的脉学思想

（一）《脉经》的思想来源及版本流传

1. 《脉经》的思想来源

关于《脉经》一书的编撰背景和原因，已如前述。在王叔和之前，脉诊已经积累了非常丰富的经验，如《史记·扁鹊仓公列传》所载淳于意"诊籍"中的脉诊记录、《黄帝内经灵枢经》、湖北江陵张家山汉简《脉书》，以及湖南长沙市马王堆汉墓帛书《足臂十一脉灸经》《阴阳十一脉灸法》《脉法》《阴阳脉死候》等。其中张家山汉简《脉书》包括《病候》《六痛》《阴阳十一脉灸经》《脉法》《阴阳脉死候》，而后三者与马王堆汉墓医学帛书内容相同。有研究者认为，上述脉学著作的出土，证明了以下历史事实：

第一，经脉医学起源于古人观察灸法引出的循行性感觉（即经脉不是血管）的临床实践。

第二，从"病候"在张家山《脉书》的位置看，经脉医学以"病候"为前提，故经脉医学由疾病征候学（病候）、循脉诊断治疗学（脉灸经与脉针经）、疾病预后学（脉死候）和诊断治疗策略学（脉法）四部分构成。

第三，天地阴阳理论是脉学的基础，然而方法各异，如马王堆汉墓《脉书》不同于《黄帝内经灵枢经》，但人体各部位都与天地相应，则是古代医学的最基本原则。

第四，倡导百病归脉的临床思维，主张"血脉诊法"（即"相脉之道"），这是一个已被废弃的古老血脉诊法。[②]

为了说明问题，我们需要引述《史记·扁鹊仓公列传》中关于"经脉医学"的记载：

> 自意少时，喜医药，医药方试之多不验者。至高后八年，得见师临菑（淄）元里公乘阳庆。庆年七十余，意得见事之。谓意曰："尽去而方书，非是也。庆有古先道遗传黄帝、扁鹊之脉书，五色诊病，知人生死，决嫌疑，定可治，及药论书，甚精。我家给富，心爱公，欲尽以我禁方书悉教公。"臣意即曰："幸甚，非意之所敢望也。"臣意即避席再拜谒，受其脉书上下经、五色诊、奇咳术（即从声音辨别病症），揆度阴阳外变、药论、石神、接阴阳禁书，受读解验之，可一年所。明岁即验之，有

---

① 严世芸、李其忠主编：《三国两晋南北朝医学总集》，第 350 页。

② 刘澄中、张永贤：《经脉医学——经络密码的破译》，大连：大连出版社，2007 年，第 19—25 页。

验，然尚未精也。要事之三年所，即尝已为人治，诊病决死生，有验，精良。①

可见，西汉时期，扁鹊一派（包括出土的汉代脉书）的经脉医学较为发达，其术昌明。然而，到班固时代，情形就不同了。《汉书·艺文志》载："太古有岐伯、俞拊，中世有扁鹊、秦和，盖论病以及国，原诊以知政。汉兴有仓公。今其技术暗昧。"②意即自从《黄帝内经》的经络学说出现之后，扁鹊一派的经脉医学就逐渐被医家弃置一边了，随之扁鹊一派的"血脉诊法"也被《黄帝内经》的"三部九候脉法"及"人迎寸口诊法"所取代。有学者将扁鹊一派的医学称为"开放型经脉理论"，它主要源于观察和运用经脉现象与疾病之间的规律性关系的临床实践，而《黄帝内经》一派的医学则称为"循环型经络学说"，它主要是在天人数术的框架下把经脉现象物化为"经络"③。在这种源远流长的脉学发展历史长河中，王叔和既有继承又有创新。故他对自己脉学思想的历史源流，做了下面的概括和总结。他说：

> 夫医药为用，性命所系，和鹊至妙，犹或加思；仲景明审，亦候形证，一毫有疑，则考校以求验。故伤寒有承气之戒，呕哕发下焦之问。而遗文远旨，代寡能用，旧经秘述，奥而不售，遂令末学，昧于原本，互兹偏见，各逞己能，致微疴成膏肓之变，滞固绝振起之望，良有以也。今撰集岐伯以来，逮于华佗，经论要诀，合为十卷。百病根源，各以类例相从，声色证候，靡不该备。其王、阮、傅、戴、吴、葛、吕、张，所传异同，咸悉载录。诚能留心研究，究其微赜，则可以比踪古贤，代无夭横矣。④

此"和鹊"系指医和与扁鹊。扁鹊的医学思想已见前，至于医和的事迹，《春秋左传》有载。其文云：

> 天有六气，降生五味，发为五色，征为五声。淫生六疾。六气曰阴、阳、风、雨、晦、明也。分为四时，序为五节，过则为灾：阴淫寒疾，阳淫热疾，风淫末疾，雨淫腹疾，晦淫惑疾，明淫心疾。⑤

六气致病说后来在《黄帝内经素问·至真要大论篇》中得到进一步发挥，提出"审察病机，无失气宜（指不能违背六气主时的规律）"⑥的临床诊治原则和"夫百病（实际上是指外感疾病）之生也，皆生于风寒暑湿燥火，以之化之变也"⑦的病因病机思想。张仲景《金匮要略方论》在《黄帝内经素问》的病因病机学说的基础上，更总结出"三因说"：

① 《史记》卷105《扁鹊仓公列传》，第2796页。
② 《汉书》卷30《艺文志》，第1780页。
③ 刘澄中、张永贤：《扁鹊经脉医学：经脉现象与经络实质研究60年纵览》，沈阳：辽宁科学技术出版社，2012年，第81页。
④ （晋）王叔和：《脉经·序》，严世芸、李其忠主编：《三国两晋南北朝医学总集》，第352页。
⑤ 黄侃：《黄侃手批白文十三经·春秋左传》，第315页。
⑥ 《黄帝内经素问》卷22《至真要大论篇》，陈振相、宋贵美：《中医十大经典全录》，第137页。
⑦ 《黄帝内经素问》卷22《至真要大论篇》，陈振相、宋贵美：《中医十大经典全录》，第137页。

"一者，经络受邪，入脏腑，为内所因也；二者，四肢九窍，血脉相传，壅塞不通，为外皮肤所中也；三者，房室、金刃、虫兽所伤，以此详之，病由都尽。"①实则仍以外感病为主，在"六气致病"之中，张仲景尤其重视"风湿邪致病"，例如，他在《痉湿暍病脉证治》篇中说："风湿相搏，一身尽疼痛，法当汗出而解，值天阴雨不止，医云此可发汗。汗之病不愈者，何也？盖发其汗，汗大出者，但风气去，湿气在，是故不愈也。若治风湿者，发其汗，但微微似欲汗出者，风湿俱去也。"②然而，王叔和在整理编次张仲景的《伤寒杂病论》时，却将这部分内容放弃了。张仲景《伤寒杂病论》的原始版本究竟是什么样的，是学界颇为关心的问题，当然也是很难在短期内解决的问题，除非有新的古本出现。如《桂林古本伤寒杂病论》卷三为《六气主客》，与现传本《伤寒例篇》的内容差别很大。而后者把大量有关"六气致病"的内容都删掉了。因此，王叔和《脉经》所宗实为扁鹊一派的经脉医学。考《脉经》卷5共讲述了三位医学家的脉学思想：扁鹊、张仲景与华佗。

毋庸置疑，从脉学思想的流变看，王叔和对扁鹊和张仲景脉法的引述，确实比较客观，他能真实反映两人的脉学思想。

先讲扁鹊。扁鹊脉学思想的特色是"经脉诊法"，其主要内容如下：

> 脉，平旦曰太阳，日中曰阳明，晡时曰少阳，黄昏曰少阴，夜半曰太阴，鸡鸣曰厥阴，是三阴三阳时也。少阳之脉，乍小乍大，乍长乍短，动摇六分。王十一月甲子夜半，正月、二月甲子王。太阳之脉，洪大以长，其来浮于筋上，动摇九分。三月、四月甲子王。阳明之脉，浮大以短，动摇三分。大前小后，状如科斗（蝌蚪），其至跳。五月、六月甲子王。少阴之脉紧细，动摇六分。王五月甲子日中。七月、八月甲子王。太阴之脉、紧细以长，乘于筋上，动摇九分。九月、十月甲子王。厥阴之脉，沉短以紧，动摇三分。十一月、十二月甲子王。厥阴之脉急弦，动摇至六分以上，病迟脉寒，少腹痛引腰，形喘者死；脉缓者可治。刺足厥阴，入五分。少阳之脉，乍短乍长，乍大乍小，动摇至六分以上。病头痛，胁下满，呕可治，扰即死（一作伛可治，偃即死）。刺两季肋端足少阳也，入七分。阳明之脉，洪大以浮，其来滑而跳，大前细后，状如蝌蚪，动摇至三分以上。病眩头痛，腹满痛，呕可治，扰即死。刺脐上四寸，脐下三寸，各六分。③

这种"阴阳脉法"不见于《黄帝内经》，且从"三阴三阳主时法"看，扁鹊脉法在年代上显然较《黄帝内经》为古老，然其独取寸口却为王叔和所宗。不过，扁鹊言"脉"不讲"血脉"，而是讲"脉气"④。气有浮沉和表里，故扁鹊说："从二月至八月，阳脉在

———————

① （汉）张仲景：《金匮要略方论》卷上《脏腑经络先后病脉证》，陈振相、宋贵美：《中医十大经典全录》，第381页。

② （汉）张仲景：《金匮要略方论》卷上《痉湿暍病脉证治》，陈振相、宋贵美：《中医十大经典全录》，第384页。

③ （晋）王叔和：《脉经》卷5《扁鹊阴阳脉法》，严世芸、李其忠主编：《三国两晋南北朝医学总集》，第378页。

④ （晋）王叔和：《脉经》卷5《扁鹊阴阳脉法》，严世芸、李其忠主编：《三国两晋南北朝医学总集》，第379页。

表；从八月至正月，阳脉在里。"①

再说张仲景。张仲景言"脉"，不再讲"气"，而是讲"血流"。他说：

> 脉有三部，尺寸及关。荣卫流行，不失衡铨，肾沉心洪，肺浮肝弦，此自经常，不失铢分。出入升降，漏刻周旋，水下二刻，脉一周身，旋复寸口，虚实见焉。变化相乘，阴阳相干。风则浮虚，寒则紧弦，沉潜水滀，支饮急弦，动弦为痛，数洪热烦，设有不应，知变所缘。三部不同，病各异端，太过可怪，不及亦然，邪不空见，终必有奸。②

此处的"水下二刻，脉一周身"显系指血液的循环，《脉经·扁鹊华佗察声色要诀》云："病人面白目黑者死。此谓荣华已去，血脉空索。"③该"血脉"之见，当系华佗脉学思想的一部分，即张仲景、华佗均主张血脉诊法，这是王叔和《脉经》思想的直接来源。由此看来，王叔和称《脉经》是"撰集岐伯以来，逮于华佗，经论要诀"，更准确地讲，应当是"撰集扁鹊以来，逮于华佗，经论要诀"，因为王叔和的思想创新也是以扁鹊、张仲景和华佗的脉学成就为基础的。

2.《脉经》的版本流传

《脉经》一书由于其技术新颖，且临床效果明显，颇为医家所重，故在南北朝时期仿效王叔和《脉经》一书的版本很多，仅见载于《隋书·经籍志》者就有"《脉经》二卷，梁《脉经》十四卷，又《脉生死要诀》二卷；又《脉经》六卷，黄公兴撰；《脉经》六卷，秦承祖撰；《脉经》十卷，康普思撰。亡"④。与"《脉经》二卷"并列载录的尚有"《脉经》十卷，王叔和撰"⑤，表明在隋朝之前，王叔和《脉经》已经广泛流传。唐末五代时，王叔和《脉经》已传到日本，如撰于公元9世纪晚期的《日本国见在书目录》（藤原佐世著）就载录有王叔和《脉经》10卷⑥。北宋熙宁元年（1068），林亿等奉诏典校宋代之前的医经方书，其中就有王叔和的《脉经》。林亿在《进呈奉圣旨镂版施行札子》中说：

> 臣等承诏，典校古医经方书。所校雠中，《脉经》一部，乃王叔和之所撰集也。……盖其为书，一本《黄帝内经》，间有疏略未尽处，而又辅以扁鹊、仲景、元化之法。自余奇怪异端不经之说，一切不取。不如是，何以历数千百年，而传用无毫发之失乎。又其大较，以谓脉理精微，其体难辨，兼有数候俱见，异病同脉之惑。专之指下，不可以尽隐伏，而乃广述形证虚实，详明声色王相，以此参伍决死生之分，故得十全无一失之缪，为果不疑。然而自晋室东渡，南北限隔，天下多事，于养生之

---

① （晋）王叔和：《脉经》卷5《扁鹊阴阳脉法》，严世芸、李其忠主编：《三国两晋南北朝医学总集》，第378页。
② （晋）王叔和：《脉经》卷5《张仲景论脉》，严世芸、李其忠主编：《三国两晋南北朝医学总集》，第378页。
③ （晋）王叔和：《脉经》卷5《扁鹊华佗察声色要诀》，严世芸、李其忠主编：《三国两晋南北朝医学总集》，第379页。
④ 《隋书》卷34《经籍志三》，第1040页。
⑤ 《隋书》卷34《经籍志三》，第1040页。
⑥ 崔锡章：《〈脉经〉版本流传考略》，《北京中医》1999年第6期，第41—43页。

书，实未皇暇。虽好事之家仅有传者，而承疑习非，将丧道真。非夫圣人，曷为厘正？……臣等各殚所学，博求众本，据经为断，去取非私。大抵世之传授不一，其别有三：有以隋巢元方时行病源为第十卷者，考其时而缪自破；有以第五分上下卷，而摄诸篇之文别增篇目者，推其本文而义无取。稽是二者，均之未睹厥真，各秘其所藏尔。今则考以《素问》、《九墟》、《灵枢》、《太素》、《难经》、《甲乙》、仲景之书。并《千金方》及《翼》说脉之篇以校之，除去重复，补其脱漏，其篇第亦颇为改易，使以类相从，仍旧为一十卷，总九十七篇。施之于人，俾披卷者足以占外以知内，视死而别生，无待饮上池之水矣。①

此为以后国内所传《脉经》刊本的祖本，可是，由于该版用大字，十分贵重，一般医家买不起，故它无法满足广大医家对《脉经》一书的需求。所以绍圣三年（1096）改为小字版刊行。据《宋刻〈脉经〉牒文》称：

伏睹本监先准朝旨，开雕小字《圣惠方》等共五部出卖，并每节镇各十部，余州各五部，本处出卖。今有《千金翼方》、《金匮要略方》、《王氏脉经》、《补注本草》、《图经本草》五件医书，日用而不可阙。本监虽见印卖，皆是大字，医人往往无钱请买，兼外州军尤不可得，欲乞开作小字，重行校对出卖，及降外州军施行。本部看详，欲依国子监申请事理施行，伏候指挥。六月二十三日，奉圣旨，依奉敕如右。牒到奉行，都省前批。（绍圣三年）六月二十六日未时，付礼部施行，仍关合属去处主者，一依敕命，指挥施行。②

由北宋国子监大字本变为小字本刊行之后，南宋何大任据此在嘉定十年（1217）博验群书，后由太医局刊行。故何大任在《〈王氏脉经〉后序》中说：

南渡以来，此经罕得善本，凡所刊行，类多讹舛，大任每切病之。有家藏绍圣小字监本，历岁既深，陈故漫灭，字画不能无谬。然昔贤参考，必不失真，久欲校正传之，未暇。兹再承乏医学，偶一时教官如毛君升、李君邦彦、王君邦左（佐）、高君宗卿，皆洽闻者，知大任有志于斯，乃同博验群书。孜孜凡累月，正其误千有余字，遂鸠工创刊于本局，与众共之。③

尽管此本已佚，但国家图书馆藏有元代叶日增广勤堂在天历三年（1330）的重刊本和明嘉靖年间赵康王朱厚煜居敬堂刊本。此外，影印本主要有明佚名影刻宋本，它是现存唯一接近宋版《脉经》原貌的刊本。此为何氏系统的主要刊本，具体情况略。

南宋嘉定二年（1209），侯官陈孔硕鉴于时人知《脉诀》而不知《脉经》之现状，"因取所录建本（指刊年不详的福建建阳本，已佚）《脉经》，略改误文，写以大字，刊之广西

---

① 严世芸、李其忠主编：《三国两晋南北朝医学总集》，第 423 页。
② 严世芸、李其忠主编：《三国两晋南北朝医学总集》，第 423 页。
③ （宋）何大任：《〈王氏脉经〉后序》，严世芸、李其忠主编：《三国两晋南北朝医学总集》，第 425 页。

漕司"①。泰定四年（1327），龙兴路医学教授谢缙翁因"先世藏《脉经》官本及广西本"，故"间请刻之儒学，以惠久远"②。此为《脉经》龙本系统的祖本，之后的明清传本略。③

（二）王叔和的脉学思想成就及其影响

1. 王叔和的脉学思想成就

王叔和的脉学思想涉及对前世文献的整理、创立临床指诊、确立寸口脉左右脏腑的分属关系、脉象辨别方法及对针灸腧穴的贡献等内容，下面择要述之。

（1）创立临床指诊及其科学意义。在王叔和之前，我国脉诊主要有十二经遍诊法（亦称十二经脉标本脉法④）和张家山医简《脉书》四肢脉口环诊法，以及《黄帝内经》中的三部诊法、人迎寸口诊法等。根据王忠鑫⑤、刘澄中和张永贤⑥、曾高峰⑦等学者的研究，下面简单阐述一下上述古脉诊法的基本程序和步骤。

第一，十二经遍诊法的基本程序和步骤是：

首先，确定十二经脉上下标本诊脉部位，即足阳明经的本脉位于冲阳穴附近，标脉位于人迎穴附近；足少阴经的本脉位于太溪穴附近，标脉位于廉泉穴附近；足厥阴经的本脉位于太冲穴附近，标脉位于五里穴附近；足太阴经的本脉位于三阴交穴附近，标脉位于箕门穴附近；手太阳经的本脉位于养老穴附近，标脉位于天窗穴附近；手太阳经的本脉位于中渚穴附近，标脉位于天牖穴附近及瞳子髎穴附近；手阳明经的本脉位于合谷穴附近，标脉位于扶突穴附近及大迎穴附近；手少阴经的本脉位于神门穴附近，标脉位于极泉穴附近；手厥阴经的本脉位于内关穴附近，标脉位于天池穴附近；手太阴经的本脉位于太渊穴附近，标脉位于天府穴附近。其次，诊察经脉上本标部位的脉搏异常跳动及皮肤温度的寒热和络脉的形色状况，依此来判断该经脉的虚实，从而循经找出疾病的根源所在。

第二，四肢脉口环诊法的基本程序和步骤是：

　　　左手离开腕部或踝部上移五寸而轻轻按压于该脉的循行径路上细心体查，右手则在腕部或踝部的相应部位的该脉上弹叩。手脉五，足脉六，都要逐一检测并相互比

① （宋）陈孔硕：《宋广西漕司重刻〈脉经〉序》，严世芸、李其忠主编：《三国两晋南北朝医学总集》，第425页。

② （元）谢缙翁：《元刻〈脉经〉序》，严世芸、李其忠主编：《三国两晋南北朝医学总集》，第426页。

③ 详细内容参见崔锡章：《〈脉经〉版本流传考略》，《北京中医》1999年第6期，第41—43页；陈婷：《王叔和〈脉经〉文献研究》，中国中医科学院2009年博士学位论文，第50—70页；蒋力生：《略论〈脉经〉的学术成就与版本系统》，《江西中医药》2007年第1期，第79—80页等。

④ 据王忠鑫等考证："在早期诊脉法中，有一种多脉遍诊法，其诊脉之法多以一处脉象与其他各处脉象比较以诊察疾病。在这种脉法中，头面颈项等处的上部之脉多诊候局部病症，而位于手足腕踝下部之脉除了诊候局部病症外，还可以诊察头面及内脏之疾。随着经验的积累，古人发现下部之脉与上部之脉在诊候疾病方面存在着某种内在的联系，于是根据上下有特定联系的诊脉部位的脉象对比来诊察相关病症。在上下二部脉中，因下部腕踝处可诊远隔部病症故称'本'；相应的上部则称作'标'或'末'。"参见王忠鑫：《古遍诊脉法整理与研究》，山东中医药大学2006年硕士学位论文，第5页。

⑤ 王忠鑫：《古遍诊脉法整理与研究》，山东中医药大学2006年硕士学位论文，第14—45页。

⑥ 刘澄中、张永贤：《经脉医学——经络密码的破译》，第19—32页。

⑦ 曾高峰：《〈内经〉诊法学说的起源与形成研究》，广州中医药大学2006年博士学位论文，第25—26页。

较，以找出"有过"或"主病"之脉。似这样可以摸到其自己在搏动着的脉的循行径路凡有三条，即是足少阴脉（搏动处在内踝后方，即胫后动脉所经之处）、手太阴脉（在桡骨茎突的内方，即桡动脉所经之处）以及手少阴脉（在豆骨与尺骨的关节部，即尺动脉所经之处）。治病的法则是，视其首先发病的那一条脉，予以优先治疗。如果数条脉同时发病，则选择其中"病甚"的一条脉优先施灸治之。①

《黄帝内经》给出了这种古老脉诊法的一个实例，据《黄帝内经素问·三部九候论篇》载：

> 以左手足上，上去踝五寸按之，庶右手足当踝而弹之，其应过五寸以上，蠕蠕然者不病；其应疾，中手浑浑然者病；中手徐徐然者病；其应上不能至五寸，弹之不应者死。是以脱肉身不去者死。中部乍疏乍数者死。其脉代而钩者，病在络脉。②

张家山医简《脉书》称：

> 相脉之道，左手去踝五寸案之，右手直踝而簟之。它脉盈，此独虚，则主病。它脉滑，此独涩，则主病。它脉静，此独动，则生病。③

"簟"同"弹"，即将两手同时置于同一条经脉上下两个脉动点，一手轻轻按压，另一手则轻微弹叩，以比较其脉动的盈虚、滑涩及动静变化，从而判断疾病。

第三，三部诊法的基本程序和步骤是：

> 有下部，有中部，有上部，部各有三候，三候者，有天有地有人也，必指而导之，乃以为真。上部天，两额之动脉；上部地，两颊之动脉；上部人，耳前之动脉。中部天，手太阴也；中部地，手阳明也；中部人，手少阴也。下部天，足厥阴也；下部地，足少阴也；下部人，足太阴也。故下部之天以候肝，地以候肾，人以候脾胃之气。④

将人体头、手、足三部对应于天、地、人，且每一部再细分为天、地、人三候，这样，全身主要经脉的搏动部位便都诊察到了，然后通过比较各部脉动的情况，辨别是否有异常现象，一旦出现异常脉动，即是患病的表现，如"独小""独大""独疾""独迟""独热""独寒""独陷"等⑤，皆为经脉气血运行失常的病脉。当然，由于穴脉与经络脏腑相关联，所以当特定穴位出现异常现象时，往往反映了其所在经脉脏腑开始病变，如太冲穴脉异常说明肝经有病变，尺泽穴脉异常说明肺经有病变，手少阴经的神门穴脉异常说明心脏有病变，足少阴经的复溜穴脉异常则说明肾脏有病变等。

第四，人迎寸口诊法的基本程序和步骤是：

① 刘澄中、张永贤：《经脉医学——经络密码的破译》，第25页。
② 《黄帝内经素问》卷6《三部九候论篇》，陈振相、宋贵美：《中医十大经典全录》，第37页。
③ 高大伦：《张家山汉简〈脉书〉校释》，成都：成都出版社，1992年，第104页。
④ 《黄帝内经素问》卷6《三部九候论篇》，陈振相、宋贵美：《中医十大经典全录》，第36页。
⑤ 《黄帝内经素问》卷6《三部九候论篇》，陈振相、宋贵美：《中医十大经典全录》，第37页。

　　首先，确定人迎和寸口的部位，人迎穴位于颈部喉结旁，当胸锁乳突肌的前缘，系颈动脉的搏动处。寸口穴位于手掌后桡骨突起处，系肱动脉的搏动处。其次，通过比较两处穴脉的跳动情况，看有无差异，依此来诊察经脉（人迎脉主阳经之气，寸口脉主阴经之气）正常与否。由此可见，同样都是比较诊脉法，但这种诊脉法较前述的四肢脉口环诊法及三部诊法等显得简便，显示了我国诊脉方法由繁到简的发展和演变规律。事实上，人迎寸口诊法的基本原理和临床应用客观上为《难经》"独取寸口"诊法的出现奠定了基础。

　　就目前已知医学典籍而言，"独取寸口"的主张首见于《难经·一难》。其文云：

　　　　十二经皆有动脉，独取寸口，以决五脏六腑死生吉凶之法，何谓也？然：寸口者，脉之大会，手太阴之脉动也。人一呼脉行三寸，一吸脉行三寸，呼吸定息，脉行六寸。人一日一夜，凡一万三千五百息，脉行五十度，周于身。漏水下百刻，营卫行阳二十五度，行阴亦二十五度，为一周也，故五十度复会于手太阴。寸口者，五脏六腑之所终始，故法取于寸口也。[1]

　　由上面的论述知，"独取寸口"与"决五脏六腑死生吉凶之法"关系密切，诚如有学者所言："由于比较诊脉法的理论基础是经脉、诊察对象是经脉，所以当脏腑理论上升为中医理论的主导地位时，该诊脉法渐被淘汰，代之而起的是寸口五脏脉诊法，至《难经》而独取寸口。"[2]也就是说相对于"独取寸口"诊法，前面的脉诊法都是以经脉为诊察对象，而对脏腑病症的诊断，只是通过经脉与脏腑的关系来间接判定。"独取寸口"就不同了，由于它本身没有更多的穴脉相互比照，而仅仅依靠一处脉动的"常"和"变"来测定脏腑病变的程度，于是，它就在客观上要求对此处穴脉的运动进行详尽而细微的研究，揭示其各种脉象与脏腑病变之间的内在联系，所以说"寸口脉法，辨具体脏腑之病变，是以脉动点本身的搏动特点来判断的"[3]。当然，从取至少两个穴位的比较诊脉法转向"独取寸口"，东汉以来"别男女"观念的盛行，是一个非常重要的社会因素。对此，廖平这样评论道：

　　　　内经针法，于足厥阴肝经云：男子取五里，女子取足太冲，考男女穴法皆同，无别取之必要，经之所以男女异穴而取者，以期门穴必卧而取之，其穴又近毛际，故避而取于足之大趾，久之，妇女足趾也不可取，俗医乃沿古经异穴之法，取之于手，形之便利，又推于男子，至喉颈之人迎亦缩于两寸，人迎虽不如太冲，期门之窒碍，以手扪妇女喉颈，亦属不便，数十百年，天下便之，而后难经盛行，故欲行古法，必须女医。[4]

　　然而，这还不是问题的根本，因为寸口脉诊是否具有科学意义，关键要看它能不能完整反映脏腑疾病的实质，而这才是确立其在中医脉诊中之独尊地位的决定性因素。

　　寸口脉诊在《黄帝内经》中仅仅是其整个脉诊体系里的一个组成部分，而《难经》虽

①　（战国）扁鹊：《黄帝八十一难经》卷上《一难》，陈振相、宋贵美：《中医十大经典全录》，第309页。
②　赵京生：《经脉与脉诊的早期关系》，《南京中医药大学学报（自然科学版）》2000年第3期，第170页。
③　赵京生：《经脉与脉诊的早期关系》，《南京中医药大学学报（自然科学版）》2000年第3期，第170页。
④　转引自何振伟、程孝雨、蔡焦生：《再谈脉诊为何独取寸口》，《河南中医》2005年第10期，第18页。

然提出了"独取寸口"的主张，但实际上它只强调了寸口脉诊中之"关"的意义，至于"寸"和"尺"还没有给予足够的重视，因而在这样的脉诊理论指导下，寸口脉诊的临床应用价值尚有较大的局限性，主要是采集到的诊断信息量太少，不能完整反映脏腑疾病的盛衰虚实变化。所以王叔和《脉经》的首要任务就是确定寸口脉诊的位置及各种脉象的临床诊断意义，以保证采集到的诊断信息量足以反映脏腑疾病的盛衰虚实变化。

（2）对脉象指下辨别的规律性认识与描述。前揭人体血液流动在体表有许多较浅的搏动点，通过按压这些搏动点可以感知体内气血运行的状况及脏腑功能的表现，从诊断的客观化指标看，在临床上所采集到的信息量越大，对疾病性质的判断就越准确，理论上讲确实如此。但是，在信息处理手段相对落后的条件下，医者能否有效地对从"遍诊法"中获得的大量信息进行筛选，把有临床意义的信息和不具有临床意义的信息区分开来，则是一件很麻烦的事情。那么，怎样简化信息量，从而更集中和更有效地实现脉诊的临床诊断价值和作用呢？王叔和根据《黄帝内经》以来历代医家在探索寸口脉诊实践中所积累下来的经验，加上自己多年对寸口脉诊的实际体会，最终确立了"独取寸口"的理论方法和实践原理，遂成为中医诊断学的重要特色之一。

第一，"独取寸口"的理论依据。王叔和在《脉经·辨尺寸阴阳荣卫度数》中云：

> 夫十二经皆有动脉，独取寸口以决五脏六腑死生吉凶之候者，何谓也？然，寸口者，脉之大会，手太阴之动脉也。[1]

这段话有两个要点：其一，寸口是手太阴肺经的动脉，该经的始点出自中焦脾胃。其二，寸口脉与五脏六腑相配属。

中医认为，脾胃为五脏六腑精气的源泉。气血分属阴阳，阴阳的对立统一构成人体气血的循环周行。我们知道，《管子·内业》提出了"饱不疾动，气不通于四末"[2]的观点，即管仲不仅认识到了"精气"是人体运动的本源，而且看到了水谷精微是构成人体精气的物质基础。后来，《黄帝内经》继承了这个思想精髓，如《黄帝内经素问·五常政大论篇》说："气始而生化，气散而有形，气布而蕃育，气终而象变，其致一也。"[3]又《黄帝内经灵枢经·营卫生会》载："营卫者精气也，血者神气也，故血之与气，异名同类焉。"[4]在此基础上，《黄帝内经灵枢经》更提出了"上焦如雾，中焦如沤，下焦如渎"[5]的气血理论，概括了生命新陈代谢的功能特点，即三焦总司水谷精微的生化与津液代谢，至于从水谷如何经过脾胃运化而形成代谢的终产物汗和尿液，其具体过程如图1-4所示：

---

① （晋）王叔和：《脉经》卷1《辨尺寸阴阳荣卫度数》，严世芸、李其忠主编：《三国两晋南北朝医学总集》，第354—355页。

② 黎翔凤：《管子校注》卷16《内业》，第948页。

③ 《黄帝内经素问》卷20《五常政大论篇》，陈振相、宋贵美：《中医十大经典全录》，第111页。

④ 《黄帝内经灵枢经》卷4《营卫生会》，陈振相、宋贵美：《中医十大经典全录》，第198页。

⑤ 《黄帝内经灵枢经》卷4《营卫生会》，陈振相、宋贵美：《中医十大经典全录》，第198页。

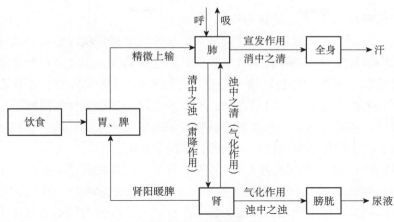

图 1-4　气血津液代谢示意图

关于寸口脉的分布位置及其与脏腑的配属关系，王叔和指出：

> 从鱼际至高骨（其骨自高），却行一寸，其中名曰寸口。从寸至尺，名曰尺泽，故曰尺寸。寸后尺前，名曰关。阳出阴入，以关为界。阳出三分，阴入三分，故曰三阴三阳。阳生于尺动于寸，阴生于寸动于尺。寸主射上焦，出头及皮毛，竟手。关主射中焦、腹及腰。尺主射下焦、少腹至足。[①]

如前所述，《黄帝内经素问·脉要精微论篇》已经建立了寸关尺分候脏腑的理论，其主要内容是："左外以候肝，内以候膈；右外以候胃，内以候脾。上附上，右外以候肺，内以候胸中，左外以候心，内以候膻中。"[②]《脉经》则以《难经》为依据，按照十二经脉的表里关系，对寸关尺分候脏腑的理论又做了补充和完善。其中，左寸，因手少阴心经与手太阳小肠经相表里，故分候心与小肠；右寸，因手太阴肺经与手阳明大肠经相表里，故分候肺与大肠。左关，因足厥阴肝经与足少阴胆经相表里，故分候肝与胆；右关，因足太阴脾经与足阳明胃经相表里，故分候脾与胃。左尺，因足少阴肾经与足太阳膀胱经相表里，故分候肾与膀胱。[③]现代中医寸口诊脉认为，寸关尺与脏腑的配属关系是：左寸分候心和膻中，右寸分候肺和胸中；左关分候肝、胆和膈，右关分候脾和胃；左尺与右尺分候肾和小腹。显然，这种配属关系基本上是综合了《黄帝内经》与《脉经》的理论精华，它客观体现了脏腑之气对寸关尺脉动的临床价值和意义。

第二，视定二十四脉，确立脉学的基本准则。按压寸口脉总会在指下形成一定的脉象，如果从脉象的位、数、形、势及律等方面来看，其位的方面表现为三部有脉，不浮不沉；数的方面表现为一息四至，不快不慢；形的方面表现为不大不小，不长不短；势的方面表现为来去从容，和缓有力；律的方面表现为节奏整齐，没有歇止，那么，这种脉象就

---

① （晋）王叔和：《脉经》卷 1《分别三关境界脉候所主》，严世芸、李其忠主编：《三国两晋南北朝医学总集》，第 354 页。

② 《黄帝内经素问》卷 5《脉要精微论篇》，陈振相、宋贵美：《中医十大经典全录》，第 30 页。

③ （晋）王叔和：《脉经》卷 1《两手六脉所主五脏六腑阴阳逆顺》，严世芸、李其忠主编：《三国两晋南北朝医学总集》，第 355 页。

称为平脉（即正常脉），反之，就称为病脉。

诚如前述，由于气血在脉道中运行，故人的全身气血盛衰状况常常会从脉象上表现出来，是谓气血为脉理之源。而肺有主气和朝百脉的生理功能，也就是说全身之血都要汇聚于肺，然后经过肺的呼吸功能将其输布周身。有鉴于此，《黄帝内经》才有切按尺肤（指循按从手腕至肘之间的皮肤）的诊察方法。王叔和把尺肤脉法转变为指脉法，即转意于寸口脉之虚实变化，并通过一定指感来推测脏腑组织的病与不病。于是，王叔和在《脉经》一书中总结出了二十四种脉象的快慢、强弱、深浅等情况。

《黄帝内经素问·宝命全形论篇》说："人生有形，不离阴阳。"[1]据考，至少从医和开始，人们就用"阴阳学说"来解释疾病了，如医和云："阴淫寒疾，阳淫热疾。"[2]后来扁鹊对阴阳与疾病的关系做了比较系统的阐释，并提出了"以阳入阴支兰藏者生，以阴入阳支兰藏者死"[3]的原理。为了准确把握脉象的阴阳变化，王叔和将二十四脉纳入"形而上"的阴阳范畴里，从而使二十四脉具有了阴阳辨证的性质。

第一，六纲脉分阴阳。《难经》和《脉经》都将浮、沉、长、短、滑、涩作为纲领脉[4]，用以统领整个脉象群。其中，"浮者阳也，滑者阳也，长者阳也；沉者阴也，涩者阴也，短者阴也"[5]。脉象的阴阳不同反映着脏腑各组织和功能的盛衰虚实变化，故王叔和又说："凡脉大为阳，浮为阳，数为阳，动为阳，长为阳，滑为阳；沉为阴，涩为阴，弱为阴，弦为阴，短为阴，微为阴，是为三阴三阳也。阳病见阴脉者反也，主死；阴病见阳脉者顺也，主生。"[6]

第二，通过单脉与兼脉的阴阳属性来推知复杂疾病的特点。由于阳脉主阳，阴脉主阴，所以"阳弦则头痛，阴弦则腹痛……阴数加微，必恶寒而烦扰不得眠也……寸口脉沉细者，名曰阳中之阴，病苦悲伤不乐，恶闻人声，少气，时汗出，阴气不通，臂不能举"[7]等。这些诊脉的原则当然不能穷尽临床疾病的复杂多变，因此，一方面，"凡诊脉，当视其人大小、长短，及性气缓急"[8]；另一方面，脉理精微，"在心易了，指下难明"，故"仲景明审，亦候形证"[9]，意即临床诊断不能迷信脉诊，还要四诊合参，望、闻、问、切互相结合，取长补短。但是，我们也绝不能因脉诊本身的局限而否认脉诊的临床价值和意义，如近代著名中医杨则民就公然否定脉诊的作用，他说："以脉测病已近悬揣，更分配脏腑于寸口三部而诊之，则妄甚矣。……（故）中医言脉，虽有寸口分部之法、人

---

① 《黄帝内经素问》卷8《宝命全形论篇》，陈振相、宋贵美：《中医十大经典全录》，第43页。
② 黄侃：《黄侃手批白文十三经·春秋左传》，第315页。
③ 《史记》卷105《扁鹊仓公列传》，第2791页。
④ （晋）王叔和：《脉经》卷1《辨脉阴阳大法》，严世芸、李其忠主编：《三国两晋南北朝医学总集》，第356页。
⑤ （晋）王叔和：《脉经》卷1《辨脉阴阳大法》，严世芸、李其忠主编：《三国两晋南北朝医学总集》，第356页。
⑥ （晋）王叔和：《脉经》卷1《辨脉阴阳大法》，严世芸、李其忠主编：《三国两晋南北朝医学总集》，第356页。
⑦ （晋）王叔和：《脉经》卷1《辨脉阴阳大法》，严世芸、李其忠主编：《三国两晋南北朝医学总集》，第356页。
⑧ （晋）王叔和：《脉经》卷1《平脉视人大小长短男女逆顺法》，严世芸、李其忠主编：《三国两晋南北朝医学总集》，第355页。
⑨ （晋）王叔和：《脉经·序》，严世芸、李其忠主编：《三国两晋南北朝医学总集》，第352页。

迎寸口之法、三部九候之法、轻重分候之法实皆不适用。"①此言失当，不足为论。实践证明，脉诊不仅能判断疾病的病位、性质及邪正盛衰，而且能推断疾病的病因病机和进退预后，所以《脉经》所确立的脉法规则及原则，沿用至今近两千年，它对于医家诊脉述症仍具有重要的临床指导意义。②

第三，明确了切脉的基本方法与要求。王叔和《脉经》"不仅解决了寸口脉诊的有关技术问题，而且使独诊寸口法在分部主病方面形成一套系统完整的内容"③。那么，如何使独诊寸口法在临床上发挥切实有效的作用呢？这里，还需要具备以下几个条件。

首先，同现代做体检需要空腹一样，《黄帝内经》提出了"诊脉常以平旦"的原则。对此，王叔和《脉经》专有《平脉早晏法》篇，简述了这种方法的科学原理。他说：

> 平旦者，阴气未动，阳气未散，饮食未进，经脉未盛，络脉调均，气血未乱，故乃可诊，过此非也。④

由于早晨人体各器官刚刚苏醒，脏腑和调，气血和畅，此时最能体察脉学要领，初学者往往在这个时段细心分辨正常人的脉象，而只有经过较长时期的反复揣摩，习脉者才能有所领悟，指下才能昭明其他病态下的脉象。当然，医家在临床实践中也不能保守"诊脉常以平旦"，贵在深刻领悟脉诊的真谛，而无论何时诊脉都应让患者处于一种相对安静的环境中，这样有利于医家专心体会脉象，以免出现差误。

其次，诊脉用力轻重应适度。举、按、寻是中医探查脉象的基本方法。所谓举就是指浮取，切肤时用力较轻，触肤即得。所谓按则是指沉取，切肤时用力较重，它要求切脉者应用力按至筋骨间，基本上已将脉管压扁。所谓寻就是指中取，切肤时用力介于"举"与"按"之间，不轻不重，其力度不能将脉管压扁，或者时轻时重，目的在于感知脉象的搏动状况。王叔和用比类法来叙述摸脉的轻重，他引《难经》的话说：

> 初持脉如三菽之重，与皮毛相得者肺部也；如六菽之重，与血脉相得者心部也；如九菽之重，与肌肉相得者脾部也；如十二菽之重，与筋平者肝部也；按之至骨，举之来疾者肾部也，故曰轻重也。⑤

这里讲菽权取脉法，菽是古代的一种豆，用菽粒多少表示指下的力度，临床一般不好把控。如"三菽之重"的力如何控制，在实践中就很难把握。因此，医家通常将"三菽之重"与前面所讲的"浮取"对应起来，将"六菽之重"与"九菽之重"和"中取"对应起来，将"十二菽之重"与"沉取"对应起来。不过，也有一种解释说：菽权取脉法是在左右手总按取脉，按照寸关尺分候脏腑的原理，右手寸脉之肺部以三菽之力轻触即得，关部

① 杨则民著，董汉良、陈天祥整理：《潜厂医话》卷1《说理·脉诊篇》，北京：人民卫生出版社，1985年，第19—20页。
② 蒋力生：《略论〈脉经〉的学术成就与版本系统》，《江西中医药》2007年第1期，第80页。
③ 蒋力生：《略论〈脉经〉的学术成就与版本系统》，《江西中医药》2007年第1期，第79页。
④ （晋）王叔和：《脉经》卷1《平脉早晏法》，严世芸、李其忠主编：《三国两晋南北朝医学总集》，第354页。
⑤ （晋）王叔和：《脉经》卷1《持脉轻重法》，严世芸、李其忠主编：《三国两晋南北朝医学总集》，第355页。

以九菽之力其指力同中取的方法，尺部命门以十五菽之力达至骨的部位。同理，左边心脉以六菽之力，其力度较肺脉轻触之力略微加重；左关肝部以十二菽指力，其指力的标准同沉取的标准；左尺肾部指力乃按之至骨。[1]

再次，分辨脉象的过与不及。为了便于体察脉象的长短及大小，《脉经》引述了《难经》的相关论说：

> 阴得尺内一寸，阳得寸内九分。尺寸终始一寸九分，故曰尺寸也。[2]

《脉经》又说：

> 关之前者，阳之动也，脉当见九分而浮。过者法曰太过，减者法曰不及。遂上鱼为溢，为外关内格，此阴乘之脉也。关之后者，阴之动也，脉当见一寸而沉。过者法曰太过，减者法曰不及。遂入尺为覆，为内关外格，此阳乘之脉，故曰覆溢。是真脏之脉也，人不病自死。[3]

《脉经》以寸口脉之关部为基准，提出从关部到寸口脉之寸部为阳脉，脉动长度应为9分，假如此处的脉动长度超过9分，则为"阴乘之脉"或曰盛阴乘袭阳脉；假如其脉动长度不足9分，则为阳气虚弱。从关部到寸口脉之尺部，为阴脉，脉动长度应为1寸，假如此处的脉动长度超过1寸，则为"阳乘之脉"或曰盛阳乘袭阴脉；假如其脉动长度不足1寸，则为肾阴虚弱。当阴阳失衡发展到更为严重的程度时，如寸部的脉动长度甚至超过了鱼际穴，是谓"溢脉"，它昭示着阳气已绝。若尺部的脉动长度超过了尺泽穴，是谓"覆脉"，它昭示着热邪极盛、肾阴枯竭。可见，无论"溢脉"还是"覆脉"，都是生命垂危的脉象。

就脉象的表现来看，不仅有"阴阳更相乘"的一面，还有"阴阳更相伏"的一面。王叔和说：

> 脉居阴部，反见阳脉者，为阳乘阴也；脉虽时沉涩而短，此阳中伏阴也。脉居阳部，反见阴脉者，为阴乘阳也；脉虽时浮滑而长，此为阴中伏阳也。[4]

《难经》及《脉经》所言"阴乘阳"系指属阳的寸部出现了弱、微、沉、涩一类的阴脉，而"阳乘阴"则系指属阴的尺部出现了滑、浮、洪、数一类阳脉。至于"阳中伏阴"及"阴中伏阳"的脉象，前者是指寸部脉虽见浮滑而长，但又时时夹杂着沉涩而短的阴脉，这种现象即谓"阳中伏阴"；后者则是指尺部脉虽见沉涩而短，但又时时夹杂着浮滑而长的阳脉，这种现象即谓"阴中伏阳"。故阴阳相伏是人体阴阳不和、平衡失调所产生

---

① 徐培平：《脉诊：从初学到提高》，北京：人民卫生出版社，2011年。

② （晋）王叔和：《脉经》卷1《辨尺寸阴阳荣卫度数》，严世芸、李其忠主编：《三国两晋南北朝医学总集》，第354页。

③ （晋）王叔和：《脉经》卷1《辨尺寸阴阳荣卫度数》，严世芸、李其忠主编：《三国两晋南北朝医学总集》，第355页。

④ （晋）王叔和：《脉经》卷1《从横逆顺伏匿脉》，严世芸、李其忠主编：《三国两晋南北朝医学总集》，第357页。

的混乱脉象。当然，根据现代生理学研究，人体对于炎热和寒冷的生理反应，有自身的适应性调节过程，其结果往往表现为"生阳御寒，生阴消暑"①。可见，在临床实践中，对于"阴中伏阳"和"阳中伏阴"的脉象还要结合其他症状和诊断信息进行综合分析，以避免将生理性脉象与病理性脉象相混淆。

最后，计算切脉的至数，虽然古人没有先进的检测仪器，他们对于人体血液的周流性运动，完全依靠推测而得。如《黄帝内经》、《难经》及《脉经》按照天人感应所说的"人一日一夜凡一万三千五百息，脉行五十度周于身"②，就是如此，但《内经》认为"一息脉四至"，即每次呼吸脉动一次，4∶1这个比率却是正确的。不过，王叔和又提出了下面的算法：

> 人一呼脉行三寸，一吸脉行三寸，呼吸定息，脉行六寸。③

这里的"脉"就是指脉管，中医也理解为"经络"，是体内津液、血液流动的通道。在此，"脉行六寸"尽管是一个很粗疏的数值，但它的意义并不在于告诉我们血液流速的正常值，而是在于它把血流速度本身作为一个基本的医学问题来看待，因为血流速度是血液循环状态的一项重要指标。由于中国古代先民认为气血的运行不是靠心律的跳动，而是靠肺的呼吸，所以他们将呼吸与脉搏联系起来，进而又跟脏腑相联系。如王叔和说：

> 呼出心与肺，吸入肾与肝，呼吸之间，脾受谷味也，其脉在中。浮者阳也，沉者阴也，故曰阴阳。④

以呼吸论，如果"一息脉四至"，就表明心与肺及肾与肝功能良好，阴阳调和；反之，脏腑功能失常，故有损脉之"至"。如"一呼三至，一吸三至，为适得其病。前大后小，即头痛、目眩，前小后大，即胸满、短气。一呼四至，一吸四至，病欲甚，脉洪大者，苦烦满，沉细者，腹中痛，滑者，伤热，涩者，中雾露。一呼五至，一吸五至，其人当困，沉细夜加，浮大昼加，不大不小，虽困可治，其有大小者，为难治"⑤，当出现了非正常的脉搏之后，中医优先考察脏腑的功能变化，这种临证思维突出体现了中医"内平脏腑"的诊疗特点。

（3）对妇产科学的新认识。魏晋时期的妇女是一个高度被关注的群体，之所以被关注，是因为妇女在社会生活的各个领域有了更多的话语权。例如，《颜氏家训》载："邺下风俗，专以妇持门户，争讼曲直，造请逢迎，车乘填街衢，绮罗盈府寺，代子求官，为夫诉屈。此乃恒、代之遗风乎？"⑥而《世说新语》中讲述了许多妇女不拘世俗、蔑视礼

---

① 王丹：《"夏月伏阴""冬月伏阳"探析》，《上海中医药杂志》1987年第6期，第43页。
② （晋）王叔和：《脉经》卷1《辨尺寸阴阳荣卫度数》，严世芸、李其忠主编：《三国两晋南北朝医学总集》，第355页。
③ （晋）王叔和：《脉经》卷1《辨尺寸阴阳荣卫度数》，严世芸、李其忠主编：《三国两晋南北朝医学总集》，第355页。
④ （晋）王叔和：《脉经》卷1《辨脉阴阳大法》，严世芸、李其忠主编：《三国两晋南北朝医学总集》，第356页。
⑤ （战国）扁鹊：《黄帝八十一难经》，陈振相、宋贵美：《中医十大经典全录》，第312页。
⑥ 王利器：《颜氏家训集解》卷1《治家篇》，第48页。

教、才德并重的事例，显示了此时妇女开放心态之一面。当然，除了女主政治、个性异常发达、风神才韵等方面外，人们对妇女身体本身的重视也是此期社会学的一个重要组成部分。①受到整个社会风气的影响，王叔和在《脉经》卷9中专门讨论妇女的生理病理问题，提出了不少新的科学认识。略举数例如下：

第一，首载逐月分经养胎法。《金匮要略方论·妇人妊娠病脉证并治》中虽然讲到了妊娠妇女"怀身七月，太阴当养不养，此心气实，当刺泻劳宫及关元，小便微利则食"②的逐月分经养胎问题，但很简略。而王叔和《脉经》把妇女妊娠与经脉的调养结合起来，似与胎儿的组织和器官渐次成形过程有关联。我们知道，胎儿在母体内发育，第一个月主要发育的组织和器官有眼睛、内耳、嘴巴、消化系统、手、脚，心脏开始跳动。所以王叔和《脉经》载："妇人怀胎，一月之时，足厥阴脉养。"③从足厥阴肝经的分布看，它属肝脏，联络胆腑，向上沿着喉咙入鼻咽部，开窍于目，出于前额，目系的支脉下行颊里，环绕内唇。可见，调养该经确实有助于胎儿的早期发育。第二个月是胚胎器官形成期，主要发育的机体部分是面部、膝部、肘、手足及骨骼，神经管逐渐形成，所以王叔和《脉经》载："二月，足少阳脉养。"④从足少阳胆经的分布看，它主要环行面部，上至头角，下达颈部，左右入耳，其直行主干向下沿着大腿和膝部的外侧，一直下行至腓骨下端，沿足背入第四趾外侧，又有支脉沿着第一、二跖骨之间，贯穿爪甲。毫无疑问，调养足少阳经与胎儿的发育过程一致。第三个月主要发育的部位是牙齿、生殖器，此外，胎儿已经开始出现握拳、踢脚、眯眼、转头等肌体运动。故王叔和《脉经》载："三月，手心主脉养。"⑤手少阴心经下络小肠，上系眼球，通达肘窝，连动掌骨，所以调养该经有助于上述肌肉功能的发育。第四个月除味蕾与声带已长成之外，头发、睫毛、眉毛及四肢指、趾甲亦都开始生长，故王叔和《脉经》载："四月，手少阳脉养。"⑥手少阳三焦经的分布比较复杂，一是贯通上、中、下三焦，气血充盈，促使胎儿的味蕾和声带及时发育；二是它的支脉上走项部，穿行在面颊、眶下、额角、耳中等头面各部之间。由于三焦中的元气和津液向外流入腠理，而人体毫毛和孔窍受腠理及卫气的调控，气血盛则髭眉长，所以调理该经亦与胎儿的生长发育过程一致。第五个月胎儿身体各部分的器官逐渐生长，肝脏开始

① 详细内容请参见牛秋实：《魏晋南北朝时期人物品藻与女性审美取向》，《许昌学院学报》2009年第4期，第21—25页；何潇：《魏晋南北朝妇女妆饰审美观》，《山东省农业管理干部学院学报》2010年第4期，第138—139页；刘容筝：《魏晋诗文中的女性审美观研究》，《长城》2011年第10期，第108—109页等。

② （汉）张仲景：《金匮要略方论》卷下《妇人妊娠病脉证并治篇》，陈振相、宋贵美：《中医十大经典全录》，第430页。

③ （晋）王叔和：《脉经》卷9《平妊娠胎动血分水分吐下腹痛证》，严世芸、李其忠主编：《三国两晋南北朝医学总集》，第415页。

④ （晋）王叔和：《脉经》卷9《平妊娠胎动血分水分吐下腹痛证》，严世芸、李其忠主编：《三国两晋南北朝医学总集》，第415页。

⑤ （晋）王叔和：《脉经》卷9《平妊娠胎动血分水分吐下腹痛证》，严世芸、李其忠主编：《三国两晋南北朝医学总集》，第415页。

⑥ （晋）王叔和：《脉经》卷9《平妊娠胎动血分水分吐下腹痛证》，严世芸、李其忠主编：《三国两晋南北朝医学总集》，第415页。

造血，头发已经长出，且胎动日益强烈，故王叔和《脉经》载："五月，足太阴脉养。"①足太阴脾经关联四肢筋骨，且脾居中焦，土旺四旁，与胃共为气血生化之源，它使气血和调五脏，洒陈六腑。所以调理脾经对胎儿活动非常有益。第六个月胎儿能听到母体内的声音，还能睁闭眼睛，皮肤表面亦开始附着胎脂，故王叔和《脉经》载："六月，足阳明脉养。"②足阳明胃经的循行线路亦很复杂，它在头部贯连鼻、口齿、耳，在胸腹部连胃络脾，在下肢网布膝、趾、跗及足背。有论者指出："传统理论多以肾开窍于耳为立论依据，多将耳鸣耳聋责之于肾，但从临床实际看，作为后天之本的脾胃在耳鸣耳聋的生理、病理、发病、治疗方面都至关重要。脾胃为后天之本，五官诸窍皆赖以为养，耳的正常功能活动所需要的气血皆来源于脾胃。"③由此可见，调理该经对于胎儿五官功能的发育意义重大。第七个月胎儿眼睛对光的明暗开始敏感，皮肤呈现红色，此与肺脏的气血运行关系密切，故王叔和《脉经》载："七月，手太阴脉养。"④第八个月胎儿能听到母体外的声音，意识活动开始萌芽，骨骼亦更加强健，故王叔和《脉经》载："八月，手阳明脉养。"⑤手阳明大肠经穿行于一、二掌骨及拇长伸肌腱和拇短伸肌腱之间，沿上臂外侧、肩峰前缘、脊柱骨循行，其支脉经行颈部、面颊，回绕上唇，再上行进入耳中。所以调养该经有益于强固胎儿的听力及骨骼功能。第九个月胎儿已经能用面部表情变化来对外部刺激做出喜欢或不喜欢的生理反应，故王叔和《脉经》载："九月，足少阴脉养。"⑥足少阳胆经脉上达头角，下至颈肩，与督脉会合。它的支脉出入耳中，又下行贯穿足趾的爪甲，出行于爪甲后方的从毛里，《黄帝内经灵枢经》说它"别者，入季胁之间，循胸里，属胆，散之肝，上贯心"⑦，因此中医有胆主"决断"⑧之称。第十个月胎儿已经发育完全，随时可能降生，故王叔和《脉经》载："十月，足太阳脉养。"⑨足太阳膀胱经上至头顶与督脉交会，其主干从头顶直行入颅，下至腰部，深入体腔，它的一条分支从腰部挟脊继续下行，经过臀部，直入膝腘窝中。因此，调养该经确实益于母体正常分娩。可见，王叔和《脉经》所载逐月分经养胎法与胎儿的发育过程相符合，它反映了汉晋时期医家对胎儿发育过程的细心观察与记录。根据经验，王叔和《脉经》又载："手太阳、少阴不养者，下

---

① （晋）王叔和：《脉经》卷9《平妊娠胎动血分水分吐下腹痛证》，严世芸、李其忠主编：《三国两晋南北朝医学总集》，第414—415页。

② （晋）王叔和：《脉经》卷9《平妊娠胎动血分水分吐下腹痛证》，严世芸、李其忠主编：《三国两晋南北朝医学总集》，第415页。

③ 任洪花：《从脾胃论治耳鸣耳聋的辨证规律探讨》，山东中医药大学2009年硕士学位论文，第1页。

④ （晋）王叔和：《脉经》卷9《平妊娠胎动血分水分吐下腹痛证》，严世芸、李其忠主编：《三国两晋南北朝医学总集》，第415页。

⑤ （晋）王叔和：《脉经》卷9《平妊娠胎动血分水分吐下腹痛证》，严世芸、李其忠主编：《三国两晋南北朝医学总集》，第415页。

⑥ （晋）王叔和：《脉经》卷9《平妊娠胎动血分水分吐下腹痛证》，严世芸、李其忠主编：《三国两晋南北朝医学总集》，第415页。

⑦ 《黄帝内经灵枢经》卷3《经别》，陈振相、宋贵美：《中医十大经典全录》，第189页。

⑧ 《黄帝内经素问》卷3《灵兰秘典论篇》，陈振相、宋贵美：《中医十大经典全录》，第18页。

⑨ （晋）王叔和：《脉经》卷9《平妊娠胎动血分水分吐下腹痛证》，严世芸、李其忠主编：《三国两晋南北朝医学总集》，第415页。

主月水，上为乳汁，活儿养母。怀娠者不可灸刺其经，必堕胎。"①

第二，对妊娠期不同阶段脉象的记载与描述。在没有现代妇产科检查仪器的历史时期，通过切脉来感知妇女孕期的生理变化，既有效又安全，非常适合为孕妇定期体检。

首先，王叔和在《黄帝内经》"阴博（搏）阳别谓之有子"②的脉象基础上，提出了新的妊娠脉象特点："诊其手少阴脉动甚者，妊子也。少阴，心脉也。心主血脉。又肾名胞门子户，尺中肾脉也，尺中之脉按之不绝，法妊娠也。三部脉沉浮正等，按之无绝者，有娠也。"③

其次，提出妊娠初始、三月、四月、五月的脉象特点，《脉经》载："妊娠初时，寸微小，呼吸五至。三月而尺数也。脉滑疾，重以手按之散者，胎已三月也。脉重手按之不散，但疾不滑者，五月也。"④当然，王叔和所描述的判别男女脉象并无科学道理，有的说法甚至很荒唐，应予以批判和扬弃。

最后，提出了临产前的脉象。《脉经》载："妇人怀娠离经，其脉浮，设腹痛引腰脊，为今欲生也。但离经者，不病也。又法：妇人欲生，其脉离经，夜半觉，日中则生也。"⑤临产前由于孕妇的精神高度紧张，遂造成气血的一时性改变，形成变异脉象，故称离经脉。常见的离经脉主要是浮脉，它与孕妇痛苦挣扎而心跳加快有关，致使血气沸腾在表，脉管充盈。

第三，首次记载了"阴挺""激经""居经""避年"等症状的脉象。"阴挺"亦称"子宫脱垂"或"阴道壁膨出"，多见于经产妇，是因生产时过度用力，损伤胞络，导致带脉失约，气虚下陷，故有此证。《脉经》载："少阴脉弦者，白肠（指子宫）必挺核（指胞宫脱出于阴户之外）。少阴脉浮而动，浮则为虚，动则为痛，妇人则脱下。"⑥"激经"亦称"垢胎"或"盛胎"，是一种孕妇月经量少、时间短，但能按月来潮的生理现象，一般对胎儿和孕妇没有明显损害。故《脉经》载："妇人经月下，但为微少"，然"寸口脉阴阳俱平，荣卫调和，按之滑，浮之则轻，阳明、少阴，各如经法，身反洒淅，不欲食饮，头痛心乱，呕哕欲吐，呼则微数，吸则不惊，阳多气溢，阴滑气盛，滑则多实，六经养成。所以月见，阴见阳精，汁凝胞散，散者损堕。设复阳盛，双妊二胎。今阳不足，故令激经也"⑦。可见，这种少量月经一样的阴道流血，多发生在怀孕初期的 4 个月之内，常随胎

① （晋）王叔和：《脉经》卷 9《平妊娠胎动血分水分吐下腹痛证》，严世芸、李其忠主编：《三国两晋南北朝医学总集》，第 415 页。

② 《黄帝内经素问》卷 2《阴阳别论篇》，陈振相、宋贵美：《中医十大经典全录》，第 18 页。

③ （晋）王叔和：《脉经》卷 9《平妊娠分别男女将产诸证》，严世芸、李其忠主编：《三国两晋南北朝医学总集》，第 415 页。

④ （晋）王叔和：《脉经》卷 9《平妊娠分别男女将产诸证》，严世芸、李其忠主编：《三国两晋南北朝医学总集》，第 415 页。

⑤ （晋）王叔和：《脉经》卷 9《平妊娠分别男女将产诸证》，严世芸、李其忠主编：《三国两晋南北朝医学总集》，第 415 页。

⑥ （晋）王叔和：《脉经》卷 9《平阴中寒转胞阴吹阴生疮脱下证》，严世芸、李其忠主编：《三国两晋南北朝医学总集》，第 420 页。

⑦ （晋）王叔和：《脉经》卷 9《平妊娠胎动血分水分吐下腹痛证》，严世芸、李其忠主编：《三国两晋南北朝医学总集》，第 416 页。

儿的生长发育下血自止，系血盛气衰所引起，用王叔和的话说，就是"阳（指气）不足"而"令激经"。当然，临床上由于"激经"容易造成"汁凝胞散，散者损堕"，即有时可能会有转化为流产的危险，所以应当给予重视。"居经"亦称"季经"，是指在身体正常情况下，月经每三个月来一次者。《脉经》云："少阴脉微而迟，微中无精，迟则阴中寒，涩则血不来，此为居经，三月一来。"① 而居经的脉象特点是："寸口脉卫浮而大，荣反而弱。浮大则气强，反弱则少血。孤阳独呼，阴不能吸，二气不停，卫降荣竭。阴为积寒，阳为聚热，阳盛不润，经络不足，阴虚阳往（一作实），故令少血。时发洒淅，咽燥汗出，或溲稠数，多唾涎沫，此令重虚，津液漏泄，故知非躯。蓄烦满溢，月禀一经，三月一来，阴盛则泻，名曰居经。"② 与此相类，"避年"是指在身体正常情况下，月经频率为每年一次。《脉经》载一诊籍云：

> 有一妇人将一女子，年十五所来诊。言女年十四时经水自下，今经反断……此为避年，勿怪，后当自下。③

对于像"居经"和"避年"这类情况，一般多属生理现象，无须特殊治疗，但李时珍、张山雷却认为两者是病症。现代医学认为两者是卵巢功能不足所致，会影响生育。④ 故此，临床上也需引起重视，不能简单地认为它们会不治而愈。

第四，首次提出"五崩"证。"五崩"是妇女生殖器内炎症的渗出物，有白、赤、黄、青、黑五种类型。《脉经》载："白崩者形如涕，赤崩者形如绛津，黄崩者形如烂瓜，青崩者形如蓝色，黑崩者形如衃血也。"⑤ 似为异常带下，与《黄帝内经素问》的说法不同。如《黄帝内经素问》云："阴虚阳搏谓之崩。"⑥ 王冰释为"内崩而血流下"，《金匮要略方论》亦载："妇人有漏下者，有半产后因续下血都不绝者，有妊娠下血者。"⑦ 此处的"漏下"也主要指出血。所以后世言"崩漏"，多不用"五崩"的概念，原因也许就在这里。可见，王叔和所说的"五崩"，更准确地说，应为"五带"。如隋朝巢元方《诸病源候论》就对妇科疾病中的"崩"和"带"做了明确界定，其"带五色俱下候"云："带下病者，由劳伤血气，损动冲脉、任脉，致令其血与秽液兼带而下也。冲任之脉，为经脉之海。经血之行，内荣五脏，五脏之色，随脏不同。伤损经血，或冷或热，而五脏俱虚损

---

① （晋）王叔和：《脉经》卷9《平带下绝产无子亡血居经证》，严世芸、李其忠主编：《三国两晋南北朝医学总集》，第418页。

② （晋）王叔和：《脉经》卷9《平带下绝产无子亡血居经证》，严世芸、李其忠主编：《三国两晋南北朝医学总集》，第418页。

③ （晋）王叔和：《脉经》卷9《平带下绝产无子亡血居经证》，严世芸、李其忠主编：《三国两晋南北朝医学总集》，第418页。

④ 李广文：《谈居经与避年》，《医药学报》1974年第2期，第36—38页。

⑤ （晋）王叔和：《脉经》卷9《平郁冒五崩漏下经闭不利腹中诸病证》，严世芸、李其忠主编：《三国两晋南北朝医学总集》，第419页。

⑥ 《黄帝内经素问》卷2《阴阳别论篇》，陈振相、宋贵美：《中医十大经典全录》，第18页。

⑦ （汉）张仲景：《金匮要略方论》卷下《妇人妊娠病脉证并治》，陈振相、宋贵美：《中医十大经典全录》，第429页。

者，故其色随秽液而下，为带五色俱下。"①所以"肝脏之色青，带下青者，是肝脏虚损，故带下而挟青色"②；"脾脏之色黄，带下黄者，是脾脏虚损，故带下而挟黄色"③；"心脏之色赤，带下赤者，是心脏虚损，故带下而挟赤色"④；"肺脏之色白，带下白者，肺脏虚损，故带下而挟白色也"⑤；"肾脏之色黑，带下黑者，是肾脏虚损，故带下而挟黑色也"⑥。这样，以带色配五脏，揭示了带下病的病机，从而使王叔和的"五崩"概念有了准确的定位，并对后世医家论治妇女带下病产生了重要影响。

虽然"带下病"与"崩漏"为两种性质的妇科病，但临床上有时需要将崩漏与赤带相鉴别。一般而言，赤带系挟血性黏液，见于未行经时期，月经正常；崩漏则系月经的期、量出现严重紊乱，致使月经不按周期妄行，出血或淋漓不尽，或量多如注。

此外，对于带下病的诊治，王叔和依妇女是否有孕产史而将其分为三种类型。《脉经》载："带下有三门：一曰胞门，二曰龙门，三曰玉门。已产属胞门，未产属龙门，未嫁女属玉门。"⑦其中，"未嫁女"的带下病又多见下列三种病症："一病者，经水初下，阴中热，或有当风，或有扇者；二病者，或有以寒水洗之；三病者，或见丹下，惊怖得病。属带下。"⑧在临床上，原发性痛经的诱因常常是经期涉水感寒或过食生冷。⑨此外，尚有感受风邪和精神刺激等因素。王叔和结合临床实际，引用《金匮要略方论》之说，认为对"经水不利，少腹满痛，经一月再见"的"妇人带下"，可以用"土瓜根散"来治疗⑩。

第五，对妇女不孕症的经验总结。在临床上影响妇女不孕症的因素很多，如不排卵、输卵管因素、子宫因素、宫颈因素、阴道因素、免疫因素、生活不规律、不良饮食习惯等，但中医对妇女不孕症的认识有其自身的特点。如《脉经》区别了原发性不孕症与继发性不孕症两种情况。王叔和说："脉微弱而涩，年少得此为无子，中年得此为绝产。"⑪文中的"无子"是指配偶生殖功能正常，女子婚后夫妇同居两年以上，未避孕而不受孕的情形，它属于原发性不孕。而"绝子"则是指未避孕而又夫妇同居两年以上，曾因生育或流

① 丁光迪主编：《诸病源候论校注》卷37《妇人杂病诸候一·带五色俱下候》，北京：人民卫生出版社，2013年，第728页。

② 丁光迪主编：《诸病源候论校注》卷37《妇人杂病诸候一·带下青候》，第729页。

③ 丁光迪主编：《诸病源候论校注》卷37《妇人杂病诸候一·带下黄候》，第729页。

④ 丁光迪主编：《诸病源候论校注》卷37《妇人杂病诸候一·带下赤候》，第729页。

⑤ 丁光迪主编：《诸病源候论校注》卷37《妇人杂病诸候一·带下白候》，第729页。

⑥ 丁光迪主编：《诸病源候论校注》卷37《妇人杂病诸候一·带下黑候》，第729—730页。

⑦ （晋）王叔和：《脉经》卷9《平带下绝产无子亡血居经证》，严世芸、李其忠主编：《三国两晋南北朝医学总集》，第418页。

⑧ （晋）王叔和：《脉经》卷9《平带下绝产无子亡血居经证》，严世芸、李其忠主编：《三国两晋南北朝医学总集》，第418页。

⑨ 高涛："治未病"在中医妇科临床中的应用》，《上海中医药杂志》2009年第5期，第37页。

⑩ （晋）王叔和：《脉经》卷9《平带下绝产无子亡血居经证》，严世芸、李其忠主编：《三国两晋南北朝医学总集》，第418页。

⑪ （晋）王叔和：《脉经》卷9《平带下绝产无子亡血居经证》，严世芸、李其忠主编：《三国两晋南北朝医学总集》，第418页。

产，不能受孕的情形，它属于继发性不孕。对于形成妇女不孕症的病因，《脉经》明确了下面几种情况：

> 妇人少腹冷，恶寒久，年少者得之，此为无子；年大者得之，绝产。
>
> 少阴脉浮而紧，紧则疝瘕，腹中痛，半产而堕伤。浮则亡血，绝产，恶寒。
>
> 肥人脉细，胞有寒，故令少子。其色黄者，胸上有寒。①

"少腹冷，恶寒久"属血瘀型不孕症，主要病因是妇女经期产后余血未尽，不慎感受寒邪，寒凝胞脉，血瘀内阻，经行不畅，两精不能结合，遂致不孕。"肥人脉细，胞有寒"属痰湿型不孕症，主要病因是形体肥胖，恣食膏粱厚味，脾肾阳虚，痰湿内盛，经行延后，气机阻滞，遂致冲任阻滞，脂膜壅塞于胞而不孕。另外，"胞有寒"亦有属肾虚型不孕症者，其主要病因是先天肾气不足，胞宫虚冷，或身体虚弱，精血不足，胞脉失养，遂致不孕。"其色黄者，胸上有寒"属肝郁型不孕症，情志不畅，肝气郁结，气血失和，胸肋乳房胀痛，遂致不孕。

（4）对针灸腧穴学的贡献。《脉经》所提到的 60 多个穴位，有一部分未曾见于如《黄帝内经》《难经》等前世的医籍中。以五脏六腑之气聚集输注于胸背部的俞募穴为例，其中分布在背部足太阳经第一侧线上的 10 个穴位，称为"背俞穴"；而与之前后对应，分布在胸腹部的 10 个募穴②，则大体与五脏六腑所在部位相对应。王叔和在《脉经》一书中对俞募穴的位置、主治及灸刺方法记载尤详，其要点如下：

肝胆部："肝俞在背第九椎，募在期门（直两乳下二肋端）；胆俞在背第十椎，募在日月（穴在期门下五分）。"③

心小肠部："心俞在背第五椎（或云第七椎），募在巨阙（在心下一寸）。小肠俞在背第十八椎，募在关元（脐下三寸）。"④

脾胃部："脾俞在背第十一椎，募在章门（季肋端是）。胃俞在背第十二椎，募在太仓。"⑤

肺大肠部："肺俞在背第三椎（或云第五椎也），募在中府（直两乳上下肋间）。大肠俞在背第十六椎，募在天枢（侠脐旁各一寸半）。"⑥

肾膀胱部："肾俞在背第十四椎，募在京门。膀胱俞在第十九椎，募在中极（横骨上一寸，在脐下五寸前陷者中）。"⑦

对于俞募穴的临床应用，王叔和在《脉经》中说：

---

① （晋）王叔和：《脉经》卷 9《平带下绝产无子亡血居经证》，严世芸、李其忠主编：《三国两晋南北朝医学总集》，第 418 页。

② 后来《黄帝三部针灸甲乙经》补充了三焦募穴和心包募穴，至此十二募穴才算完备。

③ （晋）王叔和：《脉经》卷 3《肝胆部》，严世芸、李其忠主编：《三国两晋南北朝医学总集》，第 364 页。

④ （晋）王叔和：《脉经》卷 3《心小肠部》，严世芸、李其忠主编：《三国两晋南北朝医学总集》，第 365 页。

⑤ （晋）王叔和：《脉经》卷 3《脾胃部》，严世芸、李其忠主编：《三国两晋南北朝医学总集》，第 366 页。

⑥ （晋）王叔和：《脉经》卷 3《肺大肠部》，严世芸、李其忠主编：《三国两晋南北朝医学总集》，第 367 页。

⑦ （晋）王叔和：《脉经》卷 3《肾膀胱部》，严世芸、李其忠主编：《三国两晋南北朝医学总集》，第 368 页。

肝病，其色青，手足拘急，胁下苦满，或时眩冒，其脉弦长，此为可治，宜服防风竹沥汤、秦艽散。春当刺大敦，夏刺行间，冬刺曲泉，皆补之；季夏刺太冲，秋刺中都，皆泻之。又当灸期门百壮，背第九椎五十壮。①

就以上所述的俞募灸刺方法看，取穴一前一后，这种前后配穴原则已见于《黄帝内经素问》，如《奇病论篇》云："胆虚气上溢而口为之苦，治之以胆募俞。"②因此，俞募穴多用于诊断和治疗脏腑的疾病。临床上，《黄帝内经》《难经》《脉经》之所以主张俞募穴相配诊治脏腑本病，主要是因为俞募穴之气相通。如《黄帝内经灵枢经》说："请言气街：胸气有街，腹气有街，头气有街，胫气有街。故气在头者，止之于脑。气在胸者，止之膺与背腧。气在腹者，止之背腧与冲脉于脐左右之动脉者。"③也就是说，"气街"是胸腹与背部各脉之经气相互沟通的捷径。按照阴阳调和的原理，俞募分阴阳，即募穴为阴，俞穴为阳，阴阳协同，故阳穴治以刺法，阴穴治以灸法。至于为什么灸刺俞募穴就能治疗很多脏腑疾病，而且疗效较好，用现代神经学传导理论可以这样解释，人体有三种神经：感觉神经、运动神经、自主神经。其中自主神经（又称"内脏运动神经"）支配着人体生命的活动，所以医学界又把它称作"生命维持神经"。该神经从其脏腑的脊椎骨中导出，在胸腹及背部有许多呈规律分布的神经敏感点，这些敏感点就称为俞募穴，它们与相对应的脏腑在生理功能、病理变化方面同样存在着密切的联系。因此，用"俞募相配"法来诊治脏腑疾病，具有可以用现代医学观点来证实的内在科学机理。从这个层面讲，那些认为"中医是伪科学"的人，他们本身其实并不懂什么是真正的"中医"。

就灸法（相当于西医的物理疗法）本身而言，王叔和主张多壮灸，像"灸京门五十壮""灸膻中百壮"等，都超过了《黄帝内经》的灸壮数限度，如《黄帝内经灵枢经》治疗新发癫狂"灸骶骨二十壮"④，这在《黄帝内经》所见灸壮中已经是比较多的了，通常仅为几壮。但《脉经》主张"灸百壮"也不是没有理论依据，例如，《黄帝内经素问》载："灸寒热之法，先灸项大椎，以年为壮数，次灸橛骨，以年为壮数，视背俞陷者灸之，举臂肩上陷者灸之。"⑤这里，依据年龄大小来确定灸壮的多少，年岁多少就相应灸多少壮，中医称之为"随年壮"⑥。而为了产生气感，《脉经》之后的许多针灸典籍，都要求应在穴位上多灸、久灸且重灸。据统计，适宜"随年壮"的疾病主要有神经系统的中风、癫痫等，循环系统的胸痹、心痛等，消化系统的黄疸、胃病、肝病、脾病、胆病等，呼吸系统的肺病、咳嗽等，泌尿生殖系统的阴痿、转胞、淋证等，以及皮肤病的白癜风、隐疹等。⑦适宜于"随年壮"的腧穴主要有大椎、肾俞、脾俞、三焦俞、胃俞、厥阴俞及三

① （晋）王叔和：《脉经》卷 6《肝足厥阴经病症》，严世芸、李其忠主编：《三国两晋南北朝医学总集》，第 382—383 页。

② 《黄帝内经素问》卷 13《奇病论篇》，陈振相、宋贵美：《中医十大经典全录》，第 71 页。

③ 《黄帝内经灵枢经》卷 8《卫气》，陈振相、宋贵美：《中医十大经典全录》，第 234 页。

④ 《黄帝内经灵枢经》卷 5《癫狂》，陈振相、宋贵美：《中医十大经典全录》，第 202 页。

⑤ 《黄帝内经素问》卷 16《骨空论篇》，陈振相、宋贵美：《中医十大经典全录》，第 84 页。

⑥ 李经纬等：《中医大辞典》，北京：人民卫生出版社，2009 年，第 1660 页。

⑦ 王洪彬等：《古代医籍中"灸随年壮"应用情况分析》，《山东中医杂志》2014 年第 12 期，第 997 页。

阴交、命门、肩井等。有临床报告称："关元（肾的募穴——引者注）、中极（大肠的募穴——引者注）随年壮灸法"能有效地改善骶段以上脊髓损伤患者神经源性膀胱所致的尿失禁及尿频症状，减少残余尿量，控制泌尿系统感染的发生，对脊髓损伤患者的膀胱功能有良性的调节作用及保护作用。[①]

在针刺的深度方面，王叔和《脉经》也有突破。例如，《黄帝内经灵枢经》对针刺足三阳三阴经的深度要求是："足太阳深五分""足阳明刺深六分""足少阳深四分""足太阴深三分""足少阴深二分""足厥阴深一分。"[②]随着人们体质的变化及针法的进步，如果仍然保守先人的陈规不变，那么，针刺可能对很多疾病都不起作用，从而影响针刺的疗效。所以王叔和根据临床实际，大胆突破先人的刺深局限，主张足三阴"针入六分，却至三分"，足三阳"针入九分，却至六分"[③]。如足膀胱经的大杼、风门、肺俞、厥阴俞、膏肓、心俞、督俞、膈俞、胆俞等，现代临床刺深一般为5分至1寸，这表明《脉经》的刺深要求符合临床实际。由此可见，王叔和既尊重前人的研究成果，又不拘泥于前人的成法，而是根据现实医学实践的客观需要，敢于突破前人的局限，大胆创新，对针灸学做了新的发挥，从而使他赢得了"脉学鼻祖"之誉。

2. 王叔和脉学思想的影响

关于王叔和《脉经》与《黄帝内经》、《难经》及张仲景《伤寒杂病论》的关系，自从隋杨上善以后，形成了否定和肯定两派截然对立的观点。杨上善在《黄帝内经太素》中说：

> 结喉两厢，足阳明脉迎受五脏六腑之气以养于人，故曰人迎。下经曰：人迎，胃脉也。又云：任脉之侧动脉，足阳明，名曰人迎。《明堂经》曰：颈之大动脉，动应于手，挟结喉，以候五脏之气。人迎胃脉，六腑之长，动在于外，候之知内，故曰主外。寸口居下，在于两手，以为阴也；人迎在上，居喉两旁，以为阳也。……此经所言人迎寸口之处数十有余，竟无左手寸口以为人迎，右手关上以为寸口，而旧来相承，与人诊脉，纵有小知，得之别注，人多以此致信，竟无依据，不可行也。[④]

在这里，杨上善站在《黄帝内经》的立场，批评"左手寸口以为人迎"的说法，自有他的道理，因为他毕竟是《黄帝内经太素》的作者。回顾人迎、寸口脉的发展和演变史，人们对人迎、寸口脉的认识，迄今仍存在着究竟是以《黄帝内经》为准还是以《脉经》为准之间的分歧和差异。

《黄帝内经灵枢经》云："颈侧之动脉人迎。人迎，足阳明也，在婴筋之前。"[⑤]又说：

---

① 冷军：《"关元、中极随年壮灸法"对脊髓损伤后神经源性膀胱的影响》，《环球中医药》2011年第4期，第301页。

② 《黄帝内经灵枢经》卷3《经水》，陈振相、宋贵美：《中医十大经典全录》，第191页。

③ （晋）王叔和：《脉经》卷10《手检图三十一部》，严世芸、李其忠主编：《三国两晋南北朝医学总集》，第421页。

④ （隋）杨上善：《黄帝内经太素》卷14《人迎脉口诊》注，陈振相、宋贵美：《中医十大经典全录》，第1025—1026页。

⑤ 《黄帝内经灵枢经》卷5《寒热病》，陈振相、宋贵美：《中医十大经典全录》，第200页。

"肺出于少商，少商者，手大指端内侧也……行于经渠，经渠，寸口中也，动而不居……手太阴经也。"①

杨上善主此说，他在《黄帝内经太素》注中云：

> 肺脏手太阴脉动于两手寸口中，两手尺中。夫言口者，通气者也。寸口通于手太阴气，故曰寸口。气行之处，亦曰气口。寸口、气口更无异也。中，谓五脏，脏为阴也。五脏之气，循手大阴脉见于寸口，故寸口脉主于中也。②

> 人迎胃脉，六腑之长，动在于外，候之知内，故曰主外。寸口居下，在于两手，以为阴也；人迎在上，居喉两旁，以为阳也。……寸口人迎两者，上下阴阳虽异，同为一气，出则二脉俱往，入则二脉俱来，是二人共引一绳，彼牵而去，其绳并去，此引而来，其绳并来，寸口人迎，因呼吸牵脉往来，其动是同，故曰齐等也。③

以后如唐代的王冰，明代的徐春甫、张景岳等医家，皆尊此论，是谓《黄帝内经》派。

与之不同，《脉经》对人迎、寸口脉的解释却是：

> 关前一分，人命之主。左为人迎，右为气口。④

后世尊此说者有隋唐之际的孙思邈、宋代的朱肱、元代的李杲、明代的马莳和虞搏等，当然，此一派中对人迎气口的部位究竟在寸、在关又有分歧见解。但这都是微差，因为他们并不否定"独取寸口"这一基本思想。

在现代学术界，有一种否定王叔和脉法的观点很流行。他们认为："切脉方法对于临床诊断的关系很大，岐伯、扁鹊、张仲景的方法有可取之处也比较全面和合于科学，应该整理研究。王叔和杜撰的脉法，对于我国脉学的发展起了障碍作用，应该澄清。"⑤一旦否定了王叔和脉法，必然要复古张仲景的脉法和岐伯的脉法，那么，王叔和脉法相较于岐伯的脉法和张仲景的脉法，究竟是进步了还是倒退了？这是一个关系《脉经》一书学术地位的问题，不能不辨。

《脉经》的学说和思想，不是"杜撰"，而是针灸学发展的历史必然。这是因为：一是王叔和之前的脉诊很烦琐，随着社会的发展，人们要求简化脉诊程序的要求越来越迫切。例如，不要说全身遍诊法程序烦琐，就是三部九候，在临床实践中也不省事，而且对于某些急症病患者，当脉诊耗时过长时，很可能会丧失抢救病人的最佳时机。因此，《史记》

---

① 《黄帝内经灵枢经》卷 1《本输》，陈振相、宋贵美：《中医十大经典全录》，第 164 页。
② （隋）杨上善：《黄帝内经太素》卷 14《人迎脉口诊》注，陈振相、宋贵美：《中医十大经典全录》，第 1025 页。
③ （隋）杨上善：《黄帝内经太素》卷 14《人迎脉口诊》注，陈振相、宋贵美：《中医十大经典全录》，第 1025—1026 页。
④ （晋）王叔和：《脉经》卷 1《两手六脉所主五脏六腑阴阳逆顺》，严世芸、李其忠主编：《三国两晋南北朝医学总集》，第 355 页。
⑤ 巨赞法师：《试论王叔和》，朱哲主编：《巨赞法师全集》第 6 卷《艺苑遗珍》，北京：社会科学文献出版社，2008 年，第 1417 页。

载淳于意的治病经验是："意治病人，必先切其脉，乃治之。"①由本传所载的"诊籍"看，淳于意切脉非常强调"切其太阴之口"②，此"太阴之口"即寸口，如淳于意切脉经常会出现"右脉口气至紧小"③、"肝脉弦，出左口"④、"肝与心相去五分"⑤及"切其脉时，右口气急，脉无五藏气，右口脉大而数"⑥等情况。从当时淳于意诊脉的手法、速度及效率看，他用的是寸口脉法，已经辨析了弦、浮、沉、滑、涩、紧、实、坚、大、小、长、平、弱、鼓、躁、代、散、数、静19种脉象，而《难经》相传是扁鹊仓公一派的医籍，似有一定道理。《难经》倡导"独取寸口"是经过长期临床实践验证的有效诊法，《史记》所载淳于意的诸多"诊籍"便是有力证据。王叔和对其做了理论化和系统化的总结，提炼出许多规律性的原则和原理，从而形成了一门独特的医学诊断专科，所以《唐六典》将《脉经》作为医学生的必修课。二是脉学的传承贵在变革与创新。从张家山汉代医简古《脉书》到《黄帝内经》，再从《黄帝内经》到《脉经》，中间经过了不少发展的环节。例如，上面所举淳于意已经能够辨析19种脉象，《黄帝内经》载有单体脉象30余种⑦。《黄帝内经》所见脉象散见于《黄帝内经灵枢经》的《邪气脏腑病形》《根结》《终始》《四时气》《胀论》等22篇中。可以想象，如此分散的脉象，即便是今人对脉象的数量也都统计不一，更不要说汉晋时期的人了。难怪王叔和在《脉经·序》里会发出"代寡能用"与"指下难明"的疑惑和感慨。造成"指下难明"的原因很多，但《黄帝内经》对脉象记载的散乱不能说不是一个重要原因，而王叔和撰著《脉经》的最重要目的之一就是"类例相从"地进行系统总结，找出脉象的规律，进行推广和传播。所以宋人林亿说得好："盖其为书，一本《黄帝内经》，间有疏略未尽处，而又辅以扁鹊、仲景、元化之法。自余奇怪异端不经之说，一切不取。不如是，何以历数千百年，而传用无毫发之失乎。"⑧可见，王叔和对《黄帝内经》脉学的发展贡献巨大。至于切脉法的演变，前已述及，总的发展趋势是由繁到简，具体过程是：

三部九候法→三部诊法→人迎寸口诊法→尺肤诊法→寸口脉法

对于"寸口脉法"的临床意义，有论者指出："切脉法虽古已有之，但有关切脉的方法和理论，散见于古代的各种典籍中。自从王叔和著《脉经》（约成书于公元280年左右）后，中医的脉学才成为一门系统的专门知识。王叔和在《脉经》中具体地描述24种脉象，并把相类的脉分成八组，从而使人们对脉象的辨认有了明确的标准，这是中医脉学

① 《史记》卷105《扁鹊仓公列传》，第2817页。
② 《史记》卷105《扁鹊仓公列传》，第2801页。
③ 《史记》卷105《扁鹊仓公列传》，第2802—2803页。
④ 《史记》卷105《扁鹊仓公列传》，第2808—2809页。
⑤ 《史记》卷105《扁鹊仓公列传》，第2802页。注：这句话意思是说肝脉和心脉相距五分，"寸口脉法"称左右手桡骨茎突处为"关"，"关"前称"寸"，"关"后称"尺"。按照"寸口脉"分候脏腑原理，左手关部可验得肝病脉象，左手寸部可验得心病脉象。
⑥ 《史记》卷105《扁鹊仓公列传》，第2799页。
⑦ 关于《黄帝内经》所载单脉的数量，学界说法各异，有21脉、30余脉、39脉、57脉、72脉等，本书取30余脉。参见陈米珥：《〈黄帝内经〉脉象种类探究》，上海中医药大学2012年硕士学位论文，第3—34页。
⑧ 严世芸、李其忠主编：《三国两晋南北朝医学总集》，第423页。

的第一次总结。"①如《黄帝内经》还不能对紧脉与弦脉做出明确区分,而《脉经》则将紧脉列为一种独立的脉象,并有"数如切绳状"②的形态记述。又说:"由遍身诊法演变为寸口脉法,这是脉诊上的一大进步。"其主要理由是:"寸口脉与全身脉搏基本一致……由于周围动脉脉搏波的反射,使周围动脉收缩压增高,舒张压和平均压轻度降低,动脉越向外周,脉压增加越显著。因此,使压力脉搏波在周围动脉中增强,这正是中医切脉'独取寸口'的优越之处。也是用脉象仪记录桡动脉脉图比记录近心端的动脉脉图更为可取的理论基础"③。还有论者分析"寸口脉法"取代其他脉诊法而独占脉学鳌头的历史必然性说:"首先,更为方便,只需独取寸口;其次,可直接诊察脏腑情况,方便脏腑辨证。自从《伤寒杂病论》问世后,由于其治疗精简高效,被世人奉为临床圭臬,经方家成为中医的主流,脏腑辨证也就成为辨证的主流,《脉经》完善的两手寸关尺分候脏腑的脉诊法正好适应脏腑辨证的需要,因而很快就成为主流的脉诊法。"④

我们认为,以上评价比较客观、务实,是一种历史的和科学的态度。试想:中国传统文化非常重实用,脉诊的实用性更强,既科学又实用,《脉经》的这个特点,正是中国传统科学思想精髓的生动体现。所以无论如何,《难经》和《脉经》不论在方法还是理论上,都是对《内经》脉法的重大突破和超越,这一点是毋庸置疑的。现在有些学者将"寸口脉法"假设为包罗一切的医学手段,然后加以批判。这在逻辑上根本就讲不通,王叔和从来都没有把"寸口脉法"绝对化,相反,他更加强调脉诊与脏腑经络辨证相结合,主张脉、证、治并论,脉证合参,这是后世医家取法《脉经》的重要理论依据之一。

仅就脉象而言,王叔和比较准确地描述了 24 种脉象的指下感觉,易于区分辨别,从而奠定了脉诊指下标准的基础,对后世医家辨证论治产生了深远影响。例如,唐代孙思邈《千金要方》、宋代施发的《察病指南》、元代危亦林的《世医得效方》、明代李时珍的《濒湖脉学》等,都以《脉经》为准则,并加以发扬光大。在国外,随着唐朝的对外文化交流进入一个新的历史时期,此时《脉经》已传入日本、朝鲜等国家。公元 8 世纪初,日本颁布《大宝律令》,规定《脉经》是医学生的必修课之一。宋代随着海上丝绸之路的不断拓展,《脉经》又相继传入欧洲和阿拉伯国家。如阿拉伯医生阿维森纳著有《医典》一书,书中的"切脉"部分基本上是引用了《脉经》的内容。元明时期,《脉经》又传到波斯,当时波斯医生不仅专门提到了王叔和之名,而且引用《脉经》的论述。清代中期,耶稣会传教士卜弥格将《脉经》翻译成拉丁文出版。弗洛伊尔受《脉学》影响著有《医生诊脉表》一书,另外他还发明了一种供医生临床切脉计数脉搏用的表,这是具有重要历史意义

---

① 杨天权:《脉诊的演变及其与当今脉诊研究的联系》,《辽宁中医杂志》1986 年第 5 期,第 43 页。
② (晋)王叔和:《脉经》卷 1《脉形状指下秘诀》,严世芸、李其忠主编:《三国两晋南北朝医学总集》,第 354 页。
③ 杨天权:《脉诊的演变及其与当今脉诊研究的联系》,《辽宁中医杂志》1986 年第 5 期,第 43—44 页。
④ 郑志杰、赖新生:《人迎寸口脉诊法的文献与临床研究探讨》,《中华中医药杂志》2011 年第 5 期,第 991 页。

的事件。现代美籍生物力学家冯元桢提出中西医结合研究"无创伤脉象诊断方法"的医学工程创新计划，令人振奋。因此，有论者说："脉诊作为生物医学工程学这门边缘学科的一部分，由于简便无创，故随着近年来生物医学工程学的迅速发展，脉诊也随之发展起来，并日益受到普遍的重视。"[①]

当然，我们并不认为《脉经》及其寸口诊脉存在这些优势，就可以理所应当地取代其他脉诊方法了。在当今这个多元化的时代，倡导脉诊方法的多元并存是大势所趋，甚至整理和研究已经失传的古脉诊方法也很有必要。比如，临床实践证明"人迎寸口脉诊法指导治疗确有较好疗效，仍有重要的临床应用价值"[②]。有价值的东西就需要保护、研究和开发，使之发挥应有的积极作用。这才是实事求是的科学态度。

第四节　皇甫谧的针灸学思想

皇甫谧字士安，安定朝那[③]人。他的曾祖皇甫嵩因镇压黄巾军起义而被封为槐里侯，领冀州牧，秩二千石，位高权重，系造成东汉末年割据政权的原因之一。可惜，好景不长。皇甫嵩死后，皇甫谧的家境开始衰落，故迫于生计和孝道，皇甫谧被过继给叔父作养子。在此期间，皇甫谧经历了一个从"浪子"到"医学名家"的转变过程，事迹令人感动。《晋书》本传载：

> 年二十，不好学，游荡无度，或以为痴。尝得瓜果，辄进所后叔母任氏。任氏曰："《孝经》云：'三牲之养，犹为不孝。'汝今年余二十，目不存教，心不入道，无以慰我。"因叹曰："昔孟母三徙以成仁，曾父烹豕以存教，岂我居不卜邻，教有所缺，何尔鲁钝之甚也！修身笃学，自汝得之，于我何有！"因对之流涕。谧乃感激，就乡人席坦受书，勤力不怠。居贫，躬自稼穑，带经而农，遂博综典籍百家之言。沉静寡欲，始有高尚之志，以著述为务，自号玄晏先生。著《礼乐》、《圣真》之论。[④]

据考，魏正始十年（249），皇甫谧在河南新安（今河南渑池东）患疾。[⑤]而此时，正值上层社会服寒食散成风，且受害者不计其数。故为了研究寒食散的药理作用，皇甫谧开始服寒食散。[⑥]结果如《晋书》所载：

> 初服寒食散，而性与之忤，每委顿不伦，尝悲恚，叩刃欲自杀，叔母谏之

① 杨天权：《脉诊的演变及其与当今脉诊研究的联系》，《辽宁中医杂志》1986 年第 5 期，第 44 页。
② 郑志杰、赖新生：《人迎寸口脉诊法的文献与临床研究探讨》，《中华中医药杂志》2011 年第 5 期，第 990 页。
③ 钱超尘、温长路主编：《皇甫谧研究集成》，北京：中医古籍出版社，2011 年，第 112—113 页。
④ 《晋书》卷 51《皇甫谧传》，第 1409 页。
⑤ 钱超尘、温长路主编：《皇甫谧研究集成》，第 149 页。
⑥ 杨文衡等编著：《中国科技史话》上册，北京：中国科学技术出版社，1988 年，第 218 页。

而止。①

由于皇甫谧的叔母在魏嘉平六年（254）去世，魏甘露三年（258）皇甫谧不幸"得风痹疾"②，依然通过"服寒食散"来治疗，故他在晋泰始八年（272）向晋武帝上疏时称："服寒食药，违错节度，辛苦荼毒，于今七年。"③言语中显露出皇甫谧已经能淡然对待自己的"风痹疾"了。因而他矢志发奋读书，枕籍经史，"犹手不辍卷"④，并开始编著《黄帝三部针灸甲乙经》⑤。可以想见，在魏嘉平六年之前，皇甫谧必定经历了他人生中最痛苦难熬的一段时期。

叔母的泪滴和关爱对皇甫谧而言是刻骨铭心的，皇甫谧从此以读书为志，"躬自稼穑，带经而农"，勤勉好学，半耕半读，颇有"穷达以时，德行一也。誉毁在仿（旁），听之弗母"⑥的操行。因此，在超越世俗功利的精神追求下，皇甫谧成就了"尧舜之道"⑦。他说：

> 人之所至惜者，命也；道之所必全者，形也；性形所不可犯者，疾病也。若扰全道以损性命，安得去贫贱存所欲哉？吾闻食人之禄者怀人之忧，形强犹不堪，况吾之弱疾乎！且贫者士之常，贱者道之实，处常得实，没齿不忧，孰与富贵扰神耗精者乎！⑧

"处常得实，没齿不忧"是皇甫谧的人生信仰，也是他"耽玩典籍，忘寝与食"⑨的精神动力，这使他对"崇接世利，事官鞅掌"⑩的"毒素"具有了免疫力。因此，当时有很多入仕的机会，如"时魏郡召上计掾，举孝廉；景元初，相国辟"⑪；又咸宁元年（275），晋武帝"以谧为太子中庶子"，"寻复发诏征为议郎，又召补著作郎"⑫等，但他都毫不犹豫地放弃了。与之形成鲜明对比的是，他"自表就帝借书"，于是晋武帝"送一车书与之。谧虽羸疾，而披阅不怠"⑬。其"持难夺之节，执不回之意"⑭，终于完成了《黄帝三部针灸甲乙经》这部不朽的医学名著。当然，除《黄帝三部针灸甲乙经》外，皇甫谧的著作尚有不少，晋太康三年（282），《黄帝三部针灸甲乙经》刊行，同年，皇甫谧病逝。

---

① 《晋书》卷 51《皇甫谧传》，第 1415 页。
② 《晋书》卷 51《皇甫谧传》，第 1409 页。
③ 《晋书》卷 51《皇甫谧传》，第 1415 页。
④ 《晋书》卷 51《皇甫谧传》，第 1409 页。
⑤ 钱超尘、温长路主编：《皇甫谧研究集成》，第 149 页。
⑥ 陈伟：《郭店竹书别释》，武汉：湖北教育出版社，2003 年，第 48 页。
⑦ 《晋书》卷 51《皇甫谧传》，第 1409 页。
⑧ 《晋书》卷 51《皇甫谧传》，第 1410 页。
⑨ 《晋书》卷 51《皇甫谧传》，第 1410 页。
⑩ 《晋书》卷 51《皇甫谧传》，第 1410 页。
⑪ 《晋书》卷 51《皇甫谧传》，第 1411 页。
⑫ 《晋书》卷 51《皇甫谧传》，第 1416 页。
⑬ 《晋书》卷 51《皇甫谧传》，第 1415 页。
⑭ 《晋书》卷 51《皇甫谧传》，第 1414 页。

一、"事类相从"与《黄帝三部针灸甲乙经》

（一）《针经》、《黄帝内经素问》和《黄帝明堂经》的主要内容

按《汉书·艺文志》，汉代医经的传本主要有《黄帝内经》18 卷、《黄帝外经》39 卷（亦说 37 卷）、《扁鹊内经》9 卷、《扁鹊外经》12 卷、《白氏内经》38 卷、《白氏外经》36 卷，以及《白氏旁篇》25 卷。[①]其中，《黄帝内经》18 卷在东汉被分为独立的两本书流传，一本是《针经》9 卷，另一本是《黄帝内经素问》9 卷。据皇甫谧称：

> 按《七略·艺文志》，《黄帝内经》十八卷。今有《针经》九卷，《素问》九卷，二九十八卷，即《内经》也。亦有所忘（亡）失。其论遐远，然称述多而切事少，有不编次。比按仓公传，其学皆出于《素问》，论病精微。《九卷》是原本经脉，其义深奥，不易觉也。又有《明堂孔穴针灸治要》，皆黄帝岐伯选（撰）事也。三部同归，文多重复，错互非一。[②]

《针经》或《九针》，即《黄帝内经灵枢经》，总共 81 篇。南宋绍兴二十五年（1155），史崧重编《黄帝内经灵枢经》为 24 卷，遂取代其他版本，流传至今。《玉海》卷 62 载：

> 书目（指《中兴馆阁书目》）《黄帝灵枢经》九卷，黄帝、岐伯、雷公、少俞、伯高答问之语。隋杨上善序凡八十一篇，《针经》九卷，大抵同，亦八十一篇，《针经》以九针十二原为首，《灵枢》以精气为首，又间有详略，王冰以《针经》为《灵枢》。[③]

今传本《黄帝内经灵枢经》以《九针十二原》为首篇，却不见《精气》篇，故有人推断造成这种结果的原因，很可能是《中兴馆阁书目》所据系杨上善本，今传则为史崧重编本[④]。

《黄帝明堂经》（图 1-5）又名《明堂孔穴针灸治要》，是我国首部专门论述针灸腧穴的经典。至唐代，该书出现了两种注本：杨上善《黄帝内经明堂类成》，凡 13 卷，为官修注本；杨玄操《黄帝明堂经》注本，凡 3 卷。由于该书"主论针灸孔穴"，故后人便以"明堂"代称针灸。据皇甫谧序云，他编撰《黄帝三部针灸甲乙经》以《黄帝明堂经》为主要蓝本。[⑤]

《黄帝内经素问》之名不见《汉书·艺文志》，知《黄帝内经素问》之名后出。另据张仲景称："乃勤求古训，博采众方，撰用《素问》、《九卷》、《八十一难》、《阴阳大论》、《胎胪药录》并平脉辨证，为《伤寒杂病论》合十六卷。"[⑥]加上皇甫谧之说，可知《黄帝内经素问》之名出现于汉、晋之间。从皇甫谧序的话语看，《黄帝内经素问》的传本在东

---

① 《汉书》卷 30《艺文志》，第 1776 页。

② （晋）皇甫谧：《黄帝三部针灸甲乙经》皇甫序，严世芸、李其忠主编：《三国两晋南北朝医学总集》，第 134 页。

③ （宋）王应麟：《玉海》卷 63《艺文·艺术》，第 1190 页。

④ 余嘉锡著，戴维校点：《四库提要辨证》第 1 册，第 548 页。

⑤ 马继兴：《针灸学通史》，长沙：湖南科学技术出版社，2011 年，第 161 页。

⑥ 路振平主编：《中华医书集成》第 2 册《伤寒类》，第 2 页。标点略有修改。

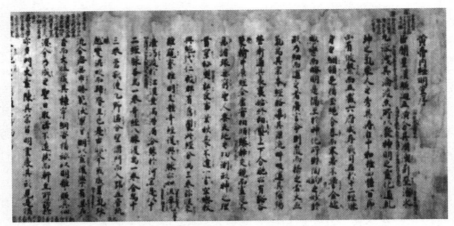

图 1-5 《黄帝明堂经》残卷①

汉既已"有所忘（亡）失"，而"比按仓公传，其学皆出于《素问》"，则皇甫谧所据是否就是仓公传之《黄帝内经素问》，尚待考证。

由于皇甫谧的《黄帝三部针灸甲乙经》编撰得到了晋武帝支持，所以在当时，皇甫谧能够很方便地看到相对完整的医籍传本，如《黄帝内经素问》《明堂孔穴针灸治要》等。而为了改变世上流传医籍"有不编次"的状况，他克服了病痛的折磨，撰成《黄帝三部针灸甲乙经》一书，是为《黄帝内经》的早期传本之一。

皇甫谧自述称：

> 甘露中，吾病风加苦聋，百日方治，要皆浅近，乃撰集三部，使事类相从，删其浮辞，除其重复，论其精要，至为十二卷。②

这里仅谈"事类相从"的方法。对此，皇甫谧有自己的解释。他说：

> 《易》曰：观其所聚，而天地之情事见矣。况物理乎？事类相从，聚之义也。③

从皇甫谧的解释看，以"聚"为特色的"事类相从"编集《黄帝三部针灸甲乙经》之法，突出体现了古代"述而不作"的类书编集特点，故有人将《黄帝三部针灸甲乙经》看作是我国古代现存最早的类书之一④。通过"分类"编集，皇甫谧将散见于上述三书中不同篇章，而讨论相同或相近主题的内容聚集在一起，使之更加条理化和系统化，从而能更清晰地展现针灸学本身各个组成部分之间的内在联系，以利于后代医者的研读和应用。现代聚类分析方法（即数值分类方法）的名称便是取自"事类相从，聚之义"⑤，可见皇甫谧所讲的"事类相从"法确有其独特的价值和意义。比如，皇甫谧在《黄帝三部针灸甲乙

① 黄龙祥、黄幼民：《图说中医·针灸》，北京：人民卫生出版社，2011年，第111页。
② 严世芸、李其忠主编：《三国两晋南北朝医学总集》，第134页。
③ 严世芸、李其忠主编：《三国两晋南北朝医学总集》，第134页。
④ 张效霞：《医海探骊——中国医学史研究新视野》，北京：中医古籍出版社，2012年，第88页。
⑤ 宋子成：《通用科学方法三百种》，内部资料，1984年，第55页。

经》卷 3 中共厘定了 38 个腧穴，他"用分部依线的方法，划分了头、面、胸、腹、四肢等 35 条线路，这样排列穴位是很科学的，比《内经》要先进得多"①。此外，对于四肢穴位，他以三阴、三阳经脉顺序排列，先内后外，条理清晰，前后贯通，使人对经脉的认识更深入。如《黄帝三部针灸甲乙经》卷 2《十二经脉络脉支别》的内容关联性非常强，它在叙述完十二经脉和十五络脉之后，紧接着叙述十二皮部与十二经别，把具有内在联系的内容编集在一起，不仅结构合理，而且系统完整。

可是，现传本《黄帝内经》却将上述经络内容一分为三：十二经脉，见于《黄帝内经灵枢经》卷 3《经脉》；十二经别，见于《黄帝内经灵枢经》卷 3《经脉》；十二皮部，见于《黄帝内经素问》卷 15《皮部论篇》。结构较疏散，所以就其内容编撰而言，它的系统性和完整性都要逊色于《黄帝三部针灸甲乙经》。因此，有学者评价说：

> （《黄帝三部针灸甲乙经》第 2 卷）主体内容为经脉理论，其中一些内容未完全反映于目录，实际包括的内容按出现次序为：十二经脉（循行分布、经脉病候、盛虚脉诊、经脉气绝表现、经脉脉动），经络诊察、十五络脉／穴、十二皮部、十二经别，奇经八脉，脉度，十二经脉标本，经脉根结，十二经筋，骨度，以及消化道度量。这些原本散见的经络理论及相关知识，通过皇甫谧的分类编排，得以系统化呈现。②

又有学者说：

> 皇甫谧创造性地把类书事类相从的编辑方法运用于《针灸甲乙经》的编辑实践中，对于古代医学文献的编辑具有体例创新意义。③

例如，隋代杨上善《黄帝内经太素》的编纂体例就取法于《黄帝三部针灸甲乙经》，故清代黄以周在《旧钞〈太素〉校本叙》中云：

> 《太素》改编经文，各归其类，取法于皇甫谧之《甲乙经》，而无其破碎大义之失。其文先载篇幅之长者，而以所移之短章碎文附于其后，不使原文糅杂。其相承旧本有可疑者，于注中破其字，定其读也，不辄易正文。以视王氏（即王冰）之率意窜改，不存本字，任意移徙，不顾经趣，大有径庭。④

因而杨上善便成为分类研究《黄帝内经》的第一家。⑤据学者研究，皇甫谧编撰《黄帝三部针灸甲乙经》的"事类相从"法，按其内容又可细分为四种情形：第一种情形是按主题归类，即在同一个主题之下，对《黄帝内经》分散在各章节里的文字进行归类汇编，如《黄帝三部针灸甲乙经》卷 1《精神五脏论》，就是由《黄帝内经素问》之《举痛论

---

① 聂菁葆：《试析皇甫谧名垂中国医学史的原因》，《吉林中医药》1989 年第 5 期，第 47 页。
② 赵京生：《〈甲乙经〉的组织结构与针灸学意义》，《中医文献杂志》2009 年第 1 期，第 19 页。
③ 薛建立：《皇甫谧在中国古代编辑史上的贡献》，钱超尘、温长路主编：《皇甫谧研究集成》，第 1069 页。
④ 段逸山：《〈素问〉全元起本研究与辑复》附录十，上海：上海科学技术出版社，2001 年，第 258 页，当然，黄氏对王冰的批评有失公允，因为学术研究的旨趣不同，对传统经典的整理与研究自有不同的方法。故王冰对《黄帝内经》整理与研究的学术贡献不可否定。
⑤ 天津中医学院：《中医学解难——各家学说分册》，天津：天津科学技术出版社，1986 年，第 18 页。

篇》《五脏生成篇》《阴阳应象大论篇》及《黄帝内经灵枢经》之《本神》《九针论》等有关五脏的内容汇集而成。第二种情形是归类有主次，从皇甫谧的编撰体例看，根据针灸学的学科特点，他先将《黄帝内经灵枢经》的内容采用"黄帝问曰"的形式摘录和组织在一起，然后把《黄帝内经素问》的内容作为对《黄帝内经灵枢经》内容的一种补充，陈列于后。如《黄帝三部针灸甲乙经》卷1《精神五脏论》即是先述《黄帝内经灵枢经》的内容，后以《黄帝内经素问》的内容作为补充或解释。第三种情形是合编改编，这个过程实际上是对《黄帝内经》原篇章内容的取舍，如皇甫谧根据《黄帝三部针灸甲乙经》的内容特点和客观需要，对《黄帝内经》中的藏象学说，计有29篇，并没有全部转录，而是只引录了其中的24篇，舍去了内容略有重复的5篇。第四种情形是删繁就简，《黄帝三部针灸甲乙经》在引录《黄帝内经素问·上古天真论》的内容时，有意识地删去了"昔在黄帝，生而神灵，弱而能言，幼而徇齐，长而敦敏，成而登天"这段与针灸学无关的话，体现了皇甫谧求实的治学精神。①

（二）《黄帝三部针灸甲乙经》的传本及其主要内容

1.《黄帝三部针灸甲乙经》②的传本

据考，南北朝时期始有《黄帝三部针灸甲乙经》10卷与12卷两种传本流行。如《隋书·经籍志》载："《黄帝甲乙经》十卷，音一卷，梁十二卷。"③后《旧唐书·经籍志》将"梁十二卷"与"音一卷"合在一起，遂有"《黄帝三部针经》十三卷"④之说。到北宋，经过林亿等校注，"皇甫谧《黄帝三部针灸经》十二卷"⑤始成定本。林亿序云：

> 晋·皇甫谧博综典籍百家之言，沉静寡欲，有高尚之志。得风痹，因而学医，习览经方，前臻至妙。取《黄帝素问》、《针经》、《明堂》三部之书，撰为《针灸经》十二卷，历古儒者之不能及也。⑥

明代以降，以北宋林亿新校本为蓝本的刊本或抄本流传较多，本书所据为严世芸、李其忠主编《三国两晋南北朝医学总集》本。

2.《黄帝三部针灸甲乙经》的主要内容

日本学者丹波元坚释"甲乙"二字说：

> 昔皇甫玄晏总三部为甲乙之科。《外台秘要》引此书，其疟病中云，出庚卷第七。水肿中云，出第八辛卷。又明堂及脚气中并引丙卷。然则玄晏原书以十干列，故

---

① 张建斌：《皇甫谧〈针灸甲乙经〉学术框架的解构》，《中国针灸》2015年第1期，第88页。

② 各种版本对皇甫谧《黄帝三部针灸甲乙经》的称谓不统一，如明五车楼本，内封为《甲乙经》，林亿校本题名《黄帝针灸甲乙经》，序文则称《针灸经》，皇甫谧序作《黄帝三部针灸甲乙经》，然正文却名《针灸甲乙经》等。故本书不免有名称不统一之嫌，是源于此。

③ 《隋书》卷34《经籍志》，第1040页。

④ 《旧唐书》卷47《经籍志下》，北京：中华书局，1975年，第2046页。

⑤ 《宋史》卷207《艺文志六》，第5305页。

⑥ 严世芸、李其忠主编：《三国两晋南北朝医学总集》，第135页。

以《甲乙》命名。《隋志》：《黄帝甲乙经》十卷，可以证焉。今传本并玄晏自序作十二卷，盖非其真也。《魏都赋》：次舍甲乙，西南其户。李善注：甲乙，次舍之处，以甲乙纪之也。《景福殿赋》：辛壬癸甲，为之名秩。吕延济注：言以甲乙为名次也。此其义一尔。①

对此，学者提出许多不同意见。如有人认为："甲乙属春，隐含春季是一年之始，借代基础之意"。也就是说，"《针灸甲乙经》作者皇甫谧认为该书是学医者特别是针灸科医生必读的基础知识"②。又有人说："从《甲乙经》内容看，全书可分为甲、乙两大类，卷一至卷六为中医基本理论与针灸俞穴基本知识；从卷七至卷十二为临床治疗部分，三部书按理论与临床两大类编次使其条理明晰，方便学习，实用临床，乃为我国医书编次之先河。'甲乙'之意于此明矣。"③还有人主张："结合本书为撰次《素问》、《针经》、《明堂》三书之义，甲乙作编次解，亦通。由于本经在流传中有些疑问，尚未尽释，故书名之义，暂难定论。"④相较于前三说，下面一说更具说服力，即"'甲乙'二字表示该书是为了使病人恢复健康，使其'生'，使其'活'"⑤。从学理上讲，一本书的名称往往与作者的思想动机和学养连在一起，从《晋书》本传所记载的事例看，皇甫谧具有很深的儒学修养。例如，他曾著有《礼乐》《圣真》之论。⑥又说："夫唯无损，则至坚矣；夫唯无益，则至厚矣。坚故终不损，厚故终不薄。苟能体坚厚之实，居不薄之真，立乎损益之外，游乎形骸之表，则我道全矣。"⑦什么能使皇甫谧"体坚厚之实，居不薄之真"呢？肯定不是物质的东西，而是精神的力量。所以《黄帝三部针灸甲乙经》将《精神五脏论》列为首篇，确实意味深长，绝非没有用意。联系到《礼记·月令》所言："孟春之月，日在营室，昏参中，旦尾中。其日甲乙。"孔颖达《正义》疏："其当孟春、仲春、季春之时，日之生养之功，谓为甲乙。"⑧而"生养之功"是人生的根本，所谓"至道不损，至德不益。何哉？体足也"⑨。备受风痹折磨的皇甫谧深深懂得"体足"的真谛，他将针灸视为"生养之功"正是基于上述考虑。正像"甲乙统春之三时"⑩一样，旨在讲求"生养之功"的针灸也是统人体的"甲乙"，故名《黄帝三部针灸甲乙经》。

《黄帝三部针灸甲乙经》分 12 卷，卷 1 主要讲藏象学说，卷 2 讲经络学说，卷 3 讲腧穴主治，卷 4 讲脉理诊法，卷 5 讲针灸禁忌与针道，卷 6 以阴阳五行为核心，讲有关人体生理和病理的基本问题。以上 6 卷侧重于基础理论。卷 7 主要讲六经受病发伤寒热病的发

① 王瑞祥主编：《中国古医籍书目提要》上卷，北京：中医古籍出版社，2009 年，第 347 页。
② 方金森：《〈针灸甲乙经〉甲乙两字之我见》，钱超尘、温长路主编：《皇甫谧研究集成》，第 683 页。
③ 马明非：《〈针灸甲乙经〉命名的浅见》，钱超尘、温长路主编：《皇甫谧研究集成》，第 1162 页。
④ 张灿玾主编：《黄帝内经文献研究》，上海：上海中医药大学出版社，2005 年，第 289 页。
⑤ 姜燕等：《〈黄帝三部针灸甲乙经〉题名解》，钱超尘、温长路主编：《皇甫谧研究集成》，第 583 页。
⑥ 《晋书》卷 51《皇甫谧传》，第 1409 页。
⑦ 《晋书》卷 51《皇甫谧传》，第 1410 页。
⑧ 刘方元、刘松来、唐满先编著：《十三经直解》第 2 卷下《礼记直解》，南昌：江西人民出版社，1993 年，第 234 页。
⑨ 《晋书》卷 51《皇甫谧传》，第 1410 页。
⑩ 刘方元、刘松来、唐满先编著：《十三经直解》第 2 卷下《礼记直解》，第 234 页。

病规律和临床诊治方法，卷 8 讲五脏传并发寒热的发病规律和临床诊治方法，卷 9 讲五脏六腑病气滞血瘀的临床表现及其诊治方法，卷 10 讲阴阳受病发风痹的临床诊治方法，卷 11 讲阴阳脉病寒邪热动而发痈疽等的临床诊治方法，卷 12 讲五官病症的临床诊治方法。以上 6 卷侧重于临床应用。所以《黄帝三部针灸甲乙经》把理论与实践结合起来，对针灸原理作"切实"的"聚义"，这从根本上解决了在此之前《黄帝内经》传本所存在的"称述多而切事少"①问题。

对于《黄帝三部针灸甲乙经》的内容特色，因马继兴在《针灸学通史》一书中有详论，故笔者在此仅择要述之。

第一，《黄帝内经素问》之《气穴论篇》和《气府论篇》共载有"三百六十五穴"，以应周天三百六十五日。其穴位的分布状况是：

> 足太阳脉气所发者七十八穴：两眉头各一，入发至项三寸半，傍五，相去三寸，其浮气在皮中者凡五行，行五，五五二十五，项中大筋两傍各一，风府两傍各一，侠脊以下至尻尾二十一节十五间各一，五脏之俞各五，六府之俞各六，委中以下至足小指傍各六俞。
>
> ……足少阴舌下，厥阴毛中急脉各一，手少阴各一，阴阳蹻各一，手足诸鱼际脉气所发者，凡三百六十五穴也。②

上文所给出的气穴数，显然多于 365 穴，而实际揭示出来的穴位却不足 365 穴，甚至有的有穴无位，或者有的穴位只见针刺与灸法，却不见穴位名称。可见，《黄帝内经》的针刺疗法仍未达到系统和完备的程度。当然，若从文献学的角度看，这恰恰反映了它的古老性。③《黄帝明堂经》虽然冠以"黄帝"之名，但它的出现却晚于《黄帝内经》，成书于西汉末年至东汉延平元年（106）之间④。由于皇甫谧采录了《黄帝明堂经》的佚文，故穴位数目已由《黄帝内经》的 160 个增加到《黄帝三部针灸甲乙经》的 349 个，其中包括单穴 49 个，双穴 300 个，这样全身针灸穴位就达到 349 个⑤。不独是数量的增加，且对穴位的记述也更加详尽和明晰，同时皇甫谧还纠正了前人对部分孔穴的不准确定位。例如，"中脘，一名太仓，胃募也，在上脘下一寸，居心蔽骨与脐之中……《九卷》云：髑骬至脐八寸，太仓居其中为脐上四寸。吕广撰《募腧经》云：太仓在脐上三寸，非也"⑥。现代临床定位中脘穴通常就是以《黄帝三部针灸甲乙经》为准的。又如，对阳白穴的定位，《黄帝三部针灸甲乙经》云："阳白，在眉上一寸直瞳子，足少阳、阳维之会，刺入三分，

---

① （晋）皇甫谧：《黄帝三部针灸甲乙经》皇甫序，严世芸、李其忠主编：《三国两晋南北朝医学总集》，第 134 页。

② 《黄帝内经素问》卷 15《气府论篇》，陈振相、宋贵美：《中医十大经典全录》，第 81—82 页。

③ 有学者认为《黄帝内经》应成书于扁鹊时代之后、仓公时代之前。参见许海杰编著：《社会未解之谜》，北京：西苑出版社，2010 年，第 161 页。

④ 黄龙祥：《〈黄帝明堂经〉与〈黄帝内经〉》，《中国针灸》1987 年第 6 期，第 43 页。

⑤ 钱超尘、温长路主编：《皇甫谧研究集成》，第 4 页。

⑥ （晋）皇甫谧：《黄帝三部针灸甲乙经》卷 3《诸穴》，严世芸、李其忠主编：《三国两晋南北朝医学总集》，第 180 页。

灸三壮。（'气府'注云：足阳明、阴维二脉之会。今详阳明之经不到于此，又阴维不与阳明会，疑《素问注》非是。）"①经中华人民共和国国家标准《经穴部位》测定，阳白穴属足少阳胆经，位置在前额部，当瞳孔直上，眉上1寸。②这显然取法于《黄帝三部针灸甲乙经》，故皇甫谧对《黄帝内经素问注》的匡谬是正确的。

第二，注重针灸内容的理论性和系统性。由于《黄帝内经》经过了春秋、战国、秦、汉等不同时代医家的增饰与修纂，故有关针灸的内容往往分散在《黄帝内经素问》与《黄帝内经灵枢经》的多篇章节之中，检索不便，而且对于气穴的记述也比较简略，难以体现各气穴与诸条经脉之间复杂多元的内在联系。皇甫谧在"事类相从"的编纂原则指导下，经过对《黄帝内经素问》《针经》《明堂孔穴针灸治要》三部医籍的重新整合，将关联性较强的内容"聚"在一起，不仅问题集中，而且分类科学，引述更加系统。

首先，从针灸学的形成和发展看，针灸实践离不开中医理论的指导。因此，尽管针灸著作早就出现了，如长沙马王堆汉墓出土的医书《足臂十一脉灸经》与《阴阳十一脉灸经》等，但这只是针灸经验的总结，还没有形成针灸理论。后来《黄帝内经灵枢经》总结先秦至汉代的针灸经验，并进行理论概括，从而深化了人们对针灸治病机制的研究。接着，《难经》在《黄帝内经灵枢经》的基础上，又补充了"奇经八脉"和"原气"的内容，同时还用五行学说对五腧穴的理论与应用做了详细阐释，标志着针灸理论水平又提升到一个新的历史高度。《明堂孔穴针灸治要》大概即在此时出现，我们不否认皇甫谧的《黄帝三部针灸甲乙经》是对前述三部医籍的合编，然而，用什么方法去整合三部医籍的内容？皇甫谧一定在事先做了相当长时间的思索和构想。于是，他毅然摒弃了以往的狭隘"针灸"观，将具体的针灸理论与中医学的基础理论相结合，所以《黄帝三部针灸甲乙经》的第一篇不是讲"针灸"本身的理论，而是讲中医学的基础理论，体现了从一般到特殊的认识过程。在此，"一般"即中医学各科的共同本质，而这个共同本质无疑就是中医学基础理论。因此，当"人们已经认识了这种共同的本质以后，就以这种共同的认识为指导，继续地向着尚未研究过的或者尚未深入地研究过的各种具体的事物进行研究，找出其特殊的本质"③。皇甫谧《黄帝三部针灸甲乙经》的编纂，对于针灸学的发展就起到了这样的历史作用。从这个层面看，诚如有学者所言：

> 《甲乙经》虽是针灸学方面的专著，但第一篇却先论述了阴阳五行、气血脏腑，足见作者对中医学基础理论非常重视。脏腑气血阴阳的思想是针灸学理论基础构成的重要组成部分，皇甫谧强调医学基础理论的共同性，在日渐忽视针灸特色——阴阳辨证的今天，这一认识更具有意义。④

其次，"腧穴"作为针灸学的重要组成部分，其医学内容在《黄帝三部针灸甲乙经》

---

① （晋）皇甫谧：《黄帝三部针灸甲乙经》卷3《诸穴》，严世芸、李其忠主编：《三国两晋南北朝医学总集》，第175页。

② 李剑、曾召主编：《治则治法与针灸学》，北京：中医古籍出版社，2006年，第121页。

③ 蔡灿津：《辩证逻辑史论纲》，广州：暨南大学出版社，1996年，第211页。

④ 王峰、赵中亭：《〈针灸甲乙经〉在针灸史上的重要地位》，《山东中医药大学学报》2010年第5期，第447页。

中得以系统呈现。例如，对于耳部腧穴之"下关"穴，《黄帝三部针灸甲乙经》述：

> 下关，在客主人下，耳前动脉下空下廉，合口有孔，张口即闭，足阳明、少阳之会，刺入三分，留七呼，灸三壮，耳中有干糙抵，不可灸。[1]

若把"下关穴"视为一个系统单元，则诸元素之间就构成了这个系统整体的部分。其中每一个元素都具有特殊的重要性。例如，"刺入三分"相当于今天的 0.75 厘米（即 0.3寸），这个深度为第一针感层，现代针刺该穴已经能深入第二针感层（刺入 3 厘米左右）和第三针感层（刺入 5 厘米左右）[2]。按：古代的毫针长约 3 厘米。我们知道，在下关穴区，依解剖结构讲，由浅入深，分别为皮肤、皮下组织、腮腺等，如图 1-6 所示。在局部解剖学知识相对匮乏的魏晋时期，毫针刺入 0.75 厘米，较为安全。临床上，刺激下关穴可清泻三经（足阳明、少阳及足太阳）火热，对缓解各种原因所致的面痛和齿痛有一定作用。留针时间为"七呼"，按正常成人每分钟呼吸 16 次算，"七呼"约为 26 秒。有医者用针刺加灸下关穴治疗周围性面神经麻痹，治愈率为 75.68%，总有效率为 98.5%。[3]但"耳中有干糙抵"者，禁灸。所谓"干糙抵"即耵耳，是耵聍过多堵塞耳道所引发的病症，主要有耳道堵塞感、耳聋、耳鸣、耳痛等常见症状，皇甫谧认为耵耳忌灸，是怕火热伤津，导致耵聍燥结，更难取出[4]。有人据此认为皇甫谧主张禁灸下关穴，显然是一种误解。[5]

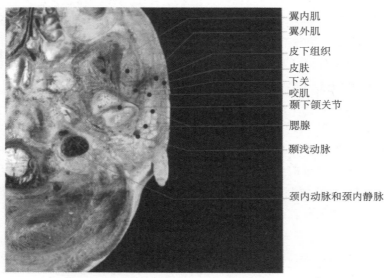

图 1-6　下关穴横切断面图（直刺 0.3—0.5 寸）[6]

翼内肌
翼外肌
皮下组织
皮肤
下关
咬肌
颞下颌关节
腮腺
颞浅动脉
颈内动脉和颈内静脉

① （晋）皇甫谧：《黄帝三部针灸甲乙经》卷 3《诸穴》，严世芸、李其忠主编：《三国两晋南北朝医学总集》，第 176 页。

② 谭小春编著：《图解针灸大全》，太原：山西科学技术出版社，2011 年，第 232 页。

③ 叶成鹄、韩碧英编著：《实用灸疗》，北京：中医古籍出版社，1991 年，第 23 页。

④ 王德鉴主编：《中国医学百科全书：中医耳鼻咽喉口腔科学》，上海：上海科学技术出版社，1985 年，第 16 页。

⑤ 叶成鹄、韩碧英编著：《实用灸疗》，第 23 页。

⑥ 黄伯灵等主编：《人体腧穴全真解剖图谱》，北京：北京科学技术出版社，2005 年，第 39 页。

二、"论其精要"及皇甫谧的医学思想成就

（一）"论其精要"与《黄帝三部针灸甲乙经》的主要学术特色

皇甫谧对《黄帝三部针灸甲乙经》的编集特色可概括为两点：一是"事类相从"；二是"论其精要"。对于何谓"精要"，皇甫谧有自己的解释。他说：

> 其本论其文有理，虽不切于近事，不甚删也。若必精要，后其闲暇，当撰核以为教经云尔。①

因此，"精要"的第一要义就是"其文有理"。依此，则皇甫谧对《黄帝内经》的篇目就不能兼收并蓄，而是选其精要，特别是有助于构建针灸学理论体系的篇目，或者全收，或者大部分收，至于那些与针灸学无关的篇目，则置之度外。据初步统计，《黄帝三部针灸甲乙经》全收《黄帝内经素问》29 篇，未收者 20 篇（含运气 7 篇大论）；全收《黄帝内经灵枢经》57 篇，个别收者 3 篇，未收者 1 篇。②作为针灸学理论体系的组成部分，《黄帝内经灵枢经》有 2 篇专论人的体质，即《通天》和《阴阳二十五人》。在过去，一般中医基础理论都不讲人的体质，其理论体系的内容主要包括精气学说、阴阳学说、五行学说、五脏、六腑、奇恒之腑、期、穴、津液、经络、病因、发病、病机及防治原则。实际上，"体质学说"被纳入中医学基础理论体系之中，是比较晚近的事情③。因为大概到 20世纪 70 年代，人们才提出中医体质学说，其标志是王琦、盛增秀《中医体质学说》的出版④。而皇甫谧却将《黄帝内经灵枢经》中的体质学说作为其《黄帝三部针灸甲乙经》的特色理论之一，这种远见卓识，应系"其文有理"的重要体现。

《黄帝三部针灸甲乙经》卷 1《阴阳二十五人形性血气不同》转述了《黄帝内经灵枢经》有关体质的论说。其主要观点是：划分出五类气质之人，包括太阴之人、少阴之人、太阳之人、少阳之人与阴阳和平之人。这五种气质类型人的阴阳血气各不相同，其中"太阴之人"阴气偏盛，故"多阴而无阳"；"少阴之人"阴盛阳虚，故"多阴而少阳"；"太阳之人"阳气亢盛，故"多阳而无阴"；"少阳之人"阳盛阴虚，故"多阳而少阴"；"阴阳和平之人"阴阳相对平衡，故"其阴阳之气和"⑤。

在思维能力和对待事物的态度方面，太阴之人"不务于时，动而后人"⑥。清人张志

---

① 严世芸、李其忠主编：《三国两晋南北朝医学总集》，第 134 页。
② 张灿玾主编：《黄帝内经文献研究》，第 294 页。
③ 王新华主编：《中医基础理论》，北京：人民卫生出版社，2001 年，第 410—444 页。
④ 王琦、盛增秀：《中医体质学说》，南京：江苏科学技术出版社，1982 年，第 6—84 页。事实上，盛增秀和王琦早在《新医药学杂志》1978 年第 7 期上就发表了《略论祖国医学的体质学说》一文。
⑤ （晋）皇甫谧：《黄帝三部针灸甲乙经》卷 1《阴阳二十五人形性血气不同》，严世芸、李其忠主编：《三国两晋南北朝医学总集》，第 151 页。
⑥ （晋）皇甫谧：《黄帝三部针灸甲乙经》卷 1《阴阳二十五人形性血气不同》，严世芸、李其忠主编：《三国两晋南北朝医学总集》，第 151 页。

聪说：这种类型的人，既"不通时务"，又"见人之举动而后随之"①，但具体而言，又因每个人的禀赋不同而表现出"污污然""颇颇然""纡纡然"②的性格特点，所以总体上可以说此类型的人是一种反应迟缓、不先表态、说话办事较谨慎的人。少阴之人，"有材，好劳心"，但又有"佗佗然""遗遗然""随随然""鸠鸠然"③的不同性格表现，所以总体上此类型的人是一种思维执着，看问题透彻和在事业上顽强进取的人。太阳之人"疾心"，"必信多虑，见事明了"，但有"窃窃然""肌肌然""慆慆然""熙熙然"④的不同性格表现，所以总体上可以说此类型的人是一种反应敏捷、善于质疑性思考的人。少阳之人，"谛谛好自贵"⑤，认识事物较精细，但又有"敦敦然""廉廉然""监监然"⑥的不同性格表现，所以总体上可以说此类型的人是一种聪慧机敏、善于明察秋毫的人。阴阳和平之人"安心"，但又有"婉婉然""坎坎然""兀兀然"⑦的性格表现，所以从总体上讲此类型的人是一种思维灵活、颇富创见的人。

在性格方面，太阴之人"好纳而恶出，心抑而不发"⑧，是一种不愿意帮助别人，且不与他人交心、不轻易暴露自己观点的人。少阴之人"心嫉而无恩"⑨，是一种嫉妒心强、不知感恩的人。太阳之人"居处于于，好言大事"，"事虽败而无改"⑩，是一种满足现状、爱虚夸和做事从不后悔的人。少阳之人"好自贵，有小小官，则高自宣，好为外交而不内附"⑪，是一种自以为是、好沾沾自喜、爱炫耀和交际却并无知心朋友的人。阴阳和平之人"居处安静"，"或与不争"⑫，是一种心胸豁达、不计较个人得失的人。

在疾病的特征方面，皇甫谧按照《黄帝内经灵枢经》的论述，将上述五种类型的人进

① （清）张志聪集注，矫正强、王玉兴、王洪武校注：《黄帝内经灵枢集注》，北京：中医古籍出版社，2012年，第472页。

② （晋）皇甫谧：《黄帝三部针灸甲乙经》卷1《阴阳二十五人形性血气不同》，严世芸、李其忠主编：《三国两晋南北朝医学总集》，第152页。

③ （晋）皇甫谧：《黄帝三部针灸甲乙经》卷1《阴阳二十五人形性血气不同》，严世芸、李其忠主编：《三国两晋南北朝医学总集》，第151页。

④ （晋）皇甫谧：《黄帝三部针灸甲乙经》卷1《阴阳二十五人形性血气不同》，严世芸、李其忠主编：《三国两晋南北朝医学总集》，第151页。

⑤ （晋）皇甫谧：《黄帝三部针灸甲乙经》卷1《阴阳二十五人形性血气不同》，严世芸、李其忠主编：《三国两晋南北朝医学总集》，第151页。

⑥ （晋）皇甫谧：《黄帝三部针灸甲乙经》卷1《阴阳二十五人形性血气不同》，严世芸、李其忠主编：《三国两晋南北朝医学总集》，第152页。

⑦ （晋）皇甫谧：《黄帝三部针灸甲乙经》卷1《阴阳二十五人形性血气不同》，严世芸、李其忠主编：《三国两晋南北朝医学总集》，第151—152页。

⑧ （晋）皇甫谧：《黄帝三部针灸甲乙经》卷1《阴阳二十五人形性血气不同》，严世芸、李其忠主编：《三国两晋南北朝医学总集》，第151页。

⑨ （晋）皇甫谧：《黄帝三部针灸甲乙经》卷1《阴阳二十五人形性血气不同》，严世芸、李其忠主编：《三国两晋南北朝医学总集》，第151页。

⑩ （晋）皇甫谧：《黄帝三部针灸甲乙经》卷1《阴阳二十五人形性血气不同》，严世芸、李其忠主编：《三国两晋南北朝医学总集》，第151页。

⑪ （晋）皇甫谧：《黄帝三部针灸甲乙经》卷1《阴阳二十五人形性血气不同》，严世芸、李其忠主编：《三国两晋南北朝医学总集》，第151页。

⑫ （晋）皇甫谧：《黄帝三部针灸甲乙经》卷1《阴阳二十五人形性血气不同》，严世芸、李其忠主编：《三国两晋南北朝医学总集》，第151页。

一步细化，从而使体质学说更具有针对性，以利于临床应用。具体言之：

少阴之人，亦称木形之人，属足少阳胆经，这种人又可分为五型，即上角、太角、右角、钛角和判角。

少阴之人中属于上角型者，疾病特点是"奈春夏不奈秋冬，秋冬感而成病"①。

少阴之人中属于右角型和判角型者，前者对应于"右足少阳之下"，而后者则对应于"左足少阳之下"。两者共同的血气特点是："血气盛则胫毛美长，外踝肥；血多气少则胫毛美短，外踝皮坚而厚；血少气多则腑毛少，外踝皮薄而软；血气皆少则无毛，外踝瘦而无肉。"②当然，右角型和判角型的表现是左右足血气的运行不对称，或左多右少，或左少右多。其经脉下行抵绝骨之端，下出外踝之前，而为胫毛。所以右角型和判角型的人出现血气不足病症时，往往多见外踝前及诸节疼痛，或酸痛无力。③

少阴之人中属于太角与钛角者，前者对应于"左足少阳之上"，而后者则对应于"右足少阳之下"。两者共同的血气特点是："血气盛则通髯美长，血多气少则通髯美短，血少气多则少髯，血气皆少则无髯，感于寒湿，则善痹骨痛爪枯。"④经脉上行循于耳部前后，加颊车，下颈项，而为须髯。如果血气旺盛，须髯就密长，否则就疏短，而从皮肤属阳的性质看，易受风邪，病在阴者名痹，又血气不足，不能营养筋骨爪甲，故易患"骨痛爪枯"之病。⑤

太阳之人，亦称火形之人，属手太阳小肠经，这种人又可分为五种类型，即上徵、太徵、少徵、右徵和判徵。

太阳之人中属于少徵型和判徵型者，前者对应于"右手太阳之下"，而后者则对应于"左手太阳之下"。两者共同的血气特点是："血气盛则掌肉充满；血气皆少则掌瘦以寒。黄赤者多热气，青白者少热气，黑色者多血少气。"⑥手太阳小肠经之下行，起小指，循外踝，故血气充盛则足踝肉厚坚实；反之，则足踝骨瘦筋露，易患足跟疼痛和抽筋。临床上少徵型常见右踝及右小腿抽筋，而判徵型则常见左踝及左小腿抽筋。

太阳之人中属于右徵型和太徵型者，前者对应于"右手太阳之上"，而后者则对应于"左手太阳之上"。两者共同的血气特点是："血气盛则多髯，面多肉以平；血气皆少则面瘦黑色。"⑦经脉之上行循颈，上颊，滋养面部肌肉和须髯，如果血气充盛，面部肌肉就舒

①（晋）皇甫谧：《黄帝三部针灸甲乙经》卷1《阴阳二十五人形性血气不同》，严世芸、李其忠主编：《三国两晋南北朝医学总集》，第151页。
②（晋）皇甫谧：《黄帝三部针灸甲乙经》卷1《阴阳二十五人形性血气不同》，严世芸、李其忠主编：《三国两晋南北朝医学总集》，第152页。
③（明）余曾等：《经络全书》，北京：中医古籍出版社，2007年，第54页。
④（晋）皇甫谧：《黄帝三部针灸甲乙经》卷1《阴阳二十五人形性血气不同》，严世芸、李其忠主编：《三国两晋南北朝医学总集》，第152页。
⑤（清）张志聪集注，矫正强、王玉兴、王洪武校注：《黄帝内经灵枢集注》，第423—424页。
⑥（晋）皇甫谧：《黄帝三部针灸甲乙经》卷1《阴阳二十五人形性血气不同》，严世芸、李其忠主编：《三国两晋南北朝医学总集》，第152页。
⑦（晋）皇甫谧：《黄帝三部针灸甲乙经》卷1《阴阳二十五人形性血气不同》，严世芸、李其忠主编：《三国两晋南北朝医学总集》，第152页。

展、饱满,须髯就美长;反之,面部肌肉就会出现皱褶,须髯亦会枯悴。

阴阳平和之人,亦称土形之人,属足阳明胃经,这种人又可分为五种类型,即上宫、太宫、少宫、左宫和加宫。

阴阳和平之人中属于左宫型和加宫型者,前者对应于"右足阳明之下",而后者则对应于"左足阳明之下"。两者共同的血气特点是:"血气盛则下毛美长至胸;血多气少则下毛美短至脐,行则善高举足,足大指少肉,足善寒,血少气多则肉善瘃;血气皆少则无毛,有则稀而枯瘁,善痿厥足痹。"①经脉下行,会于小腹两侧气冲(气街穴),能濡养宗筋,一旦血气不足,则容易导致痿病。

阴阳和平之人中属于少宫型和太宫型者,前者对应于"右足阳明之上",而后者则对应于"左足阳明之上"。两者共同的血气特点是:"血气盛则须美长,血多气少则须短,气多血少则须少,血气俱少则无须,两吻多画。"②经脉上行挟口,环唇,所以血气充盛,则口的四周须髯美长;反之,口的四周就会多起皱褶细纹,须髯枯悴。

少阳之人,亦称金形之人,属手阳明大肠经,这种人又可分为五种类型,即上商、太商、少商、右商和左商。

少阳之人中属于少商型和右商型者,前者对应于"右手阳明之下",而后者则对应于"左手阳明之下"。两者共同的血气特点是:"血气盛则腋下毛美,手鱼肉以温;气血皆少则手瘦以寒。"③经脉下行从臑外上肩,下近于腋下,与太阴经相表里,故血气充盛则腋毛美,手部鱼肉温润,有厚度;反之,手部鱼肉瘦弱、寒凉,腋毛稀疏,这种类型的少阳之人容易出现手腕及肩关节疼痛。

少阳之人中属于左商型和太商型者,前者对应于"右手阳明之上",而后者则对应于"左手阳明之上"。两者共同的血气特点是:"气血盛则上髭美,血少气多则髭恶,血气皆少则善转筋,无髭。"④经脉上行挟口,会于人中,故血气充盛,上唇之髭毛旺;反之,则髭毛不长,且手臂容易痉挛。

太阴之人,亦称水形之人,属足太阳膀胱经,这种人又可分为五种类型,即上羽、少羽、栓羽、太羽和众羽。

太阴之人中属于少羽型和众羽型者,前者对应于"左足太阳之下",而后者则对应于"右足太阳之下"。两者共同的血气特点是:"血气盛则跟肉满,踵坚;气少血多则瘦,跟空;血气皆少则善转筋,踵下痛。"⑤经脉下行贯腨肠,出外踝,故血气充盛,则脚后跟坚

① (晋)皇甫谧:《黄帝三部针灸甲乙经》卷1《阴阳二十五人形性血气不同》,严世芸、李其忠主编:《三国两晋南北朝医学总集》,第152页。

② (晋)皇甫谧:《黄帝三部针灸甲乙经》卷1《阴阳二十五人形性血气不同》,严世芸、李其忠主编:《三国两晋南北朝医学总集》,第152页。

③ (晋)皇甫谧:《黄帝三部针灸甲乙经》卷1《阴阳二十五人形性血气不同》,严世芸、李其忠主编:《三国两晋南北朝医学总集》,第152页。

④ (晋)皇甫谧:《黄帝三部针灸甲乙经》卷1《阴阳二十五人形性血气不同》,严世芸、李其忠主编:《三国两晋南北朝医学总集》,第152页。

⑤ (晋)皇甫谧:《黄帝三部针灸甲乙经》卷1《阴阳二十五人形性血气不同》,严世芸、李其忠主编:《三国两晋南北朝医学总集》,第152页。

实；反之，脚后跟瘦弱，容易发生脚后跟疼痛及转筋等病症。

太阴之人中属于桎羽型和太羽型者，前者对应于"左足太阳之上"，而后者则对应于"右足太阳之上"。两者共同的血气特点是："血气盛则美眉，眉有毫毛；血多气少则恶眉，面多小理；血少气盛则面多肉，血气和则美色。"①经脉上行起目眦，上额颅，故血气充盛则眉清秀长；反之，则眉毛稀疏，面部多皱褶，萎靡，缺乏生气。

可见，皇甫谧将体质学说作为构建其针灸学的基础理论，不单体现了针灸学的理论特色，更重要的是它对指导针灸的临床应用具有十分重要的现实意义。当然，我们绝不能简单地将体质与性格的关系解释为"体质决定性格"②，甚至运用它去解读历史人物。

此外，在讨论"精要"的时候，皇甫谧还坚持着"尽其理"③的原则。那么，如何使《黄帝内经》等医籍的思想内容符合针灸学意义上的"理"呢？皇甫谧根据针灸临床的实际，在论述腧穴与病症之间的关系时，详述或云采信《明堂孔穴针灸治要》之说，这又成为《黄帝三部针灸甲乙经》的一个主要特点。对此，黄龙祥有专文论述④。不过，笔者在这里想要强调的是：《黄帝内经》言针灸治病多取某一经脉，而《明堂孔穴针灸治要》则取某一经脉上的某个具体腧穴，故而实际操作性更强。

此外，皇甫谧在具体的疾病治疗中，热忱普及腧穴法，而不是《黄帝内经》中的经脉法，如《黄帝三部针灸甲乙经》卷8至卷11所讲述的诸多疾病，无一不是采用腧穴法。从《黄帝内经》对经脉的大范围取穴到《黄帝三部针灸甲乙经》针对不同疾病取用具体的特效腧穴，把腧穴与疾病的关系建立在临床实践的基础之上，从而形成中医针灸学的显著特色。

从中医文献学的角度看，皇甫谧在"论其精要"原则的引领下，对《黄帝内经》的录文采取了全录、大部录、少部录、录个别句子、不录等方式，因而形成了《黄帝三部针灸甲乙经》的又一特色。

（二）皇甫谧的医学思想成就

1. 构建中医谱系与崇尚医道

关于"医"与"道"的关系，自扁鹊之后，许多医家都在积极为中医学的独立发展创造条件。如扁鹊在"病有六不治"论中提出了"信巫不信医，六不治也"⑤的主张，第一次明确把"巫"与"医"区别开来，为中医学的健康发展奠定了思想基础。诚然，中医学在自身的发展过程中，大量吸收了《周易》及道家和阴阳家的概念，如阴阳五行、服食养生等，尤其是《汉书·艺文志》将"医经"、"经方"、"房中"及"神仙"四者统称为"方

---

① （晋）皇甫谧：《黄帝三部针灸甲乙经》卷1《阴阳二十五人形性血气不同》，严世芸、李其忠主编：《三国两晋南北朝医学总集》，第152页。

② 黄煌主编：《黄煌经方沙龙》第4期，北京：中国中医药出版社，2012年，第103页。

③ （晋）皇甫谧：《黄帝三部针灸甲乙经》皇甫序，严世芸、李其忠主编：《三国两晋南北朝医学总集》，第134页。

④ 黄龙祥：《〈黄帝明堂经〉与〈黄帝内经〉》，《中国针灸》1987年第6期，第43—46页。

⑤ 《史记》卷105《扁鹊仓公列传》，第2794页。

技"①，即"方士之技"②。班固感叹说："方技者，皆生生之具，王官之一守也。太古有岐伯、俞拊，中世有扁鹊、秦和，盖论病以及国，原诊以知政。汉兴有仓公。今其技术暗昧，故论其书，以序方技为四种。"③在此，所谓"今其技术暗昧"是指秦汉长生术兴起之后，人们纷纷去寻找长生不老的方药，而像扁鹊、仓公擅长的脉法、针灸等医术，却被那些追名逐利的方士丢弃了。特别是当东汉谶纬学说盛行之后，真正的治病救人之术不见了，以致张仲景在亲历"余宗族素多，向余二百。建安纪年以来，犹未十稔，其死亡者三分有二"④的残酷现实后被迫学习"医经"和"经方"，即《黄帝内经素问》《针经》《黄帝内经八十一难》《阴阳大论》《胎胪药录》，回归医学之本。循着张仲景所指示的方向，皇甫谧初步构建了中医学的发展谱系。他说：

> 夫医道所兴，其来久矣。上古神农始尝草木而知百药。黄帝咨访岐伯、伯高、少俞之徒，内考五脏六腑，外综经络血气色候，参之天地，验之人物，本性命，穷神极变，而针道生焉。其论至妙，雷公受业传之于后。伊尹以亚圣之才，撰用《神农本草》以为汤液。中古名医有俞跗、医缓、扁鹊，秦有医和，汉有仓公。其论皆经理识本，非徒诊病而已。汉有华佗、张仲景。其他奇方异治，施世者多，亦不能尽记其本末。……近代太医令王叔和撰次仲景，选论甚精，指事施用。⑤

事实上，稍后的葛洪在《神仙传》里亦构建了一个以服食为特色的道医谱系，由于该谱系人物众多，计有 84 位，这里仅列出其代表人物于下：

> 广成子→彭祖→魏伯阳→阴长生→张道陵→淮南王→李少君→葛玄→左慈→河上公→壶公→董奉

据此，葛洪在《肘后备急方序》中说："世俗苦于贵远贱近，是古非今，恐见此方，无黄帝、仓公、（医）和、（扁）鹊、逾（俞）跗之目，不能采用，安可强乎？"⑥既然如此，那么，葛洪喜欢的医术究竟是什么样的呢？他说："余既穷览坟索，以著述余暇，兼综术数，省仲景、元化、刘、戴秘要，《金匮》、《绿秩》、《黄素》方近将千卷。患其混杂烦重，有求难得，故周流华夏九州之中，收拾奇异，捃拾遗逸，选而集之，便种类殊，分缓急易简，凡为百卷，名曰《玉函》。"⑦在明明知道"世俗"崇信黄帝、仓公等医家的情况下，葛洪为什么偏要弃而不采呢？看来，问题并不简单。如果我们联系到皇甫谧的习医

---

① 《汉书》卷 30《艺文志》，第 1776—1780 页。

② 王振国：《道家养生术对中医药的影响管窥——从〈神农本草经〉与服食养生说起》，王新陆主编：《中医文化论丛》，济南：齐鲁书社，2005 年，第 136 页。

③ 《汉书》卷 30《艺文志》，第 1780 页。

④ 路振平主编：《中华医书集成》第 2 册《伤寒类》，第 2 页。

⑤ （晋）皇甫谧：《黄帝三部针灸甲乙经》皇甫序，严世芸、李其忠主编：《三国两晋南北朝医学总集》，第 134 页。

⑥ 严世芸、李其忠主编：《三国两晋南北朝医学总集》，第 440 页。

⑦ 严世芸、李其忠主编：《三国两晋南北朝医学总集》，第 440 页。

背景及他"朝闻道，夕死可矣"①的誓言，就不难看出皇甫谧所谓的"医道"当然是儒学之医道，从这层意义上讲，说皇甫谧是儒医的代表，并不为过。这样，读者就能明白葛洪为什么舍去儒医一脉的不少医家，根本目的在于他试图宣传道医一脉的"术数"医学思想。尽管学界有人想方设法将张仲景的医学思想与道家联系在一起②，但说服力尚欠。与之相反，张仲景努力摆脱道家对其医学思想的影响倒是有证可考的事实。如陶弘景说：

> 外感天行，经方之治有二旦、六神大小等汤。昔南阳张机玑，依此诸方，撰为《伤寒论》一部，疗治明悉，后学咸尊奉之。……阳旦者，升阳之方，以黄芪为主；阴旦者，扶阴之方，以柴胡为主；青龙者，宣发之方，以麻黄为主；白虎者，收重之方，以石膏为主；朱鸟者，清滋之方，以鸡子黄为主；玄武者，温渗之方，以附子为主。此六方者，为六合之正精，升降阴阳，交互金木，即济水火，乃神明之剂也。张机撰《伤寒论》，避道家之称，故其方皆非正名也，但以某药名之，以推主为识之义耳。③

显然，张仲景回避道医的主要用意还是想为中医学的发展正本清源，使之归位到儒家医学之正途上来。儒家的学说是为国家政治服务的，如果站在这样的高度来认识中医学，中医学的层位就必然会上升。所以皇甫谧一再强调：

> 平生之物，皆无自随，唯赍《孝经》一卷，示不忘孝道。④

他又说：

> 夫受先人之体，有八尺之躯，而不知医事，此所谓游魂耳。若不精通于医道，虽有忠孝之心，仁慈之性，君父危困，赤子涂地，无以济之，此固圣贤所以精思极论尽其理也。⑤

在皇甫谧看来，"医道"首先是一种"仁道"，它要求医者要有一颗仁人之心，发挥其对社会"道化"的作用。比如，我国现代著名中医肝病学大师关幼波对自己一生的事业评价说："医道仁道，乐医乐道，终此一生，足矣。"⑥同关幼波一样，皇甫谧不汲汲于功名，故他从"道化"的角度对"仁道"做了独到的阐释：

> 若乃衰周之末，贵诈贱诚，牵于权力，以利要荣。故苏子出而六主合，张仪入而横势成，廉颇存而赵重，乐毅去而燕轻，公叔没而魏败，孙膑刖而齐宁，蠡种亲而越霸，屈子疏而楚倾。是以君无常籍，臣无定名，损义放诚，一虚一盈。故冯以弹剑感

---

① 《晋书》卷 51《皇甫谧传》，第 1410 页。此语来自《论语·里仁》。
② 侯中伟、谷世喆、梁永宣：《张仲景与道家渊源考略》，《吉林中医药》2007 年第 4 期，第 4—6 页。
③ （南朝·梁）陶弘景：《辅行诀脏腑用药法要》，严世芸、李其忠主编：《三国两晋南北朝医学总集》，第 1114—1116 页。
④ 《晋书》卷 51《皇甫谧传》，第 1418 页。
⑤ （晋）皇甫谧：《黄帝三部针灸甲乙经》皇甫序，严世芸、李其忠主编：《三国两晋南北朝医学总集》，第 134 页。
⑥ 李桢：《中华科技之星赞》，北京：军事科学出版社，1993 年，第 54 页。

主，女有反赐之说，项奋拔山之力，蒯陈鼎足之势，东郭劫于田荣，颜阖耻于见逼。斯皆弃礼丧真，苟荣朝夕之急者也，岂道化之本与！①

像苏秦、张仪、廉颇、乐毅等人，他们可能对特定的国家有重要贡献，事实上他们也确实具有非凡的管理国家和处理外交事务的才能，问题是他们的为人之道是"臣无定名，损义放诚"，不讲诚信，亦无礼义可言，这使皇甫谧对他们的所作所为深感不安。他认为，一个合乎"仁道"的政治场景应当是：

一明一昧，得道之概；一弛一张，合礼之方；一浮一沉，兼得其真。故上有劳谦之爱，下有不名之臣；朝有聘贤之礼，野有遁窜之人。②

这也就是子贡所说"我不欲人之加诸我也，吾亦欲无加诸人"③的意思。仁的境界比较高，但在皇甫谧看来，对一个君主而言，做到"朝有聘贤之礼，野有遁窜之人"并不难。医者治病救人，不分贵贱。例如，"若黄帝创制于九经，岐伯剖腹以蠲肠，扁鹊造虢而尸起，文挚徇命于齐王，医和显术于秦晋，仓公发秘于汉皇，华佗存精于独识，仲景垂妙于定方。徒恨生不逢乎若人，故乞命诉乎明王。求绝编于天录，亮我躬之辛苦，冀微诚之降霜，故俟罪而穷处"④。迫于晋武帝一而再、再而三地催逼，皇甫谧道出了自己的心声。他以扁鹊、医和、仓公等为例，说如果自己的医术达到了那样高的水准，那就没有理由不赴京城效力于王室，可惜，自己的医术"生不逢乎若人"，这样，心有余而力不足，唯有"俟罪而穷处"了。

这里，我们不去深究皇甫谧"穷处"的历史原因，仅从医学的角度讲，主要是因为他对"医道"有了切身的体悟。正像林亿所讲的一样，医学能"助人君，顺阴阳，明教化"⑤。皇甫谧以服寒食方为例，阐释了医道的作用。他说：

近世尚书何晏，耽声好色，始服此药，心加开朗，体力转强，京师翕然，传以相授。历岁之困，皆不终朝而愈。众人喜于近利，未睹后患。晏死之后，服者弥繁，于时不辍，余亦豫焉。或暴发不常，夭害年命，是以族弟长互，舌缩入喉；东海王良夫，痈疮陷背；陇西辛长绪，脊肉烂溃；蜀郡赵公烈，中表六丧；悉寒食散之所为也。远者数十岁，近者五六岁；余虽视息，犹溺人之笑耳。而世人之患病者，由不能以斯为戒，失节之人，多来问余，乃喟然叹曰：今之医官，精方不及华佗，审治莫如仲景，而竞服至难之药，以招甚苦之患，其夭死者焉可胜计哉？咸宁四年，平阳太守刘泰，亦沉斯病，使使问余救解之宜。先时有姜子者，以药困绝，余实生之，是以闻焉。然身自荷毒，虽才士不能书，辨者不能说也。苟思所不逮，暴至不旋踵，敢以教人乎？辞不获已，乃退而惟之，求诸《本草》，考以《素问》，寻故事之所更，参气物

---

① 《晋书》卷51《皇甫谧传》，第1413页。
② 《晋书》卷51《皇甫谧传》，第1414页。
③ 文若愚主编：《论语全解》，北京：中国华侨出版社，2013年，第109页。
④ 《晋书》卷51《皇甫谧传》，第1414—1415页。
⑤ 严世芸、李其忠主编：《三国两晋南北朝医学总集》，第135页。

之相使，并列四方之本，注释其下，集而与之。匪曰我能也，盖三折臂者为医，非生而知之，试验亦其次也。①

对于这一段记载，《中国科技史话》有比较客观公允的评述，颇有助于纠正人们头脑中对皇甫谧的某些糊涂认识。故此，为了以正视听，我们有必要将其转引于兹：

> 皇甫谧一生中的确多病，大约在他34岁时患了一场很重的"痹证"，从此右腿肌肉严重萎缩，用现代医学知识分析大致属于脊椎灰质炎或腰骶神经根炎一类的疾病，以往大多解释为"中风偏瘫"是不正确的。12年后皇甫谧开始服用"五石散"，造成胸腹燥热，烦闷咳逆，以至冬天也想"裸袒食冰"，每年总要有八九次被疾病折磨得"操刀欲自刺"，幸有家人解救才免于死。皇甫谧服用寒食散（五石散）的动机是研究其药理作用，他曾目睹了无数服药后的奇症怪疾，有的"舌缩入喉"，有的"痈疮陷背"，"目痛如刺"、"口伤舌强烂燥不得食"的更是多不胜数，在这种情况下皇甫谧有勇气亲服寒食散，倒真是一件难能可贵的事。他曾说："非曰我能也，盖三折臂者为医，非生而知之，试验亦其次也……"就是说他要通过自身的实践来弄清寒食散的确切药性。很多人认为皇甫谧是误服寒食散，或说他染上了服石的恶习，这是不对的，这种勇于探索，不惜伤身的精神是可贵的。②

这种"盖三折臂者为医"的精神，就是"医道"的最好体现。皇甫谧对"医道"的理解确实超越了常人，下面是他曾说过的一段话，感人至深：

> 凡治寒食药者，虽治得差，终不可以治者为恩也。非得治人后忘得效也。昔文挚治齐王病，先使王怒而后治病已。王不思其愈而思其怒，文挚以是虽愈王病，而终为王所杀。今救寒食药者，要当递常理，反正性，犯怒以治之。自非达者，已差之后，心念犯怒之怨，必忘得治之恩，犹齐王之杀文挚也。后与太子尚不能救，而况凡人哉？然死生大事也，知可生而不救之，非仁者。唯仁者心不已，必冒怒而治之，为亲戚之故，不但其一人而已。凡此诸救，皆吾所亲更也。已试之验，不借问于他人也，大要违人理，反常性。③

"知可生而不救之，非仁者"，这是一种以救死扶伤为医术追求的高尚境界，在这种境界之下，皇甫谧不仅践行了他的"我道全矣"④人生理想，而且更从理论上推进了医道向具体专业领域的发展和转变，例如，对"针道"的阐发，即体现了皇甫谧的这种治学风格。作为承载"针道"的理论实体，皇甫谧综合《黄帝内经素问》、《针经》及《明堂孔穴针灸治要》的精要，撰著了《黄帝三部针灸甲乙经》，从而将"针道"推向了一个具有理论化和系统化的历史新高度。

---

① （晋）皇甫谧：《论寒食散方》，严世芸、李其忠主编：《三国两晋南北朝医学总集》，第290页。
② 杨文衡等编著：《中国科技史话》上册，第218—219页。
③ （晋）皇甫谧：《论寒食散方》，严世芸、李其忠主编：《三国两晋南北朝医学总集》，第290页。
④ 《晋书》卷51《皇甫谧传》，第1410页。

2. 强调脉诊在针灸诊断中的关键作用

辨证施治是中医学认识治疗疾病的基本原则，针灸学当然不能例外。因此，根据证候对疾病进行分析，确定疾病的性质及经脉所在，就成为针灸施治的基本前提。人体是一个全身各组织、器官及其功能相互联系和相互作用的整体，且人体内部诸脏腑的病变现象往往会通过皮肤、血气运行等生理途径反映出来，而及时捕捉这些异常的现象，对临床施治具有直接的指导价值。一般来讲，对于体表的异常变化，医者通过望和问即可判断，唯有体表之内的病理变化，却需要借助切脉来综合分析判断。所以皇甫谧在《黄帝三部针灸甲乙经·经脉下》引《黄帝内经素问·脉要精微论篇》说：

> 微妙在脉，不可不察，察之有纪，从阴阳始。①

当然，脉相是一个复杂的信息系统，欲知其内在的变化机理及与人体各脏腑病变的对应关系，皇甫谧继承《黄帝内经》的诊病原则，主张"色脉合参"。他说：

> 先定其五色五脉之应，其病乃可别也。……凡此变者，有微有甚。故善调尺者，不待于寸；善调脉者，不待于色。能参合而行之者，可以为上工，十全其九；行二者为中工，十全其七；行一者为下工，十全其六。②

这里，皇甫谧把四个重要的诊断方法（即尺肤诊、寸口脉诊、色诊和调脉诊）作为《黄帝内经》之"精要"引录于此，表明他对这四个重要诊断方法的重视。通常所谓尺肤诊是《黄帝内经》所创立的独特诊病方法，主要指观察尺肤的色泽形态及按摩或触摸该区域（腕横纹至肘横纹前臂靠尺侧之间的范围），以了解脉络的缓急、色泽、滑涩、肥瘦、大小、寒热等变化，从而辅助判断机体疾病之病位与病性的诊察方法。寸口脉诊是指通过按摩腕部桡动脉搏动处，以测知全身疾病的病位、性质及邪正盛衰和进退预后的诊察方法。具体言之，寸口脉分寸、关、尺三部，即正对腕后高骨为关部，其前为寸部，其后则为尺部，三者间距相等。有人运用解剖手段对寸口脉的位置、循行特点、环绕其周围的软组织（晕环）及脉息配位、平脉之脉象等进行了比较全面的研究，可资参考。③色诊是指通过观察人体皮肤颜色的变化来测知和判断病情的诊法，它包括望面色和望肤色两部分，《黄帝内经》把颜色分为5种，即青、赤、白、黑、黄，每种颜色各主不同的疾病，故称"五色诊"。调脉诊是指通过按摩、点穴等手段，使脉相由异常变为正常的诊法，如《伤寒论·辨脉法》云："以少阴脉弦而浮才见，此为调脉，故称如经也。"④一个医术高超的医者，不能仅仅孤立地运用四诊，而应在综合四诊的基础上，对各种信息进行全面分析，唯其如此，才能对疾病性质与所在定位准确，并为下一步正确和有效治疗疾病奠定基础。由

① （晋）皇甫谧：《黄帝三部针灸甲乙经》卷4《经脉下》，严世芸、李其忠主编：《三国两晋南北朝医学总集》，第196页。
② （晋）皇甫谧：《黄帝三部针灸甲乙经》卷4《病形脉诊上》，严世芸、李其忠主编：《三国两晋南北朝医学总集》，第199页。此段引录于《黄帝内经灵枢经·邪气脏腑病形》。
③ 刘九助：《寸口脉诊探讨》，肖建中主编：《纪念李时珍逝世400周年——全国医药学术论文集》，北京：中国中医药出版社，1994年，第292—294页。
④ （汉）张仲景：《伤寒论》卷1《辨脉法》，路振平主编：《中华医书集成》第2册《伤赛类》，第2页。

于不同的色脉反映不同的病变，所以在具体的针灸治疗过程中，艾灸施针就需要一套科学的、用于指导临床实践的技术规范。尽管皇甫谧的论述是引自前人的著作，但是把针灸学作为一门专业化的学科，并对其进行系统化和理论化的总结和规范，却是皇甫谧的杰出贡献。

第一，色脉与疾病的关系。这部分论述见于《黄帝三部针灸甲乙经》卷4，由于涉及的内容较多。笔者仅以五色脉与疾病的关系为例，略作阐释。《黄帝三部针灸甲乙经》卷4引《黄帝内经素问·五脏生成篇》的经文说：

> 赤脉之至也，喘而坚，诊曰，有积气在中，时害于时，名曰心痹，得之外疾，思虑而心虚，故邪从之。白脉之至也，喘而浮，上虚下实，惊，为积气在胸中，喘而虚，名曰肺痹，寒热，得之醉而使内也。黄脉之至也，大而虚，有积气在腹中，有厥气，名曰厥疝，女子同法，得之疾使四肢汗出当风。青脉之至也，长而弦，左右弹，有积气在心下支肤，名曰肝痹，得之寒湿，与疝同法，腰痛足清头痛。黑脉之至也，上坚而大，有积气在少腹与阴，名曰肾痹，得之沐浴，清水而卧。①

这里，指色诊与脉诊的结合。由五行学说知，五脏与五色相配，如心赤、肝青、肾黑、肺白、脾黄，故"赤脉之至"的"赤"指面红，代心脉之至，"喘而坚"反映的是心脏的病变。同理，"白脉之至"的"白"指面色苍白，代肺脉之至，"喘而浮"或"喘而虚"反映的是肺脏的病变。"黄脉之至"的"黄"指面色蜡黄，代脾脉之至，"大而虚"反映的是脾脏的病变。"青脉之至"的"青"指面呈青色，代肝脉之至，"长而弦，左右弹"反映的是肝脏的病变。"黑脉之至"的"黑"指面呈黑色，代肾脉之至，"上坚而大"反映的是肾脏的病变。

然而，在临床实践中，往往色脉的呈现并不显著，并非一眼就能看出来，常常需要仔细观察，故皇甫谧引《黄帝内经素问·脉要精微论篇》的话说：

> 脉小色不夺者，新病也；脉不夺色夺者，久病也；脉与五色俱夺者，久病也；脉与五色俱不夺者，新病也。肝与肾脉并至，其色苍赤，当病毁伤，不见血，已见血，湿若中水也。尺内两傍则季胁也，尺外以候肾，尺里以候腹中。附上，左外以候肝，内以候鬲；右外以候胃，内以候脾。上附上，右外以候肺，内以候胸中；左外以候心，内以候膻中。前以候前，后以候后。上竟上者，胸喉中事也；下竟下者，少腹腰股膝胫中事也。粗大者，阴不足，阳有余，为热中也。②

观察形气色泽、脉象的盛衰及病的新久，是中医诊断学的基本原则。在此，"夺"即"脱"字。"脉小"即细脉或微脉，临床上亦有称微细脉者。如《伤寒论·辨少阴病脉证并治》载："少阴之为病，脉微细，但欲寐也。"③故前半段的意思是，如果脉象微细，但肤

---

①（晋）皇甫谧：《黄帝三部针灸甲乙经》卷4《经脉下》，严世芸、李其忠主编：《三国两晋南北朝医学总集》，第196页。

②（晋）皇甫谧：《黄帝三部针灸甲乙经》卷4《经脉下》，严世芸、李其忠主编：《三国两晋南北朝医学总集》，第197页。

③（汉）张仲景：《伤寒论》卷6《辨少阴病脉证并治》，路振平主编：《中华医书集成》第2册《伤寒类》，第45页。

色及五官的颜色不正，且肤色尚呈红黄隐隐和明润含蓄状，那么，就表明患者胃气旺盛，邪气较浅，易于治疗，为新病。如果脉象尚正常，然肤色已无光泽，且又呈癯瘠状，那么，就表明胃气已被大量耗损，邪气较深，为久病。如果患者不仅脉象微细，而且肤色已无光泽，且又呈癯瘠状，那么，就表明病已难治。后半段之"肝与肾脉并至"，历代释者各有见地①，但有学者结合临床和《黄帝内经素问·脉要精微论篇》的本旨，认为它是指脉象沉弦或沉弱，为肝肾精血亏损或寒湿邪气痹阻气血运行所致，故才肤色紫暗，关节肿胀，如临床上患风湿寒久痹者常见脉沉弦或沉弱，面色黯红而鳌，关节肿胀疼痛。②

可见，每一脉象的诊断部位又可分为上与下、内与外，这样，就把人体的五脏六腑都分配到左右两手之寸口脉，具有一统全身之病变的作用，故重点突出，简明扼要，历来为医家所用，但鉴于人体病理现象的复杂性与多变性，所以实际应用时不可拘泥。

第二，对脏腑平脉与病脉的论述。五脏六腑的生理运动通过寸口脉反映出来，即称脏腑脉法。无疑《黄帝内经》对脏腑脉法已有论述，但经过张仲景和华佗的进一步体察与发挥，则脏腑脉法更趋完善。在此基础上，皇甫谧在《黄帝三部针灸甲乙经·经脉上》中引《黄帝内经》和《难经》的话说：

> 肝脉弦，心脉钩，脾脉代，肺脉毛，肾脉石。心脉来，累累然如连珠，如循琅玕曰平。累累连属，其中微曲曰病，前钩后居，如操带钩曰死。肺脉来，厌厌聂聂，如循榆叶曰平。不上不下，如循鸡羽曰病。如物之浮，如风吹毛曰死。肝脉来，软弱招招，如揭长竿末梢曰平。盈实而滑，如循长杆曰病。急而益劲，如新张弓弦曰死。脾脉来，和柔相离，如鸡足践地曰平。实而盈数，如鸡举足曰病。坚锐如乌之啄，如乌之距，如屋之漏，如水之流曰死。肾脉来，喘喘累累如钩，按之坚曰平。来如引葛，按之益坚曰病。发如夺索，辟辟如弹石曰死。③

对五脏六腑脉象之所在，如候脾脉，先确定其在右手关脉，然后用右手中指触摸关脉内侧（近臂筋）的脉象变化，以判断病情的良恶。如心脉的平脉之象"如循琅玕"，即指下就像触摸玉石磨成的琅玕，盛满圆滑，往来流利，或云来盛去衰，故作弯曲的"钩"状；若出现疾病，则脉象略失柔和圆滑之状，往来急速，呈来盛去亦盛或来不盛去反盛的特点；病情危重的脉象搏指锐坚，完全失却柔和圆滑之形态。④肺脉的平脉之象"如循榆叶"，轻浮虚软，脉体较短，但短中自有和缓之象；若出现疾病，则脉象转而"如循鸡羽"，指下会有抚摸鸡毛之感，中坚旁虚；而病情危重的脉象"如风吹毛"，轻浮无根，散乱无序，表明胃气已失，预后效果不良。肝脉的平脉之象"如揭长竿末梢"，长而有弹

① 范洪亮：《对〈内经〉"肝与肾脉并至"经文之我见》，《中国中医基础医学杂志》2005年第10期，第734页。

② 范洪亮：《对〈内经〉"肝与肾脉并至"经文之我见》，《中国中医基础医学杂志》2005年第10期，第749页。

③（晋）皇甫谧：《黄帝三部针灸甲乙经》卷4《经脉上》，严世芸、李其忠主编：《三国两晋南北朝医学总集》，第192页。

④ 王石成：《"前曲后居"解》，《吉林中医药》1985年第6期，第36页。

性，迢迢自若，和缓弦长；若出现疾病，则脉象"如循长杆"，坚硬挺长，指下失去柔和之感；病情危重的脉象则"如新张弓弦"，绷紧坚硬，按之不移。脾脉的平脉之象"如鸡足践地"，轻缓稳当，节律均匀；若出现疾病，则脉象"如鸡举足"，急促而拳敛；病情危重的脉象则"如鸟之啄"等，短硬而尖，时起而不相连，提示预后不佳。肾脉的平脉之象"累累如钩"，坚硬有根，圆滑连贯；若出现疾病，则脉象"来如引葛"，益按弥坚；病情危重的脉象"发如夺索"，劲急坚硬，表明病情日久，难以挽回。以上对脏腑脉象的解释，举例生动，易学好记，有助于人们去深入理解脏腑脉法的真义。①

具体来说，临床上常见脏腑脉象与疾病的关系如下：

> 心脉揣坚而长，病舌卷不能言。其软而散者，病消渴自已。肺脉揣坚而长，病唾血。其软而散者，病灌汗，至令不复散发。肝脉揣坚而长，色不青，病坠若搏，因血在胁下，令人喘逆。其软而散，色泽者，病溢饮。溢饮者，渴暴多饮，而易入肌皮肠胃之外也。胃脉揣坚而长，其色赤，病折髀。其软而散者，病食痹痛髀。脾脉揣坚而长，其色黄，病少气。其软而散，色不泽者，病足胻肿，若水状。肾脉揣坚而长，其色黄而赤者，病折腰。其软而散者，病少血，至令不复。②

就文中所指脉象而言，"病舌卷不能言"的心脉"端直以长，超过本位，且按之有力，为邪气实"③，故邪盛壅菀于上，致经脉急缩；反之，"病消渴"的心脉（盖心液不足，则火郁为消渴之病）如果出现"软而散"之象，则表明胃气已复，而消渴病将会有所好转。可见，此处所讲的"散脉"是一种由病愈转为正常的脉象。"病唾血"的肺脉跳动有力而长，犹如前面所言长而鞭满，为火亢之形，表明火淫所胜，肺气窒塞壅遏，致热邪灼伤肺络，络破血溢，如肺癌等；而由于肺气太虚，汗出如灌水之状，此时肺脉呈弱而乱之象，故"不可更为发散也"④，即不能用发散的针法治疗。"病坠若搏"与"喘逆"的肝脉跳动有力而长，且面不见肝色，表明病不在脏而在经，内有血瘀，当系外伤跌坠之病，肝脉应之，因其气血壅滞胁下，阻肝木下行之路，遂致逆冲胸膈，令人喘逆。"溢饮"的病脉呈弱而乱之象，因湿在肌肤，故可见面色鲜泽，为水气泛溢之象。"病折髀"的胃脉跳动长而坚劲有力，且面不见胃色，而见赤色，表明胃气郁滞，阳明火盛，其阳明经筋循伏兔，上结于髀枢，其病转筋，髀前肿痛如折。"食痹痛髀"的病脉呈弱而乱之象，因胃气本虚，"阳明支别上行者，由大迎人迎，循喉咙入缺盆，下膈属胃络脾，故食即气逆，滞闷不行而为食痹"⑤。"病少气"的脾脉跳动长而坚劲有力，为脾气郁滞之象，气虚则无以生血，所以本脏之色外见于皮肤，表明脾经湿热邪盛，导致脾土困乏，失运不能生肺。

---

① 杨杰主编：《中医脉学：历代医籍脉诊理论研究集成》，北京：北京科学技术出版社，2013年，第59—63页。

② （晋）皇甫谧：《黄帝三部针灸甲乙经》卷4《经脉中》，严世芸、李其忠主编：《三国两晋南北朝医学总集》，第194页。

③ 李国清、王非、王敏：《内经疑难解读》，北京：人民卫生出版社，2000年，第170页。

④ （明）张介宾编著：《类经》卷6《脉色类》，北京：人民卫生出版社，1965年，第159页。

⑤ （明）张介宾编著：《类经》卷6《脉色类》，第159页。

"病足胕肿"的病脉呈弱而乱之象，提示脾虚不能制水，故脾经上内踝前廉，循胻骨后，当脾虚不能运化水湿时，水湿之邪下流膝踝。"病折腰"的肾脉跳动长而坚劲有力，为肾气郁滞不通之象，而邪盛于肾，腰为肾之府，心脾乘机侵凌，火土克水，肾脏受损，导致腰痛如折。"病少血"的病脉呈弱而乱之象，提示肾气虚弱，恢复乏力。

前面讲了色脉互参，以上所讲则是脉证互参。皇甫谧将《黄帝内经》的脉理全部植入他的针灸学理论体系之中，虽然从原材料来说，"一砖一石"几乎都是取用先人的成果，但是皇甫谧的可贵之处，是他独具匠心，用他特有的思想方式，将先人的成果重新架构，从而又架起了一座新的医学桥梁。因此，皇甫谧的取用，不是简单地拿来，而是经过了他的运思，巧于因借，从而赋予先人的经脉思想以新的学术意义。

第三，针灸的适应范围与禁忌。有人统计，《黄帝三部针灸甲乙经》提出适合针灸治疗的疾病与症状等共计 800 多种。[①]可以肯定，对于因经脉受邪所致的各种病痛，临床上适合用针灸治疗。故《黄帝内经素问·血气形志篇》说："病生于脉，治之以灸刺。"[②]由于针灸疗法与药物疗法或手术疗法不同，它"不是直接消除病原体，也不是补充机体必不可少的化学成分，而是通过调整机体的生理功能，激发机体固有的抵御疾病和自我修复的能力，以达到医疗和保健的目的。这种以生理机制为基础的治疗特点，使针灸具有非常明显的安全、应用范围广泛的优势，一般常见病、多发病和疑难病症多可以应用针灸治疗"[③]。

但是，正像不能夸大西医手术疗法一样，针灸疗法也不能包治百病。如前所述，皇甫谧的经脉学说绝不是为了理论而理论，而是为了应用，为了针灸实践。同任何其他医疗手段都有其适用范围一样，针灸也不能不讲条件地随意施用，否则，就会造成严重后果。对此，皇甫谧有比较清醒的认识，他在《黄帝三部针灸甲乙经》卷 5 里用两节篇幅来谈论针灸禁忌，主要是指穴位禁针或禁灸，如神庭穴不可刺，头维穴不可灸等。除此之外，有些疾病不适合针灸。例如，皇甫谧引《黄帝内经》的话说：

> 刺急者，深内而久留之；刺缓者，浅内而疾发针，以去其热；刺大者，微泻其气，无出其血；刺滑者，疾发针而浅内之，以泻其阳气，去其热；刺涩者，必中其脉，随其逆顺而久留之，必先按而循之，已发针，疾按其痏，无令出血，以和其诸脉；小者阴阳形气俱不足，勿取以针，而调之以甘药。[④]

在此，诸脉小者、"阴阳形气俱不足"者不适用于针灸，就像现代临床上所讲的心力衰竭、呼吸微弱等，而此禁针灸的本旨是防止因针灸而损及脾胃为不治之症，故用甘药来建立中气，如张仲景的黄芪桂枝五物汤、陈言的人参养荣汤等。又如，"有病肾风者，面

① 钱超尘、温长路主编：《皇甫谧研究集成》，第 4 页。
② 《黄帝内经素问》卷 7《血气形志篇》，陈振相、宋贵美：《中医十大经典全录》，第 42 页。
③ 李明高：《针灸适应范围广》，《人民政协报》2007 年 5 月 9 日，第 6 版。
④ （晋）皇甫谧：《黄帝三部针灸甲乙经》卷 4《病形脉诊下》，严世芸、李其忠主编：《三国两晋南北朝医学总集》，第 200 页。

胕庞然肿壅害于言……虚不当刺"①，"息贲（即肺癌），此不妨于食，不可灸刺"②。当然，中风病人和常有自发性出血的病人也不宜针灸等。把针灸禁忌作为针灸学的重要问题进行系统阐述，是《黄帝三部针灸甲乙经》的又一思想成果。归纳起来，主要有三点：

一是提出"因时而刺"的原则及四时节气针刺禁忌，皇甫谧引《黄帝内经素问·诊要经终论篇》的话说：

> 春刺夏分（指春季针刺夏季的腧穴——引者注），脉乱气微，入淫骨髓，病不得愈，令人不嗜食，又且少气。春刺秋分（指春季针刺秋季的腧穴——引者注），筋挛逆气，环为咳嗽，病不愈，令人时惊，又且笑（一作哭）。春刺冬分（指春季针刺冬季的腧穴——引者注），邪气着脏，令人腹胀，病不愈，又且欲言语。夏刺春分，病不愈，令人解堕。夏刺秋分，病不愈，令人心中闷，无言，惕惕如人将捕之。夏刺冬分，病不愈令人少气，时欲怒。秋刺春分，病不愈，令人惕然，欲有所为，起而忘之。秋刺夏分，病不愈，令人益嗜卧，又且善梦（谓立秋之后）。秋刺冬分，病不愈，令人凄凄时寒。冬刺春分，病不愈，令人欲卧不能眠，眠而有见（谓十二月中旬以前）。冬刺夏分，病不愈，令人气上，发为诸痹。冬刺秋分，病不愈，令人善渴。③

针刺讲究五脏与四时的对应，这是由人与自然之间的整体性质决定的。故此，《黄帝三部针灸甲乙经》在总结四时气候变化对人体经络的影响时说："春气在毫毛，夏气在皮肤，秋气在分肉，冬气在筋骨。"④由于人体生理的季节变化及其体内气血运动的特点比较复杂，所以针刺的程度和方法相应亦灵活多样，而在临床实践中，医者可根据患者的需要，因人而异，或按部分针刺，或按经脉针刺，或按五输穴针刺。

二是根据人体的生理解剖特点，皇甫谧提出"针刺不及脏腑"的主张与禁忌。自《黄帝内经》以来，历代医家特别重视脏腑禁针论，强调通过经络气血的导引来祛除脏腑病邪，而不能直接针刺脏腑，以免造成严重后果。如《黄帝内经素问·诊要经终论篇》说："凡刺胸腹者，必避五脏。"⑤又《黄帝内经素问·刺禁论篇》载："刺膺中陷中肺，为喘逆仰息。"⑥可是，临床上由于医者操作不当或针技不高，当针刺与脏腑所在位置较近的腧穴时，常常会因针刺过深而损伤脏器，遂造成针灸伤害事故。

---

① （晋）皇甫谧：《黄帝三部针灸甲乙经》卷8《肾风发风水面胕肿》，严世芸、李其忠主编：《三国两晋南北朝医学总集》，第251页。

② （晋）皇甫谧：《黄帝三部针灸甲乙经》卷8《经络受病入肠胃五脏积发伏梁息贲肥气痞气奔豚》，严世芸、李其忠主编：《三国两晋南北朝医学总集》，第247页。

③ （晋）皇甫谧：《黄帝三部针灸甲乙经》卷5《针灸禁忌上》，严世芸、李其忠主编：《三国两晋南北朝医学总集》，第202页。

④ （晋）皇甫谧：《黄帝三部针灸甲乙经》卷5《针道终始第五》，严世芸、李其忠主编：《三国两晋南北朝医学总集》，第212页。

⑤ 《黄帝内经素问》卷4《诊要经终论篇》，陈振相、宋贵美：《中医十大经典全录》，第27页。

⑥ 《黄帝内经素问》卷14《刺禁论篇》，陈振相、宋贵美：《中医十大经典全录》，第76页。

所以皇甫谧引《黄帝内经素问·刺禁论篇》的文字云：

> 刺中心，一日死，其动为噫。刺中肺，三日死，其动为咳。刺中肝，五日死，其动为欠。刺中脾，十五日死，其动为吞。刺中肾，三日死，其动为嚏。刺中胆，一日半死，其动为呕。刺中膈，为伤中，其病虽愈，不过一岁必死。①

可以肯定，《黄帝内经》对针刺浅深的经验总结和理论概括，必定经过了无数血的教训的验证。因此之故，皇甫谧才将《黄帝内经素问·刺齐论篇》中有关"刺浅深之分"的内容作为"精要"引录在《黄帝三部针灸甲乙经·针灸禁忌上》里。文云：

> 刺骨者无伤筋，刺筋者无伤肉，刺肉者无伤脉，刺脉者无伤皮，刺皮者无伤肉，刺肉者无伤筋，刺筋者无伤骨。②

那么，为什么这样要求呢？皇甫谧引《黄帝内经素问·刺要论篇》解释说：

> 病有浮沉，刺有浅深，各至其理，无过其道，过之则内伤，不及则生外壅，壅则邪从之。浅深不及，反为大贼，内伤五脏，后生大病。故曰，病有在毫毛腠理者，有在皮肤者，有在肌肉者，有在脉者，有在筋者，有在骨者，有在髓者。是故刺毫毛腠理无伤皮，皮伤则内动肺，肺动则秋病温疟，热厥，淅然寒栗。刺皮无伤肉，肉伤则内动脾，脾动则七十二日四季之月，病腹胀烦满，不嗜食。刺肉无伤脉，脉伤则内动心，心动则夏病心痛。刺脉无伤筋，筋伤则内动肝，肝动则春病热而筋弛。刺筋无伤骨，骨伤则内动肾，肾动则冬病胀腰痛。刺骨无伤髓，髓伤则消泺胻酸，体解㑊然不去矣。③

黄帝将此称作"刺要"，可见"刺要"的关键就是熟练掌握针刺的浅深，该深的不应浅，该浅的不应深。在《黄帝三部针灸甲乙经·十二经水篇》中，皇甫谧详述了经脉针刺的浅深之道，如"足阳明多血气，刺深六分，留十呼。足太阳多血气，刺深五分，留七呼。足少阳少血气，刺深四分，留五呼。足太阴多血少气，刺深三分，留四呼。足少阴少血多气，刺深二分，留三呼。足厥阴多血少气，刺深一分，留一呼"④。又"手之阴阳，其受气之道近，其气之来也疾，其刺深皆无过二分，留皆无过一呼。其少长小大肥瘦，以心料之，命曰法天之常，灸之亦然。灸而过此者，得恶火则骨枯脉涩，刺而过此者则脱气"⑤。至于具体针法，皇甫谧在《黄帝三部针灸甲乙经·九针九变十二节五刺五邪》

① （晋）皇甫谧：《黄帝三部针灸甲乙经》卷5《针灸禁忌上》，严世芸、李其忠主编：《三国两晋南北朝医学总集》，第203页。

② （晋）皇甫谧：《黄帝三部针灸甲乙经》卷5《针灸禁忌上》，严世芸、李其忠主编：《三国两晋南北朝医学总集》，第203页。

③ （晋）皇甫谧：《黄帝三部针灸甲乙经》卷5《针灸禁忌下》，严世芸、李其忠主编：《三国两晋南北朝医学总集》，第204页。

④ （晋）皇甫谧：《黄帝三部针灸甲乙经》卷1《十二经水》，严世芸、李其忠主编：《三国两晋南北朝医学总集》，第144页。

⑤ （晋）皇甫谧：《黄帝三部针灸甲乙经》卷1《十二经水》，严世芸、李其忠主编：《三国两晋南北朝医学总集》，第144页。

中，全部引录了《黄帝内经》中的 26 种针刺方法，有浅有深，各有不同。例如，"扬刺者，正纳一，傍纳四而浮之，以治寒热之博大者也"①，"直针刺者，引皮乃刺之（即沿皮下横刺），以治寒气之浅者也"②，"毛刺者，刺浮痹于皮肤也"③，"半刺者，浅纳而疾发针，无针伤内，如拔发状，以取皮气，此肺之应也"④，此皆为浅刺皮肤的针刺方法，像临床上浅刺针疗周围性面瘫及双侧膝关节以下酸疼痛等病症，效果较好。又"腧刺者，直入直出，深内之至骨，以取骨痹，此肾之应也"⑤。此为深刺的针刺方法，像临床上深刺八髎穴治疗泌尿系统疾病、深刺陷谷穴治疗呃逆病、深刺夹脊穴治疗腰椎间盘突出症等，效果较好。当然，还有浅深相结合的疗法。如"所谓三刺之则谷气出者，先浅刺绝皮以出阳邪；再刺则阴邪出者，少益深，绝皮致肌肉，未入分肉之间；后刺深之已入分肉之间，则谷气出矣。故刺法曰：始刺浅之，以逐阳邪之气；后刺深之，以致阴邪之气；最后刺极深之，以下谷气。此之谓也"⑥。此处体现了从皮肤（含络脉）到肌肉（含经脉）及筋肉，再到骨，由浅入深的针刺手法。至于究竟采取何种针法适宜患者个体的病情，还要依据其身体形质、病症、节气、经脉差异、每天不同的时机及接受治疗前后的神态反应等因素来综合考虑。有些腧穴禁止深刺，如"上关禁不可刺深（深则令人耳无所闻）"，"缺盆刺不可深（使人逆息）"，以及"云门刺不可深（深则使人逆息不能食）"⑦等。其中"上关禁不可刺深"是《黄帝三部针灸甲乙经·针灸禁忌》新增加的内容。还有的穴位，不要说深刺，浅刺也不行，如"神庭禁不可刺""脐中禁不可刺""三阳络禁不可刺""承筋禁不可刺""乳中禁不可刺""鸠尾禁不可刺"⑧等，篇中共有神庭、上关、颅息、人迎、云门、脐中、伏兔、三阳络、复溜、承筋、然谷、乳中、鸠尾 13 个禁针穴，其中"神庭禁不可刺"和"鸠尾禁不可刺"都是《黄帝三部针灸甲乙经》新增加的内容。又如皇甫谧说："五里，在肘上三寸，行向里大脉中央，禁不可刺，灸三壮。"⑨从针灸解剖的层面看，五里穴所在的桡神经干活动性较小且易受损伤，会造成前臂背面及手背面桡侧尤其是

---

① （晋）皇甫谧：《黄帝三部针灸甲乙经》卷 5《九针九变十二节五刺五邪》，严世芸、李其忠主编：《三国两晋南北朝医学总集》，第 206 页。

② （晋）皇甫谧：《黄帝三部针灸甲乙经》卷 5《九针九变十二节五刺五邪》，严世芸、李其忠主编：《三国两晋南北朝医学总集》，第 206 页。

③ （晋）皇甫谧：《黄帝三部针灸甲乙经》卷 5《九针九变十二节五刺五邪》，严世芸、李其忠主编：《三国两晋南北朝医学总集》，第 206 页。

④ （晋）皇甫谧：《黄帝三部针灸甲乙经》卷 5《九针九变十二节五刺五邪》，严世芸、李其忠主编：《三国两晋南北朝医学总集》，第 206 页。

⑤ （晋）皇甫谧：《黄帝三部针灸甲乙经》卷 5《九针九变十二节五刺五邪》，严世芸、李其忠主编：《三国两晋南北朝医学总集》，第 206 页。

⑥ （晋）皇甫谧：《黄帝三部针灸甲乙经》卷 5《九针九变十二节五刺五邪》，严世芸、李其忠主编：《三国两晋南北朝医学总集》，第 206 页。

⑦ （晋）皇甫谧：《黄帝三部针灸甲乙经》卷 5《针灸禁忌下》，严世芸、李其忠主编：《三国两晋南北朝医学总集》，第 204 页。

⑧ （晋）皇甫谧：《黄帝三部针灸甲乙经》卷 5《针灸禁忌下》，严世芸、李其忠主编：《三国两晋南北朝医学总集》，第 204 页。

⑨ （晋）皇甫谧：《黄帝三部针灸甲乙经》卷 3《手阳明及臂凡二十八穴》，严世芸、李其忠主编：《三国两晋南北朝医学总集》，第 185 页。

合谷附近皮肤感觉障碍，还会造成典型的沿手阳明经循行部位的痿证等。随着消毒和避免感染等医疗技术的进步，尽管后世医家对上述的不少禁穴如神庭、人迎等已经提出挑战，并在临床应用过程中发现只要掌握正确的针刺方法，一般针刺《黄帝三部针灸甲乙经》所说的禁穴是安全的，但从慎针的意义看，人们对那些要害穴位保持高度警惕是非常必要的。

三是遇有特殊的生理和病理状态，皇甫谧强调应当根据人体的实际精神状态与功能表现来决定是否针刺和进行针刺的时机。《黄帝三部针灸甲乙经》规定，下列情况不宜针刺：

> 新内无刺，已刺勿内。大怒无刺，已刺勿怒。大劳无刺，已刺勿劳。大醉无刺，已刺勿醉。大饱无刺，已刺勿饱。大饥无刺，已刺勿饥。大渴勿刺，已刺勿渴。乘车来者，卧而休之，如食顷乃刺之。步行来者，坐而休之，如行十里顷乃刺之。大惊大怒，必定其气，乃刺之。[1]

像上述所举的"新内"等异常生理和生活状态，对其内在的神志、气血运行影响很大，容易导致患者"脉乱气散"[2]。如果在这种状态下针刺，临床上很容易产生"晕针"现象。故《黄帝三部针灸甲乙经》说："脉气甚而血虚者，刺之则脱气，脱气则仆。"[3]而对于"晕针"的处理方法，皇甫谧建议：当患者发生"晕针"时，应立刻采取措施，让他"急坐之"[4]。

《黄帝三部针灸甲乙经》又载：

> 无刺熇熇之热，无刺漉漉之汗，无刺浑浑之脉，无刺病与脉相逆者。[5]

即热证不可针刺，汗出不止时不可针刺，脉搏纷乱时不可针刺，形证阴阳不合不可针刺。可见，审脉是选择针刺时机的重要条件之一，诚如《黄帝内经灵枢经·逆顺》所言："气之逆顺者，所以应天地、阴阳、四时、五行也。脉之盛衰者，所以候血气之虚实有余不足。刺之大约者，必明知病之可刺，与其未可刺，与其已不可刺也。"[6]当明晰了患者脉象的盛衰虚实后，便可根据临床实际选用针刺方案，"盛则泻之，虚则补之，热则疾之，寒则留之"[7]，而不是相反。故此，皇甫谧特别强调了违反上述针刺原理的严重后果。他说：

> 刺不知逆顺，真邪相搏，实而补之，则阴阳血气皆溢，肠胃充郭，肺肝内胀，阴阳相错。虚则泻之，则经脉空虚，血气枯竭，肠胃慑辟，皮肤薄著，毛腠夭焦，予之

---

① （晋）皇甫谧：《黄帝三部针灸甲乙经》卷5《针灸禁忌下》，严世芸、李其忠主编：《三国两晋南北朝医学总集》，第203页。

② 韩洋：《浅析〈针灸甲乙经〉中的针刺禁忌》，《湖南中医杂志》2014年第2期，第79页。

③ （晋）皇甫谧：《黄帝三部针灸甲乙经》卷1《奇邪血络》，严世芸、李其忠主编：《三国两晋南北朝医学总集》，第149页。

④ （晋）皇甫谧：《黄帝三部针灸甲乙经》卷2《十二经脉络脉支别下》，严世芸、李其忠主编：《三国两晋南北朝医学总集》，第160页。

⑤ （晋）皇甫谧：《黄帝三部针灸甲乙经》卷5《针灸禁忌下》，严世芸、李其忠主编：《三国两晋南北朝医学总集》，第203页。

⑥ 《黄帝内经灵枢经》卷8《逆顺》，陈振相、宋贵美：《中医十大经典全录》，第236页。

⑦ 《黄帝内经灵枢经》卷3《经脉》，陈振相、宋贵美：《中医十大经典全录》，第182页。

死期。①

所以一方面，"用针之要，在于知调"②，此调主要是指脉象的阴阳、虚实等；另一方面，"凡刺之法，必察其形气"③，也就是说，用针刺治疗还要把握时机，当针刺条件不成熟时，切不可妄施针刺。一句话，针刺"必察其五脏之变化，五脉之相应，经脉之虚实，皮肤之柔粗，而后取之也"④。

3. 对针灸临床经验的系统总结

《黄帝三部针灸甲乙经》分理论和临床实践两部分，其中临床实践内容共 6 卷（从卷 7 至卷 12），大约记述了 200 种病症的 500 余个处方⑤，包括内科 54 种病症，五官科 86 种病症，外科 30 种病症，妇科 20 种病症，儿科 10 种病症。对于该书在治疗各种疾病的医疗特色方面，徐彦龙的《〈针灸甲乙经〉治疗常见病诊疗特点分析》一文有比较系统的考论，另《皇甫谧研究集成》一书分两部分（即"公开发表的论文"与"会议论文"），共收录了 108 篇有关"《黄帝三部针灸甲乙经》临床与实验研究"的文章。就具体病症而言，主要有讨论痹证、痿证及腰椎间盘突出症、消化系统腹痛症、慢性肝病、高脂血症、虚证便秘、慢性疲劳综合征、髌骨软化症、癫病、颈性眩晕、肩周炎等常见病和疑难病的临床治验与研究心得，体现了《黄帝三部针灸甲乙经》迄今仍具有广泛而深远的临床应用价值。

第一，对精神疾病的治疗特色。广义的精神病是指心理障碍性疾病，包括神经官能症与狭义的精神病，其致病因素比较复杂，主要与患者的神经类型、精神刺激及原来的思想基础关系密切。所以皇甫谧引《黄帝内经灵枢经·本神》的话说：

> 怵惕思虑者则神伤，神伤则恐惧流淫而不正；因悲哀动中者，则竭绝而失生；喜乐者，神惮散而不藏；愁忧者，气闭塞而不行；盛怒者，迷惑而不治；恐惧者，荡惮而不收。⑥

在临床上，精神病的表现症状较多，疗法亦不同。如《黄帝三部针灸甲乙经·阳厥大

① （晋）皇甫谧：《黄帝三部针灸甲乙经》卷 5《针道自然逆顺》，严世芸、李其忠主编：《三国两晋南北朝医学总集》，第 213 页。

② （晋）皇甫谧：《黄帝三部针灸甲乙经》卷 5《针道自然逆顺》，严世芸、李其忠主编：《三国两晋南北朝医学总集》，第 213 页。

③ （晋）皇甫谧：《黄帝三部针灸甲乙经》卷 5《针道终始》，严世芸、李其忠主编：《三国两晋南北朝医学总集》，第 212 页。

④ （晋）皇甫谧：《黄帝三部针灸甲乙经》卷 5《针道自然逆顺》，严世芸、李其忠主编：《三国两晋南北朝医学总集》，第 213 页。

⑤ 王峰、赵中亭：《〈针灸甲乙经〉在针灸史上的重要地位》，《山东中医药大学学报》2010 年第 5 期，第 448 页。也有学者认为"书中收录针灸处方有 400 余条，涉及到病症有 100 余种"。参见程莘农主编：《中医学问答题库·针灸学分册》，太原：山西科学技术出版社，1994 年，第 3 页。关于《黄帝三部针灸甲乙经》中病症与腧穴的关系，学界有两种意见：一种认为仅仅是皇甫谧"按病证所作的分类整理，并非针灸处方"。参见周庆辉：《〈甲乙经〉治疗部分内容辨析》，《上海针灸杂志》1991 年第 2 期，第 37 页；另一种意见认为是针灸处方。参见张胜春、赵京生：《〈针灸甲乙经〉中针灸处方的概念》，《针灸临床杂志》2001 年第 12 期，第 4 页。笔者倾向于后者，认为将其看作处方更符合《黄帝三部针灸甲乙经》的编撰体例。

⑥ （晋）皇甫谧：《黄帝三部针灸甲乙经》卷 1《精神五脏论》，严世芸、李其忠主编：《三国两晋南北朝医学总集》，第 138 页。

惊狂痫》记载了约 50 种精神病的临床表现①，像"狂之始生，先自悲也，善忘善怒善恐者，得之忧饥。……狂始发，少卧不饥，自高贤也，自辨智也，自尊贵也。善骂詈，日夜不休"，"狂，目妄见，耳妄闻，善呼者，少气之所生也……狂，善惊善笑好歌乐，妄行不休者，得之大恐……狂，多食，善见鬼神，善笑而不发于外者，得之有所大喜"②等。其治法主要是针刺穴位，但也有其他治法，如皇甫谧总结精神病的综合疗法云：

> 癫疾始生，先不乐，头重痛，直视，举目赤，甚作极已而烦心，候之于颜，取手太阳、太阴，血变而止。癫疾始作，而引口啼呼喘悸者，候之以手阳明、太阳，左强者攻其右（一本作左），右强者攻其左（一本作右），血变而止。治癫疾者，常与之居，察其所当取之处，病至视之，有过者即泻之。置其血于瓠壶之中，至其发时，血独动矣；不动灸穷骨三十壮。穷骨者尾骶也。③

这段记述以灸法与腧穴放血法为主，其"灸穷骨（指长强穴）三十壮"为灸法中之重治法。从临床实践看，"用灸长强穴三十壮，值得应用，近代用长针刺腰奇穴有较好的效果，其穴位就在长强穴上二寸之所，很可能是此法的发展"④。经考，在皇甫谧治疗癫痫的选穴方案中，以头项部经穴为主，有学者统计，在皇甫谧选定的 36 个治疗癫痫穴位里，属于头项部的穴位多达 13 个，督脉有 10 穴⑤。在此，还需要强调的是："在癫病的治疗中，《甲乙经》在选用四肢腧穴时，全部选用的是特定穴，且治疗过程中除应用放血疗法外，有些重症还倡导针灸并用或重用灸法，这些治疗方法与其它疾病的治疗方法比较更趋成熟。"⑥现在随着一些极端心理问题的出现，像病理性纵火、病理性偷窃、病理性醉酒、病理性网瘾等现象已经引起全社会的普遍关注，那么，如何从医学的角度防治这些心理疾病？有学者借鉴皇甫谧治疗精神性疾病的方法，积极主张采取针灸、药物、按摩等综合疗法来治疗心理疾病，如《黄帝三部针灸甲乙经·目不得眠》篇中讲述了采用半夏汤、生铁落饮治疗不同症状心理疾病的原理方法，可见该医学宝典也十分重视疾病治疗时针刺与药物相结合的思想。目前，心理临床医疗实践也要关注用针灸、药物、催眠、系统脱敏等多种方法相结合的办法来治疗心理疾病，以提高心理疾病的治疗效果，帮助心理疾病患者恢复健康。⑦

第二，对妇科病的治疗特色。《黄帝三部针灸甲乙经》首次以"妇人杂病"的形式使针灸妇科独立成篇，显示了针灸妇科的医疗特殊性及其向专科发展的历史趋势。从《黄帝

---

① 霍小宁、刘新发、洛成林：《探讨〈针灸甲乙经〉对精神疾病的认识及论治》，《甘肃中医》2007 年第 10 期，第 7—8 页。

② （晋）皇甫谧：《黄帝三部针灸甲乙经》卷 11《阳厥大惊发狂痫》，严世芸、李其忠主编：《三国两晋南北朝医学总集》，第 271 页。

③ （晋）皇甫谧：《黄帝三部针灸甲乙经》卷 11《阳厥大惊发狂痫》，严世芸、李其忠主编：《三国两晋南北朝医学总集》，第 271 页。

④ 杨桂根：《学习〈甲乙经〉论癫、狂、痫病心得》，钱超尘、温长路主编：《皇甫谧研究集成》，第 1222 页。

⑤ 张埒：《发掘〈甲乙经〉的配穴处方治疗观察癫痫病》，钱超尘、温长路主编：《皇甫谧研究集成》，第 1219 页。

⑥ 徐彦龙：《〈针灸甲乙经〉治疗常见病诊疗特点分析》，甘肃中医学院 2008 年硕士学位论文，第 22 页。

⑦ 余娟：《〈针灸甲乙经〉对心理疾病治疗的启示》，《陕西中医医院学报》2014 年第 2 期，第 77 页。

内经》、《金匮要略》及《黄帝三部针灸甲乙经》对妇科病的论述看，主要由经、带、胎、产和杂病 5 部分构成，而妇人以血为主，与奇经八脉中的冲脉、任脉、督脉、带脉联系密切，临床诊疗妇科杂病尤以八髎穴最为重要。

此外，盆腔所在之处环以八髎，具有疏通气血的作用，此即八髎穴能通调很多妇科病的基本原理。《黄帝三部针灸甲乙经·妇人杂病》篇载：

> 女子绝子，阴挺出不禁白沥，上髎主之。女子赤白沥，心下积胀，次髎主之。腰痛不可俯仰，先取缺盆，后取尾骶。女子赤淫时白，气癃，月事少，中髎主之。女子下苍汁不禁，赤沥，阴中痒痛，少腹控胁，不可俯仰，下髎主之，刺腰尻交者两胂上，以月生死为痏数，发针立已。肠鸣泄注，下髎主之。①

通过针刺或按摩八髎穴治疗子宫脱垂或阴道壁膨出、月经不调等，经临床实践证实确有效果。可惜原文没有明确针刺的方法，有专家指出："深刺是八髎穴取效的关键技术"，而"近代关于八髎穴的诸多临床文献肯定了深刺八髎穴的良好作用效果"②。

对于女子不孕不育症，皇甫谧依据临床实际，提示各种针法如下：

> 绝子灸脐中，令有子。③
>
> 女子绝子，衃血在内不下，关元主之。④
>
> 妇人无子，及少腹痛，刺气冲主之。⑤
>
> 女子疝瘕，按之如以汤沃两股中，少腹肿，阴挺出痛，经水来下，阴中肿或痒，漉青汁若葵羹，血闭无子，不嗜食，曲泉主之。妇人绝产，若未曾生产，阴廉主之。刺入八分，羊矢下一寸是也。妇人无子，涌泉主之。女子不字，阴暴出，经水漏，然谷主之。⑥

以上穴位如脐中、阴廉、然谷、曲泉、涌泉、气冲及关元等，只要辨证施治，无论针刺还是灸疗，临床都会有较好效果。因为不孕症与肾及天癸、冲任、子宫的功能失调有关，故诸穴补肾益天癸之力非凡，故使胚胎能成。⑦

（三）皇甫谧针灸学思想的地位和影响

自《黄帝针灸甲乙经》问世以后，历代医家都非常重视，不断传承和发展，从而使针

---

① （晋）皇甫谧：《黄帝三部针灸甲乙经》卷 12《妇人杂病》，严世芸、李其忠主编：《三国两晋南北朝医学总集》，第 286 页。

② 蔡海红、王玲玲：《王玲玲教授八髎穴深刺法及临床应用》，《中国针灸》2014 年第 3 期，第 285 页。

③ （晋）皇甫谧：《黄帝三部针灸甲乙经》卷 12《妇人杂病》，严世芸、李其忠主编：《三国两晋南北朝医学总集》，第 286 页。

④ （晋）皇甫谧：《黄帝三部针灸甲乙经》卷 12《妇人杂病》，严世芸、李其忠主编：《三国两晋南北朝医学总集》，第 286 页。

⑤ （晋）皇甫谧：《黄帝三部针灸甲乙经》卷 12《妇人杂病》，严世芸、李其忠主编：《三国两晋南北朝医学总集》，第 286 页。

⑥ （晋）皇甫谧：《黄帝三部针灸甲乙经》卷 12《妇人杂病》，严世芸、李其忠主编：《三国两晋南北朝医学总集》，第 286 页。

⑦ 刘建民、李海棠：《〈黄帝针灸甲乙经〉论治妇科疾病浅释》，《国医论坛》2005 年第 4 期，第 16 页。

灸学成为世界医学的重要组成部分。如《唐六典》载，太医令掌诸医疗之法，"其属有四，曰医师、针师、按摩师、咒禁师，皆有博士以教之，其考试、登用如国子监之法。诸医、针生读……即令验图识其孔穴……读《素问》、《黄帝针经》、《甲乙脉经》皆使精熟"[1]。而《千金要方》则在《黄帝三部针灸甲乙经》治疗癫痫病的基础上，创造了十三鬼穴疗法，进一步发展了皇甫谧的针灸学说。后来，宋代王执中的《针灸资生经》、明代杨继洲的《针灸大成》等，也都受到了《黄帝三部针灸甲乙经》的直接影响。据考，针灸自南北朝时期即开始东传朝鲜和日本，如梁大同七年（541），梁武帝应朝鲜百济王之请派医师和工匠赴百济传播经义、阴阳五行理论及针灸知识，唐朝周长寿二年（693），朝鲜新罗王朝置医学博士 2 人，以《黄帝三部针灸甲乙经》《黄帝明堂经》《难经》等教授学生。552 年，我国将《黄帝内经灵枢经》赠送给日本钦明天皇，从此，艾灸术开始在日本流传。

陈天嘉三年（562），吴人知聪携《黄帝明堂经》《黄帝三部针灸甲乙经》等医书 160 卷越海东渡日本，后来日本除了不断派留学生来唐朝学习针灸技术外，还仿照唐朝医学教育制度，设置针灸科，代代相传不绝。继之，我国针灸技术又传到东南亚各国和印度。

17 世纪末期，欧洲也开始学习中国针灸技术，现《黄帝三部针灸甲乙经》已经译成多国文字，在世界各地广为流传。

当然，由于当时医疗技术水平的限制，《黄帝三部针灸甲乙经》本身对一些原因不明的重症头痛、重症腰痛等采取针灸疗法，是否合宜，尚待探讨。不过，诚如有学者所言："虽然从现代人的眼光看，《甲乙经》所论述的治疗条文还具有一定的局限性，但追溯到1800 年前，其学术思想是无可比拟的。"

第五节　刘徽"事类相推"和"解体用图"的数学思想

刘徽，生平事迹不详。《晋书·律历志》载："魏景元四年，刘徽注《九章》。"[2]由于两年后，魏元帝禅位给司马炎，建号泰始，所以刘徽应系魏晋年间人。又据刘徽"自序"说："徽幼习《九章》，长再详览。"[3]从"幼"至"长"，一直在研习数学，似与当时的私学教育有关。无论何种途径，仅从"徽幼习《九章》"的自述来分析，刘徽极有可能出生在一个官僚家庭。日本学者薮内清认为：

> 《周礼》是一部把中国的官僚制度理想化的经典。其中，载有关于官僚子弟们学六艺的内容。所谓六艺指的是礼、乐、射、御（乘马）、书、数。数即数学，是官僚子弟们必修的科目。[4]

① （唐）李林甫等撰，陈仲夫点校：《唐六典》卷 14《太常寺·太医署》，北京：中华书局，2008 年，第 409 页。
② 《晋书》卷 16《律历志上》，第 491 页。《隋书·律历志》亦有同样记载。
③ （三国·魏）刘徽：《九章算术注序》，郭书春、刘钝校点：《算经十书（一）》，第 1 页。
④ ［日］薮内清：《中国·科学·文明》，梁策、赵炜宏译，北京：中国社会科学出版社，1988 年，第 42 页。

刘徽注《九章》主要基于以下两个原因：

第一，汉代《九章算术》经过秦焚书之后，散坏严重，故采录散佚以传不朽，已经成为当时数学共同体①的一项重要任务。对此，刘徽有一段解释。他说："往者暴秦焚书，经术散坏。自时厥后，汉北平侯张苍、大司农中丞耿寿昌皆以善算命世。苍等因旧文之遗残，各称删补。故校其目则与古或异，而所论者多近语也。"②在这样的历史背景下，刘徽"是以敢竭顽鲁，采其所见，为之作注"③。其注不是一般的注释，而是他多年"探赜"和"感悟"的成果所汇，如他发现"《九章》立四表望远及因木望山之术"即"重差术"，可以解决测量过程中所遇到的那些可望而不可即的目标对象，可惜张苍等"为术犹未足以博尽群数也"④，因此，他"辄造《重差》，并为注解，以究古人之意"⑤。从数学史的角度看，刘徽重差术的发明，无疑是一个重大的科学创造。

第二，出现了研究《九章算术》的群体，但刘徽认为，世虽多通才达学，却未必都做到了约而能周，通而不黩⑥。这话并不是刘徽故意贬低当时数学家的研究工作，而是对《九章算术》的探究提出了更高的要求和未来发展的方向。据姚振宗统计，除刘徽外，三国时期有关《九章算术》方面的主要学术著述如下所示⑦：

（1）徐岳《九章算术注》九卷，《晋书·律历志》有载。

（2）徐岳《算经要用百法》一卷，《旧唐书·经籍志》和《新唐书·艺文志》有载。

（3）徐岳《数术记遗》一卷，《旧唐书·经籍志》和《新唐书·艺文志》有载。

（4）阚泽《九章》，《初学记》有引。另《晋书·律历志》曰："吴中书令阚泽受刘洪《乾象法》于东莱徐岳，又加解注。"⑧

徐岳和阚泽都是有身份的人，故《晋书·律历志》对他们比较关注。与之相反，刘徽则往往不被史家注意，说明其地位比较卑微。但刘徽的著作却流传下来了，徐岳和阚泽等人的同类著作却不幸失传，即证明刘徽所言不虚，他的自信是有道理的。

一、"事类相推"与刘徽《九章算术注》

（一）"类"思维的产生与问题意识

1. "类"思维的产生

关于"类"思维的研究，目前学界成果颇丰，如刘明明的《"类思维"考察》⑨、何萍

---

① 吴维煊：《〈九章算术〉成书过程中的数学文化特征》，《广东第二师范学院学报》2011 年第 5 期，第 92—94 页。

② （三国·魏）刘徽：《九章算术注序》，郭书春、刘钝校点：《算经十书（一）》，第 1 页。

③ （三国·魏）刘徽：《九章算术注序》，郭书春、刘钝校点：《算经十书（一）》，第 1 页。

④ （三国·魏）刘徽：《九章算术注序》，郭书春、刘钝校点：《算经十书（一）》，第 1 页。

⑤ （三国·魏）刘徽：《九章算术注序》，郭书春、刘钝校点：《算经十书（一）》，第 2 页。

⑥ （三国·魏）刘徽：《九章算术注序》，郭书春、刘钝校点：《算经十书（一）》，第 2 页。

⑦ （清）姚振宗：《三国艺文志》，《二十五史补编》第 3 册，北京：中华书局，1955 年，第 3269 页。

⑧ 《晋书》卷 17《律历志中》，第 503 页。

⑨ 刘明明：《"类思维"考察》，天津市社会科学界联合会：《2004—2006 天津市社会科学学会优秀论文集》，天津：天津人民出版社，2007 年，第 331—338 页。

的《"类"思维方式与马克思哲学》①、吾淳的《象、类观念的产生》等②，结合考古学资料，我们对"类"思维产生与发展的历史线索，已经能初步勾勒出轮廓。

新石器条件下的远古人类为了生存，需要对石器工具及所采集的植物或狩猎的动物进行初步分类，因此，有学者认为：原始先民的采集活动，"其中逐步积淀下来的最有后来哲学意义的元素就是'类'这一思维方式以及相关的观念和概念"③。从科学史的视角讲，"八卦"的产生应当就是石器时代先民对自然万物进行分类观察的一种思维成果。著名学者丁山指出：

> 说经者或以为八卦代表天、地、雷、风、水、火、山、泽八个原始文字，倒不如说中国古代人把宇宙本体归原于"八卦"。"八卦"正是中国初民所崇拜的比较原始的宗教，这个宗教，不见金属，最可反映出来石器时代的文化。④

张政烺也说：

> 典籍记载伏羲始作八卦，考古资料或许可以早到新石器时代，其源之远，流之长，有时我们会估计不足。⑤

此说得到考古证实，如图 1-7、图 1-8、图 1-9 所示：

图 1-7　山东泰安大汶口文化遗址出土的象牙梳与八卦⑥

---

① 何萍：《"类"思维方式与马克思哲学》，《学术月刊》1997 年第 3 期，第 21—24 页。

② 吾淳：《中国哲学的起源——前诸子时期观念、概念、思想发生发展与成型的历史》，上海：上海人民出版社，2010 年，第 125—158 页。

③ 吾淳：《中国哲学的起源——前诸子时期观念、概念、思想发生发展与成型的历史》，第 96 页。

④ 丁山：《中国古代宗教与神话考》，上海：上海书店出版社，2011 年，第 179 页。

⑤ 张政烺：《论易丛稿》，北京：中华书局，2012 年，第 34 页。

⑥ 王显春：《汉字的起源》，上海：学林出版社，2002 年，第 22 页。

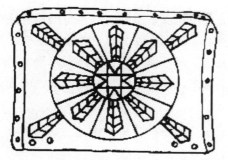

图 1-8　安徽凌家滩遗址出土的八角形纹玉版①

图 1-9　仰韶文化彩陶上的刻画符号②

以上所举刻画在陶器上的符号，学界的理解，可谓众说纷纭。但不管怎样，有一点则是不可否认的，那就是远古人类已经对进入他们视野中的各种事物做出了初步分类，而图中所出现的陶符即是明证。诚如刘徽所述：

> 昔在包牺氏始画八卦，以通神明之德，以类万物之情，作九九之术，以合六爻之变。③

对于"包牺氏"这个传说人物，在古史辨派的影响下，曾经有一段时期，遭到学界的否定④，但是经过考古学界的不懈努力，能够佐证伏羲乃"中华民族的人文始祖"的资料越来越多⑤，几乎遍及黄河流域⑥，目前把伏羲作为一个时代的文化象征，已为学界所接受。因此，有学者解析伏羲文化的特质说：

> 伏羲作为上古的杰出人物，他画（划）定的八卦达到了将天、地、人统一在一个时空不分的宇宙体系中考察万物之变的思维水平……先民之所以能发明以数推卦之法，跟当时对"数"的认识已达到相当水平有关系。从考古资料看，半坡、仰韶出土的陶器上都发现了刻划符号，有的刻划符号形似数字七、十等，有些则不能确定，这至少可以说明当时人们认识数字的水平。……从考古资料看，距今 8000—7000 年的河南舞阳贾湖遗址出土了 25 支用丹顶鹤尺骨制成的骨笛，计有五孔、六孔、八孔各 1 支，七孔 14 支。其中七孔笛大多制作精致，通体光滑。当时人们根据管长、吹奏经验和音律思想来设计孔位，早期（M341）出土的骨笛未见到计算痕迹，但在中期，有的骨笛（M282：20）身上见到了计算痕迹。……数度思想是中国古代独有的、以对"数"性质的认识指导政治生活和社会生活的思想。⑦

---

① 王晓强：《中国记忆 5000 年：古玉里隐藏的秘密》，广州：岭南美术出版社，2010 年，第 44 页。

② ［日］远藤织枝、黄雪贞主编：《女书的历史与现状——解析女书的新视点》，北京：中国社会科学出版社，2005 年，第 169 页。

③ （三国・魏）刘徽：《九章算术注序》，郭书春、刘钝校点：《算经十书（一）》，第 1 页。

④ 金景芳：《金景芳学述》，杭州：浙江人民出版社，1999 年，第 39 页等。

⑤ 蔡建生：《郑州古代科技史话》，郑州：河南科学技术出版社，2007 年，第 31 页等。

⑥ 李清凌：《彩陶与中华文化的起源》，《丝绸之路》2009 年第 4 期，第 25 页。

⑦ 杨英：《伏羲画卦与中国古代数度思想之渊源》，穆仁先主编：《伏羲与中华姓氏文化》，郑州：黄河水利出版社，2004 年，第 49—54 页。

这种对"数度"的独特认识，必然促使人们去发现和探索"数度"本身的运算规律及传授方法。前揭包牺氏"作九九（乘法口诀）之术"，即是"数"的一种运算规律。刘徽将"八卦"与"九九之术"联系在一起，就促使人们不得不思考：占算与算术原本是统一的，只是后来随着历法、律吕、建筑等领域都需要算术，算术才逐渐脱离占算，而发展成一门独立学问。故刘徽述：

> 暨于黄帝神而化之，引而申之，于是建历纪，协律吕，用稽道原，然后两仪四象精微之气可得而效焉。记称隶首作数，其详未之闻也。①

在此，"隶首作数"，也可理解为隶首将算术中的九九乘法口诀专门化了。从"九九之术"到"九数"的出现，中间经历了漫长的发展过程。《老子》八十章说："使人复结绳而用之。"②这是老子"小国寡民"理想社会状态中的一部分，即指结绳记事或结绳记数的时代。《周易·系辞下》曰："上古结绳而治，后世圣人易之以书契。"③所谓"书契"就是指在竹、木、骨头或者龟甲等物体上刻"记"号作为凭证，帮助记忆财物的数量、交易的日期等。故《释名》说："契，刻也，刻识其数也。"④在古代，数的功能是多方面的，如用数来对客观对象进行量化认识，以及对各种宇宙万物作简单的分类考察等。《老子》四十二章曰："道生一，一生二，二生三，三生万物。"⑤这里的"一"可以理解为宇宙整体，这个宇宙整体可以分成两类：天与地，这就是"一生二"；天与地相互作用，进一步分化为三类：天、地与人，这就是"二生三"；天、地与人之间相互作用，宇宙世界就可以分成许多的类，此即"方以类聚，物以群分"⑥的意思。随着社会经济的发展，数的运算越来越频繁和复杂，而"类"的内容亦在不断变化。至少在西周时期，复杂的乘法运算已经非常广泛了。如《周易·系辞上》云："易有太极，是生两仪，两仪生四象，四象生八卦。"⑦又说："河出图，洛出书，圣人则之，易有四象，所以示也。"⑧关于"河图"、"洛书"与数学的关系，学界谈论的已经很多了，不必一一细说。

从数学的层面讲，"洛书"有以下四个特征：第一，"洛书"当中横竖斜的数字之和等于15；第二，将一位数递变为两位数，或者更多位数，左右两列数字之和相等；第三，无论一位还是两位、三位、四位数，其平方相加之和都相等；第四，用行列式的方式计算，能得出一个周天数360。⑨当然，"河图""洛书"中的数学奥秘远远没有穷尽。诚如前述，"在数度思想中，'数'作为宇宙万物达到平衡时固有的状态和轨迹，成为给季节、干支、味道、律吕、声音等定属性的标志，成为一种表示'于区别中存在条理'的象

---

① （三国·魏）刘徽：《九章算术注序》，郭书春、刘钝校点：《算经十书（一）》，第1页。
② （三国·魏）王弼：《老子道德经》八十章，《诸子集成》第4册，第47页。
③ 黄侃：《黄侃手批白文十三经·周易》，第45—46页。
④ （汉）刘熙：《释名·释书契》，北京：中华书局，2016年，第88页。
⑤ （三国·魏）王弼：《老子道德经》四十二章，《诸子集成》第4册，第26页。
⑥ 黄侃：《黄侃手批白文十三经·周易》，第38页。
⑦ 黄侃：《黄侃手批白文十三经·周易》，第43页。
⑧ 黄侃：《黄侃手批白文十三经·周易》，第43页。
⑨ 阿杰编著：《易经：999个易经问题活占活断》，西宁：青海人民出版社，2011年，第301—302页。

征"①。于是，刘徽说："按周公制礼而有九数，九数之流，则《九章》是矣。"②文中所言"周公制礼"主要是指《周礼》，其中《周礼·地官·保氏》载，保氏"乃教之六艺：一曰五礼，二曰六乐，三曰五射，四曰五驭，五曰六书，六曰九数"③。对于"九数"的理解，虽然学界有不同的看法，如刘操南认为"九数"乃"九九之数"④，但是大多数学者认同郑众"九数"即《九章》之说。据相关专家研究，秦简《数》已经出现了面积与体积，粟米、衰分与少广，以及盈不足和勾股等类型的算题。⑤汉简《算数书》"存70个小标题，100余条术文或解法，80余道题目，约2/3的篇幅是抽象性术文及其例题。绝大多数是在秦或先秦完成的"⑥。这样，我们回头再看，刘徽言："算在六艺，古者以宾兴贤能，教习国子。"⑦结合前面《周礼·地官·保氏》云保氏教"九数"，不难发现，当时的教学方法应当是分不同题型来讲解与练习，以适应不同的社会需要。

2. "九数"与问题意识

由于北大秦简《算数书》和岳麓书院秦简《数》还没有全部整理出来，汉简《算数书》已见《张家山汉简〈算数书〉研究》成果问世⑧，其他还有阜阳双古堆汉简《算术书》、银雀山汉简《算书》及云梦睡虎地77号西汉墓《算术》等。据初步研究，北大秦简《算数书》共400枚简，主要是应用题列举，并把同类问题归为一组，侧重实际算术问题的讲解。⑨张家山汉简《算数书》共190枚简，亦系一部算数问题集，共计92道算题，经刘金华重新整理和拟定的题目为：少广、大广、里田、方田、启广、启纵、井材、圆材、以圆材方、以方材圆、圆亭、旋粟、困盖、除、郓都、刍、粟求米、粟为米、米求粟、米粟并、粟米并、米出钱、程禾、女织、并租、妇织、取程、租误券、耗、耗租、取枲程、误券、税田、舂粟、医、稗毁、丝练、拿脂、羽矢、分钱、缯幅、息钱、饮漆、程竹、卢唐、石率、贾盐、出金、铜耗、传马、狐出关、狐皮、负米、共买材、负炭、漆钱、金价、行、增减分、分当半者、合分、约分、径分、分半者、乘、分乘、相乘等。⑩从这些题目看，涉及社会生活的各个领域，算数可谓无处不在。正是由于算数的这种特殊作用，所以《周礼》才将"九数"列为六艺之一，成为中国古代学生的必修科目。

至于先秦时期的"算具"，清华大学藏有一篇战国竹书《数表》，呈格状，每格中均添有数字，具备乘除、乘方及开方等计算功能⑪，它的发现表明我国古代很早就具有高超的

① 杨英：《伏羲画卦与中国古代数度思想之渊源》，穆仁先主编：《伏羲与中华姓氏文化》，第54页。
② （三国·魏）刘徽：《九章算术注序》，郭书春、刘钝校点：《算经十书（一）》，第1页。
③ 黄侃：《黄侃手批白文十三经·周礼》，第37页。
④ 刘操南：《古籍与科学》，哈尔滨：哈尔滨师范大学《北方论丛》编辑部，1990年，第134页。
⑤ 肖灿、朱汉民：《岳麓书院藏秦简〈数〉的主要内容及历史价值》，《中国史研究》2009年第3期，第39—50页。
⑥ 郭书春：《中国科学技术史·数学卷》，北京：科学出版社，2010年，第66页。
⑦ （三国·魏）刘徽：《九章算术注序》，郭书春、刘钝校点：《算经十书（一）》，第1页。
⑧ 郭书春：《〈算数书〉校勘》，《中国科技史料》2001年第3期，第202—219页。
⑨ 李宝通、黄兆宏：《简牍学教程》，兰州：甘肃人民出版社，2011年，第210页。
⑩ 全国哲学社会科学规划办公室：《国家社科基金项目成果选介汇编》第3辑，北京：社会科学文献出版社，2007年，第308—309页。
⑪ 李宝通、黄兆宏：《简牍学教程》，第209—210页。

计算手段和方法。

为了方便"九数"教学，《算数书》中的算题，在总体上形成了"问—答—术"教学模式，这种算题教学模式不仅已成为当时中国数学领域算题构题的主流，而且为后世数学著作编撰计算题结构的建立奠定了基础①。例如，"共买材"题云：

> 三人共材以买，一人出五钱，一人出三钱，一人出二钱。今有赢四钱，欲以钱数衰分之。出五者得二钱，出三者得一钱五分钱一，出二者得五分钱四。术曰：并三人出钱数以为法，即以四钱各乘所出钱数，如法得一钱。②

从上引例题来看，《算数书》确实凸显了中国算数教育的特色，在问题与算法的教学中，更重于"算法"。对于这种数学发展趋向，我们需要从两个方面进行分析：

第一，有学者指出：

> 受实用性思想的影响，中国古代数学体系的核心是算，证明被放在次要位置。"在古代中国的数学思想中，最大的缺点是缺少严格求证的思想"。重计算、轻证明，导致理论与应用错位，这阻碍了数学的"抽象化、系统化"。中国古代数学强调算法，追求的是"术"，是以创造算法特别是各种解方程的算法为主线。公式的推导或证明被忽视了，中算家们对行之有效的算法非常熟悉，但是对证明这些算法能否像他们所宣称的那样行之有效很少表现出兴趣。这与古希腊数学追求严密逻辑推理形成鲜明的对照。③

第二，吴文俊肯定创造算法与定理证明是构成数学发展的两大主流，二者相辅相成，对人类数学的进化起着不可或缺的重要作用，特别是沿丝绸之路所进行的知识传播与交流，促成了东西方数学的融合，孕育了近代数学的诞生。④

那么，为什么中国数学会形成创造算法的特色呢？

刘徽讲到"八卦"，又讲到周公"建历纪，协律吕"⑤。孙子亦说：算者，有"考二气之降升，推寒暑之迭运"及"采神祇之所在，极成败之符验"⑥之用等。这就把中算的主要用途讲清楚了，算数的目的不出《周礼》所规划的占验、历法、声律、田赋、建筑、工艺制造等范围。例如，"大衍之数"（即推演宇宙万物所用的数）的问题，"天方地圆"的问题，声律与日周期相应的问题等，都与实用算法紧密相连，而与定理证明无关。《周易·系辞上》云：

---

① 全国哲学社会科学规划办公室：《国家社科基金项目成果选介汇编》第3辑，第308页。
② 张家山二四七号汉墓竹简整理小组编著：《张家山汉墓竹简〔二四七号墓〕：释文修订本》，北京：文物出版社，2006年，第136页。
③ 韩雪涛：《好的数学：方程的故事》，长沙：湖南科学技术出版社，2012年，第319页。
④ 李文林：《古为今用、自主创新的典范——吴文俊院士的数学史研究》，《内蒙古师范大学学报（自然科学汉文版）》2009年第5期，第482页。
⑤ （三国·魏）刘徽：《九章算术注序》，郭书春、刘钝校点：《算经十书（一）》，第1页。
⑥ 郭书春、刘钝校点：《算经十书（二）》，第1页。

大衍之数五十，其用四十有九，分而为二以象两，挂一以象三，揲之以四以象四时，归奇于扐以象闰，五岁再闰，故再扐而后挂。①

由于《周易》没有明确如何求得"大衍之数五十"的方法，也即"术"，所以后世学者从"术"的层面提出了种种猜测，如京房、郑玄、荀爽、马融、邵雍、朱熹等，然而，却很少有人从定理证明的角度来研究这个问题。直到南宋的秦九韶才在《数书九章》中出现了"蓍卦发微"算题，从算理角度对"大衍之数五十，其用四十九"进行了探究。据李继闵考察分析，秦九韶的"蓍卦发微"事实上已经构成了一个一次同余问题的数学模型。

又《周髀算经》载商高的话说：

数之法出于圆方。圆出于方，方出于矩，矩出于九九八十一。故折矩，以为句广三，股修四，径隅五。②

虽然赵爽给出了勾股定理的证明，但他却沿袭了"周三径一"的粗疏圆周率数值，而没有进一步推进圆周率的精确研究。这当然不能令刘徽满意，所以刘徽才用割圆术将圆周率数值精确到小数点后4位小数，代表了当时世界一流水平③。

反观"九数"的研究，情形大致相同。在刘徽看来，"虽曰九数，其能穷纤入微，探测无方。至于以法相传，亦犹规矩度量可得而共，非特难为也"④。也就是说，《九数》所讲的"术"作为同种类型问题的共同解法，在本质上是一种通用的程序，"以后遇到其他同类问题，只要按'术'给出的程序去做就一定能求出问题的答案"⑤。对学习算数来说，掌握这种通用的程序并不难，而最难之处在于如何把握"算术之根源"，即从演绎逻辑的角度，对《九数》的方法给出数学证明。他说："事类相推，各有攸归，故枝条虽分而同本干知，发其一端而已。"⑥这就是"数学之树"的思想，那么，作为"数学之树"的根又是什么呢？当然是方圆问题。关于这个问题，留待后文详述。

（二）刘徽《九章算术注》的内容及其特色

1.《九章算术》与《九章算术注》的思想内容

《九数》为周公所作，这是刘徽的观点。

东汉郑玄注《周礼》云：

先郑云："方田、粟米、差分、少广、商功、均输、方程、盈不足、旁要，此九章之术是也。"⑦

① 黄侃：《黄侃手批白文十三经·周易》，第41—42页。
② （三国·吴）赵爽：《周髀算经》卷上，郭书春、刘钝校点：《算经十书（一）》，第1页。
③ 盛文林主编：《人类在数学上的发现》，北京：北京工业大学出版社，2011年，第84页。
④ （三国·魏）刘徽：《九章算术注序》，郭书春、刘钝校点：《算经十书（一）》，第1页。
⑤ 顾泠沅主编：《数学思想方法》，北京：中央广播电视大学出版社，2004年，第8页。
⑥ （三国·魏）刘徽：《九章算术注序》，郭书春、刘钝校点：《算经十书（一）》，第1页。
⑦ （汉）郑玄注，（唐）贾公彦疏：《周礼注疏》卷10，上海：上海古籍出版社，2010年，第371页。

又注："今有重差，夕桀，句股。"①

但目前所见，《九章算术》最早见于东汉光和二年（179）铭文：

依黄钟律历、《九章算术》，以均长短、轻重、大小，用齐七政，令海内都同。②

考《汉书·艺文志》载历谱 18 家中有 3 家与数学有关，即《律历数法》3 卷、《许商算术》26 卷及《杜忠算术》16 卷。③不载《九章算术》。另外，当时算术属于历谱，尚未独立为算学。于是，刘徽所言"九数之流，则《九章》是矣"就有进一步探讨的必要。

前面所举先秦及秦汉时期的《数表》《算数书》《数书》《算术书》《九九乘法表》《算书》《算术》等，就目前的研究成果看，主要有以下几种认识：

（1）肖灿的博士学位论文《岳麓书院藏秦简〈数〉研究》，在对秦简《数》、张家山汉简《算数书》及《九章算术》三者的内容做了比较之后，认为：第一，《数》的算题涉及《九章算术》的"方田"、"粟米"、"衰分"、"少广"、"商功"、"均输"、"盈不足"和"勾股"八章的内容，未见到"方程"算题实例；第二，虽然《数》的算题在《算数书》和《九章算术》里可找到相同或相似内容，但并不说明三者必定关联，可能某些算题有共同的源流。④

（2）刘钝认为，张家山汉简《算数书》很可能就是《九章》的前身。⑤

（3）阜阳双古堆汉简《算术书》，其内容与《九章算术》之"少广""均输"相合，可能与西汉张苍整理的《算术书》有关。⑥

可见，先秦或秦时世上流传着多种抄本的《九数》，这大概就是刘徽所言"九数之流"的意思。这么多的《九数》抄本应当有一个共同的祖本，然而，从清华大学收藏的战国竹书《数表》看，至少春秋战国时期应有《九数》书流传，可惜迄今还没有考古发现，但《孟子》里载有不少数学算题，如《孟子·梁惠王章句上》云："海内之地，方千里者九，齐集有其一，以一服八，何以异于邹敌楚哉，盖亦反其本矣。"⑦这里讲到了两个分数相互比较问题。《孟子·滕文公章句上》又云：

夏后氏五十而贡，殷人七十而助，周人百亩而彻，其实皆什一也。⑧

换言之，耕五十亩者以五亩之入为贡，耕七十亩者以七亩所入为助，耕百亩者则取其十亩之入为彻。⑨此外，史料亦载：

---

① （汉）郑玄注，（唐）贾公彦疏：《周礼注疏》卷 10，第 371 页。

② 国家计量总局、中国历史博物馆、故宫博物院：《中国古代度量衡图集》，北京：文物出版社，1984 年，第 97 页。

③ 《汉书》卷 30《艺文志》，第 1766 页。

④ 肖灿：《岳麓书院藏秦简〈数〉研究》摘要，湖南大学 2010 年博士学位论文，第 1 页。

⑤ 刘钝：《大哉言数》，沈阳：辽宁教育出版社，1993 年，第 13—15 页。

⑥ 胡平生：《阜阳双古堆汉简数术书简论》，中国文物研究所：《出土文献研究》第 4 辑，北京：中华书局，1998 年，第 17—18 页。

⑦ （清）焦循：《孟子正义》卷 1《梁惠王章句上》，《诸子集成》第 2 册，第 54—55 页。

⑧ （清）焦循：《孟子正义》卷 5《滕文公章句上》，《诸子集成》第 2 册，第 197 页。

⑨ 吕思勉：《中国通史》，武汉：武汉出版社，2011 年，第 99 页。

请野，九一而助；国中，什一使自赋。卿以下，必有圭田，圭田五十亩，余夫二十五亩。①

周谷城在《圭田辨》一文中认为，从几何学的角度讲，圭田是指不方正、不平坦、不整齐的田。②这是因为"国人"住在中央山险之地，故土地不能平正划分，收税只能按照总耕地面积取其几分之几。③按照孟子的建议，对"野人"（住在平夷之地）采取 1/9 的助法，而对"国人"则收取 1/10 的赋税。显而易见，在田赋的计算、收取方面，经常会遇到分数运算，再结合《孟子》中所出现的其他数学问题，我们可以推断，既然孟子能够如此熟练地应用分数运算，就表明当时周朝"六艺"体系中的"九数"教学必定包括后来《九章算术》中"方田"、"衰分"与"勾股"④等内容。不幸的是，在秦始皇焚毁书籍的过程中，大量算数书被付之一炬，当然由于各种原因，肯定在社会上还有留存下来的算书。对此，刘徽是这样评述的：

往者暴秦焚书，经术散坏。自时厥后，汉北平侯张苍、大司农中丞耿寿昌皆以善算命世。苍等因旧文之遗残，各称删补。故校其目则与古或异，而所论者多近语也。⑤

张苍是秦汉时期最重要的数学家之一。《史记》载：

张丞相苍者，阳武人也。好书律历。秦时为御史，主柱下方书。有罪，亡归。及沛公略地过阳武，苍以客从攻南阳。苍坐法当斩，解衣伏质，身长大，肥白如瓠，时王陵见而怪其美士，乃言沛公，赦勿斩。遂从西入武关，至咸阳。……迁为计相，一月，更以列侯为主计四岁。是时萧何为相国，而张苍乃自秦时为柱下史，明习天下图书计籍。苍又善用算律历，故令苍以列侯居相府，领主郡国上计者。黥布反亡，汉立皇子长为淮南王，而张苍相之。十四年，迁为御史大夫。⑥

按照《汉书》卷 1 下《高帝纪》载："命萧何次律令，韩信申军法，张苍定章程。"⑦可是，何谓"章程"？由于阜阳简书中有《作务员程》⑧，对于程的内容已有实物佐证，略而不论。至于章，迄今仍停留在文献考证阶段，我们真切地寄希望于考古发现。颜师古注："如淳曰：章，历数之章术也。程者，权衡丈尺斗斛之平法也。"⑨依此，沈家本说："章程即《苍传》之绪正律历，若百工天下作程品也。上文已言'次律令'，则章程自与律令无

---

① （清）焦循：《孟子正义》卷 5《滕文公章句上》，《诸子集成》第 2 册，第 207、209 页。
② 周谷城：《圭田辨》，《历史研究》1954 年第 6 期，第 123 页。
③ 吕思勉：《中国通史》，第 99 页。
④ 袁运开、周瀚光主编：《中国科学思想史》上卷，合肥：安徽科学技术出版社，2001 年，第 233 页。
⑤ （三国·魏）刘徽：《九章算术注序》，郭书春、刘钝校点：《算经十书（一）》，第 1 页。
⑥ 《史记》卷 96《张丞相列传》，第 2675—2676 页。
⑦ 《汉书》卷 1 下《高帝纪》，第 81 页。
⑧ 胡平生：《阜阳双古堆汉简数术书简论》，中国文物研究所：《出土文献研究》第 4 辑，第 18 页。
⑨ 《汉书》卷 1 下《高帝纪》，第 81 页。

涉。"①实际上，张苍所做的工作就是将科技管理制度化和规范化，包括科技著作的整理和删定，用刘徽的话说，就是"各称删补"和"校其目"。鉴于张苍与阜阳双古堆一号墓主同时代，所以有学者推测"阜阳简《算术书》会不会就是张苍所定之'章'"②，值得探究。

张苍之后，生活在西汉中后期的杜仲和许商也与《九章算术》有些关系。《汉书·成帝纪》载，河平三年（前26）秋八月，"光禄大夫刘向校中秘书。谒者陈农使，使求遗书于天下"③。从《汉书·艺文志》的记载看，这次"求遗书"就有杜仲和许商的算术书，却不见《九章算术》，故《广韵》释："九章术：汉许商、杜仲，吴陈炽，魏王粲并善之。"④又《汉书·艺文志》载，成帝时，诏"太史令尹咸校数术"⑤。而在这次校书之后，《九章算术》始见于文献，如《后汉书·马援传》载："（马续）博观群籍，善《九章算术》。"⑥此《九章算术》是定型后的产品，应与刘徽所据版本相同。

刘徽《九章算术注》所依据的《九章算术》版本，共246个问题，编纂体例为"题—问—术"，分九章，其中"方田章"38道题，讲各种平面图形面积的计算方法；"粟米章"46道题，主要讲单比例的计算方法；"衰分章"20道题，主要讲配分比例的计算方法；"少广章"24道题，主要讲开平方和开立方的方法；"商功章"28道题，主要讲计算长方体、棱柱、棱台、圆台、圆锥、四面体等体积的方法；"均输章"28道题，主要讲运输行程、计酬的计算方法；"盈不足章"20道题，主要讲盈亏算题（即现代的二元一次方程组）的解法；"方程章"18道题，主要讲现代多元一次（或线性）方程组的解法；"勾股章"24道题，主要讲勾股算题（包括营造、测望等内容）的解法。

刘徽对自己所注《九章算术》有一个基本定位，即"枝条虽分而同本干知"⑦。据此，郭书春绘制了一幅"刘徽的数学之树"图，系统展示了刘徽《九章算术注》的逻辑结构和思想特色，如图1-10所示：

这里，仅谈刘徽《九章算术注》的思想内容，本书分三个层次论述如下：

（1）章题。刘徽曾说西汉张苍对《九数》的贡献之一是"校其目"，此目实为"题目"，或云章题。然而，他对章题的内容没有解释，是一大缺憾。刘徽在《九章算术注》中首先对章题一一做了解释，使人们可通过阅读"章题"而对每一章的基本内容有一个初步的认识和了解。例如，"方田"即"以御田畴界域"⑧，是指用来测算田亩大小与边界区划的方法。文中，"御"是"用"的意思，"田"甲骨文作"𝄄"，其中"囗"是田区的范围，内"井"是人工开凿的阡陌，故"田"是指可耕田区及其种地的行为。⑨而"田畴"

① 沈家本：《历代刑法考》下册，北京：商务印书馆，2011年，第76页。
② 胡平生：《阜阳双古堆汉简数术书简论》，中国文物研究所：《出土文献研究》第4辑，第18页。
③ 《汉书》卷10《成帝纪》，第310页。
④ （宋）陈彭年：《钜宋广韵》卷4，上海：上海古籍出版社，2017年，第309页。
⑤ 《汉书》卷30《艺文志》，第1701页。
⑥ 《后汉书》卷24《马援传》，第862页。
⑦ （三国·魏）刘徽：《九章算术注序》，郭书春、刘钝校点：《算经十书（一）》，第1页。
⑧ （三国·魏）刘徽：《九章算术》卷1《方田》注，郭书春、刘钝校点：《算经十书（一）》，第1页。
⑨ 万献初：《〈说文〉字系与上古社会 ——〈说文〉生产生活部类字丛考类析》，北京：新世界出版社，2012年，第148—149页。

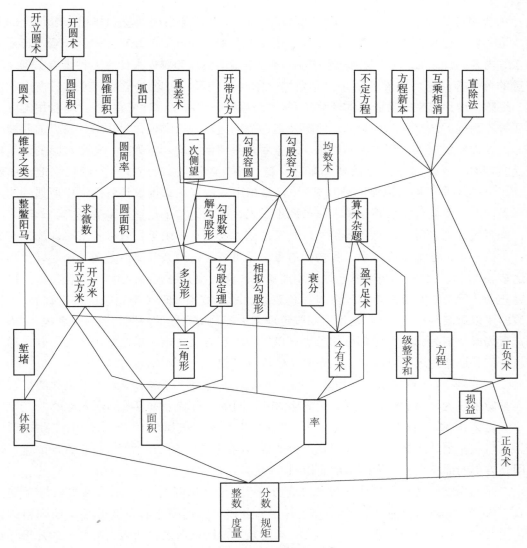

图 1-10　刘徽的数学之树①

则是指划定边界和大小形状不同的田地，如方田、圆田、圭田、邪田、箕田、宛田、弧田、环田等，可见，古代的面积直接来源于地块的大小和田亩的测算。"粟米"即"以御交质变易"②，是指用来换算各种食物及日常生活用品之间相互交易的方法，主要包括百分法、比与比例关系等数学内容。"衰分"即"以御贵贱禀税"③，其中"衰"的含义是说按一定标准递减的比率进行分配，而"衰分"则是指用配分来计算上交赋税的方法，主要包括按比例分配，以及在社会生活领域经常会遇到的税收、罚款、利息、计工、物资分

①　郭书春：《中国科学技术史·数学卷》，第 297 页。
②　（三国·魏）刘徽：《九章算术》卷 2《粟米》注，郭书春、刘钝校点：《算经十书（一）》，第 14 页。
③　（三国·魏）刘徽：《九章算术》卷 3《衰分》注，郭书春、刘钝校点：《算经十书（一）》，第 24 页。

配、粮食买卖等问题。"少广"即"以御积幂方圆"[1]，是指用面积和体积来求长度的方法，主要包括已知田之面积及一边而求他边及少广术、开方术、开立方术、开圆术、开立圆术等内容。"商功"即"以御功程积实"[2]，是指用体积和容积来计算各种土方工程及工作量的分配等问题，主要包括角锥、角墙、阳马、刍童、羡除、堑堵、方亭、楔形、沟渠、堤防、墙垣等空间多面体的计算法则。"均输"即"以御远近劳费"[3]，是指用配分比例和等差数列方法来计算均匀摊派输赋及追逐等问题，有论者说："'均输'章以前四题为核心，条件层层深入，算法由易到难。刘徽着重说明何为均、何为输，即摊派赋的计量依据是甚（什）么。这是解题的要领所在，把'均''输'搞清楚了，问题也就迎刃而解了。"[4] "盈不足"即"以御隐杂互见"[5]，是指用双假算法来推求经济生活中所遇到的盈亏一类问题，主要包括盈不足术，两盈两不足术、盈适足与不足适足术等内容。若深究其义，则"数之显者可见，隐者不可见，至于杂则尤不可见，由见显者以推其隐，如人有财物，失去一半，或大半或小半，失物者道多，无可考究，隐杂互见，是因其所存以验其所失之多少"[6]。从算法的角度看，这里主要讲解一元一次方程式的问题。"方程"即"以御错糅正负"[7]，是指用线性方程组与正负数的加减运算来处理关系错杂的应用算题。"勾股"即"以御高深广远"[8]，是指用勾股定理来求解测望高远的问题。故有论者说："横为勾，直为股，斜为弦，三者都可相求也，以勾中所容方直之积，求之则山之高、井之深、城邑之广、道路之远可以测知，此算术之极致也。"[9]

（2）算题。《九章算术》采用题—问—术模式，刘徽针对这个模式中所出现的重要概念，都做了较为详细的注释，从而使概念清晰、明确，有利于对算题的深入理解。

一是方田术。《九章算术》卷1云："广从步数相乘得积步。"[10]刘徽注："此积谓田幂。凡广从相乘谓之幂。"[11]这里"从"同"纵"，指长方形的长，"广"指长方形的宽，则幂即长方形的面积。公式为：矩形面积=长×宽。

二是合分术。《九章算术》卷1"合分术"云："母互乘子，并以为实。母相乘为法。"[12]刘徽注："母互乘子；约而言之者，其分粗；繁而言之者，其分细。虽则粗细有殊，然其实一也。众分错杂，非细不会。乘而散之，所以通之。通之则可并也。凡母互乘子谓之齐，群母相乘谓之同。同者，相与通同共一母也；齐者，子与母齐，势不可失本数

① （三国·魏）刘徽：《九章算术》卷4《少广》注，郭书春、刘钝校点：《算经十书（一）》，第32页。

② （三国·魏）刘徽：《九章算术》卷5《商功》注，郭书春、刘钝校点：《算经十书（一）》，第43页。

③ （三国·魏）刘徽：《九章算术》卷6《均输》注，郭书春、刘钝校点：《算经十书（一）》，第56页。

④ 郭世荣：《略论李淳风等对〈九章〉及其刘徽注的注》，吴文俊主编：《刘徽研究》，西安、台北：陕西人民教育出版社、九章出版社，1993年，第371页。

⑤ （三国·魏）刘徽：《九章算术》卷7《盈不足》注，郭书春、刘钝校点：《算经十书（一）》，第73页。

⑥ （明）胡广等纂修，周群、王玉琴校注：《四书大全校注》上，武汉：武汉大学出版社，2009年，第14页。

⑦ （三国·魏）刘徽：《九章算术》卷8《方程》注，郭书春、刘钝校点：《算经十书（一）》，第84页。

⑧ （三国·魏）刘徽：《九章算术》卷9《句股》注，郭书春、刘钝校点：《算经十书（一）》，第95页。

⑨ （明）胡广等纂修，周群、王玉琴校注：《四书大全校注》上，第14页。

⑩ （三国·魏）刘徽：《九章算术》卷1《方田》，郭书春、刘钝校点：《算经十书（一）》，第1页。

⑪ （三国·魏）刘徽：《九章算术》卷1《方田》注，郭书春、刘钝校点：《算经十书（一）》，第1页。

⑫ （三国·魏）刘徽：《九章算术》卷1《方田》，郭书春、刘钝校点：《算经十书（一）》，第2页。

也。"①这样，对一组分数进行"齐同"运算的含义，做了明确的界定。设两个异分母的分数各为 $\frac{a}{b}$ 及 $\frac{c}{d}$，其中分子与分母分别相乘即得 ad 与 cb，此运算过程称为"齐"，而分母与分母相乘即得 bd，此运算过程称为"同"。也就是说两个异分母的分数只有换算成同分母的分数之后，才能进行加减运算。

三是经分术。《九章算术》卷 1"经分术"曰："凡数相与者谓之率。率知，自相与通。有分则可散，分重叠则约也。等除法实，相与率也。"②在此，"率"是指两个或两个以上的一组量成比例变化的相依关系，而且率与率之间应当彼此相通，无有阻隔。刘徽规定，当一组率同乘或同除一个不为零的数时，其相关之间的比率、比例或数值不变；通常一组用互质的正整数来表示的率，就称为"相与率"③。

四是衰分。《九章算术》卷 2"衰分"，刘徽注曰："衰分，差也。"④此处的"差"就是等级的意思，即按等级分配，或者按比例分配，可称之为"差分"，它具有一定的阶级性。程大位《算法统宗》释："衰者，等也。物之混者，求其等而分之。以物之多寡求其出税，以人户等第求其差徭，以物价求贵贱高低者也。"⑤

五是列衰。《九章算术》卷 2"衰分"，刘徽注曰："列衰，相与率也。重叠，则可约。"⑥即"列衰"是指按照任意给定的一组比率分配⑦，其中所要求的比率通常应为不能再约简的比数。

六是开方。《九章算术》卷 4"开方"，刘徽注曰："求方幂之一面也。"⑧文中"方幂"指正方形面积，"一面"即一边，也就是说，已知正方形面积，求其一边之长，即是开方的含义。实际上，它是已知边长求正方形面积的反问题。

七是开立方。《九章算术》卷 4"开立方"，刘徽注曰："立方适等，求其一面也。"⑨同开平方的含义相似，所谓开立方是指已知正方体的体积，求其一边之长。

八是立方。《九章算术》卷 4"今有积一百八十六万八百六十七尺"，刘徽注曰："此尺谓立方之尺也。凡物有高深而言积者，曰立方。"⑩空间图形由长、宽、深或高构成，三度之乘积，单位用"立方"来表示。

九是阳马。《九章算术》卷 5"今有阳马"题，刘徽注曰："此术阳马之形，方锥一隅也。今谓四柱屋隅为阳马。"⑪

①　（三国·魏）刘徽：《九章算术》卷 1《方田》注，郭书春、刘钝校点：《算经十书（一）》，第 2—3 页。
②　（三国·魏）刘徽：《九章算术》卷 1《方田》注，郭书春、刘钝校点：《算经十书（一）》，第 4 页。
③　林德宏主编：《科技巨著》第 9 卷第 1 册《〈九章算术〉评介》，北京：中国青年出版社，2000 年，第 179 页。
④　（三国·魏）刘徽：《九章算术》卷 2《衰分》，郭书春、刘钝校点：《算经十书（一）》，第 24 页。
⑤　（明）程大位：《算法统宗》，（清）陈梦雷编纂，蒋延锡校订：《古今图书集成》第 35 册《历象汇编·历法典》卷 117《算法部汇考》，北京、成都：中华书局、巴蜀书社，1985 年，第 15 页。
⑥　（三国·魏）刘徽：《九章算术》卷 2《衰分》，郭书春、刘钝校点：《算经十书（一）》，第 24 页。
⑦　白尚恕主编：《中国数学史大系》第 3 卷《东汉三国》，北京：北京师范大学出版社，1998 年，第 399 页。
⑧　（三国·魏）刘徽：《九章算术》卷 4《少广》注，郭书春、刘钝校点：《算经十书（一）》，第 36 页。
⑨　（三国·魏）刘徽：《九章算术》卷 4《少广》注，郭书春、刘钝校点：《算经十书（一）》，第 39 页。
⑩　（三国·魏）刘徽：《九章算术》卷 4《少广》注，郭书春、刘钝校点：《算经十书（一）》，第 38 页。
⑪　（三国·魏）刘徽：《九章算术》卷 5《商功》注，郭书春、刘钝校点：《算经十书（一）》，第 48 页。

十是方程。《九章算术》卷 8 "方程"，刘徽注曰："程，课程也。群物总杂，各列有数，总言其实。令每行为率，二物者再程，三物者三程，皆如物数程之，并列为行，故谓之方程。"①实际上，同方形阵势一样，"课"指的是计量、考核，"程"指布列的过程，"物"指未知数，"令每行为率"是指"群物"与"总实"之数量间的一种比率关系。这样，每一个未知数列一个等式，有几物就有几行，遂构成一方阵。故有学者评论说："这种筹算以分离系数法表示'方程'，其形式完全对应于现代数学中线性方程组的增广矩阵，从对'方程'解法之构造来说，'令每行为率'即是视'方程'每行为一组率，这一原则的确定，为上述矩阵施行种种行的变换和算法机械化提供了条件。"②

当然，刘徽建立的概念远不止这些，例如还有"正负""堑堵""立圆"等，从科学发展的历史趋势看，概念建构是理论创新的基础和前提。刘徽《九章算术注》不仅构建了一系列数学概念，为其割圆术、十进分数及"刘徽定理"的创立提供了逻辑条件，而且"改变了自墨学衰微以来靠约定俗成确定数学概念涵（含）义的作法"③，意义重大。

（3）图验。刘徽强调"图"对于数学的意义，因为从大脑的生理功能看，人类左右脑的生理功能各有特点，其中左脑用逻辑和语言进行思考，而右脑则偏向用心像和图像进行思维。所以恰当地用图法进行直观推理，有助于解决比较复杂的数学问题。事实上，这也是中国古代数学为什么能够取得令欧洲望尘莫及之成就的主要原因。

又如，《九章算术》卷 1《方田》第 32 题：

又有圆田，周一百八十一步，径六十步三分步之一。问为田几何？④

刘徽注："又按：为图。"⑤惜原图已佚，今根据杨世明等人的研究⑥，补图 1-11 如下：

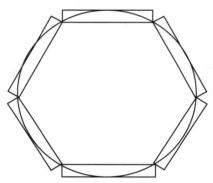

图 1-11　刘徽 "割圆术" 示意图

---

①　（三国·魏）刘徽：《九章算术》卷 8《方程》注，郭书春、刘钝校点：《算经十书（一）》，第 84 页。

②　肖学平：《中国传统数学教学概论》，北京：科学出版社，2008 年，第 148 页；傅海伦、贾冠军：《数学思想方法发展概论》，济南：山东教育出版社，2009 年，第 20 页。

③　李浙生：《数学科学与认识论》，北京：北京师范大学出版社，1992 年，第 216 页。

④　（三国·魏）刘徽：《九章算术》卷 1《方田》，郭书春、刘钝校点：《算经十书（一）》，第 7 页。

⑤　（三国·魏）刘徽：《九章算术》卷 1《方田》，郭书春、刘钝校点：《算经十书（一）》，第 7 页。

⑥　杨世明、王雪琴：《数学发现的艺术——数学探索中的合情推理》，青岛：中国海洋大学出版社，1998 年，第 138 页。

自从赵爽《周髀算经注》开创了"以形证数"的数学路径之后，经过刘徽、祖冲之、贾宪、沈括、杨辉等科学家的进一步拓展，"形数统一"已经成为我国古代数学区别于欧洲古典数学的重要特征之一。当然，诚如冯契所言，一分为二地讲，形数统一的观念有优点，却也不能忽视其弱点，"即在逻辑的系统性方面较西方有逊色，没有建立象（像）欧几里得几何学那样的公理系统。近代实验科学的发展是从力学开始的，力学主要研究机械运动，特别需要形式逻辑的方法。所以，忽视形式逻辑，很可能是妨碍中国人在明清之际制订出实验科学方法的一个重要原因"①。

2. 刘徽《九章算术注》的思想特色

刘徽《九章算术注》不是一般的注释，而是一种再创造，他通过"注"这种形式将其多年的研究心得全部融会于《九章算术注》之中，不仅成就卓著，而且特色鲜明。

第一，将数学辩证思维贯穿于"注"中。刘徽《九章算术注》始终注重从"相反相成"的对立关系中寻找解决问题的突破口，诸如"盈"与"虚"、"正"与"负"、"方"与"圆"等，于是形成了丰富的数学辩证法思想。周瀚光、孔国平在《刘徽评传》一书中，重点从"化圆为方""形数统一""数之相与""正负相对""一多相通"等五个方面②，阐释了刘徽的数学辩证法思想，讲得已经非常到位了。下面，我们在前人研究的基础上略作补充，旨在多方位和多角度去展现刘徽辩证思维的学术风貌。

在计算田亩的面积方面，《九章算术》大体分两种情况：方田与非方田。其中，方田的计算比较容易，与之相对，非方田的计算就有点儿绕弯了，它需要先转换为"方田"，然后再进行田亩计算。于是，刘徽就把从"非方田"转换为"方田"的计算过程，称为"以盈补虚"。例如，《九章算术》卷1"第26题"云：

> 又有圭田广五步二分步之一，从八步三分步之二。问为田几何？答曰：二十三步六分步之五。术曰：半广以乘正从。③

刘徽注："半广知，以盈补虚为直田也。亦可半正从以乘广。"④

又如，《九章算术》卷1"第38题"云：

> 又有环田，中周六十二步四分步之三，外周一百一十三步二分步之一，径十二步三分步之二。问为田几何？答曰：四亩一百五十六步四分步之一。术曰：并中、外周而半之，以径乘之，为积步。⑤

刘徽注："此田截而中之周则为长。并而半之知，亦以盈补虚也。……半之知，以盈补虚，得中平之周。"⑥

①　冯契：《中国古代哲学的逻辑发展》下册，上海：上海人民出版社，1983年，第1106页。
②　周瀚光、孔国平：《刘徽评传》，南京：南京大学出版社，1994年，第63—67页。
③　（三国·魏）刘徽：《九章算术》卷1《方田》，郭书春、刘钝校点：《算经十书（一）》，第6页。
④　（三国·魏）刘徽：《九章算术》卷1《方田》，郭书春、刘钝校点：《算经十书（一）》，第6页。
⑤　（三国·魏）刘徽：《九章算术》卷1《方田》，郭书春、刘钝校点：《算经十书（一）》，第12页。
⑥　（三国·魏）刘徽：《九章算术》卷1《方田》，郭书春、刘钝校点：《算经十书（一）》，第12—13页。

吴文俊把刘徽的"以盈补虚"称作"出入相补原理",他说:"一个平面图形从一处移置他处,面积不变。又若把图形分割成若干块,那末各部分面积的和等于原来图形的面积,因而图形移置前后诸面积间的和、差有简单的相等关系。立体的情形也是这样。"①该原理后来成为"条段法"的基础,到宋元时期,随着人们对建立高次方程的迫切需要,"条段法"又逐渐为"天元术"所取代,而"天元术"的出现更将中国古代数学推向了它所能登上的历史高峰。所以,从这个角度说,"我国的古代数学并没有采用欧几里得的演绎形式,但同样达到正确结论,其成果之辉煌,远非同时期世界其他地区的数学可以比拟。像刘徽《九章(算术)注》中所表现的推理论证之严密细致,当代数学家如 Wagner 等也已为之心折"②。

无论如何,刘徽解题都不离"化难为易"这个总原则,这也是其数学辩证思维的重要特色。刘徽在《九章算术》卷5"今有堑"题中,就其"一万九百四十三尺八寸"的答案,作"注"道:"八寸者,谓穿地方尺,深八寸。此积余有方尺中二分四厘五毫,弃之,贵欲从易,非其常定也。"③从教学实践的层面看,省略了"寸"以下的"分、厘、毫",便于记忆和运算,十分必要,但从数学追求精确的宗旨看,则未必可取。不过,如果我们把"贵欲从易"作为一种数学方法来看,刘徽把复杂问题转变为简便易操作的问题,或者他在诸多解题方法中能够找出最简捷的一种方法,那无疑就是一种很经济的辩证思维途径了。

例如,《九章算术》卷5"今有刍甍"题云:

今有刍甍,下广三丈,袤四丈,上袤二丈,无广,高一丈。问积几何? 答曰:五千尺。术曰:倍下袤,上袤从之,以广乘之,又以高乘之,六而一。④

刘徽注:

推明义理者:旧说云,凡积刍有上下广曰童,甍谓其屋盖之茨也。是故甍之下广、袤与童之上广、袤等。正斩方亭两边,合之即刍甍之形也(刍甍的下底是矩形,上袤是一条脊线,两个侧面各为两个全等的等腰三角形和等腰梯形——引者注)。假令下广二尺,袤三尺,上袤一尺,无广,高一尺。其用棋也,中央堑堵二,两端阳马各二。倍下袤,上袤从之,为七尺。以广乘之,得幂十四尺,阳马之幂各居二,堑堵之幂各居三。以高乘之,得积十四尺。其于本棋也,皆一而为六,故六而一,即得。亦可令上下袤差乘广,以高乘之,三而一,即四阳马也;下广乘之上袤而半之,高乘之,即二堑堵,并之,以为甍积也。⑤

关于这段"注"中所体现的"思维经济原则",可分两个层面看:

① 吴文俊:《出入相补原理》,自然科学史研究所主编:《中国古代科技成就》,第81页。
② 吴文俊主编:《秦九韶与〈数书九章〉》,北京:北京师范大学出版社,1987年,第74页。
③ (三国·魏)刘徽:《九章算术》卷5《商功》,郭书春、刘钝校点:《算经十书(一)》,第44页。
④ (三国·魏)刘徽:《九章算术》卷5《商功》,郭书春、刘钝校点:《算经十书(一)》,第49页。
⑤ (三国·魏)刘徽:《九章算术》卷5《商功》,郭书春、刘钝校点:《算经十书(一)》,第49—50页。

第一个层面是应用了"刘徽原理"与"棋验法"。而"棋验法"实际上就是一种几何模型。有学者论:"这里,刘徽为避免公式推证中一般代数式的复杂运算,采用了验证的方法,即注中'其用棋也',故称为'棋验法'。棋,古代供教学用的几何模型,一般为三度均一尺的基本几何体:立方、堑堵、阳马河鳖臑等。"[1]又"刘徽关于'棋验法'的成功运用,简化了有限分割后的求和运算(一般为代数运算),体现了我国古代几何理论实用性的特点"[2]。

第二个层面是提出多种解题方法,有难有易,可供人们选择。

第二,推陈出新,使新思想和新方法成为刘徽"注"之学术命脉。刘徽《九章算术注》的"新"不只在于对《九章算术》中的概念给出了明确的定义,更重要的是他还提出了许多新的科学思想和方法。例如,极限思想和积分思想等,详细内容见后文。这里,我们想从如下两个层面来简单谈谈刘徽的创新思想特色。

首先,他在发现和纠正前人的错误中,提出自己的新观点。例如,《九章算术》卷1"又有宛田"题云:

> 又有宛田,下周九十九步,径五十一步。问为田几何?答曰:五亩六十二步四分步之一。术曰:以径乘周,四而一。[3]

其次,对《九章算术》所载之"术",刘徽明确表示:"此术不验。"[4]他提出了自己的观点:

> 故推方锥以见其形。假令方锥下方六尺,高四尺。四尺为股,下方之半三尺为句。正面邪(斜)为弦,弦五尺也。令句、弦相乘,四因之,得六十尺,即方锥四面见者之幂。若令其中容圆锥,圆锥见幂与方锥见幂,其率犹方锥之与圆幂也。按:方锥下六尺,则方周二十四尺。以五尺乘而半之,则亦方锥之见幂。故求圆锥之数,折径以乘下周之半,即圆锥之幂也。今宛田上径圆穹,而与圆锥同术,则幂失之于少矣。然其术难用,故略举大较,施之大广田也。求圆锥之幂,犹求圆田之幂也。今用两全相乘,故以四为法,除之,亦如圆田矣。开立圆术说圆方诸率甚备,可以验此。[5]

对刘徽的驳论,郭书春指出其"犯了反驳中混淆概念的错误"[6],但李继闵肯定刘徽的驳论理由较充分,尽管在当时的历史条件下,刘徽还不可能提出计算宛田的精确公式。李继闵认为,刘徽驳论《九章算术》所载之"术"的近似性,分以下几个步骤。[7]

[1] 金岷等:《文物与数学》,北京:东方出版社,2000年,第138页。
[2] 金岷等:《文物与数学》,第139页。
[3] (三国·魏)刘徽:《九章算术》卷1《方田》,郭书春、刘钝校点:《算经十书(一)》,第11页。
[4] (三国·魏)刘徽:《九章算术》卷1《方田》,郭书春、刘钝校点:《算经十书(一)》,第11页。
[5] (三国·魏)刘徽:《九章算术》卷1《方田》,郭书春、刘钝校点:《算经十书(一)》,第11页。
[6] 郭书春:《中国科学技术史·数学卷》,第295页。
[7] 李继闵:《东方数学典籍〈九章算术〉及其刘徽注研究》,西安:陕西人民教育出版社,1990年,第283—285页。

一是论证方锥侧面积公式，如图 1-12 所示：

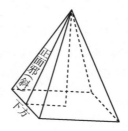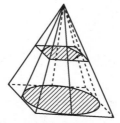

图 1-12　方锥和圆锥的侧面积示意图

二是论证方锥与圆锥同术。在李继闵看来，作方锥之内切圆锥，其任何水平截面所截方锥与圆锥之截口，都是正方形与内切圆；方锥的面由外切正方形叠积所成，而圆锥的面则由内切圆周叠积所成，所以方锥的面积与圆锥的面积之比和方周与圆周的比率相等。

三是说明《九章算术》宛田术给出的数值为不足近似值，如图 1-13 所示：

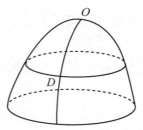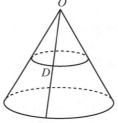

图 1-13　宛田与圆锥比较示意图

从图 1-13 中不难看出，由于宛田上径为外凸之曲线，所以在距顶点等远处作水平截面所得之圆，通常总比圆锥面之截面圆为大，因而从迭线成面的视角讲，宛田的面积大于圆锥的面积。由此可知，《九章算术》原宛田术的失误在于用圆锥面代替了宛田，其值显然少于实际宛田的面积。

对于"周三径一"这个粗疏古率，刘徽在《九章算术》卷1"圆田术"注中说：

此以周、径，谓至然之数，非周三径一之率也。周三者从其六觚（指正六边形）之环耳。以推圆规多少之觉，乃弓之与弦也。然世传此法，莫肯精核；学者踵古，习其谬失。不有明据，辩之斯难。凡物类形象，不圆则方。方圆之率，诚著于近，则虽远可知也。[①]

刘徽首先肯定圆周率是个客观存在的常数，然后经过计算，他发现所谓"周三径一"实际上仅仅是圆内接正六边形周长与直径之比，因而其圆周率数值比较粗疏，远远不能满足圆田计算的需要，所以他用割圆术进一步将圆周率的计算从圆内接正一百九十二边的面积，一直推进到圆内接正三千零七十二边形的面积，算得 $\pi = 3.141\,6$，它是当时世界上最

① （三国·魏）刘徽：《九章算术》卷1《方田》，郭书春、刘钝校点：《算经十书（一）》，第7页。

精确的圆周率值。但是这里存在着一个方法问题，我们知道计算圆周率有两条途径：一是通过内接多边形的周长逼近圆周长，二是通过内接多边形的面积逼近圆面积。刘徽选择的是后一条途径，从形式上看，这条途径比前一条途径更复杂和更烦琐，颇令人不可思议。然而，刘徽"割圆术"的真正目的在于证明"圆面积等于半圆周长与半径的乘积"这个命题的正确性，所以他采用"内外夹逼"的方法来定义圆面积。仅此而言，刘徽的方法又是简捷有效的。故有学者强调说：

> "割圆术"的一个重要目标是导出圆面积的计算公式。刘徽清醒地认识到，为此首先要解决"什么是圆面积"的问题。曲边图形的"圆"该怎样定义它的"面积"或"周长"呢？刘徽采用"化圆为方"的策略，把未知的（尚未定义的）圆面积夹在两个已知的（已被定义的）"方"的图形的面积之间，然后左右夹逼，用已知的"易""逼"出未知的"难"来。①

第三，注重证明，使"图验"成为数学研究的一种必要手段。例如，《九章算术》卷4"开立圆术"曰：

> 置积尺数，以十六乘之，九而一，所得，开立方除之，即立圆径。②

刘徽注：

> 立圆，即丸也。为术者盖依周三径一之率。令圆幂居方幂四分之三。圆囷居立方亦四分之三。更令圆囷为方率十二，为丸率九，丸居圆囷又四分之三也。……观立方之内，合盖之外，虽衰杀有渐，而多少不掩，判合总结，方圆相缠，浓纤诡互，不可等正。欲陋形措意，惧失正理。敢不阙疑，以俟能言者。③

首先，刘徽用"验"（即证明）的方法指出《九章算术》给出的球体积公式是错误的。

其次，为了论证正确的球体积公式，刘徽设计了新的几何体——"牟合方盖"。根据学者的研究，所谓"牟合方盖"就是由两个同样大小然轴心相互垂直的圆柱体正交所成的立体（公共部分），因这个立体的外形酷似两把上下对称的正方形雨伞，故名"牟合方盖"④。此外，"牟合方盖"的水平截面为一正方形，而其内切球的对应截面则为该正方形的内切圆。可见，只要求出"牟合方盖"的体积，球体体积就迎刃而解。可惜刘徽当时没有能够解决此问题，不过这为祖冲之父子继续求证球体积公式指明了一条正确途径。

不知何故，刘徽的求证戛然而止，留下遗憾，却也有昭示来者的魅力，因为后来者可以从他的思想精髓里获取更直接的智慧源泉。另外，"牟合方盖"模型是"用截面原理推

---

① 王能超：《千古绝技"割圆术"——探究数学史上一桩千年疑案》，武汉：华中理工大学出版社，2000 年，第31 页。

② （三国·魏）刘徽：《九章算术》卷 4《少广》，郭书春、刘钝校点：《算经十书（一）》，第 40 页。

③ （三国·魏）刘徽：《九章算术》卷 4《少广》，郭书春、刘钝校点：《算经十书（一）》，第 40—41 页。

④ 傅海伦编著：《中外数学史概论》，北京：科学出版社，2007 年，第 70 页。

导球体积公式的基础，它起到了化难为易的作用，是中国数学史上一个出色的创造"[1]。

二、"解体用图"与刘徽的初等几何思想成就

（一）"图验"与刘徽的初等几何思想成就

1. 图形的分合移补与刘徽对整勾股数的证明

《九章算术》卷9"第13题"云：

> 今有二人同所立。甲行率七，乙行率三。乙东行，甲南行十步而邪（斜）东北与乙会。问甲、乙行各几何？答曰：乙东行一十步半，甲邪（斜）行一十四步半及之。术曰：令七自乘，三亦自乘，并而半之，以为甲邪（斜）行率。邪（斜）行率减于七自乘，余为南行率。以三乘七为乙东行率。[2]

刘徽注云：

> 令句弦并自乘为朱、黄相连之方。股自乘为青幂之矩，以句弦并为袤，差为广。今有相引之直，加损同上。其图大体，以两弦为袤，句弦并为广。引横断其半为弦率，列用率七自乘者，句弦之并，故弦减之，余为句率。同立处是中停也，皆句弦并为率，故亦以句率同其袤也。[3]

由于刘徽原图已佚，李继闵分步验证如下：[4]

第一步，设"勾弦并"为勾方（朱方）与弦方（黄方）相连而成，实际上是以勾与弦的和为边长作一正方形，其中勾幂为朱方，弦幂为黄方。第二步，青幂之矩即股方，它与朱方合成弦方。第三步，通过割补将"青幂之矩"与"朱黄相连之方"拼接，遂成一个两弦为长、勾弦并为宽的大长方形（"其图大体"）。第四步，中分上面的大长方形，以所得其半为弦率。

可见，刘徽的上述图验，巧妙地运用"青幂之矩"（即股实之矩）来作"出入相补"，操作简便，特色鲜明，是我国古代数学史上的一项卓越创造。

2. 极限观念与刘徽的无限分割思想

极限观念是与事物的连续性和非连续性的矛盾运动紧密联系在一起的，其中"无限小"是微积分的基本方法。黑格尔、列宁等辩证法大师认为，"无限小"是一个绝对值越来越趋向于零的变量。而在中国，至少春秋战国时期就已经出现了类似观念。如名家的著名代表惠施说："一尺之棰，日取其半，万世不竭。"[5]这是一种物质分割的无限论，也即他看到了事物发展的连续性。与之不同，墨家则提出了"有限分割"的论点。如《墨

① 中外数学简史编写组：《中国数学简史》，济南：山东教育出版社，1986年，第150页。
② （三国·魏）刘徽：《九章算术》卷9，郭书春、刘钝校点：《算经十书（一）》，第99页。
③ （三国·魏）刘徽：《九章算术》卷9，郭书春、刘钝校点：《算经十书（一）》，第99页。
④ 李继闵：《东方数学典籍〈九章算术〉及其刘徽注研究》，第381页。
⑤ （周）庄周：《庄子南华经·天下》，《百子全书》第5册，第4615页。

子·经下》云："非半弗新，则不动，说在端。"[1]显然，这是一种物质分割的有限论，或称极限论。从辩证法的角度讲，上述两种观点各有道理，又各有所偏。刘徽综合了上述两种极限思想，并将其应用于圆面积、球面积、弓形面积及阳马体积等几何问题的求解和证明，从而极大地提升了中国古代传统数学的理论高度，也为西方近代微积分和数学归纳法中递推思想的产生奠定了基础。例如，《九章算术》卷1"今有弧田"题云：

> 今有弧田，弦三十步，矢十五步。问为田几何？答曰：一亩九十七步半。……术曰：以弦乘矢，矢又自乘，并之，二而一。[2]

刘徽注云：

> 方中之圆，圆里十二觚之幂，合外方之幂四分之三也。中方合外方之半，则朱青合外方四分之一也。弧田，半圆之幂也。故依半圆之体而为之术。以弦乘矢而半之则为黄幂，矢自乘而半之为二青幂。……割之又割，使至极细。但举弦、矢相乘之数，则必近密率矣。然于算数差繁，必欲有所寻究也。若但度田，取其大数，旧术为约耳。[3]

关于刘徽注中所言原"弧田公式失之于少"的证明，李继闵等学界前辈已有详述[4]，兹不重复。然而，在数学史界，人们对刘徽的弧田求积方法各有说法，如洪万生认为："刘徽在此所使用的'割圆'，并未涉及无限次分割的概念。"[5]与之不同，白尚恕认为刘徽在探索求解弧田的方法中，创造了"用极限思想推证其面积"[6]的"勾股锯圆材之术"，此论基本上已为大多数学者（包括笔者在内）所认同。

按照刘徽的构思，圆弧可以无限等分，一直等分到"极细"（即不可分割）时为止，故圆弧内三角形的面积总和是 $S_n = \Delta_1 + 2\Delta_2 + 2^2\Delta_3 + 2^3\Delta_4 + \cdots + 2^{n-1}\Delta_n$。

由"举弦、矢相乘之数，则必近密率矣"知，刘徽注的主要思想就是想通过"分割极限"而求得全部小三角形的面积之和，这个总和在"割之又割，使至极细"的条件下，基本上可视为圆弧的精确值。从这个层面看，邹大海认为刘徽之所以没有把圆弧无限分割下去，显然是受到了传统数学以"实用"为目的的影响，因为刘徽"只进行到能达到所需精度的有限步就停了下来"[7]。

在此，刘徽所言"数而求穷之者，谓以情推，不用筹算"，可分成两个方面来看：一

① （战国）墨翟撰，（清）毕沅校注：《墨子》卷10《经下》，《百子全书》第3册，第2451页。
② （三国·魏）刘徽：《九章算术》卷1《方田》，郭书春、刘钝校点：《算经十书（一）》，第11页。
③ （三国·魏）刘徽：《九章算术》卷1《方田》，郭书春、刘钝校点：《算经十书（一）》，第11—12页。
④ 李继闵：《东方数学典籍〈九章算术〉及其刘徽注研究》，第287—288页；中外数学简史编写组：《中国数学简史》，第145—146页。
⑤ 洪万生：《初探刘徽的穷尽法》，吴嘉丽、叶鸿洒：《中国科技史——演讲文稿选辑（三）》，台北：茂文图书有限公司，1986年，第196页。
⑥ 白尚恕：《刘徽对极限理论的应用》，吴文俊主编：《〈九章算术〉与刘徽》，北京：北京师范大学出版社，1982年，第299—300页。
⑦ 邹大海：《刘徽的无限思想及其解释》，《自然科学史研究》1995年第1期，第17页。

方面，图验法确实是中国传统数学的一大特色，人们借助于各种图形的变化，如单色图、多色图等，能直观地进行逻辑推理，并能巧妙求证勾股定理、圆周率、球体积公式及"刘徽原理"等；另一方面，还应看到，由于图验法本身的原因，它不能直观展示"无穷小"的内涵，所以仅就"刘徽原理"而言，"刘徽是就特殊尺寸证明这一原理的，未证明该原理对任何尺寸都适用，但认为可以适用，这是中国古代数家的思维方法。由于中国数学一开始就以阴阳八卦论为指导思想，其体系就是一个不断分裂圆、方的过程，不象（像）西方几何学以原子论为基础，以亚里士多德的逻辑学为方法，一切经过演绎。这也是中国几何学的一大缺点"[①]。同时，这也是中国传统数学为什么不能产生无理数和数学归纳法的最重要原因之一。

3. 刘徽的重差术及其思想

刘徽著有《重差》一书，他在《九章算术注序》中说：

> 《周官·大司徒》职，夏至日中立八尺之表。其景尺有五寸，谓之地中。说云，南戴日下万五千里。夫云尔者，以术推之。按《九章》立四表望远及因木望山之术，皆端旁互见，无有超邈若斯之类。……徽以为今之史籍且略举天地之物，考论厥数，载之于志，以阐世术之美，辄造《重差》，并为注解，以究古人之意，缀于《句股》之下。[②]

对此，因冯立昇有专文探讨[③]，故这里仅将刘徽重差术的思想要领简介如下。

第一，影差关系式。如图 1-14 所示：

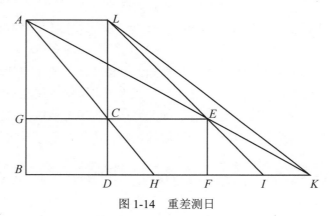

图 1-14　重差测日

刘徽求出的两个重差公式，其思想原理与影差关系式一致。因此，"'重差'概念来源于影差关系式。其涵（含）义是指两次测量中的两对数据的差数"[④]。

第二，重差问题可以转化为普通的勾股测量问题。按照刘徽在《九章算术注序》中所

---

① 刘振修：《周易与中国古代几何学探源》，《现代教育研究》1994 年第 1 期，第 93 页。

② （三国·魏）刘徽：《九章算术注序》，郭书春、刘钝校点：《算经十书（一）》，第 1 页。

③ 冯立昇：《刘徽重差术探源》，吴文俊主编：《刘徽研究》，第 317—325 页。

④ 冯立昇：《刘徽重差术探源》，吴文俊主编：《刘徽研究》，第 323 页。

言"必用重差、句股",表明重差术与勾股测量术是一般和特殊的关系,其中重差术仅仅是勾股测量术的特殊形式。因为在测量方式上,重差术是勾股测量的重复进行,而它在测量计算方面,依据的原理仍然是勾股形的相似关系。所以刘徽认为,重差术不过是勾股测量术的自然发展与延伸①,这是他为什么将《重差》"缀于《句股》之下"的主要原因。

第三,《重差》从唐代以后名为《海岛算经》,被列为《算经十书》之一。《海岛算经》共有9题,包括"重表""累矩""三望""四望"等内容,解题方法有重表法、累矩法和绳表法三种,其推导方法主要是利用出入相补原理和相似三角形的关系。故李迪评论说:"我国的重差术和西方的平面三角起着同样的作用,这也是我国数学的一个特色。"②

（二）刘徽《九章算术注》的历史地位

1. 《九章算术注》的理论贡献是多方面的

有些内容如割圆术、体积公理及刘徽原理等,已见前述。下面笔者拟从实数理论、齐同术的推广、正负数的定义、线性方程组算法的改进及重差术研究等方面,试对刘徽的理论贡献略作阐释。

（1）奠定了中国古代实数理论的雏形。实数是有理数和无理数的统称,如表1-2所示:

表1-2　实数分类表

实数 { 有理数 { 整数 { 正整数 / 零 / 负整数 } 有限小数或无限循环小数 / 分数 { 正分数 / 负分数 } } / 无理数 { 正无理数 / 负无理数 } 无限不循环小数 }

显而易见,从有理数到实数是数系的又一次重要扩充,而刘徽在这个方面做了积极探索。我们知道,《九章算术》用到的数主要是正整数、分数与正负数,它们都是有理数。然而,当刘徽用图验法来求解圆周率、开平方和开立方等问题时,《九章算术》本身在数系方面所存在的局限就完全暴露出来了。例如,《九章算术》卷4"开方术"云:

　　若开之不尽者,为不可开,当以面命之。③

刘徽注云:

　　凡开积为方,方之自乘当还复其积分。令不加借算而命分,则常微少;其加借算而命分,则又微多。其数不可得而定。故惟以面命之,为不失耳。譬犹以三除十,以其余为三分之一,而复其数可举。不以面命之,加定法如前,求其微数。微数无名者

① 冯立昇:《刘徽重差术探源》,吴文俊主编:《刘徽研究》,第324—325页。
② 李迪编著:《中国数学史简编》,沈阳:辽宁人民出版社,1984年,第110页。
③ （三国·魏）刘徽:《九章算术》卷4《少广》,郭书春、刘钝校点:《算经十书（一）》,第37页。

以为分子，其一退以十为母，其再退以百为母。退之弥下，其分弥细，则朱幂虽有所弃之数，不足言之也。①

文中的"求其微数"实质上就是求解无理数十进分数的近似值。有学者据"惟以面命之，为不失耳"推论刘徽不仅在开不尽的情况下引进了方根类无理数，而且给出了关于这类无理数的十进小数无限逼近的近似算法②。甚至还有学者认为："'求微数法'即开方术的计算程序在逐次退位下的继续，并且刘徽已注意到这种继续是没有穷尽的。因此，在实用上可用十进小数无限逼近无理数，而在理论上又进而认识到无理数是无限不循环小数。到此可说，《九章算术》已基本上是一部建立在实数系上的数学著作。"③对此，有学者提出了不同意见。诚然，刘徽是认为"求微数一直求下去被弃的数就会越来越小，求出来的方根就会越来越接近真实值"，可惜，"他并没有无限进行下去，而是在还余下一个'不足言之'的数时就停了下来，所以有人说求微数法是用十进分数无限逼近方根，这是不对的"④。那么，刘徽的"求微数法"究竟是不是一种用十进分数无限逼近方根的方法呢？刘徽否定了前人的算法，认为"虽粗相近，不可用也"⑤。于是，他创造了"求微数法"，而上文所讲的"朱幂"，则是被开方数与近似平方根的平方之差。此法在"圆田术注"中又有进一步的阐发。不过，刘徽关注的是计算的实际数值，而非无理数本身，所以他通常在开方到一定程度后取其近似值而结束计算。诚如有学者所言：

即使刘徽意识到开方计算的无限可能性，也不能保证实际计算的结果是否循环小数，因为计算量过于庞大。况且古代中国数学根本就没有对小数是否循环进行过讨论。毕竟，计算总是有限的、直观的。所以，无理数的概念并不是经验事实的直接反映，也不是当时的计算能够得出来的，而只能是理论推导的结果。⑥

（2）推广了"齐同术"理论。关于"齐同术"的概念，前已提及，这里重点阐述刘徽对"齐同术"理论的推广与应用。《九章算术》卷1"合分术"刘徽注云：

然则齐同之术要矣：错综度数，动之斯谐，其犹佩觿解结，无往而不理焉。乘以散之，约以聚之，齐同以通之，此其算之纲纪乎。⑦

在此，刘徽明确了分数运算的三个基本变形法则：一是"乘以散之"，就是说当分子和分母同时扩大相同的倍数时，分数的单位就会相应变小；二是"约以聚之"，即当分子和分母同时缩小相同的倍数时，分数的单位就会相应变大；三是"齐同以通之"，即通分，使异分母的分数运算能顺利进行。李继闵评价"齐同术"的意义说："如果没有齐同

① （三国·魏）刘徽：《九章算术》卷4《少广》，郭书春、刘钝校点：《算经十书（一）》，第37页。
② 李继闵：《东方数学典籍〈九章算术〉及其刘徽注研究》，第107、110页。
③ 金岷等：《文物与数学》，第164页。
④ 邹大海：《刘徽的无限思想及其解释》，《自然科学史研究》1995年第1期，第17页。
⑤ （三国·魏）刘徽：《九章算术》卷4《少广》，郭书春、刘钝校点：《算经十书（一）》，第37页。
⑥ 杨怀中主编：《科技文化的当代视野》，武汉：武汉理工大学出版社，2006年，第124页。
⑦ （三国·魏）刘徽：《九章算术》卷1《方田》，郭书春、刘钝校点：《算经十书（一）》，第3页。

术这一工具，异分母分数便永远无法相通，那末分数运算只能象（像）古代埃及人那样，沿着单分数表示法的道路而走向绝境。"①

实际上，分数运算亦可以看作是从"率"的性质出发，对其诸率同时缩小或扩大一个非零的数其相与关系不变这一基本性质的具体应用。如《九章算术》卷6"今有络丝"题云：

> 今有络丝一斤为练丝一十二两，练丝一斤为青丝一斤十二铢。今有青丝一斤，问本络丝几何？今有青丝一斤，问本络丝几何？答曰：一斤四两一十六铢三十三分铢之一十六。术曰：以练丝十二两乘青丝一斤一十二铢为法。以青丝一斤铢数乘练丝一斤两数，又以络丝一斤乘，为实。实如法得一斤。②

刘徽给出了两种解法，其中应用比率的齐同术，较原术文中给出的算法更加便捷。其注云：

> 又置络丝一斤两数与练丝十二两，约之，络得四，练得三，此其相与之率。又置练丝一斤铢数与青丝一斤一十二铢，约之，练得三十二，青得三十三，亦其相与之率。齐其青丝、络丝，同其二练，络得一百二十八，青得九十九，练得九十六，即三率悉通矣。今有青丝一斤为所有数，络丝一百二十八为所求率，青丝九十九为所有率。为率之意犹此，但不先约诸率耳。凡率错互不通者，皆积齐同用之。仿此，虽四五转不异也。言同其二练者，以明三率之相与通耳，于术无以异也。③

又如，《九章算术》卷7"今有共买物"题云：

> 今有共买物，人出八，盈三；人出七，不足四。问人数、物价各几何？答曰：七人，物价五十三。……盈不足术曰：置所出率，盈、不足各居其下。令维乘所出率，并以为实。并盈、不足为法。实如法而一。有分者，通之。④

刘徽注云：

> 盈者，谓之朒；不足者，谓之朒。所出率谓之假令。盈朒维乘两设者欲为同齐之意。据"共买物，人出八，盈三；人出七，不足四"，齐其假令，同其盈朒，盈朒俱十二。通计齐则不盈不朒之正数，故可并之，为实。并盈不足为法。齐之三十二者，是四假令，有盈十二。齐之二十一者，是三假令，亦朒十二。并七假令合为一实，故并三、四为法。……若两设有分者，齐其子，同其母。令下维乘上讫，以同约之。⑤

此即"齐其假令，同其盈朒"的内涵，正如郭书春所评价的那样："刘徽空前地拓展

① 李继闵：《中国古代的分数理论》，吴文俊主编：《〈九章算术〉与刘徽》，第200页。
② （三国·魏）刘徽：《九章算术》卷6《均输》，郭书春、刘钝校点：《算经十书（一）》，第63—64页。
③ （三国·魏）刘徽：《九章算术》卷6《均输》，郭书春、刘钝校点：《算经十书（一）》，第64页。
④ （三国·魏）刘徽：《九章算术》卷7《盈不足》，郭书春、刘钝校点：《算经十书（一）》，第73—74页。
⑤ （三国·魏）刘徽：《九章算术》卷7《盈不足》，郭书春、刘钝校点：《算经十书（一）》，第74页。

了率的应用，使之上升到理论的高度。"① "率"亦即分数，这样，通过诸多实例应用，刘徽用比率齐同来解释分数运算的法则，因而使之获得了更为一般的意义②，仅此而言，"分数被定义为法与实之比，因而分数的通分乃是比率齐同的特例"③。

（3）正负数的理论研究。梅荣照将正负数的研究看作是刘徽在数学上的七个重大创造之一，历来为学界所重。刘徽对数学的理解有一段明言，那就是"观阴阳之割裂"④。如果我们不去深入研究《九章算术注》中的每一个问题，往往就不能体悟刘徽此言的思想精髓。原来宇宙万物都有相反的一面，《老子》说："反者道之动。"⑤把矛盾看作是宇宙万物运动变化的根源，确实抓住了问题的实质，因为阴与阳、正与负、朒与朓等，都是矛盾的两个方面，没有一方，另一方也不存在。依此，刘徽将"反者"应用到《九章算术注》中，从而使很多模糊不清的算学问题在理论层面都得到了正确阐释，极大地丰富了我国传统数学的思想内容。例如，《九章算术》卷8刘徽注"正负术"云：

> 今两算得失相反，要令正负以名之。正算赤，负算黑。否则以邪正为异。⑥

用"两算得失相反"来定义正负数，表明两者相互依存，又性质对立，而在运算过程中，通过"得失相反"就可化异号数，变为同号数的相加相减。所以为了将抽象的正负关系清楚地表达出来，刘徽用"赤"表示正数，用"黑"表示负数。然后解释说：

> 凡正负所以记其同异，使二品互相取而已矣。言负者未必负于少，言正者未必正于多。故每一行之中虽复赤黑异算无伤。⑦

就是说，正负仅仅是表示性质对立的两个方面，与数量没有必然联系，称为"负"的绝对值未必就少；反过来，称为"正"的绝对值也未必就多，只是方便互相取用而已。可见，"刘徽对正负数的认识已摆脱了以收盈为正、支亏为负的具体生活意义而进入到揭示其相反相成关系的理性抽象"⑧。更为重要的是，刘徽解决了人们在筹算过程中所遇到的下述难题：

> "方程"两行之数相减当是同类相减；同名之数为同类数，异名之数则非同类数。异名之数相减，犹如减数无所应对者，便不能得以相减。这个道理在古代筹算中是直观而容易理解的。以负减正，按筹算规则即是要从若干红筹（它表被减数）中，取出若干黑筹（它表减数）；这时犹如要从空位中取出若干黑筹一样，是无法实现

① 郭书春：《中国科学技术史·数学卷》，第216页。

② 郭金彬：《中国传统科学思想史论》，北京：知识出版社，1993年，第458页。

③ 李继闵：《中国古代的分数理论》，吴文俊主编：《〈九章算术〉与刘徽》，第199页。《九章算术》今有术的算法是："以所有数乘所求率为实，以所有率为法，实如法而一。"

④ （三国·魏）刘徽：《九章算术注序》，郭书春、刘钝校点：《算经十书（一）》，第1页。

⑤ （三国·魏）王弼：《老子道德经》下篇，《诸子集成》第4册，第25页。

⑥ （三国·魏）刘徽：《九章算术》卷8《方程》，郭书春、刘钝校点：《算经十书（一）》，第86页。

⑦ （三国·魏）刘徽：《九章算术》卷8《方程》，郭书春、刘钝校点：《算经十书（一）》，第86—87页。

⑧ 席振伟、张素亮：《试论〈九章算术〉与〈刘徽注〉的辩证思维特征》，《曲阜师范大学学报（自然科学版）》1993年第4期，第105页。

的。所谓"无对"，乃无所应对之意。而正负之数"两算得失相反"，取出黑筹可以化为添加红筹，于是矛盾得以解决。[①]

上述筹算中所遇到的矛盾解决之后，正负数的运算就相对容易多了。这样，"刘徽关于正负数的论述，不仅为方程组的解决提供了理论根据，也为中国古代高次方程式的解法打下基础"[②]。

（4）对线性方程组解法的改进。《九章算术》卷8《方程》列举了许多线性方程组的算题，其解法用的是"直除法"。这种方法的程序设计合理、正确，但其过程复杂、繁难，在运算过程中，稍不留心就会出现差错，这对筹算发展非常不利。有鉴于此，刘徽在《九章算术》卷8"今有牛五"题注中，创造了"互乘相消法"。原题云：

> 今有牛五、羊二，直金十两；牛二、羊五，直金八两。问牛、羊各直金几何？答曰：牛一直金一两二十一分两之一十三，羊一直金二十一分两之二十。术曰：如方程。[③]

刘徽注云：

> 假令为同齐，头位为牛，当相乘。右行定，更置牛十，羊四，直金二十两；左行牛十，羊二十五，直金四十两。牛数等同，金多二十两者，羊差二十一使之然也。以少行减多行，则牛数尽，惟羊与直金之数见，可得而知也。以小推大，虽四、五行不异也。[④]

这就是刘徽所创的"互乘相消法"，亦即"互乘对减消元法"。在此基础上，刘徽创立了利用率和齐同原理来解线性方程组的新方法。如《九章算术》卷8"今有五雀六燕"题云：

> 今有五雀六燕，集称之衡，雀俱重，燕俱轻。一雀一燕交而处，衡适平。并雀、燕重一斤。问雀、燕一枚各重几何？答曰：雀重一两一十九分两之一十三，燕重一两一十九分两之五。术曰：如方程。交易质之，各重八两。[⑤]

刘徽用两种方法解之，一法即"互乘相消法"。其注云：

> 此四雀一燕与一雀五燕衡适平。并重一斤，故各八两。列两行程数。左行头位其数有一者，令右行遍除，亦可令于左行而取其法、实于左。左行数多，以右行取其数。左头位减尽，中、下位算当燕与实。右行不动，左上空。中法，下实，即每枚当重宜可知也。[⑥]

① 李继闵：《东方数学典籍〈九章算术〉及其刘徽注研究》，第121—122页。
② 梅荣照：《墨经数理》，第214页。
③ （三国·魏）刘徽：《九章算术》卷8《方程》，郭书春、刘钝校点：《算经十书（一）》，第88页。
④ （三国·魏）刘徽：《九章算术》卷8《方程》，郭书春、刘钝校点：《算经十书（一）》，第88页。
⑤ （三国·魏）刘徽：《九章算术》卷8《方程》，郭书春、刘钝校点：《算经十书（一）》，第89页。
⑥ （三国·魏）刘徽：《九章算术》卷8《方程》，郭书春、刘钝校点：《算经十书（一）》，第89页。

另一法即"方程新术",刘徽云：

> 按：此四雀一燕与一雀五燕其重等，是三雀四燕重相当，雀率重四，燕率重三也。诸再程之率皆可异术求也，即其数也。①

对于"方程新术"，刘徽在《九章算术》卷8《方程》注中述：

> 以正负术入之。令左、右相减，先去下实，又转去物位，则其求一行二物正、负相借者，是其相当之率。又令二物与他行互相去取，转其二物相借之数，即皆相当之率也。各据二物相当之率，对易其数，即各当之率也。更置成行及其下实，各以其物本率今有之，求其所同。并，以为法。其当相并而行中正负杂者，同名相从，异名相消，余以为法。以下置为实。实如法，即合所问也。一物各以本率今有之，即皆合所问也。率不通者，齐之。其一术曰：置群物通率为列衰。更置成行群物之数，各以其率乘之，并，以为法。其当相并而行中正负杂者，同名相从，异名相消，余为法。以成行下实乘列衰，各自为实。实如法而一，即得。②

刘徽"方程新术"的基本思路是"先去下实"，即先将常数项消去；然后，"又转去物位"，亦即再消去其他项；最后，求得"一行二物正、负相借者"，就是说求得只含两个未知量的方程，以寻求各物之比率。以《九章算术》卷8"今有麻九斗"题为例，简要阐释如下。其题云：

> 今有麻九斗、麦七斗、菽三斗、荅二斗、黍五斗，直钱一百四十；麻七斗、麦六斗、菽四斗、荅五斗、黍三斗，直钱一百二十八；麻三斗、麦五斗、菽七斗、荅六斗、黍四斗，直钱一百一十六；麻二斗、麦五斗、菽三斗、荅九斗、黍四斗，直钱一百一十二；麻一斗、麦三斗、菽二斗、荅八斗、黍五斗，直钱九十五。问一斗直几何？荅曰：麻一斗七钱，麦一斗四钱，菽一斗三钱，荅一斗五钱，黍一斗六钱。③

刘徽对"方程新术"运算过程和步骤记述尤详。据刘徽称，"方程新术"计有124算，比"古术"还多47算，过程虽长，但运算速度快，且比率色彩浓厚。总体来说，用比率分配来求方程组的解，相对要简捷有效。

2.《九章算术注》对后世数学发展的影响

我们把刘徽称为中国传统数学发展历史上的"一面旗帜"，毫不过分。祖冲之"注《九章》，造《缀术》数十篇"④，尽管祖氏的著作今已不存，但从书名来看，刘徽对祖冲之的影响是显而易见的，至于祖氏注《九章》究竟从哪些方面继承和发展了刘徽的思想，尚待考证。据《九章算术》李淳风注云："祖暅之谓刘徽、张衡二人皆以圆囷为方率，丸

① （三国·魏）刘徽：《九章算术》卷8《方程》，郭书春、刘钝校点：《算经十书（一）》，第89页。
② （三国·魏）刘徽：《九章算术》卷8《方程》，郭书春、刘钝校点：《算经十书（一）》，第93页。
③ （三国·魏）刘徽：《九章算术》卷8《方程》，郭书春、刘钝校点：《算经十书（一）》，第92页。
④ 《南史》卷72《祖冲之传》，北京：中华书局，1975年，第1774页。

为圆率，乃设新法。"①又"径一周三，理非精密。盖术从简要，举大纲略而言之。刘徽将以为疏，遂乃改张其率。但周、径相乘，数难契合。徽虽出斯二法，终不能究其纤毫也。祖冲之以其不精，就中更推其数。今者修撰，攈摭诸家，考其是非，冲之为密"②。同刘徽《重差》"缀于《勾股》之下"一样，祖冲之发展了刘徽的"割圆术"，但考虑到思想的连续性，亦隐含有"缀于《割圆术》之下"的意思，故名《缀术》。

隋唐之际的数学家王孝通著有《缉古算经》，他在《上缉古算经表》中说："魏朝刘徽笃好斯（《九章算术》——引者注）言，博综纤隐，更为之注。徽思极毫芒，触类增长，乃造重差之法，列于终篇。虽即未为司南，然亦一时独步。"③据考，王孝通所建立的方程解法，系由《九章算术·少广》的"开立方术"推广而来。④其中《缉古算经》对三次方程系数的称谓——实、方、廉、隅，与刘徽"开立方术"注文是相一致的。⑤

到北宋中期以后，《九章算术》在士人群体中广为传播，备受关注。例如，开封阼城人楚衍"于《九章》、《缉古》、《缀术》、《海岛》诸算经尤得其妙"⑥。白尚恕评价说："这些数学著作可以说是一个'刘徽系统'，他的思想方法、成果以及后人的重要发展尽在其中。"⑦例如，沈括的"会圆术"直接源于刘徽的"割圆术"；杨辉、秦九韶及朱世杰等宋元数学名家，他们的著作中都有"重差术"的应用；刘徽的"正负术"对宋元数学的发展影响巨大，如秦九韶在解方程组时，采用了刘徽所创的"互乘相消法"，而不再使用直除法；还有，贾宪的"增乘开方法"也是在刘徽"开方术"的基础上进一步发展而来等。

清代自编撰《四库全书》之后，受考据之风的熏染，整理和注疏刘徽《九章算术注》及《海岛算经》的学者渐多，仅"细草图说"者就有戴震、李潢、屈曾发、沈钦裴、吴兰修、焦循、汪莱、李锐、戴敦元、骆腾风等一大批名家。当然，由于各种原因，总体来看，清代研究刘徽《九章算术注》的成就远远逊色于宋元时期。

在日本，三上义夫研究刘徽的数学思想最为用力。1931年9月，他以《论述关孝和的业绩和京阪（京都、大阪）数学与中国算法的关系及比较》为题发表演讲，全文共32节，其中有2节半（即第28节、第29节及第30节的前半部分）专门讲述刘徽的研究成果⑧；1942年，加藤平左工门在《行列式及圆理》一书中，在讲述了刘徽的割圆术、弧田术注及球体积的推导后，认为"球的体积∶合盖的体积=π∶4，是一个极有意义的发现"⑨。1978年，日本另一位科学史家薮内清由衷赞叹刘徽是"古今东西数学界的一大伟

①　（三国·魏）刘徽：《九章算术》卷4《少广》李淳风注，郭书春、刘钝校点：《算经十书（一）》，第42页。
②　（三国·魏）刘徽：《九章算术》卷1《方田》李淳风注，郭书春、刘钝校点：《算经十书（一）》，第10页。
③　（唐）王孝通：《上缉古算经表》，郭书春、刘钝校点：《算经十书（一）》，第1页。
④　韩雪涛：《好的数学：方程的故事》，第84页。
⑤　李学文：《中国袖珍百科全书·数理科学卷》，北京：长城出版社，2001年，第6158页；中国大百科全书总编辑委员会《数学》编辑委员会：《中国大百科全书·数学》，北京：中国大百科全书出版社，1988年，第699页。
⑥　《宋史》卷462《楚衍传》，第13517—13518页。
⑦　白尚恕主编：《中国数学史大系》第3卷《东汉三国》，第124页。
⑧　白尚恕主编：《中国数学史大系》第3卷《东汉三国》，第130页。
⑨　孙永旺：《试论刘徽在国际上的影响》，《淄博师专学报》1996年第2期，第27页。

人"①。后来，川原秀城将刘徽《九章算术注》全部翻译成日文出版。

在丹麦，科学史家华道安（D. B. Wagner）于 1979 年在《国际数学史杂志》第 6 卷第 2 期上发表了《三世纪刘徽关于锥体体积的推导》一文，他对刘徽求"阳马体积"问题的解法进行研究之后，认为刘徽的推导过程使用了极限方法，肯定"刘徽等试图超越实际计算从而使数学达到更抽象和更理论化"②。

在苏联，尤什凯维奇于 1955 年发表《中国学者在数学领域中的成就》一文，文中高度评价了刘徽《九章算术注》中的正负数思想。他说："负量及负量运算法则的发明是大约生活在二千年以前或更早的中国学者的最伟大成就。这是第一次越过了正数域的范围。中国数学家在这一点超出了其他国家的科学几世纪之久。"③

当然，随着中外数学史交流的不断深入，刘徽数学思想的影响将越来越广泛，这是毋庸置疑的。

不过，刘徽思想毕竟受限于中国传统文化的视野和范围，因此他的思想中也有值得反思之处。例如，道家和《周易》都崇尚数字"一"，刘徽说："一者数之母。"④此"一"者在《周易》那里有孕育万物的"大用"，故王弼说："演天地之数，所赖者五十也。其用四十有九，则其一不用也。不用而用以之通，非数而数以之成，斯易之太极也。"⑤也许是由于这个"一"的观念对于刘徽来说，实在是太根深蒂固了，故他对这个古代的数学原理毫不怀疑，因而"把任何数都看成可以用 1 的积累表示出来"⑥。结果这个观念使刘徽"可以毫无顾忌地求任何数的精确值或精确近似值，甚至开方不尽时，求十进分数"⑦。这样，一方面，它开创了"中国古代用十进小数表示无理根的近似值的先河，在数学史上具有十分重要的意义"⑧，另一方面，却"阻碍了无理数的发现"⑨。

我们知道，《九章算术》本身偏于数值计算，有忽视抽象概念的倾向。在克服《九章算术》本身所存在的缺陷方面，刘徽做出了极大努力，他创立的正负术、割圆术及"刘徽原理"等抽象理论为中国古代传统数学的理性发展奠定了坚实的基础，尤其是刘徽将前人的"推类察故"思想"创造性地应用于数学中，开创了建立在基本概念、基本原理基础上的演绎论证"⑩。可惜，刘徽的"演绎论证"思想跌宕起伏，在历史的传承

① 白尚恕主编：《中国数学史大系》第 3 卷《东汉三国》，第 137 页。
② 转引自王汝发：《祖冲之与刘徽在国内外影响之比较》，《贵州文史丛刊》2002 年第 1 期，第 15 页。
③ 李继闵：《东方数学典籍〈九章算术〉及其刘徽注研究》，第 115 页。
④ （三国·魏）刘徽：《九章算术》卷 2《粟米》注，郭书春、刘钝校点：《算经十书（一）》，第 14 页。
⑤ （三国·魏）王弼等编著：《周易正义》，北京：中国致公出版社，2009 年，第 269 页。
⑥ 郭书春：《刘徽》，吴文俊主编：《世界著名科学家传记·数学家》第 1 册，北京：科学出版社，1990 年，第 265 页。
⑦ 邹大海：《刘徽的无限思想及其解释》引郭书春语，《自然科学史研究》1995 年第 1 期，第 17 页。
⑧ 邹大海：《中国数学的兴起与先秦数学》，石家庄：河北科学技术出版社，2001 年，第 197 页。
⑨ 邹大海：《刘徽的无限思想及其解释》，《自然科学史研究》1995 年第 1 期，第 17 页。当然，学界有不同意见，如有学者主张"刘徽的求微数就是获得无理数的方法"。参见郑毓信、王宪昌、蔡仲：《数学文化学》，成都：四川教育出版社，2001 年，第 262 页。
⑩ 白尚恕主编：《中国数学史大系》第 3 卷《东汉三国》，第 84 页。

中时断时续，没有形成一以贯之的学术传统并对中国传统数学产生颠覆性影响和决定性的作用。如从李淳风以后到宋太宗末年，在这段 300 多年的历史时期内，因为没有像样的数学著作出现，刘徽的影响几乎没有表现出来①；再有，从元代后期到清代乾隆中期，在这 400 多年的历史时期内，刘徽思想又一次被冷落，像梅文鼎这样的大数学家，竟然连刘徽的名字都不知道②，岂不咄咄怪事！看来，清朝的经史学家由于过分强调学术的"实用"价值，所以他们在"反思辨"的学术风气下对那些深奥的数学理论自然也就不感兴趣了。

第六节　葛洪的神仙学思想

葛洪字稚川，自号抱朴子，丹杨句容（今江苏句容）都乡吉阳里人。其出身既可说是一个高贵的士族家庭，又可说是一个没落的官僚家庭，因为"祖系，吴大鸿胪。父悌，吴平后入晋，为邵陵太守。洪少好学，家贫，躬自伐薪以贸纸笔，夜辄写书诵习，遂以儒学知名"③。晋惠帝太安二年（303）五月，张昌、石冰在安陆石岩山起义，葛洪参与镇压，后官至谘议参军。然而，葛洪性格内向，"为人木讷，不好荣利"④，而好神仙导养炼丹之术，这在一定程度上决定了他在官场上不会左右逢源，应是一个可能连过场都走不下来的人。所以《晋书》本传载：

> 性寡欲，无所爱玩，不知棋局几道，樗蒲齿名。为人木讷，不好荣利，闭门却扫，未尝交游。于余杭山见何幼道、郭文举，目击而已，各无所言。时或寻书问义，不远数千里崎岖冒涉，期于必得，遂究览典籍，尤好神仙导养之法。从祖玄，吴时学道得仙，号曰葛仙公，以其炼丹秘术授弟子郑隐。洪就隐学，悉得其法焉。后师事南海太守上党鲍玄。玄亦内学，逆占将来，见洪深重之，以女妻洪。洪传玄业，兼综练医术，凡所著撰，皆精核是非，而才章富赡。⑤

> （石）冰平，洪不论功赏，径至洛阳，欲搜求异书以广其学。⑥

> 干宝深相亲友，荐洪才堪国史，选为散骑常侍，领大著作，洪固辞不就。以年老，欲炼丹以祈遐寿，闻交趾出丹，求为句漏令。帝以洪资高，不许。洪曰："非欲为荣，以有丹耳。"帝从之。⑦

> 至广州，刺史邓岳留不听去，洪乃止罗浮山炼丹。岳表补东官太守，又辞不就。

---

① 白尚恕主编：《中国数学史大系》第 3 卷《东汉三国》，第 123 页。
② 白尚恕主编：《中国数学史大系》第 3 卷《东汉三国》，第 126—127 页。
③ 《晋书》卷 72《葛洪传》，第 1911 页。
④ 《晋书》卷 72《葛洪传》，第 1911 页。
⑤ 《晋书》卷 72《葛洪传》，第 1911 页。
⑥ 《晋书》卷 72《葛洪传》，第 1911 页。
⑦ 《晋书》卷 72《葛洪传》，第 1911 页。

岳乃以洪兄子望为记室参军。在山积年，优游闲养，著述不辍。①

从上述记载不难看出，葛洪有不少出仕的机会，但由于并非其所愿，所以他最终还是放弃了仕途，专意求仙学道。葛洪沉思善悟，弘博洽闻，是一个痴迷于炼丹和养生的道士，著有《抱朴子》、《肘后备急方》及《金匮药方》等。他在《抱朴子》序言中说：

> 道士弘博洽闻者寡，而意断妄说者众。至于时有好事者，欲有所修为，仓卒不知所从，而意之所疑又无足诣。今为此书，粗举长生之理。其至妙者不得宣之于翰墨，盖粗言较略以示一隅，冀悱愤之徒省之可以思过半矣。岂谓暗塞必能穷微畅远乎，聊论其所先觉者耳。世儒徒知服膺周孔，莫信神仙之书，不但大而笑之，又将谤毁真正。故予所著子言黄白之事，名曰《内篇》，其余驳难通释，名曰《外篇》，大凡内外一百一十六篇。虽不足藏诸名山，且欲缄之金匮，以示识者。②

下面分两个问题来探讨葛洪的"神仙之书"和"黄白之事"③。

一、葛洪的神仙学思想及其医药实践

（一）《抱朴子内篇》的主要内容及其科学价值

1. 《抱朴子内篇》的主要内容

写成于东晋初年④的《抱朴子内篇》，共二十一卷⑤，包括"畅玄卷""论仙卷""对俗卷"等。全书采用问答形式，对时人在修仙方面出现的各种困惑进行答疑解惑，阐幽发微，明确了什么是玄道，以及在玄道理论的指引下，如何去实践修仙的方法和步骤等，充分体现了这部仙学巨著的理论深度和思想特色。

（1）葛洪的自然观。宇宙的本原是什么？葛洪在"畅玄卷"、"道意卷"和"地真卷"中分别提出了三个概念：玄、道及一。在"畅玄卷"中，葛洪说：

> 玄者，自然之始祖，而万殊之大宗也。眇昧乎其深也，故称微焉；绵邈乎其远也，故称妙焉。其高则冠盖乎九霄，其旷则笼罩乎八隅。光乎日月，迅乎电驰。或倏烁而景逝，或飘漂而星流，或混漾而渊澄，或氛霭而云浮。因兆类而为有，托潜寂而为无。沦大幽而下沉，凌长极而上游。金石不能比其刚，湛露不能等其柔。方而不矩，圆而不规。来焉莫见，往焉莫追。乾以之高，坤以之卑，云以之行，雨以之施。胞胎元一，范铸两仪，吐纳大始，鼓冶亿类，回旋四七，匠成草昧，辔策灵机，吹嘘咀吸，幽括冲默，舒阐洇郁，抑浊扬清，斟酌河渭，增之不溢，挹之不匮，与之不

---

① 《晋书》卷72《葛洪传》，第1911—1912页。
② 《晋书》卷72《葛洪传》，第1912页。
③ 学界研究葛洪思想的著作颇丰，主要有王明：《抱朴子内篇校释》增订本，北京：中华书局，1985年等。
④ 也有学者认为成书于晋元帝建武元年（317），参见高正：《诸子百家研究》，北京：中国社会科学出版社，2011年，第163页。
⑤ 《隋书》卷34《经籍志》，第1002页。

荣，夺之不瘁。故玄之所在，其乐不穷。玄之所去，器弊神逝。[①]

显然，此"玄"源自《老子》第1章的"玄之又玄，众妙之门"句义，受当时科学发展水平所限，人们还不可能提出基本粒子、能量、暗物质等概念，而葛洪所理解的"玄"，确实与能量、暗物质尤其是"夸克"等概念有相似之处，如用基本粒子解释"自然之始祖，而万殊之大宗"，则宇宙万物都由基本粒子所构成，由于基本粒子的数量和结构不同，所以形成了宇宙万物的多样性和差异性，这便是葛洪所讲的"玄"之"微"与"玄"之"妙"。葛洪又说："玄"的显著特征是"光乎日月，迅乎电驰。或倏烁而景逝，或飘滭而星流，或混漾于渊澄，或氛霏而云浮。因兆类而为有，托潜寂而为无。沦大幽而下沉，凌辰极而上游"。这种景象如果从量子力学或量子电动力学的层面来理解[②]，那么，"玄"又可以理解为光子，因为光子的特点是"可以产生和消灭"[③]，即它能"因兆类而为有，潜寂而为无"。用量子力学的话说，"光子的产生和消灭，不过是场体系受激而处在某一能量较高的状态，或由某一能量较高退激而跃回能量较低的状态，并将相应的能量传递到某一电子体系"[④]。因此，光子的产生与消灭，仍然适用于能量守恒定律，即"增之不溢，挹之不匮，与之不荣，夺之不瘁"。

在"道意卷"里，葛洪解释"道"的含义说：

> 道者涵乾括坤，其本无名。论其无，则影响犹为有焉；论其有，则万物犹为无焉。隶首不能计其多少，离朱不能察其仿佛，吴札、晋野竭聪，不能寻其音声乎窈冥之内……为声之声，为响之响，为形之形，为影之影，方者得之而静，圆者得之而动，降者得之而俯，升者得之而仰，强名为道，已失其真，况乃复千割百判，亿分万析，使其性号，至于无垠，去道辽辽，不亦远哉？[⑤]

仅就葛洪的论说而言，道是指宇宙万物产生与消亡的运动过程，它是支配宇宙万物发展变化的内在根据，其基本范畴是"有"与"无"及"动"与"静"。不过，随着现代宇宙物理学的发展，这两对范畴已经不仅仅局限于哲学的思辨之域内了，而是已经成为现代宇宙物理学所探讨的重要内容之一。目前，对于林德、霍金等提出的"无中生有"宇宙创生论，学界尚在争论之中，笔者不作展开论述。在此，我们同意下面的观点：

> 老子的"道"是物质，"有"与"无"是物质的两种状态。"无"是一种潜在的客观实在，是物质的潜在状态，就是现代物理学的"真空"概念。"有"是一种可以直接观测（或测量）的物理实在。"无"在一（定）条件下可以转化为"有"，"有"是"无"的展开，"无"是"有"的潜存。"无"是潜在的"有"，是没有展开的，不能直

---

① （晋）葛洪：《抱朴子·抱朴子内篇》卷1《畅玄》，《百子全书》第5册，第4678页。
② 参见严灵峰：《老庄研究》，台北：中华书局，1979年，第351页。
③ 何祚庥：《元气、场及治学之道》，上海：华东师范大学出版社，2000年，第55页。
④ 何祚庥：《元气、场及治学之道》，第57页。
⑤ （晋）葛洪：《抱朴子·抱朴子内篇》卷2《道意》，《百子全书》第5册，第4715页。

接观测（或测量）到的"有"①。

实际上，上述观点与葛洪的论说一致。从"涵乾括坤"的物质性之"道"，到"论其无，则影响犹为有焉；论其有，则万物犹为无焉"的"有""无"统一说，只有将其置于物质存在的两种状态之中，葛洪所讲的"道"才能自洽，才能成为解释宇宙万物运动变化的根据。

关于"动"与"静"的关系，在葛洪之前，大体有两说：一说是《论语》言："知者乐水，仁者乐山；知者动，仁者静；知者乐，仁者寿。"②可见，此处的"动静"主要是指人的性情。二说是《老子道德经》所言，一方面，老子强调："致虚极，守静笃，万物并作。吾以观复，夫物芸芸，各复归其根，归根曰静，是谓复命，复命曰常。"③此处把"静"视为宇宙的最后状态，这种"静"的宇宙学说很容易使人们把它跟宇宙死寂说联系起来，但在实质上，两者是不一样的，因为在老子看来，"静"仅仅是宇宙万物运动到"虚极"后的一种存在形式，它还要转化，还要继续回到"物芸芸"的阶段，这便是"常"的内涵。当然，老子并不否认人的性情有动静之分别，他说："重为轻根，静为躁君。"④轻浮与暴躁是两种有损人体健康的性情，在一般情况下，只有"稳重"和"虚静"才能慢慢缓解和克服人的轻浮与暴躁性情，所以"虚静能够培养一种健康的人格，从而增强人的内在精神力量"。从生理机制方面讲，"虚心静气则主要通过改变人体内部组织器官的不协调状态，最大限度地发挥身体内在潜能，它所追求的是一种内在生命力的自我提升"⑤。结合《抱朴子》的思想主旨来分析，葛洪所讲的"动静"观，更多地倾向于修炼人的性情，如他在"道意卷"中说：

> 俗人不能识其太初之本，而修其流淫之末，人能淡默恬愉，不染不移，养其心以无欲，颐其神以粹素，扫荡诱慕，收之以正，除难求之思，遣害真之累，薄喜怒之邪，灭爱恶之端，则不请福而福来，不禳祸而祸去矣。⑥

对于"一"，葛洪的解释是：

> 道起于一，其贵无偶，各居一处，以象天地人，故曰三一也。天得一以清，地得一以宁，人得一以生，神得一以灵。金沉羽浮，山峙川流，视之不见，听之不闻，存之则在，忽之则亡，向之则吉，背之则凶，保之则遐祚罔极，失之则命凋气穷。老君曰："忽兮恍兮，其中有象；恍兮忽兮，其中有物。"一之谓也。⑦

---

① 孙显曜、吴国林：《论宇宙创生的物质性——评量子宇宙学模型》，《云南社会科学》1993 年第 2 期，第 46 页。
② （清）刘宝楠：《论语正义》卷 7《雍也》，《诸子集成》第 1 册，第 127 页。
③ （三国·魏）王弼：《老子道德经》上篇，《诸子集成》第 4 册，第 9 页。
④ （三国·魏）王弼：《老子道德经》上篇，《诸子集成》第 4 册，第 15 页。
⑤ 张其成：《修心养生》，北京：东方出版社，2008 年，第 296 页。
⑥ （晋）葛洪：《抱朴子·抱朴子内篇》卷 2《道意》，《百子全书》第 5 册，第 4715 页。
⑦ （晋）葛洪：《抱朴子·抱朴子内篇》卷 4《地真》，《百子全书》第 5 册，第 4769 页。

在"地真卷"中，葛洪明确指出"玄"与"贞一同功"[1]，也就是说，"道"、"玄"与"一"实际上是一物之三种不同称谓，其本质是一个意思[2]。这个问题不再多讲，不过，我们需要纠正以下两种不恰当的思想认识：

第一，抹杀"一"的物质性。葛洪"一"的范畴确实是物质与精神的混合体[3]，然而有学者却主张："宇宙的本源是一。不是物质存在，也不是精神意识，而是能量，能量是宇宙最根本的属性。时间、空间都是能量的量度。"[4]把"能量"神秘化不符合宇宙物理学的基本原理，"能量"只能是物质的能量，因为"能量是物质运动的表现形式，是物质运动的直接量度"[5]。进一步说，葛洪所讲的"玄"，"虽不是专论时空，但已经含有时空之意"[6]。

第二，把"玄"与科学完全对立起来。葛洪所讲的"玄"尽管有神秘的成分，但它毕竟包含着科学思想的部分因素，我们不能将两者形而上地对立起来。如有学者认为："（玄）这个东西在现实中根本不存在，它是葛洪自己想象出来的精神实体。"[7]孤立地看，葛洪所讲的"玄"确实神乎其神，然而，这个"玄"并非不可理解，也并非没有宇宙物理学的意义。所以我们如果把葛洪的"玄"思想与科学对立起来，就有歪曲其本义之嫌了。例如，有学者认为："玄学的特点是遵循逻辑、归纳演绎等思维方法，但不关心世界上具体存在的某一物的实际情况。"[8]因此，"脱离具体实际的存在世界的纯粹理论可谓玄学，哲学和科学都不能脱离实际存在的世界和其中的万物"[9]。实际上，就葛洪的玄学思想而言，他所说的"玄"又与现实相联系。如他的守一养生说，就是典型的实例。从这个角度，有人正确地指出："'玄想'是受某种启发或需求而产生的想象，是具有一定科学性的奇思妙想，比设想更虚一点，比梦想更实一点。"[10]尽管"玄想与现实有差距，但玄想是现实的起点，没有玄想就没有现实的发展和进步"[11]。当然，否定玄学与科学的完全对立，并不等于承认玄学本身就是科学。因此，下面的观点也值得商榷。如有学者说："玄思科学对于经验科学的内容并不是置之不理，乃是加以承认与利用，应用。"[12]此处称"玄思科学"就值得商榷，那么，玄学与科学究竟是一种什么关系？有人从思维历史发展的阶段本身来论述玄学与科学的关系，周有光认为：

---

① （晋）葛洪：《抱朴子·抱朴子内篇》卷4《地真》，《百子全书》第5册，第4770页。

② 学界有人提出不同看法，请参见戢斗勇：《葛洪的"玄""道"与"一"不是一回事》，《江西社会科学》1984年第5期。

③ 程雅君：《中医哲学史》第2卷《魏晋至金元时期》，成都：巴蜀书社，2010年，第400页。

④ 祁大晟编著：《理工科留学生学业英语技能》，北京：中国石化出版社，2011年，第117页。

⑤ 沈殿忠：《打开自然界奥秘的钥匙——自然科学家的思路》，北京：中国青年出版社，1987年，第98页。

⑥ 徐刚：《朱熹自然哲学思想论稿》，福州：福建教育出版社，2002年，第228页。

⑦ 徐仪明、冷天吉：《人仙之间——〈抱朴子〉与中国文化》，开封：河南大学出版社，1998年，第35页。

⑧ 张灵：《知识哲学疏论》，北京：中国民主法制出版社，2012年，第138—139页。

⑨ 张灵：《知识哲学疏论》，第141页。

⑩ 胡克敏：《现代理学——从自然到自觉之路》，天津：天津人民出版社，2011年，第138页。

⑪ 胡克敏：《现代理学——从自然到自觉之路》，第139页。

⑫ 张中晓：《拾荒集（一）》，张新颖：《海上文学百家文库》第127册《张中晓、何满子、耿庸卷》，上海：上海文艺出版社，2010年，第107页。

人类思维可以宏观地分为三个阶段：神学、玄学、科学。神学：印象和冥想。玄学：观察和推理。科学：测量和实证。①

还有人从玄学内部来阐释其科学的意义和价值，以老子的"道"为例，有学者认为：

由于"道"异常抽象，又由于时代思维方式和科学技术条件的限制，使老子感觉到确实存在着超乎具体形态的"道"，但却又认识不清楚。在这种情况下，老子只是对"道"进行了一些己所能及的描绘性阐释，对"道"的具体内容却持客观的存疑态度，把"道"归结为"无"和"玄"。但是"无"和"玄"是什么，老子也说不清楚，只好用"玄之又玄，众妙之门"作为最终结论。这个结论既否定了《易经》把人们经常接触的八种自然现象和《尚书·洪范》的五行说，又没有对"道"作出精确的定性或者定量的指认。老子之所以这样，是因为怀疑精神与求实精神贯穿于"道"探索的始末。……尽管科学精神有着丰富的内容，但怀疑精神与求实精神却是科学精神的重要内涵，因此老子在"道"探索过程中表现出来的怀疑精神和求实精神，实质上就是科学精神的体现。②

又有学者说：

所谓"神仙"，或称"仙人"，简称为"仙"，是古人信念中人类的一种高级个体。他长生不死，隐遁山林，多少有神异功能。神仙近于神而不等于神，不可能与宗教绝缘。但按神仙家的设想，人可以通过自身的努力和修炼，却病去灾，延年益寿，以积极进取态度要将人自身提升到神的高度。因此，神仙思想不能一笔抹煞（杀），其修炼方法中包含着不少科学的成分。③

以上观点都有合理之处，因为中国古代科学的发展路径比较曲折和复杂，不是道教披上了科学的外衣，而是科学被披上了道教迷信的外衣。正如科学史家W.C.丹皮尔所说："科学并不是在一片广阔而有益于健康的草原……上发芽成长的，而是一片有害的丛林……中发芽成长的。"④

（2）葛洪的仙学思想及其主要方法。对成仙的可能性，葛洪认为，宇宙万物的存在既有共性，又有其特殊性。他说："本钧而末乖，末可一也。夫言有始必有终者多矣，混而齐之，非通理矣。谓夏必长，而荠麦枯焉。谓冬必凋，而竹柏茂焉。谓始必终，而天地无穷焉。谓生必死，而龟鹤长存焉。"⑤从无机界到有机界，自然界的进化离不开化学元素这个物质载体。我们知道，"构成一切生物机体的基本结构单元就是原子与分子。而原子与分子又是由带负电的电子和带正电的原子核组成的"⑥，这个事实启发生物学家试图用动

① 周有光：《语文闲谈》，沈阳：辽宁人民出版社，2011年，第130页。
② 张彦修：《春秋战国文化问学录》，北京：中国社会科学出版社，2012年，第76—77页。
③ 罗宏曾：《中国魏晋南北朝思想史》，北京：人民出版社，1994年，第171页。
④ ［英］W.C.丹皮尔：《科学史：及其与哲学和宗教的关系》，李珩译，北京：商务印书馆，1975年，第29页。
⑤ （晋）葛洪：《抱朴子·抱朴子内篇》卷1《论仙》，《百子全书》第5册，第4680页。
⑥ ［俄］A.C.达维多夫：《生物学与量子力学》，李培廉等译，北京：科学出版社，1990年，第14页。

物分子进化原理来揭示宇宙生命的本质，尽管"生物的形态特征和生理特征千差万别，然而，所有这些特征归根结底取决于生物自身所携带的遗传物质中。这一遗传物质就是DNA（仅在一些病毒中为RNA）。生物千变万化，而DNA却都是由腺嘌呤（A）、胸腺嘧啶（T）、鸟嘌呤（G）和胞嘧啶（C）四种碱基组成"①。所以通过基因工程来改变人类的寿命，并非天方夜谭。下面是科学家的预言：

> 英国政府负责协调基因研究工作的科学家说，随着人类在基因密码研究方面的进展，死亡也受到科学的挑战。这位科学家预言，人类寿命很可能在不久的将来被大大延长，而且具有达到 1200 岁的潜力。②

> 科学家说，将来可能利用基因工程实验，实现传输基因从一个种属到另一个种属，以达到延长寿命的目的。③

诸如此类的实例还有很多，看来人类的寿命确实能够有限地延长。首先，葛洪看到了动植物个体之间的成长条件有所不同，尤其是在动植物个体之间存在着明显的年龄差异，所以他说："谓生必死，而龟、鹤长存焉。"④这里，葛洪所说的"长存"，是指寿命的相对延长，而并非长生不死。在龟族中，象龟的寿命最长，它们能活到 300—400 岁。⑤在鸟类中，鹤的寿命确实比较长，据载，有 1 只雄性白鹤在人工饲养条件下，活了 82 年。⑥如果在自然条件下，白鹤的寿命还会更长。这在"人生七十古来稀"⑦的古代社会里，如夏商时代人的平均寿命为 18 岁，东汉时为 22 岁，唐朝为 27 岁，宋代为 30 岁，清朝为 33 岁⑧，应算是一位长寿之星了。其次，在自然界中，因物种进化的需要，物类互变现象有其发生的历史必然性。

一方面，葛洪用"雉之为蜃，雀之为蛤，壤虫假翼，川蛙翻飞，水蛎为蛤，荇菜为蛆，田鼠为鴽，腐草为萤，鼍之为虎，蛇之为龙"等生物变异现象，说明"受气皆有一定"⑨的观点是站不住脚的，从而委婉地承认了"物类受气不定，可以互变"⑩的思想。虽然根据现代生物学原理，像"雉之为蜃，雀之为蛤"等物类互变说有违进化规律，但是，葛洪在这里强调的是生物体在不断地发生变化，看到物种之间的变化，终究比保守物种之间不能变化的观念，更符合科学的进化思想，如达尔文的猴变人，本质上也是建立在上述观念之上的。况且"川蛙翻飞"是有根据的，有资料说：我国南方地区的飞蛙，"生

---

① 李宁主编：《高级动物基因工程》，北京：科学出版社，2012 年，第 487 页。

② 北达、申悟：《跨入基因时代——生命的起源、革命与人类前景》，合肥：安徽教育出版社，2003 年，第 250 页。

③ 刘柄如：《人类衰老研究的新进展》，《福建卫生报》2002 年 5 月 23 日。

④ （晋）葛洪：《抱朴子·抱朴子内篇》卷 1《论仙》，《百子全书》第 5 册，第 4680 页。

⑤ 崔钟雷主编：《动物世界》，南京：凤凰出版社，2011 年，第 172 页。

⑥ 孙德辉：《黑颈鹤——孙德辉黑颈鹤生态摄影》，昆明：云南美术出版社，2007 年，第 10 页。

⑦ （唐）杜甫：《曲江》，赵昌平编著：《唐诗选》上，上海：上海古籍出版社，1993 年，第 161 页。

⑧ 郑小江主编：《中国神秘术大观》，南昌：百花洲文艺出版社，1993 年，第 517 页。

⑨ （晋）葛洪：《抱朴子·抱朴子内篇》卷 1《论仙》，《百子全书》第 5 册，第 4680 页。

⑩ 程雅君：《中医哲学史》第 2 卷《魏晋至金元时期》，第 427 页。

活在树林里，夜间以捕捉蚱蜢为食"，能"弹射到空中，张开网状的脚趾来滑翔。在滑翔的过程中它还能收缩腹部，增添升力。这样，飞蛙一次就能滑翔 15 米"①。此外，如果把葛洪的观点放在自然界的整个演化序列中，由于自然选择和基因突变等原因，物类互变是客观存在的，如新疆"鳍翅鸟"化石的发现，为鱼变鸟的"物类互变"观提供了新的佐证。②又如鱼类演变为两栖类动物，古代爬行类动物演变为哺乳类动物等③，本质上都属于动物进化过程中的物类互变现象。

另一方面，葛洪注意到人类也不是不能变化的，他说："若谓人禀正性，不同凡物，皇天赋命，无有彼此，则牛哀成虎，楚妪为鼋，枝离为柳，秦女为石，死而更生，男女易形，老彭之寿，殇子之夭，其何故哉？苟有不同，则其异有何限乎？"④这段话需要分开来看：第一，葛洪把人类与一般物质形态等同起来，是不适当的，因为人类除了自然属性之外，社会属性是其根本特征；第二，从物质基础的层面讲，人类又属于自然界的一部分，都是由化学元素构成的，也就是说人类与宇宙万物有着共同的化学物质。结合这两层意思来说，葛洪试图寻找人类社会中那些长寿者之所以长寿的物质因素，有其合理之处。例如，人们从一般动植物体内提炼出某种有效成分，用于治疗人类的各种疾病，即是上述人类与宇宙万物有着共同化学物质这个思想的具体应用。而只要减少人类的疾病，人类的寿命就可能会相应延长，这是可以肯定的。问题是我们究竟如何从矿物及动植物体内提取那些积极有效的药物成分呢？葛洪很乐观地说：

> 若夫仙人，以药物养身，以术数延命，使内疾不生，外患不入，虽久视不死，而旧身不改，苟有其道，无以为难也。⑤

他坚信，凡俗之人不明白下面的道理："形骸己所自有也，而莫知其心肺之所以然焉。寿命在我者也，而莫知其修短之能至焉。"⑥又说："夫圆首含气，孰不乐生而畏死哉？"⑦"乐生"是人类精神的原动力，只有"乐生"，才能养生，才能活得精彩。可见，"乐生"是长生的基本前提。对生命没有信心和爱心的人，唯有自我作践，遑论长生。科学研究发现，良好的精神状态是抗衰老的巨大力量。⑧"如果一个人能够长久地保持一种积极向上的精神状态，同时做到心情比较放松、豁达、愉快，那么这个人的免疫力就强，得病的机会也就相对较少，身体素质就会长时间保持良好。"⑨当然，葛洪所讲的"乐生"与《列子》所讲的那些追求庸俗和享乐主义的"乐生"观截然不同。因为《列子》主张

---

① 雅风斋编著：《多变的两栖动物》，北京：金盾出版社，2012 年，第 33 页。

② 新疆维吾尔自治区教育委员会教研室编著：《新疆动植物》，乌鲁木齐：新疆科技卫生出版社，1993 年，第 137 页。

③ 张平柯、陈日晓主编：《自然科学基础》，北京：人民教育出版社，2006 年，第 247—248 页。

④ （晋）葛洪：《抱朴子·抱朴子内篇》卷 1《论仙》，《百子全书》第 5 册，第 4680 页。

⑤ （晋）葛洪：《抱朴子·抱朴子内篇》卷 1《论仙》，《百子全书》第 5 册，第 4680 页。

⑥ （晋）葛洪：《抱朴子·抱朴子内篇》卷 1《论仙》，《百子全书》第 5 册，第 4680—4681 页。

⑦ （晋）葛洪：《抱朴子·抱朴子内篇》卷 1《至理》，《百子全书》第 5 册，第 4698 页。

⑧ 雷柏青：《健康长寿指南》，内部资料，1998 年，第 8 页。

⑨ 李秀才：《健康活过 100 岁——延年益寿的可能、方法与细节》，青岛：青岛出版社，2008 年，第 86 页。

"乐生"就是享乐，就是"人之生也奚为哉？奚乐哉？为美厚尔，为声色尔"①。与之相别，葛洪则认为："夫求长生，修至道，诀在于志，不在于富贵也。苟非其人，则高位厚货，乃所以为重累耳。何者？学仙之法，欲得恬愉澹泊，涤除嗜欲，内视反听，尸居无心。"②这里的"内视反听"，从字面上讲是自我反省，听取别人的意见，实际上是指胸怀宽广。"尸居无心"与庄子所讲"坐忘"义同，指清静无为的境界。葛洪曾分析造成人类不能长寿的原因，他说：

> 夫人所以死者，诸欲所损也，百病所害也，毒恶所中也，邪气所伤也，风冷所犯也。③

上述五者，与现代人们对世界长寿之乡的调查结果比较吻合。④

"诸欲所损"是影响长寿的头号敌人。有了欲望，特别是物质欲望，人就会不满足，而不满足的结果则直接导致人体负荷不断增加，从而诱发各种身心疾病。诚如巴尔扎克在《驴皮记》中所描写的情形一样，"任何过分的贪欲都是更近坟墓一步，要想长命百岁，就要放弃欲望"⑤。

老病所伤之"老病"是指老年人患上难以治愈、导致死亡病症的统称。⑥而"老病"并非当人老了以后才患上的病，"人老之所以伴随很多病症，其实是因为年轻时欠缺保养和调理，对身体缺乏责任感所致。这一点，我们必须加以正视"⑦。

"百病所害"截断了人类通往长寿的路径。有统计资料显示，目前使老年人寿命普遍缩短的主要疾病是循环系统疾病、肿瘤及呼吸系统疾病，它们占老年人死亡原因的75%，如果我们能够有效控制上述三类疾病，人类平均寿命就会增加12年。⑧又有资料表明，100%的百岁老人没有患过癌症，80.7%的百岁老人没有患过胃病，79.0%的百岁老人没有患过糖尿病，77.2%的百岁老人没有患过心血管疾病。同时，多数百岁老人身体的抗氧化功能和免疫功能较强。⑨

应当警惕"毒恶所中"对人体健康的危害。如有人问："江南山谷之间，多诸毒恶，辟之有道乎？"葛洪回答说：

> 中州高原，土气清和，上国名山，了无此辈。今吴楚之野，暑湿郁蒸，虽衡霍正岳，犹多毒螫也。又有短狐，一名蜮，一名射工，一名射影，其实水虫也，状如鸣蜩，状似三合杯，有翼能飞，无目而利耳，口中有横物角弩，如闻人声，缘口中物如

---

① （周）列御寇：《列子》卷下《杨朱》，《百子全书》第5册，第4663—4664页。
② （晋）葛洪：《抱朴子·抱朴子内篇》卷1《论仙》，《百子全书》第5册，第4682页。
③ （晋）葛洪：《抱朴子·抱朴子内篇》卷1《至理》，《百子全书》第5册，第4700页。
④ 李秀才：《健康活过100岁——延年益寿的可能、方法与细节》，第70—97页。
⑤ 钱谷融、刘洪涛主编：《世界文学名著赏析》，北京：中国人民大学出版社，2012年，第157页。
⑥ 严正德、王毅武主编：《青海百科大辞典》，北京：中国财政经济出版社，1994年，第669页。
⑦ 海云继梦：《海云继梦讲人生——撒娇人生》，北京：九州出版社，2007年，第128页。
⑧ 福建省老年人大学、福建省红十字会主编：《老年保健与长寿》修订本，福州：福建科学技术出版社，1993年，第8页。
⑨ 刘汴生主编：《衰老与老年病防治研究》，武汉：华中科技大学出版社，2009年，第936页。

角弩，以气为矢，则因水而射人，中人身者即发疮，中影者亦病，而不即发疮，不晓治之者煞人。其病似大伤寒，不十日皆死。又有沙虱，水陆皆有，其新雨后及暑暮前，跋涉必着人，惟烈日草燥时差稀耳。其大如毛发之端，初着人，便入其皮里，其所在如芒刺之状，小犯大痛，可以针挑取之，正赤如丹，著爪上行动也。若不挑之，虫钻至骨，便周行走入身，其与射工相似，皆煞人。人行有此虫之地，每还所住，辄当以火炙燎令遍身，则此虫堕地。①

他又说："若在鬼庙之中，山林之下，大疫之地，冢墓之间，虎狼之薮，蛇蝮之处，守一不怠，众恶远迸。"②

此处的"毒恶"除了可见的各种有毒的动物之外，主要还指被污染的空气及其环境，如瘴毒、疫毒等。用现代的标准来划分，则又分为生物性污染，如植物性毒素（野草、毒蘑菇、野果等）、动物性毒素（毒鱼、毒蛇等）及微生物毒素（细菌等）对环境的污染；物理性污染，如热污染、噪声污染、微波辐射等对环境的污染；化学性污染，如有毒的工业有机化合物等对环境的污染。③

"邪气所伤"是指六淫邪气，即风、寒、暑、湿、燥、火的异常变化或称不正之气入侵人体而造成疾病。

"风冷所犯"进一步明确了在"六淫邪气"中以风、寒不正之气为首要的危害，症见肢体关节肌肉酸楚、麻木、重着、疼痛或关节僵直、肿大、变形、活动受限等。一般来讲，外感风寒、贪食生冷是风冷病发生的原因。如《伤寒论》云："此病伤于汗出当风，或久伤取冷所致也。"④

在找到影响人类长寿的六种因素以后，接下来的关键问题就是如何寻求对策了。葛洪在总结前人养生成就的基础上，结合魏晋时期道家发展的历史实际，提出了祛除上述六害的具体方法。他说："今导引行气，还精补脑，食饮有度，兴居有节，将服药物，思神守一，柱天禁戒，带佩符印，伤生之徒，一切远之，如此则通，可以免此六害。"⑤

对于"导引行气"（即内炼），葛洪举例说："有吴普者，从华佗受五禽之戏，以代导引，犹得百余岁。"⑥《庄子》又说："吹呴呼吸，吐故纳新，熊经鸟申，为寿而已矣。此道引之士，养形之人，彭祖寿考者之所好也。"⑦可见，"导引行气"的基本功法是"吹呴呼吸"，这是远古时期人类在不断奔跑呐喊的狩猎过程中所形成的一种运气方式，它能起到活血通络、气贯"丹田"的作用。因此，有学者将古人的"导引行气"术与经络的发现联系起来，认为《黄帝内经素问·调经论篇》中的"守经隧"、《黄帝内经素问·骨空论篇》中的"呼噏嘻"及《黄帝内经灵枢经》中的"神气之所游行出入"等，都是古人"导

---

① （晋）葛洪：《抱朴子·抱朴子内篇》卷4《登涉》，《百子全书》第5册，第4763页。
② （晋）葛洪：《抱朴子·抱朴子内篇》卷4《地真》，《百子全书》第5册，第4770页。
③ 张万海编著：《生命科学导论》，西安：西安地图出版社，2005年，第142页。
④ （汉）张仲景著，何丽春校注：《伤寒论》卷2，北京：科学技术文献出版社，2010年，第22页。
⑤ （晋）葛洪：《抱朴子·抱朴子内篇》卷1《至理》，《百子全书》第5册，第4700页。
⑥ （晋）葛洪：《抱朴子·抱朴子内篇》卷1《至理》，《百子全书》第5册，第4700页。
⑦ （清）郭庆藩：《庄子集释·外篇·刻意》，《诸子集成》第5册，第237页。

引行气"用于治病的结果。①在此前提下,《黄帝内经素问·上古天真论篇》总结说:"上古有真人者,提挈天地,把握阴阳,呼吸精气,独立守神,肌肉若一,故能寿敝天地,无有终时,此其道生。"②这样,古人就把"导引行气"看作是延年益寿的一种积极手段了。

"还精补脑"的要点在于"精",它讲的是通过修炼房中术来实现延年益寿的目标,显然这是封建社会以男子为中心的炼养文化产物,我们应当加以批判。而葛洪所说的"还精补脑"术是否符合人体生理科学的基本原理,还需要进一步分析。《黄帝内经素问·金匮真言论篇》说:"夫精者,身之本也。"③于是,道家为了追求长生之梦想便开始了以纵欲为特点的男子炼精术,不可取。

"食饮有度"是长寿的必要条件,《黄帝内经素问·腹中论篇》在论"病心腹满"的病因时说:"此饮食不节,故有时病也。"④依此,《黄帝内经素问》提出了两个原则:一是"谨和五味",《黄帝内经素问·生气通天论篇》云:"阴之所生,本在五味,阴之五宫,伤在五味。是故味过于酸,肝气以津,脾气乃绝。味过于咸,大骨气劳,短肌,心气抑。味过于甘,心气喘满,色黑,肾气不衡。味过于苦,脾气不濡,胃气乃厚。味过于辛,筋脉沮弛,精神乃央。是故谨和五味,骨正筋柔,气血以流,腠理以密,如是则骨气以精,谨道如法,长有天命。"⑤二是"食饮有节",《黄帝内经素问·上古天真论篇》载:"法于阴阳,和于术数,食饮有节,起居有常,不妄作劳,故能形与神俱,而尽终其天年,度百岁乃去。"⑥因为"饮食自倍,肠胃乃伤"⑦。而"养生以不伤为本"⑧,具体来讲,在通常条件下,"五味入口,不欲偏多,故酸多伤脾,苦多伤肺,辣多伤肝,咸多则伤心,甘多则伤肾,此五行自然之理也"⑨。所以葛洪提出了"不欲极饥而食,食不过饱,不欲极渴而饮,饮不过多"⑩的饮食原则。

"兴居有节"也是长寿的必要条件,对此,葛洪讲得很明确:"是以善摄生者,卧起有四时之早晚,兴居有至和之常制;调利筋骨,有偃仰之方;杜疾闲邪,有吞吐之术;流行荣卫,有补泻之法;节宣劳逸,有与夺之要。忍怒以全阴气,抑喜以养阳气,然后先将服草木以救亏缺,后服金丹以定无穷,长生之理,尽于此矣。"⑪在这里,葛洪将"兴居有节"视为"善摄生"的第一个要素,由此可见它在修炼长生之术中的重要性。

"将服药物"是修炼外丹的基本手段,而随着人类社会的进步,在满足基本的物质生活条件之后,人们越来越重视医药与健康的关系,尤其是通过服药来减少死亡从而相对延

---

① 江幼李:《道家文化与中医学》,福州:福建科学技术出版社,1997年,第143—144页。
② 《黄帝内经素问》卷1《上古天真论篇》,陈振相、宋贵美:《中医十大经典全录》,第8页。
③ 《黄帝内经素问》卷1《金匮真言论篇》,陈振相、宋贵美:《中医十大经典全录》,第11页。
④ 《黄帝内经素问》卷11《腹中论篇》,陈振相、宋贵美:《中医十大经典全录》,第62页。
⑤ 《黄帝内经素问》卷1《生气通天论篇》,陈振相、宋贵美:《中医十大经典全录》,第11页。
⑥ 《黄帝内经素问》卷1《上古天真论篇》,陈振相、宋贵美:《中医十大经典全录》,第7页。
⑦ 《黄帝内经素问》卷12《痹论篇》,陈振相、宋贵美:《中医十大经典全录》,第66页。
⑧ （晋）葛洪:《抱朴子·抱朴子内篇》卷3《极言》,《百子全书》第5册,第4740页。
⑨ （晋）葛洪:《抱朴子·抱朴子内篇》卷3《极言》,《百子全书》第5册,第4740页。
⑩ （晋）葛洪:《抱朴子·抱朴子内篇》卷3《极言》,《百子全书》第5册,第4740页。
⑪ （晋）葛洪:《抱朴子·抱朴子内篇》卷3《极言》,《百子全书》第5册,第4741页。

长寿命，已为世界各国人口平均寿命不断增长的客观事实所证明①，无须多言。葛洪承认："今医家通明肾气之丸，内补五络之散，骨填枸杞之煎，黄蓍建中之汤，将服之者，皆致肥丁。漆叶青蘘，凡弊之草，樊阿服之，得寿二百岁。"②从修炼外丹的角度，葛洪把"将服药物"分为两类：一类是"凡药"；另一类是"上药"。对"凡药"与"上药"的关系，葛洪说："召魂小丹三使之丸，及五英八石小小之药，或立消坚冰，或入水自浮，能断绝鬼神，禳却虎豹，破积聚于腑脏，歼二竖于膏肓，起猝死于委尸，返惊魂于既逝。夫此皆凡药也，犹能令已死者复生，则彼上药也，何为不能令生者不死乎？"③此处的"上药"主要是指"金丹"，葛洪说："夫金丹之为物，烧之愈久，变化愈妙。黄金入火，百炼不消，埋之，毕天不朽。服此二药，炼人身体，故能令人不老不死。"④葛洪举例说：

> 今语俗人云，理中四顺，可以救霍乱，款冬紫苑（菀），可以治咳逆，崔芦、贯众之煞九虫，当归、芍药之止绞痛，秦胶、独活之除八风，菖蒲、干姜之止痹湿，菟丝、苁蓉之补虚乏，甘遂、葶历之逐痰癖，括（栝）楼、黄连之愈消渴，荠苨、甘草之解百毒，芦如、益热之护众创，麻黄、大青之主伤寒，俗人犹谓不然也，宁煞生请福，分蓍问祟，不肯信良医之攻病，及用巫史之纷若，况乎告之以金丹可以度世，芝英可以延年哉？⑤

这个问题从先秦到今天的个别地区，一直都有其存在的市场。尽管葛洪炼制金丹之类的长生药，在临床实践中是有害的，但是他在当时的历史条件下，主张用医学反对巫术，其思想的主要方面值得肯定。

"思神守一"是一种养气方法，其中"思神"亦称"存思"。鉴于金丹理论的需要，一方面，葛洪将"一"分形，视作"神"的化身。他说："一有姓字服色，男长九分，女长六分，或在脐下二寸四分下丹田中，或在心下绛宫金阙中丹田也，或在人两眉间，却行一寸为明堂，二寸为洞房，三寸为上丹田也。此乃是道家所重，世世歃血口传其姓名耳。"⑥他又说："一在北极大渊之中，前有明堂，后有绛宫；巍巍华盖，金楼穹窿；左罡右魁，激波扬空；玄芝被崖，朱草蒙茏；白玉嵯峨，日月垂光；历火过水，经玄涉黄；城阙交错，帷帐琳琅；龙虎列卫，神人在傍。"⑦另一方面，"一"也不神秘，它从本质上讲不过是神气合一的修炼状态。⑧如《太平经》云："元气恍惚自然，共凝成一，名为天也；分而生阴而成地，名为二也；因为上天下地，阴阳相合施生人，名为三也。"⑨这个思想为葛洪所继承，并用以指导他的炼丹实践。葛洪说："服药虽为长生之本，若能兼行气者，其益

---

① 池晴佳：《各国平均寿命变化曲线探因》，《武当》2010 年第 7 期，第 54 页。
② （晋）葛洪：《抱朴子·抱朴子内篇》卷 1《至理》，《百子全书》第 5 册，第 4700 页。
③ （晋）葛洪：《抱朴子·抱朴子内篇》卷 1《至理》，《百子全书》第 5 册，第 4700 页。
④ （晋）葛洪：《抱朴子·抱朴子内篇》卷 1《金丹》，《百子全书》第 5 册，第 4690 页。
⑤ （晋）葛洪：《抱朴子·抱朴子内篇》卷 1《至理》，《百子全书》第 5 册，第 4700 页。
⑥ （晋）葛洪：《抱朴子·抱朴子内篇》卷 4《地真》，《百子全书》第 5 册，第 4769 页。
⑦ （晋）葛洪：《抱朴子·抱朴子内篇》卷 4《地真》，《百子全书》第 5 册，第 4769 页。
⑧ 叶贵良：《敦煌道经写本与词汇研究》，成都：巴蜀书社，2007 年，第 634—636 页。
⑨ 王明：《太平经合校》，北京：中华书局，1960 年，第 305 页。

甚速；若不能得药，但行气而尽其理者，亦得数百岁。……夫人在气中，气在人中，自天地至于万物，无不须气以生者也。善行气者，内以养身，外以却恶，然百姓日用而不知焉。"①

"柱天禁戒"是葛洪在修道过程中使用的一种法术，孙星衍认为"柱"疑作"枉"②。有学者认为，孙注误，疑为房中术之术语。③我们认为，孙氏的校注是正确的，"枉天"即不顺乎自然规律的事情，"禁戒"就是不要去做。葛洪强调，一般人之所以不能成长生之道，主要是因为他们不能守真，"无杜遏之检括，有嗜好之摇策，驰骋流遁，有迷无反，情感物而外起，智接事而旁溢，诱于可欲，而天理灭矣，惑乎见闻，而纯一迁矣。心受制于奢玩，神浊乱于波荡，于是有倾越之灾，有不振之祸，而徒烹宰肥腯，沃酹醪醴，撞金伐革，讴歌踊跃，拜伏稽颡，守静虚坐，求乞福愿，冀其必得，至死不悟，不亦哀哉？"④因此，长生有规律可循，葛洪说："是以善摄生者，卧起有四时之早晚，兴居而有至和之常制；调利筋骨，有偃仰之方；杜疾闲邪，有吞吐之术；流行荣卫，有补泻之法；节宣劳逸，有与夺之要。忍怒以全阴气，抑喜以养阳气，然后先将草木以救亏缺，后服金丹以定无穷，长生之理，尽于此矣。"⑤应当肯定，"然后先将草木以救亏缺"之前那段话，其思想主旨与现代医学养生的基本原理一致，符合科学，是正确的；然而，"服金丹以定不穷"这句话，缺乏科学根据，况且在养生实践中也是有害的，因而是不正确的。

佩着符印辟邪，是道家非常崇尚的一种法术，葛洪也不例外。他在《登涉》一文中用大量篇幅来谈论入山之符印。如"古之入山道士，皆以明镜径九寸以上，悬于背后，则老魅不敢近人"⑥。由于修炼仙道多在山林之中，难免"遭虎狼毒虫犯人"，而利用镜子的反光性可以防止某些怕光动物如蛇、蜈蚣、蚂蟥等对人体的伤害。葛洪认为："上士入山，持《三皇内文》及《五岳真形图》，所在召山神，及按鬼录，召州社及山卿宅尉问之，则木石之怪，山川之精，不敢来试人。其次即立七十二精镇符，以制百邪之章，及朱官即印包元十二印，封所住之四方，亦百邪不敢近之也。其次执八（岁）威之节，佩老子玉策，则山神可使，岂敢为害乎？"⑦毫无疑问，葛洪所说的"符印"能"辟山川百鬼万精虎狼虫毒"⑧，不可信。换一个角度，单纯从道教书法艺术的视角看，则它的审美价值不能否认。有学者认为，符书从根源上说源于先民的文字崇拜，如《淮南子·本经训》云："昔者仓颉作书，而天雨粟，鬼夜哭。"高诱注："鬼恐为书文所劾，故夜哭也。"⑨又"在文明时代，官方文书尤其是命令、政令，具有强制的权威，受其影响，这也在一般人头脑中加

---

① （晋）葛洪：《抱朴子·抱朴子内篇》卷1《至理》，《百子全书》第5册，第4701页。
② （晋）葛洪著，孙星衍校正：《抱朴子内篇·至理》，《诸子集成》第12册，第23页。
③ （晋）葛洪著，邱凤侠注译：《抱朴子内篇今译》，北京：中国社会科学出版社，1996年，第138页。
④ （晋）葛洪：《抱朴子·抱朴子内篇》卷2《道意》，《百子全书》第5册，第4715页。
⑤ （晋）葛洪：《抱朴子·抱朴子内篇》卷3《极言》，《百子全书》第5册，第4741页。
⑥ （晋）葛洪：《抱朴子·抱朴子内篇》卷4《登涉》，《百子全书》第5册，第4759页。
⑦ （晋）葛洪：《抱朴子·抱朴子内篇》卷4《登涉》，《百子全书》第5册，第4760页。
⑧ （晋）葛洪：《抱朴子·抱朴子内篇》卷4《登涉》，《百子全书》第5册，第4765页。
⑨ （汉）刘安著，高诱注：《淮南子》卷8《本经训》，《诸子集成》第10册，第117页。

强了对文字的崇拜"①。进一步看,"符,的的确确是对自然界之物星辰的模拟反应,其中当然含有艺术因子。可以说,符是一种具有抽象意义的书法艺术"②。

2. 《抱朴子》的科学价值

(1)葛洪对古代炼丹化学的贡献。《抱朴子》有两篇关于炼丹的文献,一篇是《金丹》,另一篇是《黄白》。葛洪坚信:"长生之道,不在祭祀事鬼神也,不在导引与屈伸也,升仙之要,在神丹也。"③魏晋时期神仙学盛行,服食金石之风更是风靡一时,出现了很多炼丹书籍,仅见于《隋书·经籍志》者就不少于30种④,而葛洪在《抱朴子·金丹》篇中亦收录了《太清丹经》等至少30部炼丹著作。这些丹书记载了汞、铅、铜、铁、矾石、硝石、石胆、硫黄等许多物质的化学性质。例如:

> 第一之丹,名曰丹华。当先作玄黄,用雄黄水、矾石水一钵作汞,戎盐、卤咸、矾石、牡蛎、赤石脂、滑石、胡粉各数十斤,以六一泥封之,火之三十六日成,服之七日仙。又以玄膏丸,此丹置猛火上,须臾成黄金。又以二百四十铢合水银百斤火之,亦成黄金。⑤

从实验科学的角度讲,这段记载极不规范,比如,在炼制过程中,所用药物的比例、化学反应的原理、炼制过程的量化标准、具体操作步骤、温度的控制、注意事项等,都没有明确说明。葛洪之所以不做细致的量化描述,是因为他曾在马迹山"歃血为盟",誓不泄密炼丹要法。故在《抱朴子序》中,葛洪说:"今为此书,粗举长生之理。其至妙者,不得宣之于翰墨。盖粗言较略,以示一隅。"⑥由于仅仅提供了整个炼丹实验的"一隅",而不是全部,所以后人很难对葛洪的整个炼丹实验过程进行模拟与验证。据载,日本有学者在京都大学的研究室中对葛洪"第一之丹"做了模拟实验,但结果并不可靠。问题是,"玄黄"与雄黄水、矾石水、戎盐、卤咸、矾石等药物的关系是什么?学者各有说辞。如日本学者近重真澄等认为"玄黄水"即由后面的几种药物炼制而成。英国科学史家李约瑟则认为,玄黄是一种"铅和水银的汞合金或混合氧化物",里面仅仅"加入了雄黄水和矾石水",至于"戎盐以下"则"是六一泥的原料"。由于"第一之丹"目前尚不能从模拟实验来揭示各药物之间的化学性质,所以葛洪所说"第一之丹"的成品究竟具有何种药物功能,暂且存疑。

"第一之丹"中的"雄黄水"和"矾石水"已见于汉代的《三十六水法》,书中载有二者的制备方法。

雄黄水有两法:第一法,"取雄黄一斤,纳生竹筒中。硝石四两,漆固口如上,纳华池中三十日成水"。第二法,"用硝石二两,以□□瓶盛苦酒(即醋),纳(雄黄及硝石)

---

① 王题:《雾里看方术》,北京:故宫出版社,2011年,第199页。

② 王题:《雾里看方术》,第199页。

③ (晋)葛洪:《抱朴子·抱朴子内篇》卷1《金丹》,《百子全书》第5册,第4693页。

④ 《隋书》卷34《经籍志》,第1048—1049页。

⑤ (晋)葛洪:《抱朴子·抱朴子内篇》卷1《金丹》,《百子全书》第5册,第4691页。

⑥ (晋)葛洪:《抱朴子·抱朴子序》,《百子全书》第5册,第4677页。

筒中，密盖，埋中庭，入土三尺，二十日成水，其味甘美，色黄浊也"①。

矾石水有三法：第一法，"取矾石一斤，无胆而马齿者，纳青竹筒中，薄削筒表，以硝石四两，覆荐上下，深固其口，纳华池中，三十日成水。以华池和涂铁，铁即如铜，取白治铁精，内中成水"。第二法，"取矾石三斤，置生竹筒中，薄削其表，以绀绵缠筒口，埋之湿地，四五日成水"。第三法，"先以淳醋浸矾石浥浥，乃盛之，用硝石二两，漆固口，埋地中深三尺，十五日成水"②。

学界对上述两种水的性质已经有了比较深入的认识，而目前研究的焦点主要在于古代炼丹家是否掌握了化学溶解。就主流观点而言，李约瑟、孟乃昌、容志毅等十分肯定魏晋时期的炼丹家认识到了硝酸的化学溶解性质。例如，孟乃昌在模拟实验的过程中发现，整个反应"不仅有弱酸介质硝酸盐 KNO_3 的氧化作用，而且更重要的是还有二价铜盐 $CuSO_4 \cdot 5H_2O$"③。但赵匡华和周嘉华认为，无论是"雄黄水"还是"矾石水"，抑或其他水，绝大多数都是"矿物粉与硝石（KNO_3）溶液构成的悬浊液"④。结合《抱朴子·金丹》及《抱朴子·黄白》的其他相关记载，笔者认同李约瑟等人的观点。比如，《抱朴子·金丹》云："凡草木烧之即烬，而丹砂烧之成水银，积变又还成丹砂。"⑤这是丹砂与水银、硫黄在加热条件下能够进行可逆反应的最早记载，当然它也是葛洪对晋代之前炼丹经验的理论总结。

又《抱朴子·金丹》引《立成丹》的雄黄与雌黄升华法⑥云：

> 取雌黄雄黄烧下其中铜，铸以为器，覆之三岁淳苦酒上，百日，此器皆生赤乳，长数分，或有五色琅玕，取埋而服之，亦令人长生。⑦

雌黄和雄黄都是砷的硫化物，经加热，即能升华为像赤乳一样的红色结晶。

至于提取单质砷的方法，葛洪在《抱朴子·仙药》中说：

> 雄黄当得武都山所出者，纯而无杂，其赤如鸡冠，光明晔晔者，乃可用耳。其但纯黄似雄黄色，无赤光者，不任以作仙药，可以合理病药耳，饵服之法，或以蒸煮之，或以酒饵，或先以硝石化为水乃凝之，或以玄胴肠裹蒸之于赤土下，或以松脂和之，或以三物炼之，引之如布，白如冰，服之皆令人长生，百病除，三尸下，癥痕灭，白发黑，堕齿生，千日则玉女来侍，可得役使，以致行厨。⑧

---

① 郭正谊主编：《中国科学技术典籍通汇·化学卷》第 1 分册，郑州：河南教育出版社，1993 年，第 3 页。

② 郭正谊主编：《中国科学技术典籍通汇·化学卷》第 1 分册，第 3 页。

③ 容志毅：《道藏炼丹要辑研究·南北朝卷》，济南：齐鲁书社，2006 年，第 363 页。

④ 赵匡华、周嘉华：《中国科学技术史·化学卷》，北京：科学出版社，1998 年，第 241 页。

⑤（晋）葛洪：《抱朴子·抱朴子内篇》卷 1《金丹》，《百子全书》第 5 册，第 4690 页。

⑥ "固体由加热变为气体，逢冷不经液态立即凝缩变为结晶之法名为升华法。"参见於达望编著：《制药化学》，杭州：新医书局，1953 年，第 23 页。

⑦（晋）葛洪：《抱朴子·抱朴子内篇》卷 1《金丹》，《百子全书》第 5 册，第 4694 页。

⑧（晋）葛洪：《抱朴子·抱朴子内篇》卷 2《仙药》，《百子全书》第 5 册，第 4727 页。

据此，苏联科学家说："中国的炼丹家们不因欧洲人的影响发现了砷。"[①]又《抱朴子·黄白》载："以曾青涂铁，铁赤色如铜，以鸡子白化银，银黄如金，而皆外变而内不化也。"[②]文中的"曾青"是指硫酸铜溶液，葛洪从实验中发现，一旦将铁置于硫酸盐溶液中，由于铁是金属性比较强的物质，而硫酸铜溶液中的"铜"，由于其金属性比较弱，从而溶液中的铜离子被铁置换出来，所以铁的表面就附有一层铜色。《抱朴子·黄白》又载："铅性白也，而赤之以为丹。丹性赤也，而白之而为铅。"[③]

葛洪在炼丹化学方面，不止上述成就，详细内容请参见蓝秀隆《抱朴子研究》[④]、胡孚琛《魏晋神仙道教——〈抱朴子内篇〉研究》[⑤]、徐克明《研究化学的先驱者——记我国晋代的炼丹家葛洪》[⑥]、陆曼炎《我国古代化学家葛洪》[⑦]、高兴华和与马文熙《试论葛洪对古代化学和医学的贡献》[⑧]等。尽管有些化学实验系传自葛洪的祖师辈，并非葛洪自己所首创，但是《抱朴子》把前辈秘之不传的丹术公诸世人，从而使更多的炼丹爱好者投身于炼丹化学之中，仅凭这一点，我们把葛洪称为"传播炼丹术"之第一人，特别是我们把《抱朴子》所保存的原始化学资料视为"近代化学尤其是冶金化学的前身"，并不为过。诚如一位外国学者所言：

> 中国炼丹术的主要思想向西推进，经印度、波斯、阿拉伯……西班牙传播全欧。在葛洪数世纪之后，他的理论和方法，有时甚至他的术语都被这些国度的炼丹家采用。……如果我们承认炼丹术是现代化学的前驱，那末，中国炼丹术原来的理论，可视为制药化学最早的规程。[⑨]

（2）《抱朴子》对中国古代制药化学的贡献。何谓制药化学？於达望解释说，"纯正化学与应用化学，为化学上之二大分类；而应用化学又得分为制造与分析二系。属于前者有制药化学、工业化学"等，"制造的应用化学，虽不限于制药化学一科，然制药化学上制造之资源，则多用天产物，而制品则供其他化学上之需要，故其研究与应用之范围独广，详言之如工业药品、化学药品、医疗药品之制造，皆为制药化学之专务"[⑩]。按照这个解释，葛洪是制药化学当之无愧的先驱。

我们知道，葛洪在《抱朴子》一书中有大量炼制矿物药的记载，据初步统计，至少有

---

① 凌永乐编著：《化学元素的发现》，北京：科学出版社，1981年，第27页。

② （晋）葛洪：《抱朴子·抱朴子内篇》卷3《黄白》，《百子全书》第5册，第4754页。

③ （晋）葛洪：《抱朴子·抱朴子内篇》卷3《黄白》，《百子全书》第5册，第4753页。

④ 蓝秀隆：《抱朴子研究》，台北：文津出版社，1980年，第23—62页。

⑤ 胡孚琛：《魏晋神仙道教——〈抱朴子内篇〉研究》，北京：人民出版社，1989年，第229—265页。

⑥ 徐克明：《研究化学的先驱者——记我国晋代的炼丹家葛洪》，《工人日报》1962年5月31日，第4版。

⑦ 陆曼炎：《我国古代化学家葛洪》，《新华日报》1962年8月19日。

⑧ 高兴华、马文熙：《试论葛洪对古代化学和医学的贡献》，《四川大学学报（哲学社会科学版）》1979年第4期，第30—40页。

⑨ 王吉民：《祖国医药文化流传海外考》，虎门镇人民政府：《王吉民中华医史研究》，广州：广东人民出版社，2011年，第378页。

⑩ 於达望编著：《制药化学》，第1页。

25 种炼制药物的原料，即黄金、白银、水银、硫黄、丹砂、雄黄、雌黄、矾石等。[①]在葛洪的视野里，以上矿物药（或称"仙药"）的药效各有不同，按照从高到低的等次排列，则："仙药之上者丹砂，次则黄金，次则白银，次则诸芝，次则五玉，次则云母，次则明珠，次则雄黄，次则太乙禹余粮，次则石中黄子，次则石桂，次则石英，次则石脑，次则石硫黄，次则石粕，次则曾青，次则松柏脂、茯苓、地黄、麦门冬、木巨胜、重楼、黄连、石韦、楮实、象柴，一名托卢是也。"[②]抛开文中的动植物药不谈，仅以里面的矿物药而论，这些矿物药按照炼制所谓神丹的特殊需要，将一种或几种药物依一定比例组合在一起，并通过加热、冷凝、蒸发、结晶、升华、干燥、蒸馏等方法，最后形成一种炼丹家理想中能长生不老的所谓神丹。对此，有学者指出："丹丸是中药的一种重要形式，而且在旧有条件下，是中药的最后加工形式。就同一味药而言，没有比制丹丸需要更复杂的手续了。因此以神丹、金丹作为不死药的形式，却是理所当然。"[③]由于《抱朴子》涉及制药化学的内容比较多，除了前述丹砂、曾青、雄黄等炼丹物质的化学变化外，下面再择要介绍几种金丹的炼制过程，并对其主要药效略作辨析。

第一，金液太乙，主要原料是黄金、雄黄、冰石等。葛洪述制法云：

> 用古秤黄金一斤，并用玄明（指醋）、龙膏（指覆盆子）、太乙旬首中石（指雄黄）、冰石、紫游女（指戎盐）、玄水液（水银）、金化石、丹砂，封之，百日成水。[④]

现代化学实验证明，溶解黄金一般有四种方法，其中"溶于水银，生成金汞齐，含金量不超过 15% 的时候呈液体状态"[⑤]。在葛洪所记述的"金液太乙"方中，有水银、醋浸液，以及在未成熟果实里含有氢氰酸的覆盆子等，它们都具有溶解黄金的作用，而在当时的历史条件下，这些溶解黄金的方法，确实需要经过炼丹家的大量实验。问题是当葛洪将它作为一种"长生不死"的"神药"时，无论怎样，在临床上服用黄金都会导致中毒反应。因此，葛洪记述说：

> 金液入口，则其身皆金色。老子受之于元君，元君曰，此道至重，百世一出，藏之石室，合之，皆斋戒百日，不得与俗人相往来，于名山侧，东流水上，别立精室，百日成，服一两便仙。若未欲去世，且作地水仙之士者，但斋戒百日，服半两，则长生不死，万害百毒，不能伤之，可以畜妻子，居官秩，任意所欲，无所禁也。若复欲升天者，乃可斋戒，断谷一年，更服一两，便飞升矣。[⑥]

实际上，"以黄金为丹饵而吞之，多则必死，少则也要中毒，'身皆金色'、'无寒温，神人玉女侍之'，都是中毒昏迷的症状"[⑦]。可见，从药效上讲，葛洪所说的"金液太乙"

① 王根元、刘昭民、王昶：《中国古代矿物知识》，北京：化学工业出版社，2011 年，第 113—114 页。
② （晋）葛洪：《抱朴子·抱朴子内篇》卷 2《仙药》，《百子全书》第 5 册，第 4723 页。
③ 严耀中：《中国宗教与生存哲学》，上海：学林出版社，1991 年，第 116 页。
④ （晋）葛洪：《抱朴子·抱朴子内篇》卷 1《金丹》，《百子全书》第 5 册，第 4696 页。
⑤ 于亮、钟谦：《化学发现旅程》，呼和浩特：远方出版社，2006 年，第 46—47 页。
⑥ （晋）葛洪：《抱朴子·抱朴子内篇》卷 1《金丹》，《百子全书》第 5 册，第 4696 页。
⑦ 严耀中：《中国宗教与生存哲学》，第 117 页。

能"长生不老"显系虚妄之言。

第二，葛洪在《抱朴子·金丹》中发现铜盐具有杀菌作用，他说："夫金丹之为物，烧之愈久，变化愈妙。黄金入火，百炼不消，埋之，毕天不朽。服此二药，炼人身体，故能令人不老不死。此盖假求于外物以自坚固，有如脂之养火而不可灭，铜青涂脚，入水不腐，此是借铜之劲，以捍其肉也。"[1]这段话需要分成两个层面来看，第一个层面是"服用金丹和黄金"，实践证明这种"假借外物以自坚固"的后果相当危险，金丹和黄金的抗蚀性固然很强，不易被氧化，可是这种抗蚀性不能简单地或者想当然地进行移植，尤其是金的比重过大，人体本身尚不具备消化和吸收金丹与黄金的生理功能，因而就更不能"纳之于己"而使物性转移，也不会"令人长生"[2]了。如《晋书·哀帝纪》载："帝雅好黄老，断谷，饵长生药，服食过多，遂中毒，不识万机，崇德太后复临朝摄政。"[3]此处的"长生药"即葛洪所说的金丹。又《晋后略》云："载贾后以鹿车，诣金墉城餐金屑而死。"[4]第二个层面是合理利用"铜青"的杀菌功能，葛洪文中所言"铜青"即碱式碳酸铜，现在的疮药一般都含有这种药物成分。因为把铜青"涂在脚上，可以制止细菌生长，不致发生脚病"[5]。

第三，《务成子丹法》载："用巴沙汞置八寸铜盘中，以土炉盛炭倚三隅，堑以枝盘，以硫黄水灌之，常令如泥，百日服之不死。"[6]其中"巴沙汞"是指从巴沙中抽炼所得之汞，而有关硫汞在火烧条件下出现"泥状"熔融体的情形，有学者这样详述道：

> 因硫黄的熔点为112.8℃，故盘中温度只需达到113℃左右，即可形成硫汞熔融体。文中虽未说点火烧之，但既云"以土炉盛炭"，想来当是用到火的。又由于所用铜盘为敞口形，故盘中的温度当不致过高，也就是应保持在汞的挥发度327.56℃以下，以免其中的汞挥发殆尽。这样在长达百日的低温烧炼过程中，汞与其中的硫便会化合为黑色的硫化汞。……若将此黑色硫化汞放入密闭容器中升炼，则可得到红色的晶状硫化汞，即灵砂。[7]

葛洪相信硫化汞有"百日服之不死"的药效，然而，学界对硫化汞毒性的认识，言人人殊，至今没有科学定论。如有学者认为："在无机汞化合物中，硝酸汞的毒性最大，硫化汞的毒性最小。甲氧基汞有很大毒性。"[8]罗宗真特别强调说："丹砂中虽然汞有毒性，但硫化汞毒性甚少。"[9]故此，"硫化汞毒性小，可以口服做药用"[10]。与之不同，生药学

① （晋）葛洪：《抱朴子·抱朴子内篇》卷1《金丹》，《百子全书》第5册，第4690页。
② （晋）葛洪：《抱朴子·抱朴子内篇》卷1《对俗》，《百子全书》第5册，第4688页。
③ 《晋书》卷8《哀帝纪》，第208—209页。
④ （宋）李昉等：《太平御览》卷810《珠宝部九·金中》，第3598页。
⑤ 薛愚主编：《中国药学史料》，北京：人民卫生出版社，1984年，第149页。
⑥ （晋）葛洪：《抱朴子·抱朴子内篇》卷1《金丹》，《百子全书》第5册，第4694页。
⑦ 容志毅：《道藏炼丹要辑研究·南北朝卷》，第348页。
⑧ 姚守拙主编：《现代实验室安全与劳动保护手册》下册，北京：化学工业出版社，1992年，第541页。
⑨ 罗宗真：《魏晋南北朝考古》，北京：文物出版社，2001年，第201页。
⑩ 陈学泽主编：《无机及分析化学》，北京：中国林业出版社，2000年，第283页。

家明确指出："毒性实验表明，人工合成硫化汞的毒性远远大于天然朱砂，水飞后仍不能减低其毒性，不可内服。"[①]显然，上文所讲的"灵砂"属于人工合成的硫化汞，它的毒性可通过大量动物实验结果来证实，即"硫化汞吸收后在体内滞留时间长，排泄缓慢，连续口服可能会引起蓄积性中毒"[②]。

第四，《乐子长丹法》载："以曾青铅于砂中蒸之，八十日服如小豆，三年仙矣。"[③]乐子长又名乐正子长，《崂山志》载："不知何许人也，尝遇仙于崂山，授以巨胜赤散方，服之，年过百八十，颜如童，入崂深处，不知所终。"[④]又《神仙传》云："乐子长者，齐人也。少好道，因到霍林山，遇仙人，授以服巨胜赤松散方。仙人告之曰：'蛇服此药，化为龙；人服此药，老成童。又能升云上下，改人形容；崇气益精，起死养生。子能行之，可以度世。'子长服之，年一百八十岁，色如少女。妻子九人，皆服其药，老者返少，小者不老。乃入海，登劳盛山而仙去也。"[⑤]"巨胜赤松散方"亦称"威喜巨胜方"，《云笈七签》载其制法曰："取金液及水银，左味合煮之，三十日出，以黄玉瓯盛，以六一泥封，置猛火炊之，卒时皆化为丹，服如小豆大便仙。"[⑥]此"金液"的组方和炼制见前文，而"巨胜赤松散方"与"乐子长丹法"有可能是同一剂药方，因为"宝颜堂本无'丹合汞'以下十七字"[⑦]。由于方中没有载明所取原料的具体用量，故不便进行模拟实验。但可以肯定的是，"威喜巨胜方"不可能有"起死养生"之效，这是因为曾青为硫酸铜，铅为多亲和性毒物，较长时间微量应用，亦可造成慢性铅中毒。[⑧]又经毒理实验，四氧化三铅的半数致死量为 220 毫克/千克。[⑨]不过，此条材料为现代化学实验中沙浴加热法的最早记载。

第五，《太乙招魂魄丹法》云："所用五石，及封之以六一泥，皆似九丹也。长于起卒死，三日以还者，折死昔口内一丸，与硫黄和一丸，俱以水送之，令入喉即活，皆言见使者持节召之。"[⑩]文中"五石"指丹砂、雄黄、白矾、磁石、曾青，"九丹"即九转仙丹。按照世界卫生组织的定义，6 小时内发生的非创伤性、不能预期的突然死亡，称为"猝死"，临床上分心源性猝死和非心源性猝死两类，其中以心源性猝死为主，以心跳呼吸骤停为特征。而葛洪所说的"长于起卒死三日以还者"可能更像是"假死"，因为假死是指"人的循环、呼吸和脑的机能活动高度抑制，生命活动处于极微弱的状态，用一般临床检

① 赵华英主编：《生药学》，济南：山东大学出版社，2005 年，第 470 页。
② 杨秀伟编著：《中药成分的吸收、分布、代谢、排泄、毒性与药效》下册，北京：中国医药科技出版社，2006 年，第 1831 页。
③ （晋）葛洪：《抱朴子·抱朴子内篇》卷 1《金丹》，济南：齐鲁书社，2006 年，第 4695 页。
④ 孙克诚：《黄宗昌〈崂山志〉注释》卷 5《仙释》，青岛：中国海洋大学出版社，2010 年，第 129 页。
⑤ （晋）葛洪撰，钱卫语释：《神仙传》，北京：学苑出版社，1998 年，第 33—34 页。
⑥ （宋）张君房纂辑，蒋力生等校注：《云笈七签》卷 67《金液法》，北京：华夏出版社，1996 年，第 409 页。
⑦ 张清华主编：《道经精华》下卷，长春：时代文艺出版社，1995 年，第 2082 页。
⑧ 张廷模主编：《临床中药学》，上海：上海科学技术出版社，2012 年，第 351 页。
⑨ 林明：《中国古代文献保护研究》，桂林：广西师范大学出版社，2012 年，第 85 页。
⑩ （晋）葛洪：《抱朴子·抱朴子内篇》卷 1《金丹》，《百子全书》第 5 册，第 4695 页。

查方法无法查出生命指征，外表看来好像人已死亡，而实际上还活着"①的一种状态。

可见，将"长于起卒死三日以还者"改为"长于起假死，三日以还者"，更符合现代医学理论。至于《太乙招魂魄丹法》能不能"起假死，三日以还"，则恐怕巫术的成分更多一些，在临床上缺乏实验依据，不可信。

第六，《刘生丹法》载："用菊花汁地楮汁樗汁和丹蒸之，三十日，研合，服一年，得五百岁，老翁服更少不可识，少年服亦不老。"②将多种植物汁液与丹砂混合服用，从理论上讲，即使用蒸法也无法全部去掉丹砂的毒性，长期服用这种混合药物，同样会导致汞中毒。当然，诚如有研究者所言："由于朱砂的汞化合物在复方中可能与其他药物成分形成络合物，而影响其毒性。因此，朱砂在复方中的毒性特点及其机理尚需将来进一步研究。"③关键是如何控制朱砂的安全剂量和用药时间，否则，将上述丹法用来美容，未必没有风险。如有人开出了这样的美容验方："白菊花汁、莲花汁、茜草汁、椿树汁各少许，丹砂适量。4种汁和丹砂蒸熟服之。能使人肤色红润娇美。"④如果抛去朱砂，那么某些花卉具有延寿的作用，确实已为生活实践所证实。而现代科学也证明，"花卉含有多种营养物质，确有保健作用，当前盛行的花粉食品就足以说明这点"⑤。

最后，需要指出的是，葛洪在炼制丹药的过程中，提出了他的道教神秘主义主张，实际上，是把普通人炼制丹药的门路堵死了，唯有极少数像务成子、刘元、乐长子这样的人⑥，才有可能炼制丹药。所以葛洪说：

> 合此金液九丹，既当用钱，又宜入名山，绝人事，故能为之者少，且亦千万人中，时当有一人得其经者。故凡作道书者，略无说金丹也。第一禁，勿令俗人之不信道者，谤讪评毁之，必不成也。……今之医家，每合好药好膏，皆不欲令鸡犬小儿妇人见之。若被诸物犯之，用便无验。又染彩者，恶恶目者见之，皆失美色。况神仙大药乎？⑦

凡此种种，都体现了葛洪炼丹思想中的消极因素。我们知道，用长期含有丹砂、硫黄等成分的药物来延年益寿，其结果往往与服食者的愿望适得其反，不仅不能长寿，反而会因中毒而身亡，我国汉唐有许多皇帝就是因此而丧命的，教训惨痛，因为"水银、硫黄、雄黄、雌黄、矾石、戎盐、曾青、铅丹、丹砂、云母等矿石药物。这些矿石都含有剧毒或微毒，经过高温冶炼，虽然引起化学变化，但通过现代医学检测，仍含多种危害生命的毒素"⑧。不过，从医药学的演变进程看，葛洪通过炼丹实践已经认识和掌握了许多矿物的化学特性，并对中国古代制药化学的发展进行了大量的科学探索，做出了突出贡献，功不

---

① 黄光照、麻永昌主编：《法医病理学》，北京：中国人民公安大学出版社，2002年，第77页。
② （晋）葛洪：《抱朴子·抱朴子内篇》卷1《金丹》，《百子全书》第5册，第4695页。
③ 梁爱华：《朱砂的毒性研究》，北京中医药大学2008年硕士学位论文，第4页。
④ 张湖德：《新编偏方秘方大全》，北京：中医古籍出版社，2003年，第493页。
⑤ 李元秀编著：《美容美颜防皱——水果花卉饮品方》，呼和浩特：内蒙古人民出版社，2009年，第50页。
⑥ （晋）葛洪：《抱朴子·抱朴子内篇》卷1《金丹》，《百子全书》第5册，第4694—4695页。
⑦ （晋）葛洪：《抱朴子·抱朴子内篇》卷1《金丹》，《百子全书》第5册，第4697页。
⑧ 兰殿君：《秦始皇和唐太宗吃"仙丹"中毒》，《科学24小时》1985年第6期，第22页。

可没。所以，葛洪炼丹思想中的积极因素，亦应肯定。

（二）《肘后备急方》的主要内容及其科学价值

1. 《肘后备急方》的主要内容

《肘后备急方》约成书于晋建兴三年（315），是一部古代随身常备的实用应急医书，流传甚广。该书虽然是《玉函方》100 卷（已失传）的节选，但具体的成书过程却比较复杂，大致经历了四个阶段：第一个阶段是"选要创作期"，即将《玉函方》100 卷精选单验方及简便疗法，撰成《肘后救卒方》3 卷；第二个阶段是"补阙分类期"，陶弘景在《肘后救卒方》所存 86 首的基础上增补为 101 首，名为《肘后百一方》；第三个阶段是"增补校订期"，即唐代医家增隋唐间经验效方入《肘后百一方》中；第四个阶段是"附广定型期"，杨用道从《证类本草》中摘录一些单方附《肘后百一方》中，后来明代又增加新的内容。故《肘后备急方》的版本按照年代大略可分为唐本、金元本及明本，今本多以明本系统翻刻或补辑。①明朝李栻在《刻葛仙翁〈肘后备急方〉序》中说：万历二年（1574）夏，"偶以巡行至均，游武当，因阅《道藏》，得《肘后备急方》八卷，乃葛稚川所辑，而陶隐居增补之者，其方多今之所未见。观二君之所自为序，积以年岁，仅成此编，一方一论皆已试而后录之。尤简易可以应卒，其用心亦勤，其选之亦精矣"②。对于陶弘景《肘后百一方》的问题，《四库全书提要》认为："疑此书本无《百一方》在内，特后人取弘景原序冠之耳。书凡分五十一类，有方无论，不用难得之药，简要易明。虽颇经后来增损，而大旨精切，犹未尽失其本意焉。"③现传本《肘后备急方》8 卷 70 篇，从内容上可分成四个部分：

第一部分是治疗内科疾病的处方，包括卷 1、卷 2、卷 3 和卷 4 的内容，计有 900 多首处方，主要治疗常见的"鬼击之病"（指突然胸腹绞痛或出血的疾患）、"客忤病"（因惊吓所致之病）、"尸厥"（类似休克假死）、"卒死"（指各种内外因素导致心脏受损，阴阳之气突然离决，气机不能复返，心搏接近停止跳动或刚刚停止跳动，表现为发病急骤，忽然神志散失，寸口、人迎、阴股脉搏动消失，呼吸微弱或绝，全身青紫，瞳仁散大，四肢厥冷等一系列临床病象的危重疾病④）、"魇寐不寤"（类似疯癫的病症）、"五尸"（指传染性病变）、"尸注鬼注"（即今结核性传染病）、"卒心痛"（指心脉痹阻而引起的一种常见、多发的心脏急症）、"卒腹痛"（指腹中脏腑失和，气机不畅，血脉受阻，小络绌急而引起腹部突然疼痛的常见急症⑤）、"心腹俱痛"（类似冠心病和卟啉病）、"卒心腹烦满"（主要指急性胃痛）、"卒霍乱诸急"（指以上吐下泻、腹痛为特征的疾病）、"伤寒时气温病"（主要指具有强烈传染性，可造成一时一地流行的疾病）、"时气病起诸劳复"（指疾病复发）、

---

① 肖红艳：《〈肘后方〉版本定型化研究》，北京中医药大学 2011 年博士学位论文，第 1—2 页。
② （明）李栻：《刻葛仙翁〈肘后备急方〉序》，蔡铁如主编：《中华医书集成》第 8 册《方书类一》，第 2 页。
③ 刘时觉编注：《四库及续修四库医书总目》，北京：中国中医药出版社，2005 年，第 333 页。
④ 姜良铎主编：《中医急诊学》，北京：中国中医药出版社，2003 年，第 58 页。
⑤ 任继学主编：《中医急诊学》，上海：上海科学技术出版社，1997 年，第 63 页。

"瘴气疫疠温毒"（指具有传染性和流行性，以发热为主症的急性热病）、"寒热诸疟"（即疟疾）、"卒癫狂"（指精神失常疾病）、"卒得惊邪恍惚"（主要指神经衰弱、精神分裂等病症）、"卒中风急"（指急性脑血管病）、"卒风喑不得语"（指中风）、"风毒脚弱痹满上气"（主要指脚气病）、"卒上气咳嗽"（指咳喘、咯血等症）、"卒身面肿满"（类似肾炎）、"卒大腹水病"（类似肝硬化）、"卒心腹症坚"（指急性化脓性胆管炎、肿瘤等病症）、"心腹寒冷食饮积聚结癖"（类似胃脘痛）、"卒患胸痹痛"（类似冠状动脉硬化性心脏病、心肌梗死引起的心绞痛、高血压性心脏病[1]）、"卒胃反呕"（类似胆汁反流性胃炎）、"卒发黄疸"（类似肝胆系统的炎症及其他出现黄疸体征的疾病）、"卒患腰胁痛"（类似肾血管疾病，是多发性痼疾）、"虚损羸瘦不堪劳动"（指劳瘦痼疾）、"脾胃虚弱不能饮食"（类似内分泌疾病）、"卒绝粮失食饥惫欲死"（因辟谷所致的疾病）。其中以内科急症为主，是葛洪医学思想的精华所在。

第二部分是治疗外发的疾病，包括卷5和卷6的内容，计有300多首处方，主要治疗常见的"痈疽妒乳诸毒肿"（类似乳腺癌）等病症。以上几乎都是外科、五官科和皮肤科的多发病和常见病，其中列述了40多种皮肤病的预防和治疗方法，有的至今仍有积极的临床指导价值。

第三部分是为物所苦病，均见于卷7，计有286首处方，主要治疗当时常见的"熊虎爪牙所伤毒痛""卒为猘犬所咬毒"等。尽管由于历史地理环境的变迁，有些动物如熊、虎、狐等已经变得越来越稀有，但是像"卒服药过剂烦闷"及"防避饮食诸毒"对于生活在现代社会条件下的人们，依然具有重要的现实意义。

第四部分是其他杂病及治疗牲畜病方，集中收录在第8卷里，包括"治百病备急丸散膏诸要方"和"治牛马六畜水谷疫疠诸病方"两部分内容，计有40多首处方。这部分内容的突出价值，是重点记述了魏晋时期所取得的药剂学成就。

2.《肘后备急方》的科学价值

由前述所知，《肘后备急方》的内容涉及内科杂症、外科急症、传染性疾病、寄生虫病及妇科、儿科等病症，书中保存着我国乃至世界医学最早的医方、医技和疾病记载，在我国医学史上占有重要地位。

仅从"备急"的名称看，葛洪《肘后备急方》的选方多以急症为主，所以它"甚似近代之急症手册"[2]。对此，学界有专文论之[3]，笔者不打算过多重复。下面重点介绍葛洪在急症学方面所取得的几项独特成就：

第一，首创人工复苏术或称人工呼吸法。葛洪曰：

> 徐徐抱解其绳，不得断之，悬其发，令足去地五寸许，塞两鼻孔，以芦管内其口中至咽，令人嘘之。有顷，其腹中崇崇转，或是通气也，其举手捞人，当益坚捉持，

---

① 曹建林等编著：《常见的疑难病和疑难的常见病·儿科》，贵阳：贵州科技出版社，2002年。
② 黄星垣主编：《中医急症大成》，北京：中医古籍出版社，1987年，第14页。
③ 黄星垣主编：《中医急症大成》，第14—19页。

更递嘘之。若活了能语，乃可置。若不得悬发，可中分发，两手牵之。①

这段记载基本符合人工呼吸的基本原则：首先，用芦管插咽吹气，既卫生又有效果，因为"以芦管内其口中至咽"，同时还要"塞两鼻孔"，这就易于"使芦管和舌咽壁密合，形成能达到使患者肺部充气的气流正压"②，因而是有效的"紧急气道控制措施"，而"用芦管吹气复苏，正是当今人工呼吸时的'口咽通气管'在古代的最早雏形"③，20世纪50年代，我国逐渐推广了口对口人工呼吸器④；其次，对于"悬其发"的作用，有学者认为："悬发法似是为控制头部适当位置，则管腔结合紧密，易做到气流正压高些，效果好些。"⑤

第二，最早记载了竹片外固定疗法。外固定系指骨折复位后，采用体外固定器物来维持骨折位置，从而使骨折断端在相对平稳条件下快速愈合的固定方法。从历史上看，小夹板固定法出现得比较早，至少在《肘后备急方》中就有了明确记载。《外台秘要方》引述其"疗腕折，四肢骨破碎，及筋伤蹉跌方"说：

> 烂捣生地黄，熬之，以裹折伤处，以竹简编夹裹之，令遍病上，急缚，勿令转动，一日可十度易，三日即瘥。⑥

应用熬生地黄外加小竹板固定方法（又称"夹缚疗法"）治疗骨折，在骨伤科发展史上是一个创举。后来经过唐代医家蔺道人、宋代医家洪遵、元代医家危亦林、明代医家朱橚、清代太医吴谦等人不断改进和完善，成为我国伤科独具特色的骨折疗法之一。特别是20世纪50年代以来，"众多医家运用现代科学知识，对小夹板固定疗法做了系统的临床观察和研究，充分证实了小夹板固定疗法的重要作用和与石膏固定方法相比独特的优越性。可以说，本疗法具有骨折愈合快、功能恢复好、疗程短、并发症少等优点，其应用前景十分乐观"⑦。

第三，最早记载用舌下含剂来治疗心脏病法。《肘后备急方》讲到了80多种药物的炮制方法和10多种药物剂型⑧，其中对舌下含剂、栓剂等新剂型的介绍，极大地推动了中药速效制剂在急诊中的应用和发展，尤其是用舌下含剂来急救"卒心痛"，即冠心病、心绞痛急性发作，能迅速控制病情，因它可以随身携带，取效快捷，在临床上具有深远的意义。葛洪在"治胸膈上痰癃诸方"中述"五膈丸方"说：

> 膈中之病，名曰膏肓，汤丸径过，针灸不及，所以作丸含之，令气热得相熏染，

---

① （晋）葛洪撰，尚志钧辑校：《补辑肘后方》修订版，合肥：安徽科学技术出版社，1996年，第12页。

② 黄星垣主编：《中医急症大成》，第17页。

③ 崔乃杰、秦英智、傅强主编：《中西医结合重症医学》，武汉：华中科技大学出版社，2009年，第117页。

④ 曾诚厚、李良信主编：《中西医结合内科急救医学》，成都：四川科学技术出版社，1989年，第50页。

⑤ 黄星垣主编：《中医急症大成》，第17页。

⑥ （唐）王焘：《外台秘要方》卷29，张登本主编：《王焘医学全书》，北京：中国中医药出版社，2015年，第711页。

⑦ 张俊龙主编：《中医特色疗法》，北京：科学出版社，2004年，第872页。

⑧ 冉懋雄、郭建民主编：《现代中药炮制手册》，北京：中国中医药出版社，2002年，第8页。

有五膈丸方。麦门冬十分（去心），甘草十分（炙），椒、远志、附子（炮）、干姜、人参、桂、细辛各六分。捣筛，以上好蜜丸如弹丸。以一丸含，稍稍咽其汁，日三丸，服之。主短气，心胸满，心下坚，冷气也。①

有些学者主张最早发现用来治疗心绞痛的药物是硝酸甘油，它的临床应用迄今已有百余年的历史。②实际上，葛洪的"五膈丸方"含剂，才是最早用舌下含剂治疗心脏病的药物。③

第四，世界范围内首次记载天花。千百年来，各种烈性传染病夺走了无数患者的鲜活生命，天花就是一种由天花病毒引起的烈性传染病，恶性天花病死率高达 80%—90%。④尽管此病现在通过"接种牛痘"方法以毒攻毒，使它不仅在全世界范围内得到有效控制，而且被医学界认为是人类在世界范围内所消灭的第一种传染病，但是天花曾经在世界各地⑤的肆虐惨况令人恐惧。例如，葛洪在《肘后备急方》中说：

> 比岁有病时行，仍发疮头面及身，须臾周匝，状如火疮，皆戴白浆，随决随生，不即治，剧者多死，治得差后，疮瘢紫黑，弥岁方灭，此恶毒之气。世人云：永嘉⑥四年，此疮从西东流，遍于海中，煮葵菜，以蒜齑啖之，即止。初患急食之，少饭下菜亦得。以建武中于南阳击虏所得，仍呼为虏疮，诸医参详作治，用之有效方。⑦

这段话先介绍天花的症状，后介绍天花的病源及治疗天花的处方。我们知道，天花的后遗症是以在患者脸上留下永久性瘢痕为特征，对此，葛洪的记述较为客观和准确。由葛洪的描述可知，"天花病本非我国原有的疾病，而是由国外传入中原的"⑧。可见，葛洪对天花的记载早于阿拉伯医生的记载，就目前所见到的史籍而言，葛洪不仅在世界范围内最早记载了天花，而且在积极预防天花的流行与传染方面，做出了重要贡献。

第五，在世界医学史上，葛洪第一次记载了恙虫病。恙虫病又名丛林斑疹伤寒，葛洪称作"沙虱毒"，是一种以高热、皮疹、焦痂及淋巴结肿大为临床症状的自然疫源性传染病，同时也是一种人畜共患立克次体病，鼠类为主要传染源和宿主，恙螨幼虫则是其主要

---

① （晋）葛洪：《肘后备急方》卷 4《治胸膈上痰癖诸方》，蔡铁如主编：《中华医书集成》第 8 册《方书类一》，第 51 页。

② 姜礼红、张艳桥、田秀霞：《国内外硝酸甘油系列制剂及其代谢产物药代动力学研究进展》，《中国医学文摘·内科学》1999 年第 6 期，第 73 页。

③ 严永清：《中药现代研究的思路与方法》，北京：化学工业出版社，2006 年，第 600 页。

④ 夏媛媛：《医学的 10 大重要进程》，南京：东南大学出版社，2012 年，第 128 页。也有学者主张死亡率超过40%，参见朱根逸主编：《简明世界科技名人百科事典》，北京：中国科学技术出版社，1999 年，第 477 页。不同类型天花病死率参差不齐。

⑤ 如公元前 6 世纪，天花在印度的流行；18 世纪，死于天花的欧洲人多达 1.5 亿；1872 年，美国仅费城一地死于天花的患者就接近 2600 人，参见宁正新主编：《解码生物奥秘》，北京：中央编译出版社，2010 年，第 41 页。

⑥ 原文为"永徽四年"，误。

⑦ （晋）葛洪：《肘后备急方》卷 2《治伤寒时气温病方》，蔡铁如主编：《中华医书集成》第 8 册《方书类一》，第 20 页。

⑧ 朱根逸主编：《简明世界科技名人百科事典》，第 477 页。

传播媒介。

葛洪在《抱朴子内篇》和《肘后备急方》中对恙虫病均有记述，其中以《肘后备急方》的记载最为详细，包括流行病学、证候学等方面。葛洪说：

> 山水间多有沙虱①，甚细略不可见，人入水浴，及以水澡浴，此虫在水中著人身，及阴天雨行草中，亦著人，便钻入皮里。其诊法，初得之，皮上正赤，如小豆黍米粟粒，以手摩赤上，痛如刺。三日之后，令百节强，疼痛寒热，赤上发疮，此虫渐入至骨，则杀人。自有山涧浴毕，当以布拭身数遍，以故帛拭之一度，乃傅粉之也。②

由于病原为恙虫病立克次体，显微镜下观察大小为（0.2-0.6）μm×（0.5-1.5）μm，散在或成双排列③，在当时的历史条件下，葛洪能够用肉眼发现恙虫这种病原体，的确不易。感染恙虫病原体之后，潜伏期4—20天过后，患者会出现"皮上正赤"即红色丘疹，同时体温迅速升高至39—41℃，并伴有疼痛，包括头痛和全身疼痛。"赤上发疮"是指水疱破裂后中央坏死，形成褐色或黑色焦痂，当痂皮脱落后即出现溃疡现象。其防治措施如下：

首先，药物疗法："疗沙虱毒方。以大蒜十片，著热灰中，温之令热，断蒜及热拄疮上，尽十片，复以艾灸疮上，七壮，则良。又方，斑蝥二枚，熬一枚，末服之，烧一枚，令绝烟，末以傅疮上，即差。又以射莔傅之，佳。又方，生麝香、大蒜合捣，以羊脂和，著小筒子中，带之行。"④

其次，挑刺法："今东间水无不有此，浴竟中（巾）拭燋燋，如芒毛针刺，熟看，见则以竹叶抄挑去之。比见岭南人，初有此者，即以茅叶、茗茗刮去，及小伤皮则为佳，仍数涂苦苣菜汁，佳。已深者，针挑取虫子，正如疥虫，著爪上映光方见行动也。若挑得，便就上灸三四壮，则虫死病除。若觉犹惛惛，见是其已太深，便应依土俗作方术，拂出，乃用诸汤药以浴，皆一二升出，都尽乃止，亦依此方并杂□□。溪毒及射工法，急救，七日中，宜差。不尔，则仍有飞虫□□□，唼人心藏，便死，慎不可轻。"⑤

第六，最早的被动免疫疗法。《肘后备急方》记载着一个非常特殊的病例——猘犬咬人，葛洪述其治法云：

> 仍杀所咬犬，取脑傅之，后不复发。⑥

---

① 蔡景峰、李希泌等：《中国古代科学家的故事》，北京：中国少年儿童出版社，1978年，第54页。

② （晋）葛洪：《肘后备急方》卷7《治卒中沙虱毒方》，蔡铁如主编：《中华医书集成》第8册《方书类一》，第97页。

③ 严杰：《医学微生物学》，北京：高等教育出版社，2012年，第172页。

④ （晋）葛洪：《肘后备急方》卷7《治卒中沙虱毒方》，蔡铁如主编：《中华医书集成》第8册《方书类一》，第97页。

⑤ （晋）葛洪：《肘后备急方》卷7《治卒中沙虱毒方》，蔡铁如主编：《中华医书集成》第8册《方书类一》，第97—98页。

⑥ （晋）葛洪：《肘后备急方》卷7《治卒为猘犬所咬毒方》，蔡铁如主编：《中华医书集成》第8册《方书类一》，第88页。

医学界多数学者承认，猘犬即疯狗（是因为病毒侵袭动物脑细胞引起狂犬病发作）的脑部含有狂犬病抗原抗体，有研究者用间接免疫荧光技术和直接免疫荧光技术检测了 11 例连续伤人后疯狗脑部作为被检标本，结果发现均呈阳性。[①]另外，法国生物学家巴斯德在 1885 年利用狂犬脑中所含病毒制成狂犬疫苗，首次人体接种成功，即被动免疫疗法，是现代医学的一次壮举。[②]这表明葛洪的治疗方法是有效的，此治法的基本原理是："以狂犬脑中之病毒为抗原，刺激机体产生抗体。"[③]从而消灭狂犬病毒。这种方法的发明是我国古代劳动人民通过长期的观察和实验，自觉地而不是偶然地发现了狂犬的脑浆中含有可治狂犬病的物质。正是基于上述科学事实，许多医学专家才认为在葛洪以毒攻毒的治法中，客观上已经孕育着现代免疫疗法的萌芽[④]。

但是，也有一部分学者不赞同以上看法。这些错误认识，当然不值一驳，但如果放任这些言论，必将会对中医学的发展产生一定的消极影响，故不能不引起学界的重视。那么，葛洪的上述被动免疫疗法究竟是如何产生的？学界有各种说法，如有学者主张杀掉咬人的狂犬，以其脑浆敷于被咬处来进行治疗，虽与后世的"以脏补脏"表现形式不尽相同，但却反映了相似的思想内核。这体现了一种类似于"以牙还牙""以眼还眼"式的报复性惩罚思维。这种最原始的惩罚原理是人类早期思维模式的遗留，历史相当久远，如人类社会中"以命抵命"的死刑制度就脱胎于这种思想。[⑤]这表面上看好像是在还原葛洪医学思想的本真，实则是降低了葛洪思想的科学意义。因为陶弘景在《华阳隐居〈补阙肘后百一方〉序》中说："寻葛氏旧方，至今已二百许年，播于海内因而济者，其效实多。……凡此诸方，皆是撮其枢要，或名医垂记，或累世传良，或博闻有验，或自用得力。"[⑥]这种务实的科学精神，不独陶弘景如此，葛洪亦复如此。诚如古人所言，葛洪《肘后备急方》中的"一方一论，已试而后录之，非徒采其简易而已"[⑦]。此话说得在理，否则，葛洪自己就不会充满自信地说：人们看到《葛仙翁〈肘后备急方〉序》后，"苟能信之，庶免横祸焉！"[⑧]我们相信，葛洪的话绝对不是自诩，他所载录的一方一论确实是建立在坚实的临床实践基础之上。例如，在治疗狂犬病的处方中，除了上述脑浆治疗法外，还有"先啮却恶血，灸疮中十壮，明日以去，日灸一壮，满百乃止"[⑨]，又"火灸蜡，以灌

① 王振海等：《间接免疫荧光技术在狂犬病抗原抗体检测中的应用》，《中国人兽共患病杂志》1989 年第 6 期，第 63 页。

② 魏子孝、聂莉芳：《中国古代医药卫生》，济南：山东教育出版社，1991 年，第 85 页。

③ 李凭、袁刚总纂：《中华文明史》第 4 卷《魏晋南北朝》，第 287 页。

④ 马福荣、李云翔主编：《中国历代医药学家荟萃》，北京：中国环境科学出版社，1989 年，第 29 页。

⑤ 陈家宁：《古文献中"以某补某"医疗理念源流小考》，中华中医药学会医古文研究分会：《全国第十八次医古文研究学术年会论文集》，内部资料，2009 年。

⑥ （南朝·梁）陶弘景：《华阳隐居〈补阙肘后百一方〉序》，蔡铁如主编：《中华医书集成》第 8 册《方书类一》，第 4 页。

⑦ 蔡铁如主编：《中华医书集成》第 8 册《方书类一》，第 2 页。

⑧ （晋）葛洪：《葛仙翁〈肘后备急方〉序》，蔡铁如主编：《中华医书集成》第 8 册《方书类一》，第 3 页。

⑨ （晋）葛洪：《肘后备急方》卷 7《治卒为猘犬所咬毒方》，蔡铁如主编：《中华医书集成》第 8 册《方书类一》，第 88 页。

疮中"①等，这些方法同样有效，因为现代医学证明"狂犬病病毒不耐热，在50℃下1小时，100℃下2分钟即可灭活"②。而在"60℃时只需10分钟即灭活"③。显然，这些治疗方法与"以脏补脏"思维毫无关联，甚至连边儿都沾不上，实际上"在伤口处高温灭活以防止病毒进入机体是古人留下的验方"④。

还有学者认为，葛洪的被动免疫疗法源于巫术，这个结论也不能成立。例如，这种观点主张：

> 类似的治疗方法颇多，但由于研究者对古人的思维方式不甚了解，故多以现代医学的理论比附之。例如，有人评价《肘后备急方》在狂犬病的治疗上该书首次记载了用狂犬脑组织治疗狂犬咬伤。这种"仍杀所咬犬，取脑傅之，后不复发"的记载……姑且不论其治疗效果如何，至少可以认为这一发明与现代医学的免疫思想原则符合。但如果我们知道"人们曾普遍相信：在受伤者和致伤物之间存在着某种联系，因而在事件发生后，无论对该致伤物做什么事情都会相应地给予受伤者或好或坏的结果"，则不难对"巫术"在古代文明发展中的地位与作用，建立起一个基本正确的认识。诚如丹皮尔所说："巫术对宗教的关系和对科学的关系如何，仍然是一个争论的问题"，但是"无论这三者的实在关系如何，巫术好像终归是宗教与科学的摇篮。"⑤

从起源上讲，科学固然脱胎于巫术，但随着历史的发展和科学的进步，科学事实上在与巫术不断斗争的过程中，逐渐形成了自己独特的以科学实践为内核的思想体系，以与巫术相区别。《史记》载有名医扁鹊的"六不治"箴言，其中之一就是"信巫不信医"⑥。这是医学与巫术彻底决裂的宣言书，是《黄帝内经》"拘于鬼神者，不可与言至德"⑦思想的积极体现，同时也是汉代医学发展的必然结果。所以自扁鹊之后，中医学就在与巫术的不断斗争中发展和进步。在魏晋时期，葛洪也是一位捍卫医学科学的卫士。如他在《抱朴子·至理》中对"宁煞生请福，分蓍问祟，不肯信良医之攻病，及用巫史之纷若"⑧现象进行了严厉批判，尽管他部分保留了"禁咒之术"，思想上有矛盾之处，但从整体看，他对巫术神学是持批判态度的。正如有学者从祈禳观的角度正确评价说："葛洪的祈禳观一方面反映了他作为一名医学家反对巫术坑害百姓的正义行径，另一方面又反映了他作为一位神仙道教的代表仇视民间符箓道教的统治阶级意识，从而表现了这位门阀士族出身的科

---

① （晋）葛洪：《肘后备急方》卷7《治卒为猘犬所咬毒方》，蔡铁如主编：《中华医书集成》第8册《方书类一》，第89页。
② 王锦、李光武主编：《医学免疫学与病原生物学》，西安：世界图书出版西安公司，2010年，第197页。
③ 吴疆主编：《狂犬病预防控制指南》，北京：科学出版社，2008年，第58页。
④ 文凯、文传良：《古代狂犬病史再考》，金宁一主编：《人畜共患传染病防治研究新成果汇编》，内部资料，2004年，第61页。
⑤ 廖育群：《重构秦汉医学图像》，上海：上海交通大学出版社，2012年，第357页。
⑥ 《史记》卷105《扁鹊仓公列传》，第2794页。
⑦ 《黄帝内经素问》卷3《五脏别论篇》，陈振相、宋贵美：《中医十大经典全录》，第23页。
⑧ （晋）葛洪：《抱朴子·抱朴子内篇》卷1《至理》，《百子全书》第5册，第4700页。

学家的阶级立场和科学态度。"[①]由此可见，葛洪的医学思维绝对不是遵循巫术的"接触律"逻辑来从事科学研究和科学发现，他的医学研究完全是建立在科学观察和临床实践的基础之上。我们不能用低级的甚至是错误的思维逻辑来解释葛洪的先进医学思想，反过来，我们更不能主观地把葛洪的先进医学思想简单归结到连他自己都拒绝接受的巫术文化中来。

第七，结核病的最早记载。结核病是由结核杆菌感染引起的人畜共患病，以肺结核最多见，占结核病发病数的 80%[②]，此病的传播途径和感染主要是呼吸道，传染源是排菌的肺结核病人的痰。患者常出现乏力、厌食、低热、盗汗、咳嗽和小量咯血等临床症状。葛洪在《肘后备急方》中记载了一种名叫"尸注"的病，与结核病符合，他在书中叙述道：

> 其病变动，乃有三十六种至九十九种，大略使人寒热、淋沥、恍恍、默默，不的知其所苦，而无处不恶，累年积月，渐就顿滞，以至于死，死后复传之旁人，乃至灭门。觉知此候者，便宜急治之。[③]

这里所记载的消耗性疾患符合结核病的临床症状，在当时有灭门之祸，令人恐惧，可惜葛洪没有明确指出此病的致病因子是什么。尽管如此，"在 1600 年前能有这样细致的观察，发前人所未发，对疾病认识学的发展，的确是重要的贡献"[④]。直到 1650 年，法国科学家才从结核病人的尸体中发现了颗粒状病变组织，遂称之为"结核"。20 世纪 50 年代以来，由于异烟肼、利福平、链霉素等抑制和灭杀结核杆菌药物的出现，结核病得到了较好控制。不过，结核病的潜在威胁依然存在，我们绝不能掉以轻心。

当然，葛洪的重要发现还有很多，如用海藻治疗瘿病、导尿术、用桑皮线进行肠缝合等，也都是目前已知的最早记载。由于篇幅所限，恕不一一赘述。总之，葛洪的医学探索精神和科学思想体现了他坚持"知道之士，虽坚远必造也"[⑤]的信念和毅力，炼丹如此，编撰《肘后备急方》亦如此，所以他才甘愿忍受"周流华夏九州之中，收拾奇异，据拾遗逸"[⑥]的困苦与艰辛。马克思在《资本论》法文版序言中说："在科学上没有平坦的大道，只有不畏劳苦沿着陡峭山路攀登的人，才有希望到达光辉的顶点。"[⑦]回到葛洪生活的时代，他能甘愿放弃仕途，而选择到人烟稀少的罗浮山隐居，潜心炼丹，"兼综练医术"[⑧]。

---

① 徐宏图：《试评葛洪的祈禳观》，高信一主编：《探寻文化史上的亮星——葛洪与魏晋道教文化研究》，北京：宗教文化出版社，2012 年，第 228 页。

② 沈晓阳等编著：《威慑人类》，北京：国防大学出版社，2002 年，第 141 页。

③ （晋）葛洪：《肘后备急方》卷 1《治尸注鬼注方》，蔡铁如主编：《中华医书集成》第 8 册《方书类一》，第 7 页。

④ 宋春生、刘艳骄、胡晓峰主编：《古代中医药名家学术思想与认识论》，北京：科学出版社，2011 年，第 54 页。

⑤ （晋）葛洪：《抱朴子·抱朴子序》，《百子全书》第 5 册，第 4677 页。

⑥ （晋）葛洪：《葛仙翁〈肘后备急方〉序》，蔡铁如主编：《中华医书集成》第 8 册《方书类一》，第 3 页。

⑦ 中共中央马克思恩格斯列宁斯大林著作编译局：《马克思恩格斯全集》第 23 卷，北京：人民出版社，2016 年，第 26 页。

⑧ 《晋书》卷 72《葛洪传》，第 1911 页。

除了他具有"望绝于荣华之途，而志安乎穷否之域"①的志向外，似与他的家庭破落有关，葛洪自述："年十有三，而慈父见背，夙失庭训，饥寒困瘁，躬执耕穑，承星履草，密勿畴袭。"②又天津艺术博物馆收藏的一幅绘于唐宋时期的《葛洪徙居图》，非常形象地刻画了葛洪当时饱经风霜、颠沛流离的迁居生活。这种艰难曲折的人生磨砺，反而使葛洪的科研热情更加高涨，著述不辍。而他的诸多科学创造和科学发现寓于那闪烁着智慧光芒的鸿篇巨制（如百卷本的《玉函方》）之中，我们今天所见到的《肘后备急方》仅仅是其医学著述中很少的一部分，不难想象，葛洪一定还有更多的杰出医学思想和医术成就没能够流传下来。即便如此，他所流传下来的《抱朴子》和《肘后备急方》也已成为值得我们永远骄傲和自豪的一笔宝贵科学遗产。

二、葛洪神仙学思想的主要特点和历史地位

（一）葛洪神仙学思想的主要特点

葛洪的科学研究有两个着眼点：一是士族高门；二是庶族和寒门。士族门阀地主在魏晋南北朝时期得到比较充分的发展，他们不仅把握着政治特权和经济特权，而且形成了独特的饮食文化，如崔浩的《食经》和虞悰的《食珍录》，即是当时士族饮食的代表作。此时，养生食疗学应运而生。例如，嵇康在《养生论》中称：

> 夫神仙虽不目见，然记籍所载，前史所传，较而论之，其有必矣。似特受异气，禀之自然，非积学所能致也。至于导养得理，以尽性命，上获千余岁，下可数百年，可有之耳。而世皆不精，故莫能得之。③

所谓"禀之自然"，嵇康进一步解释说：

> 清虚静泰，少私寡欲。知名位之伤德，故忽而不营，非欲而强禁也。识厚味之害性，故弃而弗顾，非贪而后抑也。外物以累心不存，神气以醇白独著，旷然无忧患，寂然无思虑。又守之以一，养之以和，和理日济，同乎大顺。然后蒸以灵芝，润以醴泉，晞以朝阳，绥以五弦，无为自得，体妙心玄，忘欢而后乐足，遗生而后身存。若此以往，恕可与羡门比寿，王乔争年，何为其无有哉？④

可见，嵇康尚未涉及服食丹药与神仙的关系。晋朝士风逐渐趋于奢靡，如晋武帝"平吴之后复纳孙皓宫人数千，自此掖庭殆将万人。而并宠者甚众，帝莫知所适，常乘羊车，恣其所之，至便宴寝。宫人乃取竹叶插户，以盐汁洒地，而引帝车"⑤。上行下效，整个

---

① （晋）葛洪：《抱朴子·抱朴子序》，《百子全书》第 5 册，第 4677 页。
② 王明：《抱朴子内篇校释》附录一，第 370 页。
③ （南朝·梁）萧统编选，（唐）李善等注：《六臣注文选》卷 53《论三·养生论》，第 957 页。
④ （南朝·梁）萧统编选，（唐）李善等注：《六臣注文选》卷 53《论三·养生论》，第 961 页。
⑤ 《晋书》卷 31《后妃传上》，第 962 页。

士族社会淫纵成风。①对于名士来说，外在形象非常重要，故他们在出门之前，都要抹得面如白玉。例如，王羲之赞叹杜弘治："面如凝脂，眼如点漆，此神仙中人。"②又如裴楷"如玉山上行，光映照人"③。看来，晋朝士人有一种尚白的审美情愫。另外，放纵的世风，导致许多士族上层千方百计来寻求丹药刺激。凡此种种，都为魏晋炼丹术的兴盛创造了条件。所以葛洪神仙学思想的第一个特点，应从目的论的视角讲，炼丹是为了迎合与满足士族上层奢靡生活的消费需要。

由上述史料可知，美容应是葛洪神仙学思想的有机组成部分之一。

《抱朴子》中载有不少补益驻颜的内服美容药物，不妨略举数例如下：

> 真珠径一寸以上可服，服之可以长久，酪浆渍之，皆化如水银，亦可以浮石水蜂窠化之，包彤蛇黄合之，可以长三四尺，丸服之，绝谷服之，则不死而长生也。④

> 桂可以葱涕合蒸作水，可以竹沥合饵之，亦可以先知君脑，或云龟，和服之，七年，能步行水上，长生不死也。⑤

> 巨胜一名胡麻，饵服之不老，耐风湿，补衰老也。桃胶以桑灰汁渍，服之百病愈，久服之身轻有光明，在晦夜之地如月出也，多服之则可以断谷。⑥

《肘后备急方》卷6有一节"治面疱发秃身臭心惛鄙丑方"，被学界称为第一篇中医美容专著。⑦据统计，该篇除附方部分，共载有70首美容方剂。具体分类，则里面载有34首治疗损美性疾病的美容方剂，14首美白方剂，8首治疗发须秃落或黄白的美发方剂，7首治疗狐臭的方剂，4首染发和泽发方剂，3首内服香身方剂。⑧例如：

> 令面白如玉色方。羊脂、狗脂各一升，白芷半升，甘草一尺，半夏半两，乌喙十四枚。合煎，以白器成，涂面，二十日即变，兄弟不相识，何况余人乎！⑨

> 葛氏，服药取白方。取三树桃花，阴干，末之。食前服方寸匕，日三。姚云，并细腰身。又方，白瓜子中仁五分，白杨皮二分，桃花四分，捣末。食后服方寸匕，日三。欲白，加瓜子；欲赤，加桃花。……又方，干姜，桂，甘草分等，末之，且以生鸡子一枚，纳一升酒中，搅温以服方寸匕。十日知，一月白光润。⑩

---

① 具体内容参见押沙龙：《出轨的王朝：晋朝历史的民间书写》，厦门：鹭江出版社，2007年。

② （南朝·宋）刘义庆编撰，耿朝晖译注：《世说新语》，西宁：青海人民出版社，2004年，第154页。

③ （南朝·宋）刘义庆编撰，耿朝晖译注：《世说新语》，第151页。

④ （晋）葛洪：《抱朴子·抱朴子内篇》卷2《仙药》，《百子全书》第5册，第4728页。

⑤ （晋）葛洪：《抱朴子·抱朴子内篇》卷2《仙药》，《百子全书》第5册，第4728页。

⑥ （晋）葛洪：《抱朴子·抱朴子内篇》卷2《仙药》，《百子全书》第5册，第4728页。

⑦ 黄霏莉：《葛洪的美学思想及对中医美容学的贡献》，《中华医学美容杂志》1998年第1期，第29页；李瑶：《晋唐时期中医美容方剂的历史考察》，中国中医科学院2009年硕士学位论文，第19页。

⑧ 李瑶：《晋唐时期中医美容方剂的历史考察》，中国中医科学院2009年硕士学位论文，第18页。

⑨ （晋）葛洪：《肘后备急方》卷6《治面疱发秃身臭心惛鄙丑方》，蔡铁如主编：《中华医书集成》第8册《方书类一》，第83页。

⑩ （晋）葛洪：《肘后备急方》卷6《治面疱发秃身臭心惛鄙丑方》，蔡铁如主编：《中华医书集成》第8册《方书类一》，第83—84页。

　　在上述美白方剂中，出现了"铅丹""朱丹"一类丹药，这也印证了葛洪炼丹的一个重要用途就是令人美白。结合《世说新语·容止》篇中所载魏晋士族对其外在美的特殊需要，而肌肤美白，光洁如玉，已经成为整个士族追求的一种"神仙"姿容。故葛洪在《神仙传》中描述的神仙多是"颜如童子"及生命力最旺盛的一类美男子。例如，"黄山君者，修彭祖之术，年数百岁，犹有少容。亦治地仙，不取飞升"①，皇初平"服松脂茯苓。至五千日，能坐在立亡，行于日中无影，面有童子色"②。白石生则说："金液之药为上"，所以他"常煮白石为粮……日能行三四百里，视之色如三十许人"③。如葛洪所言，服食丹药是奢侈性消费，费用昂贵，没有财力绝对不行。葛洪曾坦言自己"家贫无用买药"④。又如白石生"初患家贫身贱，不能得药，乃养猪牧羊，十数年，约衣节用，致货万金，乃买药服之"⑤。因此，该实例正反映了服食丹药主要在士族上层社会盛行这个时代特点。

　　葛洪的观点非常明确，他将房中术作为长生之不可或缺的辅助手段，为此，《抱朴子·金丹》载有一首长生不老方剂，即"九光丹"。其炼制方法是：

　　　　当以诸药合火之，以转五石。五石者，丹砂、雄黄、白矾、曾青、慈石也。⑥

　　据载，何晏有"服五石散"的嗜好，如《寒食散论》云："寒食散之方虽出汉代，而用之者寡，靡有传焉。魏尚书何晏首获神效，由是大行于世，服者相寻。"⑦尽管何晏所服"五石散"与葛洪所说的"五石散"，在药物构成上略有不同⑧，且服药的用意亦各有不同，但有一点我们不必为之讳言和掩饰，那就是"五石散"本身有刺激性功能的作用。对此，巢元方引晋人皇甫谧的话说：寒食药者"近世尚书何晏，耽声好色，始服此药，心加开朗，体力转强，京师翕然，传以相授。历岁之困，皆不终朝而愈。众人喜于近利，未睹后患。晏死之后，服者弥繁，于时不辍，余亦豫焉"⑨。连医学家皇甫谧都加入了服食者的行列，其他士人就可想而知了。葛洪在《抱朴子》一书中，每每谈到许多士人仅仅"专守交接之术"，而不懂得"长生之本"，就愤愤不平，便可看出这股风气是多么猖獗！难怪孙思邈在《备急千金要方》里称：世上不乏"贪饵五石，以求房中之

　　① （晋）葛洪：《神仙传·黄山君》，滕修展等注译：《列仙传神仙传注译》，天津：百花文艺出版社，1996年，第176页。
　　② （晋）葛洪：《神仙传·皇初平》，滕修展等注译：《列仙传神仙传注译》，第179页。
　　③ （晋）葛洪：《神仙传·白石生》，滕修展等注译：《列仙传神仙传注译》，第174页。
　　④ （晋）葛洪：《抱朴子·抱朴子内篇》卷1《金丹》，《百子全书》第5册，第4690页。
　　⑤ （晋）葛洪：《神仙传·白石生》，滕修展等注译：《列仙传神仙传注译》，第174页。
　　⑥ （晋）葛洪：《抱朴子·抱朴子内篇》卷1《金丹》，《百子全书》第5册，第4693页。
　　⑦ （南朝·宋）刘义庆著，（南朝·梁）刘孝标注，余嘉锡笺疏：《世说新语笺疏》卷2《言语》，北京：中华书局，2007年，第87页。
　　⑧ 鲁迅认为："大概是五样药：石钟乳，石硫黄，白石英，紫石英，赤石脂；另外怕还配点别样的药。"参见鲁迅：《鲁迅全集》第3册《而已集·魏晋风度及文章与药及酒之关系》，北京：人民文学出版社，1957年，第385页。
　　⑨ （隋）巢元方撰，黄作阵点校：《诸病源候论》卷6《寒食散发候》，沈阳：辽宁科学技术出版社，1997年，第31页。

乐"①者。所以"五石散"被视为房中要药，魏晋时期如此，唐宋时期亦复如此。②

在葛洪的神仙学思想体系中，神仙被分为三个层次：天仙、地仙与人仙。葛洪说：

> 上士举形升虚，谓之天仙。中士游于名山，谓之地仙。下士先死后蜕，谓之尸解仙。③

又说：

> 朱砂为金，服之升仙者，上士也；茹芝导引，咽气长生者，中士也；飧食草木，千岁以还者，下士也。④

葛洪的这种划分，是出于当时魏晋社会各层对神仙长生不老术的信奉和追求，主要是迎合那些来自不同阶层修仙者的客观需要。如《牟子理惑论》载：当时"灵帝崩后，天下扰乱，独交州差安，北方异人，咸来在焉，多为神仙辟谷长生之术，时人多有学者"⑤。根据每个修炼者的实际情况，道家又将人仙分为三种："一者，是内炼神气得金液还丹而成为天仙之初士；二者，金石之药炼神丹服食得千百岁不死者，又或炼二十四品金石仙丹服食之……三者，为灵芝及诸般草木药物制成丹丸服食，少延其身，此则人仙之最下者。"⑥此外，葛洪又有"陆仙"的提法，他说："昔仙人八公，各服一物，以得陆仙，各数百年，乃合神丹金液，而升太清耳。"⑦文中"各服一物"即葛洪所讲的"仙药"。"仙药"有上药、中药和下药之别。葛洪引《神农四经》之言云：

> 上药令人身安命延，升为天神，遨游上下，使役万灵，体生毛羽，行厨立至。
>
> 五芝及饵丹砂、玉札、曾青、雄黄、雌黄、云母、太乙禹余粮，各可单服之，皆令人飞行长生。
>
> 中药养性，下药除病，能令毒虫不加，猛兽不犯，恶气不行，众妖并辟。⑧

其中像茯苓、地黄、麦门冬、黄连、楮实、枸杞、天门冬、黄精等，虽曰"仙药"，但在《仙经》看来，"服草木之叶，已得数百岁，忽怠于神丹，终不能仙"。故"草木延年而已，非长生之药"⑨。尽管如此，可葛洪毕竟把神仙学从汉代所崇尚的神怪魔幻中解放

---

① （唐）孙思邈：《备急千金要方》卷1《治病略例》，蔡铁如主编：《中华医书集成》第8册《方书类一》，第2页。

② 学界基本认同这种看法，参见沙凛编著：《文化漫谈》，南京：东南大学出版社，2009年，第86页；马伯英：《中国医学文化史》上册，上海：上海人民出版社，2010年，第625页。

③ （晋）葛洪：《抱朴子·抱朴子内篇》卷1《论仙》，《百子全书》第5册，第4682页。

④ （晋）葛洪：《抱朴子·抱朴子内篇》卷3《黄白》，《百子全书》第5册，第4755页。

⑤ 李护暖：《牟子传略·理惑论译注》，内部资料，1999年，第4页。

⑥ （清）傅金铨编著，杨刚注释：《道家养生秘诀真传》引《仙佛合宗语录》，北京：经济日报出版社，1995年，第172页。

⑦ （晋）葛洪：《抱朴子·抱朴子内篇》卷2《仙药》，《百子全书》第5册，第4730页。

⑧ （晋）葛洪：《抱朴子·抱朴子内篇》卷2《仙药》，《百子全书》第5册，第4723页。

⑨ （晋）葛洪：《抱朴子·抱朴子内篇》卷2《仙药》，《百子全书》第5册，第4730页。

出来，由崇尚羽人、仙禽、异兽到细心观照每一个活生生的人类个体①，从而开始逐步地把神仙学转变为一种实实在在的科学实践。其中《肘后备急方》便是这种科学实践的成果之一，在葛洪看来，"夫人所以死者，诸欲所损也，百病所害也，毒恶所中也，邪气所伤也，风冷所犯也"②，是为"六害"。与一般养生家不同，葛洪将"长生"分成不同的阶段，从普通的延寿到百岁、千岁，直至不死，对不同的阶段有不同的要求，他把服药、行气、房中术等看作一个整体，反对单纯地通过服药或行气来修仙。在《抱朴子·微旨》中，葛洪比较详细地陈述了他的上述观点，崇尚"至要之大"，同时，又不能舍弃"小术"。葛洪说：

> 若未得其至要之大者，则其小者不可不广知也。盖借众术之共成长生也。大而喻之，犹世主治国焉，文武礼律，无一不可也。……又患好生之徒，各仗其所长，知玄素之术者，则曰惟房中之术，可以度世矣；明吐纳之道者，则曰惟行气可以延年矣；知屈伸之诀者，则曰惟导引可以难老矣；知草木之方者，则曰惟药饵可以无穷矣；学道之不成就，由乎偏枯之若此也。浅见之家，偶知一事，便言已足，而不识真者，虽得善方，犹更求无已，以消工弃日，而施用意无一定，此皆两有所失者也。③

尤其难能可贵的是，葛洪在此基础上提出了"伦理养生"的思想④，遂成为葛洪神仙学思想的又一个突出特色。如前所述，葛洪认为"六害"与人的死亡关系密切，但这还不是造成人身死亡的全部，因为还有一种强大的内在于人身的客观力量，时刻操纵着每个人的生与死，这种力量就是"司过之神"。葛洪说：

> 天地有司过之神，随人所犯轻重，以夺其算，算减则人贫耗疾病，屡逢忧患，算尽则人死，诸应夺算者，有数百事，不可具论。⑤

据此，葛洪进一步解释说：

> 山川草木，井灶洿池，犹皆有精气，况天地为物之至大者，于理当有精神，有神则宜赏善而罚恶，但其体大而网疏，不必机发而响应耳。然览诸道戒，无不云欲求长生者，必欲积善立功，慈心于物，恕己及人，仁逮昆虫，乐人之吉，悯人之苦，赒人之急，救人之穷，手不伤生，口不劝祸，见人之得如己之得，见人之失如己之失，不自贵，不自誉，不嫉妒胜己，不佞谄阴贼，如此乃为有德，受福于天，所作必成，求仙可冀也。⑥

用万物有神论来纯洁修仙者的心灵，使之"修仙"与"修圣"统一起来，而不是相互

---

① 俞伟超：《秦汉时代考古》，宿白主编：《中华人民共和国重大考古发现》，北京：文物出版社，1999年，第232页。

② （晋）葛洪：《抱朴子·抱朴子内篇》卷1《至理》，《百子全书》第5册，第4700页。

③ （晋）葛洪：《抱朴子·抱朴子内篇》卷1《微旨》，《百子全书》第5册，第4703页。

④ 曾勇：《葛洪伦理养生智慧及其现代价值》，《宗教学研究》2013年第3期，第64—68页。

⑤ （晋）葛洪：《抱朴子·抱朴子内篇》卷1《微旨》，《百子全书》第5册，第4704页。

⑥ （晋）葛洪：《抱朴子·抱朴子内篇》卷1《微旨》，《百子全书》第5册，第4704页。

对立。在此，虽然所取形式未必符合科学，但其内容却包含有合理因素。因为葛洪强调："夫圣人不必仙，仙人不必圣。"①两者的路径不同，各有所志，一则"入世"，一则"出世"。葛洪发现，在人世间，多数人都很务实，所以就出现了这样的现象："人所好恶，各各不同，喻之以面，岂不信哉？诚合其意，虽小必为也；不合其神，虽大不学也。好苦憎甘，既皆有矣，嗜利弃义，亦无数焉。"②面对这种社会现实，葛洪绝对不会相悖而行，而是巧妙地诱之以利，使更多的人通过获利而趋近神仙学。在此思维原则的指导下，葛洪不反对人们选择成圣之路，因为他认为百工技术亦能成圣，像鲁班、和缓、孙武、荆轲等也都是圣人，"圣者，人事之极号也，不独于文学而已矣"③，即"以人所尤长，众所不及者，便谓之圣"④。可见，在葛洪的神仙思想体系里，并不歧视百工技艺，这与隋唐科举制出现之后百工技艺被边缘化的文化形态截然不同。至于隋唐之后葛洪的上述思想传统为什么会戛然而止，不为后期的封建统治者所崇奉，是另外一个问题，不在本书的考察范围之内。回头再看，葛洪在论证成仙、成圣的观点时采取了两步走方式。

第一步，讲述"服草木之药及修小术"的好处，"可以延年迟死"⑤。有关"服草木之药"的问题，葛洪在《抱朴子·仙药》及《肘后备急方》中讲得已经非常详细了，笔者不拟重述。下面重点介绍几种"可以延年迟死"的"小术"：

"断谷"或称"辟谷"，即不食五谷。对此，葛洪明确表示："断谷止可省淆粮之费，不能独令人长生也。"⑥一方面，不要盲目崇信《道书》的片面之说，即"道书虽言欲得长生，肠中当清；欲得不死，肠中无滓。又云食草者善走而愚，食肉者多力而悍，食谷者智而不寿，食气者神明不死。此乃行气者一家之偏说耳，不可使孤用了"⑦。另一方面，所谓"断谷"多是服食了不易消化的药石，但在正常条件下，"人绝谷不过十许日皆死"⑧。此外，还有一些"浅薄道士辈，为欲虚曜奇怪，招不食之名，而实不知其道，但虚为不啖羹饭耳"⑨。可见，在葛洪看来，有条件地断谷，如"若遭世荒乱窜山林，知此断谷法者，则可以不饿死"⑩，如果说还算有益处，那么把断谷看作修炼长生的一种方法，就未免有点儿荒唐可笑了。

修气术，即保存元气之功。在葛洪看来，人体有三种气：元气、粗气和众气。对于三者的关系，葛洪说：

> 夫人气粗则伤肺，肺，五脏之华盖，气下先至肺也。凡服元气，不随粗而出

① （晋）葛洪：《抱朴子·抱朴子内篇》卷3《辩问》，《百子全书》第5册，第4733页。
② （晋）葛洪：《抱朴子·抱朴子内篇》卷3《辩问》，《百子全书》第5册，第4736页。
③ （晋）葛洪：《抱朴子·抱朴子内篇》卷3《辩问》，《百子全书》第5册，第4734页。
④ （晋）葛洪：《抱朴子·抱朴子内篇》卷3《辩问》，《百子全书》第5册，第4733页。
⑤ （晋）葛洪：《抱朴子·抱朴子内篇》卷3《极言》，《百子全书》第5册，第4739页。
⑥ （晋）葛洪：《抱朴子·抱朴子内篇》卷3《杂应》，《百子全书》第5册，第4746页。
⑦ （晋）葛洪：《抱朴子·抱朴子内篇》卷3《杂应》，《百子全书》第5册，第4746页。
⑧ （晋）葛洪：《抱朴子·抱朴子内篇》卷3《杂应》，《百子全书》第5册，第4747页。
⑨ （晋）葛洪：《抱朴子·抱朴子内篇》卷3《杂应》，《百子全书》第5册，第4748页。
⑩ （晋）葛洪：《抱朴子·抱朴子内篇》卷3《杂应》，《百子全书》第5册，第4746页。

入，则无有待气生死之时也。既鼓咽外气，入于元气脏中，所以返伤于人也。夫人用力者，皆用众气也，谓众物之气，饮食之品也。……若服元气满藏，则粗气自除，即自以粗气运动，不必须众气也。夫休绝者，患其谷气熏蒸五脏，是以绝之。今既修气术，则谷气自除，纵一日九餐，亦不能成患，终岁不食，亦不能羸困，则知气之道远矣哉！①

人体的潜能究竟有多大，目前科学界还没有定论。至于人体元气的运动规律，虽然葛洪没有展开来讲，但《黄帝内经》《伤寒论》等对"先天之气"均有阐释。如《黄帝内经灵枢经·刺节真邪》说："真气者，所受于天，与谷气并而充身也。"②《黄帝内经素问·六微旨大论篇》又说："出入废则神机化灭，升降息则气立孤危。故非出入，则无以生长壮老已；非升降，则无以生长化收藏。是以升降出入，无器不有。"③具体地说，则脾升胃降，肺降肝升，心降肾升，这样，在元气的统摄下，一身的藏气环流于全身，从而使生命机体不断吐故纳新，充满活力。单就元气的运动方式而言，确与"粗气"的出入运动相反，因此，便出现了"既鼓咽外气，入于元气脏中，所以返伤于人也"的现象。既然如此，那么，"修气术"的关键就在于如何实现由"粗气"向"元气"的转化，用葛洪的话说，就是"保养元气"，使之"不随粗而出入"。于是，"待到元气满藏，粗气自除的时候，人的生命完全可由内呼吸来维持。每日十二时辰中，循经运行，由入多出少进而为不出不入，终日温养，绵绵不断，勿忘勿助"④。如果把话说到这里，葛洪所讲的"修气术"就是符合《黄帝内经》的医学原理的，然而，再进一步说"患其谷气熏蒸五脏，是以绝之"，就完全背离了《黄帝内经》的医学思想，而且也不符合人体运动的基本规律，应予以否定。

五禽戏，系东汉神医华佗模仿虎、鹿、熊、猿、鸟五种动物的形态、神态和动作，并在《淮南子·精神训》所载"六禽戏"⑤的基础上，删繁就简，创编而成。其特点是程式简便，动作固定，具有延年益寿的效果，所以历来很受民众欢迎，并在传播过程中形成了许多流派，如外功型、内功型及内外功结合型等。⑥就是这样一套有益于民众健康的医疗体操，却被葛洪视为"至浅之药术"。他说："有吴普者，从华佗受五禽之戏，以代导引，犹得百余岁。此皆药术之至浅，尚能如此，况于用其妙者耶？"⑦他用贬低五禽戏的价值来抬高服用金丹的作用，是不对的。实际上，五禽戏与服用金丹，哪个更能延年，只有通过长期临床实践才能给出答案。无论葛洪怎样夸耀金丹的妙用，五禽戏流传至今，而服用金丹却早已被民众所抛弃，这便是历史给出的公正答案，当然也是千百万民众经过实践一

---

① （晋）葛洪：《抱朴子·抱朴子内篇》卷4《祛惑卷附别旨》，《百子全书》第5册，第4780页。

② 《黄帝内经灵枢经》卷11《刺节真邪》，陈振相、宋贵美：《中医十大经典全录》，第262页。

③ 《黄帝内经素问》卷19《六微旨大论篇》，陈振相、宋贵美：《中医十大经典全录》，第100页。

④ 于荫彬、张之铭：《〈抱朴子·别旨〉浅释》，《气功》1983年第1期，第43—44页。

⑤ （汉）刘安撰，高诱注：《淮南子》卷7《精神训》，《诸子集成》第10册，第105页说："若吹呴呼吸，吐故内（纳）新，熊经鸟伸，凫浴猿躩，鸱视虎顾，是养形之人也。"

⑥ 李峰：《中医养生康复》，上海：上海科学技术文献出版社，2012年，第100页。

⑦ （晋）葛洪：《抱朴子·抱朴子内篇》卷1《至理》，《百子全书》第5册，第4700页。

认识—再实践—再认识之后的自觉选择。

第二步，误导民众服食丹药，以实现成就神仙的目标。前面述及，葛洪极力否定"五禽戏""修气术"在神仙学中的地位和作用，无非是误导民众服食丹药，迷途不返。葛洪反复强调，成仙必须服用金丹。他说："不得金丹，但服草木之药及修小术者，可以延年迟死耳，不得仙也。"①但这是不是说，葛洪的修仙说就没有可取之处了？也不是，就葛洪修仙说的基本原则而论，他的有些主张近于我们通常所讲的科学方法。例如，葛洪说：

> 凡学道，当阶浅以涉深，由易以及难，志诚坚果，无所不济，疑则无功，非一事也。……九丹金液，最是仙主。然事大费重，不可卒办也。宝精爱炁，最其急也，并将服小药以延年命，学近术以辟邪恶，乃可渐阶精微矣。②

由浅入深，由易及难，由小药到金丹，循序渐进，符合事物发展的客观规律，尽管服用金丹不能长生，甚或适得其反，但科学上却需要远大目标，没有远大目标，就不会有强大的科研动力。因为"远大目标是人的精神支柱和动力源泉，它可以不断地激发人的生命活力，使其永葆内在的青春"③。从这个角度看，葛洪修仙学的思想体系里也不乏有益启示。

此外，葛洪在《抱朴子·黄白》中引《龟甲文》的话说："我命在我不在天，还丹成金亿万年。"④这句话与下面的说法，可以结合起来看，即"金银可自作，自然之性也，长生可学得者也"⑤。这种简单的类比思维，蒙眼一看，似乎不合逻辑，但是我们只要沉下心来想一想，就会明白，葛洪的思维在某些方面接近于现代仿生学的原理，不完全是虚妄。退一步说，"我命在我不在天"至少可以激励人们努力寻找存在于人体内的"长寿基因"，这绝对不是神话。

（二）葛洪神仙思想的历史地位

在总结葛洪《抱朴子》的神仙思想时，有论者从道教工艺精神的角度，总结了葛洪对中国古代炼丹工艺的贡献。⑥其主要倡导"假求于外物以自坚固"的思想，强调工具的作用。与《老子》纯粹的"玄思"养生观不同，葛洪主张通过综合技术的手段来实现"长生不老"的目的。他说：

> 夫金丹之为物，烧之愈久，变化愈妙。黄金入火，百炼不消，埋之，毕天不朽。服此二药，炼人身体，故能令人不老不死。此盖假求于外物以自坚固，有如脂之养火而不可灭，铜青涂脚，入水不腐，此是借铜之劲，以捍其肉也。金丹入身中，沾洽荣

---

① （晋）葛洪：《抱朴子·抱朴子内篇》卷3《极言》，《百子全书》第5册，第4739页。

② （晋）葛洪：《抱朴子·抱朴子内篇》卷1《微旨》，《百子全书》第5册，第4703页。

③ 黄地、单文编译：《拿破仑·希尔成功法则》，北京：光明日报出版社，2011年，第70页。

④ （晋）葛洪：《抱朴子·抱朴子内篇》卷3《黄白》，《百子全书》第5册，第4755页。

⑤ （晋）葛洪：《抱朴子·抱朴子内篇》卷3《黄白》，《百子全书》第5册，第4755页。

⑥ 蔡林波：《试论葛洪对古代道教工艺精神之总结》，高信一主编：《探寻文化史上的亮星——葛洪与魏晋道教文化研究》，第163—169页。

卫，非但铜青之外傅矣。①

诚如前述，通过服用金丹并不能使人长寿，但是葛洪在炼丹实践中发现了许多矿物在高温高压下发生化学反应，会产生新的物质。如硫化汞经煅烧可游离出金属汞，而金属汞与硫黄化合，则又会生成赤红色的硫化汞。又如，将雄黄和雌黄加热会升华为"赤乳"状晶体等。在长期的炼丹实践中，葛洪发现了铁对铜盐的置换反应，奠定了宋元时期胆铜法的基础。据此，李约瑟称炼丹是"整个化学中最重要的根源之一"②。而"葛洪的炼丹术，后来传到了西欧，也成了制药化学发展的基石"③。也有学者认为："西方的炼丹术与葛洪的著作大概有关系，否则不可能那样巧合的。"④

葛洪在《抱朴子·仙药》中载有一首"饵雄黄方"，其法为：

> 或以蒸煮之，或以酒饵，或先以硝石化为水乃凝之，或以玄胴肠裹蒸之于赤土下，或以松脂和之，或以三物炼之，引之如布，白如冰，服之皆令人长生。⑤

文中的硝石、玄胴肠（猪大肠）、松脂、雄黄（含硫），与现代黑火药配方相似，其中玄胴肠与松脂加热炭化后即相当于木炭成分，因而被中国科技史界公认为发明火药的开端。由于这个原因，"在炼制过程中，药料成分比例和加热操作程序等反应条件的掌握稍有不当，即会发生燃烧和爆炸"⑥，所以葛洪在炼制"饵雄黄方"的过程中，不排除有发生意外事件的可能，想来后人在此基础上，将火药应用于军事，一定付出了惨重代价，甚至包括生命的代价。

此外，上述"饵雄黄方"已经认识和掌握了硝酸钾溶化雄黄为液体的化学反应。

《抱朴子·金丹》又载有"小饵黄金法"，其中一法为：

> 炼金内清酒中，约二百过，出入即沸矣，捏之出指间令如泥，若不沸，及捏之不出指间，即复消之，内清酒中无数也。成，服之如弹丸，一枚亦可，二丸亦可，分为小丸，服之三十日，无寒温，神人玉女侍之，银亦可饵之，与金同法。⑦

另一法则是：

> 猪负革脂三斤，淳苦酒一升，取黄金五两，置器中，煎之土炉，以金置脂中，百入百出，苦酒亦尔。餐一斤，寿蔽天地；餐半斤，寿二千岁；五两，寿千二百岁。无多少，便可饵之。⑧

① （晋）葛洪：《抱朴子·抱朴子内篇》卷4《金丹》，《百子全书》第5册，第4690页。
② ［英］李约瑟：《中国科学技术史》第1卷《导论》，袁翰青、王冰、于佳译，北京、上海：科学出版社、上海古籍出版社，1990年，第7页。
③ 曾时新、叶岗：《名医治学录》，广州：广东科技出版社，1981年，第42页。
④ 王根元、刘昭民、王昶：《中国古代矿物知识》，第114页。
⑤ （晋）葛洪：《抱朴子·抱朴子内篇》卷2《仙药》，《百子全书》第5册，第4727页。
⑥ 张大华：《文化现场》，镇江：江苏大学出版社，2011年，第126页。
⑦ （晋）葛洪：《抱朴子·抱朴子内篇》卷1《金丹》，《百子全书》第5册，第4698页。
⑧ （晋）葛洪：《抱朴子·抱朴子内篇》卷1《金丹》，《百子全书》第5册，第4698页。

用上述方法服食黄金，未必科学①，但李时珍《本草纲目》肯定了黄金具有"疗惊痫风热"②的功效。

至于《肘后备急方》的历史地位，首先表现在它比较系统地分析了临床急症的病因，有"癣疥恶疮"及"毒疠之气"等生物因素所致急症，有"误吞诸物"及"百虫入耳"等物理因素所致的急症，有"惊恐失财，或疾愤惆怅"等心理因素所致的急症，有"饮酒大醉"及"卒中诸毒"等化学因素所致的急症等。其次，在急症的诊断方面，提出了许多具有实践意义的指导原则，如重视客观检查及体征、注意症状的鉴别诊断、重视证候的动态观察、明确了急症的类型等。最后，在急症的救治方面，提出了急救治本、因证而异、治法多样的治疗原则；对于急救手术，葛洪创用人工复苏术、倡导蜡疗和烧灼止血、记录了放腹水及小夹板固定术等，尤其是《肘后备急方》记载了针灸急救和一些特效治疗，如用青蒿和常山治疗疟疾，用贡剂治疗蛲虫病，用蛇倒退、葎草治疗毒蛇咬伤，用养肝治疗雀目等。③葛洪在《肘后备急方·治寒热诸疟方》中载有一首治疟验方：

> 青蒿一握。以水二升渍，绞取汁。尽服之。④

从制备方法来看，葛洪不用水煎，而是用"绞取汁"的方法，这个看似简单的加工青蒿的方法，却启发了我国的制药化学家通过低沸点溶剂乙醚从青蒿中成功地提取到了青蒿素，用于治疗疟疾，对于鼠疟、猴疟的原虫抑制率达到100%，而对于旧抗疟药物无法医治的脑型疟疾亦具有明显疗效，开创了人类抗疟之路的一座新的里程碑。⑤

有论者认为，葛洪对急性外感的治疗，较《伤寒论》有所发展。例如，《肘后备急方》载：

> 伤寒有数种，人不能别，令一药尽治之者。若初觉头痛，肉热，脉洪起，一二日，便作葱豉汤，用葱白一虎口，豉一升，以水三升，煮取一升，顿服取汗。不汗，复更作，加葛根二两，升麻三两，五升水，煎取二升，分再服，必得汗。若不汗，更加麻黄二两，又用葱汤研米二合，水一升，煮之，少时下盐豉，后内（纳）葱白四物，令火煎取三升，分服取汗也。⑥

这段记载可分为两个部分：前半段是指出《伤寒论》只用"麻黄汤"⑦治疗太阳表实之证在临床上有局限性；后半段是讲他对外感伤寒病的治疗方法。与《伤寒论》外感伤寒

① 胡孚琛：《魏晋神仙道教——〈抱朴子内篇〉研究》，第246页。
② （明）李时珍著，陈贵廷等点校：《本草纲目》卷8《金石部》，北京：中医古籍出版社，1994年，第197页。
③ 黄星垣主编：《中医急症大成》，第15—18页。
④ （晋）葛洪：《肘后备急方》卷3《治寒热诸疟方》，蔡铁如主编：《中华医书集成》第8册《方书类一》，第27页。
⑤ 中国道教协会：《道教爱国主义教程（试用本）》，北京：宗教文化出版社，2011年，第161页。
⑥ （晋）葛洪：《肘后备急方》卷2《治伤寒时气温病方》，蔡铁如主编：《中华医书集成》第8册《方书类一》，第17页。
⑦ （汉）张仲景：《伤寒论·辨太阳病脉证并治中》，陈振相、宋贵美：《中医十大经典全录》，第335—336页。

病的单方治疗相比，葛洪的分段施治显然更符合临床实际，更有针对性。

用寒凉药治疗温病，葛洪先于河间学派。医史界一般认为，河间学派"主张治热病用寒凉，是温病在治疗上的转折点"①。我们不反对河间学派具有开一代医学风气之先的历史地位，问题是中医对温病的认识有一个漫长和逐步深化的过程，在这个过程中，葛洪的贡献不能被抹杀。例如，在治疗温病方面，葛洪积极倡导清热解毒。以"黑奴丸"为例，其组方和适应证是：

> 麻黄二两，大黄二两，黄芩一两，芒硝一两，釜底墨一两，灶突墨二两，梁上尘二两。捣蜜丸如弹丸。新汲水五合，末一丸顿服之。若渴，但与水，须臾寒，寒了汗出，便解。日移五赤，不觉，更服一丸。此治五六日，胸中大热，口噤，名为坏病，不可医治，用此黑奴丸。②

此方中，麻黄性味辛温，为发汗作用较强的解表药；大黄性味苦寒，系治疗热结的要药；黄芩性味苦寒，擅长清泄上焦湿热；芒硝性味苦寒，有疏通肠胃实热积滞之效；釜底墨性味辛温，能消积食；梁上尘性味苦寒，有消肿痛之功效。可见，方药表里双解，是治疗阳毒发斑、头和骨肉俱痛的效验方。像元代危亦林的《世医得效方》，明代王肯堂的《证治准绳》，清代陈修园的《医学从众录》、李用粹的《证治汇补》、潘楫的《医灯续焰》等，都非常推崇此方，可见它在治疗伤寒坏病方面的巨大影响力。

此外，还有清热解毒的黄连解毒汤，以及将辛凉透邪、凉血滋阴透邪的地黄和黑膏等用于不同阶段的温病治疗，形成了温病常用治法的雏形。

在药剂学方面，葛洪《肘后备急方》"所载药物剂型种类之齐全，所用辅料品种之繁多，采用的制剂工艺之先进，是当时医药书籍所无法比拟的，尤其是所介绍舌下含剂、栓剂等新剂型的应用；温浸法制备药酒以及蒸馏等方法的采用等，就是在1600多年后的今天也不失其科学性和先进性"③。

在检验方面，创立了比色验尿法，诊断黄疸时"急令溺白纸，纸即如檗染者"④。据考，这是世界上最早关于比色诊断法的文献记载。⑤《肘后备急方·治中蛊毒方》又载："欲知蛊与非蛊，当令病人唾水中，沉者是，浮者非。"⑥此后，陈延之的《小品方》、姚僧垣的《集验方》、巢元方的《诸病源候论》、孙思邈的《千金要方》、陈言的《三因极一病证方论》及何梦瑶的《医碥》等都不断相沿葛洪的验唾诊断中蛊毒法。另外，葛洪在《肘

---

① 林可华：《温热病学：试以辩证思维方法阐述》，厦门：厦门大学出版社，2003年，第181页。

② （晋）葛洪：《肘后备急方》卷2《治伤寒时气温病方》，蔡铁如主编：《中华医书集成》第8册《方书类一》，第18页。

③ （晋）葛洪著，梅全喜等编译：《〈抱朴子内篇〉〈肘后备急方〉今译》，北京：中国中医药出版社，1997年，第410页。

④ （晋）葛洪：《肘后备急方》卷2《治伤寒时气温病方》，蔡铁如主编：《中华医书集成》第8册《方书类一》，第20页。

⑤ 宋春生、刘艳骄、胡晓峰主编：《古代中医药名家学术思想与认识论》，第55页。

⑥ （晋）葛洪：《肘后备急方》卷7《治中蛊毒方》，蔡铁如主编：《中华医书集成》第8册《方书类一》，第94页。

后备急方·治卒中溪毒方》中提出的"浴身试验法"，简便易行，效果显著。

当然，我们说葛洪《肘后备急方》的很多成就都达到了当时医学的领先水平，这是问题的一方面；另一方面，我们还应看到，葛洪所创立的某些先进医术，后来没能够进一步发扬光大，留下了遗憾。例如，"若胫已满，捏之没指者"①，此为足气病临床症状的客观指标；"见眼中黄，渐至面黄及举身皆黄"②，又系肤黄病临床症状的客观指标，这是非常具有临床价值的诊断依据，至今仍然广泛应用于临床③；"水病之初，先目上肿起如老蚕色……股里冷，胫中满，按之没指，腹内转侧有节声……须臾，身体稍肿，肚尽胀，按之随手起，则病已成"④，则系记述大腹水临床症状的客观指标等。这些重要的观察指标都是从长期临床实践中总结出来的感性素材，是向实验医学迈进的一个起点，可惜，在后来的医学发展中未能得到进一步继承和发扬。⑤

限于时代和阶级局限，葛洪在著述中暴露出比较严重的轻视妇女思想倾向，应予以批判。比如，他说：

> 今俗妇女，体其蚕织之业，废其玄紞之务，不绩其麻，市也婆娑，舍中馈之事，修周旋之好，更相从诣，之适亲戚，承星举火，不已于行，多将侍从，晔晔盈路，婢使吏卒，错杂如市，寻道褒谲，可憎可恶。或宿于他门，或冒夜而反。游戏佛寺，观视鱼毆，登高临水，出境庆吊。开车褰帏，周章城邑，杯觞路酌，弦歌行奏，转相高尚，习非成俗，生致因缘，无所不肯，诲淫之源，不急之甚。刑于寡妻，家邦乃正，愿诸君子，少可禁绝。妇无外事，所以防微也。⑥

妇女参与社会和家庭事务，是社会进步的重要体现，从社会分工来说，妇女并非不能脱离蚕织之业而涉足旅游业、餐饮业，否定甚至谩骂脱离蚕织之业的妇女，既不公正又不符合社会发展的历史趋势。与之相连，葛洪《肘后备急方》没有单列妇科病，应当看作是他轻视妇女思想的一种反映。另外，在《肘后备急方·治痈疽妒乳诸毒肿方》中，葛洪把急性乳腺炎称为"妇女乳痈妒肿"⑦，而王焘《外台秘要方》则称"乳痈肿"⑧，一字之差，内涵却大不相同，它从一个侧面反映了葛洪贱视妇女的观念很重。因此，对这些思想糟粕我们必须用唯物史观的立场给予无情的批判。

① （晋）葛洪：《肘后备急方》卷3《治风毒脚弱痹满上气方》，蔡铁如主编：《中华医书集成》第8册《方书类一》，第37页。

② （晋）葛洪：《肘后备急方》卷2《治伤寒时气温病方》，蔡铁如主编：《中华医书集成》第8册《方书类一》，第20页。

③ 宋春生、刘艳骄、胡晓峰主编：《古代中医药名家学术思想与认识论》，第56页。

④ （晋）葛洪：《肘后备急方》卷4《治卒大腹水病方》，蔡铁如主编：《中华医书集成》第8册《方书类一》，第45页。

⑤ 卿希泰主编：《中国道教》第2卷，北京：知识出版社，1994年，第132页。

⑥ （晋）葛洪：《抱朴子·抱朴子外篇》卷2《疾谬》，《百子全书》第5册，第4831页。

⑦ （晋）葛洪：《肘后备急方》卷5《治痈疽妒乳诸毒肿方》，蔡铁如主编：《中华医书集成》第8册《方书类一》，第63页。

⑧ （唐）王焘著，王淑民校注：《外台秘要方》卷34《乳痈肿方》，北京：中国医药科技出版社，2011年，第617页。

本 章 小 结

魏晋时期，古文经学成为学界主流，郑玄网罗众家，遍注群经，"自是学者略知所归"①。吴国人赵爽注《周髀算经》，魏国人刘徽《九章算术注》，都体现了古文经学的治学特色。古文经学推崇周公，所以赵爽《周髀算经》注开篇就注"昔者周公问于商高"一段话说：

> 周公姓姬名旦，武王之弟。商高周时贤大夫，善算者也。周公位居冢宰，德则至圣，尚卑己以自牧，下学而上达，况其凡乎？②

通观《周髀算经》赵爽注，《周礼》、《易经》及纬书《考灵曜》是其凭借立论的最重要史料，如赵爽注"正南千里，句一尺五寸"云："《周官》测影，尺有五寸，盖出周城南千里也。"③又如注"日月失度而寒暑相奸"一句"占验"④话云：

> 《考灵曜》曰："在璇玑玉衡以齐七政。璇玑未中而星中是急，急则日过其度，月不及其宿；璇玑中而星未中是舒，舒则日不及其度，夜月过其宿；璇玑中而星中是周，周则风雨时，风雨时则草木蕃庶而百谷熟。"故《书》曰，急常寒若，舒常燠若。急舒不调是失度，寒暑不时是相奸。⑤

文中《考灵曜》即《尚书纬·考灵曜》，是汉代的一部纬书。古文经学斥纬书为诬妄，但赵爽在《周髀算经》注中并未对纬书有所批评，反而以纬书为信史，大量在其注中引用。如赵爽在注以地支表方位的"夏至昼极长，日出寅而入戌"一句话时云：

> 《考灵曜》曰："分周天为三十六头，头有十度、九十六分度之十四。长日分于寅，行二十四头，入于戌，行十二头。短日分于辰，行十二头，入于申，行二十四头。此之谓也。"⑥

他又注"二十蔀为一遂，遂千五百二十岁"说：

> 《乾凿度》曰："至德之数，先立金、木、水、火、土五，凡各三百四岁。"五德运行，日月开辟。⑦

文中所引《乾凿度》即《易纬·乾凿度》，也是汉代的一部纬书。可见，赵爽尊郑玄

---

① 《后汉书》卷138《郑玄传》，第1213页。
② （三国·吴）赵爽：《周髀算经》卷上，郭书春、刘钝校点：《算经十书（一）》，第1页。
③ （三国·吴）赵爽：《周髀算经》卷上，郭书春、刘钝校点：《算经十书（一）》，第6页。
④ 陈遵妫：《中国天文学史》第1册，第149页。
⑤ （三国·吴）赵爽：《周髀算经》卷上，郭书春、刘钝校点：《算经十书（一）》，第29页。
⑥ （三国·吴）赵爽：《周髀算经》卷上，郭书春、刘钝校点：《算经十书（一）》，第29页。
⑦ （三国·吴）赵爽：《周髀算经》卷上，郭书春、刘钝校点：《算经十书（一）》，第30页。

之学，混合古文、今文经学，自成一家之说。

诸葛亮重实践，他的儒家思想在《诫子书》中有充分的体现。其《出师表》言之喟喟，扶危济急，他"是儒家思想根深蒂固的士大夫"①。因此，只有将诸葛亮置于这样的学术背景考量，才能把握他的科技思想的深邃精神。

至于王叔和，因他博通经史，当为两晋时期名副其实的"儒医"，故明朝万历年间的聂尚恒在《医学汇函》"儒医"条目下说："秦汉以后，有通经传史，修身慎行，闻人巨儒，兼通乎医。"②早于聂尚恒的明嘉靖二十年（1541）邵辅在重刊金代张子和《儒门事亲》序中又云："医家奥旨，非儒不能明。"③从这个角度看，王叔和整理编次《伤寒杂病论》正体现了"儒医"的本质和"自由、简明"④的古文经学精神。

皇甫谧的针灸学成就同样是一种在继承之上的实事求是。"考晋时著书之富，无若皇甫谧者"⑤，据考古发现，在皇甫谧之前，汉代的针灸治疗经验已经有一定积累，如湖南马王堆三号墓出土的《足臂十一脉灸经》（第1种）和《阴阳十一脉经》（第2种），居延汉简和武威汉简中的针灸学内容，以及成都老官山汉墓出土的人体经穴髹漆人俑等，都证明针刺治疗已达到相当高的水平。有专家考证，秦汉时期的针灸学著作除了《黄帝明堂经》，至少还有《黄帝中诰孔穴图经》《扁鹊针灸经》《黄帝虾蟆经》《仓公（灸）法》《涪翁针经》，三国时期的针灸著作则有《华佗针灸经》《曹氏灸经》《玉匮针经》⑥等。所以从学术继承的角度讲，"皇甫谧之所以成为针灸巨匠而彪炳史册，驰名中外，在于他保存了早已亡佚的古老而重要的《明堂孔穴针灸治要》一书的内容"⑦。

刘徽《九章算术注》也表现出鲜明的古文经学立场，他在《九章算术注序》中论曰：

> 《周官·大司徒》职，夏至日中立八尺之表。其景尺有五寸，谓之地中。说云，南戴日下万五千里。夫云尔者，以术推之。按《九章》立四表望远及因木望山之术，皆端旁互见，无有超邈若斯之类。⑧

在《九章算术注》卷4"开立圆术"时，刘徽更是以《周官·考工记》为标准，云：

> 《周官·考工记》："桌氏为量，改煎金锡则不耗。不耗然后权之，权之然后准之，准之然后量之。"言炼金使极精，而后分之则可以为率也。令九径自乘，三而一，开方除之，即丸中之立方也。⑨

① 宇为：《云台二十八将》，南昌：江西高校出版社，2013年，第169页。
② （明）聂尚恒编撰，傅海燕等校注：《医学汇函》上册，北京：中国中医药出版社，2015年，第24页。
③ （明）邵辅：《重刊〈儒门事亲〉序》，（金）张子和著，苏凤琴等校注：《张子和医学全书》，太原：山西科学技术出版社，2013年，第5页。
④ 汪受宽、屈直敏主编：《中华优秀传统文化精要》，兰州：甘肃人民出版社，2019年，第75页。
⑤ 雷恩海、路尧：《皇甫谧》，兰州：甘肃教育出版社，2014年，第111页。
⑥ 马继兴：《中医文献学》，上海：上海科学技术出版社，1990年，第299—300页。
⑦ 魏稼：《皇甫谧对针灸学的贡献》，《广西中医药》1982年第4期，第10页。
⑧ （三国·魏）刘徽：《九章算术注序》，郭书春、刘钝校点：《算经十书（一）》，第1页。
⑨ （三国·魏）刘徽：《九章算术注序》，郭书春、刘钝校点：《算经十书（一）》，第41页。

　　然与赵爽不同，刘徽《九章算术注》自始至终没有引一字纬书，这表明刘徽更推崇古文经学的实用性，不务空虚之学。

　　葛洪作为东晋时期著名的道教领袖，尤喜"神仙导养之法"，一生著述宏博，总计有六百余卷，故明人胡应麟曾感慨道："六朝著述之富，盖无如葛稚川者。……今惟《抱朴》《神仙》《肘后》数书传。"[①]其中《抱朴子》的科学思想比较丰富，除了外丹的贡献外，书中以"玄"、"道"与"一"三个概念来构建其养生本体论，试图从"差异"和"变化"中寻找人类延年益寿的可能性，将"兴居有节"视为"善摄生"的第一要素。在医药学方面，《肘后备急方》首创人工复苏术，最早记载用舌下含剂治疗心脏病，世界范围内初次记载天花，在世界医学史上第一次记载了恙虫病，以及第一次记载了被动免疫疗法等，特别是葛洪创造的以毒攻毒治疗狂犬病，客观上"孕育着现代免疫疗法的萌芽"。可惜，葛洪所创立的某些先进医术，由于各种原因后来没能够进一步发扬光大，留下了遗憾。

---

　　① （明）胡应麟：《诗薮·外编》卷 2，申骏编著：《中国历代诗话词话选萃》上册，北京：光明日报出版社，1999 年，第 423 页。

第二章　北朝科学技术思想研究

　　西晋是三国时期之后的统一王朝，可惜好景不长，一场因皇后贾南风干政弄权而引发的"八王之乱"，从元康元年（291）三月一直延续至光熙元年（306），加之各种灾异之事屡屡出现，导致各地流民起义，特别是在"永嘉之乱"后，北方异族乘机入侵中原，西晋灭亡。随着司马睿在江南重建晋室，许多门阀大族随之南渡，避乱江左。然而，整个东晋社会风气靡烂奢侈，当时士大夫务清谈，鲜实效。此时，儒家科学技术发展进入低迷徘徊期，除了有些隐士尚能从事自然科学研究之外，官方科技几乎停滞不前。

　　与东晋的科学技术发展情形不同，鲜卑族拓跋珪建立的北魏政权，佛教兴起，北魏太延五年（439），北魏统一了北方地区，北朝开始。由于北魏实行汉化政策，奖励农业生产，积极发展工商业，与之相应，当时的科学技术发展又进入了一个历史高涨时期。如《隋书·天文志中》载："至后魏末，清河张子信，学艺博通，尤精历数。因避葛荣乱，隐于海岛中，积三十许年，专以浑仪测候日月五星差变之数，以算步之，始悟日月交道，有表里迟速。"[①]张子信的发现开创了我国古代历法计算的新局面，对隋唐以后的中国历法理论产生了深远影响。在冶炼方面，北齐綦毋怀文发展了灌钢法，这是古代最先进的炼钢法；在地理学方面，郦道元《水经注》首次完整记录了华夏河流山川地貌；在农学方面，贾思勰《齐民要术》总结了历史上的重农思想，构建了较为完整的农学体系；在数学方面，甄鸾在《数术记遗》中第一次记载了"珠算"法，开珠算之先河[②]，为以后商业数学的发展提供了便捷的计算工具等。由此不难看出，北朝确实是一个科技群星灿烂的时代，也是一个精神自由和思维奔放的时代。

第一节　张丘建的数学思想

　　张丘建[③]，北魏数学家，贝州（今邢台市清河县）[④]人，生卒年不详，著有《张丘建

---

　　① 《隋书》卷 19《天文志中》，北京：中华书局，1973 年，第 561 页。
　　② 陈瑞青：《燕赵文化史稿·魏晋北朝卷》，石家庄：河北教育出版社，2013 年，第 197 页。
　　③ 由于清雍正年间为避孔子讳，改丘为邱，所以许多书也写作张邱建。
　　④ 关于清河，学界有三说：一说在今山东临清东北。参见中国历史大辞典《科技史卷》编纂委员会：《中国历史大辞典·科技史卷》，上海：上海辞书出版社，2000 年，第 405 页。一说即今河北邢台市清河，本书从此说。还有一说即综合前两说，即认为北魏的清河在今山东临清、河北清河一带。参见郭书春：《中国传统数学史话》，北京：中国国际广播出版社，2012 年，第 82 页。

算经》一书。据钱宝琮先生考证，《张丘建算经》约成书于北魏天安元年（466）至太和九年（485）[①]。《隋书·经籍志》载："《张丘建算经》二卷。"[②]《旧唐书·经籍志》作"《张丘建算经》一卷，甄鸾撰（注）"[③]。后来李淳风作注时，将其一分为三，并附有刘孝孙所撰细草。北宋元丰七年（1084），《张丘建算经》首次刊刻，惜刻本早佚。现仅存南宋嘉定九年（1216）鲍澣之翻刻的一个孤本，今藏上海图书馆（图2-1）。今传残本卷上有32问，卷中存22问，卷下存38问，共计92问，涉及最大公约数、等差级数、二次方程、不定方程等算法问题，在"数学上是有特殊贡献的"[④]。关于《张丘建算经》的数学成就，钱宝琮、傅海伦、沈康身、王渝生、郭书春、纪志刚、段海龙等都有较深的阐发，下面我们依据前人的研究成果，简要总结如下：

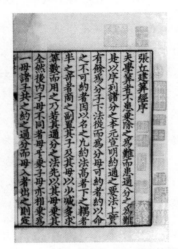

图 2-1　南宋鲍氏刻本《张丘建算经》

一、《张丘建算经》的数学思想及其成就

（一）《张丘建算经》的数学思想

（1）"宣明约通之要法。"张丘建在《张丘建算经序》中说："夫学算者不患乘除之为难，而患通分之为难。是以序列诸分之本元，宣明约通之要法。"[⑤]分数运算是初等数学的

---

① 李俨、钱宝琮：《李俨钱宝琮科学史全集》第 4 卷，沈阳：辽宁教育出版社，1998 年，第 251 页。不过，学者还有其他观点，如日本伊东俊太郎认为在 470 年左右，参见 [日] 伊东俊太郎等：《简明世界科学技术史年表》，姜振寰、葛冠雄译，哈尔滨：哈尔滨工业大学出版社，1984 年，第 47 页；冯立昇则认为在 466 年至 485 年之间。参见冯立昇：《〈张邱建算经〉的成书年代问题》，李迪主编：《数学史研究文集》第 1 辑，呼和浩特、台北：内蒙古大学出版社、九章出版社，1990 年，第 46—49 页。

② 《隋书》卷 34《经籍志》，第 1025 页。

③ 《旧唐书》卷 47《经籍志》，北京：中华书局，1975 年，第 2039 页。《新唐书·艺文志》改"撰"为"注"，然钱宝琮认为，无论是"撰"还是"注"，都毫无根据，因为术文是经文的主要部分，不可能是后人所加。

④ 钱宝琮主编：《中国数学史》，北京：科学出版社，1964 年，第 81 页。

⑤ （北魏）张丘建：《张丘建算经序》，郭书春、刘钝校点：《算经十书（二）》，沈阳：辽宁教育出版社，1988 年，第 1 页。

基本内容之一，在魏晋南北朝时期，由于计算工具所限，相对而言，其运算过程较为复杂。以《九章算术·少广》为例，当时求最小公倍数的运算确实比较难。比如，《九章算术·少广》第 7 题云：

> 今有田广一步半、三分步之一、四分步之一、五分步之一、六分步之一、七分步之一、八分步之一。求田一亩，问从几何？答曰：八十八步七百六十一分步之二百三十二。术曰：下有八分，以一为八百四十，半为四百二十，三分之一为二百八十，四分之一为二百一十，五分之一为一百六十八，六分之一为一百四十，七分之一为一百二十，八分之一为一百五，并之得二千二百八十三，以为法。置田二百四十步，亦以一为八百四十乘之，为实。实如法得从步。[1]

按照"少广术"求最小公倍数，其运算过程是："置全步及分母子，以最下分母遍乘诸分子及全步，各以其母除其子，置之于左；命通分者，又以分母遍乘诸分子及已通者，皆通而同之，并之为法。置所求步数，以全步积分乘之为实。实如法而一，得从（纵）步。"[2]这种运算过程有其优点，步骤清晰，算法简洁，但比较费时，效率不高。张丘建在实践中找到了一种新的求最小公倍数法，运算效率较"少广术"有所提高。其法是：

> 上实有余为分子，下法从而为分母，可约者约以命之，不可约者因以名之。凡约法，高者下之，耦者半之，奇者商之。副置其子及其母，以少减多，求等数而用之。乃若其通分之法，先以其母乘其全，然后内子。母不同者母互乘子，母亦相乘为一母，诸子共之约之。通分而母入者，出之则定。[3]

文中"高者下之"，是说将高位的数约简为低位数，如一个分数的分子与分母，若有公约数，则用公约数化简之，像"六百八十分之三十"，就可约为"六十八分之三"。"耦者半之"，是说一个分数的分子和分母，其尾数均为偶数，则用公约数约之，像"八百四十二分之十二"，就可约为"四百二十一分之六"。"奇者商之"，是说一个分数的分子和分母，其尾数均为奇数，就找出它们适当的公约数，进行约简，像"六十三分之二十七"，用公约数九约之，则为"七分之三"。"先以其母乘其全，然后内子"，是说带分数化为假分数。"母不同者母互乘子，母亦相乘为一母"，是说异分母分数的通分之法。"母不同者母互乘子，母亦相乘为一母，诸子共之约之。通分而母入者，出之则定"，是说在前面的运算之后，"还应将新得诸分子与公分母求总等相约，从而把在通分过程中因分母相乘所带入的多余因子清除出去，最后获得最小公分母来确定通分结果"[4]。由于"相约"程序的出现，通分后的分母变成最小公分母，故其"'通分而母入者，出之则定'的思想则与刘徽之说类同"[5]。

---

① （三国·魏）刘徽：《九章算术》卷 4《少广》，郭书春、刘钝校点：《算经十书（一）》，第 34 页。
② （三国·魏）刘徽：《九章算术》卷 4《少广》，郭书春、刘钝校点：《算经十书（一）》，第 32 页。
③ （北魏）张丘建：《张丘建算经序》，郭书春、刘钝校点：《算经十书（二）》，第 1 页。
④ 纪志刚：《南北朝隋唐数学》，石家庄：河北科学技术出版社，2000 年，第 90 页。
⑤ 纪志刚：《南北朝隋唐数学》，第 91 页。

（2）在深入研究和分析的前提下，不断补充和完善前人的算学思想，从而逐步改进我国古代算法的运筹程序和技术规范。张丘建在《张丘建算经序》中说："其《夏侯阳》之'方仓'，《孙子》之'荡杯'，此等之术皆未得其妙。故更造新术，推尽其理，附之于此。"①

今本《夏侯阳算经》为唐代韩延所撰，已非张丘建之前的那部《夏侯阳算经》的原版，其中的"方仓"算题是否为原版书中的原始面貌，难以确知。为引述方便，我们姑且将现传本的"方仓"题转录于兹，并略加讨论：

> 今有方仓长三十一丈六尺，广七十二尺，高一十七尺。中有九柱，各圆三尺五寸，长十七尺；又有六柱，各方二尺八寸，长十七尺；梁三枚，长三十二尺，厚、广二尺；牵三枚，长三十二尺，各方七寸。问受粟几何？答曰：二十三万七千八百九十九斛四斗三升五十四分升之五十三。术曰：置长、广相乘，以高乘，为实。圆柱周自乘，以乘长，十二而一，九因之，为实；柱方自乘，以乘长，六因之，为实；梁厚、广相乘，以乘长，三因之，为实；牵方自乘，以乘长，三因之，为实。并柱、梁、牵等，减仓实尺。以斛法除之，即粟数。②

这道算题从理论上讲比较简单，但实际计算过程却并不轻松。结合《夏侯阳算经》给出的其他"方仓"题的类型看，题型比较单一，都是求"受粟"多少，亦即求方仓的体积，而没有更多的题设和灵活的变换。对于算题来讲，确有"未尽其理"之处。因此，张丘建在《张丘建算经》卷下除了求方仓的体积之外，还出现了求方仓中的北壁高以及求方仓中的下周、深、下袤等不同类型的算题，这对于培养和训练数学思维具有积极作用。例如，《张丘建算经》云：

> 今有仓东西袤一丈四尺，南北广八尺，南壁高一丈。受粟六百二十二斛九分斛之二。问北壁高几何？答曰：八尺。术曰：置粟积尺，以仓广、袤相乘而一。所得，倍之，减南壁高尺数，余为北壁高。草曰：置六百二十二斛，以九因之，内子二，得五千六百。又以斛法一尺六寸二分乘之，得九千七十二尺，是粟积数。却以九除之得一千八尺。以长、广相乘，得一百一十二尺。以除一千八尺，得九尺。倍之，得一十八尺。减南壁高一丈，余即北壁高数。合前问。③

又有题云：

> 今有圆囷上周一丈五尺，高一丈二尺，受粟一百六十八斛五斗二十七分斗之五。问下周几何？答曰：一丈八尺。术曰：置粟积尺，以三十六乘之，以高而一。所得，以上周自相乘减之，余，以上周尺数从，而开方除之。所得，即下周。草曰：置粟一百六十八斛五斗，以分母二十七乘之，内子五，得四千五百五十。又以斛法乘之，得

① （北魏）张丘建：《张丘建算经序》，郭书春、刘钝校点：《算经十书（二）》，第1页。
② （唐）韩延：《夏侯阳算经》卷上《言斛法不同》，郭书春、刘钝校点：《算经十书（二）》，第5页。
③ （北魏）张丘建：《张丘建算经》卷下，郭书春、刘钝校点：《算经十书（二）》，第29页。

七千三百七十一。又以三十六乘，得二十六万五千三百五十六。又以二十七除之，得九千八百二十八。又以高一丈二尺除之，得八百一十九。又以上周自乘，得二百二十五。以减上数，余五百九十四。又以上周一丈五尺为从法，开方。合前问。①

无论是"术"还是"草"，都没有给出开方术的具体过程。可能因为当时对大多数习算者而言，开方术作为一种机械化式的运算程序，已经不是什么高深学问了。况且《九章算术·少广》第12题载有"开方术"的完整步骤，比较容易操作。

以上算题都是针对不同条件下有关方仓的计算问题，我们知道，解答数学题的关键是在给定条件与结论之间构造一种内在的逻辑联系，所以上述算题的思维训练对于提高解题的严谨性是非常有益的。第一，解题需要依照一定的程序和步骤进行。先认真审题，并在认真审题的前提下，搞清楚哪些系已知的数据和给定条件，哪些是未知数和需要求解的问题，以及拟采用什么运算方法找出正确答案。第二，在完成解题前的准备工作之后，就需要仔细琢磨解题的具体途径，利用已知的公式或原理，运用联想、类比、分析、综合等方法，逐步建立起给定条件与结论之间的逻辑联系。第三，按照一定的书写格式与规范，将解题过程尽量简洁明了地叙述出来。第四，对求出的答案进行检验。一方面检验每个环节和步骤是否有理有据；另一方面思考解题方法是否还有改进的可能或者是否还有新的解法。

此外，在《张丘建算经》卷下还载有一道"荡杯"题。原题云：

今有妇人于河上荡杯，津吏问曰："杯何以多？"妇人答曰："家中有客，不知其数。但二人共酱，三人共羹，四人共饭，凡用杯六十五。"问人几何？答曰：六十人。术曰：列置共杯人数于右方，又置共杯数于左方。以人数互乘杯数，并，以为法。令人数相乘，以乘杯数，为实。实如法得一。草曰：置人数二、三、四，列于右行。置一、一、一，杯数左行。以右中三乘左上一，得三，又以右下四乘之，得一十二。又以右上二乘左中一，得二，又以右下四乘之，得八。以右上二乘左下一得二，又以右中三乘左下二得六。三位并之，得二十六，为法。又以二、三、四相乘，得二十四。以乘六十五杯得一千五百六十。以二十六除之，得六十人数。合前问。②

这道题还可以用其他方法求解，如 $65÷（1÷2+1÷3+1÷4）=60$ 人。由上可知，张丘建指出："其《夏侯阳》之'方仓'，《孙子》之'荡杯'，此等之术皆未得其妙。"③严格来说，其说法有点绝对，比如《孙子算经》中"荡杯"的解法就非常巧妙。在实际教学中，"今有妇人于河上荡杯"还蕴含有诸多值得我们关注和分析的社会视角。首先，妇女的家庭"奴仆"角色。由题中的"河妇荡杯"自然会想到两性的社会地位与分工问题，对此，恩格斯说："随着家长制家庭，尤其是随着一夫一妻制个体家庭的产生……家务的料理失去了自己的公共的性质。它不再涉及社会了。它变成了一种私人的事务；妻

① （北魏）张丘建：《张丘建算经》卷下，郭书春、刘钝校点：《算经十书（二）》，第29页。
② （北魏）张丘建：《张丘建算经》卷下，郭书春、刘钝校点：《算经十书（二）》，第43页。
③ （北魏）张丘建：《张丘建算经序》，郭书春、刘钝校点：《算经十书（二）》，第1页。

子成为主要的家庭女仆，被排斥在社会生产之外。"①从社会劳动的性质看，妇女所承担的家务劳动与男子所承担的谋取生活资料的劳动相比，似乎并不重要。然而，社会史的研究表明，妇女所承担的家务劳动以及她们对家庭的付出，是每个家庭维系其对内和对外关系的基本保证，理应受到人们的重视。《颜氏家训·治家》说："妇主中馈，惟事酒食衣服之礼耳。"②在上面的例题中，"河妇"一次"荡杯"60个，数量不少，说明其劳动强度较大。其次，魏晋南北朝时期，普通家庭的饮食构成主要有"酱"、"羹"和"饭"。"酱"亦称"醢"，即肉汁，郑玄述其做法是："昌本、菖蒲根，切之四寸为菹。三臡亦醢也。作醢及醢者，必先膊干其肉，乃后莝之，杂以粱麹及盐，渍以美酒，涂置瓶中百日则成矣。郑司农云：'麋臡，麋骭髓醢。或曰：麋臡，酱也。有骨为臡，无骨为醢。'"③"羹"通常是肉、菜加米、面熬煮成浓汤或薄糊状的食物，有和羹（即酸、辛、咸调和之羹）、大羹（无调味的羹）及铏羹（用青铜铏煮制、盛装，加肉、菜等多种配料而成）之分。④"饭"名目虽多，但具体归纳起来，不外乎两类：一类是用单一谷物做成的饭，如黍饭、麦饭、粱饭、白粳米饭等；另一类是用多种原料做成的杂饭，如《登真隐诀》中的"青粳饭"等。可惜，《孙子算经》及《张丘建算经》的"荡杯"题中都没有明确"酱"、"羹"和"饭"的实际内容。尽管如此，"荡杯"题的生活史和思想史意义不可忽视。

　　关于思想史与生活史的关系问题，近几年来逐渐引起学界的重视。比如，"女性既被'定位乎内'，生活史便理所当然地成为女性史研究的传统领域"⑤；嘉峪关魏晋古墓彩绘砖中有大量庖厨题材的图像，由于这些"彩绘砖画蕴涵着丰富而深邃的思想观念，因此它的发现还极大地弥补了魏晋文献史料的不足和缺失，为魏晋时期思想史和生活史的研究提供了最珍贵的第一手资料"⑥；甚至王汎森教授说："生活中很重要的一部分就是思想。过去讨论思想的部分，太少把它放在生活的脉络里，对思想在生活、风俗、生命历程中的意义，考虑得过少。我的很多文章，都努力在将思想和生活结合起来讨论。"⑦在前揭嘉峪关魏晋古墓彩绘砖中发现的大量庖厨题材图像，内容比较丰富、生动，有烧烤、煮食、切肉、蒸馍、揉面、滤醋等日常生活场景，其庖厨的主角基本上都是妇女，这与当时"妇主中馈"的性别异位化倾向关系比较密切。在这里，我们主要涉及一个如何扩大思想史研究的视野和史料来源问题，像《张丘建算经》这样的算学著作，其例题中的内容可不可以当作史料来用？目前，学界已经开始关注这个问题，如许康的《敦煌算书透露的科学与社会

　　① 中共中央马克思恩格斯列宁斯大林著作编译局：《马克思恩格斯选集》第4卷，北京：人民出版社，1972年，第69—70页。

　　② 王利器：《颜氏家训集解》，北京：中华书局，1993年，第47页。

　　③ （汉）郑玄注，（唐）贾公彦疏：《周礼注疏·天官醢人》卷6，上海：上海古籍出版社，2010年，第189页。

　　④ 陈学智主编：《中国烹饪文化大典》，杭州：浙江大学出版社，2011年，第578页。

　　⑤ 武汉大学中国高校哲学社会科学发展与评价研究中心组：《海外人文社会科学发展年度报告（2011）》，武汉：武汉大学出版社，2011年，第767页。

　　⑥ 兰州理工大学丝绸之路文史研究所编著：《丝绸之路体育文化论集（续）》，兰州：甘肃教育出版社，2008年，第82页。

　　⑦ 张春田：《王汎森教授访谈录》，《书屋》2009年第2期，第26页。

信息》①、陈巍和邹大海合著的《中古算书中的田地面积算法与土地制度——以〈五曹算经〉"田曹"卷为中心的考察》②、王怡辰的《从〈张丘建算经〉看北魏平城时期的若干问题》③、王仲荦的《金泥玉屑丛考》④以及王万盈著《转型期的北魏财政研究》也引用了《张丘建算经》中的材料⑤。《算经十书》并不是纯粹的思维创造物,其中的许多例题都源于生产和生活实践,它们是对当时历史现象的客观反映,具有一定的真实性。只要我们在认真分析的基础上加以适当甄别,将《算经十书》作为某种思想史和生活史的史料来用,则是无可厚非的。

(3)"庶其易晓"思想。魏晋时期的数学发展出现了两种趋势:一种是以祖冲之父子《缀术》为代表的理论数学发展方向,另一种是以《孙子算经》和《张丘建算经》为代表的实用数学发展方向。对于两种数学形态的性质,迄今为止,人们仍然存在着各种不同的认识,尤其是对于"纯理论"的数学研究,由于其价值往往经过较长的历史时期之后才慢慢表现出来,如古希腊几何学家阿波罗尼奥斯提出的圆锥曲线理论,直到1800年后才由德国天文学家开普勒将其应用于行星轨道理论,所以普通大众很难理解"纯理论"数学研究的意义。而在中国古代以"实用理性"为主要审美价值和标准的历史背景下,像《缀术》这样的纯理论性数学著作,遭遇到"学官莫能究其深奥,是故废而不理"⑥的命运,并不奇怪。与《缀术》的命运不同,像《张丘建算经》一类"有用"且"庶其易晓"的数学著作大多被保留下来了。这是颇值得我们思考的问题,也即数学研究与数学传播如何有机地统一起来,从而使数学理论能够发挥其更大的作用。在初等数学或称常量数学时期,《几何原本》与《九章算术》标志着古典初等数学体系的正式形成,其中《九章算术》以解决实际问题为特点。有研究者认为:"数学传播在16世纪以前是一个较为低级的阶段,同数学的发展一样十分缓慢。要得到一种数学理论很难,但要把它传播出去更加困难,有的知识甚至没有机会传播给他人。数学传播在这一时期的主要方式是通过书面转抄传播和口头直接传播两种,也有的是翻译不同语系的数学理论著作。"⑦本来数学教育在中国古代尤其是魏晋南北朝时期属于少数人的事情,因此,数学传播就显得更加重要。从数学传播的角度看,有一手传播、二手传播和N手传播三种形式。其中二手传播和N手传播固然也有不可忽视的作用,但一手传播尤其关键。所谓一手传播是指数学家本人的"传教布道",传播自己的数学思想与研究成果。其最佳传播方式是"简约而不简单"⑧。因为"数学传播从其本质上讲就是一种精神,一种积极向上的探索精神。这种精神对理性知识的完美追求,对人类社会发展过程中教育方式、思维方式和艺术观等方面的影响是不容质(置)疑

① 许康:《敦煌算书透露的科学与社会信息》,《敦煌研究》1989年第1期,第96—103页。

② 陈巍、邹大海:《中古算书中的田地面积算法与土地制度——以〈五曹算经〉"田曹"卷为中心的考察》,《自然科学史研究》2009年第4期,第426—436页。

③ 王怡辰:《从〈张丘建算经〉看北魏平城时期的若干问题》,《史学汇刊》2008年第21期,第1—23页。

④ 王仲荦遗著,郑宜秀整理:《金泥玉屑丛考》,北京:中华书局,1998年,第97页。

⑤ 王万盈:《转型期的北魏财政研究》,北京:光明日报出版社,2006年,第66页。

⑥ 《隋书》卷16《律历志上》,第388页。

⑦ 姜红丽:《数学传播与数学教育研究》,辽宁师范大学2012年硕士学位论文,第17页。

⑧ 刘建亚:《数学文化的传播》,《数学教育学报》2011年第5期,篇9页。

的"①。话说到这里，我们回头再看《张丘建算经》的数学传播意义就会更加明白和清晰。张丘建说：

> 余为后生好学有无由以至者，故举其大概而为之。法不复烦重，庶其易晓云耳。②

这就是张丘建的数学传播思想，它的宗旨是数学既是个人的事情同时又是他人的事情，为了使更多的人喜好数学、认识数学和研究数学，就需要用适当的方法将数学的基本思想传播出去，不仅使人能够接受它，而且要使人受到它的深刻影响。

在当时，数学传播的主要障碍是分数的四则运算、比例、交换、几何、测量、土木工程、追及等问题，故《张丘建算经》在《周髀算经》《九章算术》的基础上各以例题进一步明确其解题的思路、步骤及方法。例如，其"分数除分数"算题云：

> 以二十七、五分之三除一千七百六十八、七分之四，问得几何？答曰：六十四、四百八十三分之三十八。草曰：置一千七百六十八，以分母七乘之，内子四，得一万二千三百八十。又以除分母五乘之，得六万一千九百，为实。又置除数二十七，以分母五乘之，内子三，得一百三十八。又以分母七乘之，得九百六十六，为法。除之，得六十四。法与余各折半，得四百八十三分之三十八。得合前问。③

又，其"追及"算题云：

> 今有迟行者五十步，疾行者七十步。迟行者以先发，疾行者以后发，行八十七里一百五十步乃及之。问迟行者先发行几何里？答曰：二十五里。术曰：以迟行步数减疾行步数，余，以乘及步数，为实。……实如法而一。草曰：置疾行七十步，以迟行五十步减之，余二十步。以乘及八十七里半，得一千七百五十里，为实。以疾行七十步为法。除实，得二十五里。合前问。④

可见，本题隐含着一个追及问题的定理：距离差与速度差之比，等于距离与速度之比。然而，张丘建为什么不能用文字明确表述这个原理？这里涉及经验与理论的关系问题。诚如有学者所言："科学主要……从个别到一般、从特殊到普遍、从经验到理论，主要采用抽象、概括、分析的方法来再现客体。经验对于科学活动来说只是认识过程的一个初级阶段，科学始终要扬弃经验去追求和上升到理论。"⑤由此可知，《张丘建算经》不能将经验知识上升到理论或原理，说明它本身还处在数学发展的"初级阶段"。

（二）《张丘建算经》的主要数学成就

《张丘建算经》的成就主要有等差级数问题、二次方程问题、求最小公倍数及不定方

---

① 姜红丽：《数学传播与数学教育研究》，辽宁师范大学 2012 年硕士学位论文，第 14 页。
② （北魏）张丘建：《张丘建算经序》，郭书春、刘钝校点：《算经十书（二）》，第 1 页。
③ （北魏）张丘建：《张丘建算经》卷上，郭书春、刘钝校点：《算经十书（二）》，第 2 页。
④ （北魏）张丘建：《张丘建算经》卷中，郭书春、刘钝校点：《算经十书（二）》，第 17 页。
⑤ 洪晓楠等：《科学伦理的理论与实践》，北京：人民出版社，2013 年，第 9 页。

程问题等。这里重点讨论等差级数和不定方程问题。

1. 等差级数问题

在《张丘建算经》之前，《周髀算经》和《九章算术》中都有等差级数的算题，如《九章算术·均输》之"九节竹算题"，以及同书《盈不足》之"良驽二马算题"等，其中"良驽二马算题"还总结出了求级数和的公式。以此为前提，张丘建不仅使等差数列的问题更趋复杂化，而且创造了许多新的解法，从而把等差数列的研究向前推进了一大步。

《张丘建算经》卷上第 22 题云：

> 今有女善织，日益功疾。初日织五尺。今一月日织九匹三丈，问日益几何？答曰：五寸二十九分寸之十五。术曰：置今织尺数，以一月日而一。所得，倍之。又倍初日尺数，减之，余为实。以一月日数，初一日减之，余为法。实如法得一。[①]

类似的算题还有《张丘建算经》卷上第 23 题、卷下第 36 题、卷中第 1 题等。内容相对复杂的算题有卷上第 18 题和卷下第 24 题。《张丘建算经》卷下第 24 题云：

> 今有城周二十里，欲三尺安鹿角一枚，五重安之。问凡用鹿角几何？答曰：六万一百枚。城若圆，凡用鹿角六万六十枚。术曰：置城周里尺数，三而一，所得，五之。又置五，以三乘之，又自相乘，以三自乘而一。所得，四之。并上位，即得凡数。城若圆者，置城周里尺数，三而一，所得，五之。又并一、二、三、四，凡得一十。以六乘之，并之，得凡数。[②]

李兆华先生在详细考察了《张丘建算经》中所有等差级数算题之后，曾总结说：第一，从初等代数的观点看，"《张邱建（算经）》的等差数列公式系统是完备的"[③]。第二，"对于公差的认识是等差数列理论中重要的方面。在《张邱建（算经）》中，不同的题目中，公差分别称为'日益几何'（卷上二十二题）、'以次与之，转多一钱'（卷中三十二题）、'以次户差各多三两'（卷中一题）、'以等次差降之'（卷上十八题）。这些经文中虽无'公差'的字样，但以中国数学的传统术语清楚地指示了公差概念的本质"[④]。第三，"在《张邱建》中，还有关于等差数列的实用问题。如卷中十三题是一个按北魏户调法中'九品混通'的规定出绢的问题。由题设总户数分为 9 等，每等出绢数相差之匹，每等中有若干户。又知平均每户应出绢 3 匹。求每等应出绢数。（这实际上是一个已知 S_n, n, d 求 a 的问题）"[⑤]。第四，"《张邱建（算经）》中的等差数列理论，无论是公式，概念以及应用方面都很成熟。已经构成了一个完整的系统。这说明我国古代至迟在公元 5 世纪已经掌握了

① （北魏）张丘建：《张丘建算经》卷上，郭书春、刘钝校点：《算经十书（二）》，第 10 页。
② （北魏）张丘建：《张丘建算经》卷下，郭书春、刘钝校点：《算经十书（二）》，第 38 页。
③ 李兆华：《〈张邱建算经〉中的等差数列问题》，《内蒙古师院学报（自然科学版）》1992 年第 1 期，第 109 页。
④ 李兆华：《〈张邱建算经〉中的等差数列问题》，《内蒙古师院学报（自然科学版）》1982 年第 1 期，第 109 页。
⑤ 李兆华：《〈张邱建算经〉中的等差数列问题》，《内蒙古师院学报（自然科学版）》1982 年第 1 期，第 109 页。

等差数列理论"①。而在国外，同类算法直到公元 7 世纪初才在印度数学家的著作中出现。②所以《张丘建算经》的等差数列理论尤其是计算等差数列各元素的公式，与当时世界上数学发达的国家相比居于领先地位。

2. 不定方程问题

《张丘建算经》卷下最后一题为"百鸡问题"，其题云：

> 今有鸡翁一直钱五；鸡母一直钱三，鸡雏三直钱一。凡百钱买鸡百只。问鸡翁、母、雏各几何？答曰：鸡翁四，直钱二十；鸡母十八，直钱五十四；鸡雏七十八，直钱二十六。又答：鸡翁八，直钱四十；鸡母十一，直钱三十三；鸡雏八十一，直钱二十七。又答：鸡翁十二，直钱六十；鸡母四，直钱十二；鸡雏八十四，直钱二十八。术曰：鸡翁每增四，鸡母每减七，鸡雏每益三。即得。③

那么，如何认识"百鸡术"的数学意义呢？有学者这样评价说：

> 这三组答案，很可能是以 $x=0$，$y=25$，$z=75$ 为基础，然后 x 每增加 4，y 每减少 7，z 每增加 3 而顺次得出。由于原题解法只有十五个字，没有详细说明，所以无从考察。一题多解，是过去任何书所没有的。"百鸡问题"开了先例，因此，张邱建可称为数学史上一题多解的创始人。当然，不定方程的研究并不是从《张邱建算经》才开始的。《九章算术》第八章方程第 13 题"五家共井"就是一个需含六个未知数，而由五个方程构成的六元一次不定方程组。④

我们认为此评价较为公允。另外，"百鸡术"又"开三色差分研究之端"，李兆华先生指出：在对"百鸡术"的诸多研究中，"杨辉（13 世纪）、程大位（1533—1606）、焦循（1763—1820）及丁取忠（1810—1877）等人的算法具有共同之处，即三物中先设一物为若干并算出其对应的值钱数，或假定某物共值钱若干反求物数，从而把三色差分简化为二色差分……（求解）"⑤。很显然，这种解题方法源自《张丘建算经》。

二、从《张丘建算经》看数学发展和创新的思维方法

（一）张丘建的数学创新思维及其特色

（1）从思维冲突中认识分数的意义，并在发展过程中掌握解题的技巧。人们在生活中，经常会遇到不能用整数来处理的问题，如用一个长度单位去测量某个物体的长度时，往往得不到整数结果；又如由 5 个人来平均分 1 个苹果等，都需要我们用分数的概念来表达。所以从数学思维的角度讲，"从整数到分数是数系概念的一次扩展，也是一次革命和

---

① 李兆华：《〈张邱建算经〉中的等差数列问题》，《内蒙古师院学报（自然科学版）》1982 年第 1 期，第 110 页。
② 司徒永显、陈德崇编著：《中国数学史教程》，广州：广东高等教育出版社，1993 年，第 116—117 页。
③ （北魏）张丘建：《张丘建算经》卷下，郭书春、刘钝校点：《算经十书（二）》，第 43—44 页。
④ 张素亮主编：《数学史简编》，呼和浩特：内蒙古大学出版社，1990 年，第 70—71 页。
⑤ 李兆华：《古算今论》，天津：天津科学技术出版社，2000 年，第 137—138 页。

创新"①。罗素也认为数学的发展方向之一,"是构造的,趋向于渐增的复杂,如从整数到分数、实数、复数;从加法和乘法到微分与积分,以至更高等的数学"②。可见,从整数到分数,是思维趋近于"复杂性渐增"的一次飞跃。从《九章算术》到《张丘建算经》,我们能看到这种飞跃性的特征,例如《九章算术·方田》载有不少整数的加减乘除算法,像第 1 题的"今有田广十五步,从(纵)十六步。问为田几何?答曰:一亩③。同一章又有一题:"今有圭田广十二步,正从(纵)二十一步。问为田几何?答曰:一百二十六步。"④还有"今有宛田,下周三十步,径十六步。问为田几何?答曰:一百二十步"⑤。可是,《张丘建算经》所选择的 92 道题,已经没有纯粹的整数加减乘除了。其卷上的开首就是一道分数算题:"以九乘二十一、五分之三。问得几何?答曰:一百九十四、五分之二。"⑥可见,张丘建是在一个新的发展阶段中研究算学的。

那么,如何熟练地掌握分数算法呢?当然要结合生产和生活实践。因为数学算法的产生和发展是建立在一定的逻辑思维、形象思维及直觉思维的综合反映之上,所以它在客观上需要特定情境的激发和认知主体的积极建构。下面是《张丘建算经》给出的生活情境算题:

> 今有猎围,周四百五十二里一百八十步,布围兵十步一人。今欲缩令通身得地四尺,问围内缩几何? 答曰:三十里五十二步。术曰:置围里步数,一退,以四因之为尺。以步法除之,即得缩数。⑦

把算题与生活经验联系起来,容易激发创新灵感,因为这是生活中必须要面对的问题。而将人们最熟悉的生活经验引入算题,则是《张丘建算经》的一个特色。对于古代围猎的场景,河南省西华县东斧柯村发现的汉代画像砖中有一幅"射虎围猎图"⑧,河南扶沟县吴桥村发现的西汉画像砖中也有一幅"车马围猎图"⑨,据统计,在河西魏晋十六国壁画墓发现的 1115 块画像砖中,虽然仅见 36 块属于狩猎图⑩,数量不多,但考虑到当时少数游牧民族具有狩猎的传统习俗,《张丘建算经》出现了多道与"猎围"有关的算题,确实具有一定的现实基础。

从《魏书·官氏志》的记载看,北魏前期的"帝王十室"与五等之封关系密切。如《魏书》卷 113《官氏志》载,天赐元年(404)九月,"减五等之爵,始分为四,曰王、

① 蒋亮:《千淘万漉虽辛苦 吹尽黄沙始见金——"分数的初步认识"教学实录》,姜水根、周千红主编:《名师》第 1 辑,宁波:宁波出版社,2010 年,第 47 页。
② [英]罗素:《数理哲学导论》,晏成书译,北京:商务印书馆,1982 年,第 7 页。
③ (三国·魏)刘徽:《九章算术》卷 1《方田》,郭书春、刘钝校点:《算经十书(一)》,第 1 页。
④ (三国·魏)刘徽:《九章算术》卷 1《方田》,郭书春、刘钝校点:《算经十书(一)》,第 6 页。
⑤ (三国·魏)刘徽:《九章算术》卷 1《方田》,郭书春、刘钝校点:《算经十书(一)》,第 11 页。
⑥ (北魏)张丘建:《张丘建算经》卷上,郭书春、刘钝校点:《算经十书(二)》,第 1 页。
⑦ (北魏)张丘建:《张丘建算经》卷上,郭书春、刘钝校点:《算经十书(二)》,第 3 页。
⑧ 黄雅峰主编:《汉画文献集成》第 2 卷《汉画像砖发掘报告》,杭州:浙江大学出版社,2012 年,第 62 页。
⑨ 黄雅峰主编:《汉画文献集成》第 2 卷《汉画像砖发掘报告》,第 40 页。
⑩ 贾小军:《魏晋十六国河西社会生活史》,兰州:甘肃人民出版社,2011 年,第 184 页。

公、侯、子，除伯、男二号。皇子及异姓元功上勋者封王，宗室及始蕃王皆降为公，诸公降为侯，侯、子亦以此为差。……王封大郡，公封小郡，侯封大县，子封小县"①。太和十六年（492），"改降五等（即公、侯、伯、子、男），始革之，止袭爵而已"②。太和十八年（494），十二月，诏："王、公、侯、伯、子、男开国食邑者：王食半，公三分食一，侯、伯四分食一，子、男五分食一。"③

由此看来，《张丘建算经》的成书似应在天赐元年（404）至太和十六年（492）之间，而"王、公、侯、伯、子、男"也系北魏特有的爵制。与此相连，《张丘建算经》还有一道"今有十等人"算题，性质与"今有官出库金"算题同。仅从北魏的官品看，大体可分为九品三十阶，等级鲜明。不同等级的职官，其俸禄也确实存在需要用"分数"来表示的差别。北齐沿袭北魏的官制，因此我们可以用北齐官俸数推算出北魏官俸数。据有人统计，北齐官俸第一阶梯一品八百匹，到从三品三百匹，各品之差为一百匹。第二阶梯四品之差为一百匹的十分之六，第三阶梯从四品至从五品各品之差为一百匹的十分之四，第四阶梯六品至从七品各品之差为一百匹的十分之二，以下各品之差为一百匹的二十五分之一。④由此可见，《张丘建算经》的算题内容不是主观臆造的，而是有比较充分的现实依据。

> 今有甲贷乙绢三匹，约限至不还，匹日息三尺。今过限七日，取绢二匹，偿钱三百。问一匹直钱几何？答曰：七百五钱十七分钱之十五。术曰：以过限日息尺数减取绢匹尺数，余为法。以偿钱乘一匹尺数，为实。实如法而一。⑤

关于北朝的借贷问题，赵海波在《北朝时期信用借贷问题初探》⑥一文中做了专门探讨，可资参考。通观北魏的民间借贷关系，其绢贷现象比较普遍。例如，《魏书·夏侯道迁传》载其子夏侯夬，"历位前军将军、镇远将军、南兖州大中正。夬性好酒，居丧不戚，醇醪肥鲜，不离于口。沽买饮啖，多所费用。父时田园，货卖略尽，人间债负数犹千余匹，谷食至常不足，弟妹不免饥寒"⑦。文中"债负数犹千余匹"与《张丘建算经》所载的高利贷算题比较吻合。按：古代 1 匹等于 40 尺，每日息 3 尺，一月 90 尺，利率为225%。此外，《张丘建算经》卷下又载一题云：

> 今有人举取他绢，重作券，要过限一日息绢一尺，二日息二尺，如是息绢日多一尺。今过限一百日，问息绢几何？答曰：一百二十六匹一丈。术曰：并一百、一日息，以乘百日，而半之。即得。⑧

---

① 《魏书》卷 113《官氏志》，北京：中华书局，1974 年，第 2973 页。
② 《魏书》卷 113《官氏志》，第 2976 页。
③ 《北史》卷 3《魏本纪》，北京：中华书局，1974 年，第 113 页。
④ 朱大渭：《朱大渭说魏晋南北朝》，上海：上海科学技术文献出版社，2009 年，第 43—44 页。
⑤ （北魏）张丘建：《张丘建算经》卷上，郭书春、刘钝校点：《算经十书（二）》，第 13 页。
⑥ 赵海波：《北朝时期信用借贷问题初探》，内蒙古大学 2010 年硕士学位论文。
⑦ 《魏书》卷 71《夏侯道迁传》，第 1584 页。
⑧ （北魏）张丘建：《张丘建算经》卷下，郭书春、刘钝校点：《算经十书（二）》，第 43 页。

前面讲过，过期倍偿利息的做法在北魏非常流行，然而像题中的这种高利贷，危害甚重。故北魏和平二年（461），皇帝下诏："刺史牧民，为万里之表。自顷每因发调，逼民假贷，大商富贾，要射时利，旬日之间，增赢十倍。上下通同，分以润屋。故编户之家，困于冻馁；豪富之门，日有兼积。为政之弊，莫过于此。其一切禁绝，犯者十匹以上皆死。布告天下，咸令知禁。"[1]仅从张丘建通过等差数列的方式来揭露北魏高利贷的"要射时利"性质看，他具有善于从生活细节中撷取典型算题的创新意识和善于从那些带有普遍性的社会问题中捕捉数学智慧的灵光。所以透过这些算题，我们能够初步管窥张丘建算学思想的深度。当然，对于"今有人举取他绢"题的解法，德国数学家高斯在少年时期曾用他法求得从 1 到 100 的自然数之和。

魏晋南北朝时期的科技活动如冶金铸造、修路造桥、水利工程等规模化生产，特点比较突出。例如，《张丘建算经》卷下第 29 题云：

> 今有二人三日锢铜，得一斤九两五铢。今一月日锢铜，得九千八百七十六斤五两四铢少半铢。问人功几何？答曰：一千二百五十三人三百六十三分人之二百六十二。术曰：置二人三日所得锢铜斤两铢，通之作铢。以二人、三日相乘，除之，为一人一日之铢。二十四而一。还以一人一日所得两铢，通分内子。复以一月三十日乘一人积分，所得，复以铢分母三通之，为法。又以今锢铜斤两通为铢。以少半铢者，三分之一。以三通分，内子一，以六乘之为实。实如法而一，得人数不尽，约之为分。[2]

所以有学者认为："生产巨大的青铜器，需要很多的人力。……此题所叙述的时代较殷商晚 1700 年，可以想象，在殷商时期熔铸司母戊（后）鼎，需要多少人力！"[3]

《张丘建算经》卷上第 31 题云：

> 今有七百人造浮桥，九日成。今增五百人，问日几何？答曰：五日四分日之一。术曰：置本人数，以日数乘之，为实。以本人数，今增人数并之，为法。实如法而一。[4]

在此，造桥的工作量是常数，而造桥人数与施工日数成反比。这表明在简单劳动技术条件下，或者说在工业化社会之前的农业社会里，人们主要依靠大量劳动力的投入来缩短工程建设的时间和生产过程，这个特点在魏晋南北朝时期表现得尤其突出。

再看下面两题：

> 今有七人九日造成弓十二张半。今有十七人造弓十五张。问几何日讫？答曰：四日八十五分日之三十八。术曰：置今造弓数，以弓日数乘之，又以成弓人数乘之，为实。以今有人数乘本有弓数，为法。实如法得一。[5]

① 《魏书》卷 5《高宗纪》，第 119 页。
② （北魏）张丘建：《张丘建算经》卷下，郭书春、刘钝校点：《算经十书（二）》，第 39—40 页。
③ 刘云彩：《中国古代冶金史话》，天津：天津教育出版社，1991 年，第 10—11 页。
④ （北魏）张丘建：《张丘建算经》卷上，郭书春、刘钝校点：《算经十书（二）》，第 14 页。
⑤ （北魏）张丘建：《张丘建算经》卷下，郭书春、刘钝校点：《算经十书（二）》，第 37 页。

今有亭一区，五十人七日筑讫。今有三十人，问几何日筑讫？答曰：十一日三分日之二。术曰：以本人数乘筑讫日数，为实。以今有人数为法。实如法得一。[1]

这两道算题同样反映了魏晋南北朝时期，人们主要依靠投入大量劳动力来缩短工程建设时间和生产过程这种手工业生产的特点。

《张丘建算经》卷下第 27 题云：

今有廪人，人日食米六升。今三十五日，食米七千四百九十二斛八斗。问人几何？答曰：三千五百六十八人。术曰：置米数为实。以六升乘三十五日为法。实如法得一。[2]

《张丘建算经》卷下第 28 题又云：

今有五十八人，二十九日食面九十五斛三斗一升少半升。问人日食几何？答曰：五升太半升。术曰：置面斛斗升数为实。以人、食日相乘，为法。实如法得一。[3]

据此推算，北魏时期一般人日食米 6 至 7 升。[4]此外，此题也保留了北魏初年田租户调的应用史料。《张丘建算经》卷中第 1 题云：

今有户出银一斤八两一十二铢。今以家有贫富不等，令户别作差品，通融出之：最下户出银八两，以次户差各多三两。问户几何？答曰：一十二户。术曰：置一户出银斤两铢数，以最下户出银两铢数减之。余，倍之，以差多两铢数加之，为实。以差两铢数为法。实如法而一。[5]

北魏初年征收户调的办法是九品混通[6]，并以此"计赀定课，裒多益寡"[7]。也就是说，各地县令和乡吏不是把赋税平均分摊给各民户，而是在征收民户的户调以前，先对各民户进行评赀，其办法是依据各民户资产多寡，将民户分为上、中、下三等，每等之中又分为上、中、下三品，共计九品。九品是赋税高低的品级，三等是按不同等级将赋税输送到不同地区，其中上三品入京师，中三品入他州要仓，下三品入本州。因此，《张丘建算经》将"九品混通"的户调制入算，具有重要的现实意义。对于这一点，王仲荦先生在他的《北魏初期社会性质与拓跋宏的均田、迁都、改革》[8]一文中也给予了充分肯定。

（2）充分利用前人的研究成果，同中求异，从而极大地丰富了中国算学的思想宝库。从题的内容来看，《张丘建算经》的许多算题源自《九章算术》《孙子算经》等北魏之前的

---

① （北魏）张丘建：《张丘建算经》卷下，郭书春、刘钝校点：《算经十书（二）》，第 42 页。
② （北魏）张丘建：《张丘建算经》卷下，郭书春、刘钝校点：《算经十书（二）》，第 39 页。
③ （北魏）张丘建：《张丘建算经》卷下，郭书春、刘钝校点：《算经十书（二）》，第 39 页。
④ 王万盈：《转型期的北魏财政研究》，北京：光明日报出版社，2006 年，第 66 页。
⑤ （北魏）张丘建：《张丘建算经》卷中，郭书春、刘钝校点：《算经十书（二）》，第 15 页。
⑥ 《魏书》卷 110《食货志》，第 2853 页。
⑦ 《魏书》卷 4 上《世祖纪》，第 86 页。
⑧ 王仲荦：《北魏初期社会性质与拓跋宏的均田、迁都、改革》，《文史哲》1955 年第 10 期，第 45 页。

算学著作①，但就解题方法而言，《张丘建算经》又有自己的特色。因为张丘建不是简单地重复前人成说，而是注重对传统算法的改进和提高，尤其是根据新的社会现实，对先前的那些算题在坚持变通的原则下，提出新的解题方法，同中求异，变中求新。为清楚起见，我们下面就通过几个实例来具体而客观地展示一下张丘建"同中求异"的数学思维及其特点。

一是对"贾利"题的求解。《张丘建算经》中载有两道有关"贾利"的算题。

其一题云：

> 今有人持钱之洛贾，利五二。初返归一万六千，第二返归一万七千，第三返归一万八千，第四返归一万九千，第五返归二万。凡五返归，本利俱尽。问本钱几何？答曰：三万五千三百二十六钱一万六千八百七分钱之五千九百一十八。术曰：置后返归钱数，以五乘之。以七乘第四返归钱数加之，以五乘之。以四十九乘第三返归钱数加之，以五乘之。以三百四十三乘第二返归钱数加之，以五乘之。以二千四百一乘初返归钱数加之，以五乘之。以一万六千八百七而一，得本钱数。一法：盈不足术为之，亦得。②

其二题云：

> 今有负他钱，转利偿之。初去转利得二倍，还钱一百。第二转利得三倍，还钱二百。第三转利得四倍，还钱三百。第四转利得五倍，还钱四百。得毕。凡转利倍数皆通本钱。今除初本，有钱五千九百五十。问初本几何？答曰：本钱一百五十。术曰：置初利还钱，以三乘之，并第二还钱。又以四乘之，并第三还钱。又以五乘之，并第四还钱。讫，并余钱为实。以四转得利倍数相乘，得一百二十。减一，余为法。实如法得一。③

这就表明借贷 150，四年利息总额为 5950，由此可见其高利贷之可怕，而北魏禁止高利贷，即表明它对社会的危害程度已经非常严重。回过头来看，这道算题尽管形式有所变化，但其内容可在《九章算术》中找到源头。例如，《九章算术·均输》第 27 题云："今有人持米出三关，外关三而取一，中关五而取一，内关七而取一，余米五斗。问本持米几何？答曰：十斗九升八分升之三。术曰：置米五斗，以所税者三之，五之，七之，为实。以余不税者二、四、六相互乘为法。实如法得一斗。"④

又，《九章算术·赢不足》第 19 题云：

> 今有人持钱之蜀贾，利：十，三。初返，归一万四千；次返，归一万三千；次返，归一万二千；次返，归一万一千；后返，归一万。凡五返归钱，本利俱尽。问本

---

① 参见纪志刚：《南北朝隋唐数学》，第 86—87 页。
② （北魏）张丘建：《张丘建算经》卷中，郭书春、刘钝校点：《算经十书（二）》，第 22 页。
③ （北魏）张丘建：《张丘建算经》卷下，郭书春、刘钝校点：《算经十书（二）》，第 42 页。
④ （三国·魏）刘徽：《九章算术》卷 6《均输》，郭书春、刘钝校点：《算经十书（一）》，第 71 页。

持钱及利各几何? 答曰: 本三万四百六十八钱三十七万一千二百九十三分钱之八万四千八百七十六, 利二万九千五百三十一钱三十七万一千二百九十三分钱之二十八万六千四百一十七。术曰: 假令本钱三万, 不足一千七百三十八钱半; 令之四万, 多三万五千三百九十钱八分。[1]

对于《张丘建算经》"今有负他钱"题解法的意义, 沈康身明确指出:《九章算术·赢不足》第 19 题亦称"贾利十三"题, "是我国经济学史上复利的最早文献", 而张丘建的"今有负他钱"算题则是"'贾利十三'题的第一次变通。已给的是变利率、每期变零取值、偿还时分期年限以及纯利, 求整存本金"[2]。在此, 还需要特别说明的是张丘建使用逆向思维来求解本题, 这是他"同中求异"思维的重要体现。我们知道, "反向思维"是一种求异思维, 此处的"异"就是另辟新径, 因为它不是按照一般人的常规习惯去观察和考量问题, 而是别出心裁地找出新的思路, 从而产生出既巧妙又简洁的构想和方法。

二是对勾股比率问题的求解。《张丘建算经》卷中第 7 题云:

今有筑城, 上广一丈, 下广三丈, 高四丈。今已筑高一丈五尺, 问已筑上广几何? 答曰: 二丈二尺五寸。术曰: 置城下广, 以上广减之。又置城高, 以减筑高。余相乘, 以城高而一, 所得加城上广, 即得。[3]

又,《张丘建算经》卷中第 8 题云:

今有筑墙, 上广二尺, 下广六尺, 高二丈。今已筑上广三尺六寸, 问已筑高几何? 答曰: 一丈二尺。术曰: 置已筑上广及下广, 各减墙上广。以筑上广减余以减下广减余, 余乘墙高, 为实。以墙上广减下广, 余为法。实如法而一。[4]

此外,《张丘建算经》卷中第 10 题云:

今有方亭下方三丈, 上方一丈, 高二丈五尺。欲接筑为方锥, 问接筑高几何? 答曰: 一丈二尺五寸。术曰: 置上方尺数, 以高乘之, 为实。以上方尺数减下方尺数, 余为法。实如法而一。[5]

《孙子算经》卷中第 22 题亦有一道筑城算题, 但基本上沿用了《九章算术》的内容, 没有什么突破。然而, 纪志刚在详细考证了《张丘建算经》上述三道题的术文之后, 发现它们"虽然都可以归结为相似勾股形的比例问题, 但从问题的设计与算法的构造来看, 已表露出一种向一般相似形转变的迹象, 特别是似已采用了'平行线'移动以构成相似三角形的技巧, 并认识到对应线段成比例的基本性质 (如高与边的比等于相似比), 这是中算几何

① (三国·魏) 刘徽:《九章算术》卷 7《赢不足》, 郭书春、刘钝校点:《算经十书 (一)》, 第 81—82 页。
② 沈康身主编:《中国数学史大系》第 5 卷《两宋》, 北京: 北京师范大学出版社, 2000 年, 第 208 页。
③ (北魏) 张丘建:《张丘建算经》卷中, 郭书春、刘钝校点:《算经十书 (二)》, 第 17—18 页。
④ (北魏) 张丘建:《张丘建算经》卷中, 郭书春、刘钝校点:《算经十书 (二)》, 第 18 页。
⑤ (北魏) 张丘建:《张丘建算经》卷中, 郭书春、刘钝校点:《算经十书 (二)》, 第 18 页。

学发展中值得注意的新动向,如此看来,李淳风在注释《周髀算经》时所使用的一般相似形方法并非偶然"①。可见,张丘建不仅丰富了《九章算术》相关算题的内容,而且在算法方面确实有不少改进和创新。

三是对等差级数的求和问题。《张丘建算经》卷上第23题云:

> 今有女子不善织,日减功迟。初日织五尺,末日织一尺。今三十日织讫。问织几何?答曰:二匹一丈。术曰:并初、末日织尺数,半之,余,以乘织讫日数,即得。②

又,《张丘建算经》卷上第32题云:

> 今有与人钱,初一人与三钱,次一人与四钱,次一人与五钱,以次与之,转多一钱。与讫还敛聚与均分之,人得一百钱。问人几何?答曰:一百九十五人。术曰:置人得钱数,以减初人钱数,余,倍之。以转多钱数加之,得人数。③

考《九章算术》,等差数列思想大概是从配分比例算题中发展而来的,因为《九章算术》多将等差数列问题隐含在配分比例的算法之中。例如,《九章算术·衰分》第1题、第2题及第8题,就是按照等差级数的关系来分配物品。《孙子算经》卷下第24题云:

> 今有方物一束,外周一匝有三十二枚。问积几何?答曰:八十一枚。术曰:重置二位。上位减八,余加下位,至尽虚加一,即得。④

依据术文,知《孙子算经》的解题思路是:自外周的数32,逐次减去8,得到自外向内各层的数(中心1枚除外)是32、24、16、8、1,然后再用加法将它们加起来得81。除中心1外,其余为等差级数,显而易见,这是一个等差级数的求和问题,可惜,《孙子算经》没有提出求和的简法。⑤

(二)从思维创新角度看《张丘建算经》的历史地位

什么是创新思维?简单地说,创新思维就是超常规地运用多种思维形式对认识对象进行新的解读和认知,它具有新颖独特、系统整合、怀疑批判、交叉边缘、跳跃灵动等特征,其思维形式主要有发散、灵感与顿悟、逆向、移植、组合、类比等。我们在仔细阅读了《张丘建算经》所选录的92道算题之后,无不为其运用多种思维形式展开对传统算法的不懈探索和革新精神而折服。

比如《张丘建算经》卷中第22题云:

> 今有弧田,弦六十八步五分步之三,为田二亩三十四步四十五分步之三十二。问

① 纪志刚:《南北朝隋唐数学》,第111页。
② (北魏)张丘建:《张丘建算经》卷上,郭书春、刘钝校点:《算经十书(二)》,第11页。
③ (北魏)张丘建:《张丘建算经》卷上,郭书春、刘钝校点:《算经十书(二)》,第14页。
④ 《孙子算经》卷下,郭书春、刘钝校点:《算经十书(二)》,第22页。
⑤ 中国数学会上海分会中学数学研究委员会:《数列与极限》,上海:上海教育出版社,1959年,第41页。

矢几何？答曰：矢一十二步三分步之二。术曰：置田积步，倍之为实。以弦步数为从（纵）。①

与《九章算术》的弧田面积公式相比，张丘建将其整系数变成了分数系数，这即是一种扩散思维。又如，对于二元一次方程，张丘建在《九章算术》和《孙子算经》的基础上，不仅有所发展，而且更有所创造。我们知道，《九章算术·方程》共载有 8 道二元一次方程组算题，其中有一道算题云：

> 今有甲乙二人持钱不知其数。甲得乙半而钱五十，乙得甲太半而亦钱五十。问甲、乙持钱各几何？答曰：甲持三十七钱半，乙持二十五钱。术曰：如方程，损益之。②

经考，《孙子算经》卷下第 27 题的基本内容和解法，与《九章算术》大同小异。然而，《张丘建算经》卷下第 15 题，其内容看上去虽与《九章算术》类同，但在算法方面却添加了不少新的思想成分。其题云：

> 今有甲、乙怀钱，各不知其数。甲得乙十钱，多乙余钱五倍。乙得甲十钱，适等。问甲、乙怀钱各几何？答曰：甲三十八钱，乙十八钱。术曰：以四乘十钱，又以七乘之，五而一。所得，半之。以十钱增之，得甲钱数。以十钱减之，得乙钱数。③

有学者用"定差倍数问题"来求解④也能通，说明张丘建确实添加了不少新的思想成分。我们知道，"定差倍数问题"的数量关系是知道两个数的差，又知道大数是小数的若干倍，而求这两个数。其解法大多以小数作为标准数，并依据大、小数之差为小数的多少倍，先求出小数，然后求出大数。张丘建在算题中灵活运用逆向思维来求解答案，具体实例见前，此不赘述。此外，在下面的算题中，张丘建用到了正反转换思维法。

《张丘建算经》卷下第 30 题云：

> 今有立方九十六尺，欲为立圆，问径几何？答曰：一百一十六尺四万三百六十九分尺之一万一千九百六十八。术曰：立方再自乘，又以十六乘之，九而一。所得，开立方除之，径得九径。⑤

《张丘建算经》卷下第 31 题又云：

> 今有立圆径一百三十二尺，问为立方几何？答曰：一百八尺三万四千九百九十三分尺之三万四千二十。术曰：今径再自乘，九之，十六而一。开立方除之，得立方。⑥

① （北魏）张丘建：《张丘建算经》卷中，郭书春、刘钝校点：《算经十书（二）》，第 25 页。
② （三国·魏）刘徽：《九章算术》卷 8《方程》，郭书春、刘钝校点：《算经十书（一）》，第 89 页。
③ （北魏）张丘建：《张丘建算经》卷下，郭书春、刘钝校点：《算经十书（二）》，第 33 页。
④ 龚焱：《趣味代数一百例》，昆明：云南人民出版社，1981 年，第 50 页。
⑤ （北魏）张丘建：《张丘建算经》卷下，郭书春、刘钝校点：《算经十书（二）》，第 40 页。
⑥ （北魏）张丘建：《张丘建算经》卷下，郭书春、刘钝校点：《算经十书（二）》，第 41 页。

再有,《张丘建算经》卷下第 32 题亦云:

> 今有立方材三尺,锯为方枕一百二十五枚。问一枚为立方几何? 答曰:一枚方六寸。术曰:以材方寸数再自乘,以枚数而一。所得,开立方除之,得枕方。[①]

张丘建不一定意识到了正反转换思维是数学创新的一种重要方式,但是通过上述从立圆变为立方和从立方变为立圆两个实例不难看出,张丘建已经能够熟练地应用正反转换思维于算题之中了,说明这种思维创新方法不仅历史悠久,而且确实能有效激活客观事物之间的内在联系,并使思维细胞在不同的张力下不断延伸和碰撞,从而有所创造和有所发明。比如,曹冲称象及马赛尔·比希对圆珠笔的改良等,都是成功应用转换思维法来解决疑难问题的著名事例。

当然,《张丘建算经》也不是没有瑕疵,例如,圆周率的数值经过刘徽、祖冲之等数学家的计算,已经精确到了小数点后 7 位,可惜,《张丘建算经》仍然沿袭古率,取 $\pi = 3$,由于这个数值较为粗疏,所以在有关圆体积的运算方面,尽管张丘建所创立的数学公式是正确的,但他计算出来的数值却是不精确的。

第二节　郦道元的地理学思想

郦道元字善长,北魏范阳郦亭人。卒于北魏孝昌三年(527),生年不详[②]。郦道元出生在一个官宦之家,其父郦范曾任青州刺史,此间郦道元度过了一段纯真的童年。他在《水经注》中称:"余少无寻山之趣,长违问津之性,识绝深经,道沦要博。"[③]由此字里行间所透露的信息可知,郦道元性格比较内向,喜欢读书,秉性耿直。然因其不善阿谀奉承,曲意媚上,尤其不谙官道,故仕途坎坷。据《北史》本传载:

> 初袭爵永宁侯,例降为伯。御史中尉李彪以道元执法清刻,自太傅掾引为书侍御史。彪为仆射李冲所奏,道元以属官坐免。景明中,为冀州镇东府长史。刺史于劲,顺皇后父也,西讨关中,亦不至州,道元行事三年。为政严酷,吏人畏之,奸盗逃于他境。后试守鲁阳郡,道元表立黉序,崇劝学教。……孝昌初,梁遣将攻扬州,刺史元法僧又于彭城反叛。诏道元持节、兼侍中、摄行台尚书,节度诸军,依仆射李平故事。梁军至涡阳,败退。道元追讨,多有斩获。后除御史中尉。道元素有严猛之称,权豪始颇惮之。而不能有所纠正,声望更损。司州牧、汝南王悦嬖近左右丘念,常与

---

① (北魏)张丘建:《张丘建算经》卷下,郭书春、刘钝校点:《算经十书(二)》,第 41 页。
② 学界有郦道元生于北魏太安元年(455)、天安元年(466)、皇兴元年(467)、皇兴三年(469)、皇兴四年(470)、延兴二年(472)、太和九年(485)等说法,由于史料所限,笔者虽不敢确定郦道元的生年,但根据郦氏自述"余总角之年(指童年),侍节东州"之语,可以初步推断郦道元生于皇兴初年。
③ (北魏)郦道元撰,谭属春、陈爱平校点:《水经注·郦道元水经注原序》,长沙:岳麓书社,1995 年,第 1 页。

卧起。及选州官，多由于念。念常匿悦第，时还其家，道元密访知，收念付狱。悦启灵太后，请全念身，有敕赦之。道元遂尽其命，因以劾悦。时雍州刺史萧宝夤反状稍露，侍中、城阳王徽素忌道元，因讽朝廷，遣为关右大使。宝夤虑道元图己，遣其行台郎中郭子帙围道元于阴盘驿亭。亭在冈上，常食冈下之井。既被围，穿井十余丈不得水。水尽力屈，贼遂逾墙而入。道元与其弟道（阙）二子俱被害。道元瞋目叱贼，厉声而死。宝夤犹遣敛其父子，殡于长安城东。事平，丧还，赠吏部尚书、冀州刺史、安定县男。[①]

学者的秉性是对学问应严谨、执着和一丝不苟。然而，如果把这种学术型思维用来处理人与人的关系，就必然会遭遇"人情型"权力的打压。所以在运用权力的过程中，郦道元不讲人情，依法办事，一方面，他"为政严酷，吏人畏之，奸盗逃于他境"，社会治安良好；另一方面，他"威猛为政"，在任东荆州刺史期间，"蛮人诣阙讼其刻峻"，故被免官。当然，郦道元的可贵之处还在于他不怕得罪权贵，不过，在北魏腐朽政治的笼罩下，郦道元最终却因得罪了权贵而招来杀身之祸。中国古代有许多官僚型学者，他们的学问很高，却往往为当权者所不容，所以他们的学术研究需要克服较一般学者更大的困难，也需要付出较一般学者更大的代价。据胡适考证，《水经注》这部地理学巨著大概是在郦道元"免官之后，起复之前，发愤写成的"[②]。以此为前提，袁行霈则明确断定"《水经注》约成书于北魏延昌、正光间（512—525）"[③]。继之，郦道元还不断修改和润色书稿，这就是为什么注中有些事件会发生在正光年间以后的原因[④]。郦道元的命运具有典型性，在那个动乱的年代，潜心于学术研究并不是一件易事，其间的干扰因素很多。从历史上看，中国古代许多科学名著都是在逆境中写成的，如"西伯拘而演《周易》；仲尼厄而作《春秋》；屈原放逐，乃赋《离骚》；左丘失明，厥有《国语》；孙子膑脚，《兵法》修列；不韦迁蜀，世传《吕览》"[⑤]等。可见，逆境是练就科学家非凡头脑的火炉，这是我们深刻认识郦道元地理学思想的重要前提。《魏书》本传载：

道元好学，历览奇书。撰注《水经》四十卷、《本志》十三篇，又为《七聘》及诸文，皆行于世。[⑥]

无论是从地理学史还是从地理学思想史的视角看，《水经注》都是一部划时代的伟大著作，它是地理与文学的合璧。[⑦]例如，陈桥驿就把"从4世纪初期直到6世纪后期之间的这种发生在中国境内的巨大人群所经历的地理变异"称为"地理大交流"，而郦道元的

---

① 《北史》卷27《郦范传附郦道元传》，第994—996页。
② 胡适：《试考水经注写成的年岁》，郑德坤、吴天任纂辑：《水经注研究史料续编》，台北：艺文印书馆，1984年，第363页。
③ 袁行霈主编：《中国文学史》第2卷，北京：高等教育出版社，1999年，第174页。
④ 徐中原：《〈水经注〉研究》，北京：民族出版社，2012年，第18页。
⑤ 《汉书》卷62《司马迁传》，北京：中华书局，1962年，第2735页。
⑥ 《魏书》卷89《郦道元传》，第1926页。
⑦ 徐中原：《〈水经注〉研究》，第1页。

《水经注》"正是这个时代的一切地理著作中登峰造极的作品。它不仅是地理大交流的丰硕成果，而且也是我国地理学史上的一颗光辉夺目的明珠"①。目前学界已从各个角度对这部不朽的地理学著作进行了深刻而细致的探索，成果颇丰。其代表作有陈桥驿的《〈水经注〉研究》②及《郦道元与〈水经注〉》③，徐中原的《〈水经注〉研究》④，宋维迪的《〈水经注〉研究》⑤，邢余的《〈水经注〉的园林研究》⑥，王杨的《〈水经注〉中人与自然关系以及对现代景观设计的启示》⑦，朱莉娜的《〈水经注〉所见关中地区城邑聚落研究》⑧等。下面笔者在前人研究成果的基础上，仅从思想史的角度对《水经注》的主要内容及历史地位略作阐释。

一、《水经注》的自然地理与人文地理思想述要

（一）《水经注》的内容结构与叙述方法

思想是人类最为复杂的认识活动，通常思想中的"所指"有其特定的对象，如对山水的认识、星辰的认识、疾病的认识等，当人们对这些特定对象进行系统考察和研究时，必然会形成一定的科学认识。例如，《水经注》是郦道元对北魏之前我国及部分邻国水道分布的系统考察和研究所形成的一种科学认识，故有"郦学"之称。

同创作一般的科学著作一样，郦道元在对1252条河流进行系统研究之前，先对河流做了下面的定义：

> 水有大小，有远近，水出山而流入海者，命曰经水；引他水入于大水及海者，命曰枝水；出于地沟，流于大水，及于海者，又命曰川水也。⑨

上述定义实际上就成了郦道元构建《水经注》整个内容框架的指导思想。按照"经水"、"枝水"和"川水"的逻辑排列，《水经注》以黄河、济水、淮河、沔水和长江五大水系为骨干，叙述了1252条水道的源流及水文地理、农田水利设施、风土人情、神话传说等内容，脉络清晰，详略得当，"以水证地，以地存古"⑩，不愧为一部杰出的综合性地理巨著。下面仅以黄河与长江水系的分布为例，简要叙述之。

（1）河水，亦即黄河。《水经注》卷1、卷2、卷3、卷4和卷5讲述黄河的源流及其干支关系、自然景观和人文气象等，篇幅最长，记述尤详。其主要支流可概述如下：

① 陈桥驿：《郦道元生平考》，《地理学报》1988年第3期，第241—242页。
② 陈桥驿：《〈水经注〉研究》，天津：天津古籍出版社，1985年，第7—394页。
③ 陈桥驿：《郦道元与〈水经注〉》，上海：上海人民出版社，1987年，第10—174页。
④ 徐中原：《〈水经注〉研究》，第3—182页。
⑤ 宋维迪：《〈水经注〉研究》，聊城大学2009年硕士学位论文，第3—43页。
⑥ 邢余：《〈水经注〉的园林研究》，天津大学2012年硕士学位论文，第15—108页。
⑦ 王杨：《〈水经注〉中人与自然关系以及对现代景观设计的启示》，天津大学2013年硕士学位论文，第9—64页。
⑧ 朱莉娜：《〈水经注〉所见关中地区城邑聚落研究》，陕西师范大学2014年硕士学位论文，第14—114页。
⑨ （北魏）郦道元撰，谭属春、陈爱平校点：《水经注》卷1《河水》，第2页。
⑩ 徐中原：《〈水经注〉研究》，第1页。

《水经注国·东汉大河漯沁入海图十五》绘了黄河的许多支流，陈桥驿认为它除了"从逢留河到湟水入河的黄河干流以外，还有南流入黄的支流湟水和北流入黄的支流漓水和洮水，这些支流的注记符号远远超过黄河干流"[1]。而这才是黄河上游的一段，如果连贯起来看，那黄河的支流就太繁复了，肯定已超出本书的篇幅。故为了简明起见，兹据《水经注》卷2的相关记述，不妨对其主要支流的分布状况略作阐释。

> 河水又东北流，入西平郡界，左合二川，南流入河。又东北，济川水注之，水西南出滥渎，东北流入大谷，谓之大谷水。北径浇河城西南，北流注于河。[2]

西平郡，东汉置，治所在西都县（今青海西宁）。"左合二川"指今贵德县河阴镇北的多拉河与农春河，而"济川水"亦称"大谷水"，则是指贵德县河阴镇西的西河。[3]浇河即洮河，与今甘肃境内的洮河同名，即今贵德县莫渠沟河，魏晋南北朝时称浇河。[4]

> 河水又东北径黄川城，河水又东径石城南，左合北谷水。[5]

经考，黄川城位于今贵德县至化隆县之间的黄河沿岸上，石城在今青海省尖扎县北黄河北岸，北谷水即今化隆县昂思多河。[6]

> 河水又东北径广违城北，右合乌头川水，水发远川，引纳支津，北径城东而北流，注于河。河水又东径邯川城南。城之左右，历谷有二水，导自北山，南径邯亭，注于河。河水又东，临津溪水注之，水自南山，北径临津城西而北流，注于河。[7]

广违城即广威县的治所，在今尖扎县当顺乡隆务河入黄河处的西岸。[8]乌头川水则指今黄河支流隆务河，亦称隆务格曲，它源于泽库县东部多禾茂乡夏德日山，流经泽库县、同仁市、尖扎县，在尖扎县昂拉乡汇入黄河。[9]邯川城在今甘都镇，位于今古什群峡和积石峡之间的黄河北岸谷地上。"历谷有二水"系指甘都镇北的巴燕河与镇西的毕消河，这两条河在甘都镇西汇合后流入黄河。[10]临津渡又称积石渡，或黄河上渡，在今积石山县大河家镇大河村。[11]而"临津溪水"据汪受宽考证应为大河家西边的银川河，它源于小积石

① （北魏）郦道元原著，（清）汪士铎图，陈桥驿校释：《水经注图》，济南：山东画报出版社，2003年，第16页。
② （北魏）郦道元撰，谭属春、陈爱平校点：《水经注》卷2《河水》，第22—23页。
③ 刘满：《河陇历史地理研究》，兰州：甘肃文化出版社，2009年，第13页。
④ 青海百科全书编纂委员会：《青海百科全书》，北京：中国大百科全书出版社，1998年，第354页。
⑤ （北魏）郦道元撰，谭属春、陈爱平校点：《水经注》卷2《河水》，第23页。
⑥ 李智信：《青海古城考辨》，西安：西北大学出版社，1995年，第269页。
⑦ （北魏）郦道元撰，谭属春、陈爱平校点：《水经注》卷2《河水》，第23页。
⑧ 汪受宽：《西北史札》，兰州：甘肃文化出版社，2008年，第284页。
⑨ 刘满：《河陇历史地理研究》，第31页。
⑩ 刘满：《河陇历史地理研究》，第34页。
⑪ 董克义主编：《积石山史话》，兰州：甘肃文化出版社，2006年，第112页。

山，在临夏回族自治州西北 60 里，北流至大河家镇西，入黄河。[1]与此稍有不同，《积石山保安族东乡族撒拉族自治县志》云："在今大河家西侧，有自刘家集北来的水一条，河床甚宽，但现在水枯季节，只余细流或干涸，故名干河滩，从地理方位及距离言，此当为临津溪。"[2]笔者以为后者更符合郦道元的原意。

> 河水又东，左会白土川水，水出白土城西北下，东南流径白土城北，又东南注于河。[3]

白土川水即指源自化隆县东拉脊山的黑营河，东南流经今民和县杏儿沟入黄河。[4]

> 河水又东北会两川，右合二水，参差夹岸连壤，负险相望。……（唐述山）下封有水，导自是山溪水，南注河，谓之唐述水。[5]

据谭家健考证，上文应以"河水又东"为句，"北会两川"即左会两川。下文"右合二水"即南会二水。这样，"参差夹岸"指南岸两水与北岸两川一左一右，再一左一右分别注入黄河，交错如叶脉然。[6]而唐述水则是指炳灵寺侧的大寺沟水。[7]

> 河水又东得野亭南，又东北流，历研川，谓之研川水。又东北注于河，谓之野亭口。[8]

野亭水与研川水同，即今甘肃积石山县的银川河。[9]

> 河水又东与漓水合，水导源塞外羌中。……河水又东，洮水注之。[10]

漓水即今大夏河，"洮水入河在小川，即现在永靖县城所在处"[11]。

> 大河在金城北门。东流，有梁泉注之，出县之南山。[12]

金城，一些学者认为在今兰州市西固区，也有学者认为在今兰州城区，而"梁泉在今关山北麓，泉流入寺儿沟，寺儿沟水在西固区钟家河东侧注入黄河，寺儿沟水即古代的梁

---

① 汪受宽：《西北史札》，第 282 页。

② 甘肃省积石山保安族东乡族撒拉族自治县志编纂委员会：《积石山保安族东乡族撒拉族自治县志》，兰州：甘肃文化出版社，1998 年，第 545 页。

③ （北魏）郦道元撰，谭属春、陈爱平校点：《水经注》卷 2《河水》，第 23 页。

④ 刘满：《河陇历史地理研究》，第 55 页。

⑤ （北魏）郦道元撰，谭属春、陈爱平校点：《水经注》卷 2《河水》，第 23 页。

⑥ 谭家健：《读〈水经注〉小札》，《辽宁大学学报（哲学社会科学版）》1986 年第 2 期，第 29 页。

⑦ 刘满：《河陇历史地理研究》，第 59 页。

⑧ （北魏）郦道元撰，谭属春、陈爱平校点：《水经注》卷 2《河水》，第 23—24 页。

⑨ 刘光华主编：《西北通史》第 1 卷，兰州：兰州大学出版社，2005 年，第 59 页；刘满：《河陇历史地理研究》，第 60 页。

⑩ （北魏）郦道元撰，谭属春、陈爱平校点：《水经注》卷 2《河水》，第 24—25 页。

⑪ 陈守忠：《河陇史地考述》，兰州：甘肃人民出版社，2007 年，第 294 页。

⑫ （北魏）郦道元撰，谭属春、陈爱平校点：《水经注》卷 2《河水》，第 30 页。

泉水"①。

> 苑川水出勇士县之子城南山，东北流，历此成川，世谓之子城川。又北径牧师
> 苑，故汉牧苑之地也。②

勇士县（治所在今甘肃榆中县），西汉置，西晋废，这里曾是"汉牧师苑之地"。因此，"古人就把牧师苑所在的今榆中县苑川河流域命名为苑川，把流经苑川的河命名为苑川水"③。

> 河水径其界东北流，县西南有泉源，东径其县南，又东北入河也。④

甘肃省武威市文化馆曾在景泰县芦阳镇东的麦窝发现一座汉代古城，被称作"吊沟古城"。有"泉源在西南兴泉堡附近喷出地表，东北流经古城下，再经响水于索桥渡口入河"。若以此与郦道元的上述记载对照，则知这座古城即汉代之媪围，其泉即媪围水。⑤

《水经》云："又东北过天水勇士县北。"郦道元注：

> 有水出县西，世谓之二十八渡水。东北流，溪涧萦曲，途出其中，径二十八渡，
> 行者勤于溯涉，故因名焉。北径其县而下注河，又有赤眭川水，南出赤蒿谷，北流径
> 赤眭川，又北径牛官川。又北径义城西北，北流历三城川，而北流注于河也。⑥

文中"二十八渡水"即今榆中县北的麋鹿沟，源于北山梁坪的马圈湾，北流至青城镇注入黄河。这条河已断流，变成季节河。而"赤眭川水"源于今榆中县东北的贡马井，东北流，又北流经榆中、靖远二县交界地，于靖远县北湾镇注入黄河。"牛官川"应系指今定西市安定区境内的关川河，北流与祖厉河汇合后流入黄河。⑦

> 河水东北流径安定祖厉县故城西北。……又东北，祖厉川水注之。水出祖厉南山，
> 北流径祖厉县而西北流，注于河。河水又东北径麦田城西，又北与麦田泉水合，水出城
> 西北，西南流注于河。河水又东北径麦田山西谷，山在安定西北六百四十里。河水又东
> 北径于黑城北，又东北，高平川水注之，即苦水也。水出高平大陇山苦水谷。⑧

据考，黄河从今榆中县、皋兰县进入白银市辖域，其流向为"东北流"，而流经祖厉古城时则变成"西北流"，故文中"祖厉川水"，有人认为即今祖厉河⑨，是流经祖厉县

---

① 兰州市地方志编纂委员会、兰州市建置区划志编纂委员会：《兰州市志》第 1 卷《建置区划志》，兰州：兰州大学出版社，1999 年，第 258 页。
② （北魏）郦道元撰，谭属春、陈爱平校点：《水经注》卷 2《河水》，第 31 页。
③ 刘满：《河陇历史地理研究》，第 372 页。
④ （北魏）郦道元撰，谭属春、陈爱平校点：《水经注》卷 2《河水》，第 31 页。
⑤ 魏晋贤：《甘肃省沿革地理论稿》，兰州：兰州大学出版社，1991 年，第 41 页。
⑥ （北魏）郦道元撰，谭属春、陈爱平校点：《水经注》卷 2《河水》，第 31 页。
⑦ 王希隆主编：《西北少数民族史研究》，北京：民族出版社，2003 年，第 404 页。
⑧ （北魏）郦道元撰，谭属春、陈爱平校点：《水经注》卷 2《河水》，第 31—32 页。
⑨ 王仁：《汉武帝西巡祖厉河》，中国人民政治协商会议甘肃省委员会文史资料和学习委员会：《甘肃文史资料选辑》第 60 辑，内部资料，2005 年，第 37 页。

（今会宁县）的一段黄河。但魏晋贤指出，祖厉河与"祖厉川水"有所区分[1]，后者源于华家岭北麓，北流经中川、丁家沟、新添、会师镇，在今会宁县城南与发源于党家岘乡砖井村的东河交汇，向西北流入黄河。[2] "麦田泉水"源自今靖远县哈思山和水泉尖山一带，流经今白银市平川区水泉镇水泉村东，在大黄湾村附近流入黄河。[3] "高平川水"发源于六盘山东麓固原市开城镇，向北流经固原市原州区、中卫市海原县等地，在中宁县的泉眼山西侧注入黄河，因汇水如马饮河等含碱量较高，水质咸苦，故名"苦水"，沿线支流甚多，在此从略。

《水经》云："（黄河）又北过北地富平县西。"郦道元注：

> 河侧有两山相对，水出其间，即上河峡也……河水又北，薄骨律镇城。在河渚上，赫连果城也。……河水又北与枝津合。水受大河，东北径富平城，所在分裂，以溉田圃，北流入河，今无水。[4]

文中"上河峡"位于今宁夏青铜峡市，"薄骨律镇城"在今宁夏吴忠市利通区。"枝津"出青铜峡后向东分流，流到黄沙窝海子，又沿着鄂尔多斯台地西缘向北流去，形成一个较大的河湾，惜北魏时"已无水"[5]。

"又北过朔方临戎县西"，郦道元注：

> 河水又北，径临戎县故城西。……河水又北，有枝渠东出，谓之铜口……河水又北屈而为南河出焉。河水又北迤西溢于窳浑县故城东。……其水积而为屠申泽，泽东西一百二十里。[6]

文中"枝渠"是汉代河套地区的水利灌溉工程，位于今黄河以北。有学者考证，这条东流的引黄干渠，应在沃野县境内，"铜口"即是在黄河东岸开凿的引水口，靠河水的自流进行灌溉。然而沃野县城已被黄河冲毁，沃野县的灌区应在今黄河南岸的杭锦旗境内。黄河流入阴山山麓，一分为"南河"（今包头一段黄河）与"北河"两支，其中"南河"不断南移。"即在南河以北的黄河正干上，向西溢入屠申泽中"[7]，它与黄河相通。据考，此泽面积为 700 多平方千米，但在北魏以后，河道逐渐东移，加上沙漠时时东侵，屠申泽慢慢变小。[8]

《水经》云："（黄河）又东过临沃县南。"郦道元注：

---

① 魏晋贤：《甘肃省沿革地理论稿》，第 10 页。
② 李志中主编：《会宁史话》，兰州：甘肃文化出版社，2008 年，第 157 页。
③ 刘满：《河陇历史地理研究》，第 100 页。
④ （北魏）郦道元撰，谭属春、陈爱平校点：《水经注》卷 3《河水》，第 34 页。
⑤ 杨森翔：《吴忠与灵州史实十二问答》，宁夏回族自治区文史研究馆：《宁夏文史》第 22 辑，内部资料，2006 年，第 178 页。
⑥ （北魏）郦道元撰，谭属春、陈爱平校点：《水经注》卷 3《河水》，第 35 页。
⑦ 曾昭璇、曾宪珊：《历史地貌学浅论》，北京：科学出版社，1985 年，第 225 页。
⑧ 黄河防洪志编纂委员会、黄河志总编辑室：《黄河志》卷 7《黄河防洪志》，郑州：河南人民出版社，1991 年，第 483 页。

河水又东，枝津出焉。河水又东流，石门水南注之，水出石门山。……河水决其
西南隅。又东南，枝津注焉，水上承大河于临沃县，东流七十里，北溉田，南北二十
里，注于河。河水又东径塞泉城南而东注。①

文中"石门水"亦称昆都仑河，它是黄河在包头市境内最大的支流。②而"河水决其
西南隅"之后的话意思是说"河水在固阳西南决开一个东南流向的岔流，该岔流从临沃以
上大河上开口，东流 35 公里，并灌溉北侧一面的土地，最后岔流又注到大河里去。很明
显，这条岔流就是早期的三湖河。所以后来的三湖河也是一条天然河道，并被用作灌溉
渠道"③。

河水屈而流，白渠水注之。……芒干水又西南，径云中城北，白道中溪水注之，
水发源武川北塞中……其水又西南历中溪，出山西南流，于云中城北，南注芒干
水。……其水历谷南出山，西南入芒干水。芒干水又西南注沙陵湖，湖水西南入于
河。④

芒干水，又名"大黑河"，是黄河河套段的重要支流之一，它发源于塞外，支流较
多，其下游流入黄河段始称"白渠水"（今什拉乌素河），又名"黄水河"等。⑤"白道中
溪水"即今武川县境内的抢盘河，包括其支流昆都仑。沙陵湖在托克托县五申镇一带，
亦称"金河泊"，一直相沿至辽金元时期，清朝以后始称黛山湖，道光咸丰年间因黄河屡
次改道，加上垦地渐多，水土流失严重，故该湖逐渐淤湮为一沼泽，后来到民国初年湖泊
消失。

《水经》云："（黄河）又南过赤诚东，又南过定襄桐过县西。"郦道元注：

河水于二县之间，济有君子之名。……即名其津为君子济。济在云中城西南二百
余里。河水又东南，左合一水，水出契吴东山，西径故里南，北俗谓之契吴亭。其水
又西流注于河。河水又南，树颓水注之，水出东山西南流，右合中陵川水，水出中陵
县西南山下，北俗谓之大浴真山，水亦取名焉。东北流，径中陵县故城东，北俗谓之
北右突城。……其水又西北，右合一水，水出东山，北俗谓之贷敢山，水又受名焉。
其水西北流，注于中陵水。中陵水又西北流，径善无县故城西。⑥

文中"君子济"系黄河四大渡口（其他为龙门、风陵、大禹三渡）之一，在今内蒙古
自治区托克托县西南部黄河之上，是晋、陕两省，以及内蒙古鄂尔多斯商贸往来的重要渡

---

① （北魏）郦道元撰，谭属春、陈爱平校点：《水经注》卷 3《河水》，第 37 页。
② 水利部综合事业局、中国水利报社主编：《美丽中国：走进水利风景区》，北京：中国环境出版社，2013 年，第
132 页。
③ 黄河防洪志编纂委员会，黄河志总编辑室：《黄河志》卷 7《黄河防洪志》，第 484 页。
④ （北魏）郦道元撰，谭属春、陈爱平校点：《水经注》卷 3《河水》，第 38—39 页。
⑤ （北魏）郦道元著，（清）汪士铎图，陈桥驿校释：《水经注图》，第 13 页。
⑥ （北魏）郦道元撰，谭属春、陈爱平校点：《水经注》卷 3《河水》，第 40 页。

口。① "河水又东南，左合一水"，雍正《山西通志》记有"偏头关官河至河口入河"②，故"左合一水"之"一水"应系指官河。"树颓水"即今内蒙古自治区清水河县境内的清水河，发源于山西料八山，向西北倾。"中陵川水"亦称红河，与清水河同源，但向东倾，流至郑家营转向北，后在和林格尔县新店子镇与清水河汇合。此外，中途汇入红河的支流比较多，主要有三道营子河、古力半几河、马场河等。

《水经》云："（黄河）又南过西河圁阳县东。"郦道元注：

> 圁水出上郡白土县圁谷，东径其县南。……东至长城，与神衔水合，水出县南神衔山，出峡，东至长城，入于圁。圁水又东径鸿门县。县，故鸿门亭。……又东，桑谷水注之，水出西北桑溪，东北流，入于圁。圁水又东径圁阳县南，东流注于河。河水又东，端水入焉。水西出号山。……河水又南，诸次之水入焉……其水东入长城，小榆水合焉。历涧西北，穷谷其源也。又东合首积水，水西出首积溪，东注诸次水，又东入于河。③

文中"圁水"即今陕西神木市窟野河，"神衔水"即今神木市北麻家塔河。④因"圁水"的支流较多，故此从略。

《水经》云："（黄河）又南过河东北屈县西。"郦道元注：

> 河水又南，羊求水入焉。水东出羊求川，西径北屈县故城南。城，即夷吾所奔邑也。……其水西流，注于河。河又南为采桑津。……赤水出西北罝谷川东，谓之赤石川，东入于河。河水又南合蒲水，西则两源并发，俱导一山，出西河阴山县，王莽之山宁也。阴山东麓，南水东北与长松水合，水西出丹阳山东，东北流，左入蒲水，蒲水又东北与北溪会，同为一川，东北注河。⑤

文中"羊求水"今名清水河，发源于山西吉县东部的高天山，西流经县城东南，注入黄河。⑥采桑津又称蛤蟆渡，故址在今山西吉县之清水河注入黄河处。"赤石川"一说指今陕西宜川县北部之一水；一说即今陕西宜川县的仕望川；或疑此水今竭，待考。"蒲水"源出山西永和县佶北山，东南流至隰县西南合紫川河，又西南流入大宁县界的昕水河，然后往西流入黄河。至于"阴山东麓，南水东北与长松水合"中之"南水"及"长松水"，学界至今尚未辨明，兹不引述。

> 河水又南，丹水西南出丹阳山，东北径冶官东。俗谓之丹阳城，城之左右，犹有遗铜矣。其水东北会白水口，水出丹山东，而西北注之，丹水又东北入河。河水又

---

① 徐成志编著：《中华山水掌故辞典》，广州：广东人民出版社，1997年，第95页。
② 雍正《山西通志》卷34《水利》，《景印文渊阁四库全书》第543册，台北：台湾商务印书馆，1986年，第163页。
③ （北魏）郦道元撰，谭属春、陈爱平校点：《水经注》卷3《河水》，第42—43页。
④ 史念海：《河山集（二集）》，北京：生活·读书·新知三联书店，1981年，第454页。
⑤ （北魏）郦道元撰，谭属春、陈爱平校点：《水经注》卷4《河水》，第47—48页。
⑥ 刘纬毅：《山西历史地名词典》，太原：山西古籍出版社，2004年，第98页。

南，黑水西出丹山东，而东北入于河。河水又南至崿谷，傍谷东北穷涧，水源所导也，西南流注于河。河水又南，洛水自猎山枝分东派，东南注于河。①

文中"丹水"又称"白水河"，源出陕西宜君县云梦山，流经白水县、蒲城县，入北洛河。

《水经》云："（黄河）又南出龙门口，汾水从东来注之。"郦道元注：

> 昔者大禹导河积石，疏决梁山，谓斯处也。……河水又南，右合畅谷水，水自溪东南流，径夏阳县西北，东南注于河。②

文中"汾水"源自山西神池县龙泉镇，在万荣县荣河镇注入黄河。"畅谷水"又名盘河，源自陕西韩城市桑树坪镇西子峙山南麓，在上庄村汇入小长川水和泡泉川水，后汇入汶水向东注入黄河。

《水经》云："（黄河）又南至华阴潼关，渭水从西来注之。"郦道元注：

> 河在关内南流，潼激关山，因谓之潼关。濩水注之，水出松果之山，北流径通谷，世亦谓之通谷水，东北注于河。③

渭水源自甘肃省渭源县的鸟鼠山，东流穿越关中平原，至潼关注入黄河，这里是中华文明的重要发祥地之一。其他如泾河、漆水河、北洛河等支流，从略。

《水经》云："（黄河）又东过河北县南。"郦道元注：

> 蓼水出襄山蓼谷，西南注于河。河水又东，永乐涧水注之……河水右会槃涧水，水出湖县夸父山，北径汉武帝思子宫归来望思台东，又北流入于河。……湖水又北径湖县东，而北流入于河。④

文中"蓼水"即古之共水，今为山西省芮城县东三十里的恭水涧。"永乐涧水"今称葡萄涧河，源自芮城县中部，在古魏镇注入黄河。⑤"槃涧水"即今河南灵宝市西的枣乡河，"湖水"即今灵宝市的阳平河。⑥

> 河水又东合柏谷水，水出宏（弘）农县南石堤山……河水又东，右合门水，门水，即洛水之枝流者也。洛水自上洛县东北于拒阳城西北，分为二水。枝渠东北出，为门水也。门水又东北历阳华之山，即《山海经》所谓阳华之山，门水出焉者也。又东北历峡，谓之鸿关水。……又东北，烛水注之，水有二源，左水南出于衡岭，世谓之石城山，其水东北流，迳石城西，东北合右水；右水出石城山，东北径石城东，东北入左水。……河水又东，左合一水，其水二源疏引，俱导薄山。南流会成一川。其

① （北魏）郦道元撰，谭属春、陈爱平校点：《水经注》卷4《河水》，第48页。
② （北魏）郦道元撰，谭属春、陈爱平校点：《水经注》卷4《河水》，第48页。
③ （北魏）郦道元撰，谭属春、陈爱平校点：《水经注》卷4《河水》，第53页。
④ （北魏）郦道元撰，谭属春、陈爱平校点：《水经注》卷4《河水》，第54—55页。
⑤ 宋万忠编著：《运城市情词典》，内部资料，2008年，第190页。
⑥ 周俭主编：《丝绸之路交通线路（中国段）历史地理研究》，南京：江苏人民出版社，2012年，第37页。

二水之内，世谓之闲原，言虞芮所争之田，所未详矣。又南注于河。河之右，曹水注之，水出南山，北径曹阳亭西。……河水又东，菑水注之。水出常烝之山，西北径曲沃城南，又屈径其城西，西北入河。……河水又东得七里涧，涧在陕城西七里，故因名焉。……河水又东合漅水，水导源常烝之山。俗谓之为干山，盖先后之异名也。①

"曹水"即今河南灵宝市东好阳河，源出三门峡市陕州区青岗山东南麓。"菑水"即今菑阳河，源自河南三门峡市陕州区张汴乡卢庄村一带，北流经南曲沃、黄村注入黄河。②"七里涧"即今河南三门峡市陕州区西苍龙河，自南向北注入黄河。漅水亦名干头河，又名苍龙涧，源自今河南三门峡市陕州区南部的崤山，北流注入黄河。

《水经》云："（黄河）又东过平县北，湛水从北来注之。"郦道元注：

东至于孟津者也。又曰富平津。……今于首阳东山，无水以应之，当是今古世悬，川域改状矣。……又东，济水注焉。又东过巩县北，河水于此有五社渡，为五社津。③

文中"孟津"又名富平津，在河南洛阳市孟津区东北、孟州市西南。"济水"有"南济水"和"北济水"之分，"南济水"是从黄河分引出来的支流，在今山东济南以北入海，宋以后南济水的名称便不再用了。"北济水"源自今河南济源王屋山，向南流，后注入黄河。④

洛水于巩县东径洛汭，北对琅邪渚，入于河，谓之洛口矣。自县西来，而北流注河，清浊异流，鼢焉殊别。⑤

文中"洛水"即今河南西部的洛河，向东流至今河南巩义市后注入黄河。⑥

河水自洛口又东，左径平皋县南，又东径怀县南，济水故道之所入，与成皋分河。河水右径黄马坂北，谓之黄马关。……今济水自温县入河，不于此也。所入者，奉沟水耳，即济沇之故渎矣。……北流合东关水。水出嵩渚之山，泉发于层阜之上，一源两枝，分流泻注，世谓之石泉水也。东为索水，西为东关之水。西北流，杨兰水注之，水出非山，西北流注东关水。东关水又西北，清水入焉。水自东浦西流，与东关水合，而乱流注于汜。汜水又北，右合石城水，水出石城山。……汜水又北流注于河。⑦

文中"济水故道"，据考呈"十字沟"："西通'出河之济'，南通荥泽，东通济水，北

① （北魏）郦道元撰，谭属春、陈爱平校点：《水经注》卷4《河水》，第56—58页。
② 周俭主编：《丝绸之路交通线路（中国段）历史地理研究》，第43页。
③ （北魏）郦道元撰，谭属春、陈爱平校点：《水经注》卷5《河水》，第66—67页。
④ 赵望秦、张艳云、段塔丽译注：《水经注选译》，南京：凤凰出版社，2011年，第42页。
⑤ （北魏）郦道元撰，谭属春、陈爱平校点：《水经注》卷5《河水》，第67页。
⑥ 赵望秦、张艳云、段塔丽译注：《水经注选译》，第116页。
⑦ （北魏）郦道元撰，谭属春、陈爱平校点：《水经注》卷5《河水》，第67—69页。

通黄河。"①"黄马关"在今荥阳市汜水镇成皋故城西,"成皋分河"即怀县与成皋以河水分界,前者在今河南武陟县西南阳城西北,后者在今荥阳市西北汜水东。②"奉沟水"指人工开挖的渠道,当时沁水在沁口以下分出朱沟水,而"奉沟水"则是朱沟的一个支渠,其下游是北魏以前的济水故渎,由温县入黄河。③"石泉水"源自今荥阳市刘河镇分水岭村,分为两支,西流为东关水,与汜水合流入黄河;东流即索水。而荥阳南部诸水汇于今荥阳市崔庙镇一带之崔庙盆地成为湖水,迤而北流,始名索水。④"杨兰之水不详,疑为北山(五云山)南麓之水。"⑤或谓"桃花河疑即车关水",而"桃花河源出分水岭南,向南流过佛陀寺,经紫金山,过克家寨,会徐家泉而西,更名曰泥河,入于汜"⑥。"清水"当是东南来之水,故曰"东浦西流"⑦。"汜水"源自新密市米村镇田种湾,流经巩义市的米河、荥阳市的高山镇,在汜水镇口子村注入黄河。⑧

《水经》云:"(黄河)又东北过武德县东,沁水从西北来注之。"郦道元注:

> 河水又径东燕县故城北,河水于是有棘津之名,亦谓之石济津,故南津也。……河水又东,淇水入焉。又东径遮害亭南。⑨

文中"沁水"源自山西沁源北的太岳山东麓,向南流至河南武陟东南注入黄河。⑩"石济津"在今河南滑县西南、延津县东北的古黄河畔,是黄河古渡口之一,清代时河道已湮成陆地。"淇水"古为黄河支流,后为卫河的支流。⑪

《水经》云:"(黄河)又东北过卫县南,又东北过濮阳县北,瓠子河出焉。"郦道元注:

> 河水东北流而径濮阳县北,为濮阳津。故城在南,与卫县分水。城北十里有瓠河口,有金堤、宣房堰。……河水又东北径卫国县南,东为郭口津。……又东北入东武阳县,东入河。又有漯水出焉,戴延之谓之武水也。⑫

文中"濮阳津"在今河南濮阳县西南,已不复存在。"漯水"系古代黄河下游的主要支流之一,上源漯河在今济南市章丘区东北流入芽庄湖,而芽庄湖以下河道则称

---

① 王颋:《黄河故道考辨》,上海:华东理工大学出版社,1995 年,第 7 页。
② 王颋:《黄河故道考辨》,第 7 页。
③ 张汝翼:《沁河广利渠工程史略》,南京:河海大学出版社,1993 年,第 50 页。
④ 陈万卿:《索水源流考》,河南省文物考古学会:《河南文物考古论集(四)》,郑州:大象出版社,2006 年,第 175 页。
⑤ 陈万卿:《汜水源流考》,安平秋、曹书杰、李德山主编:《史记论丛》第 6 集,长春:吉林人民出版社,2009 年,第 456 页。
⑥ 民国《汜水县志》上册,郑州:中州古籍出版社,2006 年,第 12 页。
⑦ 民国《汜水县志》上册,第 12 页。
⑧ 郑州市地方史志编纂委员会:《郑州市志》第 1 分册,郑州:中州古籍出版社,1999 年,第 304 页。
⑨ (北魏)郦道元撰,谭属春、陈爱平校点:《水经注》卷 5《河水》,第 70 页。
⑩ 赵望秦、张艳云、段塔丽译注:《水经注选译》,第 58 页。
⑪ 刘有富、刘道兴主编:《河南生态文化史纲》,郑州:黄河水利出版社,2013 年,第 32 页。
⑫ (北魏)郦道元撰,谭属春、陈爱平校点:《水经注》卷 5《河水》,第 78—79 页。

杏花河。①

《水经》云："（黄河）又东北过杨虚县东，商河出焉。"郦道元注：

> 商河首受河水，亦漯水及泽水所潴也。渊而不流，世谓之清水。自此虽沙涨填塞，厥迹尚存。历泽而北，俗谓之落里坑。径张公城西，又北，重源潜发，亦曰小漳河。……大河又北径张公城。……水有津焉，名之曰张公渡。……大河右溢，世谓之甘枣沟。②

文中"商河"亦名小漳河，源自河北省邯郸市曲周县东部，东南过衡水湖，始称"东水河"。"张公渡"在今山东德州市平原县南六十里。"甘枣沟"在今山东临邑县北古黄河之南，是一条分洪道。《水经注》载："（黄河）又东北过利县北，又东北过甲下邑，济水从西来注之，又东北入于海。"③

（2）江水，亦即长江。《水经》云："岷山在蜀郡氐道县，大江所出，东南过其县北。"郦道元注：

> 岷山即渎山也，水曰渎水矣。又谓之汶阜山，在徼外，江水所导也。……东南下百余里，至白马岭，而历天彭阙……江水自天彭阙东径汶关，而历氐道县北。……又南下六十里至石镜。又六十余里而至北部，始百许步。又西百二十余里，至汶山故郡，乃广二百余步。又西南百八十里至湿坂，江稍大矣。……东北百四十里曰崃山，中江所出，东注于大江。④

文中"岷山"又名汶山，位于甘肃省南部和四川省北部交界处。邓少琴认为："此乃就蜀郡所载湔氐道江水所出，绵虒县湔水所出，汶江县灖水（即浥水）所出及《水经注》所载，而拉杂错乱出之，未足为据。"⑤"白马岭"指岷江上游四川松潘县境内的一座山岭，"天彭阙"为李冰勘查岷江上游山区时所看到的一处峡谷景观，当系河谷中左右有立石（阙）的地形。⑥"石镜"则指今岷江上游四川茂县叠溪东南的山岭之一。"汶山故郡"即今四川汶川县。"湿坂"当在今汶川县威州镇。"崃山"即邛崃山，为岷江与大渡河的分水岭。

> 又有湔水入焉。水出绵虒道，亦曰绵虒县之玉垒山。……江水又历都安县。县有桃关、汉武帝祠。李冰作大堰于此，壅江作堋。⑦

文中"湔水"即今湔江，源自湔山（即玉垒山），"汇山溪诸水由北向南蜿蜒穿流，经关口出山，进入平原分为数支，呈扇形向东南辐射"⑧。"绵虒县"在今四川省汶川县绵虒

---

① 唐敏等：《山东省古地名辞典》，济南：山东文艺出版社，1993年，第192页。
② （北魏）郦道元撰，谭属春、陈爱平校点：《水经注》卷5《河水》，第83—85页。
③ （北魏）郦道元撰，谭属春、陈爱平校点：《水经注》卷5《河水》，第85页。
④ （北魏）郦道元撰，谭属春、陈爱平校点：《水经注》卷33《江水》，第485—486页。
⑤ 邓少琴编著：《巴蜀史稿》，重庆：重庆地方史资料组，1986年，第109页。
⑥ 四川省水利厅、四川省都江堰管理局编著：《都江堰水利词典》，北京：科学出版社，2004年，第75页。
⑦ （北魏）郦道元撰，谭属春、陈爱平校点：《水经注》卷33《江水》，第486页。
⑧ 四川省彭县志编纂委员会：《彭县志》，成都：四川人民出版社，1989年，第145页。

镇，"玉垒山"指成都市境内的龙门山，其主脉经彭州、汶川至都江堰市交界处，又分两脉向南，地势自西向东倾斜，是众多河流的发源地。①"都安县"在今四川都江堰市东南二十里导江铺。"壅江作堋"是对李冰都江堰水利枢纽工程的概括，它包括分水工程、溢洪工程和取水工程的设计布置，体现了朴素的系统工程思想。②

> 江水又径临邛县，王莽之监邛也。县有火井、盐水，昏夜之时，光兴上照。江水又径江原县，王莽更名邛原也，郫江水出焉。江水又东北径郫县下……湔水又东绝绵洛，径五城界，至广都北岸，南入于江，谓之五城水口，斯为北江。③

文中"临邛县"即今四川邛崃市。"江原县"在今四川崇州市江源街道东。"郫江水"又称成都江，系指成都二江中的郫江。"五城水口"在今四川中江东南。

《水经》云："又东南过犍为武阳县，青衣水、沫从西南来，合而注之。"郦道元注：

> 县有赤水，下注江。……文井江又东至武阳县天社山下，入江。……仆水又南径永昌郡邪龙县而与贪水合。水出青蛉县，上承青蛉水，径叶榆县，又东南至邪龙入于仆。……南流入于海。江水自武阳东至彭亡聚。昔岑彭与吴汉溯江水入蜀，军次是地，知而恶之。会日暮不移，遂为刺客所害。谓之平模水，亦曰外水。……县南有峨眉山，有蒙水，即大渡水也。④

文中"赤水"源自云南镇雄县，经贵州北流至四川注入长江。"文井江"是指都江堰渠系由四川"崇州西北山区发源处，直至汇入岷江段。"⑤"仆水"即今礼杜江、元江，下游为麋水（即今红河）。⑥"大渡水"即今四川康定西雅砻江支流坝拉河，"源于青海省境内的果洛山东南麓。自北向南流经雅安石棉县后折向东流，到乐山草鞋渡纳青衣江后入岷江"⑦。

《水经》云："又东北至巴郡江州县东，强水、涪水、汉水、白水、宕渠水五水合，南流注之。"郦道元注：

> 强水即羌水也。宕渠水即潜水、渝水矣。巴水出晋昌郡宣汉县巴岭山，郡隶梁州，晋太康中立，治汉中。县南去郡八百余里，故蜀巴渠。……江州县，故巴子之都也。……县下又有清水穴，巴人以此水为粉，则皓曜鲜芳，贡粉京师，因名粉水，故世谓之为江州堕林粉。粉水亦谓之为粒水矣。⑧

文中"强水"即羌水，今谓白水江。"涪水"源出岷山主峰雪宝顶，向南流至重庆市

---

① 张家文主编：《成都经济地理大辞典》，成都：天地出版社，1996年，第5页。
② 郭涛：《中国古代水利科学技术史》，北京：中国建筑工业出版社，2013年，第32页。
③ （北魏）郦道元撰，谭属春、陈爱平校点：《水经注》卷33《江水》，第486—488页。
④ （北魏）郦道元撰，谭属春、陈爱平校点：《水经注》卷33《江水》，第488—490页。
⑤ 罗开玉、谢辉：《成都通史》卷2《秦汉三国（蜀汉）时期》，成都：四川人民出版社，2011年，第276页。
⑥ 王继如主编：《汉书今注》卷28上《地理志》，南京：凤凰出版社，2013年，第933页。
⑦ 陈苇：《先秦时期的青藏高原东麓》，北京：科学出版社，2012年，第169页。
⑧ （北魏）郦道元撰，谭属春、陈爱平校点：《水经注》卷33《江水》，第492—493页。

合川区注入嘉陵江。"汉水"又名沔水，源出陕西省秦岭南麓宁强县境内的蟠冢山，郦道元认为古汉水上源即今嘉陵江上源，误，对此已有学者作过考证。"粉水"亦名粉青河，即今湖北西北部南河及其上游粉青河，源出神农架林区西南，东北流经房县东、保康县西，至谷城县附近，东注入汉水。

《水经》云："又东至枳县西，延江水从牂柯郡北流西屈注之。"郦道元注：

> 江水又东，右径黄葛峡，山高险，全无人居。江水又左径明月峡，东至梨乡，历鸡鸣峡。……江水又东径文阳滩，滩险难上。江水又东径汉平县二百余里，左自涪陵东出百余里，而属于黄石，东为桐柱滩。……江水又东径临江县南，王莽之监江县也。……江水又东得黄华水口，江浦也，左径石城南。①

文中"黄葛峡"亦名黄草峡，指今重庆市东北之铜锣峡。"明月峡"系小三峡中第二个峡谷，在今四川广元市，宝成铁路越峡而过。"鸡鸣峡"即今涪陵剪刀峡，因峡中剪刀峰而得名，地处重庆市巫溪县城以北的大宁河幽谷之中，南北斜长。"文阳滩"在今涪陵东北，此滩水势险恶，上行非常艰难。"桐柱滩"即铜柱滩，在今重庆市涪陵区附近。"临江县"即今重庆市忠县，长江自南入境。"黄华水口"即黄华洲，在今忠县东皇寺附近，但据学者考证，"《水经注》之黄华水口，应是皇（黄）华洲与南岸间的长江次泓道口，并非长江支流入江处"②。

《水经》云："（长江）又东过鱼复县南，夷水出焉。"郦道元注：

> 江水又东，右得将龟溪口。……江水又东，会南、北集渠，南水出涪陵县界，谓之阳溪。……溪水北流注于江，谓之南集渠口，亦曰于阳溪口。北水出新浦县北高梁山分溪，南流径其县西，又南百里，至朐忍县，南入于江，谓之北集渠口……江水又东，右径氾溪口，盖江氾决入也。……江水又东，彭水注之。水出巴渠郡獠中，东南流径汉丰县东，清水注之。水源出西北巴渠县东北巴岭南獠中，即巴渠水也。西南流至其县，又西入峡，檀井溪水出焉。又西出峡，至汉丰县东而西注彭溪，谓之清水口。彭溪水又南，径朐忍县西六十里，南流注于江，谓之彭溪口。……汤水下与檀溪水合，水上承巴渠水，南历檀井溪，谓之檀井水。下入汤水。汤水又南入于江，名曰汤口。江水又径东阳滩。江上有破石，故亦通谓之破石滩。③

文中"将龟溪口"在今重庆云阳县西，南入长江，亦说即今东瀼河。"南集渠口"即今"磨刀溪"，源出石柱土家族自治县杉树坪，经重庆万州区长滩镇等地，在"于阳溪口"（今云阳县江南新津口）注入长江。④"北集渠口"在今重庆万州区之苎溪入江处。⑤

---

① （北魏）郦道元撰，谭属春、陈爱平校点：《水经注》卷33《江水》，第493—494页。

② 杨伟兵：《〈水经注〉杨图纠谬一则》，中国地理学会历史地理专业委员会《历史地理》编辑委员会：《历史地理》第19辑，上海：上海人民出版社，2003年，第302页。

③ （北魏）郦道元撰，谭属春、陈爱平校点：《水经注》卷33《江水》，第494—495页。

④ 任桂园：《从远古走向现代——长江三峡地区盐业发展史研究》，成都：巴蜀书社，2006年，第148页。

⑤ 杨伟兵：《南、北集渠考》，《中国历史地理论丛》2000年第2辑，第128页。

"汜溪"亦名"苎溪",源出重庆万州区铁峰山南麓,在胜利路南端注入长江。[①]"彭溪"源出四川省达州市开江县,由开江流入云阳县境,经过高阳镇南入长江。[②]"巴渠水"又称"小江",源出今重庆市开州区,在重庆云阳县注入长江。"檀溪"在今重庆云阳县江口镇西北,"汤水"今谓汤溪河,源出重庆巫溪县西部山区,在云阳县东注入长江。"东阳滩"在今重庆云阳县城东,汤溪河口的下游,因江上有破石,故又称"破石滩"[③]。

> 江水又东为落牛滩,径故陵北。……江水又东,右合阳元水,水出阳口县西南,高阳山东,东北流径其县南,东北流,丙水注之。……其水北流入高阳溪。溪水又东北流,注于江,谓之阳元口。……江水又东径广溪峡,斯乃三峡之首也。[④]

文中"落牛滩"在今重庆云阳县东故陵镇一带之长江中。"阳元水"又名高阳溪,即今重庆奉节县的老马溪。"广溪峡"即瞿塘峡,又谓夔峡,西起重庆奉节县的白帝城,东至巫山县的大溪乡,三峡中此峡虽最短,却有山势雄峻、险峰对峙之景观,所以被人们视为长江三峡的"魂"。

《水经》云:"(长江)又东出江关,入南郡界。"郦道元注:"江水自关,东径弱关、捍关。"[⑤]

文中"弱关"在今湖北秭归县境内,"捍关"在今湖北长阳县西,"江关"则在今重庆奉节县境。

《水经》云:"又东过巫县南,盐水从县东南流注之。"郦道元注:"江水又东,乌飞水注之。水出天门郡娄中县界,北流径建平郡沙渠县南,又北流径巫县南,西北历山道三百七十里,注于江,谓之乌飞口。"[⑥]

文中"乌飞水"又称"大溪",原名黛溪,源出重庆奉节县吐祥镇七曜山北麓,东北向流经吐祥、青龙、五马等镇,在巫山县大溪场西注入长江[⑦]。

> 江水又东,巫溪水注之。溪水导源梁州晋兴郡之宣汉县东,又南径建平郡泰昌县南,又径北井县西,东转历其县北。……溪水又南,屈径巫县东。县之东北三百步,有圣泉,谓之孔子泉。其水飞清石穴,洁并高泉,下注溪水。溪水又南入于大江。江水又东径巫峡,杜宇所凿以通江水也。[⑧]

文中"巫溪水"又名大宁河,横贯重庆巫溪、巫山两县,自北向南,汇纳众多溪流,

---

① 万县地区地名办公室:《四川省万县地区重要地名诠释》,内部资料,1987年,第251页。
② [日]山田贤:《移民的秩序——清代四川地域社会史研究》,曲建文译,北京:中央编译出版社,2011年,第107页。
③ 应骥:《巴人源流及其文化》,昆明:云南大学出版社,2007年,第108页。
④ (北魏)郦道元撰,谭属春、陈爱平校点:《水经注》卷33《江水》,第495—497页。
⑤ (北魏)郦道元撰,谭属春、陈爱平校点:《水经注》卷34《江水》,第498页。
⑥ (北魏)郦道元撰,谭属春、陈爱平校点:《水经注》卷34《江水》,第498页。
⑦ 万县地区地名办公室:《四川省万县地区重要地名诠释》,第256页。
⑧ (北魏)郦道元撰,谭属春、陈爱平校点:《水经注》卷34《江水》,第498页。

在巫峡西口注入长江。孔子泉亦名圣泉，在重庆巫山县东北 300 步石穴中。"巫峡"，西起重庆市巫山县的大宁河口，东到湖北省巴东县的官渡口，因长江南岸的南陵山顶端与山脚的长江被一道大山梁直插江岸，而两旁有纵横的沟壑，恰似一个"巫"字，其西边的三道山梁垂直山脚，犹如"山"字，所以取名巫山，峡因山得名。

《水经》云："又东过秭归县之南。"郦道元注："江水又东径归乡县故城北。……径狗峡西，峡崖龛中石，隐起有狗形，狗状具足，故以狗名峡。乡口溪又西北径县下入江，谓之乡口也。"①

文中"狗峡"亦称白狗峡，或云鸡笼山，在今湖北秭归县东。"乡口溪"亦名香溪，源出湖北兴山县北的凤凰井和老君寨，南流过兴山县城，至游家河入秭归县，在归州镇注入长江，这条溪流形成巫峡与西陵峡的天然分界线。

《水经》云："又东过夷陵县南。"郦道元注：

> 江水自建平至东界峡，盛弘之谓之空泠峡。……江水又东径流头滩，其水并峻激奔暴，鱼鳖所不能游。……江水又东径狼尾滩而历人滩。……江水又东径黄牛山，下有滩，名曰黄牛滩。……江水又东径西陵峡……江水又东历荆门、虎牙之间。荆门在南，上合下开，暗彻山南，有门像，虎牙在北，石壁色红，间有白文类牙形，并以物像受名。②

文中"东界峡"在今湖北秭归县西北，为宜都（今湖北宜昌市）、建平（今重庆巫山县）二郡的分界。"流头滩"又名狼头滩，在今湖北宜昌市西，有进退两难之险。"狼尾滩"在今宜昌市老城西北，自古就有狼尾天险之称。"人滩"距离"狼尾滩"仅二里许，石岸多人面像岩刻。"黄牛滩"亦名黄牛峡，在今湖北宜昌市西北，此处怒湍骇波，滩边峭崖上有石纹如人负刀牵牛，人黑色，牛黄色，故称其峡为黄牛峡。"西陵峡"因位于夷陵的西边而得名，西起秭归县香溪河口，东至宜昌市南津关，全长 76 千米，是长江三峡中最长的峡谷，以"险"和"奇"著称。"荆门"即荆门山，在湖北宜都市西北、长江之南。"虎牙"即虎牙山，与荆门山隔水相峙。

《水经》云："又东南过夷道县北，夷水从佷山县南，东北注之。"郦道元注："（夷道县）为二江之会也。北有湖里渊，渊上橘柚蔽野，桑麻暗日，西望佷山诸岭，重峰叠秀，青翠相临，时有丹霞白云，游曳其上。城东北有望堂，地特峻，下临清江，游瞩之名处也。"③

文中"夷道县"即今湖北宜都市西北。"二江之会"，按：夷水又名清江，源出湖北利川齐岳山，东流至宜都与长江交汇。"湖里渊"又名云盘湖，在今湖北宜都市西北，它是汇集玛瑙河水和北部山丘来水的敞开湖，与长江直接贯通。

《水经》云："又东过枝江县南，沮水从北来注之。"郦道元注："江汜枝分，东入大

① （北魏）郦道元撰，谭属春、陈爱平校点：《水经注》卷 34《江水》，第 500—501 页。
② （北魏）郦道元撰，谭属春、陈爱平校点：《水经注》卷 34《江水》，第 501—503 页。
③ （北魏）郦道元撰，谭属春、陈爱平校点：《水经注》卷 34《江水》，第 503 页。

江，吴治洲上，故以枝江为称。"①

文中"枝江"即今湖北枝江市，江水于枝江西别出为沱水，而东复合于江。

《水经》云："又南过江陵县南。"郦道元注：

> 江水自此两分而为南、北江也。……江水又东径燕尾洲北，合灵溪水，水无泉源，上承散水，合承大溪，南流注江。江、溪之会有灵溪戍，背阿面江，西带灵溪，故戍得其名矣。江水东得马牧口，江水断洲通会。……北对大岸，谓之江津口，故洲亦取名焉。江大自此始也。……江水又东得豫章口，夏水所通也，西北有豫章冈，盖因冈而得名矣。②

文中"自此两分而为南、北江"，据嘉庆《大清一统志》载："北江则所谓沱也。其后北江渐盛，南江渐微，世反以南为沱，北为江矣。"③"灵溪水"在今湖北省荆州市江陵县西，"散水"指江陵城西的散流，"大溪"即今湖北江陵城南的一条河道，已湮为稻田。可见，所谓"灵溪水"是指一条在江陵城西汇集城西岗间的散流后南注长江的河道。"马牧口"在今荆州城西门外偏北，"江津口"在今荆州沙市区南，"豫章口"在今江陵东南。

《水经》云："（长江）又东至华容县西，夏水出焉。"郦道元注："江水左迤为中夏水，右则中郎浦出焉。"④

对文中的"中夏水"与"中郎浦"，有学者释："大江在江陵县以下分为二支：一支分流经江汉平原入汉水，称为'中夏水'；一支'南派屈西，极水曲之势'，称为'中郎浦'，至公安县北与自西南流来的油水汇合，这就是今由沙市东南流至石首以上的上荆江干流。"⑤

《水经》云："湘水从南来注之。"郦道元注：

> 江水右会湘水，所谓江水会者也。江水又东，左得二夏浦，俗谓之西江口。又东径忌置山南，山东即隐口浦矣。……陆水又径蒲矶山，北入大江，谓之刀环口。……江水左得中阳水口，又东得白沙口，一名沙屯，即麻屯口也。……涂水历县西，又西北流注于江。江水又东径小军山南，临侧江津，东有小军浦。江水又东径鸡翅山北，山东即土城浦也。⑥

文中"湘水"东北流贯湖南省东部，经永州、衡阳、湘潭、长沙等地，至湘阴县芦林潭入洞庭湖。⑦"西江口"亦名三江口，即今荆江、沅江、湘江汇合处，在今湖南岳阳市北，也是洞庭水入江处。"隐口浦"在今湖南岳阳市东北。"刀环口"今名陆溪口，在今湖

① （北魏）郦道元撰，谭属春、陈爱平校点：《水经注》卷34《江水》，第504页。
② （北魏）郦道元撰，谭属春、陈爱平校点：《水经注》卷34《江水》，第505—506页。
③ 转引自郑德坤：《郑德坤古史论集选》，北京：商务印书馆，2007年，第154页。
④ （北魏）郦道元撰，谭属春、陈爱平校点：《水经注》卷35《江水》，第507页。
⑤ 王克英主编：《洞庭湖治理与开发》，长沙：湖南人民出版社，1998年，第27页。
⑥ （北魏）郦道元撰，谭属春、陈爱平校点：《水经注》卷35《江水》，第508—510页。
⑦ 张忠纲、董利伟：《唐诗与名胜：江山胜迹待登临》，石家庄：河北人民出版社，2013年，第196页。

北嘉鱼县西南、陆水入长江处。①"中阳水口"在今嘉鱼县北,"白沙口"在今嘉鱼县白沙洲北。"小军浦"即今武汉市西南长江左岸小军山北麓的南湖,"土城浦"为鸡翅山北麓的入江河道,即今神山湖的入江河道。

《水经》云:"又东北至江夏沙羡县西北,沔水从北来注之。"郦道元注:

> 沌水上承沌阳县之太白湖,东南流为沌水,径沌阳县南,注于江,谓之沌口。……江水又东径鲁山南,古翼际山也。……山左即沔水口矣。……江水左得湖口,水通太白湖,又东合溾口,水上承溳水于安陆县而东径溾阳县北,东流注于江。江水又东,湖水自北南注,谓之嘉吴。江右岸频得二夏浦,北对东城洲西,浦侧有雍伏戍。江之右岸,东会龙骧水口,水出北山蛮中。……江水左得广武口江浦也。江之右岸有李姥浦,浦中偏无蚊蚋之患矣。②

文中"太白湖"在今湖北东部,跨黄梅、武穴二县市,其湖水从南部向东经大港流入鄂皖交界处的龙感湖,再经华阳注入长江。"沌水"源出今武汉市蔡甸区西南古太白湖,东北流至今武汉市蔡甸区西南注入长江③,已不存。

《水经》云:"(长江)又东过雉县北,利水从东陵西南注之。"郦道元注:

> 江水东径琵琶山南,山下有琵琶湾。又东径望夫山南,又东得苦菜水口,夏浦也。江之右岸,富水注之,水出阳新县之青溢山,西北流径阳新县,故豫章之属县矣。……江水又东,右得兰溪水口。并江浦也。又东,左得青林口,水出庐江郡之东陵乡,江夏有西陵县,故是言东矣。④

这是《水经注》对江水注释的最后一段,文中所说的"琵琶湾"在今湖北阳新东,"望夫山"在今湖北阳新县与江西九江市之间的长江边上。"苦菜水口"在今湖北武穴市西北。"兰溪水口"在今武穴市西南、江西瑞昌市西北。"青林口"即今武穴市塘下街一带,是青林湖水注江之口。

以上笔者用较大篇幅来叙述《水经注》对黄河和长江两大河流的水道分布情况,当然还不是全部。即使如此,我们也能深深感到郦道元对祖国山河的热爱。陈桥驿评价郦道元的《水经注》说:

> 郦道元是个北方人,他一生足迹未涉南部。当他出生之日,南北分裂,已经超过一个半世纪,但他却要撰写这样一部地理书,基本上以西汉王朝的疆域作为他的叙述范围,局部甚至涉及域外。另外,他撰写此书,还花很大的篇幅描写各地的自然风景。……在《水经注》以前的一切地理著作中描写祖国各地的自然风景的,实在凤毛麟角,但郦道元却在这方面如此殚精竭力,逾格重视,这只能说明他是如何地热爱祖

---

① 复旦大学历史地理研究所《中国历史地名辞典》编委会:《中国历史地名辞典》,南昌:江西教育出版社,1986年,第448页。

② (北魏)郦道元撰,谭属春、陈爱平校点:《水经注》卷35《江水》,第510—511页。

③ 复旦大学历史地理研究所《中国历史地名辞典》编委会:《中国历史地名辞典》,第430页。

④ (北魏)郦道元撰,谭属春、陈爱平校点:《水经注》卷35《江水》,第514—515页。

国的大好河山。一个生来就从未见到过统一祖国的人，而却要以历史上一个伟大王朝的疆域作为他的写作范围，这也只能说明他是如何地向往着一个统一的祖国。①

除此之外，郦道元把水看作是生命之源以及人类文化之源。站在这样的思想高度，郦道元赋予江河以新的灵魂。在《水经注》卷1《河水》中，郦道元引《元命苞》的话说：

> 五行始焉，万物之所由生，元气之滕液也。②

现在的许多教科书已经不把"水"作为五行之始了，实际上最早记载五行概念的《尚书》非常重视"水"的始基作用。《尚书·洪范》载："（五行）一曰水，二曰火，三曰木，四曰金，五曰土。"③又《尚书·大禹谟》云："水、火、金、木、土、谷，惟修。"④把"水"看作是万物的始基，用今天的眼光看，固然是一种朴素的观点，但它却是西方哲学的开始。在中国古代，《管子·水地》载："地者，万物之本原，诸生之根菀也，美恶贤不肖愚俊之所生也。水者，地之血气，如筋脉之通流者也。"⑤郦道元《水经注》卷1引录了《管子》上文中的后半段话，足以说明郦道元撰写《水经注》的思想动机。他确实是运用哲学的"本原"思想来统筹《水经》的河道分布，由北而南，从西到东，纵横交错，迂徐委曲，而又脉理清晰。如前所述，清朝汪士铎依据郦道元注文，绘制成《水经注图》42幅，尽管图中缺漏不少，但就整体而言，诸图对河流的干支、山关、厄塞、陂池等，标示犹详，由此足证《水经注》的实用价值惠及千秋。

（二）《水经注》的思想特色及其时代精神

《水经注》是一部地理巨著，它的思想特色需结合其自然地理和人文地理两部分内容来具体阐释。

1. 《水经注》的自然地理思想述要

水道与山脉的走向及地势特点密切相关，《水经注》用心考察和记录了魏晋之前我国古代各种水流的源地，多数记载是正确的。郦道元开篇即云"昆仑墟在西北"⑥，又说河水"屈从其东南流，入渤海"⑦，这就把中国地势的特点讲清楚了，因之，中国江河的一般流向是循地势由西北到东南。实际上，早在《淮南子·天文训》中就有"昔者共工与颛顼争为帝，怒而触不周之山，天柱折，地维绝。天倾西北，故日月星辰移焉；地不满东南，故水潦尘埃归焉"⑧的记载。可见，我国先民很早就认识到了中国地势的特点，而地

---

① 陈桥驿：《郦道元生平考》，《地理学报》1988年第3期，第244页。
② （北魏）郦道元撰，谭属春、陈爱平校点：《水经注》卷1《河水》，第2页。
③ 黄侃：《黄侃手批白文十三经·尚书》，上海：上海古籍出版社，1983年，第33—34页。
④ 黄侃：《黄侃手批白文十三经·尚书》，第5页。
⑤ 王利器：《管子校注》卷14《水地》，北京：中华书局，2004年，第813页。
⑥ （北魏）郦道元撰，谭属春、陈爱平校点：《水经注》卷1《河水》，第1页。
⑦ （北魏）郦道元撰，谭属春、陈爱平校点：《水经注》卷1《河水》，第2页。
⑧ （汉）刘安著，高诱注：《淮南子》卷3《天文训》，《百子全书》第3册，长沙：岳麓书社，1993年，第2826页。

势差正是形成河流的根本原因。故郦道元引《新论》的话说："四渎之源，河最高而长，从高注下，水流激峻，故其流急。"①又引《释名》云："河，下也，随地下处而通流也。"②在具体讲述昆仑山与河水的关系时，郦道元赞同"河出昆仑"说③，因而明确了昆仑山的位置。如郦道元注引《山海经》云："昆仑虚在西北，河水出其东北隅。"又《尔雅》曰："河出昆仑虚，色白；所渠并千七百一川，色黄。"④据此，我国主流学者一致认为，昆仑山位于我国西北部，即今西藏、青海、新疆。⑤所以那种主张"'河出昆仑'其实并非一个现实的自然地理现象，而是一个幻想的人文（神话）地理观念"⑥的观点是错误的。

根据地质勘查发现，青藏高原在上新世末—第四纪初发生的青藏运动，最终以黄河等诸大型水系的出现而告结束。其间在早更新世晚期—中更新世初期的构造运动，黄河向西切割积石峡，出现了大规模的山地冰川活动，而高原上河流普遍大切割。从晚更新世以来，青藏高原强烈的构造隆升运动，使龙羊峡至今被下切800米，青海湖水系由于日月山上升转为内陆湖等。⑦诚然，上述这些地理现象，在郦道元生活的时代还无法揭示出来。但像丹水、赤水、洋水、河水等河流的形成，应当是客观存在的事实。如"黄水三周复其源，是谓丹水，饮之不死。河水出其东北陬，赤水出其东南陬，（弱水出其西南陬），洋水出其西北陬。凡此四水，帝之神泉，以和百药，以润万物"⑧。这段话出自《淮南子·地形训》，有人认为它是对中国地形轮廓的一种虚构⑨。也有人认为它是对真实地理现象的一种文学描述，笔者认同此说。例如，杨宽指出昆仑山实有其地，在今甘肃酒泉南，当时人们普遍认为黄河就是由此山而出⑩。赵俪生考证说：

> 上古人对山川的了解竟如此基本精确，实足令人惊讶！……"河水"是指塔里木河是无疑的，说它出自昆仑的东北也是正确的，只是说注入无达（阿耨达）一点，是误差。"黑水"是指阿姆河也是无疑的，说它出自昆仑的西北而西流，也是正确的。只偶尔，人们把偏北的锡尔河的上游纳林河，或者偏东的叶尔羌河，也误叫做黑水。"洋水"是印度河也是无疑的，说它出自昆仑西南也是正确的，说西北是误差。"赤水"可以有两种解释，说是恒河上游也可，说是怒江上游也可，说它在昆仑的东南，

① （北魏）郦道元撰，谭属春、陈爱平校点：《水经注》卷1《河水》，第2页。
② （北魏）郦道元撰，谭属春、陈爱平校点：《水经注》卷1《河水》，第1页。
③ （北魏）郦道元撰，谭属春、陈爱平校点：《水经注》卷1《河水》，第1—2页。
④ （北魏）郦道元撰，谭属春、陈爱平校点：《水经注》卷1《河水》，第2页。
⑤ 王克林：《〈山海经〉与仰韶文化》，太原：山西人民出版社，2011年，第6页。
⑥ 马昌仪：《中国神话学文论选萃》下编，北京：中国广播电视出版社，1994年，第506页。
⑦ 张青松、李炳元主编：《喀喇昆仑山—昆仑山地区晚新生代环境变化》，北京：中国环境科学出版社，2000年，第228—230页。
⑧ （北魏）郦道元撰，谭属春、陈爱平校点：《水经注》卷1《河水》，第11页。
⑨ 杜绣琳：《文学视野中的〈淮南子〉研究》，北京：中国社会科学出版社，2010年，第277页。
⑩ 杨宽：《杨宽古史论文选集》，上海：上海人民出版社，2003年，第401页。

也是正确的。发生一点在次要意义上的误差，这对上古人说，是丝毫不足怪的。[①]

可见，郦道元是从自然地理的层面来认识"四水"的。

"河水重源"说始载于《史记·大宛列传》，当时张骞回国后向汉武帝报告他穷探河源的情况说："于阗之西，则水皆西流，注西海；其东水东流，注盐泽。盐泽潜行地下，其南则河源出焉。"[②]张骞考察的结果具有权威性，所以魏晋史家深信不疑。在此基础上，佛教地理学家又进一步把昆仑山与阿耨达山联系起来。如释道安《西域记》认为，阿耨达山分流出的大水有新头河、恒水、阿耨达水等。其中记阿耨达水云："阿耨达山西北有大水，北流注牢兰海者也。其水北流径且末南山，又北径且末城西。"[③]据此，有学者推断："此水（指阿耨达水）为古代塔里木河南面的一条支流，下游合于阗河及葱岭河同入蒲昌海。"[④]

可见，所谓"河水重源"是指黄河上源出自远方的西域，先流入盐泽（即蒲昌海，今新疆罗布泊），然后从地下伏流，直至积石山（今青海省东部），再冒出地面，东流而为黄河。[⑤]用今天的考察结果看，"河水重源"说不符合事实，显然系主观之臆测。但从思想史的角度看，它又是合乎认识规律的。因为自汉代以来，人们总希望用黄河水系来构建中华民族的大一统文化观，它反映到对河源的探求上，就逐渐形成了"河水重源"的思想，其流传达 2000 多年之久。

对河流形成的各种地貌，郦道元做了客观记述。以渭水的干支水系为例，在对其源头地貌的考察中，郦道元描述了诸多 V 形谷，遂形成《水经注》的一大特色。例如，郦道元说：

> 渭水出首阳县首阳山渭首亭南谷，山在鸟鼠山西北，此县有高城岭，岭上有城，号渭源城，渭水出焉。三源合注，东北流径首阳县西，与别源合，水南出鸟鼠山渭水谷，《尚书·禹贡》所谓渭出鸟鼠者也。《地说》曰：鸟鼠山，同穴之枝干也。渭水出其中，东北过同穴枝间，既言其过，明非一山也。又东北流而会于殊源也。渭水东南流径首阳县南，右得封溪水，次南得广相溪水，次东得共谷水，左则天马溪水，次南则伯阳谷水，并参差翼注，乱流东南出矣。[⑥]

渭水以鸟鼠山为主干，形成了独特的渭源地貌现象。像"三源合注"，即指鸟鼠山上的"品字泉"，它们在渭源县城西汇合。具体地讲，就是鸟鼠山的关山岭是渭源的主干，而两边的南谷、卓儿坪、五竹等则是鸟鼠山的分支，加之"同穴枝间"的溪流，共同侵蚀而成渭水谷。由于"同穴"为秦岭末端向西延伸于甘肃中部的独立山脉，是洮渭两河的分

---

① 赵俪生：《寄陇居论文集》，济南：齐鲁书社，1981 年，第 209—211 页。当然，学界也有对郦道元"河出昆仑"说的严厉批评者，参见王成组：《中国地理学史（先秦至明代）》，北京：商务印书馆，2005 年，第 289 页。

② 《史记》卷 123《大宛列传》，北京：中华书局，1959 年，第 3160 页。

③ （北魏）郦道元撰，谭属春、陈爱平校点：《水经注》卷 2《河水》，第 16 页。

④ 章巽：《论河水重源说的产生》，《学术月刊》1961 年第 10 期，第 41 页。

⑤ 章巽：《论河水重源说的产生》，《学术月刊》1961 年第 10 期，第 38 页。

⑥ （北魏）郦道元撰，谭属春、陈爱平校点：《水经注》卷 17《渭水》，第 259 页。

水岭，其中岭东之水入渭。这里的河谷地带被称作"幼年河谷"，深谷险峡，气势雄伟。文中所说"封溪水""广相溪水""共谷水""天马溪水"等溪流，其与渭水交汇之处，多形成冲积扇地形，适于农业生产。

峡谷地形独特，森林资源丰富。朱圉山横亘渭南，陇山余脉贯穿渭北，渭水从西向东奔流，峡谷多呈峭壁和悬崖地貌，如"渭水自落（洛）门东至黑水峡，左右六水夹注。左则武阳溪水，次东得土门谷水，俱出北山，南流入渭。右则温谷水，次东有故城溪水，次东有阊里溪水，亦名习溪水，次东有黑水，并出南山，北流入渭，渭水又东出黑水峡，历冀川。……渭水自黑水峡至岑峡，南北十一水注之。北则温谷水，导平襄县南山温溪，东北流，径平襄县故城南……次则牛谷水，南入渭水。南有长堑谷水，次东有安蒲溪水，次东有衣谷水，并南出朱圉山"①。此处的"黑水峡"即今甘肃天水市甘谷县三十铺东河滩鸡嘴峡，而"黑水"表明当时水流是清澈深邃，故呈黑色。从生态环境的角度讲，在汉晋时期，自渭源至甘谷一带区域曾分布着茂密的森林，由于林木的树冠对降水有一定的截留作用，所以地面径流就不至于对地面出现过多的侵蚀，从而降低它的流速，流水较为清澈。②渭水峡谷，山大沟深，交通艰难。如"瓦亭水又东南，得大华谷水，又东南，得折里溪水，又东，得六谷水，皆出近溪湍峡，注瓦亭水。又东南出新阳峡，崖岫壁立，水出其间，谓之新旧崖水"③。尽管如此，人类先民还是将渭水峡谷作为联系关中平原与西北地区的重要通道，因而创造了独具特色的渭水峡谷文化。

在今陕西北部、中部及甘肃的东南部，特别是在宝鸡至潼关之间的渭水两旁，分布着大量宽狭不等的冲积平原。如"东亭川水又西得清水口。水导源东北陇山，二源俱发，西南出陇口，合成一水，西南流，历细野峡，径清池谷，又径清水县故城东。王莽之识睦县矣。其水西南合东亭川，自下亦通谓之清水矣。……秦水又西南，历陇川，径六盘口，过清水城西，南注清水。清水上下，咸谓之秦川"④。这里，从"东北陇山"到"细野峡"、"陇川"，再到"秦川"，按照水流的趋势，形成阶地。同时，"秦川"由秦水冲蚀而成，地势开阔。⑤又"渭水东南流，众川泻浪，雁次鸣注，左则伯阳东溪水注之，次东得望松水，次东得毛六溪水，次东得皮周谷水，次东得黄杜东溪水，出北山，南入渭水。其右则明谷水，次东得丘谷水，次东得丘谷东溪水，次东有钳岩谷水，并出南山，东北注渭"⑥。此处的"南山"是指秦岭，"北山"则指岐山，两山之间的河流都向渭水汇聚，形成广阔的渭水平原。而渭水平原"为关中之精华，地土膏腴，甚宜种植，汉唐以来，建都长安，即赖此平原之物力以为基础，其在吾民族史上所占地位之重要，当不下于尼罗河三角洲之与（于）埃及也"⑦。

① （北魏）郦道元撰，谭属春、陈爱平校点：《水经注》卷17《渭水》，第260—261页。
② 史念海：《黄土高原历史地理研究》，郑州：黄河水利出版社，2001年，第873页。
③ （北魏）郦道元撰，谭属春、陈爱平校点：《水经注》卷17《渭水》，第263页。
④ （北魏）郦道元撰，谭属春、陈爱平校点：《水经注》卷17《渭水》，第264—265页。
⑤ 徐卫民：《秦都城研究》，西安：陕西人民教育出版社，2000年，第47页。
⑥ （北魏）郦道元撰，谭属春、陈爱平校点：《水经注》卷17《渭水》，第265—266页。
⑦ 张其昀：《本国地理》中册，南京：钟山书局，1935年，第126页。

在渭水下游地区平原的终止处,陈仓(今宝鸡)以下则分布着壁立数十米的黄土台塬,如郦道元注:"渭水又东径积石原,即北原也。……渭水又东径五丈原北。"①其中"积石原"在今陕西眉县西北渭河北岸,为沣河切割周原所成。对此,史念海说:"周原是背倚岐山而面对渭河的,与闲原大致相同。周原近山处固然高昂,临河的一面不仅没有低下,反而是稍稍高起。整个周原实际上是西北高而东南低。这样就形成了横贯中部的沣河。沣河使周原中分为二,其南侧的积石原就是这样分出来的。"②而"五丈原"在今宝鸡岐山县境内,有一种说法认为,五丈原前阔后狭,最狭处仅五丈,故名。③可见,五丈原比较狭小破碎。在这里,对于周原不断被切割的过程,史念海解释说:

> 周人以后的周原,在悠长的岁月中不断发生变迁,郦道元撰《水经注》,论述地理,考古证今,率属确实。其说周原,乃在今横水河行将流入沣河河段的东北,岐山之下。虽然说得明确,但和周人所说的周原就不同了。周人所说的周原是"居岐之阳,在渭之将"。这里的"将"字有侧旁的意思,是说周原在岐山的南面,靠近渭河。郦道元的解释,周原不仅没有靠近渭河,而且离沣河还有一段路程。这不是郦道元有意说错了,而是周原已经发生了变迁。④

其实郦道元不只给渭水作注,他在给各条河水作注时,都习惯讲述河水流经的故城,而通过对故城变迁的考察,我们可以反观其自然地理的变化。例如,"渭水又东,径釐县故城南。旧邰城也,后稷之封邑矣,《诗》所谓即有邰家室也"⑤。汉代的"釐县故城"在今陕西扶风、武功之间,按照史念海的考证,周原原本是一个整体,后来才被分割为诸多破碎的台塬,而"周原变迁的显著特征就是原面的缩小和破碎"⑥。诚然,邰城所在的周原,土地膏腴,适宜发展农业生产。因此,《诗经·大雅·生民》云:"艺之荏菽,荏菽旆旆。禾役穟穟,麻麦幪幪,瓜瓞唪唪。诞后稷之穑,有相之道。茀厥丰草,种之黄茂。实方实苞,实种实褎。实发实秀,实坚实好,实颖实栗。即有邰家室。"⑦后来,到公刘时,由于周人的粗放农业,经过一段时期之后,邰城已不能满足周人的农业生产所需,故迁都豳,其故城在今陕西旬邑、彬州间。因为"于胥斯原,既庶既繁,既顺乃宣,而无永叹。陟则在巘,复降在原"⑧。由此可以想见,豳的地理条件较邰城更加优越是公刘选定新都城地点的主要前提。后来,豳的地力衰退,所以到古公亶父时,又从豳迁都至岐山之阳,在今陕西岐山县东北。有论者云:"岐阳所在的周原依山临水,地势开阔,土壤肥沃,加之当时的气候温和,雨量充沛,从而为农业生产的发展提供了有利条件。"或者说"古公亶父通过迁都岐阳,将周人的发展放在一个更加有利的地理位置上和更为优越的自然环

---

① (北魏)郦道元撰,谭属春、陈爱平校点:《水经注》卷17《渭水》,第268页。
② 史念海:《黄土高原历史地理研究》,第17页。
③ 陕西省地方志编纂委员会:《陕西省志》第67卷《旅游志》,西安:陕西旅游出版社,2008年,第210页。
④ 史念海:《黄土高原历史地理研究》,第253页。
⑤ (北魏)郦道元撰,谭属春、陈爱平校点:《水经注》卷18《渭水》,第271页。
⑥ 史念海:《黄土高原历史地理研究》,第253页。
⑦ 黄侃:《黄侃首批白文十三经·毛诗》,第114页。
⑧ 黄侃:《黄侃首批白文十三经·毛诗》,第117页。

境中，无疑地为周人的兴起提供了一个契机"①。唯物史观认为，地理环境系社会生存与发展的必要条件，其好坏优劣能加速或延缓社会发展。郦道元在《水经注》中有意识地将故城所在视为水道变迁的主要标识，即反映了他对地理环境与城市兴衰之间关系的深层认识。只有这样，我们才能真正理解郦道元那隐藏在上述地理现象之后的自然地理思想。

作为一种地质现象，郦道元在《水经注》中还记载了几百处温泉，而温泉不仅是一种地下水，而且是一种特殊形式的矿产资源②。据章鸿钊统计，《水经注》记载了20多处温泉③，陈桥驿则计有38处④。温泉的形成条件，除了落到地面的雨水，透过岩石裂隙渗入地下外，尚需特殊的地质背景。不同大地构造单元的结合处是温泉形成的良好场所。关于上述温泉的形成，现代地质理论认为：

> 大气降水由补给区沿风化裂隙构造循环到断裂破碎带后，沿构造断裂向深处循环并进入深大断裂（导热的良好通道），在地热的作用下使水温升高并形成一定的化学成分，以脉状承压热水的形式继续运动，在被阻水断层、岩脉、岩体阻挡处或被后期断裂切割处以及地形低洼处（减压区）出露地表形成温泉。⑤

由此回头再看《水经注》的记载：

> 汉水又东，右会温泉水口。水发山北平地，方数十步，泉源沸涌，冬夏汤汤，望之则白气浩然，言能瘳百病云。洗浴者，皆有硫黄气，赴集者常有百数。池水通注汉水。⑥

> 滍水又历太和川，东，径小和川，又东，温泉水注之。水出北山阜，七源奇发，炎热特甚。阚骃曰：县有汤水，可以疗疾。汤侧又有寒泉焉，地势不殊，而炎凉异致，虽隆火盛日，肃若冰谷矣，浑流同溪，南注滍水。滍水又东径胡木山，东流又会温泉口，水出北山阜，炎势奇毒。痾疾之徒，无能澡其冲漂。救痒者咸去汤十许步别池，然后可入。汤侧有石铭云：皇女汤，可以疗万疾者也。故杜彦达云：然如沸汤，可以熟米，饮之，愈百病。道士清身沐浴，一日三饮，多少自在。四十日后，身中万病愈，三虫死。学道遭难逢危，终无悔心，可以牢神存志。即《南都赋》所谓汤谷涌其后者也。然宛县有紫山，山东有一水，东西十五里，南北二百步，湛然冲满，无所通会，冬夏常温，世亦谓之汤谷也。⑦

> 夷水又东与温泉三水合。大溪南北夹岸，有温泉对注，夏暖冬热，上常有雾气，疗痍百病，浴者多愈。父老传此泉先出盐，于今水有盐气。夷水有盐水之名，此亦其

① 王明德：《从黄河时代到运河时代：中国古都变迁研究》，成都：巴蜀书社，2008年，第80页。
② 陆景冈等：《旅游地质学》，北京：中国环境科学出版社，2003年，第196页。
③ 章鸿钊：《中国温泉辑要》序，北京：地质出版社，1956年，第3页。
④ 陈桥驿：《水经注论丛》，杭州：浙江大学出版社，2008年，第361—362页。
⑤ 谭见安等编著：《温泉旅游之科学》，北京：中国建筑工业出版社，2011年，第13页。
⑥ （北魏）郦道元撰，谭属春、陈爱平校点：《水经注》卷27《沔水》，第412—413页。
⑦ （北魏）郦道元撰，谭属春、陈爱平校点：《水经注》卷31《滍水》，第460页。

一也。①

　　渭水又东，温泉水注之。水出太一山，其水沸涌如汤。杜彦达曰：可治百病，世
　　清则疾愈，世浊则无验。②

这些记载凸显了温泉的实用性，这是郦道元撰写《水经注》的主要目的之一。当然，这些实用性是以其科学性为基础的。例如，温泉因区域地质背景的差异，温度高低有别，用途亦不尽相同。其中有"可以熟米"的过热"沸汤"，有"夏暖冬热，上常有雾气"的普通"温泉"，有"水沸涌如汤"的较高温温泉。矿物质含量也不同，有的温泉含硫黄，有的则含盐等。据上述地热分布规律推测，像"可以熟米"的温泉循环度应当在地下1500—2100米，而其他普通温泉的循环度则在地下1000米左右。温泉具有一定的医疗功效，早在郦道元生活的时代就已经是常识了。不过，通过饮用温泉水来治病，且有"身中万病愈，三虫死"的疗效，却少有人说起。然傅振伦在《七十年所见所闻》一书中肯定："重庆近郊名泉有四：南北温泉有硫磺（黄）气，温汤适度，可入浴疗疾。西温泉有游泳池。东温泉泉水可作饮料，有增进健康功用。"③又"黄山温泉温度适宜，水质纯正，不含硫磺（黄），清澈甘醇，是富含重碳酸盐的淡温泉，可饮可浴，且可防治某些疾病，有一定的医疗价值"④。所以我们需要客观认识温泉的医疗作用。在此，郦道元将部分道教神话掺和到他的地理学思想中，反映了他的时代局限，像"太一山温泉"传言"可治百病，世清则疾愈，世浊则无验"以及胡木山温泉"饮之，愈百病"，还有"丽山西北有温水，祭则得入，不祭则烂人肉"⑤等，都是道士之言，不足为据。

许多动植物具有特殊的生存环境，郦道元在《水经注》中亦非常注意收集和记录这方面的资料。详细内容请参见任松如编《水经注异闻录》一书⑥，笔者在此仅列举三例如下：

（1）"（交州）丹水又径亭下，有石穴甚深，未尝测其远近。穴中蝙蝠，大如乌，多倒悬。《玄中记》曰：蝙蝠百岁者倒悬，得而服之，使人神仙。穴口有泉，冬温夏冷，秋则入藏，春则出游。民至秋，阑断水口，得鱼，大者长四五尺，骨软肉美，异于余鱼。丹水又径其下，积而为渊。渊有神龙，每旱，村人以芮草投渊上流，鱼则多死。龙怒，当时大雨。丹水又东北流，两岸石上有虎迹甚多，或深或浅，皆悉成就自然，咸非人工。"⑦

这段话有虚有实，交州丹水石穴在今湖北宜昌市长阳县境内，其"穴中蝙蝠，大如乌，多倒悬"，是蝙蝠的一种生理现象。据研究发现，蝙蝠是唯一能飞行的哺乳动物，它们习惯在白天休息，同时降低其体温和新陈代谢速度，所以蝙蝠能活20年或更长时间，

---

① （北魏）郦道元撰，谭属春、陈爱平校点：《水经注》卷37《夷水》，第540页。
② （北魏）郦道元撰，谭属春、陈爱平校点：《水经注》卷18《渭水》，第271页。
③ 傅振伦著：《七十年所见所闻》，上海：华东师范大学出版社，1997年，第62页。
④ 张文扬编著：《中国地理.com》，合肥：安徽文艺出版社，2009年，第9页。
⑤ （北魏）郦道元撰，谭属春、陈爱平校点：《水经注》卷19《渭水》，第288页。
⑥ 任松如：《水经注异闻录》，上海：上海文艺出版社，1991年。
⑦ （北魏）郦道元撰，谭属春、陈爱平校点：《水经注》卷37《夷水》，第541页。

而它们的亲族老鼠通常才活 1 年或 2 年。与一般动物不同，蝙蝠的身体结构比较特殊，其前肢发达，上臂、前臂、掌骨、指骨都很修长，且由其支撑起一层菲薄多毛的皮膜，所以蝙蝠从头到脚几乎找不出可以称为肉的部分，身体和臂膀间仅仅依靠皮膜连接，骨骼内也是中空的，如果它们用腿脚支撑身体站立地面，就会因自身重力而把骨骼压垮。这样，倒悬反而能起到保护其身体结构的作用。可见，蝙蝠倒悬并不是因为它们"百岁者倒悬"，也不是因为"脑重故也"[①]。长阳鱼是出现在晚古生代的一种古老生物[②]，而"穴口有泉，冬温夏冷"的水生态恰好适宜于鱼群的生存和繁衍，这里"鱼洞外接溪洞，内通暗河，入冬时鱼群游入洞中取暖，次年春回大地，洞中泉水相对转冷，鱼群便游聚洞口而随溪水进入河中"。因此，"凡与江河相沟通的溪泉洞穴，皆有鱼、龟、鼋可出"[③]。

从"虎迹甚多，或深或浅，皆悉成就自然"的记载看，湖北长阳一带多虎，甚至同治《宜昌府志》有"邑旧多虎患。虎多之年，其岁必凶，名曰虎荒"[④]之说。据考察，长阳近代还有老虎。[⑤]

（2）"（今新疆罗布泊一带）土地沙卤少田，仰谷旁国。国出玉，多葭苇、柽柳、胡桐、白草。国在东垂，当白龙堆，乏水草，常主发导，负水担粮，迎送汉使。故彼俗谓是泽为牢兰海也。"[⑥]此段记载描述了西北沙漠地区的生态与植被，文中的"胡桐"（亦称胡杨）既是古老的珍奇树种之一，又是在塔克拉玛干沙漠唯一能天然成林的树种，所以在恢复和重建沙漠绿色生态带方面，具有独特的生物学意义：异叶性，幼树或成年树的基部和萌条上，叶呈披针形，而成年树枝上的叶则呈多元特征，有各种几何形状，如菱形、三角形等；花期和种子成熟期长，其白色种絮可维持 100 多天，这种现象在其他树种中几乎是看不到的；繁衍能力强，有落种、萌芽和根蘖 3 种天然繁衍形式，正常情况下，一株胡杨大树就可以根蘖一亩林，且这种根蘖能力可延续 100 多年。[⑦]据专家介绍：

> 胡杨有庞大的水平根系，在土层中延伸半径长达 20—30 米，它能经受 8 级大风动摇而不倒；若被沙埋后，主枝干上能生不定芽长出大量的根，继续生育。胡杨是耐盐碱的勇士，它全身都能贮存盐分，而叶内最高，据估算，1 平方千米普通胡杨林池，每年将有 100—230 千克盐分，由落叶返回地面。胡杨是战寒暑的冠军——在极端低温达−42.3℃（北疆）、极端高温到 49.6℃（南疆）的生境中，仍能正常生长。胡杨是不怕水淹的健将，在常年积水处，浸泡 150 天，竟毫无畏色，长势良好。[⑧]

---

① （晋）葛洪：《抱朴子·抱朴子内篇》卷 2《仙药》，《百子全书》第 5 册，第 4726 页。
② 湖北省地质科学研究所等编著：《中南地区古生物图册（二）》，北京：地质出版社，1977 年，第 621 页。
③ 刘玉堂、袁纯富：《楚国水利研究》，武汉：湖北教育出版社，2012 年，第 187 页。
④ 周宏伟：《长江流域森林变迁与水土流失》，长沙：湖南教育出版社，2006 年，第 352 页。
⑤ 潘光旦：《潘光旦选集》第 2 集，北京：光明日报出版社，1999 年，第 383 页。
⑥ （北魏）郦道元撰，谭属春、陈爱平校点：《水经注》卷 2《河水》，第 17 页。
⑦ 吕光辉等：《新疆克拉玛依生物多样性及保护》，乌鲁木齐：新疆人民出版社，2008 年，第 41 页。
⑧ 吕光辉等：《新疆克拉玛依生物多样性及保护》，第 41 页。

难怪人们赞美胡杨巨大的生命力是"三个一千年",即"活着一千年不死,死后一千年不倒,倒后一千年不烂" ①。

葭苇亦即芦苇,生物学上将它归为湿生类植物,然而在塔克拉玛干沙漠地区却有水生、旱生等多种生态类型,它们是适应环境的产物。"其旱生型也是由过去的湿润环境逐渐演变形成的。由此说明了芦苇极强的适应能力。当你在干旱的沙丘上,或是在枯竭的湖盆中,看到穿沙层,冲盐壳而出的嫩绿的芦苇幼芽时,一定会感受到春的信息,并赞叹生命的力量。"②

柽柳又名黄金条,主要分布在塔里木盆地流动沙丘区,喜光,耐旱,耐寒,极耐盐碱,能在含盐碱0.5%—1%的盐碱地上生长,根系发达,可以分布在土壤的深层,花期约5个月(5—9月),其间不断抽新的花序,三起三落,年生长期达230天左右,故有"三春柳"之称。③

白草,又称芨芨草,喜生碱性稍重的草滩地,丛生,秆粗壮,是马、牛、山羊、骆驼等动物的重要饲料。颜师古注:"白草似莠而细,无芒,其干熟时正白色,牛马所嗜也。"④从生物学的角度讲,白草与"超旱生植物共生,相互依赖,根部有无数须根及主根,盘根错节地独占一处,伴生植物不能侵入,形成单一的优势种。抗寒性很强,在沙丘地能抗48℃的高温,是水土保持植物中最强的禾草植物"⑤。可惜,由于气候变化、战争及畜牧对草原植被的破坏,当时已经开始出现"乏水草"的沙漠化倾向,甚至发生了争夺水源的战争。如郦道元载:

> 敦煌索劢,字彦义,有才略。刺史毛奕表行贰师将军,将酒泉、敦煌兵千人,至楼兰屯田。起白屋,召鄯善、焉耆、龟兹三国兵各千,横断注滨河,河断之日,水奋势激,波陵冒堤。劢厉声曰:王尊建节,河堤不溢,王霸精诚,呼沱不流,水德神明,古今一也。劢躬祷祀,水犹未减,乃列阵被杖,鼓噪欢叫。且刺且射,大战三日,水乃回减,灌浸沃衍,胡人称神。⑥

形式上是索劢退洪水,实际上它隐藏着一种潜在的水危机意识。诚如专家所言:"东汉以后,由于当时塔里木河中游的注滨河改道,导致楼兰严重缺水。敦煌的索勒(劢)率兵1000人来到楼兰,又召集鄯善、焉耆、龟兹三国兵士3000人,不分昼夜横断注滨河引水进入楼兰以缓解缺水困境。但在此之后,尽管楼兰人为疏浚河道作出了最大的努力和尝试,但楼兰古城最终还是因断水而废弃了。"⑦所以在记述塔里木盆地的生态景观时,沙漠植被的不断退化,尤其是沙漠化的进程日益严重,这不能不使郦道元备感忧虑。

---

① 郭漫主编:《中国国家地理》,北京:华夏出版社,2011年,第128页。
② 《新疆特产风味指南》,乌鲁木齐:新疆人民出版社,1985年,第33页。
③ 孟庆武、纪殿荣、郑建伟主编:《图说千种树木》第5册,北京:中国农业出版社,2013年,第58页。
④ 《汉书》卷96上《西域传》,第3876页。
⑤ 郭学斌等编著:《山西北部荒漠化防治配套技术研究》,北京:中国林业出版社,2006年,第211页。
⑥ (北魏)郦道元撰,谭属春、陈爱平校点:《水经注》卷2《河水》,第17页。
⑦ 李密珍:《遗迹文物中的国学》,北京:中国广播电视出版社,2013年,第27页。

（3）"（僰道县）山多犹猢，似猴而短足，好游岩树，一腾百步，或三百丈，顺往倒返，乘空若飞。"①又，"（瞿塘峡）多猿，猿不生北岸，非惟一处，或有取之，放著北山中，初不闻声，将同狢兽渡汶而不生矣"②。

文中"犹猢"，有人说是神话传说中的猿类动物，性多疑，一旦听到人的声音就迅速爬上树，久而下来，不一会儿又爬上树，犹豫不决，故名。但郦道元所记，肯定不是神话传说中的动物，而是当时生活在长江三峡一带的猿猴。据戴淮清分析，"犹"亦作"猱"，you加n声则转为"猿"，而"猢"hu转ou则为"猴"，可知上文中的"犹猢"即今之所谓"猿猴"也。③由此可以想见，魏晋时期三峡地区多森林，又是猿猴的栖息之地。不过，在郦道元的时代，瞿塘峡已经系猿分布的界线，其北岸没有猿类生存。此处的"猿"特指长臂猿，而到明清之际三峡长臂猿则逐渐走向濒危，故清代洪良品遂有"自入峡至出峡不闻猿声"④之叹。另从环境史的角度看，我们可以认为魏晋时期三峡的自然生态食物链基本上未遭受大的破坏，同时，由于"森林覆盖率很高，人口密度小，垦殖系数低，基本上不存在水土流失"⑤。

2.《水经注》的人文地理思想述要

陈桥驿在《郦道元与〈水经注〉》、《水经注研究》（一集、二集、三集、四集）等书中，已经做了非常详尽的阐述，笔者无须重复。为此，我们不妨用文化考古的视野，从《水经注》中采撷四则与此相关的实例，略加评述。

（1）阴山岩画。郦道元云："（河水）又东北历石崖山西，去北地五百里。山石之上，自然有文，尽若虎马之状，粲然成著，类似图焉，故亦谓之画石山也。"⑥又说："河水自临河县东径阳山南。……东流迳石迹阜西。是阜破石之文，悉有鹿马之迹，故纳斯称焉。"⑦

据此，盖山林认为郦道元不仅在《水经注》中最早发现并记录了阴山岩画，而且是发现岩画的世界第一人，要比瑞典岩画的发现早1000多年。文中"石崖山"即今宁夏平罗县红崖子乡之红崖子山⑧，"石迹阜"在今狼山一带⑨，如果把两者联系起来，这个岩画范围就应在西起内蒙古阿拉善左旗，中经磴口县、乌拉特后旗，东至乌拉特中旗的阴山山脉西段狼山一带，这里是阴山岩画分布的核心区域。至于说"尽若虎马之状"及"悉有鹿马之迹"，则是指岩画的内容多为羚羊、岩羊、大角鹿、白唇鹿、赤鹿、麋鹿、马、骡、驴、驼、野牛、羚牛、狐狸、蛇、狼、虎、豹等动物体裁，以写实为主，从距

① （北魏）郦道元撰，谭属春、陈爱平校点：《水经注》卷33《江水》，第490页。

② （北魏）郦道元撰，谭属春、陈爱平校点：《水经注》卷33《江水》，第497页。

③ ［加］戴淮清：《中国语音转化》，台北：东方文化书局，1977年，第34页。

④ （清）洪良品：《巴船纪程》，（清）王锡祺：《小方壶斋舆地丛钞》第7帙，上海：著易堂，清光绪十七年（1891）铅印本。

⑤ 雷亨顺主编：《中国三峡移民》，重庆：重庆大学出版社，2002年，第397页。

⑥ （北魏）郦道元撰，谭属春、陈爱平校点：《水经注》卷3《河水》，第35页。

⑦ （北魏）郦道元撰，谭属春、陈爱平校点：《水经注》卷3《河水》，第35页。

⑧ 任乃荣：《中华文字语音溯源》，北京：新华出版社，2013年，第21页。

⑨ 邵学海：《艺术与文化的区域性视野》，武汉：湖北人民出版社，2013年，第26页。

今 1 万年的新石器时代一直延续到青铜时代①，主要描绘北方草原游牧狩猎者的生活场景②，反映出原始人类的文化艺术来源于人类同大自然的斗争这一根本途径。

而阴山岩画则是构成河套人文精神的重要元素，如果我们把郦道元的"阴山岩画"情怀放在这样的历史层面去考量，那么，《水经注》的科学思想意义就更加鲜明和富有特色了。

（2）三峡岩画。除了阴山岩画外，郦道元还非常关注三峡岩画，并在《水经注》中多有记述。例如，在《水经注·江水》注中，郦道元说："江水又东径宜昌县北……与夷陵对界。《宜都记》曰：渡流头滩十里，便得宜昌县。江水又东径狼尾滩而历人滩。袁山松曰：二滩相去二里。人滩水至峻峭，南岸有青石，夏没冬出，其石嵚崟，数十步中，悉作人面形，或大或小。其分明者，须发皆具，因名曰人滩也。"③文中"狼尾滩"在今湖北宜昌市西北 90 余里，而"人滩"则在今四川与湖北交界的西陵峡一带。郦道元又说：

> 江水又东径黄牛山，下有滩，名曰黄牛滩。南岸重岭叠起，最外高崖间有石色如人负刀牵牛，人黑牛黄，成就（层次）分明，既人迹所绝，莫得究焉。……江水又东径西陵峡。《宜都记》曰：自黄牛滩东入西陵界，至峡口百许里，山水纡曲，而两岸高山重障，非日中夜半，不见日月。绝壁或千许丈，其石彩色，形容多所像类。林木高茂，略尽冬春。猿鸣至清，山谷传响，泠泠不绝。所谓三峡，此其一也。山松言：常闻峡中水疾，书记及口传，悉以临惧相戒，曾无称有山水之美也。及余来践跻此境，既至欣然，始信耳闻之不如亲见矣。其叠崿秀峰，奇构异形，固难以辞叙。林木萧森，离离蔚蔚，乃在霞气之表。仰瞩俯映，弥习弥佳。流连信宿，不觉忘返，目所履历，未尝有也。既自欣得此奇观，山水有灵，亦当惊知己于千古矣。④

同阴山岩画一样，这应是最早关于长江三峡区域岩画的文献。⑤从上述记载中，我们可以初步看出三峡岩画的主要内容和特点，以人面群像为主，它反映了人类意识的进化过程，即从对动物的崇拜转向对人本身的崇拜。有学者通过对世界上众多民族之原始宗教的比较研究后发现："几乎所有民族的神都经历了兽形神—半人半兽神—人形神的演化过程。这种演化过程反映了人的主体意识的觉醒和人在自然界中地位的提高，是这种变化在观念上的折射。"⑥如果用人类学家弗雷泽的交感巫术说来解释，那么，三峡岩画的内涵就会得到新的阐释。诚如黄亚平等学者所言："原始人并不像我们这么理性，在他们看来，神灵的形象本来就是那样的，他们隐隐感觉到神和人的同构，他们用自己的方法正确表达

---

① 中国文物学会专家委员会主编：《中国文物大辞典》上，北京：中央编译出版社，2008 年，第 458 页。

② 详细内容请参见盖山林的系列著述：《阴山岩画》（内蒙古人民出版社 1986 年版）、《乌兰察布岩画》（文物出版社 1989 年版）、《阴山汪古》（内蒙古人民出版社 1991 年版）等。

③（北魏）郦道元撰，谭属春、陈爱平校点：《水经注》卷 34《江水》，第 501 页。

④（北魏）郦道元撰，谭属春、陈爱平校点：《水经注》卷 34《江水》，第 501—502 页。

⑤ 陈文武：《长江三峡岩画引论》，《三峡论坛》2010 年第 1 期，第 20 页。

⑥ 陈荣富：《比较宗教学》，北京：世界知识出版社，1993 年，第 37 页。

了自己的心智。动物涂绘发展了原始人的写实表达能力，神像涂绘发展了他们的写意表达能力，而灵异崇拜观念则促使两者自然结合在一起，构成有标识涵（含）义的氏族图腾。"①

（3）栈道。古人在险要的悬崖峭壁凿石架木，蜿蜒盘旋，以便交通，有的长达百余里，甚至两千余里，构成一道令人叹为观止的人文奇观。例如，郦道元说：

> （褒水）西北出衙岭山，东南径大石门，历故栈道下谷，俗谓千梁无柱也。诸葛亮《与兄瑾书》云：前赵子龙退军，烧坏赤崖以北阁道，缘谷百余里，其阁梁一头入山腹，其一头立柱于水中，今水大而急，不得安柱，此其穷极不可强也。……自后按旧修路者，悉无复水中柱，径涉者，浮梁振动，无不遥心眩目也。②

这里讲的"故栈道"是指褒斜道，它是连接秦蜀之间的一条栈道，始建于战国，秦汉扩充，并将先秦的"有梁无柱"结构改为"有梁有柱"式。三国时诸葛亮治蜀，因"水大而急，不得安柱"，不得已又改为"有梁无柱"结构。北魏亦复如此，故行人走在上面不免有"遥心眩目"之感。郦道元又说：

> （冠爵津）在界休县之西南，俗谓之崔鼠谷，数十里间道险隘，水左右悉结偏梁阁道，累石就路，萦带岩侧，或去水一丈，或高五六尺，上戴山阜，下临绝涧，俗谓之为鲁般桥。盖通古之津隘矣，亦在今之地险也。③

冠爵津在今山西灵石县境内，北起冷泉关，南至阴地关（今灵石县南关），栈道盘曲长约达30千米。据考，此处所说的"偏梁"应属于木栈类的悬崖斜柱式栈道，而"古代木栈类栈道为了防流水与滚石和供行人躲避烈日雨淋，通常还加盖有阁，所以又称为阁道"④。

（4）石拱桥。这种桥的历史十分悠久，据茅以升考证，《水经注》提到的"旅人桥"应是我国有文献记载的最古老的石拱桥。⑤《水经注》卷16《谷水》载：

> （七里）涧有石梁，即旅人桥也。……凡是数桥，皆累石为之，亦高壮矣，制作甚佳，虽以时往损功，而不废行旅。朱超石《与兄书》云：桥去洛阳宫六七里，悉用大石，下圆以通水，可受大舫过也。题其上云：太康三年十一月初就功，日用七万五千人，至四月末止。此桥经破落，复更修补，今无复文字。⑥

太康三年即公元282年，而修造"旅人桥"从十一月到次年四月，共动用了75 000人耗时半年才完成，可见工程规模之巨大。我们知道，建筑"可受大舫过"的净空石拱桥，需要很多条件：第一，铁器的大量使用，因为从中华人民共和国成立之前太行山区

---

① 黄亚平、孟华：《汉字符号学》，上海：上海古籍出版社，2001年，第98页。
② （北魏）郦道元撰，谭属春、陈爱平点：《水经注》卷27《沔水》，第413页。
③ （北魏）郦道元撰，谭属春、陈爱平点：《水经注》卷6《汾水》，第91页。
④ 东湖：《〈水经注〉中记载的山西古栈道》，《中国历史地理论丛》1996年第2辑，第40页。
⑤ 茅以升：《桥梁史话》，北京：北京出版社，2012年，第87页。
⑥ （北魏）郦道元撰，谭属春、陈爱平点：《水经注》卷16《谷水》，第254—255页。

许多山村修盖石窑洞的劳动实践看，若"用大石"，没有能撬动大石的铁杠这类工具是不行的。第二，必要的工程管理，可以想象，对于数万人的工程，不仅需要设计者技术一流，更需要组织和管理者采用比较科学的生产方法，起、运、凿、砌等，每一个环节都不能疏忽。所以有学者评价说：此桥的出现，"是桥梁施工管理和石拱建造技术已经相当成熟阶段的标志"①。第三，继承了前人的造桥经验。对此，唐寰澄曾经对汉晋时期的洛阳桥群进行实地考察，结果发现建于东汉顺帝阳嘉四年（135）的洛阳建春门石桥或称上东门石桥，位于东汉洛阳城上东门外和曹魏洛阳城建春门外的阳渠之上，是我国目前石拱桥的最早记录。②

此桥也见载于与"旅人桥"同卷的《水经注》中，其文云：

> 桥首建两石柱，桥之《右柱铭》云：阳嘉四年乙酉壬申，诏书以城下漕渠，东通河、济，南引江、淮，方贡委输，所由而至，使中谒者魏郡清渊马宪监作石桥梁柱，敦敕工匠尽要妙之巧，攒立重石，累高周距，桥工路博，流通万里云云。③

由于此桥已毁，没有实物参照，文中所言"攒立重石，累高周距"究竟是个什么结构的石桥？因文献记载阙失，故学界有不同理解。与前揭唐寰澄的观点不同，有学者认为它不是石拱桥，而是一种介于柱与墩之间的"石梁桥"，它是石梁柱桥的改进，对将石料用于桥梁建筑具有重要意义。④据考古工作者推算，此桥的长度应在25米至30米之间。⑤如果说建春门石桥尚不能确定取代"旅人桥"而成为我国有文字记载的最早石拱桥，那么，出土于新野的东汉画像砖中的那座没有拱上结构的拱桥（图2-2），则是实实在在的和没有异议的。此例说明，旅人桥的出现不是偶然的，它经过了古代匠人长期的探索与实践，并积累了一定的力学知识。

图2-2　新野县北安乐寨出土的画像砖与单孔裸拱桥图形⑥

比如，有学者这样分析石拱桥的力学原理：

①　河南省交通史志编纂委员会：《河南公路史》第1册《古代道路 近代公路》，北京：人民交通出版社，1992年，第70页。

②　项海帆等编著：《中国桥梁史纲》，上海：同济大学出版社，2013年，第47页。

③　（北魏）郦道元撰，谭属春、陈爱平校点：《水经注》卷16《谷水》，第247—248页。

④　河南省交通史志编纂委员会：《河南公路史》第1册《古代道路 近代公路》，第74页。

⑤　周得京编著：《洛阳名桥记》，郑州：河南人民出版社，1991年，第4页。

⑥　河南省交通史志编纂委员会：《河南公路史》第1册《古代道路 近代公路》，第75页。

石拱桥是在墩台之间以拱形构件承重，构件在承受荷载时，墩台支点处产生水平推力，使拱内产生轴向压力，减小了跨中弯矩，使石材的耐压特性得以充分发挥，因此石拱的跨越能力大大高于石梁桥，从而提高了桥梁跨径。石拱桥的出现使中国古代桥梁进入了一个新纪元。[①]

郦道元虽然不是桥梁专家，但是他在长期"访渎搜渠"[②]的过程中，不仅详细考察了我国境内各种水道变迁和城邑兴废等地理现象，而且对那些承载着丰厚历史文化内涵与科学思想、科学精神、科学方法及其科学技术知识的桥梁、栈道、聚落、津渡等遗迹，进行了广泛的调查研究和深入细致的记述，表现了他对祖国大好河山的热爱和对人类创造力本身的歌颂与赞美。

3. 《水经注》的时代精神

学界普遍认为，所谓"时代精神"就是标志社会不同发展阶段，具有特定历史内涵的生活世界的"意义"[③]。我们知道，南北朝是一个社会分裂时期，在此期间，长期的分裂割据和连年战乱给各族人民带来深重灾难。因此，渴望国家的统一和社会生活的安定就成为处在焦虑之中的各阶层民众的迫切愿望。从这个层面讲，郦道元的《水经注》充满了爱国主义思想，在此基础上，他用类似《史记》的笔法来比较理性地注释《水经》，陈古刺今，积聚自信，在反思历史中把握未来，避免重蹈旧王朝的覆辙。

（1）从歌咏比较关心河患的汉武帝看郦道元的水利政治思想。历史上的河患频繁发生，灾难深重，究其根源，它不单单是气候变迁、河道淤塞等因素所造成的自然现象，也与封建统治者腐朽与无能密切相关。考虑到这个因素，郦道元便有了以下记述。

《水经注》卷 24《瓠子河》载：

> 暨汉武帝元光三年，河水南决，漂害民居。元封二年，上使汲仁、郭昌发卒数万人，塞瓠子决河，于是上自万里沙还，临决河，沉白马、玉璧，令群臣将军以下，皆负薪填决河。上悼功之不成，乃作歌曰：瓠子决兮将奈何？浩浩洋洋，虑殚为河。……隤竹林兮楗石菑，宣防塞兮万福来。于是辛塞瓠子口，筑宫于其上，名曰宣房宫。故亦谓瓠子堰为宣房堰，而水亦以瓠子受名焉。平帝已后，未及修理，河水东浸，日月弥广。永平十二年，显宗诏乐浪人王景治渠筑堤，起自荥阳，东至千乘，一千余里。景乃防遏冲要，疏决壅积，瓠子之水，绝而不通，惟沟渎存焉。[④]

瓠子河自今河南省濮阳市南分黄河水东出，经山东境内，东注济水。当时，堵塞瓠子决口，采用桩柴平堵法，为此，方圆百里的树木竹林几乎被砍光，用费颇巨，最后终于初见成效。汉武帝作为一代雄主，尽管也有腐败的一面，但在救灾济民方面，他能不惜耗费钱财，倾国家之力，消除灾患，确实不失为英明之举。与之相反，魏明帝在灾患面前，却

① 中华人民共和国交通部主编：《中国桥谱》，北京：外文出版社，2003 年，第 85 页。
② （北魏）郦道元撰，谭属春、陈爱平校点：《水经注》，第 1 页。
③ 孙正聿：《思想中的时代：当代哲学的理论自觉》，北京：北京师范大学出版社，2013 年，第 121 页。
④ （北魏）郦道元撰，谭属春、陈爱平校点：《水经注》卷 24《瓠子河》，第 361 页。

是另外一种态度：

> 际城有魏明帝所起景阳山，余基尚存。孙盛《魏春秋》曰：景初元年，明帝愈崇宫殿雕饰观阁，取白石英及紫石英及五色大石于太行谷城之山，起景阳山于芳林园，树松竹草木，捕禽兽以充其中。于时百役繁兴，帝躬自掘土，率群臣三公已下，莫不展力。山之东，旧有九江，陆机《洛阳记》曰：九江直作圆水。水中作圆坛三破之，夹水得相径通。《东京赋》曰：濯龙芳林，九谷八溪，芙蓉覆水，秋兰被涯。今也山则块阜独立，江无复仿佛矣。①

对于魏明帝的评价，由于所站的角度不同，观点亦相悖，我们说魏明帝过于追求享乐，不关心河患，主要依据下面的事实。据任世芳先生统计，历史上的河患从汉武帝到孝文帝的 600 余年间，是一个多灾多难的高发期。具体情况如表 2-1 所示：

表 2-1　水患严重和比较严重的时段统计表

时段（年）	朝代	水患频率 f_d
前 132—前 108	西汉	≥0.320
前 39—前 13	西汉	0.292
28—34	东汉	0.714
54—67	东汉	0.214
106—111	东汉	0.833
124—136	东汉	0.385
148—155	东汉	0.625
167—175	东汉	0.333
223—237	曹魏	>0.200
265—283	曹魏、西晋	0.471
292—304	西晋	0.231—0.308
468—485	北魏	0.556
499—534	北魏	0.306

注：f_d≥0.50 为严重，0.50>f_d≥0.20 为较严重②

可见，景初元年（237）黄河发生了比较严重的灾患，然而，魏明帝置黄河灾患于不顾，却侈心造景阳山事。这就不能不使郦道元顿生厌恶之感，同样，北魏孝武帝年间，河患频发，灾难深重，然而，孝武帝仍大兴土木，营造宫殿。所以郦道元以国家强盛时期的汉武帝为标尺，衡量后来的历朝帝王，认为他们不关心民众疾苦，奢侈腐化，蠹国害民。郦道元的言外之意当然是希望孝武帝像当年的汉武帝一样，创造一个在政治、经济、思想、文化上的空前盛世。在郦道元的笔下，我们看到的不仅仅是一项又一项的水利工程，实际上，在这些水利工程的背后隐藏着与国家命运紧密相连的水利政治，而郦道元的水利政治思想则构成其人文地理思想体系的重要组成部分。

仍以汉武帝为例，《水经注》载：

---

① （北魏）郦道元撰，谭属春、陈爱平校点：《水经注》卷 16《谷水》，第 245 页。
② 任世芳：《黄河环境与水患》，北京：气象出版社，2011 年，第 151 页。

汉水又东南径瞿堆西，又屈径瞿堆南。绝壁峭峙，孤险云高，望之形若覆唾壶，高二十余里，羊肠蟠道三十六回，《开山图》谓之仇夷，所谓积石嵯峨，嵚岑隐阿者也。上有平田百顷，煮土成盐，因以百顷为号。山上丰水泉，所谓清泉涌沸，润气上流者也。汉武帝元鼎六年开，以为武都郡。天池大泽在西，故以都为目矣。①

把瞿堆山上的仇池泽与"开以为武都郡"联系起来，不仅含有开疆拓土的蕴意，更隐喻"刑天"这个"不死的英雄"②神话。可见，郦道元讲述这个故事，目的是想用以激发时人的内聚力和战斗意志。

《水经注》又载：

昔韩欲令秦无东伐，使水工郑国间秦凿泾引水，谓之郑渠，渠首上承泾水于中山西邸瓠口，所谓瓠中也。《尔雅》以为周焦获矣。为渠并北山，东注洛三百余里，欲以溉田。中作而觉，秦欲杀郑国。郑国曰：始臣为间，然渠亦秦之利。卒使就渠，渠成而用注填阏之水，溉泽卤之地四万余顷，皆亩一钟，关中沃野，无复凶年，秦以富强，卒并诸侯，命曰郑渠。渠渎东径宜秋城北，又东径中山南。《河渠书》曰：凿泾水自中山西。《封禅书》：汉武帝获宝鼎于汾阴，将荐之甘泉，鼎至中山，氤氲有黄云盖焉。③

汾阴在今山西万荣西南，在此地发现"宝鼎"非同寻常。因为汉元鼎四年（前113），汉武帝诏令创建的汾阴后土祠，即成了炽盛于历史脉动的皇族圣境。④中山，亦名小仲山，在今陕西省泾阳县境内。邸瓠口，即焦获泽，在今陕西省泾阳县西北。如文中所述，郑国渠本来就是韩国"疲秦"政治的产物，结果适得其反，秦国反而因郑国渠而越来越富强，关中变成了秦国的"衣食之源"，并从经济上完成了发动统一全国战争的物质准备。因此，郦道元把这些事件串联起来，无非强化水利与政治的互动关系。秦始皇修筑郑国渠是政治，汉武帝搬运"宝鼎"到"凿泾水自中山西邸瓠口为渠"的中山即出现比较强烈的感应，仍然是政治。仅从韩国和秦国对待郑国渠的态度上看，郑国渠改变了秦国的命运，同时也改变了历史。所以郦道元特别注重水利与政治关系中水利对政治的影响，而整个《水经注》的政治意图恰在于此。

（2）从崇尚自然到歌颂人类的科技创造。魏晋南北朝的哲学思想是崇尚自然之美，如"思长林，志在丰草"⑤的嵇康，主张"万物以自然为性"⑥的王弼，以及认为"名教不离自然"⑦的郭象等。其中郭象有一段话说：

夫圣人虽在庙堂之上，然其心无异于山林之中，世其识之哉！徒见其戴黄屋，佩

① （北魏）郦道元撰，谭属春、陈爱平校点：《水经注》卷 20《漾水》，第 298—299 页。
② 赵逵夫：《陇上学人文存·赵逵夫卷》，兰州：甘肃人民出版社，2010 年，第 31 页。
③ （北魏）郦道元撰，谭属春、陈爱平校点：《水经注》卷 16《谷水》，第 257—258 页。
④ 陆峰波：《历代皇帝祀汾阴后土考》，《史志学刊》2015 年第 1 期，第 85 页。
⑤ （南朝·梁）萧统主编，于平等注释：《昭明文选》卷 43《嵇康·与山巨源绝交书》，北京：华夏出版社，2000 年，第 1694 页。
⑥ （三国·魏）王弼著，楼宇烈枝释：《〈老子〉二十九章注》，北京：中华书局，1980 年，第 77 页。
⑦ 汤用彤：《魏晋玄学论稿》增订版，北京：生活·读书·新知三联书店，2009 年，第 180 页。

玉玺，便谓足以缨绂其心矣；见其历山川，同民事，便谓足以憔悴其神矣；知至至者之不亏哉！①

翻检《论语·雍也篇》，里面确实有孔子之言："知者乐水，仁者乐山。"②虽然这仅仅是山水之喻，但它在客观上催生了儒者游山玩水之志趣。随着佛教的自然生态观迎合了广大士人对山川水景的向往，南北朝时期的佛教发展渐趋繁兴。北魏以佛教为国教，地位非常特殊。对此，郦道元在《水经注》中也有相应的体现。例如，《水经注》卷一开头部分就大量记录了流经印度之两大河流即新头河与恒河的源流状况。其文云：

黄帝宫，即阿耨达宫也。其山出六大水，山西有大水，名新头河。……释法显曰：度葱岭，已入北天竺境。于此顺岭西南行十五日，其道艰阻，崖岸险绝，其山惟石，壁立千仞，临之目眩，欲进则投足无所。下有水，名新头河。昔人有凿石通路施倚梯者，凡度七百梯，度已，蹑悬絙过河，河两岸，相去咸八十步。……度（渡）河便到乌长国。乌长国即是北天竺，佛所到国也。……新头河又西南流，屈而东南流，径中天竺国。两岸平地，有国名毗荼，佛法兴盛。……释氏《西域记》曰：新头河经罽宾、犍越、摩诃剌诸国，而入南海是也。③

用今天的眼光看，郦道元所引述的佛国事迹多有虚妄之嫌，但是，从当时的特定文化背景看，这也是那个时代的客观精神体现，我们不必苛求于郦道元。文中有三处记载需要注意：第一，"黄帝宫，即阿耨达宫也"，"阿耨达山"实际上就是昆仑山，而昆仑山与佛教和道教的信仰有关，所以在这一点上两者具有统一性。第二，"昔人有凿石通路施倚梯者，凡度七百梯"，对文中的"凿石通路"，陈桥驿先生有一段解释。他说："这里的所谓'倚梯'，或许与栈道有些相似，当是连接断崖的建筑，必是道路最艰险之处。全程之中竟有'七百梯'之多……又得'蹑悬絙过河'。所谓'悬絙'，当是索桥一类的设施。而长达八十步的'悬絙'，其艰危当然不言而喻。"④在前揭嵇康、阮籍、王弼、郭象等学者的文集中是看不到如此人类之奇迹的，此即郦道元与他们的差别。前者在自然界面前具有一定的消极性；与之相反，后者用极大的热情去记述那些人类在与自然界固有的艰难险阻进行长期斗争过程中所创造的各种文明成果。第三，一些宗教常常把自然界中的偶然现象看作是必然，结果就出现了解释学中的"神秘主义"。如"以栴檀木为薪，天人各以火烧薪，薪了不然"，我们知道，"栴檀"是一种香树，即檀香树，其木材异香，专门用来燃烧祀佛。檀香本来是易燃物，其造成"薪了不然"的原因可能是受潮或者遇到大风大雨。科学与宗教不同，科学的任务不是把偶然性绝对化为真理，而是当作科学活动中的"机遇"，即通过大量偶然性发现必然性。比如，《水经注》载："（今瞿塘峡）北岸山上有神渊，渊北有白盐崖，高可千余丈，俯临神渊。土人见其高白，故因名之。天旱，燃木岸上，推其

① （清）郭庆藩：《庄子集释》，北京：中华书局，1961年，第28页。
② （清）刘宝楠：《论语正义》卷7《雍也》，《诸子集成》第1册，石家庄：河北人民出版社，1986年，第127页。
③ （北魏）郦道元撰，谭属春、陈爱平校点：《水经注》卷1《河水》，第3—4页。
④ 陈桥驿：《郦学札记》，上海：上海书店出版社，2000年，第313页。

灰烬，下秽渊中，寻即降雨。"①用现代气候学知识解释，则"燃木岸上"中飞出的大量灰烬增加了大气中凝结核的数量，同时，当空气强烈受热时，造成空气不稳定，湿热空气膨胀形成上升气流，而当空气中的水汽冷却凝结后便形成降雨。这实际上是一种原始的人工降雨过程，它滥觞于董仲舒的《春秋繁露》。《春秋繁露·求雨》载有"开山渊，积薪而燔之"②的求雨法，晋代干宝《搜神记》中亦载："樊东之口有樊山，若干旱，以火烧山，即至大雨。今往往有验。"③烧山求雨与"燃木岸上"的原理是一样的，但前者的危险性更大，对林木资源的破坏程度更严重，所以烧山求雨的方式后来就废弃不用了。

郦道元在《水经注》中记载了很多人类成功利用自然资源的典型实例。

（1）建安十五年（210），曹操在邺城构筑了规模很大的铜雀台、金虎台、冰井台，史称曹操三台。其中"冰井台，亦高八丈，有屋百四十间，上有冰室，室有数井，井深十五丈，藏冰及石墨焉。石墨可书，又然（燃）之难尽，亦谓之石炭"④。古人称煤炭为石墨，而从上述记载来推测，我国先民最早发现与使用煤炭应和台榭建筑的取暖有关。⑤

（2）江州县"北有稻田，出御米也。县下又有清水穴，巴人以此水为粉，则皓曜鲜芳，贡粉京师，因名粉水，故世谓之为江州堕林粉"⑥。此处的"御米"粒圆而薄糠，加上清水穴之甘泉，故制成的"堕林粉"名噪一时。至于"堕林粉"究竟是什么东西，有学者认为应是"用豆粉或别的粉做成的粉皮、凉粉之类的食品"⑦；也有学者认为是用来制造化妆用的粉⑧。笔者以为后者为是，"贡粉京师"的"粉"是一种专供皇宫敷用的高级化妆品。对此，丁永忠先生有一段论说，较为客观，亦合情理。他说：

> 三峡人民还曾利用本地出产的优质米和优质水，创制出古代都市有闲阶级所需的高级化妆粉。……古代高级润肤脂粉有两大类：一是铅粉，一是米粉。此所谓"堕林粉"即用米粉制成。据考，这个清水穴就在今重庆南岸莲花山麓的长江支流，即清水溪上。其所生产的"堕林粉"，能驰贡京城，没有长期的生产工艺传统，显然不行。⑨

（3）汤溪水"南流历县，翼带盐井一百所，巴川资以自给。粒大者，方寸，中央隆起，形如张伞，故因名之曰伞子盐。有不成者，形亦必方，异于常盐矣。王隐《晋书地道

---

① （北魏）郦道元撰，谭属春、陈爱平校点：《水经注》卷33《江水》，第497页。
② （汉）董仲舒：《春秋繁露》卷16《求雨》，上海：上海古籍出版社，1989年，第88页。
③ （晋）干宝：《搜神记》卷13，《百子全书》第5册，第4211页。
④ （北魏）郦道元撰，谭属春、陈爱平校点：《水经注》卷10《浊漳水》，第159页。
⑤ 李纯：《中国宫殿建筑美学三维论》，武汉：湖北人民出版社，2012年，第101页。
⑥ （北魏）郦道元撰，谭属春、陈爱平校点：《水经注》卷33《江水》，第493页。
⑦ 吴荣曾、汪桂海主编：《简牍与古代史研究》，北京：北京大学出版社，2012年，第159页。
⑧ 邓少琴：《巴蜀史迹探索》，成都：四川人民出版社，1983年，第29页；王进玉主编：《化学与化工卷》，南宁：广西科学技术出版社，2003年，第439页；童恩正：《古代的巴蜀》，重庆：重庆出版社，2004年，第27页。
⑨ 丁永忠：《三峡地区先秦人文历史述略》，四川三峡学院中文系、四川三峡学院三峡文化研究所编：《三峡文化研究》第1集，重庆：重庆大学出版社，1997年，第351—352页。

记》曰：入汤口四十三里，有石，煮以为盐。石大者如升，小者如拳，煮之，水竭盐成，盖蜀火井之伦，水火相得乃佳矣"①。这些盐井分布很广，主要是利用地层中涌出的盐泉，用木井围之，煮以为盐。②从历史上看，四川地区的制盐业早在商周时期就出现了，但云阳盐井却始于汉，以白兔井为代表，盐卤生产两旺，至 20 世纪 60 年代仍可制盐约 5 吨，历经 2000 多年不衰，世为奇观。③

对于我国古代劳动人民在征服自然过程中所创造的一项项人类奇迹，郦道元在《水经注》中也做了详细记述。例如，李冰与都江堰，据《水经注》卷 33 载：

> 李冰作大堰于此，壅江作堋。堋有左、右口，谓之湔堋，江入郫江、捡江以行舟。《益州记》曰：江至都安堰其右，捡其左，其正流遂东，郫江之右也。因山颃水，坐致竹木，以溉诸郡。又穿羊摩江、灌江，西于玉女房下白沙邮，作三石人，立水中。刻要江神，水竭不至足，盛不没肩。是以蜀人旱则借以为溉，雨则不遏其流。故《记》曰：水旱从人，不知饥馑，沃野千里，世号陆海，谓之天府也。邮在堰上，俗谓之都安大堰，亦曰湔堰，又谓之金堤。左思《蜀都赋》云西逾金堤者也。诸葛亮北征，以此堰农本，国之所资，以征丁千二百人主护之，有堰官。④

文中"壅江作堋"是对整个都江堰水利枢纽工程的高度概括，它由鱼嘴分水堤、飞沙堰溢洪道、宝瓶口引水口三大主体工程和百丈堤、人字堤等附属工程构成，所以"堋"的指义是凿开宝瓶口，生成一口与两壁；"壅江"是指在江中修筑分水鱼嘴、飞沙堰等建筑；而"作堋"就是说凿开离堆开出宝瓶口。⑤不过，由于长期冲淤的影响，都江堰初建时的面貌已被改变，故古人所记载的都江堰图景与现存的都江堰工程结构并不对应。于是，有学者推想："堋这种工程，应是鸟翼形的壅水低坝，鸟翼则近似'人'字。"⑥具体地讲，古代的"堋"本身应是一种笼石结构，因而"如果人字的两翼向两侧伸直，就发展成与水流垂直的拦河坝；如果两翼向下游内曲，就发展成与水流平行的顺坝，成为今天的都江堰首部结构"⑦。

僰道（亦即五尺道）的开辟，是汉武帝治理南中地区的重要举措。郦道元记载其工程的原委说：

> （僰道）县本僰人居之。《地理风俗记》曰：夷中最仁，有仁道，故字从人。《秦

---

① （北魏）郦道元撰，谭属春、陈爱平校点：《水经注》卷 33《江水》，第 495 页。
② 黄剑华：《〈华阳国志〉故事新解》，成都：四川人民出版社，2014 年，第 101 页。
③ 刘德林、周志征、刘瑛：《中国古代井盐及油气钻采工程技术史》，太原：山西教育出版社，2010 年，第 115 页。
④ （北魏）郦道元撰，谭属春、陈爱平校点：《水经注》卷 33《江水》，第 486 页。
⑤ 罗开玉：《壅江作堋新解》，四川省水利电力厅、都江堰管理局：《都江堰史研究》，成都：四川省社会科学院出版社，1987 年，第 145 页。
⑥ 冯广宏：《壅江作堋考》，四川省水利电力厅、都江堰管理局：《都江堰史研究》，成都：四川省社会科学院出版社，1987 年，第 139 页。
⑦ 冯广宏：《壅江作堋考》，四川省水利电力厅、都江堰管理局：《都江堰史研究》，成都：四川省社会科学院出版社，1987 年，第 143 页。

纪》所谓僰僮之富者也。其邑，高后六年城之。汉武帝感相如之言，使县令南通僰道，费功无成，唐蒙南入，斩之，乃凿石开阁，以通南中。迄于建宁，二千余里，山道广丈余，深三四丈，其鏨凿之迹犹存。①

修建连接四川盆地与云贵高原的交通道路始于李冰，当时出任蜀郡太守的李冰在陡峭的山崖上开出一条崎岖小道，从僰道县一直通到朱提县，长约600里，因道宽仅5秦尺，故称为"五尺道"。秦始皇统一中国后，继续将五尺道延伸至味县，长约1200里。汉武帝时在原"夜郎国"之地设置犍为郡，并将五尺道进一步扩展到北盘江，与夜郎道沟通，长约1800里，道宽由五尺扩为丈余。东汉时期，五尺道逐渐演变为"南方丝绸之路"东线，它对于促进西南地区各民族的融合以及四川盆地和云贵高原的文明发展起到了巨大的历史作用。②

郦道元在记述这些科技成就时，绝对不是随意为之而没有他自己的认识和想法。我国河流众多，水系发达且复杂，所以流域水资源的治理和开发必须在统一的国家政治体系内统筹规划，只有这样，才能集中人力和物力于各项建设之中，才能有所作为。从流域经济的开发到国家的统一，这既是《水经注》编撰的内在逻辑，同时也是它寓于字里行间的内涵深刻的历史主题。

魏晋南北朝时期，学术个性非常鲜明，以至学人们常常惊叹"在中国学术史上，魏晋南北朝却是少有的思想活跃、学术繁荣的时代，学术风气之盛、学术成果之丰富，比之治平之世不稍逊色，在若干方面的成就（比如哲学、史学），不仅驾凌于两汉之上，亦令隋唐瞠乎其后"③。诚然，造成这种局面的原因很多，如士族阶层兴起、民族融合等，但是玄学的盛行无疑成为此期时代个性觉醒的重要依托。从《水经注》的一篇篇优美的山水散文看，郦道元的文学作品凄清冷幽，心与景相感应，与他刚正耿直、为治威猛刻峻的性格十分吻合，文如其人，遂成为中国散文史的一座奇峰突起。以三峡为例，学界有"自然美"的反映说及"实感说"等，其实那凝练在文句中的"经典话语"，融入了郦道元太多的思想情感。像"巴东三峡巫峡长，猿鸣三声泪沾裳"，何其凄然肃杀，此情此景，又何尝不是郦道元复杂情感的真实写照！当然，我们也可以从科学思想的角度来解读和欣赏它。

如果郦道元没有对光学、植物学、气候学、力学、人体生理学等相关知识的认识与理解，他就不可能写出这部杰出的科普著作。当然，如果郦道元没有对祖国大好山河的热爱，也同样不可能写出这部催人泪下和感人至深的优美作品，更不可能在科学上做出那么大的贡献。

---

① （北魏）郦道元撰，谭属春、陈爱平校点：《水经注》卷33《江水》，第490页。
② 秦国强：《中国交通史话》，上海：复旦大学出版社，2012年，第265—266页。
③ 张国刚、乔治忠：《中国学术史》，上海：东方出版中心，2006年，第207页。

二、"郦学"的科学价值及其思想史意义

（一）"郦学"的科学价值

（1）《水经注》首次发现了河流水系并较为系统地创立了流域地理学的撰述形式，开创了我国地理编撰学的新时代，其流域观念和思想标志着我国古代地理学思想的新进展。[①]在《水经注》之前，无论是《禹贡》《山海经》，还是《汉书·地理志》，它们对"水体的关注总体上只是体现一种附属的、必要的地理要素的意义上而已，以水体和水域为主体的水文地理并没有出现"[②]。从这个意义上，《水经注》的学术价值主要就在于它对《水经》所表现出的流域地理学观念的系统完善与发展，而这种系统完善与发展主要表现为"它从总体上摆脱了以河流为主体的、重点关注河流及其流经的思想，而是将流域作为一个整体，较为全面地反映一个流域的整体的自然、人文以及现实环境与历史的联系"[③]。在此基础上，《水经注》展开对流域自然山水地理秩序的系统重建，具体表现是：一是对当时已经认识的河流水系进行系统描述，尤其是它对《水经》所记述的河流由 137 条增加到 1252 条，并在描述其河流的源流过程中，比较详细地记述了每条河流的发源地、流经地，以及沿途"吐纳"的一级、二级支流和支津等情况。二是对河流发源与其发源地关系的描述较为细致，它既表明我国古代社会对于河流的认识越来越深入，同时也客观再现了当时人们对河流认识的科学新成就。三是结合水系的系统描述与探讨，郦道元在《水经注》里还载录了不少其他特征的水体、山水景观等。在人文地理学方面，《水经注》继承了《山海经》及魏晋时期有关西域见闻之地理著述方面的记事方法，所以郦道元在写入的人文要素的选择上，把着眼点置于河流所经过区域人类活动所造成的地物现象以及与这些现象相关的人类历史故事上，"这无疑是朝着流域人文地理记述和研究的方向迈出了重要的一步"[④]。

（2）《水经注》的性质是一部历史地理书，故此，郦道元比较详尽地占有了北魏及以前的历史地理资料，而且其搜索史料的范围非常宽广，主要载体有纸质文献和金石碑刻，内容包括地理、文学、历史等。陈寅恪先生曾经讲过：

> 一时代之学术，必有其新材料与新问题。取用此材料，以研究问题，则为此时代学术之新潮流。治学之士，得预于此潮流者，谓之预流（借用佛教初果之名）。其未得预者，谓之未入流。此古今学术史之通义，非彼闭门造车之徒，所能同喻者也。[⑤]

以金石碑刻为例，郦道元取用的"新材料"不妨枚举数例如下：
一是李斯书《金狄碑》。郦道元《水经注》卷 4 载：

① 刘景纯：《〈水经注〉流域地理的发现与撰述》，《西夏研究》2011 年第 2 期，第 102 页。
② 刘景纯：《〈水经注〉流域地理的发现与撰述》，《西夏研究》2011 年第 2 期，第 103 页。
③ 刘景纯：《〈水经注〉流域地理的发现与撰述》，《西夏研究》2011 年第 2 期，第 104 页。
④ 刘景纯：《〈水经注〉流域地理的发现与撰述》，《西夏研究》2011 年第 2 期，第 106 页。
⑤ 陈寅恪：《金明馆丛稿二编》，北京：生活·读书·新知三联书店，2015 年，第 266 页。

案秦始皇二十六年，长狄十二见于临洮，长五丈余，以为善祥，铸金人十二以象之，各重二十四万斤，坐之宫门之前，谓之金狄。皆铭其胸云：皇帝二十六年，初兼天下，以为郡县，正法律，同度量，大人来见临洮，身长五丈，足六尺，李斯书也。故卫恒《叙篆》曰：秦之李斯，号为工篆，诸山碑及铜人铭，皆斯书也。汉自阿房徙之未央宫前，俗谓之翁仲矣。①

翁仲曾是秦始皇时期的一员猛将，威震匈奴，死后铸铜像立于司马门外，被视为守护神。汉代多流行小型玉质翁仲造型，供佩戴之用，以求弥灾。十六国时期，秦始皇铸造的"十二金人"全部消失。关于秦始皇铸造"十二金人"事，请参见张振新《关于钟虡铜人的探讨》一文。张文批评郦道元说："内容上，比之汉初人以及司马迁的质朴的笔触，明显不同的是妄加了荒诞不经的内容，如因有大人见临洮而铸金人以象之，王莽感梦而镕灭铜人膺文，等等。这以《汉书》首开其端，到郦道元注《水经》而达到了高峰。"②甚至以"不见前人记载"为由否认《金狄碑》的真实性，这就有些主观化了。事实上，目前我们发现的许多秦汉时期的简帛文书，其内容不见于古人文献记载的实例很多。在此，即使郦道元非亲眼所见，他采信其事一定另有所据，我们不要轻易作否定性结论。

二是荥口《石门碑》或称《王诲碑》。《水经注》卷 7 载：

济水又东合荥渎，渎首受河水，有石门，谓之为荥口石门也，而地形殊卑，盖故荥播所导，自此始也。门南际河，有故碑云：惟阳嘉三年二月丁丑，使河堤谒者王诲，疏达河川，通荒庶土，往大河冲塞，侵啮金堤，以竹笼石葺土而为褐，坏隤无已，功消亿万，请以滨河郡徒，疏山采石垒以为障，功业既就，徭役用息，未详诏书，许诲立功府卿，规基经始，诏策加命，迁在沇州，乃简朱轩授使司马登，令缵茂前绪，称遂休功，登以伊、洛合注大河，南则缘山，东过大伾，回流北岸，其势郁蒙，涛怒湍急激疾，一有决溢，弥原淹野，蚁孔之变，害起不测，盖自姬氏之所常慝。昔崇鲧所不能治，我二宗之所勔劳于是。乃跋涉躬亲，经之营之，比率百姓，议之于臣，伐石三谷，水匠致治，立激岸侧，以捍鸿波，随时庆赐说以劝之，川无滞越，水土通演，役未逾年，而功程有毕，斯乃元勋之嘉课，上德之宏表也。昔禹修九道，《书》录其功；后稷躬稼，《诗》列于《雅》。夫不惮劳谦之勤，夙兴厥职，充国惠民，安得湮没而不章焉。故遂刊石记功，垂示于后。其辞云云……③

这是一项重要的水利工程建设，碑文里记载着护岸工程由"竹笼石葺土"变为"疏山采石垒以为障"的技术改革史实。此外，文中还记述了夏禹从大伾山（在今河南省浚县城东）引水沿太行山东疏的历史画卷④。至于《王诲碑》的学术价值，施蛰存先生曾评论说：

---

① （北魏）郦道元撰，谭属春、陈爱平校点：《水经注》卷 4《河水》，第 59 页。
② 张振新：《关于钟虡铜人的探讨》，《中国历史博物馆馆刊》1980 年第 2 期，第 38 页。
③ （北魏）郦道元撰，谭属春、陈爱平校点：《水经注》卷 7《济水》，第 108—109 页。
④ 曲河编著：《云台山与历代名人》，郑州：河南文艺出版社，2008 年，第 8 页。

自汉以来，黄河屡经改道，荥播之泽，久已埋塞，今郑州北有地名旧荥泽，当即其处。此石门铭，唐以后即无人见之。王诲、司马登诸人，均不见于汉史。作颂者边韶，《后汉书》有传，以"腹笥便便"著名之文士也，其文集亦久已失传。若使郦道元不录此碑，则司马登等充国惠民之功，终于不章，而边孝先此文亦不得传之后人，诚所谓金石之寿，不如简帛矣。[1]

三是车箱渠《刘靖碑》。《水经注》卷 14 载：

鲍丘水入潞，通得潞河之称矣。高梁水注之，水首受灅水于戾陵堰，水北有梁山，山有燕刺王旦之陵，故以戾陵名堰。水自堰枝分，东径梁山南，又东北径《刘靖碑》北。其词云：魏使持节、都督河北道诸军事、征北将军、建城乡侯沛国刘靖，字文恭，登梁山以观源流，相灅水以度形势，嘉武安之通渠，羡秦民之殷富。乃使帐下丁鸿，督军士千人，以嘉平二年，立遏于水，导高梁河，造戾陵遏，开车箱渠。其遏表云：高梁河水者，出自并州，潞河之别源也。长岸峻固，直截中流，积石笼以为主遏，高一丈，东西长三十丈，南北广七十余步。依北岸立水门，门广四丈，立水十丈。山水暴发，则乘遏东下；平流守常，则自门北入。灌田岁二千顷。凡所封地，百余万亩。至景元三年辛酉，诏书以民食转广，陆废不赡，遣谒者樊晨更制水门，限田千顷，刻地四千三百一十六顷，出给郡县，改定田五千九百三十顷。水流乘车箱渠，自蓟西北径昌平，东尽渔阳潞县，凡所润含，四五百里，所灌田万有余顷。高下孔齐，原隰底平，疏之斯溉，决之斯散，导渠口以为涛门，洒滮池以为甘泽，施加于当时，敷被于后世。晋元康四年，君少子骁骑将军平乡侯（刘）弘，受命使持节监幽州诸军事，领护乌丸校尉宁朔将军，遏立积三十六载，至五年夏六月，洪水暴出，毁损四分之三，剩北岸七十余丈，上渠车箱，所在漫溢，追惟前立遏之勋，亲临山川，指授规略，命司马关内侯逄恽，内外将士二千人，起长岸，立石渠，修主遏，治水门，门广四丈，立水五尺，兴复载利，通塞之宜，准遵旧制，凡用功四万有余焉。诸部王侯，不召而自至，襁负而事者，盖数千人。《诗》载经始勿亟，《易》称民忘其劳，斯之谓乎。于是二府文武之士，感秦国思郑渠之绩，魏人置豹祀之义，乃遐慕仁政，追述成功。元康五年十月十一日，刊石立表，以纪勋烈，并记遏制度，永为后式焉。事见其碑辞。[2]

"灅水"或湿水即今永定河，"梁山"即今北京石景山，"遏"指的是坝，"主遏"就是拦河坝。车箱渠因形似矩形状的车厢，故名。高梁河原本由北向南流经蓟城东入灅水，开渠之后则被引而东流在潞县（今通州区）入鲍丘河。戾陵堰位于灅水出山处，堰下为冲积平原，所以车箱渠由西而东，在冲积扇的脊梁上，能控制较大的灌溉面积。文中的"石笼"为戾陵堰的主体，水门在北岸，有闸门控制。据研究，"永定河流量最大曾达 5 万立

---

① 施蛰存：《水经注碑录》，天津：天津古籍出版社，1987 年，第 48 页。
② （北魏）郦道元著，陈桥驿校释：《水经注校释》，杭州：杭州大学出版社，1999 年，第 251—252 页。

方米每秒，洪峰历时很短，洪枯比为 2 万多。因此，戾陵堰坝身不能太高，边坡也要很缓，大约为 1∶15，引水门必须有控制"①。从碑文中可以看出，为了使车箱渠发挥的效益更大化和更长久，樊晨和刘宏先后两次对车箱渠进行改造和扩修，规模都很大。可惜，如此大规模整治永定河，却不见正史记载，幸赖《水经注》才使碑文得以流传下来，而原碑早已不存，由此足证此段史料之珍贵。谭元春先生评价说："郦氏每于碑冢着意，想见其存古之心。"②然而，此"存古之心"需要一种深挚的爱国情感，需要用一种更高的科研境界和独特的学术眼光来甄别以往史料的价值和意义。这样，我们不得不回到那个时期的时代精神的主题上来，而郦道元用他的卓越创造无疑为那个时代的精神世界增添了浓重的一笔色彩。

（3）《水经注》开我国景物志的先河。无论是山水游记还是碑铭表志，也无论是抒情叙事散文还是书信序跋，我们总是习惯从"境界"的角度去欣赏和评价它们。何为"境界"？王国维在《人间词话》中有两段论说，十分精到。他说：

> 有造境，有写境。此理想与写实二派之所由分。然二者颇难区别。因大诗人所造之境，必合乎自然，所写之境，必邻于理想故也。③

他又说：

> 境非独谓景物也，感情亦人心中之一境界。故能写真景物、真感情者谓之有境界，否则谓之无境界。④

以此来观照《水经注》夹叙中的诸多景物描写，确有自成意趣之妙。例如，郦道元《水经注》卷 3 描述"阴山"下的长城景观说："山下有长城，长城之际，连山刺天，其山中断，两岸双阙，善能云举，望若阙焉。"⑤把"长城"与"连山刺天，其山中断"的高阙峡谷地形特点联系起来，在高耸和威武的感性形象中，往往会从人的内心深处油然产生出一种千军万马之汹涌气势。所以"如此精彩的描写，前无古人，后无来者"⑥。再有，卷 6 描写介休县（今山西省介休市）的"冠爵津"云："数十里间道险隘，水左右悉结偏梁阁道，累石就路，萦带岩侧，或去水一丈，或高五六尺，上戴山阜，下临绝涧，俗谓之为鲁般桥。盖通古之津隘矣，亦在今之地险也。"⑦这里是"蒲州至太原"交通上最险峻的一段，战略地位非常重要，当年北周伐北齐、李世民平刘武周等战役都与此津有关。又如《水经注》卷 9 描写黄华水的状貌云：隆虑县（今河南林州市）"有黄华水，出于神囷之山

---

① 海河志编纂委员会：《海河志》第 1 卷，北京：中国水利水电出版社，1997 年，第 361 页。
② 李知文：《郦道元笔下的北京风物》，北京市社会科学研究所文学研究室：《作家与作品》，北京：中国展望出版社，1984 年，第 135 页。
③ 王国维：《人间词话》，干春松、孟彦弘：《王国维学术经典集》，南昌：江西人民出版社，1997 年，第 324—325 页。
④ 王国维：《人间词话》，干春松、孟彦弘：《王国维学术经典集》，第 325 页。
⑤ （北魏）郦道元撰，谭属春、陈爱平校点：《水经注》卷 3《河水》，第 35 页。
⑥ 王守春：《郦道元与〈水经注〉新解》，深圳：海天出版社，2013 年，第 39 页。
⑦ （北魏）郦道元撰，谭属春、陈爱平校点：《水经注》卷 6《汾水》，第 91 页。

黄华谷北崖上。山高十七里，水出木门带，带即山之第三级也，去地七里，悬水东南注
壑，直泻岩下，状若鸡翘，故谓之鸡翘洪。盖亦天台，赤城之流也"①。而《水经注》除
"鸡翘洪"外，尚有"吕梁洪"和"落马洪"。其谓"吕梁洪"："其水西流，历于吕梁之
山，而为吕梁洪。其山岩层岫衍，涧曲崖深，巨石崇竦，壁立千仞，河流激荡，涛涌波
襄，雷济电泄，震天动地。"②由此可见，"洪"的特点是：在地势上，落差较大，一般会
形成悬水瀑布；水流湍急，声响如雷；水窄而浅，水中多石头阻遏。这里，郦道元固然是
在写景，但他更是对山川巨大力量的赞美，它是一种"兴会"，一种"神思"，是心与物相
感应和交融的情感流露。诚如刘勰所说：

> 古人云：形在江海之上，心存魏阙之下。神思之谓也。文之思也，其神远矣。故
> 寂然凝虑，思接千载。悄焉动容，视通万里；吟咏之间，吐纳珠玉之声；眉睫之前，
> 卷舒风云之色：其思理之致乎？故思理为妙，神与物游，神居胸臆，而志气统其关
> 键；物沿耳目，而辞令管其枢机。③

我们用"思接千载"和"视通万里"来形容郦道元《水经注》中的景物志，一点儿也
不为过。范文澜先生专门撰有《水经注写景文钞》一书，欲以使现代人们"享受艺术"之
美。④因此，《水经注》对后世景物志产生了较大影响，如明人张岱说："古人记山水手，
太上郦道元，其次柳子厚……读《注》中遒劲苍老，以郦为骨。"⑤这个评价是公允的。清
人沈钦韩亦说："地理之学，自晋裴秀、挚虞擘画益详，齐陆澄合《山海》以来一百六十
家为《地理书》，梁任昉又增八十四家为《地记》，陈顾野王又合为《舆地志》，迄今无一
存者，其体例部分不可考。独郦氏之注《水经》，脉山络川，巨细悉包，道涂城郭，准望
分率，粲若列眉。秘文轶记，随事诠序，既精且博，而岿然独存于丧乱之世。"⑥想来北魏
以降，不管人们怎么去臧否郦道元的为人，但有一点可以肯定，那就是谁也无法否认《水
经注》的科学价值。

（二）"郦学"的思想史意义

陈桥驿先生在《郦道元评传》中从思想家的角度诠释郦道元，可谓孤明独发，别具匠
心。由于陈先生的论述已经很详尽了，为了避免过多重复，我们在此只择要述之。

（1）郦道元想通过《水经注》的书写来表达恢复一个版图广大国家的愿望。郦道元生
活在一个社会分裂时期，而他的《水经注》却是以汉武帝时期的版图为基础的。前面讲
过，郦道元对汉武帝有一种"追慕"情怀，多有赞美之辞。例如，《水经注》载："汉武帝

① （北魏）郦道元撰，谭属春、陈爱平校点：《水经注》卷9《洹水》，第153页。
② （北魏）郦道元撰，谭属春、陈爱平校点：《水经注》卷3《河水》，第42页。
③ （南朝·梁）刘勰著，黄叔琳注，李详补注，杨明照校注拾遗：《增订文心雕龙校注》卷6，北京：中华书
局，2012年，第372页。
④ 范文澜：《范文澜全集》第6卷《水经注写景文钞》，石家庄：河北教育出版社，2002年，第7页。
⑤ （明）张岱著，栾保群点校：《琅嬛文集：张岱著作集》，杭州：浙江古籍出版社，2013年，第165页。
⑥ （清）沈钦韩：《〈水经注疏证〉序》，谭其骧主编：《清人文集地理类汇编》第5册，杭州：浙江人民出版
社，1988年，第390页。

时，通博南山道，渡兰仓津，土地绝远，行者苦之。歌曰：汉德广，开不宾，渡博南，越仓津，渡兰仓，为作人！山高四十里。"①又，"汉武帝行幸河东，济汾河，作《秋风辞》于斯水之上"②。其《秋风辞》云："秋风起兮白云飞，草木黄落兮雁南归。兰有秀兮菊有芳，怀佳人兮不能忘。泛楼船兮济汾河，横中流兮扬素波。箫鼓鸣兮发棹歌，欢乐极兮哀情多。少壮几时兮奈老何！"再，"汉武帝元鼎四年，幸洛阳，巡省豫州，观于周室，邈而无祀。询问耆老，乃得孽子嘉，封为周子南君，以奉周祀"③。我们知道，汉武帝时孔安国传授古文经学，后传至涂恽，涂恽传授桑钦，桑钦撰《水经》。这种经书的传承在一定意义上强化了郦道元对汉武帝的崇敬之感。所以《水经注》的记述范围大大超出了《水经》，比如，《水经》没有把海南岛纳入其水系之内，而《水经注》则将其附入于卷36的"温水注"里，并做了比较详细的描述：

> 朱崖、儋耳二郡，与交州俱开，皆汉武帝所置，大海中，南极之外，对合浦徐闻县，清朗无风之日，径望朱崖州，如囷廪大。从徐闻对渡，北风举帆，一日一夜而至。周回二千余里，径度八百里。人民可十万余家，皆殊种异类，被发雕身，而女多姣好，白皙，长发美鬓。犬羊相聚，不服德教。④

站在中华民族的统一性和整体性高度，去认识和理解《水经》的历史意义，体现了郦道元深厚的爱国主义思想。

（2）汉武帝"独尊儒术"，说明儒家学说适合大一统政治的客观需要，而这也反映了儒家思想体系本身具有"整体统一"的内在趋势。比如，儒家把中华民族的历史归结到一个共同的起点上，主张民族认同。有学者评论儒家的"夏夷之辨"思想说：

> 春秋诸家中，以孔子为代表的儒家"夏夷之辨"最为明确，然而儒家思想在明"夏夷之辨"的同时，从不排斥异族。孔子说："远人不服，则修文德以来之。既来之，则安之。"又说："夷狄之有君，不如诸夏之无也。"朱熹注引程子："夷狄且有君长，不如诸夏之僭乱，反无上下之分也。"《论语·子罕》记载："子欲居九夷，或曰：'陋，如之何？'子曰：'君子居之，何陋之有？'"朱熹注："君子所居则化，何陋之有？"孔子相信夷狄也是可以教化的，亦即夷狄可以进为华夏。他在《春秋》中对夏夷同等胪叙，即"中国外夷，同年共世，莫不备载其事，形于目前"，体现了他对夷狄的认同。他办学的方针也是"有教无类"，在其比较有成就的弟子中就有来自当时的夷狄之区者。孔子的弟子也说："与人恭而有礼，四海之内皆兄弟也。"儒家的夏夷观以礼乐为标准，实际是要一统于礼乐文明为核心的周礼，是大一统思想在华夷关系上的反映。儒家尊崇周公，崇尚周礼，这种夏夷思想是西周夏夷一统思想的继承

---

① （北魏）郦道元撰，谭属春、陈爱平校点：《水经注》卷36《若水》，第519页。
② （北魏）郦道元撰，谭属春、陈爱平校点：《水经注》卷6《汾水》，第95页。
③ （北魏）郦道元撰，谭属春、陈爱平校点：《水经注》卷21《汝水》，第308页。
④ （北魏）郦道元撰，谭属春、陈爱平校点：《水经注》卷36《温水》，第533页。

与发展。①

这里有两个认同：华夏对夷狄的认同，以及夷狄对华夏的认同，这种在相互尊重基础上的认同有利于中华民族整体统一观的形成。当然，从文明发展程度的层面看，还需要处理好"先进"与"后进"的关系，因为中华民族的文明发展本身是一个不平衡的过程，这是儒家夏夷观的基本前提。在此前提之下，孔子讲："先进于礼乐，野人也；后进于礼乐，君子也。如用之，则吾从先进。"②对于这句令人费解的反常命题，学界有各种不同的认识和解读。③诸家说法之中，我们比较倾向下面的说法：

> 由于周礼在春秋时代的崩坏，他提出要加以损益，而对之损益的观念与范畴，却又吸收于夷殷文化，这就形成了他的故殷特点。从周与故殷，是两个迥然有别的文化倾向，但它们在孔子思想中却表现得和谐地统一在一起，并对我国传统文化起着承前（三代）启后（秦汉）的历史作用。……春秋时代，由于"天子失官，学在四夷"（《左传》昭公十七年），就是连规范人们的礼乐也失传了。更由于被周人征服这一历史悲剧，使一批具有较高文化修养的殷商贵族流失民间，从而形成"先进于礼乐，野人也"（《论语·先进》）的反常现象，这些人就是孔子"兴灭国、继绝世、举逸民"政纲中所说的"逸民"，他们是上古文化的保有者，就成了孔子虚心求教的对象。④

有了这样的思想基础，我们回头再看郦道元对"三代"故事的追述，其胸襟蕴蓄，发诸笔端，感情真切，其意深远。例如，《水经注》卷4载郦道元注"（河水）南出龙门口，汾水从东来注之"一句话云：

> 昔者大禹导河积石，疏决梁山，谓斯处也。即《经》所谓龙门矣。《魏土地记》曰：梁山北有龙门山，大禹所凿，通孟津河口，广八十步，岩际镌迹，遗功尚存。岸上并有庙祠，祠前有石碑三所，二碑文字紊灭，不可复识，一碑是太和中立。⑤

积石山被《禹贡》认为是黄河的源头，它在今青海省循化县附近的阿尼玛卿山，尽管此处距离黄河真正源头还有一段距离，但是，诚如朱增泉先生所言，西部是华夏文明的源头，华夏祖先的脚步是顺着水边走的，"长江上游出土过元谋人牙齿化石，距今约一百七十万年；黄河中游出土过蓝田人头盖骨，距今约七十万年。这两处古人类化石都比北京猿人资格更老"⑥。

① 《中华民族凝聚力的形成与发展》课题组：《中华民族凝聚力的形成与发展》，南京：江苏人民出版社，2013年，第492页。

② （清）刘宝楠：《论语正义》卷11《先进》，《诸子集成》第1册，第236页。

③ 高喜田：《君子之道——中国人的处世哲学》，北京：中华书局，2011年，第98—100页。

④ 罗祖基：《再论孔子"故殷"》，《安庆师范学院学报（社会科学版）》1992年第3期，第49页。

⑤ （北魏）郦道元撰，谭属春、陈爱平校点：《水经注》卷4《河水》，第48页。

⑥ 朱增泉：《西部随笔》，北京：作家出版社，2002年，第3页。

同卷河水"又南过蒲坂县西"条下，郦道元注：

> 郡南有历山，谓之历观。舜所耕处也，有舜井。妫、汭二水出焉，南曰妫水，北曰汭水，西径历山下，上有舜庙。①

卷6涑水"又西南过安邑县西"条下，郦道元注：

> 安邑，禹都也。禹娶涂山氏女，思恋本国，筑台以望之，今城南门，台基犹存。②

卷13漯水"又东过涿鹿县北"条下，郦道元注：

> 黄帝与蚩尤战于涿鹿之野，留其民于涿鹿之阿，即于是也。其水又东北与阪泉合，水导源县之东泉。《魏土地记》曰：下洛城东南六十里有涿鹿城，城东一里有阪泉，泉上有黄帝祠。《晋太康地理记》曰：阪泉亦地名也。泉水东北流与蚩尤泉会，水出蚩尤城，城无东面。《魏土地记》称，涿鹿城东南六里有蚩尤城。③

卷16谷水"又东过河南县北，东南入于洛"条下，郦道元注：

> 昔黄帝立明堂之议，尧有衢室之问，舜有告善之旌，禹有立鼓之讯，汤有总街之诽，武王有灵台之复，皆所以广设过误之备也。④
>
> 谷水又东径偃师城南。皇甫谧曰：帝喾作都于亳，偃师是也。⑤

卷22颍水"东南过阳城县南"条下，郦道元注：

> 昔舜禅禹，禹避商均，伯益避启，并于此也。亦周公以土圭测日景处。⑥

卷22渠沙水"东南过陈县北"条下，郦道元又注：

> 故陈国也。伏羲、神农并都之。城东北三十许里，犹有羲城实中，舜后妫满，为周陶正。武王赖其器用，妻以元女太姬，而封诸陈，以备三恪。太姬好祭祀，故《诗》所谓坎其击鼓，宛丘之下。宛丘在陈城南道东。⑦

诸如此类的记载，屡屡见于《水经注》各卷之中。可见，对于郦道元而言，三皇五帝就像一根中枢神经，牵动着他身上的每一根血管。而孔子"大道之行也，与三代之英，丘未之逮也，而有志焉"⑧，此处的"三代之英"是指像尧、舜、禹有如宇宙天空一样巍然高大的圣德之人，从"三代之英"到"三代之治"成为千百年来无数志士仁人追求的梦想和为之奋斗的社会理想，郦道元面临北魏日薄西山的政治局面，他是多么希望出现一位

---

① （北魏）郦道元撰，谭属春、陈爱平校点：《水经注》卷4《河水》，第51页。
② （北魏）郦道元撰，谭属春、陈爱平校点：《水经注》卷6《涑水》，第98页。
③ （北魏）郦道元撰，谭属春、陈爱平校点：《水经注》卷13《漯水》，第204页。
④ （北魏）郦道元撰，谭属春、陈爱平校点：《水经注》卷16《谷水》，第250页。
⑤ （北魏）郦道元撰，谭属春、陈爱平校点：《水经注》卷16《谷水》，第255—256页。
⑥ （北魏）郦道元撰，谭属春、陈爱平校点：《水经注》卷22《颍水》，第318页。
⑦ （北魏）郦道元撰，谭属春、陈爱平校点：《水经注》卷22《渠沙水》，第339页。
⑧ 董乃斌主编：《中国文化读本》，上海：上海大学出版社，2007年，第53页。

"迈三代之英风"的帝王，由乱到治，实现国家的统一和民族的兴旺。

（3）在自然界面前，宣扬"水德含和，变通在我"的能动意识。关于水与人类生活的关系，郦道元在记述"督亢沟水"的流注情况时明确提出了"引之则长津委注，遏之则微川辍流，水德含和，变通在我"①的思想。郦道元将"督亢灌区"看作是"水德含和，变通在我"的生动体现之一，以此观之，能变水害为水利的一切水利工程如大运河、都江堰、郑国渠、灵渠、防海大塘等都能使水之上善的本性得以发挥和表现，一方面，水的特性在于"能居于任何形态而不断修葺自我"②；另一方面，人类的生存不仅仅在于简单地适应自然界，更在于不断"求变"，在"求变"中凸显生命的价值和意义。可见，"水德含和，变通在我"这八个字，无疑是《水经注》全书中的菁华，也是郦氏作《水经注》的根本思想。

第三节　贾思勰的农业科技思想

贾思勰，北魏齐郡益都（今山东寿光）人③，曾任北魏高阳郡太守，是我国北魏时期杰出的农学家。生平事迹文献阙载，其《齐民要术》约成书于东魏天平、武定之世④，目前所见的最早版本系刊印于北宋天圣年间的崇文院本。之后，以崇文院本为祖本，南宋有绍兴本（1144）、明代有湖湘本（1524），据不完全统计，迄今已有 50 多个版本⑤。从《齐民要术》序中可知，贾思勰具有深厚的儒家文化背景，仅所引书目就有《诗经》《尚书》《孝经》《论语》《左传》，此外还有《管子》《淮南子》《仲长子》《谯子》等属于道家或杂家的书籍，这种情况在古代著作家的自序中并不多见。在贾思勰的头脑中，真正的"富实"应以农为本，所以他的致富模式是：

> 务耕桑，节用，殖财，种树。⑥

依此，贾思勰在自序中阐述了他编撰《齐民要术》的初衷和原则。他说：

> 今采捃经传，爰及歌谣，询之老成，验之行事，起自耕农，终于醯醢，资生之业，靡不毕书，号曰《齐民要术》。凡九十二篇，分为十卷，卷首皆有目录，于文虽

① （北魏）郦道元撰，谭属春、陈爱平校点：《水经注》卷 12《巨马水》，第 190 页。
② 谭元亨主编：《广府文化大典》，汕头：汕头大学出版社，2013 年，第 44 页。
③ 关于贾思勰的籍贯，学界有分歧，主要有青州和寿光两说。本书从寿光说，其根据参见李森：《贾思勰应为今山东寿光人》，《中国史研究》1999 年第 3 期，第 169—170 页；孙金荣：《籍贯与故里——贾思勰生平事迹考略（一）》，《农业考古》2013 年第 1 期，第 333—338 页。
④ 吕宗力：《谶纬与〈齐民要术〉》，《中国农史》2015 年第 1 期，第 117 页。
⑤ 肖克之：《〈齐民要术〉的版本》，《文献》1997 年第 3 期，第 249 页。
⑥ （后魏）贾思勰：《齐民要术·齐民要术序》，《百子全书》第 2 册，第 1810 页。

繁，寻览差易。其有五谷果蓏，非中国所植者，存其名目而已，种植之法，盖无闻焉。舍本逐末，贤哲所非，日富岁贫，饥寒之渐，故商贾之事，阙而不录。花草之流，可以悦目，徒有春华，而无秋实，匹诸浮伪，盖不足存。鄙意晓示家童，未敢闻之有识，故丁宁周至……不尚浮辞，览者无或嗤焉。[①]

这段话，试图说明三层意思：第一层意思是《齐民要术》的耕种理论和技术规范来源于"耕农"长期的农业生产实践经验，是经过实践检验的有效方法；第二层意思是指出了《齐民要术》的编写体例，"起自耕农，终于醯醢"，这条技术路线紧扣"农作"与"民食"这两大在自然经济条件下亿万农民的生存主题，既讲"种植之法"，又言制作"尽时味"之"醯醢"技术；第三层意思是在"农本"思想指导下，去除"匹诸浮伪"的花卉及商贾内容，尽管现在看来此原则不免带有歧视商品经济的偏见，但在当时特定的历史条件下，自有它的道理，如南北朝时期北朝的商业经济远不如南朝发达。对此，有学者分析说：

南北朝出现的这种差异，既有地域性因素，又有历史性因素。另外，北朝农村家庭内部自给自足和耕织结合的程度可能要超过南朝。……理想的家庭经济应该是"闭门而为生之具以足"，而"北土风俗，率能躬俭节用，以赡衣食；江南奢侈，多不逮焉"。他还特地指出："河北妇人，织纴组紃之事，黼黻锦绣罗绮之工，大优于江东。"耕织结合得越成功，则小农阶层越稳定。贾思勰总结并提倡北朝农民在从事粮食生产之余，因地制宜发展商品性农作物的治生途径，但并不主张农民单纯转向蔬菜果木的生产，更不用说弃农从商，他在《齐民要术·序》中明确表示"商贾之事，阙而不录"，这与南朝农民的弃农从商现象大异其趣。[②]

更进一步，从政治上说，当北魏统一了黄河流域之后，就不能不面临如何由游牧经济向农业经济转型的问题，而这个问题实际上也是如何处理游牧民族和农业民族两种不同文化之间的历史冲突问题。北魏孝文帝冲破来自鲜卑族内部的种种阻力，迁都洛阳，逐步开始推行均田制，试图建立以农业为主体的大帝国。可见，北魏孝文帝改革对北方农业生产提出了更高的技术要求，而《齐民要术》则较好地适应和满足了这种改革的客观需要，比如对农作物的选种、耕耘、播种、田间管理及农产品的加工等方面都做了比较系统的总结，它能有效地指导广大耕农的生产劳动，并且在科学管理的基础上，不断提高农作物的育种技术和亩产量，体现了他将农业科技本身与经济收益相结合的农业管理与经营思想。所以《齐民要术》不仅是一部影响深远的古代农业技术典籍，也是中国封建社会农业经营方法方面的百科全书，更是农业科学哲学方面具有里程碑意义的巨著。

① （后魏）贾思勰：《齐民要术·齐民要术序》，《百子全书》第 2 册，第 1811—1812 页。
② 瞿安全：《关于南北朝商人的几个问题》，《中国经济史研究》2002 年第 1 期，第 134 页。

一、《齐民要术》与北方旱作技术系统的构建

（一）《齐民要术》的主要思想内容

《齐民要术》的总体构架由三部分组成：序言、杂说①和正文，而正文又分为 10 卷，计有 92 篇，详细讲述了"耕田""收种""种竹""伐木""货殖""法酒"等小农生产与生活的方方面面，从技术角度讲，则囊括了我们今天所说的狭义农业、林业、畜牧业和渔业等专业领域，内容十分丰富，且分类科学，既有总论又有分论，洋洋洒洒 11 万余字，凡与农业生产和生活密切联系的各个技术环节和要件，书中都有，确实是一部北方传统社会条件下实用性很强的"活宝书"。所以日本学界将它称为"贾学"，可与"红学"相媲美。

1."序言"与农业对于国家稳定的决定作用

以农立国是中国古代社会的重要特点，自神农以后，农业就成了维系古代中原不同历史时期各种社会形态存在和发展的重要物质基础。贾思勰在《齐民要术序》中总结说："盖神农为耒耜，以利天下；尧命四子，敬授民时；舜命后稷，食为政首；禹制土田，万国作义；殷、周之盛，《诗》、《书》所述，要在安民，富而教之。"②文中"耒耜"系远古时期开荒点（后来为耕）种的基本工具，是从事农业生产的必要前提。"敬授民时"是与季节变化相关联的天文历法知识，因为农作物的播种和生长受到节气变化的制约，农业生产需要不违农时。可见，"敬授民时"是农业社会的显著文化特征。"食为政首"是强调农业与执政的关系，而"吃饭问题"是最大的政治问题，无论是舜禹汤周，还是秦皇汉武，都需要将"吃饭问题"上升到执政之要的高度来认识。"万国作义"的"义"亦作"义"，是治理的意思，就是说夏禹通过制定"土田"政策来管理各诸侯国。因此，"土田"政策关乎国内各社会集团秩序的稳定，意义重大。"要在安民"即只有发展农业才能安定民心，正是从这个意义上，贾思勰引刘陶的话说："民可百年无货，不可一朝有饥，故食为至急。"③

随着历史的演变，不仅农耕技术在不断进步，而且粮食管理措施亦在不断改革。例如，"赵过始为牛耕，实胜耒耜之利"④。"牛耕"相对于"耒耜"的进步，主要在于前者部分地解放了人力，从而提高了劳动生产率。又如，"耿寿昌之常平仓，桑弘羊之均输法，益国利民，不朽之术也"⑤。在此，常平仓和均输法都以维护农民的切身利益为出发点，在此前提下再设法增加国家的财政收入，所谓"以谷贱时增其贾而籴，以利农，谷贵

① 学界多认为非贾思勰所作，参见（后魏）贾思勰原著，缪启愉校释：《齐民要术校释》，北京：农业出版社，1982 年，第 8 页；阚绪良：《〈齐民要术〉卷前〈杂说〉非贾氏所作新证》，《安徽广播电视大学学报》2003 年第 4 期，第 62—64 页；汪维辉：《〈齐民要术〉卷前"杂说"非贾氏所作补证》，《古汉语研究》2006 年第 2 期，第 85—90 页等。

② （后魏）贾思勰：《齐民要术·齐民要术序》，《百子全书》第 2 册，第 1809 页。

③ （后魏）贾思勰：《齐民要术·齐民要术序》，《百子全书》第 2 册，第 1809 页。

④ （后魏）贾思勰：《齐民要术·齐民要术序》，《百子全书》第 2 册，第 1809 页。

⑤ （后魏）贾思勰：《齐民要术·齐民要术序》，《百子全书》第 2 册，第 1809—1810 页。

时减贾而粜，名曰常平仓。民便之"①。又"山东被灾，齐赵大饥，赖均输之畜，仓廪之积，战士以奉，饥民以赈"②。可见，"均输"的根本还在于发展农业生产，所以在粗放型农业还占据主导地位的历史时期，鼓励和劝导人们大量地开垦荒地，因地制宜，种田织绩，以不断满足各地人们对粮食消费的需求，应是农教之本。贾思勰以任延、王景、皇甫隆、茨充、崔寔等循吏为例，解释"农教"的内涵说：

> 九真、庐江，不知牛耕，每致困乏；任延、王景，乃令铸作田器，教之垦辟，岁岁开广，百姓充给。敦煌不晓作楼犁，及种，人牛功力既费，而收谷更少；皇甫隆乃教作楼犁，所省佣力过半，得谷加五。又敦煌俗，妇女作裙，孪缩如羊肠，用布一匹；隆又禁改之，所省复不赀。茨充为桂阳令，俗不种桑，无蚕织丝麻之利，类皆以麻枲头贮衣。民惰窳，少粗履，足多剖裂血出，盛冬皆然火燎炙。充教民益种桑、柘，养蚕织履，复令种纻麻。数年之间，大赖其利，衣履温暖。今江南知桑蚕织履，皆充之教也。五原土宜麻枲，而俗不知织绩，民冬月无衣，积细草，卧其中，见吏则衣草而出。崔寔为作纺绩、织纴之具以教，民得以免寒苦。安在不教乎？③

农教的内容和方式多种多样，有示范教育，如任延、茨充、李衡等；技术培训，如崔寔；物质刺激，如王丹；政府劝导，如黄霸、召信臣、颜斐等。贾思勰在序言中列举了众多"循吏"大力兴农的典型事迹，其目的当然是告诉人们，只有政府重视，各级官吏率先垂范，农业生产才能形成区域特色，如桂阳"益种桑、柘"，敦煌宜谷，五原"土宜麻枲"等。由于各地的自然地理状况不同，农林牧渔发展的不平衡性比较明显，因此，在这种情况下，"均输法"就起到了互通有无的作用。贾思勰认为，为了鼓励耕织，就必须推行尚勤罚懒的政策，同时要用之以节④，不能奢侈浪费。他特别提醒人们：

> 夫财货之生，既艰难矣，用之又无节；凡人之性，好懒惰矣，率之又不笃；加以政令失所，水旱为灾，一谷不登，嚣腐相继，古今同患，所不能止也。⑤

无论什么时候，农业生产都不能放松。当然，发展农业应当与行政管理结合起来，既反对"用之无节"，同时又不能"懒惰"任性，而是从实际出发，量力而行，谨身节用，努力实现"尽地利之教，国以富强"⑥的治理目标。

2. "耕田"与生产工具的准备及其耕田方法

（1）生产工具的准备。耕田是一个必须借助工具才能完成的生产过程，同时也是一个

---

① 《汉书》卷24上《食货志》，第1141页。
② （汉）桓宽：《盐铁论》卷2《力耕》，《诸子集成》第11册，第2页。
③ （后魏）贾思勰：《齐民要术·齐民要术序》，《百子全书》第2册，第1810页。
④ （后魏）贾思勰：《齐民要术·齐民要术序》，《百子全书》第2册，第1811页。
⑤ （后魏）贾思勰：《齐民要术·齐民要术序》，《百子全书》第2册，第1811页。
⑥ （后魏）贾思勰：《齐民要术·齐民要术序》，《百子全书》第2册，第1809页。

涉及采矿、冶炼、制作、开荒、整地等劳动环节的生产系统。贾思勰引《逸周书》的话说："神农之时，天雨粟，神农遂耕而种之。作陶冶斤斧，为耒耜锄耨，以垦草莽，然后五谷兴助，百果藏实。"[1]"斤斧"即斧头，是人类最早发明的生产工具之一，主要用于砍削。"耒"与"耜"是两种整地工具，其中"耒"系由尖状木棍逐渐发展而来，有单尖木耒与多尖木耒（多见"双齿耒"和"三齿耒"）之别。"耜"是从"耒"演变而来，当"耒"尖状变成板状后，就成为"耜"了，它主要用于翻土。后来，"耒"与"耜"结合变成一种工具，上有曲柄，下装犁头，用以挖土，应系犁的前身。

《管子·轻重乙》载："一农之事必有一耜、一铫、一镰、一耨、一椎、一铚，然后成为农。"[2]到魏晋南北朝时期，农具的类型日趋专业化，耕具除了《管子·轻重乙》所述的几种之外，又出现了专门用于耕地和平整土地的单辕犁、"耧"、"木斫"、"铁齿耙"和"蔚犁"等。

贾思勰引《氾胜之书》云："春，地气通，可耕坚硬强地黑垆土。辄平摩其块，以生草。草生，复耕之。天有小雨，复耕和之，勿令有块，以待时。所谓强土而弱之也。"[3]魏晋南北朝时期多见二牛抬杠单辕犁，如图 2-3 所示。其犁铧中腰有一横木，看上去比较笨重，吃土不深。所以需要多耕，如"耕坚硬强地黑垆土"，一耕；"草生，复耕之"，二耕；"天有小雨，复耕和之"，三耕。由于"耕坚硬强地黑垆土"极易翻起大土块，假如不及时"平摩其块"，则会造成跑墒现象，甚至引起干旱，所以锄耕之后，马上"平摩其块"。这样，经过多次反复的犁耕，土壤的墒情就越来越适宜于土壤中微生物的活动及农作物的生长发育，故"以待时"就是等待播种时节的到来。

图 2-3　甘肃嘉峪关魏晋墓出土的二牛抬杠犁地图像[4]

《齐民要术·耕田》又云："耕荒毕，以铁齿镉榛再遍耙之，漫掷黍穄，劳亦再遍。"[5]这种"铁齿镉"为方形，安装一排八九颗的铁齿，靠牛牵引，一人站在"铁齿镉"上，一手握着缰绳，一手拿着牛鞭，二牛在耙地者的吆喝下，奋力前行。

①　（后魏）贾思勰：《齐民要术》卷1《耕田》，《百子全书》第 2 册，第 1818 页。
②　（周）管仲：《管子》卷24《轻重乙》，《百子全书》第 2 册，第 1442 页。
③　（后魏）贾思勰：《齐民要术》卷1《耕田》，《百子全书》第 2 册，第 1820 页。
④　陈新岗、王思萍、张森：《精耕细作：中国传统农耕文化》，济南：山东大学出版社，2017 年，第 72 页。
⑤　（后魏）贾思勰：《齐民要术》卷1《耕田》，《百子全书》第 2 册，第 1818 页。

"铁齿镉"的功能主要是对犁耕后所出现的较深层坚硬土块的进一步破碎、疏松,同时还能够去掉草木根茬。在此基础上,再用畜力牵引耢将破碎后的地块平整化与精细化,《齐民要术》称之为"磨田"①,以便于播种。

当时,耕犁出现了区域化与多样化的特点,如适用于平原地区大块田的长辕犁和适用于山间小块地的蔚犁,其中长辕犁早在南北朝之前就出现了,如前揭嘉峪关魏晋墓出土的耕犁图像,均为长辕犁。此外,齐人所创制的适用于山区小块田的"蔚犁",系魏晋南北朝耕犁形制的一次变革,它标志着犁耕农业开始从平原地区向山区扩展,这对于山地农业的开发和利用具有深远意义。故《齐民要术·耕田》云:

> 今自济州迤西,犹用长辕犁、两脚耧。长辕犁平地尚可,于山涧之间则不任用,且回转至难,费力,未若齐人蔚犁之柔便也。②

从文中的细节描述推测,"齐人蔚犁"是一种便于在比较小的山地中灵活"回转"的短辕犁,具体形制虽然不详,但正如有学者所言:"蔚犁能够适应多种地形,是一种性能先进的短辕犁,对唐代曲辕犁的出现,具有启迪作用。"③

(2)耕田的原则及方法。耕地是农业生产的基础,不管什么样的地块,如果在犁耕时不顾客观条件,不讲耕作的原则和方法,片面认为犁耕对农田只有益处,没有坏处,那么,犁耕的结果往往适得其反,不仅于农田无益,反而会造成"无益而有损"④的后果,从而影响农田的土质及农作物的收成。贾思勰总结了六条"耕田"原则:

第一条,"凡耕高下田,不问春秋,必须燥湿得所为佳"⑤。即耕田应注重墒情,以保持土壤中的适量水分不干不湿为原则,趁土壤水分适宜的时候及时耕作。依此,"若水旱不调,宁燥不湿"⑥,即在雨天或地面还湿重的条件下,不宜耕作,这是因为"湿耕坚垎"⑦,翻起来的土块很容易硬结,形成坚实的土坷垃,不利于下种和农作物生长;相反,"燥耕虽块,一经得雨,地则粉解"⑧。也就是说,在土壤相对干燥的条件下耕作,尽管翻起来的土层有坷垃,可是这些坷垃相对比较疏松,一旦遇到雨水即刻"粉解",不影响播种和农作物的生长。

第二条,"春耕寻手劳,秋耕,待白背劳"⑨。"劳"即磨田,魏晋南北朝时期的"劳"是一根圆木棍,用二牛牵引,人站在老"劳"上,一手持鞭,一手拽着缰绳,一面将地面上的土坷垃碎化,同时起到平整耕地或覆土和保墒的作用。故贾思勰解释这条原则

---

① (后魏)贾思勰:《齐民要术》卷1《耕田》,《百子全书》第2册,第1818页。
② (后魏)贾思勰:《齐民要术》卷1《耕田》,《百子全书》第2册,第1821页。
③ 刘磐修:《魏晋南北朝时期北方农业的进与退》,《史学月刊》2003年第2期,第31页。
④ (后魏)贾思勰:《齐民要术》卷1《耕田》,《百子全书》第2册,第1818页。
⑤ (后魏)贾思勰:《齐民要术》卷1《耕田》,《百子全书》第2册,第1818页。
⑥ (后魏)贾思勰:《齐民要术》卷1《耕田》,《百子全书》第2册,第1818页。
⑦ (后魏)贾思勰:《齐民要术》卷1《耕田》,《百子全书》第2册,第1818页。
⑧ (后魏)贾思勰:《齐民要术》卷1《耕田》,《百子全书》第2册,第1818页。
⑨ (后魏)贾思勰:《齐民要术》卷1《耕田》,《百子全书》第2册,第1818页。

的意义说："春既多风，若不寻劳，地必虚燥。秋田塌实，劳令地硬。"[1]此处的"白背"系指湿地表面干燥后的现象，此时再"劳"，耕地上的土块容易碎化，否则易使土块紧实。春天多风，故耕后需要立即进行"劳"作，随耕随耙，这样就使土壤表面相对密实，有利于保墒。

第三条，"凡秋耕欲深，春夏欲浅"[2]。这是强调因时而耕，在不同的季节里，土壤的含水条件不一样，所以耕作要求也不同。例如，秋天地表湿重，只有深耕才有利于水分的渗透，有利于翻起的生土熟化，这样即使在来年开春遇到干旱状况时，也能及时播种。春天耕种因为需要及时播种，不能将土层中的生土翻出来，若心土不经熟化，就会影响农作物的生长。夏耕的目的通常是赶种一季作物，故不能深耕，以免将生土翻起，因其不能及时风化而影响收成。

第四条，"初耕欲深，转地欲浅"[3]。此处的"转地"是指"再耕"或重耕，这条原则是耕农长期实践经验的总结，很有道理。初耕时，将生土翻起，使之熟化，同时土壤中的潜在养分易于释放，因而经过熟化，使土壤中的潜在养分变为有效养分。再有，"初耕欲深"还可蓄纳雨水。"再耕"一般都选择在接近播种的时节，所以为了不贻误农时，就不能将生土翻起，这就是"耕不深，地不熟；转不浅，动生土也"[4]的本义。

第五条，"犁欲廉，劳欲再"[5]。"廉"即狭窄之义，这是精耕细作农业的显著特征之一。此原则的意思是说，为了使耕地透而细，翻耕时犁地的间距不能宽疏，而应尽量窄小，同时，还要在此基础上经过反复多次地耢作，使之地熟，利于保墒防旱。故贾思勰解释说："犁廉耕细，牛复不疲；再劳地熟，旱亦保泽也。"[6]

第六条，"菅茅之地，宜纵牛羊践之"[7]。此处所言"菅茅之地"系指杂草丛生之地，对于这样的耕地，人力不及"牛羊践之"。这是因为一则经过牛羊践踏之后，土壤的肥力有所增强；二则杂草经过牛羊的啃食和践踏，其根部一般都会浮起，被太阳晒死。对于"菅茅之地"，贾思勰认为最好在"七月耕之"，因为这时犁耕，杂草的根部死了就不会再生长。

具体的耕田和养田方法比较复杂，因地而异，因时而异，因农作物的差异而不同。仅就《齐民要术》所讲而言，它根据《氾胜之书》所提出的"凡耕之本，在于趣时，和土，务粪泽，早锄早获"[8]原则和要求，并结合黄河中下游地区耕种实际，讲到的主要耕田和养田方法有"美田之法"与"保墒法"。

---

① （后魏）贾思勰：《齐民要术》卷1《耕田》，《百子全书》第2册，第1818页。
② （后魏）贾思勰：《齐民要术》卷1《耕田》，《百子全书》第2册，第1818页。
③ （后魏）贾思勰：《齐民要术》卷1《耕田》，《百子全书》第2册，第1819页。
④ （后魏）贾思勰：《齐民要术》卷1《耕田》，《百子全书》第2册，第1819页。
⑤ （后魏）贾思勰：《齐民要术》卷1《耕田》，《百子全书》第2册，第1818页。
⑥ （后魏）贾思勰：《齐民要术》卷1《耕田》，《百子全书》第2册，第1818—1819页。
⑦ （后魏）贾思勰：《齐民要术》卷1《耕田》，《百子全书》第2册，第1819页。
⑧ （后魏）贾思勰：《齐民要术》卷1《耕田》，《百子全书》第2册，第1820页。

所谓"美田"就是指使耕地肥沃的方法，贾思勰特别强调利用绿肥作物的轮作复种来增加耕地肥力之意义。他说：

> 凡美田之法，绿豆为上，小豆、胡麻次之。悉皆五六月中穊种，七月、八月犁掩杀之，为春谷田，则亩收十石。其美与蚕矢、熟粪同。①

从文献记载看，利用自然生长的杂草作肥早在先秦时期就出现了，如《诗经·周颂·良耜》载："荼蓼朽止，黍稷茂止。"②然而，最早栽种绿肥却始见于晋代郭义恭的《广志》，其文云："苕草，色青黄，紫华。十二月稻下种之，蔓延殷盛，可以美田。"③此处所言是指南方的水稻与野豌豆轮作，以野豌豆为绿肥，促使水稻肥壮的方法。北方栽种绿肥稍晚于南方，到北魏时期，黄河中下游地区已基本上普遍栽培绿肥了。像上述绿豆、小豆、胡麻与谷子轮作，以绿豆、小豆和胡麻作绿肥。在贾思勰看来，这些绿肥的效果"美与蚕矢、熟粪同"，这种利用和种植绿肥培养地力的经验至今都具有积极的现实意义。

至于保墒法，《齐民要术》记载说：

> 凡秋收之后，牛力弱，未及即秋耕者，谷、黍、穄、粱、秫茇之下，即移羸速锋之，地恒润泽而不坚硬。乃至冬初，常得耕劳，不患枯旱。若牛力少者，但九月、十月一劳之，至春稿（墒）种亦得。④

"锋"是一种有尖锐犁镵但没有犁壁的中耕农具，起土浅且不翻转，故也不推向两边或一旁，而是留在原处。⑤像谷、黍、穄、粱、秫这些作物收割之后，为了迅速将根茬灭掉，就将那些不善于耕地的弱牛用来锋地。等到初冬时节，再用力强的牛来耕种。可见，"锋"地内含保护耕牛之意。遇有牛力不足的情况，则在九月、十月，只"劳"不耕，等来年春季点播亦可。

3. 选、育种及种子的管理

选种和育种是农业生产的关键环节，如果种子出了问题，一切耕作和劳动付出都难以有好的回报，所以选好种子是保证精耕细作农业不断创造历史新佳绩的重要物质前提。

黄河中下游地区的大田作物主要有粟、黍、穄、粱、秫，贾思勰认为，对这些作物的选种一般要求是：

> 选好穗纯色者，劁刈高悬之……以拟明年种子。⑥

此为穗选法，基本上是《氾胜之书》的内容。除此之外，《齐民要术》还专门讲到了

---

① （后魏）贾思勰：《齐民要术》卷1《耕田》，《百子全书》第2册，第1819页。
② 黄侃：《黄侃手批白文十三经·毛诗》，第138页。
③ （后魏）贾思勰：《齐民要术》卷10《五谷、果蓏、菜茹非中国物产者》，《百子全书》第2册，第1981页。
④ （后魏）贾思勰：《齐民要术》卷1《耕田》，《百子全书》第2册，第1819页。
⑤ （后魏）贾思勰原著，缪启愉校释：《齐民要术校释》，第34页。
⑥ （后魏）贾思勰：《齐民要术》卷1《收种》，《百子全书》第2册，第1821页。

"种田"的治理，这属于《齐民要术》的新成果。其文云：

> 其别种种子，常须加锄。锄多则无秕也。先治而别埋，《五谷、果蓏、菜茹非中国物产者》还以所治襄（穰）草蔽窖。开出水淘，即晒令燥，种之。[①]

在此，贾思勰不只讲"选育"，而且更有意识地进行科学育种。育种是培养优良品种的必要措施，优选优育，这是《齐民要术》所记载的谷类新品种远远超过《广志》的主要原因。以粟为例，《广志》所载品种仅有 11 种，而《齐民要术》则增至 86 种，其中具有"早熟，耐旱，免虫"[②]特点的品种计 15 种，代表品种有朱谷、高居黄、刘猪獬、续命黄、百日粮等；具有"穗皆有毛，耐风，免雀暴"[③]特点的品种计 24 种，代表品种有酟谷黄、下马看、悬蛇、龙虎、黄雀等；具有"中租（熟），大谷"[④]特点的品种计 38 种，代表品种有宝珠黄、钩于黄、耿虎黄、魏爽黄等；具有"晚熟，耐水"[⑤]特点的品种计 10 种，代表品种有泽谷青、竹叶青、忽泥青等。由于贾思勰非常重视对新品种的培育工作，因此，用上述方法选出优良种子，单收、单打、单种，不与其他谷物杂种，因为"种杂者，禾则早晚不均，舂复减而难熟，粜卖以杂糅见疵，炊爨失生熟之节。所以特宜存意，不可徒然"[⑥]。这样，经过几代优选之后，就有可能选育出新的优良品种。

品种增多了，命名便引起了人们的重视。贾思勰记载了当时耕农对粟类新品种的三种命名方法。《齐民要术》载：

> 按，今世粟名，多以人姓字为目，亦有观形立名，亦有会义为称。[⑦]

在上述命名方法中应该注意"以人姓字"即以培育者姓名来命名者。我们知道，古代从事科技研究者，地位都不高，像贾思勰就没有留下传记。而在农作物新品种的培育方面，人们为了尊重和表彰培育者的辛勤劳动和其知识创新，耕农就用培育者的姓名来命名，如张蚁白、耿虎黄、刘沙白、僧延黄、张邻黄、马泄缰等，令后人不禁对他们的科技成果产生由衷的敬意。由于这些新品种凝聚着培育者的心血和汗水，所以它们的内涵不会随着时代的变化而被淡化，其功劳也不会被历史所湮灭，相反，时代越发展，它们的内涵和自身的价值及意义就会变得越来越丰富，越来越深厚。

对种子的管理诚如前述。在同样的地块里，由于种子自身的品质与其生长环境的差异，其个体表现往往有所不同。所以贾思勰指出：

> 凡谷，成熟有早晚，苗秆有高下，收实有多少，质性有强弱，米味有美恶，粒实

---

① （后魏）贾思勰：《齐民要术》卷 1《收种》，《百子全书》第 2 册，第 1821 页。
② （后魏）贾思勰：《齐民要术》卷 1《种谷》，《百子全书》第 2 册，第 1822 页。
③ （后魏）贾思勰：《齐民要术》卷 1《种谷》，《百子全书》第 2 册，第 1822 页。
④ （后魏）贾思勰：《齐民要术》卷 1《种谷》，《百子全书》第 2 册，第 1823 页。
⑤ （后魏）贾思勰：《齐民要术》卷 1《种谷》，《百子全书》第 2 册，第 1823 页。
⑥ （后魏）贾思勰：《齐民要术》卷 1《收种》，《百子全书》第 2 册，第 1821 页。
⑦ （后魏）贾思勰：《齐民要术》卷 1《种谷》，《百子全书》第 2 册，第 1822 页。

有息耗。①

这几项指标成为评价一个品种是否优良的基本要件，依"成熟期"论，"早熟者苗短而收多，晚熟者苗长而收少"②；依"植株高矮"论，则"强苗者短，黄谷之属是也；弱苗者长，青、白、黑是也"③；依"产品质量"和"种植遗传特性"论，"收少者美而耗，收多者恶而息也"④。用这样的标准来鉴定粟品种的优劣，可以通过育种试验，不断对优选过程进行干预，最终能够培育出符合上述条件的优势品种。所以贾思勰对某个粟品种的遗传优势特别做出标记，如"聒谷黄、辱稻粮二种，味美"⑤；"白鲹谷、调母粱二种，味美"⑥；"黄穄穆、乐婢青二种，易舂"⑦等。贾思勰还观察到农作物的高产与矮秆之间的关系，直到今天它仍是现代育种技术发展的方向。然而，产量与品味之间客观上存在一种矛盾关系，故《齐民要术》载有高产的作物品味相对较差，而产量低的作物品味则相对要好的现象。那么，如何解决这个矛盾，不仅是古代育种技术需要研究和解决的难题，而且是现代育种技术正在努力寻找解决途径的重大现实问题。

4. 播种的原则及管理禾苗的方法

黄河中下游地区地表地形崎岖，沟壑纵横，湖泽众多，而这种地形特点对农作物播种的要求也有特殊性。所以贾思勰说：

> 地势有良薄，山泽有异宜。顺天时，量地利，则用力少而成功多。任情返道，劳而无获。⑧

这里讲的是经济地理分异规律，贾思勰的总体指导思想是顺其自然，因势利导。在人地关系的矛盾运动中，人固然有改造自然的能动性，然而，如果不尊重客观规律，任意破坏人居环境的生态平衡，那么，最终受惩罚的还是人类自己。从这个角度，《齐民要术》讲"山泽有异宜"，而不是片面追求粮食效益而废泽为田，所以贾思勰站在生态经济的高度科学地论述了土地资源的合理开发利用，这个思想至今都有积极的价值和意义。《齐民要术》强调：

> 良田宜种晚，薄田宜种早。良地非独宜晚，早亦无害；薄地宜早，晚必不成实也。……山田种强苗，以避风霜；泽田种弱苗，以求华实也。⑨

在田块肥力高低不同的情况下，先种薄田后种肥田，已见于东汉的《四民月令》。《齐民要术》的可贵之处，不在于它重新强调了播种期应视土壤肥力情况而定，而在于它对不

---

① （后魏）贾思勰：《齐民要术》卷1《种谷》，《百子全书》第2册，第1823页。
② （后魏）贾思勰：《齐民要术》卷1《种谷》，《百子全书》第2册，第1823页。
③ （后魏）贾思勰：《齐民要术》卷1《种谷》，《百子全书》第2册，第1823页。
④ （后魏）贾思勰：《齐民要术》卷1《种谷》，《百子全书》第2册，第1823页。
⑤ （后魏）贾思勰：《齐民要术》卷1《种谷》，《百子全书》第2册，第1822页。
⑥ （后魏）贾思勰：《齐民要术》卷1《种谷》，《百子全书》第2册，第1823页。
⑦ （后魏）贾思勰：《齐民要术》卷1《种谷》，《百子全书》第2册，第1823页。
⑧ （后魏）贾思勰：《齐民要术》卷1《种谷》，《百子全书》第2册，第1823页。
⑨ （后魏）贾思勰：《齐民要术》卷1《种谷》，《百子全书》第2册，第1823页。

同农作物及其品种的分类播种与管理。在书中，贾思勰除了分"晚""早""强""弱"之外，《齐民要求·杂说》又有"看地宜纳粟。先种黑地，微带下地，即种糙种，然后种高壤白地。其白地，候寒食后榆荚盛时纳种"①之说。诚然，地宜与作物的多样性具有统一性，但这种统一性不是自然而然地实现的，它需要后期的一系列科学管理。如对禾苗的管理，贾思勰提出了"补苗"和"间苗"的关系。《齐民要术》载：

> 苗生如马耳，则镞锄。稀豁之处，锄而补之。凡五谷，唯小锄为良。良田率一尺留一科。薄地寻垄蹑之。苗出垄则深锄。锄不厌数，周而复始，勿以无草而暂停。②

文中"稀豁之处，锄而补之"指的是"补苗"，由于各种原因，种子自身或气候因素或土壤的肥力差异等，种子的出苗率往往不均匀，有的地方稀疏，有的地方稠密，因之，对禾苗稀疏的地方，就需要补苗，使已耕作的土地资源得到更充分和更合理的利用。而对于禾苗稠密的地方，由于容易出现枝叶徒长，相互争夺土壤中有限的养分和生长空间，所以就需要间苗。一般要求是"良田率一尺留一科"，具体做法如刘章《耕田歌》所言："深耕概种，立苗欲疏；非其类者，锄而去之。"③当然，在适宜的条件下，亦可"移栽"，即将稠密的禾苗移植到禾苗稀疏之处。此处的"锄"同耨、镈一样，是一种向后用力疏苗、除草和松土的农具，有大、小之分。

至于这种农具的使用效果，贾思勰分析说："小锄者，非直省功，谷亦倍胜；大锄者，草根繁茂，用功多而收益少。"④从"大锄"与"小锄"的效益对比看，"小锄"更有利于农作物的生长和产量的提高，所以《齐民要术》推崇"小锄"技术，这应是耕农长期农业生产实践的经验总结。

对禾苗的管理，尚有许多技术环节需要注意。比如，当禾苗"出垄"之后，一要"深锄"，二要"多锄"，因为"锄者非止除草，乃地视邙实多，糠薄，米息。锄得十遍，便得'八米'也"⑤。另外，"苗既出垄，每一经雨，白背时，辄以铁齿鎘榛，纵横杷（耙）而劳之"⑥。其耙法是：

> 令人坐上，数以手断去草；草塞齿，则伤苗。如此令地熟软，易锄省力。中锋止。⑦

前揭甘肃嘉峪关出土的画像砖及甘肃酒泉丁家闸出土的壁画都有牛拉铁齿鎘榛耙地的画像，有一牛牵引者，也有二牛牵引者。在耙地的过程中，人坐在铁齿鎘榛上面驾牛前行。但与一般的耙地不同，适用于禾苗出垄后的耙田，其主要目的是除草和"令地熟软"。因此，它对坐在铁齿鎘榛上面的人增加了一项特殊的任务，那就是在牛牵引铁齿鎘

① （后魏）贾思勰：《齐民要术·杂说》，《百子全书》第 2 册，第 1816 页。
② （后魏）贾思勰：《齐民要术》卷 1《种谷》，《百子全书》第 2 册，第 1824 页。
③ （后魏）贾思勰：《齐民要术》卷 1《种谷》，《百子全书》第 2 册，第 1824 页。
④ （后魏）贾思勰：《齐民要术》卷 1《种谷》，《百子全书》第 2 册，第 1824 页。
⑤ （后魏）贾思勰：《齐民要术》卷 1《种谷》，《百子全书》第 2 册，第 1824 页。
⑥ （后魏）贾思勰：《齐民要术》卷 1《种谷》，《百子全书》第 2 册，第 1824 页。
⑦ （后魏）贾思勰：《齐民要术》卷 1《种谷》，《百子全书》第 2 册，第 1824 页。

榛耙地的过程中，"数以手断去草"。经过这次耙地之后，后面再用小锄锄地就省力多了。同时，经过适时耙地之后，土壤中的毛细管被切断，减少了水分蒸发，有利于保墒防旱。因为黄河中下游地区春夏少雨，气候干燥，土壤中的水分蒸发量较大，所以这一技术对于保证禾苗的正常生长意义重大。

当"苗高一尺"时，"锋之"[①]。此处的"锋"[②]兼有除草和培土之意，我们知道，当禾苗生长到一尺高的时候，很容易被风吹倒，影响其正常生长。因此，此时就需要给禾苗的壅根培土，在保证其根系生长和根茎牢固的基础上，增强禾苗的抗风能力。

贾思勰又云："耩者，非不壅本，苗深，杀草，益实，然令地坚硬，乏泽难耕。锄得五遍已上，不须耩。必欲耩者，刈谷之后，即锋茇下令突起，则润泽易耕。"[③]与"锋"相比，"耩"的主要用途是为禾苗的根部壅土，其吃土较深，而"锋"则属于浅耕保墒。肯定地说，"耩"的"杀草"及"壅根培土"效果较"锋"为优，故有"苗深，杀草，益实"之效，但它的缺点是"令地坚硬，乏泽难耕"，因为"苗深"根系亦深，给后面的耕作增加了难度。这就是《齐民要术》为什么尽量用"锋"而不用"耩"的直接原因。那么，"耩"是一种什么样的农具呢？缪启愉认为，"耩"同"锋"相似，有镵而无壁，但不像"锋"那样尖锐而平，它的形状"可能两旁低而中间有高棱，前端平而后部渐向上弯，有把土推向两旁的作用"[④]。由于谷物的不同，对"耩"与"锋"的适用，各不相同。例如，"黍稷"即穈米，其禾苗中耕用"锋"，不用"耩"。故《齐民要术·黍稷》载："苗生垄平，即宜杷（耙）劳，锄三遍乃止，锋而不耩。"[⑤]对于"大豆"苗，则要求"锋、耩各一，锄不过再"[⑥]。

5. 大田作物的搭配：禾谷类与豆科轮作

《齐民要术》与《氾胜之书》及《四民月令》的最重要区别在于重视对大田作物的轮作，其卷1及卷2着重讲述了"禾谷类"与"豆科类"的轮作，表明当时已经形成了和豆类作物轮作的谷物耕作制度。[⑦]

贾思勰记述说：

> 凡谷田，绿豆、小豆底为上，麻、黍、胡麻次之，芜菁、大豆为下。[⑧]
> 凡黍、稷田，新开荒为上，大豆底为次，谷底为下。[⑨]

这里讲的"绿豆、小豆底"都是指前茬作物，绿豆是重要的肥地作物，最忌连作。一

---

① （后魏）贾思勰：《齐民要术》卷1《种谷》，《百子全书》第2册，第1824页。
② 据周昕考证，此处的"锋"是一种尖刃的镢类或铲类农具。参见周昕：《"锋"考》，《中国科技史料》2003年第1期，第78页。
③ （后魏）贾思勰：《齐民要术》卷1《种谷》，《百子全书》第2册，第1824页。
④ （后魏）贾思勰原著，缪启愉校释：《齐民要术校释》，第35页。
⑤ （后魏）贾思勰：《齐民要术》卷2《黍稷》，《百子全书》第2册，第1830页。
⑥ （后魏）贾思勰：《齐民要术》卷2《大豆》，《百子全书》第2册，第1832页。
⑦ 苏陕民、方学良：《不同作物茬地对后作的影响》，《作物学报》1981年第2期，第123—128页。
⑧ （后魏）贾思勰：《齐民要术》卷1《种谷》，《百子全书》第2册，第1823页。
⑨ （后魏）贾思勰：《齐民要术》卷2《黍稷》，《百子全书》第2册，第1830页。

般来说，在同一地块上连续种植某种作物，往往会出现减产现象。主要原因有病原物积累、土壤养分的失衡、土壤生态恶化及根系分泌物的拮抗作用等。例如，病毒在几十亿年的进化过程中，学会了与动植物同生息的本领，所以任何一种作物都有对其造成危害的病虫杂草，一旦连作，这些病虫杂草，必然周而复始地使该作物感染受害。又如，作物的自毒作用对连作的危害亦很大，像绿豆根系分泌氨基酸比较多，从而使土壤中的酸性增加、噬菌体增多，与之相应，噬菌体分泌的噬菌素亦随之增多，结果导致其根瘤形成缓慢和固氮能力降低，影响绿豆的收成。因此，为了增加土地资源的利用率，在同块土地上进行不同作物之间的相互轮作，则会产生相得益彰的效果。例如，绿豆的固氮能力较强，在良好的栽培管理条件下，固定的氮素既能满足自身之需，同时还能增加土壤中的氮素，为后茬作物提供营养。另外，绿豆的残根和落叶能改善土壤结构，增加土壤的有机质等。而谷类作物的须根发达，适应性强，禾苗生长需要大量的氮、磷、钾，仅从肥力的角度看，前茬种植绿豆或小豆（如豌豆等），确实对谷类作物的生长有利。有试验数据表明，在花生和玉米没有传入中国之前，以生长在豆类根际土的小麦为最好，而以生长在高粱、谷子根际土的小麦为最差。[①]

其他像黍与大豆（像黄高丽豆、黑高丽豆、燕豆、䅟豆等）的轮作亦复如此，不再重述。这样，年际轮作逐渐取代了传统的休耕制，既提高了土地的利用率，又增加了粮食产量。因此，在土地资源的利用方面实实在在地前进了一大步。

贾思勰又记述说：

　　种茭者，用麦底。[②]

此处讲的是"茭—麦复种"模式，茭豆亦称"春大豆"，但被用作牲口饲料，故称为"茭"，其种植方式比较粗放，"地不求熟"[③]。此外，"小豆，大率用麦底"[④]。

用小麦作前茬作物，固然对种植小豆有利，但为了不误农时，《齐民要术》特别明示："然恐小晚，有地者，常须兼留去岁谷下以拟之。夏至后十日种者为上时，初伏断手为中时，中伏断手为下时。"[⑤]黄河中下游地区的冬小麦收割时间为6月份前后，基本上在夏至之后、小暑之前，应当说正是种植小豆的适宜时节。所以为了及时种植小豆，贾思勰主张免耕播种，即不妨在谷茬地之下种植。

6. 间作、混作和套作的发展

所谓间作就是指一茬有两种及两种以上生长季节相近的作物，在同一块耕地上间隔种植的方式。如《齐民要术》载："葱中亦种胡荽，寻手供食。乃至孟冬，为菹（腌菜）亦

① 苏陕民、方学良：《不同作物茬地对后作的影响》，《作物学报》1981年第2期，第124页。
② （后魏）贾思勰：《齐民要术》卷2《大豆》，《百子全书》第2册，第1832页。
③ （后魏）贾思勰：《齐民要术》卷2《大豆》，《百子全书》第2册，第1831页。
④ （后魏）贾思勰：《齐民要术》卷2《小豆》，《百子全书》第2册，第1832页。
⑤ （后魏）贾思勰：《齐民要术》卷2《小豆》，《百子全书》第2册，第1832页。

不妨。"①种葱要求:"其拟种之地,必须春种绿豆,五月穊杀之。"②这样做主要是充分利用绿豆根瘤的固氮作用来增加土壤中的肥力,以避免人工大量施肥。除葱与胡荽间作外,尚有桑与豆类作物的间作,如《齐民要术》载:桑苗第二年假植,"率五尺一根,其下常劚掘,种绿豆、小豆"。这种间作的好处是:"二豆良美,润泽益桑。"③

所谓套作是指在前茬作物生长的后期,在其株、行及畦间播种后茬作物的种植方式,其共生期较短。我国的套种作物历史比较悠久,至少《氾胜之书》中已有桑与黍套种的记载。到魏晋南北朝时期,则又出现了麻与芜菁的套作,如《齐民要术》载:"六月中,可于麻子地间散芜菁子而锄之,拟收其根。"④

所谓混作则是指把两种及两种以上生长期相近的作物依照适当比例混合播种在同一块田地上,以达到提高土地的利用率和稳产保收的目的。尽管混作往往会造成不同作物群体内部互相争夺光照及土壤中养分的矛盾,加上田间管理不便,很难做到高产栽培,但在当时的历史条件下,不失为一种稳产保收的积极措施。如《齐民要术》载:

> 好雨种麻时,和麻子撒之。当年之中,即与麻齐。麻熟刈去,独留槐。……明年……还于槐下种麻。三年正月,移而植之。亭亭条直,千百若一。⑤

> (种楮)二月耧耩之。和麻子漫散之,即劳。秋冬仍留麻勿刈,为楮作暖。若不和麻子种,率多冻死。⑥

由上述记述不难推断,无论是槐树与麻子混作,还是楮树与麻子混作,其最终都是为了树木的生长,从这个层面讲,混作麻子实际上是为槐、楮栽种绿肥,甚或为树木取暖。《齐民要术》又载:

> 羊一千口者,三四月中,种大豆一顷,杂谷,并草留之,不须锄治。八九月中,刈作青茭。⑦

这种大豆与谷子的混作,主要是为了作饲料用,故贾思勰主张任其疯长,不需中耕管理。

那么,农作物之间相互间作或套作的机理何在?《齐民要术》已有初步探索。

首先,对作物连作的危害已有很明确的认识。例如,《齐民要术》说:"谷田必须岁易。"⑧因为"莨子则莠多而收薄"⑨,即重茬谷由于前茬谷子落地后长成莠草,既传播病虫害,同时又与正常谷子争夺水分、光照和肥料,严重影响谷子的收成。同理,

① (后魏)贾思勰:《齐民要术》卷3《种葱》,《百子全书》第2册,第1849页。
② (后魏)贾思勰:《齐民要术》卷3《种葱》,《百子全书》第2册,第1849页。
③ (后魏)贾思勰:《齐民要术》卷5《种桑、柘》,《百子全书》第2册,第1873页。
④ (后魏)贾思勰:《齐民要术》卷2《种麻子》,《百子全书》第2册,第1834页。
⑤ (后魏)贾思勰:《齐民要术》卷5《种槐、柳、楸、梓、梧、柞》,《百子全书》第2册,第1880页。
⑥ (后魏)贾思勰:《齐民要术》卷5《种谷楮》,《百子全书》第2册,第1879页。
⑦ (后魏)贾思勰:《齐民要术》卷6《养羊》,《百子全书》第2册,第1897页。
⑧ (后魏)贾思勰:《齐民要术》卷1《种谷》,《百子全书》第2册,第1823页。
⑨ (后魏)贾思勰:《齐民要术》卷1《种谷》,《百子全书》第2册,第1823页。

"稻，无所缘，唯岁易为良"①。否则，"既非岁易，草、稗俱生，芟亦不死"②，其后果不言而喻。又如种麻"欲得良田，不用故墟"③。此处的"故墟"是指已经种植过麻的地块，贾思勰指出：在"故墟"上种麻，会出现"夭折之患，不任作布"④等病虫害现象。

其次，对不同作物的特性及种间存在相生或相克关系亦有初步认识。生克关系是物种进化的基本动力之一，据研究，在植物界普遍存在不同植物之间的相生和相克关系。⑤例如，《齐民要术》载："胡麻宜白地种。"⑥这里的"白地"是指有杂草的未耕种之地，人们之所以敢将胡麻"漫种"在白地里，是因为"芝麻之于草木，犹铅锡之于五金也，性可制耳"⑦。现代生物学家将这种现象称为"植物化感作用"，即在植物界，包括微生物之间客观上存在着有害的（抑制）和有利的（刺激）生物化学相互关系，而"胡麻宜白地种"正是巧妙地利用了胡麻（即芝麻）能抑制杂草生长的特性⑧。还有，《齐民要术》特别提示："慎勿于大豆地中杂种麻子。"⑨因为这种间混作的直接后果是"扇地两损，而收并薄"⑩。相反，麻子对大豆的生育有抑制作用，但麻子与芜菁杂种却会产生有利的生物化学关系，这就是作物之间存在相生相克关系之典型例证。

7. 因地制宜发展经济型林木业

《齐民要术》对经济型林木非常重视，这应与当时的小农经济形态有一定联系。据有的学者统计，在《齐民要术》的92篇内容中，属于林木业者有23篇，具体又分为四类：第一类是用材类树木及竹子，如榆、杨、柏、桑、柘、槐、漆、柳、梓等；第二类是水果类树木，如桃、梅、杏、梨、柿、安石榴、枣、林檎等；第三类是赏花类植物，如紫草、蓝草等；第四类为伐木，主要讲述砍伐树木的原则及方法。⑪显然，贾思勰讲述的重点在于前两类。

（1）对"五果"及其他果树的种植栽培及其管理。"五果"指枣、李、桃、杏、栗，由于战争和粮荒等原因，魏晋南北朝时期"五果"系重要的代粮食品，而《齐民要术》对其栽培技术给予高度重视即反映了这一历史状况。从果实的构造来分类，《齐民要术》记述了14种果树的栽培和管理，细分又可分为四类：仁果类，有梨、林檎、柰；核果类，有桃、李、杏、枣、梅、樱桃；浆果类，有安石榴、柿子、木瓜、葡萄；坚果类，有栗。

① （后魏）贾思勰：《齐民要术》卷2《水稻》，《百子全书》第2册，第1837页。
② （后魏）贾思勰：《齐民要术》卷2《水稻》，《百子全书》第2册，第1837页。
③ （后魏）贾思勰：《齐民要术》卷2《种麻》，《百子全书》第2册，第1833页。
④ （后魏）贾思勰：《齐民要术》卷2《种麻》，《百子全书》第2册，第1833页。
⑤ 浙江农业大学理论学习小组：《〈齐民要术〉及其作者贾思勰》，北京：人民出版社，1976年，第88页。
⑥ （后魏）贾思勰：《齐民要术》卷2《胡麻》，《百子全书》第2册，第1839页。
⑦ （晋）杨泉：《物理论》，游修龄编著：《农史研究文集》，北京：中国农业出版社，1999年，第431页。注：孙星衍辑校本没有此条记载。
⑧ 张重义、林文雄：《药用植物的化感自毒作用与连作障碍》，《中国生态农业学报》2009年第1期，第190页。
⑨ （后魏）贾思勰：《齐民要术》卷2《种麻子》，《百子全书》第2册，第1834页。
⑩ （后魏）贾思勰：《齐民要术》卷2《种麻子》，《百子全书》第2册，第1834页。
⑪ 李荣高：《〈齐民要术〉与林业》，《云南林业》2007年第2期，第37页。

下面择要述之：

在苗木种子的选择方面，枣、桃和栗因其幼龄期较短，故多采取有性繁殖方式进行栽培，此时如何选种就显得尤为关键了。

我国栽培枣的历史十分悠久，距今 8000 年的河南新郑裴李岗遗址出土有枣核化石，《诗经·豳风》载："七月烹葵及菽，八月剥枣，十月获稻。"[1]这首诗反映了西周初期豳地的农业生产场景，又《山海经·中山经》云："又东十里，曰騩山，其上有美枣。"[2]即今河南新密大隗山等，说明黄河中下游地区从古至今都是我国枣树栽培的中心。贾思勰将枣列为"五果"之首，充分体现了农学家对这一"铁杆庄稼"的特别关爱。《齐民要术》载："其阜劳之地，不任耕稼者，历落种枣则任矣。"[3]可见，枣的适应性极强，它不怕瘠薄、盐碱、旱涝，对土壤的条件要求又不严格。因此，选种就要"选好味者留栽之，候枣叶始生而移之"[4]。枣树主要依靠根生苗进行繁殖和移栽，因为枣根易生根蘖，可在其周围或枣行间留养根生苗。

桃亦系我国最古老的果树之一。考古证明，河南郑州二里岗遗址中出土有桃核。[5]《诗经·召南·何彼襛矣》《诗经·卫风·木瓜》《诗经·周南·桃夭》《诗经·大雅·荡之什》等篇章里，都讲到了桃，其中"投我以桃，报之以李"[6]早已深入人心，成为人们情感交流爱好的名句。从《齐民要术》的记载看，我国远古以来都采用实生种，播种几年内就能开花结果。其方法是：

> 桃熟时，于墙南阳中暖处深宽为坑，选取好桃数十枚，擘取核，即内牛粪中，头向上，取好烂粪和土厚覆之，令厚尺余。至春，桃始动时，徐徐拨去粪土，皆应生芽，合取核种之，万不失一。[7]

栗树原产我国，系一种种植历史悠久的木本粮食果树。距今约 1800 万年前的山东临朐山旺考古遗址出土有大叶板栗化石，此外，河南郑州洪沟遗址、河南新郑裴李岗遗址、浙江余姚河姆渡遗址、北京平谷北埝头新石器时代文化遗址、陕西西安半坡遗址、北京昌平雪山文化遗址等都出土有"栗子"实物或栗炭。故《庄子·盗跖》载："古者禽兽多而人民少，于是民皆巢居以避之。昼拾橡栗，暮栖木上。"[8]《诗经·鄘风·定之方》《诗经·唐风·山有枢》《诗经·小雅·四月》《诗经·郑风·东门之墠》等篇章都载有赞美"栗"树的诗句，《韩非子》记述秦遇饥荒，有人建议："五苑之草著、蔬菜、橡果、枣栗，足以活民，请发之。"[9]由此可见栗子对统治者的重要性。栗树耐寒、耐

① 黄侃：《黄侃手批白文十三经·毛诗》，第 62 页。
② （晋）郭璞注，（清）毕沅校：《山海经》卷 5《中山经》，上海：上海古籍出版社，1989 年，第 55 页。
③ （后魏）贾思勰：《齐民要术》卷 4《种枣》，《百子全书》第 2 册，第 1862 页。
④ （后魏）贾思勰：《齐民要术》卷 4《种枣》，《百子全书》第 2 册，第 1862 页。
⑤ 盛诚桂、王亚遴：《中国桃树栽培史》，《南京农学院学报》1957 年第 2 期，第 213 页。
⑥ 黄侃：《黄侃手批白文十三经·毛诗》，第 122 页。
⑦ （后魏）贾思勰：《齐民要术》卷 4《种桃》，《百子全书》第 2 册，第 1863 页。
⑧ （周）庄周：《庄子南华真经·盗跖》，《百子全书》第 5 册，第 4604 页。
⑨ （周）韩非：《韩非子》卷 14《外储说右下·右经》，《百子全书》第 2 册，第 1749 页。

旱、耐瘠薄，但喜光，适应性强。不过，这种果树有一个很重要的生物学特性，那就是"种而不栽"①。倘若移栽，则"虽生寻死矣"②。种法："栗初熟出壳，即于屋里埋著湿土中。至春二月，悉芽生，出而种之。……三年内，每到十月，常须草裹，至二月乃解。"③

杏，为我国原产，河南驻马店杨庄夏代遗址出土有杏核实物，表明杏是一种古老的果树。《夏小正》载："梅、杏、杝桃则华。"④另，《山海经》亦有灵山"其木多桃、李、梅、杏"⑤的记载。《齐民要术》对杏的种植方式记载得很简略，只6字，"栽种与桃李同"⑥。桃靠种子繁殖，已见前述。至于李树的栽植方式，学界有歧义。如赵延旭认为李树须无性繁殖⑦，也有学者认为李树的栽种为有性繁殖，因为有性繁殖分两种方式：有的须经移栽，有的不须移栽，而李树属于须经移栽的有性繁殖⑧。笔者赞同后说。考《齐民要术》云："李欲栽。"⑨因为"李性坚、实晚，五岁始子……栽者三岁便结子也"⑩。在此，李树的生育期比较长，若直接用"种"植则结子至少需要5年的时间，很不经济，而通过移栽有根苗，三年就结果了，既节省了李树的能量，又提高了栽种效益，一举两得。

显然，像枣、桃、栗、杏、李等，这些依靠"种"植的果树，为有性繁殖。

除了"种"植，还有些果树则通过自根苗、嫁接、扦插、压条等手段来进行无性繁殖，或称无性系苗木，即由母体的一部分直接产生子代，而不需要经过两性生殖细胞的结合。例如，"柰、林檎不种，但栽之"⑪。因为"种之虽生，而味不佳"⑫。由于林檎树的生物特性不宜播种结生苗，而只能用压条法或其他方法进行无性繁殖，故《齐民要术》说："此果根不浮秽，栽故难求，是以须压也。"⑬具体方法同压桑法，略。又一法为："于树旁数尺许掘坑，泄其根头，则生栽矣。"⑭这都是人工培育"栽"的措施。安石榴则扦插在"三月初，取枝大如手大指者，斩，令长一尺半，八九枝共为一窠，烧下头二寸"⑮。至于嫁接法，有梨与安石榴的远缘嫁接。《齐民要术》载其法云："桑、梨大恶。枣、石榴

① （后魏）贾思勰：《齐民要术》卷4《种栗》，《百子全书》第2册，第1868页。
② （后魏）贾思勰：《齐民要术》卷4《种栗》，《百子全书》第2册，第1868页。
③ （后魏）贾思勰：《齐民要术》卷4《种栗》，《百子全书》第2册，第1868页。
④ 夏纬英：《夏小正经文校释》，北京：农业出版社，1981年，第19页。
⑤ （晋）郭璞注，（清）毕沅校：《山海经》卷5《中山经》，第68页。
⑥ （后魏）贾思勰：《齐民要术》卷4《种梅杏》，《百子全书》第2册，第1866页。
⑦ 赵延旭：《北朝"五果"栽培技术考略——以〈齐民要术〉为中心》，《农业考古》2013年第3期，第155页。
⑧ 何堂坤：《中国魏晋南北朝科技史》，北京：人民出版社，1994年，第8页。
⑨ （后魏）贾思勰：《齐民要术》卷4《种李》，《百子全书》第2册，第1865页。
⑩ （后魏）贾思勰：《齐民要术》卷4《种李》，《百子全书》第2册，第1865页。
⑪ （后魏）贾思勰：《齐民要术》卷4《柰、林檎》，《百子全书》第2册，第1869页。
⑫ （后魏）贾思勰：《齐民要术》卷4《柰、林檎》，《百子全书》第2册，第1869页。
⑬ （后魏）贾思勰：《齐民要术》卷4《柰、林檎》，《百子全书》第2册，第1869页。
⑭ （后魏）贾思勰：《齐民要术》卷4《柰、林檎》，《百子全书》第2册，第1869页。
⑮ （后魏）贾思勰：《齐民要术》卷4《安石榴》，《百子全书》第2册，第1870页。

上插得者为上梨，虽治十，收得一二也。"①在此，以梨为接穗，以石榴或枣为砧木，这种远缘嫁接的梨树，果实品质虽优，然成活率比较低。

还有的果树，既可有性繁殖又可无性繁殖，所以究竟采用哪种繁殖方式，因地而异。如"木瓜，种子及栽皆得，压枝亦生"②。

从苗圃繁殖到定植，《齐民要术》有诸多技术环节，为了保证定植苗木的成活率，如对定植时间及株行距的技术要求，都比较严格。贾思勰云：

种桃，"至春既生，移栽实地"。其栽法："以锹合土掘移之。"③此处的"掘"即挖穴，待挖好穴之后，将带土球的果苗直接置入穴中，然后再填土浇水。

种栗，"至春二月，悉芽生，出而种之。既生，数年不用掌近"④。栗树之所以要"种"，而不能移栽，在当时的技术条件下，有一定科学性，因为它考虑到了栗树根深的特性，移栽一旦损伤根部，便很难成活。文中的"掌近"是指过多的管理，"不用掌近"就是说不要过多管它，但"三年内，每到十月，常须草裹，至二月乃解。不裹则还死"⑤。

种枣，"候枣叶始生而移之。三步一树，行欲相当。地不耕也。欲令牛马履践令净"⑥。

凡此种种，《齐民要术》所提出的定植时间几乎都在冬末初春的时节，此时果树尚处在休眠期，一方面是在移栽过程中受伤害较小；另一方面它们对环境的适应能力相对较弱，所以有利于移栽苗木的成活。

果树坐果与高产的技术管理，也是贾思勰《齐民要术》的重要内容之一。由于"五果"可以充当食粮，这就更加刺激果农们想方设法提高果树的产果量。在这方面，《齐民要术》记述了许多当时行之有效的经验和方法。例如，对枣树，"正月一日日出时，反斧班（斑）驳椎之，名曰'嫁枣'"⑦。"反斧"即用斧背轻轻敲打枣树的树干，使其树皮内的韧皮遭受一定程度的损伤，目的是阻断筛管自上至下运输有机物，而使更多的营养分配到结果枝。贾思勰特别提示："不椎，则花而无实；斫则子萎而零落也。"⑧实际上，这里涉及果树形成层的两个部位：韧皮部与木质部。前述韧皮部是形成层外部，系筛管自上至下运输有机物的部位，而木质部则是形成层内部，系导管自下向上运输水和无机盐的部位，这个部位一旦出现损伤，结果枝就会失去源自根部的水和无机盐供给，造成"子萎而零落"的后果。因此，"嫁枣"一定是"反斧"，而不是"刃斧"，是"椎"而不是"斫"。

对李树，有三法能增加产果量：第一法是著石"嫁李"："正月一日，或十五日，以砖石著

① （后魏）贾思勰：《齐民要术》卷4《插梨》，《百子全书》第2册，第1867页。
② （后魏）贾思勰：《齐民要术》卷4《种木瓜》，《百子全书》第2册，第1871页。
③ （后魏）贾思勰：《齐民要术》卷4《种桃》，《百子全书》第2册，第1863页。
④ （后魏）贾思勰：《齐民要术》卷4《种栗》，《百子全书》第2册，第1868页。
⑤ （后魏）贾思勰：《齐民要术》卷4《种栗》，《百子全书》第2册，第1868页。
⑥ （后魏）贾思勰：《齐民要术》卷4《种枣》，《百子全书》第2册，第1862页。
⑦ （后魏）贾思勰：《齐民要术》卷4《种枣》，《百子全书》第2册，第1862页。
⑧ （后魏）贾思勰：《齐民要术》卷4《种枣》，《百子全书》第2册，第1862页。

李树歧中，令实繁。"此法的目的是开角拉枝，一旦开张了角度，则营养生长便转变为生殖生长，所以"现代果树栽培中的一边倒形栽培很重要的一点就是延（沿）用开张角度的原理"①。第二法是"杖打"："腊月中，以杖微打歧间，正月晦日复打之，亦足子也。"第三法是"火烧"："以煮寒食醴酪火挼著树枝间，亦良。"②果树管理实践证明，"这些措施确能够推动果树产量的提高，以至沿用至今"③。对林檎树，"以正月、二月中，翻斧斑驳椎之，则饶子"④。

在长期的果树管理实践中，贾思勰总结了一些管理果树的特殊经验。例如，对枣树，《齐民要术》主张"候大蚕入簇，以杖击其枝间，振落狂花。不打花繁，不实不成"⑤。此为疏花措施，对枣树的增产增收确有必要。因为过多的狂花会徒耗营养，影响果实的生长，通过"杖击"之后，既可辅助授粉，又能保证坐果率，一举两得。对有"百果第一枝"之称的樱桃，《齐民要术》载："二月初，山中取栽，阳中者还种阳地，阴中者还种阴地。若阴阳易地，则难生，生亦不实。此果性生阴地，既入园圃，便是阳中，故多难得生。宜坚实之地，不可用虚粪也。"⑥由于樱桃的特殊生物习性，贾思勰认为移栽樱桃苗木时，应当在取植株时标记其原有朝向，这样在定植的过程中还让它保持原来的朝向⑦，以利于苗木的成活。推而广之，像樱桃这类移栽难以成活的树种，应尽最大可能使其原本南向坡地的植株，移栽后仍定植在南坡向阳之地，而原本生长于阴坡背阳的植株，移栽后仍定植在阴坡背阳之地，这些经验至今都应当引起重视。对李树，《齐民要术》言："李树、桃树下，并欲锄去草秽，而不用耕垦。耕则肥而无衍实。树下犁拨即死之。桃、李，大率方两步一根。大概连阴，则子细而味亦不佳。"⑧在此，合理密植是保证果树移栽成活率的重要前提。

（2）对经济林木的种植栽培及其管理。既然谈"经济"，时间成本低且收益较大的树种就都是贾思勰所提倡的。以种植榆树为例，《齐民要术》讲到了下面的种树理念：

> 三年春，可将荚、叶卖之。五年之后，便堪作椽。不挟者，即可砍卖。一根十文。挟者镟作独乐及盏。一个三文。十年之后，魁、碗、瓶、榼，器皿，无所不任。一碗七文，一魁二十，瓶、榼器皿一百文也。十五年后，中为车毂及蒲桃缸。缸一口，直二百。车毂一具，直绢三匹。⑨

对于小农之家来说，他不可能等待几十年的树木不见收益，所以像生长期较长的松柏

---

① 刘冠义等：《〈齐民要术〉与果树的早果丰产技术分析》，《中国果菜》2011年第5期，第38页。
② （后魏）贾思勰：《齐民要术》卷4《种李》，《百子全书》第2册，1865页。
③ 赵延旭：《北朝"五果"栽培技术考略——以〈齐民要术〉为中心》，《农业考古》2013年第3期，第156页。
④ （后魏）贾思勰：《齐民要术》卷4《柰、林檎》，《百子全书》第2册，1869页。
⑤ （后魏）贾思勰：《齐民要术》卷4《种枣》，《百子全书》第2册，1862页。
⑥ （后魏）贾思勰：《齐民要术》卷4《种桃》，《百子全书》第2册，1864页。
⑦ 贾思勰说："凡栽一切树木，欲记其阴阳，不令转易。"参见（后魏）贾思勰：《齐民要术》卷4《栽树》，《百子全书》第2册，第1860页。
⑧ （后魏）贾思勰：《齐民要术》卷4《种李》，《百子全书》第2册，第1865页。
⑨ （后魏）贾思勰：《齐民要术》卷5《种榆、白杨》，《百子全书》第2册，第1877—1878页。

等树木，尽管是上等的建筑用材，但贾思勰在书中却不作记载，在他看来，那根本就没有必要。

《齐民要术》讲到的经济林木主要有桑、柘、榆、白杨、楮、甘棠、漆树、槐、柳、梓、柞、梧及竹等，这些都是黄河中下游地区常见的树木。

一般的种树方法是，先选择适宜的苗木，在定植时尽量使新的生长环境与原来的生长环境相一致，在此前提下，应对将要移栽的苗木进行修剪，"大树髡之，不髡，风摇则死。小则不髡"①。"髡"是指修剪枝叶，通常胸径在 15—20 厘米以上，或树高 4—6 米以上，就称之为"大树"。而"大树髡"的目的在于：一是减少水分过量蒸发，有利于维持树木内水分与营养的平衡；二是通过剪尽树冠枝叶，留下适当高度的主干，防止春季大风摇动根系。苗木选择好之后是刨坑，"先为深坑，内树讫，以水沃之，著土令如薄泥"②。"深坑"的具体要求应根据土质和根系的实际状况来决定，坑径须大于根径，放入苗木后须浇透水。在移栽的过程中，还应注意"东西南北，摇之良久，摇则泥入根间，无不活者；不摇，虚多死。其小树，则不须尔。然后下土坚筑"③。此处指移栽裸根苗木，当把苗木放入坑中后，迅速将坑边的好土填入，至一定高度后，再将根苗轻轻往上提，使泥入根间与根相亲，继续填入好土，用棒捣实，这样便形成了一厚层筑紧的填土，它与地面相差二三寸或二三层。用贾思勰的话说就是："近上二（或三）寸不筑，取其柔润也。"④填土经"坚筑"之后，土壤的毛细管就可使下层的水分向上输送到苗木的根部附近，而最上层不经"坚筑"，则土壤的毛细管不能恢复，水分的蒸发相应就减少。可见，当时人们在苗木栽植过程中所采取的保墒措施是符合科学原理的。浇水是苗木栽培的最关键一环，如栽树后不及时浇水，往往会造成苗木的生理失水而难以成活，所以《齐民要术》认为，栽树后应"时时灌溉，常令润泽。每浇水尽，即以燥土覆之。覆则保泽，不覆则干涸"⑤。"覆燥土"的目的是确保苗木定植地润泽，从而使苗木在生长过程中有足够的水分供养。对于栽树的时机，贾思勰说：

> 凡栽树，正月为上时，二月为中时，三月为下时。枣，鸡口；槐，兔目；桑，蛤蟆眼；榆，负瘤散。自余杂木，鼠耳、虻翅各其时。此等名目，皆是叶生形容之所象似。以此时栽种者，叶皆即生。早栽者，叶晚出。虽然，大率宁早为佳，不可晚也。⑥

文中的"枣，鸡口"等词语都是对苗木出芽形态的描述，如枣树苗长出了像鸡嘴似的叶芽，槐树苗长出了像兔子眼似的叶芽，桑树苗长出了像蛤蟆眼似的叶芽，榆树苗长出了像瘤子似的叶芽等。在贾思勰看来，假如树木苗出现了上述不同树种相对应的叶芽，便说

---

① （后魏）贾思勰：《齐民要术》卷 4《栽树》，《百子全书》第 2 册，第 1860 页。
② （后魏）贾思勰：《齐民要术》卷 4《栽树》，《百子全书》第 2 册，第 1860 页。
③ （后魏）贾思勰：《齐民要术》卷 4《栽树》，《百子全书》第 2 册，第 1860 页。
④ （后魏）贾思勰：《齐民要术》卷 4《栽树》，《百子全书》第 2 册，第 1860 页。
⑤ （后魏）贾思勰：《齐民要术》卷 4《栽树》，《百子全书》第 2 册，第 1860 页。
⑥ （后魏）贾思勰：《齐民要术》卷 4《栽树》，《百子全书》第 2 册，第 1861 页。

明此树苗到了栽种的时机。

《齐民要术》将桑树列为经济林木之首，与当时北魏的农业政策有关。北魏太和九年（485），孝文帝采纳赵郡汉族大族李世安的建议，颁布均田令。其令规定：

> 诸初受田者，男夫一人给田二十亩，课莳余，种桑五十树，枣五株，榆三根。非桑之土，夫给一亩，依法课莳榆、枣。[①]

从这个角度看《齐民要术》，贾思勰的经济林木思想显然是服务于这个总的农业政策。或可说是为了方便上述政策的落实，贾思勰才编撰了这部实用性和政策性都很强的农业百科全书。我国是世界养蚕业的起源地，考古学者在距今 6000 年前的山西省夏县西阴村仰韶文化遗址发现了剖开两半的茧。另外，河南省安阳殷墟遗址中有绢帛印痕，在甲骨卜辞中有象形的蚕和桑字。[②]在长期的养蚕和栽桑技术实践中，黄河中下游地区劳动人民积累了丰富的养蚕种桑经验。如《尚书·禹贡》说：兖州"桑土既蚕"[③]；《管子·地员》载："若在陵在山，在陦在衍，其阴其阳，尽宜桐柞，莫不秀长。其榆其柳，其麋其桑，其柘其栎，其槐其杨，群木蕃滋，数大条直以长。"[④]以桑树为例，《齐民要术》比较详细地记述了从选种、栽植、管理到采摘、加工储存和养蚕等一系列种桑养蚕的过程。

选种："桑椹熟时，收黑鲁椹。黄鲁桑不耐久，谚曰：'鲁桑百，丰锦帛。'言其桑好，功省用多。即日以水淘取子，晒燥，仍畦种。"[⑤]此处的"黄鲁桑"系鲁桑中一个丰产、叶质优良的品种，但《齐民要术》更加推崇发芽多、产叶多和出丝多的"黑鲁椹"。由于贾思勰已有"今世有荆桑、鲁桑之名"[⑥]的分类，所以这里推举"鲁桑"，表明鲁桑相对于荆桑更有利于养蚕。

桑苗繁殖，有两法：畦种法与压条法。

畦种法："治畦下水，一如葵法。常薅令净，明年正月，移而栽之。仲春、季春亦得。率五尺一根。不用耕故，凡栽桑不得者，无他故，正为犁拨耳。"[⑦]

压条法："大都种椹，长迟，不如压枝之速……须取栽者，正月二月中，以钩弋压下枝，令著地。条叶生，高数寸，仍以燥土壅之。土湿则烂。明年正月中，截取而种之。"[⑧]

桑田管理，桑树同其他高等植物一样，需要无机营养元素，其中对氮、钾、钙、镁的需要量较大。对此，《齐民要术》载有"蚕矢粪之"[⑨]及与禾豆、芜菁子间作等措施，特别

[①]《魏书》卷 110《食货志》，第 2853 页。
[②] 李继华：《山东桑树栽培历史和现状》，《山东林业科技》1985 年第 3 期，第 71 页。
[③] 黄侃：《黄侃手批白文十三经·尚书》，第 9 页。
[④]（周）管仲：《管子》卷 19《地员》，《百子全书》第 2 册，第 1391 页。
[⑤]（后魏）贾思勰：《齐民要术》卷 5《种桑、柘》，《百子全书》第 2 册，第 1873 页。
[⑥]（后魏）贾思勰：《齐民要术》卷 5《种桑、柘》，《百子全书》第 2 册，第 1873 页。
[⑦]（后魏）贾思勰：《齐民要术》卷 5《种桑、柘》，《百子全书》第 2 册，第 1873 页。
[⑧]（后魏）贾思勰：《齐民要术》卷 5《种桑、柘》，《百子全书》第 2 册，第 1873 页。
[⑨]（后魏）贾思勰：《齐民要术》卷 5《种桑、柘》，《百子全书》第 2 册，第 1873 页。

是收获芜菁子之后，"放猪啖之。其地柔软，有胜耕者"①。从现代植物学原理看，这些措施主要是为桑树的生长和代谢提供必要的氮、钾肥料。如用禾豆（主要指小豆、菜豆）与桑树间作，是因为禾豆能吸收空气中的游离氮素以滋养桑树。此外，对桑树的修剪，称为剥桑。南北朝时期，齐鲁一代广大桑农已经总结出了一套行之有效的修剪原则和方法。贾思勰说：

> 十二月为上时，正月次之，二月为下。大率桑多者宜苦斫，桑少者宜省剥。②

这里明确了"剥桑"的时间和方法，以隆冬时节为最好，因为此时桑树的养分尚未运行，剪出桑树枝条能减少树液的流失。其法要求，枝叶稠密者，应当多剪，反过来，枝条少者，少剪，这是因为枝条少则叶肥。

去梢，就是将桑树枝条梢端剪去一部分，通常在霜降前后进行。《齐民要术》载其法曰：

> 秋斫欲苦，而避日中；触热，树焦枯；苦斫，春条茂。冬，春省剥，竟日得作。③

在不同季节，去梢的方法略有差异，"秋斫"即秋季去梢，"欲苦"即相对多去树梢，这样能使桑树在第二年春季枝条繁茂。但应避免于中午日光强照的条件下去梢，否则，桑树易出现枯焦现象。冬季和春季去梢，没有早中晚之分，但总的原则是应尽量少去梢。

采摘春桑叶，对春蚕饲养使用全芽育。因此，《齐民要术》提出了比较具体的采摘要求：

> 春采者，必须长梯高机，数人一树，还条复枝，务令净尽。要欲旦暮，而避热时。梯不长，高枝折；人不多，上下劳；条不还，枝仍曲；采不净，鸠脚多；旦暮采，令润泽；不避热，条叶干。④

8. 家畜及家禽的饲养与管理

在自然经济条件下，家畜和家禽是农民经济生活的重要组成部分。《齐民要术》按照家畜及家禽与社会生产的关联性，先后讲述了牛、马、驴、骡、羊、猪、鸡、鹅、鸭及鱼，共计 10 个品种，每一个品种都涉及品种鉴定、选种繁育、饲养管理和疾病防治等内容。下面择要述之：

（1）牛的饲养与管理。据考古证实，河南裴李岗文化遗址中出土有多达 1000 余头牛的遗骸堆积。另外，浙江河姆渡与罗家角遗址中亦发现有水牛头骨的堆积等。可见，伏羲氏"教民豢养六畜，以充庖厨，且以为牺牲"⑤的传说并非虚构。但牛在远古时代被用作

① （后魏）贾思勰：《齐民要术》卷 5《种桑、柘》，《百子全书》第 2 册，第 1874 页。
② （后魏）贾思勰：《齐民要术》卷 5《种桑、柘》，《百子全书》第 2 册，第 1874 页。
③ （后魏）贾思勰：《齐民要术》卷 5《种桑、柘》，《百子全书》第 2 册，第 1874 页。
④ （后魏）贾思勰：《齐民要术》卷 5《种桑、柘》，《百子全书》第 2 册，第 1874 页。
⑤ （元）胡一桂：《十七史纂古今通要》卷 1《伏羲》，《景印文渊阁四库全书》第 688 册，台北：台湾商务印书馆，1986 年，第 114 页。

祭祀的牺牲，牛耕出现之后，损伤耕牛则被治罪。汉代应劭说："牛乃耕农之本，百姓所仰，为用最大，国家之为强弱也。"①《淮南子·说山训》云："曰杀罢牛可以赎良马之死，莫之为也。杀牛，必亡之数。以必亡赎不必死，未能行之者矣。"②《后汉书》载，会稽太守第五伦发现"会稽俗多淫祀，好卜筮。民常以牛祭神，百姓财产以之困匮……伦到官，移书属县，晓告百姓。其巫祝有依托鬼神诈怖愚民，皆案论之。有妄屠牛者，吏辄行罚。民初颇恐惧，或祝诅妄言，伦案之愈急，后遂断绝，百姓以安"③。这些史例说明，历代统治者推行和落实禁杀耕牛政策，确实是一个漫长而艰难的历史过程。北魏孝文帝延兴二年（472）下诏："其命有司，非郊天地、宗庙、社稷之祀，皆无用牲。"④接着，延兴五年（475）六月庚午，孝文帝又诏令："禁杀牛马。"⑤与之相应，如何繁育强健的耕牛和防治牛疾，便成为北魏统治者保护耕牛的积极举措。于是，《齐民要术》家畜篇的出现就较好地满足了这种需要。贾思勰说：

> 服牛乘马，量其力能，寒温饮饲，适其天性，如不肥充繁息者，未之有也。⑥

文中的"适其天性"就是顺从自然的繁殖与生存方式，人工干预不能超过"度"。有人认为："动物的'天性'中，包含着长期顺应自然过程中形成的遗传特质。我国许多传统地方品种具有抗逆性强等优良性状，是品种培育的基础和良好素材。长期顺应自然形成的遗传性质，往往具有整体平衡的特点。"作为备受关注的一种古老科学方法，有学者从三个方面解释了"适其天性"的思想内涵：第一，让事物顺乎自己的本性发展，或者因物之势而发展。第二，人在事物发展过程中的作用主要是否定性的，即不揠苗助长，主要工作是减少妨碍事物自然发展的条件。第三，人们在事物发展过程中的作用也有肯定的方面，但是，这必须符合两个条件：一是人所创造的事物发展条件必须与自然的本性相结合；二是在事物的发展偏离自然本性时要用自然的手段加以调节⑦。当然，在"适其天性"的同时，还须"寒温饮饲"。可见，饲养与繁殖之间存在着密切关系，只要保证了"适其天性"和"寒温饮饲"这两个条件，家畜"不肥充繁息"是不可能的。依此，在掌握了必要的"相牛"知识基础上，科学优化牛种品种。《齐民要术》载：

> 牛、岐胡，有寿。眼去角近，行疾。眼欲得大，眼中有白脉贯瞳子，最快。二轨齐者快。二轨，从鼻至骶为前轨，从甲至骼为后轨。颈骨长且大，快。壁堂欲得阔。壁堂，脚、股间也。倚欲得如绊马，聚而正也。……膺庭欲得广。膺庭骨也。天

---

①　（宋）欧阳询撰，汪绍楹校：《艺文类聚》卷85《百谷部·谷》引《风俗通》，上海：上海古籍出版社，1999年，第1446页。
②　（汉）刘安撰，高诱注：《淮南子·说山训》，《百子全书》第3册，第2951页。
③　《后汉书》卷41《第五伦传》，北京：中华书局，1965年，第1397页。
④　《魏书》卷108之1《礼志一》，第2740页。
⑤　《魏书》卷7上《高祖纪》，第141页。
⑥　（后魏）贾思勰：《齐民要术》卷6《养牛马驴骡》，《百子全书》第2册，第1888页。
⑦　林振武：《论中国古代"适其天性"的科学方法》，《嘉应学院学报（哲学社会科学版）》2009年第2期，第29页。

关欲得成，天关，脊接骨也。俊骨欲得垂。俊骨，脊骨中央，欲得下也。……悬蹄欲得横。如八字也。阴虹属颈，行千里。阴虹者，有双筋自尾骨属颈，宁公所饭也。阳盐欲得广。阳盐者，夹尾株前两髁上也。……常有似鸣者有黄。[①]

这种根据牛的形貌来判断牛的性能和优劣之方法，虽然有片面之嫌，但在没有更先进仪器检测的古代似有一定合理性，只不过是依据经验做出的判断[②]。我们知道，体貌与性状（主要指生物体的形态特征）是动物长期进化的产物，牛的繁育经过子代的不断遗传和变异，很可能某一体貌与其内在的生理功能相联系，或者说特定的生理功能往往会通过生物体的外貌体征表现出来。有基于此，美国生物学家在 1980 年创立了一种奶牛体型评定新方法，亦称"线性外貌评分法"。此法将奶牛线性分成 15 个主要性状，大致可归纳为 4 个方面：体型方面，包括体高、强壮度、体深、棱角；尻部方面，包括尻角、尻长、尻宽；腿蹄部方面，包括后肢侧观、蹄的角度；乳房方面，包括前乳区附着、后乳区高度、后乳区宽度、乳房悬垂状况、乳房深度和乳房位置侧观。[③]相牛固然以观察体型结构为主，但欲得全面评价，还应当将体型结构与其行为和机能结合起来。如"尿射前脚者快，直下者不快"[④]。还有"易牵则易使，难牵则难使"及"悬蹄欲得横"[⑤]等。对健康牛与病牛之辨别，《齐民要术》亦非常重视。如"倚脚不正，有劳病。角冷，有病。毛拳，有病"[⑥]。文中"倚脚不正"是指骨骼发育不良之征，多由劳役过度及饲养管理不当所致。而对于一些常见的牛病，如牛疫、牛疥、牛中热、牛腹胀欲死等，贾思勰有针对性地介绍了一些经验方。例如，"煮乌头汁，热洗五度"[⑦]治疗牛疥；"以胡麻油涂之"[⑧]，治疗牛虱；"取人参一两，细切，水煮。取汁五六升，灌口中"，治疗牛疫等。

（2）马的饲养与管理。同牛一样，人类役使马的历史比较长。《周易·系辞下》载："（黄帝）服牛乘马，引重致远，以利天下。"[⑨]汉代以后，由于北方和西北的游牧民族不断侵入中原，牧养马发达，因此，牧业与农业的矛盾日渐激烈。为了保护耕地，《齐民要术》主张谷草间作，实行放牧与舍饲相结合的饲养方式。《左传·成公十三年》云："国之大事，在祀与戎。"[⑩]在冷兵器时代，马在战争中起着十分重要的作用。当然，马又是日常生活中最快捷的交通工具。凡此种种，人们对马种的培育就格外重视，且积累了丰富的经验。

---

① （后魏）贾思勰：《齐民要术》卷 6《养牛马驴骡》，《百子全书》第 2 册，第 1894—1895 页。
② 惠富平、卜风贤：《中国传统相牛术述略》，《黄牛杂志》1999 年第 3 期，第 50—51 页。
③ 刘太宇：《相牛术与线性外貌评分法的形成和发展》，《郑州牧业工程高等专科学校学报》1990 年第 3 期，第 61—62 页。
④ （后魏）贾思勰：《齐民要术》卷 6《养牛马驴骡》，《百子全书》第 2 册，第 1895 页。
⑤ （后魏）贾思勰：《齐民要术》卷 6《养牛马驴骡》，《百子全书》第 2 册，第 1895 页。
⑥ （后魏）贾思勰：《齐民要术》卷 6《养牛马驴骡》，《百子全书》第 2 册，第 1895 页。
⑦ （后魏）贾思勰：《齐民要术》卷 6《养牛马驴骡》，《百子全书》第 2 册，第 1895 页。
⑧ （后魏）贾思勰：《齐民要术》卷 6《养牛马驴骡》，《百子全书》第 2 册，第 1896 页。
⑨ 黄侃：《黄侃手批白文十三经·周易》，第 45 页。
⑩ 黄侃：《黄侃手批白文十三经·春秋左传》，第 186 页。

首先，淘汰外形有缺陷的马种，外形不能失格，如"三赢"马与"五驽"马。所谓"三赢"马是指"大头小颈"（这种马因身体的重心前移，跑起来容易摔倒）、"弱脊大腹"（因自身负重过重，耐力不够）、"小颈大蹄"（这种马不能负重）。"五驽"马则是指"大头缓耳""长颈不折""短上长下""大髂短胁""浅髁薄髀"①。以上外形比例失衡，会造成马的个体在负重或乘骑方面的严重缺陷，从而影响其战斗力或生产力。

其次，确定良马的外形特点。从个体的外部形态看，"头为王，欲得方；目为丞相，欲得光；脊为将军，欲得强；腹胁为城郭，欲得张；四下为令，欲得长"②。此为鉴定良马的五要素，这些部位特征成为培育良马的必要条件。从个体的内部器官看，由表及里可以推知，"肝欲得小，耳小则肝小，肝小则识人意；肺欲得大，鼻大则肺大，肺大则能奔；心欲得大，目大则心大，心大则猛利不惊，目四满则朝暮健；肾欲得小；肠欲得厚且长，肠厚则腹下广方而平；脾欲得小，䅹腹小则脾小，脾小则易养"③。把马个体的外部形态与内在结构结合起来，对马进行综合分析和鉴定，反映了古代"相马术"的专业水准已经达到很高境界。具体考察，则眼睛、牙齿、鼻、唇、颈、腹、尾骨等全身各部位都有客观的鉴定标准，如"上齿欲钩，钩则寿""目欲满而泽""耳欲小""背欲短而方，脊欲大而抗"④等。当然，对以上鉴定原则，《齐民要术》还载有较为细致的量化标准，恕不一一引述。

饲养马有"饮食之节，食有三刍，饮有三时"⑤。马的肥满度与科学饲养关系密切，贾思勰认为："善谓饥时与恶刍，饱时与善刍，引之令食，食常饱，则无不肥。锉草粗，虽是豆谷，亦不肥充；细锉，无节，簸去土而食之者，令马肥，不嗽自然好矣。"⑥文中将饲料分为上、中、下三等，此与马的生理结构有关。马是单胃（即单室混合胃）动物，其胃容量不大，且又没有反刍过程。因此，假如饿时喂它好吃的，一是不能及时消化，二是在消化过程中由于发酵作用而产生气体，则会形成疝痛。所以"恶刍"使马慢慢进食，可以避免其因狼吞虎咽所造成的危害，当胃适应了"恶刍"的刺激之后，再开始用"善刍"诱其逐渐增强食欲，吃饱吃足。至于饮水，则"夏汗、冬寒，皆当节饮。谚曰：'旦起骑谷，日中骑水。'斯言旦饮须节水也。每饮食，令行骤则消水，小骤数百步亦佳。十日一放，令其陆梁舒展，令马硬实也"⑦。这里，饮马水不但要新水，而且要注意夏季和冬季适当节水，冬天要少饮、温饮，夏天可多饮、冷饮，然饮水量以草料的一倍为宜，不可过量，否则马就会生病。

此外，雄马与雌马应分槽管理，贾思勰说："多有父马者，别作一坊，多置槽厩。锉刍及谷头，各自别安。唯著羁头，浪放不系。非直饮食遂性，舒适自在；至于粪溺，自然

① （后魏）贾思勰：《齐民要术》卷6《养牛马驴骡》，《百子全书》第2册，第1888页。
② （后魏）贾思勰：《齐民要术》卷6《养牛马驴骡》，《百子全书》第2册，第1888页。
③ （后魏）贾思勰：《齐民要术》卷6《养牛马驴骡》，《百子全书》第2册，第1888—1889页。
④ （后魏）贾思勰：《齐民要术》卷6《养牛马驴骡》，《百子全书》第2册，第1889页。
⑤ （后魏）贾思勰：《齐民要术》卷6《养牛马驴骡》，《百子全书》第2册，第1892页。
⑥ （后魏）贾思勰：《齐民要术》卷6《养牛马驴骡》，《百子全书》第2册，第1892页
⑦ （后魏）贾思勰：《齐民要术》卷6《养牛马驴骡》，《百子全书》第2册，第1892页。

一处，不须扫除。干地眠卧，不湿不污。百匹群行，亦不斗也。"①饲养雄马的总原则，不管是"多置槽厩"，还是"锉刍及谷头，各自别安"，都是为它们的生活提供或创造一个适合其天性的环境条件。

对于"饲征马（指能远行的马）令硬实法"，贾思勰说："细锉刍，枚掷扬去叶，专取茎，和谷豆秣之。置槽于迥地，虽复雪寒，仍令安厂下。一日一走，令其肉热。马则硬实，而耐寒苦也。"②文中的"迥地"即远地，是为了培育"征马"的目的而采取的饲养方法，这种"强迫"性地"一日一走，令其肉热。马则硬实"，正是饲养"征马"的基本方法。

至于饲养马的过程中出现了马疫、马黑汗、马中热、马脚生附骨等疾病，贾思勰开出了相对应的经验方，如"马中热方：煮大豆及热饭，啖马，三度愈也"③。此方也被《外台秘要方》《备急千金要方》等视为治疗马中热的有效方。

（3）鸡的饲养与管理。目前人们已在河北武安磁山文化遗址④、河南新郑裴李岗遗址⑤等出土了"鸡骨"（未见"头骨"），以及出土的陶盆内绘有鸡形，表明鸡的驯养源于新石器时代早期。《尚书·牧誓》载有"牝鸡无晨。牝鸡之晨，惟家之索"⑥的说法，尽管这句话所反映的思想内涵应当批判，但更重要的是它从一个侧面证明周代饲养鸡已较普遍。有人考证："鸡是祭品、祭祀的起点，以鸡为核心的彝是整个祭祀活动、祭祀文化的中心，鸡是中国历史上祭祀文化原始起点。"⑦《周礼·夏官》更载："（青州）其畜宜鸡狗，其谷宜稻麦。"⑧可见，黄河中下游地区应系我国古代的养鸡中心。贾思勰说：

> 鸡种，取桑落时生者良，形小，浅毛，脚细短者是也。守窠，少声，善育雏子。春夏生者则不佳。形大、毛羽悦泽，脚粗长者是。游荡饶声，产乳易厌，既不守窠，则无缘蕃息也。⑨

鸡的就巢性是繁衍后代的天性，然其就巢行为的出现还在客观上受到自然条件和饲料因素的影响。文中"产乳"指的是抱孵，由于鸡的孵化主要依赖抱鸡，所以选择就巢性强的鸡作种鸡，是保证鸡的孵化能够正常进行的基本条件。但是，鸡一旦抱孵，就不再产蛋，因而会影响产蛋率。一般十几只鸡，需要一只鸡抱孵。按照这个比例，其他想抱巢的鸡就应当采取人工干预的方式抑制其抱巢行为。用饲喂大麻子来抑制母鸡的抱性，使其不

---

①　（后魏）贾思勰：《齐民要术》卷6《养牛马驴骡》，《百子全书》第2册，第1892页。

②　（后魏）贾思勰：《齐民要术》卷6《养牛马驴骡》，《百子全书》第2册，第1892页。

③　（后魏）贾思勰：《齐民要术》卷6《养牛马驴骡》，《百子全书》第2册，第1893页。

④　周本雄：《河北武安磁山遗址的动物骨骸》，《考古学报》1981年第3期，第339—347页。

⑤　开封地区文物管理委员会、新郑县文物管理委员会、郑州大学历史系考古专业：《裴李岗遗址 一九七八年发掘简报》，《考古》1979年第3期，第197—200页。

⑥　黄侃：《黄侃手批白文十三经·尚书》，第31页。

⑦　赵守祥：《鸡·彝·寿光鸡——论鸡是寿光的重要文化符号》，《寿光日报》2021年8月13日，第B4版。

⑧　黄侃：《黄侃手批白文十三经·周礼》，第91页。

⑨　（后魏）贾思勰：《齐民要术》卷6《养鸡》，《百子全书》第2册，第1902页。

断产蛋。不过，大麻子有毒性，鸡的致死量为 1.8 克。《齐民要术》认为，为了提高母鸡的产蛋率，"勿令与雄相杂"①。因为雌雄相杂，从生理学的层面看，容易使产卵间隔期增加。②

根据鸡在野生状态下习惯栖息在树林中的树枝上之生存习性，家养的过程中应当尽量"顺其天性"，所以《诗经·国风·君子于役》云："鸡栖于埘，日之夕矣。……鸡栖于桀，日之夕矣。"③文中的"埘"是指挖洞做成的鸡舍，而"桀"则是指用木棍搭成的鸡舍，供鸡栖息。在此基础上，《齐民要术》更提出了"鸡栖，宜据地为笼，内著栈"④的养鸡方式。这种饲养方式，"虽鸣声不朗，而安稳易肥，又免狐狸之患"⑤。在长期的养鸡实践中，人们发现了"养鸡令速肥"的方法，《齐民要术》载：

> 别筑墙匡，开小门，作小厂，令鸡避雨日。雌雄皆斩去六翮，无令得飞出围。多收秕、稗、胡豆之类，以养之。亦作小槽以贮水。荆藩为楼，去地一尺。数扫去屎。凿墙为窠，亦去地一尺。唯冬天著草，不茹则子冻。春夏秋三时则不须，直置匡上，任其产伏；留草则昆虫生。雏出，则著外许，以罩笼之。如鹌鹑大，还内墙匡中。其供食者，又别作墙匡，蒸小麦饲之，三七日便肥大矣。⑥

此"墙匡"的喂养形式，益处较多，如可以保护家鸡不受"鸟鸱狐狸"⑦等侵害，同时，又"不杷屋，不暴园"⑧，采用限制运动，如"斩去六翮"，能控制母鸡的产卵周期，令其肥大。至于如何使母鸡产蛋量增加，《齐民要术》主张喂养谷子，而不是大麻子。贾思勰说：

> 其墙匡、斩翅、荆楼、土窠，一如前法。唯多与谷，令竟冬肥盛，自然谷产矣。一鸡生百余卵，不雏，并食之无咎。⑨

当时，人们在观念上还是以吃肉鸡为主，吃鸡蛋尚不为人们广泛接受。因此，《齐民要术》才有"食之无咎"的劝告，告诉人们可以放心吃鸡蛋。

（二）北方旱作技术系统的构建

北方旱作农业需要综合考察气候、土壤、农具、耕地、选种、播种、中耕管理、灌溉、抗御灾害、作物生理特性、农产品加工等一系列环节及诸因素之间的相互作用和相互联系。

① （后魏）贾思勰：《齐民要术》卷 6《养鸡》，《百子全书》第 2 册，第 1902 页。
② 李新、李群：《我国古代的养禽技术》，《中国家禽》2009 年第 9 期，第 45 页。
③ 黄侃：《黄侃手批白文十三经·毛诗》，第 29 页。
④ （后魏）贾思勰：《齐民要术》卷 6《养鸡》，《百子全书》第 2 册，第 1902 页。
⑤ （后魏）贾思勰：《齐民要术》卷 6《养鸡》，《百子全书》第 2 册，第 1902 页。
⑥ （后魏）贾思勰：《齐民要术》卷 6《养鸡》，《百子全书》第 2 册，第 1902 页。
⑦ （后魏）贾思勰：《齐民要术》卷 6《养鸡》，《百子全书》第 2 册，第 1902 页。
⑧ （后魏）贾思勰：《齐民要术》卷 6《养鸡》，《百子全书》第 2 册，第 1902 页。
⑨ （后魏）贾思勰：《齐民要术》卷 6《养鸡》，《百子全书》第 2 册，第 1902 页。

一是农具系统。《齐民要术》记述了 20 多种农具，这些农具除了前面所讲的耧、劳、锋、铁齿耙、蔚犁等外，新出现的农具尚有陆轴、挞、木斫、鲁斫、窍瓠、批契、手拌斫等。

（1）陆轴，亦名碌碡，是一种用以碾压的畜力或人力农具，石制，原为北方旱地用来压场、碎土、脱粒和平地，魏晋以后，传入南方，改石制为木质，主要用于水田压草、破块、均滋、熟田。[1]如《齐民要术·水稻》云："三月种者为上时，四月上旬为中时，中旬为下时。先放水，十日后，曳陆轴十遍。"[2]又《齐民要术·大小麦》在记述青稞麦的脱粒情景时说："治打时稍难，唯伏日用碌碡碾。"[3]

（2）挞，一种播后覆种的镇压农具。用小树枝绑成既扁且阔的扫帚状，上压一重物，所压重物可自行调节，用畜力或人力牵引，用于耧种之后，覆种平沟。故《齐民要术·种谷》云："凡春种欲深，宜曳重挞；夏种欲浅，直置自生。"[4]至于谷子为何在春播后要镇压，贾思勰解释说："春气冷，生迟，不曳挞则根虚，虽生辄死。"[5]由于春天气温低，种子萌发需要土壤的水分和养料，所以通过挞的镇压作用使种子和土壤紧密结合，这样土壤中水分和养料就容易为谷种所吸收。

（3）窍瓠即点葫芦，用瓠子硬壳做成，专用于播种。如《齐民要术·种葱》载："两耧重耩，窍瓠下之，以批契继腰曳之。"[6]文中的内容是说一面用耧开沟，一面用窍瓠播种。"窍瓠"的形制是中间穿一中空木棍，"后用手执为柄，前用作嘴。泻种于耕垄畔，随耕随泻，务使均匀"[7]。至于"批契"，发明于北魏之前，有人考证是一根装有铁圈的大头尖尾的长圆形硬木锥，可用绳索缚载人腰，边走边覆土，类似现在辽宁、内蒙古等地在下种后用以覆土的勃基或勃梭。[8]

（4）木斫，即櫌，古同"耰"，碎土平田用的农具，犹如关中所使用的"骨朵"，形似木榔头。《齐民要术·水稻》载："块既散液，持木斫平之。"[9]王祯《农书》曰："今田家所制无齿耙，首如木椎，柄长四尺，可以平田畴、击块壤，又谓木斫，即此櫌也。"[10]

（5）鲁斫，一种锄名。《齐民要术·种苜蓿》曰：旱种者，"每至正月，烧去枯叶。……更以鲁斫劚其科土，则滋茂矣。不尔则瘦"[11]。缪启愉校释："鲁斫，即钁。"

（6）手拌斫，一种专门用于蔬菜园艺的小型铲土农具，反映出中耕管理上日益细致化

① 朱文涛：《六朝时期南方农具之成形规模及原因初探》，《农业考古》2014 年第 6 期。
② （后魏）贾思勰：《齐民要术》卷 2《水稻》，《百子全书》第 2 册，第 1837 页。
③ （后魏）贾思勰：《齐民要术》卷 2《大小麦》，《百子全书》第 2 册，第 1836 页。
④ （后魏）贾思勰：《齐民要术》卷 1《种谷》，《百子全书》第 2 册，第 1823 页。
⑤ （后魏）贾思勰：《齐民要术》卷 1《种谷》，《百子全书》第 2 册，第 1823 页。
⑥ （后魏）贾思勰：《齐民要术》卷 3《种葱》，《百子全书》第 2 册，第 1849 页。
⑦ （明）徐光启著，陈焕良、罗文华校注：《农政全书》上册，长沙：岳麓书社，2002 年，第 331 页。
⑧ 周昕：《中国农具通史》，济南：山东科学技术出版社，2010 年，第 470 页。
⑨ （后魏）贾思勰：《齐民要术》卷 2《水稻》，《百子全书》第 2 册，第 1837 页。
⑩ （元）王祯：《农书》卷 12《耒耜门》，《景印文渊阁四库全书》第 730 册，第 431 页。
⑪ （后魏）贾思勰：《齐民要术》卷 3《种苜蓿》，《百子全书》第 2 册，第 1854 页。

的特色。《齐民要术·种葵》曰:"其剪处,寻以手拌所劚地,令其起,水浇,粪覆之。"①

二是"耕—耙—耱"的旱地耕地技术体系。耕地是农业社会赖以存在和发展的物质基础,从原始社会的"刀耕火种"到汉代牛耕的普及,精耕细作逐渐居于农业生产力的主导地位,由此推动着中国古代封建社会的农业文明走向"超稳定态"②。关于中国古代封建社会如何形成一个不同于世界各国的"超稳定态",不是本书探讨的问题。不过,地主制经济的长期延续与中国古代封建社会的"超稳定态"是等价的③。用这样的视角来看,《齐民要术》所讲述的耕、耙、耱、压等耕作措施,确实适应了小农经济的发展要求。但诚如有学者所言,北方旱地农业"虽然水资源短缺,在一定程度上制约了农业的发展,但可利用的土地资源潜力巨大,气候资源多样,农业增产潜力为全国最大的区域之一"④。正因为"可利用的土地资源潜力巨大",所以《齐民要术》才有"开荒山泽田"⑤的议论。由于长期的大量开荒造田和毁林毁草,今天"开荒造田"已经构成一个国家生态安全的问题。然而,在贾思勰的时代,"开荒山泽田"却真真切切是精耕细作农业发展的前提。一块耕地的出现,一般需要经历下面的过程:

> 凡开荒山泽田,皆七月芟艾之。草干即放火,至春而开垦。其林木大者劙杀之,叶死不扇,便任耕种。三岁后,根枯茎朽,以火烧之。入地尽也。耕荒毕,以铁齿镂榛再遍耙之,漫掷黍穄,劳亦再遍。明年,乃中为谷田。⑥

此文中完整记录了"耕—耙—耱"这一旱地农业的耕作模式,在这种耕作模式下,不仅土壤中的空气、水分、温度、养分等状况不断被改善,而且能够使植物无法吸收的养分转化为可以吸收的养分。而为了把握时机,耕田在不同季节进行,效果相差悬殊。例如,贾思勰引《氾胜之书》的经验说:

> 春冻解,地气始通,土一和解。夏至,天气始暑,阴气始盛,土复解。夏至后九十日,昼夜分,天地气和。以此时耕田,一而当五,名曰膏泽,皆得时功。⑦

> 秋,无雨而耕,绝上气,土坚垎,名曰"腊田"。及盛冬耕,泄阴气,土枯燥,名曰"脯田"。脯田与腊田,皆伤田。二岁不起稼,则一岁休之。⑧

在北方旱作农业体系的诸要素之中,尤其是对于"耕—耙—耱"这一旱地耕作模式的形成,山东"尉犁"的创制,具有决定性意义。结合贾思勰在《齐民要术》一书中的相关论述,鲁才全对"蔚犁"的结构与其先进性,做了较为全面的阐释⑨。他的主要结论是:

---

① （后魏）贾思勰:《齐民要术》卷3《种葵》,《百子全书》第2册,第1846页。
② 金观涛等:《问题与方法集》,上海:上海人民出版社,1986年,第2—45页。
③ 李文治:《李文治集》,北京:中国社会科学出版社,2000年,第230页。
④ 张义丰等:《中国北方旱地农业研究进展与思考》,《地理研究》2002年第3期,第306页。
⑤ （后魏）贾思勰:《齐民要术》卷1《耕田》,《百子全书》第2册,第1818页。
⑥ （后魏）贾思勰:《齐民要术》卷1《耕田》,《百子全书》第2册,第1818页。
⑦ （后魏）贾思勰:《齐民要术》卷1《耕田》,《百子全书》第2册,第1820页。
⑧ （后魏）贾思勰:《齐民要术》卷1《耕田》,《百子全书》第2册,第1820页。
⑨ 鲁才全:《汉唐之间的牛耕和犁耙耱耧》,《武汉大学学报（哲学社会科学版）》1980年第6期,第90页。

第一，"蔚犁"可调节耕地的深浅，如《齐民要术》云："凡秋耕欲深，春夏欲浅。……初耕欲深，转地欲浅。"①

第二，"蔚犁"能翻转土壤，压青作肥，如《齐民要术》云："秋耕掩青者为上。比至冬月，青草复生者，其美与小豆同也。"②

第三，"蔚犁"能开沟作垄，实施"顺耕"和"逆耕"，如《齐民要术》载种植白杨法："秋耕令熟。至正月、二月中，以犁作垄，一垄之中，以犁逆顺各一到，场中宽狭，正似作葱垄。"③

第四，"蔚犁"能灵活掌握犁沟的宽窄、翻转土垡的大小粗细及，如《齐民要术》载："（芜菁）九月末收叶。晚收则黄落。仍留根取子。十月中犁粗畤，拾取耕出者。若不耕畤，则留者英不茂，实不繁也。"④又种榆树，则"榆性扇地，其阴下五谷不植。种者，宜于园地北畔，秋耕令熟，至春榆荚落时，收取，漫散，犁细畤，劳之。明年正月初，附地芟杀，以草覆上，放火烧之"⑤。

第五，"蔚犁"能适应多种地势条件下的耕地，在山涧、河旁、高阜、谷地都可使用，如《齐民要术》云："种箕柳法：山涧河旁及下田不得五谷之处，水尽干时，熟耕数遍。"⑥又种柞树，则"宜于山阜之曲，三遍熟耕，漫散橡子，即再劳之"⑦。

对于"耙"的作用，鲁才全分析了"铁齿镊榛"对于旱地农业的作用和意义。他说："铁齿镊榛"具有多种用途和广泛的适用性，如从用途的角度看，有用于荒地开垦过程中的整地，有用于湿耕的土地而采取的补救措施，还有使用于作物苗叶期的松土除草等；从土地的适用性看，"铁齿镊榛"既可用于生荒地，又可用于熟地与高下田；从使用方法看，既有纵耙与横耙之分，同时又有耙上载人与不载人之别。⑧

劳亦即耱，这个环节的重点是保墒，但还有两点作用不能忽视：第一，用于多种作物播种后的覆土压实，使种子能够较好地贴近土壤，利于其荫芽生长。第二，用于冬季的"劳雪"，这项特殊用途的主要目的虽然是蓄水保墒，但实践证明，它能减轻越冬作物的虫害。⑨所以从技术的层面讲，"耕—耙—耱"这一旱地农业的耕作模式，是紧紧围绕播种这个中心来实施的，其中工具起着关键作用。由于土壤的复杂性，耕地有多种类型，如横耕、顺耕、逆耕、初耕、转耕、纵耕、春耕、夏耕、秋耕、冬耕以及深耕和浅耕，而针对不同土壤，耙地所起的作用也不尽相同，因而它的作用可分为浅松土、平土、浅混土、碎土及轻微踏实土壤等形式。另外，耙与耱既可分成先后相继的两个耕地环节，又可根据土

① （后魏）贾思勰：《齐民要术》卷1《耕田》，《百子全书》第2册，第1818、1819页。
② （后魏）贾思勰：《齐民要术》卷1《耕田》，《百子全书》第2册，第1819页。
③ （后魏）贾思勰：《齐民要术》卷5《种榆、白杨》，《百子全书》第2册，第1878页。
④ （后魏）贾思勰：《齐民要术》卷3《蔓菁》，《百子全书》第2册，第1847页。
⑤ （后魏）贾思勰：《齐民要术》卷5《种榆、白杨》，《百子全书》第2册，第1877页。
⑥ （后魏）贾思勰：《齐民要术》卷5《种槐、柳、楸、梓、梧、柞》，《百子全书》第2册，第1881页。
⑦ （后魏）贾思勰：《齐民要术》卷5《种槐、柳、楸、梓、梧、柞》，《百子全书》第2册，第1882页。
⑧ 鲁才全：《汉唐之间的牛耕和犁耙耱耧》，《武汉大学学报（哲学社会科学版）》1980年第6期，第91页。
⑨ 鲁才全：《汉唐之间的牛耕和犁耙耱耧》，《武汉大学学报（哲学社会科学版）》1980年第6期，第91页。

壤的特点，用耱代替耙。因此，注重原则性与灵活性的统一，因地制宜，无疑是贾思勰精耕细作农业思想的活的灵魂。

三是播种技术体系。这个体系包括选种、育苗、播种以及后期管理等诸多技术环节，对于选种与作物收成及种子品质的关系，贾思勰认为：

> 凡五谷种子，浥郁则不生，生者亦寻死。种杂者，禾则早晚不均，春复减而难熟，䄅卖以杂糅见疵，炊爨失生熟之节。所以特宜存意，不可徒然。[①]

可见，在选种时，排除"浥郁"和"种杂"是基本条件。为此，贾思勰总结了一系列选用优良品种和合理搭配品种的经验，包括种子单选、单收、单藏以及单种种子田并单独加以管理等方法。像粟、穄、黍、秫、粱，选种须用"穗选法"（《氾胜之书》中已有介绍），不仅选"好穗纯色"者作为种子，而且要"岁岁别收"[②]，实际上是主张对优良品种一定要单选、单收、单藏，甚至还应建立种子田。贾思勰说：

> （穗选的种子）至春治取别种，以拟明年种子。耧耩埯种，一斗可种一亩。量其家田所须种子多少而种之。其别种种子，常须加锄。锄多则无秕也。先治而别埋，先治，场净不杂；窖埋，又胜器盛。还以所治䅶草蔽窖。不尔，必有为杂之患。[③]

培育种子田，更需精心护理，对其投入足够的人力和物力。首先，应"耧耩埯种"，尽量为种子田创造一流的土壤环境；其次，"常须加锄"，为了保证种子的优良品质，必须随时根据种苗的生长情况和土壤的干湿状态，不断进行"加锄"；再次，为保证种子的纯粹性，需用专门的场地进行脱粒；最后，使用单独的窖来贮藏，为避免"为杂之患"，还要用该作物的秸秆（即"䅶草"）去埋塞窖口。这些培育种子的技术细节，确实反映了黄河中下游地区旱作农业的先进性和复杂性。依靠这种方法，勤劳智慧的劳动人民培育出了许多适宜于北方旱作农业的新品种，仅《齐民要术》一书中就载录了86个前所未见的优良品种。

至于播种，贾思勰主张用传统的"粪种法"，亦称"溲种法"。对"粪种法"，《齐民要术》转引了《氾胜之书》的经验：

> 凡粪种：骍刚用牛，赤缇用羊，坟壤用麋，渴泽用鹿，咸泻用貆，勃壤用狐，埴垆用豕，强㯺用蕡，轻爂用犬。[④]

这段话不好理解，东汉郑玄有一段注释。郑氏说：

> 凡所以粪种者，皆谓煮取汁也。赤缇，縓色也；渴泽，故水处也；泻卤也；貆，貒也；勃壤，粉解者；埴垆，黏疏者；强㯺，强坚者；轻爂，轻脆者。故书"骍"为

---

① （后魏）贾思勰：《齐民要术》卷1《收种》，《百子全书》第2册，第1821页。
② （后魏）贾思勰：《齐民要术》卷1《收种》，《百子全书》第2册，第1821页。
③ （后魏）贾思勰：《齐民要术》卷1《收种》，《百子全书》第2册，第1821页。
④ （后魏）贾思勰：《齐民要术》卷1《收种》，《百子全书》第2册，第1821页。

"挈","坋"作"畚"。杜子春"挈"读为"骍",谓地色赤而土刚强也。①

结合起来看,所谓"骍刚用牛"就是指用牛粪或牛骨汁渍其种,依次类推。今天虽然这种方法已不可取,但其"粪种"的理念是对的。文中的"骍刚""赤缇""坟壤""渴泽""咸泻""勃壤""埴垆""轻燢",是指8种不同色性的土壤,要根据不同色性的土壤施用不同的肥料。如"骍刚"为黄红色黏质土,多含钙,牛粪则含有氮、磷、钙;"赤缇"为赤黄色的土,用羊粪作肥料可以改善土质,防止土壤板结;"坟壤"为黏性土壤,干旱时易结块,湿润时疏解比较容易,麋鹿的粪便含有比较丰富的氮、磷、钾及有机质,能改良土壤结构和增加土壤透水性;"渴泽"为湿性土壤,适宜于用鹿的粪便作肥料;"咸泻"为盐碱性土壤,适宜于用猪獾的粪便作肥料;"勃壤"为粗沙土壤,适宜于用狐狸的粪便作肥料;"埴垆"为石灰性黏土,适宜于用猪的粪便作肥料;"轻燢"为细沙土壤,适宜于用狗的粪便作肥料;等等。可见古代耕农对粪肥之讲究。

以上为处理种子的方法之一,当然,贾思勰特别强调:

> 将种前二十许日,开出水淘,浮秕去则无莠。即晒令燥,种之。依《周官》相地所宜而粪种之。②

播种必须选择恰当的时机,故《齐民要术》云:"以时及泽,为上策也。"③关于播种的时节,已见前述,这里简单谈谈五谷所忌日的问题。贾思勰引《杂阴阳书》之论云:

> 禾生于枣或杨。九十日秀,秀后六十日成。禾生于寅,壮于丁、午,长于丙,老于戊,死于申,恶于壬、癸,忌于乙、丑。

> 凡种五谷,以生、长、壮日种者多实,老、恶、死日种者收薄,以忌日种者败伤。又用成、收、满、平、定日为佳。④

把播种时间如此神秘化,虽然有烦琐之嫌,但揭去其神秘外衣,古人之说未必没有道理。云梦秦简《日书》中即有"五种忌"的内容⑤,它表明至迟在战国时期,我国先民对作物的生长阶段就有了清晰认识。由上述记载知,以"秀"为尺度,从萌生到"秀"是第一个阶段,而从"秀"到成熟则是第二个阶段。这两个阶段大体相当于现在所说的营养生长阶段和生殖生长阶段。⑥《尔雅·释天》云:"岁阴者,子、丑、寅、卯、辰、巳、午、未、申、酉、戌、亥。"⑦农历的十一月为子,十二月为丑,正月为寅,二月为卯,三月为辰,四月为巳,五月为午,六月为未,七月为申,八月为酉,九月为戌,十月为亥。十天干与季节配属关系是:甲乙东方木,属春,阴历正月至三月;丙丁南方火,属夏,阴历四

---

① (后魏)贾思勰:《齐民要术》卷1《收种》,《百子全书》第2册,第1821页。
② (后魏)贾思勰:《齐民要术》卷1《收种》,《百子全书》第2册,第1821页。
③ (后魏)贾思勰:《齐民要术》卷1《种谷》,《百子全书》第2册,第1824页。
④ (后魏)贾思勰:《齐民要术》卷1《种谷》,《百子全书》第2册,第1824页。
⑤ 金良年:《"五种忌"研究——以云梦秦简〈日书〉为中心》,《史林》1999年第2期,第53—59页。
⑥ 成广雷、夏敬源、张春庆:《中国古代种子发育研究探析》,《中国农业科学》2010年第20期。
⑦ (晋)郭璞注,(宋)刑昺疏:《尔雅注疏·释天》,上海:上海古籍出版社,2010年。

月和五月；戊己中央土，属长夏，阴历六月；庚辛西方金，属秋，阴历七月至九月；壬癸北方水，属冬，阴历十月至十二月。以小豆为例，其适宜播种时节为："夏至后十日种者为上时，初伏断手为中时，中伏断手为下时，中伏以后则晚矣。"①可见，从月建（即月地支）的角度看，小豆宜戊己、未，而忌卯、午、丙、丁，即三、四、五月不宜播种小豆。又如大豆的类型分春、夏与秋三大种类，其中春大豆又分北方和南方两类，各自的播种时间不同。上述《杂阴阳书》所言大豆的忌日，为卯、午、丙、丁，即二、四、五三个月不宜播种大豆。显然，与《齐民要术》所说"二月中旬为上时"相矛盾。再结合《杂阴阳书》云大豆"生于申"即七月，则知《杂阴阳书》讲的是秋播大豆，一般在七月播种。另由湖北省云梦县睡虎地秦墓出土的《日书》知，《杂阴阳书》反映的内容应以南方为其地域特色。

具体到播种方法，因作物特性和土壤条件而异。如种大、小麦，"先畤，逐犁䅖种者佳。再倍省种子而科大。逐犁掷之亦得，然不如作䅖耐旱。其山田及刚强之地，则耧下之。其种子宜加五省于下田。凡耧种者，非直土浅易生，然于锋锄亦便"②。根据不同土壤特点，采用不同的播种方式，既可保证作物对土壤条件的适宜性，又可节省资源，保障稳产和高产。例如，"穬麦，非良地则不须种。薄地徒劳，种而必不收。凡种穬麦，高、下田皆得用，但必须良熟耳。高田借拟禾、豆，自可专用下田也"③。如果种麦不讲条件，非但劳而无功，更是浪费土地资源。又如种胡麻，分漫种与耧种两种形式，其中"漫种者，先以耧耩，然后散子，空曳劳。劳上加人，则土厚不生。耧耩者，炒沙令燥，中和半之。不和沙，下不均。垄种若荒，得用锋、耩。锄不过三遍"④。再如种麻则分先浸种发芽与浸种不发芽两种形式，其中"泽多者，先渍麻子，令芽生，取雨水浸之，生芽疾；用井水则生迟。浸法：著水中，如炊两石米顷，漉出，著席上，布令厚三四寸，数搅之，令均得地气，一宿则芽出。水若滂沛，十日亦不生。待地白背，耧耩，漫掷子，空曳劳。截雨脚即种者，地湿，麻生瘦；待白背者，麻生肥。泽少者，暂浸即出，不得待芽生，耧头中下之"⑤。《齐民要术》还载有采用火"微煮"的办法来测试韭菜种子的新陈优劣，韭菜应播种新种子，其法为："以铜铛盛水，于火上微煮韭子，须臾芽生者好，芽不生者，是浥郁矣。"⑥因为韭菜种子皮坚厚，不易透水，故该方法简便有效，并且很容易鉴别出新旧种子。新种子"微煮"的时间短，而陈种子则"微煮"的时间长。此外，播种还涉及疏密度、播种深度、株距等内容。所以《齐民要术》在播种方面形成了一套系统而完整的技术体系，迄今都具有重要的指导价值和意义。

四是对作物生理特性的系统认识。作物栽培固然与土壤、气候、水分等条件密切相关，但如果对作物本身的生理特性没有系统认识，就很难保证耕农对作物的主观预期效

---

① （后魏）贾思勰：《齐民要术》卷2《小豆》，《百子全书》第2册，第1832页。
② （后魏）贾思勰：《齐民要术》卷2《大小麦》，《百子全书》第2册，第1835页。
③ （后魏）贾思勰：《齐民要术》卷2《大小麦》，《百子全书》第2册，第1835页。
④ （后魏）贾思勰：《齐民要术》卷2《胡麻》，《百子全书》第2册，第1839页。
⑤ （后魏）贾思勰：《齐民要术》卷2《种麻》，《百子全书》第2册，第1834页。
⑥ （后魏）贾思勰：《齐民要术》卷3《种韭》，《百子全书》第2册，第1850页。

果。传说时代的神农有尝百草之说,《诗经》约载有 174 种植物,其中包括谷类 24 种、蔬菜 38 种、药物 17 种、草 37 种、花果 15 种、木 43 种。此后,《夏小正》《氾胜之书》《四民月令》《毛诗草木鸟兽虫鱼疏》《南方草木状》等对植物的形态和繁殖,都有一定程度的认识。以此为前提,《齐民要术》形成了对作物生理特性的系统认识。

(1)根瘤和菌根及对韭菜"根性上跳"特性的认识。植物依靠根来吸收营养物质,而根又分深根系和浅根系。种子植物的根和土壤内的微生物关系密切,如豆科植物的根会分泌一些物质吸引根瘤菌附着于根毛附近,然后根瘤菌逐渐侵入根的皮层,与豆科植物共同生活,并形成根瘤。由于它具有固氮作用,所以为了在中耕时不伤及根瘤,《氾胜之书》建议尽量减少锄治的遍数。《齐民要术》引其文曰:

> 豆生布叶,锄之。生五六叶,又锄之。大豆、小豆,不可尽治也。古所以不尽治者,豆生布叶,豆有膏,尽治之则伤膏,伤则不成。而民尽治,故其收耗折也。[1]

文中所言"豆生布叶""豆有膏"与根瘤的形成规律一致,而"豆生布叶,锄之。生五六叶,又锄之",此间正是根瘤增长较慢期,一旦豆花盛开之后,根瘤数量较多较重,肥力亦正旺,故贾思勰不主张锄治,否则,"其收耗折",影响豆类的产量。

此外,种子植物的根与真菌亦有共生关系,此根即为"菌根",分外生菌根与内生菌根。例如,贾思勰已经认识到桑树具有内生菌根,因此,他主张"凡耕桑田,不用近树"[2]。道理很明白,耕犁"近树"容易损伤菌根。菌根一方面把真菌所吸收的水分及无机盐类转化为有机物质供给种子植物;另一方面可以促进根细胞内储藏物质的分解,增进植物根部的输导和吸收作用,产生植物激素,尤其是维生素 B_1,促进根系的生长。

所谓"根性上跳"是指韭菜的须根在鳞茎下面的茎盘上着生,而新鳞茎年复一年地生长,新根则年年抬高,这种新陈代谢的生物特性就称为"跳根"。《齐民要术》载:

> 韭一剪一加粪。又,根性上跳,故须深也。[3]

根据韭菜这种生物特性,贾思勰主张"畦欲极深"[4],即为了保证新根的生长,就需要不断培壅,以延长采割期。故《齐民要术》说:"剪如葱法。一岁之中,不过五剪。每剪,耙搂、下水、加粪,悉如初。"[5]

(2)对植物茎部生理功能的系统认识。茎系植物体的中轴部分,一般具有输送营养物质和水分的作用。在《齐民要术》之前,人们基本上停留在观察和分辨其外部形态的阶段,而《齐民要术》对茎的认识已经开始从传统的外在结构转到对其内在构造的认识,这体现了人类由浅入深的认识规律。

第一,植物茎部出现"白汁"现象。贾思勰在讲到"剶桑"时,发现"白汁出,则损

---

① (后魏)贾思勰:《齐民要术》卷 2《小豆》,《百子全书》第 2 册,第 1833 页。
② (后魏)贾思勰:《齐民要术》卷 5《种桑、柘》,《百子全书》第 2 册,第 1873 页。
③ (后魏)贾思勰:《齐民要术》卷 3《种韭》,《百子全书》第 2 册,第 1850 页。
④ (后魏)贾思勰:《齐民要术》卷 3《种韭》,《百子全书》第 2 册,第 1850 页。
⑤ (后魏)贾思勰:《齐民要术》卷 3《种韭》,《百子全书》第 2 册,第 1850 页。

叶"①，由于桑叶的好坏直接影响到蚕丝的质量，故蚕农在长期的桑蚕实践中，认识到了"伤流液"对植物茎叶的消极影响。从这个角度看，保护茎不受损伤就具有了特别重要的意义。如《齐民要术》载安石榴法云："三月初，取枝大如手大指者，斩，令长一尺半，八九枝共为一窠，烧下头二寸。不烧则漏汁矣。"②在此，漏出的汁液不只是水分，还有各种氨基酸等。

第二，对划伤果树与植物生长之间关系的初步认识。前面讲过的用斧背敲打枣树，即是一种划伤果树的方法。又如，《齐民要术》载桃树的"皮急"特性说：

> 桃性皮急，四年以上，宜以刀竖劚其皮。不劚者，皮急即死。③

文中所说的"皮急"是指树皮出现过紧现象，它对树干之内的薄壁细胞活动以及管道结构形成了一定的束缚作用，不利于树干和枝条的生长。从现代植物学的视角讲，桃树尽管有"皮急"现象，但并不会导致桃树死亡。不过，通过"竖劚其皮"来保证树干和枝条的正常生长有其合理之处。一是划伤果树能产生一定量的乙烯，从而促进植物的生长；二是树皮经纵割之后，减少了横向组织对树干直径生长的束缚作用，益于树干的加粗生长，并能增强其抗性，促进果实丰产早熟。

第三，对"青皮"及其作用的认识。《齐民要术》载插梨法说：

> 先作麻纫缠十许匝，以锯截杜，令去地五六寸。不缠，恐插时皮披；留杜高者，梨枝繁茂，遇大风则披。其高留杜者，梨树早成。然宜高作蒿箪盛杜，以土筑之，令设；风时，以笼盛梨，则免披耳。斜攕竹为签，刺皮木之际，令深一寸许。折取其美梨枝阳中者，阴中枝则实少。长五六寸，亦斜攕之，令过心，大小长短与签等。以刀微劚梨枝斜攕之际，剥去黑皮。勿令伤青皮，青皮伤即死。拔去竹签，即插梨，令至劚处。木还向木，皮还近皮。插讫，以绵幕杜头，封熟泥于上，以土培覆之，令梨枝仅得出头，以土壅四畔，当梨上沃水，水尽，以土覆之。勿令坚涸，百不失一。④

文中的"青皮"是指木本植物茎的韧皮部，它位于植物维管束的最外层，由筛管负责把叶片经过光合作用所制造的有机物输送到除叶之外的其他器官，其输送方向与木质部内的导管相反，为从上向下，如表 2-2 所示。由于当时还没有形成严格的树皮知识，故时人对树皮做了简单的形象化分类，即"黑皮"，相当于外侧的硬树皮；"青皮"，相当于内侧的韧皮部。因为硬树皮的成熟木栓细胞均已死亡，所以在"插梨"时，需要将其剥去。而韧皮部的活细胞是植物体内从叶部到根部的重要运输线，这条运输线一旦被破坏，很多植物的根便不能得到来自叶部有机物的供给，最终会导致死亡，俗话说"人怕伤心，树怕剥皮"指的就是这个意思。从这个层面看，贾思勰认为在"剥去黑皮"的同时，"勿令伤青

---

① （后魏）贾思勰：《齐民要术》卷 5《种桑、柘》，《百子全书》第 2 册，第 1874 页。
② （后魏）贾思勰：《齐民要术》卷 4《安石榴》，《百子全书》第 2 册，第 1870 页。
③ （后魏）贾思勰：《齐民要术》卷 4《种桃柰》，《百子全书》第 2 册，第 1863 页。
④ （后魏）贾思勰：《齐民要术》卷 4《插梨》，《百子全书》第 2 册，第 1867 页。

皮",似乎朦胧地意识到"青皮"与植物体营养供给之间的内在联系。特别是他强调"木还向木,皮还近皮",即嫁接时应使砧木和接穗青皮紧密接合,因为只有这样才能为植物生长建立起完整的营养输送管网,从而保证嫁接树木的成活。

表 2-2　木本植物茎的结构表

树皮
- 内侧
  - 筛管:输送有机物
  - 韧皮纤维:有弹性导管,细胞壁较厚
- 外侧:为硬树皮,所有组织断绝了水分和营养物质的供给,是树的保护组织

形成层:为次生分生组织,它由具有分裂能力的细胞组成,向外产生新的韧皮部(亦称"木栓层"),向内产生新的木质部(亦称"栓内层")

木质部
- 导管:将土壤中的水分和无机盐由下至上,输送到叶及果实等植物体的各个器官中
- 木纤维:无弹性,坚硬,支持力强

髓:由薄壁细胞构成,贮藏营养物质

第四,对植物"地下茎"的认识。植物不仅有地上茎,还有地下茎。尽管地下茎也有节与芽,但总体来看属于变态茎。如竹子的根状茎、荸荠的球茎等。《齐民要术》载竹子的根茎说:

> 正月、二月中,劚取西南引根并茎,芟去叶,于园内东北角种之,令坑深二尺许,覆土厚五寸,竹性爱向西南引,故园东北角种之。数岁之后,自当满园。谚云:"东家种竹,西家治地。"为滋蔓而来生也。其居东北角者,老竹,种不生,生亦不能滋茂,故须取其西南引少根也。①

文中虽然还不能仔细分辨"根"与"茎"的区别,但贾思勰明确指出了单轴散生竹的生长特性。例如,竹子地下茎(竹鞭)在土中横向生长,其顶芽一般不出土,由于其有趋光性,竹鞭往往朝光照条件较好的一侧延伸。有研究资料表明,从水平方向看,可分"向前"(与来自母株的那条茎即来鞭的生长方向一致)、"向右"和"向左"三个方向,其中自然状态下竹鞭以"向前"生长的鞭梢为主,"向右"和"向左"生长的鞭梢所占比例较小,也就是说很少发生转弯现象。②而贾思勰利用竹鞭"爱向西南引"的特点,将竹鞭移栽到东北角,顺其竹性使节间生长,它对竹园的扩展与更新具有重要的指导价值。

(3)对植物花的系统观察与认识。植物花具有繁殖后代、观赏、吸引昆虫传授花粉、食用等功能,故《诗经》有"有女同车,颜如舜华"③的诗句,赞美女子像木槿花一样妩

---

① (后魏)贾思勰:《齐民要术》卷5《种竹》,《百子全书》第2册,第1882页。
② 李燕华等:《自然保护区内毛竹竹鞭的动态生长研究》,《安徽农业科学》2010年第18期,第9835页。
③ 黄侃:《黄侃手批白文十三经·毛诗》,第35页。

媚动人。鉴于花有美容作用，古人很早就学会将花卉制成面脂、香粉等供人使用。如五代人马缟云："（燕脂）盖起自纣，以红蓝花汁凝做燕脂。以燕国所生，故曰'燕脂'。"[1]这种说法，一般不为学界所承认[2]，与之相较，晋人崔豹的说法更可信，他说："燕支，叶似蓟，花似蒲公，出西方。土人以染，名为燕支。中国亦谓为红蓝。"[3]有人考证，红花原产于埃及。[4]又马王堆一号汉墓出土的梳妆奁中已有胭脂等化妆品，《金匮要略》亦载有"红蓝花酒"[5]，这表明至少汉代种植红蓝花就已盛行，看来红蓝花由张骞从西域引进之说正好与崔豹的记载相互印证。[6]到南北朝时期，人们对种植和采摘红蓝花已经积累了丰富经验。如贾思勰说：

> （红蓝）花出，欲日日乘凉摘取。不摘则干。摘必须尽。余留即合。[7]

红蓝花是一种筒状花冠，主要含有红花黄色素、有机酸等物质，花期为 5—7 月，此间红花将逐日绽放。因该花开放时间一般为 24 小时，所以当花瓣的根部由黄变红时采摘。每天须在清晨露水未干之前采摘，否则经日晒之后，叶子边缘和花序总苞上的刺会变硬而妨碍红花采摘。此外，红花会在日光照射下加速萎缩，不利于红花素的萃取。

甜瓜的栽培历史比较久远，甜瓜由于其甘甜居诸瓜之首，所以自古迄今都备受民众喜爱。如《诗经·大雅·生民》云："麻麦幪幪，瓜瓞唪唪。"[8]距今 4000 多年前的浙江吴兴钱山漾遗址发现有甜瓜种子，而长沙马王堆一号汉墓女尸腹中也取出 100 多粒甜瓜种子。就生物特性而言，甜瓜雌雄花同株，但着生部位不同，其中雄花常生于叶腋，数朵簇生；雌花生在歧上，单生。根据甜瓜的这种特点，古代瓜农采取"引蔓"法而使甜瓜多产和高产。《齐民要术》述其法曰：

> 瓜引蔓，皆沿茇上。茇多则瓜多，茇少则瓜少。茇多则蔓广，蔓广则歧多，歧多则饶子。其瓜会是歧头而生；无歧而花者，皆是浪花，终无瓜矣。故令蔓生在茇上，瓜悬在下。[9]

文中的"蔓"是指主茎，"歧"则指分枝，"浪花"为不能结瓜的雄花。由上所述，雌花生在歧上，欲提高甜瓜的产量，就需要在"歧上"做文章。如"令蔓生在茇上"，"茇"即草根，为其提供肥力和分枝空间，因为甜瓜的分枝能力极强，由主蔓而生出子蔓，再由

---

① （五代）马缟：《中华古今注》卷中，（唐）苏鹗撰，吴企明点校：《苏氏演义（外三种）》，北京：中华书局，2012 年，第 102 页。

② 王至堂：《秦汉时期匈奴族提取植物色素技术考略》，《自然科学史研究》1993 年第 4 期，第 356—358 页。

③ （晋）崔豹撰，牟华林校笺：《〈古今注〉校笺》卷下，北京：线装书局，2015 年，第 185 页。

④ 杨建军、崔岩：《传统红花染工艺研究——以红花种植加工、色素萃取及染色印花为例》，《浙江纺织服装职业技术学院学报》2013 年第 1 期，第 88 页。

⑤ （汉）张机：《金匮要略方论》卷下《妇人杂病脉证并治》，路振平主编：《中华医书集成》第 2 册《金匮类》，北京：中医古籍出版社，1999 年，第 50 页。

⑥ 王至堂：《秦汉时期匈奴族提取植物色素技术考略》，《自然科学史研究》1993 年第 4 期，第 359 页。

⑦ （后魏）贾思勰：《齐民要术》卷 5《种红花、蓝花、栀子》，《百子全书》第 2 册，第 1883 页。

⑧ 黄侃：《黄侃手批白文十三经·毛诗》，第 114 页。

⑨ （后魏）贾思勰：《齐民要术》卷 2《种瓜》，《百子全书》第 2 册，第 1841 页。

子蔓生出孙蔓。通常甜瓜的雌花都着生在子蔓与孙蔓上。"芨多则蔓广，蔓广则歧多"，实际上，这里是利用草根的"引蔓"作用，促使甜瓜多分枝、多结瓜。

（4）对植物果实的系统观察与认识。结出丰硕果实是一个植物生长周期的终端，它与人类生存的关系最为密切。《诗经·大雅·生民》载："诞后稷之穑，有相之道。茀厥丰草，种之黄茂。实方实苞，实种实褎。实发实秀，实坚实好，实颖实栗。即有邰家室。"① 诗中通过对果实的赞美，表达了无数耕农对丰收的期待与喜悦。因此，对植物果实（包括籽实和核实）的重视，是历代农书的共同特点。由于各种作物果实的成熟形式不同，所以收获的方法也各异。例如，豆类作物的籽实具有裂荚性和后熟性，对此，《齐民要术》提出了收获豆类作物的具体方法："豆角三青两黄，拔而倒竖笼丛之，生者均熟，不畏严霜，从本至末，全无秕减，乃胜刈者。"② 从直观角度来把握收获豆类作物的时机，所谓"三青两黄"是指小豆茎秆颜色的变化，发现小豆茎秆出现了五分之三的青色和五分之二的黄色时，就到了收获时间。先将小豆茎秆拔起，扎成捆儿，倒放在场地上，用不了多久，青豆就都变黄成熟了。由此可知，贾思勰不仅已经掌握了适时收获的技巧，而且认识到了后期养分运转的一些规律。③

胡麻的粒实就更特殊了，由于胡麻的花期较长，约两个月，且系由下而上逐节开放，因此，植株不同部位的蒴果形成和成熟期很不一致。往往是基部蒴果已经成熟，而上部蒴果才刚刚灌浆，可见，适时收获对于减少籽粒损失和确保最大限度地获得高产就显得十分必要。对此，《齐民要术》记载说：

> 刈束欲小，束大则难燥；打，手复不胜。以五六束为一丛，斜倚之。不尔，则风吹倒，损收也。候口开，乘车诣田斗薮；倒竖，以小杖微打之。还丛之。三日一打，四五遍乃尽耳。④

由文中所言"候口开"知，收获胡麻时，不等粒实开口，一般在植株由浓绿变为黄色或黄绿色，而蒴果呈黄褐色，且下部有 2—3 个蒴果轻微炸裂时，应分片、分棵及早收获。收获方法：先用镰刀轻割，将植株扎成小束，接着在场上"以五六束为一丛，斜倚之"，围成圆锥状，便于晒晾，最后当蒴果一开口，即可用小棒轻轻敲打，如此反复四五遍，待完全脱粒之后，晾干贮藏。

荏亦称白苏，为一年生草本植物，其籽实不含胆固醇，且 α-亚麻酸含量极高，临床上有抗血栓、抑制肿瘤、调血脂及抗过敏等作用。荏子呈褐色或灰白色，倒卵形，壳皮比较坚硬。对其籽实的经济价值，贾思勰述：

> 收子压成油，可以煮饼。荏油色绿可爱。其气香美。煮饼亚胡麻油，而胜麻子、脂膏。麻子、脂膏，并有腥气。然荏油不可为泽，焦人发。研为羹臛，美于麻子远

---

① 黄侃：《黄侃手批白文十三经·毛诗》，第 114 页。
② （后魏）贾思勰：《齐民要术》卷 2《小豆》，《百子全书》第 2 册，第 1833 页。
③ 成广雷、夏敬源、张春庆：《中国古代种子发育研究探析》，《中国农业科学》2010 年第 20 期。
④ （后魏）贾思勰：《齐民要术》卷 2《胡麻》，《百子全书》第 2 册，第 1839 页。

矣。又，可以为烛。①

对植物油的多用途利用，反映了当时人们从生产实践中已经积累了较丰富的生物化学知识，它对我们用现代科学技术进一步开发荏子的营养价值，具有积极的指导意义。

二、现代视域下的贾思勰生态农业思想

生态学是由德国生物学家恩斯特·海克尔在 1866 年所定义的一个概念，目前已经形成了一门影响巨大的新兴学科。顾名思义，生态学就是研究各种生物体与其周围环境之间相互联系和相互影响的科学。由于生物体的多样性和层次性，生态学亦分成不同层次，如微生物生态学、动物生态学、植物生态学及人类生态学等。在《齐民要术》一书中，贾思勰虽然没有使用"生态"这个概念，但是他以"顺天时"为原则，对各种作物及家禽和家畜与其生长环境之间的内在联系进行了可贵的探索，提出了许多至今仍闪烁着智慧光芒的思想和命题。

（一）贾思勰的生态农业思想概述

（1）坚持先秦以来诸子各家遵循自然规律的思想原则。中国古代具有丰富而朴素的自然生态思想，如《管子·七法》云："根天地之气、寒暑之和、水土之性，人民鸟兽草木之生，物虽（不）甚多，皆均有焉，而未尝变也，谓之'则'。"②在此，管子已经初步摸索到生物多样性与统一性的关系，同时，他还看到了"则"即自然规律在维持生物多样性方面所起的决定作用。《荀子·致仕篇》又说："川渊者，龙鱼之居也；山林者，鸟兽之居也；国家者，士民之居也。川渊枯则鱼龙去之，山林险则鸟兽去之，国家失政则士民去之。"③这里讲的实际上就是现代的生态思想，即生物的生存取决于特定的自然环境，没有适宜的自然环境，任何生物都难以生存。《荀子·天论篇》又说："万物各得其和以生，各得其养以成。"④此处讲到了生物之间相互依赖和相互协调的关系，它是中国古代关于自然生态思想的重要命题。以此为前提，贾思勰引述了很多先辈的著述，来详细谈论"天时"与"地利"的关系。在《齐民要术序》中，贾思勰引《孝经》的话说：

用天之道，因地之利，谨身节用，以养父母。⑤

又引《淮南子》的话说：

人君上因天时，下尽地利，中用人力。⑥

一是"用天之道"或云"因天时"。日月星辰的运转有升降迟疾的不同，所以不同纬

---

① （后魏）贾思勰：《齐民要术》卷 3《荏、蓼》，《百子全书》第 2 册，第 1852 页。
② （周）管仲：《管子》卷 2《七法》，《百子全书》第 2 册，第 1272 页。
③ （周）荀况：《荀子》卷中《致仕篇》，《百子全书》第 1 册，第 177 页。
④ （周）荀况：《荀子》卷中《天论篇》，《百子全书》第 1 册，第 187 页。
⑤ （后魏）贾思勰：《齐民要术·齐民要术序》，《百子全书》第 2 册，第 1811 页。
⑥ （后魏）贾思勰：《齐民要术》卷 1《种谷》，《百子全书》第 2 册，第 1825 页。

度和不同季节，地球各区域被日光照射的强度和持续时间的长短存在差异。而作物的生长与日、地、月三者关系的变化联系密切，因此，以二十八宿为背景来考察日、地、月的运行规律，就成了古代天文官的重要职责。在贾思勰之前，《夏小正》《礼记》《尚书·考灵曜》等典籍对此都有记载，而这些典籍也就成为《齐民要术》"用天之道"思想的重要来源。例如，贾思勰引《尚书·考灵曜》之文云：

> 春，鸟星昏中，以种稷。鸟，朱鸟，鹑火也。
> 秋，虚星昏中，以收敛。虚，玄枵也。[1]
> 夏，火星昏中，可以种黍、菽。火，东方苍龙之宿，四月昏中，在南方。菽，大豆也。[2]

观象于天，不能离开二十八宿。但观天通常在"旦"（太阳欲出而未出）和"昏"（太阳刚刚落山）两个时段进行，故此，古人便将"旦"或"昏"观测到的星象作为定天时的依据。如《夏小正》载：正月"初昏参中"，三月"参则伏"，四月六"初昏南正门"，五月"参则见"，六月斗"初昏"，七月织女"初昏"，八月"辰则伏"，九月"辰系于日"，十月"织女正北乡，初昏"等，缺少十一月、十二月和二月的星象记载。我国先民发现，二十八宿以圆周的方式，年复一年、周而复始地不停运转，而日月在一定时期内总是停留在特定的宿区里，于是就形成了一种"圜道"思想。

二是"因地之利"或云"尽地利"。地球上动植物的生长需要阳光的照射，以黄河中下游地区所处纬度论，由于地球绕日运行呈椭圆形轨道，故有近日与远日的区别。地球在近日点接受的太阳光最强烈，气候炎热；与之相反，地球在远日点接收的太阳光相对轻微，气候寒冷。介于两者之间的时段，气候比较温和，但两者的走势有别，从春到夏，气候逐渐变热，而从秋到冬的气候逐渐变冷。这种气候变化对农业生产的影响很大，故贾思勰引《礼记·月令》云：

> 孟春之月，天子乃以元日祈谷于上帝。乃择元辰，天子亲载耒耜，帅三公、九卿、诸侯、大夫，躬耕帝籍。是月也，天气下降，地气上腾，天地和同，草木萌动。命田司善相丘陵、阪险、原隰，土地所宜，五谷所殖，以教导民。田事既饬，先定准直，农乃不惑。仲春之月，耕者少舍，乃修阖扇。无作大事，以防农事。孟夏之月，劳农劝民，无或失时。命农勉作，无休于都。……仲冬之月，土事无作，慎无发盖，无发室屋。地气沮泄，是谓发天地之房，诸蛰则死。[3]

贾思勰引《氾胜之书》的话说：

> 春冻解，地气始通，土一和解。夏至，天气始暑，阴气始盛，土复解。……春，地气通，可耕坚硬强地黑垆土。辄平摩其块，以生草。草生，复耕之。天有小雨，复

① （后魏）贾思勰：《齐民要术》卷1《种谷》，《百子全书》第2册，第1825页。
② （后魏）贾思勰：《齐民要术》卷2《黍穄》，《百子全书》第2册，第1830页。
③ （后魏）贾思勰：《齐民要术》卷1《耕田》，《百子全书》第2册，第1819页。

耕和之，勿令有块，以待时。所谓强土而弱之也。①

他又引崔寔《四民月令》之经验云：

> 正月，地气上腾，土长冒橛，陈根可拔，急菑强士黑垆之田。二月，阴冻毕泽，可菑美田缓土及河渚水处。三月，杏华盛，可菑沙白轻土之田。五月、六月，可菑麦田。②

土壤在不同季节的变化，是有规律可循的。像《氾胜之书》及《四民月令》对"尽地利"的认识，完全是建立在耕农长期实践经验的基础之上，故具有极强的实用价值。

三是"谨身节用"或云"用人力"。人的思维能够认识天地运转的内在联系，在此前提下，人类可以应用劳动工具为动植物的生长创造必要的生活环境，从而使其按照人类的愿望，实现早熟、高产的生产目标。如贾思勰说："乃至冬初，常得耕劳，不患枯旱。"③又说种稻：

> 本无陂泽，随逐隈曲而田者，二月，冰解地干，烧而耕之，仍即下水。十日，块既散液，持本斫平之。纳种如前法。既生七八寸，拔而栽之。既非岁易，草、稗俱生，芟亦不死，故须用栽而薅之。溉灌收刈，一如前法。④

当然，人的能动性还有很多表现，《齐民要术》几乎每篇从不同角度做了比较详尽的论述，此不赘引。

以上是讲贾思勰援引前辈著述之梗概，旨在说明古人思维都具有崇古的特点。《礼记·中庸》称："仲尼祖述尧舜，宪章文武。"⑤而孔子自己明确表示："我非生而知之者，好古，敏以求之者也。"⑥在儒家的这种"好古"思维范式里，"述而不作"⑦就成了历代农书编纂的一条原则。只是贾思勰更加突出而已，前揭《齐民要术序》引述了诸多古人的著作，其引书之多，可谓空前绝后。不过，从技术传承的角度看，引述古人的研究成果，不仅在于尊重前人的劳动成果，而且在于客观再现历史的真实。

（2）系统总结当时北方各地抗御灾害的经验与方法。自从近代工业化运动以来，由于人们不适当地片面追求经济利益，地球环境日益恶化，灾害多发、频发，而这已经成为困扰各国经济发展的首要问题。至于如何减灾防灾，目前虽然还没有形成有效的机制，但积极应对的方法和措施已经不少，如美国有《洪水灾害防御法》，同时利用先进技术建立了"3S"洪水预警系统；日本制定了《东海地震对策大纲》，与之相应，日本建立了比较发达的城市下水道系统等。就农作物而言，《齐民要术》所记载的多种抗御灾害技术措施和方

---

① （后魏）贾思勰：《齐民要术》卷1《耕田》，《百子全书》第2册，第1820页。
② （后魏）贾思勰：《齐民要术》卷1《耕田》，《百子全书》第2册，第1820—1821页。
③ （后魏）贾思勰：《齐民要术》卷1《耕田》，《百子全书》第2册，第1819页。
④ （后魏）贾思勰：《齐民要术》卷2《水稻》，《百子全书》第2册，第1837页。
⑤ 黄侃：《黄侃手批白文十三经·礼记》，第204页。
⑥ 黄侃：《黄侃手批白文十三经·论语》，第12页。
⑦ 黄侃：《黄侃手批白文十三经·论语》，第11页。

法①，或许对我们现代应对旱涝灾害有所启发。

切忌作物种植的单一性，作物单一会降低农民抗御自然灾害的能力。魏晋南北朝时期的旱涝灾害较多，其中以寒、旱、涝为三大灾害②，为了积极应对各种灾害气候，贾思勰强调选择抗旱或抗涝性较强的作物种植，这样可保证在遇到灾害气候时，避免作物绝收。例如，贾思勰对种植旱稻就考虑到了这个因素。他说："旱稻用下田，白土胜黄土。非言下田胜高原，但下停水者，不得禾、豆、麦；稻田种，虽涝亦收，所谓彼此俱获，不失地利故也。"③又如种芋，贾思勰感触很深：

> 芋可以救饥馑，度凶年。今中国多不以此为意，后生至有耳目所不闻见者，及水旱风露霜雹之灾，便能饿死满道，白骨交横。知而不种，坐致泯灭，悲夫！人君者，安可不督课之也哉？④

着眼于保岁，应对饥荒，因为芋的球茎可食，叶茎亦可食。故《广志》分芋为14等，即有君子芋、车毂芋、锯子芋、旁巨芋、青泟芋、谈善芋、紫芋、蔓芋、百果芋、旱芋、象空芋、青芋及素芋等，"凡此诸芋，皆可腊，又可藏至夏食之"⑤。

再有贾思勰引《氾胜之书》论种大豆的优势说：

> 大豆保岁易为，宜古之所以备凶年也。谨计家口数，种大豆，率人五亩，此田之本也。⑥

过去种植上述"保岁"作物是为了"备凶年"，所谓"种谷必杂五种，以备灾害"⑦，甚有道理。如今在满足基本生活用粮之外，更讲究其种植效益。从这个角度看，种植作物宜多样，不宜单一。当然多样性不仅仅指"杂五种"，更指谷、疏、果等各种植物的多样化。对此，贾思勰在《齐民要术·收种》篇开首就引杨泉《物理论》的话说：

> 梁者，黍稷之总名；稻者，乃粳之总名；菽者，众豆之总名。三谷各二十种，为六十；蔬、果之实，助谷各二十，凡为百种。⑧

事实上，当时北魏统治者已经将谷、疏、果等的多样化种植作为国家战略来看待，如延兴二年（472）夏四月庚子，孝文帝"诏工商杂伎，尽听赴农。诸州郡课民益种菜果"⑨。这种多样化的农业种植结构，肯定是基于抗御灾害的战略考量。可见，《齐民要术》的编写在一定程度上就是为了适应北魏统治者的战略需要，而备荒确实居于当时农业

---

① 那晓凌：《〈齐民要术〉所见抗御灾害的思想及措施》，首都师范大学 2003 年硕士学位论文，第 3—29 页。
② 那晓凌：《〈齐民要术〉所见抗御灾害的思想及措施》，首都师范大学 2003 年硕士学位论文，第 9 页。
③ （后魏）贾思勰：《齐民要术》卷 2《旱稻》，《百子全书》第 2 册，第 1838 页。
④ （后魏）贾思勰：《齐民要术》卷 2《种芋》，《百子全书》第 2 册，第 1844 页。
⑤ （后魏）贾思勰：《齐民要术》卷 2《种芋》，《百子全书》第 2 册，第 1844 页。
⑥ （后魏）贾思勰：《齐民要术》卷 2《大豆》，《百子全书》第 2 册，第 1832 页。
⑦ （后魏）贾思勰：《齐民要术》卷 1《种谷》，《百子全书》第 2 册，第 1828 页。
⑧ （后魏）贾思勰：《齐民要术》卷 1《收种》，《百子全书》第 2 册，第 1821 页。
⑨ 《魏书》卷 7 上《高祖纪》，第 137 页。

生产的首要地位。在技术层面，贾思勰还提出了采用改造田间小环境、尽人力诱导作物属性发生改变等方式来提高作物的抗逆性。例如，在北方寒冷气候条件下种植蜀椒，就遇到了南北易地的问题。《齐民要术》载："此物性不耐寒，阳中之树，各须草裹。不裹即死。其生小阴中者，少禀寒气，则不用裹。"①为了让蜀椒适应北方的寒冷气候，贾思勰认为从幼苗时就将其栽种于阴冷之处，逐渐使其改变"不耐寒"的物性。

（3）对粪肥资源的开发和利用。俗话说："庄稼一枝花，全靠肥当家"，这里的"肥"在古代亦称"粪"，据考，至少从商代开始，我国古代先民就已学会自觉利用粪肥了，甚至已懂得造粪肥和贮存畜粪和人粪的方法。我们知道，粪肥主要为作物生长提供必需的氮、磷、钾。因为这三种元素在土壤中的含量远远不能满足作物体内的营养需要，必须依靠"粪"来供给。

从事物的相生原理出发，即一事物对其他事物具有滋生、促进、助长的作用，贾思勰积极提倡栽培绿肥。如《广志》载："苕草，色青黄，紫华。十二月稻下种之，蔓延殷盛，可以美田。"②将野豌豆与水稻轮作，主要目的还是将野豌豆作水稻的有机肥，这是种植绿肥的最早记载。在此基础上，贾思勰强调以绿豆、小豆和胡麻为基肥，"其美与蚕矢、熟粪同"③，具体阐释见前。由于北方气候的冷暖变化比较明显，当时普遍推行秋耕，这就为栽培、利用绿肥创造了条件。例如，《齐民要术》云："粪不可得者，五六月中穊种绿豆。至七月八月，犁掩杀之。如以粪粪田，则良美与（熟）粪不殊，又省功力。"④这样，在"熟粪"之外，又开辟了新的"粪肥"渠道。具体来讲，主要有以下六点：

一是"故墟新粪坏墙垣"。《齐民要术·蔓菁》载："种不求多，唯须良地，故墟新粪坏墙垣乃佳。"⑤因为旧墙土中富含氮肥和硝酸盐，同时，蔓菁怕湿又怕燥，使用"坏墙垣"有一定的燥湿作用。

二是以草木灰为粪。贾思勰在种蔓菁时所用粪肥的择取方面，除了主张用"故墟新粪坏墙垣"外，还特别提出可用草木灰来代替"故墟新粪坏墙垣"。他说："若无故墟粪者，以灰为粪，令厚一寸。灰多则燥不生也。"⑥草木灰富含钾、钙、磷，是极有推广价值的农家有机肥。

三是骨肥，动物骨头含有钙，是重要的肥源。关于骨肥的利用，已见载于《氾胜之书》，引文见前。然《齐民要术》除了用煮骨汁渍种外，还直接用于作粪肥。如贾思勰在"栽石榴法"里说："掘圆坑，深一尺七寸，口径尺。竖枝于坑畔，环口布枝，令匀调也。置枯骨、礓石于枝间，骨、石，此是树性所宜。下土筑之。一重土，一重骨石，平坎止。其土令没枝头一寸许也。水浇常令润泽。既生，又以骨石布其根下，则科圆滋茂可爱。"⑦

---

① （后魏）贾思勰：《齐民要术》卷 4《种椒》，《百子全书》第 2 册，第 1871—1872 页。
② （后魏）贾思勰：《齐民要术》卷 10《五谷、果蓏、菜茹非中国物产者》，《百子全书》第 2 册，第 1981 页。
③ （后魏）贾思勰：《齐民要术》卷 1《耕田》，《百子全书》第 2 册，第 1819 页。
④ （后魏）贾思勰：《齐民要术》卷 3《种葵》，《百子全书》第 2 册，第 1846 页。
⑤ （后魏）贾思勰：《齐民要术》卷 3《蔓菁》，《百子全书》第 2 册，第 1846 页。
⑥ （后魏）贾思勰：《齐民要术》卷 3《蔓菁》，《百子全书》第 2 册，第 1846—1847 页。
⑦ （后魏）贾思勰：《齐民要术》卷 4《安石榴》，《百子全书》第 2 册，第 1870 页。

又"有蚁者，以牛羊骨带髓者，置瓜科左右，待蚁附，将弃之。弃二三，则无蚁矣"①。用"牛羊骨带髓"来驱蚁害，不失为一种预防蚁虫危害作物的绿色环保方法。

四是稻、麦糠。用稻糠和麦糠作粪，不单腐烂快，更富含钾、铁、维生素等物质，适宜于作粪肥和饲料，故《齐民要术》载，种竹可用"稻、麦糠粪之。二糠各自堪粪，不令和杂"②。

五是陈屋草。《齐民要术》载：种榆树时，"散榆荚于草上，以土覆之。烧亦如法。陈草速朽，肥良胜粪。无陈草者，用粪粪之亦佳。不粪，虽生而瘦"③。

六是牛粪。《齐民要术·种瓜》载：

> 冬天以瓜子数枚，内热牛粪中，冻即拾聚，置之阴地。量地多少，以足为限。正月地释即耕，逐墒布之。率方一步，下一斗粪，耕土覆之。肥茂早熟，虽不及区种，亦胜凡瓜远矣。凡生粪粪地，无势；多于熟粪，令地小荒矣。④

至于施肥技术，《齐民要术》提倡基肥、种肥与追肥的适时利用，主张根据作物生长的不同阶段，分别采用基肥、种肥与追肥的形式，从而提高土壤的肥力和作物的产量。例如，贾思勰在讲畦种葵子的方法时，非常强调多元化粪肥的重要性。他说：

> 畦长两步，广一步。大则水难均，又不用人足入。深掘，以熟粪对半，和土覆其上，令厚一寸。铁齿耙耧之，令熟，足踏使坚平。下水，令彻泽（此为基肥），水尽，下葵子。又以熟粪和土，覆其上，令厚一寸余（此为种肥）。葵生三叶，然后浇之。浇用晨、夕，日中便止。每一掐，辄把（耙）耧地令起，下水加粪（此为追肥）。三掐更种。一岁之中，凡得三辈。凡畦种之物，治畦皆如种葵法。⑤

这种方法已经普遍推行于畦种蔬菜，显然，它较《氾胜之书》仅仅重视基肥这个环节，而未及种肥和追肥的蔬菜种植技术，已经进步了很多。

（4）对圃畦灌溉技术的总结与发展。垄作法见载于《吕氏春秋·辩土》，其文云："夫四序参发，大圳小亩，为青鱼肤，苗若直猎，地窃之也。"⑥文中的"大圳小亩"之"圳"指的是小水沟，故"上田弃亩，下田弃圳。五耕五耨，必审以尽"⑦。可见，"大圳小亩"体现了一种以精耕细作为特点的集约化农业生产形式。秦朝《为田律》规定：

> 田广一步，袤八则，为畛；亩二畛，一陌道。……百亩为顷，一阡道，道广三步。封，高四尺，大称其高；埒，高尺，下厚二尺。⑧

---

① （后魏）贾思勰：《齐民要术》卷2《种瓜》，《百子全书》第2册，第1842页。
② （后魏）贾思勰：《齐民要术》卷5《种竹》，《百子全书》第2册，第1882页。
③ （后魏）贾思勰：《齐民要术》卷5《种榆、白杨》，《百子全书》第2册，第1877页。
④ （后魏）贾思勰：《齐民要术》卷2《种瓜》，《百子全书》第2册，第1842页。
⑤ （后魏）贾思勰：《齐民要术》卷3《种葵》，《百子全书》第2册，第1845页。
⑥ （秦）吕不韦：《吕氏春秋》卷26《辩土》，《百子全书》第3册，第2801—2802页。
⑦ （秦）吕不韦：《吕氏春秋》卷26《任地》，《百子全书》第3册，第2801页。
⑧ 罗开玉：《青川秦牍〈为田律〉所规定的"为田"制》，《考古》1988年第8期，第728、729页。

尽管对文中的“畛”字，学界尚有不同理解，但对秦朝的农业已经将农田与水利灌溉相结合应当没有异议，因为此时的“田”已经由“垄作田”变成被封埒阡陌围着的低畦地了。《齐民要术·种葵》篇总结畦田的特点说：

春必畦种水浇。春多风、旱，非畦不得。且畦者省地而菜多，一畦供一口。畦长两步，广一步。大则水难均，又不用人足入。①

蔬菜的种植优先考虑“水浇”问题，这由蔬菜的喜水特点所决定。而为了解决“水浇”问题，贾思勰提出了以下“穿井”措施：

于中（指葵地）逐长穿井十口。井必相当，邪（斜）角则妨地。地形狭长者，井必作一行；地形正方者，作两三行亦不嫌也。井别作桔槔、辘轳。井深用辘轳，井浅用桔槔。柳罐，令受一石。罐小，用则功费。②

在《齐民要术》里，种葵法讲得很细，它被贾思勰视为一种具有普遍性的种植模式。例如，种胡荽“畦种者，一如葵法。若种者，挼生子，令中破。笼盛，一日再度以水沃之，令生芽，然后种之”③。又种兰香“治畦、下水，一同葵法。及水散子讫，水尽，簁熟粪，仅得盖子便止”④。再有，种韭菜“治畦、下水、粪覆，悉与葵同”⑤。此外，像冬瓜、茄子、蜀芥、芹菜、苜蓿等，都适合用畦种来提高产量。那么，如何适当进行灌溉，既不浪费水资源，又不致蔬菜在生长过程中缺水？贾思勰以葵子为例做了总结，他说：下种前，当“令彻泽，水尽，下葵子”⑥，一水；“葵生三叶，然后浇之”⑦，二水，“浇用晨、夕，日中便止”⑧；“每一掐，辄杷（耙）耧令起，下水加粪”⑨，三水。除了像芹、藘对水质有特殊要求外，“忌潘泔及咸水”⑩，一般蔬菜对水要求不高，而适时浇水，需要看天、看地和看庄稼生长情况，这是《齐民要术》总结出来的一条种植蔬菜技术原则。总之，尽量利用蔬菜的生长特性，多种多收，努力提高土地复种率。

（5）对农产品加工技术的系统总结。作物的果实，有的可以直接食用，有的则需要加工后食用。无论古代还是现代，如何使作物的果实更加可口和有营养，同时又便于保存，一直是生物技术所追求的目标。《齐民要术》用很大篇幅来记述当时的农产品加工技术⑪，即体现了贾思勰“食为至急”⑫的思想。此处之“食”为广义的“食”，包括对农产品的加

① （后魏）贾思勰：《齐民要术》卷3《种葵》，《百子全书》第2册，第1845页。
② （后魏）贾思勰：《齐民要术》卷3《种葵》，《百子全书》第2册，第1846页。
③ （后魏）贾思勰：《齐民要术》卷3《种胡荽》，《百子全书》第2册，第1851页。
④ （后魏）贾思勰：《齐民要术》卷3《种兰香》，《百子全书》第2册，第1852页。
⑤ （后魏）贾思勰：《齐民要术》卷3《种韭》，《百子全书》第2册，第1850页。
⑥ （后魏）贾思勰：《齐民要术》卷3《种葵》，《百子全书》第2册，第1845页。
⑦ （后魏）贾思勰：《齐民要术》卷3《种葵》，《百子全书》第2册，第1845页。
⑧ （后魏）贾思勰：《齐民要术》卷3《种葵》，《百子全书》第2册，第1845页。
⑨ （后魏）贾思勰：《齐民要术》卷3《种葵》，《百子全书》第2册，第1845页。
⑩ （后魏）贾思勰：《齐民要术》卷3《种蘘荷、芹、藘》，《百子全书》第2册，第1854页。
⑪ 杨坚：《〈齐民要术〉中农产品加工的研究》，南京农业大学2004年博士学位论文，第30—149页。
⑫ （后魏）贾思勰：《齐民要术·齐民要术序》，《百子全书》第2册，第1809页。

工，不分大小巨细，既有酿酒、酿醋、制酱、制糖等工艺相对复杂的技术，又有做各种荤素菜肴，如腌咸鸭蛋、煎鸡蛋、做荷包蛋等工艺相对简单的技术，贾思勰都做了细致的记述，这是其以人为本思想的具体表现。

由于贾思勰讲到的加工技术较多，本书不能一一详述。故此，下面仅择要述之：

一是面酵法。关于如何使面食变得既好吃又有营养和易消化，《齐民要术》载有多种发面的方法，沿用至今。如"作白饼法"："面一石。白米七八升，作粥，以白酒六七升酵中，著火上。酒鱼眼沸，绞去滓，以和面。面起可作。"[1]他又引《食经》作饼酵法说："酸浆一斗，煎取七升。用粳米一升，煮，著浆。迟下火，如作粥。六月时，溲一石面，著二升；冬时，著四升作。"[2]这种发面技术究竟始自何时，目前尚不能确定。不过，发面技术到贾思勰生活的时代即已相当成熟了。其中对酵母活力与温度之间关系的认识，尤其关键。由于北魏民众普遍掌握了"面酵"法的关键技术，因而创制了许多别有风味的面饼，如上面说到的白饼及烧饼、髓饼、截饼等。可见，"面点加工从使用不发酵的死面到发酵的发面，使面食变得更加容易消化、具有更佳的口感，是面食加工技术史上的一次巨大飞跃。由于发面具有更好的韧性，因此更适合进行各种加工，所以，面酵法的影响相当深远"[3]。

二是饼曲法。用被磨碎或压碎谷物所做成的散曲，与用水和面粉填入模具所做成的饼曲，虽然都是在一定水分含量、空气湿度及温度条件下培养微生物而成，但是两者所繁殖的微生物，在种类和数量上存在较大差异，其中饼曲更有利于根霉菌的生存与繁殖，同时在发酵过程中易使糖化所生成的糖分转化为酒精。因此，自北魏之后，我国基本上确立了以饼曲为主导的制曲法。《齐民要术》载其制法说：

> 凡作三斛麦曲法：蒸、炒、生，各一斛。炒麦：黄，莫令焦。生麦：择治，甚令精好。种各别磨，磨欲细。磨讫，合和之。七月取中寅日，使童子著青衣，日未出时，面向杀地，汲水二十斛。勿令人泼水，水长亦可泻却，莫令人用。其和曲之时，面向杀地和之，令使绝强。团曲之人，皆是童子小儿，亦面向杀地，有行秽者不使，不得令入室近团曲。当日使讫，不得隔宿。屋用草屋，勿使用瓦屋。地须净扫，不得秽恶；勿令湿。画地为阡陌，周成四巷。作曲人，各置巷中，假置曲王，王者五人。曲饼随阡陌，比肩相布讫，使主人家一人为主，莫令奴客为主。与王酒脯之法：湿曲王手中为碗，碗中盛酒、脯、汤饼。主人三遍读文，各再拜。其房欲得板户，密泥涂之，勿令风入。至七日开，当处翻之，还令泥户。至二七日，聚曲，还令涂户，莫使风入。至三七日，出之，盛著瓮中，涂头。至四七日，穿孔，绳贯，日曝，欲得使干，然后内之。其饼曲，手团二寸半，厚九分。[4]

---

① （后魏）贾思勰：《齐民要术》卷 9《饼法》，《百子全书》第 2 册，第 1949 页。
② （后魏）贾思勰：《齐民要术》卷 9《饼法》，《百子全书》第 2 册，第 1949 页。
③ 杨坚：《〈齐民要术〉中的农产品加工特色初探》，《古今农业》2008 年第 1 期，第 61 页。
④ （后魏）贾思勰：《齐民要术》卷 7《造神曲并酒》，《百子全书》第 2 册，第 1909 页。

对于这段话，可分几个层面进行剖析：第一，对原料的处理，著名白酒专家周恒刚分析道[①]：蒸料除了具有杀死野生生酸菌的作用之外，还能使原料淀粉糊化，便于曲霉菌（均为优势菌）旺盛生长繁殖；炒料杀菌作用同蒸料，但它的优点在于水分少，而水分少的原料中的蛋白质不会因加热而变性，有利于根霉菌的生长；生料的最大优点是能使根霉菌旺盛生长繁殖。所以周恒刚评价说："曲坯上的微生物主要来自原料，原料在蒸炒过程中，杀去谷物上带来的细菌，由于根霉菌孢子耐热，能够在加热过程中保存下来，可以继续生长，这是极科学的措施。"[②]第二，选料要精，用水也很讲究。原料用小麦，这是因为小麦的疏松性较好，且含有适宜酿酒微生物所需要的淀粉、蛋白质和无机盐等；小麦成分复杂，在较高气温下能生成多种香气代谢物质；小麦含有丰富的面筋质；小麦中的挥发性微量元素有 20 多种；小麦皮层中含有可供不同微生物富集的香味素。水质对制曲和酿酒的意义重大，贾思勰提出："收水法，河水第一好；远河者取极甘井水，小咸则不佳。"[③]有专家指出，黄河中下游地区的土壤中镁、钠等可溶性盐类含量较高，井水往往带有咸苦味，而流速大的河水则溶解盐类含量相对减少，接近泉水或深层地下水源，可溶性盐含量较少，这种水与河水均为"甘井水"。对制曲和酿酒而言，适量的盐类为微生物的生命活动所必需，但过量则会影响甚至抑制微生物的生长。所以贾思勰对曲水提出的上述质量标准，表明"我国劳动人民很早就已经对酸、中、碱性和水中矿物质、水的污染及自然净化现象有了较为深刻的认识，并广泛应用于实践"[④]。第三，制曲的时间应选择农历七月。因为此时气温最高，空气中的酿酒微生物数量较多。第四，必须牢牢把握制曲工艺的几个关键环节，如加水量"以相著为限。大都欲小刚，勿令太泽"[⑤]。发酵时间与规律为："至七日开，当处翻之""至二七日，聚曲""至三七日，出之""至四七日，穿孔"等。根据"曲势"（一种内在的发酵潜力）而分批加入"酘"（即"喂饭"），如"若浸曲一斗，与五斗水。浸曲三日，如鱼眼汤沸，酘米"[⑥]。在一定条件下，曲浸入水中后能使酵母恢复活力而迅速繁殖与扩培，当出现气泡（即曲发酵所产生的二氧化碳）现象时，就需要投米喂饭。为了使酵母在醪液中始终保持升势，就需要不断给发酵醪液中投米，于是有"二酘""三酘""四酘""五酘""六酘"等连续发酵法，"其七酘以前，每欲酘时，酒薄霍霍者，是曲势盛也，酘时宜加米，与次前酘等。虽势极盛，亦不得过次前一酘斛斗也。势弱酒厚者，须减米三斗。势盛不加，便为失候；势弱不减，刚强不削。加减之间，必须存意"[⑦]。保温、保湿不见阳光，像曲室条件要求"屋用草屋，勿使瓦屋。地须净扫，不得秽恶""密泥涂之，勿令风入"等，都是为了防止曲室发生干燥及寒凉变化，从而影响微生物的生长。温度过高也不利于微生物的生长，因此，在发酵过程中既要曲室保温，又要

① 周恒刚：《试论〈齐民要术〉制曲原料处理的合理性》，《酿酒科技》2001 年第 5 期，第 27 页。
② 周恒刚：《试论根霉菌在制曲上的特征》，《酿酒》2001 年第 6 期，第 24 页。
③ （后魏）贾思勰：《齐民要术》卷 7《造神曲并酒》，《百子全书》第 2 册，第 1912 页。
④ 杨勇：《试论〈齐民要术〉中的我国古代制曲、酿酒发酵技术》，《西北农学院学报》1985 年第 4 期，第 60 页。
⑤ （后魏）贾思勰：《齐民要术》卷 7《造神曲并酒》，《百子全书》第 2 册，第 1911 页。
⑥ （后魏）贾思勰：《齐民要术》卷 7《造神曲并酒》，《百子全书》第 2 册，第 1910 页。
⑦ （后魏）贾思勰：《齐民要术》卷 7《造神曲并酒》，《百子全书》第 2 册，第 1915 页。

在不同阶段适当散热。

三是酿制陈醋。在醋酸菌作用下乙醇转化为醋酸的过程，也就是酿醋的过程。至于如何把控这个生物化学过程，《齐民要术》列举了 24 种方法，积累了很多经验。例如，贾思勰记载制醋法的工艺流程说：

> 要用七月七日合和。瓮须好。蒸干黄蒸一斛，熟蒸麸三斛：凡二物，温温暖，便和之。水多少，要使相淹渍，水多则醋薄不好。瓮中卧经再宿，三日便压之，如压酒法。压讫，澄清，内大瓮中。经三二日，瓮热，必以冷水浇之；不尔，醋坏。其上有白醭浮，接去之。满一月，醋成可食。初熟，忌浇热食，犯之必坏醋。若无黄蒸及麸者，用麦𪍊一石，粟米饭三斛，合和之，方与黄蒸同。盛置如前法。瓮常以绵幕之，不得盖。①

文中的"黄蒸"是一种醋曲，其做法是："六七月中，取生小麦，细磨之。以水溲而蒸气，气馏好熟，便下之，摊令冷。布置，覆盖，成就。"②此时，曲菌孢子开始发芽，生出菌丝，然后菌丝会繁殖出大量黄绿色孢子，是谓黄蒸，亦即黄色曲。通常在农历七月七日，用三斛麸子加上一斛黄蒸的配料，相拌和，添加一定量的水，刚好将拌和的配料淹没，切忌水不能太多。经两宿静置后，榨出上面的清液，放在大瓮里，不出三日，瓮体便会发热。于是，用冷水浇淋瓮的外壁，使其逐渐冷却下来，在这个过程中，瓮的液面上会产生"白醭"（指泛白沫）现象。应及时将其撇掉，不然，就会影响醋酸菌的生长。与"白醭"相反，如果在酿醋的第七天以后，瓮内液面上生出"白衣"（指醋酸菌群体的菌膜），则不能撇出或搅动，应待其自动下沉。如《齐民要术》载"动酒醋法"云：

> 春酒压讫而动，不中饮者，皆可作醋。大率酒一斗，用水三斗，合瓮盛，置日中曝之。雨则盆盖之，勿令水入；晴还去盆。七日后当臭，衣生，勿得怪也，但停置，勿移动挠搅之。数十日，醋成衣沉，反更香美。日久弥佳。③

把"白衣"的出现看作是醋生成的必要条件，揭示了醋酸菌的繁育过程与醋酸发酵之间的内在关联性，这种内在关联性的发现具有重要的生物学意义。在此，"贾思勰不仅明确地提出酒精转化为醋酸是衣（醋酸菌）的作用，而且在世界微生物学史上第一次生动地、明确地、科学地记载了醋酸发酵作用的菌膜'衣'是生物，这比欧洲关于醋酸发酵的菌膜是生物还是非生物的争论，约早一千三百多年"④。另外，"日久弥佳"似含有一定的陈醋理念，只不过尚不典型和明确而已。但在"大麦醋法"里，陈醋的工艺已为贾思勰所肯定：

> 七月七日作。若七日不得作者，必须收藏取七日水，十五日作。除此两日，则不

① （后魏）贾思勰：《齐民要术》卷 8《作醋法》，《百子全书》第 2 册，第 1928 页。
② （后魏）贾思勰：《齐民要术》卷 8《黄衣、黄蒸及糵》，《百子全书》第 2 册，第 1922 页。
③ （后魏）贾思勰：《齐民要术》卷 8《作醋法》，《百子全书》第 2 册，第 1928 页。
④ 马万明：《略谈〈齐民要术〉的农副产品加工技术成就》，《中国农史》1986 年第 2 期，第 122 页。

成。于屋里近户里边置瓮。大率小麦鞔一石，水三石，大麦细造一石——不用作米则利严，是以用造。簸讫，净淘，炊作再馏饭。摊令小暖，如人体。下酿，以把搅之，绵幕瓮口。三日便发，发时数搅，不搅则生白醭，则不好。以棘子彻底搅之：恐有人发落中，则坏醋。凡醋悉尔，亦去发则还好。六七日，净淘粟米五升，米亦不用过细。炊作再馏饭，亦摊如人体投之，把搅，绵幕。三四日，看米消，搅而尝之，味甜美则罢；若苦者，更炊三二升粟米投之，以意斟量。二七日可食，三七日好熟，香美淳严。一盏醋，和水一碗，乃可食之。八月中，接取清，别瓮贮之，盆合，泥头，得停数年。未熟时，二日三日，须以冷水浇瓮外，引去热气，勿令生水入瓮中。若用黍、秫米投，弥佳，白、苍粟米亦得。[①]

据考，这段文献有三点足证贾思勰的时代已经能够酿制合格陈醋：第一，精粮所酿，含酸量高；第二，能够贮存较长时间；第三，经过了较长时间的陈酿。因此，即使用现代眼光去衡量，这也是合格陈醋。

（二）贾思勰生态农业思想的现代价值

现代农业是一种可持续发展的农业，因此，如何合理开发与利用土地资源是首要问题。贾思勰强调"主农之官"应当统筹规划，要农、林、牧、加工一体化发展，他说："善相丘陵、阪险、原隰，土地所宜，五谷所殖，以教导民。"[②]在此，贾思勰提出了地球生态与人居环境之间的关系问题，即从区域的角度看，地球生态实际上是一种受人类活动影响的生态系统。《齐民要术》引《仲长子》的话说：

> 丛林之下，为仓庾之坻；鱼鳖之窟，为耕稼之场者，此君长所用心也。是以太公封而斥卤播嘉谷，郑、白成而关中无饥年。盖食鱼鳖而薮泽之形可见，观草木而肥硗之势可知。[③]

人是自然界的一部分，人与动物的本质区别，就是具有劳动能力。由于有了劳动，天然自然界才逐步演化出一个人工自然界。当然，这个人工自然界还不完全等同于以"人为自然界立法"为特点的和被打上近代化烙印的"人工自然界"，而更像是一种朴素的生态自然观。因为贾思勰主张人与自然环境的协调与统一。他引《氾胜之书》的话说：

> 得时之和，适地之宜，田虽薄恶，收可亩十石。[④]

在与自然界相"和""宜"的发展过程中，我们从自然界中丰衣足食，而不是对自然界进行疯狂掠夺。又如，贾思勰赞同《孟子》所言："斧斤以时入山林，材木不可胜用也。"[⑤]顺应动植物的生长规律，砍伐与种植相结合，如"宜于山阜之曲，三遍熟耕，漫散

---

① （后魏）贾思勰：《齐民要术》卷8《作醋法》，《百子全书》第2册，第1927—1928页。
② （后魏）贾思勰：《齐民要术》卷1《耕田》，《百子全书》第2册，第1819页。
③ （后魏）贾思勰：《齐民要术序》，《百子全书》第2册，第1811页。
④ （后魏）贾思勰：《齐民要术》卷1《耕田》，《百子全书》第2册，第1820页。
⑤ （后魏）贾思勰：《齐民要术》卷5《伐木》，《百子全书》第2册，第1887页。

橡子，即再劳之。生则薅治，常令净洁。一定不移。十年，中椽，可杂用。一根值十文。二十岁，中屋栋，一根值百钱"①。植树不能急功近利，而人对于木材的利用既要用得其时，又要照顾其长远的再生能力。贾思勰这种以生态平衡为着眼点的大农业观，至今都具有重要的战略指导价值和意义。

主张科技兴农，努力提高土地的复种指数，开源节流，增加农业生产的科技含量。在现代耕地日渐减少的严重情况下，如何提高土地的复种指数，是可持续农业发展的重要途径。贾思勰在《齐民要术》一书里对《氾胜之书》所提出的"区种法"给予了积极评价，他认为区种法提高了单位面积的产量，故有"'顷不比亩善'，谓多恶不如少善"②之说。他甚至以北魏西兖州刺史刘仁之为例，比较了区种法与非区种法的经济效益，用事实证明科学技术对于提高劳动生产率的关键作用，结果"试为区田"，"一亩之收，有过百石矣。少地之家，所宜遵用也"③。《齐民要术》在"种谷"篇中列举了诸多优良品种，即是其大力推广的科技成果，还有生产工具的创新以及对作物生长规律与土壤性质的科学认识，无不闪烁着科学技术的思想光辉。此外，像谷类作物与蔬菜的轮作、树木与豆类作物或蔬菜的间作等，根据植物相互之间的互补关系合理配植，充分发挥作物之间的时间效应，不仅注意发掘植物生长的空间价值，而且更加注重开发植物的时间价值。在一定程度上，我们说，现代时间经济学的研究目的与贾思勰的作物栽培实践是一致的。例如，《齐民要术·蔓菁》载："取根者，用大小麦底，六月中种，十月将冻，耕出之。"④这种轮作复种的特点就是利用作物生长之间的季节差异，使之产生最大化的时间效益。

主张利用动植物之间相生相克关系，建立平衡和谐的现代生态系统。如何减少农药的危害？《齐民要术》所记载的许多绿色环保措施值得我们借鉴：①前揭桑、蔓菁间作，尤其是待蔓菁"收获之后，放猪啖之，其地柔软"⑤措施，是增强土地肥力的积极举措，此举实现了桑、蔓菁与猪三者之间的良性循环。②槐与麻混作，则麻"胁槐令长。三年正月，移而植之。亭亭条直，千百若一。所谓'蓬生麻中，不扶自直。'"⑥③"井上宜种茱萸，茱萸叶落井中，饮此水者，无瘟病。"⑦经研究，"山茱萸的根、枝、叶能抑制痢疾杆菌，金黄色葡萄球菌和其它球菌的蔓延，具有较好的防疫作用"⑧。④种瓜，"先以水净淘瓜子，以盐和之。盐和则不笼死"⑨。此处用"盐"来防治瓜的"笼病"，显然是一种药物治虫的经验。又，"治瓜笼法：旦起，露未解，以杖举瓜蔓，散灰于根下。后一两日，

① （后魏）贾思勰：《齐民要术》卷5《种槐、柳、楸、梓、梧、柞》，《百子全书》第2册，第1882页。
② （后魏）贾思勰：《齐民要术》卷1《种谷》，《百子全书》第2册，第1827页。
③ （后魏）贾思勰：《齐民要术》卷1《种谷》，《百子全书》第2册，第1827页。
④ （后魏）贾思勰：《齐民要术》卷3《蔓菁》，《百子全书》第2册，第1847页。
⑤ （后魏）贾思勰：《齐民要术》卷5《种桑、柘》，《百子全书》第2册，第1874页。
⑥ （后魏）贾思勰：《齐民要术》卷5《种槐、柳、楸、梓、梧、柞》，《百子全书》第2册，第1880页。
⑦ （后魏）贾思勰：《齐民要术》卷4《种茱萸》，《百子全书》第2册，第1872页。
⑧ 刘雅帅：《山茱萸种子休眠机理研究》，南京林业大学2008年硕士学位论文，第1页。
⑨ （后魏）贾思勰：《齐民要术》卷2《种瓜》，《百子全书》第2册，第1840页。文中的"笼"原文作"能"，误，今据缪启愉校本改。

复以土培其根，则迥无虫矣"①。⑤利用天然植物治虫及高热杀虫的经验。如贮存大小麦，"蒿、艾簞盛之，良。以蒿、艾闭窖埋之，亦佳。窖麦法：必须日曝令干，及热埋之"②。文中所载蒿、艾菌含多种芳香油成分，有杀菌灭虫之作用；"日曝"则是"利用伏天烈日曝晒，趁热贮藏，以使在密闭状态中由于高温的延续，进一步消灭尚未晒死的害虫和病菌。这是小麦热进仓处理的最早记载"③等。以上措施的主旨可用"有机农业"四个字来概括，这对近代以来人们过度依赖农药的农作偏向无疑具有一定的矫畸作用。

此外，诚如前述，贾思勰对栽培粪肥的记载，对现代腐殖酸农业的发展亦有重要的启示意义。当然，《齐民要术》中亦充斥着一些荒诞不经之说，如造酒读"祝曲文"以及"悬茱萸子于屋内，鬼畏不入也"④等，都与现代科学的思想主旨相违背，应当摒弃。

第四节　甄鸾的儒经数学思想

甄鸾字叔遵，中山无极（今河北无极县）人。在南朝梁曾校正过铜斛，又仕北周，天和中为司隶校尉，汉中郡守。著述甚丰，据统计，有 20 余种⑤，即《九章算经》《孙子算经》《五曹算术》《五曹算经》等，是当时整理和研究汉魏以来算经的杰出文献家。

下面主要以《五经算术》和《五曹算经》为例，旁及《数术记遗》与《笑道论》，拟对甄鸾的数学成就及其思想略作阐述。

一、《五经算术》的主要内容及其科学思想史意义

（一）《五经算术》的主要内容

《五经算术》虽然被李淳风选定为《算经十书》之一，但就其对数学史的贡献讲，确实较其他九部算书为弱，所以历代数学家都不怎么看好这部多少带有封建政治味道的算经。《四库提要》云：

> 《五经算术》二卷（《永乐大典》本）北周甄鸾撰，唐李淳风注。鸾精于步算，仕北周为司隶校尉、汉中郡守。尝释《周髀》等算经，不闻其有是书。而《隋书·经籍志》有《五经算术》一卷、《五经算术录遗》一卷，皆不著撰人姓名。……然则唐时算科之《五经算》即是书矣。是书世无传本，惟散见于《永乐大典》中。虽割裂失

---

① （后魏）贾思勰：《齐民要术》卷 2《种瓜》，《百子全书》第 2 册，第 1841 页。
② （后魏）贾思勰：《齐民要术》卷 2《大小麦》，《百子全书》第 2 册，第 1835 页。
③ 缪启愉：《齐民要术导读》，北京：中国国际广播出版社，2008 年，第 118 页。
④ （后魏）贾思勰：《齐民要术》卷 4《种茱萸》，《百子全书》第 2 册，第 1872 页。
⑤ 冯礼贵：《甄鸾及其〈五曹算经〉》，吴文俊主编：《中国数学史论文集（二）》，济南：山东教育出版社，1986 年，第 30—32 页；沈康身主编：《中国数学史大系》第 4 卷《西晋至五代》，北京：北京师范大学出版社，1999 年，第 169—170 页。

次，尚属完书。据淳风注，于《尚书》推定闰条自言其解释之例，则知造端于此。又如《论语》千乘之国，《周官》盖弓宇曲，并用开方之术，详于前而略于后，循其义例，以各经之叙推之，其旧第尚可以考见。谨依《唐（书）·艺文志》所载之数，厘为上、下二卷。①

对于这种推论，李俨先生认为："按元延明钞集《五经算事》为《五经宗》，在甄鸾之前，事见《魏书》、《隋书》、《新唐书》，且著录其卷数。今所传者既不著撰人姓氏，而《四库提要》乃断为甄鸾所作，实属未妥。"②不过，李俨先生在晚年修订《中国数学大纲》时，观点又发生了变化，他说："此书宋元时期都作甄鸾撰，如《通志略》称：'甄鸾《五经算术》一卷。'《玉海》引《书目》称：'《五经算术》二卷，甄鸾注，李淳风注释。'又元程端礼《读书分年日程》引'甄氏《五经算术》'。"③现在学界基本上认定《五经算术》就是甄鸾的著作，几无争议。惜原书已散佚，今传本上、下卷是清戴震从《永乐大典》中辑出的。

毋庸讳言，甄鸾撰述《五经算术》绝不是偶然为之，而是有着深刻的历史背景和必然性，因为它基本上满足了那个时代对经学自身发展的客观要求。当时，魏晋玄学蔑弃儒家礼教，而南北朝佛学泛滥，客观上又对儒学的发展构成了前所未有的压力和挑战。不过，五胡十六国的前车之鉴，使北魏统治者深刻意识到儒家经学对于维护政治统一局面的重要性。据《北史·儒林传》载：

> 魏道武初定中原，虽日不暇给，始建都邑，便以经术为先。立太学，置《五经》博士生员千有余人。天兴二年春，增国子太学生员至三千人。岂不以天下可马上取之，不可以马上临之？圣达经猷，盖为远矣。……于是人多砥尚，儒术转兴。……及迁都洛邑，诏立国子、太学、四门小学。孝文钦明稽古，笃好坟籍，坐舆据鞍，不忘讲道。刘芳、李彪诸人以经书进，崔光、邢峦之徒以文史达。其余涉猎典章，闲集词翰，莫不縻以好爵，动贻赏眷。于是斯文郁然，比隆周、汉。宣武时，复诏营国学。树小学于四门，大选儒生以为小学博士，员四十人。虽黉宇未立，而经术弥显。时天下承平，学业大盛，故燕、齐、赵、魏之间，横经著录，不可胜数。④

> 周文受命，雅重经典。……衣儒者之服，挟先王之道，开黉舍，延学徒者，比肩；励从师之志，守专门之业，辞亲戚，甘勤苦者，成市。虽通儒盛业，不逮魏、晋之臣，而风移俗变，抑亦近代之美也。⑤

① （清）永瑢等：《四库全书总目》卷107《子部·天文算法类二》，北京：中华书局，1965年，第904页。
② 李俨：《中国数学大纲》上册，上海：商务印书馆，1931年，第57页。
③ 李俨：《中国数学大纲》上册，李俨、钱宝琮：《李俨钱宝琮科学史全集》第3卷《中国数学大纲》，沈阳：辽宁教育出版社，1998年，第86页。
④ 《北史》卷81《儒林列传上》，第2704页。
⑤ 《北史》卷81《儒林列传上》，第2706—2707页。

当时，"玄《易》、《诗》、《书》、《礼》、《论语》、《孝经》，虔《左氏春秋》，休《公羊传》，大行于河北"[①]。此"大行"是指在北方世家大族所兴办的私学中盛行，因为甄氏家族历经秦汉统一、三国角逐、魏晋兴替，绵延数百年，成为中国北方一支不可忽视的政治力量。[②]张国刚等先生在评价北朝经学的发展特点时说道："虽然北朝经学总体上说，较多地继承了汉学传统，重视章句训诂而不尚玄言，但却不是死守汉儒章句之学，其中一些学者仍能博综兼览，不为一派一家所囿，往往能够兼综汉晋并略出新意，对于传承发展儒家经术，重开隋唐经学统一之局，仍发挥了重要的作用。"[③]孤立地看，甄鸾《五经算术》在数学方面并无多少创新之处，于科学史似无深远意义，然而，如果我们把它和南北朝经学发展的总体形势联系在一起，就会发现儒家经学对数学发展的渗透和影响，甚至规范了唐宋数学发展的基本路径。自汉代以降，中国古代数学之所以没有走上"形式化"的发展道路，始终以实用为特点，实在与儒家学以致用的思想特征分不开。孔子说："诵诗三百，授之以政，不达，使于四方，不能专对，虽多，亦奚以为？"[④]因此，美国著名学者斯塔夫里阿诺斯在《全球通史》一书中评论说："儒家首先是一个解决日常生活中各种问题的实用性道德体系。"[⑤]依此，则甄鸾《五经算术》的思想史意义就比较充分地体现出来了，具体论说见后。

《五经算术》共讨论了 35 个数学及历法问题，其中上卷 16 个问题，下卷 19 个问题。

1. 《五经算术》卷上的数学及历法问题

卷上的 16 个问题，都是儒家经书中经常遇到的问题，虽然不难，但却具有普遍意义，故而论之。

（1）"《尚书》定闰法"与十九年七闰。《五经算术》载：

> 帝曰："咨汝羲暨和，期三百有六旬有六日。以闰月定四时成岁。"孔氏（指孔安国）注云："咨，嗟；暨，与也。匝四时曰期。一岁十二月，月三十日，正三百六十日。除小月六为六日，是为一岁。有余十二日，未盈三岁，足得一月。则置闰焉，以定四时之气节，成一岁之历象。"[⑥]

我国的历法经历了一个从古历时期，经过中法时期（农历），最后到中西合法时期。一般将汉武帝太初元年（前 104）以前所采用的历法称为"古历"。古历的特点是将一年定为 366 天，并用"闰月"来确定四时的变化及一岁的始终。然而，"四时"的划分是以太阳历为基准的，它运行一个周期为 366 天弱，现在计算的结果是 365 日 5 小时 48 分 46

① 《北史》卷 81《儒林列传上》，第 2708 页。
② 刘宗诚：《甄姓同胞的故乡——无极》，《无极甄氏族谱简编》，北京：中国档案出版社，1995 年，第 207 页。
③ 张国刚、乔治忠：《中国学术史》，第 249 页。
④ （清）刘宝楠：《论语正义》卷 16《子路》，《诸子集成》第 1 册，第 285 页。
⑤ [美] 斯塔夫里阿诺斯：《全球通史：从史前史到 21 世纪》上册，吴象婴等译，北京：北京大学出版社，2006 年，第 158 页。
⑥ （北周）甄鸾：《五经算术》卷上《〈尚书〉定闰法》，郭书春、刘钝校点：《算经十书（二）》，第 1 页。

秒。[1]若将其平均安排到 4 个季节之中，就成为具有中国历法特点的"节气历"。那么，如何将"气节"与"太阴历"结合起来，用以指导农时呢？毫无疑问，"闰月"在两者之间起着非常重要的调整作用。换言之，就是采用置闰方法来使四季的确定与月份相联系。据考证，商代已经有大小月之分，大月 30 天，小月 29 天，一年为 12 个月，总计 354 天，与地球绕太阳一周为 366 天，相差 12 天，所以采用每三年增加一个月的方式，使太阳历与太阴历相一致，此即为"闰月"，亦是一种"阴阳合历"。在祖甲之前，闰月被放在十二月之后，祖甲之后到武丁时则开始出现年中置闰的迹象。[2]对于"以闰月定四时成岁"的意义，童致和先生解释说：

> 根据《尧典》，太阳年和历法年都有定值。1 期（太阳年）= 366 日。1 岁（历法年）= 4 时（季）= 12 月（平年）；或 1 岁 = 4 时 = 12 月 + 闰月（闰年）。十二个月指朔望月，古代早已观察到 1 朔望月平均为 29.5 日，所以平年 = 354 日，闰年 = 383 日（或 384 日）。以阴历为基础，而设闰月以调节"期"（太阳年）与岁（历法年）的长度，这正是阴阳历的特点。这里"期、岁、时、月、日"都有一定的比例，有定值，即有明确的长度；岁、月、日，又都取整数。这些正是历法的特点。历法年的概念是在天文学、历法已较成熟时形成的，它是随着历法的创立而产生的，是后起的概念。它同物候年的概念相比，虽然两者在本质上都是反映了日、地、月的相互运动周期，但是在深度上则有很大的差别，历法年的概念，其内涵要丰富得多，深刻得多，它反映人们对时间的认识要深化多了。[3]

但这种每三年一闰的历法还比较粗疏，并不能使阴历与阳历协调一致，所以为了适应农时的客观需要，还必须进一步改进"闰"法，于是战国时期便出现了更精密的《四分历》，即十九年七闰。对此，童致和先生描述说：

> 从我国历法发展史来看《尧典》所反映的历法，是一种古历，它应在殷历之后，而在战国时制定的颛顼历之前。颛顼历测定于公元前 370 年左右（历法通志 60），公元前 246 年吕不韦推行于秦国，后来汉代仍沿用，一直到公元前 104 年制定太初历才废去。颛顼历规定岁实（太阳年）为 $365\frac{1}{4}$ 日，故称为四分历。较《尧典》规定的 366 日有了很大的进步，更精密了，又测定十九年七闰，即十九个阴历年加入七个闰月，其日数就与十九个太阳年几乎相等。……颛顼历的数据与今测比较，已相当精密。[4]

---

① 梁全义编著：《二十四节气知识全书》，北京：北京联合出版公司，2013 年，第 6 页。

② 陈文华：《中国农业通史·夏商西周春秋卷》，北京：中国农业出版社，2007 年，第 178 页。

③ 童致和：《"岁名"溯源——语言与文化密切相关之一例》，《杭州大学学报（哲学社会科学版）》1987 年第 1 期，第 117 页。

④ 童致和：《"岁名"溯源——语言与文化密切相关之一例》，《杭州大学学报（哲学社会科学版）》1987 年第 1 期，第 118—119 页。

在上面的引文中，甄鸾并不满意孔安国的注释。在他看来，"一岁之闰惟有十日九百四十分日之八百二十七，而云'余十二日'者，理则不然。何者？十九年七闰，今古之通轨。以十九年整得七闰，更无余分，故以十九年为一章。今若一年'有余十二日'，则十九年二百二十八日。若七月皆小则剩二十五日。若七月皆大犹余十八日。先推日月合宿，以定一年之闰，则十九年七闰可知"[①]。如上所述，孔安国的注释与甄鸾的理解本来是两个问题，孔安国讲的是"历史"，而甄鸾讲的则是"现实"，离《尚书·尧典》的本义较远。这里涉及"十九年七闰"出现的时代问题。学界认为"十九年七闰"的出现不会早于殷商[②]，一般认为是春秋时期才出现的一种闰周制度[③]。因此，甄鸾说"十九年七闰，今古之通轨"，显然是不正确的。但从数学的角度讲，"以十九年整得七闰，更无余分"，确实体现了《四分历》的优点。

（2）"推日月合宿法"与章月、日法等的计算。"日月合宿"系指太阳和月亮在天球上处于同一经度，由于阴阳合历是把"日月合宿"的日期定为每月月首，因此，计算"日月合宿"对于制定历法以正确指导农业生产尤为重要。甄鸾根据《四分历》的相关天文数据，阐释了当时人们推算"日月合宿"的方法：

> 置周天三百六十五度于上，四分度之一于下。又置月行十三度十九分度之七，除其日一度，余十二度。以月分母十九乘十二度，积二百二十八，内子七，得二百三十五，为章月。以度分母四乘章月，得九百四十，为日法。又以四分乘度三百六十五，内子一，得一千四百六十一。乃以月行分母十九乘之，得二万七千七百五十九，为周天分。以日法九百四十除之，得二十九日，不尽四百九十九。即是一月二十九日九百四十分日之四百九十九，与日合宿也。[④]

这段话，可分为以下几个步骤：第一，求天度数；第二，求章月；第三，求日法；第四，求周天分；第五，求日月合宿。其综合起来，求日月合宿，其法见李鉴澄先生的拟算。

（3）"求一年定闰法"与"一岁之闰惟有十日九百四十分日之八百二十七"。李淳风认为，《五经算术》的体例与汉代以来编撰算书的问、答、术体例不同，"多无设问及术"[⑤]，是一种注经式的做法[⑥]，给算学家带来了不便。于是，他将《五经算术》中的"求一年定闰法"改变为下面的形式：

> 按十九年为一章，有七闰，问一年之中定闰几何？曰：十日九百四十分日之八百二十七。[⑦]

① （北周）甄鸾：《五经算术》卷上《〈尚书〉定闰法》，郭书春、刘钝校点：《算经十书（二）》，第 1 页。
② 叶舒宪：《熊图腾：中国祖先神话探源》，上海：上海锦绣文章出版社，2007 年。
③ 北京天文馆：《李鉴澄先生百岁华诞志庆集》，北京：中国水利水电出版社，2005 年，第 217 页。
④ （北周）甄鸾：《五经算术》卷上《推日月合宿法》，郭书春、刘钝校点：《算经十书（二）》，第 1—2 页。
⑤ （北周）甄鸾：《五经算术》卷上《求一年定闰法》，郭书春、刘钝校点：《算经十书（二）》，第 2 页。
⑥ 李迪：《中国数学通史·上古到五代卷》，南京：江苏教育出版社，1997 年，第 266 页。
⑦ （北周）甄鸾：《五经算术》卷上《求一年定闰法》，郭书春、刘钝校点：《算经十书（二）》，第 2 页。

甄鸾叙述的解法，比较烦琐。其过程和步骤如下：

> 置一年十二月，以二十九日乘之，得三百四十八日。又置十二月，以日分子四百九十九乘之，得五千九百八十八。以日法九百四十除之，得六日；从上三百四十八日，得三百五十四日；余三百四十八。以三百五十四减周天三百六十五度，不尽十一日。又以余分三百四十八减章月二百三十五，而章月少，不足减。上减一日，加下日法九百四十分，得一千一百七十五。以实余三百四十八乃减下法，余八百二十七。是为一岁定闰十日九百四十分日之八百二十七。①

（4）"《尚书》、《孝经》'兆民'注数越次法"与"数有十等"。这部分内容不仅讲述了大数进位制，而且涉及不少管理数学的知识。甄鸾解释说：

> "天子曰兆民，诸侯曰万民。"甄鸾按：吕刑云："一人有庆，兆民赖之。"注云："亿万曰兆。天子曰兆民，诸侯曰万民。"又按：《周官》乃经土地而井，牧其田野。九夫为井，四井为邑，四邑为丘，四丘为甸，四甸为县，四县为都，以任地事而令贡赋。凡税敛之事所以必共井者，存亡更守，入出相同，嫁娶相媒，有无相贷，疾病相忧，缓急相救，以所有易以所无也。兆民者，王畿方千里，自乘得之兆井。王畿者，因井田之立法，故曰兆民，若言兆井之民也。如以九州地方千里者九言之，则是九兆，其数不越于兆也。"诸侯曰万民"者，公地方百里，自乘得一万井。故曰"万民"。所以言"侯"者，诸侯之通称也。按：注云"亿万曰兆"者，理或未尽。何者？按黄帝为法，数有十等。及其用也，乃有三焉。十等者，谓亿、兆、京、垓、秭、壤、沟、涧、正、载也。三等者，谓上、中、下也。其下数者，十十变之。若言十万曰亿，十亿曰兆，十兆曰京也。中数者，万万变之。若言万万曰亿，万万亿曰兆，万万兆曰京也。上数者，数穷则变。若言万万曰亿，亿亿曰兆，兆兆曰京也。若以下数言之，则十亿曰兆。若以中数言之，则万万亿曰兆。若以上数言之，则亿亿曰兆。注乃云"亿万曰兆"者，正是万亿也。若从中数，其次则须有十万亿，次百万亿，次千万亿，次万万亿曰兆。三数并违，有所未详。按《尚书》无此注，故从《孝经》注释之。②

文中所言"经土地而井"，是一种土地官有制，这种土地制度的好处是集体劳动，"存亡更守，入出相同，嫁娶相媒，有无相贷，疾病相忧，缓急相救"，也就是把土地与耕种者的命运紧密联系在一起，故学界称此为"公社（或村社）所有制"。在这里，"不存在个人所有，只有个人占有，公社是其真正的实际所有者，所以财产是作为公共的土地财产而存在；因为以土地公有为基础的所有制形态，本身可能以十分不同的方式实现出来"③。启良先生亦评论说：

---

① （北周）甄鸾：《五经算术》卷上《求一年定闰法》，郭书春、刘钝校点：《算经十书（二）》，第2页。

② （北周）甄鸾：《五经算术》卷上《〈尚书〉、〈孝经〉"兆民"注数越次法》，郭书春、刘钝校点：《算经十书（二）》，第3~4页。

③ 张华金、王淼洋主编：《社会发展论纲》，上海：上海社会科学院出版社，1996年，第61页。

实际上，在层层相属的地方机构尚未产生的先秦时代，地方基层组织只能以村社的形式出现。村社有大有小。大者百余户，小者十余户。……一般情况下则为三十户左右……小邑的居民就是一般的庶人。他们生活在村社里，"死徙无出乡"。以往学者理解孟子所言的"死徙无出乡"，都讲是统治阶级的严格禁令，不允许农民出入村外。其实不然，"死徙无出乡"，指的应是小邑的封闭性与其经济的自足性。每一个小邑都实行男耕女织的分工。春种、夏耘、秋收，农忙时，人们"毕出在野"，冬日农闲时，又"毕入于邑"。①

这种社会化的管理体制强化了人们的乡亲意识，直到今天它都影响着人们的思想感情及社会行为。当然，如何使土地的利用与人口的增长保持一种相互适应的关系，对于维系井田制的存在和发展至关重要。于是，人们将数学思想应用到井田制的管理之中。甄鸾认为，井田制管理有一套比较成熟的数学模式，那就是"九夫为井，四井为邑，四邑为丘，四丘为甸，四甸为县，四县为都"这种积井成邑、聚邑成丘的聚落。在此，"'井田'产生了古老农耕文明最基本的'界'，并以井田为单元依次形成'邑''丘''甸''县'等更大的界"②。既然是农耕的基本单元，井田就必然与沟洫等灌溉体系相联系。关于井田与沟洫的关系，如图 2-4 所示：

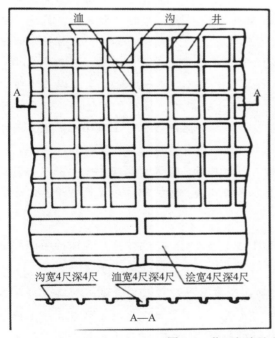

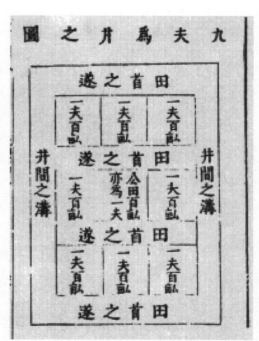

图 2-4　井田与沟洫之间的关系示意图③

①　启良：《东方文明畅想录》，广州：花城出版社，2001 年，第 91—92 页。
②　贾东：《中西建筑十五讲》，北京：中国建筑工业出版社，2013 年，第 23 页。
③　郭涛：《中国古代水利科学技术史》，第 38 页；（清）张亮采、尚秉和：《中国风俗史（外一种）》，北京：中国社会科学出版社，2012 年，第 351 页。

按照文献所载，一井的面积为方圆一里的区域，如《韩诗外传》云：

> 古者八家而井田，方里为一井，广三百步，长三百步，为一里，其田九百亩。广一步，长百步，为一亩。……八家为邻，家得百亩，余夫各得二十五亩，家为公田十亩，余二十亩共为庐舍，各得二亩半。八家相保，出入更守，疾病相忧，患难相救，有无相贷，饮食相召，嫁娶相谋，渔猎分得，仁恩施行，是以其民和亲而相好。[①]

这种规范化和标准化的村社管理模式，确实具有很强的"亲和力"，但不能绝对化。

因此，甄鸾对"亿万为兆"提出了不同意见。他认为，古代的大数进位（万以上）有三个层次：第一个层次是十进位，是为"下数"，如十万为亿，十亿为兆，十兆为京等；第二个层次是万万进位，是为"中数"，如万万亿，万万亿为兆，万万兆为京等；第三个层次是自乘进位，是为"上数"，如万万为亿，亿亿为兆，兆兆为京等。当然，还有万进位[②]，如万万为亿，万亿为兆等[③]。不过，现在除个别大数如万、亿等还在使用外，大多已经废弃不用了。

（5）"《论语》千乘之国法"与开平方的程序和步骤。这道算题非常详细地讲解了开平方，这是《五经算术》最有价值的数学思想之一。甄鸾述云：

> "子曰：道千乘之国。"注云："司马法：六尺为步，步百为亩，亩百为夫，夫三为屋，屋三为井，井十为通，通十为成。成出革车一乘。然则千乘之赋，其地千成也。"今有千乘之国，其地千成，计积九十亿步。问为方几何？答曰：三百一十六里六十八步一十八万九千七百三十七分步之六万二千五百七十六。术曰：置积步为实，开方除之，即得。按：千乘之国，其地千成。方十里，置一成地十里，以三百步乘之，得三千步。重张相乘，得九百万步。又以千成乘之，得积九十亿步。以开方除之，即得方数也。开方法曰：借一算为下法。步之，常超一位，至万而止。置上商九万于实之上。又置九亿于实之下，下法之上，名曰方法。命上商九万，以除实毕。倍方法九亿，得十八亿。乃折之，方法一折，下法再折。又置上商四千于上，以次前商之后。又置四百万于方法之下，下法之上，名曰隅法。方、隅皆命上商四千，以除实毕。倍隅法，得八百万。[④]

（6）"《仪礼》丧服经带法"与等比数列的计算。《五经算术·〈仪礼〉丧服经带法》中载有一道等比数列的算题，其内容如下：

> "苴绖大搹，左本在下。去五分一以为带。齐衰之绖，斩衰之带也。去五分一以为带。大功之绖，齐衰之带也，去五分一以为带。小功之绖，大功之带也，去五分一以为带。缌麻之绖，小功之带也，去五分一以为带。"注云："盈手曰搹；搹，扼也。

① （汉）韩婴：《韩诗外传》卷 4，赖炎元注译：《韩诗外传今注今译》，台北：台湾商务印书馆，1972 年，第 165 页。

② 参见李瑞民：《设备监控技术详解》，北京：机械工业出版社，2013 年，第 27 页。

③ 刘洪涛：《〈黄帝内经·素问〉探源》，《南开学报（哲学社会科学版）》1988 年第 1 期，第 51 页。

④ （北周）甄鸾：《五经算术》卷上《〈论语〉千乘之国法》，郭书春、刘钝校点：《算经十书（二）》，第 5—6 页。

中人之扼，围九寸。以五分一为杀者，象五服之数。"今有五服衰绖，递相差减五分之一。其斩衰之绖九寸。问齐衰、大功、小功、缌麻、绖各几何？答曰：齐衰七寸五分寸之一、大功五寸二十五分寸之十九、小功四寸一百二十五分寸之七十六、缌麻三寸六百二十五分寸之四百二十九。甄鸾按：五分减一者，以四乘之，以五除之。置斩衰之绖九寸，以四乘之，得三十六，为绖实。以五除之，得齐衰之绖七寸五分寸之一。以母五乘经七寸，得三十五，内子一，得三十六。以四乘之，得一百四十四，为实。以五乘下母五，得二十五，为法。除之，得大功经五寸二十五分寸之十九。以母二十五乘经五寸，得一百二十五，内子十九，得一百四十四。以四乘之，得五百七十六，为实。以五乘下母二十五，得一百二十五，为法。以除之，得小功经四寸一百二十五分寸之七十六。以母一百二十五乘经四寸，得五百；内子七十六，得五百七十六。又以四乘之，得二千三百四，为实。以五乘下母一百二十五，得六百二十五，为法。以除之，得缌麻之绖三寸六百二十五分寸之四百二十九。[1]

2. 《五经算术》卷下的数学及历法问题

《五经算术》卷下共有 19 个问题，基本上都与律吕和历法方面的计算有关。

(1)"《礼记·月令》黄钟律管法"与六十律相生之法。其内容如下：

> 黄钟术曰：置一算，以三九遍因之，为法。置一算，以三因之，得三。又三因之，得九。又三因之，得二十七。又三因之，得八十一。又三因之，得二百四十三。又三因之，得七百二十九。又三因之，得二千一百八十七。又三因之，得六千五百六十一。又三因之，得一万九千六百八十三，为法。即是黄钟一寸之积分。重张其位于上，以三再因之，为黄钟之实。以法除之，得黄钟，十一月，管长九寸。

> ……无射上生中吕，四月，管长六寸一万九千六百八十三分寸之一万二千九百七十四。置无射管长四寸，以分母六千五百六十一乘之，内子六千五百二十四，得三万二千七百六十八。以四乘之，得十三万一千七十二，为实。以分母六千五百六十一乘法三，得一万九千六百八十三，为法。除之，得中吕之管长六寸一万九千六百八十三分寸之一万二千九百七十四。[2]

所谓"律管之法，隔八相生"是指乐器定律的方法，意思是说黄钟为元声，余声则依十二律的次序循环计算，每隔八位，照黄钟管之长或加或减三分之一以得之。其十二律的次序为黄钟、大吕、太簇、夹钟、姑洗、仲吕、蕤宾、林钟、夷则、南吕、无射、应钟，按照"隔八相生"法则，就从黄钟算起，其第八位是林钟，林钟为阴律，因黄钟管长九寸，三分损一，则林钟的管长为六寸。如果从林钟算起，其第八位是太簇，太簇为阳律，因林钟管长六寸，三分益一，则太簇的管长为八寸。可见，"三分损一"的含义是说将原有长度平均为三分而减去一分，反之，"三分益一"就是说将原有长度平均为三分而增添一分。

---

① （北周）甄鸾：《五经算术》卷上《〈仪礼〉丧服经带法》，郭书春、刘钝校点：《算经十书（二）》，第 7—8 页。
② （北周）甄鸾：《五经算术》卷下《礼记·月令》黄钟律管法》，郭书春、刘钝校点：《算经十书（二）》，第 14—16 页。

在此，十二律分阴阳，用蔡邕的话说，就是"子午已东为上生，已西为下生"[①]。谷杰先生曾用示意图（图2-5）清晰地勾画了十二律的阴阳变化及其与上生和下生之间的关系。

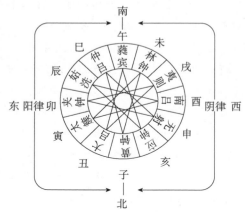

图2-5　十二律与阴阳及上生和下生的关系示意图[②]

《淮南子·天文训》说："阳生于子，阴生于午。"[③]又唐代贾公彦疏《周礼》云："云'下生者三分去一，上生者三分益一'者，子午已东为上生，子午已西为下生。东为阳，阳主其益，西为阴，阴主其减，故上升益，下生减。必以三为法者，以其生，故取法于天之生数三也。"[④]结合图2-5，不难看出，黄钟、大吕、太簇、夹钟、姑洗、仲吕为阳律，蕤宾、林钟、夷则、南吕、应钟、无射为阴律。文中"益者，四乘，三除"即分数$\frac{4}{3}$，"损者，二乘，三除"即分数$\frac{2}{3}$。依此，可算出十二律管的长度。

（2）"《礼记》投壶法"与斛法。关于中国古代的"斛法"问题，吴承洛先生的《中国度量衡史》及郭正忠先生的《三至十四世纪中国的权衡度量》等专著，都有专门讨论，这里不去细说。由于汉魏以来各朝代所取尺寸不相同，"斛法"差异较大。所以《夏侯阳算经》专门用"言斛法不同"这样的专题来讨论从东汉至南北朝时期的"斛法"问题。其文云："古者凿地方一尺，深一尺六寸二分，受粟一斛。至汉王莽改铸铜斛，用积一尺六寸二分。至宋元嘉二年徐受重铸，用二尺三寸九分。至梁大同元年甄鸾校之，用二尺九寸二分。然时异事变，斗尺不同。"[⑤]可见，甄鸾对"斛法"问题关注已久，他不仅亲自校正过铜斛，具有比较丰富的实践经验，而且将"斛法"以专题形式编入《五经算术》之中，体现了"斛法"与民众生活的紧密度和重要性，自然不可等闲视之。所以重视数学应用和生活实践，应是甄鸾数学思想的重要特点之一。

---

① 《史记》卷25《律书》索隐，第1251页。
② 谷杰：《从古代阴阳五行宇宙观看先秦至汉初五音与十二律生律法的思想根源》，《黄钟（中国·武汉音乐学院学报）》2010年第4期，第143页。
③ （汉）刘安撰，高诱注：《淮南子·天文训》，《百子全书》第3册，第2829页。
④ （汉）郑玄注，（唐）贾公彦疏：《周礼注疏》，济南：山东画报出版社，2004年，第652页。
⑤ （唐）韩延：《夏侯阳算经》卷上《言斛法不同》，郭书春、刘钝校点：《算经十书（二）》，第3—4页。

"《礼记》投壶法"载：

"壶颈修七寸，腹修五寸，口径二寸半，容斗五升。"注云："修，长也。腹容斗五升，三分益一，则为二斗，得圆围之象，积三百二十四寸。以腹修五寸约之，所得求其圆周，二尺七寸有奇。是为腹径九寸有余。"甄鸾按："斛法一尺六寸二分，上十之，得一千六百二十寸，为一斛。积寸下退一等，得一百六十二寸，为一斗。积寸倍之，得三百二十四寸，为二斗。积寸以腹修五寸约之，得六十四寸八分。乃以十二乘之，得积七百七十七寸六分。又以开方除之，得圆周二十七寸，余四十八寸六分。倍二十七，从方法得五十四。下法一亦从方法，得五十五。以三除二十七寸，得九寸。又以三除不尽四十八寸六分，得一十六寸二分。与法俱上十之，是为壶腹径九寸五百五十分寸之一百六十二。母与子亦可俱半之，为二百七十五分寸之八十一。"①

这段记载源自《礼记·投壶》，由于它涉及壶体容积的计算，遂成为古代颇有影响的一道算题。"注云"是指郑玄之注，具体情况见《礼记正义》中的注释②。如注中所见，郑玄的计算方法颇为复杂。对此，甄鸾给出了不同的算法。他应用了开平方法，其解法较郑玄的方法精确，表明郑玄时代尚不懂得用筹算开平方的方法。

（3）"推《春秋》鲁僖公五年正月辛亥朔法"与推积日及求次月朔法。《五经算术》卷下共有 14 道与闰朔内容有关的算题，大同小异，为了从整体上认识和了解甄鸾的算学思想，我们在此仅举"推《春秋》鲁僖公五年正月辛亥朔法"一题，以管窥豹，余不赘述。《五经算术》云：

《传》云："僖公五年春王正月辛亥朔日南至。"南至，冬至也。冬至之日南极至，故谓之日南至也。日中之时景最长，以景度之，知其南至。《周官》以土圭度日景，以求地中。夏至之日景尺有五寸，冬至之日立八尺之木以为表，度而知之。"公既视朔，遂登观台以望云气。而书，礼也。凡分、至启闭，必书云物，为备故也。"③

在此，欲求得"鲁僖公五年春王正月辛亥朔日"，就需要引入古代历法中的上元积年。李淳风在注释中给出了从周历上元丁巳至鲁僖公五年（前 665）的上元积年数，即 275 976 9 算，求得积月为 11 985 月。据此，甄鸾述"推积日法"云：

置积月一万一千九百八十五，以周天分二万七千七百五十九乘之，得三亿三千二百六十九万一千六百一十五，为朔积分。以日法九百四十除之，得三十五万三千九百二十七，为积日，不尽二百三十五为小余。以六十除积日，得五千八百九十八，弃之。取不尽四十七为大余，命以甲子算外，即正月辛亥朔。④

———————————

①　（北周）甄鸾：《五经算术》卷下《〈礼记〉投壶法》，郭书春、刘钝校点：《算经十书（二）》，第 23—24 页。

②　（汉）郑玄注，（唐）孔颖达正义：《礼记正义》下册，上海：上海古籍出版社，2008 年，第 2209 页。

③　（北周）甄鸾：《五经算术》卷下《推〈春秋〉鲁僖公五年正月辛亥朔法》，郭书春、刘钝校点：《算经十书（二）》，第 24 页。

④　（北周）甄鸾：《五经算术》卷下《推积日法》，郭书春、刘钝校点：《算经十书（二）》，第 25 页。

《汉书·律历志》云："推正月朔，以月法乘积月，盈日法得一，名曰积日，不盈者名曰小余。小余三十八以上，其月大。积日盈六十，除之，不盈者名曰大余。数从统首日起，算外，则朔日也。"①甄鸾计算的结果与《汉书·律历志》的记载相符，证明"鲁僖公五年春王正月辛亥朔日"是正确的。

至于"求次月朔"法，甄鸾云：

> 置正月朔大、小余，加朔大余二十九、小余四百九十九。若小余满日法九百四十，除之，从大余一。满六十除之，命以甲子算外，即次月朔。如是一加得一月朔。若小余满四百四十一以上，其月大，减者小也。②

（二）《五经算术》的科学思想史意义

对于《五经算术》的评价，在不同的时代背景下，学界褒贬不一。然而，从经学自身的发展和演变历史来看，《五经算术》确实首次将经学与算学联系在一起，这无疑是一次巨大的思想突破。

儒家讲"六艺"之学，就小处说，"六艺"分礼、乐、射、御、书、数；就大处言，"六艺"即《诗》《书》《礼》《乐》《易》《春秋》。可见，"数"本来与"六经"就存在着内在联系。诚如熊十力先生所言："六经广大，无所不包通。科学思想、民治思想，六经皆已启其端绪。"③汉时，由于《乐经》散佚，只剩下"五经"，故立五经博士。当时，古文经学家将"五经"或"六经"仅仅看作是"史书"，儒家的地位与诸子百家同。今文经学家则对"五经"或"六经"只重大义而不重言辞，主张通经致用。东汉郑玄消除了古、今文之间的壁垒，兼采古、今文之说，对魏晋南北朝经学的发展影响至巨。如前所述，"五经"中包含着很多自然科学知识，这些知识对于一般的儒生，存在理解方面的困难和障碍。为此，甄鸾对"五经"（只是统称，实际内容已经远远超出了"五经"的范围）中的数学和天文问题进行注解，旨在利于经学的传播。

> 从注解的内容来看，有注解历法推算的，也有对《诗经》等中的数学进行穿凿附会的解说的，如《诗经·伐檀》有"不稼不穑，胡取禾三百亿兮"，这里的"三百亿"只是"很多很多"的意思，并不是真的有300亿颗，注文中却大谈亿是多少等等；该书还用数学方法去计算《仪礼》中的"丧服经（经）带法"和"丧服制食米溢数法"，"投壶法"等，并且对《礼记·月令》的"黄钟律管法"进行了数学计算和说明。这些充分说明中国古人把数学当作一种具有广泛应用的学术技艺。④

（1）将汉魏时期的数学研究成果应用于经学诠释之中。经学的多元发展是与魏晋时期思想界的相对开放风气相联系的，一方面，经学被玄学化，"经学家以玄理注经，玄学家以经

① 《汉书》卷21下《律历志》，第1001页。

② （北周）甄鸾：《五经算术》卷下《求次月朔法》，郭书春、刘钝校点：《算经十书（二）》，第25页。

③ 转引自黄顺玉主编：《现代新儒学的现代性哲学——现代新儒学产生、发展与影响研究》，北京：中央文献出版社，2008年，第389页。

④ 王鸿钧、孙宏安：《数学思想方法引论》，北京：人民教育出版社，1992年，第72页。

义证玄，经学与玄学合流，经学家即玄学家，章句之学已为末流，为人所不齿，儒家经典以及人员都玄学化了"①；另一方面，经学被科学化，如陶弘景《本草经集注》运用了不少经学文献，开了用经学注释《本草经》的先河，如"蒺藜子"条下注引道："《易》云：'据于蒺藜'，言其凶伤。《诗》云：'墙有茨，不可扫也'，以刺梗秽也。方用甚希尔。"②又"桂"条下注引说："盖《礼》所云姜桂以为芬芳也。"③"王瓜"条下注引道："《礼记·月令》云：'王瓜生'，此之谓也。郑玄云菝葜，殊为谬矣。"④与陶弘景的注解不同，甄鸾则用当时的数学成果来注解经书。例如，开平方法见于《九章算术·少广》，其文云：

> 置积为实。借一算，步之，超一等。议所得，以一乘所借一算为法，而以除。除已，倍法为定法。其复除。折法而下。复置借算，步之如初，以复议一乘之，所得副以加定法，以除。以所得副从定法。复除，折下如前。若开之不尽者，为不可开，当以面命之。若实有分者，通分内子为定实，乃开之。讫，开其母，报除。若母不可开者，又以母乘定实，乃开之。讫，令如母而一。⑤

可见，甄鸾的开平方法直接取用了《九章算术》的成就。又如，《五经算术》卷上《〈周官〉车盖法》所载"勾股之法"，与《九章算术·勾股》所讲的内容完全一致。

（2）为经学在更大范围内传播扫清了障碍。东汉以后，世家大族发展迅猛，而当时许多家族都非常重视经学的传承及其在家族中的作用。例如，会稽余姚虞氏家族从三国虞翻开始，代有通经之士，前后绵延了 400 多年。据《三国志·吴书·虞翻传》注引《翻别传》转录虞翻的话说："臣高祖父故零陵太守光，少治孟氏《易》，曾祖父故平舆令成，缵述其业，至臣祖父凤为之最密。臣亡考故日南太守歆，受本于凤，最有旧书，世传其业，至臣五世。前人通讲，多玩章句，虽有秘说，于经疏阔。臣生遇乱世……所览诸家解不离流俗，义有不当实，辄悉改定，以就其正。"又说："经之大者，莫过于《易》。自汉初以来，海内英才，其读《易》者，解之率少。"尤其是郑玄"所注五经，违义尤甚者百六十七事，不可不正。行乎学校，传乎将来，臣窃耻之"⑥。在这里，虞翻提出了两个带有普遍性的问题：第一，从东汉以降，经学的传承出现了"解之率少"现象；第二，当时郑玄的五经注非常盛行，但郑注存在很多"违义尤甚"之处。对此，虞翻已经开始匡正郑注之谬，以免对受众（主要指学校的经学教育）造成不良后果。再比如，东汉会稽太守王朗博通经史，"著《易》、《春秋》、《孝经》、《周官》传，奏议论记，咸传于世"⑦。其子王肃，"年十八，从宋忠读《太玄》，而更为之解"⑧，"肃善贾、马之学，而不好郑氏，采会同

---

① 戴维：《诗经研究史》，长沙：湖南教育出版社，2001 年，第 199 页。
② （南朝·梁）陶弘景：《本草经集注》，严世芸、李其忠主编：《三国两晋南北朝医学总集》，北京：人民卫生出版社，2009 年，第 1045 页。
③ （南朝·梁）陶弘景：《本草经集注》，严世芸、李其忠主编：《三国两晋南北朝医学总集》，第 1049 页。
④ （南朝·梁）陶弘景：《本草经集注》，严世芸、李其忠主编：《三国两晋南北朝医学总集》，第 1059 页。
⑤ （三国·魏）刘徽：《九章算术》卷 4《少广》，郭书春、刘钝校点：《算经十书（一）》，第 36—37 页。
⑥ 《三国志》卷 57《吴书·虞翻传》注引《翻别传》，第 1322—1323 页。
⑦ 《三国志》卷 13《魏书·王朗传》，414 页。
⑧ 《三国志》卷 13《魏书·王肃传》，414 页。

异，为《尚书》、《诗》、《论语》、《三礼》、《左氏》解，及撰定父朗所作《易传》，皆列于学官。其所论驳朝廷典制、郊祀、宗庙、丧纪、轻重，凡百余篇。时乐安孙叔然，受学郑玄之门，人称东州大儒。征为秘书监，不就。肃集《圣证论》以讥其短玄，叔然驳而释之，及作《周易》、《春秋例》、《毛诗》、《礼记》、《春秋三传》、《国语》、《尔雅》诸注，又注书十余篇"①。可谓遍注群经，大有以"王学"对抗"郑学"之势，这种现象正反映了当时汉代官学在向地方化和家族化演变过程中必然相伴随而出现的学术变局，以及经学多元发展的历史特点。陈寅恪先生曾评论东汉以后经学的传承和发展状况说：

> 东汉以后学术文化，其重心不在政治中心之首都，而分散于各地之名都大邑。是以地方之大族盛门乃为学术文化之所寄托。中原经五胡之乱，而学术文化尚能保持不坠者，固由地方大族之力，而汉族之学术文化变为地方化及家门化矣。故论学术，只有家学之可言，而学术文化与大族盛门常不可分离也。②

在魏晋经学的演变过程中，郑玄的五经注确实成为一枢轴。一方面，郑玄学术杂糅今古文，时不时用谶纬之怪异附会经说，流弊甚多；另一方面，就魏晋经学的发展实际而言，还没有哪家经学能够取代郑玄之学。在这种情况下，唯有对郑玄中的一些容易混淆或者可能会引发歧义的问题加以注解，这样会对经学的传播更有意义。所以甄鸾编撰《五经算术》的目的之一，就是在修正或补缺郑注的前提下，尽量树立郑玄经学的权威，从而利于经学思想的统一和传播。在《五经算术》中，甄鸾主要做了以下几方面的工作。

第一，正确指出郑注的具体含义，消除其可能会造成的理解性疑惑。比如，《五经算术》卷上《〈诗·伐檀〉毛、郑注不同法》云：

> "不稼不穑，胡取禾三百亿兮。不狩不猎，胡瞻尔庭有县特兮。"注云："万万曰亿。兽三岁曰特。"笺云："十万曰亿。三百亿，禾秉之数也。"甄鸾按：黄帝为法，数有十等。及其用也，乃有三焉。十等者，谓亿、兆、京、垓、秭、壤、沟、涧、正、载。三等者，谓上、中、下也。其下数者，十十变之。若言十万曰亿，十亿曰兆，十兆曰京也。中数者，万万变之。若言万万曰亿，万万亿曰兆，万万兆曰京也。上数者，数穷则变。若言万万曰亿，亿亿曰兆，兆兆曰京也。据此而言，郑用下数，毛用中数矣。③

尽管学界对甄鸾的"三等数"尚存异议，但从历史的角度看，甄鸾试图对"大数"概念做出较为明晰的定义，其功不可没。李文林先生曾将甄鸾所说的"大数"与现代科学记数法进行对比，李先生认为："中国古代有着严整有序的大数记数系统，并具有强大的表示大数的功能……即使在中数系统中已表示10^{24}，而在上数系统中则已达10^{32}。"④于是，甄

① 《三国志》卷13《魏书·王肃传》，第419—420页。

② 陈寅恪：《金明馆丛稿初编》，上海：上海古籍出版社，1980年，第131页。

③ （北周）甄鸾：《五经算术》卷上《〈诗·伐檀〉毛、郑注不同法》，郭书春、刘钝校点：《算经十书（二）》，第4页。

④ 李文林：《中国古代大数系统及启示》，《中国科技术语》2013年第1期，第28页。

鸾所讲的"大数"系统对于我们在信息化时代如何更科学地使用"大数"不无启示意义。例如，"万万进的中数系统中，至'京'已能表示达10^{24}量级的大数，而万进系统中同一名称仅表示10^{16}。另一方面，由于清代以来比较普遍地采用了万进系统，人们对其更为熟悉。因此二者各有利弊，可在充分讨论、权衡的基础上择善而从"[1]。

第二，找出郑注与经义之间不相一致的地方，引发人们进一步思考，从而得到正解。例如，《五经算术》卷上《求郑注云"古者百里当今一百二十五里"法》载：

> 置一百里，以三百步乘之，得三万步。以古步率五乘之，得一十五万，为实。以今步率四乘里法三百步，得一千二百，为法。实如法而一，得一百二十五里。按经自不合，郑注又不与经同。未详所以。[2]

《古今图书集成·度量权衡部》载"周尺"云：

> 《汉制考·尺》：周尺，注：周尺之数未详闻也。案礼制：周犹以十寸为尺。盖六国时多变乱法度，或言周尺八寸，则步更为八八六尺四寸。以此计之，古者百亩当今百五十六亩二十五步；古者百里当今百二十五里。疏：郑即以古周尺十寸为尺，八尺为步，则步八十寸。郑又以今周尺八寸为尺，八尺为步，则今步皆少于古步一十六寸也。是今步别剩六十寸。[3]

关于"周尺"问题，确为学界一难题。考杨宽《中国历代尺度考》一书，专列 5 个部分推求"周尺"之法度，有"据古今里数推得之周尺"、"据古今身长推得之周尺"、"据古今天度推得之周尺"、"据古玉推得之周尺"及"据古兵推得之周尺"[4]，其结论是："历代尺度，由短而长，几成公例，且尺度之起源由于手把，今手之一把，不过营造尺五寸，疑最初之尺度尚不及七寸二分，渐增至晚周乃为七寸二分耳。"[5]清邹汉勋对《礼记·王制》之说提出疑问，原文云："古者以周尺八尺为步，今以周尺六尺四寸为步。"[6]邹汉勋以为："《记》文之错无疑，但欲少易数字，则又有一说。小篆六、四二字形近，六尺四寸，当作六尺六寸，盖取《考工记》之言以为说。"[7]《考工记》云："六尺有六寸，与步相中也。"[8]看来，关于"周尺"的问题，在短时间内还无法形成一致的认识。

第三，对郑注的失当之处予以纠正。在《五经算术》卷上《〈尚书〉、〈孝经〉"兆民"注数越次法》里，郑玄释"兆民"云："一人为天子，亿万曰兆。"[9]对此，甄鸾指出："注

①　李文林：《中国古代大数系统及启示》，《中国科技术语》2013 年第 1 期，第 28 页。
②　（北周）甄鸾：《五经算术》卷上《求郑注云"古者百里当今一百二十五里"法》，郭书春、刘钝校点：《算经十书（二）》，第 13 页。
③　转引自李国豪主编：《建苑拾英——中国古代土木建筑科技史料选编》，上海：同济大学出版社，1990 年，第 73 页。
④　杨宽：《中国历代尺度考》，上海：商务印书馆，1938 年，第 54—64 页。
⑤　杨宽：《中国历代尺度考》，第 73 页。
⑥　黄侃：《黄侃首批白文十三经·礼记》，第 50 页。
⑦　（清）邹汉勋撰，蔡梦麒校点：《邹叔子遗书七种》，长沙：岳麓书社，2011 年，第 355 页。
⑧　（汉）郑玄注，陈戍国点校：《周礼》，长沙：岳麓书社，2006 年，第 109 页。
⑨　汪受宽：《孝经译注·天子章》，上海：上海古籍出版社，2016 年，第 11 页。

云'亿万曰兆'者，理或未尽。何者？按黄帝为法，数有十等。"[①]如前所述，"兆"按万进为 10^{12}，在下数系统为 10^{6}，中数系统和大数系统则为 10^{16}。其中"百万为兆"较为普遍。因此，在实际生活中便引来了"兆"字的麻烦。李文林先生说："无论是选择万万进的中数系统还是万进系统，都将遇到与信息行业中'兆'字定义的冲突。众所周知，随着各种信息产品的流行，作为表示百万的'兆'字已深入千家万户，如果改称'百万'或其他的字，人们会感到很不习惯从而造成某种程度的混乱。"[②]由此可见，"亿万曰兆"确有不当。不过，甄鸾更多的是相信郑玄注的权威，所以在"《礼记·王制》国及地法""丧服制食米溢数法""《仪礼》丧服经带法"等算题里，甄鸾都以郑玄注为准，体现了他维护郑玄五经注权威的学术张力。

（3）对唐宋经学发展的影响。经学与自然科学的关系，本来是密不可分的。然而，唐朝国子监算学科所习之功课去掉了《五经算术》一门。据《唐六典》载，算学科"习《九章》、《海岛》、《孙子》、《五曹》、《张丘建》、《夏侯阳》、《周髀》十有五人，习《缀术》、《缉古》十有五人；其记遗三等数亦兼习之"[③]。"算经十书"阙《五经算术》，宋代亦然[④]。北宋二程理学将《论语》和《孟子》从经学体系中独立出来，并将其地位提升到经学之上，如程颐、程颢所说："学者当以《论语》、《孟子》为本。《论语》、《孟子》既治，则《六经》可不治而明矣。"[⑤]又说："只心便是天，尽之便知性，知性便知天，当处便认取，更不可外求。"[⑥]这就将用自然科学注释经学的路堵死了，所以直到南宋后期王应麟才撰写了《六经天文编》，重新确立了经学与自然科学的依存关系，从而使甄鸾的经学科学思想得以延续。

二、《五曹算经》与实用经济数学方法的探索

（一）《五曹算经》的主要内容

《五曹算经》系一册为地方官府胥吏编写的应用算术书，是故内容浅近易懂。按：《晋书·职官志》载当时的行政机构有侍御史及太子太傅、少傅等官职。其中侍御史下设 13 曹：吏曹、课第曹、直事曹、印曹、中都督曹、外都督曹、媒曹、符节曹、水曹、中垒曹、营军曹、法曹、算曹。[⑦]太子太傅、少傅下设有户曹、法曹、仓曹、贼曹、功曹等。[⑧]又据《魏书·官氏志》载，永平二年（509）正月，尚书令高肇奏"并省"的机构有"户

① （北周）甄鸾：《五经算术》卷上《〈尚书〉、〈孝经〉"兆民"注数越次法》，郭书春、刘钝校点：《算经十书（二）》，第 3 页。

② 李文林：《中国古代大数系统及启示》，《中国科技术语》2013 年第 1 期，第 28 页。

③ （唐）李林甫等撰，陈仲夫点校：《唐六典》卷 21《国子监》，北京：中华书局，2014 年，第 563 页。

④ 苗书梅等点校：《宋会要辑稿·崇儒》，开封：河南大学出版社，2001 年，第 155 页。

⑤ （宋）程颢、程颐著，王孝鱼点校：《二程集》上册，北京：中华书局，2004 年，第 322 页。

⑥ （宋）程颢、程颐著，王孝鱼点校：《二程集》上册，第 15 页。

⑦ 《晋书》卷 24《职官志》，北京：中华书局，1974 年，第 738 页。

⑧ 《晋书》卷 24《职官志》，第 742 页。

曹、刑狱、田曹、水曹、集曹、士曹"①等。所以，"甄鸾是西魏、北周时人，搜集了当时与州县行政有关的算术问题，编成这五卷书是无可怀疑的"②。《隋书·经籍志》载有甄鸾撰"《九章六曹算经》一卷"③，《旧唐书·经籍志下》则载有甄鸾撰"《五曹算经》五卷"及"《五曹算经》三卷"两部书④。尽管《旧唐书》条下注释称"三卷"为"五卷"之误，又清人钱曾《读书敏求记》以为《隋书》"六盖五字之讹，九章盖上有《九章》之书而误衍尔"⑤，但总感证据尚欠，未免武断。诚如清代考据学家戴震所言："考《夏侯阳算经》引田曹、仓曹者二，引金曹者一，而此书（指《五曹算经》——引者注）皆无其文。然此书首尾完具，脉络通贯，不似有所亡佚。疑《隋志》之《九章》、《六曹》，其目亦同《阳》所引田曹、仓曹、金曹等名，乃别为一书，而非此书之文。故不敢据以补入，以混其真焉。"⑥戴氏提出的问题应当重视，即《夏侯阳算经》为什么引文只有"三曹"而不是"五曹"？它表明《旧唐书·经籍志下》所载录的"《五曹算经》三卷"并不误，换言之，世上流传有"三卷本"和"五卷本"两种版本的《五曹算经》。今传仅见南宋嘉定间汀州刻"五卷本"。

第1卷是《田曹》，计19题，甄鸾释"田曹"云："生人之本，上用天道，下分地利，故田曹为首。"⑦这部分内容主要是对生产实践中所遇到的各种形状田块面积的计算进行了总结，包括方田、直田、圭田、腰鼓田、鼓田、弧田、蛇田、墙田、箫田、丘田、箕田、四不等田、覆月田、牛角田、圆田、环田等。与《九章算术·方田》相比，新增了腰鼓田、鼓田、蛇田、丘田、四不等田、覆月田及牛角田等不规则田块。对于这些田块的计算，杨辉在《田亩比类乘除捷法》一书中都有评说。下面简略述之。

第1题云：

今有腰鼓田，从八十二步，两头各广三十步，中央广十二步。问为田几何？答曰：八亩奇四十八步。术曰：并三广，得七十二步，以三除之，得二十四步。以从八十二步乘之，得一千九百六十八步。以亩法除之，即得。⑧

杨辉指出，求解腰鼓田，"是作两段梯田取用"，这是因为腰鼓田是由两个上下底分别相等的梯形以较短底边相拼而成的田。为此，他特"立小问图证，免后人之惑也"⑨。于是，杨辉列举了"腰鼓田"的求解法："今有腰鼓田，两头各广八步，中广四步，正从一十二步，问田几何？答曰：七十二步。……倍中阔作八步，并两阔一十六步，共二十四

①　《魏书》卷113《官氏志》，第3004页。
②　李俨、钱宝琮：《李俨钱宝琮科学史全集》第4卷《校点〈算经十书〉》，第309页。
③　《隋书》卷34《经籍志》，第1025页。
④　《旧唐书》卷47《经籍志下》，第2039页。
⑤　李俨、钱宝琮：《李俨钱宝琮科学史全集》第4卷《校点〈算经十书〉》，第309页。
⑥　戴震研究会、徽州师范专科学校、戴震纪念馆：《戴震全集》第6册，北京：清华大学出版社，1999年，第3372页。
⑦　（北周）甄鸾：《五曹算经》卷1《田曹》，郭书春、刘钝校点：《算经十书（二）》，第1页。
⑧　（北周）甄鸾：《五曹算经》卷1《田曹》，郭书春、刘钝校点：《算经十书（二）》，第1—2页。
⑨　（宋）杨辉：《田亩比类乘除捷法》卷上《腰鼓田》，郭书春主编：《中国科学技术典籍通汇·数学卷》第1分册，郑州：河南教育出版社，1995年，第1081页。

步，以正从乘得二百八十八步，以四除之。"①

郭熙汉先生认为，杨辉列举的"腰鼓田"求解法是正确的，而甄鸾的解法有误。这是因为杨辉列举的"腰鼓田"求解法正确应用了"出入相补"原理，如图2-6所示：

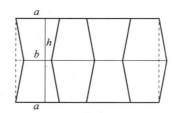

图2-6　腰鼓田及其解法示意图②

第2题云：

> 今有鼓田，两头各广四十步，中央广五十二步，从八十五步。问为田几何？答曰：一十五亩奇一百四十步。术曰：并三广，得一百三十二步。以三除之，得四十四步。以从八十五步乘之，得三千七百四十步。以亩法除之，即得。③

杨辉明确指出："《五曹算法》乃并三广以正从乘而三除，误矣。"④正确方法同腰鼓田。

第3题云：

> 今有田，桑生中央。从隅至桑一百四十七步。问为田几何？答曰：一顷八十三亩奇一百八十步。术曰：列一百四十步，以二乘之，得二百九十四步。以五乘之，得一千四百七十步。以七除之，得二百一十步。自相乘，得四万四千一百步。以亩法除之，即得。⑤

杨辉指出：

> 《五曹法》误答一八十三亩一百八十步。五曹术以二乘桑至隅步，乃取田之余斜也。以五乘七除，即方五斜七之义。所以误，合前数不可用方五斜七之法。方五斜七仅可施于尺寸之间，其可用于百亩之外。本法当二乘隅为方田之弦，步自乘，折半，开平方除之，取田方一面之数，以方自乘即得所答。⑥

① （宋）杨辉：《田亩比类乘除捷法》卷上《腰鼓田》，郭书春主编：《中国科学技术典籍通汇·数学卷》第1分册，第1081页。

② 郭熙汉：《〈杨辉算法〉导读》，武汉：湖北教育出版社，1996年，第218页。

③ （北周）甄鸾：《五曹算经》卷1《田曹》，郭书春、刘钝校点：《算经十书（二）》，第2页。

④ （宋）杨辉：《田亩比类乘除捷法》卷上《鼓田》，郭书春主编：《中国科学技术典籍通汇·数学卷》第1分册，第1082页。

⑤ （北周）甄鸾：《五曹算经》卷1《田曹》，郭书春、刘钝校点：《算经十书（二）》，第2—3页。

⑥ （宋）杨辉：《田亩比类乘除捷法》卷下《五曹方田》，郭书春主编：《中国科学技术典籍通汇·数学卷》第1分册，第1084页。

第 4 题云：

> 今有墙田，方周一千步。问为田几何？答曰：二顷六十亩奇一百步。术曰：列田方周一千步，以四除之，得二百五十步。自相乘得六万二千五百步。以亩法除之，即得。[①]

杨辉指出：

> 田形既方，不当曰墙田。只当直云方田若干为题，其术称以四除一千步，得二百五十步，自乘为积，亩法除之。四除外围，不可施于直。恐例将直田外围四而取一，为方面，乘积，岂不利害？往往曾见有人误用此术所以言之。假令有田东西八步，南北六步，本积四十八步。若以外围量之，乃是二十八步。用四除，为七步，自乘却是四十九步。不可用外围两折半之法。[②]

照杨辉的算法，前面《五曹算经》的墙田面积如果不给定已知是正方形，仅仅已知周长，不能得出长方形的面积。由此可见，《五曹算经》在算题的构思方面，还缺乏逻辑的严谨性。

第 5 题云：

> 今有四不等田，东三十五步，西四十五步，南二十五步，北一十五步。问为田几何？答曰：三亩奇八十步。术曰：并东西，得八十步。半之，得四十步。又并南北，得四十步。半之，得二十步。二位相乘，得八百步。以亩法除之，即得。[③]

杨辉认为甄鸾的计算有误。他说："田围四面不等者，必有斜步，然斜步岂可作正步相并？今以一寸代十步为图（图 2-7），以证四不等田。不可用东西相并，南北相并，各折相乘之法。如遇此等田势，须分两段取用：其一勾股田，其一半梯田。"[④]

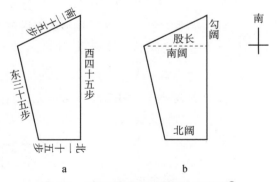

图 2-7　四不等田及杨辉解法示意图[⑤]

① （北周）甄鸾：《五曹算经》卷 1《田曹》，郭书春、刘钝校点：《算经十书（二）》，第 2 页。
② （宋）杨辉：《田亩比类乘除捷法》卷下《墙田》，郭书春主编：《中国科学技术典籍通汇·数学卷》第 1 分册，第 1084 页。
③ （宋）甄鸾：《五曹算经》卷 1《田曹》，郭书春、刘钝校点：《算经十书（二）》，第 3 页。
④ （宋）杨辉：《田亩比类乘除捷法》卷下《五曹方田》，郭书春主编：《中国科学技术典籍通汇·数学卷》第 1 分册，第 1084 页。
⑤ 傅钟鹏编著：《中华古数学巡礼》，沈阳：辽宁人民出版社，1984 年，第 83 页。

第 2 卷是《兵曹》，计 12 题，甄鸾释"兵曹"云："既有田畴，必资人功。故以兵曹次之。"①《春秋左传·成公十三年》载刘子的话说："国之大事，在祀与戎。"②其中"戎"就是要以强大的军事力量来确保国家的安全，而军事力量之强大，一要有士兵，二要有充足的物资保障。甄鸾对士兵的来源及粮食消费比较关注。例如，前两题是有关"壮丁"出兵（即兵役）的问题，从第 3 题至第 7 题，是有关士兵与粮食、布帛等物资的保障问题，第 8 题是讲布置兵力的问题，第 9 题是讲军粮的价格问题，第 10 题是放置战车的占地问题，第 11 题和第 12 题是有关马与羊的饲料问题。以上算题都不难，但却具有重要的社会经济史意义。

第 3 卷是《集曹》，计 14 题，甄鸾释"集曹"云："既有人众，必用食饮，故以集曹次之。"③魏晋南北朝的奢侈型生活方式，必然会出现群体性的酒席场面。魏文帝曹丕曾诏与朝臣曰："三世长者知被服，五世长者知饮食，此言被服饮食难晓也。"④提倡用吃穿和摆阔来衡量家世门风，自然会助长豪门世族大兴奢靡的吃喝风。仅以酒宴为例，据史籍载，有庆典酒宴、节日酒宴、生育酒宴、生日祝寿酒宴、婚嫁喜庆酒宴、迎亲送别酒宴、祈福酒宴等，可谓都是名正言顺的聚众饮酒风俗。如《颜氏家训·风操》载："江南风俗，儿生一期，为制新衣，盥浴装饰……亲表聚集，致宴享焉。自兹已后，二亲若在，每至此日，尝有酒食之事耳。"⑤在这种背景下，甄鸾在《集曹》中共列举了 4 道与宴席有关的算题。不过，算题都不难。如"今有豆八百四十九斛，凡豆九斗易麻七斗，问得麻几何？答曰：六百六十斛三斗三升三合奇三升。术曰：列豆八百四十九斛，以七十乘之，得五万九千四百三十斛。以九十除之，即得"⑥。此类算题实际上是强化练习各种十进位制容积单位之间的换算。

第 4 卷是《仓曹》，计 12 题，甄鸾释"仓曹"云："众既会集，必务储蓄，故仓曹次之。"⑦仓曹为公府诸曹之一，西汉始置，主仓谷事。此卷重点讲解了粮食的征收、储运，包括官田的税收、圆囷的体积及方窖的容积等计算问题。例如：

今有仓从一丈三尺，广六尺，高一丈。中有从牢二枚，方五寸，从一丈三尺。又横牢三枚，方四寸，从六尺。又柱一枚，周三尺，高一丈。问受粟几何？答曰：四百七十一斛，奇一百寸。术曰：列从一丈三尺，上十之，得一百三十。以广六十寸乘之，得七千八百寸。又列高一丈，上十之，为一百寸。以乘之，得七十八万寸，为都积。又列从牢二枚：方五寸自相乘得二十五寸。以从一百三十寸乘之，得三千二百五十寸。以从牢二枚乘之，得六千五百寸。又列横牢三枚：方四寸自相乘得十六

① （北周）甄鸾：《五曹算经》卷 2《兵曹》，郭书春、刘钝校点：《算经十书（二）》，第 5 页。
② 黄侃：《黄侃手批白文十三经·春秋左传》，第 186 页。
③ （北周）甄鸾：《五曹算经》卷 3《集曹》，郭书春、刘钝校点：《算经十书（二）》，第 8 页。
④ （三国·魏）曹丕原著，易建贤译注：《魏文帝集全译》卷 1《与群臣论被服书》，贵阳：贵州人民出版社，2009 年，第 206 页。
⑤ 刘舫编注：《颜氏家训·风操》，杭州：浙江古籍出版社，2013 年，第 46—47 页。
⑥ （北周）甄鸾：《五曹算经》卷 3《集曹》，郭书春、刘钝校点：《算经十书（二）》，第 9 页。
⑦ （北周）甄鸾：《五曹算经》卷 4《仓曹》，郭书春、刘钝校点：《算经十书（二）》，第 11 页。

寸。以从六十寸乘之，得九百六十寸。以横牵三枚乘之，得二千八百八十寸。又列柱一枚：周三尺，上十之，得三十寸。自相乘，得九百寸。以高一百寸乘之，得九万寸。以十二除之，得七千五百寸。并从、横牵及柱等三位，得一万六千八百八十寸。以减都积，余七十六万三千一百二十寸，为实。以斛法一千六百二十寸除之，即得。①

文中的"牵"是指将梁和柱等建筑构件牵引在一起的长木，其截口呈正方形。由术文知，此题总共包含4次体积计算：一是方仓的体积；二是从牵；三是横牵；四是圆柱的体积。此外，本卷对《九章算术·商功》第23题"委粟平地"的各种计算方法进行了比较系统的总结。共计4题：

第1题云："今有平地聚粟，下周三丈，高四尺。问粟几何？答曰：六十一斛七斗二升，奇一分三厘六毫。术曰：列下周三十尺，自相乘，得九百尺。以高四尺乘之，得三千六百尺。以三十六除之，得一百尺。以斛法一尺六寸二分除之，即得。"②

第2题云："今有内角聚粟，下周五十四尺，高五尺。问粟几何？答曰：一千斛。术曰：列下周五十四尺，自相乘，得二千九百一十六尺。以高五尺乘之，得一万四千五百八十尺。以九除之，得一千六百二十尺。以斛法一尺六寸二分除之，即得。"③

第3题云："今有半壁聚粟，下周三十六尺，高四尺五寸。问粟几何？答曰：二百斛。术曰：列下周三十六尺，自相乘，得一千二百九十六尺。以高四尺五寸乘之，得五千八百三十二尺。以十八除之，得三百二十四尺。以斛法一尺六寸二分除之，即得。"④

第4题云："今有外角聚粟，下周四十八尺，高六尺。问粟几何？答曰：三百一十六斛，奇八分。术曰：列下周四十八尺，自相乘得二千三百四尺。以高六尺乘之，得一万三千八百二十四尺。以二十七除之，得五百一十二尺。以斛法一尺六寸二分除之，即得。"⑤

第5卷是《金曹》，计10题，甄鸾释"金曹"云："仓廪货币交质变易，故金曹次之。"⑥显然，此卷关注的是货币交换及丝织物买卖方面的问题。例如，"今有钱二百三十八贯五百七十三文足，欲为九十二陌，问得几何？答曰：二百五十九贯三百一十八文，奇足钱四分四厘。术曰：列钱二百三十八贯五百七十三文足，以九十二除之，即得"⑦。通常货币到"文"就是最小单位了，可是，上题却给出了比"文"还小的货币单位，即"分"和"厘"。

这里，将不足100钱的92足钱当作100钱用，反映了官府对老百姓的盘剥。而从数

---

① （北周）甄鸾：《五曹算经》卷4《仓曹》，郭书春、刘钝校点：《算经十书（二）》，第12页。
② （北周）甄鸾：《五曹算经》卷4《仓曹》，郭书春、刘钝校点：《算经十书（二）》，第12—13页。
③ （北周）甄鸾：《五曹算经》卷4《仓曹》，郭书春、刘钝校点：《算经十书（二）》，第13页。
④ （北周）甄鸾：《五曹算经》卷4《仓曹》，郭书春、刘钝校点：《算经十书（二）》，第13页。
⑤ （北周）甄鸾：《五曹算经》卷4《仓曹》，郭书春、刘钝校点：《算经十书（二）》，第13页。
⑥ （北周）甄鸾：《五曹算经》卷5《金曹》，郭书春、刘钝校点：《算经十书（二）》，第14页。
⑦ （北周）甄鸾：《五曹算经》卷5《金曹》，郭书春、刘钝校点：《算经十书（二）》，第16页。

学思想史的角度看，此题"对于十进小数的概念有了新的发展，这是中国数学史上一个应于（予）重视的问题"①。

（二）甄鸾的实用经济数学思想和方法

关于《五曹算经》的性质，分卷而论，有人认为《兵曹》"是关于军队配制以及给养运输的一些问题。从其中所用到的算法来讲，都不出《九章算术》的范围，但就问题的性质而言，却是我国军事数学方面最早的比较系统的一些记载"②。还有人认为《五曹算经》是一部运用数据分析方法进行政府管理的书籍。这些认识都是正确的，不过，通观来看，《五曹算经》应是一部论述经济数学的思想专著，它为我们提供了比较丰富的南北朝社会经济制度方面的史料。

1.《田曹》与"生人之本"

无论是社会经济还是军事战争，"土地"都是最基本的物质生产资料。《九章算术》第1章即《方田》，《孙子兵法》亦说："地生度，度生量，量生数，数生称，称生胜。"③可见，孙子军事运筹学的根本在于国家的土地面积，因为它是生成人口、兵力、战备物资及其地形特征的前提和基础。《五曹算经》写成于北魏均田制之后，而北魏均田制规定：

> 诸男夫十五以上，受露田四十亩，妇人二十亩，奴婢依良。丁牛一头受田三十亩，限四牛。所授之田率倍之，三易之田再倍之，以供耕作及还受之盈缩。诸民年及课则受田，老免及身没则还田。奴婢、牛随有无以还受。……诸初受田者，男夫一人给田二十亩，课莳余，种桑五十树，枣五株，榆三根。非桑之土，夫给一亩，依法课莳榆、枣。奴各依良。限三年种毕，不毕，夺其不毕之地。于桑榆地分杂莳余果及多种桑榆者不禁。诸应还之田，不得种桑榆枣果，种者以违令论，地入还分。诸桑田皆为世业，身终不还，恒从见口。有盈者无受无还，不足者受种如法。盈者得卖其盈，不足者得买所不足。不得卖其分，亦不得买过所足。诸麻布之土，男夫及课，别给麻田十亩，妇人五亩，奴婢依良。皆从还受之法。④

此田制对北齐乃至唐朝的田制影响巨大，故有学者称："北魏此种均田制，实开北齐、北周、隋、唐田制之先声。且北周兵农合一之府兵制，亦基于此一均田之制而创设焉。"又"魏、齐、隋、唐之田制实同一系统，而南朝则无均田之制。"⑤关于"均田制"的性质，陈寅恪、唐长孺、杨际平、谭惠中、武建国、严耀中等先生均有详论，笔者不必班门弄斧。在这里，我们看到了均田制对土地的利用开始走向多元化，出现了桑田、露田、麻田等田地类型，农民开垦土地的积极性提高了，国家不断将更多的农民从豪强的荫

① 王宗儒编著：《古算今谈》，武汉：华中工学院出版社，1986年，第182页。
② 李俨、杜石然：《中国古代数学简史》，北京：中华书局，1964年，第126页。
③ （春秋）孙武：《孙子兵法全鉴·军形篇》，北京：中国纺织出版社，2014年，第97页。
④ 《魏书》卷110《食货志》，第2853—2854页。
⑤ 陈寅恪：《隋唐制度渊源略论稿》，上海：上海古籍出版社，1982年，第144页。

占下争取过来，因此，北魏推行均田制之后，户口剧增。有学者考证：

> 北魏均田后约三十年，户口剧增，总户口数比西晋全国统一后的户口数高出一倍，即有户近五百万，有口三千二百三十二万余。联系以后北齐、北周户口数考察，上述户口数字大致是可信的。北魏后期户口数同南朝刘宋……户九十四万余，口五百四十六万余相比，户多四百零六万余，口多二千六百八十六万七千余。也就是说，当时北方国家领民户数，为南朝人口最多时国家领民户数的五倍多，口数为南方口数的四点七倍多（领民户中主要是农民），这就基本上形成了北强南弱，再加上其他经济政治条件，最后便由北方封建政权兼并南方而实现全国的统一。①

在这种形势下，为了获得更多土地，农民便开出了较《九章算术·方田章》所举田地形状更复杂和多样的田地形状，如覆月田、牛角田、四不等田等。②

这些新出现的田地，形状各异，其"田畴界域，不俱为直线，为《九章算术·方田章》所未及"③，所以对这些田地的面积究竟该如何计算，就需要进行制度层面的测量与规范，《五曹算经》就是适应这种需要而产生的。如前所述，甄鸾对不规则田块面积和体积的计算都很粗疏，不精确。对此，甄鸾自身术道不精固然是一个重要原因，但他受前辈数学思想的误导也是其原因之一。例如，刘徽《九章算术注·勾股》第11题云："假令弦十，其幂有百，半之为句、股二幂，各得五十，当亦不可开。故曰，圆三、径一，方五、斜七，虽不正得尽理，亦可言相近耳。"④文中的"圆三径一"和"方五斜七"都是很不精确的近似值，事实上刘徽本身亦已将圆周率精确到3.141 6，可是他仍然主张沿用传统的"圆三径一"，这个事实表明中国古代的先进数学成就，从理论到实际应用之间尚存在着很大距离。当然，由于《五曹算经》是一部为地方官府胥吏编写的实用算术著作⑤，所以尽量减少分数运算，以免计算过程的繁复，影响其行政管理的效率，亦应是一个不可忽视的原因。

2. 《兵曹》与"必资人功"

土地和疆域是历来战争争夺的主要目标，因此，养兵用武的主要任务就是保卫国家的土地和疆域。欲完成这个任务，就需要解决兵源问题，所以《兵曹》的第一道题即"责兵"，可见"责兵"的重要性。题云："今有丁二万三千六百九十二人，责兵五千九百二十三人。问几何丁出一兵？答曰：四丁出一兵。术曰：列二万三千六百九十二人，以五千九百二十三除之，即得。"⑥又"今有丁八千九百五十八人，凡三丁出一兵。问出兵几何？答曰：二千九百八十六人。术曰：列八千九百五十八人，以三除之，即得"⑦。考注史籍，

① 朱大渭：《朱大渭学术经典文集》，太原：山西人民出版社，2013年，第113—114页。
② 纪志刚：《南北朝隋唐数学》，第132页。
③ 李俨、钱宝琮：《李俨钱宝琮科学史全集》第1卷，第223页。
④ （三国·魏）刘徽：《九章算术注·勾股》，郭书春、刘钝校点：《算经十书（一）》，第98页。
⑤ 沈康身主编：《中国数学史大系》第4卷《西晋至五代》，第79页。
⑥ （北周）甄鸾：《五曹算经》卷2《兵曹》，郭书春、刘钝校点：《算经十书（二）》，第5页。
⑦ （北周）甄鸾：《五曹算经》卷2《兵曹》，郭书春、刘钝校点：《算经十书（二）》，第5页。

北魏先有族兵制，统一北方后，族兵制逐渐演变为世兵制。各州郡普遍拥有兵力之后，募兵制和征兵制开始出现，高敏先生称此为"徭役性兵役"，因为"这种'兵'，或是世兵的补充，或为军队服杂役，或担任运输和修筑防御体系，本质上是一种劳役"[①]。如北魏太平真君七年（446）六月，"发司、幽、定、冀四州十万人筑畿上塞围，起上谷，西至于河，广袤皆千里"[②]。孝文帝延兴三年（473）十月，"诏州郡之民，十丁取一以充行"[③]。此为临时征发，而太平真君六年（445）秋八月"诏发天下兵，三分取一，各当戒严，以须后命"[④]。也就是说，当军事情况紧张的时候，需要大量征兵，三丁取一；当军事情况稍有缓和的时候，则十丁取一，以保证农业生产之需。又如，太和十九年（495）又"诏选天下武勇之士十五万人为羽林、虎贲，以充宿卫"[⑤]。接着，"丁巳，诏诸从兵从征被伤者皆听还本"[⑥]。这些"还本"的伤残士兵，北魏政府有蠲免田租或免兵役的抚恤制度。[⑦]后来，征兵事例渐渐形成兵役制度，史称番兵。北周则规定："凡人自十八以至五十有九，皆任于役。丰年不过三旬，中年则二旬，下年则一旬。凡起徒役，无过家一人。"[⑧]可见，《五曹算经·兵曹》所讲的兵役算题，反映了当时的社会实际，是"实"，而不是"虚"。

养兵需要大量的粮食、布帛和钱币，按《五曹算经》的计算，"今有兵九百七十人，人给米七升。问计几何？答曰：六十七斛九斗。术曰：列兵九百七十人，以七升乘之，即得"[⑨]。兵士的口粮日给，魏晋南北朝时期一般为七升，如《晋书》载："于时军旅荐兴，国用虚竭，自司徒已下，日廪七升。"[⑩]又《宋书·乐志》亦载晋成帝咸康七年（341），散骑侍郎顾臻奏表云："方今夷狄对岸，外御为急，兵食七升，忘身赴难。"[⑪]另，《宋书·刘勔传》载淮西人贾元友的奏书云："二万人岁食米四十八万斛，五年合须米二百四十万斛。"[⑫]与甄鸾《五曹算经·兵曹》所言一致，这应当是士兵每日饭量的下限。

关于兵士每年所需布帛的数量，《五曹算经》载："今有兵三千一百四十八人，人给布一丈二尺三寸。问计几何？答曰：七百七十四端二丈四寸。"[⑬]又题云："今有兵一千三百六十二人，人给绢二丈八尺五寸。问计几何？答曰：九百七十四一丈七尺。"[⑭]

① 高敏主编：《中国经济通史·魏晋南北朝经济卷》下卷，北京：经济日报出版社，1998年，第653页。
② 《魏书》卷4下《世祖纪》，第101页。
③ 《魏书》卷7上《高祖纪》，第139页。
④ 《魏书》卷4下《世祖纪》，第99页。
⑤ 《魏书》卷7下《高祖纪》，第178页。
⑥ 《魏书》卷7下《高祖纪》，第178页。
⑦ 张敏：《生态史学视野下的十六国北魏兴衰》，武汉：湖北人民出版社，2004年，第139页。
⑧ 《隋书》卷24《食货志》，第679页。
⑨ （北周）甄鸾：《五曹算经》卷2《兵曹》，郭书春、刘钝校点：《算经十书（二）》，第5页。
⑩ 《晋书》卷64《简文三子传》，第1738页。
⑪ 《宋书》卷19《乐志》，第546页。
⑫ 《宋书》卷86《刘勔传》，第2193页。
⑬ （北周）甄鸾：《五曹算经》卷2《兵曹》，郭书春、刘钝校点：《算经十书（二）》，第5页。
⑭ （北周）甄鸾：《五曹算经》卷2《兵曹》，郭书春、刘钝校点：《算经十书（二）》，第6页。

这些布帛主要是解决兵士的衣服及被褥问题，由于"被征抽入伍的外军，十之八九是善良而朴实的汉族农民"[1]，当时的戎服主要分战袍和褶服，褶短至两胯，紧身小袖，交直领，右衽，裤为大口裤，上俭下丰。具体言之，褶服这种戎服的历史特点，诚如学者所言：

> 裤褶亦即"裤褶"，是胡服的一种，原是北方游牧民族的传统戎服。其基本款式为上身穿齐膝大袖衣，下身穿肥管裤，上身服褶而下身服裤，称为裤褶皱服。这里的"裤"是指有裆的、典型的西域风格样式，曾一度对汉族的"裤"有一定影响；这里的"褶"是指上衣。上短衣，下裤，通过与汉、魏、晋文化的相融，形成一种上衣对襟大袖、下裤肥大而且在膝部系带的样式。裤褶因便于骑乘开始为军中之服，后来普及于社会男女皆穿，是魏晋南北朝时期具有代表性的服装。[2]

至于裤褶所用布料，据《魏书·食货志》载，当时"民间所织绢、布，皆幅广二尺二寸，长四十尺为一匹"[3]。按照身高 170 厘米、体重 72 千克计算，依北魏织布的幅面，做一套裤褶，用"一丈二尺三寸"的布料基本上就够了。

前面的军费都是实物，但有时也用铜钱来充军费。例如："今有兵三千八百三十七人，人给钱五百五十六文。问计几何？答曰：二千一百三十三贯三百七十二文。"[4]这道算题的出现不是空穴来风，考北魏铸钱始于太和十九年（495）。据《魏书·食货志》载：

> 魏初至于太和，钱货无所周流，高祖（元宏）始诏天下用钱焉。十九年，冶铸粗备，文曰"太和五铢"，诏京师及诸州镇皆通行之。内外百官禄皆准绢给钱，绢匹为钱二百。在所遣钱工备炉冶，民有欲铸，就听铸之，铜必精练（炼），无所和杂。[5]

1 绢匹=200 铜钱，亦即太和五铢钱。当然，如果出现两种以上的货币同时并存，"实际只有一种货币能最终发挥价值尺度的职能，其他货币只有与这种主要货币相比较而确立价值比例关系后，才能当作价值尺度"[6]。从《五曹算经》的军费支出看，布帛的使用范围十分广泛，是当时货币价值尺度职能的物质承担者。[7]如北齐、北周时"冀州之北，钱皆不行，交贸者皆以绢布"[8]。这表明当时有些地区用绢，有些地区则用铜钱，而用铜钱的地方情况更复杂和混乱，各种钱精良伪劣不等。与铜钱相连，《五曹算经·兵曹》还载有一道算题，云："今有军粮米三千二百四十六斛八斗七升，每斛直钱

① 李亚农：《周族的氏族制与拓跋族的前封建制》，上海：华东人民出版社，1954 年，第 139 页。
② 赵刚、张技术、徐思民编著：《中国服装史》，北京：清华大学出版社，2012 年，第 50 页。
③ 《魏书》卷 110《食货志》，第 2852 页。
④ （北周）甄鸾：《五曹算经》卷 2《兵曹》，郭书春、刘钝校点：《算经十书（二）》，第 5 页。
⑤ 《魏书》卷 110《食货志》，第 2863 页。
⑥ 胡如雷：《中国封建社会形态研究》，北京：生活·读书·新知三联书店，1979 年，第 231 页。
⑦ 薛平拴：《论魏晋南北朝时期的货币发行与流通》，《史学月刊》1994 年第 1 期，第 16—21 页。
⑧ 《隋书》卷 24《食货志》，第 690 页。

四百八十二文。问计几何？答曰：一千五百六十四贯九百九十一文三分四厘。"① 依此，1 斛米=482 文钱，前揭兵士每人给钱 556 文，大概能买 1.2 斛米，约为当时服力役 1 个月的价钱。

3. 《仓曹》及《金曹》与北朝赋税

北魏的赋税比较重，如《魏书·食货志》载："天下户以九品混通，户调帛二匹、絮二斤、丝一斤、粟二十石；又入帛一匹二丈，委之州库，以供调外之费。"② 后来赋税不断加重，像明元帝泰常年间，"诏河南六州之民，户收绢一匹，绵一斤，租三十石"③。不久，又增至"户收租五十石，以备军粮"④。这样一来，迫使那些不堪重压的农民铤而走险，反抗斗争此起彼伏。于是，给事中李冲在太和十年（486）提出了一套新税制：

> 其民调，一夫一妇帛一匹，粟二石。民年十五以上未娶者，四人出一夫一妇之调；奴任耕，婢任绩者，八口当未娶者四；耕牛二十头当奴婢八。其麻布之乡，一夫一妇布一匹，下至牛，以此为降。大率十匹为公调，二匹为调外费，三匹为内外百官俸，此外杂调。民年八十已上，听一子不从役。孤独癃老笃疾贫穷不能自存者，三长内迭养食之。⑤

西魏、北周继续沿袭北魏太和十年的新税制，"其赋之法，有室者，岁不过绢一匹，绵八两，粟五斛；丁者半之。其非桑土，有室者，布一匹，麻十斤；丁者又半之。丰年则全赋，中年半之，下年一之，皆以时征焉"⑥。"时征"表明当时的赋税不断变化，而《五曹算经·仓曹》及《五曹算经·金曹》的相关算题，即反映的就是不断变化的赋税之一种。甄鸾云：

> 今有二千七百户，户责租米一十五斛，问计几何？答曰：四万五百斛。⑦

"户责租米一十五斛"与北魏初的"粟二十石"大略相当。关于粟的出米率，学界的观点有差异。有学者主张在 50%—70%⑧，也有学者认为粟的出米率一般在 70%—80%或更多⑨，还有按 50%计算⑩等。在此，根据春米的精粗不同计，魏晋南北朝时期的粟出米率按 70%—80%计算比较切合实际。所以"粟二十石"出米 15 斛（石），是有根据的。

---

① （北周）甄鸾：《五曹算经》卷 2《兵曹》，郭书春、刘钝校点：《算经十书（二）》，第 6 页。

② 《魏书》卷 110《食货志》，第 2852 页。

③ 《魏书》卷 7 上《高祖纪》，第 139 页。

④ 《魏书》卷 7 上《高祖纪》，第 139 页。

⑤ 《魏书》卷 110《食货志》，第 2855 页。

⑥ 《隋书》卷 24《食货志》，第 679 页。

⑦ （北周）甄鸾：《五曹算经》卷 4《仓曹》，郭书春、刘钝校点：《算经十书（二）》，第 11 页。

⑧ 高启安：《唐五代敦煌饮食文化研究》，北京：民族出版社，2004 年，第 224 页。

⑨ 北京农业大学等：《作物栽培学》上册，北京：农业出版社，1961 年，第 264 页。

⑩ 王利华：《中古华北饮食文化的变迁》，北京：中国社会科学出版社，2000 年，第 120 页。

又《五曹算经·金曹》第 1 题云："今有五百六十五户，户责丝一斤十一两八铢。问计几何？答曰：八石五斤三两八铢。"①

第 2 题云："今有五百六十五户，共责丝八石五斤三两八铢。问户出丝几何？答曰：一斤十一两八铢。"②

此赋税重于北魏户"绵一斤"的赋税，表明北朝的赋税整体上比较高。那么，北朝统治者为什么会征收高额的赋税呢？这与当时的移民有关。史学界普遍认为，魏晋南北朝是中国古代第一次移民高潮③，葛剑雄先生在《中国移民史》第 2 卷中对此期的移民状况有详论。他指出，与北方人大量向南方移民并存，同时也有南方人向北方移民的现象。而这时，北朝统治者除了接纳南方汉人的北迁外，还存在着"北方政权的掠夺性、强制性（向北）迁移"。以河北为例，北魏末年河北居民的迁移出现了第三次高峰。据不完全统计，从孝昌元年（525）六月到东魏天平元年（534），不到十年的时间，往来流徙河北的人口不下二三百万人次。④日本学者古贺登认为，这些移民"所服的劳役几乎是带有永久性的。他们之中的大部分人，作为被征服者，是以半自由民的身份在从事其强制性的劳动的。北魏赋税的征收，实际上是以他们为主要对象的"⑤。西魏、北周的赋税亦应如是观。

4.《五曹算经》与北朝的物价

关于魏晋南北朝的物价，王仲荦先生有专文探讨⑥，可资参考。这里仅根据《五曹算经》、《张丘建算经》及《数术记遗》等科技文献，略述于兹。

（1）鸡价。《张丘建算经》卷下载："今有鸡翁一直钱五，鸡母一直钱三，鸡雏三直钱一。"⑦又《数术记遗》甄鸾注云："今有鸡翁一只直四文，鸡母一只直三文，鸡儿三只直一文。"⑧

（2）雉价。《五曹算经·集曹》云："今有凡钱五文买雉三只。有钱一万七千五百二十五文，问得雉几何？答曰：一万五百一十五只。"⑨依题意知，每只雉价约为 1.7 文。

（3）酒价。《张丘建算经》卷中有一道题云："今有清酒一斗直粟十斗，醨酒一斗直粟三斗。"⑩

（4）梨价。《五曹算经·集曹》有题云："今有钱二十七贯八百三十三文，凡五文买梨

① （北周）甄鸾：《五曹算经》卷 5《金曹》，郭书春、刘钝校点：《算经十书（二）》，第 14 页。
② （北周）甄鸾：《五曹算经》卷 5《金曹》，郭书春、刘钝校点：《算经十书（二）》，第 14 页。
③ 秦牧：《秦牧全集》第 6 卷《散文》，广州：广东教育出版社，2007 年，第 544 页。
④ 牛润珍：《魏晋北朝幽冀诸州的移民与民族融合》，《河北学刊》1988 年第 4 期，第 90 页。
⑤ ［日］古贺登：《北魏的赋税制度》，李凭节译，琚喜臣、彭晋渠、徐志：《中国税史学习参考资料》，武汉：中南财经大学财政金融系财税史教研室、资料室，1988 年，第 83 页。
⑥ 王仲荦遗著，郑宜秀整理：《金泥玉屑丛考》差 4《魏晋南北朝物价考》，第 66—112 页。
⑦ （晋）张丘建：《张丘建算经》卷下，郭书春、刘钝校点：《算经十书（二）》，第 43 页。
⑧ （东汉）徐岳撰，（北周）甄鸾注：《数术记遗》，郭书春、刘钝校点：《算经十书（二）》，第 7 页。
⑨ （北周）甄鸾：《五曹算经》卷 3《集曹》，郭书春、刘钝校点：《算经十书（二）》，第 10 页。
⑩ （晋）张丘建：《张丘建算经》卷中，郭书春、刘钝校点：《算经十书（二）》，第 23 页。

三枚。问得梨几何？答曰：一万六千六百九十九枚奇四文。"[①]依题意知，每枚梨价约为1.7文，1枚梨价与1只雉价等。

（5）车价。《张丘建算经》卷下载有一题云："今有甲、乙、丙三人共出一千八百钱，买车一量（辆），欲与亲知乘之，为亲不取。还卖得钱一千五百。"[②]

以上所举虽然仅仅是部分物价，但从中能管窥其社会经济发展之一斑。由于战争频发，加上灾害不断，据邓拓先生统计，魏晋南北朝369年间，共发生各种灾害619次，这个数字不但高于秦汉440年灾害次数1倍多，而且大大高于隋唐灾害的程度[③]。在此背景下，物价的波动和混乱是必然的。

三、《数术记遗》的筹算思想及甄鸾的珠算思想

（一）《数术记遗》的筹算思想

对《数术记遗》的系统研究，仅见于李培业先生所著《数术记遗释译与研究》一书。[④]学界的传统观点认为，《数术记遗》为徐岳撰、甄鸾注。但钱宝琮先生主张《数术记遗》极有可能是甄鸾依托伪造而自己注释的一部数学著作[⑤]，曲安京等从之[⑥]。确实，就《数术记遗》的学术价值而言，其注远远超出了正文，所以沈康身先生在讨论《数术记遗》这部著作的数学成就时，明言"以甄鸾注的内容为主，进行讨论"[⑦]。有鉴于此，我们这里亦以甄鸾注为主要线索，略述其数学思想如下。

（1）对佛经中所说"大数"的解读。甄鸾崇信佛教，他结合自己的研究所得，对佛经中所讲到的"大数"概念进行了探索式的解读，不无启发。他在《数术记遗》"不辨积微之为量，讵晓百亿于大千"条下注云：

> 按《楞伽经》云：积微成一阿耨，七阿耨为一铜上尘，七铜上尘为一水上尘，七水上尘为一兔毫上尘，七兔毫上尘为一羊毛上尘，七羊毛上尘为一牛毛上尘，七牛毛上尘为一向中由尘，七向中由尘成一虮，七虮成一虱，七虱成一麦横，七麦横成一指节，二十四指节为一肘，四肘为一弓，去村五百弓为阿兰惹。[⑧]

此即佛经中说的"色量"，亦即各种物质之单位，是印度的容量及长度计算单位。由于翻译的原因，各种佛经的色量略有不同。如《俱舍论》卷12的色量分别由微至著，依次是极微、微量、金尘、水尘、兔毛尘、羊毛尘、牛毛尘、隙游尘、虮、虱、穬麦、指

① （北周）甄鸾：《五曹算经》卷3《集曹》，郭书春、刘钝校点：《算经十书（二）》，第9页。
② （晋）张丘建：《张丘建算经》卷下，郭书春、刘钝校点：《算经十书（二）》，第36页。
③ 邓拓：《中国救荒史》，北京：北京出版社，1998年，第17—19页。
④ 李培业：《数术记遗释译与研究》，北京：中国财政经济出版社，2007年，第66—134页。
⑤ 李俨、钱宝琮：《李俨钱宝琮科学史全集》第4卷《校点〈算经十书〉》，第403页。
⑥ 曲安京主编：《中国古代科学技术史纲·数学卷》，沈阳：辽宁教育出版社，2000年，第12页。
⑦ 沈康身主编：《中国数学史大系》第4卷《西晋至五代》，第88页。
⑧ （东汉）徐岳撰，（北周）甄鸾注：《数术记遗》，郭书春、刘钝校点：《算经十书（二）》，第2页。

节。此为容积之分量或为微观世界的长度单位。从"七虱成一麦横"以下，则为宏观世界的长度单位。所以马忠庚先生认为，上述"色量"讲到了物质的可分性问题。他说："佛教对物质的物理构成进行过十分深入、细致的分析与探索，甚至将物质细分至微观结构的层面上。"[①]又说："不同的佛经中对物质细分时，虽然各级细微的'尘'的名称稍有差别，但最终的数量级是一样的。"[②]那么，"若再细分下去是什么呢？一说是邻虚尘，也有说到极微尘就不能再分了"[③]。如《佛祖历代通载》卷1云："最极微细者，曰极微尘，亦名邻虚尘，不能析释。"[④]由于时代的局限，佛教将"极微尘"看作是物质世界的不可再分的最小单位，与现代量子力学的发展不一致。因为"量子"已经突破了"极微尘"，如"原子的线度为10^{-10}米的数量级，但原子核的线度要比这小四五个数量级，即飞米（fm）或10^{-14}—10^{-15}的数量级"[⑤]。然而，对于甄鸾来说，其意义在于它是从"小尺度"来认识物质结构的。

甄鸾注云：

> 据若摩竭国人，一拘庐舍为五里。八拘庐舍为一由旬，一由旬计之为四十里也。及以算校之，正得一十七里。何者？计二尺为一肘，四肘为一弓，弓长八尺也。计五百弓有四千尺也。八拘庐舍则有三万二千尺。除之，得五千三百三十三步。以里法三百步除之，得一十七里，余二百三十三步。[⑥]

在佛经里，佛家习惯用"拘庐舍"作为各种星体的计量单位，如《法苑珠林》卷6载："依《增一阿含经》云：'大星一由旬，小星二百步。'《楼炭经》云：'大星围七百里，中星四百八十里，小星二十里。星是诸天宫宅。'《瑜伽论》云：'诸星宿中，其星大者十八拘庐舍，其中者十拘庐舍，最小者四拘庐舍。'"[⑦]这些都是经验数值，不可靠。然对于甄鸾来说，这些都是宏观世界的量度。

甄鸾又注：

> 《华严经》云："四天下共一日月，为一世界。有千世界有一小铁围山绕之，名曰小千世界。有一千小世界有中铁围山绕之，名曰中千世界。有一千中千世界有大铁围山绕之，名曰大千世界。此大千世界之中，有百亿须弥山。"乃今校之，世有十亿日月，十亿须弥山。何者？置小千世界之中有一千日月，以一千乘之，得一百万，即中千世界中日月数也。置中千世界日月之数，以一千乘之，得即大千世界日月

---

① 马忠庚：《佛教与科学——基于佛藏文献的研究》，北京：社会科学文献出版社，2007年，第41页。

② 马忠庚：《佛教与科学——基于佛藏文献的研究》，第41页。

③ 马忠庚：《佛教与科学——基于佛藏文献的研究》，第42页。

④ （元）念常：《佛祖历代通载》卷1，[日]高楠顺次郎等：《大正新修大藏经》第49册，东京：大正一切经刊行会，1934年，第484页。

⑤ 赵凯华、罗蔚茵：《新概念物理教程·力学》，北京：高等教育出版社，2004年，第14页。

⑥ （东汉）徐岳撰，（北周）甄鸾注：《数术记遗》，郭书春、刘钝校点：《算经十书（二）》，第2—3页。

⑦ （唐）释道世著，周叔迦、苏晋仁校注：《法苑珠林校注》卷4《星宿部》，北京：中华书局，2003年，第105页。

之数也。①

在佛教的世界观里，三千大千世界是其基本的时空结构。"构成三千大千世界的每一个小世界，以须弥山为中心，周围环绕四大洲、九山八海，以及日月星辰，乃至色界的初禅天"②，此即佛教通常所说的世界单位，也即我们所说的宇观世界。从"极微尘"到"三千大千世界"，甄鸾通过数学的形式来讲述微观世界、宏观世界及宇观世界的思想，在中国古代思想史上，这是第一次。

至于对时间的度量，甄鸾云：

> 按《楞伽经》云："称量长短者，积刹那数以成日夜。"刹那量者，壮夫一弹指顷过遥六十四刹那。二百四十刹那名一怛刹那。三十怛刹那名一罗婆。三十罗婆名一摩睺罗多。三十摩睺罗多为一日一夜。其一日一夜有六百四十八万刹那。③

佛教界人士解释说："二十念为一瞬，二十瞬为一弹指，二十弹指为一罗预，二十罗预为一须臾，三十须臾为一昼夜。一念约今之零点零一八秒。"用现代的计算方式，1日夜为648万刹那，1小时为27万刹那，1分钟为4500刹那，1秒钟为75刹那。④我们知道，这已经超出了人类的想象，但它却是现代技术使秒所达到的精度。有科学家认为："将普朗克长度与光速结合起来，就得到了时间的最小单位，即光移动一个普朗克长度所用的时间。如果在物理意义上将宇宙分割成普朗克长度的'像素'，那么比光从一个像素掠向下一个像素所用的更少的时间单位就是没有意义的。时间单位的数值比普朗克长度还要小。"⑤

（2）甄鸾注中的面积测望问题。在《数术记遗》"计数。既舍数术，宜从心计"条下，甄鸾注：

> 言舍数术者，谓不用算筹，宜以意计之。或问曰："今有大水不知广狭，欲不用算法，计而知之。"假令于水北度之者，在水北置三表，令南北相直，各相去一丈。人在中表之北，平直相望水北岸，令三相直，即记南表相望相直之处。其中表人目望处亦记之。又从中相望处直望水南岸，三相直，看南表相直之处亦记之。取南表二记之处高下，以等北表点记之。还从中表前望之所北望之，北表下记三相直之北，即河北岸也。又望上记三相直之处，即水南岸。中间则水广狭也。⑥

接着，甄鸾又注云：

> "今有长竿一枚，不知高下，既不用筹算，云何计而知之？"答曰："取竿之影任

① （东汉）徐岳撰，（北周）甄鸾注：《数术记遗》，郭书春、刘钝校点：《算经十书（二）》，第3页。
② 汪志强：《印度佛教净土思想研究》，成都：巴蜀书社，2010年，第28页。
③ （东汉）徐岳撰，（北周）甄鸾注：《数术记遗》，郭书春、刘钝校点：《算经十书（二）》，第2页。
④ 刚晓：《〈释量论〉讲记（二）》，兰州：甘肃民族出版社，2010年，第299页。
⑤ ［英］克莱格：《60秒学物理学常识——〈科学美国人〉专栏文集》，王耀杨译，北京：人民邮电出版社，2012年，第66—67页。
⑥ （东汉）徐岳撰，（北周）甄鸾注：《数术记遗》，郭书春、刘钝校点：《算经十书（二）》，第6页。

其长短，画地记之。假令手中有三尺之物，亦竖之，取杖下之影长短以量竿影，得矣。"①

（二）甄鸾的珠算思想

从筹算到珠算，是中国古代算术工具的一大变革，而《数术记遗》记载着我国最早的"珠算"法。其文云：

珠算。控带四时，经纬三才。刻板为三分，其上下二分以停游珠，中间一分以定算位。位各五珠，上一珠与下四珠色别。其上别色之珠当五。其下四珠，珠各当一。至下四珠所领，故云"控带四时"。其珠游于三方之中，故云"经纬三才"也。②

这段记载表明，当时所采用的表数方式与现今的算盘相近③。可惜，由于文中没有记载具体的运算方法与口诀，所以魏晋南北朝时期的珠算尚不普及。尽管对于珠算的起源，至今仍众说纷纭，但有一点是肯定的，那就是算盘是"世界上最古老的计算机"④。

关于《数术记遗》这本书，《四库全书提要》云：

《数术记遗》一卷，旧题汉徐岳撰，北周甄鸾注。岳，东莱人。《晋书·律历志》所称：吴中书令阚泽受刘洪《乾象法》于东莱徐岳者是也。《隋书·经籍志》具列岳及甄鸾所撰《九章算经》《七曜术算》等目，而独无此书之名，至《唐（书）·艺文志》始著于录。书中称：于泰山见刘会稽，博识多文，遍于数术。余因受业，时问曰：数有穷乎？会稽曰：吾曾游天目山中，见有隐者云云。大抵言其传授之神秘。……唐代选举之制，算学《九章》《五曹》之外，兼习此书。此必当时购求古算，好事者因托为之，而嫁名于岳耳。然流传既久，学者或以古本为疑，故仍录存之，而详斥其伪，以祛后人之惑焉。⑤

假如此论不谬，那么，珠算的出现不会早于东汉。⑥据此，李俨评论说："《数术记遗》全书本文非常简略，如果没有后人的注解，作者的原意是很难了解的。因此，我们认

① （东汉）徐岳撰，（北周）甄鸾注：《数术记遗》，郭书春、刘钝校点：《算经十书（二）》，第6—7页。
② （东汉）徐岳撰，（北周）甄鸾注：《数术记遗》，郭书春、刘钝校点：《算经十书（二）》，第6页。
③ 中国科学院自然科学史研究所：《中国古代重要科技发明创造》，北京：中国科学技术出版社，2016年，第50页。
④ 杨尚军：《会计混搭》，成都：西南交通大学出版社，2014年，第132页。
⑤ （清）永瑢等：《四库全书总目》卷107《子部·天文算法类·数术记遗》，第903页。
⑥ 钱宝琮在《中国珠算之起源》一文中认为："《数术记遗》一书，自身固不甚可靠，盖徐岳谓得之于刘会稽，会稽又得之于天目先生，天目先生又诿为隶首所创，其中转辗相传，究系谁氏所创，实难洞悉。且上述各种算法，除积算外，似皆未见实行，则所谓'控带四时，经纬三才'之珠算，亦不过为一种理想之记载而已，故不能遂谓珠算之起源，已见之于《数术记遗》也。"参见钱永红：《一代学人钱宝琮》，杭州：浙江大学出版社，2008年，第13页，此论不确。

为它是北周甄鸾依托伪造的书，反映了当时的某些数学思想。"①至于甄鸾所录算盘的式样，胡适以"游珠"为线索，认为："这是'珠算盘'的幼稚草创时期，可称为'游珠'时期，但分隔算位，但分上下格，上格一珠当五，下格四珠各当一，而还没有想到把'游珠'固定在串杆子上。"②在现代学者中，下面的观点颇具代表性，其立论亦扎实，故本书采信之。

其文云：

> 此书乃中国古代一部重要的算术著作，其形式不同于《九章算术》，介绍各种记数法。一为大数记法，一为十四种算法。大数记法，乃三种进位法则。……这些记数法之中，积数（即筹算）是普遍的记数、运算工具；珠算后来取代筹算，成为主流算具。其特色主要体现在珠算方面，乃最早著录珠算器之文献，开启中国传统珠算之先河。所记珠算器乃现代算盘前身，两者建构相似，可惜原文及注解过于简略，所言算盘是否有柱贯珠，学界尚有分歧。日本三上义夫、户谷清一，英国李约瑟，中国许莼舫、余介石、李迪、周全中、李培业，各绘制有"推想图"，其中，以李培业图最引人注目。又，程文茂制作《汉中甄鸾古算十三品》，复原《术数记遗》所记十三种计算工具，其中以发现"九宫算"为世界唯一动位算法最具价值。中国传统数学以计算见长，有别于西方数学公理化演绎传统，此书所显示的中国传统数学之数学机械化思维特征，以及其中所包含程序设计思想，颇受学者重视。此外，其中有关幻方之说明，乃数论中最早记载之一。③

本 章 小 结

儒家科学技术思想与道教、佛教科学技术思想相比，道教科学技术思想除了有道教的信仰之外，往往其著述中包含有诸多巫术、服食外丹或内丹的法术等。佛教科学技术思想则通常都杂有典型的轮回、报应、超度、顿悟、缘起、虚空等观念。儒家科学技术思想就不同了，从秦汉以降，尽管各个时期儒家科学技术思想都有变化，但"技以载道"这根主轴却不因时代的改变而改变。学界普遍认为："在思想文化的取向上，北朝摒弃了两汉的今文经学，以古文经学为指归，回归西周儒学。"④平心而论，西晋和北朝科学技术思想确实都被打上了今文经学的深刻烙印。由于古文经学不拘章句，而是重视经文本义的诠释与史实的梳理探究，其治学特点是以"脚踏实地的科学精神从事具体的革新"⑤，而北朝科

① 李俨、钱宝琮：《李俨钱宝琮科学史全集》第 4 卷《校点〈算经十书〉》，第 403 页。
② 胡适：《胡适全集》第 20 卷，合肥：安徽教育出版社，2003 年，第 730 页。
③ 孙猛：《日本国见在书目录详考》中册，上海：上海古籍出版社，2015 年，第 1454 页。
④ 武乾：《夷夏之间——长江流域的礼制与法制》，武汉：长江出版社，2014 年，第 70 页。
⑤ 靳路遥：《"解放思想"与"经世致用"——〈清代学术概论〉浅析》，《华东师范大学学报（哲学社会科学版）》2005 年第 4 期。

学技术的发展就非常典型地体现了这个重要特点。无论是郦道元的《水经注》，还是贾思勰的《齐民要术》，无一不特立独行，感奋践行着古文经学"修学好古，实事求是"①的科学精神，注重实学。正如有学者所言："古代之创新，是建立在继承之上的实事求是。"②以郦道元《水经注》的训诂学成就为例，他对音义关系的创见尤为学界所称道，并且对后人产生了深刻影响③。

　　由于《水经注》的注文远远超过"经文"的字数，其中又有相当一部分内容是依据前人文献对《水经》所述地理事物的校考，所以《水经注》大量引用前人的文献（包括经籍文献、民间文献、观瞻文献），旁征博引，包罗万象，据郑德坤《水经注引书考》统计，郦道元注引书目多达 436 种④。又张鹏飞《〈水经注〉征引石刻文献刍议》统计《水经注》所引石刻文献计有 386 处。⑤因此，"《水经注》金石文献的注引实践对北魏以前的金石学实践作了总结，承上启下，为金石学在宋时形成作了必要地（的）准备"⑥。

　　贾思勰《齐民要术》同样重视继承前人的思想成果，经胡立初《〈齐民要术〉引用书目考证》一文统计，贾思勰《齐民要术》总计引用前人文献达 162 种⑦。因此，《齐民要术》"既继承了前人的生产经验，总结了当时的生产经验，为后世农业发展提供了丰富的资料，也为以后的农书写作留下了范式"⑧。

　　相较于郦道元和贾思勰，学界目前对张丘建和甄鸾的研究还不充分，特别是甄鸾被列入《算经十书》的 3 部数学著作，有些专家基本上都做了否定⑨。由于北朝的学术特点与南朝不同，前者重考证，而后者则重玄思。所以，如果从南朝学术的特点去评价甄鸾的数学成就，既不恰当又不符合历史实际。有鉴于此，劳汉生、李培业等抓住北朝学术尊古文经学这条准绳，围绕甄鸾《数术记遗》注文，索隐发微，比较系统地探究了中国筹算早期的发展历史，结果发现"《数术记遗》是我国古代第一本也是唯一的一本专门记载计算工具的书，它反映了我国古代计算工具改革的情况，甚有研究的价值"⑩。至于《五经算术》的价值，我们需要结合当时儒学发展的两条途径来判断，一条途径是经书，另一条途径是纬书。古文经学虽然不接受纬书，但纬书中包含着为儒家经学所搁置的许多科学道理，在北朝多元文化交互发展的社会背景下，一些士人看到了儒家经学的这个缺陷，所以才挖空心思研究五经中的科学知识。在这方面，《五经算术》应当是最成功的一部作品。《五曹算经》适读人群不是专业的算家，而是广大的民众，甚至包括佛教徒。对

①　《汉书》卷 53《景十三王传》，第 2410 页。
②　陶岩平：《试探古代创新之精髓》，《质量春秋》2006 年第 12 期，第 41 页。
③　吴泽顺：《清以前汉语音训材料整理与研究》，北京：商务印书馆，2016 年，第 169 页。
④　郑德坤：《郑德坤古史论集选》，第 78 页。
⑤　张鹏飞：《〈水经注〉征引石刻文献刍议》，《中国文化研究》2013 年第 2 期，第 124 页。
⑥　郭继红：《〈水经注〉注引文献研究》，安徽大学 2016 年博士学位论文，第 124 页。
⑦　刘德成、刘克强主编：《贾思勰志》，济南：山东人民出版社，2009 年，第 25 页。
⑧　刘德成、刘克强主编：《贾思勰志》，第 26 页。
⑨　袁运开、周瀚光主编：《中国科学思想史》中卷，合肥：安徽科学技术出版社，2000 年，第 315—317 页；劳汉生：《珠算与实用算术》，石家庄：河北科学技术出版社，2000 年，第 66—67 页。
⑩　李培业：《数术记遗释译与研究》，第 65 页。

此，劳汉生分析得很到位。他说："（甄鸾）用勾股定理去解释《周官·考工记》车盖法，用等比级数去解释《仪礼》丧服经带法等。换句话说，甄鸾的著作之所以写成这样，是受当时生活环境与哲学观影响的。也只有写成这样，才能在佛教徒中传播数学知识。"①

① 劳汉生：《珠算与实用算术》，第68页。

第三章　南朝科学技术思想研究

南朝是由汉族建立的 4 个王朝之总称，均都建康（今江苏南京），宋、齐、梁、陈先后相继，经历了 169 年。在此期间，北方十六国混战，北方大量缙绅之家南迁，从而形成侨人与南人两个不同集团分治的局面，士庶等级森严，门阀政治盛行。士族门阀既垄断了南朝的政治权力，又垄断了南朝的文化资源。所以如果没有这种士族背景，就很难在科学技术方面有所作为，这是南朝科学技术思想发展的一个重要特点。

与南朝的门阀政治相联系，少数士族占有广大土地，出现了各种身份的依附者，甚至私家部曲，"耕当问奴，织当访婢"①，形成庄园经济。依靠庄园经济，士人寄情山水，远迈出尘，由此孕育了玄学。当然，诚如陈寅恪所言："夫士族之特点既在其门风之优美，不同于凡庶，而优美之门风实基于学业之因袭。故士族家世相传之学业乃与当时之政治社会有极重要之影响。"②而南朝科学技术思想也就在这种"相传之学业"亦即门第文化中产生和发展。

第一节　何承天"随时迁革"的律历思想

何承天，南朝宋东海郡郯城人，《宋书·州郡志一》云：

> 晋元帝初，割吴郡海虞县之北境为东海郡，立郯、朐、利城三县。③

故何承天应出生于京口④。我们知道，永嘉之乱后，北方士族纷纷南渡，侨居于江淮之间。然而，"侨人的绝大多数是按照宗族、乡里相聚而居的，侨姓士族、地主往往是侨人的自然首领或主人，他们以拥有侨人作为自己的势力"⑤。有鉴于此，东晋统治者为了笼络侨民，以免使他们在侨居地形成对抗政府的"逆反势力"，所以"政府以绥怀遗黎，辄因其迁移之地而锡以故土之名，于是侨州、郡、县制度因之而起"⑥。由于侨置郡县具有流动性，给政府的版籍管理和财政收入造成了很多混乱，于是，晋成帝开始推行"土

---

① 《宋书》卷 77《沈庆之传》，北京：中华书局，1974 年，第 1999 页。
② 陈寅恪：《唐代政治史述论稿》，上海：上海古籍出版社，1982 年，第 72 页。
③ 《宋书》卷 35《州郡志一》，第 1038 页。
④ 郑诚：《何承天天学研究》，上海交通大学 2007 年硕士学位论文，第 1 页。
⑤ 张传玺：《简明中国古代史》，北京：北京大学出版社，1999 年，第 283 页。
⑥ 顾颉刚、史念海：《中国疆域沿革史》，北京：商务印书馆，2015 年，第 113 页。

断"（即废除侨置，将侨人的户口编入土郡县或称原有郡县）政策。永初二年（421），刘裕改侨东海郡为南东海郡。在此，对于那些侨人来说，他们"咸思匡复"①故国，而在"其时门第之风渐盛"②的氛围里，那些侨人"常欲存旧名以资辨识"③的心理，不能不影响到他们的言行举止。所以如果我们把何承天置于这样的历史大背景下来加以考察，那么，在他身上所发生的诸多反常现象，就比较容易理解了。《宋书》本传载：

> （何承天）从祖伦，晋右卫将军。承天五岁失父，母徐氏，广之姊也，聪明博学，故承天幼渐训义，儒史百家，莫不该览。叔父肸为益阳令，随肸之官。④

首先，何承天生长在一个"家世好学"⑤的世家大族里。陈寅恪说："盖自汉代学校制度废弛，博士传授之风气止息以后，学术中心移于家族，而家族复限于地域，故魏、晋、南北朝之学术、宗教皆与家族、地域两点不可分离。"⑥依《隋书·经籍志》统计，在其所载录的178种南朝集部别集类作品中，排前七位的是：琅琊临沂王氏16种，陈郡阳夏谢氏8种，吴郡吴县张氏8种，吴兴武康沈氏8种，吴郡吴县陆氏6种，东海郯县徐氏6种，彭城刘氏6种。⑦其中东海郯县徐氏即徐邈一族，据《晋书》本传载："徐邈，东莞姑幕人也。祖澄之为州治中，属永嘉之乱，遂与乡人臧琨等率子弟并闾里士庶千余家，南渡江，家于京口。"⑧"撰正《五经》音训，学者宗之。"⑨其弟徐广"百家数术，无不研览"⑩，而徐广对何承天天学思想的影响，何承天在其《上元嘉历表》中已有说明，具体内容详见后论。何氏家族虽以武功起家，但在魏晋南北朝时期，尚文本身已经成为衡量世家大族地位和声望的重要杠杆和标准。于是，何氏家族从何长瑜始，亦渐以文显世。如《宋书》载："（刘义庆）招聚文学之士，近远必至。太尉袁淑，文冠当时，义庆在江州，请为卫军谘议参军；其余吴郡陆展、东海何长瑜、鲍照等，并为辞章之美，引为佐史国臣。"⑪

其次，何承天的儒学修养深厚。何承天"幼渐训义"，受其母徐氏的影响最大。徐氏家族有训注儒家经典的传统，如徐邈的《五经》音训，徐广的《车服仪注》⑫、《答礼问》⑬及《礼论答问》⑭等。在此家学的熏陶下，何承天亦以训注著称。如《宋书·礼

① 顾颉刚、史念海：《中国疆域沿革史》，第113页。
② 顾颉刚、史念海：《中国疆域沿革史》，第113页。
③ 顾颉刚、史念海：《中国疆域沿革史》，第113页。
④ 《宋书》卷64《何承天传》，第1701页。
⑤ 《宋书》卷55《徐广传》，第1547页。
⑥ 陈寅恪：《隋唐制度渊源略论稿》，上海：上海古籍出版社，1982年，第17页。
⑦ 何忠盛：《魏晋南北朝的世家大族与文学》，四川师范大学2002年硕士学位论文，第19页。
⑧ 《晋书》卷91《徐邈传》，北京：中华书局，1974年，第2356页。
⑨ 《晋书》卷91《徐邈传》，第2356页。
⑩ 《宋书》卷55《徐广传》，第1547页。
⑪ 《宋书》卷51《刘义庆传》，第1477页。
⑫ 《宋书》卷55《徐广传》，第1548页。
⑬ 《宋书》卷55《徐广传》，第1549页。
⑭ 《隋书》卷32《经籍志一》，北京：中华书局，1973年，第923页。

志》载："元嘉二十年，太祖将亲耕，以其久废，使何承天撰定仪注。"①耕籍礼是宋文帝在籍田上举行的耕作劝农仪式，程序较为复杂。又"《礼论》有八百卷，承天删减并合，以类相从，凡为三百卷，并《前传》、《杂语》、《纂文》、论并传于世"②。此外，《隋书·经籍志》还载录有何承天撰《分明士制》③、《孝经》注④、《春秋前传》及《春秋前杂传》⑤等。可见，何承天的儒学修养便成为他自然哲学及其无神论学说的思想基础。

按照"九品中正制"的选官标准，加之集聚在京口的侨人多具有一定的作战经验⑥，何承天的多半生至少在元嘉十二年（435）之前，主要以武官的身份沉浮于惊涛骇浪的宦海之中。例如，晋安帝隆安四年（400），何承天第一次出任南蛮校尉桓伟的参军，当时桓伟之弟起兵欲篡晋，兄弟之间血战沙场，何承天"惧祸难未已，解职还益阳"⑦。不过，从后来的局势变化看，何承天离开桓伟是明智之举，因为桓玄篡晋在特定的历史环境中有其现实的合理性，故他解职回到时任益阳令的叔父何肪身边。后来桓玄篡晋，刘裕（即宋高祖）以其在北府军（以京口的侨人为主）旧部中的声望，约刘毅、何无忌等人于元兴三年（404）举事，共同讨伐桓玄，并迎安帝复位。所以《宋书》载："义旗初，长沙公陶延寿以为其（何承天）辅国府参军，遣通敬于高祖（指刘裕），因除浏阳令，寻去职还都。"⑧义熙十四年（418），刘裕令心腹鸩弑安帝，立晋恭帝为傀儡。永初元年（420），刘裕水到渠成，废晋恭帝而自立。宋少帝景平元年（423），作为辅政大臣的谢晦、傅亮、徐羡之等发动政变，废杀少帝而拥立文帝。此时，谢晦"镇江陵，请（何承天）为南蛮长史"⑨。然而，宋文帝站稳脚跟之后，为免重蹈"少帝"覆辙，举兵讨伐谢晦，何承天则主动为谢晦出谋划策。《宋书》本传载：

> 晦进号卫将军，转咨议参军，领记室。元嘉三年，晦将见讨，其弟黄门郎瞺密信报之，晦问承天曰："若果尔，卿令我云何？"承天曰："以王者之重，举天下以攻一州，大小既殊，逆顺又异，境外求全，上计也。其次以腹心领兵戍于义阳，将军率众于夏口一战，若败，即趋义阳以出北境，其次也。"晦良久曰："荆楚用武之国，兵力有余，且当决战，走不晚也。"使承天造立表檄。晦以湘州刺史张邵必不同己，欲遣千人袭之，承天以为邵意趋未可知，不宜便讨。时邵兄茂度为益州，与晦素善，故晦止不遣兵。前益州刺史萧摹之、前巴西太守刘道产去职还江陵，晦将杀之，承天尽力营救，皆得全免。晦既下，承天留府不从。及到彦之至马头，承天自诣归罪，彦之以

---

① 《宋书》卷 14《礼志一》，第 354 页。
② 《宋书》卷 64《何承天传》，第 1711 页。
③ 《隋书》卷 32《经籍志一》，第 924 页。
④ 《隋书》卷 32《经籍志一》，第 934 页。
⑤ 《隋书》卷 33《经籍志二》，第 959 页。
⑥ 参见张帆主编：《中国古代简史》，北京：北京大学出版社，2001 年，第 131 页。
⑦ 《宋书》卷 64《何承天传》，第 1702 页。
⑧ 《宋书》卷 64《何承天传》，第 1702 页。
⑨ 《宋书》卷 64《何承天传》，第 1702 页。

其有诚，宥之，使行南蛮府事。①

何承天不是谢晦的死党，且有"自诣归罪"之诚及营救"前益州刺史萧摹之、前巴西太守刘道产"之功，所以宋文帝不仅没有怪罪他，反而仍令其"行南蛮府事"。元嘉七年（430），"彦之北伐，请为右军录事。及彦之败退，承天以才非军旅，得免刑责。以补尚书殿中郎，兼左丞"②。可是，由于何承天性格刚毅，做事不会拐弯，故"不为仆射殷景仁所平，出为衡阳内史"③。元嘉十九年（442），"立国子学，以本官领国子博士。皇太子讲《孝经》，承天与中庶子颜延之同为执经。顷之，迁御史中丞"④。这时，何承天已经走向其权力的巅峰。

一、《元嘉历》与何承天的数理思想

《元嘉历》是何承天晚年的重要科研成果之一，刘洪涛称其为"古历变革期的开端"⑤。由此足见《元嘉历》在中国古代历法中的辉煌地位。那么问题是：为什么到了何承天晚期宋文帝才想起进行立法改革？与杨伟《景初历》之前的古历相比，《元嘉历》的新法究竟"新"在何处？下面拟从三个侧面略作探讨。

（一）何承天制定《元嘉历》的文化生态考察

何承天概览"儒史百家"⑥，既有家学的传承，又有哲思的天赋，如他的《达性论》就具有较强的思辨性。可惜，他的青年和壮年都在复杂多变的政治漩涡中颠簸，客观环境没有给他提供发挥其特长的外在条件。这种境况到宋文帝时才有了转变。我们知道，刘裕出身寒门之家，且"本无术学"⑦。因此，在与门阀社会的高士交往中，他面对玄学的清谈场景，常常使自身陷于尴尬之地。比如，《宋书·郑鲜之传》载：

> 外甥刘毅，权重当时，朝野莫不归附，鲜之尽心高祖，独不屈意于毅，毅甚恨焉。……刘毅当镇江陵，高祖会于江宁，朝士毕集。毅素好摴蒲，于是会戏。高祖与毅敛局，各得其半，积钱隐人，毅呼高祖并之。先掷得雉，高祖甚不说，良久乃答之。四坐倾瞩，既掷，五子尽黑，毅意色大恶，谓高祖曰："知公不以大坐席与人！"鲜之大喜，徒跣绕床大叫，声声相续。毅甚不平，谓之曰："此郑君何为者！"无复甥舅之礼。高祖少事戎旅，不经涉学，及为宰相，颇慕风流，时或言论，人皆依违之，不敢难也。鲜之难必切至，未尝宽假，要须高祖辞穷理屈，然后置之。高祖或有时惭恧，变色动容，既而谓人曰："我本无术学，言义尤浅。比时言论，诸贤多见宽容，

---

① 《宋书》卷 64《何承天传》，第 1703 页。
② 《宋书》卷 64《何承天传》，第 1704 页。
③ 《宋书》卷 64《何承天传》，第 1704 页。
④ 《宋书》卷 64《何承天传》，第 1705 页。
⑤ 刘洪涛：《古代历法计算法》，天津：南开大学出版社，2003 年，第 241 页。
⑥ 《宋书》卷 64《何承天传》，第 1701 页。
⑦ 《宋书》卷 64《郑鲜之传》，第 1696 页。

唯郑不尔，独能尽人之意，甚以此感之。"时人谓为"格佞"①。

大凡"寒家"做人喜欢直率，所以刘裕能够包容像"性刚直，不阿强贵"②的郑鲜之和"为性刚愎，不能屈意朝右"③的何承天等名士，恐怕主要因素还是在于他们博学恰闻，过于同辈。可惜，刘裕忙于东伐西讨、南征北战，无暇顾及刘宋王朝的文化和教育建设。即位的宋少帝又不争气，他"居帝王之位，好皂隶之役，处万乘之尊，悦厮养之事。亲执鞭扑，殴击无辜，以为笑乐。穿池筑观，朝成暮毁，征发工匠，疲极兆民"，以致"远近叹嗟，人神怨怒"④。所以前揭傅亮、徐羡之等朝臣怒起而废杀宋少帝，反映了历史的进步要求。宋文帝则"博涉经史"⑤，比较注意崇文重教，开创了南朝鼎盛的元嘉之治。据《宋书·雷次宗传》载：

> 元嘉十五年，征次宗至京师，开馆于鸡笼山，聚徒教授，置生百余人。会稽朱膺之、颍川庾蔚之并以儒学，监总诸生。时国子学未立，上留心艺术，使丹阳尹何尚之立玄学，太子率更令何承天立史学，司徒参军谢元立文学，凡四学并建。⑥

"四学并建"意义巨大，诚如《宋书》"史臣"所言：

> 庠序黉校之士，传经聚徒之业，自黄初至于晋末，百余年中，儒教尽矣。高祖受命，议创国学，宫车早晏，道未及行。迄于元嘉，甫获克就，雅风盛烈，未及曩时，而济济焉，颇有前王之遗典。天子鸾旗警跸，清道而临学馆，储后冕旒黼黻，北面而礼先师，后生所不尝闻，黄发未之前睹，亦一代之盛也。⑦

只有到此时，何承天才算找准了自己的位置。因之，他的智慧火花也才有可能伴随新的时代机遇而迸射出炫目的光芒。当时，刘宋一朝出现了"服膺圣哲，不为雅俗推移"⑧的文化精英群体，如臧焘、徐广、傅隆、裴松之、何承天、雷次宗等，由于这些文化精英的推动，"刘宋时，文学正式获得了独立于经学之外的独立地位"⑨。

文学的独立同时为天文学的发展创造了条件，如果我们仔细推敲，南朝的何承天、祖冲之，北魏的张子信，隋朝的刘焯等，都学艺博通，文才横溢，就会发现文学与天文学确实有极大的关系。司马迁主张"究天人之际，通古今之变"⑩，溯其思想的渊源，则《周易》已见其端倪，如《周易·贲卦》"彖"辞说："观乎天文，以察时变；观乎人文，以化

① 《宋书》卷64《郑鲜之传》，第1695—1696页。
② 《宋书》卷64《郑鲜之传》，第1695页。
③ 《宋书》卷64《何承天传》，第1704页。
④ 《宋书》卷4《少帝本纪》，第65页。
⑤ 《宋书》卷5《文帝本纪》，第71页。
⑥ 《宋书》卷93《雷次宗传》，第2293—2294页。
⑦ 《宋书》卷55《传赞》，第1553页。
⑧ 《宋书》卷55《传赞》，第1553页。
⑨ 王永平：《刘宋文帝一门文化素养之提升及其表现考论》，《黑龙江社会科学》2008年第4期，第132页。
⑩ 《汉书》卷62《司马迁传》，北京：中华书局，1962年，第2735页。

成天下。"①从原始的意义来分析，"文学"的本义包括天文与人文两方面的内容。由此而论，"中国古代文学观念本来就滥觞于上古'天文之学'"②。这样一来，我们就容易理解，《南齐书》及《南史》为什么把祖冲之划入《文学列传》，而不是《儒林列传》。

我国是一个农业国家，顺天应时是农政管理的第一要义。所以《孟子》载：

> 不违农时，谷不可胜食也；数罟不入洿池，鱼鳖不可胜食也；斧斤以时入山林，材木不可胜用也。③

《史记·五帝本纪》又载：

> 乃命羲、和，敬顺昊天，数法日月星辰，敬授民时。分命羲仲，居郁夷，曰旸谷。敬道日出，便程东作。日中，星鸟，以殷中春。其民析，鸟兽字微。申命羲叔，居南交。便程南为，敬致。日永，星火，以正中夏。其民因，鸟兽希革。申命和仲，居西土，曰昧谷。敬道日入，便程西成。夜中，星虚，以正中秋。其民夷易，鸟兽毛毯。申命和叔，居北方，曰幽都。便在伏物。日短，星昴，以正中冬。其民燠，鸟兽氄毛。岁三百六十六日，以闰月正四时。④

以上是"敬授民时"的完整含义，即古人将黄道附近的天区分成二十八个区域，作为观测"时"的标记。因为以星空为背景，太阳依次轮回一个周期，恰好走遍二十八宿，返回到起始点（一般为冬至），即是一年。人类的认识总是从简单到复杂，从不精确到逐步精确。岁实的测算也一样，前揭司马迁说"岁三百六十六日"系夏代的数值，较为粗疏。春秋战国时期，回归年的取值为 365.25 日，采用 19 年 7 闰为闰周，是为古《四分历》。东汉《四分历》所用"岁实"和"朔策"，与古《四分历》同。因此，有论者指出：

> 中国古人创建历法理论体系的基本思路非常清晰并不复杂。对于生活在地球温带的中国人很容易认识到大自然中三种周而复始阴阳往来的运动即：一年四季暑往寒来"岁"的运动；月明月暗朔望交替的"月"运动；日出日落昼夜相续的"日"运动。而实际反映天地阴阳变化自然节律往来的是这三种运动复合叠加的结果。这种复合作用不能像昼夜、朔望月、四季寒暑那样清晰明了，依眼、耳、鼻、舌、身五官感知，而只能通过历法来表现，依意识来认知。⑤

此处所言"依意识来认知"，主要是依靠算法或称"历术"的变革来改进，而算法的变革又往往是基于实测的结果与通过旧术所得数值的不一致。例如，东汉初期，天文学家已经观测到月行速度有快慢之分，于是就出现了"迟疾一周的时期不等于一个朔望月，它

① 黄侃：《黄侃手批白文十三经·周易》，上海：上海古籍出版社，1983 年，第 15 页。
② 王齐洲：《从"观乎天文"到"观乎人文"——中国古代文学观念的视角转换》，《华中师范大学学报（人文社会科学版）》2008 年第 4 期，第 80 页。
③ （清）焦循：《孟子正义》卷 1《梁惠王章句上》，《诸子集成》第 2 册，石家庄：河北人民出版社，1986 年，第 32—33 页。
④ 《史记》卷 1《五帝本纪》，北京：中华书局，1959 年，第 16—17 页。
⑤ 王霆钧：《解读中国历法》，《自然辩证法研究》2001 年第 11 期，第 37 页。

的路程不等于一周天"①的现象，而为了解决这个问题，刘洪在《乾象历》中求得近点月日数为 27.553 36 日。

　　推算月食和日食是中国历法的重要内容之一，甚至汉代贾逵已经懂得"通过分析日食是否发生在朔日来校验历法推算的合朔准确与否"②。从这个层面讲，测验日月食也可称为历史的定时器。当然，在实际观测中（主要是观测冬至日的影长或恒星的中天），东晋天文学家虞喜通过对历史典籍的考证而发现了岁差，即"尧时冬至日短星昴，今二千七百余年，乃东壁中，则知每岁渐差之所至"③。而对于太阳年与回归年之间的日差④，据《新唐书》载，虞喜采取"使天为天，岁为岁"的方法，"乃立差以追其变，使五十年退一度"⑤。由于岁差的存在，月食的预测往往会出现差错。于是，何承天用测影法来检验刘宋正在行用的《景初历》预测月食精确与否，结果发现：

　　　　汉之《太初历》，冬至在牵牛初，后汉《四分（历）》及魏《景初法》，同在斗二十一。臣以月蚀检之，则《景初》今之冬至，应在斗十七。又史官受诏，以土圭测景，考校二至，差三日有余。从来积岁及交州所上，检其增减，亦相符验。然则今之二至，非天之二至也。天之南至，日在斗十三四矣。此则十九年七闰，数微多差。复改法易章，则用算滋繁，宜当随时迁革，以取其合。⑥

　　关于何承天在这里讨论的"岁差"问题，郑诚有专文阐释⑦。由于"岁差"问题是促使何承天制定《元嘉历》的关键因素，故笔者将郑诚的主要观点引述于兹，以资参考。

　　首先，以《石氏星经》系统赤道坐标距度值（表3-1）验证岁差之存在。

表 3-1　石氏二十八宿距度值⑧

名称	距度	名称	距度	名称	距度	名称	距度
角	12	南斗	$26\frac{1}{2}$	奎	16	东井	33
亢	9	牵牛	8	娄	12	舆鬼	4
氐	15	婺女	12	胃	14	柳	15
房	5	虚	10	昴	11	星	7
心	5	危	17	毕	16	张	18
尾	18	营室	16	觜巂	2	翼	18
箕	11	东壁	9	参	9	轸	17

　　① 钱宝琮：《从春秋到明末的历法沿革》，中国科学院自然科学史研究所：《钱宝琮科学史论文选集》，北京：科学出版社，1983年，第448页。
　　② 邢钢：《中国早期历法的计算机模拟分析与综合研究》，中国科学技术大学2005年博士学位论文，第49页。
　　③ 《宋史》卷74《律历志七》，北京：中华书局，1977年，第1689页。
　　④ 实即地球自转轴运动引起春分点向西缓行，从而导致回归年较恒星年为短的天文现象。
　　⑤ 《新唐书》卷27上《历志三》，北京：中华书局，1975年，第600页。
　　⑥ 《宋书》卷12《律历志中》，第261页。
　　⑦ 郑诚：《何承天岁差考》，《上海交通大学学报（哲学社会科学版）》2007年第1期，第50—55页。
　　⑧ 郑诚：《何承天岁差考》，《上海交通大学学报（哲学社会科学版）》2007年第1期，第51页。

据太史令钱乐之称，元嘉二十年（443）冬至日度在"斗十四间"[1]，此为《元嘉历》的取值。于是，就有了表 3-2 的岁差验算：

表 3-2　岁差验算简表[2]

历名	颁行年	冬至日度	与 443 年的年距	距斗十四之宿度	岁差值（年/度）
《太初历》	太初元年（前 104）	牵牛初度	546	12.25	44.57
《三统历》	绥和二年（前 7）	牵牛之前四度五分	449	8.25	54.42
东汉《四分历》	元和二年（85）	斗二十一度四分度之一	358	7.25	49.38
《景初历》	景初元年（237）	斗十七度	206	3	68.67
平均值					54.26

然而，何承天并没有依表 3-2 中的数据考察岁差，而是人为地选取了另外一个岁差值，即百年退一度。何承天说：

> 《尧典》云"日永星火，以正仲夏"。今季夏则火中。又"宵中星虚，以殷仲秋"。今季秋则虚中。尔来二千七百余年，以中星检之，所差二十七八度。则尧令冬至，日在须女十度左右也。……今之二至，非天之二至也。天之南至，日在斗十三四矣。[3]

文中"以中星检之"，即是指用"石氏二十八宿距度值"（即赤道距离）来考验，则已知尧时的冬至点在"须女十度"，《元嘉历》的冬至点在"斗十三"或"斗十四"，算得岁差是 31.25 度或 30.25 度，这与何承天所言"所差二十七八度"不符，但经郑诚考证，"'计黄道差三十六度，赤道差四十度'，二者在数学上等价。而赤纬 24° 上的'二十七八度'亦等价于赤道上的 30—31 度，如此，何承天的表文或许可做如下解读：'尔来二千七百余年，计黄道差二十七八度，赤道差三十、三十一度。'相应的黄、赤道岁差分别为'百年退一度'和'九十年退一度'"[4]。

其次，何承天"百年退一度"的岁差与古希腊—印度天文学的关系。郑诚指出："'90/100 年退一度'在中土文献里的唯一根据仅是《尧典》仲夏仲秋天象，冬至点退行宿度的取值（30—31）明显是人为的选择。"[5]而这种选择或许受到了古希腊—印度天文学的影响，因为"类型上'90/100 年退一度'不同于后世中土历法传统中的上元导出岁差。数值上'90/100 年退一度'倒是与希帕恰斯提出的黄道岁差'最慢百年 1°'遥相仿佛"[6]。但古希腊的这种天文观念究竟是如何传入印度和中国的，目前尚不能定论。然而，何承天明确表示，他的历法思想曾受到《七曜历》的影响。他说：

---

① 《宋书》卷 12《律历志中》，第 264 页。

② 郑诚：《何承天岁差考》，《上海交通大学学报（哲学社会科学版）》2007 年第 1 期，第 53 页。

③ 《宋书》卷 12《律历志中》，第 261 页。

④ 郑诚：《何承天岁差考》，《上海交通大学学报（哲学社会科学版）》2007 年第 1 期，第 51—52 页。

⑤ 郑诚：《何承天岁差考》，《上海交通大学学报（哲学社会科学版）》2007 年第 1 期，第 54 页。

⑥ 郑诚：《何承天岁差考》，《上海交通大学学报（哲学社会科学版）》2007 年第 1 期，第 54 页。

臣亡舅故秘书监徐广，素善其事，有既往《七曜历》，每记其得失。自太和至泰
元之末，四十许年。臣因比岁考校，至今又四十载。故其疏密差会，皆可知也。①

关于《七曜历》的性质，它究竟属中国已经失传的历法还是属印度历法，目前学界尚
有争论②。"七曜"即日月及五星，是中国古代历法的主要测算对象，故《后汉书》载：
"常山长史刘洪上作《七曜术》。"③南朝梁刘昭引《袁山松书》曰："洪善算，当世无偶，
作《七曜术》。及在东观，与蔡邕共述《律历记》，考验天官。及造《乾象术》，十余年，
考验日月，与象相应，皆传于世。"④文中的《乾象术》即《乾象历》，同理，《七曜术》即
《七曜历》，且这两部历书在南朝梁时还在流传。由此可证，何承天所说的《七曜历》，应
当就是刘洪所撰之《七曜历》。所以从刘洪到徐广，再从徐广到何承天，这种内生的传承
关系非常清晰，故当时"徐家所藏之《七曜历》偏属于刘洪旧七曜术一路，似较为合
理"⑤。

现在的问题是：刘洪的《七曜术》又是源自哪里，本土的历法传统，还是域外历法的
传统？学界有两种很明确的主张：

一是持本土历法传统者认为，"'七曜术'之名当是出自浑天经典——张衡的《灵
宪》：'文曜丽乎天，其动者有七，日月五星是也。'"⑥

二是持受印度占候术影响者认为，"七曜历并非是整个从国外移植而来的。只是受印度
七曜占候术影响而形成的一种历法"⑦。或者如江晓原所说，"在中国历史上，'七曜'、'七
曜历'、'七曜术'、'七曜历术'等术语所指称的，却另有特殊约定——专指一种异域输入
的天学，主要来源于印度，但很可能在向东向北传播过程中带上了中亚色彩的历法、星占
及择吉推卜之术。七曜术之东来，是古代中西文化交流史上极为重要的事件之一"⑧。

汉晋之间佛教东来，确实给中国古代科技文明带来了一些域外元素，这是不可否认的
事实。如安息僧人安世高于东汉桓帝初年来华传法译经，所译经典共 35 种，包括《五阴
譬喻经》《十二因缘经》《大道地经》等，释僧祐《出三藏记集》卷 13 云：安世高于"外
国典籍莫不该贯，七曜五行志象、风角云物之占、推步盈缩，悉穷其变"⑨。然而，考
《出三藏记集》却没有一部与"七曜"相关的佛教经籍，倒是像《人身不能治经》《人受身

① 《宋书》卷 12《律历志中》，第 261 页。
② 主张为中国固有之历法传统者有陈志辉：《隋唐以前以七曜历术源流新证》，《上海交通大学学报（哲学社会
科学版）》2009 年第 4 期等；主张为印度传入之历法者主要有刘世楷：《七曜历的起源——中国天文学史上的一个问
题》，《北京师范大学学报（自然科学版）》1959 年第 4 期等。
③ 《后汉书》卷 12《律历志中》，北京：中华书局，1965 年，第 3040 页。
④ 《后汉书》卷 12《律历志中》，第 3043 页。
⑤ 陈志辉：《隋唐以前之七曜历术源流新证》，《上海交通大学学报（哲学社会科学版）》2009 年第 4 期，第 47 页。
⑥ 陈志辉：《隋唐以前之七曜历术源流新证》，《上海交通大学学报（哲学社会科学版）》2009 年第 4 期，第 47 页。
⑦ 刘世楷：《七曜历的起源——中国天文学史上的一个问题》，《北京师范大学学报（自然科学版）》1959 年第 4
期，第 38 页。
⑧ 江晓原：《东来七曜术（上）》，《中国典籍与文化》1995 年第 2 期，第 100 页。
⑨ （南朝·梁）释僧祐：《出三藏记集》卷 13，[日] 高楠顺次郎等：《大正新修大藏经》第 55 卷，东京：大正
一切经刊行会，1934 年，第 95 页。

入阴经》《说数息事经》《浮木譬喻经》《咒时气》《咒眼痛》等技艺和数术著作有不少，其中除了多为带"经"字的著作外，还有一部分不带"经"字的著作，如《药咒》《咒小儿》《打犍稚法》《吉法验》等，这就很难让人相信《七曜术》出自汉晋甚至刘宋时期的佛经。

从梵文到汉文，有直译和意译两种形式，而安世高采用的是直译。所以有论者说：

> 外来典籍与思想欲在中国传播，必须借助于翻译。而翻译绝非易事。既有两种语言、文字的相互契合，又有两种思想、文化的相互契合。从初传期我国佛教翻译的实践看，还在东汉、三国时期，中国的佛经翻译就出现直译、意译两种倾向。直译的代表人物是安世高与支娄迦谶。安世高因曾在华游历多年，通晓汉语，所以他的翻译还能够比较正确地传达原本的意义。①

从安世高直译的方式看，他常常用当时道家的"元气""无为""自然""有"等概念来对译佛经中的"风"（四大之一）、"涅槃"、"色即是空"等思想。因此，"汉译佛经的老庄化倾向不仅有利于佛教思想在中土的传播，而且也加深了佛教对中国传统思想发展的影响。魏晋玄学的形成与发展以及玄佛合流的出现，都与此深有关系"②。

可见，安世高直译的方式系用汉语中的词语去一一对应佛经的经义，而"七曜"或"七政"应系汉语中早已出现的词语。从这个层面讲，"七曜术"的传播确实和佛教的传入有关，但对"天文历法"而言，中国有自己古老的传承模式：天文与律历。江晓原认为，中国古代的"天文"实为星占术③，不无道理。但是，"律历"却与"星占"无干。因此，史界有"历法不言占候"之说④。事实上，从《史记》分别《律书》、《历书》和《天官书》三书开始，历代史家都在努力将"律历"与"占候"分清界限，在这个过程中，何承天应当是做出了贡献的。按照《宋书》本传的记载，何承天对"七曜"有明确的内指，他说："夫圆极常动，七曜运行，离合去来。"⑤此处的"七曜"显系指日月及五星的运动，不关"占候"之事。所以在没有确凿的证据之前，我们不宜将徐广的《七曜术》生拉硬扯到佛经上去。此外，何承天反对佛教神学，其中包括部分天学内容，对此，郑诚、赵莹莹等人都曾有论述。

可是，如果我们继续追问何承天为什么要反对佛教？何承天反对佛教的动机是什么？佛教中究竟哪些东西为"聪明博学"⑥的何承天所厌恶？这些问题确实是研究何承天科技思想需要探讨的，不过，为了不使本部分内容与中心论题相割裂，我们只得将这些问题放

---

① 方广锠：《关于初传期佛教的几个问题》，《法音》1998 年第 8 期，第 8 页。
② 洪修平：《儒佛道三教关系与中国佛教的发展》，《南京大学学报（哲学·人文科学·社会科学版）》2002 年第 3 期，第 82 页。
③ 江晓原：《天文·巫咸·灵台——天文星占与古代中国的政治观念》，《自然辩证法通讯》1991 年第 3 期，第 53—54 页。
④ 刘世楷：《七曜历的起源——中国天文学史上的一个问题》，《北京师范大学学报（自然科学版）》1959 年第 4 期，第 29 页。
⑤ 《宋书》卷 12《律历志中》，第 261 页。
⑥ 《宋书》卷 64《何承天》，第 1701 页。

在后面再加详论了。

（二）《元嘉历》的主要成就及其历法特色

如前所述，《元嘉历》诞生在一个较为复杂的文化生态里，其中皇帝的需要是促成何承天编撰《元嘉历》的重要动因。故《宋书·律历志》载："宋太祖颇好历数，太子率更令何承天私撰新法。"①又有司奏：

> 治历改宪，经国盛典，爰及汉、魏，屡有变革。良由术无常是，取协当时。方今皇猷载晖，旧域光被，诚应综核晷度，以播维新。承天历术，合可施用。宋二十二年，普用《元嘉历》。②

颁行《元嘉历》这一年，何承天已经 76 岁。按何承天《上元嘉历表》所言，这部历法积 80 年，耗费了整整两代人的心血所成，其中"调日法"对后世的历法制定影响甚巨，"由唐迄宋，演撰家皆墨守其说，而不敢变易"③。在编制《元嘉历》的过程中，何承天既有对前代历法思想的继承和沿袭，又有对前代历法思想的进一步发挥与突破。比如，历书中的许多算法基本上都是袭用了《乾象历》及《景初历》的旧法，然而，何承天绝不是一成不变地墨守成规或不知变通，事实上，在推算"二十四节气表"中各项数值时，何承天尽管没有公开将"岁差"引入历法，但客观上他已经"隐寓岁差于其内"了，与前代历法相比，这就是一个有意义的思想变化。此外，何承天"依据观测得到的冬至日躔是比较合天的"，经张培瑜等核算："元嘉二十年冬至赤道日躔斗 12°.9061，合中历 13.0943 度，与何承天所得相差不足 1 度。"④还有以雨水为气初及后面讲的"调日法"，也都是何承天所首创的历算成就。科技发展贵在创新，何承天做到了这一点，诚如有论者所说："元嘉改历的重要性不仅在于数学模型的调整，改历过程中进行的大量实测工作，为扭转东汉《四分历》以来忽视岁实真实性的积习，确立验气作为制定历法的标准，奠定了必要的基础，具有深远意义。"⑤尤其是在创立"调日法"的过程中，何承天逐步形成了别具一格的历法特色。

第一，《元嘉历》以浑天说为其思想基础。《晋书·天文志上》载："古言天者有三家，一曰盖天，二曰宣夜，三曰浑天。"⑥尽管浑天说肇始于战国时期的慎到，但系统阐释这一理论的却是东汉的张衡。与之相连，张衡的《浑天仪注》自然就被公认为是浑天说的代表作，其文云：

> 浑天如鸡子。天体圆如弹丸，地如鸡子中黄，孤居于内天，天大而地小。天表里

---

① 《宋书》卷 12《律历志中》，第 260 页。
② 《宋书》卷 12《律历志中》，第 264 页。
③ （清）阮元：《畴人传》卷 7《何承天》，《中国古代科技行实会纂》第 1 册，北京：北京图书馆出版社，2006 年，第 287 页。
④ 张培瑜等：《中国古代历法》，北京：中国科学技术出版社，2008 年，第 401 页。
⑤ 郑诚：《何承天天学研究》，上海交通大学 2007 年硕士学位论文，第 1—2 页。
⑥ 《晋书》卷 11《天文志上》，第 278 页。

有水，天之包地，犹壳之裹黄。天地各乘气而立，载水而浮。周天三百六十五度四分度之一，又中分之，则一百八十二度八分之五覆地上，一百八十二度八分之五绕地下，故二十八宿半见半隐。其两端谓之南北极。北极乃天之中也，在正北，出地上三十六度。然则北极上规径七十二度，常见不隐。南极天地之中也，在南，入地三十六度。南极下规七十二度，常伏不见。两极相去一百八十二度半强。天转如车毂之运也，周旋无端，其形浑浑，故曰浑天也。[1]

由于浑天仪（其实是浑象）能够比较准确地演示日月星辰等天体运行变化的状况，并能形象地说明夏季昼长、冬季夜长的道理，故自西汉耿寿昌之后，历代都有制造浑天仪者。

顾名思义，浑天仪是以浑天说为理论指导而制作的观天仪器，因为它是一个类似于天球仪的圆球，上面刻画有星宿、黄道、赤道、二十四节气及恒显圈和恒隐圈等结构，用水力推动机械运转，追求与天球的周日转动同步，所以只要浑象正常转动，它就能预测天体运行的状态与位置（图3-1）。诚如《晋书·天文志上》所载：

（张衡）既作铜浑天仪，于密室中以漏水转之，令伺之者闭户而唱之。其伺之者以告灵台之观天者曰："璇玑所加，某星始见，某星已中，某星今没"，皆如合符也。[2]

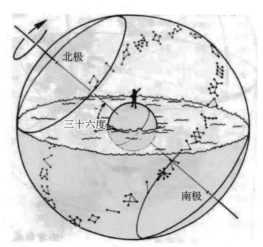

图 3-1　浑天说视野下的宇宙图景示意图（韩班磊绘制）

可见，尽管浑天说本身尚有缺陷，如天体转入水中如何发光？转入水中的太阳又怎能将月球照亮？这些疑问确实使浑天说难以自圆其说，但应用浑天说所制作的浑天仪，作为一种演示天球周日视运动的数学方法无疑是成功的。因此，三国时期的王蕃"传刘洪《乾

---

① （唐）瞿昙悉达：《唐开元占经》卷1，《景印文渊阁四库全书》第807册，台北：台湾商务印书馆，1986年，第171页。

② 《晋书》卷11《天文志上》，第281页。

象历》，依其法而制浑仪"[①]。其《浑天象说》载于《宋书·天文志上》，何承天针对王蕃"周天三百六十五度五百八十九分度之百四十五"及"两极相去一百八十二度半强"[②]等数值，提出了他自己的测算结果：

> 周天三百六十五度、三百四分之七十五。天常西转，一日一夜，过周一度。南北二极，相去一百一十六度、三百四分度之六十五强，即天经也。黄道衰带赤道，春分交于奎七度，秋分交于轸十五度，冬至斗十四度半强，夏至井十六度半。从北极扶天而南五十五度强，则居天四维之中，最高处也，即天顶也。其下则地中也。[③]

从表面上看，王蕃的回归年是 365.246 1 日，何承天的回归年是 365.246 71 日，与今测回归年长度 365.242 19 日相比，何承天反而较王蕃测算的结果粗疏，然而何承天《浑天象说》的价值主要在于他对地中概念的新定义，即"他从天地结构本身出发对地中进行定义的做法，却显得十分自然"，于是，每当"后人提到这一问题时，也常常采用类似的说法"[④]，如朱熹、赵友钦等。由上引"浑天说视野下的宇宙图景示意图"不难发现，在水平面的宇宙模式中，何承天把地球看作是高出水平面的球体。他说：

> 详寻前说，因观浑仪，研求其意，有悟天形正圆，而水居其半，地中高外卑，水周其下。言四方者，东曰旸谷，日之所出，西曰蒙汜，日之所入。《庄子》又云："北溟有鱼，化而为鸟，将徙于南溟。"斯亦古之遗记，四方皆水证也。四方皆水，谓之四海。凡五行相生，水生于金。是故百川发源，皆自山出，由高趣下，归注于海。日为阳精，光耀炎炽，一夜入水……百川归注，足以相补，故旱不为灭，浸不为益。[⑤]

此处"中高外卑"的地球比"如鸡子中黄，孤居于内天"的地球，更容易理解浑天说的喻义。同时，对于进一步测算和校正各种天象运行的数据，也很有帮助。不过，何承天提出"天顶"概念，客观上还是为了批驳佛教所宣扬的"印度中心论"之需要。据《释迦方志》载：

> 昔宋朝东海何承天者，博物著名，群英之最，问沙门惠严曰："佛国用何历术，而号中乎？"严云："天竺之国，夏至之日，方中无影，所谓天地之中平也。此国中原，影圭测之，故有余分，致历有三代、大小二余增损，积算时辄差候，明非中也。"承天无以抗言。文帝闻之，乃敕任豫受焉。[⑥]

考《吕氏春秋·有始览》云："白民之南，建木之下，日中无影，呼而无响，盖天地之中也。"[⑦]由于印度及"白民之南"距离赤道较近，至少在北回归线之内，"夏至之日，

---

① 《宋书》卷 11《天文志上》，第 285 页。
② （唐）瞿昙悉达：《唐开元占经》卷 10，《景印文渊阁四库全书》第 807 册，第 171 页。
③ 《隋书》卷 19《天文志上》，第 512 页。
④ 关增建：《中国天文学史上的地中概念》，《自然科学史研究》2000 年第 3 期，第 260 页。
⑤ 《隋书》卷 19《天文志上》，第 511—512 页。
⑥ （唐）道宣著，范祥雍点校：《释迦方志》卷上《中边篇》，北京：中华书局，1983 年，第 7 页。
⑦ （秦）吕不韦：《吕氏春秋》卷 13《有始览》，《百子全书》第 3 册，长沙：岳麓书社，1993 年，第 2696 页。

方中无影"，可是，位于北纬 30—40° 的中国就不是这样了，如《周礼》说："日至之景，尺有五寸，谓之地中。"①当时，何承天并没有把这种差异与赤道的距离联系起来，但他除了提出天顶"下则地中"的主张之外，实际上还隐含着把"阳城"视为天下的中心而非地球中心之意，因为在同一纬度往往会出现多个"地球中心"。可惜，何承天却没有由此而发现大地是球形的事实。在古希腊，毕达哥拉斯观察到从海边水平线远处驶来的帆船，它们进入视线的次序总是船桅的梢、船帆、船身，因而得出大地形状是圆形的结论。

第二，《元嘉历》将实测作为"历术"的客观依据。历法的制定离不开实测，这虽然已是一个天文学常识，但是像何承天与其舅徐广用 80 年的时间来"比岁考校"②，在中国古代天文学历史上却不多见。尤其难能可贵的是，何承天用一种开放式思维对观测资料进行深入细致的科学分析，从而发现了许多新的研究手段和科学事实，奠定了《元嘉历》承前启后的历史地位。

一是利用月食测定日度。《宋书·律历志中》载其事说：

> 太子率更令领国子博士何承天表更改《元嘉历法》，以月蚀检今冬至日在斗十七，以土圭测影，知冬至已差三日。诏使付外检署。③

文中"以月蚀检今冬至日"的方法，不是何承天的发明，而是东晋的姜岌发明的。对此，《隋书·律历志中》云：

> 晋时有姜岌，又以月食验于日度，知冬至之日日在斗十七度。宋文帝元嘉十年癸酉岁，何承天考验乾度，亦知冬至之日日在斗十七度。虽言冬至后上三日，前后通融，只合在斗十七度。但尧年汉日，所在既殊，唯晋及宋，所在未改，故知其度，理有变差。④

在此前，人们习惯用昏明（当太阳落下之后或升起之前的短暂时刻）中星（过子午圈的恒星）来间接推算日度（即太阳的位置）。可是，在实际操作过程中，由于昏旦时刻不准确等原因，此法常常会造成推算结果不精确。我们知道，当月食发生的时刻，以地球的角度看，月球与太阳的方向恰好为 180°，由于光的直线传播，地球挡住了太阳直射月球的光线，不过，又因月球的轨道平面与太阳的轨道平面约有 5° 交角，所以，只有当月球与太阳运行到黄道和白道的两个交点附近时，地球、月球和太阳三者才有可能形成一条直线。显然，当月食发生时，通过测量月球在恒星间的位置来间接测知太阳的所在位置，较前法不仅更为准确，而且更加简便。

二是重新实测了二十四节气晷影长度的数值。对于《景初历》，何承天能够用一种比较客观的态度去认真对待。经过测验，他将其正确的算法借鉴到《元嘉历》，如"推日度术""推月度术""推合朔月食术""推入迟疾历法""推合朔月食加时漏刻法"等，基本上

① 黄侃：《黄侃手批白文十三经·周礼》，第 27 页。
② 《宋书》卷 12《律历志中》，第 261 页。
③ 《宋书》卷 12《律历志中》，第 262 页。
④ 《隋书》卷 17《律历志中》，第 426 页。

与《景初历》相同。但是，科学研究需要尊重客观规律，对待《景初历》亦复如此。例如，何承天在校验《景初历》二十四节气晷影长度的数值时，发现杨伟对二分及二立（即立春和立冬）"日中晷景"的观测数值不一致。具体情况见表3-3：

表 3-3　日中晷景的数值表

中节	时间	日所在度	后汉《四分历》的日中晷景	《景初历》的日中晷景
立春	正月节	危十太弱	九尺六寸	九尺六寸
春分	二月中	奎十四少强	五尺二寸五分	五尺二寸五分
立夏	四月节	毕六太	二尺五寸二分	二尺五寸二分
立秋	七月节	张十二少	二尺五寸五分	二尺五寸五分
秋分	八月中	角五弱	五尺五寸	五尺五寸
立冬	十月节	尾四半强	一丈	一丈

《景初历》沿用了东汉《四分历》的"日中晷景"值，表明杨伟并没有对相关数值进行必要的测验，而仅仅是因袭。实际上，诚如宋朝沈括所言："凡立冬晷景，与立春之（晷）景相若者也。"① "相若"的情形不只"立冬晷景，与立春之（晷）景"，像"芒种"与"小暑"、"立春"与"立冬"、"小寒"与"大雪"等，其"日中晷景"值都呈"相若"关系。如图3-2所示：

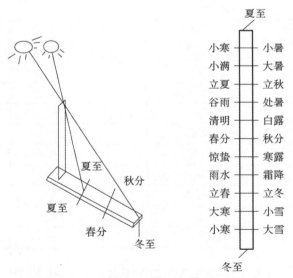

图 3-2　二十四节气"日中晷景"的相互关系图②

然而，《景初历》却认为春分、秋分晷影有长短之别，明显与实测不符。因此，何承天说：

---

① （宋）沈括著，侯真平校点：《梦溪笔谈》卷7《象数一》，长沙：岳麓书社，1998年，第52页。
② 洛书、韩鹏杰主编：《周易全书》，北京：团结出版社，1998年，第2338页。

案《后汉志》，春分日长，秋分日短，差过半刻。寻二分在二至之间，而有长短，因识春分近夏至，故长；秋分近冬至，故短也。杨伟不悟，即用之。[1]

经过实测，何承天得到了新的二十四节气"日中晷景"值，如表3-4所示：

表3-4 二十四节气"日中晷景"值"相若"关系表

节气名称	日所在度	日中晷景（影）	"相若"关系
雨水	室一太强	八尺二寸二分	
惊蛰	壁一强	六尺七寸二分	与寒露相若
春分	奎七少强	五尺三寸九分	与秋分相若
清明	娄六半	四尺二寸五分	与白露相若
谷雨	胃九太弱	三尺二寸五分	与处暑相若
立夏	昴十一弱	二尺五寸	与立秋相若
小满	毕十五少弱	一尺九寸七分	与大暑相若
芒种	井三半弱	一尺六寸九分	与小暑相若
夏至	井十八	一尺五寸	
小暑	鬼一弱	一尺六寸九分	与芒种相若
大暑	柳十二弱	一尺九寸七分	与小满相若
立秋	张五半强	二尺五寸	与立夏相若
处暑	翼二半	三尺二寸五分	与谷雨相若
白露	翼十七太弱	四尺二寸五分	与清明相若
秋分	轸十五	五尺三寸九分	与春分相若
寒露	亢一少	六尺七寸二分	与惊蛰相若
霜降	氐七半	八尺二寸八分	
立冬	心二半弱	九尺九寸一分	与立春相若
小雪	尾十二太强	一丈一尺三寸四分	与大寒相若
大雪	箕十	一丈二尺四寸八分	与小寒相若
冬至	斗十四强	一丈三尺	
小寒	牛三半强	一丈二尺四寸八分	与大雪相若
大寒	女十半强	一丈一尺三寸四分	与小雪相若
立春	危四	九尺九寸一分	与立冬相若

在表3-4中，有两对不相若的节气，即冬至与夏至、雨水与霜降，造成此差误的原因，很可能与当时的观测方法本身有关。故何承天曾奏请"改漏刻箭"，他说：

（尚书）今既改用《元嘉历》，漏刻与先不同，宜应改革。按《景初历》春分日长，秋分日短，相承所用漏刻，冬至后昼漏率长于冬至前。且长短增减，进退无渐，非唯先法不精，亦各传写谬误。今二至二分，各据其正。则至之前后，无复差异。更

---

[1] 《宋书》卷12《律历志中》，第261—262页。

增损旧刻，参以晷影，删定为经，改用二十五箭。请台勒漏郎将考验施用。①

但无论如何，何承天对二十四节气"日中晷景"的重新观测，已经非常接近节气的真实状况了。

三是实测中星以定岁差。具体内容见前述。

四是用实测证明"日影千里差一寸"的认识是错误的。经有关学者考证，"日影千里差一寸"的观念产生于国家建立之际黄河中游两个重要的考古学文化——尧都陶寺和禹都王城岗的日影观测实践。这两个地点观测到的夏至日影分别为 1.6 尺和 1.5 尺，而通过对早期长度和距离的分析证明两地之间的直线距离接近当时的 1000 里。②本来是远古时期的实测结果，后来被载于《周礼》和《周髀算经》里而变成了不易之经。特别是汉武帝"独尊儒术"之后，在一个相当长的历史时期内，没有人敢怀疑甚至否定此说。观念的东西正确与否，最好的办法是用实践来检验。据《隋书·天文志》载：

> 考《灵曜》、《周髀》、张衡《灵宪》及郑玄注《周官》，并云："日影于地，千里而差一寸。"案宋元嘉十九年壬午，使使往交州测影。夏至之日，影出表南三寸二分。何承天遥取阳城，云夏至一尺五寸。计阳城去交州，路当万里，而影实差一尺八寸二分。是六百里而差一寸也。③

由于当时种种条件的限制，在南朝刘宋政权的疆域内，仅仅实测了交州与阳城的夏至晷影，而没有继续选取阳城以北的地点进行实测，所以他并没有在"日影变化的不均匀性"这个根本点上否定"日影于地，千里而差一寸"的旧说，但却为以后僧一行的"四海实地测量"工作创造了条件。

第三，用新思想和新方法即"定朔法"来处理理论与实践之间的矛盾。历法的实践性极强，早在何承天之前，日月食的实际发生与通过数学方法（即平朔算法）所推测的结果之间就常常出现偏差，因为按照平朔算法确定的"朔"日，与真正的由日月运动不均匀性所出现的"朔"日④并不对应，这样就难以保证日食与朔日的对应关系。如史书记载，《太初历》晦朔弦望与实际发生的时间相差一天，导致预报月食不准⑤；而《三统历》则存在着明显的后天问题⑥，即使《四分历》没有颁行多久，也出现了预报日月食不准的情况，甚至出现了 16 次先于望日的月食现象，以致引起 80 多位科学家与朝廷产生争议。

显然，用平朔推算月食或日食已经与日月食的真实状况不相符合了。因此，改变平朔

①　《宋书》卷 13《律历志下》，第 285 页。

②　徐凤先、何驽：《"日影千里差一寸"观念起源新解》，《自然科学史研究》2011 年第 2 期，第 151 页。

③　《隋书》卷 19《天文志上》，第 525 页。

④　至迟在公元前 8 世纪的西周时期，历家就已认识到"月食发生在望，日食发生在朔"的规律。参见石云里：《中国古代科学技术史纲·天文卷》，沈阳：辽宁教育出版社，1996 年，第 123 页。

⑤　钮卫星：《汉唐之际历法改革中各作用因素之分析》，《上海交通大学学报（哲学社会科学版）》2004 年第 5 期，第 34—37 页。

⑥　邢钢、石云里：《汉代日食记录的可靠性分析——兼用日食对汉代历法的精度进行校验》，《中国科技史杂志》2005 年第 2 期，第 13 页。

算法是提高预测日月食精确性的重要途径。正是在这样的历史背景下，何承天倡议用"定朔"代替"平朔"。元代郭守敬曾回顾中国古代的改朔历史说：

> 自黄帝迎日推策，帝尧以闰月定四时成岁，舜在璇玑玉衡以齐七政。爰及三代，历无定法，周、秦之间，闰余乖次。西汉造《三统历》，百三十年而后是非始定。东汉造《四分历》，七十余年而仪式方备。又百二十一年，刘洪造《乾象历》，始悟月行有迟速。又百八十年，姜岌造《三纪甲子历》，始悟以月食冲检日宿度所在。又五十七年，何承天造《元嘉历》，始悟以朔望及弦皆定大小余。又六十五年，祖冲之造《大明历》，始悟太阳有岁差之数，极星去不动处一度余。又五十二年，张子信始悟日月交道有表里，五星有迟疾留逆。又三十三年，刘焯造《皇极历》，始悟日行有盈缩。又三十五年，傅仁均造《戊寅元历》，颇采旧仪，始用定朔。[1]

何承天自己在《上元嘉历表》中说：

> 月有迟疾，合朔月蚀，不在朔望，并非历意也。故《元嘉（历）》皆以盈缩定其小余，以正朔望之日。[2]

所谓定朔算法是指优先考虑日月的真实位置，即将太阳黄经和月球黄经相同的时刻定为朔日，由于这种算法考虑了日月运行（主要是月行）的不均匀性，所以它反映了真实的天象。可惜，何承天的定朔法遭到当时朝臣钱乐之等人的反对，最后他被迫放弃了这一先进的历法思想。据《宋书·律历志中》载：

> 又承天法，每月朔望及弦，皆定大小余，于推交会时刻虽审，皆用盈缩，则月有频三大、频二小，比旧法殊为异。旧日蚀不唯在朔，亦有在晦及二日。《公羊传》所谓"或失之前，或失之后"。愚谓此一条自宜仍旧。[3]

这个事件表明科学的进步是一个漫长、曲折和复杂的历史过程，在这个历史过程中，科学家需要跟各种保守思想及其势力做斗争。但科学的进步不管多么曲折和复杂，从长远的眼光看，保守的东西代表着落后，所以它的作用总是暂时的，保守的东西终究会被新的科学思想所战胜，从而使人类的认识不断走向进步，并站立在一个新的历史起点之上。定朔法本身就是一个典型例证，何承天之后，到唐初傅仁均造《戊寅元历》时，定朔法终于被引入历法。

此外，对于上元积年的运算越来越烦琐的现实，何承天在推算五星运动时大胆采用近距历元法，并结合实测之数值，在保持各基本天文数据的原有实测精度基础上，既简化了运算程序，同时又提高了五星会合周期的精度，因而系我国古代历法史上的一个重要创造。

---

① 《元史》卷 164《郭守敬传》，北京：中华书局，1976 年，第 3848 页。
② 《宋书》卷 12《律历志中》，第 262 页。
③ 《宋书》卷 12《律历志中》，第 264 页。

（三）何承天的数理思想略论

（1）五星近距历元法。关于如何确立历表排列和推算历法的始点，我国古代的历家设想以一年冬至的年、月、日、时都须逢"甲子"或"子"，而为了寻找这样的历元，历家在制定历法时往往需要以制定历法的那一年为准向前追溯几千年甚至几万年，这就是上元积年。求上元积年需要解一次同余式方程问题，其所需的基本常数有回归年、朔望月、恒星年、近点月、交点月、岁名与日名的干支周期及五星会合周期等。

上述同余式问题的算法，已在早于何承天《元嘉历》的《孙子算经》中解决了。《孙子算经》卷下载有一道"物不知数"题：

> 今有物，不知其数。三、三数之，剩二；五、五数之，剩三；七、七数之，剩二。问物几何？答曰：二十三。[①]

据曲安京研究，从《太初历》始，东汉《四分历》、《乾象历》、《景初历》都用同余式求上元积年，其具体内容见《中国历法与数学》一书的相关章节，此不引述[②]。当然，求解上元积年本身是一个非常复杂的运算过程。有鉴于此，为了简化上元积年运算过程，杨伟在《景初历》里将上元积年的系统要素省去两个，即近点月与交点月，而改设求交会差率和迟疾差率。东晋姜岌在制定《三纪甲子元历》时，则陷入了下面的矛盾和纠结之中。据《晋书·律历志下》载《三纪甲子元历》的上元积年云：

> 甲子上元以来，至鲁隐公元年己未岁，凡八万二千七百三十六，至晋孝武太元九年甲申岁，凡八万三千八百四十一，算上。[③]

此外，对于五星会合周期，姜岌则用"五星曰法"，以与上元积年并存。《晋书》说：

> 五星约法，据出见以为正，不系于元本。然则算步究于元初，约法施于今用，曲求其趣，则各有宜，故作者两设其法也。[④]

何承天敏锐地意识到姜岌"五星约法"的合理性和先进性，因此，他在《元嘉历》中主动将五星会合周期亦排除于上元积年的系统要素之外，而对于五星周期的运算则各设近距历元：

> 木后元丙戌，晋咸和元年，至元嘉二十年癸未，百十八年算上。
> 火后元乙亥，元嘉十二年，至元嘉二十年癸未，九年算上。
> 土后元甲戌，元嘉十一年，至元嘉二十年癸未，十年算上。
> 金后元甲申，晋太元九年，至元嘉二十年癸未，六十年算上。

---

① 《孙子算经》卷下，郭书春、刘钝校点：《算经十书（二）》，沈阳：辽宁教育出版社，1998年，第22页。
② 曲安京：《中国历法与数学》，北京：科学出版社，2005年，第56—65页。
③ 《晋书》卷18《律历志下》，第567页。
④ 《晋书》卷18《律历志下》，第570页。

水后元乙丑，元嘉二年，至元嘉二十年癸未，十九年算上。①

此处的"后元"有 5 个年数：118、9、10、60、19。

这样，回头再看《元嘉历》的上元积年，其运算过程相对就容易多了。其上元积年为：

上元庚辰甲子纪首至太甲元年癸亥，三千五百二十三年，至元嘉二十年癸未，五千七百三年，算外。②

（2）调日法。在前述《元嘉历》所采用的参数中有"日法"、"通数"及"通法"，它们分别是："日法，七百五十二。……通数，二万二千二百七。通法，四十七。"③

即日法是 752，又一月日数是 29.530 587 日，与先前诸历相比，这个数值更加精密。然而，399/752 的分式（分子为朔小余，分母为日法）是如何得来的呢？经考证，里面含有何承天调日法的数理思想。《宋史·律历志七》载"调日法"说：

自汉太初至于今，冬至差十日，如刘歆《三统》复强于古，故先儒谓之最疏。后汉刘洪考验《四分（历）》，于天不合，乃减朔余，苟合时用。自是已降，率意加减，以造日法。宋世何承天更以四十九分之二十六为强率，十七分之九为弱率，于强弱之际以求日法。承天日法七百五十二，得一十五强，一弱。自后治历者，莫不因承天法，累强弱之数，皆不悟日月有自然合会之数。④

据《隋书·天文志》载何承天论"浑天象体"的话说：

周天三百六十五度、三百四分之七十五。天常西转，一日一夜，过周一度。南北二极，相去一百一十六度、三百四分度之六十五强，即天经也。⑤

我们知道，圆周率等于圆周长与直径之比值，依此计算，则有 $\pi = 3.142\ 885\ 44$。仅从这个实例中便可以看出，何承天为了求得较为准确的圆周率值，确实花费了巨大的心血。在何承天身上，体现了科学家特有的那种坚韧不拔和好学进取的优良意志品质。《宋书》本传称他"为性刚愎"⑥，尽管这个评价未免有失公允，但"刚愎"性思维在一定意义上确实反映了何承天的独特个性，而这种独特个性对于科学创造过程而言，具有积极作用。诚如何承天自己所言：

夫历数之术，若心所不达，虽复通人前识，无救其为蔽也。是以多历年岁，未能有定。《四分（历）》于天，出三百年而盈一日。积代不悟，徒云建历之本，必先立元，假言谶纬，遂关治乱，此之为蔽，亦已甚矣。刘歆《三统法》尤复疏阔，方于

---

① 《宋书》卷 13《律历志下》，第 282 页。
② 《宋书》卷 13《律历志下》，第 271 页。
③ 《宋书》卷 13《律历志下》，第 272 页。
④ 《宋史》卷 74《律历志七》，第 1686 页。
⑤ 《隋书》卷 19《天文志上》，第 512 页。
⑥ 《宋书》卷 64《何承天传》，第 1704 页。

《四分（历）》，六千余年又益一日。扬雄心惑其说，采为《太玄》，班固谓之最密，著于《汉志》；司彪因曰"自太初元年始用《三统历》，施行百有余年"。曾不忆刘歆之生，不逮太初，二三君子言历，几乎不知而妄言欤。①

这段话确实有"刚愎"之嫌，然而，科学上如果没有这种批评与自信精神，就不能及时发现和克服前人的缺点，而不能及时发现和克服前人的缺点，又何以突破自我和超越前人呢！

二、"何承天新律"及其对十二平均律的贡献

将律吕与历法结合起来，赋予历法以顺天应时的意义，是中国古代历法的重要特点。汉代人喜欢用"归元法"来研究天体和地球物理等现象，例如，修历法时要寻找"历元"，同理，欲理解声律的本质就须找到"律元"。而就在寻找"律元"的历史过程中，汉代律家发明了"候气法"。《后汉书·律历志上》载：

> 夫五音生于阴阳，分为十二律，转生六十，皆所以纪斗气，效物类也。天效以景，地效以响，即律也。阴阳和则景至，律气应则灰除。是故天子常以日冬夏至御前殿，合八能之士，陈八音，听乐均，度晷景，候钟律，权土炭，效阴阳。冬至阳气应，则乐均清，景长极，黄钟通，土炭轻而衡仰。夏至阴气应，则乐均浊，景短极，蕤宾通，土炭重而衡低。进退于先后五日之中，八能各以候状闻，太史封上。郊则和，否则占。候气之法，为室三重，户闭，涂衅必周，密布缇缦。室中以木为案，每律各一，内庳外高，从其方位，加律其上，以葭莩灰抑其内端，案历而候之。气至者灰动。其为气所动者其灰散，人及风所动者其灰聚。殿中候，用玉律十二。惟二至乃候灵台，用竹律六十。候日如其历。②

这段话，从实验科学的角度讲，既有科学的成分，又有不科学的因素。例如，大气的湿度和温度不同，对管弦发音有影响，且炭的吸湿性使"土炭重而衡低"，这是符合科学原理的。可是，将律管埋入土中，而管中的"葭莩灰"会随着地气的阴阳变化，发生相应的聚散现象，则又是不科学的。我们应当正确认识，不能迷信古人的"密法"。我国古代乐律家相信，在律管长度与音调之间客观上存在着一种内在的数量关系。如《吕氏春秋·仲夏季》云：

> 昔黄帝令伶伦作律。伶伦自大夏之西，乃之阮隃之阴，取竹于嶰溪之谷，以生空窍厚钧者、断两节间、其长三寸九分而吹之，以为黄钟之宫，吹曰舍少。次制十二筒，以之阮隃之下，听凤皇之鸣，以别十二律。其雄鸣为六，雌鸣亦六，以比黄钟之宫，适合。黄钟之宫，皆可以生之。故曰黄钟之宫，律吕之本。③

① 《宋书》卷 12《律历志中》，第 231 页。
② 《后汉书·律历志上》，第 3016 页。
③ （秦）吕不韦：《吕氏春秋》卷 5《仲夏季·古乐》，《百子全书》第 3 册，第 2658 页。

有人考证，目前出土的距今 9000—7700 年的 20 多支贾湖骨笛，是用鹤类尺骨制成，通过竖吹或斜吹，能产生出七阶高低阶音域，从而使学界认识到中国从远古开始逐渐形成了"笛律—钟律—琴律—笙律"的应用律学体系[①]。那么，古人是如何认识到笛的长短与声调之间存在着内在联系呢？李来璋在考证"吹绿"的起源时认为："吹律"起源于生活实践，即"远古先人在用吹火筒吹火助燃的过程中，有时会无意地发现，用嘴吹火时，会因唇与吹火筒接触的不同的角度而使吹火筒发出一些高低不同的声响"[②]。后来，随着先民不断地实践，不断地总结经验，由感性认识上升到理性认识，因而摸清了笛的长短与音调之间的关系。在此，先民逐渐懂得用一根固定长度的骨管作为标准，将其作为标准音高，然后用各种不同的比例切分这根骨管或竹管，由此便得到了多种不同的音高。弦乐亦复如此。从这个角度看，用算学的方法来确定律管的长度，是比较晚才出现的事情。所以用远古先民不懂"算法"来否定"其长三寸九分"的"黄钟之宫"[③]还可以由长期的实践经验所得这条途径，是不适当的。

（一）"何承天新律"述要

1. "五度相生律"和"三分损益律"及其缺陷

关于"五度相生律"和"三分损益律"的产生，下面的说法更接近历史的真实，即乐律始于经验。以弦乐为例，远古先民首先在弓弦实践中发现了长度为 1∶2 的两段弦，如果同时拨动，就能发出十分协调的声音。这样，设原弦长为 f，若用下述分割方法对不同弦长的声音进行频率实践，则 1/2 处，两段弦的声音频率为 $2f$，为纯八度音程；1/3 处，较长的一段弦出现了新音，其声音频率为 $3f/2$，与 f 非常协调；1/4 处，其声音频率为 $4f/3$，与 f 比较协调。

如此继续分割的结果是，不能产生更多与 f 相协调的音，反而越来越不协调。于是，先民想到了以 1/2、1/3、1/4 分割点为准，继续分割，看看弦长与音调究竟有什么关系，结果发现"五度相生律"。然而，这种音律与"三分损益律"的关系如何理解，学界有不同看法。因为事物的存在总是有统一性和对立性两个方面，若从统一性的角度讲，两者的历史之源应是相同的，而其历史之流则有不同的表现形式，所以这种不同并无本质差异。

由于"五度相生律"和"三分损益律"都用到了比较复杂的数学运算，可见两者的出现都经历了一个长期的积累过程。就目前所看到的文献而言，"三分损益律"见于《管子·地员》篇，这是战国时期稷下学宫的作品，而"五度相生律"则是由古希腊哲学家毕达哥拉斯所最早阐释的，故后者早于前者。《管子·地员》篇载"三分损益律"的内容说：

① 张居中：《考古新发现——贾湖骨笛》，《音乐研究》1988 年第 4 期，第 97—98 页；黄翔鹏：《舞阳贾湖骨笛的测音研究》，《文物》1989 年第 1 期，第 15—17 页；孙毅：《舞阳贾湖骨笛音响复原研究》，《中国音乐学》2006 年第 4 期，第 5—12 页；郭树群：《上古出土陶埙、骨笛已知测音资料研究述论》，《天津音乐学院学报（天籁）》2008 年第 3 期，第 32—40 页等。
② 李来璋：《"伶伦作律"之探索》，《天津音乐学院学报》2000 年第 2 期，第 17 页。
③ 黄文琳：《由伶伦作律看音乐的起源》，《剑南文学》2009 年第 10 期，第 128 页。

凡将起五音，凡首，先主一而三之，四开以合九九，以是生黄钟小素之首以成宫。三分而益之以一，为百有八，为徵。不无有，三分而去其乘，适足以是生商。有三分而复于其所，以是成羽。有三分去其乘，适足以是成角。①

对这段话，明代朱载堉释：

黄帝时，洛出书，见沈约《符瑞志》，犹禹时洛书也。洛书数九，自乘得八十一，是为阳数。盖十二者，天地之大数也；百二十者，律吕之全数也，除去三十九，则八十一耳。故《吕氏春秋》曰："断两节间，三寸九分。"后学未达，遂指三寸九分为黄钟之长者，误矣。八寸一分，三寸九分，合而为十二寸，即律吕之全数。全数之内，断去三寸九分，余为八寸一分，即黄钟之长也。《管子》曰："凡将起五音，先主一而三之，四，开以合九九，以是生黄钟。"盖谓算术，先置一寸为实，三之为三寸，又四之为十二寸也。"开以合九九"者，八十一分开方得九分，九分自乘得八十一分，为黄钟之长也。②

《吕氏春秋》在《管子·地员》"五音相生"的基础上，又增加了 7 个音，于是就产生了十二律生律。即：

黄钟生林钟，林钟生太簇，太簇生南吕，南吕生姑洗，姑洗生应钟，应钟生蕤宾，蕤宾生大吕，大吕生夷则，夷则生夹钟，夹钟生无射，无射生仲吕。三分所生，益之一分以上生；三分所生，去其一分以下生。黄钟、大吕、太簇、夹钟、姑洗、仲吕、蕤宾为上，林钟、夷则、南吕、无射、应钟为下。大圣至理之世，天地之气，合而生风。日至则月钟其风，以生十二律。③

文中所言"下"，系指弦长减少三分之一；反之，凡言"上"，系指弦长增加三分之一。按照生生不已、循环往复的日月运行思想，从"黄钟生林钟"即下黄钟损（弦长减少三分之一）得林钟，经过生律十二次后，还应当生还黄钟，但结果却不理想。可见，直接取"黄钟"长度的一半为40.5，十二律生律的结果是清黄钟弦长为39.954 9，比标准的弦长短了一点儿，因而使黄钟不能还原。这样，便出现了与《礼记》所言"五声六律十二管，还相为宫"④理论的背离现象。所以，在崇古思维模式的推动下，如何解决"黄钟不能还原"的问题，就成了西汉以后古代律学家们持续不断进行攻坚战的重要课题之一。

2. 何承天的新律制

三分损益法不能生还出始律，这是不可回避的事实。为此，何承天提出了一种新律

① 黎翔凤：《管子校注》卷19《地员》，北京：中华书局，2004年，第1080页。
② （明）朱载堉撰，冯文慈点注：《律吕精义》卷1《内篇·不宗黄钟九寸》，北京：人民音乐出版社，2006年，第3—4页。
③ （秦）吕不韦：《吕氏春秋》卷6《季夏纪》，《百子全书》第3册，第2661页。
④ 黄侃：《黄侃手批白文十三经·礼记》，第83页。

制，这种新律制，由于比较接近十二平均律，故学界也将其称为"何承天十二平均律"。《宋书·律历志上》载有一个新旧律对照表，经考，这个表中的"新律"即何承天新律[1]，其具体内容如表 3-5 所示：

表 3-5　《宋书·律历志上》新旧律对照表[2]

律名	旧律度	新律度	旧律分	递增数	新律分	音分	与今十二平均律相差音分
黄钟	九寸	九寸	177 147	0	177 147	0	±0
林钟	六寸	六寸一厘	118 098	$2384\frac{1}{3}\times\frac{1}{12}$	$118\,296\frac{25}{36}$	699.04	−0.96
太簇	八寸	八寸二厘	157 464	$2384\frac{1}{3}\times\frac{2}{12}$	$157\,861\frac{14}{36}$	199.55	−0.45
南吕	五寸三分三厘少强	五寸三分六厘少强	104 976	$2384\frac{1}{3}\times\frac{3}{12}$	$105\,572\frac{3}{36}$	896.06	−3.34
姑洗	七寸一分一厘强	七寸一分五厘少强	139 968	$2384\frac{1}{3}\times\frac{4}{12}$	$140\,762\frac{28}{36}$	398.02	−1.18
应钟	四寸七分四厘强	四寸七分九厘强	93 312	$2384\frac{1}{3}\times\frac{5}{12}$	$94\,305\frac{17}{36}$	1091.44	−8.56
蕤宾	六寸三分二厘强	六寸三分八厘强	124 416	$2384\frac{1}{3}\times\frac{6}{12}$	$125\,608\frac{6}{36}$	595.22	−4.78
大吕	八寸四分二厘大强	八寸四分九厘大强	165 888	$2384\frac{1}{3}\times\frac{7}{12}$	$167\,278\frac{31}{36}$	99.23	−0.77
夷则	五寸六分一厘大强	五寸七分弱	110 592	$2384\frac{1}{3}\times\frac{8}{12}$	$112\,181\frac{20}{36}$	790.93	−9.07
夹钟	七寸四分九厘少弱	七寸五分八厘少弱	147 456	$2384\frac{1}{3}\times\frac{9}{12}$	$149\,244\frac{34}{36}$	296.73	−3.27
五射	四寸九分九厘半弱	五寸九厘半	98 304	$2384\frac{1}{3}\times\frac{10}{12}$	$100\,290\frac{34}{36}$	984.91	−15.09
中吕	六寸六分六厘弱	六寸七分七厘	131 072	$2384\frac{1}{3}\times\frac{11}{12}$	$133\,257\frac{23}{36}$	492.87	−7.13
黄钟	八寸八分八厘弱	九寸	$174\,762\frac{2}{3}$	$2384\frac{1}{3}\times\frac{12}{12}$	177 147	0	±0

对表 3-5 中内容，《宋书·律历志上》有一段解释，其文云：

　　律吕相生，皆三分而损益之。先儒推十二律，从子至亥，每三之，凡十七万七千一百四十七，而三约之，是为上生。故《汉志》云：三分损一，下生林钟，三分益一，上生太簇。无射既上生中吕，则中吕又当上生黄钟，然后五声、六律、十二管还

[1]　陈应时：《十二平均律的先驱——何承天新律》，《乐府新声（沈阳音乐学院学报）》1985 年第 2 期，第 44—47 页。

[2]　陈应时：《十二平均律的先驱——何承天新律》，《乐府新声（沈阳音乐学院学报）》1985 年第 2 期，第 45—47 页。表 3-5 中内容结合了陈应时的研究成果，与《宋书·律历志上》的内容相比，增加了"递增数"、"音分"及"与今十二平均律相差音分"等项目。

相为宫。今上生不及黄钟实二千三百八十四，九约实一千九百六十八为一分，此则不周九分寸之律一分有奇，岂得还为宫乎？凡三分益一为上生，三分损一为下生，此其大略，犹周天斗分四分之一耳。①

依《吕氏春秋》立黄钟弦长为 $3^4 = 81$，实践证明这个黄钟基数不能使十二生律回归始律，所以《淮南子》更立黄钟弦长为 $3^{11} = 177147$，此称"黄钟大数"。故《淮南子·天文训》载：

> 道始于一，一而不生，故分而为阴阳，阴阳合而万物生。……律之数六，分为雌雄，故曰十二钟，以副十二月。十二各以三成，故置一而十一，三之，为积分十七万七千一百四十七，黄钟大数立焉。②

何承天在他的新律里，采用此"黄钟大数"为基准，而整合"生律"的目的，当然亦系"中吕上生所益之分，还得十七万七千一百四十七"③。

对于这多出来的数，何承天采取平均十二等分的办法，将其逐个递加在每一次三分损益之律上，这样，经过十二次生律，最后使还生的黄钟律分数"还相为宫"，实现了《礼记·礼运》的理论目标。美国心理学家洛克曾提出目标设定理论，他认为目标本身能够产生激励动力，并将人们的需要转变为动机，从而引导人们的行为朝着一定方向努力，直至成就目标。而何承天新律就是"目标设定理论"的一个典型实例，尽管相对于现代十二平均律，何承天新律还有不足，但正如陈应时所说：

> 三分损益法所生的十二律和十二律还相为宫的理论是相矛盾的。西汉律学家京房用六十律的办法来解决，而何承天则采用十二律内部调整的办法来解决。虽然"何承天新律"还没有达到完全的十二平均律，但已经达到了非常接近的地步。在相隔了一千一百多年之后终于导出了明代律学家朱载堉发明的"新法密率"。因此，"何承天新律"在世界律学史上不愧为十二平均律的先驱，也是我国律学史上的一笔宝贵遗产，值得我们重视。④

（二）何承天新律的思想基础及其他

由于律历合一是中国古代天文、声乐及度量衡发展的重要特点之一，因此，对于何承天整个科技思想的理论基础，一并简述于此。

前揭何承天的自然观属于"崇有"派，他据此来反对佛教的"空无"说，因而形成了何承天独特的无神论思想。宗炳字少文，是南朝宋的著名画家，信奉佛教，著有《明佛论》，宣称"神不灭论"。例如，他说："佛国之伟，精神不灭，人可成佛，心作万有，诸

---

① 《宋书》卷 11《律历志上》，第 211—212 页。
② （汉）刘安著，高诱注：《淮南子》卷 2《天文训》，《百子全书》第 3 册，第 2831 页。
③ 《隋书》卷 16《律历志上》，第 389 页。
④ 陈应时：《十二平均律的先驱——何承天新律》，《乐府新声（沈阳音乐学院学报）》1985 年第 2 期，第 47 页。

法皆空。"①又说:"群生之神,其极虽齐,而随缘迁流,成粗妙之识,而与本不灭矣。"②
"神非形作合而不灭,人亦然矣。神也者,妙万物而为言矣。若赘形以造,随形以灭,则
以形为本,何妙以言乎?"③意思是说,神即灵魂,可以脱离人的躯体而独立存在。对
此,何承天在《达性论》一文中坚信:"生必有死,形毙神散,犹春荣秋落,四时代换,
奚有于更受形哉?"④即形与神是一物之两体,两者不能分离,有形即有神,所以神同形
一样,完全是一个有生有灭的自然过程,不存在超自然的"神"。不仅如此,在何承天看
来,所谓"神"仅仅是人类思维的一种功能。他说:

> 天以阴阳分,地以刚柔用,人以仁义立。人非天地不生,天地非人不灵,三才同
> 体,相须而成者也。故能禀气清和,神明特达,情综古今,智周万物,妙思穷幽赜,
> 制作侔造化,归仁与能,是为君长。⑤

在此,何承天肯定了人的思维是自然界长期进化的产物,正是由于人类"妙思穷幽
赜,制作侔造化",所以人与众物相比,具有改造自然的能动性。从这个角度讲,何承天
批判佛教将人类一般地等同于"众生",从而抹杀了人类对于自然界的能动性,是有进步
意义的。纵观何承天的天文历法和律学成就,处处体现着他尊重自然规律的"顺天时"⑥
思想。他说:

> 若夫众生者,取之有时,用之有道。行火候风暴,畋渔候豺獭,所以顺天时也。
> 大夫不麛卵,庶人不数罟,行苇作歌,宵鱼垂化,所以爱人用也。⑦

这是古代东方生态思想的典型表现,尽管它被视为只是王者"仁政"的一部分⑧,还
没有上升到施政者的目标管理体系,并成为民众的自觉意识,但是"顺天时"和"爱人
用"的思想毕竟对现代生态学理论还有积极的借鉴价值。何承天又引杜预曾经提出的重要
命题说:

> 《周易》明治历之训,言当顺天以求合,非为合以验天也。⑨

可见,何承天的历法思想就是建立在这种尊重客观规律的基础上,绝不能为了使"主
观符合客观"就任意歪曲事实,甚至伪造事实,将验天作为证明某一先验模式(如图谶、
黄钟之数等)的手段。⑩如东汉"以合图谶为治历准绳,以黄钟、律吕或乾象之数为历

---

① (南朝·宋)宗炳:《明佛论》,吴玉贵、华飞主编:《四库全书精品文存》第7册,北京:团结出版社,1997
年,第22页。
② (南朝·宋)宗炳:《明佛论》,吴玉贵、华飞主编:《四库全书精品文存》第7册,第23页。
③ (南朝·宋)宗炳:《明佛论》,吴玉贵、华飞主编:《四库全书精品文存》第7册,第24页。
④ (南朝·宋)何承天:《达性论》,吴玉贵、华飞主编:《四库全书精品文存》第7册,第51页。
⑤ (南朝·宋)何承天:《达性论》,吴玉贵、华飞主编:《四库全书精品文存》第7册,第51页。
⑥ (南朝·宋)何承天:《达性论》,吴玉贵、华飞主编:《四库全书精品文存》第7册,第51页。
⑦ (南朝·宋)何承天:《达性论》,吴玉贵、华飞主编:《四库全书精品文存》第7册,第51页。
⑧ 刘立夫:《"天人合一"不能归约为"人与自然和谐相处"》,《哲学研究》2007年第2期,第70页。
⑨ 《宋书》卷12《律历志中》,第261页。
⑩ 陈美东:《古历新探》,沈阳:辽宁教育出版社,1995年,第498页。

本，以及以虚立上元为治历原则的思想"①，即是"为合以验天"的例证。

在《安边论》中，针对"承平来久，边令驰纵"②的情形，何承天提出了许多切实可行的安边策略和具体措施。例如，他建议：

> 斥候之郊，非畜牧之所；转战之地，非耕桑之邑。故坚壁清野，以俟其来，整甲缮兵，以乘其弊。虽时有古今，势有强弱，保民全境，不出此涂。要而归之有四：一曰移远就近；二曰浚复城隍；三曰纂偶车牛；四曰计丁课仗。③

具体言之，则：

> 一曰移远就近，以实内地。今青、兖旧民，冀州新附，在界首者二万家，此寇之资也。今悉可内徙，青州民移东莱、平昌、北海诸郡，兖州、冀州移泰山以南，南至下邳，左沭右沂，田良野沃，西阻兰陵，北厄大岘，四塞之内，其号险固。民性重迁，暗于图始，无虞之时，惠生咨怨。今新被抄掠，余惧未息，若晓示安危，居以乐土，宜其歌忭就路，视迁如归。④

> 二曰浚复城隍，以增阻防。……古之城池，处处皆有，今虽颓毁，犹可修治。粗计户数，量其所容，新徙之家，悉著城内，假其经用，为之同伍，纳稼筑场，还在一处。妇子守家，长吏为帅，丁夫匹妇，春夏佃牧，秋冬入保。寇至之时，一城千室，堪战之士，不下二千，其余羸弱，犹能登陴鼓噪。十则围之，兵家旧说，战士二千，足抗群虏三万矣。⑤

> 三曰纂偶车牛，以饬戎械。计千家之资，不下五百耦牛，为车五伯（百）两。参合钩连，以卫其众。设使城不可固，平行趋险，贼所不能干。既以族居，易可检括。号令先明，民知凤戒。有急征发，信宿可聚。⑥

> 四曰计丁课仗，勿使有阙。千家之邑，战士二千，随其便能，各自有仗，素所服习，铭刻由己，还保输之于库，出行请以自卫。弓矟利铁，民不办得者，官以渐充之，数年之内，军用粗备矣。⑦

从军事战略的高度看，何承天采取积极的防守策略，以农养战，耕战合一，尤其是主张发动民众，开展大练兵运动，在修复城池的前提下，逐渐增强民众的自卫防御力量，这些主张都比较切合实际，不失为有效的御敌之良策。在这里，像"弓矟利铁""纂偶车牛""浚复城隍"等都是比较重要的军事科技活动。此外，何承天还建议：

> 钜野湖泽广大，南通洙、泗，北连青、齐，有旧县城，正在泽内。宜立式修复旧

---

① 陈美东：《古历新探》，第 498 页。
② 《宋书》卷 64《何承天传》，第 1710 页。
③ 《宋书》卷 64《何承天传》，第 1707 页。
④ 《宋书》卷 64《何承天传》，第 1708 页。
⑤ 《宋书》卷 64《何承天传》，第 1708 页。
⑥ 《宋书》卷 64《何承天传》，第 1708—1709 页。
⑦ 《宋书》卷 64《何承天传》，第 1709 页。

堵，利其埭遏，给轻舰百艘。寇若入境，引舰出战，左右随宜应接，据其师津，毁其航漕。此以利制车，运我所长，亦御敌之要也。[1]

总之，何承天的国防策略同他的天文历法及律学思想一样，突出体现了他以"心达"和"救敝"为核心的思维原则，这种思维的特色就是千方百计找出所要解决问题的症结和所存在的主要缺陷，然后据此提出解决问题的方案，如"何承天新律"、《元嘉历》的制定及在《安边论》中所提出的方策等，都是以发现问题的缺陷为突破口，从而做出不朽的科学创造和科学发明。

不过，何承天亦有其思想局限，比如他在《达性论》中认为"三后在天，言精灵之升遐也"[2]，为宗教神学提供了避难所，反映了他反对佛教神学的不彻底性；"何承天新律""虽然从数据上看与平均律更接近，但是并没有从根本上解决问题。他只是将三分损益律用到了极致，使后来的音律学家改而寻觅另外的方法"[3]；又，日本学者中嶋隆藏认为，蔡邕—杜预—何承天一脉相承，承认天体运行有不可知处，因此，历法只能合用一时，其背景是儒家的合理主义[4]。尽管如此，何承天的成就却是主要的，因为他对岁差的研究、"调日法"的创造和对"寸千里"的否定，以及他的律学思想、治国和治学思想等，都对中国古代科学的发展产生了重要影响。在中国古代科技史上，何承天是一位富有怀疑和创新精神的杰出科学家。

第二节　祖冲之父子的数理思想

祖冲之字文远，范阳郡遒县人。祖父名祖昌，官至刘宋政权的大匠卿，该职系主管土木工程的高级官员。其父祖朔之，为"奉朝请"（闲散官）[5]。这种士族家庭背景使祖冲之从小就有机会接受比较良好的私学教育，秉承家传的历法、算学等学问，故史称他少"稽古，有机思"[6]。时逢宋文帝"元嘉之治"，其经济文化出现了相对繁荣的气象。可惜，好运不长，宋文帝为其长子刘劭所杀，接着，刘劭又被其弟刘骏所杀，刘骏是为宋孝武帝。自此，南朝刘宋政权日益腐败，宋孝武帝更是一个荒淫无道的昏君。不过，从历史的角度看，宋孝武帝对南朝科学文化的发展还是做出了一定贡献的。例如，他使祖冲之"直华林学省，赐宅宇车服"[7]，为祖冲之的科学创造提供了非常优裕的物质条件，从而使祖冲之父子能够安心于历法和算学的研究。由于"直华林学省"仅仅是个虚职，故祖冲之不久即

① 《宋书》卷 64《何承天传》，第 1710 页。
② （南朝·宋）何承天：《大性论》，吴玉贵、华飞主编：《四库全书精品文存》第 7 册，第 51 页。
③ 赵莹莹：《何承天研究》，西北师范大学 2012 年硕士学位论文，第 50 页。
④ 郑诚：《何承天天学研究》，上海交通大学 2007 年硕士学位论文，第 26 页。
⑤ 《南史》卷 72《祖冲之传》，北京：中华书局，1975 年，第 1773 页。
⑥ 《南史》卷 72《祖冲之传》，第 1773 页。
⑦ 《南史》卷 72《祖冲之传》，第 1773 页。

"解褐南徐州迎从事、公府参军"①。在此期间，祖冲之编撰了《大明历》。《宋书·律历志》载，大明六年（462），南徐州从事史祖冲之《上大明历表》云：

> 古历疏舛，颇不精密，群氏纠纷，莫审其要。何承天所奏，意存改革，而置法简略，今已乖远。以臣校之，三睹厥谬：日月所在，差觉三度；二至晷影，几失一日；五星见伏，至差四旬，留逆进退，或移两宿。分至乖失，则节闰非正；宿度违天，则伺察无准。臣生属圣辰，逮在昌运，敢率愚替，更创新历。②

惜祖冲之新历遭到保守派戴法兴的阻挠，尽管据《宋书·律历志》载，宋孝武帝"爱奇慕古，欲用冲之新法，时大明八年也"③，但毕竟还是没有当下施行，直到祖冲之死后十年即梁天监九年（510）才得以行用。《南齐书》记载当时的情形说：

> 事奏。孝武令朝士善历者难之，不能屈。会帝崩，不施行。出为娄县令，谒者仆射。④

娄县在今江苏昆山市东北三里，祖冲之任娄县令时间不长，即被召回担任"谒者仆射"一职，南朝齐建立后，则为长水校尉。除编撰《大明历》之外，祖冲之还善于制造指南车、欹器、千里船、水碓磨等，其著作有《易老庄义》《释〈论语〉》《释〈孝经〉》《注〈九章〉》《造〈缀术〉》等。

其子祖暅之，亦名祖暅⑤，字景烁，主要生活于5世纪中后期的南朝齐、梁时代，官至太舟卿，系掌管船舶制造及运输的官员。子承父业，祖暅善历算，有巧思。故《南史》本传载：

> （其）父所改何承天历时尚未行，梁天监初，暅之更修之，于是始行焉。⑥

此外，祖暅之在求体积计算和天文观测仪器的制造方面，都取得了杰出成就。

一、《大明历》的主要成就及其算法分析

（一）《大明历》的主要成就概述

《大明历》由两部分内容组成：历法与历议。其中历法部分有两大创新，即改革闰法和引入岁差。而历议的思想核心是强调变革，尤其是对戴法兴顽固维护古历而反对历法变革的谬论进行了有力回击，从而捍卫了《大明历》的科学性和先进性。

1. 祖冲之历法思想与成就

《南齐书》本传载有祖冲之《上大明历表》的全文，它对我们正确认识《大明历》的

---

① 《南史》卷72《祖冲之传》，第1773页。
② 《宋书》卷13《律历志下》，第289页。
③ 《宋书》卷13《律历志下》，第317页。
④ 《南齐书》卷52《祖冲之传》，北京：中华书局，1972年，第905页。
⑤ 严敦杰：《祖暅别传》，《科学》1941年第7—8期，第460页。
⑥ 《南史》卷72《祖冲之传附祖暅之传》，第1774—1775页。

特色和贡献而言是第一手史料。对《大明历》的创新，祖冲之概括为下述几点。他说：

> 谨立改易之意有二，设法之情有三。①

（1）改变闰法。从战国《四分历》开始，19 年 7 闰即被确立为制定历法的重要原则，在一定时期内，由于它能较好地把回归年与农历年协调起来，并用于指导农时，所以一直到《玄始历》之前，始终没有历家提出过异议。而在中国古代历法发展史上，《玄始历》率先改 19 年 7 闰为 600 年 221 闰，拉开了通过改变闰法以不断提高历法精确性的序幕。可惜，何承天在编制《元嘉历》时，竟然忽视了《玄始历》变革传统闰法的科学价值，仍然沿袭 19 年 7 闰的闰法。对此，祖冲之根据实测指出其有不精密之处：

> 改易者一：以旧法一章，十九岁有七闰，闰数为多，经二百年辄差一日。节闰既移，则应改法，历纪屡迁，实由此条。今改章法三百九十一年有一百四十四闰，令却合周、汉，则将来永用，无复差动。②

可见，《大明历》提出"章岁，三百九十一"和"章闰，一百四十四"③两个参数，显然受到了《玄始历》的启发。这样，经祖冲之测算，每个回归年所包含的朔望月数实为 12.368 286 445 月。也就是说，每年 12 个月之外，另以月份 144，置为"闰月"④。具体推算方法是：

> 以闰余减章岁，余满闰法得一月，命以天正，算外，闰所在也。闰有进退，以无中气为正。⑤

所谓"闰有进退，以无中气为正"是指上述所得闰月序数，有进退 1 月的可能，因此，求得的闰月序数应结合中气位置来判断其闰月所在，假如该月没有中气，那就是真正的闰月。祖冲之认为，闰月应从天正月（本月不计）起算，序数是几，第几月即为闰月。

（2）引入岁差。《南齐书》本传载祖冲之《上大明历表》云：

> 以《尧典》云"日短星昴，以正仲冬"。以此推之，唐世冬至日，在今宿之左五十许度。汉代之初，即用秦历，冬至日在牵牛六度。汉武改立《太初历》，冬至日在牛初。后汉四分法，冬至日，在斗二十二。晋世姜岌以月蚀检日，知冬至在斗十七。今参以中星，课以蚀望，冬至之日，在斗十一。通而计之，未盈百载，所差二度。旧法并令冬至日有定处，天数既差，则七曜宿度，渐与舛讹。乖谬既著，辄应改易。仅合一时，莫能通远。迁革不已，又由此条。今令冬至所在岁岁微差，却检汉注，并皆

---

① 《南齐书》卷 52《祖冲之传》，第 904 页。
② 《南齐书》卷 52《祖冲之传》，第 904 页。
③ 《宋书》卷 13《律历志下》，第 291 页。
④ 刘洪涛：《古代历法计算法》，第 286 页。
⑤ 《宋书》卷 13《律历志下》，第 292—293 页。

审密，将来久用，无烦屡改。①

文中"冬至之日，在斗十一"，应为"冬至日在斗十五"②。从物理学的原理看，刚体在旋转运动时，假若不受任何外力的影响，其旋转的速度与方向应一致，而一旦受到重力影响，其旋转速度则会发生周期性变化。地球是一个表面凹凸不平的刚体，它围绕太阳旋转一周，在其他星球的引力作用下，总不能完全回到上一年的冬至点，现代测得每年约差50.2秒，故每71年又8个月向后移动1°，这种现象就称作岁差。与之相较，祖冲之算得每45年又11个月向后移动1°，数据虽然不够精确，但他破天荒地将岁差引入历法，却系历法发展的一个重大突破，影响深远。据《宋书·律历志》载，《大明历》给出的参数为：

> 纪法，三万九千四百九十一。章岁，三百九十一。章月，四千八百三十六。……月法，十一万六千三百二十一。日法，三千九百三十九。……岁余，九千五百八十九。周天，一千四百四十二万四千六百六十四。③

对于这个岁差值，客观地讲，还不如东晋虞喜的岁差值精确。陈美东分析其原因说：第一，祖冲之认为"秦历，冬至日在牵牛六度"以及"《太初历》，冬至日在牛初"，这两个判断都是错误的，因为前者系春秋以前的天象，而后者则系战国时期的天象，如此一来，他据之以为计算岁差的年距偏小了数百年；第二，姜岌测值的误差达3度之多，这是祖冲之始料不及的，因此使祖冲之据以计算岁差的度数偏大了；第三，祖冲之对《尚书·尧典》中星的估算存在同虞喜一样的问题。④由此可见，科学发展不是直线式的，而是由许多曲折所组成，在探索科学真理的历史过程中，错误的认识往往是获得真理的先导和必要途径。从这个意义上说，"科学是一个向错误学习的过程"⑤，所以"科学家对真理与错误、成功与失败的亲身体验是人们正确认识和理解科学研究的宝贵材料"⑥。

（3）"以子为辰首"。《南齐书》本传又载：

> 又设法者，其一：以子为辰首，位在正北，爻应初九升气之端，虚为北方列宿之中。元气肇初，宜在此次。前儒虞喜，备论其义。今历上元日度，发自虚一。⑦

对于祖冲之所设之新法，刘洪涛认为，用今天的观点看，无所谓。⑧然陈美东发现，将历元冬至点直始于虚宿1度，"这是为将岁差引进历法而设置的起算点，是前代历法都

---

① 《南齐书》卷52《祖冲之传》，第904—905页。
② 钱宝琮：《从春秋到明末的历法沿革》，中国科学院自然科学史研究所：《钱宝琮科学史论文选集》，第457页。曲安京认为原文无误，并据此考察了祖冲之对岁差常数的选择，详细内容见后。
③ 《宋书》卷13《律历志下》，第291页。
④ 陈美东：《祖冲之的天文历法工作——纪念祖冲之逝世1500年》，《自然辩证法通讯》2002年第2期，第69页。
⑤ 李亚宁、张增一：《科学研究中失败与错误的价值》，《民主与科学》2011年第6期，第23页。
⑥ 李亚宁、张增一：《科学研究中失败与错误的价值》，《民主与科学》2011年第6期，第20页。
⑦ 《南齐书》卷52《祖冲之传》，第905页。
⑧ 刘洪涛：《古代历法计算法》，第285页。

未曾有过的历元新要素，不过规定其起于虚宿 1 度，则是人为主观的抉择"①。由于祖冲之的儒学文化背景，他的历法观念深受汉晋易数思想之影响。

（4）以甲子年为上元。自《三统历》尤其是《乾象历》以后，一直到元代《授时历》废除上元止，各朝历法均列"上元积年"为首项内容。传统干支历的干支纪年中，甲子年为第一年，当然这纯粹是为了其主观需要而设定的一个理想元素。正如祖冲之自己所说："以日辰之号，甲子为先，历法设元，应在此岁。而黄帝以来，世代所用，凡十一历，上元之岁，莫值此名。今历上元岁在甲子。"②

（5）七曜共源，皆以上元岁首为始。对于上元之设，祖冲之一语破的。他说：

> 以上元之岁，历中众条，并应以此为始，而《景初历》交会迟疾，元首有差。又承天法，日月五星，各自有元，交会迟疾，亦并置差，裁合朔气而已。条序纷互，不及古意。今设法，日月五纬，交会迟疾，悉以上元岁首为始。则合璧之曜，信而有征，连珠之晖，于是乎在，群流共源，实精古法。③

在人们对五星运动的观测越来越精密的条件下，历家千方百计寻找"合璧之曜"及"连珠之晖"，实际上是一种主观臆想。因此，刘洪涛批评祖冲之在这个问题上"是倒退"④，亦不无道理。当然，明知是不可能实现的目标，祖冲之为什么还要努力追求它呢？这与其说是一个天文学问题，还不如说是一个数学问题。祖冲之首先是一个数学家，他具有高超的"数学方式的理性思维"⑤，因为只有数学思维才能真正把握天体运行的本质，故有人说："数学使人思考问题时更合乎逻辑、更有条理、更严密精确、更深入简洁、更善于创新。"⑥就上元积年而言，钱宝琮指出：

> 历法工作者的主观愿望，为了推算节气、朔、望、日、月食和五星行度便利起见，需要一个上元，需要规定一个上元积年。理论上，日、月、五星各有各的运动周期，并且有它的假定的起点，如太阳的冬至点，月亮的近地点，交点等等。这些起点的时刻距离某年十一月朔前面的甲子日夜半，各有一个时间差数。以各个周期和相应的差数来推算上元积年是一个整数论上的一次同余式问题。中国第四世纪中的数学家是能解一次同余式问题的。⑦

王玉民坦言："上元积年的使用是古人追求对完美天行把握的最典型体现。"当然，"古人这么孜孜以求庞大的上元积年，除了基于天行完美的假设外，还有这样一种观念：

---

① 陈美东：《祖冲之的天文历法工作——纪念祖冲之逝世 1500 年》，《自然辩证法通讯》2002 年第 2 期，第 69 页。

② 《南齐书》卷 52《祖冲之传》，第 905 页。

③ 《宋书》卷 13《律历志下》，第 290 页。

④ 刘洪涛：《古代历法计算法》，第 285 页。

⑤ 常微、姜枫炎：《感悟数学之美——南开大学数学系教授顾沛谈数学文化》，《天津日报》2007 年 3 月 30 日，第 19 版。

⑥ 马奎香：《数学之美》，《科技视界》2012 年第 30 期，第 151 页。

⑦ 钱宝琮：《从春秋到明末的历法沿革》，中国科学院自然科学史研究所：《钱宝琮科学史论文选集》，第 458 页。

想为历法推算、天体位置和天象的推算找到一个通用程序，真正达到孟子说的'千岁之日至，可坐而致也'的随心所欲不逾矩境界。"①在此前提下，曲安京专门探讨了从东汉到刘宋时期历法中的上元积年问题②，也许是包括《大明历》在内的中国历法过分执着于理性的东西，以至往往忽略了对于促进历法提高精确性的最基本手段，即观测与实验的追求，通常"验"不是在历法制定之前，而是在历法制定之后。毫无疑问，祖冲之的《大明历》亦存在这样的研究倾向。

2. 祖冲之对戴法兴的驳议

祖冲之将《大明历》上奏宋孝武帝之后，引起宋孝武帝的高度重视，他"下之有司，使内外博议，时人少解历数，竟无异同之辩"，然"唯太子旅贲中郎将戴法兴议"③，提出了反对意见。考戴法兴评论《大明历》的总体指导思想是："三精数微，五纬会始，自非深推测，穷识晷变，岂能刊古革今，转正圭宿。案冲之所议，每有违舛，窃以愚见，随事辨问。"④在戴法兴看来，历法的根本不能"刊古革今"，而《大明历》的突出特点则恰恰在于"刊古革今"。于是，戴法兴无法忍受"冲之所议"，并针对祖冲之的"改易之意"和"设法之情"，以"古历"为据，进行无端指责。其要点有六：

其一，针对祖冲之将"岁差"引入历法，戴法兴公然主张"羲、和所以正时，取其万世不易也"。故他认为祖冲之测得冬至日南斗"四十五年九月（应为十一月），率移一度"，完全是"诬天背经"⑤之论。

其二，针对祖冲之对"十九年七闰"的改易，戴法兴非常愤怒，认为"古人制章，立为中格，年积十九，常有七闰，晷或虚盈，此不可革"⑥。

其三，针对祖冲之"命上元日度发自虚一"的主张，戴法兴认为是"舍形责影，未足为迷"⑦。

其四，针对祖冲之"令上元年在甲子"的观点，戴法兴直言："夫置元设纪，各有所尚，或据文于图谶，或取效于当时。"而祖冲之"令上元年在甲子"则是"为合以求天"⑧。

其五，针对祖冲之"令日月五纬，交会迟疾，悉以上元为始"的算法，戴法兴批评说："冲之既违天于改易，又设法以遂情，愚谓此治历之大过也。"⑨

其六，戴法兴认为："冲之通周与会周相觉九千四十，其阴阳七十九周有奇，迟疾不及一匝。此则当缩反盈，应损更益。"⑩

① 王玉民：《中国古代历法推算中的误差思想空缺》，《自然科学史研究》2012年第4期，第397、398页。
② 曲安京：《东汉到刘宋时期历法上元积年计算》，《天文学报》1991年第4期，第436—439页。
③ 《宋书》卷13《律历志下》，第304页。
④ 《宋书》卷13《律历志下》，第304页。
⑤ 《宋书》卷13《律历志下》，第305页。
⑥ 《宋书》卷13《律历志下》，第305页。
⑦ 《宋书》卷13《律历志下》，第305页。
⑧ 《宋书》卷13《律历志下》，第305—306页。
⑨ 《宋书》卷13《律历志下》，第306页。
⑩ 《宋书》卷13《律历志下》，第306页。

以上六点，陈美东在《祖冲之的天文历法工作——纪念祖冲之逝世 1500 年》一文中皆有分析，笔者在此不拟重复。对于戴法兴的批评，祖冲之有一段总的回应，态度坚决。他说：

> 其一，日度岁差，前法所略，臣据经史辨正此数，而法兴设难，征引《诗》《书》，三事皆谬。其二，臣校晷景，改旧章法，法兴立难，不能有诘，直云"恐非浅虑，所可穿凿"。其三，次改方移，臣无此法，求术意误，横生嫌贬。其四，历上元年甲子，术体明整，则苟合可疑。其五，臣其历七曜，咸始上元，无隙可乘，复云"非凡夫所测"。其六，迟疾阴阳，法兴所未解，误谓两率日数宜同。凡此众条，或援谬目讥，或空加抑绝，未闻折正之谈，厌心之论也。①

尊重事实，坚持真理，这是优秀科学家的基本品质。祖冲之对改易历法的认识，建立在前人和自己的大量观测资料之上。故他主张"天以列宿分方，而不在于四时，景纬环序，日不独守故辙矣"②；又说："臣考影弥年，穷察毫微，课验以前，合若符契"，而"日有缓急，未见其证，浮辞虚贬，窃非所惧"③；还有五星"迟疾之率，非出神怪，有形可检，有数可推"④，尤其是对那些本来已经反映了客观事物运动规律的正确认识，不能"以一句之经，诬一字之谬，坚执偏论，以罔正理"⑤。这些思想认识至今仍闪烁着熠熠光辉，具有重要的现实意义和实践价值，科学研究不能离开"测验"，更不能"合谶乖说"⑥。为了证明实测对于历法研究的重要性，祖冲之在驳斥戴法兴"率意所断"⑦的错误言论时，记述了他测算回归年长度的方法：

> 《四分志》，立冬中影长一丈，立春中影九尺六寸。寻冬至南极，日晷最长，二气去至，日数既同，则中影应等，而前长后短，顿差四寸，此历景冬至后天之验也。二气中影。日差九分半弱，进退均调，略无盈缩，以率计之，二气各退二日十二刻，则晷影之数，立冬更短，立春更长，并差二寸，二气中影俱长九尺八寸矣。即立冬、立春之正日也。以此推之，历置冬至，后天亦二日十二刻。熹平三年，时历丁丑冬至，加时正在日中。以二日十二刻减之，天定以乙亥冬至，加时在夜半后三十八刻。又臣测景历纪，躬辨分寸，铜表坚刚，暴润不动，光晷明洁……据大明五年十月十日，影一丈七寸七分半，十一月二十五日，一丈八寸一分太，二十六日，一丈七寸五分强，折取其中，则中天冬至，应在十一月三日。求其蚤晚，令后二日影相减，则一日差率也。倍之为法，前二日减，以百刻乘之为实，以法除实，得冬至加时在夜半后三十一刻，在《元嘉历》后一日，天数之正也。量检竟年，则数减均同，异岁相课，

---

① 《宋书》卷 13《律历志下》，第 307 页。
② 《宋书》卷 13《律历志下》，第 311 页。
③ 《宋书》卷 13《律历志下》，第 314 页。
④ 《宋书》卷 13《律历志下》，第 315 页。
⑤ 《宋书》卷 13《律历志下》，第 316 页。
⑥ 《宋书》卷 13《律历志下》，第 314 页。
⑦ 《宋书》卷 13《律历志下》，第 313 页。

则远近应率。①

文中的《四分志》是指东汉《四分历》，它是刘洪等人于灵帝熹平三年（174）所完成。其中二十四节气的晷影长度，出现了立春与立冬不等长的现象，即立冬晷影长 10 尺，而立春的晷影长则为 9.6 尺，两者相差 4 寸。在祖冲之看来，冬至日南至，日晷为 13 尺，在二十四节气的晷影长度中是最长的。不过，立冬和立春二气距离冬至的日数相同，按照常理，它们的中影应当相等，然而，东汉《四分历》却出现了立冬长、立春短的问题。可见，东汉《四分历》冬至明显不符合实际。故祖冲之在《大明历》中除了二至的晷影长短不同外，其余二十二个节气，均为两两等长，如立春与立冬各为 9.8 尺，立夏与立秋各为 2.52 尺等。如果立冬、立春的日晷影长每天约差 0.95 寸弱，那么，"进退均调，略无盈缩"，即立冬与立春应各退 2.12 日，这样，晷影之数，二气各差 2 寸，中影长为 9.8 尺，也就是说 9.8 尺之日系正确的二气之日。②

（二）《大明历》算法分析

1. 《大明历》上元积年的推算

《宋书·律历志》载："上元甲子至宋大明七年癸卯，五万一千九百三十九年算外。"③前已述及，这个数值是通过解不定方程组得来的。然而，具体计算过程，志书没有记载。对此，曲安京在《中国历法与数学》一书中有专节讨论这个问题。

2. 对岁差常数的选择

上元命起虚宿是祖冲之将岁差引入历法的重要依据，前面已经引述了他何以如此立论的思想来源，不过，从数理天文学的视角看，在岁差常数的选择方面，祖冲之确实有一套比较成熟的算法（表 3-6）。曲安京在《中国古代数理天文学探析》第 2 编"中国古代历法天文常数系统探原"中专门讨论了"历取岁差常数的选择算法"问题，本书不再一一赘述。

表 3-6　祖冲之对岁差常数的估算

年代		冬至点	冬至时刻误差	距斗 11 度	距 463 年	岁差	《大明历》所推冬至点
尧时	前 2350	危		50	2813	56	危 16.96
汉初	前 206	牛 6		21	669	31.9	牛 0.54
汉武太初	前 104	牛初	1 日	14	567	40.9	牛 24.32
东汉《四分历》	85	斗 21	2 日	8	378	47.2	斗 20.20
晋（姜岌）	384	斗 17	3 日	3	79	26.3	斗 13.69

3. 五星会合周期常数的推算

《宋书·律历志》载《大明历》中的五星率为：

---

① 《宋书》卷 13《律历志下》，第 312—313 页。
② 张培瑜等：《中国古代历法》，第 418 页。
③ 《宋书》卷 13《律历志下》，第 291 页。

木率：（一）千五百七十五万三千八十二。火率：三千八十万四千一百九十六。土率：（一）千四百九十三万三百五十四。金率：二千三百六万一十四。水率：四百五十七万六千二百四。①

纪法，三万九千四百九十一。②

祖冲之在《大明历》中列出了五星会合周期的纪法分，并得出了五星会合周期（即"一终"）的数值：

（木）一终，三百九十八日，日余三万五千六百六十四，行三十三度，度余二万五千二百一十五。……

（火）一终，七百八十日，日余千二百一十六，行四百一十四度，度余三万二百五十八。……

（土）一终，三百七十八日，日余二千七百五十六，行十二度，度余三万一千七百九十八。……

（金）一终，五百八十三日，日余三万六千七百六十一，行星如之。除一周，定行二百十八度，度余二万六千三百一十二。……

（水）一终，百一十五日，日余三万四千七百三十九，行星如之。③

曲安京系研究数理天文学的开拓者之一，他的工作为中国古代科学思想史的书写增加了新的元素。因为以往中国古代科学思想史的研究者，无论内史还是外史，都很少发幽阐隐到祖冲之《大明历》背后的数理思想。从这个角度讲，曲安京的研究具有开辟鸿蒙之功。如《中国数学简史》曾对祖冲之推求上元的方法做了这样的评述：

（求上元）除了已知本年的冬至时刻、十一月平朔时刻（而且还要求在甲子日零时）外，还要加上月亮正好在交点月的升交点和近点月的近地点以及日、月、五颗行星处于同一个方位。求出满足所有这些条件的上元，必须解由 11 个一次同余式组成的同余式组才行。……解这样复杂的数学问题困难自然很大，就是现在求解这个问题也不是轻而易举的。祖冲之求出了上元，其数学水平之高可以想见。至于他是怎样具体解算的，却不见记载。④

而曲安京的研究为我们正确理解祖冲之的历法思想提供了一个新的路径。毫无疑问，祖冲之是著名的数理天文学家，他在《大明历》中所采用的恒星年、交点月及近点月等数据，甚至晷漏表的日中影长和昼夜漏刻数值，都非实测所得，而是根据理论分析而来。⑤这既是《大明历》的特色，同时又是祖冲之科学思想的精髓。因为如果祖冲之缺乏超人的数理思维和分析方法，那么，我们就不能想象他是如何将圆周率精确到小数点后 7 位数字的。

---

① 《宋书》卷 13《律历志下》，第 301 页。
② 《宋书》卷 13《律历志下》，第 291 页。
③ 《宋书》卷 13《律历志下》，第 302—303 页。
④ 中外数学简史编写组：《中国数学简史》，济南：山东教育出版社，1986 年，第 181 页。
⑤ 张培瑜等：《中国古代历法》，第 419 页。

二、祖冲之圆周率与祖暅公理的思想史意义

（一）祖冲之圆周率的求解及其思想史意义

1. 祖冲之圆周率的求解

关于祖冲之求解圆周率的记载，首见于《隋书·律历志》。其文曰：

> 古之九数，圆周率三，圆径率一，其术疏舛。自刘歆、张衡、刘徽、王蕃、皮延宗之徒，各设新率，未臻折衷。宋末，南徐州从事史祖冲之，更开密法，以圆径一亿为一丈，圆周盈数三丈一尺四寸一分五厘九毫二秒七忽，朒数三丈一尺四寸一分五厘九毫二秒六忽。正数在盈朒二限之间。密率，圆径一百一十三，圆周三百五十五。约率，圆径七，周二十二。又设开差幂，开差立，兼以正圆参之。指要精密，算氏之最者也。所著之书，名为《缀术》，学官莫能究其深奥，是故废而不理。[1]

这段话主要讲祖冲之对圆周率的贡献，成就有三：

第一，得到了圆周率 π 的精确值，即 $3.141\,592\,6 < \pi < 3.141\,592\,7$。

第二，求出了密率 $\pi = \dfrac{355}{113}$，这是圆周率的有理近似值之一。

第三，求出了约率 $\pi = \dfrac{22}{7}$，这是圆周率的有理近似值之二。

（1）对祖冲之计算圆周率 π 之精确值的推测。由于圆周率是圆的周长与直径之比，于是学界在探讨祖冲之求解圆周率的方法时，首先想到的就是"割圆术"，如傅海伦《圆面积公式与圆周率究竟是怎样推求的》[2]等。从理论上讲，应用"割圆术"来求解圆周率的近似值，似乎更合常理。例如，傅海伦说："我国南北朝的著名数学家祖冲之（公元429—公元500）就是依据刘徽的这套割圆程序求得圆周率值 π 在 $3.141\,592\,6$ 与 $3.141\,592\,7$ 之间的，如果这种推测正确的话，那么，祖冲之需要计算出圆内接正 6144 边形和 122 88 边形的面积。"[3]孙小礼亦坦言：

> 因《缀术》失传，无原始文献作根据，数学史家对祖冲之计算圆周率的方法曾有不同推测。很多学者认为：祖冲之是继承了刘徽运用割圆术求圆周率的思路，沿用了相仿的方法，他将内接正多边形的边数以 6×2^n（$n=1,2,3\cdots\cdots$）的边数逐次增加，对圆周不断分割，经过长时间艰苦、细致的计算，求出正 12 288（即 6×2^{11}）边形的面积，进而算出内接正 24 576（即 6×2^{12}）边形的面积，从而求得圆周率 π 值的新的上、下界。[4]

---

① 《隋书》卷 16《律历志上》，第 387—388 页。

② 傅海伦：《圆面积公式与圆周率究竟是怎样推求的》，《数学教育学报》2001 年第 2 期，第 99—102 页。

③ 傅海伦：《圆面积公式与圆周率究竟是怎样推求的》，《数学教育学报》2001 年第 2 期，第 102 页。

④ 孙小礼：《祖率：古代数学的一座丰碑——纪念祖冲之逝世 1500 年》，《北京大学学报（哲学社会科学版）》2000 年第 6 期，第 139 页。

但是从操作层面看，祖冲之用割圆术能否求出圆内接正 6144 边形和 12 288 边形的面积，目前还确实令人难以确定。①

圆周率是一个无限不循环的无理数，它的精确度曾被德国数学史家康托尔看作是衡量一个国家当时数学发展水平的指标。可惜，《隋书·律历志》只记载了祖冲之求解圆周率的结果，而没有将其过程和方法保留下来，加上《缀术》的失传，就使破解祖冲之圆周率之谜更是难上加难。不过，祖冲之的数学思想总有它的历史渊源，由于这个缘故，后世算学家根据南北朝时期筹算历史发展的特点，不遗余力地寻找祖冲之求解圆周率的可能途径，直到现在还不时有新的推测及研究成果见诸报刊，遂成为中国数学史研究的一大亮点。所以尽管上述所举不是数学史界对祖冲之推求圆周率可能方法的全部答案，但它们确实能够起到窥一斑而知全豹之效。可以肯定，在求解圆周率精确值的过程中，祖冲之不但有科学的方法，更有顽强的毅力，他那"革新变旧"②的科学精神永放光芒。

（2）对祖冲之推求密率 $\pi = \dfrac{355}{113}$ 的推测。同前揭祖冲之对"盈、朒之数"的计算一样，学界对祖冲之如何推求"密率"的认识亦各不相同，但殊途同归，况且通过不同观点之间的交流与碰撞，必然会进一步加深学界对祖冲之"密率"的理解，从而不断提高人们的数学思维水平，于科学思想史的研究大有裨益。

一是调日法。钱宝琮、李俨及日本的关孝和等持此说。③

二是扩圆法。李胜成持此说。

当然，学界还有其他的推测，而这些推测究竟哪一个才是祖冲之的真正算法，目前尚难以定论。

2. 祖冲之求解圆周率的意义

通过前面的引述，我们可以肯定如下事实："从计算理论到计算方法上来观察，没有刘徽的工作，祖冲之不可能在圆周率方面取得巨大成就。"④这是因为：

第一，刘徽首创"割圆术"，为圆周率的精确计算奠定了基础。刘徽在《九章算术注》中说：

> 为图，以六觚之一面乘一觚半径，三之，得十二觚之幂。若又割之，次以十二觚之一面乘一弧半径，六之，则得二十四觚之幂。割之弥细，所失弥少。割之又割，以至于不可割，则与圆周合体而无所失矣。觚面之外，犹有余径，以面乘余径，则幂出弧表。若夫觚之细者，与圆合体，则表无余径。表无余径，则幂不外出矣。以一面乘半径，觚而裁之，每辄自倍。故以半周乘半径而为圆幂。⑤

这段话包含着直曲转化及极限思想，是祖冲之求圆周率精确值的理论先导。尽管从刘

---

① 王海坤、葛莉：《祖冲之是怎样计算圆周率的》，《数学教育研究》2012 年第 6 期，第 1—2 页。
② 《南齐书》卷 52《祖冲之传》，第 905 页。
③ 钱宝琮主编：《中国数学史》，北京：科学出版社，1964 年，第 87 页。
④ 李强：《祖冲之圆周率产生的历史条件》，《中国历史博物馆馆刊》1987 年第 10 期，第 48 页。
⑤ （三国·魏）刘徽：《九章算术》卷 1《方田》，郭书春、刘钝校点：《算经十书（一）》，第 7 页。

徽"割圆术"能不能直接推算出圆周率π小数点后7位，学界还有不同看法，但是祖冲之直接从刘徽计算圆周率的方法获得创造灵感，甚至对刘徽算法做了适当改进，从而创造了圆周率史上的奇迹，应当没有疑问。李淳风在《九章算术》注释中说："径一周三，理非精密。盖术从简要，举大纲略而言之。刘徽将以为疏，遂乃改张其率。但周、径相乘，数难契合。徽虽出斯二法，终不能究其纤毫也。祖冲之以其不精，就中更推其数。"①李淳风注释十部算经包括祖冲之的《缀术》在内，也就是说，李淳风对刘徽和祖冲之各自的研究成果都非常熟悉，因此，李淳风的评论是有充分根据的。可是，李淳风只说了一句"就中更推其数"，至于如何推算，其具体的方法与过程怎样，都没有记述。于是，伴随着《缀术》的失传，祖冲之究竟如何来推算圆周率，亦成了难解之谜。

第二，从实践的层面看，祖冲之在社会生活中遇到了许多实际问题，如对律嘉量铜斛的考证，指南车、千里船、水碓磨等机械的设计制造，都需要精确的圆周率值，所以为了解决这些器具制造中所出现的数据粗疏问题，祖冲之投入了很大的精力来推求圆周率的精确值。《隋书·律历志》"律嘉量"载：

> 斛深尺，内方尺而圆其外……《春秋左氏传》曰："齐旧四量，豆、区、斛、钟。四升曰豆，各自其四，以登于斛。"六斗四升也。"斛十则钟"，六十四斗也。郑玄以为方尺积千寸，比《九章粟米法》少二升、八十一分升之二十二。祖冲之以算术考之，积凡一千五百六十二寸半。方尺而圆其外，减傍一厘八毫。共径一尺四寸一分四毫七秒二忽有奇而深尺，即古斛之制也。②

文中的"斛"（图3-3）是古代的一种圆桶状量器，其体积为底面积乘以高，其中底面积＝半径的平方×圆周率。如果圆周率不精确，那么，"斛"的误差就大了。

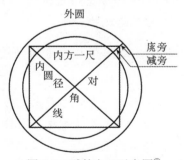

图3-3　斛的上口示意图③

《隋书·律历志》又载：

> 《九章商功法》程粟一斛，积二千七百寸。米一斛，积一千六百二十寸。菽荅麻麦一斛，积二千四百三十寸。此据精粗为率，使价齐而不等。其器之积寸也，以米斛

①　（三国·魏）刘徽：《九章算术》卷1《方田》，郭书春、刘钝校点：《算经十书（一）》，第10页。
②　《隋书》卷16《律历志上》，第408—409页。
③　李迪：《祖冲之》，上海：上海人民出版社，1977年，第46页。

为正，则同于《汉志》。《孙子算术》曰："六粟为圭，十圭为秒，十秒为撮，十撮为勺，十勺为合。"应劭曰："圭者自然之形，阴阳之始。四圭为撮。"孟康曰："六十四黍为圭。"《汉志》曰："量者，龠、合、升、斗、斛也，所以量多少也。本起于黄钟之龠。用度数审其容，以子谷秬黍中者千有二百，实其龠，以井水准其概。合（十）龠为合，十合为升，十升为斗，十斗为斛，而五量嘉矣。其法用铜，方尺而圆其外，旁有庣焉。其上为斛，其下为斗，左耳为升，右耳为合、龠。其状似爵，以縻爵禄。上三下二，参天两地。圆而函方，左一右二，阴阳之象也。圆象规，其重二钧，备气物之数，各万有一千五百二十也。声中黄钟，始于黄钟而反覆焉。"其斛铭曰："律嘉量斛，方尺而圆其外，庣旁九厘五毫，幂百六十二寸，深尺，积一千六百二十寸，容十斗。"祖冲之以圆率考之，此斛当径一尺四寸三分六厘一毫九秒二忽，庣旁一分九毫有奇。刘歆庣旁少一厘四毫有奇，歆数术不精之所致也。[①]

相较之下，祖冲之所算结果与"幂百六十二寸"非常接近。这样，在祖冲之看来，刘歆所设计的量斛"庣旁"偏小，应为一分九毫有奇。[②]

但李俨、李迪及金秋鹏等认为，从《隋书·律历志》的记载看，祖冲之应是用密率 $\frac{355}{113}$ 来校算的。后周时期，祖率在量升（或称"玉升"）实践中得到应用。如《隋书·律历志》载：

> "保定元年辛巳五月，晋国造仓，获古玉斗。暨五年乙酉冬十月，诏改制铜律度，遂致中和。累黍积龠，同兹玉量，与衡度无差。准为铜升，用颁天下。内径七寸一分，深二寸八分，重七斤八两。天和二年丁亥，正月癸酉朔，十五日戊子校定，移地官府为式。"此铜升之铭也。……今若以数计之，玉升积玉尺一百一十寸八分有奇，斛积一千一百八寸五分七厘三毫九秒。[③]

事实上，祖冲之还在制造铜仪、指南车及木牛流马的过程中应用了圆周率的"密率"。据《南史·祖冲之传》载：

> 初，宋武平关中，得姚兴指南车，有外形而无机巧，每行，使人于内转之。昇明中，太祖辅政，使冲之追修古法。冲之改造铜机，圆转不穷，而司方如一，马钧以来未有也。时有北人索驭驎者，亦云能造指南车，太祖使与冲之各造，使于乐游苑对共校试，而颇有差僻，乃毁焚之。永明中，竟陵王子良好古，冲之造欹器献之。[④]

尽管祖冲之所造指南车，其内部结构今已不可详考，但是它采用直齿圆柱齿轮（图3-4）来驱动指南车运转，应当没有疑问。

---

① 《隋书》卷16《律历志上》，第409页。
② 丘光明、邱隆、杨平：《中国科学技术史·度量衡卷》，北京：科学出版社，2001年，第223—224页。
③ 《隋书》卷16《律历志上》，第410页。
④ 《南齐书》卷52《祖冲之传》，第905—906页。

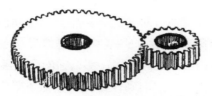

图 3-4 直齿圆柱齿轮示意图①

对此，有学者指出：一方面，用铜质为料，其铸铜件"在设计上、测量上和制造上，比起木制，对圆周率 π 值要求要严格得多"；另一方面，"当轮系在工作时，必须符合齿廓啮合的基本定律：即欲使一对齿轮的传动按给定的规律而变化，那么其齿廓的形状必须是：当该对齿廓在某一点接触时，过接触点的齿廓公法线应与连心线交于相应的瞬时啮合节点。因此，在设计上，以及在测量和制造上，就要求齿数十分精确，齿间、齿顶圆、齿根圆的数据十分严格"②。表 3-7 是关于中国古代历史上制造指南车的简明统计表：

表 3-7 中国古代历史上制造指南车的简明统计表③

制作年代	朝代/制作人	成果呈现
不详	传说时代/黄帝	无法证实
不详	西周/周公	无法证实
不详	东汉/张衡	成功
235	三国/马钧	成功
333	后赵/魏猛、解飞	成功
417	后秦/令狐生	成功
不详	后魏/郭善明	未成
424	后魏/马岳	未成
477	南朝/祖冲之	成功
1107	北朝/索驭骥	成功，但误差较大
616	唐朝/杨务廉	不详
808	唐朝/金公立	成功
1027	北宋/燕肃	成功
1107	北宋/吴德仁	成功

从表 3-7 中可以看出，张衡是有史可证的第一位成功制造指南车的科学家，那么，张衡能够成功的基本条件是什么呢？当然与他对圆周率的计算有关。许结在《张衡评传》一书中曾介绍了学界对张衡圆周率研究的 3 个数据：

π=3.04（钱宝琮），π=3.162 3（陈遵妫），π=3.146 6（钱宝琮）。④

① 李强：《祖冲之圆周率产生的历史条件》，《中国历史博物馆馆刊》1987 年第 10 期，第 51 页。
② 李强：《祖冲之圆周率产生的历史条件》，《中国历史博物馆馆刊》1987 年第 10 期，第 51 页。
③ 梁庆华、邹慧君、莫锦秋编著：《趣味机构学》，北京：机械工业出版社，2013 年，第 147 页。
④ 许结：《张衡评传》，南京：南京大学出版社，1998 年，第 245 页。

其中，第 3 个数据是钱宝琮通过对《灵宪》原文的改动而来[①]，并非原文，故许氏对这个数据表示怀疑，认为定衡率数据为 π = 3.146 6 是难以想象的[②]。按照李强考证：假设祖法轮系中的齿轮中有一直径为 1 尺的齿轮，那么它的分度圆应精确到厘位，即 π 值应取到小数点后第 3 位；为保证第 3 位的准确性，在计算上还要增加 1 位。[③]从这个角度看，张衡所造的指南车，其齿轮在 1 尺左右，但齿轮的啮合性还不能达到运转自如的程度。[④]与之不同，祖冲之既然已经将 π 值精确到小数点后第 7 位，表明他所设计制造的指南车，其齿轮直径已经大于 5 尺，且齿轮的啮合性已经达到运转自如的程度。

（二）祖暅公理及其思想史意义

1. 祖暅公理与球体积的计算

关于祖暅计算球体积的杰出贡献，李淳风在注释《九章算术》卷 4 "开圆术"时讲述了下面一段话。他说：

祖暅之谓刘徽、张衡二人皆以圆围为方率，九为圆率，乃设新法。祖暅之开立圆术曰："以二乘积，开立方除之，即立圆径。其意何也？取立方棋一枚，令立枢于左后之下隅，从规去其右上之廉；又合而横规之，去其前上之廉。于是立方之棋，分而为四。规内棋一，谓之内棋。规外棋三，谓之外棋。规更合四棋，复横断之。以句股言之，令余高为句，内棋断上方为股，本方之数，其弦也。句股之法：以句幂减弦幂，则余为股幂，若令余高自乘，减本方之幂，余即内棋断上方之幂也。本方之幂即此四棋之断上幂。然则余高自乘，即外三棋之断上幂矣。不问高卑，势皆然也。然固有所归同而涂殊者尔，而乃控远以演类，借况以析微。按：阳马方高数参等者，倒而立之，横截去上，则高自乘与断上幂数亦等焉。夫叠棋成立积，缘幂势既同，则积不容异。由此观之，规之外三棋旁蹙为一，即一阳马也。三分立方，则阳马居一，内棋居二可知矣。合八小方成一大方，合八内棋成一合盖。内棋居小方三分之二，则合盖居立方亦三分之二，较然验矣。置三分之二，以圆幂率三乘之，如方幂率四而一，约而定之，以为九率。故曰九居立方二分之一也。"等数既密，心亦昭晰。张衡放旧，贻咍于后；刘徽循故，未暇校新。夫岂难哉？抑未之思也。依密率，此立圆积，本以圆径再自乘，十一乘之，二十一而一，约此积。今欲求其本积，故以二十一乘之，十一而一。凡物再自乘，开立方除之，复其本数。故立方除之，即九径也。[⑤]

为了明晰祖暅"开立圆术"的思路，我们须先弄清楚刘徽的"牟合方盖"（图 3-5）

① 钱宝琮认为《灵宪》中"天周七百三十六分之一"之"六"字为衍文；"地广二百四十二分之一"之"四"字宜为"三"字，由此得出 $\pi = \dfrac{730}{232} = 3.1466$。参见许结：《张衡评传》，第 245 页。

② 许结：《张衡评传》，第 246 页。

③ 李强：《祖冲之圆周率产生的历史条件》，《中国历史博物馆馆刊》1987 年第 10 期，第 51 页。

④ 谭一寰：《张衡》，贵阳：贵州人民出版社，1980 年，第 93 页。

⑤ （三国·魏）刘徽：《九章算术》卷 4《少广》，郭书春、刘钝校点：《算经十书（一）》，第 42 页。

概念。

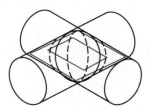

图 3-5　牟合方盖的构型①

　　将两个半径相等的圆柱体垂直交叉在一个平面上，其相交的公共部分，犹如两个方形盖子合在一起，故名"牟合方盖"。而对"牟合方盖"的几何意义，李俨、钱宝琮、严敦杰、李迪、白尚恕、李继闵等科学史界老前辈都有十分精深的阐释。可惜，刘徽虽然有了正确的解题思路，但是由于找不到求证"牟合方盖"体积的几何方法，只好寄希望于将来的"能言者"②了。

　　整体是由部分构成，而认识部分是解决"牟合方盖"体积的起点。由此出发，祖暅巧妙地选取 8 个立方棋子中的任意 1 个棋子作为突破口，从而正确地求出了球体积公式。在整个求解过程中，祖暅提出了"夫叠棋成立积，缘幂势既同，则积不容异"原理，史称"祖暅公理"。在西方，直到 1635 年意大利数学家卡瓦列利才在《用新的方法促进的连续不可分量的几何学》一书中提出同样的公理，比祖暅晚了 1100 多年。

　　2. 祖暅公理的思想史意义

　　李淳风在评价祖暅的"开立方圆术"时说：

　　　　等数既密，心亦昭晰。张衡放旧，贻咍于后；刘徽循故，未暇校新。夫岂难哉？抑未之思也。③

　　此"思"当然是指解题的思维方法，因为祖暅的前辈像张衡、刘徽等，实际上都已触及了计算球体积的问题。例如，刘徽注引张衡球体积的结果说："衡言质之与中外之浑：六百七十五尺之面，开方除之，不足一，谓外浑积二十六也。内浑二十五之面，谓积五尺也。"④文中的"质"是指立方体，"浑"是指球，所谓"中外之浑"就是指内切球与外接球。可见，这里张衡讨论的是正方体之内切球与外接球的关系问题。

　　很显然，这个结果误差较大，难怪刘徽批评此结果说："衡说之自然，欲协其阴阳奇耦之说而不顾疏密矣。虽有文辞，斯乱道破义，病也。"⑤无疑，刘徽的批评是有力的。不过，张衡的错误毕竟是探索真理过程中所出现的一个曲折，它本身的科学意义不能抹杀。因为他首次得出了球的外切立方与内接立方体积的比，以及立方的外接球与内切球的体积

　　① 杨广军主编：《图形趣话》，天津：天津人民出版社，2011 年，第 86 页。
　　② （三国·魏）刘徽：《九章算术》卷 4《少广》，郭书春、刘钝校点：《算经十书（一）》，第 41 页。
　　③ （三国·魏）刘徽：《九章算术》卷 4《少广》，郭书春、刘钝校点：《算经十书（一）》，第 42 页。
　　④ （三国·魏）刘徽：《九章算术》卷 4《少广》，郭书春、刘钝校点：《算经十书（一）》，第 41 页。
　　⑤ （三国·魏）刘徽：《九章算术》卷 4《少广》，郭书春、刘钝校点：《算经十书（一）》，第 41 页。

之比，并为以后人们继续推进球体积的科学研究奠定了比较坚实的理论基础。[①]话再说回来，尽管刘徽批评了张衡，可是，从本质上看，他的球体积公式依旧没有脱离经验思维的范式。

然而，刘徽的经验公式已属模型构造的方法，"误差虽较大，但在当时的技术条件下是可以理解的，而且这些也体现了利用数学模型去解决实际问题的思想"[②]。从经验上升到理论和从现象深入本质，是人类认识客观规律的两个既有联系又有区别的历史运动过程。诚如有学者所言，张衡的球体积公式仍处于经验公式的阶段，它是一种操作模式的数学思维得出了近似计算球体积的经验方法。[③]不仅球体积的认识过程是如此，"四色定理"的证明还是如此，而且中医学理论的建立及逻辑学中的归纳法等更是如此。

如前所述，刘徽虽然正确指出了球体积计算的路径，但是他却找不到走出这条路径的出口。在刘徽之后，祖暅却把出口找到了，其原因之一就是后者改变了解决问题的思维方式，即他"在刘徽的基础上，把注意力从'牟合方盖'转到立方体去掉'牟合方盖'的剩余部分，它们恰好是八个完全相同的立方，只要求其中一个的体积，问题就解决了"[④]。

在祖暅身上，我们看到了科学传承的重要性。这里，"传承"不仅仅是精神的传承，更是思维方式的传承。如祖冲之在《随法兴所难辩折》中说："至若立圆旧误，张衡述而弗改，汉时斛铭，刘歆诡谬其数，此则算氏之剧疵也。"[⑤]按：《九章算术》卷4李淳风注释有祖暅"开立圆术"，由于《宋书·律历志下》没有说明祖冲之是否亦有"开立圆术"，故祖暅在多大程度上继承了其父的球体积思想，不得而知。但可以肯定的是，祖冲之在球体积的推算方面一定形成了一套正确的解题思路，因为《南齐书》本传中载有祖冲之注《九章》[⑥]，惜此书在隋朝以后便失传了。此外，祖冲之又造《缀术》[⑦]，幸好李淳风注《算经十书》时《缀术》还有传本。而从李淳风所掌握的史料看，他认为祖氏父子在球体积的计算方面有传承关系，如李淳风在注释《九章算术》时说："祖暅之谓刘徽、张衡二人皆以圆囷为方率，丸为圆率，乃设新法。"[⑧]从张衡到刘歆，再从刘歆到刘徽，在这个推求球体积的历史过程中，祖氏父子前后相继的承接关系非常清晰。从这个角度看，如果没有祖冲之前期研究经验的积累，尤其是对前人研究成果的批判，就不可能有后来的"祖暅公理"。

理论思维源于数学实践，这是祖暅公理的又一重要思想启示。《南史·祖暅传》载：其巧思"般、倕无以过也"[⑨]，后来又官"至太舟卿"[⑩]。像前述"内棋一"与"外棋

① 宋正海、孙关龙主编：《图说中国古代科技成就》，杭州：浙江教育出版社，2000年，第70页。
② 高红成、王瑞：《祖暅原理的形成及其现实教育意义》，《商洛师范专科学校学报》2001年第4期，第29页。
③ 周春荔：《数学思维概论》，北京：北京师范大学出版社，2012年，第100页。
④ 高红成、王瑞：《祖暅原理的形成及其现实教育意义》，《商洛师范专科学校学报》2001年第4期，第28页。
⑤ 《宋书》卷13《律历志下》，第306页。
⑥ 《南齐书》卷52《祖冲之传》，第906页。
⑦ 《南齐书》卷52《祖冲之传》，第906页。
⑧ （三国·魏）刘徽：《九章算术》卷4《少广》，郭书春、刘钝校点：《算经十书（一）》，第42页。
⑨ 《南史》卷72《祖暅传》，第1774页。
⑩ 《南史》卷72《祖暅传》，第1775页。

三"的证明过程，极有可能辅之以木工实践：第一，"牟合方盖"实际上"是由两个同样大小但轴心互相垂直的圆柱体相交而成的立体"①，而这两个圆柱体完全可用两根圆木代替，图示见图3-5；第二，如图3-6所示，将"牟合方盖"分解为1个"内棋"和3个"外棋"，在木工实践中是可以做到的。

图3-6　开立圆方的分解示意图

当然，人们还可以用土坯和空心铁圆柱来做"牟合方盖"（图3-7）。其具体做法是：先做1个正方体的土坯，然后用1个与之内切且等高的空心铁圆柱一套，拿出来，正方体即变成了圆柱体，底面正好为原正方体底面的内接圆。接着再用同样的1个空心铁圆柱一套，便构成了上面的"牟合方盖"。

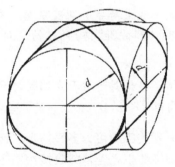

图3-7　牟合方盖示意图

刘徽尽管设计了"牟合方盖"模型，但不能将其转变为一种数学实践，这是他无法求出球体积的客观原因之一。所以他只能在"牟合方盖"的模型前望洋兴叹：

> 观立方之内，合盖之外，虽衰杀有渐，而多少不掩，判合总结，方圆相缠，浓纤诡互，不可等正。欲陋形措意，惧失正理。敢不阙疑，以俟能言者。②

而祖暅与刘徽不同，他在求球体积之前，先根据自身的木工特长进行艰难的数学实践。他说：

> 取立方棋一枚，令立枢于左后之下隅，从规去其右上之廉；又合而横规之，去其

---

① 傅海伦编著：《中外数学史概论》，北京：科学出版社，2007年，第70页。
② （三国·魏）刘徽：《九章算术》卷4《少广》，郭书春、刘钝校点：《算经十书（一）》，第41页。

前上之廉。于是立方之棋，分而为四。[①]

如果没有反复的木工实践，祖暅就很难找到求解球体积的正确途径。换言之，祖暅正是在这种反复的木工实践中，发现了求解球体积的正确途径。诚如刘操南所言：

这样来计算它的体积，岂非微积分学的思想与概念乎？我国为什么不能首创微分、积分呢？祖暅已能应用微积分概念正确解决数学上问题。值得深思！[②]

另，祖暅说"夫叠棋成立积"[③]。为直观起见，现代中学课本通过两副扑克牌来验证祖暅公理。其实验步骤为：

第一步，用一副扑克牌，一张张堆起来，得到1个长方体。

第二步，再用一副扑克牌，一张张堆起来，又得到1个斜棱柱。

结论：由于构成长方体和斜棱柱所用的牌的张数是一样的，尽管它们形状各异，但是它们占有空间部分的大小是一样的，所以它们的体积相等。[④]

最后，关于祖暅公理的应用。王孝通《缉古算经》有一道算题云：

求堤都积术曰：置西头高，倍之，加东头高，又并西头上、下广，半而乘之。又置东头高倍之，加西头高，又并东头上、下广，半而乘之。并二位积，以正袤乘之，六而一，得堤积也。[⑤]

沈康身等认为，王孝通的这一成果得益于刘祖原理。清初梅文鼎在《方圆幂积》一书中，为计算球体积而构造了曲面体即截锥圆柱 V_1，使之对应多面体即长方锥 V_2，故两者的体积相等：

圆柱内截圆角（锥）体，纵剖其一边而令圆筒伸直。以其幂为底、以半径为高，成长方锥。此体即成四圆角。[⑥]

而从算题的角度看，祖暅原理的应用可分多种情形。例如，球的体积除了依祖暅方法用合盖求得外，还可用圆柱与圆锥体积之差，或直接用四方锥的体积来求。又如，既然球的体积可用圆柱与圆锥体积之差，或四方锥的体积来替代，那么，球缺与球台的体积亦可用圆柱与圆台体积之差，或四方锥夹于两平行纵截面之间的部分的体积来替代，因为圆台的体积是易求的，四方锥夹于两纵截面之间的部分是一个截棱柱，其体积亦可求，所以球缺和球台的体积均可利用祖暅公理求得。此外，有些立体，其截面性质与合盖的截面类似，这些立体的体积，固然可用圆柱与圆锥，或正方锥，或球来求，但不如利用合盖较为

① （三国·魏）刘徽：《九章算术》卷4《少广》，郭书春、刘钝校点：《算经十书（一）》，第42页。

② 刘操南：《古籍与科学》，哈尔滨：哈尔滨师范大学《北方论丛》编辑部，1990年，第262页。

③ （三国·魏）刘徽：《九章算术》卷4《少广》，郭书春、刘钝校点：《算经十书（一）》，第42页。

④ 张志超：《祖暅原理与柱体体积》，张奠宙主编：《数学素质教育教案精编》，北京：中国青年出版社，2000年，第213页。

⑤ （唐）王孝通：《缉古算经》，郭书春、刘钝校点：《算经十书（二）》，第7页。

⑥ 沈康身主编：《中国数学史大系》第4卷《西晋至五代》，北京：北京师范大学出版社，1999年，第160页。

直截了当[①]等。可见，"用数学的原理去思维并不是一件简单的事，要靠在牢固掌握法则的基础上去揭示、去分析、去领悟"[②]。

在这里，我们需要强调的是，无论祖冲之还是祖暅，他们除了历算研究外，还在军事、水利、机械等方面都有重要贡献。据《南史》本传载："冲之造《安边论》，欲开屯田，广农殖。建武中，明帝欲使冲之巡行四方，兴造大业，可以利百姓者，会连有军事，事竟不行。"[③]仅此而言，祖冲之的科研成果不能服务于社会和民众，确实与封建制度的运行特点有关。所以有学者不无感慨地说："祖冲之制作出了水磨，但那仅仅是梁武帝本人用以玩乐的工具。科技发明是一回事，但是科技的应用却是另外一回事。科学工作者的目标是把自己先进的成果推广出去，造福于民，而这偏偏与当时的社会环境以及统治者的个人好恶发生强烈的抵触。"[④]天监十三年（514），祖暅"官材官将军，筑浮山堰，暅主其事。十五年，堰坏，迁怒于暅，坐下狱"[⑤]。文中所说的"浮山堰"，严格来讲是一项军事工程，当时为了阻止北魏南侵，梁武帝发 20 万人筑浮山堰，"企图壅遏淮水以灌淹北魏的寿阳城。淮河中沙土轻浮，难以成堰，武帝不听劝谏，靡费千万，役人死伤无数，花费了两年时间，堰勉强建成。初成见效，淮河流域数百里地，并成泽国，北魏军不得不撤退。但不久后淮河暴涨，浮山堰倒塌，沿淮河所有城戍和居民近十余万口，都被洪水吞没"[⑥]。可见，梁武帝违背客观规律，一意孤行，强行修筑浮山堰，对浮山堰倒塌应负主要责任。然而，在封建专制体制下，梁武帝却把责任全部推给了祖暅，并使之遭受牢狱之苦。仅从这个实例看，封建专制统治是阻碍中国古代科学技术发展的根本因素。

第三节　雷敦的药物炮制法及其思想

雷敦字先觉，南朝刘宋时人，生卒年不详，著有《雷公炮炙论》一书。在学界，关于《雷公炮炙论》究竟成书于何时，人们的观点尚未统一。例如，赵燏黄先生说"敦在宋武帝文帝时"[⑦]；宋大仁和丘晨波两位先生断定"雷敦约生于第五世纪，即刘宋时"[⑧]；尚志钧亦认为似应在刘宋，最晚也不会出现在隋以后[⑨]。然与之不同，张世臣等却考证为隋末唐初[⑩]；祝

---

① 魏诗其：《祖暅原理及其应用》，《上海师范大学学报（哲学社会科学版）》1959 年第 2 期，第 77—81 页。
② 周春荔：《数学思维概论》，第 100 页。
③ 《南史》卷 72《祖暅传》，第 1774 页。
④ 张嶔：《不容青史尽成灰——三国两晋南北朝卷》，苏州：古吴轩出版社，2011 年，第 166 页。
⑤ 严敦杰：《祖冲之科学著作校释》，沈阳：辽宁教育出版社，2000 年，第 148、149 页。
⑥ 黎虎主编：《中国通史》第 5 卷《中古时代·三国两晋南北朝时期》下册，上海：上海人民出版社，2004 年，第 712—713 页。
⑦ 赵燏黄：《雷公炮炙论的提要和雷敦传略》，《上海中医药杂志》1957 年第 1 期，第 31 页。
⑧ 宋大仁、丘晨波：《雷敦传略及其所著炮炙论的简介》，《医学史与保健组织》1958 年第 4 期，第 310 页。
⑨ 尚志钧：《〈雷公炮炙论〉著作年代讨论》，《中华医史杂志》2002 年第 4 期，第 250—253 页。
⑩ 张世臣、关怀：《〈雷公炮炙论〉成书年代新探》，《中国中药杂志》2000 年第 3 期，第 179 页。

亚平推断其书"写成于唐武后垂拱至唐代宗宝应年间（686—762）"①；姜生等断其"成书年代在公元 741—907 之间"②；范行准认为《雷公炮炙论》成书于五代末至宋初；也有人更认为其成书于北宋开宝至嘉祐年间等。我们可以肯定，以上诸家说法均有道理，而这个现象恰恰证明《雷公炮炙论》在流传过程中其主体内容不断被后人添加和续补的事实存在，故后世多有增删修饰，非一人一时之作。这样看来，《雷公炮炙论》最初的写本当在南北朝时期。其主要理由是：

第一，敦煌出土的 P.2115 号本及 S.5614 号本都载录有"雷公妙典，咸述炮炙之宜"③这句话，经尚志钧先生考证，此处的"炮炙"系指《雷公炮炙论》。又，张灿玾先生认为张仲景《五脏论》为托名之作，尤其是征引医药诸家"皆东晋及南北朝时人也，且其下限，及于南朝末时，故疑张仲景《五脏论》，或出于南朝末期人手笔，复经隋唐时人抄录"④。

第二，南宋晁公武《郡斋读书志》卷 10 载："《雷公炮炙论》三卷，右宋雷敩撰，胡洽重定。述百药性味，炮熬煮炙之方，其论多本之于乾宁晏先生。敩称'内究守国安正公'，当是官名，未详。"孙孟先生考证："宋雷敩撰，顾校本改'宋'作'皇朝'，此'宋'非赵宋，乃六朝宋。是书后经胡洽重定，洽名既见《隋志》，敩不得为赵宋人明矣。《读书志》凡称'宋人'者，必指刘宋，后妄人改'皇朝'为'宋'，遂紊其例。"⑤又"按《隋志》卷三有《胡洽百病方》二卷，《旧唐志》卷下有胡洽《胡居士方》三卷，《新唐志》卷三有胡治（洽）《胡居士百病方》三卷，《崇文总目》卷三有《胡洽方》三卷，《宋志》卷六题同《崇文总目》，一卷。按刘敬叔《异苑》卷八云：'胡道洽者，自云广陵人，好音乐，医术之事。'疑胡洽亦刘宋时人。《新唐志》'治'当'洽'之误"⑥。至于"乾宁晏先生"，"《本草纲目》云：'乾宁先生名晏封，著《制伏草石论》六卷，盖丹石家书也。'按是书见《新唐志》卷三、《崇文总目》卷三，题晏封《乾宁晏先生制伏草石论》，六卷，《秘续目》有《草石论》五卷，《宋志》卷六有《草食论》六卷（'食'当'石'误），题郭晏封撰。《隋志》卷三有《石论》一卷，未著撰人，疑即是书"⑦。所以，廖育群等先生正确地指出："《雷公炮炙论》为刘宋时所撰。但在其流传过程中，有可能掺入唐代以后的药物和资料，因此不能凭这些掺入的资料而断定本书最早成书于唐代或五代。"⑧

可惜，《雷公炮炙论》原书久佚，目前主要有国家图书馆藏明代《新刊雷公炮制便览》5 卷（俞汝溪辑本），书中包括《雷公炮炙论》原著以外的一些药物炮制法；明代刊《雷公炮炙药性解》6 卷，李中梓辑，书中包括《雷公炮炙论》原著以外的部分药物；清

---

① 祝亚平：《〈雷公炮炙论〉著作年代新证》，《中华医史杂志》1992 年第 4 期，第 217—221 页。

② 姜生、汤伟侠主编：《中国道教科学技术史·南北朝隋唐五代卷》，北京：科学出版社，2010 年，第 465 页。

③ 李应存主编：《实用敦煌医学》，兰州：甘肃科学技术出版社，2007 年，第 94 页。

④ 张灿玾：《张灿玾医论医话集》，北京：科学出版社，2013 年，第 393 页。

⑤ （宋）晁公武撰，孙猛校证：《郡斋读书志校证》下册，上海：上海古籍出版社，1990 年，第 711 页。

⑥ （宋）晁公武撰，孙猛校证：《郡斋读书志校证》下册，第 711—712 页。

⑦ （宋）晁公武撰，孙猛校证：《郡斋读书志校证》下册，第 712 页。

⑧ 廖育群、傅芳、郑金生：《中国科学技术史·医学卷》，北京：科学出版社，1998 年，第 232 页。

康熙三十五年（1696）刊《太医院补遗本草歌诀雷公炮制》8 卷，余应奎辑，共收药物 882 种，显然包括《雷公炮炙论》原著以外的部分药物；1932 年义生堂刊本《雷公炮炙论》6 卷，张骥辑，除从《证类本草》中辑出《雷公炮炙论》佚文 180 种外，还补充了其他古本草书的一些药物炮制资料，以及另 70 多种非《雷公炮炙论》原书所载录的药物炮制法。从严格的意义讲，张骥《雷公炮炙论》本应是我国最早的《雷公炮炙论》辑佚本，虽不完善，但筚路蓝缕，不失为一部有重要实用价值和学术价值的著作。[①]目前收录佚文最全的辑本是严世芸和李其忠主编的《三国两晋南北朝医学总集》中所录之《雷公炮炙论》，共辑药 262 种，与原著相比，仅阙 38 种。

一、《雷公炮炙论》的主要内容及特色

据雷敩"原叙"载，《雷公炮炙论》3 卷，载药 300 种[②]，上卷为玉石类药，中卷为草木类药，下卷为禽兽虫鱼果木类药，专门讲述古代的 17 种药物炮制法，均为操作实录。因此，通观地看，它比较系统地总结了汉魏时期生药的加工处理技术和医家用药经验，为后世药物炮制学的发展奠定了良好基础，故被隋唐以降之本草学家奉为准则，沿用至今。

（一）《雷公炮炙论》的主要内容概述

1. 《雷公炮炙论》"原叙"及雷敩对药物与疾病关系的理性认识

尽管受《神农本草经》的影响，魏晋以降，本草和方药书籍不断增多，如《吴普本草》、《补阙肘后百一方》、《本草经集注》、《随氏本草》（佚）、《南方草木状》、《药方》、《范汪方》、《秦氏本草》、《胡洽方》、《王氏本草经》等，据统计，当时的本草书有 70 余种[③]。但是由于"门阀世医"与"山林医家"的存在，加之巫术和服石之风盛行[④]，医药知识在民间的传播并不通畅，因之，本草和方药书籍流传不广。例如，范行准先生曾说：

> 公元第三世纪末叶至第六世纪这三百年中，是中国医学历史中最突出的一页。本来医学是广大群众的智慧和经验所创造，而被专业医家总结起来加以发挥利用的一门应用科学，其后逐步集中到少数医家手中，有的虽加以垄断、世袭，但仍多为群众服务。而一到南北朝时代，其权力便被两大集团——"门阀的医家"、"山林的医家"所占有。这我们只要看过《隋书·经籍志》和附注中阮孝绪的《七录》，其医家类三百八十二部书中，除西晋以前的方书外，绝大多数的著作者，都属于这两个集团中的人

---

① 赵立勋主编：《四川中医药史话》，成都：电子科技大学出版社，1993 年，第 208—209 页。

② （南朝·宋）雷敩撰著，（清）张骥补辑，施仲安校注：《雷公炮炙论》前言，南京：江苏科学技术出版社，1985 年，第 1 页。

③ 李经纬、林昭庚主编：《中国医学通史（古代卷）》，北京：人民卫生出版社，2000 年，第 171 页。

④ 具体内容参见李江辉、陈景聚：《论魏晋时期佛教与巫术的关系》，《西北大学学报（哲学社会科学版）》2006 年第 4 期，第 139—143 页；李秋香：《近三十年来魏晋南北朝巫信仰和自然崇拜研究述论》，《铜仁学院学报》2009 年第 5 期，第 68—71 页。

物，很少有"草泽医"在内。①

所以雷敩批评当时医药学的发展状况说："若夫世人使药，岂知自有君臣，既辨君臣，宁分相制。"②可以肯定，这种现象是客观存在的，但它与当时国家医学教育的缺失有关。例如，《唐六典》卷 14 载："晋代以上手医子弟代习者，令助教部教之。宋元嘉二十年，太医令秦承祖奏置医学，以广教授；至三十年省。"③虽然这个国家设立的医学专科学校存在时间不长，先后仅存在了 10 年，但是它毕竟是我国设立医学专科学校之始，意义重大。可惜，由于记载不详，学校的具体设置如分科、学生人数、师资配置、学制及课程等情况，都不清楚，而这种现象表明当时的国家医学教育影响力很小，尚不足以动摇传统师徒传授和家世相传的习医方式。诚然，鉴于中医本身具有技艺的某些特征，对名医的个别绝招，有时不好言传，经常需要反复实践和体悟，这就决定了"中医师徒相授的方式，即使在今天，仍不能完全被现代学校教育所替代"④。然这仅仅是问题的一个方面，这是因为单单依靠师徒传授和家世相传来发展医学，根本无法满足广大患者对医药学的迫切需求。于是，巫医便有了可乘之机，如《太平经》载有"神祝文诀"，专门讲解所谓符咒驱邪祛病的方法。而《抱朴子内篇·至理》及《肘后备急方》也载有所谓治病的禁咒。另外，刘宋时期陆修静创立南天师道，以五斗米教为基础，提倡道教符咒，其《三洞经书目录》共载有经戒、斋仪、方药、符图、法术等 1228 卷。用"符图"或符咒养生治病，遂成为道教独擅的一门特殊技能。⑤凡此种种，表明南北朝时期巫医之兴盛。正如美国著名魔术师詹姆斯·兰迪所言，巫医属于一种信仰治疗，它"是人类利用符咒、咒语或宗教仪式控制自然的尝试。几百年来，人们就这个问题争执不休，但直到现在这种心理暗示的力量才逐渐被接受"⑥。当然，在肯定了巫医的文化价值之后，我们还要看到它与精通医理和药理之专业医师的区别。在当时，方药越来越受到广大民众的重视，因此，如何辨别药物的性能，尤其是明辨药物之间的相制特性，对于提高民众正确应用本草的治病功效，具有十分重要的意义。

（1）药物之间具有相互制约的关系。《黄帝内经素问·宝命全形论篇》云："木得金而伐，火得水而灭，土得木而达，金得火而缺，水得土而绝，万物尽然，不可胜竭。"⑦这是五行相制原理的最初表述，它具有普遍性。例如，雷敩说："枕毛沾溺，立销斑肿之毒，象胆挥黏，乃知药有情异。"⑧"枕毛"属于盐生植物，具体指哪一种盐生植物，待考。据

---

① 范行准：《中国医学史略》，北京：中医古籍出版社，1986 年，第 57 页。

② （南朝·宋）雷敩撰著，（清）张骥补辑，施仲安校注：《雷公炮炙论·原叙集释》，第 5 页。

③ （唐）李林甫等撰，陈仲夫点校：《唐六典》卷 14《太常寺》，北京：中华书局，2014 年，第 410 页。

④ 武斌：《中医与中国文化》，沈阳：辽海出版社，2006 年，第 201 页。

⑤ 詹石窗：《道教与中国养生智慧》，北京：东方出版社，2007 年，第 362 页。

⑥ ［美］詹姆斯·兰迪：《信仰治疗——揭开巫医神功的面纱》，喻佑斌、罗文胜译，海口：海南出版社，2001 年，第 1 页。

⑦ 《黄帝内经素问》卷 8《宝命全形论篇》，陈振相、宋贵美：《中医十大经典全录》，北京：学苑出版社，1995 年，第 43 页。

⑧ （南朝·宋）雷敩撰著，（清）张骥补辑，施仲安校注：《雷公炮炙论·原叙集释》，第 5 页。

《中国盐生植物》一书介绍，下列盐生药物都具有"消肿"的功能：老鼠簕，生于沿海地区[1]；沙滩黄芩，生于海滨沙滩、沙地及荒滩上[2]；碱黄鹌菜，生于盐化草甸、盐渍化土壤中[3]；滨海前胡，生于海滩边沙滩边上等[4]。"象胆"能明目，去尘膜。[5]所以将"象胆"与上述具有"消肿"功能的盐草组方，可用于治疗胞睑疮疖、翳膜碜痛等眼疾。又"鲑鱼插树，立便干枯，用狗胆涂，却当荣盛"[6]。文中的"鲑鱼"即河豚，其内脏及血有剧毒[7]，故有"鲑鱼插树，立便干枯"之说。然而，狗的胆汁能消除鲑鱼毒，不过，"用狗胆涂，却当荣盛"没有科学依据。

"当归止血、破血，头尾效各不同"[8]，然而，现代药理和化学实验证明："当归头、尾、身三部分的挥发油含量、比重、折光率、含糖量、旋光度，以及水分、灰分均无明显差别，故可认为当归头、尾、身可以通用。但三者微量元素的含量是有差别的。"[9]

"蕤子熟生，足睡、不眠立据"[10]，"足睡"与"不眠"是两个相反的生理现象，而"蕤子"的熟制和生用，功效一正一反，"生治嗜睡，熟治不眠"[11]，相差巨大。经临床证实，蕤仁确实有安神作用，可用于夜寐不安。[12]

"石经鹤粪，化作尘飞"[13]，《医方类聚》卷4《五藏论·医人》则云："石得鸠粪，乃烂如泥。"二者相较，"'鸠'字比较合理，盖'鸠'是毒鸟，其粪当毒，故能化石"[14]。明代《草木子》云：此为"气物之相感制"[15]。

"断弦折剑，遇鸾血而如初"[16]，从科学的角度讲，此为"诞言，不必深辩"[17]。但从文化的角度，我们需要知道它的思想来源。考，成书于汉末托名东方朔撰的《海内十洲记》[18]，有一段话说：凤麟洲，"洲上多凤麟，数万各为群。又有山川池泽，及神药百种，亦多仙家。煮凤喙及麟角，合煎作膏，名之为续弦胶，或名连金泥，此胶能续弓弩已断之弦，刀剑断折之金，更以胶连续之，使力士擘之，他处乃断，所续之际，终无断也"[19]。

① 赵可夫、李法曾、张福锁主编：《中国盐生植物》，北京：科学出版社，2013年，第142—143页。
② 赵可夫、李法曾、张福锁主编：《中国盐生植物》，第143页。
③ 赵可夫、李法曾、张福锁主编：《中国盐生植物》，第143页。
④ 赵可夫、李法曾、张福锁主编：《中国盐生植物》，第143页。
⑤ 钱超尘、董连荣主编：《〈本草纲目〉详译》下册，太原：山西科学技术出版社，1999年，第2102页。
⑥ （南朝·宋）雷敩撰著，（清）张骥补辑，施仲安校注：《雷公炮炙论·原叙集释》，第5页。
⑦ 谭兴贵、谭楣、邓沂主编：《中国食物药用大典》，西安：西安交通大学出版社，2013年，第289页。
⑧ （南朝·宋）雷敩撰著，（清）张骥补辑，施仲安校注：《雷公炮炙论·原叙集释》，第5页。
⑨ 胡昌江、石本琴编著：《中药炮制与临床应用》，成都：四川科学技术出版社，1992年，第291页。
⑩ （南朝·宋）雷敩撰著，（清）张骥补辑，施仲安校注：《雷公炮炙论·原叙集释》，第5页。
⑪ 李克绍：《中药讲习手记》修订本，北京：中国医药科技出版社，2012年，第44页。
⑫ 陈仁寿主编：《新编临床中药学》，北京：科学出版社，2011年，第75页。
⑬ （南朝·宋）雷敩撰著，（清）张骥补辑，施仲安校注：《雷公炮炙论·原叙集释》，第5页。
⑭ （南朝·宋）雷敩原著，尚志钧辑校：《雷公炮炙论》，合肥：安徽科学技术出版社，1991年，第109页。
⑮ （明）叶子奇撰，吴东昆等校点：《草木子（外三种）》，上海：上海古籍出版社，2012年，第19页。
⑯ （南朝·宋）雷敩撰著，（清）张骥补辑，施仲安校注：《雷公炮炙论·原叙集释》，第5页。
⑰ （明）李时珍著，钱超尘等校：《金陵本〈本草纲目〉新校正》卷49《禽部》，上海：上海科学技术出版社，2008年，第1670页。
⑱ （晋）张华等撰，王根林等校点：《博物志（外七种）》，上海：上海古籍出版社，2012年，第101页。
⑲ （汉）东方朔：《海内十洲记》，《百子全书》第5册，第4054—4055页。

把神仙家的幻想与药物的效能联系起来，赋予药物以一定的神性，这是南北朝医药文化的显著特点之一，看来王琎将"南北朝科学发展"定性为"研究仙药时期"，确实抓住了问题的要害。

"海竭江枯，投游波立泛"①，句中的游波就是燕子，亦称"意而"或"鹬鸸"，它在古代被视为神鸟，如《庄子·山木篇》说："鸟莫知于鹬鸸，目之所不宜处，不给视，虽落其实，弃之而走，其畏人也而袭诸人间。社稷存焉尔！"②又《琅嬛记》卷上引《玄虚子仙志》云："周穆王迎意而子，居灵卑之宫，访以至道。后欲以为司徒，意而子愀然不悦，奋身化作玄鸟飞入云中。故后人呼玄鸟为意而。"③在古人看来，玄鸟不仅能制东海的青鹊，而且能"兴波祈雨，故有游波之号"④。

"令铅拒火，须仗修天"⑤，"修天"下注云："今呼为补天石。""拒火"又称"炬火"，是丹家术语，意为"烧之不飞上"⑥，由于是一种低温火候，所以药物在炼制过程中不产生飞升现象。"补天石"传说是女娲用五色土与太阳神火一起炼出来的无色巨石，属阳。与之相对，铅属阴，寓意"交相制伏之妙，皆出乎天地自然，非人力所能致也"⑦。

凡此种种，不一而足。可见，雷敩研究药物炮制的思想动力，就来自对上述"玄学"文化的认同。有基于此，他相信经过适当的加工和炮制，药物便会按照人类的意志发挥其治病的效能，各取所需，为我所用。在这种文化思维引导下，我们自然会追述下面的问题：魏晋玄学为什么会激发人们的科学想象？想象一定要借助形象思维来构造已经储存在大脑中的知识，世界上很多杰出科学家都非常重视想象对科学研究的重要性，例如波尔就曾宣称，科学家要有"疯狂的想象力"⑧，这就使"科学想象"具有了逻辑过程中断、思维跳跃和想象的特点⑨。学界公认，魏晋南北朝是中国古代科学发展的一个重要历史阶段，诚如洪万生先生所说：

> 中国历史到魏晋南北朝的确面对着一个巨大的转变。两汉时代的大一统局面，社会经济的高度发展以及一枝独秀的儒学盛况已不复现，取而代之的，是政治的动乱、社会经济的间歇性破坏以及儒学的生机殆尽。这些背景，对魏晋南北朝的科技发展似乎并不有利，然而令人惊讶的，这个时代的科学技术却仍然成就辉煌，在中国文化传

---

① （南朝·宋）雷敩撰著，（清）张骥补辑，施仲安校注：《雷公炮炙论·原叙集释》，第5页。
② （周）庄周：《庄子南华真经·山木篇》，《百子全书》第5册，第4577页。
③ 周光培：《元代笔记小说》第1册，石家庄：河北教育出版社，1994年，第354页。
④ （明）李时珍著，钱超尘等校：《金陵本〈本草纲目〉新校正》下册，第1649页。
⑤ （南朝·宋）雷敩撰著，（清）张骥补辑，施仲安校注：《雷公炮炙论·原叙集释》，第5页。
⑥ 《太古土兑经》卷上，《道藏》第19册，北京、上海、天津：文物出版社、上海书店、天津古籍出版社，1988年，第388页。
⑦ （唐）金竹坡：《大丹铅汞论序》，陈尚君辑校：《全唐文补编》中册，北京：中华书局，2005年，第1510页。
⑧ 全国工程硕士政治理论课教材编写组：《自然辩证法——在工程中的理论与应用》修订版，北京：清华大学出版社，2012年，第183页。
⑨ 钱玉峰：《科学想象及想象能力的培养》，李爱华主编：《马克思主义研究辑刊（2006年卷）》，济南：山东大学出版社，2006年，第164页。

统中留下不可磨灭的痕迹。①

当然，仔细考察魏晋南北朝科学技术发展的因素，综合与交叉的方面比较多，但"玄学"思潮激发了当时人们的科学想象，应是一个不可忽视的因素。因此，只要站在这样的学术层面来分析雷敩的《雷公炮炙论·原叙》，就容易理解像上述"海竭江枯，投游波立泛"一类近乎玄想的医药学思维。

（2）对药物功效的独特发挥与想象和实证。中药炮制是一门实证科学，但在理论上，雷敩却杂糅了很多玄学的思想成分。不过，在这个过程中，雷敩也确实发现了一些药物已经证实或有待证实的特殊功效。在此，略举数例如下：

"长齿生牙，赖雄鼠之骨末"②，其注云："其齿若折年多不生者，取雄鼠脊骨作末揩折处，齿立生如故。"③考，《本草纲目》引陈藏器的话说："齿折多年不生者，研末，日日揩之，甚效。"④从文字的内在逻辑关系讲，后者脱胎于前者。经祝亚平先生研究：

> 《炮炙论》曾有注文，如《证类本草》所引《炮炙论》序云："令铅拒火，须仗修天"，注文曰："今呼补天石。"这说明后世的注文也是炼丹家，因为这是典型的炼丹术语，一般医家不用。而注文多云"出《乾宁记》"，所谓《乾宁记》可能是指晏封所著的《制伏草石论》，此书《新唐书·艺文志》著录有"乾宁晏先生《制伏草石论》六卷"，李时珍谓《制伏草石论》为"丹石家书"……炼丹家晏封可能曾为《炮炙论》作注，而其《制伏草石论》显然也是一本与炮炙有关的书。⑤

另用鼠骨末治疗牙痛亦见于《孙氏集效方》，其文载："牙齿痛疼，老鼠一个，去皮，以硇砂擦上三日，肉烂化尽，取骨，瓦焙为末，入蟾酥二分，樟脑一钱，每用少许，点牙根上，立止。"⑥这是因为鼠骨中含有丰富的钙质，除此之外，它是否还含有目前医学尚未认识到的物质元素，有待进一步深入探究。

"发眉堕落，涂半夏而立生"⑦，注云："发眉堕落者，以生半夏茎炼之取涎涂发落处立生。"⑧从临床医学的视角看，此说难以成立。因为"发眉堕落"的原因比较复杂，单味药不可能对各型脱发都有效，这是毋庸置疑的。临床上，人们常用生半夏与生姜配伍来治疗脱发，如半夏生发方：生姜6克，生半夏（研末）15克，先将生姜片搽患处1分钟，稍停，再搽1—2分钟，然后用生半夏细末调麻油涂搽之。连续治疗1个月余，有刺激和促进头发生长之效。⑨至于半夏何以能生毛发，《本草正义》认为它有"开宣滑降"⑩的作

① 洪万生主编：《中国人的科学精神》，合肥：黄山书社，2012年，第76页。
② （南朝·宋）雷敩撰著，（清）张骥补辑，施仲安校注：《雷公炮炙论·原叙》，第6页。
③ （南朝·宋）雷敩撰著，（清）张骥补辑，施仲安校注：《雷公炮炙论·原叙》，第6页。
④ （明）李时珍著，钱超尘等校：《金陵本〈本草纲目〉新校正》下册，第1797页。
⑤ 祝亚平：《道家文化与科学》，合肥：中国科学技术大学出版社，1995年，第210页。
⑥ 广陵书社：《中国历代医学典》卷157《齿门》，扬州：广陵书社，2008年，第1752页。
⑦ （南朝·宋）雷敩撰著，（清）张骥补辑，施仲安校注：《雷公炮炙论·原叙集释》，第6页。
⑧ （南朝·宋）雷敩撰著，（清）张骥补辑，施仲安校注：《雷公炮炙论·原叙集释》，第6页。
⑨ 顾奎琴编著：《食疗美容指南》，北京：金盾出版社，1997年，第248页。
⑩ 张山雷著，程东旗点校：《本草正义》，福州：福建科学技术出版社，2006年，第318页。

用，其"开宣"能通脉络之阻滞，"滑降"可却肌腠之痰瘀，痰瘀去而阻滞通达，荣血滋养皮毛，其发自生。①

"脚生肉柣，裈系莨菪根"②，注云："脚有肉柣者，取莨菪根于裈带上系之，感应永不痛。"③"柣"同"刺"，如《本草纲目》卷17"莨菪"条下注引此文作"脚生肉刺，裈系莨菪根"④，所以"'脚生肉柣'之'柣'当即'刺'字之讹"⑤。我们知道，山莨菪确实具有镇痛作用，但"裈系莨菪根"这种类似于巫术的治疗方法，除了有一定的心理暗示作用外，根本起不到"感应永不痛"的效果。

"体寒腹大，全赖鸬鹚"⑥，注云："若患腹大如鼓，米饮调鸬鹚末服，立枯如故也。"⑦同前面的论说相似，此论也不足信。《黄帝内经素问·至真要大论篇》云："诸胀腹大，皆属于热。"⑧雷敩对"腹大"的病机认识还没有超出"热"的范围，而鸬鹚肉性冷，正好相制。所以元代《饮食须知》载："鸬鹚肉味酸咸，性冷，微毒。即水老鸦。凡鱼骨梗者，密念鸬鹚不已，即下。妊娠食之。令逆生。"⑨

"咳逆数数，酒服熟雄"⑩，注云："天雄炮过，以酒调一钱匕服立定。"⑪《黄帝内经素问·气交变大论篇》云："岁金太过，燥气流行，肝木受邪。……收气峻，生气下，草木敛，苍干雕陨，病反暴痛，胠胁不可反侧，咳逆甚而血溢。"⑫这是肺气亢和肝气郁的临床表现之一，治则是："必折其郁气，先资其化源，抑其运气，扶其不胜。"⑬天雄首见于《神农本草经》，其文曰："天雄：味辛，温。主大风、寒湿痹，沥节痛，拘挛、缓急、破积聚、邪气、金创，强筋骨，轻身健行。"⑭药材天雄为附子或草乌头之形长而细者；也有指附子种在土中，经年不生子根而独根长大者，具有益火助阳和祛风散寒蠲痹的功效。⑮由于天雄与附子同出一本，故《神农本草经》称附子具有"主风寒，咳逆，邪气，温中，金创，破症坚、积聚、血瘕，寒湿"⑯等功效。对此，陈修园从病理病机的角度解释说："风寒咳逆邪气，是寒邪之逆于上焦也。"⑰这就从侧面肯定了天雄确有治疗咳逆的临床

① 盛祖荣：《〈雷公炮炙论序〉中的用药经验探析》，《浙江中医杂志》2000年第4期，第264页。
② （南朝·宋）雷敩撰著，（清）张骥补辑，施仲安校注：《雷公炮炙论·原叙集释》，第6页。
③ （南朝·宋）雷敩撰著，（清）张骥补辑，施仲安校注：《雷公炮炙论·原叙集释》，第6页。
④ （明）李时珍著，钱超尘等校：《金陵本〈本草纲目〉新校正》上册，第743页。
⑤ 熊加全：《〈汉语大字典〉、〈中华字海〉疑难俗字考9则》，华东师范大学中国文字研究与应用中心：《中国文字研究》第15辑，郑州：大象出版社，2011年，第232页。
⑥ （南朝·宋）雷敩撰著，（清）张骥补辑，施仲安校注：《雷公炮炙论·原叙集释》，第6页。
⑦ （南朝·宋）雷敩撰著，（清）张骥补辑，施仲安校注：《雷公炮炙论·原叙集释》，第6页。
⑧ 《黄帝内经素问》卷22《至真要大论篇》，陈振相、宋贵美：《中医十大经典全录》，第137页。
⑨ （元）贾铭著，刘烨注译：《饮食须知》，西安：三秦出版社，2005年，第235页。
⑩ （南朝·宋）雷敩撰著，（清）张骥补辑，施仲安校注：《雷公炮炙论·原叙集释》，第7页。
⑪ （南朝·宋）雷敩撰著，（清）张骥补辑，施仲安校注：《雷公炮炙论·原叙集释》，第7页。
⑫ 《黄帝内经素问》卷20《气交变大论篇》，陈振相、宋贵美：《中医十大经典全录》，第102页。
⑬ 《黄帝内经素问》卷21《六元正纪大论篇》，陈振相、宋贵美：《中医十大经典全录》，第114页。
⑭ （清）黄奭：《神农本草经》卷3《下经》，陈振相、宋贵美：《中医十大经典全录》，第299页。
⑮ 周祯祥、邹忠梅主编：《张仲景药物学》，北京：中国医药科技出版社，2012年，第117页。
⑯ （清）黄奭：《神农本草经》卷3《下经》，陈振相、宋贵美：《中医十大经典全录》，第299页。
⑰ （清）陈修园：《陈修园医学全书》，太原：山西科学技术出版社，2011年，第684页。

功效。

"遍体疹风，冷调生侧"①，注云："附子傍生者曰侧子，作末冷酒服立瘥。"② "疹风"即荨麻疹，亦称风疹或隐疹，以皮肤出现苍白色或鲜红色瘙痒性风团为主，突然发生，时隐时现，消退后不留任何痕迹，其病因比较复杂，一般是风、湿、热邪蕴于肌肤所致，或因血热又感外风而发病。《黄帝内经素问·四时刺逆从论篇》说："少阴有余病皮痹隐轸（疹）。"③同书《至真要大论篇》又说："诸痛痒疮，皆属于心。"④ "少阴有余"亦即心火亢盛，热壅血滞，遂导致营血阻滞于肌肉，并引起痛、痒、疮三个病症。其中"热甚肉腐，营血不通，不通则痛。热势不甚，营血运行不畅则痒"⑤。考，侧子为天雄之侧旁生者，或与附子根相连而生，小且有尖角者。此物药性轻扬，尤长发散四肢，充达皮毛，为治风良药。⑥可见，雷敩对侧子功效的认识是正确的。

"肠虚泻痢，须假草零"⑦，注云："捣五倍子作末，以熟水下之立止也。"⑧显见，"草零"即五倍子。《局方发挥》云："夫泻痢证，其类尤多。先贤曰湿多成泻，此确论也。"⑨五倍子为漆树科落叶灌木或小乔木植物盐肤木、青麸杨或红麸杨叶上的虫瘿，主要由五倍蚜寄生所形成，具有止血、涩肠止泻的功效。其原理是由于五倍子所含鞣酸对蛋白质有沉淀作用，且对正常小肠的运动无甚影响，这样，五倍子本身的收敛作用可以减轻肠道炎症，从而制止腹泻。

"久渴心烦，宜投竹沥"⑩，在临床上，"久渴"是指口渴起病缓慢的病症，多由内伤引起，有津液亏损、阳虚不化津液之分，多属虚证，但也有实证，如内伤瘀血、痰饮、津液不能上承所导致的口渴，即属实证。五心烦热则分阴虚、血虚、邪伏阴分，以及火热内郁等症。而竹沥有"涤脏腑之烦热，除阴虚之大热"⑪之功效，故清代名医郭佩兰考证说：

> 竹沥，即竹之津液也，性滑流利，走窍逐痰，故为中风家要药。凡中风之证，莫不由于阴虚火旺，煎熬精液而为痰，壅塞气道，热极生风，以致猝然僵仆，此药能搜剔经络痰结，气道通利，则经脉流转矣。观古人以此治中风，则知中风未有不因阴虚痰热所致，不然，如果外来风邪，安得复用此甘寒滑利之品。世人泥《本草》"大

---

① （南朝·宋）雷敩撰著，（清）张骥补辑，施仲安校注：《雷公炮炙论·原叙集释》，第7页。

② （南朝·宋）雷敩撰著，（清）张骥补辑，施仲安校注：《雷公炮炙论·原叙集释》，第7页。

③ 《黄帝内经素问》卷18《四时刺逆从论篇》，陈振相、宋贵美：《中医十大经典全录》，第91页。

④ 《黄帝内经素问》卷22《至真要大论篇》，陈振相、宋贵美：《中医十大经典全录》，第137页。

⑤ 程士德编著：《内经理论体系纲要》，北京：人民卫生出版社，1992年，第240—241页。

⑥ 谢观主编：《中国医学大辞典》，天津：天津科学技术出版社，2000年，第866页；（清）张璐：《本经逢原》卷2《侧子》，北京：中国中医药出版社，2007年，第101页。

⑦ （南朝·宋）雷敩撰著，（清）张骥补辑，施仲安校注：《雷公炮炙论·原叙集释》，第7页。

⑧ （南朝·宋）雷敩撰著，（清）张骥补辑，施仲安校注：《雷公炮炙论·原叙集释》，第7页。

⑨ （元）朱丹溪：《局方发挥》，叶川、建一：《金元四大医学家名著集成》，北京：中国中医药出版社，1995年，第675页。

⑩ （南朝·宋）雷敩撰著，（清）张骥补辑，施仲安校注：《雷公炮炙论·原叙集释》，第7页。

⑪ （清）郭佩兰撰，王小岗、庄扬名、张金中校注：《本草汇》，北京：中医古籍出版社，2012年，第458页。

寒"二字，弃而不用，经云"阴虚则发热"，竹沥甘缓，故能除阴虚之有大热。雷曰：久渴心烦，宜投竹沥，然非助以姜汁不能行，既经火煅，又助姜汁，何寒之有哉？[①]

"除癥去块，全仗消硇"[②]，注云："（消硇）即硇砂、消石二味于乳钵中研作粉，同煅了，酒服神效也。"[③]在临床上，小腹部有结块者谓症，而看不到腹部有结块者则称癥。二者的区别是前者的结块及疼痛或发胀部位固定不移，后者既看不到结块，疼痛或发胀也没有固定之处。所以《诸病源候论》云："癥病者，由寒温不适，饮食不消，与脏气相搏，积在腹内，结块癥痛，随气移动是也。言其虚假不牢，故谓之为癥也。"[④]硇砂与消石都是卤液凝结所成，具有消坚化痰的功效，内服治肉积症癥。

"益食加觞，须煎芦朴"[⑤]，注曰："不食者并饮酒少者，煎逆水芦根并厚朴二味汤服。"[⑥]"加觞"是南北朝时期各阶层民众社会生活的真实写照，如《荀子·子道篇》载："昔者江出于岷山，其始出也，其源可以滥觞。"[⑦]此处的"滥觞"意即江河发源之处水极少，只能浮起酒杯，而这个词在魏晋南北朝时期非常盛行，如郦道元的《水经注》、谢灵运的《三月三日侍宴西池》、《梁书·钟嵘传》等文献中都有"滥觞"这个词。尤其是王羲之"一觞一咏"的"曲水流觞"酒令，以其游目骋怀、畅叙幽情的典范场景而流传千古。句中的"芦朴"指芦根和厚朴，其中厚朴有燥湿消痰、下气除满之功效，芦根则能益胃和中、除热降火。

"强筋健骨，须是苁鳝"[⑧]，注曰："苁蓉并鳝鱼二味作末，以黄精汁丸，服之可力倍常也。出《乾宁记》中。"[⑨]据研究，"鳝鱼"含有丰富的维生素 A、维生素 D、维生素 C 等，此外，鳝鱼中富含 DNA 和卵磷脂，所以常吃鳝鱼可以改善脑部疲累。有资料显示："鳝鱼味甘、性温，能补气益血、强筋骨、除风湿、止血。民间常常用鳝鱼来滋补身体，治疗气血不足，虚赢瘦弱等病症。鳝鱼可以补气力，据说过去的大力士就常吃鳝鱼。"[⑩]

"驻色延年，精蒸神锦"[⑪]，注曰："黄精自然汁拌细研神锦于柳木甑中，蒸七日了，以末蜜丸服，颜貌可如幼女之容色也。"[⑫]此处的"神锦"是指地黄[⑬]，而关于地黄的医学养生价值，成书于南北朝的道教经典《太上洞玄灵宝五符序》有比较翔实的记述，其"神

① （清）郭佩兰撰，王小岗、庄扬名、张金中校注：《本草汇》，第 458 页。
② （南朝·宋）雷敩撰著，（清）张骥补辑，施仲安校注：《雷公炮炙论·原叙集释》，第 7 页。
③ （南朝·宋）雷敩撰著，（清）张骥补辑，施仲安校注：《雷公炮炙论·原叙集释》，第 7 页。
④ 丁光迪主编：《诸病源候论校注》卷 19《癥瘕病诸候》，北京：人民卫生出版社，2013 年，第 390 页。
⑤ （南朝·宋）雷敩撰著，（清）张骥补辑，施仲安校注：《雷公炮炙论·原叙集释》，第 7 页。
⑥ （南朝·宋）雷敩撰著，（清）张骥补辑，施仲安校注：《雷公炮炙论·原叙集释》，第 7 页。
⑦ （周）荀况：《荀子·子道篇》，《百子全书》第 1 册，第 232 页。
⑧ （南朝·宋）雷敩撰著，（清）张骥补辑，施仲安校注：《雷公炮炙论·原叙集释》，第 7 页。
⑨ （南朝·宋）雷敩撰著，（清）张骥补辑，施仲安校注：《雷公炮炙论·原叙集释》，第 7 页。
⑩ 马莉编著：《维生素保健全书》，天津：天津科学技术出版社，2013 年，第 345 页。
⑪ （南朝·宋）雷敩撰著，（清）张骥补辑，施仲安校注：《雷公炮炙论·原叙集释》，第 7 页。
⑫ （南朝·宋）雷敩撰著，（清）张骥补辑，施仲安校注：《雷公炮炙论·原叙集释》，第 7 页。
⑬ 包锡生：《实用中药别名手册》修订版，广州：广东科技出版社，1997 年，第 301 页。

仙酿酒方”载：

> 生地黄十斤、生姜三斤，刮去皮，天门冬五斤，剥去皮，皆切细合捣，令如斋，以美酒一斛渍之，分著两罂中，密塞其口；以罂著大釜中熟煮，使发罂塞，热气勃勃，射出则可也。冬夏常温服一升，仍以卧，当觉药气炳炳，流布身中。此酒补虚劳，益精气，令人健饮食，耐风寒，美颜色，肌肤光泽，延年。[1]

“知疮所在，口点阴胶”[2]，注曰：“阴胶即甑中气垢，少许于口中，即可知脏腑所起直至住处，知痛，乃可医也。”[3]对于这条记载的临床意义，清代名医鲍相璈在《验方新编》一书中有一段解释，其言真切。鲍氏说：

> 疔疮发之最速，有朝发夕死，随发随死，有三日五日而不死，至一月半月而终死者，其毒最烈。……疔疮多生暗处，或痛或不痛，或痒或不痒，发时人多不觉，若不早治，最易误事。有发寒热数日而后生者，有当时生者。初起如粟米大，或大小不一。如发寒热及麻痒呕吐等症，即于遍身留心寻认，凡须、发、眼、耳、口、鼻、肩下、两腋、手足甲缝、粪门、阴户等处，更宜细看。一日须看数次，有则照方医治。若前心坎、后背心有红点者，即照后羊毛疔方治之。如寻觅不见，取甑中气垢少许纳口中，必有一处痛甚，即知疔疮所在，须急宜刺出恶血，以见好血而止。诸疮及刀镰疔忌用刀针，余疗不忌。[4]

用“甑中气垢”来检查体内是否有疔疮存在，尽管其方法未必科学，但这种对于危重疾患采取早发现早治疗的临床医学思想，值得借鉴。

“产后肌浮，甘皮酒服”[5]，注曰：“产后肌浮，酒服甘皮可立愈。”[6]句中的“甘皮”即柑皮，又名广陈皮，性味辛甘、寒、无毒，具有下气、除湿、调中、化痰的功能。柑皮酒的药物组成为：柑皮 60 克，米酒 500 克。柑皮酒有利水消肿之功效，适宜于治疗产后肌肤浮肿。配制工艺是：将柑皮切细，置于砂锅中，倒入米酒，用文火煎煮至 300 克，滤去药渣，贮入净瓶中。服法：一日早中晚 3 次，每次饮服 60—80 克。[7]

“口疮舌坼，立愈黄苏”[8]，注曰：“口疮舌坼以根黄涂苏炙作末，含之立瘥。”[9]文中“苏”同“酥”，即酥油；“根黄”即大黄。盛祖荣先生分析道：

> 口疮舌裂的病机是火热为患，大黄性雄力猛，为清热泻火之要药，善治诸般疮

---

① 《太上洞玄灵宝五符序》卷中，张继禹主编：《中华道藏》第 4 册，北京：华夏出版社，2004 年，第 72 页。
② （南朝·宋）雷敩撰著，（清）张骥补辑，施仲安校注：《雷公炮炙论·原叙集释》，第 7 页。
③ （南朝·宋）雷敩撰著，（清）张骥补辑，施仲安校注：《雷公炮炙论·原叙集释》，第 7 页。
④ （清）鲍相璈原著，孙玉信、朱平生点校：《验方新编》卷 11《痈毒诸症·疔疮》，上海：第二军医大学出版社，2007 年，第 353 页。
⑤ （南朝·宋）雷敩撰著，（清）张骥补辑，施仲安校注：《雷公炮炙论·原叙集释》，第 7 页。
⑥ （南朝·宋）雷敩撰著，（清）张骥补辑，施仲安校注：《雷公炮炙论·原叙集释》，第 7 页。
⑦ 朱君波编著：《中国药酒大典》，太原：书海出版社，2002 年，第 1306 页。
⑧ （南朝·宋）雷敩撰著，（清）张骥补辑，施仲安校注：《雷公炮炙论·原叙集释》，第 7 页。
⑨ （南朝·宋）雷敩撰著，（清）张骥补辑，施仲安校注：《雷公炮炙论·原叙集释》，第 7 页。

毒，古来应用良多，如《太平圣惠方》配枯矾治口疮糜烂，《肘后备急方》醋调外敷治痈肿嫩热作痛，故用为主药。尤妙在用酥炮制，《本草纲目》称其有"润脏腑，泽肌肤，和血脉，止急痛"的功效，而《名医别录》则明白记载："主口疮。"两者不仅有协同作用，而且酥能缓和大黄之峻烈，大黄则能减少酥之滋腻，优势互补，奏效自然更速。①

"脑痛欲亡，鼻投消末"②，注曰："头痛者以消石作末，内鼻中立止。"③在临床上，头痛是指局限于头颅上半部，包括耳轮上缘、眉弓与枕外隆突连线以上的疼痛，可由多种原因引起，如脑实质疾病、脑血管疾病、脑膜疾病、颅内肿物及颅内压增高等，一般可分为器质性头痛和官能性头痛两种类型。消石即火硝，为天然硝酸钾（KNO_3）经加工炼制而成的结晶。《雷公炮炙论》之后，医家多用硝石组方来治疗各种头痛（以脑实质疾病为主），给药途径有鼻腔给药和内服。如《古今医统大全精华本·头痛门》载："青火金针：治头风，牙痛，赤眼，脑泻耳鸣。火硝（一两）、青黛、薄荷、川芎（各等分）。右为末，口嚼冷水勿咽，此药吹鼻。"④又宋代名医严用和创制的"玉真丸"："治肾厥头痛不可忍，其脉举之则弦，按之则坚。生硫黄二两（别研）、石膏（硬者，不煅）、半夏（汤泡七次）、硝石（别研），各一两。上为细末，研和匀，生姜汁煮糊为丸，如梧桐子大。每服四十丸，食前用姜汤或米饮下。"⑤

"心痛欲死，速觅延胡"⑥，注曰："以延胡索作散，酒服之立愈。"⑦中医所说的"心痛"一般是指正当心窝部位的疼痛，明末清初著名医学家傅青主认为："心痛之症有二：一则寒气侵心而痛；一则火气侵心而痛。寒气侵心者，手足反温；火气焚心者，手足反冷，以此辨之最得。"⑧延胡的功用是利气止痛和活血散瘀，"专治一身上下诸痛"⑨。延胡中所含的延胡索生物碱，有较强的镇痛、抗心肌缺血及抗心律失常等作用⑩，故它对由寒凝、痰阻、气滞、热结、血瘀等因素所引起的心痛病症，有一定疗效。但现代临床多用复方，少有单用延胡一味药物治疗心痛病症者。

由上述文字可见，这部分讲述"药物之功"的内容，属于雷敩临床用药经验的总结，都是能坐实的医药学理论，意义重大。可惜，原书云"如斯百种"⑪，现传却仅见40余种，尚不足原书的一半。而对于《雷公炮炙论·原叙》的科学价值，盛祖荣先生坦言：

---

① 盛祖荣：《〈雷公炮炙论序〉中的用药经验探析》，《浙江中医杂志》2000年第6期，第264页。
② （南朝·宋）雷敩撰著，（清）张骥补辑，施仲安校注：《雷公炮炙论·原叙集释》，第7页。
③ （南朝·宋）雷敩撰著，（清）张骥补辑，施仲安校注：《雷公炮炙论·原叙集释》，第7页。
④ （明）徐春甫原集，余瀛鳌等编选：《古今医统大全精华本·头痛门》，北京：科学出版社，1998年，第531页。
⑤ （宋）严用和：《重辑严氏济生方》，北京：中国中医药出版社，2007年，第142页。
⑥ （南朝·宋）雷敩撰著，（清）张骥补辑，施仲安校注：《雷公炮炙论·原叙集释》，第7页。
⑦ （南朝·宋）雷敩撰著，（清）张骥补辑，施仲安校注：《雷公炮炙论·原叙集释》，第7页。
⑧ 张存悌主编：《傅青主医学全书》，沈阳：辽宁科学技术出版社，2013年，第132页。
⑨ （明）李时珍著，钱超尘校：《金陵本〈本草纲目〉新校正》卷13《草部》，第537页。
⑩ 陈长勋主编：《中药药理学》，上海：上海科学技术出版社，2012年，第120页。
⑪ （南朝·宋）雷敩撰著，（清）张骥补辑，施仲安校注：《雷公炮炙论·原叙集释》，第7页。

"这是一篇十分珍贵的药学文献，不尚玄谈，只讲实用，对其进行研究，对于临床大有裨益。"①因此，我们究竟应当如何科学挖掘和析出《雷公炮炙论·原叙》中合理的医学思想成分，将是一项既艰巨又很有实际意义的工作。

2. "十七法集释"与雷敩的炮制思想及方法

关于"雷公炮炙十七法"，学界持有不同意见，肯定者有之，否定者亦有之。肯定者如赵燏黄先生，他在《雷公炮炙论的提要和雷敩传略》一文中认为："本书的十七法集释开端就说：'炮炙者以他法煅炼药品，使其性质变易也，其法始于雷敩'云。另在下文详细解释，这种制剂术，国药铺中把它流传下来的古法，沿用已经很久了，当此提倡改良剂型的时候，《雷公炮炙论》一书，实有研究探讨的必要。"②与之相反，否定者如张炳鑫先生等，张先生明确表示："（张骥）根据缪希雍等所提出的十七法，又参考了些不太多的资料，如有其事的（地）编辑成'雷公炮炙论十七法集释'，附于书首，认为此十七法'始于雷敩'，是不可靠的，张氏否认'集释'工作做得并不具体，有数法没有注解，故实际上的参考价值是不大的。"③对于学界的不同观点，我们不必马上做出评判，因为《雷公炮炙论》原著已佚，我们只能从辑本的角度来讨论问题，而对于辑本的局限，我们明知无奈，却也无法改变。承认这个事实，是我们正确认识和评价雷敩药物炮制思想的前提。按照张骥的本意，"炮炙十七法"作为一个制剂系统始自雷公，而并不是说"炮炙十七法"中的每一种炮制方法都始自雷公，如《五十二病方》中就有火制、水制、切制等药物炮制内容。

（1）炮。张骥释："置药物于火上，以烟起为度也，如炮姜根之类。"④这个解释未必符合原意，如《五十二病方》载："燔白鸡毛及人发，冶各等。"⑤严健民先生释："加火上曰燔……本句指将白鸡毛放在火上烧。"⑥南北朝之前的"炮"作为一种烹饪方法，早在《礼记·礼运》和《礼记·内则》中就有记载。如《礼记·礼运》云："以炮、以燔、以亨、以炙，以为醴酪。"⑦由此可见，"炮"与"燔"是有区别的。而"炮炙"仅仅借鉴了古代的两种烹饪方法。《礼记·内则》又说："涂之以谨，涂，炮之。"⑧郑玄注："炮者，以涂烧之为名也。"《广韵》亦释："炮，裹物烧也。"考，《五十二病方》载："有（又）以涂隋（脽）□下及其上，而暴（曝）若。"⑨这里讲的是加工药物的炮法。

（2）爁。《难字大字典》释为"焚烧"⑩。语言学家王光汉在《词典问题研究》中指出，"爁"意为因火花、火焰蹿行而延烧。《淮南子·览冥训》里有"火爁炎而不灭，水浩

---

① 盛祖荣：《〈雷公炮炙论序〉中的用药经验探析》，《浙江中医杂志》2000 年第 6 期，第 264 页。
② 赵燏黄：《雷公炮炙论的提要和雷敩传略》，《上海中医药杂志》1957 年第 1 期，第 31 页。
③ 张炳鑫等：《中药炮炙经验介绍》，北京：人民卫生出版社，1963 年，第 18 页。
④ （南朝·宋）雷敩撰著，（清）张骥补辑，施仲安校注：《雷公炮炙论·十七法集释》，第 10 页。
⑤ 严健民：《五十二病方注补译》，北京：中医古籍出版社，2005 年，第 5 页。
⑥ 严健民：《五十二病方注补译》，第 5 页。
⑦ 黄侃：《黄侃手批白文十三经·礼记》，第 80 页。
⑧ 黄侃：《黄侃手批白文十三经·礼记》，第 105 页。
⑨ 周一谋等：《马王堆医学文化》附录，上海：文汇出版社，1994 年，第 302 页。
⑩ 杨宗义等：《难字大字典》，重庆：西南师范大学出版社，1995 年，第 234 页。

洋而不息"①，这里的"燂"指火势蔓延。也就是说，在药物加工过程中，借助火焰蹿行之势，将需要加工的药物置于窜行的火焰中，烧去多余的毛、皮等。如《太平惠民和剂局方》"骨碎补，燂去毛"。不过，"燂"法今已不用。

（3）煿。就字面而言，煿系烘干的意思，如张骥释：

> 李作爆。《玉篇》：爆，落也，灼也，热也。《说文》：灼也，暴声。《集韵》：熯也。《广韵》：迫于火也。徐铉曰：火裂也。②

从上述集释中，不难看出，所谓煿就是将需要炮制的药材，用火烘干直到出现爆裂现象，这种炮制方法一般用于加工具有硬壳的果实类药材，此法今已少用或不用。

（4）炙。此法前后有变化，如张骥释：

> 《诗·小雅》：燔之，炙之。《传》：炕火曰炙；又《书》：焚炙。《忠良疏》：焚炙俱火烧也。如炙甘草之类。③

汉代的炙法即是将需要加工的药材置于近火处烤黄，比如，《五十二病方》载有"炙蚕卵，令娑娑黄，治之，三指最（撮）至节，入半音（杯）酒中饮之"④。到魏晋南北朝时期，炙法除了用火烤制外，又出现了拌炒。如张仲景《金匮要略方论·疟病脉证并治》载有"鳖甲煎丸方"，其中阿胶的用法是"炙"⑤。《雷公炮炙论》则明确记载："凡用洗，于猪脂内浸一夜，取出，柳木火上炙燥，研用。"⑥又同书卷中"淫羊藿"条载："凡使淫羊藿时，呼仙灵脾，以夹刀夹去叶四畔花枝，每一斤用羊脂四两拌炒，待脂尽为度。"⑦这种炮制方法亦称"油炙淫羊藿"，其具体制法是：先将羊脂油置锅内，用文火加热，至油全部熔化时，倒入净淫羊藿丝，炒至微黄色，油脂被吸尽，取出放凉。这实际上是开现代中药炙法的先河，因为现代中药炙法是将药材加液体辅料后，用文火炒干，或边炒边加液体辅料，继续以文火炒干，如醋炙延胡索及蜜炙甘草等。

（5）煨。张骥释："以药物置火灰中煨之使熟也，与炮姜根，大致法同。"⑧

（6）炒。这是中药炮制的主要方法之一，胡昌江先生有专文探讨此问题，无须赘述。张骥释："炒者，置药物于火，使之黄而不焦也。法有炒黄、炒黑、炒焦各不同。"⑨那么，中药材在入药前为什么需要炒出黄、黑及焦色呢？这是因为通过此等炒制能使药材本身产生出一种焦香气，以增强药物醒脾开胃的作用。考，《五十二病方》和《神农本草

---

① （汉）刘安撰，高诱注：《淮南子》卷6《览冥训》，《诸子集成》第10册，第95页。
② （南朝·宋）雷敩撰著，（清）张骥补辑，施仲安校注：《雷公炮炙论·十七法集释》，第10页。
③ （南朝·宋）雷敩撰著，（清）张骥补辑，施仲安校注：《雷公炮炙论·十七法集释》，第10页。
④ 马王堆汉墓帛书整理小组：《五十二病方》，北京：文物出版社，1979年，第78页。
⑤ （汉）张机：《金匮要略方论》卷上《疟病脉证并治》，路振平主编：《中华医书集成》第2册《伤寒类·金匮类》，北京：中医古籍出版社，1999年，第8页。
⑥ （南朝·宋）雷敩撰著，（清）张骥补辑，施仲安校注：《雷公炮炙论》上卷《阿胶》，第13页。
⑦ （南朝·宋）雷敩撰著，（清）张骥补辑，施仲安校注：《雷公炮炙论》中卷《淫羊藿》，第33页。
⑧ （南朝·宋）雷敩撰著，（清）张骥补辑，施仲安校注：《雷公炮炙论·十七法集释》，第11页。
⑨ （南朝·宋）雷敩撰著，（清）张骥补辑，施仲安校注：《雷公炮炙论·十七法集释》，第11页。

经》都载有"火熬"药物法，其"熬"与后来的"炒"相似。雷敩时代"炒"法开始加入辅料，如麸炒、酥炒、米炒等。这种炒法使辅料与药物的焦香气更加适合脾胃的生理特点，能提高食物中枢的兴奋性。此外，适度的焦香气本身具有轻微苦味，这种苦味有助于改善消化功能，并能纠正部分胃肠衰退现象。

（7）煅。张骥释："煅者，置药物于火上，烧令通红也，药品中石类、介类多用之。"[1]显然，这里讲的是不隔绝空气的直火煅法。据考，《五十二病方》载有炮制药物的"燔"法，如"燔煅□□□火而焠酒中，沸尽而去之"[2]，又"燔小隋（椭）石，焠醯中，以熨"[3]。以后《黄帝内经素问》所载录的"生铁落饮""小金丹"等药方中，对诸方中的矿物药都采用"煅"法（包括直火煅法与闷煅法）炼制。可见，至少在汉代就已出现了煅淬法、直火煅法和闷煅法，而张骥解释《雷公炮炙论》中的煅法，却仅有"置药物于火上"一法，没有"在适当的耐火容器内煅烧"法，这可能与他辑录的片段内容有关。

（8）炼。张骥释："炼者，药石用火久熬也，有炼乳、炼蜜、炼石丹。"[4]现代中药炮制技术一般将古代的"燔""烧""炼"，均包含于以后的煅法之中，意指不同程度的各种煅法。[5]

（9）制。张骥释："制者，药性之偏者、猛者，制之使就范围也。有水制，姜汁制，童便制，火酒制，酥、醋制，蜜制，麸制，曲制，米泔制等各如其法。"[6]可见，"制"的内容比前揭"炙"法更加丰富，所以《雷公炮炙法》严格地讲，应改名为《雷公炮制法》。

（10）度。张骥释："度者，量物之大、小、短、长也。"[7]如《五十二病方》习惯用长度来计量中药材，像"黄枬（芩）长三寸"[8]、"桂六寸"[9]、"桐本一节"[10]等。《雷公炮炙论》则更多是采用重量来计量，它反映了中药炮制技术在"度"法方面的时代变化。如丹砂"有妙硫砂如拳许大，或重一镒一块者，而面如镜，若遇阴沉天雨，即镜面上有红浆汁出；有梅柏砂如梅子许大，夜有光生，照见一室；有白庭砂如菩提子许大，上面有小星现；有神座砂、金座砂、玉座砂，不经丹灶，服之而自延寿命"[11]。此处所讲的各等丹砂，均为自然所成，无须炮制，然其大小形制却有讲究。又如对伏翼，雷敩明确指出：

① （南朝·宋）雷敩撰著，（清）张骥补辑，施仲安校注：《雷公炮炙论·十七法集释》，第11页。
② 马王堆汉墓帛书整理小组：《五十二病方》，第67页。
③ 马王堆汉墓帛书整理小组：《五十二病方》，第88页。
④ （南朝·宋）雷敩撰著，（清）张骥补辑，施仲安校注：《雷公炮炙论·十七法集释》，第11页。
⑤ 徐楚江主编：《中药炮制学》，上海：上海科学技术出版社，1985年，第130页。
⑥ （南朝·宋）雷敩撰著，（清）张骥补辑，施仲安校注：《雷公炮炙论·十七法集释》，第11页。
⑦ （南朝·宋）雷敩撰著，（清）张骥补辑，施仲安校注：《雷公炮炙论·十七法集释》，第11页。
⑧ 马继兴：《马继兴医学文集》，北京：中医古籍出版社，2009年，第128页。
⑨ 马继兴：《马继兴医学文集》，第134页。
⑩ 马继兴：《马继兴医学文集》，第138页。
⑪ （南朝·宋）雷敩撰著，（清）张骥补辑，施仲安校注：《雷公炮炙论》上卷《丹砂》，第14页。

"凡使要重一斤者方采之。"①还有"凡使仙茅,采得以清水洗,刮去皮,于槐砧上用铜刀切豆许大"②,以及鳖甲"重七两者为佳"③等,即突出了"度"法对于中药利用的意义。

(11)飞。张骥释:"飞者,研药物为细末,置水中以漂其浮于水面之粗屑也,石类药多用。"④在此,"飞法"主要是借助药物粉粒在水中悬浮性的不同,用来制备临床上需要的极细粉,故"飞法"也称水飞法,它适用于不溶于水的矿物药,如朱砂、雄黄等。其法:先把中药适当破碎,剔去杂质,然后放在乳钵中加入一定量的清水,研磨至糊状,继续加水搅拌,使细粉混悬于水中,即刻将混悬液倾出;接着,对沉淀的粗粉再行研磨,并重复上述程序,这个过程反复进行多次,直到碾细为止;最后,合并混悬液,待澄清后倾去上层清液,另将下面的沉淀细粉干燥,研磨至极细,备用。⑤

(12)伏。张骥释:"伏者,土类。如伏龙肝于砌灶时,纳猪肝一具于土中,久则与土合而为一,研细,以清水飞过用,其灶以日用炊饭者良,若煮羹者,味酸不可用。"⑥文中的"伏"是指埋藏经久的意思,即有些药物需要依照特定程序在火中处理,须经过一段时间的伏化,使之在相应温度下达到一定的性能要求。例如,灶中的黄土经长时间加热,氧化物增多,即为伏龙肝。

(13)镑。张骥释:"镑者,滂削也。"⑦通俗地讲,"镑"是指用金属制成的利器沿着药物的旁侧进行切或割。⑧如皂荚"用铜刀削去粗皮"⑨,又"凡使雷丸,须用甘草水浸一夜,铜刀刮去黑皮,破作四五片"⑩。故元代《外科精义》载:"犀角,凡用生不曾见火者,即镑错为末。"⑪

(14)搦。张骥释:"搦,侧手击也。"⑫也即用击打的方式将药物粉碎,如石榴皮、山药片等。

(15)晚,即晒字,是指在平常的日光下晒干。

(16)曝。张骥释:"曝,音朴。本作暴,晒也,晒曝物也。"⑬即在强烈的日光下暴晒药物。此法对药材有消毒和防止霉变等作用,故《本草经集注·序录》云:"药有酸、咸、甘、苦、辛五味,又有寒、热、温、凉四气,及有毒、无毒、阴干、曝干,采治时月

---

① (南朝·宋)雷敩撰著,(清)张骥补辑,施仲安校注:《雷公炮炙论》下卷《伏翼》,第67页。
② (南朝·宋)雷敩撰著,(清)张骥补辑,施仲安校注:《雷公炮炙论》下卷《仙茅》,第61页。
③ (南朝·宋)雷敩撰著,(清)张骥补辑,施仲安校注:《雷公炮炙论》中卷《鳖甲》,第32页。
④ (南朝·宋)雷敩撰著,(清)张骥补辑,施仲安校注:《雷公炮炙论·十七法集释》,第11页。
⑤ 张朔生主编:《中药炮制实用技术》,北京:科学出版社,2009年,第147页。
⑥ (南朝·宋)雷敩撰著,(清)张骥补辑,施仲安校注:《雷公炮炙论·十七法集释》,第11页。
⑦ (南朝·宋)雷敩撰著,(清)张骥补辑,施仲安校注:《雷公炮炙论·十七法集释》,第11页。
⑧ 李土生:《土生说字》第22卷,北京:中央文献出版社,2009年,第6页。
⑨ (南朝·宋)雷敩撰著,(清)张骥补辑,施仲安校注:《雷公炮炙论》下卷《皂荚》,第69页。
⑩ (南朝·宋)雷敩撰著,(清)张骥补辑,施仲安校注:《雷公炮炙论》下卷《雷丸》,第68页。
⑪ (元)齐德:《外科精义》卷下《论炮制诸药及单方主疗疮肿法·犀角》,太原:山西科学技术出版社,2013年,第300页。
⑫ (南朝·宋)雷敩撰著,(清)张骥补辑,施仲安校注:《雷公炮炙论·十七法集释》,第11页。
⑬ (南朝·宋)雷敩撰著,(清)张骥补辑,施仲安校注:《雷公炮炙论·十七法集释》,第11页。

生熟，土地所出，真伪陈新，并各有法。"①

（17）露。即"日晒夜露"之义，它是指有些药材在采集之后，需要不加遮盖地于日间晒夜里露，如露乌贼骨、露朱丹、露花粉等。其中，"露朱丹：以玉屑择晴露四十九夜，阴雨不计"②。

以上"雷公炮炙十七法"限于原书的散佚，许多真实内容和炮制方法不得详考，更难以准确表达，但客观地讲，上述炮制方法还是能多多少少反映出中古时期药材加工的概貌，其中有些方法一直沿用至今。当然，有不少学者否定"雷公炮炙十七法"出自《雷公炮炙论》，认为是后人托名于雷敩③。其依据是：按尚志钧先生的辑校本来统计，《雷公炮炙论》共收载炮制方法（除了去除非药用部位、净制、干燥等方法外）23 种，"雷公炮炙十七法"中的方法仅 8 种，所以"雷公炮炙十七法"不是《雷公炮炙论》中所论及的方法，当时在炮制药物时使用较广的方法如蒸、煮、浸、捣均未被列入"雷公炮炙十七法"；明朝缪希雍所撰《炮炙大法》，共收载炮制方法 27 种，"雷公炮炙十七法"中的方法仅 10 种，还有 7 种不见记载，可见"雷公炮炙十七法"也不是《炮炙大法》中所论述的方法；明朝罗周彦《医宗粹言》共收载炮制方法（包括特殊制法）54 种，"雷公炮炙十七法"中的方法仅 5 种，但此书最早载录了"雷公炮炙十七法"④。然而，在不见《雷公炮炙论》全本的情况下，我们仅凭后人的辑本来评判《雷公炮炙论》的内容，不免有点儿武断。因为《五十二病方》已经出现了炮、煅、炒、炙、曝、削、制等炮制法。此外，还有一些虽然名称不同，但其炮制方法相近或相类的炮制法，如熬与炼、煏与煿等。可见，南北朝时期完全有可能出现相对系统和成型的中药炮制方法，而"雷公炮炙十七法"即是雷敩对先秦以来我国药物炮制方法的经验总结。至于蒸、煮、浸未被列入"雷公炮炙十七法"，那是因为它们都包括在"炼"法之中了。

3. 丰富的药物炮制方法及其药物鉴别知识

根据目前辑本的内容分析，雷敩具有丰富的药物炮制经验，这是长期实践的结果。归纳起来，主要程序可分为以下几步：

第一步，净选。其主要目的是选取药材的药用部分，剔去非药用的异物和杂质，使之达到药用的纯度标准。具体内容包括净捡、去土、去粗皮及拭、刮、剥、揩、削等。如对芍药的净选，要求先"须用竹刀刮去粗皮并头上"⑤；辛夷"拭去赤肉毛"⑥；山药"采得以铜刀刮去赤皮，洗去涎"⑦；当归先"须去尘并头尖硬处"⑧；山茱萸"去核取

———————————

①　（南朝·梁）陶弘景：《本草经集注》卷 1《序录》，严世芸、李其忠主编：《三国两晋南北朝医学总集》，第 1012 页。

②　（南朝·宋）雷敩撰著，（清）张骥补辑，施仲安校注：《雷公炮炙论·十七法集释》，第 11 页。

③　毛维伦、许腊英、黄新平：《"雷公炮炙十七法"辩疑》，《中药材》2001 年第 10 期，第 750 页。

④　毛维伦、徐腊英、黄新平：《"雷公炮炙十七法"辩疑》，《中药材》2001 年第 10 期，第 750—751 页。

⑤　（南朝·宋）雷敩撰著，（清）张骥补辑，施仲安校注：《雷公炮炙论》中卷《芍药》，第 27 页。

⑥　（南朝·宋）雷敩撰著，（清）张骥补辑，施仲安校注：《雷公炮炙论》上卷《辛夷》，第 10 页。

⑦　（南朝·宋）雷敩撰著，（清）张骥补辑，施仲安校注：《雷公炮炙论》上卷《山药》，第 10 页。

⑧　（南朝·宋）雷敩撰著，（清）张骥补辑，施仲安校注：《雷公炮炙论》中卷《当归》，第 28 页。

皮"①；紫菀"采得后，须去头及土，用东流水洗净"②；淫羊藿"以夹刀夹去叶四畔花枝"③；苦参"采得，用糯米浓泔汁浸一宿，其腥秽气并浮在水面上，须重重淘过"④；旋覆花"须去裹花蕊并壳皮及蒂子"⑤等。方法灵活多样，因药物的形状和习性不同分别采取不同的初加工方式。

第二步，切制与碎化。依《雷公炮炙论》所论，是在净选的基础上，经过泡润、蒸煮等软化处理，再根据药用的要求及药材质地对特定药物进行进一步加工，主要方法有锉、切、捣、研、舂、磨等。如仙茅在经初加工之后，"于槐砧上用铜刀切豆许大"⑥；青葙子"须先烧铁杵臼，乃捣用之"⑦；泽泻"不计多少，细锉，酒浸一宿"⑧；硝石"凡使先研如粉"⑨；楝实"如使核槌碎用"⑩；珍珠"于臼中捣细重筛，更研二万下"⑪等。

第三步，裹放和静置。有些药材在加工过程中，需要用布裹放和静置一段时间，以便于继续深加工。如神曲"凡使捣作末后，掘地坑深二尺，用物裹，内坑中，经宿取出，焙干用"⑫；仙茅"以生稀布袋盛，于乌豆水中浸一宿"⑬；泽兰"须采来细锉，以绢袋盛，悬于屋南畔角上，令干用"⑭；鹿茸"用鹿皮裹之，安室中一宿，其药魂归也"⑮等。

第四步，干燥，包括人工干燥和自然干燥。其中利用火力、蒸气等方法使药材干燥的方法，称为人工干燥法，如焙、蒸、炙等；而利用阳光、风力、空气等自然因素，使药材干燥的方法，则称为自然干燥法，如阴、曝、晾等。如紫草"凡使须用蜡水蒸之，待水干，取去头并两畔须，锉用"⑯；紫菀"用东流水洗净，以蜜浸一宿，至明于火上焙干用，一两用蜜二分"⑰；又阿胶"凡用洗，于猪脂浸一夜，取出，柳木火上炙燥，研用"⑱。这些都是人工干燥法的实例，至于自然干燥法，如滑石"以东流水淘过，晒干用"⑲；桑寄生"采得，用铜刀和根枝、茎叶细锉，阴干用，勿见火"⑳；瓜蒂"采得系屋东有风处，吹干

① （南朝·宋）雷敩著，（清）张骥补辑，施仲安校注：《雷公炮炙论》中卷《山茱萸》，第28页。
② （南朝·宋）雷敩撰著，（清）张骥补辑，施仲安校注：《雷公炮炙论》中卷《紫菀》，第29页。
③ （南朝·宋）雷敩撰著，（清）张骥补辑，施仲安校注：《雷公炮炙论》中卷《淫羊藿》，第33页。
④ （南朝·宋）雷敩撰著，（清）张骥补辑，施仲安校注：《雷公炮炙论》中卷《苦参》，第34页。
⑤ （南朝·宋）雷敩撰著，（清）张骥补辑，施仲安校注：《雷公炮炙论》下卷《旋覆花》，第58页。
⑥ （南朝·宋）雷敩撰著，（清）张骥补辑，施仲安校注：《雷公炮炙论》下卷《仙茅》，第61页。
⑦ （南朝·宋）雷敩撰著，（清）张骥补辑，施仲安校注：《雷公炮炙论》下卷《青葙子》，第68页。
⑧ （南朝·宋）雷敩撰著，（清）张骥补辑，施仲安校注：《雷公炮炙论》下卷《泽泻》，第70页。
⑨ （南朝·宋）雷敩撰著，（清）张骥补辑，施仲安校注：《雷公炮炙论》上卷《硝石》，第25页。
⑩ （南朝·宋）雷敩撰著，（清）张骥补辑，施仲安校注：《雷公炮炙论》下卷《楝实》，第71页。
⑪ （南朝·宋）雷敩撰著，（清）张骥补辑，施仲安校注：《雷公炮炙论》下卷《珍珠》，第76页。
⑫ （南朝·宋）雷敩撰著，（清）张骥补辑，施仲安校注：《雷公炮炙论》下卷《神曲》，第62页。
⑬ （南朝·宋）雷敩撰著，（清）张骥补辑，施仲安校注：《雷公炮炙论》下卷《仙茅》，第61页。
⑭ （南朝·宋）雷敩撰著，（清）张骥补辑，施仲安校注：《雷公炮炙论》中卷《泽兰》，第49页。
⑮ （南朝·宋）雷敩撰著，（清）张骥补辑，施仲安校注：《雷公炮炙论》中卷《鹿茸》，第41页。
⑯ （南朝·宋）雷敩撰著，（清）张骥补辑，施仲安校注：《雷公炮炙论》中卷《紫草》，第51页。
⑰ （南朝·宋）雷敩撰著，（清）张骥补辑，施仲安校注：《雷公炮炙论》中卷《紫菀》，第29页。
⑱ （南朝·宋）雷敩撰著，（清）张骥补辑，施仲安校注：《雷公炮炙论》上卷《阿胶》，第13页。
⑲ （南朝·宋）雷敩撰著，（清）张骥补辑，施仲安校注：《雷公炮炙论》上卷《滑石》，第15页。
⑳ （南朝·宋）雷敩撰著，（清）张骥补辑，施仲安校注：《雷公炮炙论》上卷《桑寄生》，第20页。

用"①等。

第五步，水火制，当时处理药材以加热为主，而加热多与液体辅料一起加热，通过物理变化使辅料炙入药物组织内部。因此，很多药物经过水或火熬煮之后，其本身的毒性会有所降低或发生药性的改变。如柏实"须先以酒浸一宿，至明漉出，晒干，用黄精自然汁于日中煎之，缓火煮成膏为度"②；又如"修事天麻十两，用蒺藜子一镒，缓火熬煎熟后，便先安置天麻十两于瓶中，上用火熬过蒺藜子盖，内外再用三重纸盖并系，从巳至未时，又出蒺藜子，再入熬炒准前"③。经过这般神奇的炮制过程之后，药物的有效成分被充分地开发出来，故而在临床上它必然会大大增加药物的功效，这已经为长期的临床实践所证实，而中药的生命力之所以长盛不衰，主要就在于它本身在中医理论指导下形成了一套既独特科学又简明有效的炮制方法和丰富的工艺过程。

第六步，加辅料制，详细内容见后。

（二）《雷公炮炙论》的思想特点

1. 将五行说应用于药物炮制

汉代五行说非常流行，如刘向的《五行传记》、许商的《五行论》、刘安的《淮南子》、董仲舒的《春秋繁露》及王充的《论衡》等都对五行说有所阐释，其中《春秋繁露》有《五行对》、《五行相生》、《五行相胜》、《五行顺逆》、《治水五行》、《治乱五行》、《五行变救》及《五行五事》诸篇，对五行学说讲得最系统。董仲舒说：

> 天有五行，木火土金水是也。木生火，火生土，土生金，金生水。水为冬，金为秋，土为季夏，火为夏，木为春。春主生，夏主长，季夏主养，秋主收，冬主藏，藏，冬之所成也。④

后来，王充进一步发挥董仲舒"五行"思想说：

> 天生万物，欲令相为用，不得不相贼害也，则生虎狼蝮蛇及蜂虿之虫，皆贼害人，天又欲使人为之用邪？且一人之身，含五行之气，故一人之行，有五常之操。五常，五行之道也。五藏在内，五行气俱。⑤

雷敩是一位道家，专攻锻炼金石草木等药品，自然对五行的生克关系非常谙熟。例如"雷公炮炙十七法"就包含着五行的相生和相克思想。我们知道，水火二行对于道家具有非常特殊的意义。《周易参同契》说："三五与一，天地至精。可以口诀，难以书传。"⑥清人毛奇龄绘图（图3-8）并注云：

---

① （南朝·宋）雷敩撰著，（清）张骥补辑，施仲安校注：《雷公炮炙论》下卷《瓜蒂》，第58页。
② （南朝·宋）雷敩撰著，（清）张骥补辑，施仲安校注：《雷公炮炙论》上卷《柏实》，第21页。
③ （南朝·宋）雷敩撰著，（清）张骥补辑，施仲安校注：《雷公炮炙论》中卷《天麻》，第50页。
④ 苏舆撰，钟哲点校：《春秋繁露义证》卷10《五行对》，北京：中华书局，1992年，第315页。
⑤ 黄晖：《论衡校释》卷3《物势篇》，北京：中华书局，1990年，第147—148页。
⑥ 周士一、潘启明：《〈周易参同契〉新探》附录，长沙：湖南人民出版社，1981年，第99页。

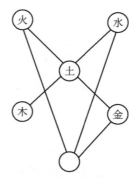

图 3-8　三五至精图

分五行为三五。中央土，一五也。天五生土也，左火与木共一五也。地二生火，天三生木也。二三，五也，右水与金，又共一五也。天一生水，地四生金也。一四，亦五也。故其为生序，则水承坎下，火承离下；其为行序，则金盛为水，木盛为火，而合而复归于一元也。[1]

"雷公炮炙十七法"中"火与木共一五"的方法主要包括"炮"、"燀"、"煿"、"炙"、"煨"及"煅"，取"木盛为火"之义。另，"曝"等法，也可归于"火"。"水与金，又共一五"的方法则主要包括"制"、"飞"及"镑"，其中张骥释"镑"为"滂削"，表明它与水有关系。"中央土，一五"主要指"伏"法。

雷敩在所采用的药物炮制器具中，亦非常注重五行顺逆对药物性能的影响。如麻黄的炮制方法是："用夹刀剪去节并头，槐砧上细锉，煎二三十沸，竹片掠去上沫尽，漉出晾干用。"[2]麻黄为土中生长之植物，"夹刀"为金，"槐砧"为木，"煎二三十沸"为水火作用的物理现象。在这个加工过程中，为什么在"槐砧上细锉"，而不是在"铁砧上细锉"？这里面就蕴含着金木相克与木木相生的道理。又如，芍药"须用竹刀刮去粗皮并头上，锉细，将蜜水拌蒸，从巳至未，晒干用"[3]。这里的"竹刀"、"锉细"、"蜜水拌蒸"及"晒干"，实即木、金、水、火的应用。再如，琥珀"凡入药中，用水调侧柏子末安于瓷锅中，安琥珀于末中了，下火煮，从巳至申，别有异光；更捣如粉，重筛用"[4]。文中"琥珀"、"瓷锅"及捣药用石臼均属土，土生金，侧柏子属木，木生火，所以时人认为它能促进血液循环，具有保健心脏的作用。

2. 强调"量"在药物炮制中的作用

质与量是事物存在的两种基本规定性，前者是事物存在的直接规定性，它通过各种属性表现出来。后者是可以用数量来表示的规定性，而量又分外延的量与内涵的量。《雷公炮炙论》中所讲到的"量"属于外延的量，即是可以用机械方法测算的量，如大小、体积、轻重等。"雷公炮炙十七法"中有"度"法，张骥释："度者，量物之大、小、短、长

① （清）胡渭撰，谭德贵等点校：《易图明辨》，北京：九州出版社，2008 年，第 63 页。
② （南朝·宋）雷敩撰著，（清）张骥补辑，施仲安校注：《雷公炮炙论》中卷《麻黄》，第 36 页。
③ （南朝·宋）雷敩撰著，（清）张骥补辑，施仲安校注：《雷公炮炙论》中卷《芍药》，第 27 页。
④ （南朝·宋）雷敩撰著，（清）张骥补辑，施仲安校注：《雷公炮炙论》上卷《琥珀》，第 12—13 页。

也。"①根据《雷公炮炙论·原叙》所言，在药物炮制过程中所讲的"量"主要是指重量，这是雷敩炮制思想的一个重要特色。

雷敩举例说："凡方云丸如细麻子许者，取重四两鲤鱼目比之。"②这种用以测度中药剂量的拟量单位比较有特点，可惜不见宋以前文献转述。或许晚出，或许没有实用价值，故不被医家重视。不过，雷敩试图对传统丸药剂量的拟量单位构建一种相对系统和规范的换算标准。于是，他接着说：

> 云如大麻子许者，取重六两鲤鱼目比之。
>
> 云如小豆许者，取重八两鲤鱼目比之。
>
> 云如大豆许者，取重十两鲤鱼目比之。
>
> 云如兔蕈许者，取重十二两鲤鱼目比之。
>
> 云如梧桐子许者，取重十四两鲤鱼目比之。
>
> 云如弹子许者，取重十六两鲤鱼目比之。一十五个白珠为准，是一弹丸也。③

上文中的"细麻子"约为火麻仁之大，其形状大小如同重 4 两的鲤鱼眼珠，它的直径为现代的 3—4 毫米；丸如大麻子许者，其形状大小如同重 6 两的鲤鱼眼珠，它的直径为现代的 3.5—6 毫米；丸如小豆许者，其形状大小如同重 8 两的鲤鱼眼珠，它的直径为现代的 6—7 毫米；丸如大豆许者，其形状大小如同重 10 两的鲤鱼眼珠，它的直径为现代的 7—8 毫米；丸如兔蕈许者，其形状大小如同重 12 两的鲤鱼眼珠，它的直径为现代的 8—10 毫米；丸如梧桐子许者，其形状大小如同重 14 两的鲤鱼眼珠，它的直径为现代的 10—12 毫米；丸如弹子许者，其形状大小如同重 16 两的鲤鱼眼珠，它的直径为现代的 11—13 毫米。④与之相类，陶弘景在《本草经集注·序录》中对不同类型的丸药粒重及大小也有一套换算标准。其文云：

> 凡丸药，有云如细麻大者，即今胡麻也，不必扁扁，但令较略大小相称尔。如黍粟者亦然，以十六黍为一大豆也。如大麻者，即今大麻子，准三细麻也；如胡豆者，今青斑豆也，以二大麻子准之。如小豆者，今赤小豆也，粒有大小，以三大麻子准之。如大豆者，以二小豆准之。如梧子者，以二大豆准之。一方寸匕散，蜜和得如梧子，准十九为度。如弹丸及鸡子黄者，以十梧子准之。⑤

显而易见，陶氏是用不同植物的种子来衡量每粒丸药的大小。其最小的丸药每粒大小如细麻（即胡麻）子大，以此为基准，由小到大，顺次为黍粟大，大麻子大（1 个大麻子等于 3 个细麻子），胡豆大（1 个胡豆等于 6 个细麻子），小豆大（1 个小豆等于 9 个细麻

---

① （南朝·宋）雷敩撰著，（清）张骥补辑，施仲安校注：《雷公炮炙论·十七法集释》，第 11 页。

② （南朝·宋）雷敩撰著，（清）张骥补辑，施仲安校注：《雷公炮炙论·原叙集释》，第 8 页。

③ （南朝·宋）雷敩撰著，（清）张骥补辑，施仲安校注：《雷公炮炙论·原叙集释》，第 8 页。

④ 顿宝生、王盛民主编：《雷公炮炙论通解》，西安：三秦出版社，2001 年，第 10—11 页。

⑤ （南朝·梁）陶弘景：《本草经集注》卷 1《序录》，严世芸、李其忠主编：《三国两晋南北朝医学总集》，第 1015 页。

子），大豆大（1 个大豆等于 18 个细麻子），梧桐子大（1 个梧桐子等于 2 个大豆），10 个梧桐子大丸合成 1 丸，似鸡子黄大，称作弹丸。在实际应用时，这种用多个植物种子进行换算的方法，显得较为散乱，不易掌握。相较之下，雷敩以各种不规则的物体换算成单一品种的物体的计量方法，反映了中药剂量历史发展的客观趋势，其进步意义值得肯定。诚如有学者所言："药物从仅仅知道能治什么病，到知道需要多少量才能治什么病，把药效与量联系起来，产生剂量的概念，是一个重大的飞跃。从不精确的拟量和估量剂量发展为要求较为准确、稳定的剂量单位，也是一个重大的飞跃。当然，所谓飞跃也并不是一蹴立（而）就，在短时间内形成，实际经历了相当长的历史时期。"①

然而，从目前《雷公炮炙论》的辑本看，雷敩虽然在"原叙"中讲了以上有关丸药的炮制标准，但正文中却没有相应的实例，不过，像"凡采牡丹皮根，日干，以铜刀劈破去骨了，细锉，如大豆许"②以及对于厚朴"入丸散，每一斤用酥四两炙熟用"③这样的实例还是有的。因此，不能因为辑本中找不到相应实例就简单地加以否定，或许那部分内容早已散佚，而见载于唐慎微《证类本草》中的《雷公炮炙论》佚文片段，又不能完整呈现其原始面貌。所以，对雷敩制备丸药的具体内容，尚待进一步考证。

毋庸置疑，雷敩通过一定的"量化"标准，比较详细地考述了药效与药物炮制之间的内在联系，推动了我国古代药物炮制技术的规范化发展。例如，对枇杷叶的炮制方法，雷敩述："凡采得，秤湿者一叶重一两；干者三叶重一两，乃为气足堪用。粗布拭去毛，以甘草汤洗一遍，用绵再拭干，每一两以酥二钱半涂上，炙过用。"④在雷敩看来，当枇杷叶生长到以"秤湿者一叶重一两"或"干者三叶重一两"时，药物功效最佳，此时采摘入药，"气足堪用"。现在已将枇杷叶炮制为丝条状，不再使用这种原始的炮制技术，即把枇杷叶"每一两以酥二钱半涂上，炙过用"。又如对附子的炮制是："凡使乌头，宜文武火中炮令皱折，劈破用。若用附子，须底平有九角如铁色，一个重一两，即是气全，勿用杂木火，只以柳木炭火中炮令皱折，以刀刮去上孕子并去底尖，埋土取出暴（曝）干用。"⑤附子生长到"一个重一两"时，"即是气全"，实际上这是对野生附子质量的理想要求，现在已经很难达到这样的标准了。

从量上还能区分药物的真假。雷敩在讲述磁石的鉴别方法时，明确指出："磁石一片，四面吸铁一斤者，此名延年沙；四面吸铁八两者，号曰续采石；四面吸得五两上下者为磁石。"⑥由此可以推断，雷敩为了鉴别磁石，曾经对磁石的吸铁性做过多次实验。据李约瑟博士解释，"吸力较弱的磁石，大概属非磁性矿石类了"⑦。戴念祖先生又说："现在

① 高晓山主编：《中药药性论》，北京：人民卫生出版社，1992 年，第 85 页。

② （南朝·宋）雷敩撰著，（清）张骥补辑，施仲安校注：《雷公炮炙论》中卷《牡丹皮》，第 27 页。

③ （南朝·宋）雷敩撰著，（清）张骥补辑，施仲安校注：《雷公炮炙论》中卷《厚朴》，第 37 页。

④ （南朝·宋）雷敩撰著，（清）张骥补辑，施仲安校注：《雷公炮炙论》下卷《枇杷叶》，第 60 页。

⑤ （南朝·宋）雷敩撰著，（清）张骥补辑，施仲安校注：《雷公炮炙论》下卷《附子》，第 55 页。

⑥ （南朝·宋）雷敩撰著，（清）张骥补辑，施仲安校注：《雷公炮炙论》中卷《磁石》，第 48 页。

⑦ ［英］李约瑟：《李约瑟中国科学技术史》第 4 卷《物理学及相关技术》第 1 分册《物理学》，陆学善等译，北京：科学出版社，2003 年，第 220 页。

我们知道，磁铁的吸铁能力是与其磁感应强度相关的。古代人的这种分类法可以看作是现代对磁性材料的分类之肇始。"①但从药物功效的角度看，人们总是将吸铁能力强的磁石入药。

除重量之外，雷敩亦用药物本身所呈现出来的数量特点来鉴别药物。如"凡用羚羊，有神羊角甚长，有二十四节，内有天生木胎，此角有神力抵千牛"②。此说虽有夸张，但清人王翃在《握灵本草》一书中亦称："（羚羊角）蜀诸州皆有之，角甚长，有二十四节，角湾深锐、紧小、有挂痕者为真。"③"环轮节"确实是鉴别羚羊角的主要特征之一，其节突环绕如人手指握痕，除尖端部分外，一般有 10—16 个隆起环脊，间距约 2 厘米④，故能得到 24 节者尤为珍贵。又如，胡麻"凡使有四件八棱者，两头尖紫色黑者，又呼胡麻并是误也。其巨胜有七棱，色赤，味涩酸，是真"⑤。还有，菖蒲"惟石上生者，根条嫩黄紧硬，节稠一寸九节者，是真也"⑥。再有，槐子"采得去单子并五子者，只取两子、三子者"⑦。在此，槐实为何"只取两子、三子者"，不得其详。而陶弘景却云："槐子以相连多者为好。"

3. 炼丹化学工艺的渗透

魏晋时期社会各阶层服石成风，烧炼外丹之势甚猛。依《神农本草经》的记载，石钟乳、曾青、丹砂、禹余粮、紫石英等 18 种药石，被列入"轻身益气"的上品，对魏晋南北朝时期外丹术的发展影响至深。如陶弘景《本草经集注》云："道经仙方，服食断谷，延年却老，乃至飞丹转石之奇，云腾羽化之妙，莫不以药导为先。用药之理，又一同本草，但制御之途小异世法。"⑧这段话道明了炼丹与炮制药物之间的内在关系，加之雷敩本人又是炼丹的道士，故《雷公炮炙论》所讲"炮炙十七法"无疑是当时炼丹化学工艺渗透于本草的一种必然结果。例如，《雷公炮炙论》述丹砂的炮制过程说：

> 凡使宜须细认，取诸般尚有百等，不可一一论之。有妙硫砂如拳许大，或重一镒一块者，而面如镜，若遇阴沉天雨，即镜面上有红浆汁出；有梅柏砂如梅子许大，夜有光生，照见一室；有白庭砂如菩提子许大，上面有小星现；有神座砂、金座砂、玉座砂，不经丹灶，服之而自延寿命。其次，有白金砂、澄水砂、阴成砂、辰锦砂、芙蓉砂、镜面砂、箭镞砂、曹末砂、土砂、金星砂、平面砂、神末砂，不可一一细述也。凡修事朱砂，先于净室内焚香斋沐，然后取砂，以香水浴过，拭干，即碎捣之后，向钵中，更研三伏时，即取一瓷锅子放了砂子，用甘草、紫背天葵、五方草，各

① 戴念祖：《中国物理学史·古代卷》，南宁：广西教育出版社，2006 年，第 199 页。

② （南朝·宋）雷敩撰著，（清）张骥补辑，施仲安校注：《雷公炮炙论》中卷《羚羊角》，第 31 页。

③ （清）王翃辑，叶新苗校注：《握灵本草》卷 10《鸟兽部·羚羊角》，北京：中国中医药出版社，2012 年，第 206 页。

④ 沈保安、刘荣禄主编：《现代中药鉴定手册》，北京：中国中医药出版社，2006 年，第 524 页。

⑤ （南朝·宋）雷敩撰著，（清）张骥补辑，施仲安校注：《雷公炮炙论》上卷《胡麻》，第 21 页。

⑥ （南朝·宋）雷敩撰著，（清）张骥补辑，施仲安校注：《雷公炮炙论》上卷《菖蒲》，第 19 页。

⑦ （南朝·宋）雷敩撰著，（清）张骥补辑，施仲安校注：《雷公炮炙论》上卷《槐子槐花》，第 18 页。

⑧ （南朝·梁）陶弘景：《本草经集注》卷 1《序录》，严世芸、李其忠主编：《三国两晋南北朝医学总集》，第 1014 页。

锉之，着砂上下；以东流水煮，亦三伏时，勿令水火阙失，时候约去三分；次入青芝草、山须草半两，盖之，下十斤火煅，从巳至子时方歇，候冷，再研似粉。如要服则入熬蜜，丸如细麻子许大，空腹服一丸；如要入药中用，则依此法。凡煅自然炭火，五两朱砂，用甘草二两，紫背天葵一镒，五方草自然汁一镒，同东流水煮过。[①]

此炼制丹砂的过程与《抱朴子·金丹》中所记载的丹砂炼制工艺相比，确实有"制御之途小异世法"的感觉。这里指出了道家炼丹同医家炼丹的区别，诚如陶弘景所言："犹如粱肉，主于济命，华夷禽兽，皆共仰资，其为生理则同，其为性灵则异耳。"[②]意思是说，人们"对药物的运用不是停留在一般的治疗疾病方面，而是对于身体无病的修道者在追求仙道、从事修炼中药物的运用。这一层面的药物运用法则是：用药之理……小异世法。对药物有特殊的选择，服用之法则需求久服之效"[③]。显然，雷敩是在"世法"亦即一般医学的层面来讲求丹砂的炮制工艺，当然，里面亦掺杂着神秘的宗教仪式和巫术思想成分。如炮制丹砂之前先在静室内焚香、斋心斋食及沐浴，即属巫术仪式。不过，丹砂用辅料合炙，却是雷敩的首创，这显然与他将丹砂用于临床治疗之医学目标有关。可是，丹砂火煅即变水银，有大毒。所以"要服则入熬蜜，丸如细麻子许大，空腹服一丸"，必须在医生的严格控制下服用，以免引起丹砂中毒。

又如炮制禹余粮，其法：

> 凡修治，用黑豆五合，黄精五合，水二斗，煮取五升，置瓷锅中，下禹余粮四两煮，旋添，汁尽为度，其药气自然香如新米。捣了；又研万杵，方用。[④]

文中的"捣了；又研万杵"，很明显是炼丹化学工艺的一种渗透，十分烦琐。而现代炮制禹余粮，相对简单一些，"取净禹粮石，置耐火容器内，于无烟炉火中，煅至红透，取出，移入米醋盆内浸淬，取出，晒干，研粉。每禹粮石100公斤，用米醋30公斤"[⑤]。由于禹余粮来源于褐铁矿矿石，故将禹余粮与黑豆、黄精等药物共制，使其原有的性能有一定改变，以便适合临床应用。虽然程序复杂，但效果可靠，所以它对后世的炮制方法有重要的指导意义。

4. 广泛应用辅料

张骥辑本《雷公炮炙论》载药186种，除了51种清制外，其他135种都使用了辅料，有的甚至使用了2种以上的辅料，可用作辅料的物质主要有米泔水、羊脂、蜜、醋、酒、甘草汁、麸子、稻米等。如大黄的炮制过程是：

> 凡使大黄，以文如水旋斑紧重者，锉片蒸之，从巳至未，晒干；又洒腊水蒸之，

---

① （南朝·宋）雷敩撰著，（清）张骥补辑，施仲安校注：《雷公炮炙论》上卷《丹砂》，第14—15页。

② （南朝·梁）陶弘景：《本草经集注》卷1《序录》，严世芸、李其忠主编：《三国两晋南北朝医学总集》，第1014页。

③ 刘永明：《从敦煌遗书看道教的医药学贡献——以〈辅行诀〉和〈本草经集注〉为核心》，《中国道教》2009年第2期，第11页。

④ （南朝·宋）雷敩撰著，（清）张骥补辑，施仲安校注：《雷公炮炙论》上卷《禹余粮》，第16页。

⑤ 杨家驹编著：《古今中药炮炙经验》，长沙：湖南科学技术出版社，1991年，第370页。

从未至亥，如此凡七次，晒干；却洒淡蜜水，再蒸一伏时，其大黄劈如乌膏样，乃晒干用。①

现代医学研究证明，自然界中的水唯有露水与腊水是纯软水，内含多种矿物质，对人体调理有较好疗效。我们通常所说的腊水是指农历十二月间降雪所化的水，其性甘、寒，为寒凉之品。用腊水蒸制大黄，有利于药效成分的溶出与吸收。而蜂蜜不仅能调和大黄的药性，而且能增强大黄的疗效。

又如，对于水银的炮制过程：

> 若先以紫背天葵并夜交藤自然汁二味，同煮一伏时，其毒自退。②

可见，辅料的应用还能够降低药物的毒性。

枇杷叶，"以甘草汤洗一遍"③，在此，用"甘草汤"能起到缓和枇杷叶药性的作用；百部，"用酒浸一宿，漉出，焙干锉用"④，用酒浸百部既能缓和其苦寒之性，又能提升其清热、润肺、止咳、化痰、杀虫等药力；吴茱萸，"若用醋煮，即先沸醋三十余沸，后共蒸萸沸，醋尽晒干。每用十两，使醋一镒为度"⑤，经醋制后，能增强吴茱萸的引药入肝及止痛作用；厚朴，"若入汤饮，用生姜自然汁八两炙为度"⑥，经生姜汁制，可消除厚朴对咽喉的刺激作用，并增强其宽中和胃的功效。在应用辅料的过程中，雷敩尤其重视利用拌酒、腊水、蜂蜜、甘草等与药物同蒸的方法，为蒸制药品的临床应用开辟了新的途径。

二、从雷敩看中药有效成分的合理开发

（一）对中药炮制经验的系统总结与其法则的制定

前揭《黄帝内经素问》和《五十二病方》都载有比较丰富和多样化的炮制操作技术法则，对后世药物炮制技术的发展产生了深远影响。据不完全统计，魏晋南北朝的医方类著述多达 167 种，如果加上医经、针经、脉经、本草、服食等类书籍，那么，其总数还要翻一倍。所以严世芸等先生说："总的来说，三国、两晋、南北朝是临床医学的飞速发展时期，隋、唐两朝的医药学实是这三百多年医学成就的延续。"⑦当然，当时从事医学研究的主体多是儒、释、道名流和门阀世家，雷敩无疑是他们中最重要和最杰出的一员。尤其是《雷公炮炙论》一书所载"炮炙煎熬之法，久为近世医师、药贩之所取求"⑧，可见其价值之重与独特。不过，由于《雷公炮炙论》载录的药物较多，限于篇幅，本书

---

① （南朝·宋）雷敩撰著，（清）张骥补辑，施仲安校注：《雷公炮炙论》下卷《大黄》，第 61 页。
② （南朝·宋）雷敩撰著，（清）张骥补辑，施仲安校注：《雷公炮炙论》中卷《水银》，第 49 页。
③ （南朝·宋）雷敩撰著，（清）张骥补辑，施仲安校注：《雷公炮炙论》下卷《枇杷叶》，第 60 页。
④ （南朝·宋）雷敩撰著，（清）张骥补辑，施仲安校注：《雷公炮炙论》下卷《百部》，第 58 页。
⑤ （南朝·宋）雷敩撰著，（清）张骥补辑，施仲安校注：《雷公炮炙论》中卷《吴茱萸》，第 40 页。
⑥ （南朝·宋）雷敩撰著，（清）张骥补辑，施仲安校注：《雷公炮炙论》中卷《厚朴》，第 37 页。
⑦ 严世芸、李其忠主编：《三国两晋南北朝医学总集·序言》，第 3 页。
⑧ （南朝·宋）雷敩撰著，（清）张骥补辑，施仲安校注：《雷公炮炙论·张骥序》，第 3 页。

仅择要述之。

1. 甘草的炮制经验与法则

甘草入药始见于《五十二病方》，惜只见甘草之名，无生炙之分。《神农本草经》云："甘草：味甘、平。主五脏六腑寒热邪气，坚筋骨，长肌肉，倍力……解毒。久服轻身延年。生山谷。"[①]亦无生炙之分。后来张仲景的《金匮玉函经》对甘草则载有"炙焦为末，蜜丸。炙"[②]的炮制方法。在此基础上，雷敩根据汉魏以来民间加工甘草的经验以及他自己的长期实践，比较详细地记述了甘草的炮制方法。《雷公炮炙论》载：

> 凡使甘草，须去头尾尖处，用酒浸蒸从巳至午，取出暴干，锉细用。一法，每斤用酥七两涂炙，酥尽为度；又法，先炮令内外赤黄用良。[③]

这里，明确了炮制甘草的基本方法和原则。

首先，净制，采根后，"须去头尾尖处"。

其次，炮制，有三法：酒浸蒸，"用酒浸蒸从巳至午"（巳是上午9点至11点，午是11点至13点）；酥涂炙，"每斤用酥七两涂炙，酥尽为度"；炒制，张仲景要求"炙焦"，而雷敩认为"炮令内外赤黄"。通过反复实验证明，这种炮制规范非常必要，因为甘草根含有甘草酸、甘草甙及甘草次酸，这些化学成分经"酒浸蒸"2—5小时或酥涂炙及炒制后，大部分会被浸溶而出，其中甘草酸具有较强的解毒作用，甘草甙是甘草补气作用的活性成分，而甘草次酸则具有较强的抗炎、祛痰、镇咳及解痉等作用。现代中医临床上无论是粉甘草还是皮甘草，一般都需要经适当的浸闷或浸泡过程。如粉甘草的浸闷：取原药材，洗净，加水浸泡，闷润，时间长短不一，有10—30分钟者（内蒙古、重庆），有1—2小时者（北京、云南、苏州、浙江），有2—4小时者（长沙），有半天者（福州），有5—6小时者（山东）。皮甘草的浸泡：取原药材，加水浸泡1—3天（秋冬用温水泡），切2分厚片，晒干（山西、江西、西安）。

最后，曝干与切制。后世炮制甘草的方法越来越丰富，陆续增加了醋制、蜜制、浆水制、盐制、油制、胆汁制、姜制等，但殊途同归，目的都是充分开发甘草根中的有效元素，增强其健脾胃和中的功效。故《汤液本草》载："《象》云：生用大泻热火，炙之则温，能补上焦、中焦、下焦元气。和诸药相协而不争，性缓善解诸急，故名国老。去皮用。"[④]

2. 半夏的炮制经验与法则

《神农本草经》载："半夏：味辛，平。主伤寒、寒热，心下坚，下气，喉咽肿痛，头眩，胸张咳逆，肠鸣，止汗。一名地文，一名水玉。生川谷。"[⑤]当时还没有如何炮制半夏

---

① （清）黄奭：《神农本草经》卷1《上经·甘草》，陈振相、宋贵美：《中医十大经典全录》，第279页。

② （汉）张仲景：《金匮玉函经》，中医研究院中药研究所主编：《历代中药炮制资料辑要》，内部资料，1973年，第2页。

③ （南朝·宋）雷敩撰述，（清）张骥补辑，施仲安校注：《雷公炮炙论》上卷《甘草》，第1页。

④ （元）王好古著，张永鹏校注：《汤液本草》卷中《甘草》，北京：中国医药科技出版社，2011年，第54页。

⑤ （清）黄奭：《神农本草经》卷3《半夏》，陈振相、宋贵美：《中医十大经典全录》，第299页。

的记载，到张仲景《金匮玉函经》时，就出现了汤洗半夏的简单炮制法，其法为："以汤洗十数度，令水清滑尽，洗不熟有毒也。"[①]这种通过反复水洗以减少半夏毒的方法，一直是汉代以降我国古代炮制半夏的基本方法。用"汤洗"是为了减少半夏的毒性，而雷敩在炮制半夏的实践中发现，在清水中加入辅料，则更有利于减少半夏的毒性。所以《雷公炮炙论》载：

> 修事半夏四两，用白芥子末二两，酽醋二两，搅浊，将半夏投于中，洗三遍用之。若洗涎不尽，令人气逆肝气怒满。[②]

此处的"半夏四两"必是经过净选后的成品，如何净制半夏？《雷公炮炙论》没有记载，而《本草经集注》却说："吴中亦有，以肉白者为佳，不厌陈久，用之皆汤洗十许过，令滑尽，不尔戟人咽喉。"[③]现在已用机械脱皮，但亦有用"水中搓捣，使外皮脱去成净白的块茎"[④]者。醋制半夏具有调胃以敛逆的作用，如《伤寒论·辨少阴病脉证并治》载"苦酒汤方"的药物组成说："半夏（十四枚，洗，破如枣核），鸡子（一枚，去黄，内上苦酒，着鸡子壳中）。右二味，内半夏，著苦酒中，以鸡子壳置刀环（即古钱，可架蛋壳——引者注）中，安火上，令三沸，去滓。少少含咽之；不差，更作三剂。"[⑤]此方应是雷敩醋制半夏的思想来源，其中"醋与半夏合用后可生成生物碱盐，能提高鸡子壳中钙质的溶解度，鸡子白和醋，又能解半夏毒性"[⑥]。雷敩用"白芥子"取代鸡蛋清，而"白芥子善化痰涎，皮里膜外之痰无不消去"[⑦]，半夏含有烟碱、胆碱、生物碱、氨基酸等，对燥湿化痰和止咳平喘有一定疗效，因此，用白芥子作辅料炮制半夏，可增强半夏化痰止呕的功效。有一种观点认为："以上的制法，各有不同，但主要的不外反覆（复）地用水浸泡，再以太阳曝晒，或用火蒸煮，其结果无非使半夏所含的有效成分如挥发油、脂肪油、炭（碳）水物及糖等多被水溶去，或被蒸晒所破坏，剩下的几乎只是半夏的药渣，试问尚有多少效力。所以这种制药方法实在大有问题。"[⑧]中药学之所以能发展到今天这样的水平，是经过前人一次又一次向前推动的结果。我们不必鄙薄前人的技术原始，因为那毕竟是构筑现代中药学炮制体系的必要前提和基础。况且即使否定传统炮制半夏技术者，也承认"醋制可以帮助植物碱的溶出"[⑨]。所以下面的说法有失公允："凡是将生药制成熟药，

---

①　（汉）张仲景：《金匮玉函经》，中医研究院中药研究所主编：《历代中药炮制资料辑要》，第 1 页。

②　（南朝·宋）雷敩撰著，（清）张骥补辑，施仲安校注：《雷公炮炙论》下卷《半夏》，第 56 页。

③　（南朝·梁）陶弘景编，尚志钧、尚元胜辑校：《本草经集注（辑校本）》卷 5，北京：人民卫生出版社，1994年，第 354 页。

④　黎世增：《半夏》，《自然杂志》1986 年第 9 期，第 74 页。

⑤　（汉）张仲景：《伤寒论·辨少阴病脉证并治》，陈振相、宋贵美：《中医十大经典全录》，第 368 页。

⑥　张力群主编：《中国民族民间特异疗法大全》，太原：山西科学技术出版社，2006 年，第 354 页。

⑦　（清）陈士铎著，柳长华、徐春波校注：《本草新编》卷 4《白芥子》，北京：中国中医药出版社，1996 年，第 288 页。

⑧　李复光：《怎样改进中药》，李复光、高德明主编：《中医药进修手册》第 1 辑，上海：新中华医药学会，1951 年，第 15 页。

⑨　李复光：《怎样改进中药》，李复光、高德明主编：《中医药进修手册》第 1 辑，第 16 页。

无论是'遵古法制'也好，'雷公炮制'也好，方法虽各不同，但我们敢说这些制药的操作，基本上是不尽合乎科学的，有的简直是反科学的。"①事实上，即使现代炮制半夏，也仍然没有背离《雷公炮炙论》所总结出来的原则。如炮制半夏使用辅料，南齐的《刘涓子鬼遗方》中出现了"生姜汁浸"半夏的炮制工艺，它"实际上是将生姜配伍半夏以解半夏之毒的临床经验应用于炮制方法，以姜制半夏毒为目的，这在半夏的炮制方法上是一大发明"②。至宋代，则由加入单一的辅料制进一步发展到以两种或两种以上的辅料共同炮制半夏，如生姜、白矾制，浆水、甘草、生姜与桑根皮共制等。现代中药炮制方法所采用的清半夏和姜半夏都源自这一时期，而其源头则来自《雷公炮炙论》。其清半夏的炮制方法是：半夏100斤，矾12斤半。取生半夏，用水浸泡5—8天后，再加白矾与水共煮3—4小时，至无白心止，整个晒干或切极薄片。又法：半夏100斤，生姜1斤，甘草2斤，白矾12斤半。取生半夏，用水浸7—10天（每天换水两次），取出，置缸中，加白矾及热甘草水和生姜泡7—10天后，蒸约8小时，至无白心，凉冷，闷1—2天，切鱼鳞厚片。因此，中药学界公认"在《雷公炮炙论》中所总结的丰富炮制经验，虽经历了一千多年的历史，然而不少方法是符合现代科学原理的。所以宋元以后的本草，都奉其为制药学的范本，甚至有些方法一直沿袭至今还被采用"③。

3. 附子的炮制经验与法则

附子为乌头的子根，因其附生在母根乌头之上，故名附子，以四川江油附子为著。张仲景《金匮玉函经》中载有对附子的炮制方法："附子：皆破解，不㕮咀，或炮或生，皆去黑皮，刀刲取里白者，故曰中白。"④表明汉代炮制药物有㕮咀与切制两种方法，其中㕮咀较为原始。所以明代的陈嘉谟说："古人口咬碎，故称㕮咀。今以刀代之，惟凭锉用。犹曰咀片，不忘本源。"⑤到雷敩时代，"古人口咬碎"的方法已经退出历史舞台，其炮制方法渐趋科学和规范。如张贤哲主持的《中药材炮制规范之典籍文献研究》成果报告中，共有21种中药材（大黄、半夏、甘草、白芍、地黄、杜仲、何首乌、延胡索、附子、川乌、草乌、白附子、厚朴、香附、马钱子、黄芩、黄芪、黄连、当归、栀子及朱砂），其中就有附子，而《雷公炮炙论》亦被他列入中药材炮制规范之典籍文献。雷敩说：

> 凡使乌头，宜文武火中炮令皴折，劈破用。若用附子，须底平有九角如铁色，一个重一两，即是气全，勿用杂木火，只以柳木炭火中炮令皴折，以刀刮去上孕子并去底尖，埋土取出暴（曝）干用。若阴制者，生去皮尖底，薄切，以东流水并黑豆浸五

① 李复光：《怎样改进中药》，李复光、高德明主编：《中医药进修手册》第1辑，第15页。

② 吴皓：《汉至宋代半夏炮制的沿革研究》，《南京中医药大学学报（自然科学版）》2001年第1期，第46页。

③ 张建忠、付佳毓、贾攀峰主编：《中药研究的历史进程及其再评价》，哈尔滨：东北林业大学出版社，2007年，第150页。

④ （汉）张仲景：《金匮玉函经》，中医研究院中药研究所主编：《历代中药炮制资料辑要》，第1页。

⑤ （明）陈嘉谟：《本草蒙筌》，（元）王好古、（清）姚澜、（清）周岩：《本草四家合集》，太原：山西科学技术出版社，2010年，第422页。

日夜，漉暴用。①

张骥这段辑文较简略，相比之下，《证类本草》的引文则更全面：

> 凡使，先须细认，勿误用。有乌头、乌喙、天雄、侧子、木鳖子。乌头少有茎苗，长身乌黑，少有傍尖。乌喙皮上苍，有大豆许者，孕八九个，周围底陷，黑如乌铁，宜于文武火中炮，令皱坼，即劈破用。天雄身全矮，无尖，周匝四面有附，孕十一个，皮苍色即是天雄。宜炮皱坼后，去皮尖底用。不然，阴制用并得。侧子只是附子傍，有小颗附子，如枣核者是，宜生用。治风疹神妙。木鳖子，只是诸喙、附、雄、乌、侧中毗楼者，号曰木鳖子，不入药中用。若服，令人丧目。若附子底平，有九角，如铁色，一个个重一两，即是气全，堪用。夫修事十两，于文武火中炮令皱坼者去之，用刀刮上孕子，并去底尖，微细劈破，于屋下午地上掘一坑，可深一尺，安于中一宿，至明取出，焙干用。夫欲炮者，灰火勿用杂木火，只用柳木最妙。若阴制使，即生去尖皮底了，薄切，用东流水并黑豆浸五日夜，然后漉出，于日中晒令干用。凡使，须阴制去皮尖了，每十两，用生乌豆五两，东流水六升。②

在这段话里，我们需要注意几个问题：第一，对生药附子的品质要求，雷敩提出了"底平，有九角，如铁色，一个个重一两"的质量标准，亦即须个大、坚实。第二，炮后再焙，在用文武火炮制的过程中，需要将那些"皱坼者去之"，现在人们炮制附子已经不再使用此法，而是采用下面的方法来炮附片："取盐附子洗净，清水浸泡一夜，除去皮、脐，切片，再加水泡至口尝稍有麻辣感，取出，用姜汁浸1—3天，然后煮熟，再焙至七成干，倒入锅内，用武火急炒至烟起，微鼓裂为度，取出放凉。"③第三，以黑豆（乌豆）为辅料，而今在附子生产地区，炮制附子的辅料则多以胆巴与食盐为主，甚至炮胆工序在附子炮制中是必不可少的过程。关于附子为何在胆巴水溶液中浸泡的奥妙，据业内人士解释：

> 按传统规范生产要求，制附子要以江油本地新鲜收成的泥附子，洗净后，当天下午或晚上必须入池浸胆，每一千斤鲜附子，配五百斤胆巴，一般为先泡胆巴6—7天，然后流水退胆5次，每天1次，再进行祛皮、切片和热处理。此法一般需用五斤左右鲜附子，才生产出一斤制附片。成品轻脆，色黄而切面无光泽，略呈浮水。江油地理属坤，其附子最得火伏土中之理气，唯亦因其与理气相关，故江油附子必长到夏至，药性方全，一过夏季又不能保存。全年只宜在七月一日至三五日之间掘出，过期数天不掘，即会在地下烂掉。同是附子，长于他地者往往无此特性，既可在其他月份种植，又较易保存。其形态与药性，亦会随之变异。古时为附子灌胆巴的原意，乃有利于在短短的附子收成期限内，高效率地进行防腐加工，以便保存运输，而非为了调

---

① （南朝·宋）雷敩撰著，（清）张骥补辑，施仲安校注：《雷公炮炙论》下卷《附子》，第55页。
② （宋）唐慎微著，郭君双等校注：《证类本草》，北京：中国医药科技出版社，2011年，第299页。
③ 李寅：《温法述药》，北京：中国中医药出版社，2011年，第21页。

节附子的药性。[①]

所以退胆完全与否，直接影响到附子的用药安全。附子中主要含有乌头类生物碱，这种化学元素既是其有效成分又是其毒性成分。从事物发展的客观进程看，附子、乌头、天雄等最初是用来毒杀禽兽的，故《神农本草经》载："乌头……其汁煎之，名射罔，杀禽兽。"[②]后来才逐渐用于治疗腹胀、类风湿性关节炎等病症，并被医家视为散寒止痛之要药。不过，由于附子本身有"大毒"，故历来医家都非常重视通过适当的炮制方法来降低附子的毒性，如炮、蒸、炒等。可惜，《雷公炮炙论》提出的"炮后再焙"法没有保留下来。附子是最早见于文献的中药"堇"（即乌头的侧王根），亦是中药有文字记载的第一味药材[③]，意义非同寻常。因此，以《中华人民共和国药典》（2010年版）为基准，我们该如何挖掘和改进雷敩炮炙附子的方法，确实是一个显得既紧迫又很有必要的研究课题。

4. 巴豆的炮制经验与法则

巴豆系巴豆树结的果子，生药有剧毒，其有毒成分包括脂肪油、巴豆毒素、巴豆甙等，油中含强刺激性和致癌物，一般条件下，生巴豆仁的致死量为20—40粒，而口服半滴至1滴巴豆脂肪油，即能引起严重中毒，20滴可致人死亡，但加热至110℃时，巴豆毒素便会失去活性，所以巴豆的炮制尤其显得重要。张仲景《金匮玉函经》载炮制巴豆的方法是："去皮心，复熬变色。"[④]在此基础上，《雷公炮炙论》比较系统地总结了魏晋南北朝时期民间炮制巴豆的方法和原则。他说：

> 凡使巴之与豆及刚子，须在仔细认，勿误用，杀人。巴颗小紧实色黄；豆即颗有三棱色黑；若刚子颗小如枣核，两头尖。巴与豆即用，刚子勿使。凡修事巴豆，敲碎，以麻油并酒等煮，研膏后用。每修事一两，以酒与麻油各七合尽为度。[⑤]

巴豆的果实呈卵圆形，一般具三棱，略粗糙，内有三室，每室含一粒种子，稍扁。鉴于巴豆的剧毒性，雷敩强调在炮制巴豆时，须"敲碎"，亦即用木棒敲打去其外壳，不可用手直接剥脱，以免因巴豆的强烈刺激而引起皮炎。现代科学研究表明，在煮巴豆的过程中，不断加热能使部分巴豆脂肪油溶于麻油，从而减少和降低巴豆的烈毒，同时，巴豆所含毒质蛋白亦会发生变性，失去活力。否则，这种毒质蛋白具有溶解红小球并导致组织坏死的猛烈毒性。如不加热破坏，生服即能致人死亡。由此可见，《雷公炮炙论》对巴豆的炮制工艺符合现代科学原理。

5. 芍药的炮制经验与法则

芍药被《神农本草经》列为中品，"主养性以应人"[⑥]。该书云："芍药：味苦，平。主邪气腹痛，除血痹，破坚积，寒热，症瘕，止痛，利小便，益气。生川谷及邱（丘）

① 李寅：《温法述药》，第21—22页。
② （清）黄奭：《神农本草经》卷3《下经》，陈振相、宋贵美：《中医十大经典全录》，第299页。
③ 张炳鑫主编：《中药炮制品古今演变评述》，北京：人民卫生出版社，1991年，第218页。
④ （汉）张仲景：《金匮玉函经》，中医研究院中药研究所主编：《历代中药炮制资料辑要》，第2页。
⑤ （南朝·宋）雷敩撰著，（清）张骥补辑，施仲安校注：《雷公炮炙论》下卷《巴豆》，第77—78页。
⑥ （清）黄奭：《神农本草经》卷2《中经》，陈振相、宋贵美：《中医十大经典全录》，第288页。

陵。"①张仲景《金匮玉函经》载："木芍药：刮去皮。"②此处的"木芍药"即是赤芍药，《雷公炮炙论》云："凡使芍药，须用竹刀刮去粗皮并头上，锉细，将蜜水拌蒸，从巳至未，晒干用。"③没有说明芍药指的是赤芍药还是白芍药。但从陶弘景《本草经集注》的载录来看，《雷公炮炙论》所讲的"芍药"指的应是白芍药。《本草经集注》载：

（芍药）今出白山、蒋山、茅山最好，白而长大，余处亦有而多赤，赤者小利。④

宋代唐慎微的《证类本草》及明代缪希雍的《炮炙大法》等，都将《雷公炮炙论》中的"芍药"定为白芍药。但学界对此尚有争议，如沈保安、刘荣禄等认为："《雷公炮制（炙）论》所述芍药的加工制法，与现今白芍的加工制法相似。赤芍与白芍之分的始载本草为《本草经集注》。"⑤与之不同，胡世林先生认为："本草中最早关于芍药采收加工的记载当为《名医别录》'二月、八月采根，暴干。'与现今赤芍的采收加工类似。"⑥又说："从芍药分化为赤芍、白芍是一个长期渐进的演化过程，基本可以分为四个阶段：第一阶段，从《神农本草经》至南北朝以前时期，芍药没有赤白之分，以使用野生芍药为主的阶段。第二阶段，南北朝时期至唐代，陶弘景始言芍药的'白、赤'，两者分化尚不明晰阶段。……"⑦既然雷敩言"芍药"，就说明他当时还没有严格的白、赤之分，在他看来，两种芍药的炮制方法与功能效用基本相同。

6. 矾石的炮制经验与法则

《神农本草经》将矾石归入上品，认为其无毒，并云："涅（矾）石：味酸，寒。主寒热泻利白沃，阴蚀，恶创，目痛，坚筋骨齿。炼，饵服之，轻身不老，增年。"⑧至于如何炼制矾石，阙载，但时人已初步认识到了矾石入药须经炮制。东汉张仲景在《金匮要略方论》中载有"硝石矾石散方"，其中"矾石"入药用"烧"法。⑨可惜，张仲景也没有具体载明如何烧制矾石。至《雷公炮炙论》时，又出现了"煅"法。前揭张仲景所说的"烧"是将矾石直接入火中炼制，而雷氏的煅法则需要把矾石装在瓷瓶里进行炼制。其方法是：

（矾石）凡使须以瓷瓶盛于火中煅，令内外通赤，用钳揭起盖，旋安石蜂窠于赤瓶之中，烧蜂窠尽为度，将钳夹出放冷，敲碎入钵中研如粉，后于屋下掘一坑，可深五寸，却以纸裹，留坑中一宿，取出再研。每修事十两，用石蜂窠六两，烧尽为度。又云，使要光明如水晶，酸咸涩味全者，研如粉，于瓷瓶中盛，要盛得两三升者，然

① （清）黄奭：《神农本草经》卷2《中经》，陈振相、宋贵美：《中医十大经典全录》，第291页。
② （汉）张仲景：《金匮玉函经》，中医研究院中药研究所主编：《历代中药炮制资料辑要》，第2页。
③ （南朝·宋）雷敩撰著，（清）张骥补辑，施仲安校注：《雷公炮炙论》中卷《芍药》，第27页。
④ （南朝·梁）陶弘景：《本草经集注》卷4《草木中品·芍药》，严世芸、李其忠主编：《三国两晋南北朝医学总集》，第1053页。
⑤ 沈保安、刘荣禄主编：《现代中药鉴定手册》，第103页。
⑥ 胡世林编著：《南星集——胡世林研究员中药科研文集》，成都：四川科学技术出版社，2006年，第38页。
⑦ 胡世林编著：《南星集——胡世林研究员中药科研文集》，第39页。
⑧ （清）黄奭：《神农本草经》卷1《上经》，陈振相、宋贵美：《中医十大经典全录》，第278页。
⑨ （汉）张机：《金匮要略方论》卷中《黄疸病脉证并治》，路振平主编：《中华医书集成》第2册《金匮类》，第35页。

后以六一泥，泥于火畔，炙之令干，置研了白矾于瓶内，用五方草、紫背天葵自然汁各一镒，旋旋添白矾于火中逼，令药汁干，用盖了瓶口，复以泥泥上下，用火一百斤煅，从巳至未，去火取白矾瓶出，放冷，敲破取白矾，若经大火一煅，色如银，自然伏火，铢两不失，擂细，研如轻粉方用之。[①]

上述两种方法都较烦琐，这可能受当时炼丹术的影响[②]。第一种方法分六道工序，需要准备的炮制器物有瓷瓶、铁钳、瓶盖、木材、石蜂窠、研钵、镐头、铁锹、纸等。其第一道工序是装瓶，每瓶装入矾石二升或三升，不能太多，多则不易一次烧透。第二道工序是火煅，以矾石被烧到内外通红时为止，一般温度控制在180—260℃。[③]第三道工序是快速将配制好的石蜂窠（按10∶6的比例）置入瓶内，直到将其烧尽时，住火。在此，"石蜂窠"是指盘踞在民屋上的蜂房，大小如拳，色青黑。第四道工序是将烧制好的矾石取出冷却，敲碎后，装入钵中研细。第五道工序是在屋下掘一深5寸的小坑，用纸将研细的矾石包好，放在坑中留一宿。第六道工序是将坑中的矾石取出，放进钵中，再研。第二种方法略。实验证实，"180—260℃煅制的枯矾（即煅矾石）对变形杆菌、金黄色葡萄球菌、痢疾杆菌、绿脓杆菌的抑制作用与生品之间没有差异"[④]。这个事实表明雷敩所讲的炮制矾石工艺过程符合药物科学的变化规律，尽管现代炮制方法中煅用矾石多已不采用辅料制法，但其炮制工艺过程却并无本质差异。

7. 石硫黄的炮制经验与法则

石硫黄亦即硫黄的炮制最早见于托名华佗的《中藏经》，其卷下"扁鹊玉壶丹"条载有硫黄的炮制方法："硫黄一斤，以桑灰淋浓汁五斗，煮硫黄令伏，以火煅之，研如粉。掘一地坑子，深二寸许，投水在里，候水清，取调硫黄末，稀稠得所。磁器中煎干。用鏊一个，上傅以上砂，砂上铺纸，鏊下以火煅热，即取硫黄滴其上，自然色如玉矣。"[⑤]这种采用药汁炮制硫黄的方法为雷敩所继承，并多有发展。据《雷公炮炙论》载：

> 凡使石硫黄，勿用青赤色及半白半青半赤半黑者，自有黄色如鸡雏初出壳者贵也。凡用四两，先以龙尾蒿自然汁一镒、东流水三镒、紫背天葵汁一镒、粟遂子茎汁一镒，四件合之搅令匀，入瓦锅内，用六一泥固济底下，将硫黄碎之入锅中，以前汁旋旋添，入火煮汁尽为度；再以百部末十两，柳蛀末二斤，一簇草二斤，细锉，以东流水同硫黄煮二伏时，取出去诸药，用甘草汤洗，入钵研二分匜用。[⑥]

文中的"二分匜用"应为"二万方用"，在炮制硫黄的过程中，将草木自然汁作为辅料加入其中，通过煮制，硫黄中砒霜的含量显著降低。可见，用药汁煮硫黄主要是为了去毒。现代多用硫黄与豆腐同煮去毒，然而，诚如有专家所言："硫黄的毒性，如果是其中

---

① （南朝·宋）雷敩撰著，（清）张骥补辑，施仲安校注：《雷公炮炙论》中卷《矾石》，第24—25页。
② 姜生、汤伟侠主编：《中国道教科学技术史·南北朝隋唐五代卷》，第472页。
③ 丁安伟主编：《中国传统工艺全集·中药炮制》，郑州：大象出版社，2004年，第223页。
④ 丁安伟主编：《中国传统工艺全集·中药炮制》，第223页。
⑤ （汉）华佗：《中藏经》卷下《疗诸病药方六十八道》，陈振相、宋贵美：《中医十大经典全录》，第491页。
⑥ （南朝·宋）雷敩撰著，（清）张骥补辑，施仲安校注：《雷公炮炙论》中卷《石硫黄》，第40页。

含砷所致，实验表明硫黄经炮制后其含砷量确有显著降低，说明古人通过炮制去其毒性是有科学道理的。但中医所说硫黄的毒性，是否只指砷一种物质？豆腐煮对砷影响如何？尚值得进一步探讨。"①

8. 石决明的炮制经验与法则

陶弘景《名医别录》载："石决明：味咸，平，无毒。主治目障翳痛，青盲。久服益精轻身。生南海。"②在此，石决明是否经过了医家的炮制，不得而知。因为石决明是生活在我国东南及山东等沿海地区鲍科动物杂色鲍、皱纹盘鲍等的贝壳，入药可煅用，亦可生用，都具有平肝潜阳的作用。《雷公炮炙论》载有煅石决明法，表明当时医家已经懂得生用与煅用的区别。其煅石决明法是：

> （石决明）每五两，用盐半两，同东流水入瓷器内煮一伏时，捣末研粉；再用五加皮、地榆、阿胶各十两，以东流水淘三度，日干，再研一万下。入药服之十两，永不得食山龟，令人丧目。③

在临床上，石决明生用与煅用区别较大：生用，味咸性寒，偏于平肝潜阳，用于头痛眩晕，惊痫抽搐；煅用，咸寒之性降低，平肝潜阳的功效缓和，增强了固涩收敛、明目作用，且煅后质地疏松，便于粉碎，并利于煎出有效成分。④古代的"一伏时"即今一昼夜，从第一度盐煮石决明和第二度加阿胶、地榆、五加皮煮石决明的主要用途看，"目得血则能视，阿胶养血，地榆凉血，五花皮（五加皮）治目僻，辅佐养血明目。煮熟以免寒中之虑，因为其用在咸，故用盐水煮"⑤。

9. 鹿角胶的炮制经验与法则

鹿角胶亦称白胶，《神农本草经》载："白胶：味甘，平。主伤中、劳绝，腰痛、羸瘦，补中益气，妇人血闭无子。久服轻身延年。一名鹿角胶。"⑥从药物来源讲，鹿角胶是梅花鹿雄鹿头上已经骨化的角或锯茸后翌年春季脱落的角基（鹿角盘），经水煎煮、浓缩而成的固体胶块。味甘咸，性温。入肝、肾、督脉。功能是补血益精、温通督脉。⑦陶弘景《本草经集注》首载鹿角胶的炮制方法："先以米潲汁，渍七日令软，然后煮煎之，如作阿胶法耳。又一法，即细锉角，与一片干牛皮，角即消烂矣。不尔相厌，百年无一熟也。"⑧雷敩不仅继承了这些炮制鹿角胶的经验，而且增加了道家的一些炼丹内容，因而显得工序繁杂。如《雷公炮炙论》载：

---

① 冯宝麟主编：《古今中药炮制初探》，济南：山东科学技术出版社，1984年，第285页。
② （南朝·梁）陶弘景撰，尚志钧辑校：《名医别录（辑校本）》，北京：中国中医药出版社，2013年，第71页。
③ （南朝·宋）雷敩撰著，（清）张骥补辑，施仲安校注：《雷公炮炙论》上卷《石决明》，第16—17页。
④ 李松涛主编：《中药炮制技术》，北京：化学工业出版社，2016年，第191页。
⑤ 杨家驹编著：《古今中药炮炙经验》，第299页。
⑥ （清）黄奭：《神农本草经》卷1《上经》，陈振相、宋贵美：《中医十大经典全录》，第286页。
⑦ 李松涛主编：《中药炮制技术》，第103页。
⑧ （南朝·梁）陶弘景集注：《本草经集注》卷6《虫兽·白胶》，严世芸、李其忠主编：《三国两晋南北朝医学总集》，第1076页。

采得角了，须金戴者，并长三寸，锯解之，以物盛，于急流水中浸之一百日满，出用刀刮去粗皮一重，以物盛，水治令净，然后用酽醋煮七日，旋旋添醋，勿令火歇。戌时不用著火，只从子时至戌时也，日足，其角白色软如粉，即细捣作粉，却以无灰酒煮如胶，阴干。削了重研，筛过用。凡修事十两，以无灰酒一盏，煎干为度也。①

现代中药学界以"鹿角胶"为本品正名，而在炮制鹿角胶的过程中，雷敩非常注重时辰选择，如文中说"戌时不用著火"即是时辰的禁忌。有人分析说："中医认为每一个时辰阴阳之气不一样，炮制不同的药物时需要注意，如果犯了禁忌，对药材的功效有莫大的损害。"②至于水煮之后，再加酽醋煮，主要目的是加快鹿角的软化过程。现代炮制鹿角胶已经省去了用酽醋煮这个环节，例如，江西九江的制法是："先将鹿角锯成2—3寸长段，加水漂1月至血净后，加水熬汁至汁全部熬出，过滤，取滤液用文火浓缩至杓起不易掉下时，加白糖与黄酒收胶，倾出放冷切块即可。"③

除此之外，还有青蒿"采得叶，用七岁小儿七个溺，浸七日七夜"④，此为雷敩所创制的"童便制青蒿"法，旨在借童便走血的特性，增强青蒿治疗骨蒸劳热的效用。"凡使草豆蔻，须去蒂取向里子及皮，用茱萸同于鏊上缓炒，待茱萸微黄黑，即去茱萸，取草豆蔻皮及子，杵用之。"⑤与吴茱萸同炒，在减弱草豆蔻辛香走散作用的前提下，更强化了其散寒降逆的功效，临床上多用于治疗脾胃虚弱、脘腹冷痛、腹泻食少等症。凡此种种，不胜枚举。总而言之，通过上述实例，可以看出雷敩炮制法的主要特色及其主要贡献，不仅炮制方法多样，药物修治规定详细，而且炮制范围涉及广泛，受到历代制药业的重视。

（二）对中药有效成分的合理开发及其意义

如何认识药材的有效成分，是一个不断发展和不断深化的历史过程。就植物的形态而言，不同部位的功效相差较大，而在一般情况下，同一种药材生用与炮制用，二者之间差异也较大。当然，炮制方法不同，对药材本身有效成分的发挥程度亦不同。

（1）对同一药物不同部位之功能的差异性认识。植物之全体分头、尾、根、茎、叶、皮、花及果实，由于在生长过程中，各个部位吸收的营养不同，遂造成同一植物的不同部位药效差异明显。例如，"凡使当归，须去尘并头尖硬处，以酒浸一宿，若要破血，即使头一节硬实处；若要止痛止血，即用尾入药"⑥。现代医学研究表明，当归尾中挥发油含

① （南朝·宋）雷敩撰著，（清）张骥补辑，施仲安校注：《雷公炮炙论》中卷《鹿角胶》，第42页。
② 牛亚华、迟雅：《中药炮制：因神思而神奇》，《中华遗产》2010年第4期，第50页。
③ 卫生部中医研究院中药研究所、卫生部药品生物制品检定所：《中药炮炙经验集成》，北京：人民卫生出版社，1963年，第319页。
④ （南朝·宋）雷敩撰著，（清）张骥补辑，施仲安校注：《雷公炮炙论》下卷《青蒿》，第65页。
⑤ （南朝·宋）雷敩撰著，（清）张骥补辑，施仲安校注：《雷公炮炙论》下卷《草豆蔻》，第68页。
⑥ （南朝·宋）雷敩撰著，（清）张骥补辑，施仲安校注：《雷公炮炙论》中卷《当归》，第28页。

量比当归头高 11.8%—25.6%，阿魏酸含量当归尾部比其头部高 20.2%—21.2%[①]，可以肯定，当归各部位所含生物碱、微量元素、氨基酸、矿物质等不同，便造成了当归头、尾及全身之间药物功能的差异。又如，"凡使栝楼，皮、子、茎、根，其效各别。其栝圆黄皮厚蒂小，楼则形长赤皮蒂粗。阴人服楼，阳人服栝，并去壳皮革膜及油，用根亦取大二三围者，去皮捣烂，以水澄粉用"[②]。现代医学研究证明，栝楼的根能解热止渴、催乳，临床上用于治疗口渴、乳痈、痔瘘、疮肿等症；将根捣汁做成粉，名曰"天花粉"，能解渴，可用作撒布剂，治皮肤湿疹、汗斑、擦伤等症。楼皮为解热及镇咳祛痰药，可治疗咳嗽衄血、喉痹、咽喉肿痛、胸闷胁痛等症。栝楼仁能治肠燥便秘，有通便祛痰之功效。再有，"凡使青蒿，惟中为妙，到膝即仰，到腰即俯；使子不使叶，使根不使茎，四件若同使，翻然成痼疾也"[③]。现在入药割取其地上部分，晒干或阴干即成。楝实"凡使肉不使核，使核不使肉"[④]，现在临床通常炒用肉去皮核。不难想象，对于诸多药物不同部位各有不同功效的差异性认识，除了认真总结前人的经验外，还与雷敩本身具有勤于实践和善于观察的科学精神分不开。因为如果没有长期的观察和医疗实践，雷敩就不可能对药物不同部位的临床功效做出相对正确的认识和判断。

（2）对同一药物之不同形态所致药物功效的差异性认识。雷敩习惯用雌雄来区分同一植物的不同形态，以及不同形态在临床上的功效差异。另外，在当时的历史条件下，雷敩用雌雄概念来区别不同植物然其形态相似，且在临床实践中常常相混淆的药材。例如，丁香"凡使有雌雄，雄颗小雌颗大，似懷枣核，方中多使雌，力大。膏煎中用雄。若欲使雄，须去丁盖乳子，发人背痈也"[⑤]。现代中药将丁香分为公丁香与母丁香，其中公丁香辛、温，归脾、胃、肺、肾经，具有暖脾胃、壮肾阳、降逆气的功能，用于脾虚寒、少食、吐泻、心腹冷痛、呃逆呕哕、阳痿、脚弱。母丁香则辛、温，归脾、胃经，含有丁香油，是发挥抗菌作用的主要有效成分，具有温脾、行气、止痛、温中、散寒、降逆、止呕及温肾助阳等功效，用于治疗寒湿带下、暴心气痛、肾虚阳痿、畏寒呕逆、食少吐泻、牙宣口臭、妇人阴冷、脾胃虚寒、小儿冷疳等症。在临床上，公丁香与母丁香药性相近，但气味相对淡薄，力弱效缓，为适用于慢性寒冷病患者的久服药物。又如，"凡使泽兰，须别雌雄。大泽兰茎叶皆圆，根青黄，能生血调气，与小泽兰迥别；小泽兰叶上斑、根头尖，能破血通久积"[⑥]。经鉴定，所谓大、小泽兰，实质上是两种不同的药材，其中大泽兰为兰草的泽兰，与当今药材佩兰基本一致；小泽兰是泽兰的正品，为今之唇形科植物地瓜苗儿及其变种毛叶地瓜苗儿。还有，"雀苏，凡使勿用雀儿粪，其雀儿口黄，未经淫者粪是苏。若底坐尖在上即曰雌，两头圆者是雄。阴人使雄，阳人使雌"[⑦]。雄雀屎，又名

①　李向高主编：《中药材加工学》，北京：中国农业出版社，2004 年，第 142 页。
②　（南朝·宋）雷敩撰著，（清）张骥补辑，施仲安校注：《雷公炮炙论》中卷《栝楼》，第 39 页。
③　（南朝·宋）雷敩撰著，（清）张骥补辑，施仲安校注：《雷公炮炙论》下卷《青蒿》，第 65 页。
④　（南朝·宋）雷敩撰著，（清）张骥补辑，施仲安校注：《雷公炮炙论》下卷《楝实》，第 71 页。
⑤　（南朝·宋）雷敩撰著，（清）张骥补辑，施仲安校注：《雷公炮炙论》中卷《丁香》，第 51—52 页。
⑥　（南朝·宋）雷敩撰著，（清）张骥补辑，施仲安校注：《雷公炮炙论》中卷《泽兰》，第 48—49 页。
⑦　（南朝·宋）雷敩撰著，（清）张骥补辑，施仲安校注：《雷公炮炙论》下卷《雀苏》，第 78 页。

白丁香、青丹，腊月收入头尖挺直者，是为雄屎。其屎中含灰分 33.7%，总氮量 5.66%，氨 0.22%，用于治疗疝瘕积胀、目翳胬肉、痈疽疮疥、咽嗌齿龋等症。

又，"五加皮，其树本是白楸树，其上有叶如蒲叶者，其叶三花是雄，五叶花雌，剥皮阴干。阳人使阴，阴人使阳"[①]。在此，雷敩提出了影响深远的"调节药理学"原理，文中的"阳人使阴，阴人使阳"说明五加皮在调节人体机能方面效果显著。所以有学者总结道：

> 雷敩对五加皮的药理学贡献功不可没，他在《炮炙论》中说："目辟眼䐶有五花而自正"，并注曰"五加皮是也，其叶有雌雄……阳人使阴，阴人使阳。"
>
> 目辟眼䐶，现称斜视病。一般认为是眼直肌部分痉挛，部分麻痹所致，与《别录》记载能治"痿痹"又能治"风弱"一致。说明对机体的肌肉不论痉挛或麻痹均有矫正作用。能使各种生理机能偏高者降低（阳人使阴），偏低者升高（阴人使阳），从而保持"人之常平"，这是"横"着看。它能治小儿的五迟、五缓证，表明能把"生"往正常长、壮方向推动。它能"久服轻身耐老，耳目聪明，落齿更生，白发变黑，身体轻强，颜色悦泽"，即所谓"服之者还婴"，说明它能把"已（终老期）"往老、壮的方向回归，或延缓此进程，这是"纵"着谈。这种具有"纵"、"横"双向性调节机能及其补益功效，苏联学者在研究远东刺五加中称它有最佳"适应原"样作用。雷敩对刺五加适应原样认识，至少早于苏联 1500 多年。可以说"阳人使阴，阴人使阳"不仅是我国临床药理的"经典"理论，也是世界"调节药理学"的最早渊源。[②]

（3）对炮制方法不同所致药物功效的差异性认识。炮制方法不同，对药物功效会产生不同影响，雷敩在长期的炮制实践中，发现有许多药物只有在经过净选与炮制之后，才可服用，并使其有效成分比较充分地发挥出来。不只前揭那些有剧毒的药物必须要通过炮制降低其毒性，即使一般的有毒药物，通常也往往经过炮制来改变其药性，使之满足临床治疗各种病症的需要。例如，"草金零，牵牛子是也。凡使其药秋末即有实，冬收之。凡用晒干，却入水中淘，浮者去之取沉者，晒干用，酒蒸从巳至未，晒干，临用舂去黑皮用"[③]。在此，牵牛子通过净选，留下那些颗粒饱满者入药。生用牵牛子偏于逐水消肿，杀虫，可用于二便不通、水肿胀满、虫积腹痛等病症。酒蒸之后，牵牛子的毒性被降低，药性缓和，可用于治疗小儿停乳停食、腹胀便秘等病症。可见，两者的差异较大。近代以来，"牵牛子的炮炙方法仅清炒一类，包括炒黄（北京、云南等）、炒焦（保定）、砂烫（重庆），以辅料炮炙的古代传统方法没有得到继承，这是很大的不足，今后需要我们进行研究工作，从临床的角度来整理和挖掘牵牛子的传统炮炙方法"[④]。又如，"凡使蓖麻子，勿用黑天赤利子，缘在地婪上是颗，两头尖有毒，其蓖麻子节节有黄黑斑。凡使以盐汤煮

---

① （南朝·宋）雷敩撰著，（清）张骥补辑，施仲安校注：《雷公炮炙论》中卷《五加皮》，第 52 页。

② 李维贤、曹先兰：《五加皮和刺五加的本草考证》，中国中医研究院：《中国中医研究院建院四十周年论文选编》，北京：中国科学技术出版社，1995 年，第 481 页。

③ （南朝·宋）雷敩撰著，（清）张骥补辑，施仲安校注：《雷公炮炙论》下卷《牵牛子》，第 77 页。

④ 张炳鑫主编：《中药炮制品古今演变评述》，第 263 页。

半日去皮取子研用"①。蓖麻子现在临床多外用，可治疗面神经麻痹、胃下垂、关节炎、骨质增生、面部痤疮等病症。据研究，蓖麻子中含蓖麻毒蛋白、蓖麻碱及脂肪酶，蓖麻毒蛋白是一种蛋白分解酶，7毫克即能致人死亡。4—7岁的小孩服蓖麻子2—7粒可引起中毒，甚至死亡，成人一般服用20粒会致死。而服用蓖麻子或未经处理的蓖麻油均可引起中毒，所以内服最好按照《雷公炮炙论》和《中华人民共和国药典》的规则制用，不能随意煎煮或食用生蓖麻子。如治疗恶性淋巴瘤方：去壳蓖麻子、紫背天葵各等份，清水入砂锅中煮半日。空腹时，嚼15—21枚，每日1次。再有，"凡使代赭石，研细，以腊水重重飞过，水面上有赤色如薄云者去之。乃用细茶脚汤煮一伏时，取出；又研一万匝，以净铁铛烧赤，下白蜜蜡一两待化，投新汲水中冲之，再煮一二十沸，取出，晒干用"。代赭石含有三氧化二铁、锰、钙、硅酸、铝化物等，有镇静和促进红细胞及血红蛋白的产生等效用。雷敩上述炮制代赭石的方法，是否能提供更多的金属元素作用，尚待进一步研究，因为代赭石的药效作用与其所含的微量元素有关。

（4）对误服中药危害性的认识。按照《雷公炮炙论》所讲的制药规范，固然能降低药物的毒性，但在实际生活中，误服有毒药材的事件屡见不鲜，而由此导致中毒死亡的人也不在少数。所以雷敩反复提醒人们误服中药的危险性。例如，"凡使巴之与豆及刚子，须在仔细认，勿误用，杀人"②。对此，只从人们常将巴豆子榨成汁以毒鱼的实例中，即可间接感知生巴豆的毒害。又如，"石髓铅即自然铜也，凡使勿用方金牙，真相似，误饵吐杀人"③。有研究者考证，文中的"方金牙"应为"金牙"或"方形金牙"。其理由是：

> "方金牙"一词在此之前医学古籍中并未出现，而以后诸家本草有关"金牙"的记载颇多，如南北朝《本经集注》中有"……似粗金，大如棋子而方"；《名医别录》中下品收有"金牙……生蜀郡，如金色者良"；《外丹本草》中则描写为"金牙石，阳石也。……似蜜栗子，有金点形者妙。"由此确定自然铜性状应为类方形，表面或断面颜色为多带金色小点。且《雷公炮炙论》中"石髓铅色似干银泥"的性状描述，都与现行《中国药典》2010版一部中自然铜（黄铁矿族黄铁矿）的性状接近，因此南北朝时期应用的自然铜更接近于黄铁矿石。④

孙思邈认为金牙无毒，似与雷敩之说不符。因此，雷敩所说"方金牙"究竟是指某种硫化的铜铁矿石，还是黄铁矿之类，尚待探讨。明代缪希雍在《神农本草经疏》一书中云："（自然铜）凡使中病乃已，不可过服，以其有火金之毒，走散太甚。"⑤自然铜如此，"方金牙"应更甚于此，故"方金牙"的"火金之毒"很可能就是黄铁矿石被误入人体内后与水及氧气反应过程中所形成的浓硫酸。硫酸是一种具有高腐蚀性的强无机酸，它对人体的毒害是不言而喻的。

---

① （南朝·宋）雷敩撰著，（清）张骥补辑，施仲安校注：《雷公炮炙论》下卷《蓖麻子》，第75页。
② （南朝·宋）雷敩撰著，（清）张骥补辑，施仲安校注：《雷公炮炙论》下卷《巴豆》，第77页。
③ （南朝·宋）雷敩撰著，（清）张骥补辑，施仲安校注：《雷公炮炙论》下卷《自然铜》，第65—66页。
④ 林瑞超主编：《矿物药检测技术与质量控制》，北京：科学出版社，2013年，第135页。
⑤ （明）缪希雍著，郑金生校注：《神农本草经疏》，北京：中医古籍出版社，2002年，第190页。

此外，像半夏"若洗涎不尽，令人气逆肝气怒满"①；玄参"勿令犯铜器，饵之噎人喉，损人目"②；雄丁香"须去丁盖乳子，发人背痈也"③；茜草"勿用赤柳草根，真相似，只是味酸涩，误服令人患内障眼"④；"丹龙精，不入药中；若误服令人筋脉永不收"⑤等，均为雷敩实践经验的记录，讲得都有道理。

当然，雷敩限于其炼丹思想的神秘意境，在讲述上述药物的炮制过程中，不免流露出诸多非科学的巫术因素和杂质。例如，鉴别腽肭脐（即海狗肾）"置于睡犬头上其惊跳如狂，即是真也"⑥；云母"经妇人手把者并不中用"⑦；柴胡"生处多有白鹤、绿鹤于此翔处是"⑧等。这些说法皆无根据，不可凭信。所以对待雷敩的药物炮制方法，我们还要历史地看，既要肯定成就，又要剔去杂质，从而使其正确认识物质世界的科学方法和科学思想不断传承下去，并在我们这个伟大的时代里不断发扬光大。

第四节　陶弘景的道教科学思想

陶弘景字通明，南朝丹阳秣陵（今江苏南京）人，是隋唐之前道教科技思想的集大成者，幼有异操，"读书万余卷，一事不知，以为深耻"⑨。在门第观念盛行的时代，陶弘景以"祖隆，王府参军。父贞，孝昌令"⑩的家庭背景，试图在官场大显身手，可惜"家贫，求宰县不遂"⑪，于是，从永明十年（492）开始隐居于句容之句曲山（今茅山），直至大同二年（536）去世，前后达44年，其间梁武帝多次派人到陶弘景隐居之处咨询军政大事，故"时人谓为山中宰相"⑫。

由于陶弘景"性好著述"，加之殚见洽闻，"明阴阳五行、风角星算、山川地理、方图产物、医术本草"⑬，他在天文、历算、地理、炼丹、医药、冶炼等诸多领域都做出了突出成就。据初步统计，陶弘景一生著述计有80多种。主要有《真诰》《登真隐诀》《真灵位业图》《本草经集注》《名医别录》《补阙肘后百一方》《药总诀》《陶氏方》《天文星经》《天仪说要》《七曜新旧术》《古今州郡记》《西域图》等。可惜，很多著作已佚，即便如

---

①　（南朝·宋）雷敩撰著，（清）张骥补辑，施仲安校注：《雷公炮炙论》下卷《半夏》，第56页。
②　（南朝·宋）雷敩撰著，（清）张骥补辑，施仲安校注：《雷公炮炙论》中卷《玄参》，第54页。
③　（南朝·宋）雷敩撰著，（清）张骥补辑，施仲安校注：《雷公炮炙论》中卷《丁香》，第52页。
④　（南朝·宋）雷敩撰著，（清）张骥补辑，施仲安校注：《雷公炮炙论》中卷《茜草》，第45页。
⑤　（南朝·宋）雷敩撰著，（清）张骥补辑，施仲安校注：《雷公炮炙论》中卷《贝母》，第36页。
⑥　（南朝·宋）雷敩撰著，（清）张骥补辑，施仲安校注：《雷公炮炙论》中卷《腽肭脐》，第43页。
⑦　（南朝·宋）雷敩撰著，（清）张骥补辑，施仲安校注：《雷公炮炙论》上卷《云母》，第22页。
⑧　（南朝·宋）雷敩撰著，（清）张骥补辑，施仲安校注：《雷公炮炙论》上卷《柴胡》，第34页。
⑨　《南史》卷76《陶弘景传》，第1897页。
⑩　《南史》卷76《陶弘景传》，第1897页。
⑪　《南史》卷76《陶弘景传》，第1897页。
⑫　《南史》卷76《陶弘景传》，第1899页。
⑬　《南史》卷76《陶弘景传》，第1898页。

此，陶弘景的学术遗产博大精深，也足以使我们享受不尽其了悟与创新的智慧。下面我们就从"了悟"谈起。

一、从《真诰》到《名医别录》：陶弘景对道教科学思想的系统总结

《南史》本传称："（陶弘景）为人员通谦谨，出处冥会，心如明镜，遇物便了。言无烦舛，有亦随觉。"①这段话往往不被学者注意，实际上，这不仅是一种宗教心境，而且更是一种科学研究的心境。如果我们不能用这样的视角去观照陶弘景，那么，我们就无法理解在他身上为什么会出现"性好著述，尚奇异，顾惜光景，老而弥笃"②的精神现象。纵观陶弘景的一生，他既执着于神仙道学，又孜孜不倦于医药科技实践，这种"离奇"的宗教情结与把握物质运动和变化规律的科学精神，内在地融合于陶弘景这个个案的血脉里。那么，就陶弘景这个个案而言，道教思想究竟是如何激发出他的科研热情呢？为了解释这个疑问，我们需要列举几则史料：

第一，"初，弘景母郝氏梦两天人手执香炉来至其所，已而有娠。以宋孝建三年景申岁夏至日生。幼有异操，年四五岁，恒以荻为笔，画灰中学书。至十岁，得葛洪《神仙传》，昼夜研寻，便有养生之志。谓人曰：'仰青云，睹白日，不觉为远矣。'"③

第二，"始从东阳孙游岳受符图经法，遍历名山，寻访仙药。身既轻捷，性爱山水，每经涧谷，必坐卧其间，吟咏盘桓，不能已已。谓门人曰：'吾见朱门广厦，虽识其华乐，而无欲往之心。望高岩，瞰大泽，知此难立止，自恒欲就之。且永明中求禄，得辄差舛；若不尔，岂得为今日之事。岂唯身有仙相，亦缘势使之然。'"④

第三，"仙书云：'眼方者寿千岁。'弘景末年一眼有时而方。曾梦佛授其菩提记云，名为胜力菩萨。乃诣鄮县阿育王塔自誓，受五大戒。后简文临南徐州，钦其风素，召至后堂，以葛巾进见，与谈论数日而去，简文甚敬异之"⑤。

上述三则史料至少包含两个信息：一是陶弘景的"宗教缘"具有一定的"先天性"，这当然是修史者的附会，不可信；二是幼年形象思维的训练，对于他以后科技创新能力的形成起到了积极作用。如"年四五岁，恒以荻为笔，画灰中学书。至十岁，得葛洪《神仙传》"，就牵涉人类右脑开发的问题，故不能绕过。我们知道，人类的思维进化经历了从非语言思维到语言思维的发展阶段，而从神经生理学的角度看，人类大脑左右半脑功能不同，其中左脑长于逻辑理解、记忆、时间、判断、语言、排列、分类、推理、书写、计算及五感等，思维方式具有连续性、延续性和分析性的特点，所以有"意识脑"之称；至于右脑则长于空间形象记忆、情感、直觉、视知觉、美术、音乐节奏、想象、顿悟即灵感等，思维方式具有无序性、跳跃性和直觉性的特点，所以有"创造脑"之称。像前面所讲

---

① 《南史》卷 76《陶弘景传》，第 1898 页。
② 《南史》卷 76《陶弘景传》，第 1898 页。
③ 《南史》卷 76《陶弘景传》，第 1897 页。
④ 《南史》卷 76《陶弘景传》，第 1897—1898 页。
⑤ 《南史》卷 76《陶弘景传》，第 1899 页。

陶弘景"以荻为笔，画灰中学书"以及"得葛洪《神仙传》，昼夜研寻"等，非常容易激活其存储于大脑深处的想象力。爱因斯坦曾说："想象力比知识更重要，因为知识是有限的，而想象力概括着世界上的一切，推动着进步，并且是知识的源泉。"①由此可以说，少年陶弘景从道教经籍中所获得的主要东西不是"知识"，而是一种"创造性想象力"。比如，"仰青云，睹白日，不觉为远矣"以及"每经涧谷，必坐卧其间，吟咏盘桓，不能已已"等行为，我们就可以看作是这种"想象力"在陶弘景身上的一种生理体现。心理学家说："想象力为我们的自动机制设定了目标'图像'，我们行动或者不行动的原因并不是过去普遍认为的'意志力'，而是来源于我们的想象力。人总是根据自身与环境的不真实想象来行动、感觉和反应。这是意识的一个基本规律，也是我们塑造自己的方式。"②因此，仅此而言，能激发陶弘景科研热情的内在因素恰恰就是他从道教经籍中所获得的那种"创造性想象力"。

（一）《真诰》与陶弘景的"创造性想象力"

关于陶弘景在《真诰》里所记述的宗教体验，杨立华做了专门研究。③杨先生引录了《真诰》的一段记述：

> 紫微王夫人见降，又与一神女俱来。神女着云锦褥，上丹下青，文彩光鲜。腰中有绿绣带，带系十余小铃。铃青色、黄色更相参差。左带玉佩。佩亦如世间佩，但几小耳。衣服倏倏有光，照朗室内，如日中映视云母形也。云发冀冀，整顿绝伦，作髻乃在顶中，又垂余发至腰许。指着金环，白珠约臂，视之年可十三四许。④

对文中记述的细节，杨立华阐释道：

> 在对日常心理体验的描述中，想像（象）力和感受力发挥着关键的作用，想像（象）力是否足够精细，对于文字描述的最终形态有着决定性的影响。……而当一个人进行宗教冥想时，如果我们不承认真地（的）有什么神秘力量在发挥作用的话，那么，我们可以说，他在冥想过程中的心理体验将会更多依赖想像（象）力和感受力。我们甚至可以说，冥想时的心理体验完全来源于体道者的想像（象）力。⑤

可以肯定，陶弘景的想象，又是以对人体五官生理功能的深切体验为前提的，因而他的宗教体验往往与其对人体生理功能的"直觉"认识结合在一起。例如，陶弘景借九华真

---

① 许良英、范岱年编译：《爱因斯坦文集》第 1 卷，北京：商务印书馆，1976 年，第 284 页。
② 黄亨煜：《第五层次开发：积极心理学在管理实践中的应用》，北京：北京师范大学出版社，2012 年，第 204 页。
③ 杨立华：《体验、想象和语言：肉身的"放逐"及其影响》，北大哲学系：《哲学门》第 1 卷第 1 册，武汉：湖北教育出版社，2000 年，第 157—171 页。
④ ［日］吉川忠夫、麦谷邦夫：《真诰校注》卷 1《运象篇》，朱越利译，北京：中国社会科学出版社，2006 年，第 30 页。
⑤ 杨立华：《体验、想象和语言：肉身的"放逐"及其影响》，北大哲学系：《哲学门》第 1 卷第 1 册，第 159 页。

妃之口说:

> 眼者身之镜,耳者体之牖。视多则镜昏,听众则牖闭。妾有磨镜之石,决牖之术,即能彻洞万灵,眇察绝响,可乎?面者神之庭,发者脑之华。心悲则面焦,脑减则发素。所以精元内丧,丹津损竭也。妾有童面之经,还白之法,可乎?精者体之神,明者身之宝。劳多则精散,营竟则明消。所以老随气落,耄已及之。妾有益精之道,延明之经,可乎?此四道乃上清内书立验之真章也。①

这段话有两种场景:困境与前景。困境是人体在现实生活中必然会遇到的问题,每个人从生到死,都遵循着生命运动的客观规律,不可更易,但现在的问题是:人们是坐等死亡还是积极采取措施想方设法改变人体所面临的困境,从而使生的时间更长久?显然,陶弘景试图为那些希望"长生"的人指出一条科学前景,因为现代医学、生物学仍然在努力探寻着人类"长生"之可能途径。在当时的历史背景下,陶弘景借九华真妃之口道出了人体走向死亡的原因是:

> 盖富贵淫丽,是破骨之斧锯,有似载罪之舟车耳。荣华矜世,争竞徼时,适足以诲怨要辱,为伐命之兵,非佳事也。是故古之高人,览罪咎之难豫知,富贵之不可享矣。遂肥遁长林,栖景名山,咀嚼和气,漱濯清川,欲远此恶迹,自求多福,超豁桓聘,保全至素者也。②

把"富贵淫丽"和"荣华矜世,争竞徼时"看作是妨害长生的大敌,这里从表面上讲,陶弘景似乎走到了人类物质文明的对立面,反对社会的进步,然而,结合陶弘景家贫与其"吾见朱门广厦,虽识其华乐,而无欲往之心"③的生活实际,他确实有一种仇视贵族社会生活的心理。科技发展必然会不断增加人类的物质财富,这是问题的一个方面;另一方面,随着人类物质财富的增加,自然界和人类自身又不可避免地陷入了下面的尴尬处境:自然环境的破坏与人类新生疾病的危害。比如,有学者指出:

> 疾病的种类实在太多了,不同的时期有各自影响时代的主导疾病。当人类不断攻克之后,又会有新的难以预料的疾病出现。这些疾病往往由人类以前未曾接触过的病原体引起,和既往的疾病毫无类似之处,人类需要在不断的探索和研究中控制它们。仅 1994 年以来,已有 30 多种新病毒出现,像埃博拉出血热、F 和 G 型肝炎、安第斯病毒、法基病毒、比利多病毒、白水旱谷病毒等,令医学界一筹莫展。病毒越来越易于侵入人体的原因之一便是人口膨胀。……在自然界,当某种生物种群的数量过高,并且过于集中时,由病毒引发的疾病势必爆(暴)发。④

魏晋南北朝时期人们多是聚族而居,尤其有些士族地主常常豢养众多奴僮,而这往往

---

① [日]吉川忠夫、麦谷邦夫:《真诰校注》卷 2《运象篇》,朱越利译,第 51 页。
② [日]吉川忠夫、麦谷邦夫:《真诰校注》卷 2《运象篇》,朱越利译,第 55 页。
③ 《南史》卷 76《陶弘景传》,第 1898 页。
④ 沈干编著:《探病溯源——人类健康长寿之本》,武汉:湖北教育出版社,2001 年,第 223—224 页。

被时人看作是"富贵"的重要体现之一。如谢混"仍世宰辅,一门两封,田业十余处,僮仆千人"①。又沈庆之"家素富厚,产业累万金,奴僮千计"②。人口集中容易造成疫病流行,考史书载有此期多次发生严重疫病流行的情况,如"晋元帝永昌元年十一月,大疫,死者十二三。河朔亦同"③;"晋孝武帝太元五年五月,自冬大疫,至于此夏。多绝户者"④;北魏"显祖皇兴二年十月,豫州疫,民死十四五万"⑤;南齐中兴元年(501)郢城"疾疫死者十七八,皆积尸于床下,而生者寝处其上,每屋盈满"⑥。造成这些疫病流行的原因比较复杂,但"人口集中"却是主要的原因之一。因此,从人口分布的规律看,如何处理"聚居"与"散居"的关系问题,就显得非常重要了。当时,陶弘景主张通过"散居"即"肥遁长林,栖景名山"来减少疫病死亡,从而延长寿命。在此基础上,他认为,下面的方法和路径对"长生"是有益的:

> 守真一笃者,一年使头不白,秃发更生。夫内接儿孙,以家业自羁,外综王事朋友之交,耳目广用,声气杂役,此亦道不专也,行事亦无益矣。夫真才例多隐逸,栖身林岭之中,远人间而抱淡,则必婴颜而玄鬓也。玉醴金浆,交梨火枣,此则腾飞之药,不比于金丹也。仁侯体未真正,秽念盈怀,恐此物辈不肯来也。苟真诚未一,道亦无私也,亦不当试问。火枣交梨之树,已生君心中也。心中犹有荆棘相杂,是以二树不见。不审可剪荆棘出此树单生,其实几好也。虽云问也,其欲希之近也。⑦

"栖身林岭"确实有减少疾病、延缓衰老之效,这也是山居为什么成为现代住宅的发展趋势和潮流的原因所在。除了山居,陶弘景还主张"守真一",那么,"真一"所指何物呢?《抱朴子》云:"贞(真)一有姓字长短服色。"⑧而《真诰》明确指出,真一之道又分为诸多修炼环节:"方诸、洞房、步纲之道,八素、九真以渐修行。"⑨其中"方诸"即"方诸真人法",详细内容见《真诰》卷9《协昌期》所载。此外,"洞房"、"步纲"与"方诸真人法"相类似,都是依靠形象思维来延年益寿。如前所述,形象思维是人类右脑的功能,如果形象思维果真能够"长生",人类右脑一定有控制"长生"的生理元素和构造。所以有学者认为:

> 文科背景的人,比理工科背景的人寿命较长,这是因为理工科背景的人要进行逻辑计算,经常使用左脑的缘故。脑内吗啡是在右脑占主导地位时产生的物质,因此经

---

① 《宋书》卷 58《谢弘微传》,第 1591 页。
② 《宋书》卷 77《沈庆之传》,第 2003 页。
③ 《宋书》卷 34《五行志》,第 1010 页。
④ 《宋书》卷 34《五行志》,第 1010 页。
⑤ 《魏书》卷 112 上《灵征志》,北京:中华书局,1974 年,第 2916 页。
⑥ 《南史》卷 58《韦叡传》,第 1426 页。
⑦ [日] 吉川忠夫、麦谷邦夫:《真诰校注》卷 2《运象篇》,朱越利译,第 74 页。
⑧ (晋) 葛洪:《抱朴子·抱朴子内篇》卷 4《地真》,《百子全书》第 5 册,第 4770 页。
⑨ [日] 吉川忠夫、麦谷邦夫:《真诰校注》卷 2《运象篇》,朱越利译,第 78 页。

常使用右脑的文科背景人，寿命会更长。①

但是，理工科背景的人如果经常运动右脑，同样也可能高寿。例如，截至 2014 年，"中国高温合金之父"师昌绪、诺贝尔物理学奖获得者杨振宁、世界著名胃癌病理学家张荫昌及我国著名眼科学家、角膜移植技术的奠基人夏德昭等都已 90 多岁。据介绍："师昌绪喜欢打拳，在美国期间还专门买过一台照相机。谢家麟虽然是物理学家，但是平生喜爱文学，尤其对宋词情有独钟。吴良镛喜欢美术，并由此生发出对建筑领域的热爱。张荫昌作为胃癌病理学家，痴迷美术和摄影，并在最近出版了新书《海外轶闻》。"②还有一项调查显示，音乐家的寿命比一般人要长，这是因为：

> 人的大脑大体可分左右两部分，一般说来，左脑有计算、思维、语言等机能，科学家称之为"语言脑"。右脑有控制情绪、感情、美感意识等非逻辑机能，科学家称之为"音乐脑"。左右脑细胞分别承担各自机能，又互相补充和协作形成人的能力和个性。由于音乐家比其他职业的人更多地使用"音乐脑"，使体内情绪机能活跃，思想心态更为乐观，这就是音乐家长寿的奥秘，也是心理学家推崇的长寿之道。③

在此，片面夸大右脑的功能固然不可取，况且人类长寿的原因比较复杂，而长寿本身则是多因素相互作用的结果。但是，有一点不可否认，那就是陶弘景的"存真一法"确实能够激活人类右脑的"心像力"。除了形象，还有大量音乐，《真诰》中载录有大量诗歌，例如：

> 褰裳济绿河，遂见扶桑公。高会太林墟，寝宴玄华宫。信道苟淳笃，何不栖东峰？④

这是紫薇夫人所唱的歌。又如：

> 玄波振沧涛，洪津鼓万流。驾景眄六虚，思与佳人游。妙唱不我对，清音与谁投？云中骋琼轮，何为尘中趋？⑤

这是右英夫人所吟唱的歌。

陶弘景当时并没有自觉地把"长生"与人类右脑联系起来，然而，他所追求的"存真长生"方法，颇与现代医学对人类右脑功能的认识相符合。至于人类右脑与"长生"之间的内在机制，尚待神经生理学的进一步研究和揭示。此外，在《真诰》里，陶弘景还收录了很多通过服食药物而获得"长生"的故事。例如：

> 黄子阳者，魏人也，少知长生之妙，学道在博落山中九十余年，但食桃皮、饮石

① ［日］春山茂雄：《脑内革命》，赵群译，南京：江苏文艺出版社，2011 年，第 56 页。
② 《科学家为何多长寿？》，《沈阳晚报》2012 年 2 月 22 日，第 43 版。
③ 张景林：《什么决定人的寿命》，《海峡科技》2003 年第 8 期，第 32 页。
④ ［日］吉川忠夫、麦谷邦夫：《真诰校注》卷 4《运象篇》，朱越利译，第 132 页。
⑤ ［日］吉川忠夫、麦谷邦夫：《真诰校注》卷 4《运象篇》，朱越利译，第 134 页。

中黄水。后逢司马季主,季主以导仙八方与之。遂以度世。①

有刘奉林者,是周时人,学道在嵩高山,积四百年。三合神丹,为邪物所败。乃行徙入委羽之山,能闭炁三日不息。于今千余年矣,犹未升仙,犹是试多不过、道数未足故也。此人但服黄莲(连)以得不死耳,不能有所役使也。②

衡山中有学道者张礼正、冶明期二人。礼正以汉末在山中服黄精,颜色丁壮,常如年四十时。明期以魏末入山,服泽泻柏实丸,乃共同止岩中。后俱授西城王君虹景丹方,从来服此丹,已四十三年。中患丹砂之难得,俱出广州为沙门,是滕含为刺史时也。遂得内外洞彻,眼明身轻,一日行五百里。又兼守一,守一亦已三十年。以三月一日,东华遣迎,以其日乘云升天。今在方诸飙室,俱为上仙。③

这些故事,未必真实。不过,只要正确而合理地服食像黄连、泽泻、地黄一类的药物,就能起到增强人体自身免疫力和防病治病的作用,则有据可考。④因此,陶弘景认为:

五云(即云母——引者注)、水桂、术根、黄精、南烛、阳草、东石、空青、松柏脂实、巨胜、茯苓,并养生之具,将可以长年矣。⑤

以上药物单味服用,有"长年"之功效。既然如此,是不是单服某一味药物就能达到"长年"的目的呢?陶弘景认为不可以,在他看来,由于生活环境的变化,很多疾病亦变得越来越复杂,这样单味药的功效就难以发挥作用。于是,陶弘景说:

旦顷以来,杀气蔽天,恶烟弭景,邪魔横起,百疾杂臻。或风寒关结,或流肿种痟,不期而祸凑,意外而病生者,比日而来集也。夫术气则式遏鬼津,吐烟则镇折邪节。强内摄魂,益血生脑,逐恶致真,守精卫命。餐其饵,则灵柔四敷,荣输轻盈。服其丸散,则百病瘳除,五藏含液,所以长远视久而更明也。古人名之为山精之赤,山姜之精。《太上导仙铭》曰:"子欲长生,当服山精。子欲轻翔,当服山姜",此之谓也。我非谓诸物皆当减术为益也。且术气之用是今时所要,末世多疾,宜当服御耳。夫道虽内足,犹畏外事之祸。形有外充者,亦或中崩之弊,张单偏致,殆可鉴乎。术一可以长生永寿,二可以却万魔之枉疾。我见山林隐逸,得服此道,千年八百,比肩于五岳矣。人多书烦,不能复一二记示之耳。今撰服术数方,以悟密尚。若必信用,庶无横暴之灾。⑥

① [日]吉川忠夫、麦谷邦夫:《真诰校注》卷5《甄命授》,朱越利译,第176页。
② [日]吉川忠夫、麦谷邦夫:《真诰校注》卷5《甄命授》,朱越利译,第176页。
③ [日]吉川忠夫、麦谷邦夫:《真诰校注》卷14《稽神枢》,朱越利译,第447页。
④ 苑述刚、阮时宝:《〈金匮〉泽泻汤的研究概述与展望》,《贵阳中医学院学报》2009年第5期,第12—14页;吴春:《地黄及其提取物促进鲤鱼免疫力和生长性能的研究》,河南师范大学2013年硕士学位论文,第1—67页;张瑞芬、苏和:《黄连的药理研究进展》,《内蒙古中医药》2010年第3期,第114—116页等。
⑤ [日]吉川忠夫、麦谷邦夫:《真诰校注》卷6《甄命授》,朱越利译,第195页。
⑥ [日]吉川忠夫、麦谷邦夫:《真诰校注》卷6《甄命授》,朱越利译,第195—196页。

疾病是影响"长生"的大敌，陶弘景把"却万魔之枉疾"视为"术气"的主要目标，而不是单纯作为修仙的手段，显然更加务实，也更加接地气，这是魏晋南北朝仙道观念的一个巨大转变。我们知道，自魏华存传《上清真经》之后，杨羲、许翙等，都将"成仙升天"作为修道的最高目标。为了"成仙升天"，他们拒绝服食地上生长的谷物和药物，以为这些生长在地上的东西性质沉坠，不利飞升。故《黄庭经》说："百谷之实土地精，五味外美邪魔腥，臭乱神明胎气零，那从返老得还婴。"[1]《抱朴子》又说："虫之能蛰者多矣，鸟之能飞者饶矣，而独举龟、鹤有长生寿者，其所以不死者，不由蛰与飞也。是以真人但令学其道引以延年，法其之食气以绝谷，不学其土蛰与天飞也。"[2]这种"绝谷"成仙法在陶弘景的《真诰》里不再被排斥了，甚至五谷亦成为仙家之日常食物。例如，《真诰》载：

> 吴睦者，长安人也。少为县吏，掌局枉克民人。民人讼之，法应入死。睦登委叛，远遁山林。饿经日，行至石室，遇见孙先生在室中隐学。左右种黍及胡麻，室中恒盈食。睦至乞食，经月不去。孙先生知是叛人，初不问之，与食、料理及诵经讲道，说及祸福。睦闻之，于是心开意悟，因叩头自搏，列其事源，立身所行，自首事实，求得改往。遂留石室，为先生扫除驱使。经四十年后，先生受其道，俱采药，服食胡麻，精修经教。得三百二十年，服丹白日升天。[3]

又载："酆都稻名重思。其米如石榴子（籽），粒异大，色味如菱，亦以上献仙官。"[4]

这种变化可能基于以下两个原因：一是西晋末年永嘉之乱，导致大量中原人口南迁至长江流域，刺激了南方农业生产的发展，尤其是农作物的种植结构出现了显著变化，如元嘉二十一年（444）秋七月乙巳，宋文帝诏曰："南徐、兖、豫及扬州……自今悉督种麦，以助阙乏。速运彭城下邳郡见种，委刺史贷给。徐、豫土多稻田，而民间专务陆作，可符二镇，履行旧陂，相率修立，并课垦辟，使及来年。"[5]又，中大通六年（534），夏侯夔镇寿阳，"帅军人于苍陵立堰，溉田千余顷，岁收谷百余万石，以充储备，兼赡贫人，境内赖之"[6]。北方人口在南方广大地区的流动，由于各种原因，他们必然会以不同的途径加入上清派的道民之中，据传陶弘景的授经法弟子已达 3000 多人[7]，而他们喜好食谷的生活习惯在短期内很难改变，这个实际情况，陶弘景不会不去考虑。二是随着上清派群众基础的变化，原来仅仅在上层士族家族内流传的信仰现在已经面向下层普通民众了，于是道经与医经的饮食观发生了碰撞。比如，《庄子·逍遥游》说：有神人居住在姑射

① 周楣声：《黄庭经医疏》，合肥：安徽科学技术出版社，1991年，第172页。
② （晋）葛洪：《抱朴子·抱朴子内篇》卷1《对俗》，《百书全书》第5册，第4686页。
③ ［日］吉川忠夫、麦谷邦夫：《真诰校注》卷14《稽神枢》，朱越利译，第451页。
④ ［日］吉川忠夫、麦谷邦夫：《真诰校注》卷15《阐幽微》，朱越利译，第472页。
⑤ 《宋书》卷5《文帝本纪》，第92页。
⑥ 《梁书》卷28《夏侯亶传附夏侯夔传》，北京：中华书局，1973年，第421—422页。
⑦ 句容市地方志办公室：《句容茅山志》，合肥：黄山书社，1998年，第116页。

山，"不食五谷，吸风饮露"①。这里，庄子的"神人"意识实际上是远古时期人类尚处在以采掘根茎植物为食时代的一种反映。对此，马王堆三号汉墓出土的帛书《却谷食气篇》表现得更明确，其开篇即云："却谷者食石韦，朔日食质，日加一节，旬五而止。"②此"石韦"属中型附生蕨类植物，所谓"却谷者食石韦"即用石韦代替谷物。当谷物农业出现后，人们便开始学会加工谷物，并以谷物为食了。这种社会的进步，反映到医书中，就有了《黄帝内经灵枢经》"谷不入，半日则气衰，一日则气少矣"③的论断。甚至《黄帝内经灵枢经》还对正常人肠胃内所储存谷食的最少量做了规定："常留谷二斗，水一斗五升。"④这种饮食理念与道家的理念大相径庭，因此之故，王充曾批评道家的说法曰：

> 道家相夸曰："真人食气。以气而为食"，故《传》曰："食气者寿而不死，虽不谷饱，亦以气盈。"此又虚也。夫气谓何气也？如谓阴阳之气，阴阳之气不能饱人。人或咽气，气满腹胀，不能屡饱。如谓百药之气，人或服药，食一合屑，吞数十丸，药力烈盛，胸中愦毒，不能饱人。食气者必谓"吹呴呼吸，吐故纳新"也。昔有彭祖尝行之矣，不能久寿，病而死矣。⑤

后来，葛洪也批评辟谷术说：

> 断谷止可省渚粮之费，不能独令人长生也。……道书虽言欲得长生，肠中当清；欲得不死，肠中无滓。又云食草者善走而愚，食肉者多力而悍，食谷者智而不寿，食气者神明不死。此乃行气者一家之偏说耳。不可使孤用了。⑥

从大的历史背景看，汉晋盛行"辟谷术"应与当时严重的旱涝灾害有关。为了清楚起见，我们特转引邓拓在《中国救荒史》一书中所采用的两个统计数据，如 3-8、表 3-9 所示：

表 3-8　秦汉魏晋南北朝各种灾害频次统计简表⑦

朝代	水灾	旱灾	蝗灾	雹灾	风灾	疫灾	地震	霜灾	歉饥	总计
秦汉	76	81	50	35	29	13	68	9	14	375
魏晋	56	60	14	35	54	17	53	2	13	304
南北朝	77	77	17	18	33	17	40	20	16	315

---

① （清）郭庆藩：《庄子集解·逍遥游》，《诸子集成》第 5 册，第 15 页。
② 马王堆汉墓帛书整理小组：《马王堆汉墓出土医术释文（一）》，《文物》1975 年第 6 期，第 1 页。
③ 《黄帝内经灵枢经》卷 8《五味》，陈振相、宋贵美：《中医十大经典》，第 237 页。
④ 《黄帝内经灵枢经》卷 6《平人绝谷》，陈振相、宋贵美：《中医十大经典》，第 213 页。
⑤ （汉）王充：《论衡·道虚篇》，《诸子集成》第 11 册，第 73 页。
⑥ （晋）葛洪：《抱朴子·抱朴子内篇》卷 3《杂应》，《百子全书》第 5 册，第 4746 页。
⑦ 邓拓：《中国救荒史》，武汉：武汉大学出版社，2012 年，第 41 页。

表 3-9　2—6 世纪各种灾害频次的空间分布示意表

年代	河北	山西	山东	河南	江苏	浙江	福建	湖北	湖南	陕西	安徽
2 世纪	2	1	3	10			3	3	2	1	
3 世纪	2		2	7	1		1	2		1	2
4 世纪			1	1	1				1		1
5 世纪		1	2	10	2						1
6 世纪				1						1	

　　由表 3-8、表 3-9 对照知，秦汉的灾害较魏晋南北朝严重，这是汉代盛行辟谷术的社会因素。虽然魏晋与南北朝相比，前者的灾害略少于后者，但是晋代的江苏却是受灾最严重的区域，而此时位于这个区域内的茅山，自然不能免受其害。所以魏华存、杨羲、许翙等都主张"辟谷成仙说"，诚如葛洪所言，它既"可省滫粮之费"，又可活命。然而，陶弘景主要生活在五世纪与六世纪之交，他经历了从灾害频发到灾害少发或不发的社会变化，这种生存环境的变化便成了陶弘景主张"食谷"亦可成仙说的物质基础。与之相连，陶弘景还提出了日常修道的一些基本方法。

　　第一，视生处高。"人卧床当令高，高则地气不及，鬼吹不干。……人卧室宇，当令洁盛。洁盛则受灵炁，不盛则受故炁。……所为不成，所作不立。一身亦耳（尔），当洗沐澡洁。不尔，无冀矣。"[1]此处的"鬼气"实际上就是地上的阴湿之气，而阴湿之气"容易引起腰肾疾病，也容易滋生细菌，引发肺炎或皮肤炎症"[2]。查考文献，《孙子》已有"视生处高"[3]的主张，即利于生活的地方，应当处于向阳高阔之处，因为这样可以免受阴湿之气的侵袭。可见，古人对"阴湿之气"的防范是养生护体的要法之一。

　　第二，减食断谷法。陶弘景说："饮食不可卒断，但当渐减之耳。十日令减一升，则半年便断矣。"[4]谷米、肉类、水果、蔬菜等膳食结构，确实有一个合理的搭配问题，但断谷法却有违人体生理营养的基本需求，不可取。因为从现代养生的角度讲，谷物是人体蛋白质、B 族维生素及矿物质的主要来源，而大量的流行病学与群组研究表明，增加全谷物的消费与降低心脑血管疾病、2 型糖尿病及一些癌症等许多非传染性疾病的危险性有关。

　　第三，食不可多。《真诰》主张："食慎勿使多，多则生病。饱慎便卧，卧则心荡，心荡多失性。食多生病，生病则药不行。"[5]道家养生非常注意控制饮食，这是他们对长期实践生活经验和教训的科学总结，也是现代人需要牢牢铭记的一条卫生常识。魏晋南北朝盛行清谈，谈玄说理，不问政治。例如，下面是几则有关晋代清谈场景的记述：

　　　　孙安国往殷中军许共论，往反精苦，客主无间。左右进食，冷而复暖者数四。彼

①　[日]吉川忠夫、麦谷邦夫：《真诰校注》卷 15《阐幽微》，朱越利译，第 484 页。
②　郝运来编著：《风生水起：中国传统风水文化全记录》，北京：新世界出版社，2011 年，第 390 页。
③　任庭光、李卫国：《孙子兵法汇解》，北京：解放军出版社，2013 年，第 213 页。
④　[日]吉川忠夫、麦谷邦夫：《真诰校注》卷 5《甄命授》，朱越利译，第 186 页。
⑤　[日]吉川忠夫、麦谷邦夫：《真诰校注》卷 5《甄命授》，朱越利译，第 185 页。

我奋掷麈尾，悉脱落，满餐饭中。宾主遂至莫忘食。①

过江诸人，每至美日，辄相邀新亭，借卉饮宴。②

时征西大将军祭酒王诩当还长安，余（石崇）与众贤共送往涧中，昼夜游宴，屡迁其坐。或登高临下，或列坐水滨。时琴瑟笙筑，合载车中，道路并作。及住，令与鼓吹递奏。遂各赋诗，以叙中怀。或不能者，罚酒三斗。感性命之不永，惧凋落之无期。故具列时人官号、姓名、年纪，又写诗著后。后之好事者，其览之哉！凡三十人，吴王师、议郎、关中侯、始平武功苏绍字世嗣，年五十，为首。③

关于这些清谈的性质和作用，学界意见不统一，既有否定的，也有肯定的。笔者认为，发生在魏晋南北朝时期广大上层士大夫阶层的清谈之风，有其历史的必然性。就存在的合理性而言，它有顺应当时社会发展需求的一面，而且刺激了士人的创新思维，其历史作用不能抹杀。但是从饮食与健康的关系角度看，清谈的"饮宴"场景，动不动就通宵达旦，酒肉穿肠，很不健康，因为它对肠胃的损害更是显而易见的。有专家研究证实，如果长期饱食，则在临床上会出现记忆力下降、思维迟钝、注意力不集中、消化不良等症状，以及容易罹患肥胖症、糖尿病、脂肪肝、癌症、胰腺炎、高血压等疾病。正因如此，此时才出现了300多种医药书籍，其中仅饮食、服食类医书就有近百种。陶弘景本人也撰有许多医学著作，一方面是针对助长吃喝之风的"清谈"，另一方面是针对由吃喝之风所导致的众多疾病，当然，致病的原因比较复杂，不只吃喝。无论如何，陶弘景重视养生，在一定程度上也可看作是他对这种不良后果的一种主动补救和积极应对。

第四，心静。心不静则思虑多，思虑多则难免气血亏损，看事情多不顺眼，极易引发情绪失控，从而妨害健康。故《真诰》说："夫喜怒损志，哀感损性，荣华惑德，阴阳竭精，皆学道之大忌、仙法之所疾也。"④此处的"阴阳竭精"系指生活放荡、不检点。前揭王永平《论东晋上流社会的享乐风尚》一文，尽管对某些问题的认识尚有进一步探讨的必要，但他所揭露的主要社会现象却客观存在，如竭力追求口腹之欲的满足，不婴事务；纵情游戏，消遣人生；广蓄妓妾，放纵情欲；兴造别墅，怡情养性等⑤，而这些现象直接导致了奢侈性消费的膨胀，也是事实。从目前能见到的史料看，受"清谈"的影响，士人说话办事常常带有非常严重的情绪化倾向，挖苦损人，图一时之口快。如《世说新语》载：

诸葛令、王丞相共争姓放先后，王曰："何不言葛、王，而云王、葛？"令曰：

① （南朝·宋）刘义庆著，（南朝·梁）刘孝标注，余嘉锡笺疏：《世说新语笺疏》卷上之下《文学》，北京：中华书局，2011年，第192页。

② （南朝·宋）刘义庆著，（南朝·梁）刘孝标注，余嘉锡笺疏：《世说新语笺疏》卷上之上《言语》，第83页。

③ （南朝·宋）刘义庆著，（南朝·梁）刘孝标注，余嘉锡笺疏：《世说新语笺疏》卷中之下《品藻》引石崇《金谷诗序》，第463页。

④ ［日］吉川忠夫、麦谷邦夫：《真诰校注》卷5《甄命授》，朱越利译，第185页。

⑤ 王永平：《论东晋上流社会的享乐风尚》，《社会科学战线》1992年第3期，第158—163页。

“譬言驴马，不言马驴，驴宁胜马邪？”①

袁羊尝诣刘恢，恢在内眠未起。袁因作诗调之曰：“角枕粲文茵，锦衾烂长筵。”刘尚晋明帝女，主见诗，不平曰：“袁羊，古之遗狂！”②

诸如此类，比比皆是。从学理上讲，这种情绪化的“言语”固然有利于言者内心积怨的宣泄，但在实际生活中，放任个性，必然会戕害人性。因为“被人侮辱，绝对不是一件有利于身心的事情”③。将心比心，古今同理。《真诰》说：

人为道亦苦……清净存其真，守玄思其灵，寻师轗轲，履试数百，勤心不堕，用志坚审，亦苦之至也。视诸侯之位如过客，视金玉之宝如砖石，视纨绮如弊帛者，始可谓能问道耳。④

学道需要淡泊心志，科学研究也需要淡泊心志，安时处顺，心静如竹，不为荣华富贵、声色欲望所动，故两者有相通之处。在科学史上，大凡有成就的科学家，多能做到这一点，包括陶弘景在内。因为“科学的价值在于追求真理，造福人类。这一价值追求决定了真正的科学家是淡泊名利的”⑤。此外，“淡泊的心志使人始终处于平和的状态，保持一颗平常心，将一切有损身心健康的因素消灭在萌芽状态”⑥。

第五，存想。《真诰》说：“欲为道者，目想日月，耳响师声，口恒吐死气、取生炁，体象五星，行恒如蹑空，心存思长生，慎笑节语，常思其形，要道也。”⑦这虽是养生的方法，但未必对科学研究没有意义。这段话涉及“静空”与“意念”的关系问题，“意念”（noetic）一词派生于古希腊的名词 nous，意思是“直觉意识”⑧。尽管意念科学的创始人琳妮·麦克塔格特出版了《意念的实验》一书，美国甚至成立了意念科学学会，但是，目前科学界对“直觉意识”的性质和生理机制的认识仍然不是太清楚。

（二）《登真隐诀》与陶弘景的“真学之理”

对《登真隐诀》的写作意图，陶弘景解释说理由有三，一是“预是真学之理，使了然无滞”；二是“非学之难，解学难也”；三是“当知我心理所得，几于天人之际”⑨。因此，从陶弘景的解释不难看出，《登真隐诀》实际上就是阐释“真学之理”的一部内部教

---

① （南朝·宋）刘义庆著，（南朝·梁）刘孝标注，余嘉锡笺疏：《世说新语笺疏》卷下之下《排调》，第 684 页。

② （南朝·宋）刘义庆著，（南朝·梁）刘孝标注，余嘉锡笺疏：《世说新语笺疏》卷下之下《排调》，第 697 页。

③ 屈能胜：《以“发泄”求得心灵的宁静》，《心理世界》2005 年第 8 期，第 42 页。

④ ［日］吉川忠夫、麦谷邦夫：《真诰校注》卷 6《甄命授》，朱越利译，第 205—206 页。

⑤ 姚诗煌：《呵护这片科学“原生态”》，《科学》2007 年第 4 期，第 1 页。

⑥ 西子编著：《名人解码——名人修身养性妙法》，西安：西安交通大学出版社，2011 年，第 11 页。

⑦ ［日］吉川忠夫、麦谷邦夫：《真诰校注》卷 5《甄命授》，朱越利译，第 185 页。

⑧ 朱振武：《解密丹·布朗》，北京：人民文学出版社，2010 年，第 88 页。

⑨ （南朝·梁）陶弘景撰，王家葵辑校：《登真隐诀辑校·登真隐诀序》，北京：中华书局，2011 年，第 3 页。

科书，用陶弘景自己的话说就是："可教之士，自当观其隅辙。"①又《隋书·经籍志》云：

> 故言陶弘景者，隐于句容，好阴阳五行，风角星算，修辟谷导引之法，受道经符箓，（梁）武帝素与之游。及禅代之际，弘景取图谶之文，合成"景梁"字以献之，由是恩遇甚厚。又撰《登真隐诀》，以证古有神仙之事；又言神丹可成，服之则能长生，与天地永毕。帝令弘景试合神丹，竟不能就，乃言中原隔绝，药物不精故也。帝以为然，敬之尤甚。然武帝弱年好事，先受道法，及即位，犹自上章，朝士受道者众。②

当然，《登真隐诀》亦是这些受道人物的必读书。至于其卷数，《华阳隐居先生本起录》称："二十四卷，此一诀皆是修行上真道经要妙秘事，不以出世。"③惜现传本仅有三卷，缺失较多。为此，饶宗颐、王家葵、程乐松等都做了大量的辑佚研究，后来王家葵在总结学界已有研究成果的基础上，出版了《登真隐诀辑校》一书，是谓目前辑录《登真隐诀》佚文最全的版本。《登真隐诀辑校》一书的内容包括现传本《登真隐诀》三卷、佚文汇综、疑似道经、《上清握中诀》、《上清明堂元真经诀》、诸天宫府、《仙真纪传》、甘草丸方、长生四镇丸及太极真人青精干石䭀饭上仙灵方。下面分三个议题略作阐述：

（1）修真方法。与《真诰》相比，《登真隐诀》的修真方法不仅更加多元和系统，而且更加神秘。主要有八种方法：

一是吞服或佩戴真符。前面说过，道符是一种特制的药物，当然更是一种"人神合一"的秘文。它是涓子解剖鲤鱼所获，分上、中、下三元，对应于人体的三丹田，其中上元 6 符，下元与中元各 5 符，《登真隐诀》规定"立春、春分、立夏、夏至、立秋、秋分、立冬、冬至"④此 8 日为开始服符的时间，皆依节气而动。陶弘景释：

> 初以立春日平旦，向寅朱书白纸，从上元第一始，左手执而祝，祝毕服，服毕再拜。亦可仍并画十六符，剪置，旦旦取服。服上元符，存入上宫，上一执取之。中元存中，下元存下，皆如之。凡书服符时，先烧香于左也。⑤

又"服日月象法"云："男服日象，女服月象，日一勿废。"陶弘景注："云书作日月字而服之，不说早晚。今可并朱书青纸作日字，方九分，剪为数千，每平旦东向，左手执，存为日形，光芒如法，乃吞入，令住心中。因叩齿咽液各九过。女应以黄书月象，右手执服之。云是东华真人法。"⑥

抛去这些迷信的形式，仅就"朱书白纸"或"朱书青纸"而言，学界有多种说法，但

① （南朝·梁）陶弘景撰，王家葵辑校：《登真隐诀辑校·登真隐诀序》，第 2 页。
② 《隋书》卷 35《经籍志四》，第 1093 页。
③ （宋）张君房纂辑，蒋力生等校注：《云笈七签》，北京：华夏出版社，1996 年，第 663 页。
④ （南朝·梁）陶弘景撰，王家葵辑校：《登真隐诀辑校》卷上《真符》，第 6 页。
⑤ （南朝·梁）陶弘景撰，王家葵辑校：《登真隐诀辑校》卷上《真符》，第 6 页。
⑥ （南朝·梁）陶弘景撰，王家葵辑校：《登真隐诀辑校·疑似道经》，第 278 页。

"符中有药"的说法较为可信。因为画符者"在画符时在符水里加入药粉，病人服后，药到病除，只说符咒灵验，符中加药之事，却讳莫如深"①。佩符的道理，亦复如此。至于画符所用药物，请参见下面的"宝章"法。

二是吞服或佩戴宝章。宝章实际上也是一种符，但其材质不仅包括纸，还包括白金（即银），其主要功能是"封掌山川之邪神"②。陶弘景解释"符"与"章"的区别说：

> 既服之，便呼为符，刻金佩带乃成章耳。章犹印章之章，章尺度有制，不可使亏，符如诏敕，大小可得无限。今小令促，减于章也。每岁朔旦皆服之，须见一乃止。当用好空青、曾青，宜在细研，以水渍去铜气，乃以胶和，薄书白纸上，勿令浓厚，亦可用黛青也。③

文中的空青、曾青或黛青，是画符时常用的药物。据《神农本草经》称："空青：味甘，寒。主青盲，耳聋，明目，利九窍，通血脉，养精神。久服轻身延年不老。能化铜铁铅锡作金。生山谷。曾青：味酸，小寒。主目痛，止泪，出风痹，利关节，通九窍，破症坚积聚。久服轻身不老。能化金铜。生山谷。"④

《真诰》又说：

> 一雄黄，二雌黄，三铅黄。右三黄华，先投朱砂一，熟研之于器中。次投雄黄，熟研之。次投雌黄，熟研之。次投铅黄，合研之，良久成也（以胶清合研之）。言一者，以意为之一分之品量多少也。（此是论作三黄色以画符法。真符多用此。）⑤

可见，这些所谓"久服轻身延年不老"的药物，先不说用今天的医学观点看，雄黄、雌黄、铅黄都有毒，空青和曾青都有"小毒"，不宜多服和久服⑥，即使按照陶弘景的说法，也很难保证服用空青、曾青就能"延年不老"。不过，用它们来治疗诸如眼疾、手臂不仁及癫痫、惊风等疾病，临床效果还是比较明显的。因此，将"宝章"法作为修真的一种常态方法，其潜在危险很大。

三是存思头部九宫法。此法在前面已有论说，故不拟重述。

四是存思明堂法。明堂的位置在两眉间"却入一寸"的地方，即明堂宫。⑦"左有明童真君，右有明女真君，中有明镜神君，凡三神居之。"⑧其中"中为上，次左，次右。存

---

① 舒惠芳：《人造天书——民俗文化中的神秘符号》，北京：中国财富出版社，2013年，第112页。
② （南朝·梁）陶弘景撰，王家葵辑校：《登真隐诀辑校》卷上《宝章》，第8页。
③ （南朝·梁）陶弘景撰，王家葵辑校：《登真隐诀辑校》卷上《宝章》，第8页。
④ （清）黄奭：《神农本草经》卷1《上经》，陈振相、宋贵美主编：《中国十大中医经典》，第278页。
⑤ ［日］吉川忠夫、麦谷邦夫：《真诰校注》卷10《协昌期》，朱越利译，第311页。
⑥ 夏丽英主编：《现代中药毒理学》，天津：天津科技翻译出版公司，2005年，第842页；南京中医药大学编著：《中药大辞典》上册，上海：上海科学技术出版社，2006年，第2073页；南京中医药大学编著：《中药大辞典》下册，第3381页。
⑦ （南朝·梁）陶弘景撰，王家葵辑校：《登真隐诀辑校》卷上《九宫》，第9页。
⑧ （南朝·梁）陶弘景撰，王家葵辑校：《登真隐诀辑校》卷上《九宫》，第9页。

修之始，必从下起"①。此法被时人认为有延年之效，故《登真隐诀》云："旦起，皆咽液三十过，以手拭面摩目以为常，存液作赤津液。"陶弘景注："谓行明堂延年之法，旦旦皆应如此耳。"②现代医学认为，唾液可以杀菌、助消化。③另有实验证实，"唾液中包含了血浆中的各类成分，含有 10 多种酶、近 10 种维生素、多种矿物质、有机酸和激素等，可以加速细胞内脱氧核糖核酸、核糖核酸和蛋白质的完成，延缓人体功能衰老，增强免疫功能"④。如此看来，吞津咽液的延年功效可以肯定。然而，下面的长生方法就需要谨慎对待，不能盲目信从了。《登真隐诀》载：

> 若道士欲求延年不死，疾病临困，求救而生者，当正安寝，存明堂三君，并向外长跪。口吐赤气，使光贯我身，令匝，我口傍咽赤气，唯多无数，当闭目微咽之也，须臾，赤气绕身者变成火，火因烧身，身与火共作一体，内外洞光，良久乃止。名曰日月炼形，死而更生者也。⑤

陶弘景注：

> 偃卧握固，闭气瞑目定心，先仿佛存日月在明堂中，日左月右，存三君如上法。……夜存亦令向外也，此人形既卧，神亦随偃，而尚长跪，状如立时。凡身中之神有卧而存者，于此为明。犹如守寸，台阙岂容回转，故自附形而侧矣，然要应作坐想也。……各吐赤镜，光气从守寸中出，渐渐绕身。……随吸取所贯之赤气而咽之，唯觉勃勃入口，下流胸腹。……状似拘魂之法，使火通烧身表里骨肉，如然炭之状乃佳。⑥

对以存思"明堂三君"消除道士的恐畏心理，姜生、汤伟侠在《中国道教科学技术史·南北朝隋唐五代卷》一书中有详论，有兴趣的读者可以参考该书第三十九章第四节"'脑家'存思与正性脑激活——现代脑科学视野下的道教脑内图像存思"⑦。从学理上讲，确如有的学者所言："此法对于身心健康当也有所助益，因为'住'意于景时，体液循环频率加快与'扣齿内浴'之法有类似功能。"⑧问题是：练功者究竟如何掌控存想的过程？在练功过程中会不会走火入魔？人们在练气功时由于各种原因，出现意外的现象时有发生，诸如头痛失眠、头鸣耳鸣、幻听幻视、头顶摆动、四肢疲软，甚至全身木呆、强直瘫痪、哭笑无常、多疑多怒等。所以在气功机理还没有完全弄清楚之前，不可轻易为了"延年不死"而存思"明堂三君"，因为"如果你要追求这种做不到的事情，那就会出偏

① （南朝·梁）陶弘景撰，王家葵辑校：《登真隐诀辑校》卷上《九宫》，第 16 页。
② （南朝·梁）陶弘景撰，王家葵辑校：《登真隐诀辑校》卷上《明堂》，第 20 页。
③ 舒兰主编：《细节决定长寿》，北京：中国物资出版社，2009 年，第 167 页。
④ 胡海燕主编：《中医养生药膳学》，杭州：浙江科学技术出版社，2012 年，第 83 页。
⑤ （南朝·梁）陶弘景撰，王家葵辑校：《登真隐诀辑校》卷上《明堂》，第 19 页。
⑥ （南朝·梁）陶弘景撰，王家葵辑校：《登真隐诀辑校》卷上《明堂》，第 19 页。
⑦ 姜生、汤伟侠主编：《中国道教科学技术史·南北朝隋唐五代卷》，第 1129—1137 页。
⑧ 张罡昕主编：《中国道教文化地图》，北京：中国环境科学出版社，2006 年，第 138 页。

差!" ①

五是服日月芒法。这是道家的一种采气法，其治疗和预防佝偻病及骨软化症的作用比较明显。所以李约瑟认为："道家似乎发现了日光疗法的好处，这是欧洲医药在近代以前所没有体认的。" ②《上清握中诀》载其服日芒法曰：

> 平坐临目，直存心中有日象，大如钱，赤色，紫光九芒，从心上出喉，至齿间，未出齿而回还胃中。良久，存见心胃中分明，乃吐气漱液，服液三十九过，止。一日三为之。③

对此法，陶弘景在《登真隐诀》中有比较详细的注释：

> 云直存者，今不知所由来，不从天下入口也，唯见心中有日形。虽大如钱，而不扁扁，犹如弹丸，径九分，正赤色。……向云赤色耳，不道是芒。按后云月芒白，则日芒应紫色也。……此上存九色紫芒，悉上口中，锋头向齿而不出，于时亦闭口合齿也，唯是芒出耳，非日形俱上，所谓服日芒者矣。……芒出时，犹存日在心上，锋芒至于齿根下，尚缀日延亘喉胸之中，晖赫口齿之内，良久，芒锋乃屈卷向后，从喉更下入胃。胃去心远近，与喉一等，芒亦不加伸缩也。……日故在心，而芒居胃内，使光明流布，洞彻藏府，如此腹内亦应小热。……云吐气者，向初存时，既闭口合齿，又当闭气，须存想竟，乃通气开齿，漱满口中津液，乃服咽之。存液亦作紫色。……此当以平旦东向，日中南向，晡时西向，并平坐临目，闭气乃存。④

同理，服月芒法曰：

> 夜存月在泥丸中，黄色，有白光十芒，亦未出齿而回入胃。当以亥子丑时，月径一寸，在丹田宫，其十白芒流下口中，咽入喉到胃，令白光照彻，亦应吐气服液三十九过，卧存之亦可。⑤

对此法，陶弘景在《登真隐诀》中有比较详细的注释：

> 月既用夜，亦可卧存之。又应三过，以戌、子、丑时也。向云常在泥丸，当是上丹田之泥丸宫也，玄丹亦名泥丸。又玄真存月在明堂宫，此皆别用耳。今日既在于心，居真人之府，则月亦应在赤子之房，于事相符，故令存在上丹田也。……月色但黄，此白色，正是道月。有十芒，芒白色耳。又明月形之不下口也，存月径一寸。……头中九宫，通居脑内耳。今月既在泥丸，故可得呼为脑，且又欲明不出于外而下也。又九宫唯泥丸宫下有穴通喉耳，当存十芒从泥丸直下，所通鼻内孔中，各使五芒出于一孔而入喉中，锋亦向齿。……此时亦闭口齿如前，其芒令停口中，使光明

① 何祚庥：《我是何祚庥》，北京：中国时代经济出版社，2002 年，第 28 页。
② ［英］李约瑟：《中国古代科学思想史》，陈立夫等译，南昌：江西人民出版社，1999 年，第 165 页。
③ （南朝·梁）陶弘景撰，王家葵辑校：《登真隐诀辑校》，第 278 页。
④ （南朝·梁）陶弘景撰，王家葵辑校：《登真隐诀辑校》，第 47—48 页。
⑤ （南朝·梁）陶弘景撰，王家葵辑校：《登真隐诀辑校》，第 278 页。

充满，乃回向后而下入胃，因吐气漱咽白液，亦三十九过，毕，觉脑中相连之芒，欻然消尽。①

综上所述，我们不难看出，服日月芒法的主要循行途径是：

$$脑 \longrightarrow 鼻孔 \rightleftharpoons 喉 \rightleftharpoons 口 \rightleftharpoons 胃$$

这里需要说明日光对人体的利害问题。日光对人体有利，这是被现代医学所反复证实的生命定律，从生命原初物质的形成到人类的出现，没有日光的照射是不可想象的。日光由不同波长的光所构成，其中可见光的范围是 390—760 纳米，小于 390 纳米的光为紫外线，大于 760 纳米的光称为红外线。科学研究发现，日光刺激对人体有着重要影响。就人类的进化而言，"我们的祖先在室外生活的时间较多，他们所接受的是全光谱自然光的照射；人类正是在这样的环境中，形成了人体许多生理功能。而现代生活使我们中许多人受到非自然光的照射，这也许是导致某些疾病的原因之一"②。甚至人们坚信多晒日光人体自然会产生"一种反抗病菌的力量"③。因此，一方面，"如果人们得不到足够的紫外线，身体就会受到影响"④，但是，另一方面，较长时间吸收过多太阳紫外线的照射，会诱发皮肤癌。

六是服三气法。《登真隐诀》说："常以平旦向日，临目，存青气、白气、赤气，各如线，从日下来，直入口中，挹之九十过，自饱便止。"⑤前揭日光的光谱，可见光段由红、橙、黄、绿、青、蓝和紫七种光线组成，其中三原色的红色、蓝色和绿色，可按比例组合成白光，而日光的七色光组合在一起则构成白色光。仅此而言，在陶弘景的时代，道家已经掌握了光色的分解与组合原理，如果将日光中的黄、绿、青、蓝、紫、橙六色光移开，剩下的就是赤色光了；同理，如果把黄、绿、蓝、紫、橙、红六色光移开，剩下的就是青色光；如果把七色光聚拢起来，就变成了白色光。那么，当时的道家怎么才能将需要的光色保留下来呢？他们不是用三棱镜和凸透镜，而是应用意念的力量。至于人的意念能不能分解光色和聚拢光色，这个问题尚需科学研究进一步证实或证伪。但气功界不否认意念有聚光的功能，如有练功者评价"清静归一法"说：

集中意念，透过眼帘默观两膝之间的一团地方（又称"牛眠之地"），此处可出现青、赤、黄、白、黑五种颜色，但以白色为纯正。久久练之，他色化尽，只见白光，把意念与白光相合，可达"光我如一"的"清静境界。"⑥

又有练功者说：

练功停止，可将意念与光色分开，意念不集中光上，光色即会消逝。观光时，千

---

① （南朝·梁）陶弘景撰，王家葵辑校：《登真隐诀辑校》，第 48—49 页。
② 罗盛增主编：《预防疾病的忠告》，北京：中国医药科技出版社，2005 年，第 93—94 页。
③ 秦孝仪主编：《革命文献》第 97 辑，台北："中央文物供应社"，1983 年，第 196 页。
④ 雅风斋编著：《探索人类的秘密》，北京：金盾出版社，2012 年，第 82 页。
⑤ （南朝·梁）陶弘景撰，王家葵辑校：《登真隐诀辑校》，第 279 页。
⑥ 王者悦主编：《中华养生大辞典》，大连：大连出版社，1990 年，第 623 页。

万不可着意用力去看究竟，要不即不离、平平淡淡地观着，不管它忽明忽暗，变大变小。最初阶段出现青黑黄赤各种杂色，不可理睬，任其变幻，渐渐自然不现，只见一团白色光辉，悬照当前。如杂色持久不退，只需"撮口舐舌"，对准杂色一吹，即自化去，只存一片白色。但也不可多吹，任意乱吹。如白光变成一种颜色鲜明、柔和娇艳的紫光，不可吹它，一样能使人入静。①

七是服雾法。此处所讲的"雾"是人体内气通过口腔呼出后在空气中形成的一种状态，《登真隐诀》述其法曰：

> 当以平旦，于静寝之中，坐卧任意，先闭目内视，仿佛如见五藏，因临目，口呼出五色炁二十四过，使目见五色气相缠绕，在面上郁然，乃又口内此五色气。五十过，毕，咽液六十过，微祝曰：太雾发晖，灵雾四迁。结炁宛屈，五色洞天。神烟合启，金石华真。蔼郁紫空，炼形保全。出景藏幽，五灵化分。合明扇虚，时乘六云。和摄我身，上升九天。毕，又叩齿七通，咽液七过，乃开目。②

陶弘景注："此含真台主女真张微子所受东华法。按此是五藏出炁，而云服雾者，当以所呼出二十四炁是藏炁，藏气因与外天地雾炁和合来入，故顿纳五十过也。"③

可见，这里所说的"雾气"，实际上有两层含义：第一是"五藏之内气"；第二为山川大地之精气，用张微子的话说，就是"金石之盈气"④。这里不包括有毒的瘴气等，雾气便是露水，这两种气体的结合，不仅能够补充人体内的水分，而且可以将人体的毒素排出体外，所以服雾法可以祛病疗疾，不无道理。具体言之，如叩齿能振动泥丸宫，达到气养脑神的效果，还能"固齿养骨，使真元之气深达齿根及全身骨髓；更能生津降液"⑤。当然，由于环境条件的变化，现代练功者在"服雾"时，一定要选择没有污染的山川僻静之地。例如，研究人员已经证实，现代城市里的雾气，有毒物质的含量超过正常雾气的2000倍，对呼吸道、眼睛、肺、皮肤损害最大。⑥

八是守玄白法。其法为："常平旦，坐卧任意，存泥丸中有黑气，心中有白气，脐中有黄气，三气俱出，如小豆，渐大，缠绕合共成一，以覆身，因变成火，火又烧身，使内外洞彻如一。旦行，至日中乃止，于是服气一百二十过，都毕。"⑦陶弘景注："云此杜广平所受介琰胎精中景黑白内法，却辟万害，长生不死。先禁房室，及一切内五辛味，行之三十年，遁形隐身，日行五百里。"⑧

（2）处方和药物。《登真隐诀》收录了不少祛病疗疾的处方和药物，如"白琅之霜，

① 奚人：《老年保健功——嗡月华法》，《气功》1982 年第 4 期，第 157 页。
② （南朝·梁）陶弘景撰，王家葵辑校：《登真隐诀辑校》，第 279 页。
③ （南朝·梁）陶弘景撰，王家葵辑校：《登真隐诀辑校》，第 279 页。
④ ［日］吉川忠夫、麦谷邦夫：《真诰校注》卷 13《稽神枢》，朱越利译，第 409 页。
⑤ 陈禾塬、陈凌：《武当丹道修炼》上册，北京：社会科学文献出版社，2011 年，第 253 页。
⑥ 李澍晔、刘燕华：《健康是走出来的》，北京：清华大学出版社，2010 年，第 57 页。
⑦ （南朝·梁）陶弘景撰，王家葵辑校：《登真隐诀辑校》，第 280 页。
⑧ （南朝·梁）陶弘景撰，王家葵辑校：《登真隐诀辑校》，第 280 页。

十转紫华。隐迁白翳神散，石精金光灵丸，此是《金剑经》曲晨丹滓。九宫右真公郭少金甘草丸方，长桑公子服术方，扁鹊起死方。胡麻散，伏（茯）苓丸。九琳玉液，八琼飞精。太上制仙丸，是八琼丹也。……太极真人采服云芽玉方，高丘先生四扇神仙散方，龟台王母四童灵方，太上八琼飞精丹。服胎法还神守魄黄赤内真保灵松烟流青紫丸，初神去本剿虫丸。赤丹金精石景水母，此《紫文》服日气法。黄气阳精藏天隐月，此《紫文》服月精法。黄水月华，徊天玉精，镮刚树子，水阳青映，赤树白子，绛树青实，琅玕华丹。太极隐芝，九真五公石腴。石精金精藏景化形法。……云华丹，鸣丹金液。导仙八方，石中黄水云浆。太极真人遗带白散，青精石饭，流明散，制仙丸，剿虫丸，泽泻柏实丸，泽泻术散"①。又有"琅玕丹、曲晨丹、九转丹、五公石腴、青精石饭、四镇丸、四童散、四扇散、甘草丸、初神丸、伏（茯）苓丸、胡麻丸、流青丸、流炼腴、服术"②，以及"九苞风脑，太极隐芝，丹炉金液，紫华虹英，太清九转，五云之浆，东瀛白香，沧浪青钱，高丘余精，积石飞田。能使人寿考"③等。毫无疑问，这些处方和药物应系修道者长期实践经验的总结。因此，其疗效较为可靠。下面择要述之：

一是太极真人青饭上仙灵方。关于此方的药物组成，《登真隐诀》引《三洞珠囊》卷3文字云：

> 此草有青精之神，而又杂朱青以为干饭，故谓青干石飦饭也。此则诸宫上仙之灵方，非下法也。豫章西山青米，吴越青龙稻米是也。青米理虚而受药气。南烛草木捣取汁，以淹青龙之米，作药服之。其树是木而似草，故号曰南烛草木也。一名猴药，一名男续，一名后卓，一名惟那木，一名草木之王。生嵩高、少室、抱犊、鸡头山，名山皆有，非但数处而已。江左吴越至多，其土人名之曰猴叔，或曰染叔，似栀子，其子如菜英。④

上述做法，《重修政和经史证类备用本草》卷14记载尤详：

> 作饭法，以生白粳米一斛五斗，更舂治，渐取一斛二斗。木（即南烛）叶五斤，燥者用三斤亦可，杂茎皮益嘉，煮取汁，极令清冷，以溲米，米释炊之。……今课其时月，从四月生新叶，至八月末，色皆深。九月至三月，用宿叶，色皆浅，可随时进退其斤两，宁小多。合采软枝茎皮，于石臼中捣碎。假令四五月中作，可用十许斤，熟舂，以斛二斗汤渍染得一斛，以九斗淹斛二斗米。比来正尔用水渍一二宿，不必随汤煮渍米，令上走虾，周时乃漉而炊之。初渍米正作绿色，既得蒸，便如绀。若一过汁渍，不得好色，亦可淘去，更以新汁渍之。洒漉皆用此汁，当令饭作正青色乃止。向所余汁一斗，以共三过洒饭。预作高格，暴令干。当三过蒸暴，每一燥辄以青汁

---

① （南朝·梁）陶弘景撰，王家葵辑校：《登真隐诀辑校》，第156—164页。
② （南朝·梁）陶弘景撰，王家葵辑校：《登真隐诀辑校》，第165页。
③ （南朝·梁）陶弘景撰，王家葵辑校：《登真隐诀辑校》，第164页。
④ （南朝·梁）陶弘景撰，王家葵辑校：《登真隐诀辑校》，第170—171页。

搜，令浥浥耳。日可服二升，勿复血食。亦以填胃补髓，消灭三虫。①

文中所言饭法系将用南烛草木汁腌好的"西山青米"蒸成正青色，曝干，然后食用。服食的方法是："每日服一匙，饭下。一月后用半匙，两月日后可三分之一。"②用这种饭食来练功，其基本养生理念即是不增加体重。现在我们知道超重是多种慢性疾病的共同危险因素。据研究，稻米的碳水化合物含量较高，其可消化能量为禾谷类最高。此外，稻米蛋白质含量虽然比小麦、玉米、大麦都低，但它的氨基酸组成最佳，且稻米中所含的亚麻酸、亚油酸、花生四烯酸等对于降低人体胆固醇及防止动脉硬化均有效果。又由于当时稻米加工不精细，反而保存了糙米中的维生素 B_1、维生素 B_2、维生素 PP、维生素 B_6 等成分。还有，稻米灰分中含有比较丰富的钙、镁、磷、钾、锌等矿物质。所以从营养价值来考量，道家以豫章西山青米为饭食，非常适合养生。其名称虽出现在南北朝，然而，作为一味中药却始著录于《开宝本草》，其文云：

> 南烛枝叶：味苦，平，无毒。止泄除睡，强筋益气力。久服，轻身长年，令人不饥，变白去老。取茎叶捣碎，渍汁浸粳米，九浸九蒸九曝，米粒紧小正黑如瑿珠，袋盛之，可适远方。日进一合，不饥，益颜色，坚筋骨能行。取汁炊饭名乌饭，亦名乌草，亦名牛筋，言食之健如牛筋也。③

沈括《梦溪笔谈》卷 26 误将"南烛"作南天竹，对此，清代医家吴其濬在《植物名实图考》一书中已辨其为非。④因为"南天竹和南烛形态不同，药效不同，更不能染米煮成乌饭，南天竹冒南烛之名是因为宋代学者沈括误认所致"⑤。

二是服食茯苓、胡麻（即芝麻）之法。《登真隐诀》载：

> 若体先不虚损，及年少之时，当服伏苓。若年三十岁，当服胡麻。……《宝玄经》云："伏苓治少，胡麻治老，合以斋戒，服以朝早，卉醴华腴，火精水宝，和以为一，还精归宝。此之谓也。裴君以年少时所用，故服伏苓也。清虚真人年十二便受此方，于时未必亏损，所以云服伏苓，夜视有光也。二方同耳，皆长年之奇方也。若合二物，倍用蜜，共煎，捣为丸，乃佳。按青精方，伏苓禁食酸，此专用伏苓，不必禁酸味。"⑥

此方历来备受修炼家所重，如唐代道人"黎琼仙，恒服茯苓、胡麻，绝粒四十余秋。年八十，齿发不衰"⑦。宋代的苏轼说："以九蒸胡麻即黑脂（芝）麻，同去皮茯苓，入少

① （南朝·梁）陶弘景撰，王家葵辑校：《登真隐诀辑校》，第 174—175 页。
② （宋）张君房纂辑，蒋力生等校注：《云笈七签》卷 74《方药部》，第 461 页。
③ （宋）卢多逊等撰，尚志钧辑校：《开宝本草（辑复本）》，合肥：安徽科学技术出版社，1998 年，第 303 页。
④ 吴以宁：《〈梦溪笔谈〉辨疑》，上海：上海科学技术文献出版社，1995 年，第 232 页。
⑤ 陈重明等：《本草学》，南京：东南大学出版社，2005 年，第 103 页。
⑥ （南朝·梁）陶弘景撰，王家葵辑校：《登真隐诀辑校》，第 183—184 页。
⑦ 陈垣编纂，陈智超、曾庆瑛校补：《道家金石略》，北京：文物出版社，1988 年，第 150 页。

白蜜，为面食之。日久气力不衰，百病自去。"①现代医学研究证实，胡麻含有维生素 E，能抗衰老；茯苓含有茯苓多糖，能提高人体的免疫力；白蜜不仅含有丰富的维生素，而且含有人体所必需的钙、镁、钾、磷、铁、锰、硫等多种矿物质。②陶弘景释："'卉醴华腴'，蜜也。百卉之花以成腴醴，五公谓为卉醴华英。……火精，伏苓也。性热而合火，伏苓则其精矣。水宝，胡麻也。性冷，色黑，而含津泽，故谓之水宝。"③所以茯苓、胡麻与白蜜组合，确实有"还精归宝"之妙用。

三是服初神丸法。《登真隐诀》引《三洞珠囊》文云："欲断谷，先服初神丸。"④至于初神丸的方药组成，《真诰》载：

> 可用昌（菖）蒲五两。所以用十两末，知道门户之人耳。可用茱萸根皮二两、紫云芝英三两。此周君口诀。此是论合初神丸事。其方在《苏传》中，即周紫阳所撰。故受此诀，是告长史也。⑤

按《三洞珠囊》的说法，初神丸的主要功能是"断谷"，而《云笈七签》却言初神丸的主要功能是杀谷虫，即"制虫丸者，一名初神去本丸也"⑥。考《紫阳真人周君内传》载"杀虫之方"为：

> 附子五两、麻子七升、地黄六两、（白）术七两、茱萸根大者七寸、桂（枝）四两、云芝英五两。凡七种，先取菖蒲根，煮浓作酒，使清醇重美，一斗半，以七种药㕮咀，内器中渍之，亦可（不）用㕮咀。三宿乃出，曝之令燥。又取前酒汁渍之，三宿又出曝之，须酒尽，乃止曝令燥。内铁臼中捣之，下细筛令成粉。取白蜜和之，令可丸。以平旦东向，初服二丸如小豆，渐益一丸，乃可至十余丸也。治腹内弦实上气，心胸结塞，益肌肤，令体轻有光华。尽一剂则虫死，虫死则三尸枯，三尸枯则自然落矣。亦可数作，不限一剂也。然后合四镇丸，加曾青、黄精各一两以断谷。⑦

方中的菖蒲根有镇静安神、化湿和胃、促进大脑血液循环的作用。吴茱萸根与麻子组合用于下虫，效果明显。云芝英系道家修炼的上品大药，可是"云芝英"究竟是何种药物？在此，名为"芝英"，却不是指菌类微生物，它有特殊的配方与造法。如《道藏》载"造云芝英法"道：

> 云母粉，五两；雄黄，筛令极细，秤四两。右二味合著铜器中，微下火，令药色小变。毕，内竹筒中，以松脂急塞其口，慎勿令泄气。悬于饭甑下，蒸熟一硕米饭，

① （元）李杲编辑，（明）李时珍参订，（明）姚可成补辑，郑金生等校点：《食物本草》引，北京：中国医药科技出版社，1990 年，第 97—98 页。
② 张湖德主编：《养生与长寿》，北京：科学普及出版社，1998 年，第 49 页。
③ （南朝·梁）陶弘景撰，王家葵辑校：《登真隐诀辑校》，第 183 页。
④ （南朝·梁）陶弘景撰，王家葵辑校：《登真隐诀辑校》，第 166 页。
⑤ [日]吉川忠夫、麦谷邦夫：《真诰校注》卷 10《协昌期》，朱越利译，第 313 页。
⑥ （宋）张君房纂辑，蒋力生等校注：《云笈七签》卷 104，第 636 页。
⑦ （宋）张君房纂辑，蒋力生等校注：《云笈七签》卷 106，第 654 页。

毕。拨视令三物相合，如凝脂。更以松脂重和之，都合，和药用十两松脂也。屋上悬二十四日讫，捣一万杵，于是云芝英成也。先斋三日，合之云芝英成。后更斋七日，乃合制虫。①

此外，茱萸、附子、桂枝和地黄是《金匮要略》中肾气丸的主药，而附子与白术配伍，不仅脾肾兼治，而且能增强其祛寒湿和通脉络之功效。所以综合来看，初神丸具有温阳健脾、行气利湿的作用，这也是它为什么会通过下三虫而延年益寿的主要原因。

四是服四扇散法。《登真隐诀》引《上元宝经》说：

> 茅司命大君语二弟云：宜服四扇散，昔黄帝授风后却老还少之道也。我昔受之于高丘先生，今以相付耳。②

其四扇散的组方及服法是：

> 五灵脂三大两，延年益命；仙灵皮（脾）三大两，强筋骨；松脂三大两，主风痛；泽泻三大两，强肾根；（苍）术二大两，益气力；干姜二大两，益气；生干地黄五大两，补髓血；石菖蒲三大两，益心神；桂心三大两，补虚之不足；云母粉四大两，长肌肤，肥白。右方，风后传黄帝，黄帝传高丘子，高丘子传大茅君，大茅君传弟固。凡欲传授，誓不妄泄。若轻授非道之人，考延七祖。右药十物，各如法捣筛，仍捣三万杵，同炼过白蜜和捣一二万杵，酒服，日三十九。③

从处方的组成看，适用于脾肾阳虚证。我们知道，肾乃"先天之本"，主骨生髓造血；脾乃"后天之本"，主统血运化升清。因此，该方以苍术、五灵脂、松脂、仙灵脾、云母粉与生地、泽泻、干姜为伍，温肾健脾，又加石菖蒲化湿行气，从而使肾不亏、体不虚，脾气旺、抗衰老，故长期服用确实有轻身延年之功效。

五是服四童散法。《登真隐诀》引《上元宝经》说：

> （茅司命大君）又语小弟保命君曰：即宜服王母四童散，此反婴之秘道也。体中少损，宜服此方以补脑耳。④

至于四童散的组方和用法，《云笈七签》载：

> 丹砂七两，朱砂三两，胡麻四大两（九蒸九曝，煎令香），天门冬四两，茯苓五两，术三两，干黄精五两，桃仁四两（去皮尖）。右八味，合筛捣三万杵，冬月散服，夏月丸之，服以蜜丸如梧桐子大。志服八年，颜如婴童之状，肌肤如凝脂。昔王母传大茅君，大茅君传弟衷，立盟契约，誓不慢泄，泄则太上科之，慎软慎软！⑤

① 《太上除三尸九虫保生经》，《道藏》第18册，第703—704页。
② （南朝·梁）陶弘景撰，王家葵辑校：《登真隐诀辑校》，第173页。
③ （宋）张君房纂辑，蒋力生等校注：《云笈七签》卷74《方药部》，第460页。
④ （南朝·梁）陶弘景撰，王家葵辑校：《登真隐诀辑校》，第173页。
⑤ （宋）张君房纂辑，蒋力生等校注：《云笈七签》卷74《方药部》，第460页。

朱砂亦称辰砂，它的开采历史可追溯到二里头遗址时代。[①]现在人们把朱砂与丹砂合二为一了，但在陶弘景的时代，朱砂与丹砂却是被视为两味药物。考《说文》释"丹"字云："丹，巴、越之赤石也。象采丹井，一象丹形。"[②]又《黄帝九鼎神丹经》说："八石者，取巴、越丹砂，帝男、帝女飞之，曾青、矾石、礜石、石胆、磁石凡八物。"[③]可见，当时服食家将巴、越（指南越）所产的天然矿物原料"赤石"称为"丹砂"，不纯，常含有雄黄、磷灰石、沥青质等杂质，而经过炼制的丹砂则称为"朱砂"。所以陶弘景释"丹砂"云：

> 按：此化为汞及名真朱者，即是今朱砂也。俗医皆别取武都、仇池雄黄夹雌黄者，名为丹砂。方家亦往往俱用，此为谬矣。符陵是涪州，接巴郡南，今无复采者。乃出武陵、西川诸蛮夷中，皆通属巴地，故谓之巴砂。《仙经》亦用。越砂，即出广州、临漳者，此二处并好，惟须光明莹澈为佳。如云母片者，谓云母砂。……紫石英形者，谓马齿砂，亦好。如大小豆及大块圆滑者，谓豆砂。细末碎者，谓末砂。此二种粗，不入药用，但可画用尔。采砂，皆凿坎入数丈许。虽同出一郡县，亦有好恶。地有水井胜火井也。炼饵之法，备载《仙方》，最为长生之宝。[④]

由于丹砂在炮制过程中一旦加热，其硫化汞就会转化为氧化汞，从而使其毒性大大增加。因此，至少从汉魏时起，服食家便发现了丹砂的这种化学特性，所以人们采用研、捣等方法来炮制朱砂。如《中藏经》载"治尸厥卒痛方"中"朱砂二两，研"[⑤]，又"再生圆方"中"朱砂一两细研"[⑥]等。后来，《刘涓子鬼遗方》之"疥癣恶疮方"中也载有"丹砂，研"[⑦]的炮制方法。因此，《云笈七签》沿用汉魏以来的捣、研法，即将丹砂、朱砂、胡麻、干黄精等八味药"合筛捣三万杵"，服用时随季节的变化，或散或丸。朱砂和丹砂含有汞，久服能导致汞中毒，但为了降低丹砂的毒性，有人将"四童散"中的"八味药"去掉一味丹砂，剩余七味药则制成了"龟台四童酒"，认为其有"悦容颜，乌须发，壮精神，安五脏，健身益寿"[⑧]的功效。当然，关于"四童散"的益寿作用，还有待进一步观察。

六是四镇丸。前揭讲到"初神丸"时，曾有"太一四镇丸亦以断谷"[⑨]之说。故此"太一四镇丸"或称"长生四镇丸"，又称"太一禹余粮"。如《证类本草》引《登真隐

① 李仲均、李卫：《中国古代矿业》，天津：天津教育出版社，1991年，第86页。
② （汉）许慎：《说文解字》，北京：中华书局，1963年，第106页。
③ 《黄帝九鼎神丹经诀》卷1，《道藏》第18册，第798页。
④ （宋）唐慎微原著，（宋）艾晟刊订，尚志钧点校：《大观本草》卷3《丹砂》引，合肥：安徽科学技术出版社，2002年，第69页。
⑤ （汉）华佗：《中藏经》卷下《疗诸病药方六十八道》，陈振相、宋贵美：《中医十大经典全录》，第492页。
⑥ （汉）华佗：《中藏经》卷下《疗诸病药方六十八道》，陈振相、宋贵美：《中医十大经典全录》，第494页。
⑦ 严世芸主编：《三国两晋南北朝医学总集》，第894页。
⑧ 朱荣宽、隋华章编著：《家庭养生酒》，上海：上海科学技术出版社，2004年，第99页；高景华编著：《名医珍藏药酒大全》，西安：陕西科学技术出版社，2012年，第440页。
⑨ （南朝·梁）陶弘景撰，王家葵辑校：《登真隐诀辑校》，第166页。

诀》"长生四镇丸"说：

> 太一禹余粮，定六府，定六腑，镇五藏。注云：按本草有太一余粮、禹余粮两种，治体犹同，而今世惟有禹余粮，不复识太一。此方所用，遂合其二名，莫辨何者的是。而后小镇直云禹余粮，便当用之耳。余粮多出东阳山岸间，茅山甚有。好者状如牛黄，重重甲错，其佳处乃紫色，泯泯如面，啮之无复磈。虽然，用之宜细研，以水洮取汁，澄之，勿令有沙土也。①

禹余粮是一种氢氧化物类矿物褐铁矿，临床上有收敛止泻、补血止血和涩肠的功效，此外还有明显的抑瘤作用。经检测，禹余粮除了含铁最多外，还含有其他 40 多种元素，其中常量元素 5 种，即钙等，微量元素 36 种，如铁等。②然而，需要强调的是，由于禹余粮的来源和成分非常复杂，有些禹余粮含有铅等有害元素，长期服用会导致中毒反应。因《登真隐诀》没有载录具体的"四镇丸"方，而从《云笈七签》对"四镇丸"的介绍看，"长生四镇丸"的药物组成相当复杂，总计 20 味药物，且制作过程也很讲究。③人的生命过程比较复杂，从营养学的角度讲，人体的生理运动需依赖于外源性的食物补给，按照道家的理念，外源性食物主要包括五谷及其他野生植物和矿物。我们知道，人与自然是一个整体，那么，如何从营养学的角度来理解这个统一性，确实需要认真研究。道家与世俗的饮食习惯不同，他们开辟了一条以更易于采集的植物和矿物为外源性食物的路径，这条路径当然有风险，但是它毕竟为人类如何更有效地利用野生植物资源进行了长期不懈的艰苦探索，应当承认还是取得了一定成果。至于如何更加科学地开发和利用这份宝贵遗产，则尚需医药学界同仁的共同努力。

（3）章符与请官。道教内部也有一套应对疾病突发事件的措施，像章符和请官便是两种常见的措施。道教章符为张道陵所创，在其《正一法文经章官品》一书中，张道陵认为，宇宙万物均由"气"构成，但"气"分布在"九天"，具有不同的表现形式。例如，三天之气为道气，六天之气为故气，而"故气"往往"构合百精，及五伤之鬼"④。不管何种鬼，都能被控制，这是道家"章符"说形成的主要思想依据，也是其积极应对疾病的一种现实态度。⑤就"九天"来说，"三天道气"即是用来战胜"六天故气"的，只不过"三天道气"各有神官所领。因此，一旦出现疟鬼横行，就应马上通过"章符"来"请官"去战胜病魔。至于上章的具体要求是：

> 上章当别有笔砚以书，不得杂也。墨亦异之。此笔砚若是写经常净用者，共之无嫌，自不得与世中书疏同耳。左行摩墨四十九过，止，重摩墨亦四十九转。左行如星次向东也。重摩墨者，谓程墨时四十九过，以法大衍圆著之数，故能通幽达神者矣。

---

① （南朝•梁）陶弘景撰，王家葵辑校：《登真隐诀辑校》，第 182 页。
② 刘圣金等：《矿物药禹余粮的本草考证与研究进展》，《中国现代中药》2014 年第 10 期，第 788—792 页。
③ （宋）张君房纂辑，蒋力生等校注：《云笈七签》卷 77《方药部•九真中经四镇丸》，第 478 页。
④ 《陆先生道门科略》，《道藏》第 24 册，第 779 页。
⑤ 范家伟：《汉唐时期道教与疟鬼说》，《华林》编辑委员会：《华林》第 2 卷，北京：中华书局，2002 年，第 300 页。

此一条使人学道之意，弥精贯毫厘，动有法象，岂得为尔泛泛耶。书章时烧香，向北书之。当别用好纸笔，巾案触物皆使洁净，束带恭坐，谨正书治，疏概墨色，皆令调好，面糊函封，依法奏上。案令所应上章，并无正定好本，多是凡狡祭酒虚加损益，永不可承用。唯当依《千二百官仪注》，取所请官，并此二十四官与事目相应者请之。先自申陈疾患根源，次谢愆考罹咎，乃请官救解，每使省衰。若应有酬赗金青纸油等物，皆条牒多少，注诏所赗吏兵之号，不得混漫。章中无的赗奉，若口启亦然。其悬赗者，须事效即送，登即呈启所赗之物，皆分奉所禀天师，及施散山栖学士，或供道用所须，勿以自私赡衣食，三官考察，非小事也。按小君言：人家有疾病、死丧、衰厄、光怪梦寐、钱财减耗，可以禳厌。唯应分解冢讼墓注为急，不能解释，祸方未已。①

特别注意：在上章的过程中，"先自申陈疾患根源，次谢愆考罹咎，乃请官救解"，即通过上章者的自述，如写出病因、症状，尤其是情绪变化等，对书章者而言，实际上就起到了对病情的诊断作用。因此，写章实则就是开处方。只不过它被道家披上了神秘的宗教外衣而已。比如：

书符之法，先以青墨郭外四周，乃以丹书符文于内。若无青墨，丹亦可用。此说乃是论救卒符意。凡书诸符，自皆宜如此。青墨者，细研空青，厚胶清和为丸，曝使干燥，用时正尔研之，如用墨法也。②

若书治邪病符，当用虎骨、真朱合研，研毕，乃染笔书符。虎骨当先捣为细屑，下重绢筛，三分减，朱二，乃合胶清，用以书符。凡辟鬼符，皆自宜尔。此书符法，本在救卒符后，今抄出与章事相随耳，非本次第也。③

为此，《登真隐诀》举例如下：

若欲上治邪病章，当用青纸。三官主邪君吏，贵青色也。谓人有淫邪之气，及诸庙座邪鬼为患，请后平天君等消制之。上章者当以朱书青纸章也。亦可别赗青纸，随人多少。④

若注气鬼病，当作击鬼章。谓家有五墓考讼死丧逆注之鬼来为病害，宜攻击消散，请后四胡、高仓君将等，上章毕者，合捣服之，如后法也。上章毕，用真朱二分，古秤，即今之一两也。合已上之章，于臼中捣之，和以蜜成丸，分作细丸，顿服之。用平旦时，入静，北向，再拜服之。垂死者皆活。勿令人知捣合之时也。使病者魂神正，鬼气不敢干。他病亦可为之也。若病者能自捣和为佳，不尔即上章祭酒为捣之。先以蜜渍纸，令软烂，乃捣为丸。此章自不过两纸，所丸亦无多，必应一过顿

---

① （南朝·梁）陶弘景撰，王家葵辑校：《登真隐诀辑校》卷下《章符》，第76—77页。
② （南朝·梁）陶弘景撰，王家葵辑校：《登真隐诀辑校》卷下《章符》，第78—79页。
③ （南朝·梁）陶弘景撰，王家葵辑校：《登真隐诀辑校》卷下《章符》，第79页。
④ （南朝·梁）陶弘景撰，王家葵辑校：《登真隐诀辑校》卷下《章符》，第75页。

服，以清水送之，不得分为两三也。云余病亦可为者，则不止于击鬼也。①

在上清派的医疗体系内，"请官"是治疗疾病的重要环节，而"请官"的实质就是对症用药。例如，《登真隐诀》引《千二百官仪》的"请官"内容云：

> 若面目有患，当上章及入静，请天明君五人，官将百二十人，在南纪宫下，治面上诸疾。凡云在诸宫者，皆谓太清三气之宫，患祸所趋之府，君吏所由之曹。故令各先到其宫，乃下治之。凡云君五人者，犹共官将百二十人。凡直云君者，皆一人也。②

> 男患两目痛，请天明君五人，官将百二十人，在南纪宫，又主左目。女患痛，请地明君五人，官将百二十人，在北里宫，又主右目。赊钱绢谷米。③

> 若咳逆上气，吐下青黄赤白五瘟蛊毒六魁之鬼，当请北里大机君，官将百二十人，在太衡宫下。此瘟毒魁者，皆疫疠之疾，风疟众患，亦皆由之。④

> 胸痛满，上气咳逆，请北里大机君，官将百二十人，治太衡宫，治咳逆上气，吐下青黄赤白五瘟蛊毒六魁之鬼。赊扫除纸笔。⑤

凡此种种，几乎囊括了当时所见到的各种内外科疾患。对这些疾患的用药应当是有针对性的。至于具体的药物组成，有些论述很清楚，有些则没有说明。但陶弘景所谓"请官"的明确指向有二：一是将致病因素归之于"邪气"，体现了他对疾病认识的客观性和实在性，在这个方面，尽管道家采用了神学的包装形式，但它的治疗手段与一般医家的辨证施治其实没有根本区别；二是以可控性和可知性的认识论为前提，对疾患的发生，不是盲目施治，而是根据患者的自述及对书写章符者的观察，有针对性地进行救治，体现了道家在防治疾病方面的积极态度。

（三）《本草经集注》与陶弘景"领略轻重"的本草思想

《本草经集注》是陶弘景对南北朝之前药物学发展的又一次全面总结，因为在《神农本草经》之后，先后出现了《蔡邕本草》《吴普本草》《李当之药录》《桐君采药录》《徐叔向本草病源合药要钞》《体疗杂病本草要钞》《雷公炮炙论》等，这些药学专著都程度不同地拓展了本草学的应用范围，与《神农本草经》收载365种药材相比较，"或五百九十五，或四百四十一，或三百一十九"⑥，可谓极一时之盛。陶弘景在号称"金坛华阳之天"的第八洞宫茅山立馆修道，然而他并没有沉迷于炼丹，而是"遍历名山，寻访仙

---

① （南朝·梁）陶弘景撰，王家葵辑校：《登真隐诀辑校》卷下《章符》，第75—76页。
② （南朝·梁）陶弘景撰，王家葵辑校：《登真隐诀辑校》卷下《请官》，第81页。
③ （南朝·梁）陶弘景撰，王家葵辑校：《登真隐诀辑校》卷下《请官》，第81页。
④ （南朝·梁）陶弘景撰，王家葵辑校：《登真隐诀辑校》卷下《请官》，第81页。
⑤ （南朝·梁）陶弘景撰，王家葵辑校：《登真隐诀辑校》卷下《请官》，第82页。
⑥ （南朝·梁）陶弘景：《本草经集注》卷1《序录》，严世芸、李其忠主编：《三国两晋南北朝医学总集》，第1011页。

药"①。在这个过程中，他采集到了许多为《神农本草经》所不载的药物。于是，陶弘景自述说："隐居先生，在乎茅山岩岭之上，以吐纳余暇，颇游意方技，览本草药性，以为尽圣人之心，故撰而论之。"②遂成《本草经集注》，合为三卷，其中"《本草经》卷上，序药性之本源，诠病名之形诊，题记品录，详览施用之。《本草经》卷中，玉石、草、木三品，合三百五十六种。《本草经》卷下，虫兽、果、菜、米食三品，合一百九十五种。有名无实三条，合一百七十九种。合三百七十四种。右三卷，其中、下二卷，药合七百卅种，各别有目录，并朱、墨杂书，并子注。今大书分为七卷"③。因《本草经集注》原书已佚，今辑本以《三国两晋南北朝医学总集》所收录的内容最全。据此，笔者拟对陶弘景的本草思想略作阐释如下。

1. "领略轻重"与药物立方之君臣佐使

临床用药有"君臣佐使"之说，这是常见的中医处方原则。《黄帝内经素问》载有黄帝与岐伯的一段对话，黄帝问："方制君臣何谓也？"岐伯回答说："主病之谓君，佐君之谓臣，应臣之谓使，非上下三品之谓也。"④然而，道医立论的角度却更看重本草自身的性味特征，故陶弘景仍然以"上下三品"来定位药物的"君臣佐使"，却不违其"一家撰制"的著书宗旨，但也有变化。他引《神农本草经》的话说：

> 上药一百廿种，为君，主养命以应天。无毒，多服、久服不伤人。欲轻身益气，不老延年者，本上经。中药一百廿种，为臣，主养性以应人。无毒、有毒，斟酌其宜。欲遏病补虚赢者，本中经。下药一百廿五种，为佐、使，主治病以应地。多毒，不可久服。欲除寒热邪气，破积聚愈疾者，本下经。⑤

他又说：

> 药有君臣佐使，以相宣摄。合和者宜用一君、二臣、五佐，又可一君、三臣、九佐也。本说如此。案今用药犹如立人之制，若多君少臣，多臣少佐，则势力不周故也。而检世道诸方，亦不必皆尔。大抵养命之药则多君，养性之药则多臣，治病之药则多佐。犹依本性所主，而兼复斟酌。详用此者，益当为善。又恐上品君中复各有贵贱，譬如列国诸侯，虽并得称君制，而犹归宗周。臣佐之中亦当如此。所以门冬、远志，别有君臣，甘草国老、大黄将军，明其优劣，不皆同秩。自非农岐之徒，孰敢诠

① 《梁书》卷51《陶弘景传》，第742页。

② （南朝·梁）陶弘景：《本草经集注》卷1《序录》，严世芸、李其忠主编：《三国两晋南北朝医学总集》，第1011页。

③ （南朝·梁）陶弘景：《本草经集注》卷1《序录》，严世芸、李其忠主编：《三国两晋南北朝医学总集》，第1011页。

④ 《黄帝内经素问》卷22《至真要大论篇》，陈振相、宋贵美：《中医十大经典全录》，第138页。

⑤ （南朝·梁）陶弘景：《本草经集注》卷1《序录》，严世芸、李其忠主编：《三国两晋南北朝医学总集》，第1011页。

正，正应领略轻重，为其分剂也。①

这样，陶弘景便将"君臣佐使"分成两个系统：道医系统与世医系统，前者以养命和养性为主，辅以治病，故用上品药为君；后者则以治病为主，辅之以养命和养性，故用"主病之为君"。两者的着眼点不同，不可混淆。例如，前揭"四童散"中的丹砂、"四扇散"中的云母、"四镇丸"中的太一禹余粮等，在《神农本草经》及《名医别录》里，都属于上品药，故为"君"。尽管有些"上品药"用今天的医学观点看，并非"无毒"，像水银、丹砂、矾石等，皆有毒性，临床上内服应慎重，但在陶弘景的时代，服食家对上品药毒性的认识还很幼稚。有时人们对所谓长生药物的迷恋和崇拜程度远远超过了药物本身所含有的毒性。与《真诰》及《登真隐诀》所载药方的"君臣佐使"不同，陶弘景在《辅行诀脏腑用药法要》、《陶隐居效验方》和《灵奇方》等方书里，则完全是按照《黄帝内经素问》所讲的"君臣佐使"原则来处方用药，如《辅行诀脏腑用药法要》所载"调中补心汤"的药物组成为：

　　旋覆花（一升）、栗子（打去壳，十二枚）、葱叶（十四茎）、豉（半斤）、栀子（十四枚，打）、人参（三两，切）。②

方中人参、栗子为上品，栀子、豉、葱叶属于中品，旋覆花属于下品，但组成该方的"君药"不是人参和栗子，而是栀子。下面是专家对"调中补心汤"组方配伍的分析，亦即"方解"：

　　方中栀子苦寒而色赤，苦味入心，色赤应心，寒能清热，故为清心之良药，用为君药。豆豉是经过黑豆发酵而成，其形似肾，色黑应肾，其味香窜，香能发散，其气升浮，故可鼓动肾水上达以济心阴，使心阳不亢，又能宣散心经郁热，使心火透达于外；又用宣散之葱叶，以助豆豉宣散心经郁热，上述共为臣药。佐以人参补益脾胃，助气血化生，可使心有所养；板栗养胃健脾，以助人参培补后天；旋覆花降胃气，防止胃气上逆。……全方的最大特点在于药食同用，清补兼施，如此，则心经热去，正气安和。③

在这里，我们举"调中补心汤"组方配伍为例，旨在说明陶弘景开处方时，总是会随着施治对象的不同而不断调整和改变其处方思维。

2. "区畛物类"与新的药物分类系统

约成书于东汉的《神农本草经》，受到当时盛行的神仙三界思想影响，按照天、地、人万物之本的原则，将365种药物主观地分为上、中、下三品，引文见前。葛洪《神仙

① （南朝·梁）陶弘景：《本草经集注》卷1《序录》，严世芸、李其忠主编：《三国两晋南北朝医学总集》，第1012页。
② （南朝·梁）陶弘景：《辅行诀脏腑用药法要》，严世芸、李其忠主编：《三国两晋南北朝医学总集》，第1113页。
③ 刘喜平主编：《敦煌古医方研究》，北京：科学普及出版社，2006年，第292页。

传》载广成子的话说："人其尽死，而我独存焉。"①此即"仙人"的理念，那么，这些"仙人"以什么东西为食呢？诚然，他们以食矿物为主。故此，《神农本草经》开篇就罗列了30多种矿物药，名为仙人的食物，认为它们"无毒，多服、久服不伤人"。据此，《神仙传》讲述了很多仙人的食物，例如："（沈文泰）以竹根汁煮丹黄土，去三尸。"② "（白石生）常煮白石为粮。"③ "（唐公昉）入云台山中合丹，丹成，便登仙去。"④ "（南极子）服云霜丹而得仙去矣。"⑤《神农本草经》成书的时代，东汉灾害频发，仅《后汉书·五行志》所载，严重蝗灾就出现了七八次。例如，"五年夏，九州蝗。六年三月，去蝗处复蝗子生。七年夏，蝗。元初元年夏，郡国五蝗。二年夏，郡国二十蝗。延光元年六月，郡国蝗。顺帝永建五年，郡国十二蝗。……桓帝永兴元年七月，郡国三十二蝗"⑥。由于受害之烈，有些地方甚至出现了人相食的现象。例如，永初二年（108），"时州郡大饥，米石二千，人相食，老弱相弃道路"⑦。又永初三年（109），"三月，京师大饥，民相食"⑧。再有，汉桓帝元嘉元年（151），"任城、梁国饥，民相食"⑨。汉献帝兴平元年（194），"三辅大旱……是时谷一斛五十万，豆麦一斛二十万，人相食啖"⑩。汉献帝建安二年（197），"是岁饥，江淮间民相食"⑪。在这样的生活环境下，我们就能理解《神农本草经》为什么将矿物药列为上品，而把粟米、稻米等谷物列为中下品。因为矿物类药物的抗饥饿性较强，在谷米极其短缺的情况下，提倡"仙人"思想，其实质还是引导人们正确地面对死亡。可见，《神农本草经》的上中下三品药物分类法，基本上顺应了东汉社会发展的历史趋势，故有其合理性。

如果说东汉时期，由于粮食短缺，人们不得不通过"断谷法"来应对灾荒岁月，那么，南朝的情况就好多了。沈约在总结南朝宋、齐、梁的社会经济发展状况时说：

> 江南之为国盛矣！虽南包象浦，西括邛山，至于外奉贡赋，内充府实，止于荆、扬二州。自汉氏以来，民户雕耗，荆楚四战之地，五达之郊，井邑残亡，万不余一也。自义熙十一年司马休之外奔，至于元嘉末，三十有九载，兵车勿用，民不外劳，役宽务简，氓庶繁息，至余粮栖亩，户不夜扃，盖东西之极盛也。既扬部分析，境极江南，考之汉域，惟丹阳会稽而已。自晋氏迁流，迄于太元之世，百许年中，无风尘之警，区域之内，晏如也。及孙恩寇乱，歼亡事极，自此以至大明之季，年逾六纪，民户繁育，将曩时一矣。地广野丰，民勤本业，一岁或稔，则数郡忘饥。会土带海傍

① （晋）葛洪：《神仙传》卷1《广成子》，济南：山东画报出版社，2004年，第269页。
② （晋）葛洪：《神仙传》卷1《沈文泰》，第270页。
③ （晋）葛洪：《神仙传》卷1《白石生》，第273页。
④ （晋）葛洪：《神仙传》卷3《李八百》，第280页。
⑤ （晋）葛洪：《神仙传》卷4《南极子》，第291页。
⑥ 《后汉书·五行志》，第3318—3319页。
⑦ 《后汉书》卷5《孝安帝纪》引《古今注》，第209页。
⑧ 《后汉书》卷5《孝安帝纪》引《古今注》，第212页。
⑨ 《后汉书》卷7《孝桓帝纪》，第297页。
⑩ 《后汉书》卷9《孝献帝纪》，第376页。
⑪ 《后汉书》卷9《孝献帝纪》，第380页。

湖，良畴亦数十万顷，膏腴上地，亩直一金，鄂、杜之间，不能比也。荆城跨南楚之富，扬部有全吴之沃，鱼盐杞（杞）梓之利，充仞八方，丝绵布帛之饶，覆衣天下。①

此时，随着经济形势的好转，南朝的粮食生产已经能够满足人们日常消费之需要。于是，服食矿物药的热情逐渐开始冷却，与之相反，人们对草木药的需要越来越迫切，由此导致草木药的品种大量增加，而如何更加客观地分析和总结当时业已取得的中药学成果，便成了陶弘景的当务之急。陶弘景说："以《神农本经》三品，合三百六十五为主，又进《名医》副品亦三百六十五，合七百卅种。"②另有学者统计，《本草经集注》中本草类药物注释文字的比例远远多于其他类药物，尤其是远远多于玉石类药物。这是一个非常重要的细节变化，陈元朋认为："推考其由，除了是受到了像是后蜀韩保升所谓的'诸药中草类最多'——这个客观因素的影响外，还可能与时序变迁下，药物在产地、名义上所产生的移易，乃至于其所涉及的品种鉴别问题，有着密切的关系。"③此外，我们还应考虑到陶弘景自身对药物性味的新认识。虽然陶弘景是一位道士，但从其思想发展与演变的内在逻辑看，他更像是一位医者。道士追求长生的境界，而医者最注重生命质量的现实性，因而也更加重视对疾病的防治。在陶弘景之前，葛洪尚十分推崇像丹砂一类的"仙药"，而鄙视草木类药物，如《抱朴子内篇》就有"不得金丹，但服草木之药及修小术者，可以延年迟死耳，不得仙也"④的话，又有"上药令人身安命延，升为天神，遨游上下，使役万灵"⑤的议论。与葛洪的认识不同，陶弘景认为"上品药"并非都是"无毒"的"仙药"。他在《本草经集注·序录》中解释道：

> 今案上品药性亦皆能遣疾，但其势力和厚，不为仓卒之效，然而岁月将服，必获大益，病既愈矣，命亦兼申。天道仁育，故云应天。独用百卅种者，当谓寅、卯、辰、巳之月，法万物生荣时也。中品药性，治病之辞渐深，轻身之说稍薄，于服之者祛患当速，而延龄为缓，人怀性情，故云应人。百卅种者，当谓午、未、申、酉之月，法万物熟成时也。下品药性专主攻击，毒烈之气倾损中和，不可恒服，疾愈则止。地体收煞，故云应地。独用一百卅五种者，当谓戌、亥、子、丑之月，兼以闰之盈数加之，法万物枯藏时也。⑥

可见，陶弘景对上品药的认识不再仅仅着眼于"成仙"一点，而是开始考察其"遣疾"的功能。同时，陶弘景还发现，上品药并非"无毒"，长期服用未必安全，例如，"水

① 《宋书》卷 54《孔季恭传论》，第 1540 页。

② （南朝·梁）陶弘景：《本草经集注》卷 1《序录》，严世芸、李其忠主编：《三国两晋南北朝医学总集》，第 1011 页。

③ 陈元朋：《〈本草经集注〉所载"陶注"中的知识类型、药产分布与北方药物的输入》，常建华主编：《中国社会历史评论》第 12 卷，天津：天津古籍出版社，2011 年，第 189 页。

④ （晋）葛洪：《抱朴子·抱朴子内篇》卷 3《极言》，《百子全书》第 5 册，第 4739 页。

⑤ （晋）葛洪：《抱朴子·抱朴子内篇》卷 2《仙药》，《百子全书》第 5 册，第 4723 页。

⑥ （南朝·梁）陶弘景：《本草经集注》卷 1《序录》，严世芸、李其忠主编：《三国两晋南北朝医学总集》，第 1012 页。

银有毒"①、石胆有毒②、桂有毒③、"干漆有毒"④、"翘根有小毒"⑤、秦椒有毒⑥等，因而继续沿用《神农本草经》的药物分类法，显然已经不合时宜了。于是，陶弘景提出了新的分类法，即按照药物的自然属性分成玉石、草木、虫兽、果、菜、米食、有名无实七大部，每部之下再分上、中、下三品。这种分类法有利于对药物资源的系统考察，极大地推动了药物学的深入发展，并为后世沿用了一千多年。

由于药物功能与疾病的关系存在一定对应性，什么药物适用于何种疾病，在陶弘景之前，尚无人进行这方面的专门研究和总结。我们知道，经过张仲景、华佗等医家的努力，人们对临床病症的认识已经越来越深刻，同时治疗经验也越来越丰富，而这种趋势的发展便在客观上要求医者必须熟练掌握药物的临床应用价值，临证施治，灵活开处方。为此，陶弘景提出了"诸病通用药"分类体例，他在《本草经集注·序录》中共列举了80多种病症的通用药物，临床上非常实用。例如，治疗"温疟"的通用药物有恒山、蜀漆、鳖甲、牡蛎、麻黄、大青、防葵、猪苓、防己、茵芋、白头翁、女青、巴豆、莞花、白薇。考《备急千金要方》的防治温疟处方，即载有"鳖甲煎丸"、"牡蛎汤"、"蜀漆散"、"麻黄汤"和"恒山丸"等，证明陶弘景的经验总结符合临床实际。又如治疗"癫痫"的通用药物有龙齿角、牛黄、房葵、牡丹、白蔹、莨菪子、雷丸、铅丹、钩藤、僵蚕、蛇床、蛇蜕、蜣螂、蚱蝉、白马目、白狗血、豚卵、牛睹、犬齿。《太平圣惠方》治疗癫痫的"蚱蝉煎"，方药组成有蚱蝉、麻黄、钩藤、蛇蜕、龙齿、白芍药等，而现代临床上专治癫痫病的"河南囊虫丸2号"，其药物组成亦有蛇床子、僵蚕、胆南星等，且总有效率为83.4%。

3. 地道药材与药物的采集、加工

药材的质量由土壤、气候、水文、植被、地貌、生物圈、采集时节、加工方法等多种因素所决定，而同一种药材在不同的产地，其质量优劣差别很大，这就引起了药物学家对"地道药材"的重视。从本草学文献的角度讲，关于药物品质与其生长环境的关系，《神农本草经》曾有"生熟土地，所出真伪新陈，并各有法"⑦的阐释，一般学者把这段话看作是"地道药材"的思想渊源。如对药材的称呼，往往冠以地名，像巴豆、吴茱萸、蜀羊泉、秦皮等，即体现了《神农本草经》的"地道性"。之后，《黄帝内经》、《伤寒杂病论》及《范子计然》等文献，都对"地道药材"有所关注。甚至《范子计然》还论述了"地道药材"的质量标准，如"白芷出齐郡，以春取黄泽者善也……赤石脂出河东，色赤者善……石钟乳出武都，黄白者善……曾青出宏农，豫章。白青出新淦，青色者善……石赭

① （南朝·梁）陶弘景撰，尚志钧辑校：《名医别录（辑校本）》，北京：中国中医药出版社，2013年，第2页。
② （南朝·梁）陶弘景撰，尚志钧辑校：《名医别录（辑校本）》，第4页。
③ （南朝·梁）陶弘景撰，尚志钧辑校：《名医别录（辑校本）》，第30页。
④ （南朝·梁）陶弘景撰，尚志钧辑校：《名医别录（辑校本）》，第32页。
⑤ （南朝·梁）陶弘景撰，尚志钧辑校：《名医别录（辑校本）》，第50页。
⑥ （南朝·梁）陶弘景撰，尚志钧辑校：《名医别录（辑校本）》，第51页。
⑦ （清）黄奭：《神农本草经》，陈振相、宋贵美：《中医十大经典全录》，第305页。

出齐郡，赤色者善……细辛出华阴，色白者善……附子出蜀，武都，中白者善"①等。《本草经集注》积极吸收《范子计然》对"地道药材"所建立起来的质量标准指导原则，据统计，清人孙星衍等在辑《神农本草经》时，征引《范子计然》的相关内容达 67 处。尽管陶弘景《本草经集注》没有直接征引《范子计然》的成果，但从《本草经集注》对一些"地道药材"产地的记载与《范子计然》所记述的产地基本一致的事实来看，如《本草经集注》云"白青生豫章山谷""细辛生华阴山谷"等，不排除《范子计然》对陶弘景"地道药材"思想的形成产生了一定影响。在此基础上，陶弘景对"地道药材"的认识更进一步。他说：

> 诸药所生……秦、汉以前，当言列国，今郡县之名，后人所改耳。自江东以来，小小杂药，多出近道，气势理，不及本邦。假令荆、益不通，则令用历阳当归，钱唐三建，岂得相似。所以治病不及往人者，亦当缘此故也。蜀药及北药，虽有去来，亦复非精者，又市人不解药性，唯尚形饰。上党人参，殆不复售；华阴细辛，弃之如芥。②

不懂"地道药材"的重要性，对中药学的危害是显而易见的。由于舍"地道"而取"近道"，结果药材的功效大打折扣，临床效果肯定亦难尽人意。对此，陶弘景感慨尤深。例如，对丹砂的质量，陶弘景从"地道"辨析说：

> 世医皆别取武都仇池雄黄夹雌黄者，名为丹砂。方家亦往往俱用，此为谬矣。涪陵是涪州，接巴郡南，今无复采者。乃出武陵，西川诸蛮夷中，皆通属巴地，故谓之巴沙。《仙经》亦用越沙，即出广州临漳者，此二处并好，惟须光明莹澈为佳。如云母片者，谓云母沙。如樗蒲子、紫石英形者，谓马齿沙，亦好。如大小豆及大块圆滑者，谓豆沙。细末碎者，谓末沙。此二种粗，不入药用，但可画用尔。采沙皆凿坎入数丈许。虽同出一郡县，亦有好恶。地有水井，胜火井也。炼饵之法备载《仙方》，最为长生之宝。③

丹砂质量的优劣，差别很大，如果以假乱真、以次充好，那么，丹砂的临床效果就可想而知了。难怪陶弘景反复强调"众医睹不识药，唯听市人，市人又不辨究，皆委采送之家。采送之家，传习治拙，真伪好恶莫测"④，所以陶弘景说："以此治病，理难即效，如斯并是药家之盈虚，不得咎医人之浅拙也。"⑤这绝不是为医者推脱责任，实在是假药、劣质药品害死人。而《本草经集注》的意义不仅仅在于帮助医者提高鉴别伪劣药材的能力，

① 鲁迅辑：《鲁迅辑录古籍丛编》第 3 卷《范子计然》，北京：人民文学出版社，1999 年，第 336—338 页。
② （南朝·梁）陶弘景：《本草经集注》卷 1《序录》，严世芸、李其忠主编：《三国两晋南北朝医学总集》，第 1014 页。
③ （南朝·梁）陶弘景：《本草经集注》卷 2《玉石》，严世芸、李其忠主编：《三国两晋南北朝医学总集》，第 1028 页。
④ （南朝·梁）陶弘景：《本草经集注》卷 1《序录》，严世芸、李其忠主编：《三国两晋南北朝医学总集》，第 1014 页。
⑤ （南朝·梁）陶弘景：《本草经集注》卷 1《序录》，严世芸、李其忠主编：《三国两晋南北朝医学总集》，第 1015 页。

更在于从源头，也就是在采集药材这个环节把好关口，不让伪劣药材流入市场，坑害患者。陶弘景相信除了极少数不法药商外，大多"采送之家"并不想成心"唯尚形饰"[①]而降低药材质量，而主要是因为他们缺乏药材加工知识，或者采集、加工不得法，结果使原生药材的质量得不到保证，甚至出现了为片面追求"形饰"而迎合商人的好恶，不顾原生药材的品质，致使"钟乳醋煮令白，细辛水渍使直，黄芪蜜蒸为甜，当归酒洒取润，螵蛸胶着桑枝，蜈蚣朱足令赤"[②]的"造假"现象。为此，陶弘景讲述了许多"地道"中药材的鉴定方法。举例如下：

（1）石钟乳。"第一出始兴，而江陵及东境名山石洞，亦皆有之。惟通中轻薄如鹅翎管，碎之如爪甲，中无雁齿，光明者为善。长挺乃有一二尺者。色黄，以苦酒洗刷则白。《仙经》用之少。而世方所重，亦甚贵。"[③]

用性状鉴定来区别"地道"石钟乳的质量优劣，不失为一种直观、便捷的有效方法。据《中华本草》所述，石钟乳系含碳酸钙的水溶液滴积洞顶下垂而成，其构成的钟乳状集合体下端比较细小的圆柱状管部分，即为石钟乳药材。其表面凹凸，长短粗细不等，近中心有圆孔，孔的周围有同心环层，以色白或灰白、断面呈闪星状亮光者为善。与陶弘景的描述基本一致。由于《神农本草经》将石钟乳列为中品，故"《仙经》用之少"。可是，经过陶弘景倡导之后，其"久服延年益寿，好颜色，不老"[④]的观念深入唐朝士人之心，所以服食者众多，而连州石钟乳则是上等的贡品，专供唐朝皇帝服食。例如，唐太宗曾用石钟乳、硫黄等矿物来炼"五石散"，最后却因热毒攻心而死于"暴疾"[⑤]。

（2）硝石。陶弘景提出了用焰色法鉴别硝石的方法，他说：

> 治病亦与朴消相似，《仙经》多用此消化诸石。今无正识别此者，顷来寻访，犹云与朴消同山，所以朴消名消石朴也，如此则非一种物。先时有人得一种物，其色理与朴消大同小异，胐胐如握盐雪不冰，强烧之，紫青烟起，仍成灰。不停沸如朴消，云是真消石也。[⑥]

引文中硝石的化学式系 KNO_3，钾在氧气中燃烧时，呈浅紫色火焰，并有钾灰产生。与之不同，朴硝、钠在氧气中燃烧时，呈黄色火焰，并产生淡黄色固体。可见，两者的区别较大。有专家评论陶弘景这项原创的科技发明成就说：

> 这种方法经过长期演变之后，就逐渐发展为近代化学上鉴别钾硝石和钠硝石的焰

---

① （南朝·梁）陶弘景：《本草经集注》卷1《序录》，严世芸、李其忠主编：《三国两晋南北朝医学总集》，第1014页。

② （南朝·梁）陶弘景：《本草经集注》卷1《序录》，严世芸、李其忠主编：《三国两晋南北朝医学总集》，第1014—1015页。

③ （南朝·梁）陶弘景：《本草经集注》卷2《玉石》，严世芸、李其忠主编：《三国两晋南北朝医学总集》，第1033页。

④ （南朝·梁陶弘景撰）尚志钧辑校：《名医别录（辑校本）》，第83页。

⑤ 《旧唐书》卷14《宪宗本纪》，北京：中华书局，1975年，第432页。

⑥ （南朝·梁）陶弘景：《本草经集注》卷2《玉石》，严世芸、李其忠主编：《三国两晋南北朝医学总集》，第1030页。

色检验法。这种检验法的近代物理学和化学原理是：当硝酸钾放在火焰上燃烧时，其外层电子便跃迁到激发状态，当电子从较高能级回到较低能级时，就会发出可见光范围内的紫色光，因而产生紫色烟焰。而朴硝在同样的条件下放在火焰上燃烧时，只能产生黄色烟焰。由于陶弘景的方法符合科学原理，所以他也就因此成为化学史上，用焰色检验法鉴别钾硝石和钠硝石的创始人。[①]

这一创造为火药的发明提供了基本而必要的条件。

（3）琥珀。如何鉴别真假琥珀，陶弘景说：

> 旧说云是松脂沦入地，千年所化，今烧之亦作松气。世有虎魄（琥珀）中有一蜂，形色如生。《博物志》又云烧蜂巢所作，恐非实。此或当蜂为松脂所粘，因坠地沦没耳。有煮鳖鸡子及青鱼枕作者，并非真，唯以拾芥为验。世中多带之辟恶。[②]

在此，"拾芥"就是指琥珀经摩擦后能吸引不导电的微小物体，而"芥"即指干燥的草籽等。诚然，"琥珀拾芥"现象早在古希腊时代就被泰勒斯认识到了，而英文中"电"（electricity）这个词便是从"琥珀金"（electrun）一词演变而来。但是，陶弘景用这种静电法来鉴别真假琥珀，却是一个创造性的应用，沿用至今。考《三国志·吴书》载有虞翻"虎魄不取腐芥，磁石不受曲针"[③]的话，这是因为腐烂的芥草含有水分，变成导电体，所以不能被带电的琥珀所吸引。从科学创新的角度看，既然腐芥不能被琥珀所吸引，那么，能不能反过来思考，应用干燥芥草能被琥珀所吸引的物理性质去鉴定真假琥珀呢？陶弘景通过实验证明了"琥珀拾芥"的科学性，当然，我们通过这个实例也多少能从中领悟出科学创造的一些规律。可惜，"直到欧洲近代电学传入中国之前，我国电学并无明显进步"[④]。

（4）龙骨。药材龙骨是指动物羚羊类、象类、鹿类、牛类、犀类等的骨骼化石，其中象类门齿的化石称作"五花龙骨"，其余的则称"白龙骨"，临床上都有镇静安神之功效。通常龙骨易与通炉甘石相混。所以为了鉴定龙骨是不是真的，陶弘景发明了吸附试法。他说：

> 今多出益州、梁州间，巴中亦有骨。欲得"脊脑"，作白地锦文，舐之著舌者，良。齿小强，犹有齿形。角强而实。又有龙脑，肥软，亦断痢。[⑤]

我们知道，《周易·乾卦》说"潜龙勿用"和"龙德而隐"[⑥]。于是，古人就把地下发

---

① 王兆春、潘嘉玢、庹平：《中国军事科学的西传及其影响》，石家庄：河北人民出版社，1999年，第6页。

② （南朝·梁）陶弘景：《本草经集注》卷2《玉石》，严世芸、李其忠主编：《三国两晋南北朝医学总集》，第1047—1048页。

③ 《三国志》卷57《虞翻传》引裴松之注，北京：中华书局，1959年，第1317页。

④ 杨仲耆、申先甲主编：《物理学思想史》，长沙：湖南教育出版社，1993年，第84页。

⑤ （南朝·梁）陶弘景：《本草经集注》卷6《虫兽》，严世芸、李其忠主编：《三国两晋南北朝医学总集》，第1075页。

⑥ 黄侃：《黄侃手批白文十三经·周易》，第1页。

掘出来的动物骨骼化石称为"龙骨",实际上,"龙骨"是个集合概念,包括多种动物骨骼化石。鉴别龙骨的真假,通常采用的方法是观形色、摸质感和舌舐舐。真龙骨色白或色黄,断面不平坦,在关节处有多数蜂窝状小孔;质地较硬,触摸时感觉如粉质,细腻;无气味,舐舐有黏舌感。[①]在古人看来,"龙骨"真的就是龙的骨骼。因此,陶弘景才说:"皆是龙蜕,非实死也。比来巴中数得龙胞,吾自亲见形体具存,云治产难。"[②]此说未必可靠,诚如有学者所言:"蝉、蛇蜕皮,幼儿蜕齿,但任何动物不可能全副骨骼系统从肉体蜕出后,还继续活着。龙死、龙蜕,全无实据。"[③]仅此而言,它暴露了"古人逻辑思维之欠缺"[④],甚至从南朝的陶弘景一直到明代的李时珍,都不能对"龙骨"的真实性和复杂性有所认识,从一个侧面印证了我国古代实验科学不发达的事实。"迟至现代,经查验,才知道龙骨绝大部分是第三纪后期和第四纪哺乳类(象、犀牛、马、鹿、驼、羚羊等)之骨化石。"[⑤]

(5)牛黄。该药材系脊索动物门哺乳纲牛科动物牛的干燥后胆囊、胆管或肝管结石,货源稀少,故世人多有造假者。因此,如何鉴别牛黄的真伪,对于保证牛黄的疗效十分重要。有感于此,陶弘景提出了下面的鉴定牛黄法:

> 旧云神牛出入鸣吼者有之,伺其出,角上以盆水承而吐之,即堕落水中。今人多皆就胆中得之尔。多出梁、益。一子如鸡子黄大相重叠,药中之贵,莫复过此。一子起二三分,好者直五六千至一万也。世人多假作,甚相似,唯以磨爪甲舐拭不脱者。是真之。[⑥]

此即中药史上鉴别牛黄的传统"透甲"法,当然这也是牛黄的重要形状之一。直到今天此法还在使用,如有专家介绍说:

> 取牛黄少许,加清水调和,涂于指甲上,能将指甲染成黄色,并有显著的清凉感觉透进指头;擦抹后指甲上具有明亮的黄色,以不退者为真。[⑦]

二、陶弘景道教科学思想的主要特点及其历史地位

(一)陶弘景道教科学思想的主要特点

1. 医药学研究以神仙学思想为指导

陶弘景所取得的医药学成就,除了生产实践本身发展的客观需要之外,从意识形态的

---

① 张贵君主编:《中药鉴定学》,北京:科学出版社,2002年,第514页。

② (南朝·梁)陶弘景:《本草经集注》卷6《虫兽》,严世芸、李其忠主编:《三国两晋南北朝医学总集》,第1075页。

③ 王笠荃:《中华龙文化的起源与演变》,北京:气象出版社,2010年,第175页。

④ 王笠荃:《中华龙文化的起源与演变》,第175页。

⑤ 王笠荃:《中华龙文化的起源与演变》,第175页。

⑥ (南朝·梁)陶弘景:《本草经集注》卷6《虫兽》,严世芸、李其忠主编:《三国两晋南北朝医学总集》,第1075页。

⑦ 马兴民编著:《实用名贵中药材》,杨凌:天则出版社,1989年,第46页。

角度讲，他始终自觉地把神仙学思想作为其科学研究的指南，这一点毋庸置疑。我国科技史学界的前辈王琎在《中国之科学思想》一文中曾提出"吾国科学思想有可发达之时期六"（即学术原始时期、学术分裂时期、研究历数时期、研究仙药时期、研究性理时期、西学东渐时期）的主张，其中"研究仙药时期"特指南北朝及唐代的这段科学技术发展历史。依此，则陶弘景的学术背景不能不受到这种风气的熏染，也不能不被这样的历史进步轨迹所约束。在陶弘景的众多著述中，明确研究仙药的专著就有《真诰》《登真隐诀》《合丹药诸法式节度》《集金丹药白要方》《服云母诸石药消化三十六水法》《服草木杂药法》《养性延命录》《大清经》《断谷秘方》《灵方秘奥》《消除三尸诸要法》《服气导引法》《人间诸却灾患法》等，在其所流传下来的著述中（包括后人的辑本），即使一般的医药著作，亦不忘记留给神仙服食类药物以叙说的空间和一定篇章，津津乐道，引以为豪，这应是陶弘景整个医药学著述的一个显著特点。

《本草经集注》在中药史上以其药物分类法的创新和考订统一药用度量衡制而名垂青史，为推动祖国医药学的发展做出了重大贡献。然而，就是这样一部伟大的作品，其指导思想却是"仙经道术所须"①。于是，《仙经》就成为陶弘景集注《神农本草经》的基本理论依据。例如：

（玉泉）炼服之法，亦应依《仙经》服玉法，水屑随宜，虽曰性平，而服玉者亦多乃发热，如寒食散状。金玉既天地重宝，不比余石，若未深解节度，勿轻用之。②

（玉屑）《仙经》服毂玉，有捣如米粒，乃以苦酒辈消令如泥，亦有合为浆者。凡服玉，皆不得用已成器物，及冢中玉璞也。③

（丹砂）《仙经》亦用越沙，即出广州临漳者，此二处并好，惟须光明莹澈为佳。④

（水银）还复为丹，事出《仙经》。⑤

（曾青）形累累如黄连相缀，色理小类空青，甚难得而贵，《仙经》少用之。⑥

（白青）此医方不复用，市人亦无卖者，惟《仙经》三十六水方中时有须处。⑦

据初步检索，《本草经集注》引录《仙经》之处，凡52见，其中"玉石卷"32见，

---

① （南朝·梁）陶弘景：《本草经集注》卷1《序录》，严世芸、李其忠主编：《三国两晋南北朝医学总集》，第1011页。

② （南朝·梁）陶弘景：《本草经集注》卷2《玉石》，严世芸、李其忠主编：《三国两晋南北朝医学总集》，第1028页。

③ （南朝·梁）陶弘景：《本草经集注》卷2《玉石》，严世芸、李其忠主编：《三国两晋南北朝医学总集》，第1028页。

④ （南朝·梁）陶弘景：《本草经集注》卷2《玉石》，严世芸、李其忠主编：《三国两晋南北朝医学总集》，第1028页。

⑤ （南朝·梁）陶弘景：《本草经集注》卷2《玉石》，严世芸、李其忠主编：《三国两晋南北朝医学总集》，第1028页。

⑥ （南朝·梁）陶弘景：《本草经集注》卷2《玉石》，严世芸、李其忠主编：《三国两晋南北朝医学总集》，第1029页。

⑦ （南朝·梁）陶弘景：《本草经集注》卷2《玉石》，严世芸、李其忠主编：《三国两晋南北朝医学总集》，第1029页。

"草木上品卷" 18 见，体现了神仙家服食药物的特点。

　　《辅行诀脏腑用药法要》不见于《隋书·经籍志》及《云笈七签·华阳隐居先生本起录》等典籍，但敦煌石窟出土的唐人卷子本录有此书，更幸运的是此卷子为清末河北威县医师张偓南购得，惜 20 世纪六七十年代被毁。今存《敦煌中医药全书》《敦煌医药文献辑校》《敦煌石窟秘藏医方——曾经散失海外的中医古方》《敦煌古医籍校证》《三国两晋南北朝医学总集》等版本。刘喜平《敦煌古医方研究》有一节专门论述《辅行诀脏腑用药法要》在研究古经方中的价值，而刘永霞博士亦在《道医陶弘景研究》中专辟一章详释《辅行诀脏腑用药法要》中的五脏病症。此外，丛春雨、邓铁涛、张永文、宋春光、刘志刚、高飞等学者也都提出了新的见解，甚至张永文等还发表了系列研究成果，对《辅行诀脏腑用药法要》进行了多角度的解读。例如，丛春雨从四个方面阐述了《辅行诀脏腑用药法要》的学术价值：第一，"展示辨治五脏病证 24 首经方，在于突出五行格局，经纬五脏用药，别具特色"[①]；第二，"重视治疗诸病误治后而出现的变证，并以此提出五首泻方"[②]，在于突出中医药辨证施治的科学性；第三，"阐述五首救诸劳损病方，并提出'五菜为充，五果为助，五谷为养，五畜为益'朴素的养生学观念，极具现实指导意义"[③]；第四，"治疗外感热病独有发挥，继承《汤液经法》之精髓，创制经方 12 首"[④]。王淑民考证，《辅行诀脏腑用药法要》"并非陶弘景自撰之书，应是后人辑录其说而为之"[⑤]。刘喜平认为，《辅行诀脏腑用药法要》在古经方中的价值主要体现为两点：一是《汤液经法》的雏形；二是印证了《伤寒论》医方的渊源。邓铁涛和郑洪在考察了《辅行诀脏腑用药法要》论述五行与五味之间相互关系的内容后，提出下面看法：第一，《辅行诀脏腑用药法要》以辛味属木、咸味属火、甘味属土、酸味属金、苦味属水，完全颠覆了自《尚书·洪范》以来的论述；第二，"明确提出'五行互含'，并有具体运用，是一大进展"[⑥]。张永文等阐释了《辅行诀脏腑用药法要》的成书年代[⑦]、服药法度[⑧]、急症治疗方剂[⑨]及二旦六神汤[⑩]等，着眼细处，视角新颖，从而使《辅行诀脏腑用药法要》的研究不断走向深入。虽然《辅行诀脏腑用药法要》不是陶弘景自撰，可是文中的大小方论却贯穿了陶弘景的神仙学思想。例如，在"二旦六神

---

①　丛春雨：《敦煌中医药精萃发微》，北京：中医古籍出版社，2000 年，第 3 页。

②　丛春雨：《敦煌中医药精萃发微》，第 26 页。

③　丛春雨：《敦煌中医药精萃发微》，第 28 页。

④　丛春雨：《敦煌中医药精萃发微》，第 33 页。

⑤　王淑民：《敦煌卷子〈辅行诀脏腑用药法要〉考》，中国中医研究院：《中国中医研究院建院四十周年论文选编》，第 206 页。

⑥　邓铁涛、郑洪主编：《中医五脏相关学说研究——从五行到五脏相关》，广州：广东科技出版社，2008 年，第 71 页。

⑦　张永文、郭郡浩、蔡辉：《敦煌遗书〈辅行诀脏腑用药法要〉探究》，《安徽中医学院学报》2003 年第 3 期，第 3 页。

⑧　张永文、沈思钰、蔡辉：《再探敦煌遗书〈辅行诀脏腑用药法要〉煎药及服药规律》，《中国中医药科技》2008 年第 4 期，第 315 页。

⑨　张永文、沈思钰、蔡辉：《敦煌遗书〈辅行诀脏腑用药法要〉急症治疗方剂浅析》，《中国中医急症》2007 年第 5 期，第 589 页。

⑩　张永文、沈思钰、蔡辉：《以敦煌遗书〈辅行诀脏腑用药法要〉考二旦、六神汤》，《安徽中医学院学报》2008 年第 5 期，第 4 页。

大小汤"方解中,陶弘景这样阐述说:

阳旦者,升阳之方,以黄芪为主;阴旦者,扶阴之方,以柴胡为主;青龙者,宣发之方,以麻黄为主;白虎者,收重之方,以石膏为主;朱鸟者,清滋之方,以鸡子黄为主;玄武者,温渗之方,以附子为主。此六方者,为六合之正精,升降阴阳,交互金木,既济水火,乃神明之剂也。张机撰《伤寒论》,避道家之称,故其方皆非正名也,但以某药名之,以推主为识之义耳。①

在序论中又说:

外感天行,经方之治有二旦、六神大小等汤。昔南阳张机玑,依此诸方,撰为《伤寒论》一部,疗治明悉,后学咸尊奉之。②

由陶弘景的论述知,"二旦六神大小汤"共 17 首处方,本系道家创制的药方,是用来治疗外感热病的。由于张仲景试图规避道家的影响,他对"二旦六神大小汤"的处方名称做了改动,因而从形式上似乎看不出与道家的关系,而实际上"二旦六神大小汤"所录处方的本名并不是这个样子,具体情况如表 3-10 所示:

表 3-10 《辅行诀脏腑用药法要》与《伤寒论》中二旦六神大小汤比较表

序号	《辅行诀脏腑用药法要》的处方名称	《伤寒论》相对应的处方名称	说明
1	正阳旦汤	小建中汤	一致
2	小阳旦汤	桂枝汤	一致
3	小阴旦汤	黄芩汤	后者去生姜
4	大阳旦汤	黄芪建中汤	后者去人参
5	大阴旦汤	小柴胡汤	后者去芍药
6	小青龙汤	麻黄汤	一致
7	大青龙汤	小青龙汤	一致
8	小白虎汤	白虎汤	一致
9	大白虎汤	竹叶石膏汤	后者加人参,去生姜
10	小朱鸟汤	黄连阿胶鸡子黄汤	一致
11	大朱鸟汤	没有对应处方	
12	小玄武汤	真武汤	一致
13	大玄武汤	附子汤	后者去甘草、生姜
14	小勾陈汤	甘草干姜汤	后者去人参、大枣
15	大勾陈汤	生姜泻心汤	后者加干姜
16	小腾蛇汤	大承气汤	后者加大黄,去甘草
17	大腾蛇汤	没有对应处方	

---

① (南朝·梁)陶弘景:《辅行诀脏腑用药法要·二旦六神大小汤》,严世芸、李其忠主编:《三国两晋南北朝医学总集》,第 1115—1116 页。

② (南朝·梁)陶弘景:《辅行诀脏腑用药法要·二旦六神大小汤》,严世芸、李其忠主编:《三国两晋南北朝医学总集》,第 1114 页。

此外，"救五脏中恶卒死方"录有 5 首处方，分别是"点眼以通肝气""吹鼻以通肺气""着舌而以通心气""启喉以通脾气""熨耳以通肾气"。陶弘景解释说：此五方"乃神仙救急之道，若畜病者，可倍用之"①。可以明确讲，这些类于后世"走方医"的点眼、吹鼻、着舌、启喉、熨耳法，非神仙家的手段莫属。

2. 既依仙药又学世方的思想矛盾

《梁书》本传载有陶弘景的一个生活细节，往往为学界所忽视。《梁书》载，陶弘景在南齐永明十年（492）隐居于茅山之后，"永元初，更筑三层楼，弘景处其上，弟子居其中，宾客至其下，与物遂绝，唯一家僮得侍其旁"②。这种居住风格，反映了陶弘景内心深处的"天仙"情结，其"三层楼"或许与三等"地下主"有关。陶弘景对第三等地下主的构想是：

> 地下主者之高者，便得出入仙人之堂寝，游行神州之乡，出馆易迁、童初二府，入晏东华上台，受学化形，濯景易气，十二年气摄神魂，十五年神束藏魄，三十年棺中骨还附鬼气，四十年平复如生人，还游人间，五十年位补仙官，六十年得游广寒，百年得入昆盈之宫。此即主者之上者、仙人之从容矣。③

按照陶弘景的预设和思维逻辑及心路理念，他是希望自己变成真正的"仙人"。但是，世事变幻，由齐至梁，陶弘景始终无法摆脱与世俗政治的瓜葛，欲放不能，况且他根本就没有打算放下。所以《南史》本传载："齐末为歌曰'水丑木'为'梁'字。及梁武兵至新林，遣弟子戴猛之假道奉表。及闻议禅代，弘景援引图谶，数处皆成'梁'字，令弟子进之。武帝既早与之游，及即位后，恩礼愈笃，书问不绝，冠盖相望。"④显然，陶弘景对政治的这种热心，很难与他内心的"神仙"世界联系起来。心不静者道不成，陶弘景炼丹失败（《南史》载梁武帝"服飞丹有验"的传言不可信）即是一个例证。当然，我们讲陶弘景"心不静"是指他有远大的政治抱负。永明年间，他就曾感慨地说道："岂唯身有仙相，亦缘势使之然。"⑤此"缘势"即指他求官不遂，因而对政治失去了信心。面对如此情景，他后来才有"援引图谶"，热忱拥护梁取代齐而建立新政权的举措。应当承认，起初梁武帝"每有吉凶征讨大事，无不前以谘询。月中常有数信，时人谓为山中宰相"⑥。对此，陶弘景的感觉很好。可是，自从梁天监三年（504）之后，陶弘景就再也找不回前面的感觉了。起因就是梁武帝强迫其为之炼丹，《华阳陶隐居内传》载其事曰：

> 天监三年，夜梦有人云，丹亦可得作。是夕，帝亦梦人云：有志无具，于何轻

① （南朝·梁）陶弘景：《辅行诀脏腑用药法要·救五脏中恶卒死方》，严世芸、李其忠主编：《三国两晋南北朝医学总集》，第 1116 页。
② 《梁书》卷 51《陶弘景传》，第 743 页。
③ ［日］吉川忠夫、麦谷邦夫：《真诰校注》卷 13《稽神枢》，朱越利译，第 404 页。
④ 《南史》卷 76《陶弘景传》，第 1898—1899 页。
⑤ 《南史》卷 76《陶弘景传》，第 1898 页。
⑥ 《南史》卷 76《陶弘景传》，第 1899 页。

举？式歌汉武帝。帝久之方悟。登使舍人黄陆告先生曰：想刀圭未就，三大丹有阙，宜及真人真心，无难言也。先生初难之：吾宁学少君邪？帝复以梦旨告焉，乃命弟子陆逸冲、潘渊文开积金岭来，以为转炼之所，凿石通洞，水东流矣。①

对于这段记载，学界多有阐释，笔者不拟赘言。只是有一点需要注意，那就是陶弘景其实并不情愿由"山中宰相"一落而为炼丹方士。实际上，陶弘景的这种矛盾心理，还体现在很多方面。例如，为了炼丹，陶弘景迁居不定，忽而积金东涧，忽而永嘉楠江青樟山，忽而霍山，忽而木溜屿。炼丹需要大量谷糠，没有种田人供应不行，可是，如果在炼丹过程中不断受到民众的烦事干扰，那么丹药也难炼成。对于陶弘景而言，积金东涧"密迩朝市，岩林浅近，人人皆云有望，是丹家酷忌"②，不适合炼丹；而"永康兰中山最为高绝，诘朝乃往。经纪山良可居，唯田少，无议聚糠"③；又楠溪青樟山虽有稻田，然而"会荒俭连岁不谐"，还是不适合炼丹，如此等等。临近朝市不行，远离人烟也不行，反正是"无山不寇"，遍访永康、永宁、永嘉名山"皆不偶"④，这种局面无疑很纠结。此外，陶弘景还要直接面对下面的现实境况和为难情形，他说："今辇掖左右，药师易寻，郊郭之外，已似难值。况穷村迥野，遥山绝浦，其间枉夭，安可胜言？"⑤可见，陶弘景奔波劳碌，炼丹不成，却也有很多收获。在当时，医药资源布局不均，距离城市越远就越缺医少药。这便给陶弘景出了一道难题：一面是占有国家医药资源最多的梁武帝不满足于现状，还想服食仙药，长生不老，故而不惜财力，耗资炼丹；另一面却是生活在穷乡僻壤的民众，且不说服食丹药，他们就连基本的医药条件都不具备。无怪乎陶弘景感叹道："夫生人所为大患，莫急于疾，疾而不治，犹救火而不以水也。"⑥这样陶弘景便需要在两者之间做出选择，究竟是为梁武帝的一己私欲而锦上添花，还是为广大缺医少药的百姓雪中送炭？显然，陶弘景选择了后者。像《本草经集注》《药总诀》《补阙肘后百一方》《效验方》《名医别录》《陶隐居本草》等，这些面向民众的医药著述，都是陶弘景在隐居期间完成的，它们主要的受益对象即是那些生活在偏远山区的劳苦大众。例如，浙江省温州市的瑞安百姓将陶弘景住过的地方称为"陶山"，将他种药的地方称为"药齐"，山称为"药齐项"，甘蔗称为"陶蔗"，即与陶弘景走村串户为贫苦人施药治病的史实有关。

陶弘景并不因为修炼丹道就成了空想家，相反，他十分务实。例如，《华阳陶隐居内传》载陶弘景对服食丹药的态度是："今人多贪，忽闻金玉可作便求，竟毁天禁……世中

---

① （宋）贾嵩：《华阳陶隐居内传》卷中，上海：上海书店出版社，1994年，第693页。

② （宋）贾嵩：《华阳陶隐居内传》卷中，第694页。

③ （宋）贾嵩：《华阳陶隐居内传》卷中，第695页。

④ （宋）贾嵩：《华阳陶隐居内传》卷中，第695页。

⑤ （南朝·梁）陶弘景：《华阳隐居〈补阙肘后百一方〉序》，蔡铁如主编：《中华医书集成》第8册《方书类一》，第4页。

⑥ （南朝·梁）陶弘景：《华阳隐居〈补阙肘后百一方〉序》，蔡铁如主编：《中华医书集成》第8册《方书类一》，第4页。

岂复有白日升天人！"①服食不能成仙，这是《真诰》的基本理念。前面讲过，陶弘景为了炼丹，躲进了山林野居。这个举动无意间就疏远了那些居住在闹市里的达官权臣和天潢贵胄，却在客观上走进了那些生活在社会下层的广大寒士中，而这应是陶弘景道学思想形成的社会基础。所以日本学者都筑晶子说："《真诰》所描绘的世界面貌深深扎根于东晋后半叶至南朝时期潜藏于历史表面之下的更为广泛的南人寒门、寒士阶层的意识结构之中。"②在此条件之下，我们看到的是一个矛盾和纠结的陶弘景，一个苦闷和无奈的陶弘景。他一手托着希求通过服食而长生的梁武帝，另一手则托着更多无经济条件服食丹药的寒门士子。相较之下，陶弘景依据当时的社会现实与上清派自身发展的特殊需要，他更愿意为那些寒门士子说话，这是不言而喻的。于是，陶弘景说："多酒食肉，名曰痴脂，忧狂无恒。食良药五谷克悦者，名曰中士，犹虑疾苦。食气保精存神，名曰上士，与天同年。"③可是，这里马上带来一个问题：既然服食金丹无益于成仙，那么，单纯依靠断谷食气就一定能保证成仙吗？答案是否定的。如《南史》本传载，陶弘景"善辟谷导引之法"④，然而，陶弘景在《大清经》中又说："凡服气及符水断谷，皆须山居静处，安心定意，不可令人卒有犯触，而致惊忤者，皆多失心。初为之十日二十日，疲极消瘦，头眩足弱，过此乃渐渐胜耳。若兼之以药物，则不乃虚惙也。"⑤尽管言语间尚含糊其词，但单纯食气给修炼者可能带来的严重后果，陶弘景心里非常清楚。所以作为神仙家的陶弘景反复贬低谷物的营养价值，但是作为医学家的陶弘景却又充分肯定谷物对于养生的作用。他说："经云：毒药攻邪，五菜为充，五果为助，五谷为养，五畜为益，尔乃大汤之设。今所录者，皆小汤耳。若欲作大汤者，补肝汤内加羊肝，补心加鸡心，补脾加牛肉，补肺加犬肉，补肾加猪肾，各一具，即成也。"⑥陶弘景不必自己欺骗自己，也不必欺骗别人。因为人体的能量来源主要依靠谷类食物。1996 年 1 月美国农业部开始推行"食物指南金字塔"，经科学验证，这项设计不仅科学，而且具有重要的膳食指导意义。而在"食物指南金字塔"中粮食的比例最高，每人每日需 6—11 份（每份即指面包一片或粮谷类熟食 28.35 克）。⑦这便是人类生理运动的客观规律，陶弘景怎么能违反呢！于是，陶弘景提出了循序渐进的节食思想。他说：

> 服云芽可修真一之道，守元咽液。若似饥，当食面物，以渐遗谷却粒，不得一日

① （宋）贾嵩：《华阳陶隐居内传》卷中，第 696 页。

② ［日］都筑晶子：《关于南人寒门、寒士的宗教想像（象）力——围绕〈真诰〉谈起》，刘俊文主编：《日本青年学者论中国史·六朝隋唐卷》，上海：上海古籍出版社，1995 年，第 176 页。

③ （南朝·梁）陶弘景：《养性延命录》卷上《食戒篇》，严世芸、李其忠主编：《三国两晋南北朝医学总集》，第 1137 页。

④ 《南史》卷 76《陶弘景传》，第 1899 页。

⑤ （南朝·梁）陶弘景：《养性延命录》卷上《食戒篇》，严世芸、李其忠主编：《三国两晋南北朝医学总集》，第 1149 页。

⑥ （南朝·梁）陶弘景：《辅行诀脏腑用药法要·救五脏诸劳损病方》，严世芸、李其忠主编：《三国两晋南北朝医学总集》，第 1113 页。

⑦ 赵霖、赵和、鲍善芬：《中国人的科学饮食》，海口：南海出版公司，2002 年，第 286—289 页。

顿弃。所谓损之又损之，以致于无为也。①

对于今天困扰世界各国的肥胖病而言，陶弘景的话具有很强的现实意义和指导价值。

　　3. 用实验证实或证伪前人的实践经验

　　陶弘景的著作主要由两部分内容构成：前人的经验成就与他自己设计的证实或证伪性实验。与其他学科相比，医药和炼丹两门学科的实验性更强一些。诚如前述，陶弘景在梁武帝的强迫之下，开始从事炼丹活动，当时他已经 50 岁了。他选择位于大茅和小茅之间的积金岭为炼丹之地。此前，陶弘景尽管在《真诰》中已经收录了许多丹方，然而，这些丹方毕竟都是前人的经验，对于它们的真实性和可靠性，陶弘景并没有进行验证。现在陶弘景忽然间要亲自炼丹，虽然有点难，但这却为他提供了验证前人经验的绝好机会。不过，这要冒着极大的风险，因为一旦证伪，表明炼丹失败，这个结果对于急切渴望服食丹药的梁武帝来说，他能甘心接受吗？好在梁武帝对陶弘景有足够的信任，而陶弘景对炼丹的失败也有充分的心理准备和应对梁武帝的办法与策略。按照科学实验的程序，陶弘景需要完成以下步骤。②

　　第一，选方。筛选的结果是"九转神丹"，理由：一是"所用药石皆可寻求，制方之体，辞无浮长，历然可解"③；二是《九转神丹升虚上经》是太极真人传长里先生，长里先生传西城总真王君，王君传太元真人也"④。

　　第二，选址建室造炉。《华阳陶隐居内传》载，陶弘景在积金岭上立华阳上下馆，"上馆以研虚守真，下馆以炼丹治药"⑤。至于"下馆"的具体结构及丹炉的结构，《华阳陶隐居内传》阙载。但《黄帝九鼎神丹经诀》载有丹室的基本构造：

　　　　灶屋起基，先凿地去除秽土三尺，更纳好土，筑以满之。又更于平土之上起基，高令二尺五寸。勿在故冢墓之处，及故居家之墟间为灶而止也。灶屋令成巾，长三丈，广一丈六尺，高一丈六尺。洁盛治护，以好草覆之。泥壁内外，令坚密。正东、正南门二户，户广四尺，暮闭之。视火人及主人止室中，以灶安屋下中央，灶口令向东，以好砖石缮作之。以苦酒（即醋）及东流水，捣和细白土，并牛马獐鹿毛为泥，泥灶，灶内安铁……使釜在灶中央，釜四边当去灶土，各三寸半。令灶高于釜上二尺，釜下去地一尺八寸。⑥

　　又《大洞炼真宝经九还金丹妙诀》载有造鼎及造炉法：

　　　　（造鼎法）夫大丹炉鼎，亦须合其天地人三才，五神而造之。其鼎须是七反中金二十四两，应二十四气。内将十六两铸为圆鼎，可受九合，八两为盖。十六两为鼎

① （南朝·梁）陶弘景撰，王家葵辑校：《登真隐诀辑校·佚文汇综》，第 189 页。
② 丁贻庄：《陶弘景炼丹考》，《四川大学学报（哲学社会科学版）》1988 年第 3 期，第 53—55 页。
③ （宋）贾嵩：《华阳陶隐居内传》卷中，第 694 页。
④ （宋）贾嵩：《华阳陶隐居内传》卷中，第 694 页。
⑤ （宋）贾嵩：《华阳陶隐居内传》卷中，第 692 页。
⑥ 《太微灵书紫文琅玕华丹神真上经》，《道藏》第 4 册，第 555—556 页。

者，合一斤之数，受九合，则应三元阳极之体，盖八两应八节。鼎并盖则为二十四两，合其大数。其鼎须八卦十二神定位，然后将其合了紫金砂入于鼎中，紧密固济，莫令泄阳气，则致于炉中。①

（造炉法）诀曰：于甲辰旬中取戊申日，于西南申地取净土。先垒土为坛。坛高八寸，广二尺四寸，坛上为炉。炉高二尺四寸，为三台，下上通气。上台高九寸为天关，九窍象九星；中台高一尺为人关，十二门象十二辰，门门皆须具扇；下台高五寸为地关，八达象八风，其炉内须径一尺二寸。然致鼎于炉中，可悬二寸，下为土台子承之。其台子亦高二寸，大小令与鼎相当，然则运火烧之。②

第三，准备辅助器具。陶弘景的时代，用于炼丹的器物比较多，其中多有神秘的成分，比如，丹炉上须悬镜和剑或刀，还要"合香"等。据《南史》载，梁中大通元年（529），陶弘景曾献给梁武帝两把宝剑，"一名善胜，一名威胜"③，都是稀世珍宝，即是炼丹用的。此外，尚有炉鼎的附件及升华装置、冷却装置、研磨器、六一泥等，如图3-9所示。详细内容请参见王琎等著《中国古代金属化学及金丹术》④，兹不赘述。

图 3-9　古代的基本炼丹设备⑤

第四，燃料及药材。炼丹的燃料为谷糠，采用阳燧（凹面镜）向日取火法引燃。其所需药材，按《抱朴子·金丹》有丹砂、雄黄、白矾、曾青等⑥，而《南史》亦有陶弘景"苦无药物。帝（指梁武帝）给黄金、朱砂、曾青、雄黄等"⑦的记载。至于烧制过程，因

① （唐）陈少微：《大洞炼真宝经九还金丹妙诀》，郭正谊主编：《中国科学技术典籍通汇·化学卷》第1分册，开封：河南教育出版社，1993年，第472页。

② （唐）陈少微：《大洞炼真宝经九还金丹妙诀》，郭正谊主编：《中国科学技术典籍通汇·化学卷》第1分册，第472页。

③ 《南史》卷76《陶弘景传》，第1899页。

④ 曹元宇：《中国古代金丹家的设备及方法》，王琎等：《中国古代金属化学及金丹术》，北京：中国科学图书仪器公司，1957年，第67—87页。

⑤ 《化学发展简史》编写组编著：《化学发展简史》，北京：科学出版社，1980年，第52页。

⑥ （晋）葛洪：《抱朴子·抱朴子内篇》卷1《金丹》，《百子全书》第5册，第4693页。

⑦ 《南史》卷76《陶弘景传》，第1899页。

细节非常烦琐复杂，故此处从略。当然，为了更直观、更感性地认识和了解陶弘景炼丹的神秘场景和部分比较特殊的要求，笔者特征引《登真隐诀》中的一段叙述如下，仅供参考。陶弘景说：

> 欲合九转，先作神釜。当用荥阳、长沙、豫章土釜，谓瓦釜也。昔黄帝火九鼎于荆山，《太清中经》亦有九鼎丹法，即是丹釜，从来咸呼为鼎。用谷糠烧之。当在名山深僻处，临水上作灶屋。屋长四丈，广二丈，开南东西三户。先斋戒百日，乃泥作神釜，釜成，捣药，令计至九月九日平旦发火。按合诸丹，无用年岁好恶，惟日月中有期限及吉凶。琅玕以四月、七月、十二月中旬间发火。曲晨以五月中起火。太清九丹起火虽无定月，而云作六一，五月、七月、九月为佳。自斋以始，便断绝人事，令待丹成也。合丹可将同志，及有心者四五人耳，皆当同斋戒。斋起日，先投玄酒五斛于所止之流水中。若地无流水，当作好井，亦投酒于井中，以镇地气，令斋者皆饮食此水也。合丹法，又令以青石函盛好龙骨十斤，沉于东流水中，名曰青龙液。饮食之，以通水灵也。取东海左顾牡蛎、吴郡白石脂、云母屑、蚯蚓土、滑石、矾，凡六物，等分，太极真人以太上天帝君镇生五藏上经，刻于太极紫微玄琳殿东殿墙上。此乃上清八龙大书，非世之学者可得悟了也。[1]

陶弘景炼丹的目的是献给梁武帝服食，然而，从实验的角度看，我们既要看到它有证实的一面，同时还要看到它有证伪的一面。例如，《华阳陶隐居内传》载有陶弘景炼丹的几个事件：①"天监五年春正月旦，开鼎，唯近上二黄轻华已飞，其余丹青始然边焕赤也。"[2] ②天监五年（506）"九月九日复营，自起火鼎，多细坏，兼山中雷震，虑精华惊歇，更加补治，不敢烈火也。限竟开鼎，复无成"[3]。③"自南霍还，鼎事累营，皆不谐。乃非都无仿佛，每开鼎，皆获霜华。门人金谓此为成，先生验丹家说，云：琅玕丹成，其飞葭无形三十七种；曲晨丹成，其飞华百杂乱，光照流焕，玄炁徘徊；太清金液丹成，其飞华状奔月坠星，云绣九色，其气似紫华之见太阳，其精似青天之映景云；九转丹成，则飞精九色，流光焕明，不尔未成也。累年所得，皆轻华霏霏，或光明廉棱如霜雪，无杂色。"[4]那么，我们应该如何解读这些事件？陶弘景炼丹是否成功？为了分析问题的方便，我们需要具体分为两个层面来观察。第一层面是化学原理的层面，由上述史料可知，陶弘景每次开鼎，都见到"霜华"，即反应器上的细小升华结晶物，如雄黄的结晶物系三氧化二硫与二氧化硫的混合物，朱砂的升华物主要是汞等。由此他形成了许多新的化学认识，如铅及其化合物的相互转化，用燃烧法鉴定硝石的真假，醋酸能加速铁对金属的置换反应等。这些成就说明，陶弘景的炼丹实验是成功的。同时，我们也可以说陶弘景的实验证实了先贤在炼丹方面所取得的成果基本上是正确的。第二个层面，从服食实践的层面

---

① （南朝·梁）陶弘景撰，王家葵辑校：《登真隐诀辑校·佚文汇综》，第186—187页。
② （宋）贾嵩：《华阳陶隐居内传》卷中，第694页。
③ （宋）贾嵩：《华阳陶隐居内传》卷中，第694页。
④ （宋）贾嵩：《华阳陶隐居内传》卷中，第696页。

看，陶弘景强调："欲试作黄白，以验成否。"①这就是说，炼丹的成功与否不仅要看其结晶物，更要看其服食的效果，即能否成仙。毫无疑问，人是不可能变成仙而长生不老的。所以陶弘景在最后丹药炼成之后，《华阳陶隐居内传》记载了下面这个事件："是夕摄心乞感，忽见有人来，朦胧如烟云中，语云：不须试，试亦不得，今人多贪。忽闻金玉可作便求，竟毁天禁，正此是成，但未都具足。仍复作叹声，云：世中岂复有白日升天人？渐服自可知。言讫，飒然东去。于是乃不试。"②结果他将"累年所得，一皆埋藏"。这段记载表明，陶弘景自知世上根本就没有长生药，人生老病死的自然规律不可逆。这话陶弘景当然不能说，故只好托神人之口来告诉世人。从这个角度讲，陶弘景的实验证伪和否定了道家长生不老药的神话，这在道教科学史上具有重要的理论意义，它为唐宋时期炼丹家由外丹向内丹的转化提供了思想契机。

（二）陶弘景道教科学思想的历史地位

1. 陶弘景在多领域取得了重要的科学思想成就

前面重点阐述了陶弘景在医药学和化学方面所取得的科学成就，实际上，翻检各种史书，陶弘景在天文学、地理学、物理学等多个科学领域都有杰出的贡献。简述如下：

第一，在天文学领域，陶弘景著《帝代年历》，并造浑天象。《南史》本传载：

> 以算推知汉熹平三年丁丑冬至，加时在日中，而天实以乙亥冬至，加时在夜半，凡差三十八刻，是汉历后天二日十二刻也。③

在古代，测算冬至时刻通常采用两种方法：用历法推算和实际观测。陶弘景发现，用《四分历》推算的冬至时刻，与实测相比较，滞后"二日十二刻"，李鉴澄算出"东汉四分历冬至后天 2.39 日"④。这种认识对进一步推进后世的回归年长度测算具有积极意义，另据唐释法琳《辩正论》载：

> 隋世有姚长谦者（名恭齐，为渡辽将军，在隋为修历博士）学该内外，善穷算术（即太史承傅仁均受业师）以《春秋》所记不过七十余国，丘明为傅，但叙二百余年，至如《世系》《世本》，尤失根绪，《帝王世纪》又甚荒芜，后生学者弥以多惑。开皇五年乙巳之岁，与国子祭酒、开国公何晏等被召修历，其所推勘三十余人，并是当世杞梓，备谙经籍者，据《三统历》编其年号，上拒运开，下终魏静，首统甲子，傍陈诸国，爰引九纪、三元（九头、五龙、括提、合雄、连通、序命、修飞、因提、善通等谓之九纪）天皇、人帝、五经、十纬、六艺、五行，《开山图》《括地象》《古史考》《元命包》《援神契》《帝系谱》《钩命决》《始学篇》……百王诏诰、六代官仪、地理书、权衡记、三五历、十二章、方叔机、陶弘景等数十部书，以次编之，合

---

① （宋）贾嵩：《华阳陶隐居内传》卷中，第 696 页。
② （宋）贾嵩：《华阳陶隐居内传》卷中，第 696 页。
③ 《南史》卷 76《陶弘景传》，第 1898 页。
④ 李鉴澄：《论后汉四分历的晷景、太阳去极和昼夜漏刻三种记录》，《天文学报》1962 年第 1 期，第 46—52 页。

四十卷，名为《年历帝纪》。颇有备悉，文义可依。从太极上元庚戌之岁，至开皇五年乙巳，计有一十四万三千七百八十年矣。梁纪云：从开辟至梁太宗大宝二年，凡二百八十三代七十六万一千四百一十五年。①

由于《年历帝纪》是仿照《帝代年历》的体例编写的，从中我们也能窥知陶弘景《帝代年历》内容之一二。《南史》又载陶弘景：

尝造浑天象，高三尺许，地居中央，天转而地不动，以机动之，悉与天相会。②

《华阳隐居先生本起录》更详载陶弘景：

作浑天象，高三尺许，地居中央，天转而地不动。二十八宿度数，七曜行道，昏明中星，见伏早晚，以机转之，悉与天相会。云此修道所须，非但史官家用。又欲因流水作自然漏刻，使十二时轮转循环，不须守视，而患山涧水易生苔垢，参差不定，是故未立。③

在文中，陶弘景明确表示，这个浑天象主要是供"修道"之用，可见，修道与天文学的关系是多么密切。像《真诰》《登真隐诀》讲到天文学的地方有多处，譬如，《登真隐诀》中的"二朝法"就很有道历的特色。此外，《大清经》对"合服药吉日"也很讲究。如《大清经》云："凡欲合服神仙药者，以天清无风雨，欲得王相日、上下相生日合之，神良。王相日者：春甲乙寅卯王，丙丁巳午相；夏丙丁巳午王，戊己辰戌丑未相；四季戊己辰戌丑未王……相生日者：春甲午、乙巳、丙寅、丁卯；夏丙辰、丁丑、丙戌、丁未；四季戊辰、己丑、戊申……又云：凡作药，始以甲子开、除之日为之，甲申、己卯次之。"④这些所谓的"王相日"及"相生日"未必都有道理，但是合药应注意气候环境的变化，这个思想值得重视。

第二，在气象领域，陶弘景探讨了节气与修道之间的内在关系。二十四节气经过漫长的发展与演变，到《淮南子》时代则已定型，名称和系统排列一直沿用至今。

而对于二十四节气在修道中的应用，陶弘景在《登真隐诀》卷下注释"二朝法"时说："凡此二朝推计之法，是吾思理所得，一切学者莫能晓悟。又别有用日之诀，受之玄旨，不可得言。其详论此事，具在第三卷中。"⑤考《三洞珠囊》卷7引有陶弘景的"时日诠次诀"，特引述如下：

立春、雨水、惊蛰、春分、清明、谷雨、立夏、小满、芒种、夏至、小暑、大暑、立秋、处暑、白露、秋分、寒露、霜降、立冬、小雪、大雪、冬至、小寒、大

---

① （唐）释法琳：《辩正论》卷5，《乾隆大藏经》第123册《此土著述（十三）》，北京：中国书店，2009年，第580页。

② 《南史》卷76《陶弘景传》，第1898页。

③ （宋）张君房纂辑，蒋力生等校注：《云笈七签·华阳隐居先生本起录》，第664页。

④ （南朝·梁）陶弘景：《大清经》，严世芸、李其忠主编：《三国两晋南北朝医学总集》，第1144页。

⑤ （南朝·梁）陶弘景撰，王家葵辑校：《登真隐诀辑校》卷下《二朝法》，第98页。

寒，以为二十四气也。①

此与《淮南子》的二十四节气排列顺序一致。在《真诰》中，陶弘景又说："东方九气青天，南方丹天三气流精，西方七气之天，北方玄天，五气徘徊，亦合为二十四气也。若是中央，乃云中央黄中理气，总统玄真。此不论气数也，以总统四方为二十四气之主也。"②不管是前者的"二十四节气"还是后者的"二十四气"，都是由道家所说的"元气"流变而成，故《真诰》云："道者混然，是生元炁。元炁成，然后有太极。太极则天地之父母，道之奥也。"陶弘景注释说："此说人体自然，与道炁合。"③由于人与自然的这种统一性，所以陶弘景在《大清经》中专门讲述了"用气"修真法。他说：

> 夫气之为理，有内有外，有阴有阳。阳气为生，阴气为死。从夜半至日中，外为生气；从日中至夜半，内为死气。凡服气者，常应服生气，死气伤人。外气生时，随欲服便服，不必待当时也。取外气法：鼻引生气入，口吐死气出，慎不可逆，逆则伤人。口入鼻出，谓之逆也。从日中至夜半，生气在内。服法：闭口目，如常喘息，令息出至鼻端，即鼓两颊，引出息，还入口，满口而咽，以足为度，不须吐也。④

通常，在环境没有被污染的条件下，修道者非常重视早晨的勃勃气象，认为此时充满生气。用陶弘景的话说，就是"从夜半至日中，外为生气"。因此，《登真隐诀》载有"太极真人服四极云芽神仙方"，其法为："揖五方元晨之晖，食九霞之精也。注云：谓清晨之元气，始晖之霞精。日，阳数九，是曰九霞。"⑤在此基础上，陶弘景勾画了一幅仅见于仙界中的气象美景，他说：

> 中天起浪，分地泻波。东卷长桑，日窟西幹，龙筑月阿。乃者潼关不壅，石门已开。导江出汉，浮济达淮。漳渠水府，包山洞台。娥英之所游往，琴冯是焉去来。或穷发送鹏，咸池浴日。随云濯金浆之汧，追霞采建木之实。弄珠于渊客之庭，卷绡乎鲛人之室。此真夐矣。至于碧岩无雾，绿水不风。飞轩引凤，游开驾鸿。上朝紫殿，还观青宫。进麾八老，顾拂四童。拊洞阴之磬，张玄圃之璈，酌丹穴之醑，荐麟洲之肴。安期奉枣，王母送桃。锦旌丽日，羽衣拂霄。又其英矣。及秋水方至，层涛架山。谷巡封隩，来赀王言。选奇于河侯之府，出宝于骊龙之川。夜光烛月，洪贝充辕。亦其瑰矣。若夫层城瑶馆，缙云琼阁，黄帝所以筋百神也。涂山石帐，天后翠幕，夏禹所以集群臣也。岷嶓交错，上贯井络，穷汉硠磕，横带玉绳。浸汤泉于桂渚，涌沸鼙于金陵。崩沙转石，惊湍走沫。绝壁飞流，万丈悬濑。奔激芒砀之间，驰骛壶口之外。逮乎璇纲运极，九六数翻。用谋西汉，受事龙门。小周妫后，初会妫前。平阴钜鹿，再化为渊。清河渤海，三成桑田。抚二仪以恻怆，眺万兆以流连。金

---

① （南朝·梁）陶弘景撰，王家葵辑校：《登真隐诀辑校·佚文汇综》，第203页。
② （唐）王悬河：《三洞珠囊》卷7《二十四气品》，《道藏》第25册，第335页。
③ ［日］吉川忠夫、麦谷邦夫：《真诰校注》卷5《甄命授》，朱越利译，第162页。
④ （南朝·梁）陶弘景：《大清经》，严世芸、李其忠主编：《三国两晋南北朝医学总集》，第1149页。
⑤ （南朝·梁）陶弘景撰，王家葵辑校：《登真隐诀辑校·佚文汇综》，第190页。

自安于蜉蝣，编无美于鹄年。皆松下之一物，又奚足以语仙。[①]

这是道学家陶弘景的理想，且不要轻易讥笑他的天真幼稚和荒诞不经，这里除了他的文采飞扬之外，我们是否也应当以陶弘景的"天真烂漫"之心为思想动力，齐心合力地来解决和治理人类正在面临的日益严重的环境危机呢？我们相信真的有一天，经过一代又一代人的努力，陶弘景的理想能够变成现实。

第三，在矿物学领域，陶弘景《本草经集注》描述了近 80 种矿物的分布、形状及性味特点，极大地丰富了我国古代矿物药的内容。[②]因前辈对《本草经集注》中的矿物知识已经研究较多，故不赘述。在此，我们仅讨论《真诰》中有关成矿学方面的一些认识和看法。

《真诰》载："大洞者，神州是也。神州别有三山，三山有七宫，七宫有七变。朝化为金，日中化为银，暮化为铜，夜化为光，或化为山，或化为水，或化为石，谓之七变。"[③]仔细琢磨，如果把"七宫"理解为地幔和地壳，"七变"理解为矿物质的演变，那么，此段话就孕育着一种深刻的思想，即矿物的形成与自然界的演化有关，有专家指出："金矿物质来源总的来讲是深源的"[④]。例如，华北地台东北部，"由于幔源上涌在 30 亿年左右形成了迁西运动，造成了本区地史上最早含金期"[⑤]。据此，我们可以将"朝化为金"中的"朝"理解为地质时代的"太古宇"早期，将"日中化为银"中的"日中"理解为"太古宇"的中期，而"暮化为铜"中的"铜"理解为"太古宇"的晚期。虽然"金银紧密共生而银略晚于金生成"[⑥]，又"从铜矿形成时代来看，从太古宙至第三纪皆有铜矿形成。但从储量规模和矿床数量来看，则主要集中在中生代和元古宙"[⑦]。有意思的是金、银都属铜族元素，经检索，目前仅有金、银、铜及 ν（放射性元素，发现较晚，迄今我们对它了解甚少）四种元素，在当时的知识背景下，陶弘景为什么偏偏拿三种铜族元素而不是拿金、银、锌来说事，这绝对不是偶然的巧合，而且从成矿作用来看，金银矿形成于中—低温热阶段，铜钼矿却形成于高—中温热阶段。不单如此，在陶弘景看来，地球上的水、山及石都是矿物质演化的结果，这对于解释地球上水的形成，是一个具有创新意义的科学认识。现代科学研究认为：

在地球形成以后，由于地球内部放射性元素的放热，致使一部分物质熔融。这时，物质在力的作用下，就要重新排列，重的往下沉，轻的向上浮。轻的熔物质从地

① （南朝·梁）陶弘景：《陶隐居集·水仙赋》，王德毅：《丛书集成三编》第 37 册，台北：新文丰出版公司，1997 年，第 429 页。

② 艾素珍：《论〈本草集注〉中的矿物学知识及其在中国矿物学史上的地位》，《自然科学史研究》1994 年第 3 期，第 273—283 页；姜生、汤伟侠主编：《中国道教科学技术史·南北朝隋唐五代卷》，第 846—858 页。

③ ［日］吉川忠夫、麦谷邦夫：《真诰校注》卷 5《甄命授》，朱越利译，第 186—187 页。

④ 章振根等主编：《中国金矿大全》第 6 卷，贵阳：贵州民族出版社，1992 年，第 65 页。

⑤ 章振根等主编：《中国金矿大全》第 6 卷，第 59 页。

⑥ 郑明华、刘建民：《浙江治岭头金——银矿床成因新探》，冶金工业部黄金情报网、冶金工业部长春黄金研究所：《金银矿产选集》第 5 集，内部资料，1986 年，第 227 页。

⑦ 沈永淦、陈小磊：《冶金矿产原料》，北京：化学工业出版社，2012 年，第 100 页。

球内部被挤了出来，喷在地球表面，这就是最原始的火山现象。

由于火山的喷发，从地球的内部喷出大量的气体、水蒸气和灰尘，游荡在空中。水蒸气遇冷就和灰尘凝结在一起，形成暴雨降落下来，并在原始地壳低凹处聚集起来。于是，地球上出现了最原始的海洋。[1]

当然，海洋的形成过程比较复杂，参与形成的因素还有大量从太阳喷出的氢粒子流等，但火山现象无疑起着重要作用。从文献的视角看，陶弘景尽管没有直接指出火山与水形成之间的内在关系，但在言辞里包含着这样的思想认识却是可以肯定的。

第四，在微生物领域，陶弘景对"生物化石"慧眼识真，他在《本草经集注》中说：

> 世有虎魄（琥珀）中有一蜂，形色如生。[2]

我们知道，琥珀是一种松树脂化石，因古松树脂散发芳香，诱使一些小昆虫落难其中，无法逃生，结果与松脂一同被埋入地下，久而久之，就变成了美丽的晶体化石。所以唐朝李峤有诗云："曾为老伏（茯）苓，本是寒松液。蛟蚋落其中，千年犹可觌。"[3]

将动物的乳汁入药，是陶弘景对生药学的重要贡献之一。乳汁是最原始的解渴饮料，印度吠陀教每天早上火祭的时候，都要颂赞乳汁。[4]据《南史》本传载，陶弘景"曾梦佛授其菩提记云，名为胜力菩提。乃诣鄮县阿育王塔自誓，受五大戒"[5]。在《本草经集注》里，陶弘景释"酥"云："酥出外国，亦从益州来，本是牛羊乳所为之，自有法。佛经称烝乳成酪，酪成酥。酥成醍醐。醍醐色黄白，作饼甚甘肥，亦时至江南。"[6]因此，陶弘景将动物的乳汁用作止渴药物，究竟是受佛教的影响还是总结了秦汉以来医家的用药经验，不得而知，但可以肯定的是马乳入药首载于《本草经集注》。陶弘景注释说："今人不甚服，当缘难得也。"[7]又说："牛乳、羊乳实为补润，故北人皆多肥健。"[8]那么，从生物学的层面讲，"牛乳、羊乳实为补润"的机理何在？陶弘景的时代还不能解释。经现代生物学研究证实：

> 乳蛋白的消化会导致一系列生物活性肽类的产生，主要是阿片肽类，活性肽，抗高血肽，抗血凝肽，这些生物活性肽，充当许多消化和代谢过程的调节物质，现已发现源于乳汁的生物活性肽与营养物质的摄取、采食后激素的分泌、免疫防疫以及神经

---

① 赵红军：《中外文化知识拾趣》，沈阳：辽宁大学出版社，1998年，第163页。

② （南朝·梁）陶弘景：《本草经集注》，严世芸、李其忠主编：《三国两晋南北朝医学总集》，第1047页。

③ （宋）文莹撰，郑世刚、杨立扬点校：《湘山野绿》，北京：中华书局，1984年，第36页。

④ 《世界文化象征辞典》编写组：《世界文化象征辞典》，长沙：湖南文艺出版社，1994年，第751页。

⑤ 《南史》卷76《陶弘景传》，第1899页。

⑥ （南朝·梁）陶弘景：《本草经集注》卷6《虫兽》，严世芸、李其忠主编：《三国两晋南北朝医学总集》，第1076页。

⑦ （南朝·梁）陶弘景：《本草经集注》卷6《虫兽》，严世芸、李其忠主编：《三国两晋南北朝医学总集》，第1074页。

⑧ （南朝·梁）陶弘景：《本草经集注》卷6《虫兽》，严世芸、李其忠主编：《三国两晋南北朝医学总集》，第1076页。

内分泌信息传递的调节有关。①

　　注意对动物生活习性进行观察，因而使陶弘景的生物学视野更加开阔。例如，《本草经集注》释"鲮鲤甲"（即穿山甲）的生活习性说："能陆能水。出岸开鳞甲，伏如死，令蚁入中，忽闭而入水，开甲，蚁皆浮出，于是食之。"②其中对穿山甲舔食蚂蚁的方式，李时珍认为有误，其理由是穿山甲用长舌舔食地面上的蚂蚁，但经深入观察，穿山甲的捕食方式在陆地上和在水中是不一样的：在陆地上，穿山甲将细长的舌头伸出来平铺在地上，蚂蚁闻到味后聚集其上，然后穿山甲把舌头一缩，舌头上的蚂蚁便成了穿山甲的美餐；在水中，穿山甲有时将全身的鳞甲张开，让蚂蚁爬满身躯，伺机往水里一钻，"蚁皆浮出，于是食之"；在洞里，穿山甲则直接舔食蚂蚁。可见，陶弘景的观察记录并没有错，只是不全面而已。又比如，蜚蠊（即蟑螂，亦作臭虫）"形亦似䗪虫而轻小能飞，本在草中。八月、九月知寒，多入人家屋里逃尔。有两三种，以作廉姜气者为真，南人亦啖之"③。考古发现，该虫已经在地球上生存了 3 亿多年，系目前世界上最难治理的卫生类害虫之一。④蜚蠊有翅，能作短距离飞行，其活动主要靠足，爬行速度很快，发生的高峰期多在7—9 月，这是因为在 16—37℃的温度区间内，蜚蠊的活动最为活跃。⑤陶弘景发现当时的蜚蠊有两三种，而今已经有 17 种⑥，它为我们进一步认识蜚蠊的基因渐变提供了史料依据。我们知道，蜚蠊是一种卫生类害虫，对室内物品及人类健康威胁极大，而陶弘景时代蜚蠊的危害之所以还没有被人们认识，很可能与"南人啖之"的生活习惯有关。

　　第五，在神经生理学领域，陶弘景最早比较系统地研究了梦现象，并撰有《梦记》（已佚）及与周子良合著的《周氏冥通记》等书。现代科学研究认为，做梦是一种无意识活动，而人类往往通过做梦"重新组合自己的知识，把新的知识和旧的知识合理地结合起来，进行整理、储备，最后存入记忆的仓库之中，使知识成为自己的智慧和才能"⑦。就陶弘景这个个案而言，做梦确实有助于他的创造性思维。比如，《华阳隐居先生本起录》载：陶弘景"年二十九时，于石头城忽得病，不知人事，而不服药，不饮食，经七日，乃豁然自差，说多有所睹见事。从此容色瘦瘁，言音亦跌宕阐缓，遂至今不得复常"⑧。虽然，对这次梦境的具体情形，史载不详，但据《华阳隐居先生本起录》所载，此年陶弘景母郝氏去世，同年又"就兴世馆主东阳孙游岳，咨禀道家符图经法"⑨。这些事件好像都是孤立出现的，但再深入一层看，却会发现如果没有石头城病中感遇的特殊体验，那么，

---

　　① 刘琴、毛华朋、高俊波：《提高牛奶中蛋白浓度的营养途径》，《饲料广角》2003 年第 22 期，第 24 页。

　　② （南朝·梁）陶弘景：《本草经集注》卷 6《虫兽》，严世芸、李其忠主编：《三国两晋南北朝医学总集》，第1085 页。

　　③ （南朝·梁）陶弘景：《本草经集注》卷 6《虫兽》，严世芸、李其忠主编：《三国两晋南北朝医学总集》，第1090 页。

　　④ 张李香：《哈氏啮小蜂人工繁殖及应用》，哈尔滨：黑龙江大学出版社，2009 年，第 1 页。

　　⑤ 张李香：《哈氏啮小蜂人工繁殖及应用》，第 1 页。

　　⑥ 张李香：《哈氏啮小蜂人工繁殖及应用》，第 3 页。

　　⑦ 傅文森、李雪梅编著：《科学解梦 300 问》，北京：中国医药科技出版社，2000 年，第 32 页。

　　⑧ （宋）张君房纂辑，蒋力生等校注：《云笈七签·华阳隐居先生本起录》，第 664 页。

　　⑨ （宋）张君房纂辑，蒋力生等校注：《云笈七签·华阳隐居先生本起录》，第 663 页。

以后《真诰》和《登真隐诀》的创作就难以想象。《周氏冥通记》陶弘景注有助于理解梦与创新思维之间的一些联系。例如,《周氏冥通记》载,周子良梦见"姨娘气发,唤兄还,合药煮汤……须臾气绝时,用香炉烧一片薰陆,如狸豆大,烟犹未息"[1]。陶弘景注:"检记中得一药方或疑脱是此。"[2]此药方为梦中所得,惜药方的组成不详。《周氏冥通记》又载:

> 夫作道士皆须知长生之要尔,既未能餐霞饮景,克己求真,徒在世上,无益于体。今所以相征召者,一以助时佐事,二以受业治身,庶积年月,得其力耳。五藏全,其髓填实,方可以求道尔。今四体虚羸,神精惛塞,真期未可立待,即亦可旦伺二星,以通其感。子良因问:不审此星在何方面,形模若为?答曰:北斗有九星,今星七见,二隐不出,常以二十七日、月生三日伺之,其形焕耀异余者。尔今可画作七星,当隐约示其首向。子良因染笔作七星形,此人曰:我无容运手,尔但安二星置纲之头,相告也。又曰:吾今去,勿轻示人。世上亦有经,子有宿业,故口相受耳。不闻开户声,徘徊而灭。[3]

陶弘景注:"按《别记》,此中山人姓洪名子涓,本中岳人,今来华阳中,不显何职。后受《洞房经》亦是此君,当是掌教学者。《真诰》中无此人也。伺北斗二星法,出《方诸洞经》中。周从来都未窥上经,性谨直,亦不议求请。追恨不得以诸真经及杨、许真令一见之已。虽不复任此要,自于师心有亏。"[4]

这段梦话,出现了周子良梦中所得"伺北斗二星法"竟然与《方诸洞经》中的"伺北斗二星法"相合,颇令陶弘景诧异。当然,它从另外一个侧面透出这样一个信息,《真诰》中所记的长生方药,大概也多是通过梦境而得来。因此,如何从神经科学的角度深入阐释梦与创造思维之间的微妙关系,将是一个既有挑战性同时又很有学术价值的前沿课题。

2. 陶弘景对中国古代科学思想的重要影响

从积极的方面看,陶弘景的科学批判和科学创造精神对后人影响颇为深远。通常我们讲,科学研究不能离开学术积累,而学术积累首先应当尊重前人的劳动成果,但尊重前人的劳动成果并不一定是盲目信从其观点和看法,因为前贤所言,未必确当。例如,陶弘景在《本草经集注》里就纠正了不少前贤的错误认识,辨其讹误,匡邪反正。像"螟蛉有子,蜾蠃负之",见于《诗·小雅·小宛》。但诗人疏于观察,实际情形是蜾蠃经常飞到菜地里将螟蛉衔来喂它的幼虫,古人误以为蜾蠃养螟蛉为子。对此,陶弘景解释说:

> 诗人云:"螟蛉有子,蜾蠃负之。"言细腰物无雌,皆取青虫,教祝便变成己子,斯为谬矣。造诗者乃可不详,未审夫子何为因其僻邪。圣人有阙,多皆类也。[5]

---

① (南朝·梁)陶弘景:《周氏冥通记》卷1,上海:商务印书馆,1936年,第6—7页。
② (南朝·梁)陶弘景:《周氏冥通记》卷1,第9页。
③ (南朝·梁)陶弘景:《周氏冥通记》卷1,第28—29页。
④ (南朝·梁)陶弘景:《周氏冥通记》卷1,第29—30页。
⑤ (南朝·梁)陶弘景:《本草经集注》卷6《虫兽》,严世芸、李其忠主编:《三国两晋南北朝医学总集》,第1086页。

再有，关于雷丸的临床药效，陶弘景经过长期实践，证明久服会损伤男子的性功能。他说："（雷丸）今出建平、宜都间，累累相连如丸。《本草》云：利丈夫，《别录》云：久服阴痿，于事相反。"[①]从而使人们对雷丸的认识更加深刻和全面，不可盲目滥服。然而，从学理上讲，两者形相反而实一致，后者是对前者的重要补充。对此，冉雪峰解释说：

> 雷丸体阴用阳，与各菌草相类，而借雷震而生，其感奋阳气，尤为特殊。震为雷，阳卦多阴，啬出乎震，其动机纯在下之一阳，雷丸气味苦寒，阴气重重矣。而阳气感奋，由阴出阳，功能升发。以药理言之，功能起阳气，故利丈夫，并不是苦寒，乃是起阳气。不利女子，亦不是苦寒，乃是起阳气。丈夫以阳为主，讵可苦寒重伤。女子以阴为主，何须阳气过起。此其理可再证之恶葛根，雷丸何以恶葛根乎？药对虽有此记载，各注并无此解说。盖葛根起阴气，雷丸起阳气，两者功用相反，故尔相恶。又可证之久服令人阴痿，此与鹿茸大升督脉之阳，别录谓其不可近丈夫阴令痿一例，乃阳升太过，下反嫌于无阳也。[②]

科学是渐进式发展的，后一代人总是通过解决前一代人所留下的种种疑难问题而不断推动科学向更高的阶段跨越。因此，每一代人都不可能对所有自然现象皆做出合理解释。所以对于自己一时弄不懂的问题，应当实事求是地存疑，以待来者，不必过早下结论。在这方面，陶弘景就做得很好，并为我们后辈树立了榜样。例如，对"马陆"这味中药材，人们有各种说法，孰是孰非，陶弘景不能决断。他说：

> 李云：此虫形长五六寸，状如大蛩，夏月登树鸣，冬则蛰，今人呼为飞蛆虫也，恐不必是马陆尔。今有一细黄虫，状如蜈蚣而甚长，俗名土虫，鸡食之醉闷亦至死。《书》云："百足之虫，至死不僵。"此虫足甚多，寸寸断便寸行，或欲相似，方家既不复用，市人亦无取者，未详何者的是。[③]

现在知道，马陆（图3-10）属于节肢动物门中的重足纲，为地球上最古老的种族，世界上现有7500多种[④]，一般体长30多毫米，躯干分20节，有的马陆有200多对足，两侧分布有臭腺孔，具有假死性。那么，如何辨识马陆呢？

图3-10　马陆[⑤]

①　（南朝·梁）陶弘景：《本草经集注》卷5《草木下品》，严世芸、李其忠主编：《三国两晋南北朝医学总集》，第1073页。

②　冉雪峰：《冉雪峰医著全集·方药》，北京：京华出版社，2004年，第490页。

③　（南朝·梁）陶弘景：《本草经集注》卷6《虫兽》，严世芸、李其忠主编：《三国两晋南北朝医学总集》，第1086页。

④　钱锐编著：《有毒动物及其毒素——中毒的防治和毒素的应用》，昆明：云南科技出版社，1996年，第61页。

⑤　史树森等编著：《昆虫家族》，长春：吉林出版集团有限责任公司，2010年，第12页。

美国学者斯图尔特说：

> 除了某几节外，它们的每一个体节上都有两对足；并且，这种生物会分泌多种难闻的化合物用来防御。有些种类的马陆能释放氢氰酸，当受到攻击时，它们就会在特殊的腺体里生成这种毒气。这种化学物质的毒性太强了，如果把其他的生物和这些马陆关在同一个玻璃瓶里，肯定会被毒死。缘球马陆能够分泌出一种类似于安眠酮的化学物质，能够迫使攻击它们的狼蛛昏昏欲睡，失去攻击力。[①]

如果更专业一点说，那么：

> 马陆体内能立即合成毒物的精巧结构，颇为类似气步甲虫的装置：两种非毒性的组分——苯氢基乙腈和过氧化氢酶，预先贮存在分泌腺中，需要时立即混合，在过氧化酶作用下，无毒的苯氢基乙腈很快地分解转化为有毒的苯甲醛和极毒的氢氰酸，在空气中挥发出难闻的恶臭，使其他鸟类，如鸡、鸭等嗅而却步，不愿啄食。这种高效快速的化学反应，也是马陆长期适应自然选择、保存种群生存的防御武器。[②]

这就是"鸡食之醉闷亦至死"的原因，看来陶弘景的记述是对的。当然，马陆如何在紧急情况下迅速将分泌腺中的毒气制造出来，其机理尚待进一步研究。

此外，蜗牛也有两种，《神农本草经》中所说蜗牛到底指的是哪一种？陶弘景无法明确判断，故他只能将两种蜗牛的形状特点具体描述如下：

> 蜗牛字是力戈反，而世呼为瓜牛。生山中及人家，头形如蛞蝓，但背负壳尔，前以注说之。海边又一种，正相似，火炙壳便走出，食之益颜色，名为寄居。方家既不复用，人无取者，未详何者的是也。[③]

现在知道，生在海边的"寄居"，亦名"寄居蟹"或"白住房"，是重要的海洋底栖动物，因多数寄居于死亡的螺壳中而得名，这也是陶弘景将其与蜗牛视为同类的主要原因，其药材系寄居蟹科动物艾氏活额寄居蟹等寄居蟹类的全体，咸、湿、无毒，活血散瘀，补肾壮阳，临床上用于治疗血瘀、腹痛及眩晕、耳鸣和淋巴结结核等。[④]它虽与蜗牛形似，但却分属两纲：蜗牛属腹足纲，而寄居蟹则属甲壳纲。因此，两者的性味和功能也都不相同。自从《本草经集注》首载"寄居"之后，历代中药学家对"寄居"的认识越来越细致和深入。例如，唐代陈藏器在《本草拾遗》中单有"寄居虫"一味中药，并解释说：

> 海边大有似蜗牛，火炙壳便走出。食之益颜色。按寄居在壳间，而非螺也。候螺蛤开，当自出食，螺蛤欲合，已还壳中，亦名寄生，无别功用。海族多被其寄。又南

① ［美］斯图尔特：《邪恶的虫子》，花蚀译，北京：人民邮电出版社，2012年，第124页。
② 钱锐编著：《有毒动物及其毒素——中毒的防治和毒素的应用》，第61页。
③ （南朝·梁）陶弘景：《本草经集注》卷6《虫兽》，严世芸、李其忠主编：《三国两晋南北朝医学总集》，第1088页。
④ 贾玉海编著：《蓝色本草：中国海洋湖沼药物学》，北京：学苑出版社，1996年，第145—146页。

海一种似蜘蛛，入螺壳中，负壳而走，一名辟，亦呼寄居，无别功用也。①

惜唐宋明药学家除了对寄居的生活习性观察更细致外，对其药学功用基本上都没有发挥，仍沿袭陶弘景的说法。直到清代，人们才应用寄居来治疗妇人难产等疾病。如清代药学家张璐说："寄居虫，甘温无毒"，若"妇人难产，以七枚捣酒服之，或临产两手各握一枚。与相思子无异。……惜乎一时不易得也"②。随着研究的不断深入，人们发现寄居可用于治疗眩晕、耳鸣、阳痿、遗精、小便不利、跌打损伤等病症。③

南北朝时期，佛道儒尽管时有冲突，但相互融合的趋势亦已越来越明显，这种趋势在陶弘景的科研实践中表现得尤其突出。据《华阳隐居先生本起录》载，陶弘景撰述的儒学著作有《孝经》《论语集注》《三礼序》《尚书注》《毛诗序》等④，而在《本草经集注》中，陶弘景常常征引儒家经典来阐释中药的性味和功能。例如，述"桂"条引《礼》所云姜桂以为芬芳也"⑤；述"白马"条引《礼》云：马黑脊而斑臂漏脯，亦不复中食"⑥；述"蚱蝉"条引《礼》有雀鷃蜩范，范有冠，蝉有绥，亦谓此蜩"⑦；述"木瓜实"条引《礼》云：查梨曰欑之。郑公不识查，乃云是梨之不藏者"⑧；述"桐叶"条云："桐树有四种，青桐茎皮青，叶似梧桐而无子。梧桐色白，叶似青桐有子，子肥亦可食。白桐与岗桐无异，惟有花子尔，花三月舒，黄紫色，《礼》云：桐始花者也。岗桐无子，是作琴瑟者。今此云花，便应是白桐，白桐亦勘作琴瑟，一名椅桐，人家多植之。"⑨述"韭"条引《论语》云：'不撤姜食'，言可常啖，但勿过多尔"⑩等。除了大量引证《仙经》外，《庄子》亦数次被引，如述"葵根"条释：

以秋种葵，覆养经冬，至春作子，谓之冬葵，多入药用，至滑利，能下石淋。春葵子亦滑利，不堪余药用。根，故是常葵尔。叶尤冷利，不可多食。术家取此葵子，微炒令烨炫，散着湿地，遍踏之。朝种葵暮生，远不过宿。又云取羊角、马蹄烧作灰，散于湿地，即生罗勒，世呼为西王母菜，食之益人。生菜中又有胡荽、芸台、白

① （唐）陈藏器撰，尚志钧辑释：《〈本草拾遗〉辑释》，合肥：安徽科学技术出版社，2002 年，第 240 页。

② （清）张璐：《本经逢原》，上海：上海科学技术出版社，1959 年，第 229 页。

③ 管华诗、王曙光主编：《中华海洋本草》第 3 卷《海洋无脊椎动物药》，上海、北京：上海科学技术出版社、海洋出版社，2009 年，第 507 页。

④ （宋）张君房纂辑，蒋力生等校注：《云笈七签·华阳隐居先生本起录》，第 663 页。

⑤ （南朝·梁）陶弘景：《本草经集注》卷 3《草木上品》，严世芸、李其忠主编：《三国两晋南北朝医学总集》，第 1049 页。

⑥ （南朝·梁）陶弘景：《本草经集注》卷 6《虫兽》，严世芸、李其忠主编：《三国两晋南北朝医学总集》，第 1080 页。

⑦ （南朝·梁）陶弘景：《本草经集注》卷 6《虫兽》，严世芸、李其忠主编：《三国两晋南北朝医学总集》，第 1082 页。

⑧ （南朝·梁）陶弘景：《本草经集注》卷 7《果菜米谷有名无实》，严世芸、李其忠主编：《三国两晋南北朝医学总集》，第 1091 页。

⑨ （南朝·梁）陶弘景：《本草经集注》卷 5《草木下品》，严世芸、李其忠主编：《三国两晋南北朝医学总集》，第 1074 页。

⑩ （南朝·梁）陶弘景：《本草经集注》卷 7《果菜米谷有名无实》，严世芸、李其忠主编：《三国两晋南北朝医学总集》，第 1095 页。

苣、邪蒿，并不可多食，大都服药通忌生菜耳。佛家斋忌食薰，渠不的知是何菜？多言今芸薹，憎其臭故也。①

据考，陶弘景所撰《本草经集注》中列"诸病通用药"，与《阇罗迦集》中按治疗效用分成 50 类、枚举药物 500 种的做法十分相似。②在《肘后百一方序》中，陶弘景坦诚相告："《佛经》云，人用四大成身，一大辄有一百一病，是故深宜自想，上自通人，下达众庶，莫不各加缮写，而究括之。"③科学研究本身既是一个批判的过程，又是一个知识兼容的过程。这里，充分吸收儒、道、释三家的知识成果，为我所用，是魏晋南北朝思想文化发展的总趋势④，而陶弘景顺应了它，故能成其大。此后，中药学沿着陶弘景开拓的这条学术路径，不断取得新的科研成就，像《千金要方》《新修本草》等都将儒、释、道三家思想巧镶其中，从而构成隋唐医药学发展的一个显著特点。

当然，陶弘景在《养性延命录》、《真诰》及《灵奇方》中，还提出了许多需要人类将来继续探索和解决的重大科学问题。

第一，人类"百年耆寿"问题。陶弘景说："夫禀气含灵，惟人为贵。人所贵者，盖贵于生。生者神之本，形者神之具。神大用则竭，形大劳则毙。若能游心虚静，息虑无为，候元气于子后，时导引于闲室，摄养无亏，兼饵良药，则百年耆寿是常分也。"⑤长命百岁确实是人类有望实现的生存目标，当然，疾病、灾难、战争等因素又是影响人类实现"百年耆寿"目标的主要危险，所以人类"百年耆寿"问题是一个比较复杂的系统工程，有赖于全社会的共同参与。

第二，关于"痛处存其火"，即用行气攻疗病灶的问题。陶弘景说："道士有疾，闭目内视心，使生火以烧身，身尽，存之使精如仿佛，疾病即愈。是痛处存其火。秘验。"⑥此"火"即"意火"，也即用气功来治病。《黄帝内经素问》说："惟其移精变气，可祝由而已。"⑦这是原始的气功疗法，里面掺杂着很多巫术成分。隋朝首设"祝禁博士"，元明始改"祝禁"为"祝由"。廖育群认为："巫术的治疗方法虽然不可能具有确实的作用，但也不能因此即将其排斥于传统医学的体系之外。"⑧那么，如何将"祝由"改造成真正的"科学"？陶弘景讲气功治病，《诸病源候论》也讲述了约 29 种气功导引治疗方法。所以钱学森指出：

> 如果排除了假的，对气功和特异功能所表现出的现象可以分为两大类：一类是现有科学体系能够解释的，另一类是现代科学不能解释的，即绝对真理长河中的相对真

---

① （南朝·梁）陶弘景：《本草经集注》卷 7《果菜米谷有名无实》，严世芸、李其忠主编：《三国两晋南北朝医学总集》，第 1093 页。

② 廖育群：《阿输吠陀——印度的传统医学》，沈阳：辽宁教育出版社，2002 年，第 374—375 页。

③ （南朝·梁）陶弘景：《陶隐居集·肘后百一方序》，王德毅：《丛书集成三编》第 37 册，第 432 页。

④ 汤一介：《论儒、释、道"三教归一"问题》，《中国哲学史》2012 年第 3 期，第 5—10 页。

⑤ （南朝·梁）陶弘景：《养性延命录·序》，严世芸、李其忠主编：《三国两晋南北朝医学总集》，第 1133 页。

⑥ [日] 吉川忠夫、麦谷邦夫：《真诰校注》卷 10《协昌期》，朱越利译，第 341 页。

⑦ 《黄帝内经素问》卷 4《移精变气论篇》，陈振相、宋贵美：《中医十大经典全录》，第 24 页。

⑧ 廖育群：《医者意也：认识中医》，桂林：广西师范大学出版社，2006 年，第 205 页。

理。一些现象用现代科学解释不了也并不稀奇，整个科学的发展就是这样，不能不承认这个问题，要改造现有的科学理论。"改造"就是现代科学的革命，这是彻底的唯物主义。①

第三，关于"避水火"的问题，人类自身的发展往往受到很多生理条件的局限，如人不会飞，怕火怕水等，然而，人类通过发展科学技术却能够弥补自身生理之不足，既能飞上天空，又能潜水和蹈火。陶弘景《灵奇方》载有许多看似很荒唐的方药，但从思想创新层面看，他的许多设想如今已经变成了现实，说明他的"灵方"并不是没有实现的可能性。例如，"避西雨湿方"："蜘蛛涂布巾，天雨不能濡。"②陶弘景没有想到现代人们用"雨衣"技术解决了"避西雨湿"的问题。陶弘景又有"避水火方"："蜘蛛二七枚，盆盛，食以膏，埋之垣下三十日，以涂足，行水上不没。"③此方固然不可信，但不是妄想，而未来科学能不能解决人"行水上不没"的问题，其技术关键就是如何扩大足底浮力以保证人体在水面上下下沉。如欧洲文艺复兴时期的达芬奇曾经"想设计一种可以在水上行走的充气雪橇"④；日本广岛大学的科学家制造了一种在水上行走的"水鞋"，它的外形像滑雪板，长 180 厘米，宽 25 厘米，在行走实验中，有人竟行走了 1700 多米⑤。这些实例证明，陶弘景的科学幻想或许有一天会实现。

至于《本草经集注》编写体例对《新修本草》《证类本草》《本草纲目》的影响，参见《中国道教科学技术史·南北朝隋唐五代卷》第 17 章第 2 节的相关论述，本书不再重复。

当然，陶弘景思想也有消极的成分，比如，《真诰》和《登真隐诀》中含有很多神秘主义的东西，而《灵奇方》中也有不少巫术的思想。例如，"相爱方"中说"取猪皮并尾者，方一寸三分，内衣领中，天下人皆爱"⑥。这已经属于纯粹的妄想了，没有任何道理。还有某些自然和人体生理的现象不可避免地被打上了不可知论的烙印。例如，陶弘景在《登真隐诀》中讨论了人的胚胎和发育问题。他说：

> 人之寄生托诞，先因精为端，精既凝结，阴阳之炁积附成胎，于是注血立骨，稍构人形，人形既充具，神亦来人，乃能自生。此变化精微，不可以理而求，生生之本，莫复过斯者矣。……其形质既具，五藏既立，当生之时，须大神来入，而寿夭吉凶定矣。⑦

这一段话中，从开头到"稍构人形"，讲的是人体胚胎的形成和发育，符合人体生理运动的规律，可是，从"人形既充具，神亦来人"讲就不正确了。首先，说人体胚胎的形成和发育"不可以理而求"，否定了人的自觉能动性，更否定了科学能够认识和把握自然

---

① 钱学森：《人体科学与现代科技发展纵横观》，北京：人民出版社，1996 年，第 99 页。
② （南朝·梁）陶弘景：《灵奇方》，严世芸、李其忠主编：《三国两晋南北朝医学总集》，第 1152 页。
③ （南朝·梁）陶弘景：《灵奇方》，严世芸、李其忠主编：《三国两晋南北朝医学总集》，第 1152 页。
④ ［美］杜兰特：《英雄的历史》，乐为良、黄裕美译，北京：中央编译出版社，2011 年，第 191 页。
⑤ 白云、赵恒：《生活中的形形色色》，北京：中国商业出版社，1989 年，第 42 页。
⑥ （南朝·梁）陶弘景：《灵奇方》，严世芸、李其忠主编：《三国两晋南北朝医学总集》，第 1151 页。
⑦ （南朝·梁）陶弘景撰，王家葵辑校：《登真隐诀辑校·轮神》，第 234 页。

规律的本质特征，属于科学认识领域的不可知论，应予以批判。其次，讲"寿夭吉凶定矣"是一种宿命论，它与科学精神相违背，所以对于陶弘景的思想，我们应客观和辩证地去认识和分析，取其精华，去其糟粕。

本 章 小 结

在南朝，何氏家族出了不少人才，如何承天、何子朗、何思澄、何逊等。西晋永嘉之乱率族南迁的祖冲之家族在南朝也是望族，其中祖逖、祖约等都曾是东晋名流。雷敩虽说生平不详，然晋时"雷氏豫章望"，却是江西境内的一大望族。《黄帝内经素问·著至教论篇》有"黄帝坐明堂，召雷公而问之"[1]的记载，又《尚书·说命下》云："惟敩学半，念终始典于学。"[2]孔颖达注："敩，教也。"[3]可见，雷敩家族必定有着深厚的家学传承。

前揭陈寅恪说士族"优美之门风实基于学业之因袭"，此"学业"的根本还在于"儒家之学"。对此，王永平在《六朝江东世族之家风家学研究》中有详论[4]，不赘。即使医药学，明末清初医家萧京说得也很清楚："故非儒则医之术不明，非医则儒之道不该，医固以儒重者也。"[5]当然，要想维持家学的优势，必须重视家学教育，因为失学往往意味着坠家。所以南朝的私学比较发达，如何承天"五岁失父，母徐氏，广之姊也，聪明博学，故承天幼渐训义，儒史百家，莫不该览"[6]。徐广撰有《七曜历》，故此，何承天应当从舅父那里学会了很多观察测算历法的专业技能。祖冲之子祖暅之"少传家业，究极精微"[7]，又"（祖）暅之子皓，志节慷慨，有文武才略。少传家业，善算历"[8]。而南朝历法之所以能取得令北朝诸家莫及的骄人成就，与其相对发达的私学教育密不可分。诚如朱文鑫所言：

> （南北）两朝之历，当以何承天之元嘉、祖冲之之大明为最善。二氏承虞喜之后，实测岁差以治历，为前代所未有。何承天为南朝所宗，祖冲之为北朝所法，而祖氏之法，尤为后世历家所祖述也。[9]

当然，何承天和祖冲之的科学成就也是在与错误思想的斗争中取得的。

何承天反对佛教"形尽神不灭"主张，他的《报应说》高举实证方法的旗帜，批判佛

---

[1] 《黄帝内经素问》卷 23《著至教论篇》，陈振相、宋贵美：《中医十大经典全录》，第 139 页。
[2] 陈成国点校：《四书五经》上，长沙：岳麓书社，2014 年，第 240 页。
[3] 详细内容参见浙江大学汉语史研究中心：《汉语史学报》第 10 辑，上海：上海教育出版社，2010 年，第 366 页。
[4] 王永平：《六朝江东世族之家风家学研究》，南京：江苏古籍出版社，2003 年，第 336—360 页。
[5] （明）萧京著，刘德荣、陈玉鹏校注：《轩岐救正论》卷 6《儒医》，北京：线装书局，2011 年，第 124 页。
[6] 《宋书》卷 64《何承天传》，第 1701 页。
[7] 《南史》卷 72《祖冲之传》，第 1774 页。
[8] 《南史》卷 72《祖冲之传》，第 1775 页。
[9] 朱文鑫：《历法通志》，上海：商务印书馆，1934 年，第 16 页。

教的报应观。在文中，何承天强调：

> 夫欲知日月之行，故假察于璇玑；将申幽冥之信，宜取符于见事。故鉴燧悬而水火降，雨宿离而风云作。斯皆远由近验，幽以显著者也。[1]

这种用自然科学的实证法驳斥佛教神学的虚妄，否定了宗教迷信，十分得法，具有极强的说服力。而文中所提出的"远由近验，幽以显著"这个原则，则"无疑来自其科学的实证思想"[2]，包含着"求故"的科学思想和方法论。同样，祖冲之在与戴法兴的辩论中，面对戴法兴"诬天背经"[3]的责骂和"横生嫌贬"[4]的刁难，毫无畏惧，因为他相信被测验证明"天数渐差"[5]这个事实，以及"夫建言倡论，岂尚矫异"[6]的科学求真之道。在长期的天文观测实践中，祖冲之深信天体运行"非出神怪，有形可检，有数可推"[7]，进而批判了"溺名丧实"[8]的欺人之谈。因此，祖冲之这种实事求是的科学学风和不为强权"今所革创"[9]以及"浮辞虚贬，窃非所惧"[10]的科学智慧和大无畏精神，为我们树立了光辉榜样，是鼓舞和激励我们不断追求科学之真和开阔科学心胸的强大精神动力。

学界公认陶弘景是魏晋南北朝道教科学技术思想的集大成者，一生著述计有80多种，代表作有《真诰》《登真隐诀》《名医别录》《本草经集注》4部书。其中《真诰》重点阐释了"创造性想象力"与人类长生的关系，在长期的养生实践中，陶弘景发现激发形象思维有助于延年益寿，而他倡导的"存真一法"则能激活人类右脑的"心像力"。而《本草经集注》则是陶弘景对南北朝之前药物学发展的一次全面总结，在书中，陶弘景提出了以自然属性"区畛物类"为原则的药物分类系统，被后世沿用了一千多年，为推动祖国医药学的发展做出了重大贡献。

综上，对于魏晋南北朝时期以术数为特征的科学技术成就，牟宗三曾有一段比较精妙的论说，特引述于此：

> 科学之知是"以量控质"……术数家之知是"以质还质"，心保其灵，物全其机，而以象征的直感为媒介，故能"与物宛转"，"极变化而览未然"。……故术数家之知亦可以广泛有效而具客观妥实性。其妥实性是落在那具体而活泼的事实上，而不

---

① （明）张溥编，（清）吴汝纶选：《汉魏六朝百三家集选》，任继愈主编：《中华传世文选》第2册，长春：吉林人民出版社，1998年，第260页。

② 乐胜奎、刘端生、王晓庆：《大江儒林——长江流域的儒学与修身》，武汉：长江出版社，2014年，第40页。

③ 《宋书》卷13《律历志下》，第305页。

④ 《宋书》卷13《律历志下》，第307页。

⑤ 《宋书》卷13《律历志下》，第310页。

⑥ 《宋书》卷13《律历志下》，第316页。

⑦ 《宋书》卷13《律历志下》，第315页，

⑧ 《宋书》卷13《律历志下》，第314页。

⑨ 《宋书》卷13《律历志下》，第313页。

⑩ 《宋书》卷13《律历志下》，第314页。

> 是落在那抽象而机械的量上。此即为"以质还质"，而为知识之精的形态。此为心灵之苏醒，亦为事物之豁朗。以苏醒之心灵遇豁朗之事物，故无往而不具体也。然此为高级之知，非必人人能之。①

所以我们只有把魏晋南北朝时期的科学技术思想放在这样的观念之下去评判和考量，才能真正去伪存真，才能透过像符图、斋仪、丹药等特殊的思想载体而看到其闪亮的科学价值，从而不被它的神秘主义外形所迷惑。

---

① 牟宗三：《才性与玄理》，南宁：广西师范大学出版社，2006 年，第 82—83 页。

结　　语

一、享乐文化成为魏晋南北朝科学技术发展的重要激励因素

《列子》是一部非常特别的书，此书的主旨是鼓吹享乐主义。其中《杨朱》篇云：

> 则人之生也奚为哉？奚乐哉？为美厚尔，为声色尔。而美厚复不可常厌足，声色不可常玩闻。乃复为刑赏之所禁劝，名法之所进退。遑遑尔竞一时之虚誉，规死后之余荣。偊偊尔慎耳目之观听，惜身意之是非。徒失当年之至乐，不能自肆于一时。重囚累梏，何以异哉？①

又说：

> 丰屋、美服、厚味、姣色，有此四者，何求于外？有此而求外者，无厌之性。无厌之性，阴阳之蠹也。忠不足以安君，适足以危身。义不足以利物，适足以害生。安上不由于忠，而忠名灭焉。利物不由于义，而义名绝焉。君臣皆安，物我兼利，古之道也。鬻子曰："去名者无忧。"老子曰："名者实之宾。"而悠悠者趋名不已。名固不可去？名固不可宾邪？今有名则尊荣，亡名则卑辱。尊荣则逸乐，卑辱则忧苦。忧苦，犯性者也。逸乐，顺性者也。斯实之所系矣。名胡可去？名胡可宾？但恶夫守名而累实。守名而累实，将恤危亡之不救，岂徒逸乐忧苦之间哉？②

这种享乐主义思想是一种腐朽文化，当然要进行严厉批判。

不过，享乐主义思想也需要历史地和辩证地看。在世道纷乱的年代里，如何度过那短暂且绝不会再来的一生，确实是一个需要认真反思的现实问题。嵇康说："推其原也，六经以抑引为主，人性以从容为欢，抑引则违其愿，从欲则得自然；然则自然之得，不由抑引之六经，全性之本，不须犯情之礼律。"③在当时，这既是一种思想叛逆，又是一种人性解放，其释放出来的思想能量是巨大的。诚如有学者所言："（嵇康）实际上提出了人类社会的两种文明方向：一是'抑引'，一是'从容'。没有'抑引'，人类的生活是难以想象的，但'抑引'必然产生所谓文明上升中的压抑；同样，唯有'从容'，人类的生活未必就是幸福的坦途。人类的历史，人类的文明，或许就是'压抑与释放'博弈的历史。没有压抑，释放就没有存在的意义；只要存在压抑，就必然会有释放的诉

---

① （周）列御寇：《列子》卷下《杨朱》，《百子全书》第 5 册，长沙：岳麓书社，1993 年，第 4663—4664 页。

② （周）列御寇：《列子》卷下《杨朱》，《百子全书》第 5 册，第 4668 页。

③ （晋）嵇康撰，戴明扬校注：《嵇康集校注》卷 7，北京：人民文学出版社，1962 年，第 260—261 页。

求。"①而这种"释放的诉求"便是魏晋玄学成长的土壤,"到了东晋,玄风依然很盛,但主要表现在社会风气和生活情调上。这时,超生死、得解脱的问题成为玄学的中心内容,空虚思想和纵欲主义将玄学引入了绝境,玄学开始同佛教合流"②。那么,魏晋这种享乐文化对科学技术的发展有没有影响呢?答案是肯定的。如前面讲到的"机械木人",不分僧俗,人们都在争相造作,那些"机械木人"的服务功能很多,但多是生活娱乐性的。例如,马钧曾制造了一种专供贵族阶层享乐的娱乐机械——"水饰"(亦称"水傀儡"),据《三国志》裴松之注引说:

> 其后人有上百戏者,能设而不能动也。帝以问先生:"可动否?"对曰:"可动。"帝曰:"其巧可益否?"对曰:"可益。"受诏作之。以大木雕构,使其形若轮,平地施之,潜以水发焉。设为女乐舞象,至令木人击鼓吹箫;作山岳,使木人跳丸掷剑,缘絙倒立,出入自在;百官行署,舂磨斗鸡,变巧百端。③

又如《太平广记》载:

> 北齐有沙门灵昭甚有巧思,武成帝(即高湛)令于山亭造流杯池。船每至帝前,引手取杯,船即自住。上有木小儿抚掌,遂与丝竹相应。饮讫放杯,便有木人刺还。上饮若不尽,船终不去。④

再如《河溯访古记》载:

> 华林苑在临漳县东二里……改曰仙都苑……密作堂,周回二十四架,以大船浮之,以水为激轮。堂为三层,下层刻木人七,弹筝、琵琶、箜篌、胡鼓、铜钹、拍板、弄盘等,衣以锦绣,进退俯仰,莫不中节。中层刻木僧七人,一僧执香奁立东南角,一僧执香炉立东北角,五僧左传行道,至香奁所,以手拈香。至香炉所,其僧授香炉于行道僧。僧以香置炉中,遂至佛前作礼,礼毕,整衣而行。周而复始,与人无异。上层作佛堂,旁列菩萨卫士。帐上作飞仙右转,又刻紫云左转。往来交错,终日不绝。皆黄门侍郎博陵崔士顺所制,奇巧机妙,自古罕有。⑤

与享乐文化相关,魏晋南北朝的养生之风气甚浓。因此,有学者评论说:"中国传统文化中比较有系统的养生理论首见于魏晋时期。有关养生的问题,虽然先秦已有零星论述,两汉也续有发挥,但真正成为关注的热点、形成讨论高潮是在魏晋。魏晋时士族兴起,养生文化在知识阶层开始流行,并借由知识阶层逐渐走向民间。"⑥在养生基础上,讲

---

① 李涛:《压抑与释放——中国性灵文学思想传统及其现代转化研究》,长春:东北师范大学出版社,2016年,第130页。

② 何志虎主编:《中国通史简明读本》上册,石家庄:河北人民出版社,2012年,第281页。

③ 《三国志》卷29《魏书·杜夔传》,北京:中华书局,1959年,第807页。

④ (宋)李昉等:《太平广记》卷225《僧灵昭传》,北京:中华书局,1961年,第1734页。

⑤ (元)纳新:《河朔访古记》,《景印文渊阁四库全书》第593册,台北:台湾商务印书馆,1986年,第41—42页。

⑥ 唐翼明:《中华的另一种可能——魏晋风流》,北京:民主与建设出版社,2014年,第183页。

究饮食的多样化，也成为魏晋南北朝科学发展的重要一环。第一，"吃的品种多"了，"在张骞通西域以前，中国人在'吃'上的主要特色，就是主食开发得早，产量世界最高，唯独品种少，除了大米、白面、小米这类的主食外，今天我们吃的大部分蔬菜，都是张骞通西域后带来的。而到了魏晋时期，这些外来的蔬菜，在中国的种植已经渐成规模，菜肴的品种日益增多"[①]。第二，饮食方式出现了根本变化，相较于秦汉之前的席地而坐食，魏晋以后，由于胡床的传入，中原开始盛行"用胡床貊槃，及为羌煮貊炙"[②]，而"随着胡床、椅子、高桌、凳等座具相继问世，合食制（围桌而食）流行开来。随着高桌大椅的使用，人们围坐一桌进餐也就顺理成章了。同时，这一时期也是中国古代的两餐制和分餐制，逐渐向现代的三餐制和合餐制过渡的一个重要时期"[③]。第三，烹饪方式出现了"炒"，据专家考证，"魏晋之前的中国传统烹饪，以'炖'和'煮'为主。比如战国时期的国君吃饭，主要就是用鼎来炖肉，鼎上面锅的数量，是区分身份的标志，只有国君才能用九个鼎。'煮'这门技术，主要用来做羹，这是当时中国人奢侈的营养品。到了魏晋时代，'炒'开始发扬光大，相比国外的烹饪，煮、炖、烹、炮等技术，'炒菜'是中国菜独有的技术"[④]。

从基础科学的角度看，炼丹术中包含着丰富的化学知识。此期人们已经开始编撰动植物图谱，嵇含的《南方草木状》已载有柑农利用黄猄蚁扑灭柑橘害虫的事例，这是世界上记载最早的生物防治，也是世界上首次利用天敌扑灭害虫的典范。在魏晋南北朝时期，饮茶习俗不仅已经渗透到各阶层的社会生活里，而且被礼仪化了。[⑤]张子信在山东半岛外的一个海岛上，进行天文观测，一待就是 30 年，终于发现了太阳视运动的不均匀性和行星运动速度的不均匀性，遂成为"了解日月五星运动规律的第一人"[⑥]。在地质学方面，葛洪提出了"沧海桑田"的地壳变动思想，而南朝梁时佚名所作的《地镜图》则是世界上最早利用指示植物寻找矿藏的理论著作。在物理学方面，郭璞《山海经图赞》用"气有潜通"[⑦]的观念解释了静电与静磁现象。

相较于唐代，魏晋南北朝时期的科研环境并不优裕。然而，此期的理论科学发展却明显高于唐代。[⑧]其原因何在？有学者从享乐文化的角度给出了一种解释，当然，仅仅是一种解释，而不是全部。其文云："在魏晋时期，科学不是一种职责，更不是一种学习负担，相反它是一种知识阶层的娱乐项目。在当时，知识阶层言必称科学，人人爱科学，大家争相搞发明创造，从一次次科学实验中寻找自然的真谛和人生的快乐。在这样一个时代里，科学的进步，是可以想象的。"[⑨]

---

① 王升：《魏晋风尚志》，苏州：古吴轩出版社，2011 年，第 161 页。
② 《晋书》卷 27《五行志上》，北京：中华书局，1974 年，第 823 页。
③ 万建中、李明晨：《中国饮食文化史·京津地区卷》，北京：中国轻工业出版社，2013 年，第 42 页。
④ 王升：《魏晋风尚志》，第 162 页。
⑤ 关剑平：《文化传播视野下的茶文化研究》，北京：中国农业出版社，2009 年，第 37 页。
⑥ 中宣部、教育部、科技部：《中国古代 100 位科学家故事》，北京：人民教育出版社，2006 年，第 43 页。
⑦ （晋）郭璞著，王招明、王暄译注：《山海经图赞译注》，长沙：岳麓书社，2016 年，第 97 页。
⑧ 金观涛、刘青峰等：《问题与方法集》，上海：上海人民出版社，1986 年，第 181 页。
⑨ 王升：《魏晋风尚志》，第 131 页。

二、古文经学奠基了魏晋南北朝科学技术思想发展的理论高峰

在众多对科学理论的解释中，有两种认识比较有代表性，一种是玄学的解释，另一种是实在论的解释。前者以霍金为代表，后者以爱因斯坦为代表。霍金在《时间简史》一书中说：

> 为了谈论宇宙的性质和讨论诸如它是否存在起始或终结的问题，你必须清楚什么是科学理论。我将采用素朴的观点，即理论只不过是宇宙或它的受限制部分的模型，以及一套把这模型中的量和我们做的观测相联系的规则。它只存在于我们的头脑中，不再具有任何其他（不管在任何意义上）的实在性。[①]

"只存在于我们的头脑中"的科学理论实际上就是一种玄学，在魏晋南北朝时期，魏华存的内丹修炼理论与霍金的主张相合。与霍金不同，爱因斯坦坚持科学理论的实在性原则，他说：

> 科学并不就是一些定律的汇集，也不是许多各不相关的事实的目录。它是人类头脑用其自由发明出来的观念和概念所作的创造。物理理论试图作出一幅实在的图象（像），并建立起它同广阔的感觉印象世界的联系。我们头脑里的构造究竟能否站得住脚，唯一的是要看我们的理论是否已构成了并用什么方法构成了这样一种联系。
>
> 我们已经看到，物理学的进展创造了新的实在。但这根创造的链条能够追溯到远在物理学的出发点之前。客体的概念是最原始的概念之一。[②]

这种理论肯定科学理论与实在世界之间存在一种直接的联系，这种联系能够通过观测和实验等手段获得。在魏晋南北朝时期，以祖冲之为代表的儒家科学与此相符，与李约瑟博士"抑儒扬道"的"道家中心论"观点不同，我们认为儒家科学是魏晋南北朝科学技术思想发展的主流。至于为什么将儒家科学视为魏晋南北朝科学技术思想发展的主流，理由很多，但最主要的是以古文经学为理论工具的魏晋南北朝儒家科学尊重科学发展的规律，关于这一点，我们完全可以通过祖冲之对戴法兴的驳议来理解。针对戴法兴"为合以求天"的无理指摘，祖冲之驳斥说：

> 夫历存效密，不容殊尚，合谶乖说，训义非所取，虽验当时，不能通远，又臣所未安也。元值始名，体明理正。未详辛卯之说何依，古术诡谬，事在前牒，溺名丧实，殆非索隐之谓也。若以历合一时，理无久用，元在所会，非有定岁者，今以效明之。夏、殷以前，载籍沦逸，《春秋》汉史，咸书日蚀，正朔详审，显然可征。以臣历检之，数皆协同，诚无虚设，循密而至，千载无殊，则虽远可知矣。备阅曩法，疏越实多，或朔差三日，气移七晨，未闻可以下通于今者也。元在乙丑，前说以为非正，今值甲子，议者复疑其苟合，无名之岁，自昔无之，则推先者，将何从乎？历纪

① ［英］史蒂芬·霍金：《时间简史》，许明贤、吴忠超译，长沙：湖南科学技术出版社，2018年，第10页。
② 许良英、范岱年编译：《爱因斯坦文集》第1卷，北京：商务印书馆，1976年，第377页。

之作，几于息矣。夫为合必有不合，愿闻显据，以核理实。①

他又说：

　　算自近始，众法可同，但《景初》之二差，承天之后元，实以奇偶不协，故数无尽同，为遗前设后，以从省易。夫建言倡论，岂尚矫异？盖令实以文显，言势可极也。稽元曩岁，群数咸始，斯诚术体，理不可容讥；而讥者以为过，谬之大者。然则《元嘉》置元，虽七率舛陈，而犹纪协甲子，气朔俱终，此又过谬之小者也。必当虚立上元，假称历始，岁违名初，日避辰首，闰余朔分，月纬七率，并不得有尽，乃为允衷之制乎？设法情实，谓意之所安。②

　　这两段话讲得甚明，作为科学理论，不能"虽验当时，不能通远"，这是科学研究的底线。因为进入魏晋之后，汉代立为"官学"的今文经学逐渐式微，原来处于边缘状态的古文经学开始走向舞台的中心，令众多文人十分向往。在对待谶纬之说的问题上，今文经学崇信纬书，古文经学则视纬书为虚妄。当时，戴法兴没有适应南北朝思想界的这种新变化，仍然顽固保守今文经学的谶纬学说，主张"或据文于图谶，或取效于当时"③。对此，祖冲之进行直接回击，表明了自己的古文经学立场。他说："夫历存效密，不容殊尚，合谶乖说，训义非所取，虽验当时，不能通远，又臣所未安也。"④意思是说，不求实证的谶纬之说仅仅具有偶然性，有的虽符合当时天象，却无法符合未来的天象。在这里，"虽验当时，不能通远"的科学观恰恰就是霍金科学理论的特征。如前所述，霍金科学理论的特点便是"只是现阶段与观测相符"⑤。而在祖冲之的观念里，为事物确定概念是抽象思维的基本元素，也是科学的起点，所以在科学理论体系的建构过程中，首先应明确研究对象的概念边界与范畴。祖冲之举例说："今值甲子，议者复疑其苟合，无名之岁，自昔无之，则推先者，将何从乎？"⑥也就是说，在中国的历法体系里，自古以来，没有不采用干支纪岁名的，否则编制历法就无从谈起，此与爱因斯坦科学研究始自"原始概念"的主张不谋而合。

　　此外，爱因斯坦还提出了科学理论的"链条"说，也与祖冲之的科学主张一致。爱因斯坦认为，尽管"物理学的进展创造了新的实在"，但"这根创造的链条能够追溯到远在物理学的出发点之前"。正是科学理论这根"链条"才把前人的研究作为构建新理论的前提条件，当然，尊重前人的知识成果并不等于泥古不变，恰恰相反，治学当遵师法而不拘绳墨。故祖冲之在驳斥戴法兴污蔑他"既违天于改易，又设法以遂情"之谬论时曾说：

　　迟疾之率，非出神怪，有形可检，有数可推，刘、贾能述，则可累功以求密矣。

① 《宋书》卷13《律历志下》，北京：中华书局，1974年，第314—315页。
② 《宋书》卷13《律历志下》，第316页。
③ 《宋书》卷13《律历志下》，第314页。
④ 《宋书》卷13《律历志下》，第314页。
⑤ 刘继军：《鬼脸物理课》，南京：南京师范大学出版社，2019年，第83页。
⑥ 《宋书》卷13《律历志下》，第315页，

议又云"五纬所居，有时盈缩"。"岁星在牵，见超七辰"。谓应年移一辰也。案岁星之运，年恒过次，行天七匝，辄超一位。代以求之，历凡十法，并合一时，此数咸同，史注所记，天验又符。此则盈次之行，自其定准，非为衍度滥徙，顿过其冲也。若审由盈缩，岂得常疾无迟。夫甄耀测象者，必料分析度，考往验来，准以实见，据以经史。曲辩碎说，类多浮诡，甘、石之书，互为矛盾。今以一句之经，诬一字之谬，坚执偏论，以罔正理，此愚情之所未厌也。[1]

他又总结科学发展的规律说：

臣少锐愚尚，专攻数术，搜练古今，博采沈奥。唐篇夏典，莫不揆量，周正汉朔，咸加该验。罄策筹之思，究疏密之辨。至若立圆旧误，张衡述而弗改，汉时斛铭，刘歆诡谬其数，此则算氏之剧疵也。《乾象》之弦望定数，《景初》之交度周日，匪谓测候不精，遂乃乘除翻谬，斯又历家之甚失也。及郑玄、阚泽、王蕃、刘徽，并综数艺，而每多疏舛。臣昔以暇日，撰正众谬，理据炳然，易可详密，此臣以俯信偏识，不虚推古人者也。[2]

这些慷慨激昂的文字，是中国古代科学思想史最为珍贵的历史文献之一。在文中，以"该验"为度衡，祖冲之提出了一条构建科学理论的基本原则："必料分析度，考往验来，准以实见，据以经史。"[3]在中国古代，这条原则体现了古文经学的实证特点。祖冲之在"罄策筹之思，究疏密之辨"的过程中，敢于质疑问难，以"不虚推古人"的创新意识"撰正众谬"，从而使他成为世界上最早求得圆周率精密数值的人[4]，震古烁今，创造了中国古代数学的一座高峰。其编制的《大明历》第一次将岁差引入历法，实现了中国古代历法的巨大进步，从而又"把历法的发展推上了一个新的高峰"[5]。不仅历法，在数学、农学、地理学、医学等诸多领域都出现了站立在科学高峰之巅的巨人，他们是由赵爽、刘徽、葛洪、王叔和、贾思勰、祖冲之、郦道元等组成的一个科学家群体，这个群体以其超过同时代欧洲的科学成就和光辉的实证精神足以擎起魏晋南北朝这座科学高峰。因此，杜石然提出"把魏晋南北朝时期的科学发展看作是中国古代科技体系形成后的一次发展高潮，而宋元时期则是另一次高潮"的主张，足以启悟来者，令人感奋向前。事实上，唯其如此，才能真正还魏晋南北朝科学技术发展历史以应有地位。

三、魏晋南北朝科学技术发展的潜在危机及其后果

魏晋南北朝的科学技术发展一如前述，成就辉煌。但是，与两汉相比，它在某些方面却再也没有达到东汉时期的高度，而且魏晋南北朝时期已经爆发出来的那股科学技术创造

① 《宋书》卷 13《律历志下》，第 315—316 页。
② 《宋书》卷 13《律历志下》，第 306 页。
③ 《宋书》卷 13《律历志下》，第 315—316 页。
④ 万绳楠：《魏晋南北朝文化史》，上海：东方出版中心，2007 年，第 299 页。
⑤ 李衡眉、赵强主编：《中国圣贤》上册，济南：山东人民出版社，2005 年，第 504 页。

热情也没有传递给隋唐时代的士子，这表明魏晋南北朝时期的科学技术本身隐藏着内在的危机。

下面是金观涛等的一段分析，言之成理。他们说：

> 东汉末年，墨家虽然又活跃了一阵子，但很快又消沉下去了。科学发展又一次陷入低潮。第一个原因是社会结构在转化中出现了毁灭性大动乱。东汉灭亡后，中国封建社会结构发生了某种变化，伴随着这种变化是整个社会处于长达百年之久的动乱状态。这一次动乱是中国历史上最大的一次。科学在动乱中所受到的浩劫当然可以想象。第二个原因是东汉末年时墨家又一次碰到了比自己更强大的竞争对手，这就是道家思想。道家具有强烈的反社会化倾向，他们歧视技术比儒生走得更远，以至于反对技术应用于社会。科学实验的发展，取决于学者对工艺的兴趣，取决于工匠知识向学者转移，特别是工匠与学者结合的程度。而道家的反技术态度和反社会化倾向无疑比儒家更不利于科学实验的发展。[①]

金观涛等的结论是从整体上说的，他并不否认道家在某些方面对我国古代实验科学的发展做出了一定贡献。尤其是当唐朝把道教奉为国教之后，道教炼丹术便达到了登峰造极的地步。同时，阴阳五行与炼丹术相结合，因而阴阳学说在唐代炼丹术中就形成了一个比较完整的理论体系。[②]此外，从享乐文化的视角考察，魏晋南北朝的科学技术过度重视技术的"娱乐性"和生活性，却忽视了技术的"生产性"。因此，魏晋南北朝还没有发生耕作器具的重要变革[③]，尤其是时人对牛的认识，多以食牛为尚。如《宋书》载，世人"饮醇酒，炙肥牛。请呼心所欢，可用解愁忧"[④]。在这种风气里，耕牛缺乏就成为影响农业生产的一个严重问题。据专家考证：

> （魏晋南北朝时期）北方地区有许多农民家庭没有耕牛。正因为如此，魏晋十六国时期，国家在确定屯田农户应纳地租的数额时，将耕牛作为一个重要的考虑因素：如果租用官牛，就需交纳更多地租；如拥有和使用私牛，则可少交。之所以有这样的规定，显然因为许多屯田农户没有耕牛。北魏时期，北方农民家庭仍然缺少耕牛，为了鼓励农业生产，皇帝专门下诏要求有司督促百姓有牛与无牛之家"以人牛力相贸"。皇帝之所以有这样的诏令，亦是鉴于当时不少农民家庭，特别是"五口下贫家"缺少耕牛，耕垦种植难以进行。[⑤]

对于外来文化，魏晋士人基于先秦以来"夷夏"观的价值取向，大都坚守儒家礼制的立场，反对佛教的传播。据《大宋僧史略》记载："自佛法东传，事多草昧。故《高僧

---

① 金观涛、樊洪业、刘青峰：《科学技术结构及其历史变迁——论十七世纪之后中国科学技术落后于西方的原因》，《大自然探索》1983 年第 2 期，第 156 页。

② 周嘉华、赵匡华：《中国化学史·古代卷》，南宁：广西教育出版社，2003 年，第 467 页。

③ 王星光：《中国科技史求索》，天津：天津人民出版社，1995 年，第 42 页。

④ 《宋书》卷 21《乐志》，第 617 页。

⑤ 王利华：《中国家庭史》第 1 卷《先秦至南北朝时期》，广州：广东人民出版社，2007 年，第 440 页。

传》曰，设复斋忏同于祠祀。魏晋之世，僧皆布草而食，起坐威仪，倡导开化，略无规矩。至东晋有伪秦国道安法师，慧解生知，始寻究经律，作赴请、僧跋、赞礼、念佛等仪式。"[1]不仅如此，佛教所宣扬的"众生平等"、不婚不嫁等思想，与儒家的基本理念格格不入，所以南朝梁代的荀济"于时上书"，认为"桓灵祀浮图，阉竖以控权。三国由兹鼎峙，五胡仍其荐食，衣冠奔于江东，戎教兴于中壤，使父子之亲隔，君臣之义乖，夫妇之和旷，友朋之信绝。海内淆乱，三百年矣"[2]。

由此便发生了"魏（即北魏太武帝）周（即北周武帝）两次灭佛事件"。从历史发展的角度看，北朝的两次灭佛事件都有其合理之处，问题是在儒家科技占主导地位的中国古代，佛教理论中那些丰富的科学技术内容，亦被排挤到正统的儒家思想体系之外，这是一件非常遗憾的事情。下面是魏晋时期传入的几部佛教典籍中的科学技术思想。

（1）晋时传入中国的《华严经》，对宇宙的空间与时间有十分精妙的论述。其"寿量品"云：

> 此婆娑世界释迦牟尼佛刹一劫，于极乐世界阿弥陀佛刹为一日一夜；极乐世界一劫，于袈裟幢世界金刚佛刹为一日一夜；袈裟幢世界一劫，于不退转音声轮世界善乐光明莲华开敷佛刹为一日一夜；不退转音声轮一劫，于离垢世界法幢佛刹为一日一夜，离垢世界一劫，于善灯世界师子佛刹为一日一夜；善灯世界一劫，于妙光明世界光明藏佛刹为一日一夜；妙光明世界一劫，于超过世界法光明莲华开敷佛刹为一日一夜；超过世界一劫，于庄严慧世界一切神通光明佛刹为一日一夜；庄严慧世界一劫，于镜光明世界月智佛刹为一日一夜。佛子！下正说于中三初别举十刹相望。佛之！如是次第，乃至百万阿僧祇世界。最后世界一劫，于胜莲华世界贤首佛刹为一日一夜。[3]

在文中，《华严经》采用不同佛刹时间的相对差异来表达一昼夜的无限性。据考，佛经中的 "三大阿僧祇劫"为3.8×10亿年[4]，而"百万阿僧祇劫"的数字不可估量。所以有论者说："原先表示极长时间概念的'劫'，通过与'一日一夜'的类推比较后，华藏世界的一昼夜被揭示得那样漫长而难以估量。"[5]

《华严经》"阿僧祇品"中有"所谓百千为一洛叉，一百洛叉为一俱胝，俱胝俱胝为一阿庾多（即俱胝×俱胝＝阿庾多）"的一长段文字，讲的是佛教数学的计量方法。它"从阿僧企耶起，为佛陀之数学，共二十位。其数之多，穷于计算。俱胝以前，为常俗数，用十进之加法，此中但取为依，不复为之追溯。俱胝以后，即为学者之数，可依之以渐达佛陀

① （宋）赞宁：《大宋僧史略》卷上《受斋忏法》，[日] 高楠顺次郎等：《大正新修大藏经》第54册，东京：大正一切经刊行会，1934年，第238页。

② （南朝·梁）荀济：《论佛教表》，（清）严可均辑，金欣欣、金菲菲审订：《全后魏文》卷51，北京：商务印书馆，1999年，第503页。

③ 《中华大藏经》编辑局：《中华大藏经（汉文部分）》第89册《大方广佛华严经疏钞会本》，北京：中华书局，1994年，第331页。

④ 觉醒主编：《觉群佛学（2009）》，北京：宗教文化出版社，2010年，第290页。

⑤ 觉醒主编：《觉群佛学（2009）》，第290页。

之数，乃用倍倍相乘而进之法四五位后，已难计算，何况至于百二十六位耶！"①又有学者分析说："（《华严经》）经过不断反复、不厌其烦的十、百千、平方等递增手法，给出了这些庞大数字的想象空间，这是超乎常人思维推理的，如此却将这些庞大数字用以描述事物之间存在的时间或距离空间，其背后目的无外乎为了反映佛教广大的时空观，提示宇宙是无边无垠、无极无限的概念。"②

（2）晋时译出的《长阿含经》，对于宇宙的生成过程，其"世纪经"中载有下面一段话：

> 云何火劫还复？其后久久，有大黑云（即等离子云——引者注）……如是无数百千岁雨，其水渐涨，高无数百千由旬，乃至光音天。

> 时，有四大风起，持此水住。何等为四？一名住风，二名持风，三名不动，四名坚固。其后此水稍减百千由旬，无数百千万由旬，其水四面有大风起，名曰僧伽，吹水令动，鼓荡涛波，起沫积聚；风吹离水，在于空中自然坚固，变成天宫，七宝校饰，由此因缘有梵迦夷天宫。其水转减至无数百千万由旬，其水四面有大风起，名曰僧伽，吹水令动，鼓荡涛波，起沫积聚；风吹离水，在于空中自然坚固，变成天宫，七宝校饰，由此因缘有他化自在天宫。

> 其水转减至无数千万由旬，其水四面有大风起，名曰僧伽，吹水令动，鼓荡涛波，起沫积聚；风吹离水，在虚空中自然坚固，变成天宫，七宝校饰，由此因缘有化自在天宫。其水转减至无数百千由旬，有僧伽风，吹水令动，鼓荡涛波，起沫积聚；风吹离水，在虚空中自然坚固，变成天宫，七宝校饰，由此因缘有兜率天宫。其水转减至无数百千由旬，有僧伽风，吹水令动，鼓荡涛波，起沫积聚；风吹离水，在虚空中自然坚固，变成天宫，由此因缘有焰摩天宫。其水转减至无数百千由旬，水上有沫，深六十万八千由旬，其边无际，譬如此间，穴泉流水，水上有沫，彼亦如是。

> 以何因缘有须弥山？有乱风起，吹此水沫造须弥山，高六十万八千由旬，纵广八万四千由旬，四宝所成：金、银、水精、琉璃。以何因缘有四阿须伦宫殿？其后乱风吹大水沫，于须弥山四面起大宫殿，纵广各八万由旬，自然变成七宝宫殿。复何因缘有四天王宫殿？其后乱风吹大水沫，于须弥山半四万二千由旬，自然变成七宝宫殿，以是故名为四天王宫殿，以何因缘有忉利天宫殿？其后乱风吹大水沫，于须弥山上自然变成七宝宫殿。复以何缘有伽陀罗山？其后乱风吹大水沫，去须弥山不远，自然化成宝山，下根入地四万二千由旬，纵广四万二千由旬，其边无际，杂色间厕，七宝所成，以是缘故有伽陀罗山。……③

对于上述经文的主旨，陈美东这样解释说：在《长阿含经》看来，"每一个小千世界

---

① 太虚：《真现实论》，《民国丛书》编辑委员会：《民国丛书》第1编第9册《哲学宗教类》，上海：上海书店，1989年，第33页。

② 觉醒主编：《觉群佛学（2009）》，第288—289页。

③ （南北朝）佛陀耶舍、竺佛念译：《长阿含经》卷21《第四分世记经三灾品第九》，北京：华文出版社，2013年，第656—658页。

的初始，起于小云，渐成广大而厚密的云，充满小千世界的空间，这经历了极其久远的时间。其后是云渐化而为雨，水便占满小千世界的空间，这也经历了久远的时间。这庞大无比的水体由风轮扶持致使不坠。此后，水体自上而下渐次自行消退，每消退一程后，则有大风起，吹起水面的聚沫，在水面上方，聚沫结成粗细不一的七宝，依次形成梵天、摩身天、他化天、自在天、兜率天和夜摩天等六天。其后，又依次形成须弥山、三十三天、日月、夜叉、四面阿修罗城，余大宝山，和四大洲、八万小洲、大轮围山，等等。四大洲等均有大海环绕"①。实际上，佛教的宇宙观还很复杂，这里就不再赘述了。仅从以上引文便可以看出，宇宙生成的过程，是先从中心开始渐次外展，此与现代的宇宙大爆炸论的基本观点十分相似。

（3）十六国时昙无谶译出的《大般涅槃经》40卷，其中载有不少印度医学的内容。例如：

> 譬如良医解八种药，灭一切病，唯除必死。一切契经禅定三昧亦复如是，能治一切贪恚愚痴诸烦恼病，能拔烦恼毒刺等箭，而不能治犯四重禁、五无间罪。善男子，复有良医过八种术，能除众生所有病苦，唯不能治必死之病。②

> 譬如良医，善解八术……贫愚人，不欲服之良医愍念，即将是人还其舍宅，强与令服，以药力故，所患得除，女人产时儿衣不出，与之令服，服已即出，亦令婴儿安乐无患。③

文中"八种药"与"八种术"意义相同，主要是指医术的分类，即论所有诸疮（除去外来的害物，如硝子、土、骨、石及其他误入人身之物件，并论治疗炎症、肿疡、脓肿等方法）、论针刺首疾（针治外部器官如颈部以上鼻、目、耳等病的方法）、论身患（应用身体医术内科的方法）、童子方（治疗小儿患病的方法）、论恶揭陀药（消毒的方法）、长年方（讲永久、健康、长生的方法）、论足身力方（保护足部的方法等）。④尽管印度的外科学相当发达⑤，可惜对中国传统医学的影响并不显著。天文学亦复如此，张柏春曾经指出："盛唐时，印度天文历法传入中国，有的天文工作者还在中央天文机构司天台工作。瞿昙悉达辑《开元占经》（729年），书中分圆周为360度，分、秒采用六十进位制。然而，印度天文学对中国的影响似乎不大，中国人仍分圆周为365又1/4度，唐代黄道游仪本质上沿袭了老传统。"⑥

我们知道，"在古代印度，除了天文学和医学外，自然科学不是独立的学问。传统印度的学问主要在宗教（祭祀）、哲学（吠陀）、政治、法律、音韵、语法、逻辑等方面，而

---

① 陈美东：《中国古代天文学思想》，北京：中国科学技术出版社，2007年，第105页。

② （北凉）昙元谶译，林世田等点校：《涅槃经》卷9《如来性品第四之六》，北京：宗教文化出版社，2001年，第172页。

③ （北凉）昙元谶译，林世田等点校：《涅槃经》卷9《如来性品第四之六》，第173页。

④ 陈邦贤：《中国医学史》，北京：团结出版社，2006年，第82页。

⑤ 马伯英：《中国医学文化史》下卷，上海：上海人民出版社，2010年，第124页。

⑥ 张柏春：《明清测天仪器之欧化——十七、十八世纪传入中国的欧洲天文仪器技术及其历史地位》，沈阳：辽宁教育出版社，2000年，第79页。

自然科学不受重视，这方面的成就只是作为一个不重要的附属部分包括在其他学问中的"①。在这种情形之下，面对已经体系化的中国古代科学技术，印度传统科学自然不会对它产生多少影响，像很多魏晋时期传入中国的印度科学著作，唐宋以后均已失传即是明证。当然，这从侧面反映了中国古代科学技术体系的一个重要特点，即它的排他性。因此，有学者比较中肯地分析说：

> 科学技术作为人类社会的重要组成部分，具有其自身发展的特点与规律，有其内在逻辑性。一种科学技术体系一经形成，便会具有一定的独立性与排他性。随着这一体系的充实与发展，突破其框架，使之产生变化与突破，会显得十分困难。如果外部社会环境不能够提供足够充分的促使这一体系变革的条件，那么科学技术体系本身的特点便会一直延续。所以考察某一科学技术体系某个阶段的走向及其所引起的革命时，必须要追溯这一科学技术体系内部的历史沿格，把握其发展脉络。②

---

① 尚会鹏：《印度文化史》，杭州：浙江大学出版社，2016 年，第 275 页。
② 郝翔、刘爱玲主编：《科学·历史·文化——科学史、科学哲学论文集》，武汉：湖北科学技术出版社，2006 年，第 35—36 页。

主要参考文献

一、史料

（三国·魏）刘徽：《九章算术注》，郭书春、刘钝校点：《算经十书》，沈阳：辽宁教育出版社，1998年。

（三国）诸葛亮著，段熙仲、闻旭初编校：《诸葛亮集》，北京：中华书局，2014年。

（晋）陈寿撰，（南朝·宋）裴松之注，卢弼集解：《三国志集解》，上海：上海古籍出版社，2009年。

（晋）道安：《人本欲生经注》卷1，[日]高楠顺次郎等：《大正新修大藏经》第33册，东京：大正一切经刊行会，1934年。

（晋）葛洪撰，钱卫语释：《神仙传》，北京：学苑出版社，1998年。

（晋）葛洪撰，尚志钧辑校：《补辑肘后方》修订版，合肥：安徽科学技术出版社，1996年。

（晋）皇甫谧编撰，山东中医学院校释：《针灸甲乙经校释》上册，北京：人民卫生出版社，1979年。

（晋）嵇康撰，戴明扬校注：《嵇康集校注》，北京：人民文学出版社，1962年。

（晋）僧肇：《肇论》卷1，[日]高楠顺次郎等：《大正新修大藏经》第45册，东京：大正一切经刊行会，1934年。

（晋）释道安著，胡中才译注：《道安著作译注》，北京：宗教文化出版社，2010年。

（晋）杨泉：《物理论》，上海：商务印书馆，1939年。

（晋）张华撰，范宁校证：《博物志校证》，北京：中华书局，1980年。

（南朝·宋）雷敩撰著，（清）张骥补辑，施仲安校注：《雷公炮炙论》，南京：江苏科学技术出版社，1985年。

（南朝·梁）僧祐：《弘明集》，上海：上海古籍出版社，1991年。

（南朝·梁）陶弘景著，王京州校注：《陶弘景集校注》，上海：上海古籍出版社，2009年。

（南朝·梁）陶弘景撰，尚志钧辑校：《名医别录（辑校本）》，北京：中国中医药出版社，2013年。

（北魏）郦道元著，陈桥驿校证：《水经注校证》，北京：中华书局，2007年。

（唐）梁丘子等注：《黄庭经集释》，北京：中央编译出版社，2015年。

（五代）谭峭撰，丁祯彦、李似珍点校：《化书》，北京：中华书局，1996年。

（宋）陈耆卿纂，徐三见点校：《嘉定赤城志》，北京：中国文史出版社，2004 年。

（宋）李昉等：《太平御览》，北京：中华书局，1960 年。

（宋）唐慎微：《重修政和经史证类备用本草》，北京：人民卫生出版社，1957 年。

（宋）张君房编，李永晟点校：《云笈七签》，北京：中华书局，2003 年。

（明）李贽：《藏书》，北京：中华书局，1959 年。

（清）阮元：《畴人传》，上海：商务印书馆，1935 年。

陈戍国点校：《四书五经》，长沙：岳麓书社，2014 年。

胡道静、陈莲生、陈耀庭：《道藏要籍选刊》，上海：上海古籍出版社，1989 年。

万里、刘范弟、周小喜辑校：《炎帝历史文献选编》，长沙：湖南大学出版社，2012 年。

王明：《抱朴子内篇校释》增订本，北京：中华书局，1985 年。

夏传才校注：《曹操集校注》，石家庄：河北教育出版社，2013 年。

严敦杰：《祖冲之科学著作校释》，沈阳：辽宁教育出版社，2000 年。

杨伯峻：《春秋左传注》修订本，北京：中华书局，1990 年。

袁珂：《山海经校注》，上海：上海古籍出版社，1980 年。

张灿玾、徐国仟主编：《针灸甲乙经校注》，北京：人民卫生出版社，2014 年。

浙江省地方志编纂委员会：《宋元浙江方志集成》，杭州：杭州出版社，2009 年。

二、今人著作

（一）专著

白才儒：《道教生态思想的现代解读——两汉魏晋南北朝道教研究》，北京：社会科学文献出版社，2007 年。

北京大学物理系理论小组：《中国古代科学技术主要成就表》，北京：人民教育出版社，1975 年。

北京大学哲学系外国哲学史教研室编译：《十六—十八世纪西欧各国哲学》，北京：商务印书馆，1975 年。

薄树人主编：《中国传统科技文化探胜——纪念科技史学家严敦杰先生》，北京：科学出版社，1992 年。

曹增祥：《祖冲之》，北京：中华书局，1963 年。

岑仲勉：《府兵制度研究》，上海：上海人民出版社，1957 年。

陈邦贤：《中国医学史》，上海：商务印书馆，1957 年。

陈久金主编：《中国古代天文学家》，北京：中国科学技术出版社，2013 年。

陈美东：《中国古代天文学思想》，北京：中国科学技术出版社，2007 年。

陈文华编著：《中国古代农业科技史图谱》，北京：农业出版社，1991 年。

陈寅恪：《金明馆丛稿初编》，北京：生活·读书·新知三联书店，2001 年。

陈元晖：《范缜的无神论思想》，武汉：湖北人民出版社，1957 年。

程念祺：《国家力量与中国经济的历史变迁》，北京：新星出版社，2006 年。

代钦：《儒家思想与中国传统数学》，北京：商务印书馆，2003 年。

董沛文主编：《女丹仙道——道教女子内丹养生修炼秘籍》，北京：宗教文化出版社，2012 年。

杜石然等编著：《中国科学技术史稿》，北京：科学出版社，1982 年。

杜石然等编著：《中国科学技术史稿》修订本，北京：北京大学出版社，2012 年。

杜石然主编：《中国古代科学家传记》上集，北京：科学出版社，1992 年。

顿宝生、王盛民主编：《雷公炮炙论通解》，西安：三秦出版社，2001 年。

方广锠：《道安评传》，北京：昆仑出版社，2004 年。

冯祖贻：《魏晋玄学及一代儒士的价值取向》，北京：中央民族大学出版社，2013 年。

盖建民：《道教科学思想发凡》，北京：社会科学文献出版社，2005 年。

高敏：《魏晋南北朝社会经济史探讨》，北京：人民出版社，1987 年。

葛剑雄：《普天之下——统一分裂与中国政治》，长春：吉林教育出版社，1989 年。

葛剑雄：《中国古代的地图测绘》，北京：商务印书馆，1998 年。

葛兆光：《中国思想史》，上海：复旦大学出版社，2001 年。

关增建：《中国古代物理思想探索》，长沙：湖南教育出版社，1991 年。

韩国磐：《北朝经济试探》，上海：上海人民出版社，1958 年。

韩国磐：《南朝经济试探》，上海：上海人民出版社，1963 年。

韩国磐：《魏晋南北朝史纲》，北京：人民出版社，1983 年。

韩吉绍：《知识断裂与技术转移——炼丹术对古代科技的影响》，济南：山东文艺出版社，2009 年。

何丙郁：《何丙郁中国科技史论集》，沈阳：辽宁教育出版社，2001 年。

何兆武等：《中国思想发展史》，北京：中国青年出版社，1980 年。

何兹全：《魏晋南北朝史略》，上海：上海人民出版社，1958 年。

贺昌群：《汉唐间封建的国有土地制与均田制》，上海：上海人民出版社，1958 年。

洪涛：《三秦史》，上海：复旦大学出版社，1992 年。

侯外庐等：《中国思想通史》第 3 卷，北京：人民出版社，1957 年。

胡道静、周瀚光：《十大科学家》，上海：上海古籍出版社，1991 年。

胡化凯：《中国古代科学思想二十讲》，合肥：中国科学技术大学出版社，2013 年。

胡寄窗：《中国经济思想史》中册，上海：上海人民出版社，1963 年。

华山：《中古思想史论集》，北京：学苑出版社，2008 年。

《化学发展简史》编写组编著：《化学发展简史》，北京：科学出版社，1980 年。

姜伯勤：《敦煌艺术宗教与礼乐文明——敦煌心史散论》，北京：中国社会科学出版社，1996 年。

姜生、汤伟侠主编：《中国道教科学技术史·汉魏两晋卷》，北京：科学出版社，2002 年。

姜生、汤伟侠主编：《中国道教科学技术史·南北朝隋唐五代卷》，北京：科学出版社，2010 年。

　　蒋福亚：《前秦史》，北京：北京师范学院出版社，1993 年。

　　金正耀：《道教与科学》，北京：中国社会科学出版社，1991 年。

　　雷依群：《北周史稿》，西安：陕西人民教育出版社，1999 年。

　　李春茂：《皇甫谧评传》，兰州：兰州大学出版社，1996 年。

　　李光璧、钱君晔：《中国科学技术发明和科学技术人物论集》，北京：生活·读书·新知三联书店，1955 年。

　　李剑农：《魏晋南北朝隋唐经济史稿》，北京：生活·读书·新知三联书店，1959 年。

　　李经纬、林照庚主编：《中国医学史》，北京：人民卫生出版社，1999 年。

　　李经纬、张志斌主编：《中医学思想史》，长沙：湖南教育出版社，2006 年。

　　李烈炎、王光：《中国古代科学思想史要》，北京：人民出版社，2010 年。

　　李俨、钱宝琮：《李俨钱宝琮科学史全集》第 2 卷，沈阳：辽宁教育出版社，1998 年。

　　李瑶：《中国古代科技思想史稿》，西安：陕西师范大学出版社，1995 年。

　　李长年：《齐民要术研究》，北京：农业出版社，1959 年。

　　李兆华主编：《中国数学史基础》，天津：天津教育出版社，2010 年。

　　李志超：《天人古义——中国科学史论纲》，郑州：大象出版社，1998 年。

　　林振武：《中国传统科学方法论探究》，北京：科学出版社，2009 年。

　　刘德成、刘克强主编：《贾思勰志》，济南：山东人民出版社，2009 年。

　　刘钝：《大哉言数》，沈阳：辽宁教育出版社，1993 年。

　　刘静夫：《中国魏晋南北朝经济史》，北京：人民出版社，1994 年。

　　刘昭明编著：《中华天文学发展史》，台北：台湾商务印书馆，1985 年。

　　卢央：《葛洪评传》，南京：南京大学出版社，2006 年。

　　罗宏曾：《魏晋南北朝文化史》，成都：四川人民出版社，1989 年。

　　罗宏曾：《中国魏晋南北朝思想史》，北京：人民出版社，1994 年。

　　罗宗真：《六朝考古》，南京：南京大学出版社，1994 年。

　　马植杰：《三国史》，北京：人民出版社，1993 年。

　　马植杰：《诸葛亮》，上海：上海人民出版社，1957 年。

　　孟乃昌：《道教与中国炼丹术》，北京：北京燕山出版社，1993 年。

　　孟昭华编著：《中国灾荒史记》，北京：中国社会出版社，1999 年。

　　缪钺：《读史存稿》，北京：生活·读书·新知三联书店，1963 年。

　　潘富恩、马涛：《范缜评传（附何承天评传）》，南京：南京大学出版社，1996 年。

　　潘吉星主编：《李约瑟文集》，沈阳：辽宁科学技术出版社，1986 年。

　　潘吉星：《中国造纸技术史稿》，北京：文物出版社，1979 年。

　　潘鼐：《中国恒星观测史》，上海：学林出版社，1989 年。

　　钱宝琮校点：《算经十书》，北京：中华书局，1963 年。

钱克仁、钱永红：《中国古代数学史研究——数学史选将》，哈尔滨：哈尔滨工业大学出版社，2021 年。

卿希泰主编：《中国道教史》修订本，成都：四川人民出版社，1996 年。

曲安京：《中国数理天文学》，北京：科学出版社，2008 年。

任继愈：《汉—唐中国佛教思想论集》，北京：生活·读书·新知三联书店，1963 年。

任继愈主编：《中国哲学史》，北京：人民出版社，1963 年。

申先哲：《范缜》，北京：中华书局，1959 年。

宋正海、孙关龙主编：《图说中国古代科技成就》，杭州：浙江教育出版社，2000 年。

孙宏安：《中国古代数学思想》，大连：大连理工大学出版社，2008 年。

孙金荣：《〈齐民要术〉研究》，北京：中国农业出版社，2015 年。

汤用彤：《汉魏两晋南北朝佛教史》增订本，北京：北京大学出版社，2011 年。

汤用彤、任继愈：《魏晋玄学中的社会政治思想略论》，上海：上海人民出版社，1956 年。

唐长孺：《三至六世纪江南大土地所有制的发展》，上海：上海人民出版社，1957 年。

唐长孺：《魏晋南北朝史论丛》，北京：生活·读书·新知三联书店，1955 年。

唐长孺：《魏晋南北朝史论丛续编》，北京：生活·读书·新知三联书店，1959 年。

唐长孺：《魏晋南北朝隋唐史三论》，武汉：武汉大学出版社，1993 年。

万绳楠整理：《陈寅恪魏晋南北朝史讲演录》，合肥：黄山书社，1987 年。

汪建平、闻人军：《中国科学技术史纲》，武汉：武汉大学出版社，2012 年。

王鸿钧、孙宏安：《中国古代数学思想方法》，南京：江苏教育出版社，1989 年。

王利华主编：《中国农业通史·魏晋南北朝卷》，北京：中国农业出版社，2009 年。

王鲁民：《中国古代建筑思想史纲》，武汉：湖北教育出版社，2002 年。

王明：《道家和道教思想研究》，北京：中国社会科学出版社，1984 年。

王前、金福：《中国技术思想史论》，北京：科学出版社，2004 年。

王树连编著：《中国古代军事测绘史》，北京：解放军出版社，2007 年。

王毅：《园林与中国文化》，上海：上海人民出版社，1990 年。

王友三编著：《中国无神论史纲》，上海：上海人民出版社，1982 年。

王渝生：《中国算学史》，上海：上海人民出版社，2006 年。

王仲荦：《曹操》，上海：上海人民出版社，1956 年。

王仲荦：《魏晋南北朝隋初唐史》，上海：上海人民出版社，1961 年。

王成组：《中国地理学史（先秦至时代）》，北京：商务印书馆，2005 年。

韦政通：《中国思想史》，长春：吉林出版集团有限责任公司，2009 年。

吴承洛：《中国度量衡史》，上海：商务印书馆，1937 年。

吴枫、张亮采主编：《中国古代农业技术简史》，沈阳：辽宁人民出版社，1979 年。

吴仁敬、辛安潮：《中国陶瓷史》，上海：商务印书馆，1954 年。

吴淑生、田自秉：《中国染织史》，上海：上海人民出版社，1986 年。

吴文俊主编：《刘徽研究》，西安、台北：陕西人民教育出版社、九章出版社，1993 年。

武锋：《葛洪〈抱朴子外篇〉研究》，北京：光明日报出版社，2010 年。

夏鼐：《考古学和科技史》，北京：科学出版社，1979 年。

邢兆良：《中国传统科学思想研究》，南昌：江西人民出版社，2001 年。

许莼舫：《中算家的代数学研究》，北京：开明书店，1952 年。

许辉、蒋福亚主编：《六朝经济史》，南京：江苏古籍出版社，1993 年。

薛克翘：《佛教与中国古代科技》，北京：中国国际广播出版社，2011 年。

严敦杰：《中国古代数学的成就》，北京：中华全国科学技术普及协会，1956 年。

严世芸主编：《中医学术发展史》，上海：上海中医药大学出版社，2004 年。

阎万英编著：《中国农业思想史》，北京：中国农业出版社，1997 年。

燕国材：《汉魏六朝心理思想研究》，长沙：湖南人民出版社，1984 年。

杨恩玉：《何承天传》，南京：凤凰出版社，2018 年。

杨荫深编著：《中国学术家列传》，上海：光明书局，1948 年。

姚大中：《姚著中国史》第三卷《南方的奋起》，北京：华夏出版社，2021 年。

姚晓菲：《两晋南朝琅邪王氏家族文化研究》，济南：山东大学出版社，2010 年。

余明侠：《诸葛亮评传》，南京：南京大学出版社，2011 年。

袁翰青：《中国化学史论文集》，北京：生活·读书·新知三联书店，1956 年。

袁运开、周瀚光主编：《中国科学思想史》中卷，合肥：安徽科学技术出版社，2000 年。

张承宗等：《六朝史》，南京：江苏古籍出版社，1991 年。

张家诚：《地理环境与中国古代科学思想》，北京：地震出版社，1999 年。

张润生、陈士俊、程蕙芳编著：《中国古代科技名人传》，北京：中国青年出版社，1981 年。

张岂之主编：《中国思想文化史》，北京：高等教育出版社，2013 年。

张祥龙：《西方哲学笔记》修订版，北京：北京大学出版社，2005 年。

张芝：《陶渊明传论》，上海：棠棣出版社，1953 年。

张子高编著：《中国化学史稿（古代之部）》，北京：科学出版社，1964 年。

赵敏：《中国古代农学思想考论》，北京：中国农业科学技术出版社，2013 年。

中国机械工程学会编著：《中国机械史·图志卷》，北京：中国科学技术出版社，2014 年。

中国科学院哲学研究所中国哲学史组、北京大学哲学系中国哲学史教研室：《中国哲学史资料简编·两汉—隋唐部分》，北京：中华书局，1963 年。

中国科学院中国自然科学史研究室：《中国古代科学家》，北京：科学出版社，1959 年。

中国农业科学院、南京农学院中国农业遗产研究室：《中国农学史（初稿）》，北京：科学出版社，1959 年。

《中国天文学简史》编写组：《中国天文学简史》，天津：天津科学技术出版社，1979 年。

钟国发：《陶弘景评传》，南京：南京大学出版社，2011 年。

周桂钿：《中国古人论天》，北京：新华出版社，1991 年。

周瀚光、孔国平：《刘徽评传》，南京：南京大学出版社，1994 年。

周嘉华、曾敬民、王扬宗：《中国古代化学史略》，石家庄：河北科学技术出版社，1992 年。

周一良：《魏晋南北朝史论集》，北京：中华书局，1963 年。

周一良：《魏晋南北朝史札记》，北京：中华书局，1985 年。

朱伯昆：《易学哲学史》，北京：华夏出版社，1995 年。

祝亚平：《道家文化与科学》，合肥：中国科学技术大学出版社，1995 年。

自然科学史研究所主编：《中国古代科技成就》，北京：中国青年出版社，1978 年。

［美］本杰明·史华兹：《古代中国的思想世界》，程钢译，南京：江苏人民出版社，2004 年。

［美］卡特：《中国印刷术的发明和它的西传》，吴泽炎译，北京：商务印书馆，1957 年。

［美］R. 柯林斯：《哲学的社会学：一种全球的学术变迁理论》，吴琼、齐鹏、李志红译，北京：新华出版社，2004 年。

［日］三上义夫：《中国算学之特色》，林科堂译，上海：商务印书馆，1929 年。

［日］天野元之助：《中国古农书考》，彭世奖、林广信译，北京：中国农业出版社，1992 年。

［日］小林正美：《六朝佛教思想研究》，王皓月译，济南：齐鲁书社，2013 年。

［日］中川人司编著：《超宇宙大揭秘》，李艳译，西安：陕西师范大学出版总社，2012 年。

［英］李约瑟：《中国科学技术史》第 1 卷，《中国科学技术史》翻译小组译，北京：科学出版社，1975 年。

［英］李约瑟：《中国科学技术史》第 3 卷，《中国科学技术史》翻译小组译，北京：科学出版社，1978 年。

［英］李约瑟：《中国科学技术史》第 4 卷，《中国科学技术史》翻译小组译，北京：科学出版社，1975 年。

［英］李约瑟：《中国科学技术史》第 5 卷，《中国科学技术史》翻译小组译，北京：科学出版社，1976 年。

（二）论文

鲍远航：《郦道元与北魏政治的纠葛》，《南通大学学报（社会科学版）》2015 年第 5 期。

鲍远航：《郦道元撰著〈水经注〉动因探析》，《湖州师范学院学报》2018 年第 7 期。

边欣：《关于祖冲之的密率 355/113 的一点注记》，《数学教学》2012 年第 12 期。

蔡林波：《论南朝道士陶弘景的科学精神与思想方法》，《学术论坛》2005 年第 9 期。

蔡林波：《陶弘景的形神论及思想史意义》，《东岳论丛》2010 年第 11 期。

蔡彦：《〈脉经〉对仲景脉学的发挥》，《中华中医药学刊》2008 年第 10 期。

曹尔琴：《郦道元和〈水经注〉》，《西北大学学报（哲学社会科学版）》1978 年第 3 期。

曹元宇：《葛洪以前之金丹史略》，《学艺》1935 年第 2 号。

陈昌远：《从日人评价郦道元看〈水经注〉的主要成就》，《华北水利水电学院学报（社会科学版）》2010 年第 1 期。

陈传淼：《刘徽数学思想的新认识——纪念刘徽"割圆术"1753 周年》，《数学的实践与认识》2016 年第 19 期。

陈德鹏：《魏晋诸葛亮评价的演变》，《平顶山学院学报》2021 年第 4 期。

陈国符：《道藏经中外丹黄白术材料的整理》，《化学通报》1979 年第 6 期。

陈国符：《中国外丹黄白术史略》，《化学通报》1954 年第 12 期。

陈季林：《关于圆周率 π——从阿基米德到刘徽、祖冲之》，《昭通师专学报（哲学社会科学版）》1984 年第 1 期。

陈梦来：《王叔和的生平及学术贡献》，《陕西中医》1985 年第 1 期。

陈桥驿：《郦道元和〈水经注〉以及在地学史上的地位》，《自然杂志》1990 年第 3 期。

陈桥驿：《郦道元生平考》，《地理学报》1988 年第 3 期。

陈应时：《十二平均律的先驱——何承天新律》，《乐府新声（沈阳音乐学院学报）》1985 年第 2 期。

陈永灿：《葛洪及其〈肘后备急方〉》，《浙江中医杂志》2016 年第 12 期。

城地茂：《祖冲之的〈大明历〉与圆周率计算》，《北京师范大学学报（自然科学版）》1989 年第 4 期。

程军：《陶弘景及其对天文物理的研究》，《中国道教》1995 年第 4 期。

程磐基、叶进：《〈本草经集注〉药物剂量探讨》，《中医杂志》2012 年第 9 期。

程雅倩、彭光华：《贾思勰身世背景与官阶仕途考证——〈齐民要术〉成书原因分析》，《古今农业》2018 年第 1 期。

戴风明：《刘徽的形象思维与〈九章算术注〉中的几何理论》，《山东教育学院学报》2001 年第 6 期。

戴卫波、梅全喜：《葛洪〈肘后备急方〉中艾叶治疗疾病的机理探讨》，《中国民间疗法》2014 年第 7 期。

杜石然：《魏晋南北朝时期科学技术发展的若干问题》，《自然科学史研究》2018 年第 3 期。

段耀勇、周畅、马莉：《中国传统数学理论的奠基者刘徽及其数学思想》，《滨州学院学报》2014 年第 6 期。

段一平：《石羊石虎山的汉魏铁犁铧质疑》，《吉林师大学报（哲学社会科学版）》1979 年第 3 期。

范行准：《两汉三国南北朝隋唐医方简录》，《中华文史论丛》1965 年第 6 辑。

方春阳：《〈伤寒例〉是否王叔和伪托之我见》，《河南中医》1985 年第 4 期。

付开镜：《诸葛亮躬耕模式论》，《成都大学学报（社会科学版）》2017 年第 2 期。

付笑萍：《〈黄庭经〉医学思想略析》，《南京中医药大学学报（社会科学版）》2005 年第 2 期。

盖建民、刘贤昌：《魏晋南北朝的道教医家及其医学创获》，《中国道教》1999 年第 3 期。

甘向阳：《〈九章算术〉刘徽注中的算法分析工作与算法分析思想》，《湖南理工学院学报（自然科学版）》2007 年第 3 期。

甘向阳：《祖冲之科学精神刍论》，《云梦学刊》2002 年第 5 期。

高兴华、马文熙：《试论葛洪对古代化学和医学的贡献》，《四川大学学报（哲学社会科学版）》1979 年第 4 期。

关增建：《中国古代计量史上的祖冲之》，《中国计量》2004 年第 12 期。

归潇峰：《葛洪的医药思想探微》，《中国道教》2012 年第 4 期。

郭鸿玲：《葛洪"气禁"理论探源》，《宗教学研究》2018 年第 2 期。

郭金彬：《刘徽"术"中求术的方法和技巧》，《自然辩证法通讯》2004 年第 5 期。

郭金彬：《刘徽的自然哲学思想及其现代价值》，《自然辩证法研究》2002 年第 9 期。

郭利、邬蓝歆、宁静：《从元明清医家对〈王叔和脉诀〉的批判看脉学的发展》，《安徽中医药大学学报》2021 年第 5 期。

郭书春：《关于刘徽的割圆术》，《高等数学研究》2007 年第 1 期。

郭书春：《刘徽与王莽铜斛》，《自然科学史研究》1988 年第 1 期。

郭学信、刘忠堂：《诸葛亮与中华民族精神》，《济宁学院学报》2019 年第 3 期。

韩吉绍：《〈黄帝九鼎神丹经〉源流辨正》，《宗教学研究》2014 年第 4 期。

韩吉绍：《魏晋南朝衡制发微》，《历史研究》2018 年第 6 期。

韩依辰：《中庸全音律与何承天律制对比》，《北方音乐》2019 年第 10 期。

何茂峰、卜风贤：《魏晋南北朝时期的疫灾峰值与气候变化》，《农业考古》2021 年第 3 期。

何兆武：《本土和域外》，《读书》1989 年第 11 期。

胡玉良、梅全喜、曾聪彦：《葛洪〈肘后备急方〉中毒性中药合理应用探析》，《亚太传统医药》2016 年第 13 期。

华林甫：《论郦道元〈水经注〉的地名学贡献》，《地理研究》1998 年第 2 期。

黄子天：《葛洪〈肘后备急方〉温病学术思想整理研究》，《中医文献杂志》2017 年第 3 期。

季文达等：《陶弘景〈本草经集注〉成书背景探赜》，《中医药通报》2021 年第 3 期。

姜剑云、孙耀庆：《论何承天之反佛思想》，《理论月刊》2017 年第 7 期。

姜志云：《以生态农学视域再看〈齐民要术〉》，《江西农业》2020 年第 3 期。

金祖孟、陈自悟：《祖冲之是怎样测定冬至的？》，《历史教学问题》1988 年第 6 期。

鞠实儿、张一杰：《刘徽和祖冲之曾计算圆周率的近似值吗？》，《中国科技史杂志》2019 年第 4 期。

康宇：《论魏晋南北朝时期中国古代天文学的发展》，《自然辩证法研究》2020 年第 6 期。

康宇：《论魏晋学者对汉代数字神秘主义的终结》，《自然辩证法研究》2013 年第 5 期。

蓝宇洋、郝征：《晋代葛洪治未病思想探究》，《河南中医》2019 年第 10 期。

劳干：《中国丹砂之应用及其推演》，《中央研究院历史语言研究所集刊》1938 年第 7 本第 4 分。

雷霆等：《浅析葛洪对瘟疫的防治》，《湖南中医杂志》2021 年第 5 期。

黎国彬：《制图学家裴秀在我国地图学史上的地位》，《历史教学》1954 年第 10 期。

李国发：《祖冲之和刘徽在数学上的成就》，《曲靖师范学院学报》2004 年第 3 期。

李继华：《贾思勰的林业思想和〈齐民要术〉中的林业技术》，《农业考古》1993 年第 1 期。

李家庚等：《王叔和生平史迹考辨》，《河南中医》2014 年第 8 期。

李林：《一代"农圣"贾思勰的农业观》，《春秋》2021 年第 5 期。

李凭：《郦道元的生平与学术成就》，《文献》1994 年第 4 期。

李强：《祖冲之圆周率产生的历史条件》，《中国历史博物馆馆刊》1987 年第 10 期。

李群：《贾思勰与〈齐民要术〉》，《自然辩证法研究》1997 年第 2 期。

李薇：《论〈齐民要术〉农业思想中的忧患意识》，《管子学刊》2008 年第 3 期。

李兴军：《〈齐民要术〉农学思想科学精神内涵及当代价值》，《古今农业》2017 年第 2 期。

李延仓：《葛洪援〈易〉入道的易学思想》，《周易研究》2015 年第 4 期。

李养正：《魏华存与〈黄庭经〉》，《中国道教》1988 年第 1 期。

李义广：《魏晋名医王叔和生平事迹初探》，《山西师院学报（社会科学版）》1983 年第 3 期。

李志莹、张其成：《道医葛洪的医学思想探析》，《医学与哲学》2021 年第 7 期。

李卓等：《〈伤寒例〉中温病学相关问题的探讨》，《环球中医药》2019 年第 4 期。

梁燕君：《贾思勰和〈齐民要术〉》，《粮食科技与经济》2003 年第 3 期。

林富士：《试论汉代的巫术医疗法及其观念基础——"汉代疾病研究"之一》，《史原》1987 年第 16 期。

林慧、梅全喜：《葛洪〈肘后备急方〉对中药炮制的贡献探析》，《亚太传统医药》2018 年第 2 期。

刘操南：《梁祖暅之伟大科学成就——球积术》，《文史哲》1952 年第 2 期。

刘德荣：《王叔和〈脉经〉的针灸学成就初探》，《福建中医学院学报》1999 年第 3 期。

刘飞、王克喜：《〈九章算术〉刘徽注对盈不足术的论证方法》，《贵州社会科学》2014

年第 7 期。

刘惠琴：《引儒入道——寇谦之对北方天师道的改造》，《敦煌学辑刊》2000 年第 1 期。

刘琳：《论东晋南北朝道教的变革与发展》，《历史研究》1981 年第 5 期。

刘芹英：《论刘徽〈九章算术注〉中的科学思想及其来源》，《安阳工学院学报》2005 年第 2 期。

刘学春：《葛洪的创新医学思想及认识论》，《辽宁中医杂志》2011 年第 6 期。

刘永霞：《论陶弘景的驱邪法器与驱邪病方》，《宗教学研究》2016 年第 3 期。

刘永霞：《陶弘景与儒道释三教》，《宗教学研究》2005 年第 3 期。

柳冰：《祖冲之和"驳议"》，《兰州大学学报（自然科学版）》1975 年第 3 期。

柳礼奎等：《地理学视角下的郦道元》，《山西师范大学学报（自然科学版）》2007 年第 3 期。

罗志腾：《试论贾思勰的思想和他在酿酒发酵技术上的成就》，《西北大学学报（自然科学版）》1976 年第 1 期。

吕宗力：《陶弘景与谶纬》，《南京晓庄学院学报》2017 年第 3 期。

马济人：《陶弘景的气功理论与经验》，《上海中医药杂志》1988 年第 8 期。

孟庆云：《王叔和对祖国医学的贡献》，《黑龙江中医药》1984 年第 4 期。

孟庆云：《王叔和学术贡献与思想认识论分析》，《中华医史杂志》2010 年第 6 期。

明清河、贾如鹏：《试论古代数学家刘徽及其数学思想》，《山东教育学院学报》2004 年第 4 期。

钮卫星、江晓原：《何承天改历与印度天文学》，《自然辩证法通讯》1997 年第 1 期。

潘才宝：《贾思勰生态哲学论纲及其当代价值》，《中南林业科技大学学报（社会科学版）》2018 年第 3 期。

彭珑萍等：《葛洪〈肘后备急方〉论治胸痹心痛学术思想探讨》，《江西中医药》2020 年第 7 期。

齐春燕、汪晓勤：《〈九章算术〉勾股章及其刘徽注中的变式思想》，《数学通报》2019 年第 5 期。

乔新娥：《诸葛亮政治思想中的正统观与治理观探究》，《临沂大学学报》2019 年第 4 期。

秦海燕：《浅析贾思勰的"以民为本"思想》，《山西农经》2019 年第 3 期。

秦贞荣：《〈齐民要术〉中的人居环境思想与意识——以家居植树为切入点》，《牡丹江师范学院学报（哲学社会科学版）》2013 年第 1 期。

邱剑敏：《诸葛亮八阵图的作战布阵原则》，《军事历史》2017 年第 4 期。

邱靖嘉：《〈辽史〉所见祖冲之〈大明历〉的文献价值发覆》，《文献》2012 年第 2 期。

邱梓振：《"祖冲之图形"初探》，《龙岩师专学报》1993 年第 3 期。

曲安京：《祖冲之是如何得到圆周率 $\pi = 355/113$ 的？》，《自然辩证法通讯》2002 年第 3 期。

权春分：《浅析王叔和〈脉经〉中针灸学术成就》，《光明中医》2009年第7期。

任松：《论陶弘景"自然漏刻"的构想》，《湖南工业大学学报（社会科学版）》2008年第2期。

任醒华等：《医学家王叔和几个存疑问题辨析》，《国医论坛》2018年第5期。

茹东民、李富华、张生民：《王叔和生平里籍考》，《山东中医学院学报》1989年第2期。

尚启东：《伤寒例篇非王叔和所作》，《安徽中医学院学报》1983年第1期。

尚志钧：《梁·陶弘景〈本草经集注〉对本草学的贡献》，《北京中医药大学学报》1999年第3期。

施仲安、沈中卫：《陶弘景〈本草经集注〉的卓越贡献》，《药学教育》1996年第1期。

孙金荣：《籍贯与故里——贾思勰生平事迹考略（一）》，《农业考古》2013年第1期。

孙伟杰：《六朝"浑天说"思想与葛洪神学宇宙论的构建》，《宗教学研究》2016年第1期。

孙雪雷、杨锋兵：《寇谦之天师道改革探微》，《西昌学院学报（社会科学版）》2010年第1期。

孙志远、何传毅：《王叔和编次〈伤寒论〉之功不可没——〈脉经〉〈伤寒〉相关条文辨析》，《上海中医药杂志》1985年第3期。

孙中美等：《葛洪〈肘后备急方〉应用粪便治疗疾病探析》，《中医学报》2019年第5期。

谭家健：《郦道元思想初探》，《辽宁大学学报（哲学社会科学版）》1983年第2期。

汤标中：《贾思勰的〈齐民要术〉与"食为政首"的思想》，《广西粮食经济》2000年第2期。

汤彬如：《试析祖冲之父子的数学思想》，《南昌教育学院学报》2000年第3期。

汤彬如：《赵爽的数学哲学思想》，《南昌教育学院学报》2009年第2期。

汤用彤、汤一介：《寇谦之的著作与思想——道教史杂论之一》，《历史研究》1961年第5期。

汤兆玺：《赵爽的〈勾股园方图〉研究》，《宝鸡师范学院学报（自然科学版）》1993年第1期。

唐思诗、周登威、潘毅：《〈脉经〉中的六经述要与概念解析》，《中国中医基础医学杂志》2019年第9期。

滕巍、唐娟：《葛洪〈抱朴子内篇〉与魏晋士人的生命意识论析》，《西南农业大学学报（社会科学版）》2011年第9期。

田琼：《〈齐民要术〉中的抗御灾害思想探析》，《农村经济与科技》2018年第17期。

万德华：《论陶弘景对本草学的贡献》，《中国民族民间医药》2015年第23期。

万国鼎：《论"齐民要术"——我国现存最早的完整农书》，《历史研究》1956年第1期。

王爱屏：《刘徽"类"思想中的数学成就及其局限性》，《哈尔滨师范大学自然科学学报》2010年第6期。

王晨璐、马刚：《〈齐民要术〉中的动物养殖技术伦理探析》，《青岛农业大学学报（社会科学版）》2017年第3期。

王靖轩、张法瑞：《〈齐民要术〉中的地主"治生之学"产生背景研究》，《古今农业》2008年第1期。

王宁：《陶弘景的医学贡献》，《中医文献杂志》2006年第1期。

王鹏福、朱宏斌：《从六镇之乱到北魏灭亡：〈齐民要术〉成书背景新探》，《农业考古》2018年第4期。

王其亨、袁守愚：《郦道元所见早期园林——〈水经注〉园林史料举要》，《天津大学学报（社会科学版）》2013年第3期。

王强芬：《陶弘景的儒家思想研究》，《时珍国医国药》2012年第10期。

王汝发：《祖冲之与刘徽在国内外影响之比较》，《哈尔滨学院学报》2001年第6期。

王双怀：《郦道元注〈水经〉的启示》，《华北水利水电学院学报（社会科学版）》2010年第2期。

王西洲：《葛洪炼丹图》，《艺术市场》2020年第8期。

王旭东：《王叔和及〈脉经〉史实再探》，《中华中医药杂志》2017年第10期。

王长瀛：《王叔和与〈伤寒例〉》，《国医论坛》1992年第2期。

王政军：《〈齐民要术〉中防灾、抗灾思想概述》，《农业考古》2016年第1期。

王志鹏：《诸葛亮兵学思想研究》，《内江师范学院学报》2019年第5期。

王仲荦：《有关〈齐民要术〉的几个问题》，《文史哲》1961年第3期。

卫露华：《东晋刘宋萧齐萧梁及代魏甲子纪元对检表》，《艺浪》1936年第2—3期。

魏稼：《略论王叔和对针灸学的贡献》，《河南中医》1981年第3期。

魏诗其：《祖暅原理及其应用》，《上海师范学院学报》1959年第2期。

魏永明、刘小斌：《葛洪〈肘后备急方〉诊治卒死类急症经验》，《中医文献杂志》2014年第6期。

吴存浩：《简析贾思勰农业经济思想》，《古今农业》1998年第2期。

吴存浩：《再论贾思勰的农业经营思想》，《潍坊学院学报》2006年第3期。

吴德邻：《诠释我国最早的植物志——南方草木状》，《植物学报》1958年第1期。

吴天钧：《贾思勰的农学思想及其当代价值》，《农业考古》2011年第1期。

吴维煊、章秋香：《刘徽〈九章算术注〉中的数学思想方法及其贡献》，《广东第二师范学院学报》2020年第3期。

席泽宗：《纪念祖冲之逝世1500周年——〈祖冲之科学著作校释〉序》，《天文爱好者》2000年第4期。

相鲁闽：《葛洪与中国炼丹术》，《河南中医》2011年第2期。

萧登福：《道教内丹溯源及修炼法门中的黄庭说与炁海神龟说》，《湖南大学学报（社会科学版)》2015 年第 1 期。

肖红艳等：《陶弘景对〈肘后方〉的补阙分类整理工作研究》，《中医文献杂志》2017 年第 4 期。

肖荣：《晋唐间神农系〈本草经〉演进的路向及推力》，《南京中医药大学学报（社会科学版)》2013 年第 3 期。

肖荣：《陶弘景与中古医学的道教因素》，《中医药文化》2014 年第 4 期。

谢娟等：《葛洪〈肘后备急方〉对水肿病的认识探微》，《中华中医药杂志》2018 年第 7 期。

邢德刚：《晋代名医王叔和》，《中华医史杂志》1954 年第 4 期。

熊帝兵：《从〈齐民要术〉看农作物秸秆的资源化利用》，《农业考古》2017 年第 3 期。

徐刚、张钦：《论葛洪金丹思想对传统饮食文化的影响》，《求索》2013 年第 3 期。

徐国仟、田代华：《皇甫谧与〈针灸甲乙经〉》，《山东中医学院学报》1978 年第 2 期。

徐恒彬：《简谈广东连县出土的西晋犁田耙田模型》，《文物》1976 年第 3 期。

徐君：《再评南朝天文学家何承天》，《内蒙古师大学报（自然科学汉文版)》2001 年第 1 期。

徐中原、王凤：《郦道元〈水经注〉生态思想管窥》，《江南大学学报（人文社会科学版)》2010 年第 2 期。

许晶：《浅谈刘徽的极限思想》，《赤峰学院学报（自然科学版)》2009 年第 9 期。

许骞、张建斌：《对〈脉经〉脏腑讨论的初步认识》，《中国中医基础医学杂志》2020 年第 3 期。

严敦杰、李俨：《南北朝算学书志》，《图书季刊》1940 年第 2 期。

严敦杰：《北齐董峻郑元伟甲寅元历积年考》，《东方杂志》1946 年第 18 期。

严敦杰：《北齐张孟宾历积年考》，《东方杂志》1946 年第 16 期。

燕学敏：《〈墨经〉数学概念的定义方式对刘徽的影响》，《湖南师范大学自然科学学报》2006 年第 1 期。

杨福程：《〈黄庭〉内外二景考》，《世界宗教研究》1995 年第 3 期。

杨平平：《诸葛亮治蜀思想探析》，《重庆第二师范学院学报》2018 年第 5 期。

杨文衡：《郦道元的科学思想》，《科学技术与辩证法》1992 年第 2 期。

杨子路：《南北朝天师道天文历算学研究补议》，《中国道教》2019 年第 1 期。

姚毓璆：《"南方草木状"——我国现存最古的植物学文献》，《读书月报》1956 年第 7 期。

姚振文：《诸葛亮对孙子学发展的贡献》，《临沂大学学报》2018 年第 3 期。

叶新涛、张开良：《刘徽数学成就的哲学观与数学发现》，《绍兴文理学院学报（自然科学版)》2008 年第 10 期。

尹志华：《读〈老子〉注疏札记》，《中国道教》2008 年第 5 期。

虞琪：《祖冲之是如何计算 π 的》，《数学通报》2000 年第 3 期。

袁翰青：《从道藏里的几种书看我国的炼丹术》，《化学通报》1954 年第 7 期。

袁弘毅：《从〈齐民要术〉试论贾思勰的世界观》，《湖南农学院学报》1979 年第 3 期。

袁立道：《陶弘景在药物学研究方法上的贡献》，《四川中医》1985 年第 9 期。

张弘：《陶弘景的医药学思想》，《山西中医》2000 年第 2 期。

张鸿翔：《南北朝史日蚀表》，《师大史学丛刊》1931 年第 1 期。

张惠民：《祖冲之家族的天文历算研究及其贡献》，《陕西师范大学学报（自然科学版）》2002 年第 4 期。

张继红、张扬、李天江：《祖冲之及其科学思想研究综述——基于中国知网的 130 篇文献》，《河北软件职业技术学院学报》2020 年第 4 期。

张晶：《中医脉学文献源流探微及〈脉经〉学术贡献》，《山东中医药大学学报》2011 年第 2 期。

张立剑等：《论魏晋南隋唐时期针灸学的显著发展》，《上海针灸杂志》2011 年第 9 期。

张丽等：《王叔和〈脉经〉阴阳脉法初探》，《中华中医药杂志》2015 年第 7 期。

张莉：《试论刘徽的数学思想方法》，《自然辩证法研究》2007 年第 12 期。

张鹏飞：《郦道元年谱拾遗补正》，《甘肃社会科学》2012 年第 5 期。

张亦：《陶弘景与〈名医别录〉关系再探》，《宗教学研究》2021 年第 2 期。

张永臣等：《王叔和及〈脉经〉针灸学术思想探析》，《山东中医药大学学报》2015 年第 6 期。

张泽洪：《北魏道士寇谦之的新道教论析》，《四川大学学报（哲学社会科学版）》2005 年第 3 期。

章原：《葛洪与本草服食——以〈抱朴子内篇〉为中心的探究》，《中国道教》2017 年第 6 期。

赵逵夫：《论葛洪的思想、著述及其价值》，《复旦学报（社会科学版）》2013 年第 4 期。

赵美岚、黎康：《〈齐民要术〉中的科学方法辨析》，《农业考古》2010 年第 4 期。

赵美霞、雷兴辉：《儒家思想方法与刘徽的〈九章算术注〉》，《陕西教育学院学报》2001 年第 4 期。

赵杏根：《魏晋南北朝时期的生态理论与实践举要》，《鄱阳湖学刊》2012 年第 3 期。

赵燏黄：《雷公炮炙论的提要和雷敩传略》，《上海中医药杂志》1957 年第 1 期。

郑诚：《何承天岁差考》，《上海交通大学学报（哲学社会科学版）》2007 年第 1 期。

郅澜：《祖冲之和他的科学成就》，《复旦学报（自然科学版）》1974 年第 2 期。

智广元：《刘徽数学思想探析》，《泰山学院学报》2006 年第 3 期。

钟来因：《一位中古时代知识分子的"入世"与"遁世"（上）——陶弘景评传》，《江苏社联通讯》1989 年第 2 期。

朱鸿铭、朱传伟：《王叔和外感时病理论的临床意义》，《山东中医学院学报》1994 年第 4 期。

朱士光：《论〈水经注〉对滍（溠）水之误注兼论〈水经注〉研究的几个问题》，《史学集刊》2009 年第 1 期。

　　朱一文：《从"以率消息"看刘徽圆周率的产生过程》，《自然科学史研究》2008 年第 1 期。

　　竹剑平：《试论王叔和对温病学说的贡献》，《中医药学报》1984 年第 6 期。

　　邹大海、夏庆卓：《刘徽对〈九章算术〉中立体的辨名》，《自然辩证法通讯》2021 年第 4 期。

　　左诠如、朱家生：《祖冲之大衍法新解》，《扬州大学学报（自然科学版）》2010 年第 3 期。

　　左诠如：《祖冲之的圆周率 π 与开差幂法》，《数学通报》2009 年第 3 期。